Maschinentechnisches Versuchswesen, Band I

Technische Messungen

bei Maschinenuntersuchungen und zur Betriebskontrolle

Zum Gebrauch in Maschinenlaboratorien und in der Praxis

Von

Professor Dr.-Ing. **A. Gramberg**

Oberingenieur an den Höchster Farbwerken

Vierte, vielfach erweiterte und umgearbeitete Auflage

Mit 326 Figuren im Text

Springer-Verlag Berlin Heidelberg GmbH
1920

ISBN 978-3-662-35427-8 ISBN 978-3-662-36255-6 (eBook)
DOI 10.1007/978-3-662-36255-6

Ursprünglich erschienen bei Julius Springer in Berlin 1920
Softcover reprint of the hardcover 4th edition 1920

Vorwort.

Die dritte Auflage der Technischen Messungen war bald nach Kriegsende vergriffen. Da sich infolge der veränderten Zeitumstände ein reges allgemeines Interesse für die Betriebskontrolle ergab, so mußte in der neuen Auflage diesen veränderten Verhältnissen Rechnung getragen werden. Da auch meine eigene Tätigkeit jetzt die Betriebskontrolle umfaßt, so wird sich der Schwerpunkt des Buches mehr und mehr von den Bedürfnissen des Laboratoriums auf jenes Gebiet verlegen.

Das Ziel des Buches ist nach wie vor die wissenschaftliche Begründung und Vertiefung des technischen Meßwesens, nicht jedoch eine Beschreibung aller vorhandenen Konstruktionen. Manche theoretische und physikalische Ableitung ist daher ausführlicher, als den Bedürfnissen der alltäglichen Messung entspricht; besonderen Fällen wird das zugute kommen.

Folgende Teile sind in der dritten Auflage ganz erneuert oder hinzugekommen:

§ 6 und 6a sowie 10 bis 12. Darlegungen zur Theorie der Instrumente,

§ 72. Dampfmesser,

§ 97 bis 101. Thermometrie. Temperaturmessung,

§ 106. Psychrometrie,

sämtlich auf Grund eigener Erfahrungen und Forschungen. Bei der Bearbeitung des Kapitels über Thermometrie wurde jedoch der ausgezeichnete Aufsatz von Hoffmann sowie das Buch von Knoblauch u. Hencky (siehe Literaturverzeichnis) gebührend berücksichtigt und benutzt. Kleinere Ergänzungen finden sich überall zerstreut, genannt seien folgende:

§ 3. Dimension bei Wärmegrößen.

§ 29. Richtkraft von Manometern.

§ 49. Chemische Messung von Wassermengen.

§ 52. Messung heißer Flüssigkeiten, Stichprober.

§ 56. Mehrere Zusätze, z. B. Messungen vor Gittern.

§ 59. Ausflußzahlen für Sole und verschieden temperiertes Wasser.

§ 58. V-Wehr.

§ 63. Druckmultiplikator.

§ 70. Halbautomatische Kohlenwage.

§ 76. Berechnung der Bremsdynamometer.

§ 78. Prüfstand für Flugmotoren.

§ 120. Neuere Rauchgasanalysatoren.

Durch diese Erweiterung wuchs der Umfang von 391 auf 484 Seiten, obwohl einige Darlegungen der ersten Kapitel fortblieben, die in Besprechungen als all zu einfach bezeichnet wurden. Trotzdem habe ich manches, was diesen Vorwurf verdienen möchte, beibehalten, da wesentlich alles durch Erfahrungen bedingt war, wonach Verstöße vorkommen.

Inzwischen erschien im Oktober 1918 der zweite Band, unter dem Titel: „Maschinenuntersuchungen und das Verhalten der Maschinen im Betriebe", im Umfange von 500 Seiten. Die zweite Auflage desselben ist zur Zeit in Vorbereitung. Da zwischen beiden Bänden mehrfach Verweisungen vorkommen, so ist es erwünscht, beliebige Auflagen beider Bände miteinander benutzbar zu machen. Alle Verweisungen geben daher nicht Seiten, sondern Paragraphen an, und die Paragraphen werden in der Numerierung nicht verändert werden, solange das durchführbar ist; neue Paragraphen sollen vielmehr durch Buchstaben gekennzeichnet werden.

Ein bedauerliches Versehen in den Formeln über Durchflußöffnungen war in die dritte Auflage während der Korrektur hineingekommen, als solches kenntlich, da die Figuren (Fig. 125 u. a. dieser Auflage) in Ordnung waren; das Versehen trug mir zahlreiche Zuschriften ein. Ich werde auch in Zukunft dankbar dafür sein, wenn ich auf Irrtümer oder Versehen aufmerksam gemacht werde oder wenn ich Vorschläge zu Änderungen irgendwelcher Art erhalte. Besonders bitte ich, Versuchsergebnisse und Erfahrungen über die im Buch besprochenen Instrumente und Methoden an mich gelangen zu lassen.

Frankfurt a. M., Bürgerstr. 68, 9. Juni 1920.

Anton Gramberg.

Inhaltsverzeichnis.

IV. Längenmessung.

V. Flächenmessung.

VI. Messung der Spannung.

VII. Messung der Zeit und der Geschwindigkeit.

IX. Messung von Kraft, Drehmoment, Arbeit, Leistung.

X. Der Indikator.

XII. Messung der Wärmemenge.

XIII. Messung des Heizwertes von Brennstoffen.

XIV. Gasanalyse.

Berichtigung zu Seite 460.

Die Ableitung der Formel (2) des § 116 ist nur korrekt, wenn der Brennstoff weder Stickstoff noch andere gegen die Rauchgasanalyse indifferente Gase enthält. Im anderen Falle, z. B. für die Verbrennungsprodukte von Kraftgasen, gilt eine Betrachtung ähnlich der in § 49 zu Formel (7) führenden. (Zuschrift des Herrn Dr.-Ing. Fischer.)

I. Einheiten und Dimensionen.

1. Messen nach Einheiten. Eine Messung soll die zu messende Größe unter Benutzung irgendeiner *Einheit* zahlenmäßig festlegen, mit anderen Worten, sie soll feststellen, wie oft die betreffende Einheit in der gemessenen Größe enthalten ist. Ist die Länge eines Stabes zu 3,5 m festgestellt, so ist das Meter die Einheit, nach der wir messen; sie ist ebenfalls eine Länge. Die Zahl 3,5 gibt an, daß ein Meter dreimal vollständig in der gemessenen Länge enthalten ist, außerdem bleibt noch 0,5 m übrig.

Als Ergebnis der Messung erhalten wir hier wie meist eine benannte Zahl. Die Benennung ist die Einheit, mit der wir gemessen haben. Nicht immer ist diese Benennung so einfach wie eben. Für Geschwindigkeiten geben wir das Meßergebnis in Metern für die Sekunde an. Stellt man fest, daß ein Eisenbahnzug den Weg von 250 m in der Zeit von 25 s durchläuft, so hat man beide Zahlen zu dividieren, um die Geschwindigkeit zu erhalten: sie ist $\frac{250 \text{ m}}{25 \text{ s}} = 10 \frac{\text{m}}{\text{s}}$

Man nennt die Einheit: Meter pro Sekunde eine *abgeleitete Einheit.* Sie ist nämlich abgeleitet aus den beiden *Grundeinheiten*, dem Meter für die Länge und der Sekunde für die Zeit. Die Schreibweise $\frac{\text{m}}{\text{s}}$ für diese abgeleitete Einheit hat außer dem Vorzug der Kürze noch den weiteren, daß man aus ihr ersieht, daß die Zahl der Meter durch die Zahl der Sekunden zu teilen ist, um die Geschwindigkeit zu erhalten.

Für Messung der Arbeit pflegt das Meterkilogramm als Einheit zu dienen. Hebt man ein Gewicht von 3 kg um 5 m in die Höhe, so leistet man $5 \text{ m} \cdot 3 \text{ kg} = 15 \text{ m} \cdot \text{kg}$ Arbeit. Die Schreibweise $\text{m} \cdot \text{kg}$ gibt wieder an, wie die Arbeitseinheit aus den Grundeinheiten entstanden ist, nämlich durch Multiplizieren.

Wirkt ein Gewicht von 18 kg an einem Hebelarm von 4 m, so übt es ein Moment — Dreh-, Biegungsmoment oder dergleichen — aus von $4 \text{ m} \cdot 18 \text{ kg} = 72 \text{ m} \cdot \text{kg}$. Zwei verschiedenartige Größen können also eine gleichlautende Benennung haben. Trotz dieser formalen Übereinstimmung bleiben sie natürlich verschiedenartige Größen. Im allgemeinen aber ist die Benennung für die Art der zu messenden Größe charakteristisch; eine Angabe mit der Benennung $\text{m} \cdot \text{kg}$ kann keine Geschwindigkeit sein.

2. Dimension. Es wurden eben neue Einheiten aus den Grundeinheiten: Meter für die Länge, Kilogramm für die Kraft (das Gewicht) und Sekunde für die Zeit abgeleitet. Man kann jede zu messende Größe in ähnlicher Weise aus diesen drei Grundeinheiten ableiten; man bezeichnet sie daher als die *Grundeinheiten* des technischen Maßsystems.

Schreiben wir die Benennung in der an einigen Beispielen angedeuteten Art so, daß man erkennt, wie die betreffende Einheit aus den Grundeinheiten abgeleitet ist, so haben wir die *Dimension* der zu messenden Größe. $\left[\frac{\mathrm{m}}{\mathrm{s}}\right]$ oder $[\mathrm{m} \cdot \mathrm{s}^{-1}]$ ist die Dimension der Geschwindigkeit, $[\mathrm{m} \cdot \mathrm{kg}]$ ist die der Arbeit oder des statischen Moments.

Achtet man auf die Dimensionen, so bewahrt man sich oft vor Fehlern in der Rechnung und kürzt manche Rechnung ab. Es ist daher gerade bei der Auswertung von Versuchsergebnissen nützlich, die Dimension zu beachten, wie einige Beispiele zeigen mögen.

Jede Gleichung muß *homogen* sein, das heißt, die Dimension der beiden Seiten muß die gleiche sein. Andernfalls liegt ein Fehler im Ansetzen der Gleichung vor. Prüfen wir daraufhin einen bekannten Satz der Mechanik, nämlich den von der kinetischen Energie:

$$P \cdot s = \tfrac{1}{2} M \cdot w^2 . \tag{1}$$

P ist die Kraft, die während des Weges s auf die Masse M wirkt und ihr dadurch die Geschwindigkeit w erteilt. P als Kraft hat die Dimension $[\mathrm{kg}]$; s als Weg hat die Dimension $[\mathrm{m}]$; w als Geschwindigkeit hat die Dimension $\left[\frac{\mathrm{m}}{\mathrm{s}}\right]$, die quadratisch, also als $\left[\frac{\mathrm{m}}{\mathrm{s}}\right]^2 = \left[\frac{\mathrm{m}^2}{\mathrm{s}^2}\right]$ einzuführen ist. Die Masse wird durch die Formel $M = \frac{G}{g} = \frac{\text{Gewicht}}{\text{Beschleunigung der Schwere}}$ definiert; die Beschleunigung ihrerseits ist die Geschwindigkeitszunahme pro Sekunde, hat also die Dimension $\left[\frac{\mathrm{m/s}}{\mathrm{s}}\right] = \left[\frac{\mathrm{m}}{\mathrm{s}^2}\right]$; daraus folgt die Dimension der Masse $\left[\frac{\mathrm{kg}}{\mathrm{m/s}^2}\right] = \left[\frac{\mathrm{kg} \cdot \mathrm{s}^2}{\mathrm{m}}\right]$. Wenn wir diese Dimensionswerte in die Formel (1) einsetzen, so erhalten wir $[\mathrm{kg}] \cdot [\mathrm{m}] = \left[\frac{\mathrm{kg} \cdot \mathrm{s}^2}{\mathrm{m}}\right] \cdot \left[\frac{\mathrm{m}^2}{\mathrm{s}^2}\right]$. Die Zahl $\frac{1}{2}$ ist auf die Dimensionsbestimmung ohne Einfluß. Wir heben nun rechts s^2 gegen s^2 und m gegen m. Dann haben wir $[\mathrm{kg} \cdot \mathrm{m}] = [\mathrm{kg} \cdot \mathrm{m}]$. Die Gleichung ist also homogen. Solche Prüfung fördert oft Fehler zutage.

Man kann eine Geschwindigkeit statt in $\frac{\mathrm{m}}{\mathrm{s}}$ auch in $\frac{\mathrm{km}}{\mathrm{h}}$ angeben, wie dies bei der Eisenbahn üblich ist. Die Gleichung $100 \frac{\mathrm{km}}{\mathrm{h}} = 27{,}8 \frac{\mathrm{m}}{\mathrm{s}}$ ist homogen; es kommt also nicht auf die Einheiten beiderseits an, sondern nur auf die Tatsache, daß beiderseits Länge durch Zeit geteilt wird. Es ist $100 \frac{\mathrm{km}}{\mathrm{h}} = 100 \cdot \frac{1000\ \mathrm{m}}{3600\ \mathrm{s}} = \frac{100\,000}{3600} \frac{\mathrm{m}}{\mathrm{s}} = 27{,}8 \frac{\mathrm{m}}{\mathrm{s}}$.

Daß jede Gleichung homogen sein muß, folgt daraus, daß sonst die Wahl der Einheit nicht ohne Einfluß auf das Ergebnis der Rechnung bliebe.

Hat die linke Seite einer Gleichung die Dimension $\frac{\text{m}}{\text{s}}$, und will man auf die Einheit $\frac{\text{cm}}{\text{s}}$ übergehen, so wird die davorstehende Zahl hundertmal so groß; nur wenn auch auf der rechten Seite der Gleichung eine Länge in erster Potenz im Zähler des Dimensionsbruches steht, wird dort beim Übergang von Meter zu Zentimeter die Vorzahl verhundertfacht, und die Gleichung bleibt zahlenmäßig richtig.

Die Beachtung der Dimension gewährt Vorteile bei *Berechnung des Maßstabes von Schaubildern.* In einem Koordinatennetz (Fig. 1) stellen wir Kräfte P als Ordinaten dar über den Wegen s des Angriffspunktes als Abszissen. Die Fläche F unter der Kurve stellt dann die geleistete Arbeit $P \cdot s$ dar; in welchem Maßstab das geschieht, findet man am einfachsten folgendermaßen: Hat man P aufgetragen im Maßstab 1 cm = 100 kg, und s im Maßstab 1 cm = 0,5 m Weg des Angriffpunktes, so folgt durch Ausmultiplizieren der beiden linken und der beiden rechten Seiten unmittelbar: 1 cm · 1 cm = 100 kg · 0,5 m; 1 cm² = 100 · 0,5 = 50 m · kg als Maßstab der Arbeit. — Ein ähnliches Beispiel ist folgendes: Das Volumen eines Gases oder des Dampfes im Maschinenzylinder sei als Abszisse aufgetragen im Maßstab 5 cm = 1 m³. Die zugehörigen Spannungen sind als Ordinaten eingezeichnet im Maßstab 2 cm = 1 at = $1\,\frac{\text{kg}}{\text{cm}^2} = 10\,000\,\frac{\text{kg}}{\text{m}^2}$. Die Fläche unter der Kurve stellt bekanntlich die Arbeit dar, der Maßstab folgt aus der Multiplikation beider Seiten $5\,\text{cm} \cdot 2\,\text{cm} = 1\,\text{m}^3 \cdot 10\,000\,\frac{\text{kg}}{\text{m}^2}$; $10\,\text{cm}^2 = 10\,000\,\frac{\text{m}^3 \cdot \text{kg}}{\text{m}^2}$; $1\,\text{cm}^2 = 1000\,\text{m} \cdot \text{kg}$. — Schwierigere Maßstabberechnungen und andere Rechnungen, aus denen die praktische Verwendbarkeit des Dimensionsbegriffes hervorgeht, kommen in § 89 vor.

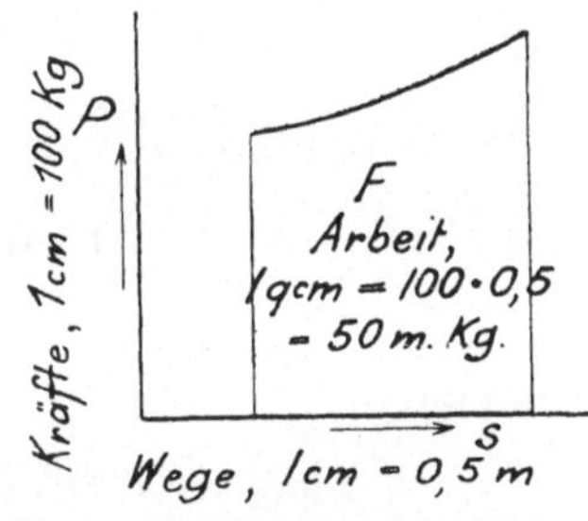

Fig. 1. Zur Berechnung des Maßstabes von Schaubildern.

3. Praktische Einheiten. In technischen Rechnungen werden nicht alle Einheiten auf die Grundeinheiten zurückgeführt; es ist eine Reihe von altgewohnten Einheiten in Gebrauch, so die Pferdestärke $1\,\text{PS} = 75\,\frac{\text{m} \cdot \text{kg}}{\text{s}}$; systematisch hätte man für 75 wohl die Zahl 100 gesetzt. In neuerer Zeit ist an Stelle der Pferdestärke das Kilowatt auch für Angabe mechanischer Leistungen in Aufnahme gekommen, das aus dem physikalischen c-g-s-System hervorgeht und daher (§ 4) ins technische Maßsystem ebenfalls nicht in glatten Zahlen eingeht. Es ist nämlich (§ 74) $1\,\text{kW} = 1{,}36\,\text{PS} = 102\,\frac{\text{m} \cdot \text{kg}}{\text{s}}$. Dies sind Leistungseinheiten.

Hat nun eine Dampfmaschine eine Stunde lang die Leistung 1 kW entwickelt, so hat sie eine Arbeit geliefert, die man als Kilowattstunde bezeichnet und als Arbeitseinheit verwendet. Man kann für sie die

1*

Dimension [kW · h] einführen, weil ja zur Ermittlung der gelieferten Arbeit die Leistung mit der Stundenzahl zu multiplizieren ist; eine Schreibweise kW/h ist also objektiv falsch. Mit dieser Dimension (im weiteren Sinn) kann man rechnen wie mit denen, die unmittelbar aus den Grundeinheiten zusammengesetzt sind. Als Beispiel für die Sicherheit, die auch hier das Rechnen mit Dimensionen gewährt, diene die Umrechnung der Kilowattstunde in die obengenannte Arbeitseinheit, das Meterkilogramm, und weiterhin in die Wärmeeinheit, die als Kilokalorie (kcal) bezeichnet wird (§ 104).

Es ist

$$1\ \mathrm{kW} = 102\ \frac{\mathrm{m} \cdot \mathrm{kg}}{\mathrm{s}}\ ;$$

$$1\ \mathrm{kW} \cdot \mathrm{h} = 102\ \frac{\mathrm{m} \cdot \mathrm{kg}}{\mathrm{s}} \cdot \mathrm{h} = 102\ \frac{\mathrm{m} \cdot \mathrm{kg}}{\mathrm{s}} \cdot 3600\ \mathrm{s} = 102 \cdot 3600\ \frac{\mathrm{m} \cdot \mathrm{kg}}{\mathrm{s}} \cdot \mathrm{s},$$

$$1\ \mathrm{kW} \cdot \mathrm{h} = 367\,000\ \mathrm{m} \cdot \mathrm{kg}.$$

Da weiter $1\ \mathrm{m} \cdot \mathrm{kg} = \frac{1}{427}\ \mathrm{kcal}$, also $\frac{1\ \mathrm{kcal}}{427\ \mathrm{m} \cdot \mathrm{kg}} = 1$ ist (§ 104), so hat man

$$1\ \mathrm{kW} \cdot \mathrm{h} = 367\,000\ \mathrm{m} \cdot \mathrm{kg} \cdot \frac{1}{427}\ \frac{\mathrm{kcal}}{\mathrm{m} \cdot \mathrm{kg}} = 859\ \mathrm{kcal}.$$

Übrigens können wir noch in der Formel 1 kW · h = 859 kcal, die zwei Arbeitseinheiten vergleicht, beiderseits mit h dividieren und dadurch auf Leistungseinheiten übergehen; wir erhalten dadurch $1\ \mathrm{kW} = 859\ \frac{\mathrm{kcal}}{\mathrm{h}}$.

Auch für praktische Aufgaben ist diese Rechnungsweise anwendbar. Zum Beispiel erzeugt eine Kesselanlage $18\ \frac{\mathrm{kg\ Dampf}}{\mathrm{m}^2\ \mathrm{Heizfläche}}$; die Dampfturbo verbraucht an Dampf $9\ \frac{\mathrm{kg}}{\mathrm{kW} \cdot \mathrm{h}}$; also ergibt sich durch Dividieren, daß $\frac{9\ \mathrm{kg/kW} \cdot \mathrm{h}}{18\ \mathrm{kg/m}^2\ \mathrm{HFl}} = 0{,}5\ \frac{\mathrm{m}^2\ \mathrm{HFl}}{\mathrm{kW} \cdot \mathrm{h}}$ nötig sind: die Erzeugung von 1 kW · h erfordert 0,5 m² Kesselheizfläche.

Die *Wärmegrößen* fügen sich nicht gut der Dimensionsbestimmung; die Einheit der Wärmemenge Q wäre als Dimension durch [m · kg] auszudrücken, entsprechend der Gleichwertigkeit der Energieformen. Die Temperatur ist jedoch (§ 97) nach Kelvin aus dem zweiten Hauptsatz heraus nur so definiert, daß für $\log \frac{T}{T_0}$, also für das Verhältnis der gesuchten Temperatur T zu einer Normaltemperatur T_0 ein bestimmter, natürlich dimensionsloser Ausdruck abgeleitet werden kann[1]); die Dimension von T bleibt demnach unbestimmt. Für die Entropie s läßt sich auch nur sagen, daß aus der Beziehung für umkehrbare Vorgänge $ds = \frac{dQ}{T}$ oder $T \cdot ds = dQ$ folgt, es müsse das Produkt aus T

[1]) Planck, Thermodynamik, Leipzig 1897, § 160 ff.

und s die Benennung [m · kg] haben ebenso wie Q. Nimmt man, wie gelegentlich geschieht, T als dimensionslos an, so ist das willkürlich und führt auf die Dimension [m · kg] für die Entropie; es ergeben sich dann gewisse begriffliche Widersprüche.

Bisher läßt man daher die Wärmegrößen, wenn sie in eine Benennung eingehen, unverändert stehen; die Dimension der spezifischen Wärme ist daher $\left[\frac{\text{kcal}}{\text{kg} \cdot {}^\circ\text{C}}\right]$, die der Wärmeleitzahl von Baustoffen, z. B. von Isolierstoffen ist $\left[\frac{\text{kcal}}{\text{m} \cdot {}^\circ\text{C} \cdot \text{h}}\right]$. Die Bestrebungen des AEF, die Wärmemengen im Energiemaß angeben zu lassen [1]), würden auch, weil die Benennung °C doch bliebe, keinen prinzipiellen Erfolg haben, immerhin einige Rechnungen vereinfachen, wenn erst die erforderlichen Tabellenumrechnungen gemacht wären. Gerade die Benennung °C oder °abs. ist aber eine sehr unglückliche, weil sie sich nicht nur mit der Schreibmaschine, sondern in Dimensionsbrüchen überhaupt schlecht schreiben läßt und ganz undeutlich wird, wenn man sinngemäß die Dimension der spezifischen Wärme nur $\left[\frac{\text{kcal}}{\text{kg} \cdot {}^\circ}\right]$ schreiben wollte, da für Temperatur differenzen ein grundsätzlicher Unterschied zwischen Celsius- und absoluten Graden nicht besteht.

4. Technische und physikalische Grundeinheiten. Als Grundeinheiten gelten in der Technik, wie erwähnt, das Meter, die Kilogramm-Kraft und die Sekunde. Die Physik verwendet statt dessen meist das Zentimeter, die Gramm-Masse und die Sekunde (c-g-s-System). Im *technischen System* ist das Kilogramm die Einheit der Kraft; es ist diejenige Kraft, die ein Kilogrammgewicht bei mittlerer Breite und am Meeresspiegel, also bei rund 9,81 m/s² Schwerebeschleunigung, auf seine Unterstützung ausübt. Die Masseneinheit folgt aus der Formel Masse = Kraft : Beschleunigung zu $1 \text{ kg} : 9{,}81 \frac{\text{m}}{\text{s}^2}$; die Masseneinheit ist also $\frac{1}{9{,}81}\left[\frac{\text{kg} \cdot \text{s}^2}{\text{m}}\right]$. Im *c-g-s-System* aber ist das Gramm die Masseneinheit. Wegen der Formel Kraft = Masse · Beschleunigung $= 1 \text{ g} \cdot 981 \frac{\text{cm}}{\text{s}^2}$ ist also die Krafteinheit 981 $\left[\frac{\text{g} \cdot \text{cm}}{\text{s}^2}\right]$; sie heißt 1 Dyn.

Im technischen Maßsystem ist die Masseneinheit keine glatte Zahl und ihre Dimension ein zusammengesetzter Ausdruck; im physikalischen System ist dasselbe für die Krafteinheit der Fall. Das darf man bei Umrechnungen nicht übersehen.

Technisch verwendet wird von Einheiten des physikalischen Maßsystems das Kilowatt als Leistungseinheit, das in neuerer Zeit mehr und mehr statt der Pferdestärke verwendet wird. Es ist (§ 74) 1 kW $= 102 \frac{\text{m} \cdot \text{kg}}{\text{s}}$.

[1]) Strecker, AEF Verhandlungen des Ausschusses für Einheiten und Formelgrößen, Berlin 1914, S. 36.

II. Eigenschaften der Instrumente.

5. Allgemeines. Meßinstrumente (Meßgeräte) fassen die zum Messen einer gewissen Größe nötige Einrichtung, die man sonst von Fall zu Fall zusammenstellen müßte, ein für allemal übersichtlich, handlich und in Rücksicht größter erzielbarer Genauigkeit transportabel zusammen; die Teile werden im allgemeinen von einem Gehäuse staubdicht umschlossen.

Wir unterscheiden Skalen- Ausgleich- und zählende Instrumente.

Man stellt an technische Meßinstrumente und Meßmethoden andere Anforderungen als an physikalische. Bei physikalischen Untersuchungen ist fast immer die größtmögliche Genauigkeit das maßgebende Ziel. Bei technischen Messungen muß dieser Gesichtspunkt meist zurücktreten. Das Haupterfordernis ist hier, die Ablesungen schnell zu machen, einerseits wegen der großen Anzahl von Ablesungen, andererseits, weil große Maschinen nicht ohne große Kosten längere Zeit zu Versuchszwecken betrieben werden können; auch handelt es sich oft um Feststellung schwankender Größen.

Dem technischen Bedürfnis entsprechen daher am besten die Skaleninstrumente, bei denen die zu messende Größe an einer Skala abgelesen wird.

6. Skaleninstrumente zeigen den Augenblickswert einer Größe dadurch an, daß ein Zeiger (im weitesten Sinn, z. B. auch das Ende einer Flüssigkeitssäule) auf einen gewissen Teilstrich einer Skala zeigt und dadurch den zugehörigen Wert der zu messenden Größe kennzeichnet. Die Skala kann gleichmäßig, erweitert oder verjüngt sein. Teilstriche gleichen Wertunterschiedes haben bei gleichmäßiger Skala überall denselben Abstand, bei der erweiterten Skala nehmen die Abstände mit zunehmenden Skalenwerten zu, bei verjüngter Skala nehmen sie ab.

Die *gleichmäßige Skala* gibt in allen Bereichen Ablesungen gleicher absoluter Genauigkeit, z. B. mit einem gewöhnlichen Zeichenmaßstab kann man den Abstand zweier feiner Linien auf 0,1 mm genau ablesen, gleichgültig wie groß der Abstand ist; wie genau die Messung ist, hängt noch von der Genauigkeit des Maßstabes ab. Die relative Genauigkeit nimmt mit zunehmender Größe ab, z. B. bei Ausmessung des Abstandes 10 mm ist der Ablesungsfehler $\pm \frac{0{,}1\text{ mm}}{10\text{ mm}} = \pm 0{,}01$ oder $\pm 1\%$, bei Ausmessung von 50 mm ist er $\pm \frac{0{,}1\text{ mm}}{50\text{ mm}} = \pm 0{,}002$ oder $\pm 0{,}2\%$. Liest man also den Wert m mit einem *Fehler* $\pm \Delta m$ ab, so ist der *relative Fehler* $\pm \frac{\Delta m}{m}$.

Die *erweiterte Skala* ergibt bei großen Werten kleinere Ablesungsfehler, als bei kleinen, die Ablesung nahe der Null wird also ungenau. Als Beispiel seien die elektrischen Hitzdrahtinstrumente genannt; die Instrumente sind gut brauchbar zur Prüfung der Konstanz einer Größe, z. B. der Spannung in einer elektrischen Zentrale, schlecht brauchbar zur Beobachtung stark wechselnder Größen, z. B. der Stromstärke in einer elektrischen Zentrale, deren Belastung zum Leerlauf sinken kann.

Die *verjüngte Skala* findet sich am Rechenschieber; dessen Skala ist bekanntlich logarithmisch verjüngt, in diesem Falle liefert die verjüngte Skala in allen Bereichen gleiche relative Genauigkeit. Wenn im Abstande l vom Nullpunkt der Skalenteil m sich befindet, so ist also $l = a \cdot \log m$, worin a eine Konstante ist; nun ist nach Regeln der Differentialrechnung $dl = a \cdot \frac{1}{m} \cdot dm$ oder für kleine, aber endliche Werte $\Delta l \backsim a \cdot \frac{1}{m} \cdot \Delta m$; die relative Ablesegenauigkeit ist also $\frac{\Delta m}{m} = \frac{\Delta l}{a}$, d. h. sie ist konstant, wenn der mögliche, in Millimetern ausgedrückte absolute Ablesungsfehler Δl überall gleich ist. Die verjüngte Skala gibt bei höheren Werten abnehmende absolute Ablesegenauigkeit.

Gleichmäßige *Skalen mit unterdrücktem Nullpunkt* beginnen erst mit einem höheren Wert als Null. Wie bei der erweiterten Skala ist der meistbenutzte Meßbereich besser hervorgehoben; es ist ein Nachteil dieser Instrumente, daß man nicht mehr die *Nullpunktskontrolle* ausführen, das heißt, nachprüfen kann, ob der Zeiger in der Ruhelage auf Null einspielt, was die einfachste Art ist, um sich von der Unversehrtheit eines Instrumentes zu überzeugen. — Besonders wenig angebracht ist es, wenn bei Manometern ein kleines Stück am Anfang der Teilung unterdrückt wird und ein Anschlagstift den Zeiger zwingt, auf einem künstlichen Nullpunkt zu stehen, der nicht der Nullpunkt der Skala ist; hier liegt die bewußte Absicht vor, das Instrument unversehrt erscheinen zu lassen. Der Anschlagstift ist etwas jenseits des Nullpunktes der ordnungsmäßig bis Null durchgeführten Skala anzubringen.

Die Genauigkeit der Ablesung kann gesteigert werden durch Unterlegen der Skala mit einem *Spiegel.* Der *parallaktische Fehler* wird vermieden, wenn der Zeiger (am besten als Schneide ausgebildet) sich mit seinem Spiegelbild oder mit dem Bilde der beobachtenden Pupille deckt. Die Genauigkeit der Ablesung kann bei gleichmäßiger Skala durch Anwendung eines *Nonius* gesteigert werden. Beeinträchtigt wird sie durch Schwankungen des Zeigers um die Mittellage.

Die *Genauigkeit der Messung*[1]) einer Größe x wird nicht allein durch die Genauigkeit der Ablesung m, sondern meist überwiegend durch die Genauigkeit des Einspielens des Zeigers bedingt. Es handelt sich einerseits um Abweichungen der Zeigerstellung m vom wahren Sollwert x, die sich immer zeigen und daher durch eine Eichung des Instrumentes oder durch Erneuern der Skala unschädlich gemacht werden können und müssen. Andererseits handelt es sich um Unterschiede in der Anzeige m bei mehrfacher Einstellung des gleichen zu

---

[1]) Wir unterscheiden hier und im folgenden:
x die zu messende Größe;
m die Bezeichnung des Skalenteils, die vielfach mit x übereinstimmt; die Bestimmung von $x = f(m)$ heißt Eichung;
l den Abstand des Skalenteils vom Nullpunkt, in Längeneinheiten gemessen; die Beziehung $m = \varphi(l)$ entscheidet über Gleichmäßigkeit, Verjüngung, Erweiterung der Skala.

messenden Wertes x; diese Einstellungsfehler $\pm \Delta x$ können entweder ganz unregelmäßig innerhalb eines gewissen Bereiches voneinander abweichen, oder die Einstellung kann auf $x + \Delta x$ erfolgen, wenn der Zeiger von oben her kommt, im entgegengesetzten Fall auf $x - \Delta x$. In allen Fällen ist man um Δx über den zu messenden Wert im unklaren. Δx heißt die Ungenauigkeit des Instrumentes oder der Meßmethode, während $\frac{dx}{x}$ oder $\frac{\Delta x}{x}$ die relative Ungenauigkeit ist.

Die Ungenauigkeit des Einspielens hängt einerseits von der Größe W der Widerstände ab, die nach Art der Reibung die genaue Einstellung hindern, andererseits hängt sie von der Größe der Verstellkraft ab. Die Reibungswiderstände sind auf einen gewissen möglichst kleinen Wert durch konstruktive Maßnahmen (Entlastung der Lager, Kugel- oder Steinlager, Schneiden- oder Fadenaufhängung) herabzumindern. Bei gegebenen Reibungswiderständen muß die Verstellkraft möglichst groß sein (§ 6a).

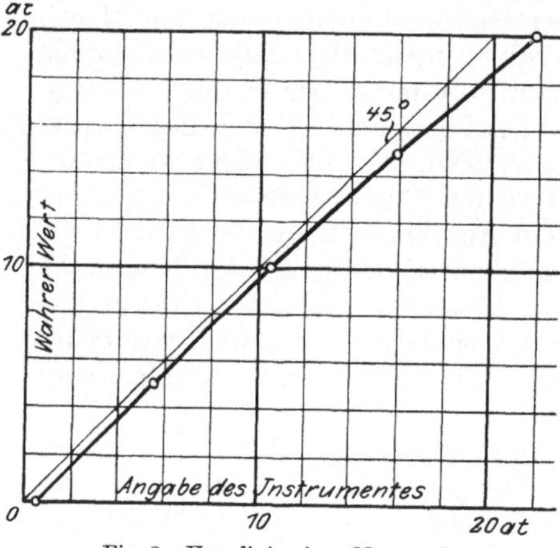

Fig. 2. Kennlinie eines Manometers.

Das *statische Verhalten* der Meßinstrumente sei am Beispiel des Plattenfedermanometers erläutert; wir können dieses Instrument als von jedem Kessel her aus der Anschauung bekannt voraussetzen; wir verweisen wegen seiner Wirkungsweise auf § 25.

Man prüft das Manometer auf die Richtigkeit seiner Angabe, indem man es an einen Raum anschließt, worin sich verschiedene bekannte — etwa mit Hilfe eines besonders zuverlässigen Instrumentes festgestellte — Spannungen erzeugen lassen, und indem man die Angabe des Zeigers mit der wirklichen Spannung vergleicht.

Bei einem vollkommenen Manometer würde die Skala so viel anzeigen, wie die Spannung beträgt. Wenn man in Fig. 2 die Angabe des Zeigers als Abszisse und den richtigen Wert der Spannung als Ordinate, beide in gleichem Maßstabe, aufträgt, so erhält man eine unter 45° geneigte Gerade.

Im allgemeinen aber wird nach einigem Gebrauch die Teilung der Skala falsch zeigen: Wenn man etwa 10 at (Atmosphären, § 23) Spannung an das Instrument bringt, so zeigt das Manometer 10,2 at. Trägt man diesen Wert und die entsprechenden Ablesungen bei anderen Spannungen in ein Achsenkreuz ein, so erhält man ein Bild wie Fig. 2. Die Kurve, die wir als Kennlinie des Instruments bezeichnen können, weicht von der 45°-Linie ab; letztere ist zum Vergleich eingetragen. Die Kennlinie liegt unter der 45°-Linie, wenn das Instrument zuviel anzeigt, und umgekehrt.

Wenn ein Instrument in dieser Weise falsch zeigt, so ist es trotzdem brauchbar. Man braucht nur seine Kennlinie zu haben, um aus den abgelesenen Werten die richtigen zu ermitteln. Die muß also durch einen Vorversuch festgestellt werden, den man als Eichung des Instrumentes bezeichnet. Die Eichergebnisse berücksichtigt man durch Anbringen einer Korrektion an den abgelesenen Werten (§ 13).

Das Falschzeigen eines Instrumentes macht dasselbe demnach nicht unbrauchbar. Anders ist es mit der Eigenschaft, die wir als *Ungenauigkeit* oder *Unempfindlichkeit* bezeichnen. Mit diesen Namen belegt man die Eigenschaft des Instrumentes, beim Steigen anders zu zeigen als beim Fallen. Belastet man das Manometer mit 10 at, so möge es 10,2 at an der Skala angezeigt haben. Bringt man aber die Spannung erst auf 11 at und läßt sie vorsichtig auf 10 at zurückgehen, so möge der Zeiger auf 10,6 stehenbleiben, also höher als das erstemal. Der Unterschied von 0,4 zwischen beiden Ablesungen rührt von der Reibung her: ohne Reibung würde sich der Zeiger stets auf 10,4 einstellen. Durch Erschütterung des Instrumentes beseitigt man die Reibung ganz oder teilweise.

Die Reibung hat zur Folge, daß wir die Spannung um 0,4 at ändern können, ohne daß der Zeiger eine Änderung anzeigt, daher der Name Unempfindlichkeit für diese Eigenschaft des Instrumentes; die Reibung hat aber auch zur Folge, daß wir bei einer gewissen Angabe des Zeigers über den Wert der Spannung innerhalb eines Spielraumes von 0,4 at unsicher sind, daher der Name Ungenauigkeit für die gleiche Eigenschaft.

Nun kann die Angabe des Instrumentes noch von seinem vorhergehenden Zustand abhängig sein. Wenn wir das eben benutzte Manometer nicht nur bis 11 at belasten, sondern 20 at einen Augenblick wirken lassen und dann vorsichtig wieder auf 10 at herabgehen, so bleibt der Zeiger diesmal auf 10,8 stehen; vorhin zeigte er ebenfalls im Abwärtsgang 10,6. Hatten wir die Spannung von 20 at längere Zeit stehenlassen und gehen dann vorsichtig auf 10 at zurück, so bleibt der Zeiger sogar auf 11,1 stehen. Bei solchem Instrument hat also sowohl die Größe der vorher wirkenden Spannung als auch die Zeitdauer ihrer Wirksamkeit Einfluß auf die Angabe.

Solche Unregelmäßigkeiten rühren vermutlich davon her, daß die Feder, der wirksame Teil des Manometers, über die Elastizitätsgrenze hinaus beansprucht war. Es sind *elastische Nachwirkungen.* Sie halten sich bei guten Instrumenten in engen Grenzen und sind durch Erschütterung nicht oder doch nicht ganz zu beseitigen.

6a. Statische Theorie der Skaleninstrumente. Die *Verstellkraft* ist diejenige Kraft, die den Zeiger zum Einspielen in seine Sollstellung bringt. Sie kommt zustande als Unterschied der inneren und der äußeren Richtkraft und verschwindet beim Einspielen, weil diese beiden Kräfte dann einander gleich werden. Die *innere Richtkraft* ist die von der zu messenden Größe auf das Zeigersystem ausgeübte Kraft, die im allgemeinen bestrebt ist, den Zeiger bis ans Skalenende oder darüber hinaus zu bewegen. Die *äußere Richtkraft* ist die der Zeigerbewegung entgegenwirkende eigentlich messende Kraft, meist eines Gewichtes oder einer Feder. Beide Richtkräfte dürfen nur bei jeweils einer Zeigerstellung zum Ausgleich kommen. — Auf optische und manche andere Meßinstrumente beziehen sich diese Unterscheidungen nicht ohne weiteres.

Beim Quecksilbermanometer ergibt der zu messende Druck die die Säule bewegende innere Richtkraft P_i. Diese bleibt unverändert, auch wenn die Säule auf und ab pendelt, also der Ausschlag l sich verändert; sie ist demnach unabhängig von l und wird durch eine wagerechte Gerade P_{i_1} (Fig. 3) dargestellt. Die äußere Richtkraft P_a ist das Gewicht der Quecksilbersäule bzw. der von ihr ausgeübte Druck, der der nicht ausgeglichenen Säulenhöhe, also dem Ausschlag l proportional ist, daher durch die ansteigende Gerade P_a dargestellt wird. Beide Linien schneiden sich scharf und bestimmt im Punkte A_1, auf den sich die Säule einstellen wird, indem die Richtkräfte zur Abgleichung kommen. Bei einem höheren Druck ist P_i größer, aber wieder konstant in bezug auf l, entsprechend der Geraden P_{i_2}; ihr entspricht der Schnittpunkt A_2 und daher der Ausschlag l_2.

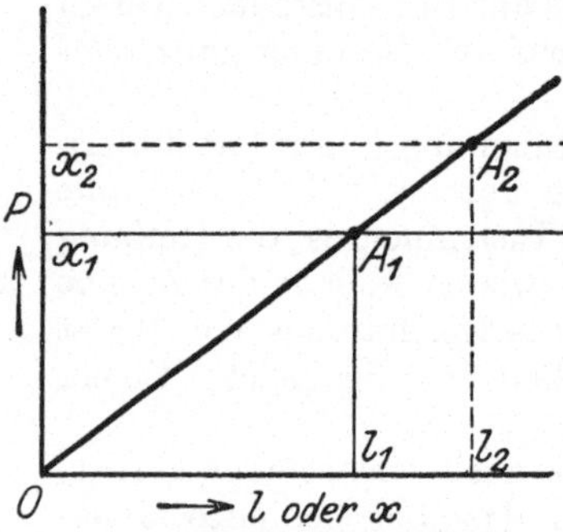

Fig. 3. Richtkräfte bei einem Instrument mit steigender äußerer Richtkraft.

Beim Indikator oder beim federbelasteten Kolbenmanometer ist die innere Richtkraft der von der Flüssigkeit auf den Kolben ausgeübte zu messende Druck multipliziert mit der Kolbenfläche. Bei einem bestimmten zu messenden Druck ist diese Kraft von der Kolbenstellung, also von der Zeigerstellung l oder dem zu messenden Druck x unabhängig, sie wird wieder durch die wagerechte Gerade P_{i_1}, Fig. 3, dargestellt. Die äußere Richtkraft ist die von der Meßfeder auf den Kolben geübte Kraft P_a, die proportional dem Ausschlag l zunimmt. Der Zeiger wird sich auf den Ausschlag l_1 einstellen, der demnach mit x_1 zu beziffern ist. Für eine andere Spannung x_2 tritt der Ausschlag l_2 ein.

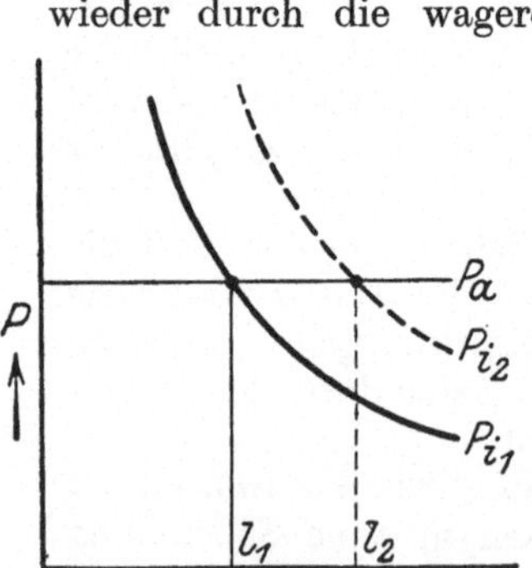

Fig. 4. Richtkräfte bei einem Instrument mit fallender innerer Richtkraft.

Anders liegen die Verhältnisse z. B. beim Bayer-Dampfmesser, bei dem die belastende Kraft des Gewichtes die konstante äußere Richtkraft P_a ist, während die von einer bestimmten zu messenden Dampfmenge x_1 auf den Schwimmer ausgeübte innere Richtkraft P_i mit zunehmendem Ausschlag abnimmt, mit abnehmendem Ausschlag schnell zunimmt, beiderseits asymptotisch der Achse sich nähernd (Fig. 4).

In jedem Fall stellt sich (Fig. 5) derjenige Zeigerausschlag l_1 ein, der dem Schnittpunkt A_1 der Kurven P_a und P_{i_1} — letztere nach dem Wert der zu messenden Größe wechselnd — zugeordnet ist. Bei einer Ablenkung des Zeigers um einen kleinen Betrag dl entsteht ein Unterschied zwischen P_a und P_i entsprechend der Strecke BC, d. h. gleich dem algebraischen Unterschied der beiden Zunahmen dP_a und $-dP_i$, die sich bei dieser willkürlichen Ablenkung dl des Zeigers vom Sollwert einstellt. Demnach ist die Verstellkraft, auf die Einheit der Skalenlänge bezogen

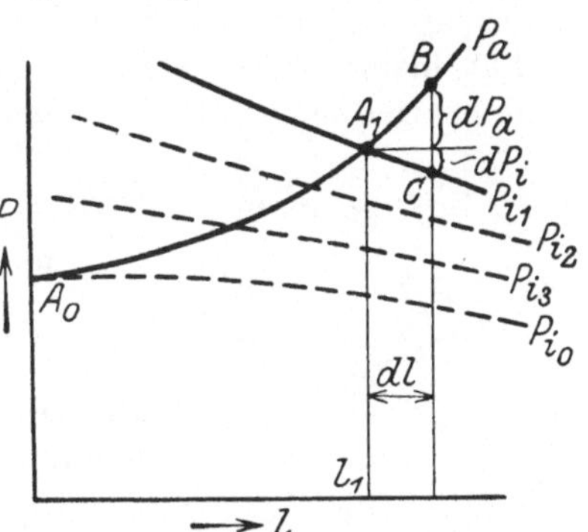

Fig. 5. Innere und äußere Richtkräfte.

$$R_1 = \frac{dP_a}{dl} - \frac{dP_i}{dl} \quad . \quad . \quad (1)$$

Sie ist nach den Regeln der Differentialrechnung, jederzeit aber auch empirisch zu bestimmen.

Jedem Wert $x_0, x_1, x_2, \ldots$ der zu messenden Größe entspricht eine andere Kurve P_{i_0}, P_{i_1}, $P_{i_2}, \ldots$ aus einer Kurvenschar. Wie die Kurvenschar in Fig. 5 gezeichnet ist, nimmt R_1 mit abnehmendem l ab, da der Schnittwinkel von P_a mit den Kurven P_i immer spitzer wird; es ergibt sich ein Bild wie Fig. 6; zu A_1 gehört A_1'. Für $l = 0$ berühren sich P_a und P_{i_0} in A_0, also wird nach Formel (1) dort $R_1 = 0$.

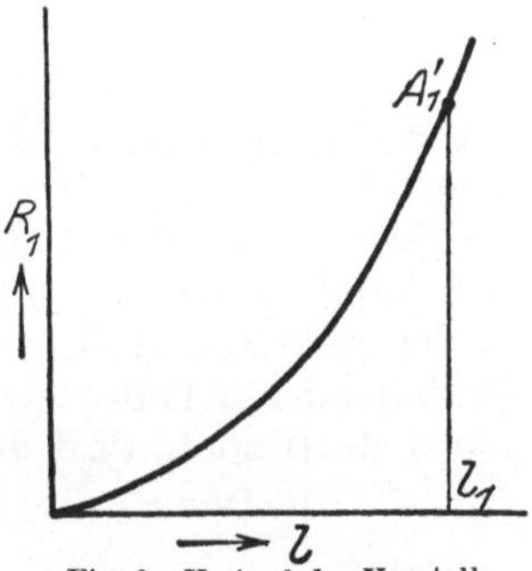

Fig. 6. Verlauf der Verstellkraft nach Fig. 5.

Es ist unzulässig, daß irgendwo die P_i-Kurve sich mit einer Kurve der P_a-Werte berührt, so daß $R_1 = 0$ wird; die Einspielung auf den betreffenden Skalenwert erfolgt sonst mangelhaft; sie wird allgemein um so ungenauer, je kleiner R_1 ist. Wenn nämlich in Fig. 7 die Reibungswiderstände einen gewissen (konstant und $\pm$ gleich angenommenen) Wert W haben, so lassen sich die Kurven $P_a + W$ und $P_a - W$ neben die Kurve P_a legen; die Unsicherheit der Einstellung ist jederzeit durch den Abstand der Ordinaten l_1' und l_1'' gegeben, die sich als Schnittpunkte mit der betreffenden P_i-Kurve ergeben; der Bereich der Unsicherheit, in Fig. 7 stark gezeichnet, ist um so kleiner, je größer $\frac{dP_a}{dl} - \frac{dP_i}{dl}$ ist, je steiler also der Bereich von $P_a + W$ bis $P_a - W$ von P_i durchschnitten wird. Diese günstige Durchschneidung kann,

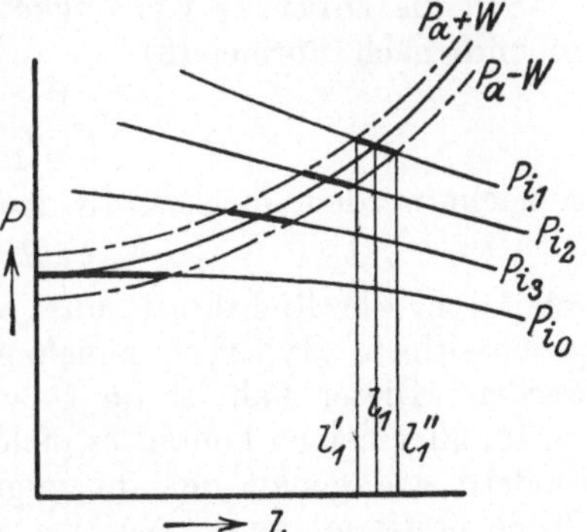

Fig. 7. Wirkung der Reibung W.

wie Fig. 3 bis 5 erkennen lassen, entweder durch Zunahme der äußeren oder durch Abnahme der inneren Richtkraft bei wachsendem Ausschlag zustande kommen, oder durch beides.

Für kleine Werte von W, wie sie guten elektrischen Meßinstrumenten eigen sind, gilt die folgende Ableitung für den Fehler Δl der Einspielung. In Fig. 8 ist das bei A liegende Dreieck größer herausgezeichnet. Es ist $\overline{BC} = -W$ und $\overline{AZ} = \Delta l$; ferner ist $\operatorname{tg}\beta = \frac{dP_a}{dl}$ und $-\operatorname{tg}\gamma = \frac{dP_i}{dl}$. Also wird in Bereichen, wo man die Teile der Kurven P_a und P_i als geradlinig ansehen kann

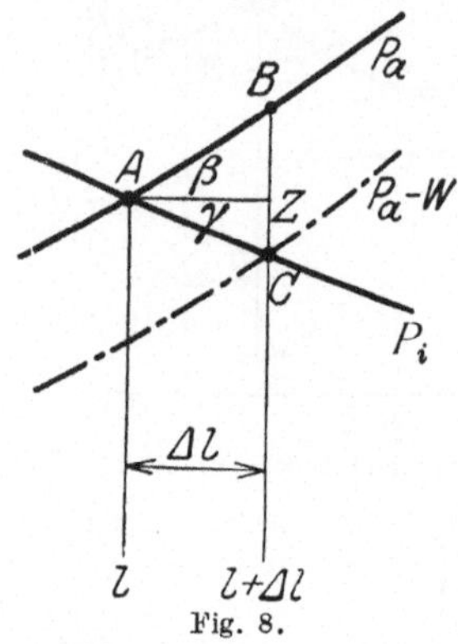

Fig. 8.

$$-W = \overline{BZ} + \overline{ZC} = \overline{AZ} \cdot (\operatorname{tg}\beta - \operatorname{tg}\gamma)$$

$$-W = \Delta l \cdot \left(\frac{dP_a}{dl} - \frac{dP_i}{dl}\right)$$

$$\Delta l = -\frac{W}{R_1} \quad \ldots\ldots\ldots\ldots \quad (2)$$

Das negative Vorzeichen ergibt für negative Werte von W ein positives Δl.

Für $l = 0$, Punkt A_0 der Fig. 5, wird $\Delta l = \infty$, weil $R_1 = 0$ ist; d. h. wo die Kurven P_a und P_i sich berühren, wird der (absolute) Fehler in der Ablesung groß, selbst bei sehr kleinem Reibungswiderstand W. Im besonderen Falle der Fig. 5 und 7, wo diese Berührung überdies bei $l = 0$ stattfindet, wird der relative Fehler des Einspielens

$$\frac{\Delta l}{l} = -\frac{W}{l \cdot R_1} \quad \ldots\ldots\ldots\ldots \quad (3)$$

besonders groß, nämlich theoretisch $\frac{\infty}{0}$. Das Instrument geht dann mangels einer Richtkraft nicht mehr auf Null zurück.

Soll die relative Genauigkeit der Messung stets die gleiche sein, so muß nach Formel (3)

$$\frac{W}{l \cdot R_1} = \text{konst.}$$

gemacht werden; meist ist W mehr oder weniger konstant, dann muß

$$l \cdot R_1 = \text{konst.}$$

sein, d. h. die Richtkraft muß bei wechselnden Werten l nach einer gleichseitigen Hyperbel zunehmen und für $l = 0$ müßte $R_1 = \infty$ werden. Dieser Fall ist im Bayer-Dampfmesser (§ 72) verwirklicht.

Im allgemeinen kommt es nicht darauf an, wie genau der Ausschlag l, sondern wie genau der ihr zugeordnete Wert x der zu messenden Größe bestimmt wird. Nur bei gleichmäßiger Teilung, die eben stillschweigend vorausgesetzt worden war, sind x und l proportional, die Figuren gelten nach einer Maßstabänderung auch für x und Fig. 3 ist daher in der Abszisse mit l oder x bezeichnet. Bei *ungleichmäßiger Teilung* kommt es aber nicht auf den Fehler Δl in der

Ablesung, sondern auf den Fehler Δx in der zu messenden Größe an. Er ist

$$\Delta x = -\frac{W}{R_1} \quad \text{. . . . .} \quad (2\text{a})$$

die Richtkraft R_i ist aber diesmal nach der Formel

$$R_1 = \frac{dP_a}{dx} - \frac{dP_i}{dx} \quad \text{. . . . .} \quad (1\text{a})$$

aus einem Diagramm zu finden, in dem dieselben Auftragungen wie bisher, jedoch über x als Abszisse, also der Beziehung $x = f(l)$ entsprechend verzerrt, aufgetragen sind.

Als Beispiel kann die Verwendung des Quecksilber-Differentialmanometers zur Messung der Menge x mittels Durchflußöffnung (§ 61) dienen. Für die Druckmessung galt Fig. 3; jetzt wird (Fig. 9) wegen der quadratischen Beziehung zwischen Druckverlust und Durchflußgeschwindigkeit der Ausschlag der Quecksilbersäule und damit die äußere Richtkraft durch eine Parabel dargestellt; die innere Richtkraft ist nach wie vor jeweils durch eine Gerade gegeben, z. B. durch P_{i_1} entsprechend dem Schnittpunkt A_1 und der Anzeige x_1; bei doppelter Durchflußmenge, $x_2 = 2\,x_1$ ist die nicht ausgeglichene Quecksilbersäule viermal so hoch, ergibt also $P_{i_2} = 4\,P_{i_1}$.

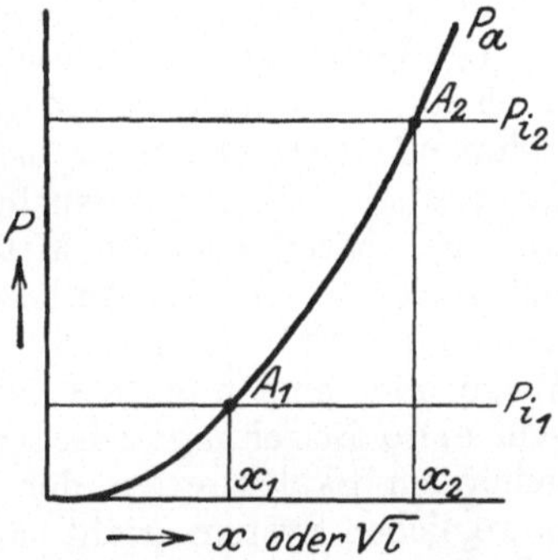

Fig. 9. Richtkräfte beim quadratischen Gesetz.

Während nun bei der Druckmessung, Fig. 3, der Schnittwinkel von P_i mit P_a stets der gleiche, die Verstellkraft also stets dieselbe bleibt, wird bei der Mengenmessung, Fig. 9, der Schnitt um so spitzer, die Richtkraft um so kleiner und die Messung um so ungenauer, je kleiner die zu messende Menge x ist. Für $x = 0$ fällt P_i mit der Abszissenachse zusammen, P_a und P_i berühren sich. Wie also schon besprochen, wird die auf die Menge bezogene Richtkraft hier Null, die Einspielgenauigkeit bei gegebener Reibung ganz unzulänglich.

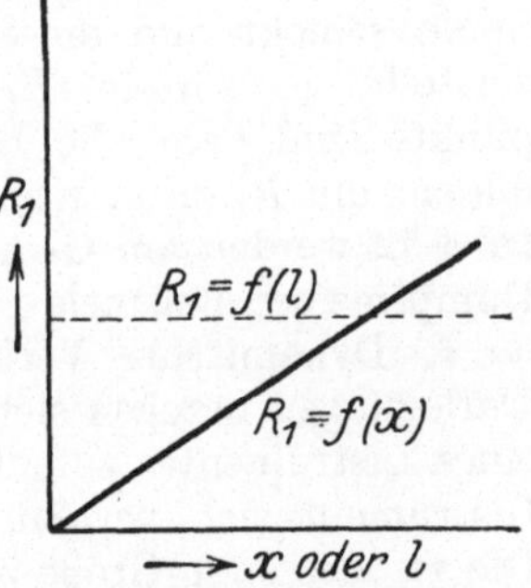

Fig. 10. Verstellkraft beim quadratischen Gesetz.

Nach mathematischen Gesetzen über die Parabel ist $P_a = c \cdot x^2$, also $\frac{dP_a}{dx} = 2\,cx$; ferner ist konstant $\frac{dP_i}{dx} = 0$; also wird $R_1 = 2\,cx$, die Verstellkraft wird demnach durch eine ansteigende Gerade dargestellt, für $x = 0$ wird $R_1 = 0$, siehe Fig. 10; bei bestimmtem Wert W der Reibung wird für $x = 0$ der Meßfehler $\Delta x = \infty$.

Ein anderes Beispiel für das Vorkommen ungleichmäßiger Teilungen, insbesondere der Wurzelbeziehung, bieten die elektrischen Hitzdrahtinstrumente.

Es ist zu beachten, daß in solchen Fällen nicht nur die Genauigkeit der Ablesung wegen der engen Skalenteilung bei kleinen Meßwerten unbefriedigend wird, sondern auch die Richtkraft zum Verschwinden kommt. Daher wird auch die Einspielung mangelhaft. Vor allem ist es deshalb zwecklos, durch irgendeine mechanische Konstruktion, etwa eine passende Übersetzung, die Teilung in eine proportionale zu verwandeln; eine Richtkraft von der Größe Null behält diesen Wert bei jeder Übersetzung, es muß also bei jeder denkbaren Anordnung die Einstellung nahe der Null ungenau werden, zumal jede Übersetzung die Reibung vermehrt.

Meßinstrumenten und Meßmethoden, die einem Wurzel- oder ähnlichem Potenzgesetz gehorchen, also eine verjüngte Teilung liefern, sind daher grundsätzlich nur dann verwendbar, wenn die zu messende Größe niemals der Null nahe kommt.

Der Verlauf der Kurvenschar der P_i läßt sich außer durch Rechnung auch durch *Versuch am fertigen Instrument* finden; der hieraus zu entnehmende Verlauf von R_1 ist wichtig für die Beurteilung des Instrumentes. Zu dieser Untersuchung löst man die Verbindung zwischen P_a und P_i, hängt also die Meßfeder oder das Meßgewicht vom beweglichen System ab. Im Aufhängepunkt bringt man an jedem der beiden Teile eine Einrichtung zur Messung von Kräften an, nämlich eine Wage oder eine direkte Gewichtsbelastung. Bei der Meßfeder ergibt sich eine Beziehung zwischen Kraft und Weg, die man über den zugehörigen Skalenwerten der zu messenden Größe x aufträgt. Beim beweglichen System ergibt sich je eine Beziehung zwischen Kraft und Weg für je einen Wert der Erregung durch die zu messende Größe x; jede dieser Beziehungen trägt man über x auf. Für ein Drehspul-Amperemeter ermittelt man also, nach Trennung der Meßfeder von der Drehspule, einmal an der Meßfeder $P_a = f(l)$, weiterhin zunächst $P_i = f(0)$ für $i = 0$, dann indem man Ströme $i_1, i_2, \ldots$ durch die Spule schickt und die Spule mit der Hand auf verschiedene Werte l einstellt, je einzeln $P_i = f(l_1)$; $P_i = f(l_2), \ldots$ Für die Schnittpunkte sind dann die Kurvenneigungen und deren Unterschiede zu bilden, um R_1 zu gewinnen. Man erhält Bilder wie Fig. 3, 4 und 5. — In § 72 werden am Gehre-Differentialmanometer und am Bayer-Dampfmesser Beispiele für diese Ermittlung gegeben.

7. Dynamisches Verhalten der Skaleninstrumente. Die bisherigen Darlegungen bezogen sich auf die Frage, auf welchen Stand der Zeiger eines Instrumentes zum Einspielen kommt. Es fragt sich nun, wie ein Instrument sich verhält, wenn die zu messende Größe sich ändert. Die zu messende Größe ändere sich von einem Wert, den sie konstant einhielt, sprungweise auf einen anderen Wert, den sie fortan konstant einhält; dann wünscht man, daß das Instrument sich möglichst prompt auf den neuen Wert einstellt und sein Zeiger in der neuen Stellung verharrt.

So möge in Fig. 11 der starke Strich $XABY$ den Verlauf der Spannung abhängig von der Zeit aufgetragen zeigen. Von A bis B ist die Spannung sehr schnell, das heißt in unmeßbar kurzer Zeit, angestiegen.

Daß kein Instrument diesen Verlauf genau angeben kann, wird folgende Überlegung zeigen, bei der auch wieder das Plattenfedermanometer als Beispiel diene.

Jede Ruhestellung des Zeigerwerkes kommt dadurch zustande, daß die von unten auf die Plattenfeder wirkende, von der zu messenden Spannung hervorgerufene innere Richtkraft der äußeren Richtkraft das Gleichgewicht hält, die in der Plattenfeder durch deren Deformation wachgerufen wird. Das war also auch während der Zeit XA der Fall. Eine Veränderung der Spannung nach $XABY$ zieht eine Störung des Gleichgewichtes und eben dadurch eine Verstellung des Zeigerwerkes nach sich. Zur Verstellung des Zeigerwerkes, das jedenfalls eine gewisse, wenn auch vielleicht geringe Masse besitzt, ist es notwendig, dieser Masse eine Geschwindigkeit, wenn auch vielleicht nur eine kleine, zu erteilen, und dazu ist das Vorhandensein einer beschleunigenden Kraft die Voraussetzung. Diese Verstellkraft R wird durch jene Störung des Gleichgewichtszustandes ausgelöst, indem zu gewissen Zeiten die zu messenden Spannungen und die Angaben des Instrumentes einander nicht entsprechen. Nachdem die Spannung bei A plötzlich ihren Wert geändert hat, wird sich das Getriebe gleichwohl nur allmählich in Bewegung setzen, Kurve AC, nämlich nur nach Maßgabe der Beschleunigungen, die dem jeweiligen Unterschiede zwischen der von der Spannung hervorgerufenen Kraft, gegeben durch ABC, und der durch die Zeigerstellung festgelegten Kraft der Plattenfeder, gegeben durch $\widehat{AC}$, entspricht. Die senkrechten Abstände von BC bis $\widehat{AC}$ sind ein Maß der Verstellkraft R, wagerecht sind die Zeiten t aufgetragen, also ist die schraffierte Fläche $ABC = \int R \cdot dt$ nach dem Satz vom Antrieb ein Maß für die Geschwindigkeit, die das Getriebe bis zum Punkte C angenommen hat, wenn die ganze durch das Nacheilen des Instrumentes freigewordene Energie in kinetische Energie verwandelt und nicht etwa durch Widerstände aufgezehrt ist. Im Punkt C enthält das Getriebe dann kinetische Energie, die den Zeiger über sein Ziel hinausschießen läßt. Da nun Verstellkräfte $-R$ im umgekehrten Sinne wach werden, entsprechend dem jeweiligen Unterschied zwischen den Spannungen CDF und der Plattenfederkraft CEF, so wird die kinetische Energie bis E hin, wo das Zeigerwerk zur Ruhe kommt, aufgezehrt sein, wenn die Fläche CDE gleich der Fläche ABC ist; bei F würde die gleiche Geschwindigkeit, jedoch im umgekehrten Sinne wie bei C, wieder vorhanden sein, und nun würde der Zeiger wieder bis G über die Gleichgewichtslage hinausschießen — ein Spiel, das nie zu Ende kommt, wenn das Getriebe widerstandslos wäre, wie wir es annahmen.

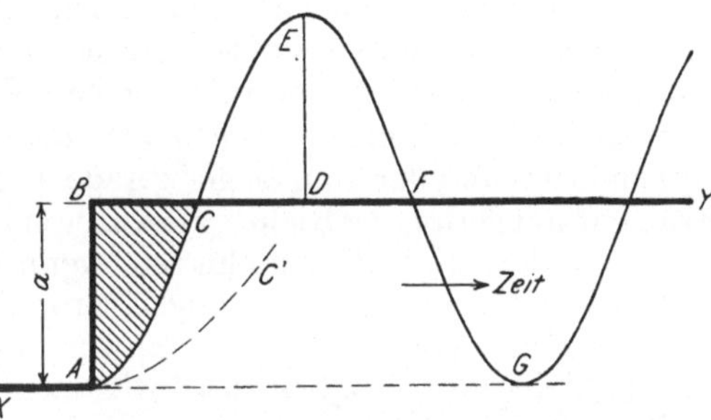

Fig. 11. Verhalten eines ungedämpften Instrumentes.

Haben nun zwei Instrumente gleiche Größe und Stärke der Plattenfeder, so daß also die innere Richtkraft bei beiden gleich ausfällt, so bleibt dasjenige Instrument mehr zurück, dessen Triebwerkteile schwerer gehalten sind und größere Bewegungen auszuführen haben — dasjenige also, dessen Trägheit größer ist. Andererseits können wir uns zwei Instrumente verschiedener Richtkraft denken, die im Triebwerk durchaus identisch sind; das setzt bei gleicher Skalenteilung voraus, daß die Plattenfedern für gleiche Spannungsänderungen gleiche Durchbiegungen erfahren; dem aber können wir gerecht werden, indem wir bei einem der Instrumente eine kleinere und zugleich schwächere, bei dem anderen eine größere und entsprechend stärkere Plattenfeder verwenden. Das erstere Instrument würde nun eine kleinere Verstellkraft ergeben für einen bestimmten Unterschied zwischen der tatsächlich unter der Plattenfeder vorhandenen und der vom Zeiger gerade angezeigten Spannung. Das Instrument mit geringerer Richtkraft würde etwa — gleiche Trägheit vorausgesetzt — den Weg AC' einschlagen, wenn das Zeigerwerk des anderen nach AC sich zu bewegen gezwungen wird. Beide Einflüsse zusammengenommen, kann man sagen: Die Schwingungen werden um so schneller sein, je kleiner die Trägheit des Instrumentes im Verhältnis zur Richtkraft ist. Diese beiden zusammen bestimmen den Verlauf der Kurve AC bei dem widerstandslos gedachten Getriebe, und bestimmen damit die Anzahl der in einer Sekunde ausgeführten Schwingungen des Zeigerwerkes, seine *Eigenschwingungszahl*. Bezeichnen wir mit m die Masse der bewegten Teile, wobei die verschiedene Geschwindigkeit der verschiedenen Teile durch Reduktion der Massen auf einen bestimmten Teil, etwa auf den Angriffspunkt der Meßfeder am Getriebe, zu berücksichtigen ist — und bezeichnen wir mit c die Federkonstante der Feder, das heißt die Kraft, die an jenem Angriffspunkt angreifen muß, um ihn um die Einheit des Weges aus seiner Ruhelage zu verschieben, entgegen der wach werdenden Federspannung, so ist die Eigenschwingungs**zeit** durch den Ausdruck

$$t_s = 2\pi\sqrt{\frac{m}{c}} \qquad (4)$$

gegeben. Die Eigenschwingungs**zahl** $1 : t_s$ nimmt zu mit Verminderung der Trägheit oder der Masse der bewegten Teile und mit Vermehrung der Richtkraft[1]).

Nun hat jedes Instrument *Widerstände*; unvermeidlich sind jedenfalls die Reibung in irgendwelchen Lagerungen und der Widerstand der Luft, in der das Triebwerk seine Bewegungen ausführen muß. Die Widerstände im Triebwerk dämpfen die Schwingungen und lassen die Werte des Ausschlags allmählich abklingen; nur bei sehr starker Dämpfung wird jedoch die Anzahl der in der Sekunde stattfindenden Schwingungen gegenüber der Eigenschwingungszahl des widerstandslos gedachten Instrumentes **wesentlich** verändert. Es entstehen

[1]) Genauere Begründung der Gesetze der Eigenschwingungen etwa in: Lorenz, Technische Physik, Band I, S. 63, 203.

Bewegungen des Zeigerwerkes, die durch die Fig. 12 gegeben sind, in der die Kurve *1* wieder die ungedämpfte Schwingung der Fig. 11 darstellt.

Widerstände jeder Art bringen die Schwingungen zum Verschwinden, indem sie die Geschwindigkeitsfläche *ABC* der Fig. 11 aufzehren. Aber für die Brauchbarkeit des Instrumentes macht es einen wesentlichen Unterschied aus, ob die Widerstände mit Abnahme der Geschwindigkeit selbst abnehmen, etwa proportional der Geschwindigkeit oder proportional ihrem Quadrate oder einer anderen Potenz sind, wenn nur der Geschwindigkeit Null, dem Stillstand des Zeigerwerkes, ein Widerstand Null entspricht; oder aber ob die Widerstände nicht zugleich mit der Geschwindigkeit der Triebwerkbewegung gegen Null konvergieren, so daß sie also auch im Stillstand einen endlichen Wert haben. Letzteres ist bekanntlich die Eigenschaft der Reibung fester Körper aneinander, deren Betrag mehr oder weniger unabhängig von der Geschwindigkeit ist und der man sogar nachsagt, die Reibung der Ruhe sei größer als

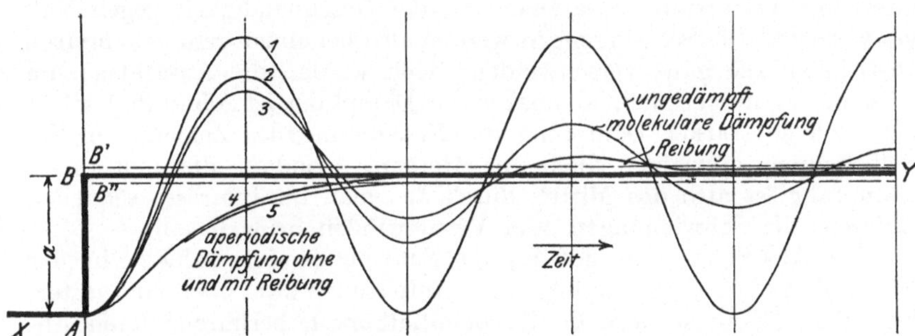

Fig. 12. Verhalten des Instrumentes bei plötzlichen Änderungen.

die der Bewegung. Die Widerstände hingegen, die von Flüssigkeiten oder von Gasen, namentlich von Luft, herrühren, werden zugleich mit der Geschwindigkeit zu Null, sie setzen daher nur der schnellen Bewegung wesentlichen Widerstand entgegen, die langsame Bewegung des Triebwerkes lassen sie ungestört zu; diese Art Widerstände bezeichnet man im Gegensatz zur Reibung im Triebwerk als dessen Dämpfung (im engeren Sinne). — Es ist übrigens auch üblich, unter dem Namen Dämpfung (im weiteren Sinne) die Reibung und die eigentliche Dämpfung zusammenzufassen; man spricht dann von mechanischer und von molekularer Dämpfung und nennt ein Instrument, das beide Arten aufweist — was mehr oder weniger immer der Fall sein wird —, doppelt gedämpft.

Für die Brauchbarkeit des Instrumentes ist es also wesentlich, ob die Schwingungen durch rein molekulare Dämpfung oder ob sie durch Reibung, allein oder in Verbindung mit ersterer, vernichtet werden. Im ersteren Fall kann der Verlauf nach Kurve *2*, im letzteren nach Kurve *3* vor sich gehen. Reibung bedingt Unempfindlichkeit des Instrumentes (§ 6); sie bewirkt, daß der Zeiger nicht nur in der Soll-Lage *BY* in Ruhe verharren kann, sondern auch um so viel darüber oder darunter, wie dem Werte der Reibung entspricht. B' und B'' mögen die Angaben sein, die das Instrument macht, wenn man den Druck vorsichtig, von unten oder von oben her kommend, auf den Wert BY bringt. Die Schwingungen werden dann irgendwo zwischen B' und B'' zur Ruhe kommen, sobald die ausgelöste Geschwindigkeitsenergie aufgezehrt ist. — Die Reibung bewirkt also, daß wir innerhalb der durch B' und B'' gezogenen Grenzen über den wahren Wert der zu messenden Größe im unklaren bleiben. Wollte man im Interesse schneller Ablesung die Reibung verstärken, so würde man wohl ein schnelles Aufhören der Schwingungen erreichen, zugleich aber den Abstand $B'\,B''$ verbreitern und also die Ablesung ungenauer machen. Die Reibung ist also, wie auch hieraus wieder hervorgeht, schädlich.

Das Verhalten eines reibungsfreien, jedoch (molekular) gedämpften Instrumentes kann durch Kurve *2* zur Darstellung gebracht werden. Die Flächen über und unter der Soll-Lage BY werden kleiner und kleiner; doch werden die Flächen nie verschwinden, eben weil der ausgeübte Widerstand zusammen mit der Geschwindigkeit gegen Null konvergiert. Die Schwingungen werden also bei einem rein gedämpften Instrument nie ganz verschwinden; doch werden die Ausschläge um so schneller unmerklich, je stärker die Dämpfung ist, ohne daß selbst bei noch so starker Dämpfung die Endstellung des Zeigers von der Soll-Stellung abwiche. Nicht die Reibung, sondern die molekulare Dämpfung ist also das Mittel, durch das man im Interesse schnellen Ablesens die Schwingungen zum Verschwinden bringen soll.

Das Abklingen rein gedämpfter Schwingungen geschieht in der Weise, daß die aufeinanderfolgenden Amplituden zwei ober- und unterhalb der BY-Achse liegende Exponentialkurven berühren, deren Abstände z von der Linie BY durch den Ausdruck $z = a \cdot e^{-\frac{\varepsilon}{2m} \cdot t}$ dargestellt werden; ε bedeutet den Dämpfungsfaktor und gibt den Widerstand an, der im Angriffspunkt der Meßfeder — auf den auch m bezogen war — zu überwinden ist, wenn man den Angriffspunkt entgegen den Widerständen des Triebwerkes mit der Einheit der Geschwindigkeit bewegen will.

Man kann schreiben: $t = -2 \cdot \frac{m}{\varepsilon} \cdot \ln \frac{z}{a} \cdot$ Die Zeitdauer, die vergeht, bis die Ausschläge auf einen gewissen Bruchteil $\frac{z}{a}$ des Sprunges a herabgegangen sind, ist also proportional dem Verhältnis $\frac{m}{\varepsilon}$; sie läßt sich herabdrücken durch Vergrößern der Dämpfung oder durch Verringerung der Trägheit; die Federkonstante aber hat keinen Einfluß darauf, wie lange man mit der Ablesung warten muß, und so hat auch eine hohe Eigenschwingungszahl des Instrumentes in d i e s e r Hinsicht keinen unbedingten Vorteil.

Bei stärkerer Dämpfung kommt es dahin, daß die gesamte, durch das Nacheilen des Instrumentes frei gewordene Energie schon in der ersten Teilschwingung aufgezehrt wird; das Instrument ist *aperiodisch.* Sein Verhalten wird dann durch Kurve *4* veranschaulicht: das Zeigerwerk geht ohne Schwingungen sanft in seine neue Stellung über. Man erkennt, daß ein ganz oder annähernd aperiodisches Verhalten des Zeigerwerkes eine sehr erwünschte Eigenschaft des Instrumentes ist. Neben dem Gesichtspunkt schneller Ablesbarkeit ist auch noch die Tatsache anzuführen, daß die Schwingungen das Zeigerwerk abnutzen. — Man könnte die Dämpfung noch über das Eintreten aperiodischen Verhaltens hinaus steigern; die Folge davon wäre aber, daß das Instrument erst später in seine neue Ruhestellung kommt, also würde die Ablesung unnütz verzögert.

Hat das aperiodisch gedämpfte Instrument noch Reibung, so macht es eine Bewegung nach Kurve *5*, es bleibt um den Betrag der Reibung von der Soll-Stellung entfernt.

Wo merkliche Reibung vorhanden ist, da ist ganz aperiodisches Verhalten des Instrumentes weniger gut als schwächer, jedoch ausreichend gedämpftes Verhalten: Es ist ein Verhalten nach Kurve *3* besser als ein solches nach Kurve *5*. Denn man pflegt den Einfluß von Reibung zu eliminieren, oder wenigstens das Vorhandensein von Reibung festzustellen, indem man das Instrument mehrfach in seine neue Lage kommen läßt, und die Übereinstimmung der einzelnen Ablesungen prüft. Ein nach Kurve *3* gedämpftes Instrument kommt dann in wechselnden Stellungen zwischen den Linien B' und B'' zur Ruhe, läßt dadurch das Vorhandensein von Reibung erkennen, und gestattet namentlich durch Mittelwertbildung die Reibung unschädlich zu machen. Ein nach Kurve *5* gedämpftes Instrument aber wird — wenn man es nicht etwa abwechselnd von unten und von oben her in seine neue Lage kommen lassen kann — immer die Lage B'' annehmen, es e r s c h e i n t besonders gut, während man doch gerade bei ihm auch durch mehrfaches Ablesen und Mittelwertbildung keine besseren Ergebnisse erhält. —

Nun ist aber noch folgendes zu erwägen. Ein Verlauf der zu messenden Funktion nach dem Zuge $XABY$, Fig. 12, mit einem senkrechten Sprung von A nach B, ist praktisch unmöglich. Annähernd liegen solche Verhältnisse vor bei elektrischen Meßinstrumenten; zwar kann auch eine Änderung der Stromstärke nicht ganz plötzlich erfolgen wegen der Ladungserscheinungen und der Selbstinduktion; aber die Zeit, bis nach Herausreißen eines Schalters ein neuer Zustand eintritt, ist sehr klein im Verhältnis zur Eigenschwingungszahl des besten Instrumentes; man kann also Fig. 12 als für elektrische Instrumente näherungsweise gültig ansehen. Wo aber bei Messung mechanischer Größen auch die Wirkungen mechanischer Trägheit ins Spiel kommen, da kann sich ein neuer Zustand in den zu messenden Verhältnissen erst nach Verlauf einer gewissen Zeit einstellen — auch der Übergang in einen neuen Zustand findet in Form eines Schwingungsvorganges statt, der periodisch oder aperiodisch gedämpft ist. Wenn man die Spannung in einem Luftbehälter steigert, so ist dazu Einfüllen von Luft nötig, was Zeit erfordert; im allgemeinen wird sich der Druck im Behälter asymptotisch seinem neuen Sollwert nähern. Wenn man an einem Nebenschluß-Elektromotor die Umlaufzahl nachregelt, so nähert sich, wie ein angebrachtes Tachometer erkennen läßt, die Umlaufzahl asymptotisch dem neuen Wert.

In Fig 13 ist das Verhalten von Instrumenten dargestellt, wenn in dieser Art eine allmählich verlaufende Änderung der zu messenden Größe vorliegt; als Gesetz der Änderung ist eine Exponentialkurve XY angenommen, über die sich nun die Eigenschwingungen des Instrumentes lagern. Eingezeichnet sind die Bewegungen eines ungedämpften, eines periodisch und eines aperiodisch gedämpften Instrumentes, doch ist nur an reibungsfreie Instrumente gedacht. Der Verlauf der Kurven ist durchaus der zu erwartende. Zur Beurteilung der Instrumente wäre zu bedenken, daß es keinen Zweck hat, das Instrument allzu stark zu dämpfen; denn bevor die zu messende Größe nicht ihren neuen Wert annähernd erreicht hat, kann man das Instrument doch nicht ablesen. Außerdem hat jetzt die Eigenschwingungszahl des Instrumentes eine viel größere Bedeutung als früher. Bei Fig. 11 und 12

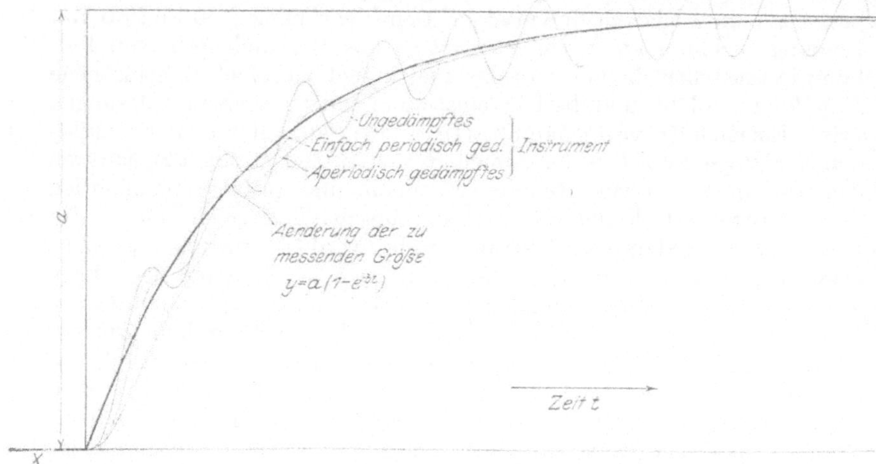

Fig. 13. Verhalten des Instrumentes bei allmählicher Änderung.

konnte eine noch so große Eigenschwingungszahl nichts daran ändern, daß die Amplituden dauernd die Größe des Sprunges a beibehalten, wenn man nicht durch Dämpfung für ihre Verminderung sorgte. In Fig. 13 aber fallen die Amplituden selbst beim ganz ungedämpften Instrument viel kleiner aus als der Sprung; und zwar fallen sie um so kleiner aus, je größer die Eigenschwingungszahl ist im Verhältnis zum Verlauf der erregenden Exponentialkurve. Man kann jetzt also durch einfache Erhöhung der Eigenschwingungszahl Eigenschaften der Instrumente erzielen, die denen von gut gedämpften Instrumenten gleich oder überlegen sind, ohne daß die Instrumente überhaupt eine Dämpfung zu haben brauchen. Praktisch wird dann immer eine gewisse, wenn auch geringe Dämpfung zu Hilfe kommen. Im übrigen sollte man von aperiodischer Dämpfung aus den oben schon gegebenen Gründen so weit fernbleiben, daß das Instrument gerade noch schwache Schwingungen macht, wenn die zu messende Größe ihren neuen Wert erreicht hat,

Dann kann man durch mehrfaches Ablesen die Reibung eliminieren. Die Dämpfung sollte also je nach der Geschwindigkeit gewählt werden, mit der die zu messende Größe sich ändert.

Erwähnt sei noch, daß es sich bei den Fig. 11 bis 13 um keinen bestimmten Maßstab, sondern überall nur um Verhältniswerte handelt — insbesondere auch für die Zeiten.

8. Konstruktive Maßnahmen. Das Ergebnis der Betrachtungen läßt sich in folgende *Regeln für die Konstruktion von Skaleninstrumenten* zusammenfassen, an welche die Forderung schnellen und genauen Anzeigens gestellt werden: Die Eigenschwingungszahl des Instrumentes ist durch Verringerung seiner Trägheit und durch Vergrößerung der verstellenden Kraft möglichst zu vergrößern; die Widerstände durch Reibung sind möglichst zu vermindern, die Dämpfung ist bis in die Nähe aperiodischen Verhaltens zu steigern, jedoch nicht weiter.

Konstruktiv kann man die Trägheit vermindern durch passende Anordnung der Teile und indem man sie möglichst leicht ausführt, etwa unter Verwendung von Aluminium. Die Vergrößerung der Richtkräfte ist bei den verschiedenen Instrumenten in verschiedenster Weise zu erreichen, meist durch Vergrößerung der wirksamen Teile unter gleichzeitiger Verstärkung der messenden Feder — wenn solche vorhanden ist; beim Plattenfedermanometer wäre, wie schon erwähnt, die Vergrößerung der freien Fläche der Feder unter gleichzeitiger Verstärkung das anzuwendende Mittel, beim Indikator die Vergrößerung des Kolbens, bei elektrischen Instrumenten die Vergrößerung der Windungszahl oder dergleichen; freilich haben solche Maßnahmen meist auch eine Vergrößerung der Masse im Gefolge, und das hebt die erstrebte Wirkung zum Teil wieder auf. Die Anwendung von Gewichten an Stelle von Meßfedern bürgt zwar in gewissem Grade für Unveränderlichkeit der Angabe, führt aber zu einer Vergrößerung der Masse, zumal da man mit Vergrößerung der verstellenden Kraft auch die Gewichte vergrößern muß. Aus dem in § 72 bei Fig. 159 und 168 Gesagten folgt aber, daß oft die Wahl einer besseren Meß a n o r d n u n g wirksamer ist, als die bestmögliche Ausgestaltung einer weniger guten.

Die Verringerung der Reibung ist durch sorgsame Arbeit, durch Anwendung von Steinlagern oder Spitzenlagerungen, oft auch durch bessere konstruktive Anordnung zu erreichen, die eine Verminderung der Lagerdrucke etwa durch Auswuchten der Teile, oder die eine Verminderung der Reibungswege bezwecken kann. Was endlich die Dämpfung anlangt, so sind die anzuwendenden Mittel zu ihrer Vergrößerung: Einbau von Öl- oder Luftbremsen; bei Luftbremsen — in Luft umlaufenden Windflügeln — muß man oft durch Zwischenschaltung von Zahnrädern oder Hebelwerken für Vergrößerung des von den Flügeln gemachten Weges sorgen, da es auf Abtötung eines bestimmten Arbeitsbetrages ankommt. Auch Metallscheiben, vor permanenten Magneten spielend, ergeben eine Dämpfung durch Erzeugung von Wirbelströmen; die Scheiben können aus Aluminium bestehen. Bei Manometern vergrößert man die Dämpfung beliebig durch Abdrosseln des freien Querschnittes im Manometerhahn.

Häufig werden die Schwingungs- und Dämpfungsverhältnisse viel mehr durch die Art der Verwendung des Instrumentes als durch dieses selbst bestimmt; dann kann unter Umständen eine Änderung des Instrumentes wenig Vorteil bringen. Um immer dasselbe Beispiel zu nennen: ändert sich die Spannung einer Flüssigkeit plötzlich, so geht es nie ohne Schwingungen des Manometers ab; wenn aber die Plattenfeder eines Manometers Schwingungen ausführen will, so muß Flüssigkeit in das Manometer ein- und austreten: die Flüssigkeit im Manometerrohr muß die Schwingungen mitmachen und vergrößert scheinbar dessen Masse. Je nach Länge und Weite des Manometeranschlusses können dann Schwingungszeiten und Dämpfungsverhältnisse eines und desselben Manometers ganz verschieden sein. So wird auch in § 90 der große Einfluß besprochen, den beim Indikator die Wassermasse auf das dynamische Verhalten des Instrumentes beim Indizieren von Wasserpumpen ausübt.

Man mache es sich zur Regel, nur mit guten Instrumenten zu arbeiten. Keine Korrektion kann die Fehler eines schlechten Instrumentes unschädlich machen. Insbesondere versuche man nicht, größere Beträge der Reibung durch Korrektion unschädlich zu machen. Ihr Betrag ist schwankend, und man weiß selten sicher, ob das Instrument aufwärts- oder abwärtsgehend in seine Lage gelangt ist. Es ist aber eine gute Regel, Korrektionen nur dann anzubringen, wenn sie sicher eine Verbesserung bedeuten.

9. Messung periodisch schwankender Größen. In zahlreichen Fällen sind Größen zu messen, deren Wert regelmäßigen Schwankungen unterliegt. So schwankt bei Kolbenmaschinen eine Reihe von Größen im Takte des Maschinenganges.

Die Aufgabe bei der Messung kann in solchen Fällen eine zweifach verschiedene sein. Entweder man will den Mittelwert kennen, oder man will die Schwankungen selbst verfolgen, etwa das Gesetz ergründen, dem sie gehorchen. Im ersten Fall muß das Instrument die Schwankungen nach Möglichkeit nicht mitmachen, im letzteren Fall soll es sie mitmachen und dann meist graphisch aufschreiben.

Für die *Messung des Mittelwertes* muß das Instrument eine genügend starke Dämpfung besitzen. An den Manometern einer Dampfmaschine drosselt man die Manometerhähne ab, bis die Bewegungen der Zeiger klein genug sind, um die Ablesung zu gestatten.

Die Ablesung wird oft erst dann befriedigend, wenn man die Schwankungen fast ganz abgedrosselt hat; denn man pflegt bei einem stärker schwankenden Instrument das arithmetische Mittel der äußersten Zeigerstellungen abzulesen; dieses ist aber durchaus nicht immer der zeitliche Mittelwert der beobachteten Größe; so hat beim Frischdampfmanometer einer Dampfmaschine der Druck während des größten Teils der Zeit seinen Höchstwert und zuckt nur während der kurzen Füllungszeit abwärts. — Übrigens würde man ein Stillstehen des Instrumentes gegenüber periodischen Schwankungen außer durch Vergrößerung der Dämpfung auch durch Verminderung der Eigenschwingungszahl (Vergrößerung der Trägheit und Verkleinerung der verstellenden Kraft) erreichen, die nach § 6b eine Nacheilung des Instrumentes im Gefolge hat. Doch ist dieses Mittel weniger gut, weil es das Instrument gegenüber Einzelimpulsen weniger brauchbar macht (§ 7). Immerhin braucht man bei Instrumenten zur Messung des Mittelwertes nicht auf allzu hohe Eigenschwingungszahl bedacht zu sein.

Auch das Thermometer folgt schnellen Temperaturschwankungen nicht. Hier rührt die Eigenschaft davon her, daß die Wärme Zeit braucht, um sich dem Quecksilber mitzuteilen.

Wenn es sich nicht um Messung des Mittelwertes, sondern um *Untersuchung der Schwankungen* handelt, so kann das Instrument ebensowenig wie in den Fällen der Fig. 11 bis 13 den Verlauf der zu messenden Größen genau aufzeichnen. Abweichungen der jeweiligen Triebwerkstellung von dem Sollwert sind es erst, die eine verstellende Kraft frei werden lassen und dadurch die Beschleunigung der Massen des Instrumentes ermöglichen. Die freigewordene Arbeit setzt sich auch hier in Schwingungen um, die durch Dämpfung zu beseitigen wären. Nur darf man im jetzigen Fall die Dämpfung nicht weit treiben, will man nicht neben den Eigenschwingungen des Instrumentes auch die Triebwerkbewegung abfangen, die die zu messende Größe selbst zeigen soll; auch vermehrt die Dämpfung die Nacheilung des Instrumentes. Wenn also eine Abdämpfung der Schwingungen, die sich über die Darstellung des zu untersuchenden Vorganges lagern, nicht tunlich ist, so muß man dafür sorgen, daß die Ursache der Schwingungen möglichst beseitigt wird. Als solche erkannten wir in den Darlegungen zu Fig. 11 das Auftreten der Energiefläche ABC. Wir müssen also das Instrument zu schnellerem Nachfolgen zwingen durch Verminderung seiner Masse und Vergrößerung der verstellenden Kraft — das heißt, wir verkleinern die in Schwingungen umgesetzte Energie durch Erhöhung der Eigenschwingungszahl des Instrumentes. Die Eigenschwingungszahl des Instrumentes sollte jedenfalls e r h e b l i c h größer sein als die wesentliche Periode der zu messenden Änderungen.

Die wichtigsten Fälle, wo periodisch schwankende Größen zu verfolgen sind, sind die Spannungsschwankungen im Zylinder einer Kolbenmaschine und die Geschwindigkeitsschwankungen im Gange von Maschinen. Erstere werden mit dem Indikator, letztere mit dem Tachographen untersucht. Wir kommen daher insbesondere bei Besprechung des Indikators auf die auftretenden Schwingungen und ihre Berücksichtigung zurück (§ 90 und 93).

10. Ausgleichinstrumente (und -methoden). Eine besondere Meßgenauigkeit erreicht man bei passender Anordnung der Messung, indem man die zu messende Größe durch eine ihr gleichartige, irgendwie bekannte kompensiert und entweder die Gleichheit beider feststellt oder die letzten verbleibenden Unterschiede durch eine sehr empfindliche Meßmethode mißt. Das bekannteste Beispiel dafür ist die zweiarmige Balkenwage oder die Dezimalwage. Die Last wird entweder genau durch bekannte Gewichte ausgeglichen *(Nullmethode)* oder es werden zum Schluß die letzten Teile aus der Neigung des Wagebalkens gefunden. Ein anderes Beispiel ist die Widerstandsmessung mit dem

Wheatstoneschen Brückenviereck, bei dem meist einfach die Stromlosigkeit in der Brücke konstatiert wird, bei dem aber auch, wenn die Vergleichswiderstände nicht fein genug gestuft sind, ein zum Schluß verbleibender Ausschlag des Galvanometers zur Bestimmung einer weiteren Dezimale dienen kann (§ 99a).

Im Sinne unserer bisherigen Darlegungen kann man das Verhalten der Balkenwage wie folgt darstellen. Danach gleichen sich dann die beiderseitigen Gewichte G_1 und G_2 bis auf die kleine Differenz $G_1 - G_2$ in sich aus, und in bezug auf $G_1 - G_2$ ist die Balkenwage nun als sehr empfindliche Neigungswage zu betrachten; der Unterschied $(G_1 - G_2) \cdot l$ ist nun die innere Richtkraft P_i, sie wird gemessen durch das bei einer Balkenneigung freiwerdende Moment, das dem Gewicht G_b des Wagebalkens multipliziert mit seinem jeweiligen Schwerpunktsabstand s von der Senkrechten durch die Mittelschneide entspricht; dies Moment $G_b \cdot s = P_a$ ist die äußere Richtkraft, es nimmt mit wachsenden positiven $+$-Ausschlägen des Balkens ihnen etwa proportional zu.

Das Wesen der Ausgleichsmethode ist es also, die eigentliche Messung durch eine Differenzmessung zu ersetzen. Voraussetzung ist aber eine weitgehende Ausschaltung der Reibung, wie sie bei der Balkenwage durch die Anwendung der Schneidenlagerung möglich ist. Es hat keinen Sinn, die Differenzmessung so weit zu treiben, daß die Reibung gegenüber der Differenz erhebliche Beträge annimmt.

Den Unterschied zwischen Skalen- und Ausgleichinstrumenten kann man auch als in der Empfindlichkeit und im Meßbereich liegend ansehen. Bei Skaleninstrumenten hat Steigerung der Meßempfindlichkeit eine Verlängerung der Skala behufs Steigerung der Ablesegenauigkeit zur Folge; das führt zur Unterteilung der Skaleninstrumente zu Sätzen aneinander anschließender Instrumente, da ein Instrument für den ganzen Meßbereich wegen der Skalenlänge unhandlich würde; von Thermometern und Aräometern her ist diese Unterteilung am besten bekannt: größere Empfindlichkeit bedingt kleineren Meßbereich des Gerätes. Bei Ausgleichinstrumenten hat man nun den Meßbereich sehr stark eingeschränkt, um die Ablesegenauigkeit entsprechend zu steigern; durch den Ausgleich kann man den Meßbereich in das gerade erforderliche Gebiet verlegen und vermeidet die Anwendung zahlreicher Instrumente.

Der Unterschied zwischen Skalen- und Ausgleichinstrumenten ist also ein quantitativer; Übergangsformen sind vorhanden und es empfiehlt sich, Ausgleichinstrumente stets mit einer nur additiv zu benutzenden Hilfsskala zu versehen. Beispiele hierfür sind das Gewichtsaräometer mit Hilfsskala, das Beckmann-Thermometer, die Balkenwage mit Hilfsskala hinter dem Zeiger und in gewissem Sinne auch die Dezimal-Brückenwage mit Hilfslaufgewicht.

Ausgleichinstrumente und Nullmethoden ergeben bei passender Anordnung die genauesten Messungen. Aber die Messung dauert länger und ist mühsamer; so lange man nicht für dauerndes Spielen sorgt, kann man Änderungen der zu messenden Größe nicht dem Betrage nach erkennen; merklich schwankende Größen lassen sich durch Ausgleichmethoden nicht messen, da man keinen Mittelwert schätzen kann.

Dagegen eignet sich besonders gut zur Messung schwankender Größen eine Abart der Ausgleichsmethoden: man gleicht die zu messende Größe teilweise aus, der Überschuß, in bezug auf den die Schwankungen nun relativ viel größer sind, wird graphisch abhängig von der Zeit dargestellt.

Von einer Eichung in dem Sinne wie bei Skaleninstrumenten kann man bei Ausgleichinstrumenten nicht sprechen: eine Wage hat das vorgeschriebene Hebelverhältnis genau oder in gewissem Betrage falsch. Der Fehler ist aber im wesentlichen der gleiche für alle Belastungen, wenn nicht unzulässig starke Deformationen auftreten. Beim Wheatstoneschen Brückenviereck sind die Widerstände der zum Vergleich dienenden Viereckseiten mehr oder weniger genau, aber für alle Meßbereiche gleich genau bekannt, abgesehen von unzulässigen Temperaturänderungen. Dagegen kann man von einer Empfindlichkeit genau so sprechen wie bei Skaleninstrumenten. Auch eine Eigenschwingungszahl, abhängig von der Trägheit und der durch Abweichungen aus der Gleichgewichtslage hervorgerufenen verstellenden Kraft, sowie eine Dämpfung sind diesen Instrumenten eigen, wenngleich diese Eigenschaften von geringerer Wichtigkeit für die Handhabung sind.

11. Zählende Instrumente; Meßenergie. *Zählende Instrumente* stellen einen Integralwert $i = \int y\,dx$ fest, wo die bisher besprochenen einen Augenblickswert y messen. Als Größen x, über die hin das Integral zu nehmen ist, kommen namentlich die Zeit t oder der Weg s in Betracht. Die Größen y und i stehen zueinander in einem Verhältnis wie die Geschwindigkeit zum Weg oder wie die Arbeit zur Kraft.

Zählende Instrumente sind dadurch gekennzeichnet, daß der Zeiger dauernd weiterläuft, die Skala ist deshalb unendlich und wird daher als geschlossene Kreisskala mit umlaufendem Zeiger ausgeführt: mechanische Integration; Abart: umlaufendes Zahlenrad vor feststehendem Zeiger oder vor Öffnungen laufend, auch mit springenden Zahlen und Zeigern.

Zum Tachometer als Augenblicksinstrument für die Drehzahl n/min oder die Drehgeschwindigkeit ω/s gehört als zählendes Instrument der Drehzähler (Zählwerk), der die insgesamt gemachte Anzahl von Umdrehungen u während eines Zeitraumes z von t_1 bis t_2 feststellt, indem zur Zeit t_1 und zur Zeit t_2 der Stand des Zählers u_1 und u_2 abgelesen wird. Mit besonderer Genauigkeit ergibt sich mittels des Zählwerkes dann (§ 38) die mittlere (minutliche) Drehzahl

$$n_m = \frac{60}{2\pi} \cdot \frac{\int_{t_1}^{t_2} \omega\,dt}{t_2 - t_1} = 60 \cdot \frac{u_2 - u_1}{t_2 - t_1} \quad \text{. . . . . . . (5)}$$

Zur Durchflußöffnung für Mengenmessungen als Augenblicksinstrument gehört der Wassermesser, der Gasmesser als integrierendes Instrument; auch der Dampfmesser ist als integrierendes Instrument zu nennen, der jedoch bisher meist für Aufschreiben auf ein Papierband und Integration von Hand mittels des Planimeters eingerichtet ist. Zum Amperemeter oder Wattmeter als Augenblicksinstrument gehört der Amperestundenzähler, der Wattstundenzähler als Instrument zur Ermittlung des Integralwertes; der Dampfmaschinenindikator ermittelt die augenblickliche Maschinenleistung N (allerdings selbst schon als Integralwert $\int P \cdot ds$ über einen Umlauf erstreckt) in PS oder kW gemessen, während gewisse Arbeitszähler die insgesamt im Verlauf einer gewissen Zeit gelieferte Arbeit $L = \int N \cdot dt$ in PSh oder kWh angeben. Stets kann man durch Dividieren mit der Meßzeit den Mittelwert der Leistung während dieser Zeit finden:

$$N_m = \frac{\int_{t_1}^{t_2} N \cdot dt}{t_2 - t_1} = \frac{L_2 - L_1}{t_2 - t_1} \qquad \text{(5a)}$$

Die Leistung N (in PS oder kW gemessen) steht also zur Arbeit L (in PSh oder kWh gemessen) selbst in einem Verhältnis wie die Geschwindigkeit zum Weg. —

Auch bei den zählenden Instrumenten hat man durch Eichung festzustellen, wieviel das Instrument zu viel oder zu wenig anzeigt. Für Maschinenuntersuchungen im Beharrungszustande kann man die Eichung bei der Geschwindigkeit vornehmen, mit der das Instrument gebraucht wird und eine falsche Angabe schadet dann so wenig wie bei Skaleninstrumenten. Wo aber ein integrierendes Instrument im langsamen und schnellen Gang gebraucht wird, da ist zu fordern, daß die Angabe bei allen Gangarten um gleichviel, und zwar prozentual, nicht absolut, von der richtigen Angabe abweicht, daß also der anzuwendende Korrektionsfaktor für alle Gangarten der gleiche sei. Solange während der ganzen Meßdauer die Anlaufgeschwindigkeit überschritten ist, genügt es auch, wenn die Beziehung zwischen Ablesung und wahrem Wert eine lineare sei, so daß man für jede Minute der Beobachtungsdauer einen bestimmten Zuschlag zur Ablesung zu machen hat. Das genügt also im allgemeinen bei Versuchsgeräten, nicht aber bei Betriebsgeräten. Man vergleiche das Verhalten eines Wassermessers, Fig. 135, § 64. —

Alle Instrumente haben *Energieaufnahme*; die Skaleninstrumente jedenfalls für die Einstellung, oft auch noch außerdem dauernd, die zählenden Instrumente brauchen dauernd Energie.

Bei der *Einstellung* nimmt das bewegliche System eines Skaleninstrumentes soviel Arbeit auf, wie zum Zusammendrücken der messenden Feder, zum Heben des messenden Gewichtes oder der Flüssigkeitssäule erforderlich ist. Die Arbeit ist durch die Fläche unter der Kurve der äußeren Richtkraft, diese über dem Weg l aufgetragen, gegeben, also durch $\int P_a \cdot dl$. Bei Bewegungen des beweglichen Systems findet also ein Energieumsatz im Innern des Instrumentes statt, dessen Wert sich z. B. durch Wahl einer größeren und längeren Meßfeder, an die die übrigen Teile entsprechend angepaßt sind, vergrößern läßt; mit der Größe des Energieumsatzes wird der Einfluß von Störungen durch Reibung und andere Zufälligkeiten abnehmen. Insofern wächst also mit zunehmender Richtkraft des Instrumentes die Genauigkeit der

Ablesung, jedoch nur dann, wenn sich die störenden Einflüsse, insbesondere die Reibung, nicht zugleich vergrößern. Eine Vergrößerung der richtenden Kräfte ist daher einer Vergrößerung der Wege meist vorzuziehen.

Außerdem haben gewisse Skaleninstrumente und alle zählenden Instrumente *dauernden Energieverbrauch.* Das statische Voltmeter braucht zwar nur beim Einspielen die Energie der Aufladung und gibt sie beim Rückgang auf Null wieder her; das Drehspul-Voltmeter verbraucht außerdem dauernd die Energie des durchgehenden Stromes. So haben Dampfmesser dauernd den Energieverbrauch entsprechend dem Druckverlust des Dampfes. Zählende Instrumente, wie Wassermesser, Gasmesser, Elektrizitätsmesser, haben wesentlich nur die letztere Form des Energieverbrauches.

Bei manchen Instrumenten, so bei gewissen Dampfmessern und bei Wechselstrom-Instrumenten, ist der Energieverlust nicht gering. Er ist dann zu beachten wegen der Meßfehler, der dauernde Verbrauch auch wegen der entstehenden Kosten.

Die Meßenergie muß nämlich der Stelle entnommen werden, an der die Messung erfolgt. Stehen dort nur beschränkte Energiemengen zur Verfügung, so kann die Energieentnahme einen merklichen Fehler in der Messung insofern verursachen, als zwar die Messung selbst richtig erfolgen mag, aber eine Größe gemessen wird, die um den Betrag der Energieentnahme von der gewollten abweicht. So muß man, um den Druck in einem Windkessel zu messen, den Hahn zum Manometer öffnen. Je größer nun hinsichtlich der Verstellkraft das Manometer ist, desto genauer wird der Druck gemessen werden, der nach erfolgtem Ausgleich zwischen Behälter und Manometerinnerem in beiden herrscht. Dieser Druck aber weicht vom Behälterdruck vor Öffnen des Hahnes um so mehr ab, je mehr Luft beim Öffnen entnommen wird, je größer also das Manometer ist. So wird also eine bestimmte Instrumentengröße das beste Ergebnis liefern können — und bei kleinem Behälter kann es wohl vorkommen, daß sie überschritten wird; z. B. ist der Inhalt des Indikatorzylinders keineswegs immer verschwindend klein gegenüber dem des Maschinenzylinders, zumal gegenüber dem schädlichen Raum (vgl. § 91).

Bei der *Fernmeldung* muß die Meßenergie von einem gebenden Teil erzeugt und durch eine Leitung zum empfangenden und anzeigenden Teil geleitet werden. Zwischen Geber und Empfänger findet also eine Energieübertragung statt. Für die Fernmeldung eignen sich daher diejenigen Instrumente, deren Wirkungsweise auf hydraulischen oder elektrischen Erscheinungen beruht.

12. Schreibende Instrumente dienen zum Teil der Aufgabe, durch Planimetrieren der unter der Kurve liegenden Fläche eine Größe zu finden, die zur aufgeschriebenen sich wie der Weg zur Geschwindigkeit verhält. Man findet also die Differenz $u_2 - u_1$ oder $L_2 - L_1$ der Formeln (5) und (5a) als Fläche unter der geschriebenen Kurve, unter Beachtung des Maßstabes.

In einer Reihe von Fällen dienen aber die schreibenden Instrumente nur der bei Formel (5) und (5a) auch erwähnten Mittelwertbildung, weil nämlich der Integralwert keinen realen Sinn hat. So gibt ein Temperaturschreiber die Temperatur T als abhängig von der Zeit t, der Mittelwert

$$T_m = \frac{\int_{t_1}^{t_2} T \cdot dt}{t_2 - t_1} \quad \ldots\ldots\ldots\ldots \quad (6)$$

ist der zeitliche Mittelwert der Temperatur während der Beobachtungszeit; das Integral $\int_{t_1}^{t_2} T \cdot dt$ hat aber keinen bestimmten Sinn, man kann es daher nicht nach Analogie der zweiten Hälfte von Formel (5) und (5a) durch die Differenz $i_2 - i_1$ zweier ablesbarer Integralwerte von realer Bedeutung ersetzen. Nur wenn im Sonderfall T die Temperaturdifferenz zwischen Anfangs- und Endzustand einer zeitlich oder räumlich konstanten Flüssigkeitsmenge ist, bedeuten die Temperaturdifferenzen zugleich Wärmemengen in der Zeiteinheit und daher die Integralwerte Wärmemengen insgesamt. — Bei Druckschreibern hat die Fläche unter der entstehenden Kurve, die über der Zeit aufgetragen ist, im allgemeinen keinen Sinn; aus ihr findet man den Mittelwert z. B. der Dampfspannung während eines Tages. Nur bei Beschleunigungsvorgängen liefert das Integral $\int p \cdot dt$, wenn p auf eine Kolbenfläche F wirkend eine Kraft $P = F \cdot p$ erzeugt, den „Antrieb", der gleich der Bewegungsgröße ist: Es ist der Antrieb

$$\int P \cdot dt = F \cdot \int p \cdot dt = m \cdot w$$

und im allgemeinen sucht man dann die Geschwindigkeit

$$w = \frac{F}{m} \cdot \int p \cdot dt \quad \ldots\ldots\ldots\ldots \quad (6a)$$

Wenn dagegen vom Druckschreiber der auf eine Kolbenfläche wirkende Druck und daher die Kolbenkraft, oder wenn überhaupt der Verlauf einer Kraft P nicht über der Zeit t, sondern über dem vom Angriffspunkt zurückgelegten Weg s aufgetragen wird (Kraft am Zughaken einer Lokomotive über dem durchfahrenen Weg), dann stellt die erhaltene Fläche die am Angriffspunkt nutzbar übertragene Arbeit $L = \int P \cdot ds$ dar; ebenso gibt bei umlaufender Bewegung das über den gemachten Umläufen u aufgetragene Drehmoment M die Arbeit $L = c \int M \cdot du = c_1 \int M \cdot n \cdot dt$.

Für die Auswertung der Flächen mittels des Planimeters ist es Bedingung, daß der Maßstab der Ordinaten in allen Höhenlagen der gleiche sei; sonst ist eine Umzeichnung auf gleichmäßigen Maßstab erforderlich.

Zur Registrierung sind Instrumente von ausreichender Verstellkraft zu verwenden (§ 6a), da die Reibung des Schreibstiftes auf dem Papier zu überwinden ist. Man verwendet Stifte aus Silber oder Messing, die auf bestimmten Arten gestrichenen (Kunstdruck-) Papieres metallene Striche schreiben, oder Schreibfedern mit schwer trocknender Tinte; letztere schreiben deutlicher und geben weniger Reibung, aber sie sind unsauber und schreiben nicht fein. Um bei Instrumenten von geringer Verstellkraft eine Registrierung möglich zu machen, kann man den Zeiger mit dem Schreibstift lose vor dem Papier schweben lassen und ihn nur in bestimmten Zeiträumen durch einen Bügel andrücken lassen. Man erhält so eine punktförmige Registrierung (Wattschreiber von Siemens & Halske und anderen). Wo die in dieser Weise möglichen Zwischenzeiten zu groß werden und Feinheiten des Versuches verlorengehen würden, bedient man sich des Funkens zum Schreiben: vom Schreibstift zur Trommel schlägt der Funken durch das Papier; die Diagramme sind photographisch kopierfähig. Die Ergebnisse befriedigen nur bei großem Diagrammaßstab nach beiden Richtungen, weil der Funken sich durch Ungleichheiten des Papiers um $^1/_2$ mm vom kürzesten Wege ablenken läßt, auch besonders gern in das vorhergehende Loch springt oder bei zu enger Lochstellung das Papier förmlich durchschneidet. —

13. Ausführung von Eichungen, Darstellung der Ergebnisse. Die Eichung eines Skaleninstrumentes besteht nach dem früher Gesagten darin, daß man die Richtigkeit seiner Angabe prüft, oder feststellt, wieviel seine Angabe vom wahren Wert abweicht. Große Abweichungen zwischen Aufwärtsgang und Abwärtsgang sind unzulässig. Bei kleinen Abweichungen nimmt man das Mittel aus beiden. Das Ergebnis der Eichung kann man in Form eines Linienzuges graphisch darstellen, den wir als *Kennlinie* bezeichneten. Wir tragen dazu die Angaben des zu prüfenden Instrumentes als Abszissen, die wahren Werte, also etwa die Angaben eines Normalinstrumentes, als Ordinaten auf. Der entstehende Linienzug ist eine Gerade unter 45°, wenn das Instrument richtig zeigt, sonst weicht er von dieser Geraden ab (Fig. 14). Hat man mit dem so geeichten Instrument eine Ablesung gemacht, so braucht man nur in der Kennlinie diesen abgelesenen Wert als Abszisse aufzusuchen, die zugehörige Ordinate ist der wahre Wert, mit dem man statt des abgelesenen zu rechnen hat.

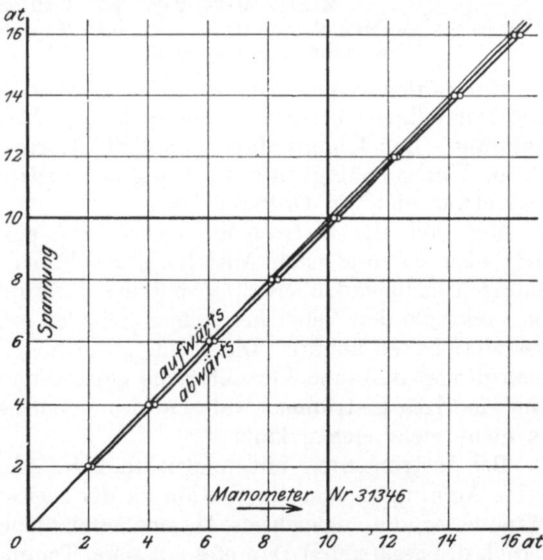

Fig. 14. Darstellung der Eichergebnisse.

Bequemer ist die Darstellung der Eichergebnisse in einer anderen Form, wenn man nämlich als Ordinaten nicht die wahren Werte, sondern die anzuwendenden Korrektionen aufträgt. Die *Korrektion* ist der Betrag, den man zum abgelesenen Wert zuzählen muß, um den wahren zu erhalten; die Korrektion ist die negativ genommene Abweichung der Instrumentenangabe vom wahren Wert. Da die Korrektionen kleine Werte sind, so kann man sie in größerem Maßstabe auftragen als die Ablesungswerte, etwa im zehnfachen Maßstab; dadurch eben wird die Benutzung dieser Darstellungsart bequem. Fig. 15 gibt die Resultate der Fig. 14 in solcher Form.

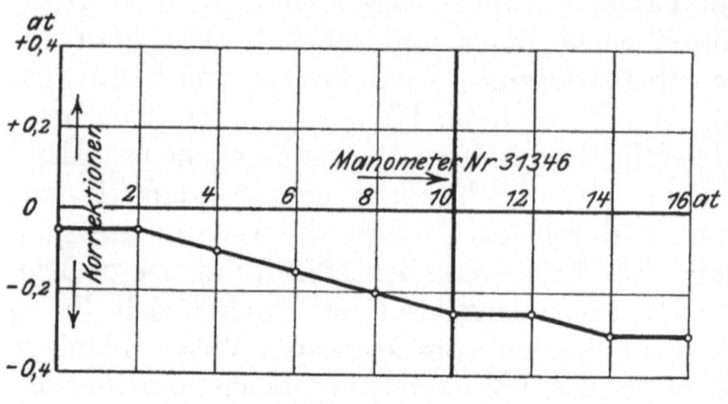

Fig. 15. Andere Darstellung der Eichergebnisse.

Tab. 1. Eichergebnisse an einem Manometer.

Wahrer Wert der Spannung:	0	2	4	6	8	10	12	14	16 at
Angabe des Instrumentes: aufwärts:	0	2	4	6,1	8,1	10,2	12,2	14,2	16,2 „
abwärts:	0,1	2,1	4,2	6,2	8,3	10,3	12,3	14,4	16,4 „
Mittel:	0,05	2,05	4,1	6,15	8,2	10,25	12,25	14,3	16,3 „
Abweichg. v. wahren Wert:	0,05	0,05	0,1	0,15	0,2	0,25	0,25	0,3	0,3 „
Korrektion:	-0,05	-0,05	-0,1	-0,15	-0,2	-0,25	-0,25	-0,3	-0,3 „

Ein Zahlenbeispiel für die Eichung eines Manometers gibt Tab. 1. Die Darstellung dieses Ergebnisses in Fig. 15 sieht sonderbar sprunghaft aus. Das kommt davon, daß die Korrektionen vergrößert sind. Große Unregelmäßigkeiten im Gang der Instrumente deuten sonst an, daß etwas nicht in Ordnung ist. —

Man soll alle Instrumente eichen, die einer Eichung fähig sind, möglichst vor und nach Anstellung der Versuche. Stimmen beide Eichungen genügend überein, so hat das Instrument sicher beim Transport oder bei den Versuchen keinen Schaden erlitten, der seine Gangart geändert haben könnte. Die Eichung vor den Versuchen sichert außerdem davor, daß eine Versuchsreihe ganz vergebens gemacht ist, wenn ein wichtiges Instrument während der Versuche zerbricht, so daß man es nicht mehr eichen kann.

Bei Instrumenten mit ungleichmäßiger Skala hat man vorsichtig beim Anbringen einer Korrektion an der Ablesung zu sein. So gibt es Manometer, die zugleich als Thermometer dienen, indem man aus dem Druck des gesättigten Dampfes auf seine Temperatur schließt. Die Teilung pflegt für den Druck gleichmäßig, für die Temperatur aber verjüngt zu sein. Stimmt nun die Nullpunktkontrolle nicht, so liegt das seltener am Werk, meist hat sich einfach der Zeiger um einen kleinen Winkel verschoben, und die Korrektion macht überall diesen kleinen Winkel aus. Für den Druck ist die Korrektion also konstant, man zieht soviel ab, um wieviel der Zeiger in der Ruhe von Null abweicht. Für die Temperatur aber ist die Korrektion, wegen der Ungleichmäßigkeit der Teilung, an jedem Punkt eine andere, und man darf nicht einfach so viel Temperaturgrade zuzählen, wie die Abweichung von Null angibt.

III. Beobachtung und Auswertung.

14. Ablesung. Jede Messung besteht in einer Beobachtung irgendwelcher Instrumente; an diese schließt sich die Auswertung an, wenn nicht etwa das Instrument die gesuchte Größe unmittelbar und auch gleich richtig anzeigt — was selten der Fall ist.

Selbst die einfachste Ablesung erfordert einige Aufmerksamkeit, wenn man als erstrebenswertes Ziel im Auge hat, mit möglichst wenig Zeitaufwand Ergebnisse von möglichst großer oder doch dem Zweck entsprechender Genauigkeit zu erzielen.

Bei vielen Instrumenten, so bei dicken Maßstäben oder Manometern, wird die Ablesung falsch, wenn man beim Beobachten nicht senkrecht auf die betreffende Stelle der Skala schaut. Diesen allbekannten *parallaktischen Fehler* zu vermeiden, ist der Zweck eines Spiegels, den man, parallel zur Skala, namentlich bei elektrischen Instrumenten, findet. Verdeckt der Zeiger sein Spiegelbild, oder verdeckt er das Bild der Pupille des Beobachters im Spiegel, so sieht man senkrecht auf die Skala. Gelegentlich ist auch die Skala selbst auf der Glasseite eines Spiegels angebracht: man sieht senkrecht auf die Skala, wenn die Striche der Skala sich mit ihrem Spiegelbild decken.

Außerdem hat man beim Ablesen von Skaleninstrumenten, soweit solche der Reibung in ihrem Getriebe unterworfen sind (Manometer, Barometer, Hygrometer), das Instrument durch *Anklopfen* zu erschüttern, um die Reibung zu beseitigen oder doch zu mindern.

Als Beispiele dafür, durch wie *einfache Maßnahmen* man oft die Genauigkeit der Ablesung vergrößern kann, womöglich unter gleichzeitiger Zeitersparnis, mögen die folgenden aufgeführt sein.

Die Drehzahl (minutliche Umlaufzahl) einer Maschine sei zu messen. Es steht eine Stechuhr (§ 32), eventuell noch ein an der Maschine angebrachtes Zählwerk zur Verfügung; sonst müßte man die Umläufe durch Zählen feststellen. Nun wird oft so verfahren, daß man eine Minute lang beobachtet und den Unterschied des Zählerstandes oder die abgezählte Umlaufzahl notiert. Die Genauigkeit ist indessen unbefriedigend, außer wenn die Maschine recht schnell läuft. Hat man 51 Umläufe gezählt, so ist selbst bei sorgsamster Beobachtung auf Fehler bis zu $\pm 1\%$ zu rechnen; denn da man nur volle Umläufe beobachten kann, so wird man 51 zählen, immer wenn die Maschine zwischen 50,5 und 51,5 Umläufe in der Minute macht. Wollte man, um Zeit zu sparen, nur eine halbe Minute beobachten, so würde man voraussichtlich 25 Umläufe beobachten und hätte auf Fehler bis zu $\pm 2\%$ zu rechnen. Und doch kann man in dieser Zeit befriedigende Ergebnisse haben, wenn man das Verfahren umkehrt. Man beobachtet die für 25 volle Umläufe nötige Zeit durch Drücken auf die Stechuhr; sie sei 29,2 s, eine Ablesung, die auf weniger als $^1/_2\%$ Fehler rechnen darf, da die Stechuhr in $^1/_5 = 0{,}2$ s geteilt ist, so daß die Ablesung voraussichtlich um nicht mehr als 0,1 s über oder unter dem wahren Wert liegt, das sind etwa 0,35% von 29,2. Die Drehzahl errechnet sich nun zu $\frac{25}{29{,}2} \cdot 60 = 51{,}4$ min, mit einem höchsten Fehler von auch 0,35%. In beiden Fällen wäre gleichmäßig die Möglichkeit ungenauen Beobachtens vorhanden, die den höchsten Fehler etwas größer werden läßt. Die zweitgenannte Art der Beobachtung liefert deshalb genauere Ergebnisse, weil man volle Umläufe, andererseits $^1/_5$ s ablesen kann; letzteres ist die relativ kleinere Einheit. Bei hohen Drehzahlen würde die Beobachtung der Zeit für eine bestimmte Zahl von Umläufen das Genauere sein — dann nämlich, wenn mehr als ein voller Umlauf auf $^1/_5$ s kommt, also bei einer Drehzahl über 300 min.

Ein anderes Beispiel: Bei dem Eichdiagramm einer Indikatorfeder, Fig. 246, § 87, sollen die Abstände der Linien voneinander, die je 1 at Drucksteigerung entsprechen, ausgemessen werden. In gewissem Sinne das nächstliegende ist es, einen Maßstab zunächst so anzulegen, daß man den Abstand von 0 bis 1 at ablesen kann, dann ihn bei 1 at neu anzulegen und den Abstand 1 bis 2 at abzulesen und so fortzufahren. Wenn man dann die Ablesungen zusammenzählt, so würde sich voraussichtlich nicht der richtige Wert für den Abstand von 0 bis 12 at ergeben, weil sich die jedesmaligen Fehler beim Anlegen zueinander addieren. Besser legt man daher den Anfang des Maßstabes nur einmal bei 0 at an und liest gleich die Lage jeder der Linien auf $^1/_{10}$ mm genau ab; bildet man Differenzen, so hat man den Abstand der einzelnen Linien voneinander. Man vermeidet so die Fehler beim Anlegen, die insbesondere dann unvermeidlich sind, wenn die Strichstärke nicht sehr gering ist.

Die beiden Beispiele sollen, wie erwähnt, als Beleg dafür dienen, daß selbst die allereinfachsten und elementaren Messungen nicht ohne Überlegung ausgeführt werden dürfen, wenn man auf genaues Messen Anspruch macht.

15. Übliche Fehler bei der Auswertung. An die einfachen Darlegungen über die Beobachtung mögen zunächst einige ebenso einfache über die Auswertung angeschlossen werden.

Bei Angaben in *Prozenten* hat man gut darauf zu achten, in Prozenten von welcher Größe die Angabe gemacht ist.

Braucht man 100 Pferdestärken und hat die zu verwendende Maschine einen Wirkungsgrad von 60%, gehen also 40% in ihr verloren, so hat man der Maschine nicht 100 + 40 = 140 PS zuzuführen, sondern $\frac{100}{0{,}6} = 166{,}7$ PS. Wirkungsgrad und Verlust gibt man nämlich in Prozenten der eingeführten Energiemenge an, nicht der herausgehenden.

Braucht eine Dampfmaschine 200 kg Dampf in der Stunde, und schätzt man den Verlust durch Kondensation in der Rohrleitung auf 10%, so muß der Kessel nicht 220 kg, sondern 200 : 0,9 = 222 kg Dampf erzeugen. Die Angabe der Kondensationsverluste pflegt nämlich in Prozenten der erzeugten Dampfmenge zu geschehen, nicht der ankommenden.

Ist für einen Kessel 70% Wirkungsgrad mit einem Spielraum (Toleranz) von 5% gegeben, so gilt die Zusage als erfüllt, wenn der gemessene Wert um 5% von 70 hinter dem angegebenen zurückbleibt, also bei 66,5% gemessenem Wirkungsgrad; der Wirkungsgrad darf nicht etwa nur 70 — 5 = 65% sein.

Fehler, meist von geringerer Tragweite, laufen beim *Bilden von Mittelwerten* unter. Um den Inhalt eines zylindrischen Gefäßes zu bestimmen, muss man seine Höhe messen, außerdem den lichten Durchmesser. Da nun das Gefäß ungenau hergestellt ist, so wird der Durchmesser nicht überall genau derselbe sein; man mißt also eine Reihe von Durchmessern, etwa von 20 zu 20 cm Höhe, berechnet den mittleren Durchmesser d_m und dann den Inhalt $V = \frac{d_m^2 \pi}{4} \cdot h$. Dieses Verfahren ist mathematisch falsch und als praktische Näherungsmethode nur dann brauchbar, wenn die einzelnen gemessenen Durchmesser nicht sehr voneinander abweichen. Das richtige, aber umständlichere Verfahren ist es, aus jedem gemessenen Durchmesser d die Fläche $f = \frac{d^2 \pi}{4}$ zu bilden, das Mittel f_m aus diesen Flächen zu berechnen und nun das Volumen $V = f_m \cdot h$ zu finden. Ein anderes, bisweilen bequemeres Verfahren ist es, den *quadratischen Mittelwert* der Durchmesser zu bilden — dieser Ausdruck ist aus der Wechselstromtechnik übernommen — und zur Berechnung der mittleren Fläche zu verwenden. Der quadratische Mittelwert ist die Wurzel aus dem Mittel der Quadratwerte. Ein Beispiel wird ihn erläutern und zugleich zeigen, wie groß der bei der üblichen Näherungsrechnung gemachte Fehler wird.

Das Gefäß habe 140 cm Höhe und sei auf 100 cm Durchmesser gearbeitet; die Messung in 6 Höhenabständen von je 20 cm habe aber die Durchmesser 100, 101, 103, 102, 99, 97 cm ergeben.

Übliches Verfahren: Mittel der Durchmesser 100,33; also mittlere Fläche 7905,8 cm². Der Inhalt des Gefäßes bei 140 cm Höhe ist 1106,81 l.

Genaues Verfahren: Die Kreisinhalte zu den gemessenen Durchmessern sind 7854,0; 8011,8; 8332,3; 8171,3; 7697,7; 7389,8 cm²; Mittel aus diesen: 7909,5 cm². Der Inhalt des Gefäßes bei 140 cm Höhe ist 1107,33 l.

Verfahren mit quadratischem Mittelwert, ebenfalls genau: Die Quadratzahlen der gemessenen Durchmesserwerte sind 10 000, 10 201, 10 609, 10 404, 9801, 9409; deren Mittelwert ist 10 070,7. Der quadratische Mittelwert der Durchmesser ist $\sqrt{10\,070{,}7} = 100{,}35$ cm. Hiermit findet man die mittlere Fläche zu 7909,5 cm², den Inhalt des Gefäßes zu 1107,33 l, wie beim vorigen Verfahren.

Von den beiden genauen Verfahren ist das erste bequemer, wenn man eine Tabelle der Kreisinhalte zur Hand hat, sonst das zweite. Beide haben also ihre Berechtigung. Das Näherungsverfahren ist viel bequemer und meist genügend genau, solange die gemessenen Abweichungen klein sind. Bei größeren Abweichungen muß man die genauen Verfahren anwenden.

Wo nichtlineare Beziehungen vorkommen, darf man nur dann mit einfachen Mittelwerten rechnen, wenn die Abweichungen der gemessenen Größen voneinander nicht zu groß sind. Bei der Messung von Wassermengen durch Ausflußöffnungen (§ 59) und in anderen Fällen ist hierauf zu achten. Da bei dieser Messung die gesuchte Wassermenge proportional der Wurzel aus der abgelesenen Standhöhe ist, so könnte man mit einem *Wurzelmittelwert*, einem Analogon zum quadratischen, rechnen. Auch sind *kubische, logarithmische usw. Mittelwerte* denkbar.

Wo eine Größe linear von einer anderen abhängt, hängt der *reziproke Wert* nicht linear, sondern nach einer hyperbolischen Funktion von ihr ab. Man habe den Gasverbrauch eines Gasmotors gemessen
bei 15,2 PS zu 9,1 m^3/h, entsprechend 9,1 : 15,2 = 0,599 $m^3/PS \cdot h$,
bei 24,8 PS zu 12,1 m^3/h, entsprechend 12,1 : 24,8 = 0,488 $m^3/PS \cdot h$.
Der Gasverbrauch selbst hängt nun erfahrungsgemäß leidlich linear von der Leistung ab, also kann man (zur Not) interpolieren:
zu 20 PS gehört 10,6 m^3/h und 10,6 : 20 = 0,530 $m^3/PS \cdot h$.
Die direkte Interpolation des spezifischen Gasverbrauches hätte 0,544 $m^3/PS \cdot h$ ergeben — erheblich falsch, weil der spezifische Gasverbrauch durchaus nicht linear von der Leistung abhängt.

Wo eine Größe a als Produkt von zwei anderen zu finden ist: $a = b \cdot c$, bildet man oft den Mittelwert aller b, der mit $M(b)$ bezeichnet sei; man bildet ebenso $M(c)$ und findet durch Multiplizieren beider den Mittelwert von a: $M(a) = M(b) \cdot M(c)$. So verfährt man, wenn man die mittlere elektrische Leistung während längerer Zeit aus den Ablesungen von Spannung und Stromstärke findet; um Dividieren handelt es sich beim Auswerten von Indikatordiagrammen § 86, Tab. 19. Mathematisch ist aber der *Mittelwert der Produkte* nicht gleich dem Produkt der Mittelwerte, es ist $M(b \cdot c) \gtrless M(b) \cdot M(c)$. Auch hier ist das übliche Näherungsverfahren nur so lange brauchbar, wie die abgelesenen Einzelwerte nicht zu sehr voneinander abweichen; 10% Abweichung der Ablesungswerte voneinander, d. h. ±5% vom Mittelwert, ist auch hier oft die zulässige Grenze, die mindestens von einem der beiden Faktoren b oder c innegehalten werden muß.

16. Verallgemeinerung: Beharrungszustand der Maschinen. Das für einzelne Ablesungen Gesagte gilt auch für Versuchsreihen. Liest man an einer Maschine während längerer Zeit die verschiedensten Größen ab, bildet die Mittelwerte und nimmt an, daß man auf diese Weise zueinander passende Angaben erhält, so ist diese Annahme nur richtig, wenn alle gemessenen Größen in linearer Beziehung zueinander stehen; genügend genaue Resultate erhält man, wenn jede der gemessenen Größen nur wenig geschwankt hat, so daß man in diesen engen Grenzen linearen Verlauf annehmen kann.

Bei Dauerversuchen muß also die Maschine annähernd im Beharrungszustande sein. Ist das nicht zu erreichen (Abkühlungsversuche bei Kälteanlagen, § 105), so kann man unter Umständen durch Abkürzen der Versuchsdauer die Ergebnisse verbessern, weil man den Beharrungszustand besser annähert; oder man muß feststellen, wie die sich ändernde Größe von den übrigen abhängt, und innerhalb welcher Grenzen man diese Abhängigkeit als linear ansehen kann, oder endlich man muß in einem Betriebsversuch die Speichervorgänge berücksichtigen (Masch.-Unters. 2. Aufl., § 2).

17. Genauigkeit der Zahlenangaben. Die Genauigkeit einer Zahlenangabe ist nach der Zahl der gültigen Ziffern zu bewerten, nicht nach der Stellung der Stellen zum Komma. Gibt man die Länge einer Brücke zu 1832 m an, beschränkt also die Angabe auf volle Meter, während man den Durchmesser einer Stange zu 18,3 mm, also auf Bruchteile von Millimetern, gemessen hat, so ist nicht die letztere, sondern die erstere Angabe die genauere; denn sie gibt vier Stellen an, der Stangendurchmesser ist nur auf drei Stellen gegeben. Wenn man einen Zylinderdurchmesser zu 183 mm angibt, so ist diese Angabe ebenso genau wie jener Stangendurchmesser von 18,3 mm.

Man darf annehmen, daß die letzte angegebene Stelle noch einige Zuverlässigkeit besitzt. Die Angabe der Brückenlänge zu 1832 m wird man nur machen, wenn man so genau maß, daß man den richtigen Wert zwischen 1831,5 und 1832,5 zu vermuten Anlaß hat. Wo man die Brückenlänge nur durch Abschreiten ermittelte, darf man höchstens 1830 schreiben — das heißt dann, man vermutet den wahren Wert zwischen 1825 und 1835 —, trotzdem man vielleicht 1832 Schritte von je 1 m Länge machte und dann noch 0,1 m übrig behielt, so daß das eigentliche Meßergebnis 1832,1 m wäre; man soll aber an der Genauigkeit der Meßmethoden Kritik üben, in diesem Fall sagen, daß man den Meterschritt bei noch so großer Übung nicht mit größerer Genauigkeit als 1% innehalten kann. — Ähnlich gibt man den Durchmesser einer Stange zu 18 mm an, wenn man mit dem Taster flüchtig oder unter erschwerenden Umständen gemessen hat; man schreibt 18,3 mm bei Messung mit einer Schublehre, und man darf 18,32 mm schreiben, wenn man eine Schraublehre verwendete — und wenn die Stange gut kreisrund ist.

Diese Bewertung der Genauigkeit des Ergebnisses ist konsequent auch da durchzuführen, wo die letzten Stellen Nullen sind: ein Stab hat 18,00 mm Durchmesser bei Benutzung einer Schraublehre, bei Benutzung einer Schublehre muß man 18,0 mm schreiben, und 18 mm deutet eine rohe Messung an, wo der wahre Wert zwischen den Grenzen 17,5 und 18,5 mm liegen mag.

Zur Beantwortung der Frage, welche *Stellenzahl bei den Ablesungen und Rechnungen* zu verwenden ist, und wie weit man Korrektionen ausführen solle, muß man zunächst über die erreichbare oder erforderliche *Genauigkeit des Gesamtergebnisses* klar sein. Bei vielen Versuchen haben Zufälligkeiten, wie Schmierung der Lager und der Zustand der Stopfbüchsen, erheblichen Einfluß auf das Endergebnis; in anderen Fällen handelt es sich um Feststellung von Größen, die gar nicht in beliebig großer Genauigkeit feststellbar sind, weil sie gar nicht so genau in der Natur vorhanden sind; so geht es mit den Durchmessern runder geschmiedeter Behälter oder selbst gedrehter Zylinder, die merkliche Abweichungen von der Kreisform haben, und andererseits an verschiedenen Stellen der Länge verschiedene Werte haben und mit der Art der Aufstellung sich ändern, so daß es ganz unsachlich ist, „den Durchmesser" auf Bruchteile von Millimetern zu messen. Ähnliches gilt bei der Untersuchung der Eigenschaften von Materialien, die von Stelle zu Stelle

Verschiedenheiten aufzuweisen pflegen. Es hat keinen Zweck, die Genauigkeit der Ergebnisse weit über die Grenzen hinaus zu treiben, wo diese Zufälligkeiten sich bemerkbar machen.

Im allgemeinen sieht man es bei technischen Untersuchungen als befriedigend an, wenn die Genauigkeit der Ergebnisse — für die der mittlere Fehler (§ 18) ein Merkmal ist — etwa $\pm 1\%$ beträgt, das heißt, wenn die Ergebnisse im allgemeinen um nicht mehr als 1% vom wahren Wert der betreffenden Größe abweichen. Bei den meisten Untersuchungen, insbesondere, wenn sie nicht im Laboratorium, sondern im praktischen Betriebe gewonnen sind, bleibt die Genauigkeit weit hinter diesem Wert zurück, und eine Genauigkeit von $\pm 5\%$ wird oft genügen müssen. Dieser Genauigkeitsgrad von $\pm 5\%$ ist insofern als zu erstreben und als ausreichend festgelegt, als der Verein Deutscher Ingenieure in den Normen für Abnahmeversuche, die er für verschiedene Maschinenarten festgesetzt hat, mehrfach bestimmt, eine Garantie solle noch als erfüllt gelten, wenn die durch den Versuch ermittelte Zahl um nicht mehr als 5% ungünstiger ist als die zugesicherte Zahl. Wo also ein Wirkungsgrad von 70% garantiert ist, da muß der Versuch mindestens $0{,}95 \cdot 70 = 66{,}5\%$ Wirkungsgrad haben errechnen lassen. Dieser Bestimmung liegt der Gedanke zugrunde, daß bei 66,5% errechneter Zahl der Fehlbetrag sehr wohl in der Ungenauigkeit der Versuche und nicht in der Maschine seine Ursache haben könne. In denjenigen Versuchsregeln des Vereines, die in den letzten Jahren erschienen sind, ist man von Gewährung dieses Spielraumes von 5% teilweise wieder abgekommen (Masch. Unt. § 17).

Dies bezog sich auf die Genauigkeit des Endergebnisses einer Untersuchung, das sich oft auf zahlreiche Einzelablesungen aufbaut. Es wäre aber falsch, alle Ablesungen bei einem Verdampfungsversuch am Dampfkessel nur bis auf 5% genau, also nur zweistellig zu machen, weil man weiß, daß das Endergebnis doch um 5% unsicher bleiben wird. Um vielmehr diese Genauigkeit im Endergebnis zu erzielen, muß man die ersten Ablesungen genauer machen.

Man wird deshalb im allgemeinen die einzelnen Ablesungen so genau machen, wie es sich eben ohne allzu großen Zeitaufwand machen läßt. Man überlege aber, wie groß der Einfluß ist, den der zu erwartende Fehler jeder einzelnen der Ablesungen auf das Gesamtergebnis ausübt. Man wird dann die größte Sorgfalt auf die Ablesung derjenigen Größen legen müssen, die das Gesamtergebnis am meisten beeinflussen. Man wird es als erstrebenswert ansehen, die verschiedenen Einzelgrößen mit je solcher Genauigkeit abzulesen, daß die verschiedenen zu erwartenden Fehler das Gesamtresultat etwa gleich stark beeinflussen. Man bestrebt sich also, die u n g e n a u e s t e Ablesung zu verbessern und auf das Niveau der andern heraufzuschrauben.

Das Beispiel des § 14 von der Messung der Drehzahl erläuterte schon die Tatsache, daß beim Ziehen von Ergebnissen, die mehrere Beobachtungen erfordern, die Genauigkeit des Ergebnisses durch die Genauigkeit der mindestgenauen Ablesung beschränkt ist.

Nicht immer liegen die Verhältnisse so wie in jenem Fall der Umlaufmessung, wo beide Größen einen Quotienten miteinander bilden. Wo eine relativ kleine Größe zu einer viel größeren arithmetisch hinzutritt, das heißt zu addieren oder zu subtrahieren ist, da kann man sich bei der kleineren mit viel geringerer Genauigkeit begnügen. Es genügt dann nämlich, beide bis zur gleichen Stellenzahl vom Komma an gerechnet zu haben. Insbesondere die *Genauigkeit von Korrektionen* braucht daher nur eine mäßige zu sein. Zeigt ein Quecksilbermanometer bei 18° C den Stand von 467 mm (höchstens auf volle Millimeter ablesbar wegen der Schwankungen des Maschinenganges) und wollte man diese Ablesung auf 0° C Normaltemperatur des Fadens reduzieren (§ 26), so kann man mit Hilfe der Ausdehnungszahl 0,000 180 des Quecksilbers eine Korrektion von minus $18 \cdot 0{,}000\,180 \cdot 467 = 1{,}512$ mm errechnen; es wäre aber falsch, das Ergebnis nun $467 - 1{,}512 = 465{,}488$ mm zu schreiben; die Genauigkeit ist, wegen der Ablesung, auf volle Millimeter beschränkt, und das Ergebnis ist 465 mm zu schreiben.

Wo man den Elastizitätsmodul E des Materials aus der Längenänderung λ eines Stabes von der Länge l und dem Querschnitt $\frac{1}{4} D^2\pi$ bei einer Last P ermitteln will mittels der bekannten Formel

$$E = \frac{P \cdot l}{\frac{1}{4} D^2 \pi \cdot \lambda},$$

da wird man besonderen Wert legen müssen auf die Messung von D, weil diese Größe im Quadrat ins Endergebnis eingeht, ein Fehler in D also das Endergebnis doppelt so stark beeinflußt wie eine gleich große Ungenauigkeit in einer der übrigen Größen. Außerdem wird man λ besonders sorgfältig ermitteln müssen, weil es eine sehr kleine Größe ist, die entsprechend schwierig zu messen ist.

Wenn man bei der Ermittlung des Wirkungsgrades eines Dampfkessels auch Druck und Temperatur des erzeugten Dampfes mißt, so darf man ruhig diese Messungen mit geringerer Sorgfalt ausführen als die Messung der Kohle- und der Wassermenge, da der Wärmeinhalt des Dampfes nur verhältnismäßig wenig mit steigender Temperatur zunimmt, und da der Dampfdruck fast gar keinen Einfluß auf ihn hat. Eine Messung der Temperatur in vollen Graden, wo nicht gar mit einem in je 5° geteilten Thermometer, und eine Messung des Druckes auf Zehntel oder halbe Atmosphären werden also oft ausreichen. Da indessen der Dampfverbrauch einer Maschine merklich vom Betriebsdruck abhängt (Masch.-Unters. § 72), so hat man größere Sorgfalt auf die Druckmessung zu verwenden, wenn der Verbrauch einer Maschine zu messen ist.

Besondere Genauigkeit muß man anstreben, wo die gesuchte Größe als Differenz zweier wenig voneinander verschiedener Zahlen gefunden wird, also bei *Differenzmethoden.* So ermittelt man die Reibungsverluste einer Dampfmaschine als Unterschied aus indizierter Leistung N_i und gebremster N_e. Ist $N_i = 100$ kW und $N_e = 90$ kW, so ist der Reibungsverlust 10 kW. Hat man N_i und N_e auf etwa 1% genau ermittelt, sind aber zufällig die Fehler nach entgegengesetzter Richtung gefallen, so werden wir $N_i = 101$ kW und $N_e = 89$ kW statt der wahren Werte gefunden haben. Daraus entnehmen wir den Reibungsverlust 101 — 89 = 12 kW, also um 20% falsch. Aus den kleinen Fehlern ist ein verhältnismäßig viel größerer geworden.

18. Darstellung von Ergebnissen; Fehlermaßstab. Das Ziel irgendwelcher Messungen kann ein zweifach verschiedenes sein.

Im einen Fall will man das Verhalten des untersuchten Gegenstandes, sagen wir einer Maschine, bei einem bestimmten Zustande feststellen. Das ist der Fall, wenn man den Dampfverbrauch einer Dampfmaschine bei einer bestimmten vorgeschriebenen Belastung nachprüft, etwa ob er den Garantiebedingungen entspricht. Ein Einzelversuch führt hier nur zu unsicherem Resultat: man macht deshalb mehrere Versuche, ohne etwas an den äußeren Bedingungen zu ändern, und nimmt den *Mittelwert*. Daran, wie weit die Einzelversuche vom Mittel abweichen, hat man einen Maßstab für die Genauigkeit des Resultats. Die Mathematik weist bei der Lehre von der Methode der kleinsten Quadrate nach, daß man nicht die Abweichungen der Einzelergebnisse vom wahren Wert, sondern die Quadrate dieser Abweichungen als Maß des Fehlers heranziehen müsse, um nicht auf innere Widersprüche zu kommen; daraus folgt dann, einerseits, daß man als wahrscheinlichsten Wert einer mehrfach gemessenen Größe denjenigen anzusehen habe, für den die Summe der Quadrate der Abweichungen möglichst klein ist — daher der Name der Rechnungsart — und daß der einfache Mittelwert dieser Forderung genügt; andererseits folgt daraus, daß man als *mittleren Fehler*[1]) den quadratischen Mittelwert § 15 aus den Abweichungen anzusehen habe, das heißt also die Größe $f'_m = \sqrt{\frac{\Sigma f^2}{m}}$; hierin soll f die Größe der einzelnen Abweichungen vom wahren Wert und m die Anzahl der Ablesungen sein. Da man jedoch den wahren Wert nicht kennt, sondern nur den als Mittelwert gefundenen Annäherungswert dazu, so ist auf Grund hier nicht wiederzugebender Entwicklungen bei Ableitung von n Werten aus m Ablesungen $f_m = \sqrt{\frac{\Sigma f^2}{m - n}}$, und wenn im allgemeinen, bei der einfachen Mittelwertbildung, $n = 1$ ist, so gilt

$$f_m = \sqrt{\frac{\Sigma f^2}{m - 1}} \qquad (1)$$

worin nun unter f die einzelnen Abweichungen vom Mittelwert zu verstehen sind; natürlich ist $f_m > f'_m$.

Hat man etwa für den stündlichen Dampfverbrauch einer Maschine bei einer bestimmten Belastung von 200 kW nacheinander folgende Werte gemessen:

1831; 1842; 1828; 1810; 1840 kg

[1]) Der mittlere Fehler ist nicht dasselbe wie der wahrscheinliche. Der wahrscheinliche Fehler ist das 0,674fache des mittleren.

so kann man folgende Rechnung machen: Der Mittelwert ist 1830,2 kg; die Abweichungen vom Mittelwert sind:

$$f = +0{,}8; \quad +11{,}8; \quad -2{,}2; \quad -20{,}2; \quad +9{,}8,$$

und deren Quadrate sind:

$$f^2 = 0{,}64; \quad 139{,}14; \quad 4{,}84; \quad 408{,}04; \quad 96{,}04.$$

Also wird $\Sigma f^2 = 648{,}80$, und man kann sich leicht davon überzeugen, daß dieser Wert größer wird, wenn man statt des arithmetischen Mittels 1830,2 kg einen größeren oder einen kleineren Wert als wahrscheinlichsten Wert des Dampfverbrauches hätte einführen wollen. Der mittlere Fehler unserer Versuchsreihe ist $f_m = \sqrt{\frac{648{,}80}{4}} = \pm 12{,}7$ kg. Man gibt den Fehler gern in Prozenten oder Bruchteilen des Absolutwertes; er ist dann $f_m = \pm \frac{12{,}7 \cdot 100}{1830{,}2} = \pm 0{,}69\,\%$. — Diese wenig zeitraubende Rechnung zu machen ist jedenfalls besser, als wenn man einfach den Unterschied zwischen Höchst- und Mindestablesung als Maßstab für die Meßgenauigkeit ansieht; ist es doch immer mehr oder weniger Zufall, wenn sich ein Wert (in unserem Fall 1810) besonders weit vom Mittelwert entfernt. Solchen abweichenden Wert nur wegen seiner größeren Abweichung unbeachtet zu lassen, ist grundsätzlich falsch; sein Einfluß wird schon genügend beschränkt, weil ein Einzelwert nur schwach auf den Mittelwert einwirkt. *Stark abweichende Werte* dürfen nur aus sachlichen Gründen fortgelassen werden, zum Beispiel, wenn sich nachträglich zeigte, daß die Wage in Unordnung gekommen oder daß eine unbeabsichtigte Stromentnahme ungemessen erfolgt war.

Die Fehlerausgleichung und der Fehlermaßstab berücksichtigt nur *zufällige Beobachtungsfehler*; die *systematischen*, in der Versuchsanordnung begründeten bleiben bestehen. Ein systematischer Fehler wäre es gewesen, wenn man bei allen ebengenannten Versuchen vergessen hätte, außer dem im Zylinder arbeitenden Dampf auch den Manteldampf zu messen, oder wenn die Wage falsch austariert gewesen wäre. Die systematischen Fehler sind durch mehrfache Versuchsausführung nicht zu beseitigen, eher durch verschiedenartige. —

Im anderen Fall ist die Aufgabe die, das Verhalten der untersuchten Maschine bei Änderung einer der Versuchsbedingungen zu ermitteln. Dann läßt sich das Versuchsergebnis nicht durch eine Einzelzahl ausdrücken, sondern durch eine Tabelle oder besser durch eine *graphische Darstellung*, ein *Schaubild*. Im Schaubild trägt man als Abszissen wagerecht diejenige Größe ein, die man künstlich geändert hatte, als Ordinate die gesuchte und erhält als Ergebnis jedes Einzelversuches einen Punkt (Fig. 16a und 16b und Tab. 2). Indem man durch diese Punkte einen glatten Kurvenzug hindurchlegt, erhält man als Ergebnis der ganzen Versuchsreihe eben diese Kurve. Dabei werden oft die Punkte unregelmäßig liegen, so daß man eine glatte Kurve nicht durch sie hindurchlegen kann, das würde sonst eine Schlangenlinie geben. Man legt die Kurve so, daß die Punkte möglichst gleichmäßig zu ihren beiden Seiten verteilt sind.

Dieses Verfahren, die Kurve glatt durch die Punkte hindurchzulegen, ist nicht als ein unerlaubtes Mittel zur Verschönerung des Ergebnisses anzusehen. Die unregelmäßige Lage der Punkte rührt von den Messungsungenauigkeiten her und hat nicht im Verhalten der Maschine seine Ursache. Zieht man die Kurve glatt hindurch, so merzt man die zufälligen Fehler aus und erhält die nach den Versuchen wahrscheinlichste Darstellung des Ergebnisses: man bildet gewissermaßen den Mittelwert.

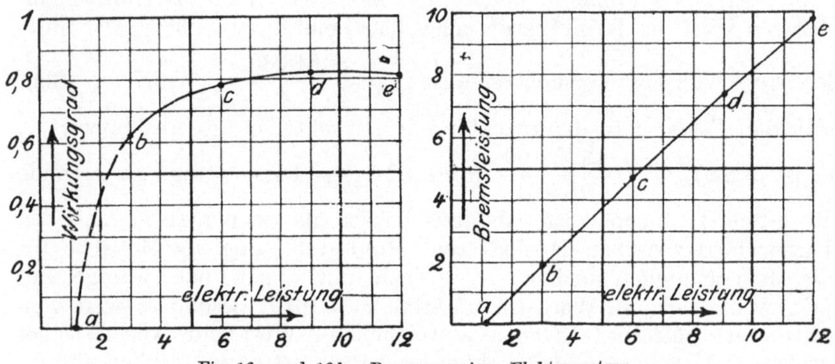

Fig. 16a und 16b. Bremsung eines Elektromotors.

Tab. 2. Bremsung eines Elektromotors.

	Elektr. Leistung N_{el}	N_b	$\eta = \frac{N_b}{N_{el}}$	$N_{el} - N_b$
	kW	kW	—	kW
a	1,1	Leerlauf	0	1,1
b	3,0	1,9	0,63	1,1
c	6,0	4,7	0,78	1,3
d	9,0	7,4	0,82	1,6
e	12,0	9,8	0,81	2,2

Wie aber bei Bildung des Mittelwertes aus mehreren Versuchen die Abweichungen der Einzelzahlen vom Mittelwert einen Maßstab für die Genauigkeit liefern, mit der die Versuche ausgeführt wurden, so auch im jetzigen Fall: die glatt hindurchgelegte Kurve ist das wahrscheinlichste Ergebnis der Versuche; je weiter die einzelnen Punkte zu beiden Seiten der Kurve abliegen, desto geringere Genauigkeit wird man dem einzelnen Versuche und der ganzen Reihe zuschreiben.

Wenn das Ziehen der Kurve ein Analogon zur Bildung des Mittelwertes ist, so kann man auch als Maßstab der Genauigkeit den mittleren Fehler übernehmen. Wo man zunächst, nach Eintragen der Punkte in ein Netz, im Zweifel ist, ob die eine oder die andere von zwei Kurven den Versuchen besser entspricht — und man ist oft im Zweifel zwischen Kurven verschiedenen Charakters —, da kann man für jede der Kurven die Abweichungen der einzelnen Punkte ausmessen und die Quadratsumme der Abweichungen bilden; diejenige Kurve ist die bessere, bei der die Quadratsumme kleiner ausfällt. Und weiterhin kann man den mittleren Fehler der Versuche aus dieser Quadratsumme finden, ganz wie beim mehrfach ausgeführten Einzelversuch. — Was die Größe der Abweichungen anlangt, die man auf dem Papier ausmessen muß, so kann man sie entweder ihrer absoluten Größe nach benutzen oder ins Verhältnis zur Länge ihrer Ordinate setzen, kann also das Summenquadrat der Absolutwerte oder der Relativwerte als maßgebend ansehen; was man tut, hängt davon ab, ob man den Einzelversuchen selbst an allen Seiten gleiche absolute oder gleiche relative Genauigkeit zutraut. Auch sonst bleibt manches der Willkür überlassen; so kann man die Abweichungen von der Kurve in Richtung der Ordinate oder aber normal zur Kurve messen; letzteres würde dem Umstande gerecht werden, daß man selten Grund hat, die Ordinate vor der Abszisse zu bevorzugen. Das vorgeschlagene Verfahren ist kein streng mathematisches; es läßt dem Ermessen des Rechnenden den Raum, der zur Berücksichtigung der besonderen Versuchsbedingungen wünschenswert ist. —

Es ist Sache des geschulten Taktgefühls, die Kurve geschickt durch die Punkte hindurchzulegen. Die Versuchsergebnisse werden dadurch wesentlich beeinflußt, wenn man sich bei kostspieligen technischen Messungen mit einer geringen Zahl von Punkten begnügen muß. Oft kann man die Unsicherheit in dieser Hinsicht vermindern durch *Änderung der dargestellten Größen.*

Beim Aufstellen der Wirkungsgradkurve eines Elektromotors, Fig. 16a, ist man namentlich unsicher über den Verlauf des unteren punktierten Astes. Stellt man aber in Fig. 16b die abgebremste Leistung als Funktion der elektrisch eingeführten dar, so herrscht diese Unsicherheit nicht, weil diese Kurve fast geradlinig verläuft. Und nun kann man aus Fig. 16 b noch einige Punkte für den unteren Ast der Wirkungsgradkurve berechnen, die durch Versuch nicht gut festzustellen sind, und hat auch den unteren Ast sicherer.

Noch besser kommt man zum Ziel, wenn man die Unterschiede $N_{el} - N_b$ bildet, das sind die Verluste im Motor; in der letzten Spalte der Tabelle ist das geschehen. Die annähernde Konstanz der Verluste gestattet es auch wieder, zwischen a und b noch einen weiteren Hilfspunkt einzulegen. —

Im allgemeinen wird man bei einer Versuchsreihe wie der eben besprochenen immer nur eine Größe, diesmal die Bremsleistung, willkürlich ändern. Die anderen Bedingungen, Erregung, Spannung, müssen konstant gehalten werden. Wollte man bei einer zweiten Versuchsreihe den Einfluß verschiedener Erregung studieren, so hätte man diesmal die Bremsleistung konstant zu halten und das Resultat in einem anderen Schaubild darzustellen.

Wo *zwei Größen willkürlich verändert* worden sind, kann man die Resultate der Versuche nicht mehr in einer Kurve darstellen, sondern muß das in Form von einer oder mehreren *Kurvenscharen* tun. Ein Beispiel für diese Form der Darstellung wird in § 140 der Maschinenuntersuchungen gegeben, wo die Eigenschaften eines Zentrifugalventilators besprochen sind.

IV. Längenmessung.

19. Einheiten; Druck und Temperatur. Die Länge wird im technischen Maßsystem in Metern gemessen; das Meter ist eine der drei Grundeinheiten dieses Systems. Nach Bedarf verwendet man in der Technik auch Millimeter, Zentimeter und Kilometer als Einheiten, in einigen Sonderfällen wird nach englischen Zollen gerechnet, 1″ engl. = 25,40 mm.

Das Volumen jedes Körpers ist abhängig von Druck und Temperatur; von diesen beiden Größen hängt also auch die Länge eines festen Körpers ab. Bei Längenmessungen wird man Druck und Temperatur berücksichtigen müssen, wenn es sich um feinere Messungen handelt. Folgende Angaben gewähren einen Anhalt für die Größe ihres Einflusses: Ein Temperaturunterschied von 100° C ändert die Länge von Eisen um 0,11%; er ändert also die wirksame Kolbenfläche einer Dampfmaschine um etwa das Doppelte, 0,22%. Der gleiche Temperaturunterschied ändert die Länge von Messing und Bronze um 0,18 bis 0,19%. Das sind Werte, die man oft nicht vernachlässigen darf. Dagegen ändert sich die Länge bei einer Belastung von 100 kg/cm² erst um $\frac{1}{200}$% bei Schmiedeeisen, um $\frac{1}{100}$% bei Gußeisen. Das ist wenig.

Der Einfluß der Temperatur ist also der bedeutendere. Die Temperatur beeinflußt den zu messenden Gegenstand, aber auch den messenden, der etwa ein einfacher Maßstab sei. Bestehen beide Teile, gemessener und messender, aus demselben Material und haben beide die gleiche Temperatur, so wird jede Messung das gleiche Ergebnis haben, bei welcher Temperatur sie auch ausgeführt sei. Will man die Abmessungen des warmen Dampfzylinders messen, so wäre es falsch, einen warmen Maßstab zu verwenden; die Ablesung wäre der Durchmesser des kalten Zylinders, vorausgesetzt, daß der Maßstab bei 0° C richtig geteilt war, wie üblich. Will man den Durchmesser des warmen Zylinders messen, so muß man dafür sorgen, daß der Maßstab seine Normaltemperatur hat.

Das Meter ist nämlich definiert als Länge des in Paris aufbewahrten Platiniridiumstabes bei 0° C. Diese Einheit ist unabhängig von der Temperatur, und das Meter ist bei 100° C ebenso lang wie bei 0°. Aber die Maßstäbe, mit deren Hilfe wir Messungen ausführen, ändern ihre Länge mit der Temperatur, sie können daher nur bei einer Temperatur richtig sein. Und die gemessenen Gegenstände ändern ihre Dimensionen ebenfalls mit der Temperatur, wir können also ihre Dimensionen nur für eine Temperatur richtig angeben. Für das metrische Maßsystem ist 0° C die vorgeschriebene Normaltemperatur; nur Stäbe, die bei 0° die richtige *Nennlänge* innerhalb gewisser Fehlergrenzen wirklich haben, werden von der Reichsanstalt für Maß und Gewicht durch Eichstempel beglaubigt. Da es sich meist um Stahlmaßstäbe handelt, wo überhaupt genaue Messungen in Rede stehen, so ist dann die *Sollänge* des Stabes bei einer anderen Temperatur um die Ausdehnung des Stahles größer als seine Nennlänge; nur bei 0° stimmen Nenn- und Sollänge überein.

In der herstellenden Maschinentechnik ist es nun meist ausreichend, einfach für gleiche Temperatur des gemessenen Gegenstandes und des Maßstabes zu sorgen. Ist der Gegenstand ganz aus Stahl, so erreicht man dann von selbst, daß er bei 0° die Nennabmessung bekommt, bei der Benutzung entsprechend eine andere; bei anderen Materialien liegen die Verhältnisse weniger einfach. Im ganzen aber kommt es auf ziffernmäßig bestimmte Abmessungen in der herstellenden Technik nicht an, sondern darauf, daß die zueinandergehörigen Teile miteinander die richtige Passung erhalten, und darauf, daß die wirklich hergestellte Abmessung auch nach Jahren reproduzierbar ist. Dazu dienen bekanntlich die Systeme der Grenz- und Kaliberlehren und andere Meßmethoden der modernen Werkstattechnik. Nebenbei sei erwähnt, daß diese Maße nicht immer nach der amtlich vorgeschriebenen Normaltemperatur 0° orientiert sind.

Anders liegen die Verhältnisse bei denjenigen Fällen, auf die sich dies Buch bezieht: bei Maschinenuntersuchungen. Hier kommt der sonst im Maschinenbau seltene Fall vor, daß man die wirklichen Längenabmessungen bei der gerade vorhandenen Temperatur ziffernmäßig kennen will. So muß man beim Indizieren der Maschinen den Zylinderdurchmesser, beim Benutzen des Bremszaumes die Länge des Hebelarmes ziffernmäßig angeben. In diesem Falle also hat man den Einfluß der Temperatur wohl zu beachten, insbesondere also, daß auch der Maßstab nur bei 0° seine Nennlänge hat, sofern er geeicht ist oder überhaupt sich dem amtlichen metrischen Maßsystem einfügt; sonst hat er seine Nennlänge nur bei seiner Normaltemperatur.

Wenn man den Einfluß verschiedener Spannung meist vernachlässigen kann, so kann jedoch die Pressung eine Rolle spielen, mit welcher der messende und der gemessene Körper einander berühren. Von der ersten leisen Berührung beider bis zum vollen Anliegen der Berührungsflächen ist ein gewisser Spielraum gelassen, der bei großer zu messender Länge keine Rolle spielt, bei kurzen Längen aber von Bedeutung sein kann.

20. Längenmeßinstrumente. An Instrumenten zum Messen von Längen sind zu nennen: für rohe Messungen der einfache Maßstab, nötigenfalls unter Zuhilfenahme von Taster und Stichmaßen, und die Schublehre, für feinere die Schraublehre oder Mikrometerschraube und für die feinsten technischen Messungen die Meßmaschine. Von dieser letzteren unterscheiden sich die in der Physik üblichen Instrumente, Komparator und Kathetometer, durch umständlichere Handhabung, die sie für die Benutzung durch weniger geübte Personen ungeeignet macht.

Der einfache *Maßstab* und die *Schublehre* bedürfen keiner Beschreibung. Nur sei darauf aufmerksam gemacht, daß gerade bei den einfachsten Messungen, nämlich außer beim Ausmessen von Längen auch noch beim Wägen, viel gesündigt wird, indem man die käuflichen fabrikmäßig hergestellten Maßstäbe und Gewichte benutzt, ohne sich von ihrer Richtigkeit irgendwie zu überzeugen. Die üblichen Klappmaße sind in den Gelenken oft ungenau. Die richtige Ausmessung der Maschinenmaße ist ebenso wichtig wie die Feststellung des richtigen Federmaßstabes der Indikatoren oder wie die Eichung der Thermometer.

Man verwende also zuverlässige Maßstäbe, am besten stählerne, nicht zusammenklappbare. Diese brauchen nur in volle Millimeter geteilt zu sein, man kann dann Zehntel schätzen. Engere Teilung, etwa in halbe Millimeter, erschwert die Ablesung, ohne sie genauer zu machen. Wo man sich nicht auf Schätzung verlassen will, da verwende man nicht einen enger geteilten Maßstab, sondern bediene sich des Nonius. An Schublehren und vielen anderen Instrumenten pflegt ein solcher vorhanden zu sein.

Der *Nonius* ist eine kurze Skala, die vor der Hauptskala, dem Limbus, dahingleitet (Fig. 17 a). Der Nullstrich des Nonius ist derjenige, dessen Stellung auf dem Limbus man ermitteln will: wir lesen ohne weiteres ab 112 mm und könnten Zehntel schätzen. Statt zu schätzen lesen wir die Zehntel Millimeter am Nonius ab: dieser hat eine Länge von 9 mm, die aber in 10 Teile geteilt sind, so daß jeder Teil $^9/_{10}$ mm lang ist. Wir sehen zu, welcher Teilstrich des Nonius mit einem Teilstrich des Limbus zusammenfällt, und finden, daß der Teilstrich 4 des Nonius mit einem (gleichgültig welchem) Striche des Limbus sich deckt. Also ist $^4/_{10}$ der Bruchteil des Millimeters, den wir noch zu den abgelesenen 112 mm hinzuzuzählen haben: der Nullpunkt des Nonius steht bei 112,4 der Hauptskala, und das ist dann bei einer Schublehre auch der Abstand der Maulhälften. — Der Beweis ist eine einfache Rechenaufgabe.

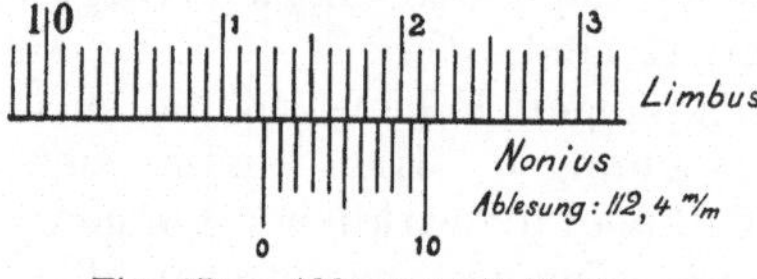

Fig. 17 a. Ablesung mit Nonius.

Dieser Nonius war eingerichtet, um Zehntel der Hauptteilung abzulesen. Will man Zwanzigstel ablesen, so ist der Nonius 19 mm lang (Fig. 17 b), dieser Abstand ist in 20 Teile geteilt, jeder Teil ist $^{19}/_{20}$ mm lang. Diesmal deckt sich der Strich 8 des Nonius mit einem (beliebigen) Strich des Limbus, also sind $^8/_{20}$ mm zu der ursprünglichen Ablesung hinzuzufügen, die auch hier wieder 112 war. Daher lesen wir $112\frac{8}{20}$, also wieder 112,4 an der Schublehre ab.

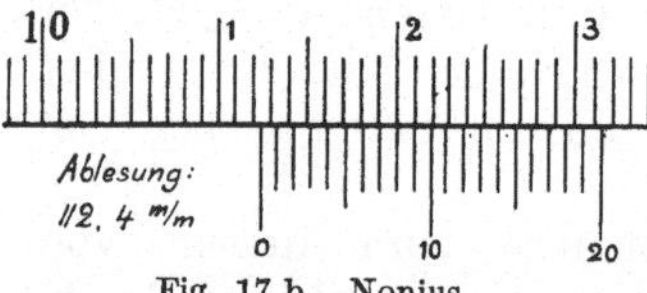

Fig. 17 b. Nonius.

Wir lasen mit dem ersten Nonius auf Zehntel, mit dem zweiten auf Zwanzigstel Millimeter genau ab. Wollten wir den Nonius noch weiter verlängern, um etwa auf Hundertstel Millimeter abzulesen, so wäre das zwecklos: die Teilung einer gewöhnlichen Schublehre ist nicht auf hundertstel Millimeter genau ausgeführt, also darf man auch die Ablesung nicht so weit treiben. Die Teilstriche sind überdies so dick, daß man schon bei dem Nonius für $^1/_{20}$ mm im Zweifel ist, wo Deckung zweier Striche am besten stattfindet.

Für jeden Nonius aber, auch wenn er bei Zollmessungen für Zwölftel oder bei Winkelmessungen für Dreißigstel oder Sechzigstel eingeteilt ist, gilt folgendes: Will man n-tel der Hauptteilung ablesen, so ist der Nonius $n - 1$ Teile der Hauptteilung lang, und diese Länge ist in n Teile geteilt. Deckt sich nun der m-te Teilstrich des Nonius mit einem Strich des Limbus, so steht der Nullstrich des Nonius um $\frac{m}{n}$ Teile vom vorhergehenden Strich der Hauptskala ab.

Man unterscheidet *End-* und *Strichmaße.* Ein Endmaß hat die Länge, nach der es heißt, zwischen beiden Stirnenden, ein Strichmaß gibt die betreffende Länge als Abstand zweier Striche, die auf seiner Breitseite aufgerissen sind. Die Klappmaßstäbe geben die Länge 1 m als Endmaß, für jeden anderen Abstand sind sie einerseits End-, andererseits Strichmaß. Endmessungen sind sehr bequem, aber Strichmessungen oft genauer, teils weil Strichmaße nicht wie Endmaße durch Abnutzung sich ändern, teils weil bei ihnen der Maßstab nach beiden Seiten hin ein symmetrisches Bild bietet, was genaues und schnelles Anlegen erleichtert. Deshalb sollten auch die Teilungen reiner Strichmaße wie der Zeichenmaßstäbe oder Rechenschieber, über den Nullpunkt hinaus um einige Teile fortgesetzt sein, nach Fig. 18, damit sich dem Auge wieder ein symmetrisches Bild bietet. Man benutzt oft beim Zeichnen den 1-cm-Strich als Anfang, weil man so schneller und genauer arbeitet.

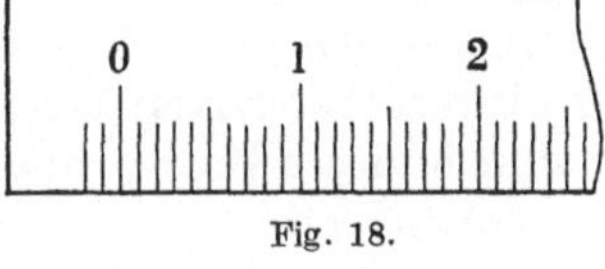

Fig. 18.

Für feinere Messungen dient die *Schraublehre* oder das *Schraubenmikrometer* (Fig. 19a und 19b). Das zu messende Stück wird zwischen die Endflächen zweier Schrauben, a und b, genommen, die durch einen Bügel verbunden sind. Die Schraube a ist eine Nachstellvorrichtung. Die Schraube b hat genau 1 oder $^1/_2$ mm Ganghöhe und ist der eigentlich messende Teil: jeder Bruchteil einer Umdrehung dieser Schraube ändert den Abstand der Meßflächen um den gleichen Bruchteil eines oder eines halben Millimeters. Man kann also Bruchteile von Millimetern bei c am Umfang des Griffes ablesen, mit dessen Hilfe man die Schraube dreht, die vollen Millimeter gibt eine Skala d am festen Bügel.

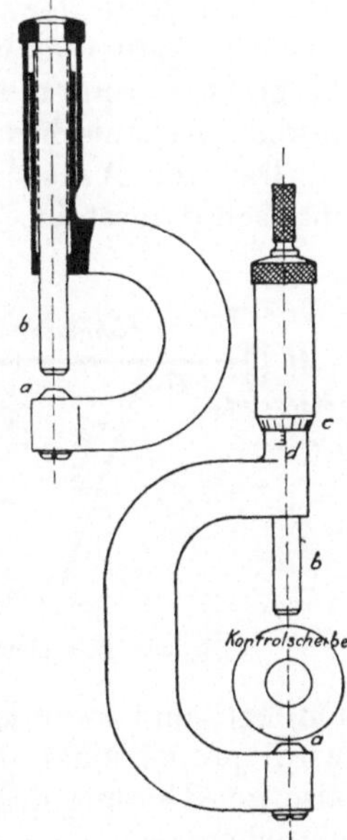

Fig. 19a und 19b. Schraubenmikrometer.

Vor Benutzung hat man sich davon zu überzeugen, daß die Ablesung richtig 0,0 (bei Fig. 19a) wird, wenn man die Schrauben a und b ganz gegeneinander schraubt, sonst ist Schraube a nachzustellen. Bei der Messung selbst muß dann die Meßschraube ebenso stark angezogen werden wie bei dieser Justierung. Das wird bei manchen Schraublehren durch besondere Vorrichtungen (Friktionsanstellung, Fig. 19b oben) erreicht, die bei jeder Messung denselben Druck erreichen läßt.

Da lange Schrauben nicht gleichmäßig herzustellen sind, so hat man nicht eine Schraublehre für alle Abmessungen, sondern mehrere für jedesmal kleinere Meßbereiche, etwa je eine von 0 bis 25, von 25 bis 50, von 50 bis 75 mm. Die letzteren lassen sich zum Justieren nicht ganz zusammenschrauben, sondern man hat dazu eine Kontrollscheibe (Fig. 19b) von genau 25 oder genau 50 mm Durchmesser, nach der man die Einstellung der Nachstellschraube berichtigt.

Mikrometerschrauben ohne den Bügel werden auch geliefert und gestatten, an irgendeinem Maschinenteil befestigt, die Bewegung des letzteren genau zu verfolgen, z. B. beim Auskurbeln von Maschinenventilen.

Noch feinere Längenbestimmungen führt man mit der *Meßmaschine* aus. Diejenige von Reinecker mißt auf $^1/_{10000}$ mm genau, wobei allerdings aufs sorgfältigste auf Temperatur und Anpressung der Fühlflächen geachtet werden muß. Die Meßmaschine sowohl wie Stichmaße, Kaliberbolzen und -ringe und Grenzlehren gehören mehr zu den in der Werkstatt benutzten Geräten; ihre Besprechung fällt daher aus dem Rahmen dieses Buches hinaus. Man vergleiche jedoch die 1. und 2. Auflage desselben.

V. Flächenmessung.

21. Planimeter. Der Inhalt einer Fläche — der in Quadratzentimeter, Quadratmeter, auch in Quadratfuß oder -zoll angegeben wird — kann aus den linearen Abmessungen durch einfaches Ausmultiplizieren oder mit Hilfe der Simpsonschen Regel oder anderer mathematischer Formeln gefunden werden. Im folgenden sollen indessen Planimeter besprochen werden, das sind Meßinstrumente, die die Größe der Fläche durch mechanisches Umfahren ihrer Umrisse zu ermitteln gestatten.

Das von Amsler angegebene *Polarplanimeter* ist in Fig. 20 schematisch dargestellt. Zwei Stäbe MF und PG sind im Gelenk G miteinander verbunden. Der Pol P ist eine Spitze, die man fest ins Papier setzt und durch ein Gewicht beschwert; mit dem Fahrstift F, ebenfalls einer Spitze, umfährt man die auszumessende Figur von einem beliebigen Punkt des Umfangs bis zu genau demselben Punkt, den man zweckmäßig vorher durch Einstechen markiert; dann läuft das Meßrädchen M auf dem Papier, auf dem es ebenfalls aufliegt, und zwar ist die abgewickelte Länge, wie die Theorie zeigen wird, proportional der Fläche, die man umfahren hat. Man kann also den Umfang des Meßrädchens direkt in Quadratzentimeter Fläche einteilen.

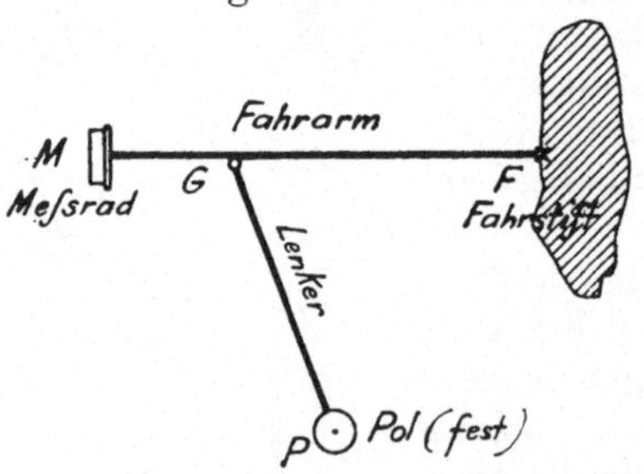

Fig. 20. Polarplanimeter.

Die Bauart eines Planimeters geht aus Fig. 21 im einzelnen hervor. Der Pol wird mit einer kleinen Nadel ins Papier gespießt (bei anderen Bauarten nur flach hingelegt), der fest an ihn geschraubte Lenker fällt lose in eine Bohrung des Fahrarms und bildet dort ein Kugelgelenk. Der Fahrarm steht mit Fahrstift F und Meßrad M und noch mit einer

Laufrolle, also in drei Punkten, auf dem Papier und wird von dem Lenker nur gelenkt. Zum Führen des Fahrstiftes ist ein Handgriff *g* vorhanden, ein unten abgerundeter Tragfuß *f* verhütet, daß der Fahrstift das Papier ganz berührt und zerkratzt; nur zum Kennzeichnen des Anfangspunktes der Umfahrung kann man durch Niederdrücken des Fahrstiftes entgegen der Kraft einer Feder einen Stich ins Papier machen, in den man am Schluß der Umfahrung wieder hineingeht.

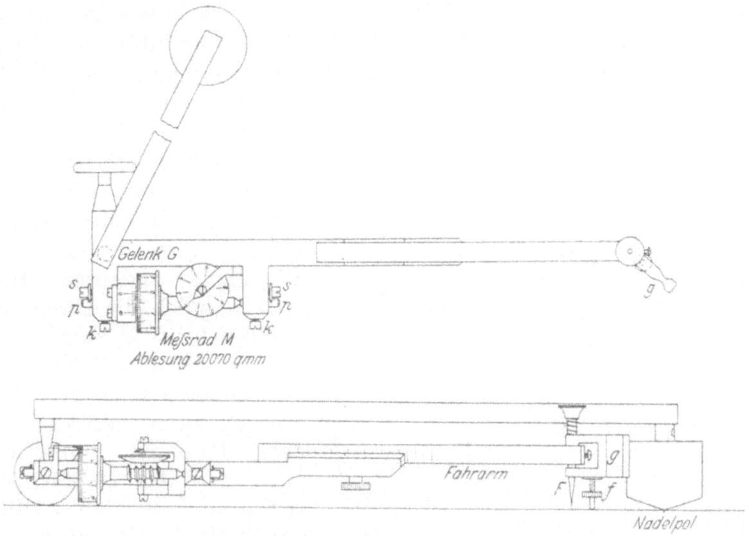

Fig. 21. Polarplanimeter von G. Coradi.

Die Ablesung erfolgt am Umfang des Meßrades mittels Nonius, die vollen Umdrehungen des Meßrades werden durch eine Zehnerscheibe registriert.

Die einfachste *Theorie des Planimeters* ist die von Kirsch, die wir im folgenden wiedergeben.

Der wirksame Teil des Planimeters ist das Meßrädchen, dessen Drehung wir ablesen. Wenn wir ein solches Meßrädchen, Fig. 22, in Richtung des Pfeils *1*, also in Richtung der Achse, bewegen, so wird es sich offenbar gar nicht drehen, es gleitet; wenn wir es — immer natürlich mit seinem Umfang auf der Papierebene aufliegend — in Richtung des Pfeils *2*, senkrecht zur Achse bewegen, so wird einfach Rollen stattfinden und die zurückgelegte Strecke vollständig durch Ablesen des Rades festzustellen sein. Von jeder anderen Bewegung wird die Komponente in Richtung des Pfeils *2* vom Meßrad registriert. —

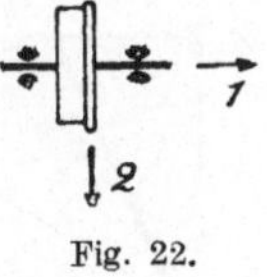

Fig. 22.

Wenn wir nun an einem Lineal eine Reihe von Meßrädchen in einer Ebene liegend, also mit einander parallelen Achsen, so anbringen, daß alle das Papier berühren (Fig. 23), so drehen sich alle diese Rädchen übereinstimmend um denselben Winkel, ganz gleichgültig, wie man das Lineal bewegt. Die Bewegung des Lineals aus der Lage AB (Fig. 24) in die Lage $A'B'$ kann man nämlich betrachten als

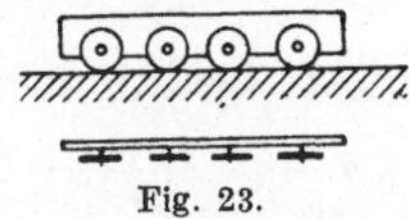

Fig. 23.

zusammengesetzt aus einer Drehung um C als Mittelpunkt nach $A''B''$ — diese Drehung beeinflußt die Rädchen gar nicht — und aus einer Verschiebung des Lineals auf C zu —, diese Verschiebung beeinflußt alle Rädchen gleichmäßig. Jede irgendwie gestaltete Bewegung des Lineals kann man aber als Aufeinanderfolge von unendlich kleinen Drehungen und Verschiebungen auffassen.

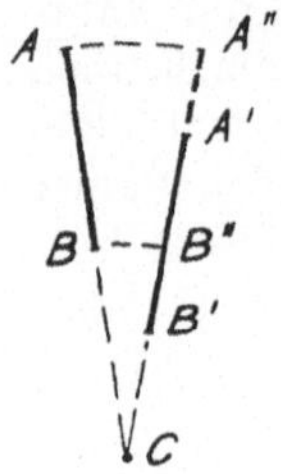

Fig. 24.

Wenn wir in Fig. 25 ein Planimeter haben und dessen Fahrstift F im Kreise um den Pol P herumführen, so wird sich das Meßrädchen M ebensoviel abwickeln, wie ein bei M' gedachtes es täte, dessen Lagerung mit MF starr verbunden wäre.

Daraus folgt zunächst, daß das Meßrädchen sich überhaupt nicht abwickelt, wenn wir F auf einem Kreise von solcher Größe herumführen, wie Fig. 26 es andeutet. Hier geht nämlich die Ebene des Meßrädchens M durch den Pol P. Den als *Nullkreis* bezeichneten Kreis vom Radius R_0 kann man also mit dem Fahrstift umfahren, ohne daß das Meßrädchen sich abwickelt. Der Radius des Nullkreises ist, nach dem Pythagoras,

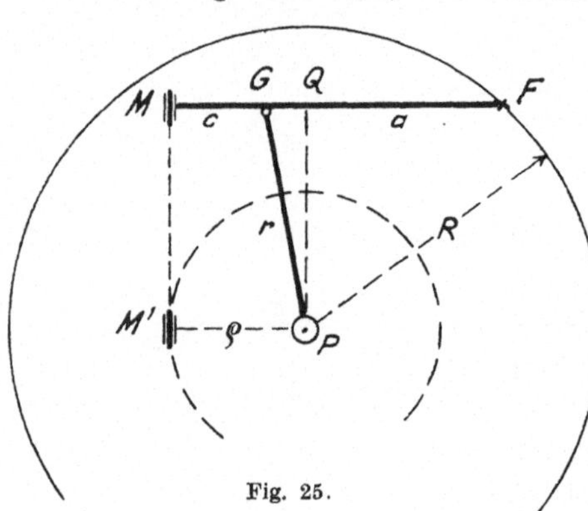

Fig. 25.

$$R_0 = \sqrt{(a+c)^2 + MP^2} = \sqrt{(a+c)^2 + r^2 - c^2} = \sqrt{a^2 + 2ac + r^2}\,.$$

Seine Fläche ist $F_0 = \pi(a^2 + 2ac + r^2)$. Statt durch Rechnung lässt sich R_0 bestimmen, indem man den Papierstreifen xy mit dem Pol P festspießt und diejenige Lage des Fahrstiftes ausprobiert, bei der das Meßrädchen sich beim Bewegen des Streifens um P herum nicht abwickelt (Fig. 26).

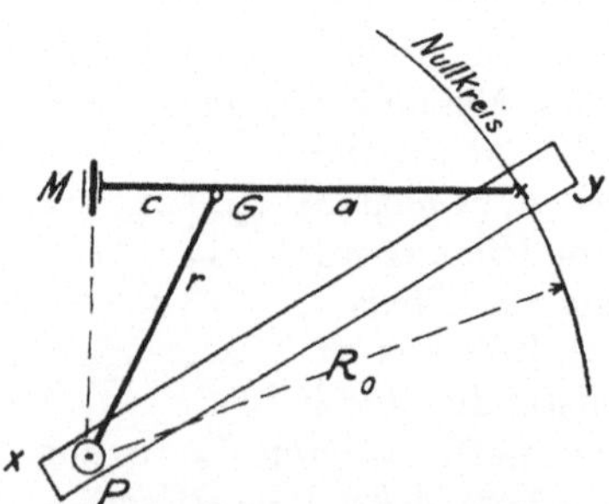

Fig. 26. Ermittlung des Nullkreises.

Wir kehren nun zur Fig. 25 zurück. M wickelt sich ebenso ab, wie M' es tun würde, bei einer vollen Umfahrung wickelt sich also eine Bogenlänge $s = 2\varrho\pi$ ab. ϱ läßt sich nun durch die anderen bekannten Größen ersetzen. Es ist

$$R^2 - (a + c - \varrho)^2 = r^2 - (\varrho - c)^2,$$

nämlich beides nach dem Pythagoras gleich $\overline{PQ}^2$, also ist $R^2 - a^2 + 2a(\varrho - c) = r^2$ und $\varrho = \dfrac{a^2 + 2ac + r^2}{2a} - \dfrac{R^2}{2a}$ oder auch $\varrho = \dfrac{R_0^2 - R^2}{2a}$, wo R_0 der Radius des Nullkreises ist. Der abgewickelte Bogen des Meßrädchens ist also $s = \dfrac{\pi}{a} \cdot (R_0^2 - R^2)$.

Umfährt man einen zweiten Kreis vom Radius R' statt R mit dem Fahrstift, so wird diesmal ein Bogen $s' = \frac{\pi}{a} \cdot (R_0^2 - R'^2)$ abgewickelt werden.

Nun sieht man leicht, was wir erhalten, wenn wir eine Fläche, wie die in Fig. 27 schraffierte, umfahren, die einen Kreisring mit dem Pol P des Instruments als Mittelpunkt bildet, der an einer Stelle ganz schmal aufgeschlitzt ist. Wir führen den Fahrstift überall in der Pfeilrichtung, daher passieren wir die radiale Strecke an der Aufschlitzung einmal nach innen gehend, einmal nach außen gehend, dabei wickelt sich das Meßrad einmal vorwärts, einmal rückwärts um gleich viel ab: die radialen Strecken heben sich also in ihrer Wirkung heraus. Die beiden den Ring begrenzenden Kreise werden auch in einander entgegengesetztem Sinne durchlaufen, das Meßrädchen läuft also einmal um die eben abgeleitete Größe s vorwärts, einmal um s' rückwärts und wird sich zum Schluß um $b = s - s'$ abgewickelt haben. Diese gesamte Abwicklung ist also $b = \frac{\pi}{a} \cdot (R^2 - R'^2)$. Schreiben wir dafür $R^2\pi - R'^2\pi = a \cdot b$, so haben wir links den Inhalt f der umfahrenen Ringfläche. Es ist also die umfahrene Fläche

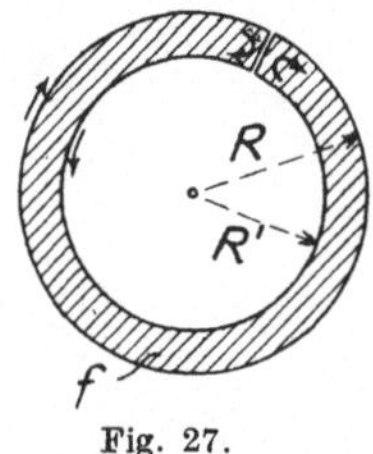

Fig. 27.

$$f = a \cdot b, \quad \ldots \ldots \ldots \ldots \quad (1)$$

gleich dem Produkte aus der (konstanten) Länge a des Fahrarms und dem am Meßrädchen abgewickelten Bogen b.

Nun sieht man weiter, daß die Beziehung $f = a \cdot b$ auch für den in Fig. 28 schraffierten Teil eines konzentrischen Ringes gilt. Die radialen Strecken *2 3* und *4 1* werden in entgegengesetztem Sinne durchlaufen, heben sich also heraus. Beim Durchfahren der Kreisbögen *1 2* und *3 4* wickelt sich weniger am Meßrädchen ab als früher beim Umfahren der ganzen Kreise, aber gerade in dem Verhältnis weniger, in dem die jetzige Fläche zum ganzen Ring steht. Abgewickelter Bogen und umfahrene Fläche sind also einander proportional vermindert und Formel (1) bleibt bestehen.

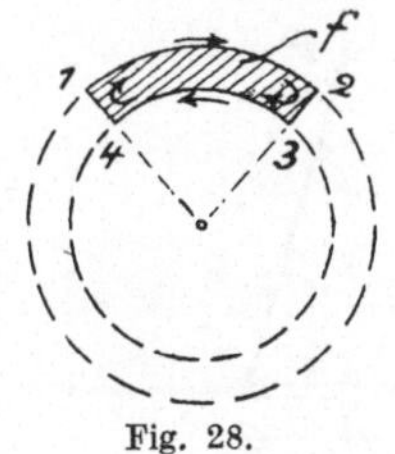

Fig. 28.

Eine unregelmäßige Fläche endlich kann man, wie Fig. 29 andeutet, aus einer Anzahl — nötigenfalls unendlich vielen — Ringstücken zusammengesetzt denken. Die inneren Kreisbögen würden je einmal hin und zurück durchlaufen werden, wir können sie also auslassen, und wenn wir nur die äußeren Umrisse umfahren, so gilt auch hier: $f = a \cdot b$.

Fig. 29.

Ist die zu umfahrende Fläche so ausgedehnt, daß man nicht alle Punkte des Umfangs erreichen kann, wenn der Pol P der Aufstellung außerhalb der Fläche liegt, so kann man die Fläche entweder in Teile zerlegen — oder aber man wählt einen *Pol im Innern der Figur*.

Diesen Fall führen wir mit Hilfe des Nullkreises auf den früheren zurück. In Fig. 30 soll der Inhalt der ganzen unregelmäßigen Figur bestimmt werden. Offenbar ist die schraffierte Figur um den Inhalt des Nullkreises kleiner als die gesuchte, für die schraffierte Figur aber gilt unsere Theorie ohne weiteres. Die gesuchte Figur hat also den Flächeninhalt: Planimeterablesung plus Inhalt des Nullkreises. Da nun beim Durchfahren des Nullkreises das Meßrädchen stillsteht, da sich ferner die zum Nullkreis führenden Strecken in ihrer Wirkung aufheben, so können wir uns deren Umfahrung ersparen und haben einfach die Regel: Liegt der Pol im Innern der Figur, so ist die Ablesung am Meßrädchen um den Inhalt F_0 des Nullkreises zu vermehren. Dessen Radius R_0 bestimmt man durch Versuch, wie bei Fig. 26 angegeben.

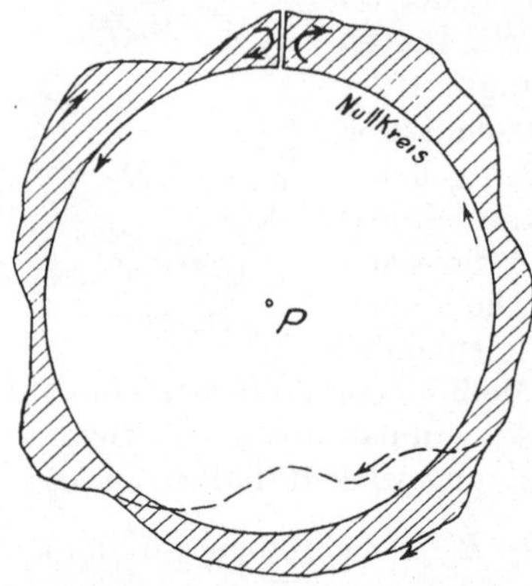

Fig. 30. Auswertung großer Figuren, Pol innen.

Wir ziehen einige *Folgerungen aus der Theorie*. Es war $f = a \cdot b$; Fläche = Fahrarm × abgewickelter Bogen. Die übrigen Abmessungen des Planimeters sind auf seine Wirksamkeit ohne Einfluß. Man darf also die Länge des Fahrarmes nicht durch Verbiegen des Fahrstiftes ändern, sonst ändert sich der Wert der Skala am Meßrad. Dagegen ist gleichgültig der Ort, wo das Meßrädchen angebracht ist, sofern nur seine Achse parallel dem Fahrarm bleibt. Man findet die in Fig. 31 und 32 dargestellten Anordnungen. Fig. 32, bei der man den Fahrarm nicht ändern kann, ist empfehlenswerter für einfache Zwecke. Bei Fig. 21 und 31 ist der Polarm nicht fest mit dem Fahrarm verbunden, sondern an eine Hülse angelenkt, die auf dem Fahrarm verstellbar ist. Man kann so die wirksame Länge $GF = a$ des Fahrarmes ändern; je kürzer man ihn einstellt, ein desto größerer Bogen b wickelt sich ab beim Umfahren einer bestimmten Fläche, desto genauer kann man also die Ablesung der umfahrenen Fläche bewirken; daß darum die Messung genauer wird, ist nicht gesagt, denn die Genauigkeit der Messung ist unter Umständen durch andere Einflüsse begrenzt, so durch die Schwierigkeit, den Umrissen der Figur sauber zu folgen, oder durch die Genauigkeit der Figur selbst. Es hätte aber keinen Zweck, die Ablesung weiter zu treiben, als diese Grenzen angeben (§ 17). Auch kann man nach Verkürzung des Fahrarmes nur noch kleinere Figuren umfahren.

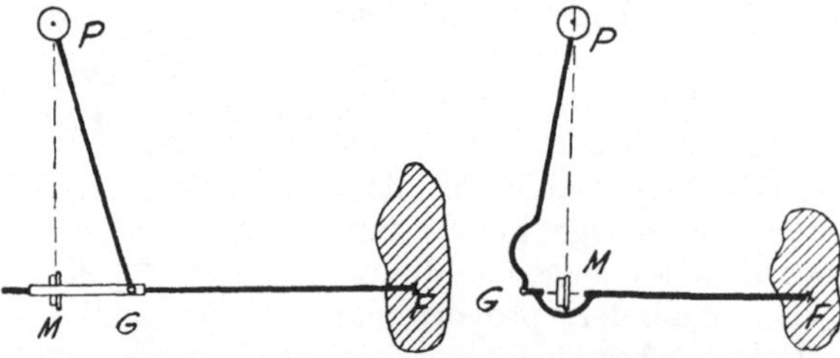

Fig. 31 und 32. Formen des Polarplanimeters.

Die Länge des Lenkers PG ist auf den abgewickelten Bogen ohne Einfluß. Man kann den Lenker also auch unendlich lang machen, d. h. den Punkt G geradlinig führen. Dadurch entsteht aus dem Polar- ein *Linearplanimeter*, wie solches in Fig. 33 dargestellt ist. Das Meßrädchen M bewegt sich genau so, wie ein bei M' befindliches. Das Linearplanimeter ist bequemer als das Polarinstrument, wenn man sehr langgestreckte Figuren, etwa die Schaubilder selbstschreibender Meßinstrumente, ausmitteln will. Mit dem Polarplanimeter kann man das nur stückweise.

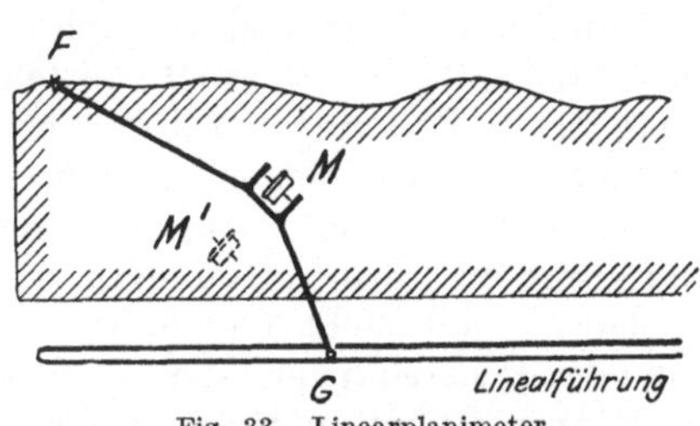

Fig. 33. Linearplanimeter.

Die *Genauigkeit des Planimeters* ist beim Ausmessen länglicher Figuren geringer als beim Ausmessen rundlicher, weil bei ersteren das Verhältnis Umfang zu Fläche größer wird und Ungenauigkeiten des Umfahrens mehr Einfluß erlangen.

Beim Gebrauch erhält man die genauesten Resultate, wenn man dafür sorgt, daß das Meßrad möglichst rollt, möglichst wenig gleitet. Außerdem hat man dafür zu sorgen, daß das Meßrad nicht unnütz weit in einer Richtung sich abwickelt und dann wieder zurückrollt, so daß man das Endresultat gewissermaßen als Differenz zweier Abwicklungen abliest, sondern das Meßrad soll möglichst immer in einem Sinne vorwärts rollend in seine Stellung gelangen. Letztere Bedingung zu erfüllen, lege man den Schwerpunkt der Figur auf den Nullkreis, die erste erfüllt man, indem man noch die Längenrichtung der Figur radial zum Nullkreis legt.

Bei Beachtung dieser Regeln ermittelt das einfache Polarplanimeter Flächen, bei denen das Verhältnis Umfang zu Fläche günstig ist, auf etwa $^1/_5\%$ genau, andernfalls aber kommen Fehler von 1% leicht vor. Eine ruhige Hand ist wesentlich. Man erhält genauere Werte durch mehrfaches Umfahren der auszumessenden Figur, am besten unter Ablesung des Standes nach jeder Umfahrung, aber sonst ohne abzusetzen, so daß man in der Gleichmäßigkeit der Differenzen eine Kontrolle auch für die Genauigkeit der Rückkehr auf den Ausgangspunkt hat.

Die Achse des Meßrades muß parallel zur Fahrarmachse stehen. Steht sie schief, so macht das Planimeter für dieselbe Fläche verschiedene Angaben, je nach der Lage des Planimeters. Fig. 21 ist als *Kompensationsplanimeter* gebaut: man kann den Fahrarm durchschlagen, so daß der Lenker einmal von rechts, einmal von links auf ihn trifft. Verschiedenheit der Meßergebnisse in beiden Anordnungen deutet auf schiefe Stellung der Meßrolle, der Mittelwert beider Ablesungen ist von dem Fehler frei. —

Eine andere vorzügliche Form des Planimeters ist das in Fig. 34 abgebildete *Scheibenplanimeter*. Hier ist der Pol nicht ein Nadelpol, sondern besteht aus einem schweren Metallstück P, um dessen als Kugelgelenk ausgebildete Mitte die übrigen Teile schwingen. Diese bestehen auch aus einem Polarm und einem Fahrarm, die bei *G* durch eine senkrechte Achse gelenkig miteinander verbunden sind; der Fahrarm FF_1 trägt den Fahrstift *F*, mit dem man die auszumessende Figur umfährt. Nun ist in dem Polarm eine mit Papier beklebte Laufscheibe *L* mit senkrechter Achse gelagert; das auf derselben Achse sitzende Rädchen *R* greift mittels sehr feiner Zähnung in eine entsprechende Zähnung am Umfange der Polscheibe ein, daher läuft die Scheibe ziemlich schnell um ihre Achse, wenn der Polarm um die Polscheibe schwingt. Auf der Laufscheibe läuft das Meßrad *M*, das mit dem Fahrarm verbunden ist, so daß es dessen Bewegungen im Gelenk *G* mitmacht und daher in der Mittelstellung nahe der Mitte, in den Endstellungen aber nahe dem Rande der Laufscheibe läuft. Der Arm *MG* ist übrigens am eigentlichen Fahrarm mit einer wagerecht parallel zur Fahrarmlänge liegenden Achse angelenkt, so daß

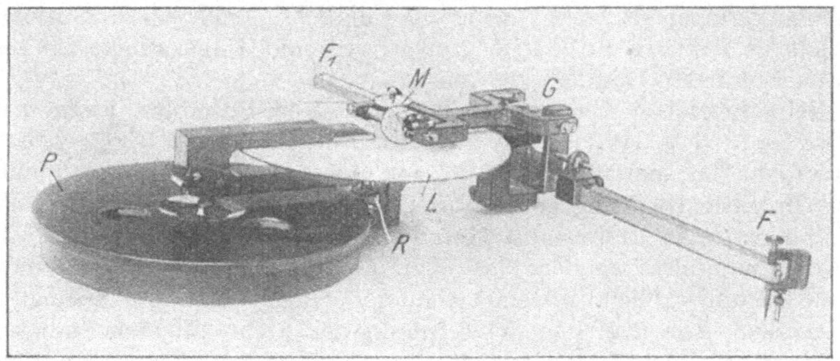

Fig. 34. Scheibenplanimeter von Coradi.

das Meßrad *M* stets auf die Laufscheibe *L* herabfallen kann. — Das Meßrad wickelt nun, auf der Laufscheibe laufend, Bögen ab, deren Länge einerseits von der Geschwindigkeit der Scheibenumdrehung, andererseits von der Lage des Berührungspunktes auf der Scheibe abhängt. Diese Einflüsse wirken so zusammen, daß die abgewickelten Bögen der umfahrenen Fläche proportional sind.

Die Genauigkeit des Scheibenplanimeters ist viel größer als die des einfachen Polarplanimeters. Daß das Laufrad stets auf der Scheibe läuft, fällt freilich mehr für Landmesser beim Ausmessen krauser Pläne ins Gewicht. Aber das Zusammenarbeiten der Teile ist so, daß das Laufrad sehr große Abwicklungen macht, und daß diese bei nicht sehr unregelmäßigen Figuren fast nur vorwärts erfolgen. Außerdem ist das Scheibenplanimeter wenig empfindlich dafür, ob man genau auf den Ausgangspunkt zurückkehrt, wenn man diesen so wählt, daß das Meßrad nahe der Scheibenmitte steht; in dieser Gegend führt nämlich das Meßrädchen gar keine Bewegungen aus: eine Drehung im Gelenk *G* hat keinen Einfluß, weil die Scheibe nicht umläuft; eine Drehung um den Pol hat trotz der Scheibenbewegung keinen Einfluß, weil die Meßradebene radial zur Scheibe steht. — Die Verkürzung des Fahrarmes hat ähnliche Wirkungen wie beim einfachen Polarplanimeter; doch bleiben die zu umfahrenden Flächen auch bei kurzem Arm noch recht ansehnlich.

Dem Namen nach sei das *Rollplanimeter* als zum Ausmessen langer Figuren geeignet erwähnt. Einige Planimeter, welche einfacher sind als die besprochenen, sind nicht zu empfehlen: so ist das Pryzsche *Stangenplanimeter* mehr interessant als brauchbar. *Integraphen* sind Instrumente, welche zu einer gegebenen Kurve $y = f(x)$ die Integralkurve $y' = \int f(x)\, dx$ graphisch verzeichnen; die von ihnen verzeichnete Endordinate stellt also ebenfalls die Fläche unter der gegebenen Kurve dar. Nur kann man noch die Aufaddierung Schritt für Schritt verfolgen. Auch diese Instrumente sind für unsere Zwecke unwesentlich.

22. Simpsonsche Regel. Wo man ein Polarplanimeter nicht zur Hand hat, berechnet man die Flächen nach der *Simpsonschen Regel*. Eine Umgehung der Simpsonschen Regel ist das folgende Verfahren von Wagener: Man hält sich ein für allemal, etwa auf Pauspapier oder Zelluloid gezeichnet, ein Gitter wie Fig. 35, bestehend aus einer Anzahl Parallelen in gleichem Abstand; die punktierten Linien markieren ein Viertel des Abstandes der benachbarten Parallelen. Dieses Gitter legt man auf die zu messende Figur, so daß sie auf zwei der Parallelen endet. Man hat die starken Strecken zu addieren, dabei indessen die erste und letzte, die auf punktierten Linien liegen, nur halb zu nehmen — und hat die erhaltene Summe mit dem bekannten Abstand der Parallelen zu multiplizieren, dann ist das Ergebnis der Inhalt der Fläche. Die Begründung ist einfach: die starke Strecke auf der Parallelen *6* ist die mittlere Breite des schraffierten Trapezes, dessen Höhe gleich dem Parallelenabstand ist. Durch Aufaddieren der starken Strecken erhält man die Summen solcher Trapeze. An den beiden Enden des Diagrammes bleiben Flächen von halber Breite, deshalb muß man die auf punktierten Linien liegenden Strecken nur halb nehmen. Das Aufaddieren der Strecken macht man mit einem Zirkel oder durch Aneinandertragen auf einem Streifen Papier.

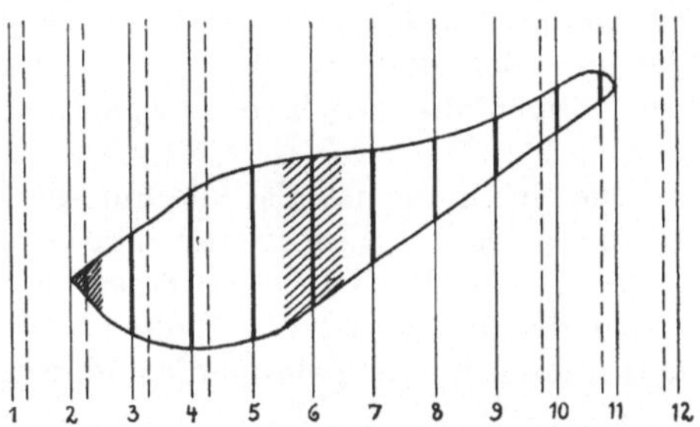

Fig. 35. Ausmessen des Flächeninhaltes (Harfenplanimeter).

VI. Messung der Spannung.

23. Einheiten. Flüssigkeiten geben einen Druck, den sie an einer Stelle empfangen, nach allen Richtungen und durch die ganze Flüssigkeit hindurch weiter. Die Flüssigkeitsteilchen üben daher aufeinander und auf die Gefäßwand Pressungen aus, so zwar, daß auf jede Flächeneinheit dieselbe Kraft kommt, gleichgültig, welche Richtung und

Gestalt die Fläche hat. Nur in der Richtung von oben nach unten nimmt die Spannung, entsprechend dem spezifischen Gewicht γ kg/m³ des Mediums, für jedes Meter Standhöhe um je $\gamma\ \mathrm{kg/m^2} = \frac{\gamma}{10\,000}\ \mathrm{kg/cm^2}$ zu. Den in einer bestimmten Höhenlage auf die Flächeneinheit kommenden Druck nennt man den *spezifischen Druck* oder die *Spannung* der Flüssigkeit in dieser Höhe.

Für Gase gilt das gleiche, auch hinsichtlich der Abnahme der Spannung mit der Höhe um γ kg/m² für je 1 m Standhöhe.

Auch auf feste Körper ist der Begriff der Spannung anwendbar; bei ihnen kann die Spannung an verschiedenen Punkten verschieden sein, und an ein und demselben Punkt ist sie nach verschiedenen Richtungen hin nicht die gleiche. Die Spannung fester Körper wird bei Materialprüfungen festgestellt. Für uns handelt es sich nur um die Spannung von Flüssigkeiten und Gasen. Diese sind stets Druckspannungen. Bei festen Körpern können auch Zugspannungen vorkommen, die nötigenfalls durch ein negatives Vorzeichen kenntlich gemacht werden.

Die Spannung ist also die auf die Flächeneinheit ausgeübte Kraft. Demnach ist ihre *Einheit* diejenige Spannung, welche auf das Quadratmeter Fläche die Kraft von einem Kilogramm ausübt: 1 kg/m².

In der Praxis ist als Einheit der Spannung das Kilogramm pro Quadratzentimeter gebräuchlicher, weil man dadurch die Resultate in weniger hohen Zahlen erhält. Es ist $1\,\frac{\mathrm{kg}}{\mathrm{cm^2}} = \frac{1\ \mathrm{kg}}{\frac{1}{10\,000}\ \mathrm{m^2}} = 10\,000\,\frac{\mathrm{kg}}{\mathrm{m^2}}$.
Man bezeichnet diese Einheit auch wohl als metrische Atmosphäre: 1 kg/cm² = 1 at. Diese Benennung rührt daher, daß die durch Barometer meßbare Spannung der uns umgebenden Luftatmosphäre ungefähr 1 kg/cm² beträgt: sie wechselt bekanntlich je nach der Höhenlage des Beobachtungsortes und je nach der Witterung.

Außer diesen vom technischen Maßsystem hergeleiteten sind noch rein empirische Einheiten gebräuchlich. Diese empirischen Einheiten sind das Millimeter Quecksilbersäule oder Wassersäule und die physikalische Atmosphäre von 760 mm Quecksilbersäule. Auch rechnet man wohl mit der in Metern oder Millimetern anzugebenden Säule einer anderen Flüssigkeit, auf deren spezifisches Gewicht γ es dann ankommt.

Eine *Flüssigkeits- oder Gassäule* übt nämlich unter dem Einfluß der Schwerkraft auf die sie unten abschließende Fläche eine Spannung aus, die von der Höhe der Säule abhängt, also durch deren Höhe gemessen werden kann. Habe die Säule 1 m² Querschnitt und eine Höhe von h m, so ist das in ihr enthaltene Volumen h m³; wenn man das spezifische Gewicht des die Säule bildenden Mediums mit γ kg/m³ bezeichnet, so sind $h \cdot \gamma$ kg in der Säule enthalten, die also auf die Grundfläche der Säule von gerade 1 m² die Spannung $h \cdot \gamma\,\frac{\mathrm{kg}}{\mathrm{m^2}}$ ausübt. Daher ist

$$h\ \mathrm{m\ FlS} = h \cdot \gamma\,\frac{\mathrm{kg}}{\mathrm{m^2}}\,; \qquad 1\ \mathrm{m\ FlS} = \gamma\,\frac{\mathrm{kg}}{\mathrm{m^2}} \quad . \ . \ . \ . \quad (1)$$

Hiermit ist zugleich die Begründung für die Abnahme des Drucks mit der Höhe gegeben, von der oben gesprochen wurde.

Für kaltes Wasser insbesondere ist $\gamma = 1000$ kg/m³, also 1 m WS = 1000 kg/m² oder

$$1 \text{ mm WS} = 1 \text{ kg/m}^2 \quad \ldots\ldots\ldots \quad (2)$$

Denken wir nämlich die Fläche von 1 m² gerade 1 mm hoch mit kaltem Wasser bedeckt, so ist 1 l = 1 kg Wasser auf jenem Quadratmeter vorhanden. — Es ist auch

$$10 \text{ m WS} = 10\,000 \text{ kg/m}^2 = 1 \text{ kg/cm}^2 = 1 \text{ at} \quad \ldots \quad (3)$$

Für Quecksilber von 0° Temperatur ist $\gamma = 13\,560$ kg/m³ zu setzen (13,56 in physikalischer Ausdrucksweise), also 1 m QuS = 13 560 kg/m² = 1,356 kg/cm² oder

$$1 \text{ kg/cm}^2 = 735{,}5 \text{ mm QuS} = 1 \text{ at} \quad \ldots\ldots \quad (4)$$

Die Spannung von 760 mm QuS = 1,033 kg/cm² = 1,033 at = 10 333 kg/m² wird wohl als *normaler Barometerstand* am Meeresspiegel angesehen und deshalb auch als (physikalische) Atmosphäre bezeichnet. Die letztere Benennung sollte man auf jeden Fall in technischen Werken vermeiden, weil das Vorhandensein zweier gleichbenannter Einheiten, die nur um reichlich 3% voneinander verschieden sind, zu Irrtümern Anlaß gibt, die größer als zulässig, aber zu klein sind, als daß man sie ohne weiteres bemerkt. Ganz entraten kann man der Annahme von 760 mm QuS als normalen Barometerstandes deshalb nicht, weil man die Gasvolumina (§ 44) und die Siedepunkte auf diesen Normaldruck zu beziehen pflegt, weil die Thermometerskala auf der Annahme dieses Barometerstandes als des normalen beruht (§ 97), und weil daher die Zahlen für das mechanische Wärmeäquivalent, für die spezifischen Gewichte, die Ausdehnungszahlen, kurz viele Tabellenwerke geändert würden, wollte man die technische Atmosphäre allein einführen. Man kann aber Verwechselungen dadurch umgehen, daß man sagt, man beziehe das Gasvolumen auf 760 mm QuS, statt: auf Atmosphärenspannung. Außerdem wird man grundsätzlich nur diesen Normaldruck, nicht aber Vielfache desselben in die Rechnung einführen.

Eine Angabe in Quecksilbersäule meint immer eine Säule von 0° C, eine Angabe in Wassersäule meist eine solche bei +4° C, wo das Wasser seine größte Dichte hat. Nichts steht im Wege, Spannungen eines Mediums von beliebiger Temperatur in diesen Einheiten auszudrücken. Auch kann die Messung mittels einer Quecksilber- oder Wassersäule beliebiger Temperatur geschehen, nur wird dann eine Reduktion auf Normaltemperatur der messenden Säule nötig; diese Reduktion ist für Wasser unerheblich, wenn das Wasser kalt ist, bis zu etwa 20° (Fig. 86 bei § 43); für Quecksilber ist sie erheblicher und wird unten besprochen werden (Fig. 41).

Im *englischen Maßsystem* ist die Einheit der Spannung das Pfund pro Quadratzoll; es ist 1 kg/cm² = 14,22 Pfd/QuZ. Man liest Quecksilbersäulen in Zollen ab und sieht 30 Zoll QuS = 76,199 cm QuS als normalen Barometerstand an.

24. Absoluter Druck, Überdruck, Vakuum. Die Instrumente zum Messen der Spannung heißen Manometer; wenn sie Spannungen unter der Atmosphäre, also ein Vakuum angeben, auch wohl Vakuummeter.

Eindringlich ist nun darauf hinzuweisen, daß alle Manometer nicht Spannungen anzeigen, sondern Spannungsunterschiede. Die gewöhnlichen Manometer, deren Einrichtung weiterhin zu besprechen sein wird, geben den Unterschied der Spannung in dem zu untersuchenden Raum gegen die augenblickliche Spannung der umgebenden Atmosphäre; im Arbeitsraum einer Druckluftgründung geben sie den Unterschied gegen die Spannung in diesem Raum an. Die von einem Manometer gemachte Angabe bezeichnet man deshalb als *Überdruck*, und wenn es sich um ein Vakuum handelt, als *Unterdruck*.

Die *absolute Spannung* in dem zu untersuchenden Raum ist die Summe: Barometerstand plus Überdruck, oder aber die Differenz: Barometerstand minus Unterdruck. Bei jeder Spannungsmessung hat man also auch noch den Barometerstand zu beobachten: das Barometer ist derjenige Spannungsmesser, der absolute Spannungen angibt.

Zeigt also das Manometer an einem Dampfkessel 4,25 at an, und ist, an einem hochgelegenen Ort und bei schlechtem Wetter, der Barometerstand mit 705 mm QuS abgelesen, so ist dieser Barometerstand $\frac{705}{735,5} = 0,96$ at, und der absolute Druck im Kessel ist $4,25 + 0,96 = 5,21$ at; das Wasser im Kessel würde also nach den Dampftabellen bei 152,4° sieden.

Wo eine Vakuumspannung anzugeben ist, insbesondere also bei Kondensationsdampfmaschinen und bei Vakuumkochgefäßen, geschieht die Angabe auf verschiedene Weise.

Zunächst kann man die *Vakuumangabe* so lassen, wie man sie abliest, oder aber man kann eine Reduktion der Ablesung auf den normalen Barometerstand von 760 mm QuS vornehmen, indem man zum abgelesenen Vakuum die Differenz $760 - b$, also die Abweichung des Barometerstandes b vom normalen, hinzuzählt. Durch diese Reduktion eliminiert man also die Schwankungen des Barometerstandes: die Angabe des reduzierten Vakuums ist gleichwertig mit einer Angabe der absoluten Spannung, indem immer die Summe aus reduziertem Vakuum und absoluter Spannung gleich 760 mm QuS ist.

Außerdem kann man ein Vakuum entweder in Millimetern Quecksilbersäule angeben oder aber in Prozenten; und dabei kann man noch die Prozente verschieden berechnen, indem man entweder den momentanen Barometerstand, oder indem man den normalen Barometerstand von 760 mm QuS gleich 100% setzt. Von den hiernach möglichen Berechnungsweisen für bestimmte Ablesungen an Vakuummeter und Barometer sind nur zwei berechtigt, und zwar von diesen die eine oder andere je nach Umständen.

Die Dampftemperatur in einem Kochgefäß oder im Niederdruckzylinder und beim Übertritt in den Kondensator ist vom absoluten Druck, also vom reduzierten Vakuum abhängig. Bei Untersuchung der Temperaturverhältnisse wird man also im allgemeinen reduzieren und wird die Angabe dann in mm QuS oder auch in kg/cm² machen. Die Angabe in Prozenten hat keinen Zweck, hätte sonst aber in Prozenten von 760 mm zu geschehen. Das zweckmäßigste ist übrigens die Angabe der absoluten Spannung statt des Vakuums.

Eine bestimmte Vakuumpumpe kann, je nach der Größe ihres schädlichen Raumes, ein bestimmtes Vakuum erzeugen, so zwar, daß der tiefst erreichbare absolute Druck einen bestimmten Bruchteil der Spannung ausmacht, gegen welche die Pumpe fördert, meist also des augenblicklichen Barometerstandes. Die Luftpumpe wird daher auf einem Berge arbeitend die absolute Spannung weiter herunterziehen können als in der Ebene. Trotzdem wird aber die Ablesung am Vakuummeter auf dem Berge geringer sein als in der Ebene, denn eine Pumpe, die in der Ebene 720 mm QuS Vakuum erzeugen kann, wird auf einem Berge nicht das gleiche erreichen können, wenn der ganze Barometerstand vielleicht nur 700 mm QuS ist. Weder die Angabe des reduzierten noch des unreduzierten Vakuums noch die des absoluten Druckes läßt der Pumpe Gerechtigkeit angedeihen, wenn man sie nach mm QuS oder nach kg/cm² macht. Zweckentsprechend ist nur die Angabe des Vakuums in Prozenten des absoluten Vakuums, und zwar in Prozenten des augenblicklichen Barometerstandes.

Ein *Beispiel* soll den Gang der Rechnung zeigen. Man habe ein Vakuum von 652 mm QuS bei einem Barometerstand von 711 mm QuS abgelesen. Die absolute Spannung ist dann 711 — 652 = 59 mm QuS, das reduzierte Vakuum 760 — 59 = 701 mm QuS oder auch wohl $\frac{701}{760} \cdot 100 = 92{,}3\%$, wenn es sich um Dampftemperaturen handelt. Handelt es sich dagegen um die Untersuchung der Luftpumpe, so wird man $\frac{652}{711} \cdot 100 = 91{,}7\%$ Vakuum anzugeben haben. Wie man sieht, weichen die beiden richtigen Berechnungsweisen nicht sehr voneinander ab, bei schlechterem Vakuum freilich etwas mehr.

Ganz falsche Ergebnisse aber erhält man bei Vakuummetern mit Prozentteilung, bei denen also der Skalenbereich von 0 bis 760 mm Vakuum in 100 Teile geteilt und entsprechend beziffert ist. Solch Instrument hätte $\frac{652}{760} \cdot 100 = 85{,}8\%$ Vakuum angezeigt, daraus hätte man vielleicht einen absoluten Druck $760 \cdot \frac{100 - 85{,}8}{100} = 108$ mm QuS errechnet und eine Dampftemperatur von 54°, während dem wirklichen absoluten Druck von 59 mm QuS eine Siedetemperatur von 42° entspricht.

Eine *Einteilung der Vakuummeter* in Prozente ist unzulässig, da sie nur beim normalen Barometerstand richtig sein kann. Die Bezifferung des Skalenbereichs (0 bis 760 mm QuS) von 0 bis 1 gibt zu gleichen Irrtümern Anlaß. Vakuummeter müssen in mm QuS oder in kg/cm² geteilt sein. Die Teilung kann ruhig über 760 mm oder über 1 kg/cm² hinausgeführt sein. Es ist einmal nichts daran zu ändern, daß der Nullpunkt der Vakuumskala stets dem augenblicklichen Barometerstande entspricht, also veränderlich ist. Das Vakuum läßt sich in Prozente umrechnen, aber nicht so messen.

Bei *Kühlanlagen* findet man Manometer, die in ° C geteilt sind, entsprechend den Verdampfungstemperaturen des arbeitenden Mediums bei verschiedenen Spannungen. Man wird nach dem Gesagten erkennen, daß auch dies theoretisch unzulässig ist; die auftretenden Fehler verschwinden nur, wenn es sich um größere Spannungen über der atmosphärischen handelt, wo dann die Schwankungen des Barometerstandes unbedeutend sind gegenüber der Gesamtspannung.

25. Federmanometer. Die Metall- oder Federmanometer sind Röhrenfeder- oder Plattenfederinstrumente.

In den *Röhrenfedermanometern* ist der wirksame Teil die Bourdonsche Röhrenfeder (Fig. 36 und 37). Diese ist ein gebogenes Rohr von flachem Querschnitt, in deren Inneres von unten die zu messende Spannung eintritt. Das andere Ende der Röhrenfeder ist geschlossen.

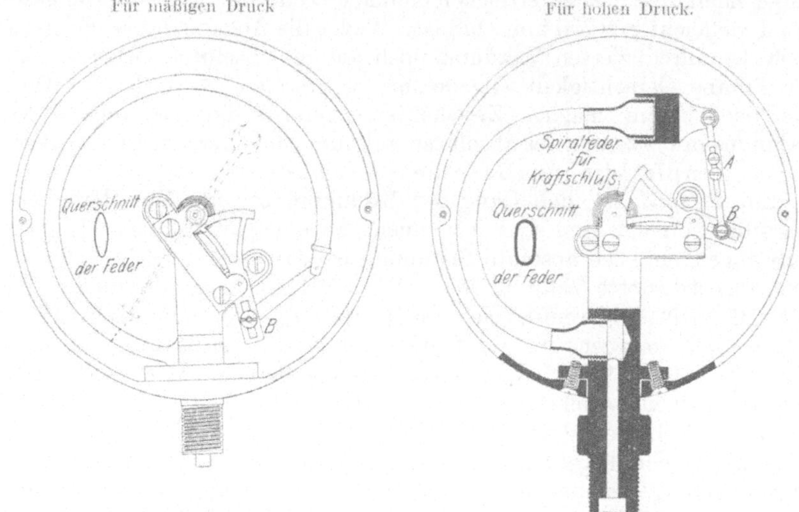

Fig. 36 und 37. Röhrenfedermanometer von Schaeffer & Budenberg.

Eine solche Feder hat unter der Einwirkung des inneren Überdrucks das Bestreben, sich gerade zu strecken[1]). Diesem Bestreben wirkt die Elastizität des Federmaterials entgegen. Daher ändert die Feder ihre Krümmung je nach der Spannung im Innern; ihr freies Ende bewegt sich hin und her und betätigt den Zeiger, der vor einer Skala spielt. Von Dreyer, Rosenkranz & Droop werden Manometer mit Hilfsstahlfeder geliefert, bei denen ein mit der Röhrenfeder gleichlaufender und beiderseits mit ihr verbundener gekrümmter Stahldraht deren Richtkraft erhöht.

Man hat es in der Hand, Manometer bis zu den verschiedensten Spannungen herzustellen, indem man das Material, die Form, den Querschnitt und die Wandstärke der Feder verändert. Für kleine Spannungen macht man die Feder aus nachgiebiger Kupferlegierung, man macht sie möglichst lang gekrümmt, führt sie mit so geringer Wand-

[1]) Theorie siehe Lorenz, Z. Ver. deutsch. Ing. 1910, S. 1865.

stärke und so flach aus, daß das Trägheitsmoment ihres Querschnittes klein wird (Fig. 36). Für große Spannungen verwendet man aus maßsivem Stahl gebohrte Federn, denen man die Form Fig. 37 gibt und deren Querschnitt nach dem Ausbohren nur wenig elliptisch gemacht ist. Bei genügender Wandstärke sind solche Federn bis zu 200 at und weiter brauchbar, für hydraulische Zwecke.

Plattenfedermanometer haben die Einrichtung Fig. 38. Eine dünne gehärtete Stahlblechplatte ist am Umfange eingeklemmt. Tritt Spannung unter die Platte, so wird ihre Mitte aufwärts gedrückt und der Zeiger bewegt. Um die Platte nachgiebiger zu machen, versieht man sie mit ringförmigen Wellen. Trotzdem bleibt der Ausschlag ein geringer, 1 bis 2 mm, und das ist der Nachteil der Platten- hinter der Röhrenfeder, deren freies Ende 6 bis 10 mm Ausschlag, von Null bis Höchstspannung, ausführt. Denn um eine genügende Zeigerbewegung zu erhalten, muß man beim Plattenfedermanometer stärkere Übersetzung zum Zeiger hin anwenden, und das vergrößert auch den toten Gang. Dafür ist die Plattenfeder, wegen ihrer geringen Eigenmasse, weniger empfindlich für Erschütterungen. Auf Lokomotiven verwendet man daher gerne Plattenfedermanoneter, sonst zieht man meist Röhrenfedermanometer vor.

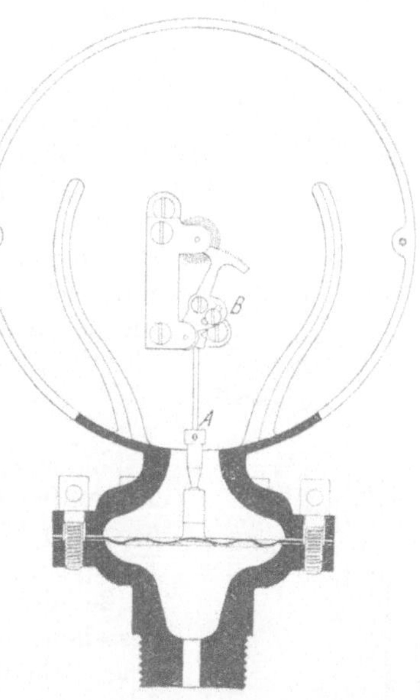

Fig. 38. Plattenfedermanometer von Schaeffer & Budenberg.

Um bei der Herstellung und später bei einer Instandsetzung eines Manometers die gewünschte Einstellung des Zeigerwerkes erreichen zu können, hat das Getriebe jedes Manometers im allgemeinen zwei Nachstellmöglichkeiten. Die in Fig. 37 und 38 mit A bezeichnete läßt ein Glied kürzen oder verlängern und gestattet dadurch die Einstellung des Zeigers auf den Nullpunkt; Fig. 36 hat diese Einstellung nicht, die allerdings entbehrlich ist, weil man entweder den Zeiger auf seiner Achse versetzen oder den Zahnbogen mit dem Trieb verschieden zum Eingriff bringen kann. Weniger entbehrlich ist die in Fig. 36 bis 38 mit B bezeichnete Einstellung, mittels deren man, nach Festlegung des Nullpunktes, den Abstand der Druckintervalle auf der Skala ändern kann durch Änderung der wirksamen Hebellängen.

Die Federmanometer sind die im praktischen Betriebe meist verwendeten. Bei ihrer Anwendung hat man zu beachten, daß man vor der Ablesung ans Gehäuse klopfen muß, um durch die Erschütterung die Reibung zu beseitigen. Tut man das, so zeigen die Instrumente bei steigender Spannung befriedigend das gleiche an wie bei sinkender, ihre Empfindlichkeit ist dann sehr groß.

Die Federn, und zwar namentlich die Röhrenfedern, ändern ihre Elastizität, wenn sie warm werden; dadurch würde die Skala falsch und eine Neueichung nötig. Sind auch gute Fabrikate nicht sehr empfindlich in diesem Punkt, so soll man doch den Eintritt von Dampf in die Feder vermeiden, indem man eine *Schleife* vor das Manometer setzt (Fig. 39). In ihr sammelt sich Wasser, und nur dieses tritt in die Röhrenfeder ein. Zwischen Manometer und Schleife setzt man einen *Hahn H*. Der Hahn hat eine seitliche Bohrung von kleinem Durchmesser ($^1/_2$ mm), ist also ein Dreiwegehahn. Durch die feine Bohrung kann man das Manometer oder die Zuleitung mit der Atmosphäre in Verbindung bringen, ersteres zur Nachprüfung des Nullpunktes, letzteres, um die Leitung freizublasen. Der Hahn wird, wenn die zu messende Spannung periodisch schnell schwankt, so weit abgedrosselt, daß man den Mittelwert sicher ablesen kann. Der Hahn wirkt als Flüssigkeitsbremse und vergrößert die Dämpfung des Instrumentes. Zu gleichen Zwecken schaltet man auch kleine Wasserbehälter vor das Manometer, die meist noch eine feine Bohrung haben, um schnelle Spannungsschwankungen zu mildern, die das Werk schädigen würden. Auch Rosten im Innern ändert die Elastizität der Feder, weil die Wandstärke kleiner wird. Man hindert das Rosten der stählernen Federn von hydraulischen Manometern durch einen inneren Asphaltüberzug, oder besser, indem man in die Röhrenfeder ein dünnes Kupferrohr einführt und es durch Wasserdruck aufbläht, so daß es sich dem Federrohr von innen anschmiegt.

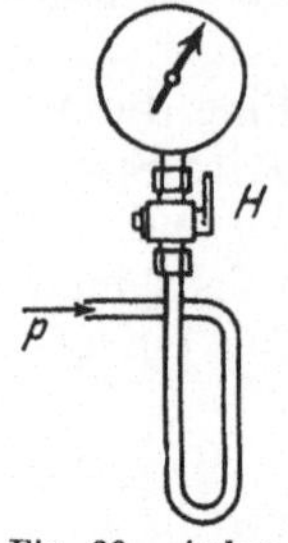

Fig. 39. Anbau von Federmanometern an Dampfleitungen.

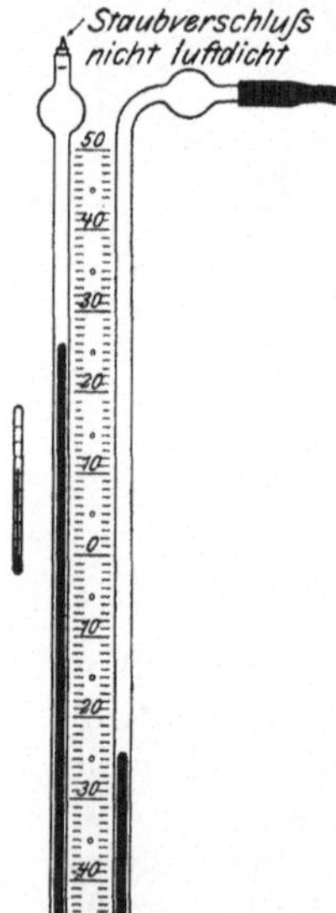

Fig. 40. Quecksilbermanometer mit Thermometer.

26. Flüssigkeitsmanometer. *Quecksilbermanometer* bestehen aus einem U-förmigen Rohr (Fig. 40). Der eine Schenkel ist offen, der andere mit dem zu untersuchenden Raum verbunden. Die Ablesung geschieht durch Beobachten beider Quecksilberkuppen; denn nur wenn beide Schenkel g e n a u gleich weit sind, könnte man sich mit einer Ablesung begnügen und sie verdoppeln; auch müßte dazu das Quecksilber sehr genau abgemessen sein, so daß es im Stillstand auf Null steht. Die Kapillarität verursacht bei Rohren über 5 mm lichter Weite keinen wesentlichen Fehler, auch hebt sich beim U-Rohr ihre Wirkung in beiden Schenkeln auf. Doch ist die Ablesung auf 0° C Quecksilbertemperatur zu reduzieren; da nämlich warmes Quecksilber leichter ist, so wird die Ablesung bei gleicher Spannung größer: nur bei 0° C ist 735,5 mm QuS = 1 kg/cm², nur bei 0° C ist 760 mm QuS die Normalspannung. Entsprechend der Q u e c k s i l b e r temperatur hat man also die Ablesung um so viele Prozente zu verkleinern, wie Fig. 41 angibt; diese stellt das Verhältnis der spezifischen Gewichte des Quecksilbers bei $t°$ zu dem bei $0°$ dar. Die *Temperaturberichtigung* macht also meist minus $^1/_3\%$ aus. — Man ermittelt die Fadentemperatur, indem man ein Thermometer neben das Manometer hängt, die Kugel in halber Höhe der messenden Quecksilbersäule (Fig. 40) — oder man schätzt sie einfach.

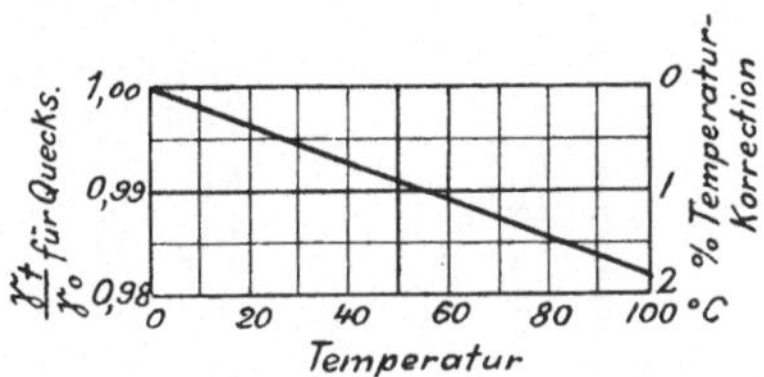

Fig. 41. Temperaturberichtigung bei Quecksilbermanometern.

Etwas bequemer zum Ablesen sind einschenklige Quecksilbermanometer: ein Glasrohr taucht unten in ein Gefäß und ist oben offen. Die zu messende Spannung wird in das Gefäß geleitet, so daß sie auf den Quecksilberspiegel drückt und das Quecksilber in die Höhe treibt. Man hat hier nur an einer Skala abzulesen — bei der vorigen Anordnung waren die Ablesungen an zwei Säulen zu addieren. Die Änderungen des Quecksilberstandes im Gefäß sind nämlich gering. Um sie trotzdem zu berücksichtigen, macht man entweder die Skala oder das Gefäß verschiebbar, oder aber man teilt die Skala nicht genau in Zentimeter, sondern etwas enger. Die ersten beiden Anordnungen, bei denen man dann den Nullpunkt der Skala nach dem Quecksilberspiegel im Gefäß einstellt, sind vorzuziehen; bei der letzten nämlich ist das Einstellen des Nullpunktes durch Nachfüllen von Quecksilber sehr lästig. — Fig. 42 zeigt das Gefäßmanometer für Vakuum; das Gefäß ist nachstellbar, die obere Rohrspirale soll Störungen durch eine Wassersäule verhindern, die sich über dem Quecksilber bilden könnte. Man hat auch direkt den absoluten Druck in einem Kondensator und dergleichen bestimmt mit Hilfe eines *abgekürzten Barometers* (Fig. 43): der eine Schenkel ist so zugeschmolzen, daß keine Luft über dem Quecksilber bleibt, der andere mit dem Kondensator verbunden. Auskochen wie bei Barometern ist erforderlich, auch ist Eintreten von Luftbläschen zu vermeiden, sonst zeigt das Instrument zu gutes Vakuum; das ist sein Fehler, der sich im Laufe der Benutzung leicht wieder einstellt.

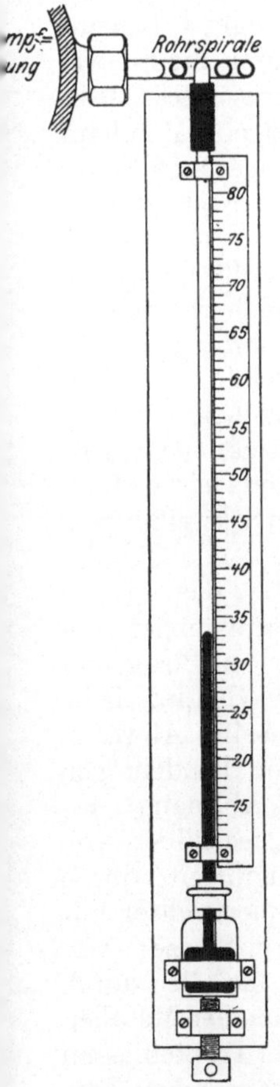

Fig. 42. Vakuummeter mit Rohrspirale zur Vermeidung von Niveauschwankungen.

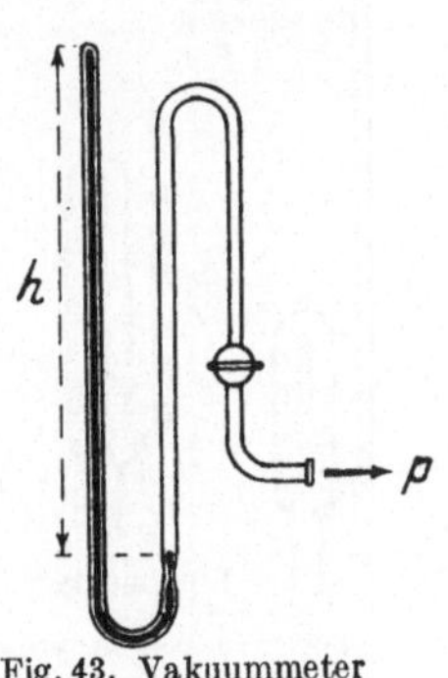

Fig. 43. Vakuummeter für absoluten Druck.

Als Normalinstrument zur Eichung von Federmanometern führt man das Quecksilbermanometer bis zu höheren Spannungen nach

Fig. 44 aus. Das Gefäß ist aus Eisen, das Steigrohr aus starkwandigem Glasrohr, das in Abständen von etwa 2 m gestoßen wird. Der Stoß ist durch eine Gußeisenmuffe mit Lederstulpstopfbüchsen gedichtet. Zum Ablesen muß man mittels Leiter am Steigrohr auf und ab klettern können. Bequemer ist die Vorrichtung der Fig. 44 mit zwei Spiegeln $S_1 S_2$ und Fernrohr; Spiegel S_1 und mit ihm eine Lampe zum Erhellen der Skala ist senkrecht verschiebbar: so kann man den Stand der Säule im Fernrohr ablesen. Das längste derartige Instrument erstreckt sich über die Höhe des Eiffelturms (300 m, entsprechend 400 at). Die Genauigkeit längerer derartiger Instrumente wird durch die Schwierigkeit beeinträchtigt, dieTemperatur des Quecksilberfadens gut zu berücksichtigen. Man kann dieselbe aus den Widerstandsänderungen eines neben dem Rohr verlaufenden Nickeldrahtes bestimmen.

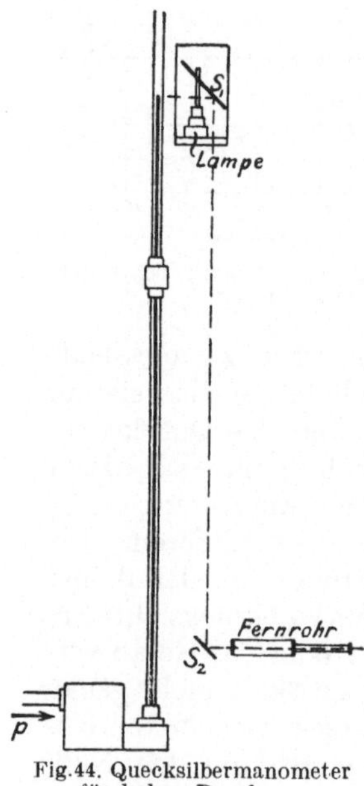

Fig. 44. Quecksilbermanometer für hohen Druck von Schaeffer & Budenberg.

Für die Konstruktion von größeren quecksilbergefüllten Manometern ergeben sich Schwierigkeiten aus der sehr großen Dünnflüssigkeit des Quecksilbers (einatomige Moleküle!), sobald nicht nur Glas mit dem Quecksilber in Berührung kommt. Stopfbüchsenpackungen sind schwer dicht zu halten, vor allem erweist sich Schmiedeisen oft als porös und läßt Quecksilber durchperlen, so stets an Schweißungen; manchmal bringt Verstemmen Abhilfe; auch verwende man das besonders dichte Kruppsche Flußeisen A 2 O, das bis zu 200 at und bis 500° C bewährt ist. — Verunreinigungen des Quecksilbers erzeugen im Glasrohr einen schmierigen Belag, der die Kapillarkräfte unregelmäßig werden läßt (Kuppe beim Aufwärtsgang, Senkung beim Abwärtsgang der Säule, also bei Pendelungen wechselnd) und die Ablesung erschwert. Man reinigt Quecksilber von mechanischen Verunreinigungen durch Filtrieren durch einen Papiertrichter mit feinem Nadelstich an der Spitze; von gelösten schwer flüchtigen Metallen durch Destillieren; von gelösten unedlen Metallen durch Ausschütteln mit oder Tropfenlassen durch verdünnte Salpetersäure; von Fett durch Ausschütteln mit Natronlauge; letzteres unter Nachschütteln mit Wasser; von Wasser durch Fließpapier und Erwärmen auf 150°. Vergl. Kohlrausch, Lehrbuch der praktischen Physik, § 8, Technisches.

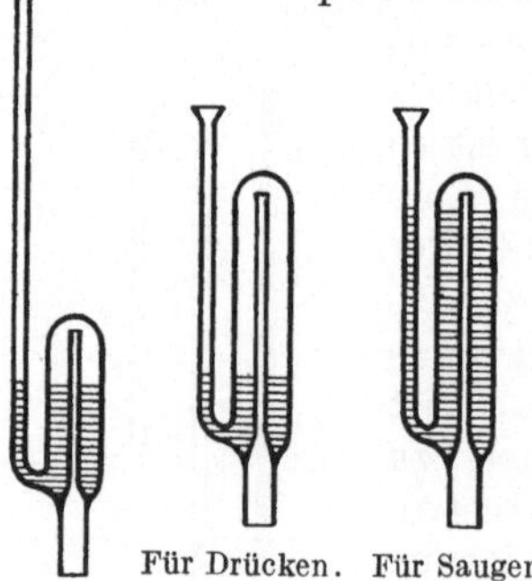
Für Drücken. Für Saugen.

Fig. 45—47. Wassermanometer von Lux.

Zum Messen kleinerer Spannungen füllt man die gleichen Instrumente mit Wasser. Fig. 45 bis 47 zeigen einige Formen von *Wassermanometern*, einschenklig, in einem Stück aus Glas geblasen und die Teilung aufs Glas geätzt. In Gasanstalten verwendet man wohl statt Wasser Petroleum zur Füllung: Teerteile verschmieren dann das Instrument nicht, sondern werden gelöst. Die Teilung wird weiter als bei Wasserfüllung und muß auf Millimeter Wassersäule empirisch oder durch Bestimmung des spezifischen Gewichtes des Petroleums reduziert werden. Zu beachten bleibt, daß die Angabe eines Wassermanometers kaum von der Temperatur abhängt (unterhalb 30°, vgl. Fig. 86), daß aber Petroleum erheblich leichter wird bei wachsender Temperatur (1% Unterschied für 11°).

Gelegentlich wird die Messung mit Quecksilbersäule zu ungenau, die mit Wassersäule unbequem, weil die messende Wassersäule lang wird. Quecksilber ist zu schwer, Wasser zu leicht, dazwischen aber hat man keine Flüssigkeit, etwa vom spezifischen Gewicht 6 oder 8. In solchen Fällen kann man durzh *Anwendung zweier Flüssigkeiten* Abhilfe schaffen und etwa das in dieser Form von Lux angegebene Manometer Fig. 48 verwenden. Tritt Spannung in das Gefäß A ein, in dem Quecksilber steht, so hebt sich der Quecksilberspiegel im engen Rohr. Gleichzeitig aber wird auch die Wassersäule vergrößert, weil sich das enge Rohr nach oben hin noch einmal zusammenschnürt. Daher wird die zu messende Spannung teils durch Quecksilber, teils durch Wasser ausgeglichen, und die Skala, die den Wasserstand ablesen läßt, wird weiter als bei Quecksilber, enger als bei Wasser allein. Man stellt sie rechnerisch oder besser empirisch, durch Eichen fest.

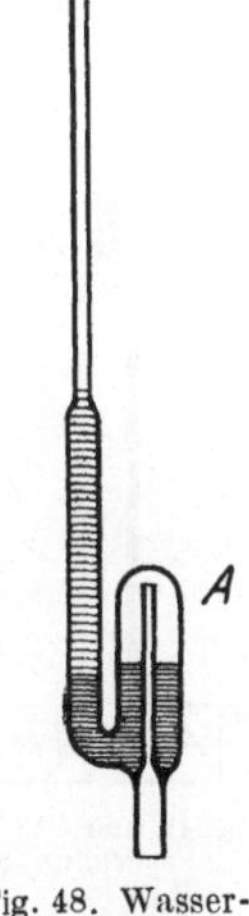

Fig. 48. Wasser-Quecksilber-Manometer von Lux.

27. Messung kleiner Spannungen und kleiner Spannungsunterschiede. Um sehr kleine Spannungsunterschiede zu messen, wie sie als Zug bei einer Feuerungsanlage oder bei Lüftungsanlagen vorkommen, reichen gewöhnliche Instrumente nicht aus. Manometer für sehr kleine Spannungen nennt man meist Zugmesser.

Man verwendet als *Zugmesser* Plattenfederinstrumente mit sehr dünnen und möglichst großen Platten in verschiedenen Anordnungen; auch Flüssigkeitsmanometer in der Dosenform gewöhnlicher Manometer werden verwendet, bei denen die kleinen Bewegungen der Flüssigkeitsspiegel durch Schwimmer auf einen Zeiger übertragen und dabei stark vergrößert werden. Gewöhnliche Wassermanometer lassen nämlich sehr kleine Spannungsunterschiede von wenigen Millimetern Wassersäule nicht mehr genau messen.

Ein anderes Mittel, sie empfindlicher zu machen, ist die *Verwendung zweier Flüssigkeiten* von wenig verschiedenem spezifischen Gewicht. Eine solche Anordnung gibt Fig. 49: der obere Teil ist etwa mit Petroleum gefüllt (wegen anderer Flüssigkeiten siehe später, Tab. 4). Beim Füllen hat man (in Fig. 49) die Flüssigkeitsspiegel in den Gefäßen A und B sorgfältig so abzugleichen, daß die Grenze zwischen Petroleum und Wasser beiderseits gleich hoch steht — oder man muß den Anfangsausschlag des Instrumentes als Korrektion berücksichtigen. Außerdem darf man die kleinen Niveaudifferenzen, die im Betrieb in den Gefäßen A und B entstehen, nicht vernachlässigen, sie sind bei der geringen zu messenden Spannung wohl von Einfluß. Es liegt auch in der Natur der Sache, daß die Anordnung sehr empfindlich für Abweichungen von der senkrechten Aufhängung ist: kleine Abweichungen bewirken bedeutende Nullpunktsverschiebungen. Diese Schwierigkeiten umgeht man durch Verwendung einer Anordnung nach Fig. 50. Die zu messende Spannungsdifferenz wird oben zugeführt, die Zuleitungen der Drucke p_1 und p_2, deren Unterschied zu messen ist, sind durch die Dreiwegehähne absperrbar, und es ist dafür Anschluß an die Außenluft möglich. Man öffnet zunächst Hahn a, schließt ihn, nachdem die zu messende Spannungsdifferenz einen Ausschlag bewirkt hat; verbindet oben mit der Außenluft und öffnet Hahn b, schließt ihn wieder, nachdem die Spiegel in den großen Gefäßen sich ausgeglichen haben. Nachdem wieder die Spannungsdifferenz oben angeschlossen ist, öffnet man kurze Zeit Hahn a, und so fort, bis man keine Veränderungen mehr wahrnimmt: dann steht in den weiten Gefäßen der Spiegel gleich, während die Scheide zwischen den Flüssigkeiten die Spannung anzeigt. Nie darf Hahn a und b zugleich offen sein.

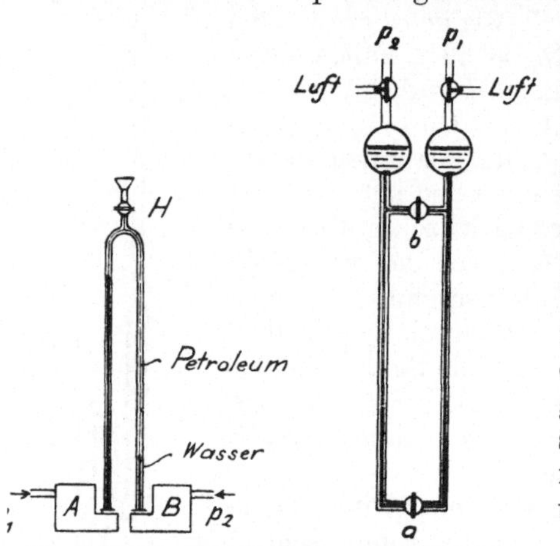

Fig. 49 und 50. Flüssigkeitsmanometer für sehr kleine Spannungsunterschiede.

Es ist angenehm, den Vorrat aus Wasser bestehen zu lassen, das wenig verdunstet; hieraus, und bei Messung von Spannungen in Wasser auch aus der Natur der Sache, ergibt sich, daß in Fig. 49 eine Flüssigkeit leichter als Wasser, in Fig. 50 eine solche schwerer als Wasser verwendet werden muß. Aus dem Unterschied des spezifischen Gewichtes derselben gegen 1 bestimmt sich die Empfindlichkeit der Anordnung. Bei zu großer Empfindlichkeit wird die Langsamkeit der Einstellung bald störend. Die verwendete Flüssigkeit darf sich mit Wasser gar nicht mischen; die scharfe Trennung der Flüssigkeiten voneinander hängt von ihren Oberflächeneigenschaften ab, die z. B. für Wasser sehr ungünstig sind (Tabelle 4), jedoch durch einen sehr kleinen Zusatz von Ätzkali verbessert werden. Als zweite Flüssigkeiten kommen neben dem unsauberen Petroleum folgende in Frage (vergleiche wieder Tabelle 4): Toluol ist sauberer als Petroleum, außerdem chemisch definiert und wird daher nicht im spezifischen Gewicht durch Verdunstung beeinflußt; sehr geeignet ist Chloroform, das sich durch etwas in Wasser unlöslichen Farbstoff färben läßt. Mischungen von Benzol ($d_4^{20} = 0{,}88$) und Nitrobenzol ($d_4^{20} = 1{,}21$) lassen sich in jedem spezifischen Gewicht zwischen 0,88 und 1,21 herstellen. — Diese Methode ist nicht zu verwechseln mit der bei Fig. 48 besprochenen: dort kam das Verhältnis, hier die Differenz der spezifischen Gewichte zur Wirkung.

Die Anwendung zweier Flüssigkeiten bringt übrigens manche Enttäuschung insofern als sich die Trennungsfläche zwischen denselben meist nicht sauber einstellt; eine Ablesung ist daher nicht leicht genauer als auf 1 mm zu machen, jedenfalls nicht bei engen Rohren. Da man andererseits eine Quecksilbersäule, möge nun darüber Wasser oder Luft stehen, mittels Ablesefernrohr oder mittels der an guten Quecksilberbarometern üblichen parallaxefreien Ablesung mit Nonius und Zahntrieb gut auf $^1/_{10}$ mm ablesen kann, so erhält man mit Quecksilber mit weniger Mühe ähnliche Resultate. Verwendet man zur Ablesung der Druckunterschiede in einer in eine Wasserleitung eingebauten Mündung (§ 61) Chloroform, spez. Gew. 1501 kg/m³ (Tab. 4), so hat man also im anderen Schenkel Wasser, $\gamma = 1000$ kg/m³, und es

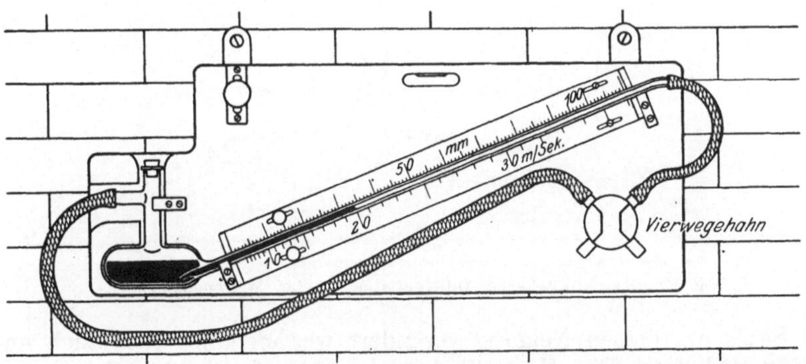

Fig. 51. Zugmesser mit geneigtem Rohr, für Kesselanlagen und Geschwindigkeitsmessung.

bedeutet 1 mm $= \frac{1}{1000} \cdot (1501 - 1000) = 0{,}501$ kg/m²; verwendet man Quecksilber zur Messung, so ist die Empfindlichkeit 1 mm $= \frac{1}{1000} \cdot (13560 - 1000 = 12{,}560$ kg/m²; man liest ab auf 0,1 mm = 1,256 kg/m² genau; die beiden Empfindlichkeiten stehen wie 1,256 : 0,501 = 2,5 : 1, also nicht allzu verschieden. Sauberkeit der Oberflächen, die in beiden Fällen zur Erreichung der angegebenen Genauigkeit erforderlich ist, ist am besten durch häufiges Erneuern der Füllungen unter Auswaschen der Rohre zu erreichen. Man richte die aus Glas in jeder Form leicht herzustellenden Manometer gleich so ein, daß diese Handhabungen bequem vonstatten gehen. Über Reinigen des Quecksilbers siehe § 26.

Ein weiterer Weg, die Empfindlichkeit von Flüssigkeitsmanometern zu steigern, ist es, dem Rohr und der Skala eine Neigung zu geben. In dem Zugmesser, Fig. 51, läuft das Wasser unter dem Einfluß eines kleinen Druckes je nach der Neigung des Rohres und je nach dem Verhältnis der Rohrweite zur Weite des Gefäßes um Strecken vorwärts, die als Abstand der Skalenstriche ein Mehrfaches des Millimeters ergeben. Das Instrument ist mit einer Wasserwage versehen; die zweite

Skala dient der Geschwindigkeitsmessung mittels Staugerät, § 42. — Geht man mit der Neigung weiter als 1 zu 5 bis 10, so erzielt man nicht ohne weiteres genauere Ergebnisse: mangelhafte Geradheit des Rohres, Hängen des Wassers an der Wandung und ungenau wagerechte Aufstellung machen sich dann bald störend bemerkbar. Das Hängen des Wassers insbesondere — die mangelnde Netzung — läßt sich beheben durch Verwendung von Alkohol, der aber verdunstet, oder durch Zusatz von ganz wenig Kalilauge oder Seife, wodurch die Oberflächenerscheinungen durchaus geändert werden; es braucht nur so wenig zugesetzt zu werden, daß die Änderung des spezifischen Gewichtes unwesentlich bleibt.

Bei sorgfältiger Beachtung der genannten Schwierigkeiten durch passende Ausführung und Eichung des Instrumentes kann man jedoch bis zu Neigungen 1 : 100, ja 1 : 1000 gehen, wie bei dem *Recknagelschen Mikromanometer.* Dieses in der Lüftungstechnik viel benutzte Instrument ist in Fig. 52 dargestellt: Ein geschlossenes Gefäß von bekanntem, lichtem Durchmesser (meist 100 mm) schließt an ein Rohr

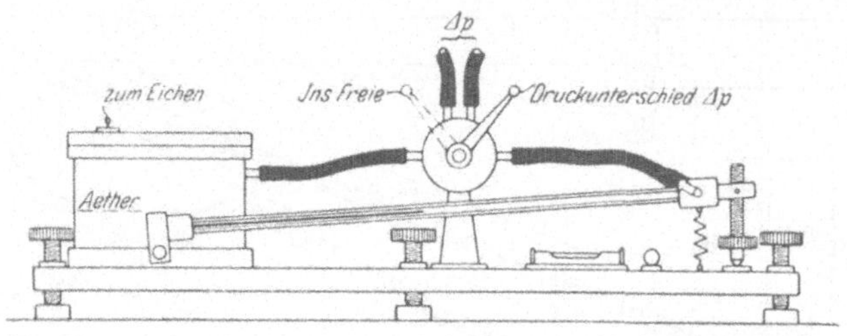

Fig. 52. Recknagelsches Differentialmanometer (Mikromanometer).

mit Skala an, dessen Neigung verändert werden kann oder auch unveränderlich ist. Ein Umstellhahn gestattet, die beiden Seiten des Instrumentes gleichzeitig mit der Atmosphäre zu verbinden, um den Nullpunkt zu bestimmen, oder beide gleichzeitig mit den Meßstellen zu verbinden, zwischen denen dann ein Druckunterschied Δp aus der Bewegung des Flüssigkeitsfadens abgelesen wird. Bei der Benutzung hat man das Instrument zunächst mittels der beiden Wasserwagen und der drei Stellschrauben auszurichten, und muß dann, namentlich wenn man die Neigung des Rohres verändert hatte, den Wert eines Teilstriches der Skala feststellen — das Instrument eichen. Das geschieht, indem man eine sorgfältig abgemessene Menge Flüssigkeit durch die Einfüllöffnung in das Gefäß zu dem schon vorhandenen Inhalt hinzutut und beobachtet, wie weit der Faden im Rohr vorwärtsläuft.

Wir bezeichnen mit F den Querschnitt des Gefäßes, mit f den Querschnitt des um einen Winkel α gegen die Horizontale geneigten Rohres. Dann entsteht ein senkrecht gemessener Höhenunterschied h der Spiegel in beiden Teilen aus dem Anstieg h_1 im Rohr und dem Abfall h_2 im Gefäß:

$$h = h_1 + h_2 \qquad (1)$$

Der Faden habe sich nun um n mm vorwärts bewegt. Dann ist das ins Rohr eingetretene Flüssigkeitsvolumen $n \cdot f = \frac{h_1}{\sin\alpha} \cdot f$ gleich dem aus dem Gefäß entnommenen $F \cdot h_2$, es ist also $n \cdot f = \frac{h_1}{\sin\alpha} \cdot f = F \cdot h_2$. Die hieraus für h_1 und h_2 folgenden Werte, in (1) eingesetzt, ergibt:

$$h = n \cdot \left(\sin\alpha + \frac{F}{f}\right) \quad \dots\dots\dots \quad (2)$$

als diejenige Druckänderung (gemessen in den Einheiten wie h, also gegebenenfalls in mm Toluolsäule od. dgl.), die zur Bewegung n des Fadens erforderlich ist. Die Vergrößerung des Ausschlages durch Anwendung der Neigung ist durch den Bruch $\frac{n}{h}$ gegeben:

$$\frac{n}{h} = \frac{1}{\sin\alpha + \frac{f}{F}} \quad \dots\dots\dots \quad (3)$$

Wo man ein Übersetzungsverhältnis $\frac{n}{h}$ erzielen will an einem Instrument vom Querschnittsverhältnis $\frac{f}{F}$, hat man die Neigung zu wählen:

$$\operatorname{tg}\alpha \backsim \sin\alpha = \frac{h}{n} - \frac{f}{F} \quad \dots\dots\dots \quad (4)$$

Bei flachen Neigungen kann man sin und tg miteinander vertauschen. Auf das Übersetzungsverhältnis haben also $\sin\alpha$ und $\frac{f}{F}$ gleichstarken Einfluß, dergestalt, daß das Instrument um so empfindlicher wird — Ausschaltung jeder Reibung vorausgesetzt —, je kleiner man diese beiden Werte hält. Bei empfindlichen Mikromanometern muß das Rohr also möglichst eng sein; hat das Rohr 2 mm Durchmesser, bei 100 mm Gefäßweite, so ist $\frac{f}{F} = \frac{1}{2500}$. Wählt man die Rohrneigung $\operatorname{tg}\alpha = 1 : 1000$, so erhält man also nicht 1000fache, sondern nur $\frac{1}{0{,}001 + 0{,}0004} = 713$fache Vergrößerung des Ausschlages. Man kann das Rohr auch wagerecht stellen, $\sin\alpha = \operatorname{tg}\alpha = 0$; dann wird $\frac{n}{h} = \frac{F}{f}$, also für unser Zahlenbeispiel $\frac{n}{h} = 2500$. Ein Auslaufen der Flüssigkeit kann, sofern das Rohr eng ist und die Flüssigkeit durch Kapillarität stets den ganzen Querschnitt füllt, selbst bei abwärts geneigtem Rohr erst stattfinden, wenn die Grenze $-\sin\alpha + \frac{f}{F} > 0$ unterschritten wird; im Beispiel kann man also bis zur Rohrneigung $-1:2500$ gehen, bei der Indifferenz eintritt.

Formel (3) gilt auch für einfache U-Rohre, $\sin\alpha = 1$ und $f = F$, hierfür wird $\frac{n}{h} = \frac{1}{2}$; beim Gefäßmanometer ist die Skala im Verhältnis $\frac{n}{h} = \frac{1}{1 + \frac{f}{F}}$ zu verkürzen.

Beim Mikromanometer ermittelt man meist $\frac{n}{h}$ nicht rechnungsmäßig nach Formel (3), sondern durch eine *Eichung des Mikromanometers*, die sich schnell und so ausführen läßt, daß sich die Bestimmung von $\sin\alpha$ und von $\frac{f}{F}$ praktisch ganz erübrigt. Bei irgendwelchen Beobachtungen sei die Flüssigkeitssäule im Rohr um die Strecke n vorwärtsgelaufen. Der zugehörige Wert h ist zu ermitteln. Er wird sein:

$$h = n\left(\sin\alpha + \frac{f}{F}\right) \qquad (2)$$

Wir fügen, während das Instrument beiderseits an Luft angeschlossen ist (Wechselhahn, Fig. 52), das Volumen V_0 von der gleichen Flüssigkeit zu dem schon vorhandenen Inhalt hinzu, und beobachten die Strecke n_0, um die der Flüssigkeitsfaden dabei voranläuft. Es wird sein:

$$V_0 = F \cdot h_0 + f \cdot n_0 ,$$

wenn h_0 die (unbekannte) Niveauhebung im Gefäß ist. Senkrecht gemessen, steigt das Niveau im Gefäß und Rohr gleichviel:

$$h_0 = n_0 \cdot \sin\alpha ;$$

also ist:

$$V_0 = F \cdot n_0 \cdot \sin\alpha + f \cdot n_0 ,$$

$$\frac{V_0}{F} = n_0\left(\sin\alpha + \frac{f}{F}\right) \qquad (5)$$

Aus dem Vergleich von (2) und (5) folgt:

$$h = n \cdot \frac{V_0}{F \cdot n_0} \qquad (6)$$

Ist γ das spezifische Gewicht der verwendeten Flüssigkeit in kg/m³, so ist der Druck:

$$p = h \cdot \gamma = n \cdot \frac{V_0 \cdot \gamma}{F \cdot n_0} = n \cdot \frac{G_0}{F \cdot n_0} \qquad (6a)$$

wenn G_0 das bei der Eichung eingefüllte Gewicht bedeutet. Alle Größen sind in den Einheiten des technischen Maßsystems, also in kg, m², m³ anzunehmen. Doch kann man, da nur das Verhältnis $\frac{n}{n_0}$ in Frage kommt, unter n und n_0 auch die Fadenlänge in beliebigen Skalenteilen verstehen. Man erhält h in m FlS, einer Säule von der verwendeten Flüssigkeit, also z. B. Toluol; der Druck ergibt sich daher in kg/m² oder in mm WS (§ 23). Wenn man aber die Einheiten wie folgt annehmen will: V_0 in cm³, γ als Relativgewicht bezogen auf Wasser von 4°, G_0

in g, F in cm², so findet sich der Druck p aus der Ablesung n nach der Formel:

$$p = n \cdot \frac{10 \cdot V_0 \cdot \gamma}{F \cdot n_0} = n \cdot \frac{10 \cdot G_0}{F \cdot n_0} \frac{\text{kg}}{\text{m}^2} \text{ oder mm WS} \quad . \quad . \qquad (6\text{b})$$

Bei mangelhafter Geradheit und wechselndem Kaliber des Rohres muß die Eichung in kleinen Intervallen oder gerade über den Teil der Skala hin vorgenommen werden, der bei der Messung gilt. Achtsam hat man namentlich zu sein, wenn bei der Messung nicht gerade die Nullage des Fadens mit dem Nullpunkt der Skala zusammenfällt; man beachte das in § 10 am Schluß Gesagte.

Über die Eignung verschiedener Flüssigkeiten für die Verwendung im Mikromanometer ist folgendes zu bemerken: Man verwendet Petroleum, Alkohol, Äther, auch wohl Toluol und Xylol. Petroleum, früher meist verwendet, hat den Nachteil der Unsauberkeit und den weiteren, daß es nicht gleichmäßig verdunstet: durch Verdunsten der leichteren Bestandteile kann das spezifische Gewicht merklich zunehmen. Für Alkohol gilt letzteres auch, infolge von Wasseraufnahme. Insofern sind die übrigen, chemisch definierten und gegen Luft und Wasserdampf indifferenten Flüssigkeiten besser. Erwünscht ist geringe Zähigkeit, um die Einstellung zu beschleunigen, geringe Kapillaritätskonstante, um die Unabhängigkeit von der Netzung zu sichern, geringe Temperaturausdehnung. Einige Zahlenangaben in dieser Hinsicht sind in Tab. 4 zusammengestellt.

Tab. 4. Füllflüssigkeiten für Mikromanometer.

	Wasser H_2O	Petroleum —	Alkohol C_2H_6O + aq	Äther $C_4H_{10}O$	Toluol $C_6H_5CH_3$	Benzol C_6H_6	Nitrobenzol $C_6H_5O_2N$	Chloroform $CHCl_3$	Qu sil H
laritätskonstante $= r \cdot h$	14,8	6,6	5,8	4,8	6,7	6,7	7,3	3,7	7
ve Zähigkeit 20°, Wasser = 100	100	—	—	14	33	36	114	32	158
eausdehnungszahl 000, wahre bei 20°	0,18	0,95	1,0	1,65	1,1	1,25	0,84	1,27	0
vgewicht bei 20°, sser von 4° = 1 .	0,998	∽0,85	∽0,80	0,705	0,864	0,880	1,206	1,501	13
ht des Dampfes, t = 1, annähernd	0,62	—	1,5	2,6	4	2,6	—	5	-
fdruck bei 20° in QuS	17	—	44	432	20	74	<1	160	0

Trotz sonst guter Eigenschaften scheidet Wasser wegen seiner Zähigkeit aus. Sehr gut bewährt hat sich Toluol, für das ein billiger Ausgleich zwischen den Anforderungen besteht.

Das Arbeiten mit empfindlichen Differentialmanometern erfordert viel Vorsicht; Empfindlichkeit eines Instrumentes hinsichtlich der Ablesung hat stets auch Empfindlichkeit gegen Störungen im Gefolge. Insbesondere beachte man: das spezifische Gewicht der Füllungen ist von der Temperatur abhängig; ungleiches Gewicht der in den beiden Zuleitungen zum Instrument stehenden Luft bewirkt Störungen, wenn die Zuleitungen senkrecht laufen, man vermeide also senkrechten Verlauf, oder wo er nicht vermieden werden kann, sorge man für gleiche Temperatur beider Rohre, indem man sie dicht zusammenlegt; Gummischläuche vermeide man, weil sie die Wärme schlecht leiten und weil sie, wenn früher zu Leuchtgas oder dergleichen benutzt, die Luft im Innern verändern; Kupfer- oder Bleirohr ist besser.

28. Differentialmanometer. Jedes Manometer mißt den Unterschied des Druckes zu den beiden Seiten seines Meßorgans. Meist aber herrscht auf der einen Seite Atmosphärendruck. Den Unterschied des Druckes zweier Räume findet man am einfachsten als den Unterschied in der Angabe zweier Manometer — der Atmosphärendruck fällt heraus.

Als Differentialmanometer bezeichnet man diejenigen Anordnungen, bei denen der Druckunterschied zweier Räume gegeneinander direkt

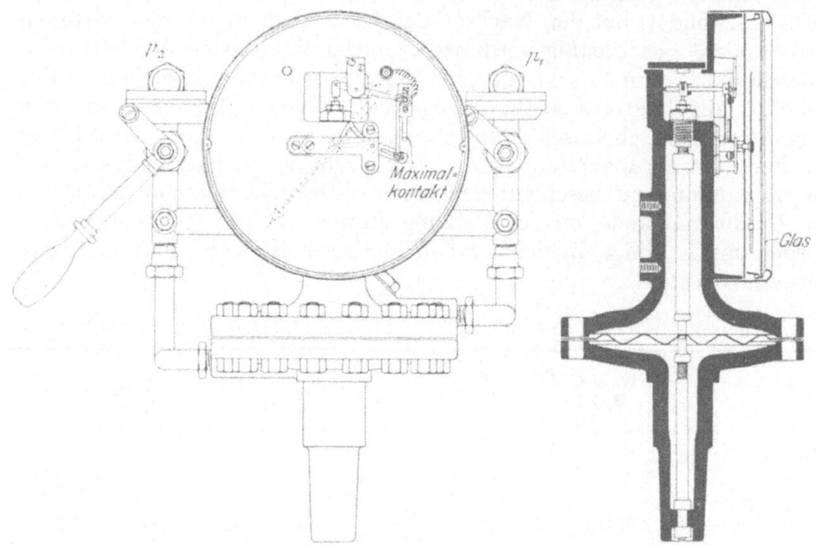

Fig. 53. Differential-Plattenfedermanometer von J. C. Eckardt.

gemessen werden soll. Die Flüssigkeitsmanometer der meisten Bauarten können ohne weiteres als Differentialmanometer dienen.

Für größere Druckunterschiede hat man auch Federmanometer als Differentialmanometer ausgebildet, Fig. 53. Die Figur zeigt auch die für alle Arten von Federmanometern und für andere Instrumente mit runder Skala übliche Befestigung des Glases mittels Distanzringes und Überziehreifens. Das Instrument ist ein Plattenfedermanometer.

Eine gewisse Schwierigkeit bei der Anwendung von Differentialmanometern besteht darin, wie das Meßorgan vor Überlastungen zu schützen sei. Sperrt man das Manometer von den Räumen ab, deren Spannung zu messen ist, so darf nicht vorübergehend auf einer Seite des Meßorgans der volle Druck des einen Raumes lasten, während die andere schon von Druck entlastet ist. Sonst wird die Plattenfeder verbogen, bei Quecksilbermanometern das Quecksilber in den Raum niederen Druckes getrieben. In Fig. 53 sind deshalb die beiden Absperrhähne zwangläufig miteinander verbunden. Eine Ausgleichleitung kann nach erfolgter Absperrung geöffnet werden. Sind die beiden Absperrhähne geschlossen, so könnte durch Temperaturerhöhung Druck in dem vollständig geschlossenen Gehäuse entstehen. Deshalb wird einer der Hähne als Dreiwegehahn mit kleiner Nebenbohrung ausgeführt (ebenso beim Mikromanometer, Fig. 52).

Das Differentialmanometer Fig. 53 wird als „Dampfzeiger" in Verbindung mit dem Venturirohr, § 63, zur Angabe des augenblicklichen Dampfdurchganges benutzt. Bei Druckwasserheizungen bedient man sich der Differentialmanometer zur Anzeige der umlaufenden Wassermengen.

Eine besondere Ausführung erfahren die Differentialmanometer, die als Anzeigeinstrumente für Mündungsdampfmesser dienen sollen. Da die Dampfmenge der Wurzel aus dem Druck proportional ist, so sollen also die Ausschläge des Anzeigeinstrumentes auch dieser Wurzel proportional sein, wenn man die Skala der Dampfmenge gleichmäßig haben will, etwa um eine selbsttätige Registrierung oder Zählung zu erreichen. Die diesem Zweck besonders angepaßten Differentialmanometer werden daher in § 72 besprochen werden.

29. Eichung von Manometern; Kolbenmanometer, Schreibmanometer. Federmanometer mit ihrer rein empirischen Teilung und ihrer mannigfachen Veränderungen ausgesetzten Feder bedürfen der Eichung. Bei Flüssigkeitsmanometern bedarf nur die Längenteilung der Skala einer Nachprüfung, vorausgesetzt, daß man die spezifischen Gewichte kennt, wie es namentlich für Quecksilber und Wasser ohne weiteres sehr genau der Fall ist. Bei einschenkligen Instrumenten muß man die Richtigkeit der Skala unter Beachtung der Querschnittsverhältnisse feststellen. Dies und die Eichung der Differentialmanometer mit geneigter Skala besprachen wir in § 27. Jedenfalls sind die Flüssigkeitsmanometer in sich justierbar, während die Federmanometer des Vergleichs mit einem Normalinstrument bedürfen.

Als Normalinstrumente können Flüssigkeitsmanometer dienen, nachdem dieselben in sich nachgeprüft sind; Zugmesser kann man mit einem Recknagelschen Differentialmanometer vergleichen; für Vakuummeter und für Druckmanometer benutzt man ein Quecksilbermanometer als Normalinstrument, bei höheren Spannungen etwa in der durch Fig. 44 erläuterten Form mit Fernrohrablesung.

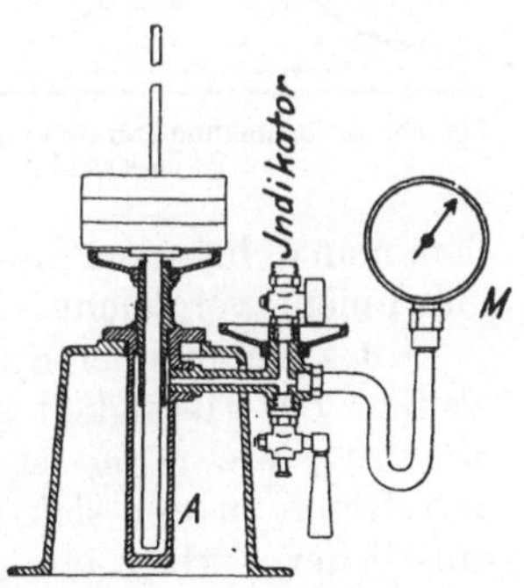

Fig. 54. Kolbenmanometer (Kolbenpresse) von Dreyer, Rosenkranz & Droop.

Endlich hat man als für hohe Spannungen bequemeres Normalinstrument das *Kolbenmanometer* oder die *Kolbenpresse* zur Verfügung (Fig. 54). Ein Kolben von bekanntem Querschnitt wird mit Gewichtsstücken von bekanntem Gewicht belastet; dadurch entsteht in der Flüssigkeit unter dem Kolben — Öl oder Glyzerin — eine Spannung, die durch die beiden bekannten Größen direkt gegeben ist. Hat der Kolben 2 cm Durchmesser, also 3,14 cm² Querschnitt, so muß jedes Gewichtsstück 3,14 kg wiegen, wenn die Abstufung des Druckes von Atmosphäre zu Atmosphäre erfolgen soll. Das Gewicht des Kolbens ist, nötigenfalls unter Beigabe eines Beilagegewichtes, so abgepaßt, daß es die erste Atmosphäre einstellt. Man kann nun einen Indikator oder bei *M* ein Manometer aufsetzen und diese eichen. Durch Auflegen der Gewichte wird also die betreffende Spannung sowohl erzeugt als auch gemessen. Um die Reibung des Kolbens in seiner Führung unschädlich zu machen, bringt man die Gewichte zur Drehung. Der Kolben hat 2 cm, nur bei hohen Spannungen kleineren Durchmesser; infolgedessen sind bedeutende Gewichte aufzulegen, die dann infolge ihrer Masse längere Zeit in Rotation bleiben. Bei dem Wagemanometer von Stückrath, Fig. 55, wird der Kolben *k* durch das gegabelte Gehänge *w* mit Quersteg *q* in den Zylinder gedrückt, in den er eingeschliffen ist; das Röhrchen für den Druckeintritt von der Presspumpe her ist zu sehen. Der Zylinder wird mittels Schnecke und Rad *r* langsam in Drehung versetzt, um die Reibung auszuschalten. — Das Kolbenmanometer ist von Schaeffer & Budenberg dadurch verbessert, insbesondere für viel höhere Spannungen brauchbar gemacht worden, daß ein Differentialkolben verwendet wird, der nach unten durchgeht und mit daran hängenden Gewichten belastet wird. — Die wirksame Kolbenfläche eines Kolbenmanometers stellt man am sichersten fest, indem man es bei einer möglichst hohen Spannung mit einem Quecksilberinstrument vergleicht.

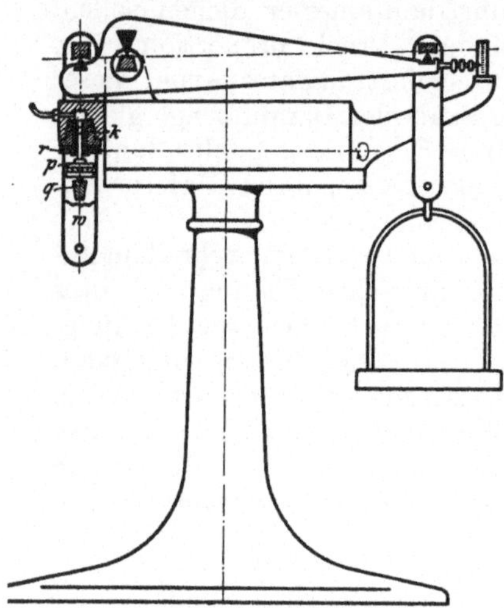

Fig. 55. Kolbenmanometer (Wagemanometer) von Stückrath.

Mit zunehmender Spannung sinkt der Kolben mehr und mehr ein, weil so viel Flüssigkeit aus dem Zylinder in Indikator und Manometer übertritt, wie nötig ist, um den Raum unter dem Indikatorkolben, den Raum in der sich dehnenden Manometerfeder auszufüllen; auch muß jeder Verlust infolge von Undichtheit ein Herabsinken des Kolbens veranlassen. Dadurch entsteht zunächst ein Fehler in solchem Betrage, wie der Glyzerinsäule von der Höhe des Einsenkens entspricht; dieser Fehler ist indes nur bei ganz kleinen Spannungen von einiger Bedeutung, für die sich das Kolbenmanometer ohnehin nicht eignet. Außerdem aber kommt es dahin, daß der Kolben unten aufstößt und keine Messung mehr möglich ist. Beides wird behoben, wenn man eine Glyzerinpumpe mit dem Zylinder in Verbindung bringt und nach Bedarf Glyzerin nachpreßt, so daß der Kolben bei allen Spannungen in gleicher

Höhe bleibt. Erst durch die Verbindung mit einer Preßpumpe und einem Vorratsbehälter werden also die in Fig. 54 und 55 abgebildeten Kolbenmanometer zu brauchbaren Eicheinrichtungen.

Für kleine Spannungen ist das Kolbenmanometer, außer aus dem schon genannten Grunde, auch wegen der störenden Reibung schlecht zu brauchen; diese stört dann, selbst wenn der Kolben rotiert. Man verwendet es daher nur für größere Spannungen (über 2 oder 5 at), bei denen Quecksilbersäulen ihrer Länge wegen übersichtlich werden.

Als Normalinstrument bei der Eichung verwendet man auch wohl *Kontrollmanometer*, das sind selbst Federmanometer bester Bauart, die ihrerseits mit einem Quecksilberinstrument verglichen sind. Die Kontrollmanometer haben zwei völlig voneinander getrennte Werke. Solange die beiden Zeiger übereingehen, hat das Instrument noch nicht Schaden erlitten und ist zuverlässig.

Die einfachste Art, sich von der Unversehrtheit eines Manometers — auch anderer Instrumente — zu überzeugen, ist übrigens die Nullpunktkontrolle: solange ein Instrument bei Außerbetriebsetzung auf Null zurückgeht, solange ist es nicht ganz in Unordnung. Der Anschlagstift, den die Manometer meist beim Nullpunkt haben, macht diese Kontrolle unmöglich, er sollte deshalb fortbleiben, oder er sollte ein Stück jenseits des Nullpunktes sein, nur um große Schwingungen hintanzuhalten.

Beim Eichen soll das Manometer die Lage haben — stehend, hängend oder dergleichen — wie später bei der Benutzung. Einen Unterschied zwischen warmer und kalter Eichung zu machen, wie das bei den Indikatoren nötig ist, ist bei den Manometern überflüssig, da ja die Manometerfeder nie warm werden soll.

Das Kolbenmanometer kann statt für Gewichtsbelastung auch für Federbelastung eingerichtet und dadurch aus einem Ausgleichinstrument zu einem direkt ablesbaren Skaleninstrument gemacht werden. Für gewöhnliche Druckmessung ist es zwecklos, das umständlichere Kolbenmanometer an die Stelle des bequemen und sehr zuverlässigen Röhren- oder Plattenfedermanometers zu setzen; zweckmäßig ist das aber dann, wenn man größere Verstellkräfte braucht. Der Indikator (Kap. X) ist ein schreibendes Kolbenmanometer mit Federbelastung; Versuche, den Kolben durch eine Platte zu ersetzen, sind gescheitert, weil die Verstellkräfte dann zur Überwindung der Massenwirkungen unzulänglich werden; selbst zur Überwindung der Schreibstiftreibung wären sie knapp ausreichend. Deshalb werden auch andere *Schreibmanometer* oft als Kolbenmanometer ausgeführt, und die selbsttätige Druckberücksichtigung bei Dampfmessern wird stets durch Kolbenmanometer betätigt, wie in Fig. 166, § 72 zu sehen ist; da man die Ölverluste im Dauerbetrieb nicht wohl durch Nachpumpen ersetzen kann, so ist in Fig. 166 ein Ölvorrat in einer besonderen Tasche vorgesehen.

Die *Richtkräfte* sind nämlich bei den gewöhnlichen Federmanometern nur klein. Bei einem Röhrenfedermanometer von Schäffer & Budenberg von 290 mm Gehäusedurchmesser mit Skala von 0 bis 25 at wurde an den wagerecht gestellten Zeiger in 50 mm Abstand von der

Achse ein Gewicht von 5 g gebracht; das Moment von 250 mmg ließ den Zeiger um 3,2 at vorwärts laufen, entsprechend einem Winkel von 35,2°; dem größten Ausschlag von 25 at entspricht also ein Winkel von 275° und ein größtes, von der Feder an der Zeigerachse ausgeübtes Moment von $250 \cdot \frac{25}{3,2} = 1960$ mmg = 0,00196 mkg. Geht der Zeiger von 0 bis 25 at, so wird über den Winkel $\frac{275}{360} \cdot 2\pi = 4,8$ Winkeleinheiten hin durchschnittlich das Moment $\frac{1}{2} \cdot 0,00196$ umgesetzt, der Arbeitsumsatz beim Anzeigen des Instrumentes beträgt also $\frac{1}{2} \cdot 0,00196 \cdot 4,8 = 0,0047$ mkg. Da der gesamte Weg des Endpunktes der Röhrenfeder etwa 6 mm = 0,006 m beträgt, so ist also die größte Kraft zum Deformieren der Feder, auf deren Endpunkt bezogen, $\frac{2 \cdot 0,0047}{0,006} = 1,6$ kg.

Diese Ergebnisse und die einiger weiterer solcher Messungen sind in Tab. 5 wiedergegeben. Es zeigt sich, daß die Röhrenfeder, unabhängig vom Höchstdruck, nur sehr kleine Arbeitsumsätze liefert; sind schon die Kräfte am Federende merklich, so sind doch die Wege sehr klein. Die Plattenfedern liefern wesentlich größere Endkräfte, aber noch kleinere Wege, immerhin resultieren größere Arbeitsumsätze, die bei gegebenem Federdurchmesser mit dem Enddruck natürlich zunehmen.

Der Indikator oder ein ihm gleichgebautes Kolbenmanometer gibt viel günstigere Verhältnisse. Bei 20 mm Kolbendurchmesser, und 10 at größtem Druck entsprechend 10 mm größtem Kolbenhub (also Federmaßstab bei 6facher Schreibzeugvergrößerung: 6 mm = 1 at) ist die größte Kolbenkraft $3,14 \cdot 10 = 31,4$ kg und der Arbeitsumsatz $\frac{1}{2} \cdot 31,4 \cdot 0,01 = 0,157$ mkg, also sehr viel größer.

Tab. 5. Richtkraft und Arbeitsumsatz bei Federmanometern.

Art des Instrumentes	Gehäuse-Durchm.	Meß-bereich	Zeiger			Federende(-mitte)	
			Weg	Größtes Moment (Kraft)	Arbeits-umsatz	Weg	Größte Kraft
	mm	at		m · kg	m · kg	mm	kg
Röhrenfeder, Schäff. & B.	290	0–25	275°	0,00196	0,0047	6	1.6
„ Eckardt . .	105	0–250	250°	0,00125	0,0027	5	1,1
Röhrenfeder-Druckschreiber mit Stahlspannung, Dreyer, R. & Dr. .	= 120	0–6	60 mm	0,18 kg	0,0054	6	1,8
Plattenfeder 75 mm Dm Schäffer & B. . . .	100	0–4	305°	0,0032	0,0085	2,5	6,8
	100	0–15	270°	0,0125	0,029	2,5	23

30. Anbau der Manometer. Nicht selten hat man an den Ablesungen der Manometer Berichtigungen wegen der Anbringung des Instrumentes zu machen. Das Instrument zeigt die Spannung, die in seine messenden Teile hineintritt, und es bleibt zu erwägen, ob das diejenige ist, die man zu erkennen wünscht.

Zur Beobachtung der *Druckhöhe einer Wasserpumpe* pflegt ein Manometer am Druckwindkessel zu sein. Da nun im Wasser der Druck mit der Höhe abnimmt, und zwar um $^1/_{10}$ at für 1 m Höhe, so hängt die Angabe des Manometers von der Höhenlage ab, in der es angebracht ist. Es zeigt den Druck in seiner eigenen Höhenlage an, wenn es unterhalb des Wasserspiegels im Windkessel angebracht ist; ist es an den Luftraum des Windkessels angeschlossen, so zeigt es den Wasserdruck in Höhe des Wasserspiegels im Windkessel an. Da man die Druckförderhöhe einer Pumpe vom Druckventil an zu rechnen pflegt, so hat man also zu der Ablesung am Manometer den Höhenunterschied vom Druckventil zum Manometer, gegebenenfalls zum Wasserspiegel, zuzuzählen oder bisweilen auch abzuziehen. — Entsprechendes gilt von der Saughöhe, die man bekanntlich auch bis zum Druckventil zu rechnen pflegt. — Wenn man den gesamten *Förderdruck einer Pumpe* ablesen will, so wird man das Manometer am Saug- und das am Druckwindkessel beobachten. Es genügt aber nicht, beider Angaben zusammenzuzählen, sondern es ist noch der Unterschied in der Höhenlage beider Manometer, gegebenenfalls aber auch wieder die Höhe bis zum Wasserspiegel, hinzuzuzählen. Diese Berichtigung kann leicht 1,5 m WS betragen und würde also bei 30 m gesamter Förderhöhe 5% ausmachen.

Andererseits ist es doch wieder richtig, die Manometer an den Windkesseln und nicht direkt an der Leitung anzubringen. Wenn in einer Rohrleitung das Wasser strömt, so treten leicht Wirbelungen an einer Druckentnahmestelle ein, die zur Messung eines zu kleinen Druckes führen. Das ist namentlich der Fall, wenn die Kanten der Anbohrung nicht sorgsam von Grat befreit sind. Wo man Drucke in so engen Leitungen entnehmen muß, daß eine Entfernung des Grates nicht möglich ist, da bohre man ganz durch und benutze die ausgehende Öffnung, die innen keinen Grat haben wird.

Die Spannung eines in der Rohrleitung *fließenden Mediums* ist immer schwierig zu messen: die *Entnahme der Spannung* ist die Schwierigkeit, weil an der Entnahmeöffnung Störungen auftreten. So fand Büchner (Z. d. V. D. I. 1904, S. 1101) Unterschiede von $^1/_4$ bis $^1/_3$ at, je nachdem er die Kanten der Entnahmeöffnung abrundete oder nicht; das war allerdings bei den hohen Dampfgeschwindigkeiten (400 m/s), die in Turbinendüsen auftreten. Die Abrundung wäre also nötig, ist aber meist nicht ausführbar.

Übrigens ergeben sich auch theoretisch verschiedene Werte: in einer Rohrleitung wird, eben weil das Wasser fließt und kinetische Energie enthält, die potentielle Energie, also die Spannung, kleiner als in einem Windkessel gemessen. Der Unterschied ist bei den üblichen Wassergeschwindigkeiten von selten mehr als 2,5 m/s nur klein, nämlich $h = \frac{w^2}{2\,g} \leqq \frac{6{,}2}{20} \backsim \frac{1}{3}$ m WS. Das ist oft zu vernachlässigen, nötigenfalls aber hat man zu überlegen, ob man die gesamte Energie im Wasser oder nur die reine Spannung messen will. Man kann — nach dem Vorgang der Normen für Leistungsversuche an Ventilatoren und Kompressoren, aufgestellt vom Verein Deutscher Ingenieure und anderen — als *inneren* oder *statischen Druck* die reine Druckspannung bezeichnen, während man dann als *Gesamtdruck* des bewegten Mediums denjenigen bezeichnet, der um die Geschwindigkeitshöhe $h = \frac{w^2}{2\,g}$ m FlS oder besser um den entsprechenden *dynamischen Druck* $p = \frac{w^2}{2\,g} \cdot \gamma$ kg/m² größer ist. Der Gesamtdruck ist ein Maß für den Energieinhalt des bewegten Mediums. In einem Windkessel vor der Leitung würde der Druck — bei gleicher Höhenlage der Manometer — mit dem Gesamtdruck in der Leitung übereinstimmen; in einem Windkessel hinter der Leitung wird man wesentlich nur den inneren Druck messen, den die Leitung dem Windkessel zuführt, — sofern nicht durch konische Erweiterung eine Umsetzung des dynamischen Druckes in statischen erreicht wird. Von dem Einfluß der Rohrreibung auf die an verschiedenen Stellen zu messenden Drucke ist hierbei abgesehen.

Die *Ablesung von Dampfspannungen* wird auch leicht gefälscht durch Flüssigkeitssäulen, die sich in den zu den Manometern führenden Meßleitungen durch Niederschlagen von Dampf bilden, und die die Ablesung am Manometer zu groß oder zu klein werden lassen, je nachdem die Meßleitung zum Manometer hin steigt oder fällt. Man hat entweder dafür zu sorgen, daß solche Flüssigkeitssäule nicht vorhanden ist, oder man hat ihr durch eine Korrektion Rechnung zu tragen. Sind die Manometer einer Dampfmaschine am gemeinsamen Manometerbrett vereint, so führen Leitungen aus dünnem Kupferrohr dahin, die wohl um 2 m WS = 0,2 at die Ablesung fälschen können. Das ist selbst bei hohen Spannungen zuviel.

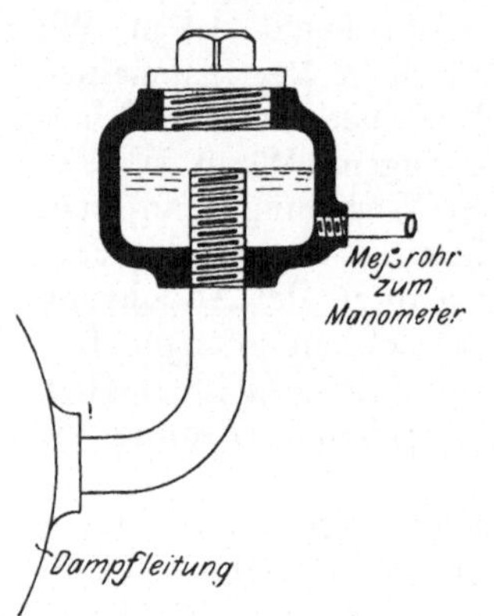

Fig. 56. Wasserbehälter für eine Manometerleitung.

Da die Manometerleitung eine kühlende Oberfläche bildet, so schlägt sich Dampf in ihr nieder. Das Kondensat bleibt daher in ihr stehen, wenn sie zum Manometer hin abfällt; im entgegengesetzten Fall bleibt es zweifelhaft, ob alles oder etwas oder kein Wasser zur Dampfleitung zurückläuft. Einfaches Abfallen des Rohres gegen das Manometer hin genügt also, um Klarheit über die Verhältnisse zu schaffen, sobald der Druck längere Zeit konstant war. Eine Druckverminderung hat zur Folge, daß Wasser aus der Meßleitung verdrängt wird, die Leitung bleibt jedoch gefüllt und die Einführung einer Berichtigung möglich. Nach einer Drucksteigerung aber wird ein Teil der Leitung zunächst von Wasser entblößt. Um doch die Berichtigung festzulegen, achtet man darauf, daß ein genügend langes Stück der Meßleitung zunächst wagerecht geht; dann hat die Entblößung von Wasser keine Bedeutung; man hat auch dieses wagerechte Stück in Spiralform aufgewickelt, wenn die Raumverhältnisse es wünschenswert machten (Fig. 42). Ein anderes Mittel ist es, an den Anfang der Meßleitung einen kleinen Wasserbehälter zu legen, den man durch eine weite, als

Überlauf ausgebildete Rohrleitung mit der Dampfleitung verbindet, während die Meßleitung unter Wasser abzweigt (Fig. 56). Nach dem Anbau wird der Behälter und die Meßleitung mit Wasser gefüllt; in der weiten Überlaufleitung steht niemals Wasser; wegen der Weite des Behälters ist die Senkung des Wasserspiegels selbst bei einer starken Druckzunahme nur klein. — Man wendet diese umständlicheren Einrichtungen nur selten bei Messung der Dampfspannung an, bei Messung von kleinen Spannungen, insbesondere von Vakuum können dann aber wesentliche Fehler vorkommen; die Einrichtungen sind aber erforderlich, wenn man bei Mündungsdampfmessern kleine Druckunterschiede messen will (§ 72).

31. Dampfspannung und Temperatur; Barometerstand. Bei gesättigten Dämpfen kann an die Stelle der Spannungsmessung mit Vorteil die Temperaturmessung treten: bei kleinen Spannungen ist nämlich die Temperaturzunahme groß im Verhältnis zur Spannungszunahme. Auch sind Thermometer besser unveränderlich in ihren Angaben als Manometer. Zu beachten ist, daß ein Thermometer dann absolute Drucke mißt, die Manometer zeigen Überdruck an.

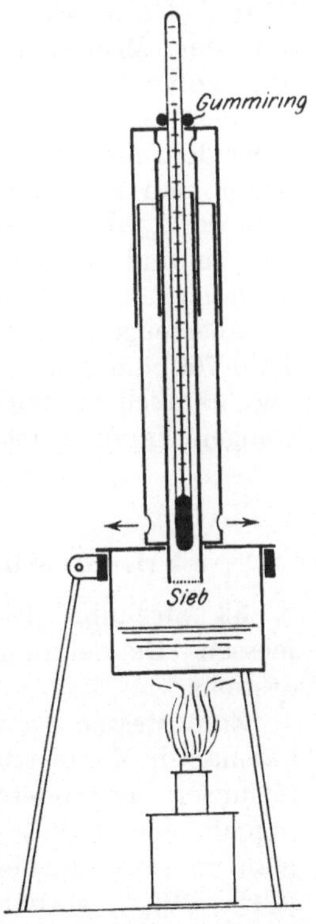

Fig. 57. Siedeapparat von Fueß.

Spannung und Temperatur sind indes nur dann eindeutig voneinander abhängig, wenn es sich um reinen gesättigten Dampf handelt. Hat man bei Kondensationsanlagen oder am Auspuff einer Kondensationsdampfmaschine ein Luft-Dampf-Gemisch, so ist der Ersatz der Spannungs- durch eine Temperaturmessung nicht immer zulässig. Dann kann nämlich die Temperatur beliebig zwischen den beiden Grenzen liegen, die durch die Siedegrenze einerseits, durch die Kondensationsgrenze andererseits gegeben sind. Das Sieden findet statt, wenn die Temperatur den dem Gesamtdruck des Dampfluftgemisches nach der Spannungskurve zugeordneten Wert überschreitet; Kondensation findet erst statt, wenn die Temperatur den dem Teildruck des Dampfes allein zugeordneten Wert unterschreitet. Zwischen diesen beiden Grenzen kann jede beliebige Temperatur bei gegebenem Druck bestehen. Nur wenn man sicher ist an der oberen Grenze zu sein, also z. B. nach einem größeren Spannungsabfall, kann man den Gesamtdruck aus der Temperatur finden.

Auch die *Feststellung des Barometerstandes*, die zu jeder Maschinenuntersuchung ordnungsmäßig gehört, ist am sichersten durch Beobachtung des Siedepunktes von Wasserdampf zu machen, zumal auf der Reise, da Quecksilberbarometer schlecht transportabel sind, Aneroide aber durch Stöße ihre Angabe verändern. In der Geodäsie benutzt man den *Siedeapparat* nach Fig. 57: über einer Spirituslampe siedet

Wasser; die Dämpfe gehen durch ein Sieb, das Tropfen abfängt, umspülen in einem Rohr ein Thermometer und gehen durch einen Mantel wieder abwärts, um ins Freie zu treten. Das Thermometer ist also in Wasserdampf vom gerade herrschenden Luftdruck und zeigt die Siedetemperatur, oder vielmehr, meist ist die Skala gleich in mm QuS geteilt. Der das Thermometer haltende Gummiring wird so verschoben, daß der Quecksilberfaden nur eben herausguckt; eine Fadenkorrektion fällt dann fort. Die Flamme darf nur mäßig brennen, damit kein nennenswerter Überdruck im Apparat herrscht; das Thermometer muß, wie jedes feine Thermometer, vor dem Ablesen angeklopft werden.

Wenn man, statt ihn zu messen, den Barometerstand aus den Wetterberichten der Zeitungen entnimmt, so hat man zu beachten, daß diese den Stand auf den Meeresspiegel bezogen angeben; bei Versuchen interessiert aber ausschließlich der tatsächliche Barometerstand. Man hätte also die von dem Meteorologen vorgenommene Reduktion auf den Meeresspiegel rückwärts gehend zu beseitigen. Es genügt dazu oft, die Luftsäule von dem betreffenden Druck und der abgelesenen Temperatur sowie von der Höhe gleich der Höhenlage des Ortes über dem Meer in Quecksilbersäule umzurechnen. Bei mäßigen Höhen kann man auch einfach für 10 m Höhe über dem Meer 1 mm QuS von der Zahl des Wetterberichts in Abzug bringen. Liest man ein am Ort zu findendes Barometer ab, so hat man sich, außer von der Zuverlässigkeit des Instrumentes im allgemeinen, namentlich auch davon zu überzeugen, ob die Skala nicht einfach derart gedreht ist, daß die Zahl 760 mm dem normalen Barometerstand des Ortes entspricht: man legt nämlich im täglichen Leben mehr Wert darauf, daß die Bezeichnungen Veränderlich usw. stimmen, als daß die Zahlen zutreffen.

VII. Messung der Zeit und der Geschwindigkeit.

32. Stechuhr. Die Zeit wird nach Stunden, Minuten, Sekunden gemessen. Die Sekunde ist eine der Grundeinheiten des technischen Maßsystems.

Zum Messen der Zeit dient die *Uhr*. In der einfachen Taschenuhr hat man ein Meßinstrument von einer Genauigkeit, die von keinem anderen technisch verwendeten Meßinstrument erreicht wird. Wenn eine Uhr täglich eine Minute gewinnt oder verliert, so ist das viel mehr, als man im gewöhnlichen Leben duldet, und doch ist erst ein Fehler von $\frac{1}{1440} \backsim 1/_{10}\%$ vorhanden.

Man gibt die sogenannte *Uhrzeit* etwa in der Form $3^h\ 25^m\ 21^s$ an; von dieser Uhrzeit bis zu einer anderen, $5^h\ 47^m\ 32^s$, verfließt eine *Zeitdauer* von 2 h 22 m 11 s. Man unterscheidet also die Uhrzeiten von der Angabe einer Zeitdauer durch Hochsetzen der Einheitszeichen.

Leider ist die Unterscheidung zwischen Uhrzeit und Zeitdauer nach den Festsetzungen des AEF nur für die Benennung, nicht aber für das Symbol durchgeführt, als welches vielmehr für beide Größen der Buchstabe *t* eingeführt ist. Dieser ergibt überdies in vielen Fällen

Irrungen gegenüber der Temperatur t. Den Bestimmungen nach soll dann für die Zeit t bleiben, und die Temperatur durch Θ ausgedrückt werden. Zwischen den Uhrzeiten t_1 und t_2 liegt die Zeitdauer $t_2 - t_1$, die wir durch z ausdrücken wollen.

Die *Zeitdauer* z wird demnach auch gemessen als Unterschied zweier Uhrzeiten. Ungenauigkeiten kommen dabei weniger durch die Uhr selbst in die Messung als dadurch, daß das Ablesen des Anfangs- und Endstandes der Uhr ungenau erfolgt. Dieser Fehler wird relativ um so kleiner, je größer der Zeitraum ist, während dessen man beobachtet — absolut bleibt seine Größe konstant.

Genauer als mit der gewöhnlichen Uhr kann man die Zeitdauer mit der *Stechuhr* messen. Bei ihr bestreicht ein besonderer großer Sekundenzeiger das ganze Zifferblatt, dessen Umfang eine Minute darstellt und in Fünftelsekunden geteilt ist. Dieser Zeiger läuft nicht dauernd mit, sondern wird durch einen Druck auf den sonst zum Aufziehen bestimmten Knopf zum Mitlaufen, durch einen zweiten Druck zum Stehen gebracht; nun kann man die Zeit zwischen den beiden Drücken auf Fünftelsekunden genau ablesen. Ein dritter Druck auf den Knopf bringt den großen Sekundenzeiger auf Null. Eine kleine Skala läßt erkennen, wieviel volle Umläufe — Minuten — der große Zeiger durchlaufen hatte.

Die Stechuhr ist entweder als solche für sich in jedem Uhrladen zu haben, da sie für Rennzwecke viel gebraucht wird (von 18 M., jetzt 50 M. an); oder das Stechwerk ist mit einer gewöhnlichen Zeituhr kombiniert (von 60 M., jetzt 200 M. an). — Sehr bequem sind die *Doppelstechuhren* von Stauffer, Son & Co. in La-Chaux-de-Fonds (etwa 150 Fr.): außer dem gewöhnlichen Zeiger der Stechuhr und dem gewöhnlichen Stechknopf ist ein Hilfszeiger vorhanden, der normal mit dem Hauptzeiger federnd gekuppelt ist, der aber durch einen Druck auf einen besonderen Hilfsstecher angehalten werden kann. Ein zweiter Druck auf den Hilfsstecher gibt den Hilfszeiger frei, so daß er durch die Federwirkung wieder zum Hauptzeiger springt. Man kann also den Hauptzeiger für den Gesamtversuch dauernd laufen lassen, die Zeit irgendeiner Zwischenablesung legt man durch Druck auf den Hilfsstecher fest und kann in Ruhe die Uhrzeit jener Zwischenablesung feststellen.

Es empfiehlt sich, wo man längere Versuchsreihen nach der Stechuhr machen will, beim Beginn zugleich die Zeituhr abzulesen, damit nicht durch unfreiwilligen Druck auf den Stecher der Versuch ganz abgebrochen wird.

33. Einheiten der Geschwindigkeit. Unter der *fortschreitenden Geschwindigkeit* eines bewegten Körpers versteht man die von seinem Schwerpunkt in der Zeiteinheit zurückgelegte Strecke Weges. Man kann sie finden, indem man den in einer bestimmten Zeit zurückgelegten Weg oder indem wir die zum Durchlaufen eines bestimmten Weges gebrauchte Zeit beobachtet; beide Weisen sind nicht immer gleichwertig, § 14. Es ist dann der Quotient aus dem zurückgelegten Weg und der dafür erforderlichen Zeitdauer zu bilden. Nehmen wir dabei den Weg in Metern und die Zeitdauer in Sekunden an, so erhalten wir die Geschwindigkeit in m/s.

Dieses ist die für die Geschwindigkeit der fortschreitenden Bewegung meist angewendete Einheit. Bei Eisenbahnen findet man die Geschwindigkeit in km/h, bei Schiffen in Seemeilen pro Stunde angegeben. Es ist $1\,\frac{\text{km}}{\text{h}} = \frac{1000\,\text{m}}{3600\,\text{s}} = 0{,}278\,\frac{\text{m}}{\text{s}}$ und $1\,\frac{\text{SM}}{\text{h}} = \frac{1853\,\text{m}}{3600\,\text{s}} = 0{,}515\,\frac{\text{m}}{\text{s}}$.

Wo es sich um Drehung eines Körpers um eine Drehachse handelt, da haben nur die in gleichem Abstand von der Achse liegenden Punkte gleiche Geschwindigkeit, verschieden weit von der Achse entfernte Punkte haben verschiedene Geschwindigkeiten, proportional ihrem Abstand von der Achse. Man kann also nicht schlechtweg von der Geschwindigkeit des Körpers sprechen. Da aber das Verhältnis der Geschwindigkeit w eines Punktes zu seinem Abstand r von der Achse für alle Punkte das gleiche ist, so kann man dieses als kennzeichnend für die Bewegung ansehen. Dies Verhältnis $\omega = \frac{w}{r}$ heißt die *Winkelgeschwindigkeit* des Körpers. Da w die Benennung m/s, r die Benennung m hat, so ist die Benennung oder Dimension der Winkelgeschwindigkeit $\frac{1}{\text{s}}$. Sie ist der durchlaufene Winkel pro Zeiteinheit, der Winkel aber ist, mathematisch, eine unbenannte Zahl: 180° mathematisch $= \pi = 3{,}1416$.

Die Einheit der Winkelgeschwindigkeit ist im technischen Maßsystem diejenige, bei der der Winkel Eins $= \frac{180^\circ}{\pi} = 57^\circ\,17\tfrac{3}{4}' = 57{,}296^\circ$ in einer Sekunde durchstrichen wird, oder was dasselbe ist, bei der die Punkte im Abstand 1 m von der Achse die Geschwindigkeit 1 m/s haben.

Diese Einheit ist für Messungen gar nicht gebräuchlich, in einigen Fällen aber muß man auf sie zurückgreifen, wenn man nämlich die Winkelgeschwindigkeit mit anderen Einheiten in Beziehung setzen will, so bei Ermittlung des erforderlichen Gewichts von Schwungrädern oder bei Untersuchung von Auslaufvorgängen (§ 81).

Die allgemein übliche Angabe der Winkelgeschwindigkeit ist die in minutlichen Umläufen (Touren pro Minute, Drehzahl). Es ist 1 Uml/s $= 2\pi$ technischen Einheiten = 60 Uml/min, also ist:

$$1 \text{ technische Einheit} = \text{Drehzahl}\,\frac{60}{2\pi} = 9{,}55/\text{min} \quad \ldots \quad (1)$$

oder

$$\text{Drehzahl } 100/\text{min} = 10{,}47 \text{ technische Einheiten} \quad \ldots \quad (1\text{a})$$

Zur Benennung der Größen sei bemerkt: Wo wir von 10 *Umläufen* sprechen, die eine Maschine während irgendeiner Messung macht, so meinen wir diese Zahl unabhängig von der Zeit, in der sie gemacht werden; die Maschine kann also langsam oder schnell gelaufen sein. Die Anzahl der in der Minute gemachten Umläufe aber heiße kurzweg die *Drehzahl* der Maschine — welche Benennung also stets sogleich die Bezugnahme auf die Minute als Zeiteinheit in sich schließt. Die Benennung der Drehzahl ist [/min], man schreibe also: die Maschine hatte die Drehzahl 50/min. Weniger gut wird die Dimension bei der Schreibweise erkannt: „Die Maschine macht 50 Uml/min." — Das neuerlich aufgekommene Wort Drehzahl ist nicht schön deutsch, immerhin besser als Tourenzahl oder Turenzahl. — Für die Drehzahl ist n/min das übliche Symbol. Für den Stand des Drehzählers ist ein bestimmtes Symbol nicht gebräuchlich und auch vom AEF nicht vorgesehen; wir werden dafür den Buchstaben u verwenden.

Ist also zur Zeit t_1 der Zählerstand u_1 und zur Zeit t_2 der Zählerstand u_2 vorhanden, so ist, wenn $t_2 - t_1$ in Minuten berechnet wird

$$n = \frac{u_2 - u_1}{t_2 - t_1}/\mathrm{min} \quad \ldots \ldots \ldots \quad (2)$$

Übrigens muß noch gelegentlich begrifflich zwischen Umlaufgeschwindigkeit ω und Drehzahl n unterschieden werden: eine Welle konstanter Drehzahl kann gleichwohl noch eine während des einzelnen Umlaufes wechselnde *Umlaufgeschwindigkeit* haben; konstante Umlaufgeschwindigkeit ist also mehr als konstante Drehzahl.

34. Übersicht der Meßmethoden; Beziehungen zwischen fortschreitender und Winkelgeschwindigkeit. Die Messung der fortschreitenden Geschwindigkeit ist bei Gasen und Flüssigkeiten ausführbar mit Hilfe besonderer Instrumente, von denen die Pitotsche Röhre oder das Staurohr im folgenden besprochen werden. Zur Messung der Drehzahl dient das Tachometer. Im übrigen ist die Geschwindigkeit allgemein nach Maßgabe von Formel (2) meßbar; bei Flüssigkeiten bestimmt der Woltmannsche Flügel, bei Gasen das Anemometer den am Instrument vorbeigegangenen Wasser- oder Windweg, ebenso bestimmt das Schiffslog, ein Woltmannscher Flügel in umgekehrter Verwendung, den vom Schiff gegenüber dem Wasser zurückgelegten Weg. Die fortschreitende Geschwindigkeit eines festen Körpers läßt sich außerdem auch messen durch Zurückführung auf die Winkel- oder Umlaufgeschwindigkeit.

Diese Zurückführung ist so auszuführen, wie zwei Beispiele zeigen werden: Bei Lokomotiven und Automobilen mißt man die Fahrgeschwindigkeit, indem man die Drehzahl eines seiner Räder ermittelt. Sei diese n/min, und sei D m der Raddurchmesser, so ist πD der Radumfang, der $\frac{n}{60}$ mal in der Sekunde abgewickelt wird: also ist $\frac{\pi D n}{60}$ die Umfangsgeschwindigkeit des Rades und zugleich die Fahrgeschwindigkeit des Zuges in m/s, weil das Rad auf der Unterlage nicht gleiten soll. Man kann das Tachometer, welches die Drehzahl des Rades feststellt, gleich für km/h eichen. Seine Angabe wird dann ungenau, wenn das Rad sich abnützt oder nachgedreht wird. — Man mißt eine Riemengeschwindigkeit, indem man an den Riemen ein Rädchen von bekanntem Durchmesser D hält, dessen Drehzahl man feststellt. Man hat sich davon zu überzeugen, ob das Rädchen nicht auf dem Riemen gleitet. Aus der Drehzahl der Riemenscheibe kann man die Riemengeschwindigkeit nicht genau finden, weil der Riemen auf der Scheibe gleitet, sobald Arbeit übertragen wird. Übrigens ist ja auch, wegen der Dehnung, die Geschwindigkeit beider Trums merklich voneinander verschieden.

35. Zählwerk. Die Drehzahl von Wellen ermittelt man mit dem Zählwerk oder mit dem Tachometer.

Der *Umlaufzähler* oder das *Zählwerk* besteht in seinem wirksamen Teil aus einer Anzahl von zehnzähnigen Zahnrädern. Eines derselben, das Einerrad, wird direkt von der Maschine angetrieben, so zwar, daß es bei jedem Umlauf der Maschine um einen Zahn vorrückt. Da nun an seinem Umfang, den Zähnen entsprechend, die zehn Ziffern von 0 bis 9 angebracht sind, so tritt eine, und bei jeder Umdrehung der Maschine die folgende, Ziffer vor ein Schauglas, wo man sie abliest. Jedesmal nun, wenn das Einerrad von 9 wieder auf 0 geht, schiebt es durch einen Mitnehmer das folgende, sogenannte Zehnerrad um einen Zahn weiter und bringt dort, nach je zehn Umdrehungen, die folgende Ziffer vor das Schauglas. Daher liest man nach der Ablesung ⓪⑨ nicht wieder ⓪⓪ ab, sondern ①⓪, 10 folgt auf 9, wie es sein muß. Ganz entsprechend wird nach 10 Umdrehungen des Zehnerrades das Hunderterrad um Eins vorwärtsgeschaltet, so daß auf 099 folgt 100 und so fort meist bis 99 999, worauf 00 000 wieder folgt.

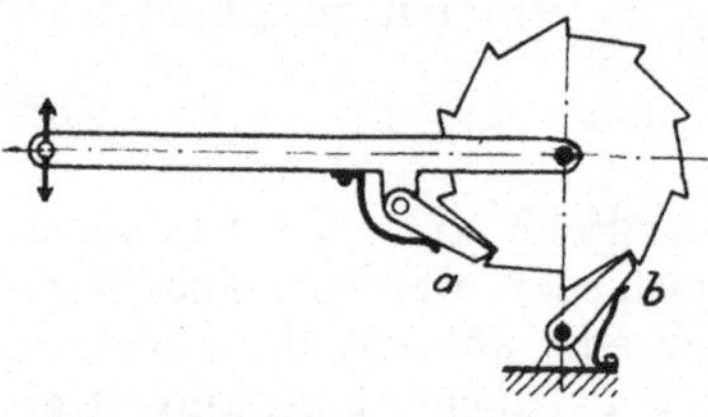

Fig. 58. Sperrkegelschaltung.

Die Vorwärtsschaltung des Einerrades kann durch eine der beiden Vorrichtungen Fig. 58 und 59 bewirkt werden. Die *Sperrkegelschaltung*

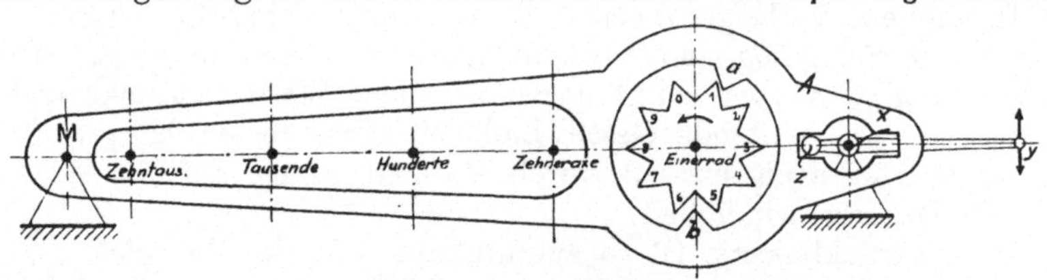

Fig. 59. Ankerschaltung.

ist die einfachste, Sperrkegel *a* schaltet vorwärts, *b* soll Rückwärtsgehen des Rades hindern. Der Anker, Fig. 59, ist von der Pendeluhr her bekannt. Bewegt man von der gezeichneten Stellung aus den Anker *A* abwärts, der sich um *M* dreht, so wird Zahn *1* durch Nase *a* vorwärts geschoben; geht der Anker wieder hinauf, so tritt Nase *b* hinter den Zahn *6* und schiebt das Einerrad wieder vorwärts. Die hin und her gehende Bewegung des Ankers kann bewirkt werden, entweder indem man die kleine Welle x mittels Hebel y von einem hin und her gehenden Teil der Maschine aus antreibt, oder indem man die Welle x von einem rotierenden Teil umdrehen läßt. In beiden Fällen bewirkt die Kurbel xz, um x sich drehend, eine hin und her gehende Bewegung des Ankers.

Ankerzähler schalten nach jeder halben Umdrehung um eine halbe Zahl vorwärts, Sperrkegelzähler nach jeder vollen Umdrehung direkt auf die nächste Zahl; die letzteren lassen sich daher bequemer ablesen, machen aber Geräusch.

Hat das Einerrad sich einmal ganz gedreht, so muß es das Zehnerrad um eine Zahl vorwärts schalten, dieses nach jeder Umdrehung das Hunderterrad und so fort. Die *Zehnerschaltung* wird durch ein Getriebe bewirkt, das in Fig. 60 dargestellt ist: wenn das Einerrad von 9 auf 0 geht, wird das Zehnerrad durch den Stift s vorwärts geschaltet. Das ist möglich, weil die Kerbe k zur gleichen Zeit das Zehnerrad freigibt, während das Zehnerrad sonst durch die Scheibe t an der Drehung verhindert wird. Es mag noch nützlich sein, zu bemerken, daß das Zehnerrad zwanzig Zähne hat, von denen jeder zweite breiter ist als die übrigen. Stift s schaltet immer um zwei Zähne vorwärts, d. h. um $^2/_{10}$ Umdrehung. Stift s und Kerbe k_1 dienen dazu, in gleicher Weise das Hunderterrad anzutreiben.

Sperrkegel- und Ankergetriebe arbeiten nur bis zu mäßigen Geschwindigkeiten sicher. Zählwerke, die mit ihnen ausgerüstet sind, kann man je nach der Sonderkonstruktion bis zu 200 oder 400 minutlichen Umläufen benutzen. Für *größere Drehzahlen* vermeidet man die genannten Getriebe und treibt schon das Einerrad durch ein Getriebe wie in Fig. 60 an. Die Scheibe t wird dann von der umlaufenden Welle unmittelbar gedreht; Zahlen trägt sie nicht; sie schaltet bei jeder Umdrehung der Maschine das linke Rad um $^1/_{10}$ Umlauf weiter, dieses dient daher als Einerrad, betätigt seinerseits ein Zehnerrad und so fort.

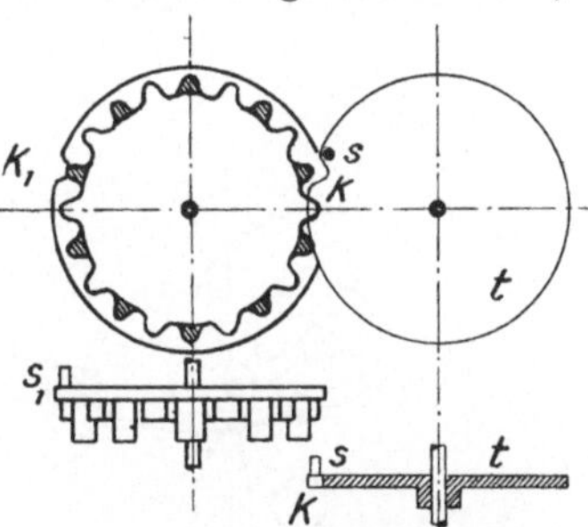

Fig. 60. Zehnerschaltung.

Man vermeidet so alle hin und her gehenden Teile, erhält ein ganz zwangläufiges Getriebe und kommt daher auf wesentlich höhere Drehzahlen, wenn auch bei größeren als 1000/min die Ablesung der Einer im Gang unmöglich und die Abnutzung der stoßweise bewegten Teile groß wird. Man kann diese Zähler nicht mehr von hin und her gehenden Maschinenteilen aus antreiben. — Für die größten Geschwindigkeiten, etwa für Dampfturbinen, hat man Zählwerke mit nur gleichförmig umlaufenden Teilen; die Ablesung geschieht an einer Reihe von Zeigern, deren Achsen durch Zahnradübersetzung im Verhältnis 1 : 10 miteinander verbunden sind und die sich vor kreisförmigen Skalen vorbeibewegen, die Einer, Zehner, Hunderter abzulesen gestatten. Die Ablesung von Zeigern ist unbequemer als die von springenden Zahlen.

Bei allen Zählwerken — ebenso bei Gasuhren u. dgl. — liest man im richtigen Augenblick zunächst die letzten Zahlen oder Zeiger ab, die schnell laufen; die langsamer laufenden Hunderte und Tausende setzt man dann davor, muß aber darauf achten, ob etwa inzwischen eine der Zahlen von 9 auf 0 gegangen ist, wodurch sich auch die vorhergehende geändert hätte. Vergleiche das Beispiel in Masch.-Unt., Tab. 46.

Um die Drehzahl einer Maschine festzustellen, liest man den Stand des Zählers am Anfang und wieder am Ende einer Zeitperiode ab, die so lang wie möglich sei; denn man kann nur volle Umläufe ablesen, und das Fehlen der Bruchteile sowie eine Ungenauigkeit im Zeitpunkte der Ablesungen verliert an Einfluß bei längerer Zeitdauer. Um die mittlere Drehzahl während einer Stunde zu finden, zähle man also nicht alle zehn Minuten je eine Minute lang, sondern man notiere alle zehn Minuten den Stand des Zählers: die Differenz von End- und Anfangsangabe, geteilt durch 60, gibt die mittlere Drehzahl: die Zwischenablesungen nach 10, 20 ... Minuten kontrollieren die Gleichmäßigkeit des Maschinenganges. Daß man bei kurzen Ablesungszeiten etwas größere Genauigkeit erreicht, unter Verwendung einer Stechuhr, mit deren Hilfe man die Zeit für 10 oder 20 Umläufe feststellt, ist in § 14 besprochen.

36. Tachometer. Tachometer geben die augenblickliche Geschwindigkeit der Maschine, ihre jeweilige (minutliche) Drehzahl, durch Ab-

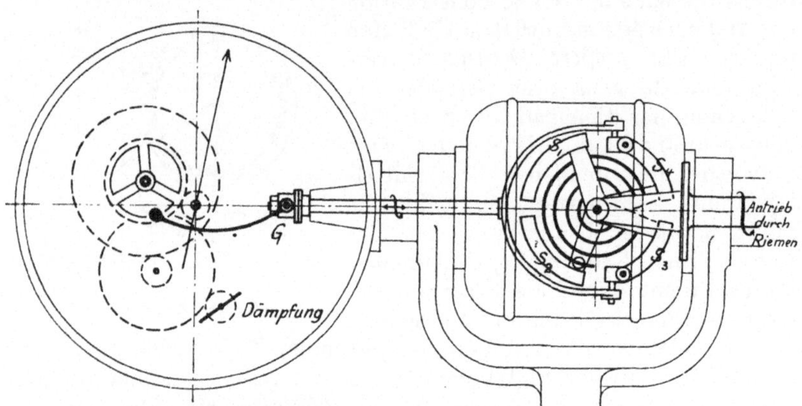

Fig. 61. Fliehpendeltachometer von Schaeffer & Budenberg.

lesung eines Zeigerstandes. Durch das Umlaufen der Instrumentenwelle werden Kräfte wachgerufen, die die Zeigerverstellung bewirken, meist entgegen einer Feder, die den messenden Teil bildet. Die verstellende Kraft ist meist die Fliehkraft umlaufender Massen, aber auch Wirbelströme in einem magnetischen Feld können die Verstellkraft liefern (Fliehkraft- oder Zentrifugaltachometer, Wirbelstromtachometer). Eine Reihe von Instrumenten beruht auch auf ganz anderer Grundlage.

Getriebe von *Fliehpendeltachometern* sind in Fig. 61 und 62 wieder gegeben: In Fig. 61 bilden die Schwungmassen S_1 und S_3, andererseits S_2 und S_4 je ein Gußstück. Die Spiralfeder ist mit dem äußeren Ende an S_2, mit dem inneren an S_1 befestigt und wird gespannt, wollen die Gewichte sich von der Drehachse entfernen. Gehen die Gewichte der Federkraft entgegen auseinander, so wird der Zeiger bewegt. Ein Universalgelenk bei G läßt es dabei zu, daß das Zeigergetriebe nicht mit umzulaufen braucht. Eine Windflügeldämpfung mildert die Zuckungen des Zeigers durch die Ungleichförmigkeit von Kolbenmaschinen. — In Fig. 62 stellt sich infolge der Rotation der Körper S, eine flache runde Scheibe, mehr oder weniger senkrecht zur Rotationsachse und spannt dabei die Schraubenfeder, die einerseits mit ihm, andererseits mit der Rotationsachse verbunden ist. Die Bewegung wird wieder auf einen Zeiger übertragen, G ist ein Kugelgelenk.

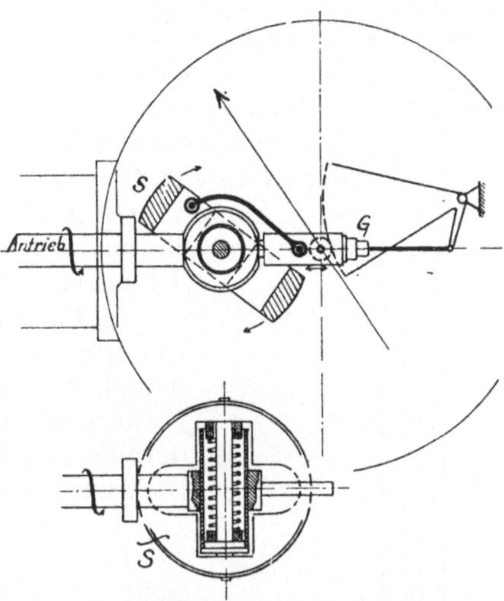

Fig. 62. Fliehpendeltachometer von Schaeffer & Budenberg.

Die Theorie des Tachometers ist die der Fliehkraftregler mit Federbelastung. Jeder Drehzahl der Welle soll *eine* bestimmte Stellung des Zeigers, also ein bestimmter Ausschlag der Schwungmassen, entsprechen. Beginnt die Welle sich zu drehen, so lösen sich die Schwungmassen von ihrem inneren Widerlager, sobald bei einer Drehzahl n_0 die Fliehkraft die Vorspannung der Feder überwindet. Beim Auseinandergehen der Schwungmassen nimmt nun sowohl die Fliehkraft als auch die ihr entgegenstehende Federkraft zu, und es ist nicht gesagt, daß sich bei einer Drehzahl $n > n_0$ ein Gleichgewichtszustand überhaupt findet. Hatte nämlich beim Auseinandergehen die Fliehkraft schneller zugenommen als die Federkraft, so gewinnt sie mehr und mehr die Oberhand über letztere und die Schwungmassen, gehen gleich in die äußerste Stellung, bis ans äußere Widerlager. Die Federkraft muß also schneller zunehmen als die Fliehkraft, und zwar muß das in jeder Pendellage der Fall sein (statisches Verhalten, im Gegensatz zu astatischem).

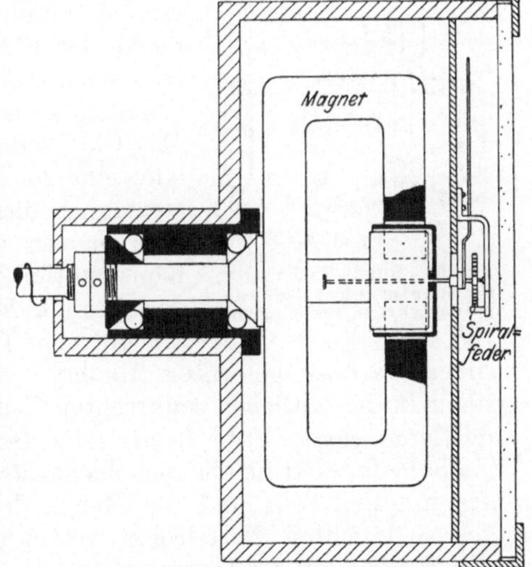

Fig. 63. Wirbelstromtachometer der Deutschen Tachometerwerke, Berlin.

Ein *Wirbelstromtachometer* ist in Fig. 63 dargestellt. Die Welle trägt einen mitumlaufenden gebogenen Stahlmagneten, dessen Kraftlinien durch einen zwischen die Pole gelegten auch mitumlaufenden Eisenanker geschlossen werden. Zwischen den Polen und dem Anker bleibt ein Ringraum, in dem eine Glocke aus Aluminium auf einer leichten Achse drehbar gelagert ist; eine Spiralfeder zieht den auf der gleichen Achse sitzenden Zeiger in seine Nullstellung. Beim Umlaufen des Magnetsystems werden in der Aluminiumglocke Wirbelströme entstehen, Glocke und Zeiger werden also um so weiter mitgenommen, je schneller die Drehung ist. Diese Anordnung ist stets ohne weiteres statisch. Da die Wirksamkeit dieser Instrumente nicht auf Massenwirkungen beruht, auch keine empfindlichen Gelenke vorhanden sind, so sind sie gegen Erschütterungen weniger empfindlich als die Fliehpendelinstrumente. Dagegen bereitet bei schwankenden Geschwindigkeiten die Tatsache Schwierigkeiten, daß eine Dämpfung des Zeigers, wie sie Fig. 61 zeigte, nicht gut anzuordnen ist. Ein grundsätzlicher Unterschied der Wirbelstrominstrumente gegenüber fast allen anderen Formen ist es, daß sie auf die beiden Drehrichtungen mit Ausschlägen nach verschiedener Richtung ansprechen. Das ist nur selten nötig, gelegentlich aber lästig; man kann Instrumente, die für beide Drehrichtungen dienen sollen, nicht mit unterdrücktem Nullpunkt herstellen.

Flüssigkeitstachometer nutzen die Fliehkraft einer in ein Gefäß eingeschlossenen Flüssigkeit aus; als messender Teil dient die Flüssigkeitssäule selbst, etwa wie folgt.

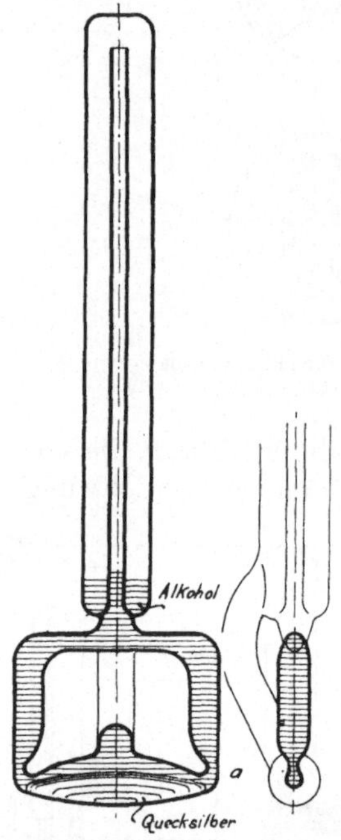

Fig. 64. Bifluid-Tachometer der Rheinischen Tachometerwerke, Freiburg i.B.

In einem um seine senkrechte Achse rotierenden zylindrischen Gefäß stellt sich die Oberfläche der Flüssigkeit in die Gestalt eines Rotationsparaboloids ein. Aus der Höhenlage des Scheitels kann man auf die Drehzahl schließen: Das Glas selbst ist mit einer Skala versehen, oder eine solche steht daneben still. Ältere Instrumente dieser Art sind die Gyrometer von Braun. In den *Bifluid-Tachometern* ist die Konstruktion vervollkommnet. Ein Glaskörper der Gestalt Fig. 64 rotiert um seine Achse. Im unteren Teil befindet sich etwas Quecksilber, darüber gefärbter Alkohol. Beim Rotieren tritt das Quecksilber in die seitlichen senkrechten Teile und treibt den Alkohol in dem mittleren engen Rohr hoch; seine Höhe gibt die Drehzahl an. Diese Tachometer sind für die verschiedensten Zwecke herstellbar. Die Breite des unteren Teils und die Menge des Quecksilbers sowie die Weite des senkrechten Mittelrohrs bestimmen die mittlere Drehzahl und den Meßbereich des Instrumentes, die Einschnürungen bei *a* bestimmen seine Dämpfung. Die Instrumente sind für stationären Betrieb vortrefflich, die Reibung ist bei Flüssigkeiten vermieden, und da das Glas ganz zugeschmolzen ist, so ist Unveränderlichkeit der Angaben besser gesichert als bei Pendeltachometern. Auch Stöße sind einflußlos, solange sie nicht zum Bruch führen.

Doch kann man auch über die Fliehpendeltachometer das Urteil fällen, daß sie unveränderlich in ihren Angaben sind selbst bei Geschwindigkeitsstößen.

Einige für *Sonderzwecke* verwendete Anordnungen seien erwähnt. Auf Lokomotiven hat man, wegen der Unempfindlichkeit gegen Stöße, eine Öl- oder Glyzerinpumpe aus einem Behälter saugen lassen, in den das Öl durch eine feine Düse hindurch wieder zurückläuft: In einem Windkessel zwischen Pumpe und Düse entsteht um so höherer Druck, je schneller die Pumpe umläuft, man kann also ein Manometer am Windkessel anbringen und direkt nach der Drehzahl einteilen. Die Schwierigkeit ist, daß die umlaufende Flüssigkeit bei wechselnden Temperaturen verschieden zähe ist, auch mit der Zeit sich verändert.

Bei dieser Einrichtung kann auch bereits die Ablesung in einiger Entfernung geschehen. Für eigentliche *Fernablesung* sind wie überall so auch bei der Geschwindigkeitsmessung diejenigen Methoden besonders brauchbar, die eine elektrische Übertragung mittels zweier Drähte gestatten. An Meßapparaten ist dann jedesmal ein Geber und ein Empfänger vorhanden, wobei nichts im Wege steht, von einem Geber aus mehrere Empfänger zu betätigen oder einen Empfänger durch Umschaltung die Drehzahl des einen oder des anderen Gebers anzeigen zu lassen. — Für die Fernmeldung kommen namentlich folgende Formen in Frage.

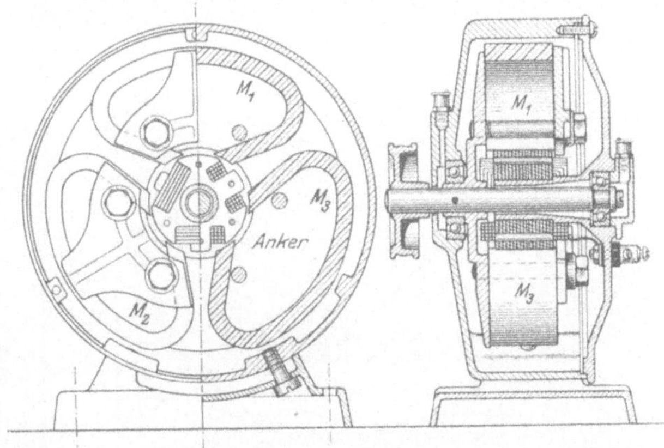

Fig. 65. Erreger für Ferntachometer von Hartmann & Braun.

Ein kleiner elektrischer Generator, am einfachsten für Wechselstrom (Fig. 65), erzeugt im Anker eine Spannung, die mit der Drehzahl wächst. Benutzt man ihn als Geber, so kann man als Empfänger ein Voltmeter anschließen und nach der Drehzahl eichen (Fig. 66, unten).

Als Empfänger sind auch mit demselben Geber (der dann allerdings für Wechselstrom sein muß) die Frahmschen Resonanzkämme zu benutzen (Fig. 66, oben). Auf einem Balken sind eine Reihe von stählernen Blattfedern befestigt, die an ihrem freien Ende zu einem Kopf kurz umgebogen sind; dessen Gewicht wird nun durch Hinzufügen oder Entfernen von Zinn so abgepaßt, daß die Eigenschwingungszahl jeder der Federn einen bestimmten Wert annimmt. Wird der die Federn tragende Balken einem periodischen Impuls von bestimmter Schwingungszahl ausgesetzt, so geraten diejenigen Federn in Bewegung, deren Eigenschwingungszahl mit der Schwingungszahl der Erregung ganz oder annähernd übereinstimmt; die größten Ausschläge treten bei voller Übereinstimmung (bei Resonanz) auf. Man kann also die Impulszahl der Erregung messen, die bei Fig. 65, wegen der sechs Pole abwechselnder Polarität, das Dreifache der Drehzahl des Gebers ist. Werden die Federn des Kammes untereinander so abgestimmt, daß jede folgende $1^2/_3$ Schwingung mehr ausführt als die vorhergehende, so kann man die Drehzahl von 5 zu 5 ablesen und noch Zwischenwerte schätzen: wenn zwei benachbarte Kämme gleich weit ausschlagen, so ist die Drehzahl gerade das Mittel aus den beiden ihnen entsprechenden Werten. In Fig. 66 gibt der Spannungszeiger eine Anzeige mit weitem Meßbereich, der beim Anlassen der Maschine bequem ist; die Kämme geben, bei beschränktem Meßbereich, eine in der Nähe der Betriebsdrehzahl sehr weit geteilte Skala. Die Angabe der Kämme ist überdies, bei Verwendung guten Stahls, sehr unveränderlich, auch ganz

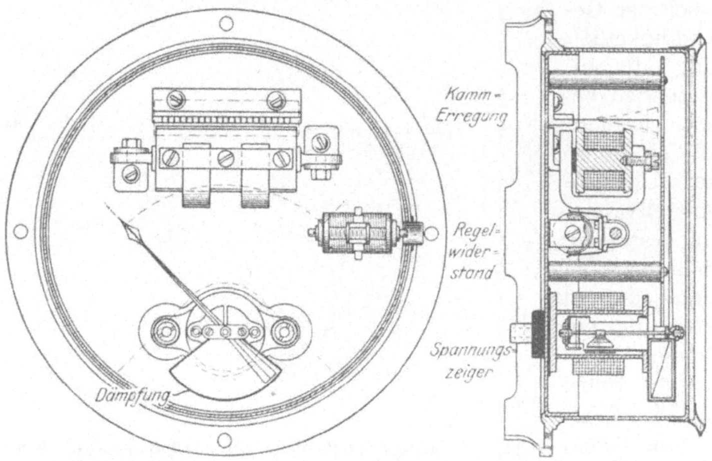

Fig. 66. Empfänger für Ferntachometer von Hartmann & Braun.

unabhängig von der Länge und dem Widerstand der Zuleitung, so daß man mittels des Regelwiderstandes den Spannungszeiger nach dem Kamme einregeln kann.

Zur Erregung des Kammes genügt es auch schon, das Instrument auf die Maschine zu setzen, deren Drehzahl bestimmt werden soll, sofern die Maschine für die Periodenzahl des Kammes (von 900/min ab) schnell genug läuft und daher eine Übersetzung nicht nötig ist. Für kleinere Entfernungen hat man mechanische Erregungen mittels Kurvenscheibe und Drahtübertragung angewendet.

Der *Antrieb der Tachometer* geschieht meist durch eine Riemenübertragung von der Welle aus, deren Drehzahl man messen will. Man wählt die Riemenscheibe des Tachometers so, daß das Tachometer passend schnell läuft. Deshalb fertigt jede Tachometerfabrik nur wenige Tachometertypen, die sich untereinander durch den *Meßbereich*, das heißt das Verhältnis der niedrigsten zur höchsten Drehzahl, unterscheiden, und paßt sie mittels verschiedener Riemenscheiben den zu messenden Drehzahlen an. Das Zifferblatt ist dann nicht nach der Drehzahl des Tachometers, sondern der zu messenden Welle geteilt und muß die Angabe der Riemenübersetzung enthalten; der Meßbereich der Tachometer pflegt zwischen 1 : 2 und 1 : 6 zu liegen; ein weiter Meßbereich erhöht die Verwendbarkeit des Instrumentes auf Kosten der Genauigkeit. Die Wirbelstromtachometer pflegen, wie erwähnt, von Null zu zählen. — Der Antriebriemen sei gleichmäßig, die Naht soll keine Verdickung bilden; andernfalls stößt der Zeiger des Instrumentes. Ein Gummiriemen mit Hanfeinlage oder ein Hanfgurt sind brauchbar; ein Lederriemen muß dünn und geleimt, nicht genäht sein.

Sehr zuverlässig wird die Kupplung des Meßgerätes mit der Welle durch einen Draht von $^3/_4$ bis 1 mm Durchmesser erreicht, den man an beiden gut befestigt. Er tordiert sich erst, nimmt aber dann sicher mit, auch bei großer Länge und auch wenn er beliebig gebogen wird. Nur werden Ungleichmäßigkeiten des Ganges nicht sofort übertragen, er wirkt als Dämpfung. Der Draht erspart das ermüdende Andrücken der Instrumente. Stahlspiralen von 0,5 mm Draht- und 5 mm Windungsdurchmesser sind noch besser; sollen sie senkrecht abgebogen werden (Radius über 30 mm), so legt man, um ihre Steifigkeit zu erhöhen, einen Lederkordel in sie ein. Wenn hierbei der Tachometerzeiger durch Resonanz in Schwingungen gerät, so kürzt man die Drahtspirale, oder setzt eine Schwungscheibe auf die Tachometerachse, deren Maße man durch Probieren passend macht.

37. Handinstrumente. Zählwerk und Tachometer werden außer für ständigen Antrieb durch eine Maschine auch als Handinstrumente ausgeführt. Die Achse des Instrumentes endet dann in eine Dreikantspitze oder in einen Gummipfropfen, die in einen Körner am Ende der rotierenden Welle eingesetzt werden.

Handzählwerke bestehen meist aus einer Zusammenstellung von Stechuhr und eigentlichem Zählwerk. Beide beginnen gleichzeitig zu laufen, wenn man den Dreikant so kräftig in den Körner der Welle preßt, daß die kleine Hülse *h* (Fig. 67) einer Federkraft entgegen eingedrückt wird. Beim Zurücknehmen des Dreikants von der Welle hören Zählwerk und Uhr gleichzeitig zu laufen auf, und man liest beide ab, um die Anzahl der Umdrehungen durch die Zeit, auf $^1/_5$ s genau ablesbar, teilen zu können. Die Ablesung des Zählwerkes erfolgt auf der Seite, die in der Figur nicht sichtbar ist. Schnepper *i* stellt die Uhr auf Null.

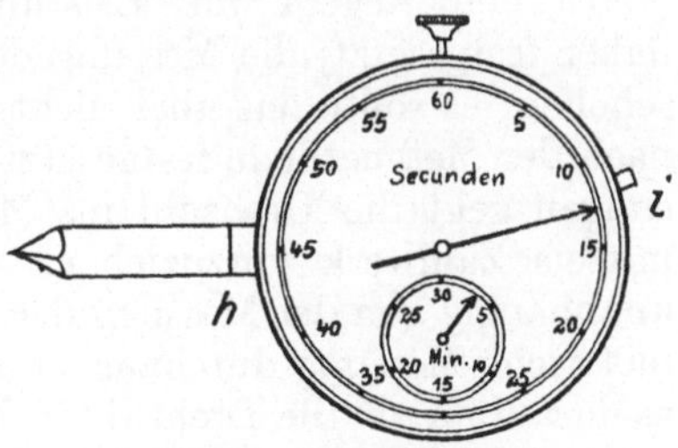

Fig. 67. Handzählwerk.

Handtachometer sollen für möglichst alle Maschinen brauchbar sein, von der Dampfturbine mit einigen tausend bis herab zur Pumpe mit nur vielleicht 40 Umläufen minutlich. Der weite Meßbereich würde enge Skalenteilung und ungenaue Ablesung bedingen. Man kann ein

Tachometer, dessen Werk für die Drehzahlen von 125—500 gebaut ist, verwenden und durch Zahnräder für andere Drehzahlen brauchbar machen. Das Tachometer erhält dadurch etwa die Meßbereiche 40 bis 160; 125 bis 500; 400 bis 1600; 1250 bis 5000/min und ist, je nachdem man die eine oder andere Zahnradübersetzung durch einfaches Verschieben eines Knopfes einschaltet, im ganzen von 40 bis 5000/min brauchbar. In allen Fällen macht die eigentliche Tachometerachse Drehzahlen von 125 bis 500/min. Das Zifferblatt hat mehrere Numerierungen, deren eine oder andere man abliest. Die Umschaltung der Meßbereiche erfolgt von Hand durch Verschieben eines Knopfes; es gibt auch Instrumente mit selbsttätiger Einstellung des Meßbereichs.

Ein Wellenkörner nimmt die Dreikantspitze nur dann sicher mit, wenn er selbst dreikantig ausgearbeitet ist. Sonst tritt leicht Gleiten ein, ebenso wenn statt des Dreikants ein Gummipolster als Mitnehmer gebraucht wird. Besonders sorgsam muß man darauf achten, daß die Spitze oder das Gummipolster zentrisch und achsial in den Wellenkörner eingesetzt werden. Wenn sich nämlich das Gummipolster auf dem Körner gewissermaßen abwickelt, kann die Tachometerwelle ganz andere Drehzahlen, auch beträchtlich höhere, annehmen als die Welle.

38. Vergleich. *Zählwerk und Tachometer* ergänzen einander, und man hat oft bei Versuchen beide Instrumente an der Maschine. In § 11 wurde schon der Unterschied zwischen dem Tachometer, einem Skaleninstrument, das die augenblickliche Geschwindigkeit und ihre Schwankungen anzeigt, und dem Zählwerk besprochen, welches die augenblicklichen Geschwindigkeiten aufaddiert und dann die mittlere Geschwindigkeit während einer Minute, einer Stunde ausrechnen läßt. Für den Betrieb oder für die Einstellung einer Maschine ist das Tachometer bequemer; bei Dampfverbrauchsversuchen aber will man die mittlere Drehzahl kennen, die das Zählwerk ohne weiteres sehr genau gibt, das Tachometer viel ungenauer, wenn es nicht gut geeicht ist und wenn man es nicht sehr oft abliest.

In den Regeln für Leistungsversuche an Kolbenmaschinen ist daher festgesetzt, die Messung der Drehzahl solle mittels Zählwerk geschehen; es sollte das aber nicht sowohl nach der Art der Maschine als nach der Meßmethode festgesetzt werden: bei Indizierungen und Bremsungen geht die Drehzahl ins Meßresultat ein, daher ist die Messung mittels Zählwerk vorzuziehen. Die elektrische Leistungsmessung ist unabhängig von der Messung der Drehzahl, daher genügt hier die tachometrische Messung durchaus. Für Wirkungsgradbestimmungen kommt es darauf an, ob die Drehzahl in Zähler und Nenner eingeht, oder nur in einen von beiden. Bei einer Dampfkolbenpumpe, bei der man die Wassermenge aus den Plungerabmessungen unter Zugrundelegung eines gewissen volumetrischen Wirkungsgrades bestimmt, geht sowohl bei der indizierten Leistung des Dampfzylinders als bei der der Pumpe als auch bei der Nutzleistung in gehobenem Wasser die Drehzahl als Proportionalitätsfaktor ins Ergebnis ein, bei den Wirkungsgrade also fällt sie heraus. Bei der Turbodynamo geht die Drehzahl weder in die Dampfmessung noch in die elektrische Messung ein, beeinflußt also auch den

Wirkungsgrad nicht. Bei der Kolbendampfdynamo dagegen wird die indizierte Leistung unter Benutzung der Drehzahl gefunden, die elektrisch abgegebene Leistung ohne Benutzung derselben; der aus beiden zu bildende Wirkungsgrad wird daher von der Messung der Drehzahl abhängig. — Andererseits wird die Zählung der Umläufe dann zweckmäßig sein, wenn der Maschinengang von der Drehzahl besonders stark abhängt, so bei einer Kreiselpumpe, die gegen eine überwiegend geodätische Förderhöhe arbeitet.

Die Vorzüge des Zählwerks kommen bei Bildung des Mittelwerts bei schwankender Drehzahl zur Geltung; für Feststellung einer konstanten Drehzahl — konstant für längere Zeiträume und auch nicht ungleichförmig im einzelnen Umlauf — ist auch das Tachometer ein brauchbares und meist befriedigend genaues Instrument, wenn es geeicht ist.

39. Nicht gleichförmige Geschwindigkeiten. Wo es sich nicht um die Messung einer konstant bleibenden Drehzahl handelt, sondern wo die Ungleichmäßigkeiten einer Bewegung gemessen werden sollen, muß man sich mechanischer Hilfsmittel bedienen, da das Auge nicht imstande zu sein pflegt, die Ablesungen genügend schnell und genau zu machen.

Die Unregelmäßigkeiten des Maschinenganges sind von zweierlei Art. Bei einer Belastungsänderung ändert sich die Drehzahl jeder Maschine, und zwar nimmt sie zu bei einer Entlastung, sie nimmt ab bei einer Mehrbelastung. Diesem natürlichen Vorgang wirkt der Regler entgegen, der die Aufgabe hat, die Maschine auf etwa der gleichen Drehzahl bei allen Belastungen zu halten, ihr diese aufzuzwingen. Bis das dem Regler gelingt, dauert einige Zeit. Die Drehzahl der Maschine schwankt daher bei einer Belastungsänderung auf und ab, um so weniger, je besser die Regelung wirkt.

Außerdem weisen diejenigen Kraftmaschinen, die mit Kolben arbeiten, Unregelmäßigkeiten innerhalb der einzelnen Umdrehung auf, die man als ihre Ungleichförmigkeit bezeichnet. Sie rühren daher, daß die treibende Kraft periodisch wirkt, in den Totpunkten oft Null wird, während der Widerstand konstant oder doch nach anderem Gesetz veränderlich ist. Diese Ungleichförmigkeit in mäßigen Grenzen zu halten, ist wesentlich die Aufgabe des Schwungrades.

Schwierigkeiten für die Messung bietet insbesondere die letztgenannte Art von Geschwindigkeitsänderungen, sowohl deshalb, weil die Schwingungen sehr schnell verlaufen — es handelt sich um das, was innerhalb eines Maschinenumganges vor sich geht —, als auch deshalb, weil die Schwankungen bei den meisten Maschinen von kleiner Amplitude sind; bei Dampfdynamos pflegt man nur Schwankungen von etwa $^1/_{200}$ der mittleren Drehzahl zuzulassen, und es ist dann festzustellen, ob diese Grenze nicht überschritten ist.

Wenn wir uns zunächst auf weniger schnell vor sich gehende Schwankungen beschränken, so ist das beliebteste Mittel zu ihrer Beobachtung der *Hornsche Tachograph.* Er ist in Fig. 68 im Bilde dargestellt. Man erkennt auf einem umlaufenden Rahmen B zwei Schwunggewichte G_1 und G_2, die durch Federn F zueinander gezogen werden, und deren

Fliehkraft die Federkraft überwindet. Die Verstellung der Schwunggewichte verstellt mittels eines durch die hohle Welle hindurchgehenden Gestänges einen mit Spezialtinte gefüllten Schreiber *S*, der auf einem Papierstreifen schreibt. Die Federn sind so bemessen, daß der Schreibstift bei der Drehzahl 500/min der Tachographenwelle auf die Mitte des Papierstreifens einspielt; man richtet die antreibenden Gurtscheiben *A* so ein, daß der Tachograph die Drehzahl 500/min macht

Fig. 68. Hornscher Tachograph.

bei der normalen Drehzahl der Maschine. Von dieser normalen Drehzahl sind Abweichungen von plus oder minus 12% nötig, um die Schreibfeder in die beiden äußersten Lagen zu bringen; dementsprechend ist der vor dem Schreibgefäß ablaufende Papierstreifen mit einer Teilung versehen, wie Fig. 68 es erkennen läßt. Die Federn des Tachographen sind auswechselbar gegen solche, die nur für $\pm 6\%$ oder bis $\pm 3\%$ Geschwindigkeitsänderung ausreichen; man verwendet dann entsprechend bezifferte Papierstreifen. Von der Tachographenwelle aus wird auch der Papierstreifen vorwärtsbewegt, durch ein Reibrollengetriebe das bei T eine Einstellung des Papiervorschubes und auch ein Abstellen gestattet. Das Papier wird einer Rolle R_1 entnommen und gegebenenfalls auf eine andere Rolle R_2 aufgewickelt.

Nach Ingangsetzen hat man nun eine einfache Eichung der Übersetzung vorzunehmen, etwa indem man in einem beliebigen Beharrungszustand der Maschine die Stellung des Schreibgefäßes zu + 2,4% und gleichzeitig durch ein Zählwerk die Drehzahl der Maschine zu 121,2/min festlegt. Dann ist 102,4% ≡ 121,2/min, also 100% ≡ 118,2/min, als mittlere Drehzahl anzusehen; eine Stellung des Schreibgefäßes auf — 6% würde also eine Drehzahl der Maschine von 118,2 · 0,94 = 111,1/min anzeigen. Natürlich kann man durch mehrfaches Vergleichen dieser Angaben mit der wahren Drehzahl der Maschine die Genauigkeit der Papierteilung prüfen.

Nach Vornahme solcher Prüfung ist der Tachograph zur Aufnahme von Tachogrammen bereit, und man hat nur die gewünschten Änderungen insbesondere der Belastung an der Maschine vorzunehmen, um ihre Geschwindigkeitsänderungen aufgezeichnet zu erhalten; so ist auf dem Papierband Fig. 68 die Kurve gezeichnet, wie man sie bei einer Entlastung zu erhalten pflegt. Für diese Untersuchung wird in Kap. V der Maschinenuntersuchungen ein ausführliches Beispiel gegeben.

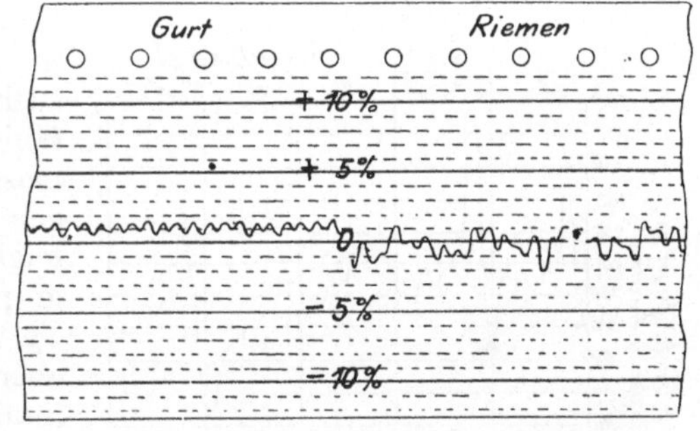

Fig. 69. Einfluß des Antriebes auf das Tachogramm.

Die Geschwindigkeit wird nicht genau als Funktion der Zeit aufgetragen, weil die Papiergeschwindigkeit mit der Maschinengeschwindigkeit schwankt. Meist kann man aber die Schwankungen der Papiergeschwindigkeit unbeachtet lassen; ihre Berücksichtigung erfordert ein umständliches Umzeichnen des Tachogrammes; für genauere Versuche ist es vorzuziehen, den Papierstreifen durch einen Elektromotor oder ein Uhrwerk anzutreiben, wofür passend er auch geliefert wird.

Die Massen der umlaufenden Teile und des Stellzeuges des Tachographen sind durch Verwendung von Aluminium und Stahl möglichst klein gemacht. Trotzdem wird der Schreibstift den Vorgängen in der Maschine etwas nachhinken. Erstens teilt sich die Geschwindigkeitsänderung durch den Gurttrieb hindurch nicht augenblicklich dem Instrument mit, auch wenn man große und dabei leichte Riemenscheiben verwendet; zweitens eilt der Schreibstift in seiner Stellung den Geschwindigkeitsänderungen der Tachographenwelle nach (§ 7). Daher eignet sich der Tachograph zur Darstellung der Schwankungen bei Belastungsänderungen, weil sich diese über mehrere Umläufe der Maschine erstrecken. Den Schwankungen innerhalb des einzelnen Umlaufs kann er nicht so folgen, daß man wirklich Rückschlüsse auf den Verlauf der Geschwindgkeit daraus ziehen könnte, namentlich auch deshalb nicht, weil der antreibende Riemen oder Gurt ungleichmäßig ist und dadurch schon Schwankungen erzeugt werden. Die Kurven, Fig. 69, sind an der gleichen Maschine, eine mit Gurtantrieb, eine mit Riemen aufgenommen. — Das Tachogramm einer Gasmaschine stellt Fig. 70 dar. Wenn auch die Schwankungen innerhalb eines Umlaufs deutlich erkennbar sind, so werden sie doch, der Größe nach, nicht genau wiedergegeben sein.

Trotz dieser Einwendungen ist der Tachograph für genügend langsam verlaufende Schwankungen ein sehr wertvolles Instrument. Er genügt indessen nicht an Stellen, wo sein Meßbereich von höchstens $\pm 12\%$ zu klein ist, oder wo es sich um schnell verlaufende Schwankungen handelt.

Der kleine Meßbereich ist beispielsweise störend bei Auslauf- oder Anlaufversuchen mit Maschinen, bei denen man beobachten will, wie schnell eine Maschine nach Abstellen der Triebkraft noch läuft, oder wie schnell sie in Gang zu bringen ist. Bei Schiffsmaschinen sind solche Untersuchungen über die Manövrierfähigkeit wichtig. Bei Pumpmaschinen kommen beim Regeln viel größere Ungleichförmigkeiten vor, als der Tachograph aufzeichnen kann; durch Verwendung anderer Federn aber würde er zu wenig empfindlich werden. Für solche Fälle kann man entweder registrierende Tachometer (im Grunde genommen auch Tachographen und auch häufig so bezeichnet) verwenden, die einen viel weiteren Meßbereich haben, aber meist doch nicht bis Null herabgehen — oder man kann folgendes Verfahren anwenden, das überhaupt dem Tachographen an Genauigkeit weit überlegen, nur für häufige Benutzung in der Auswertung zu umständlich ist.

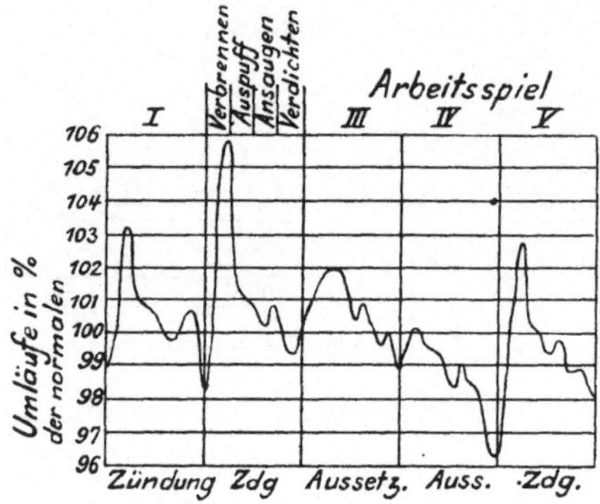

Fig. 70. Tachogramm einer Gasmaschine. (Nach Güldner.)

Man kann nämlich auf einen ablaufenden schmalen Papierstreifen Marken schreiben lassen, deren Abstand je einem oder bei höherer Drehzahl je fünf oder zehn Umläufen der Maschine entspricht; dazu läßt man durch die Maschine bei jedem oder bei jedem fünften oder zehnten Hub — in den letzteren Fällen unter Zuhilfenahme einer Zahnradübersetzung — einen elektrischen Kontakt kurze Zeit schließen und betätigt durch den Strom ein elektromagnetisches Markenschreibzeug, wie es bei Besprechung der Indikator-Zeitdiagramme § 88 beschrieben werden wird. Da man nicht auf genaue Konstanz der Papiergeschwindigkeit rechnen kann, so verwendet man besser zwei Markenschreibzeuge, deren zweites dann durch ein Pendel oder dergleichen alle Sekunden oder nach Bedarf auch alle halbe oder jede zweite Sekunde erregt wird. Man erhält ein Bild nach Fig. 71 und kann für die eingetragenen Abmessungen folgende Auswertung vornehmen: Es ist im Wegdiagramm 7 Umläufe $\equiv$ 52,3 mm; es ist im Zeitdiagramm 2 s $\equiv$ 57,7 mm; also wird 7 Uml. $\equiv \frac{52,3}{57,7} \cdot 2\,\mathrm{s} = 1,811$ s; die Drehzahl der Maschine war $\frac{7}{1,811} \cdot 60 = 231,9$/min. — Man kann sich auch des schwingenden Markenschreibzeuges bedienen, das ebenfalls im Anschluß an den Indikator (§ 88, Fig. 253) besprochen werden wird und das Zeit und Geschwindigkeit zugleich aufschreibt, so daß man nur ein Schreibzeug nötig hat.

Bei veränderlicher Geschwindigkeit mißt man die einzelnen Umläufe aus. Treibt man den Papierstreifen von der Maschine aus an, so bleiben die Abstände der Umlaufmarken konstant, die der Zeitmarken werden mit zunehmender Geschwindigkeit kleiner. Treibt man den Papierstreifen von einem besonderen Motor aus an, so werden die Zeitmarken den Abstand beibehalten, die Umlaufmarken werden mit zunehmender Geschwindigkeit näher aufeinander rücken.

Das Verfahren dient nicht nur zum Aufzeichnen umlaufender, sondern auch *fortschreitender* Geschwindigkeit. So kann man bei Messung der Wassermenge mittels Schirmes (§ 57) mit Hilfe von Kontakten, die der Schirmwagen in vorher ausgemessenen Abständen schließt, die Bewegung des Schirmes registrieren lassen; auch hier pflegt man Zeitmarken zugleich aufzuschreiben.

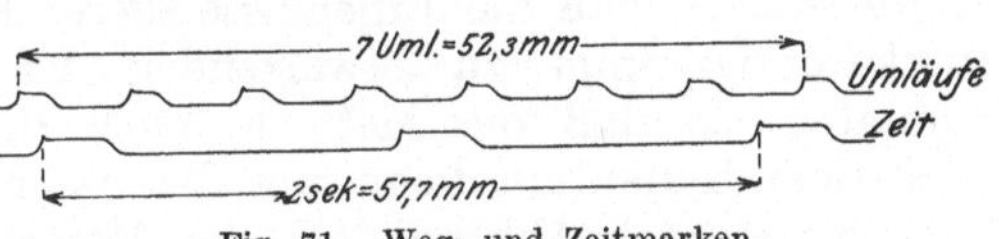

Fig. 71. Weg- und Zeitmarken.

Man kann mit Hilfe der beschriebenen mechanischen Schreibzeuge nicht wohl mehr als zwei bis drei Marken sekundlich schreiben lassen, sollen die Marken noch sauber meßbar bleiben. Doch kann man das vielfach abänderbare Verfahren auch für viel schneller verlaufende Änderungen der Geschwindigkeit verwenden, wenn man anders konstruierte Schreibzeuge verwendet oder wenn man die mechanische Aufzeichnung durch eine elektrische ersetzt. Bedarf nach solchen Methoden liegt auch in der Technik vor, so zur Untersuchung der Geschoßbewegung im Geschützlauf sowie zur Untersuchung der Ungleichförmigkeit des Maschinenganges innerhalb eines einzelnen Umlaufs; für letzteren Zweck liefert, wie wir sahen, der Tachograph nur qualitativ brauchbare Ergebnisse, und auch diese nur bei besonderer Vorsicht. Wir wollen nur andeuten, welche Wege man mit wechselndem Erfolg zur Lösung der schwierigen Aufgabe eingeschlagen hat[1]).

Frahm[2]) untersuchte die Ungleichförmigkeit von Schiffswellen, indem er auf einem um einen Wellenbund gelegten oxydierten Zinkstreifen durch einen Schreibstift schreiben ließ; der Stift schrieb durch elektrolytische Wirkung weiße Striche, wenn Strom durch ihn ging;

[1]) Ältere Verfahren zusammenstellend beschrieben in Elektrot. Z. 1911, Heft 43.
[2]) Z. d. V. d. Ing. 1902, S. 797.

der Strom wurde durch einen Elektromotor sekundlich eine bekannte Anzahl von Malen unterbrochen. Die weißen Striche haben also bei konstanter Umlaufgeschwindigkeit der Welle überall den gleichen Abstand voneinander: Ungleichheiten im Abstand deuten auf Ungleichförmigkeit hin und lassen sie messen. — Klönne[1]) schlug den umgekehrten Weg ein: er spannte ein durchlochtes Stahlband auf den Umfang des Schwungrades; jedes der Löcher unterbrach einen Strom, wenn ein Kontaktstift über das Stahlband hinwegglitt. Der Strom wurde von einem Induktorium geliefert und gab Funken auf einer schnell umlaufenden, polierten und berußten Trommel; die Abstände der Funkenmarken wurden ausgemessen. Die Versuchseinrichtungen sind neuerdings von Runge[2]) mit Erfolg für mechanische Registrierung mittels elektromagnetischen Schreibzeuges umgearbeitet worden, mit dem bis zu 60 Zeichen in der Sekunde sicher gegeben werden konnten und das auf geschwärztem Papier schrieb. Wurde die Drehzahl der Trommel so geregelt, daß ein Umlauf zeitlich gerade einem (oder zwei) Abständen der Stahlbandlochung entsprach, so erhielt man ein Bild, bei dem die Anfangspunkte der Ausschläge direkt die Abweichungen der Schwungradstellung aus der Sollage bei gleichförmiger Drehung angeben. Nach Anbringung einiger Korrektionen zeigte es sich, daß die Ergebnisse dieser Messung mit den nach dem Indikatordiagramm zu erwartenden Ungleichförmigkeiten übereinstimmten, so daß die Methode auch da anwendbar ist, wo man nach dem Indikationsdiagramm die Auswertung nicht machen kann, z. B. bei starker Abhängigkeit des Momentes von der jeweiligen Geschwindigkeit, etwa wenn mehrere Dynamomaschinen parallel arbeiten. — Mader[3]) sucht mittels eines besonderen Apparates, des Undographen, die Amplitude der einzelnen Glieder einer Fourierschen Reihe zu messen, durch die man sich die Ungleichförmigkeit wiedergegeben denken kann; er benutzt dazu die Tatsache, daß eine auf der ungleichförmig rotierenden Scheibe schleifende Bremsbacke eine Kraftwirkung erfährt, die mit der Geschwindigkeit wechselt; die einzelnen Wellen der Fourierschen Reihe werden nacheinander durch Resonanz hervorgehoben.

40. Hydrometrischer Flügel. Das vornehmste Instrument zur Messung von Wassergeschwindigkeiten in Flußläufen, Turbinengerinnen und dergleichen ist der Woltmannsche hydrometrische Flügel (Fig. 72 und 73). Der arbeitende Teil ist das Flügelrad A, von 5 bis 25 cm Durchmesser, das ähnlich einem Schiffspropeller geformt ist: die Schaufeln sind Teile von Schraubenflächen. Wenn nun das Wasser parallel zur Achse fließt, so dreht es das Rad um so schneller, je schneller es fließt. Aus der Drehzahl des Flügelrades kann man also auf die Wassergeschwindigkeit schließen. Um die Umläufe des Rades zu zählen, ist in Fig. 72 ein Umlaufzähler Z angeschlossen: die Schnecke greift in zwei Zahnräder mit 100 und 101 Zähnen, deren Gangdifferenz daher

[1]) Elektrot. Z. 1902, S. 715.
[2]) Dissertation Danzig; auch in den Forschungsarbeiten.
[3]) Dinglers Polyt. Journ. 1909, Bd. 324, S. 567.

die vollen Hunderte von Umläufen angibt. Ist der Flügel unter Wasser gebracht, so kann man die Arretierung D durch Heben von B lösen und nach gewisser Zeit durch Drücken auf C wieder einfallen lassen. Man nimmt den Flügel nun heraus und liest die Zahl der Umläufe ab. Bequemer ist die Umlaufzählung bei Fig. 73; das Schneckenrad schließt nach je 50 oder je 100 Umläufen des Meßrades einen elektrischen Kontakt, und man bestimmt mittels Stechuhr die Zeit zwischen zwei dadurch über Wasser bewirkten Glockensignalen. Diese

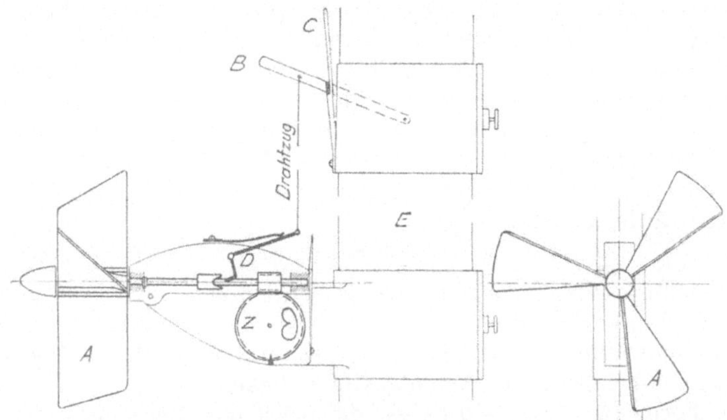

Fig. 72. Hydrometrischer Flügel von Ertel, mit mechanischer Zählung.

Meßart ist genauer als die erste, weil der Flügel beim Beginn der Messung schon in Gang sein kann, und weil die Zeitbestimmung mittels Stechuhr sicherer ist; sie ist auch bequemer, weil man den

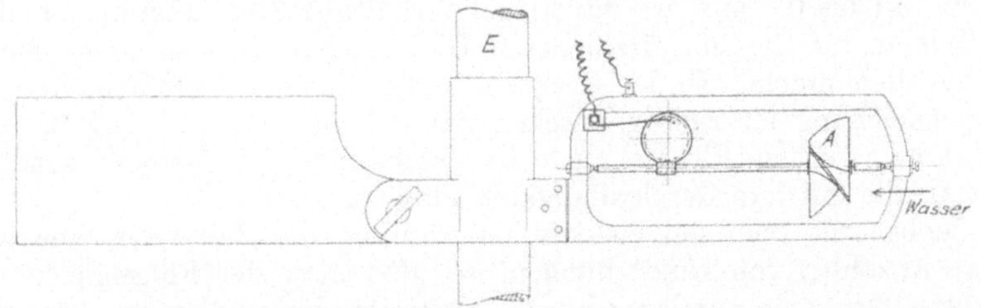

Fig. 73. Hydrometrischer Flügel von Ott, für elektrische Zählung.

Flügel zwischen mehreren Messungen nicht aus dem Wasser zu nehmen braucht.

Das Instrument steckt man mit der Hülse über einen Stab E, der auf der Gerinnesohle aufsteht und an dem man es auf und ab schieben und in passender Höhe befestigen kann.

Hätte ein hydrometrischer Flügel keine Lagerreibung, und wären die Flügel genaue Schraubenflächen von geringer Wanddicke, so würde sich, sobald das Wasser fließt, der Flügel durch das Wasser hindurchwinden, ohne die Wasserbewegung im geringsten zu stören. Er selbst würde so schnell umlaufen, daß er sich durch das Wasser hindurchschraubt, er müßte also einen Umlauf machen in derselben Zeit, in der das Wasser um die Ganghöhe der Schraube vorgerückt ist, wie eine Mutter auf einer Schraube um eine Ganghöhe bei jeder Umdrehung vorrückt. Das wäre ein idealer hydrometrischer Flügel. Er machte bei doppelter Wassergeschwindigkeit w die doppelte Umlaufzahl n in der Minute, es wäre also $w = a \cdot n$, wo a eine von der Ganghöhe abhängige Konstante des Instrumentes ist.

In Wirklichkeit hat ein Flügel Reibung in seinen Lagern und in der Übersetzung zum Zählwerk. Diese bewirkt, daß der Flügel bei sehr langsamer Wasserbewegung überhaupt nicht umläuft und weiterhin um einen gewissen Betrag hinter der theoretischen Drehzahl zurückbleibt, um so viel nämlich, daß die dadurch entstehende Schlüpfung der Schraubenganghöhe gegenüber der Wassergeschwindigkeit zum Überwinden der Reibung ausreicht. Die Wassergeschwindigkeit ist um einen gewissen Betrag größer, als man nach der Formel $w = a \cdot n$ erhalten würde: es ist

$$w = a\,n + b \quad \ldots\ldots\ldots\ldots \quad (1)$$

die sogenannte *Flügelgleichung*. Dabei wird b etwa konstant sein, da die Reibung annähernd konstant ist. b ist zugleich etwa die kleinste Wassergeschwindigkeit, welche nötig ist, um den Flügel überhaupt in Gang zu bringen: die Anlaufgeschwindigkeit.

Die Formel $w = a\,n + b$ ist es, die meist den Messungen mit dem Woltmannschen Flügel zugrunde gelegt wird. Umständlichere Gleichungen gibt es, die noch Nebeneinflüsse, insbesondere die Störungen, berücksichtigen wollen, die durch die Befestigungsweise der Flügel an der Achse hervorgerufen werden. Wir verweisen dieserhalb auf Z. d. V. d. Ing. 1895, S. 917. Für ganz kleine Wassergeschwindigkeiten, 0,1 bis 0,3 m/s, wo der Flügel verhältnismäßig langsamer läuft, muß man auf die umständlicheren Gleichungen zurückgreifen, sonst genügt die einfache. In den Grenzen, in denen man die einfache lineare Flügelgleichung als richtig ansehen kann, kann man die Angabe des Woltmannschen Flügels auch bei wechselnder Wassergeschwindigkeit als die mittlere Geschwindigkeit ansehen.

Beobachtet man bei elektrischer Zählung die Zeit t für eine gewisse Anzahl x von Umdrehungen, so gibt man der Flügelgleichung zweckmäßig eine andere Form. Schreibt man dieselbe nämlich $w = a \cdot \frac{x}{t} + b$, so ist $a\,x$ für ein Instrument konstant, und wir können schreiben:

$$w = \frac{c}{t} + b\,; \quad \ldots\ldots\ldots\ldots \quad (2)$$

hierin sind nun b und c die Flügelkonstanten. Bei wechselnden Wassergeschwindigkeiten gibt diese Gleichung wegen der Krümmung einer Hyperbel nur dann befriedigende Mittelwerte, wenn die Wassergeschwindigkeiten nicht zu weit gewechselt haben, wenigstens nicht von einer Kontaktgabe zur nächsten. Das ist ein grundsätzlicher Fehler der elektrischen Zählung.

Welche Flügelgleichung man aber auch annehmen möge, stets wird man die Koeffizienten, also a und b oder b und c, durch eine *Eichung* bestimmen. Man schleppt dazu den Flügel mit bekannter, meßbarer Geschwindigkeit durch ruhendes Wasser; die Relativbewegung ist dann, abgesehen von im fließenden Wasser etwa vorhandener Turbulenz, dieselbe, wie wenn der Flügel an Ort bleibt und das Wasser fließt. Die Ausführung zweier solcher Versuche bei verschiedenen Geschwindigkeiten genügt, um die zwei Koeffizienten zu berechnen, man wird aber mehr Versuche machen, um genauere Werte derselben zu erhalten. Für die meisten Zwecke wird weiterhin die graphische Bestimmung der Koeffizienten aus den Eichresultaten genügen: man trägt die sekundliche oder minutliche Drehzahl des Flügels bei verschiedenen Wassergeschwindigkeiten auf und erhält die Punkte etwa wie in Fig. 74. Man kann die Gerade AC hindurchlegen und dann a und b, wie in der Figur angegeben, entnehmen. Oder man kann der Koeffizienten und überhaupt jeder Flügelgleichung entraten und einfach ein Bild, wie Fig. 74, als rein empirische Darstellung der Wirkungsweise des Flügels ansehen. Endlich kann man auch die Drehzahl (minutliche) des Flügels um $\frac{b}{\operatorname{tg}\alpha} = \frac{b}{a}$ vermehren, also mit einer Korrektion von $\frac{0{,}18}{0{,}66} = 0{,}272$ Uml./s $= +16$ Uml./min rechnen, worauf weiterhin einfach $w = 0{,}66\ n$ ist.

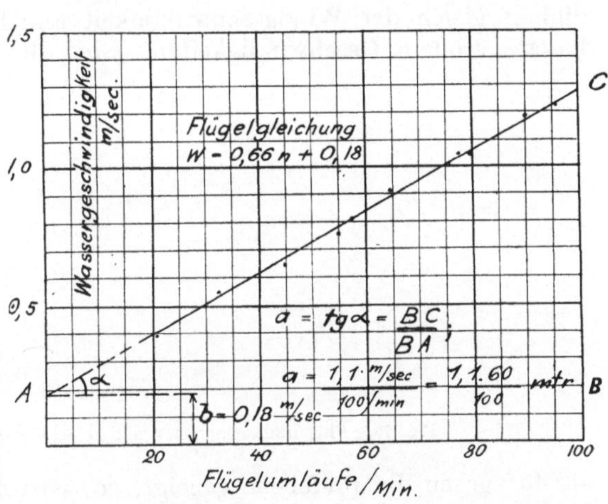

Fig. 74. Graphische Ermittlung der Flügelkonstanten.

Bassins zum Eichen der Flügel durch Schleppversuche sind an verschiedenen Hochschulen, so in München, Charlottenburg, Dresden, Hannover, vorhanden. Bei Bedarf wird man besser tun, einen Flügel dort prüfen zu lassen, als ihn mit primitiven Mitteln selbst zu eichen. Von den Fabrikanten wird der einzelne Flügel nicht immer durch Schleppen geeicht, sondern nur durch Vergleichen mit einem Normalflügel. Das ist einfacher, und dabei zuverlässiger als ein primitiv angeordneter Schleppversuch.

Meist dienen die Flügelmessungen zur Bestimmung der durch einen Querschnitt gehenden Wassermenge, vgl. § 56. Dort findet man auch Angaben über den Meßfehler durch Abweichungen der Flügelachse von der Strömrichtung.

41. Anemometer. Jedes Anemometer besteht aus dem Kraftwerk, auf das die zu messende Windgeschwindigkeit einwirkt, und dem Meßwerk. Als Kraftwerk dient entweder das Flügelrad (Fig. 75) oder das Schalenkreuz (Fig. 76 und 77). Die Messung kann durch Zählwerk (Fig. 75), oder elektrisch (Fig. 76), oder endlich durch Tachometer (Fig. 77) erfolgen.

Das *Flügelrad* besteht aus einer Anzahl sternförmig um eine Welle angeordneter Flügel, die gegen die zur Achse senkrechte Radebene geneigt sind. Der in Richtung der Achse kommende Wind wird daher, auf die Flügel treffend, eine Drehung erstreben, die ähnlich wie beim Woltmann-Flügel bei widerstandslosem Gang des Instrumentes eine Umlaufgeschwindigkeit des Rades veranlaßt von solcher Größe, daß die Axialgeschwindigkeit der Schraubenfläche gleich der Windgeschwindigkeit wird. Allerdings kann nur von Durchschnittswerten gesprochen werden, da die Schaufeln eben zu sein pflegen. Bei einer durchschnittlichen Neigung von 45° gegen die zur Achse normale Ebene würde der Schwerpunkt der Schaufelfläche eine Geschwindigkeit gleich der Windgeschwindigkeit annehmen, der Umfang also bereits größere Geschwindigkeiten. Sind die Schaufeln mit weniger

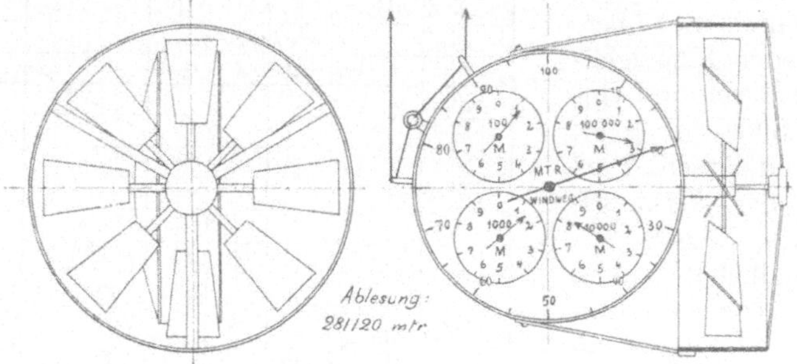

Fig. 75. Flügelradanemometer mit Zeigerablesung von Fueß.

als 45° gegen die Radebene geneigt, so wird die Geschwindigkeit des Umlaufes größer als die Windgeschwindigkeit. Den bedeutenden Windgeschwindigkeiten entsprechen bedeutende Fliehkräfte, auch tritt ein nicht unerheblicher Winddruck in Richtung der Achse auf, solange das Rad noch nicht die Geschwindigkeit des Windes besitzt, also beim Einbringen in den Windstrom. Daher kann man nur mäßige Windgeschwindigkeiten mittels des Flügelrades messen, da bei größeren der Bestand des Rades gefährdet ist.

Das *Schalenkreuz* besteht aus einem um eine Achse drehbaren Kreuz, dessen Arme je eine hohle halbkugelige Schale tragen. Die Schnittebenen der Halbkugeln gehen durch die Achse, und die Halbkugeln sind so angeordnet, daß bei einer Drehrichtung alle Höhlungen sich auf der rückwärtigen Seite befinden. Der Wind wird daher stets auf der einen Seite eine konkave, auf der andern Seite eine konvexe Halbkugelschale sich entgegengekehrt finden. Auf beide übt er Kräfte aus, die aber bei derjenigen Halbkugelschale größer sind, die dem Wind die konkave Seite entgegenkehrt, in deren Höhlung er also hineinbläst. Denn der Wiederzusammenschluß der Luftfäden hinter der Kugelschale wird in geringerem Maße turbulent sein da, wo die Fäden der Krümmung der Halbkugelschale folgen, als im andern Fall. Daraus ergibt sich ein stärkerer Unterdruck auf der Abwindseite für diejenige Kugelschale, die dort dem Wind die Kugelfläche als Führung bietet. Da aber nur der Unterschied der auf die beiden Kreuzhälften wirkenden Kräfte frei wird, so nimmt der Schalenmittelpunkt nur Geschwindigkeiten an, die hinter der Windgeschwindigkeit zurückbleiben. Seine Geschwindigkeit wird tatsächlich nur etwa $^1/_3$ der Windgeschwindigkeit. Wegen der kleineren auftretenden Fliehkräfte ist daher das Schalenkreuz für große Windgeschwindigkeiten geeigneter als das Flügelrad. Hinzu kommt, daß das Schalenkreuz an sich stabiler ist, sowie insbesondere, daß beim allmählichen Einbringen des Schalenkreuzes in einen Kanal auch dann keine schädlichen, sondern immer nur drehende Kräfte auftreten, wenn das Instrument erst teilweise in den Luftstrom eintaucht. Beim Flügelrad hingegen treten beim Eintauchen nur einer Hälfte des Rades einseitige Kräfte parallel zur Achse auf, die der Achse und den Schaufeln Beanspruchungen zumuten, denen sie nicht gewachsen sind: gerade beim Einbringen erfolgen daher am leichtesten Brüche oder Verbiegungen.

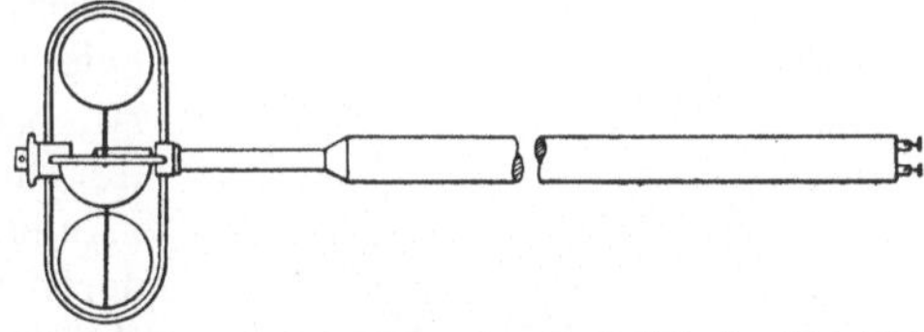

Fig. 76. Schalenkreuzanemometer für elektrischen Kontakt von Rosenmüller.

Das Flügelrad ist für Geschwindigkeiten bis herauf zu höchstens 10 m/s brauchbar, das Schalenkreuz herauf bis zu 50 m/s. Abwärts allerdings spricht das Schalenkreuz erst auf Geschwindigkeiten von 1 m/s an, während man Flügelradinstrumente durch Verwendung von Glimmerflügeln an einem Rade genügenden Durchmessers (z. B. 150 mm) für Luftgeschwindigkeiten herab bis zu 0,1 m/s brauchbar machen kann.

Das Flügelrad mißt die mittlere Geschwindigkeit im Bereich seines Einfassungsringes; die Wirkungen des Windes auf die einzelnen Flügel addieren sich; bei Messungen vor Gittern ist diese Eigenschaft wertvoll (§ 56). Das Schalenkreuz dagegen subtrahiert sich die Wirkung des Windes auf die bremsende (für den Wind konvexe) von der auf die treibende Schale. In einem örtlich ungleichmäßigen Luftstrom, z. B. vor einem Gitter, kann daher die Anzeige größer als die größte oder kleiner als die kleinste im Strom vorhandene Geschwindigkeit werden, je nachdem, ob die treibende Schale im Bereich der größeren und die bremsende im Bereich der kleineren Geschwindigkeit ist, oder ob die Verteilung der Stromgeschwindigkeiten die umgekehrte ist. Schalenkreuze eignen sich also nur für freie Luftströme. — Die Achse des Flügelrades muß in der Strömrichtung stehen, die Achse des Schalenkreuzes senkrecht zu derselben, letztere kann also in einer Ebene gedreht werden ohne Einfluß auf die Messung.

Wenn für die Ablesung der Geschwindigkeiten ein Zählwerk verwendet wird, so pflegt dies aus umlaufenden Zeigern zu bestehen.

Für Versuchszwecke ist es selten wertvoll, daß man die Windwege bis herauf in die Millionen Meter ablesen kann, da man selten mehr als 100 oder höchstens 1000 m Windweg zu messen pflegt. Da andererseits durch die Zeiger höherer Ordnung der Gang des Instrumentes beeinträchtigt und der Preis erhöht wird, so sollte man die Instrumente nur mit so viel Zeigern beschaffen, wie wirklich nötig sind. — Die elektrische Beobachtung durch Klingelsignal (Fig. 76) ist bequemer, sobald man mehrfach Beobachtungen zu machen hat. Für eine einzelne Ablesung ist der Anbau der Batterie und Klingel immerhin zeitraubend.

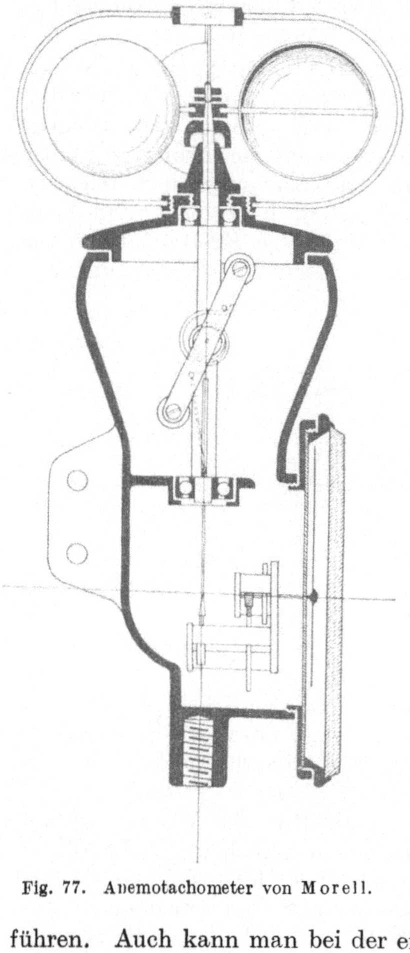

Fig. 77. Anemotachometer von Morell.

Die Instrumente Fig. 75 und 76 messen den zurückgelegten Weg des Windes, der am Instrumente vorbeigestrichen ist. Um die Geschwindigkeit zu finden, hat man die Stechuhr gleichzeitig zu beobachten und aus beiden Angaben die Geschwindigkeit zu berechnen. Wie beim Woltmannschen Flügel wird die Anbringung einer Berichtigung nötig, deren Größe durch Eichung festzustellen ist.

Im Gegensatz zu diesen Instrumenten mißt das *Anemotachometer* (Fig. 77) unmittelbar die Windgeschwindigkeit. Mit dem Schalenkreuz als Kraftwerk ist ein vollständiges Tachometer verbunden, das die Drehzahl der Schalenkreuzachse anzeigt, bzw. dessen Skala unmittelbar in m/s eingeteilt sein kann. Die Messung ist demnach viel schneller und bequemer auszuführen, allerdings spricht das Instrument erst auf Geschwindigkeiten von etwa 3 m/s an, läßt sich auch nicht in ganz kleinen Typen ausführen. Auch kann man bei der engen Teilung der Skala des Anemotachometers die Ablesegenauigkeit nicht so weit treiben wie bei den Anemometern, bei denen die Ablesegenauigkeit durch Steigerung der Zeit fast unbegrenzt gesteigert werden kann. Das ist kein Vorteil insofern, als die wahre Meßgenauigkeit des Anemometers doch viel eher begrenzt ist durch die Unsicherheiten, die durch wechselnde Turbulenz und Temperatur der Luft hervorgerufen werden (§ 42 a. E.). Darüber aber, wie stark die Angaben eines Anemometers durch diese Einflüsse verändert werden, ist wenig bekannt.

Zur *Eichung* der Anemometer kann man nicht Schleppversuche machen, weil es sich um zu große Geschwindigkeiten handelt. Man setzt das Instrument im sogenannten *Rundlaufapparat* auf das Ende eines wagerechten Armes, den man in ruhender Luft um eine senkrechte Achse rotieren läßt. Aus der Länge des Armes und der Drehzahl der Rotation findet man die Geschwindigkeit, die man dem Anemometer erteilt hatte. Daß die Bewegung des Anemometers krummlinig ist, dürfte bei nicht zu geringer Länge der Arme und passender Anordnung des Instrumentes (Achse eines Schalenkreuzes parallel zur Längsrichtung des Armes) wenig Einfluß haben. Bedeutender kann der Einfluß der Fliehkraft der Teile sein, die merkliche zusätzliche Beanspruchungen in die Achsen und merkliche zusätzliche Reibungen in die Lager bringen können. Ferner bewirkt der *Mitwind*, den der Arm erzeugt, daß das Anemometer sich nicht in ruhender Luft bewegt, also bei der Eichung zu wenig anzeigt; man muß darauf bedacht sein, das Anemometer tunlichst dem Mitwind zu entziehen, es also in eine Ebene über oder unter der des Armsystems bringen. Trotzdem behält der Mitwind einen Einfluß in Größe bis zu 10% der Umlaufgeschwindigkeit bei der Eichung, den man neuerdings gemäß den Regeln des Vereins deutscher Ingenieure für Versuche an Ventilatoren durch Anbringung einer Korrektion am Eichergebnis berücksichtigt; dadurch wird dann einer bestimmten Ablesung am Anemometer eine bis zu 10% kleinere Windgeschwindigkeit zugeordnet, und die Abnahmeversuche gestalten sich bis zu 10% ungünstiger für den Lieferer, wenn der Mitwind der Versuchseinrichtung — sachlich korrekt — berücksichtigt wurde. Die Einführung der Mitwindkorrektion hat daher [1]) Widerspruch seitens der Lieferer erfahren, wenn die Anwendung der genannten Regeln nicht ausdrücklich vereinbart war.

Eine andere Art, Anemometer zu eichen, ist die folgende. Man setzt, speziell bei Flügelradanemometern, den das Flügelrad umschließenden Kranz auf das Ende eines Rohres vom selben Durchmesser und läßt aus diesem Rohr Luft ausblasen, deren Menge man auf irgendeine Weise mißt (Kap. VIII). Ist dann V die sekundliche Luftmenge in Kubikmetern und F der Querschnitt der Rohrmündung und des Anemometerkranzes in Quadratmetern, so läßt sich die Luftgeschwindigkeit (in m/s) aus der bekannten Formel $w = \frac{V}{F}$ finden.

Nun gibt die Eichung am Rundlaufapparat (*Freilaufeichung*) und die nach der Luftmenge (*Zwanglaufeichung*) nicht übereinstimmende Ergebnisse; vielmehr zeigt für eine gewisse tatsächliche Luftgeschwindigkeit das Anemometer mehr an, wenn die Luft bei der Zwanglaufeichung durch den Anemometerkranz hindurch muß, als wenn es ihr bei der Freilaufeichung freisteht, den bequemeren Weg um das Instrument herum zu nehmen; daher wird sich beim Freilauf im Kranzquerschnitt eine geringere Luftgeschwindigkeit einstellen als außerhalb des Kranzes.

---

[1]) Stach, Glückauf 1914, Nr. 17.

Der Eichung selbst entsprechend ist die Freilaufeichung maßgebend, wenn man das Anemometer im Freien benutzt, etwa zur Messung der Geschwindigkeit des Windes. Hier wird, wie bei der Eichung, im Kranz eine geringere Geschwindigkeit auftreten als außerhalb. Wo man aber die Luftgeschwindigkeit an einem Rohr vom Durchmesser des Anemometerkranzes mißt, wäre das Ergebnis der Zwanglaufeichung maßgebend. In Fällen endlich, wo man die Luftgeschwindigkeit in einem Querschnitt feststellen will, der nicht als unendlich gegenüber den Abmessungen des Anemometers angesehen werden kann, wären Zwischenwerte zwischen dem Ergebnis der Freilauf- und der Zwanglaufeichung anzusetzen. Da der Unterschied zwischen beiden nicht unerheblich ist — 20% und noch mehr —, so liegt in den geschilderten Verhältnissen eine erhebliche Unsicherheit bei Verwendung der Anemometer zu Messungen der Luftmenge — denn diese Messung ist fast stets der Endzweck; wir kommen auch noch in § 56 auf diese Frage zurück.

Zu erwähnen sind noch die *statischen Anemometer*. Sie enthalten ein Flügelrad oder ein Schalenkreuz wie die beschriebenen, doch läuft dasselbe nicht, sondern macht unter dem Einfluß der Luftgeschwindigkeit nur einen Ausschlag um einen gewissen Winkel entgegen der Kraft einer Feder — um so weiter, je größer die Geschwindigkeit ist; deren Wert kann man, wie beim Anemotachometer, an einer Skala unmittelbar ablesen ohne Benutzung einer Uhr. Die Genauigkeit der vorhandenen statischen Instrumente ist aber unseres Wissens nur mäßig; man baut sie wohl als zeigende, nicht messende Instrumente in Luftwege ein zur Kontrolle des Betriebes.

42. Staugeräte. Eine Reihe sehr handlicher Geräte zum Messen der Geschwindigkeit von Flüssigkeiten und Gasen beruht auf folgendem Prinzip (Fig. 78). Taucht man in eine mit der Geschwindigkeit w strömende Flüssigkeit zwei Rohre ein, deren eines winkelrecht abgeschnitten ist, deren anderes dem Strome entgegengekehrt ist, so stellt sich in beiden der Flüssigkeitsstand verschieden hoch ein: in dem winkelrecht abgeschnittenen Rohr a stellt er sich (ungefähr) in die Höhe des äußeren Flüssigkeitsspiegels, während er sich um die Geschwindigkeitshöhe $h = \frac{w^2}{2g}$ höher einstellt in dem Rohr b, das dem Strom entgegengekrümmt ist. Der Unterschied h der beiden Flüssigkeitsstände gibt also unmittelbar die Geschwindigkeitshöhe an, aus der die Geschwindigkeit nach der Beziehung

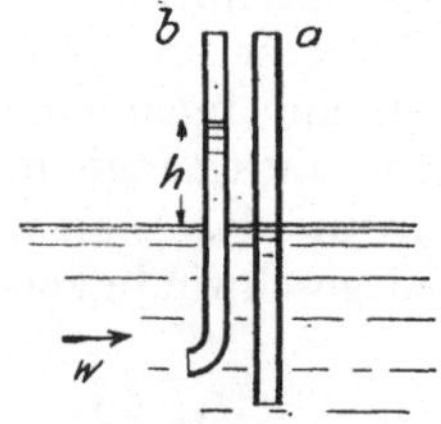

Fig. 78. Prinzip der Staugeräte.

$$w = \sqrt{2gh} \quad \dots\dots\dots\dots \quad (1)$$

folgt. — Die Verhältnisse bleiben ungeändert, wenn man in einem umgekehrten U-Rohr nach Fig. 79 die Flüssigkeit nach oben hin ansaugt, um eine bequemere Ablesung zu ermöglichen. Der Höhenunterschied der beiden Wassersäulen ist nach wie vor die Geschwindigkeitshöhe $h = \frac{w^2}{2g}$.

Man erhält die Geschwindigkeitshöhe unmittelbar nach Formel (1), wenn man zu ihrer Messung eine Säule der gleichen Flüssigkeit verwendet, deren Strömung untersucht werden soll. Verwendet man zur Messung eine andere Flüssigkeit, so ist eine Umrechnung des Ablesungswertes in diejenige Flüssigkeitssäule vorzunehmen, die untersucht wird. Das wird stets notwendig bei Gasen, bei denen man die Messung durch ein Flüssigkeitsmanometer zu bewirken pflegt. Es wird aber auch notwendig sein, wenn man in Fig. 79 den oberen Teil, der ein Flüssigkeitsmanometer darstellt, dadurch empfindlicher machen will, daß man den lufterfüllten Raum mit passender Flüssigkeit (Tab. 4, § 27), etwa mit Toluol füllt, damit nicht mehr eine Wassersäule h, sondern der Unterschied in dem Gewicht einer Wassersäule und einer Toluolsäule für die Druckmessung wirksam wird, so daß die Ausschläge größer werden — was wichtig ist bei kleinen zu messenden Geschwindigkeiten.

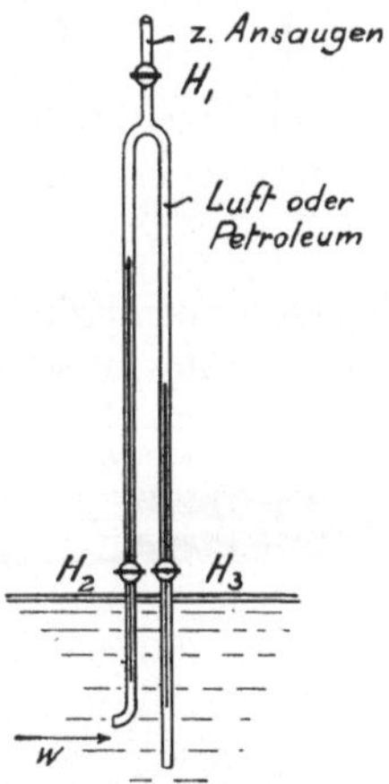

Fig. 79. Staugerät.

Man macht sich unabhängig von dem Zwang, eine Säule gleicher Beschaffenheit zur Messung zu benutzen, indem man von der Beziehung Gebrauch macht (§ 23), daß der von einer Flüssigkeits- oder Gassäule vom spezifischen Gewicht γ kg/m³ und von der Höhe h m auf die Unterlage ausgeübten Druck p in kg/m² oder in mm WS gegeben ist durch die Beziehung

$$p = h \cdot \gamma \quad \ldots \ldots \ldots \ldots \quad (2)$$

Diese Beziehung in Formel (1) eingesetzt, entsteht

$$w = \sqrt{2\,g\,\frac{p'}{\gamma}} \quad \ldots \ldots \ldots \ldots \quad (3)$$

Diese Beziehung führt allgemein die Messung der Geschwindigkeit auf die Messung des ihr entsprechenden *Staudruckes* p' zurück.

Anordnungen der *Pitotrohre* nach Fig. 78 und 79 ergeben unvollkommene Werte, weil an der winkelrecht abgeschnittenen Mündung Wirbelungen auftreten, die nach Maßgabe von Fig. 80 im allgemeinen ein Absenken des Wasserspiegels im Innern des Rohres gegenüber außen zur Folge haben. Der Betrag der Absenkung hängt von der genaueren Gestaltung des Rohrrandes ab. Die Erscheinung wurde schon in § 30 besprochen: eine richtige Messung des statischen Druckes einer strömenden Flüssigkeit ist nur durch eine in glatter Wand sorgsamst angebrachte Entnahmeöffnung möglich, an der die Parallelität der Stromfäden gar nicht gestört wird. Die Erscheinung macht Anordnungen nach Fig. 78 und 79 unbrauchbar.

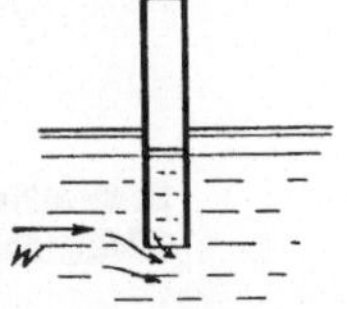

Fig. 80. Einfluß der Wirbelungen.

Das gleiche läßt sich über die einfache Form von Staugeräten sagen, die man wohl zur Messung von Luftgeschwindigkeiten verwendet hat und von denen Fig. 81 eine sehr einfache Form darstellt, um zunächst das Grundsätzliche zu erläutern. Ein einfaches Rohr wird dem Luftstrom entgegengekehrt. Es ist durch einen Gummischlauch mit einem wassergefüllten U-Rohr verbunden, in dem sich die Säulen verschieden hoch einstellen, wenn die Luft eine Geschwindigkeit in der Pfeilrichtung hat. Auch hier sollte sein $w = \sqrt{2g\frac{p'}{\gamma}}$. Das Instrument wird **deshalb** den Staudruck **unrichtig** anzeigen, weil an der offenen Mündung des U-Rohres Störungen auftreten und also der innere oder statische Druck falsch abgenommen wird. Wollte man aber das Manometer, etwa durch einen vorgehaltenen Schirm, gegen die Einflüsse der Geschwindigkeit schützen, so würden die durch die Schirmwirkung auf der Abwindseite hervorgerufenen Unterdrucke ähnliche Störungen verursachen. Ungeeignet ist das Gerät insbesondere, sobald man nicht die Strömung der freien Luft, sondern diejenige in einer Rohrleitung untersuchen will, in der ein Druckunterschied gegen außen herrscht oder doch möglich ist. Zur Feststellung der Geschwindigkeit wird hier immer eine Messung auch des statischen Druckes nötig.

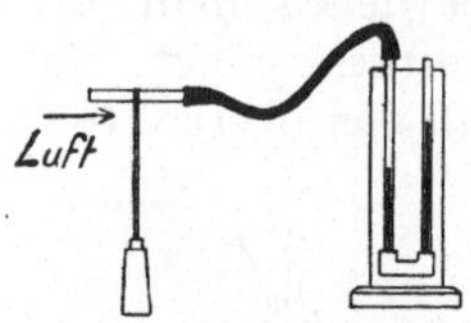

Fig. 81. Primitives Pitotrohr für Luft.

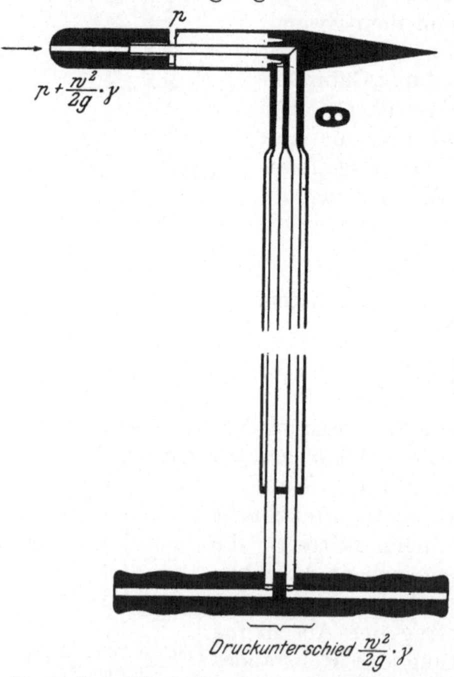

Fig. 82. Prandtlsches Staurohr, von Rosenmüller.

Zwei neuere für Luft erprobte und für Flüssigkeiten zweifellos ebenso brauchbare Staugeräte sind in Fig. 82 und 83 dargestellt. Für die Entnahme des *statischen Druckes* p des zu untersuchenden Gases sind Öffnungen auf dem Mantel eines zylindrischen Teiles angeordnet in solchem Abstande vom Kopfe, daß man in jener Gegend bereits auf gut parallelen Verlauf der Stromfäden rechnen kann. Es sind Öffnungen über den Umfang verteilt (Fig. 83) oder es ist ein um den Umfang herumgehender Schlitz angeordnet (Fig. 82), damit nicht durch geringe Neigungen des Rohres gegen die Strömungsrichtung wesentliche Fehler in die Messung kommen. Während diese seitlichen Entnahmeöffnungen den statischen Druck entnehmen, entnimmt eine dem Strom entgegengekehrte Öffnung einen Druck, der um den *Staudruck* $\frac{w^2}{2g}\cdot\gamma$

größer ist als der statische Druck, und den man neuerdings als *Gesamtdruck* p'' bezeichnet. Von den beiden Druckentnahmestellen sind Rohre durch einen Schaft von an die Verhältnisse angepaßter Länge hindurchgeführt zu Schlauchstutzen, von denen aus man das Staugerät mit einem Differentialmanometer in Verbindung bringt; mit dessen Hilfe kann man den Druckunterschied zwischen beiden Entnahmestellen, das ist der Staudruck $p' = p'' - p$, messen; aus ihm folgt die Geschwindigkeit nach Formel (3).

Die Gestalt der Staugeräte, Fig. 82 und Fig. 83, ist versuchsmäßig so bestimmt, daß Gleichung (3) ohne weiteres gültig ist. Bei beliebig gestalteten Geräten pflegt zwar auch die quadratische Beziehung zwischen Geschwindigkeit und Staudruck einigermaßen zuzutreffen, doch ist in Gleichung (3) eine Berichtigungszahl ζ einzuführen, die mehr oder weniger von Eins abweicht. Von den beiden abgebildeten Formen ist Fig. 82 weniger abhängig davon, daß die Richtung des Staurohres genau mit der Strömungsrichtung übereinstimmt. Es ist das eine wichtige Eigenschaft in allen Fällen, in denen die Richtung nicht genau bekannt ist — das ist selbst bei Rohrleitungen nicht der Fall, sobald der fortschreitenden eine Drehbewegung überlagert ist, so daß also die gesamte Bewegung eine Schraubenbewegung ist. Es wäre in diesem Falle allerdings oft wünschenswert, nicht die Geschwindigkeit selbst, sondern ihre in die Rohrrichtung fallende Komponente zu messen — dann nämlich, wenn die Feststellung der Menge der Endzweck der Messung ist.

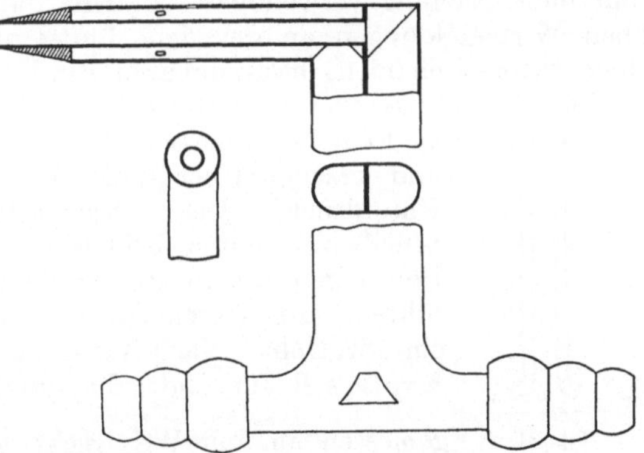

Fig. 83. Brabbéesches Staurohr, von Fueß.

Fig. 83 hat gegenüber Fig. 82 den Vorteil einer größeren Stauöffnung. Das ermöglicht schnelleres Arbeiten mit dem Gerät. Bei jeder Änderung der zu messenden Geschwindigkeit und auch beim Einbringen des Staugerätes ist nämlich ein bestimmtes Volumen von Gas oder Flüssigkeit in das Manometer und in die Leitungen bis zu ihm einzufüllen, entsprechend der verdrängten messenden Flüssigkeitssäule und entsprechend der Druckänderung in allen lufterfüllten Räumen. Es sind also bei Messung von Gasgeschwindigkeiten große Räume in den Verbindungsleitungen zwischen Staugerät und Manometer zu vermeiden. Bei Messungen an Flüssigkeiten oder an Gasen sind außerdem große Widerstände in den Zuleitungen zu vermeiden, wie ein solcher beispielsweise durch die verhältnismäßig kleine Stauöffnung der Fig. 82 dargestellt wird. Übrigens läßt sich auch Fig. 82 in großen Abmessungen und mit entsprechend großer Stauöffnung ausführen.

Luftblasen in einer wassergefüllten Leitung, Gasreste oder Wassersäcke in einer lufterfüllten Leitung, und Temperaturunterschiede zwischen den beiden Gas- oder Luftleitungen da, wo sie senkrecht laufen, stören die Messung. Diese Störungen können sehr erheblich werden, wenn die zu messenden Druckunterschiede klein sind.

Man hat Staugeräte nach dem Schema der Fig. 84 ausgeführt: von zwei Öffnungen ist eine dem Strom zu-, die andere ihm abgekehrt; eine mißt daher die Summe aus statischer und dynamischer Druckhöhe $p + \frac{w^2}{2g}$, die andere angeblich die Differenz der gleichen Größen $p - \frac{w^2}{2g}$; der Unterschied beider wäre $2 \cdot \frac{w^2}{2g}$, und man hätte also die Messung des statischen Druckes umgangen. — Die Senkung an der dem Strom abgekehrten Öffnung pflegt nun aber wesentlich kleiner zu sein als die Geschwindigkeitshöhe. Die Annahme, daß in dieser Form das Pitotrohr ohne Eichung verwendbar sei, trifft daher nicht zu. Auch hier üben Wirbelbildungen an der dem Luftstrom abgekehrten Öffnung einen theoretisch nicht bestimmbaren Einfluß.

Die *Stauscheibe* von Recknagel ist eine kreisförmige Messingscheibe von etwa 1 cm Durchmesser. Vor ihr staut sich der Luftstrom und erzeugt Überdruck, an ihrer Rückseite entsteht Unterdruck. Den Druckunterschied zwischen den Scheibenmitteln zu beiden Seiten kann man durch feine Bohrungen messen, die zu einem Differentialmanometer führen. Im Wesen ist die Vorrichtung dasselbe wie ein Pitotrohr. Nach Versuchen von Recknagel und Krell soll für Luft die entstehende Druckdifferenz, gemessen in mm WS, recht gleichmäßig $1{,}37 \cdot \frac{w^2}{2g} \cdot \gamma$ sein. In der Lüftungstechnik ist die Stauscheibe in Verbindung mit dem empfindlichen, ebenfalls von Recknagel angegebenen Mikromanometer (Fig. 52, bei § 27) gebräuchlich gewesen. Nach neueren Versuchen ist jedoch bei durchwirbelter Strömung die Stauscheibe unbrauchbar, jedenfalls schlechter als die Geräte Fig. 82 und 83.

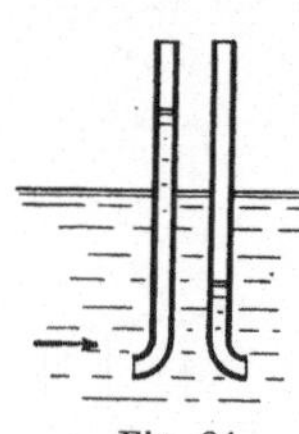
Fig. 84.

Im *Vergleich mit umlaufenden Instrumenten* haben die Staugeräte den Vorzug, daß man augenblicklich ablesen und daher Änderungen der Geschwindigkeit ohne weiteres erkennen kann, und den weiteren Vorzug, daß man die Messung mehr an einem bestimmten Punkt macht, während das Anemometer immer den Mittelwert über eine ziemlich große Fläche hin bildet; beispielsweise kann man mittels Pitotrohres die Verteilung der Geschwindigkeit über den Querschnitt eines relativ engen Rohres messen. Allgemein gelten die Betrachtungen, die über die Wertschätzung der integrierenden und der Augenblickswerte gebenden Instrumente in § 11 und § 38 wiedergegeben wurden. Hinsichtlich der Genauigkeit an sich ist es schwer, einem von beiden den Vorzug zuzusprechen; insbesondere bei kleinen Geschwindigkeiten macht sich bei umlaufenden Instrumenten der Einfluß der Reibung bemerkbar, während beim Pitotrohr die Tatsache lästig wird, daß die abzulesende

Größe dem Quadrat der zu messenden proportional ist, wodurch man (§ 6) bald auf sehr kleine Druckunterschiede kommt und Mikromanometer verwenden muß.

Zu beachten ist noch, daß eine große Genauigkeit bei Messung der Geschwindigkeit von Flüssigkeiten und Gasen deshalb im allgemeinen unerreichbar ist, weil die Medien sich zugleich in wirbelnder Bewegung befinden, so daß im Freien die Geschwindigkeit der fortschreitenden Bewegung einen eindeutigen Wert überhaupt nicht hat; bei Rohrleitungen kann man die Geschwindigkeit der fortschreitenden Bewegung eindeutig als Quotienten aus Fördermenge und Rohrquerschnitt definieren, aber eben diese Geschwindigkeit nicht sicher messen; als Quotienten der genannten Größen könnte man sie finden, wenn nicht meist gerade die Ermittlung der Menge aus der Geschwindigkeit (§ 55) der Zweck der Messung wäre.

VIII. Messung der Stoffmenge.

43. Einheiten; Gewicht, Volumen, spezifisches Gewicht. Die Angabe der Menge eines gemessenen Stoffes, sei er fest, flüssig oder gasförmig, kann nach *Gewicht* oder im *Raummaß* erfolgen.

Die Angabe nach Gewicht geschieht meist in Kilogrammen und dessen Untereinheiten, große Kräfte und Mengen in Tonnen: 1 t = 1000 kg. In Deutschland ist auch das Pfund, 1 Pfund = 500 g = 0,5 kg, ein gesetzliches Maß. 100 Pfund = 50 kg heißen gesetzlich ein Zentner, 100 kg sind ein Doppelzentner, auch wohl Meterzentner, d. h. Zentner im metrischen System. Das englische Pfund ist merklich kleiner als das deutsche, 1 Pfund engl. = 453 g.

Die Angabe nach Volumen erfolgt in Kubikmetern, abgekürzt cbm oder m^3, Dimension $[m^3]$, oder den bekannten Untereinheiten desselben.

Für einen und denselben Stoff und unter bestimmten Bedingungen für Druck und Temperatur sind die beiden Angaben voneinander abhängig. Es ist nämlich

$$G = V \cdot \gamma, \quad \ldots\ldots\ldots\ldots \quad (1)$$

wenn wir mit G das Gewicht und mit V das Volumen bezeichnen; γ ist das spezifische Gewicht des Stoffes. Das *spezifische Gewicht* ist im technischen Maßsystem das Gewicht eines Kubikmeters des Stoffes. Aus $\gamma = \frac{G\,\text{kg}}{V\,\text{m}^3}$ folgt, daß die Einheit des spezifischen Gewichts $1\ \frac{\text{kg}}{\text{m}^3}$ ist.

In der Physik ist es üblich, das spezifische Gewicht als absolute Zahl zu geben. Diese Zahl gibt an, wievielmal schwerer der Körper ist als das gleiche Volumen Wasser von 4° C. Diese Art der Angabe fügt sich dem technischen Maßsystem nicht ein, ist aber sehr bequem. Das spezifische Gewicht Eins der Physik wird in der technischen Mechanik als 1000 kg/m^3 wiedergegeben. Übrigens bezeichnet man vielfach jene Zahl nicht als spezifisches Gewicht, sondern als *Dichte* oder *Relativgewicht*; der Unterscheidung halber werden wir für die physikalische Benennungsweise stets diese Bezeichnungen anwenden; bedeutet doch

„spezifisch" sonst stets die Bezugnahme auf eine Einheit, sollte also sprachrichtig auch hier das auf die Volumeneinheit bezogene Gewicht, nicht ein Gewichtsverhältnis andeuten.

Es wird nützlich sein, besonders darauf hinzuweisen, daß man die Dichte von Flüssigkeiten (und festen Körpern), gleichgültig welche Temperatur sie gerade haben, möglichst auf Wasser von 4° als Normalstoff bezieht; denn bei dieser Temperatur wiegt 1 Liter Wasser, der Definition gemäß, 1 kg. Man ist bei der Messung häufig nur in der Lage, das Gewicht einer zu untersuchenden Flüssigkeit mit dem Gewicht des Wassers von gleicher Temperatur zu vergleichen. Dann wird also eine Umrechnung nötig. Ist 0,810 das gemessene Relativgewicht eines Alkohols bei 20° C, bezogen auf Wasser von 20° C, so entnehmen wir der Fig. 86, daß Wasser von 20° C 998,5 kg/m³ wiegt, also ein Relativgewicht 0,9985 hat, bezogen auf Wasser von 4°; die Dichte des Alkohols bei 20°, bezogen auf Wasser von 4°, ist also $0{,}9985 \cdot 0{,}810 = 0{,}809$ oder sein spezifisches Gewicht 809 kg/m³. — Bei Angabe des Relativgewichtes δ pflegt man wohl durch Hinzufügen von Zahlen anzugeben, auf welche Temperaturen sich die Angabe bezieht; so bedeutet δ_4^{15}, es sei die Flüssigkeit bei 15° δ mal so schwer als Wasser von 4°. Die Angabe in kg/m³ hängt nur von einer Temperatur, der des in Rede stehenden Körpers selbst, ab, außerdem vom Druck, letzteres aber merklich nur bei Gasen.

Hiernach ist es gleichgültig, ob man bei einer Messung das Volumen oder das Gewicht bestimmt; man mißt dasjenige von beiden, welches bequemer oder sicherer zu messen ist, und kann die andere Angabe, braucht man sie, daraus berechnen. Das spezifische Gewicht γ kann man dabei Tabellenwerken entnehmen oder durch eine der weiterhin zu besprechenden Methoden bestimmen. —

γ ist von der *Temperatur* abhängig, während der Druck bei Flüssigkeiten und festen Körpern wenig Einfluß hat, § 19. Die Längenänderung für 1° Temperaturzunahme, gegeben in Bruchteilen der Länge bei 0° C, heißt Wärmeausdehnungszahl α. Eine Fläche nimmt bei 1° Temperaturzunahme um das Doppelte, der Rauminhalt um das Dreifache von α zu. Die kubische Ausdehnungszahl ist $\backsim 3\,\alpha$. Entnimmt man das spezifische Gewicht γ_0 einer Flüssigkeit bei einer Normaltemperatur dem Tabellenwerk, so ist das spezifische Gewicht bei einer um Δt höheren Temperatur

$$\gamma = \frac{\gamma_0}{1 + 3\,\alpha \cdot \Delta t} \quad \text{(1a)}$$

Weil bei Flüssigkeiten immer die dreifache Ausdehnungszahl in Frage kommt, so gelangt man bald an jene Grenze, wo die Wärmeausdehnung nicht zu vernachlässigen ist. Hat man beim Abkühlungsversuch an einer Kühlanlage die Solemenge festzustellen, die sich in der eisernen Verdampferkufe befindet, so mißt man die Tiefe der Sole in der Kufe. Man tut das zur Sicherheit vor und nach dem Versuch; das zweitemal ist aber die Temperatur niedriger infolge des Arbeitens der Kühlmaschine. Die Grundfläche der Kufe sei vor dem Versuch F (laut Werkzeichnung), nachher wegen der Abkühlung nur f; die gemessenen Standhöhen der Sole seien H und h, das Volumen der Sole sei V und v. Dann ist $V = H \cdot F$ und $v = h \cdot f$; weiter ist $F = f \cdot (1 + 2\,\alpha_1)$ und $V = v \cdot (1 + 3\,\alpha_2)$, wobei $2\,\alpha_1 = 2 \cdot 0{,}000012$ die quadratische Ausdehnungszahl des Eisens, $3\,\alpha_2 = 0{,}0004$ die kubische der Sole ist. Dann wird also $\frac{H}{h} = \frac{V}{v} \cdot \frac{f}{F} = \frac{1{,}0004}{1{,}000024} = 1{,}00037$; $H = 1{,}00037 \cdot h$. Das gilt für 1° Temperaturunterschied: die Standhöhen in der Kufe werden bei 20° Temperaturunterschied zwischen Anfang und Ende des Versuches um $^2/_3\%$ voneinander abweichen. Bei 2 m Tiefe findet man einen Unterschied von 13 mm zwischen beiden Messungen.

Bei warmem Wasser darf man das spezifische Gewicht nicht $\gamma = 1$ oder $\gamma = 1000\,\mathrm{kg/m^3}$ setzen; bei 70° Temperatur wäre der Fehler bereits über 2%. Bei kaltem Wasser hat freilich die Temperatur wenig Einfluß, weil die Änderungen in der Nähe des Maximums bei 4° klein

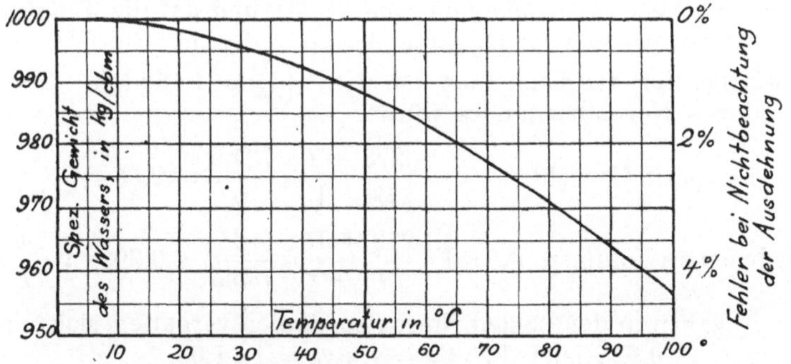

Fig. 86. Spezifisches Gewicht des Wassers bei wechselnder Temperatur.

sind. Das zeigt Fig. 86, welche die Abhängigkeit des spezifischen Gewichts von der Temperatur darstellt. Wasser nimmt in dieser Hinsicht bekanntlich eine Ausnahmestellung ein.

44. Reduziertes und unreduziertes Volumen bei Gasen. Einfluß der Feuchtigkeit. Bei Gasen pflegt man die Angabe der Menge selten nach Kilogrammen zu machen. Statt dessen reduziert man die Volumenangabe oder auch das spezifische Gewicht auf die Normalspannung von 760 mm Quecksilbersäule und auf die Normaltemperatur von 0° C. Es gilt

$$G = V_0 \cdot \gamma_0 \quad \text{(1 b)}$$

Es ist zweckmäßig, wenn ein Volumen auf Normalverhältnisse reduziert ist, dies stets anzudeuten, indem man hinter die Benennung den Zusatz $\left(\frac{0°}{760\,\mathrm{mm}}\right)$ setzt, oder einfach $\left(\frac{0}{760}\right)$. Die Angabe des reduzierten Volumens ist einer Gewichtsangabe völlig gleichwertig, denn für trockene Luft ist beispielsweise $1\,\mathrm{m^3}\,\left(\frac{0}{760}\right) = 1{,}293$ kg eine feste Beziehung. Beim Symbol deutet man meist durch den Index Null an, daß es sich um ein reduziertes Volumen V_0 oder um ein reduziertes spezifisches Gewicht γ_0 handelt.

Wo man also Wassermengen nach Volumen angibt, muß man Luftmengen unreduziert lassen; wo man Wassermengen nach Gewicht angibt, muß man Luftmengen reduzieren — hierüber noch im nächsten Paragraphen weiteres.

Für die Reduktion selbst gilt die Formel (Gesetz von Mariotte und Gay-Lussac):

$$\text{reduziertes spezif. Gewicht } \gamma_0 = \gamma \cdot \frac{273 + t}{273} \cdot \frac{760}{p} = 2{,}78 \cdot \gamma \cdot \frac{T}{p} \quad . \quad (4)$$

$$\text{oder reduziertes Volumen } V_0 = V \cdot \frac{273}{273 + t} \cdot \frac{p}{760} = 0{,}359 \cdot V \cdot \frac{p}{T} \, , \quad (5)$$

worin γ und V die nicht reduzierten beobachteten Werte, t die bei der Beobachtung herrschende Temperatur in Celsiusgraden, $T = 273 + t$ die absolute Temperatur (§ 97) und p der dabei herrschende absolute Druck (häufig der Barometerstand) in mm QuS ist.

In neuerer Zeit wird auch wohl die Reduktion auf die Spannung von 1 at = 1 kg/cm² = 735,5 mm QuS (§ 23) und auf die Temperatur von 15° C angewendet; auch diese Angabe ist einer Gewichtsangabe gleichwertig; für trockene Luft ist 1 m³ $\left(\frac{15}{735}\right)$ = 1,186 kg. Bei Annahme dieses Normalzustandes würde

$$\text{reduziertes spezif. Gewicht } \gamma_1 = \gamma \cdot \frac{273 + t}{273 + 15} \cdot \frac{735{,}5}{p} = 2{,}55 \cdot \gamma \cdot \frac{T}{p} \quad (4\text{a})$$

$$\text{oder reduziertes Volumen } V_1 = V \cdot \frac{273 + 15}{273 + t} \cdot \frac{p}{735{,}5} = 0{,}392 \cdot V \cdot \frac{p}{T} \quad (5\text{a})$$

Die Angaben in den beiden Normalzuständen verhalten sich $V_1 : V_0 = \gamma_0 : \gamma_1 = 1 : 0{,}925$ oder $V_0 : V_1 = \gamma_1 : \gamma_0 = 1 : 1{,}08$.

Es sei dazu bemerkt, daß es an sich gleichgültig ist, auf welchen Normalzustand man Bezug nimmt, da durch die Bezugnahme nur die Schwankungen der Temperatur und des Barometerstandes ausgeschaltet und Vergleiche ermöglicht werden sollen. Für die neuere Annahme $\left(\frac{15}{735}\right)$ spricht nur die Tatsache, daß im allgemeinen die Fehler kleiner werden, wenn man die Reduktion vorzunehmen unterläßt in Fällen, wo man sie hätte vornehmen müssen (§ 45). Das ist ein recht äußerlicher Vorteil. Entgegenzuhalten ist, daß nun Verwechselungen bei Zahlenangaben um so leichter entstehen können, da die Einführung des neuen Normalzustandes auch in der Physik aussichtslos ist, da man wegen der Thermometerskala von dem normalen Barometerstand doch nicht ganz loskommt, und da viele Tabellenwerke an Wert verlieren.

Als *Beispiel* einer Reduktion diene folgende Rechnung: An einer Gasmaschine wurde der Leuchtgasverbrauch zu 26,2 m³/h gemessen, mittels einer Gasuhr, an der man die Gastemperatur mit 19° und den Gasüberdruck mit 42 mm WS ablas. Ein Quecksilberbarometer zeigte 749 mm, bei einer Temperatur des Quecksilbers von 18°; der Barometerstand ist also (Fig. 41, bei § 26) mit 0,996 · 749 = 746 mm QuS in Ansatz zu bringen. — 42 mm WS sind gleich $\frac{42}{13{,}5} = 3$ mm QuS; das

Gas hatte also bei der Messung $746 + 3 = 749$ mm QuS Druck und $273 + 19 = 292°$ absolute Temperatur. Also ist das reduzierte Volumen — und dieses ist für die Beurteilung des Brennstoffverbrauches maßgebend —

$$V_0 = 0{,}359 \cdot 26{,}2 \cdot \frac{749}{292} = 24{,}1 \text{ m}^3 \left(\tfrac{0}{760}\right)/\text{h} .$$

Nach der anderen Rechnungsweise aber wäre

$$V_1 = 0{,}392 \cdot 26{,}2 \cdot \frac{749}{292} = 26{,}3 \text{ m}^3 \left(\tfrac{15}{735}\right)/\text{h} .$$

Im *englischen Maßsystem* reduziert man die Gasmengen auf 30 Zoll QuS = 761,99 mm QuS und auf 32° Fahrenheit = 0° C.

Einfluß auf das spezifische Gewicht der Gase hat die in ihnen enthaltene *Feuchtigkeit*. Wasserdampf ist nämlich nur etwa 0,6 mal so schwer wie Luft. Wie groß der Fehler ist, den man durch Nichtbeachtung der Feuchtigkeit begeht, dafür geben folgende *Beispiele* einen Anhalt, bei denen man sich des Gesetzes von Dalton erinnern möge.

Temperatur 20°. Barometerstand 750 mm, d. i. Spannung der Luft plus der des in ihr enthaltenen Wasserdampfes. Trockene Luft wiegt $1{,}293 \cdot \frac{750}{760} \cdot \frac{273}{273 + 20} = 1{,}189 \frac{\text{kg}}{\text{m}^3}$. Mit Feuchtigkeit gesättigte enthält bei dieser Temperatur im Kubikmeter (Dampftabellen) 0,017 kg Dampf. Dabei ist die Dampfspannung (Dampftabellen) 17 mm QuS, also bleiben $750 - 17 = 733$ mm QuS Luftspannung. Die in dem Kubikmeter enthaltene Luft wiegt daher $1{,}293 \cdot \frac{733}{760} \cdot \frac{273}{273 + 20}$ $= 1{,}162$ kg/m³. Die feuchte Luft als Ganzes wiegt also $1{,}162 + 0{,}017$ $= 1{,}179$ kg/m³. Fehler bei Nichtberücksichtigung der Feuchtigkeit 0,85%. Hätte die Luft 50% Feuchtigkeit enthalten, so hätte sie $0{,}5 \cdot (1{,}189 + 1{,}179) = 1{,}184$ kg/m³ gewogen.

Temperatur 50°. Barometerstand 760 mm. Trockene Luft wiegt 1,093 kg/m³. In gesättigt feuchter wiegt der Dampf 0,083 kg/m³ bei 92 mm Spannung; die Luft wiegt bei 668 mm Spannung 0,961 kg/m³. Gesättigt feuchte Luft wiegt 1,044 kg/m³, mittelfeuchte 1,068 kg/m³. Fehler durch Vernachlässigen der Feuchtigkeit $\backsim$ 5% bei gestättigter, 2,5% bei mittelfeuchter Luft.

Bei warmer Luft ist also eine Vernachlässigung der Feuchtigkeit unzulässig. Man muß die Luftfeuchtigkeit bestimmen (Psychrometer, § 106), oder man rechne im Notfall mit mittelfeuchter Luft. Eine Tabelle für feuchte Luft findet sich Hütte, 22.—23. Aufl., I, S. 422.

45. Wann Gewicht, wann Volumen angeben? Wir haben gesehen, daß man Gewicht und Volumenangaben leicht ineinander überführen kann. Es fragt sich nun, wann man Angaben nach Gewicht, wann nach Volumen machen sollte. Für Gase ist die Frage die, wann man das Volumen auf Normaldruck und -temperatur reduzieren soll, wann nicht. Eine Umrechnung auf Gewicht und auf reduziertes Volumen ist nicht immer das richtige, wie man vielfach meint.

Bei der Untersuchung einer *Pumpe* kommt es darauf an, ob dieselbe das Wasser auf eine gewisse Förderhöhe, in Metern gemessen, hebt oder ob sie es gegen eine gewisse in Atmosphären gemessene Spannung, in einen Akkumulator, in einen Dampfkessel hineinspeist. Im ersten Fall ist das geförderte Gewicht, im zweiten das Volumen für den Arbeitsbedarf der Pumpe maßgebend. Die Dimensionsformel besagt das: $1000\,\text{kg} \times 10\,\text{m} = 10\,000\,\text{m} \cdot \text{kg}$; aber $1\,\text{m}^3 \times 1\,\text{at} = 1\,\text{m}^3 \cdot 10\,000\,\frac{\text{kg}}{\text{m}^2} = 10\,000\,\frac{\text{m}^3 \cdot \text{kg}}{\text{m}^2} = 10\,000\,\text{m} \cdot \text{kg}$. Bei Förderung von Alkohol wird man hier kaum einen Fehler machen, weil man aufmerksam wird; aber bei warmem Wasser können (wegen der Wärmedehnung, Fig. 86) Fehler von 2% und mehr unterlaufen. Untersucht man also die Kesselspeisepumpe auf ihren Arbeitsbedarf, so hat man die gespeiste Wassermenge in Kubikmetern anzugeben, obwohl für die Leistung des Kessels das hineingespeiste Wassergewicht maßgebend ist.

Die Verhältnisse treten noch klarer hervor beim *Ventilator*, einer Maschine also, die Luft in einen Raum gewissen Druckes zu fördern hat und die daher ein Analogon zur Pumpe ist. Man hat auch hier, zur Berechnung der erforderlichen Leistung, entweder so zu rechnen, daß ein gewisses Volumen gegen einen gewissen Gegendruck aus dem Ventilator herausgeschoben werden muß, oder aber so, als ob ein gewisses Luftgewicht auf eine in Metern Luftsäule anzugebende Höhe gehoben werde. Beide Rechnungsweisen führen, korrekt durchgeführt, zu genau gleichem Ergebnis, wie folgendes Beispiel zeigt. Ein Ventilator habe ein Luftvolumen von 0,42 kg/s gegen $182\,\text{mm WS} = 182\,\frac{\text{kg}}{\text{m}^2}$ gefördert; diese beiden Angaben sind direkt gemessen, außerdem sei noch das spezifische Gewicht der Luft, folgend (§ 44) aus Druck, Temperatur und Feuchtigkeit, zu $1{,}20\,\frac{\text{kg}}{\text{m}^3}$ festgestellt. Dann ist die theoretisch erforderliche Arbeit entweder so zu berechnen: $0{,}42\,\frac{\text{kg}}{\text{s}} = \frac{0{,}42}{1{,}20} = 0{,}35\,\frac{\text{m}^3}{\text{s}}$, also die Leistung $0{,}35\,\frac{\text{m}^3}{\text{s}} \times 182\,\frac{\text{kg}}{\text{m}^2} = 63{,}7\,\frac{\text{m} \cdot \text{kg}}{\text{s}} = \frac{63{,}7}{75} \backsim 0{,}85\,\text{PS}$; oder man rechnet so: Da Wasser (kalt) das spezifische Gewicht $1000\,\frac{\text{kg}}{\text{m}^3}$ hat und Wasser- und Luftsäule dann einander äquivalent sind, wenn ihre Höhen sich umgekehrt wie die spezifischen Gewichte verhalten (Gesetz der kommunizierenden Röhren), so sind $182\,\text{mm WS} = 182 \cdot \frac{1000}{1{,}20} = 151\,700\,\text{mm LS} = 151{,}7\,\text{m LS}$; also sind $0{,}42\,\frac{\text{kg}}{\text{s}}$ um 151,7 m zu heben, entsprechend einem Arbeitsaufwand von $0{,}42\,\frac{\text{kg}}{\text{s}} \times 151{,}7\,\text{m} = 63{,}7\,\frac{\text{m} \cdot \text{kg}}{\text{s}}$. — Daß die genaue Übereinstimmung beider Ergebnisse nicht nur Zufall ist, wird ein Vergleich beider Wege zeigen: beidemal ist $\frac{0{,}42 \cdot 182}{1{,}20} = 63{,}7$.

Ein bestimmtes *Gebläse* saugt immer das gleiche Luftvolumen an, es stehe in der Ebene, wo der Barometerstand 760 mm QuS ist, oder im Gebirge bei 760 mm Barometerstand, es arbeite im Sommer oder im Winter. Für Beurteilung der Zylinderkonstruktion, etwa bei Bestimmung des volumetrischen Wirkungsgrades, kommt es also auf das angesaugte Volumen an, und es wäre falsch, auf Normalverhältnisse zu reduzieren. Das Gebläse würde sonst in der Ebene andere Ergebnisse liefern als im Gebirge; im tiefen Bergwerk arbeitend, oder an Tagen mit ausnahmsweise hohem Barometerstand könnte man selbst volumetrische Wirkungsgrade über Eins errechnen. Handelt es sich aber darum, zu prüfen, ob das Gebläse der vorgeschriebenen Bedingung genügt, die nötige Luft für einen chemischen Prozeß zu liefern, der natürlich ein bestimmtes Luftgewicht erfordert, zu prüfen also, ob der Erbauer die Zylinderabmessungen genügend groß wählte, da er ja wußte, der Kompressor würde bei geringem Barometerstand oder bei hoher Temperatur arbeiten und da er den erreichbaren volumetrischen Wirkungsgrad kannte — handelt es sich darum, so wird man auf die Normalverhältnisse reduzieren müssen.

Ähnliche Überlegungen sind, je nach den Verhältnissen, von Fall zu Fall anzustellen. Die Stoffmenge selbst, die Masse im Sinne der Pysik, ist natürlich immer durch das Gewicht oder durch das reduzierte Volumen gegeben.

46. Spezifisches Gewicht von Flüssigkeiten. Bei *festen Körpern* kann man das spezifische Gewicht meist Tabellenwerken entnehmen. Kommt man in die Verlegenheit, es zu bestimmen, so werden Physikbücher Anleitung geben.

Bei *Flüssigkeiten* bestimmt man das spezifische Gewicht mit Hilfe des *Aräometers*. Das *Sinkaräometer* (Fig. 87) besteht meist aus Glas, der weite Bauch ist hohl, um Schwimmen zu ermöglichen, das Kügelchen unten ist mit Quecksilber oder sonstwie beschwert, um die senkrechte Lage zu sichern. Das Instrument taucht in die Flüssigkeit um so tiefer ein, je leichter die Flüssigkeit, je kleiner also ihr Auftrieb ist. Aus der Eintauchtiefe kann man mittels einer Skala in dem langen Rohrfortsatz auf das spezifische Gewicht schließen. — Um die Skala nicht zu lang zu erhalten, hat man für Flüssigkeiten von höherem und geringerem Gewicht als Wasser besondere Instrumente, verteilt auch wohl, um größere Genauigkeit zu erzielen, den Meßbereich auf noch mehr als zwei Instrumente.

Fig. 87. Aräometer.

Die Skala eines Aräometers ist richtig bei einer bestimmten auf dem Gerät angegebenen Temperatur, meist 15° C. Man darf es genau genommen, nur bei dieser benutzen, da sich nicht nur die Flüssigkeit, sondern auch das Instrument mit der Temperatur ausdehnt; man müßte es also besonders für jede Temperatur eichen. Ein Aräometer mit der Bezeichnung „richtig bei 15° C“ darf im Wasser von 15° C nicht die Dichte 1, das spezifische Gewicht 1000 kg/m³ anzeigen, es muß sich, nach Fig. 86, auf $\gamma = 999$ kg/m³ einstellen. Wenn man es aber in Wasser von 4° bringt, so würde es auch hier nicht 1000 kg/m³ zeigen, denn nun hätte sich das Aräometer selbst im Inhalt verkleinert und zeigt daher das spezifische Gewicht zu gering an. — Allerdings ist die Ausdehnung des Glases (lineare Ausdehnungszahl $\alpha = 0{,}000\,008$, also Raumausdehnung $3\alpha = 0{,}000\,024$) klein gegen die der meisten Flüssigkeiten (Benzol $3\alpha = 0{,}00125$, Petroleum $3\alpha \sim 0{,}0017$, Glyzerin $3\alpha = 0{,}0005$); solange also nicht durch die Temperaturänderung Deformationen der Körpergestalt eintreten, wird man für die meisten Zwecke annehmen können, bei anderen als der Normaltemperatur des Instrumentes gebe dieses das spezifische Gewicht der Flüssigkeit bei der herrschenden Temperatur richtig an. Selbst bei einer um 10° falschen Temperatur (also + 5° statt + 15°) wäre dieser Fehler erst 0,000 24, während das spezifische Gewicht selbst der Größenordnung nach stets nahe der Einheit liegt, so daß der relative Fehler erst etwa $^1/_{40}$% ausmacht — sofern man das spezifische Gewicht selbst sucht, z. B. zur Berechnung des verbrauchten Brennstoffgewichtes aus dem gemessenen Volumen bei einem Ölmotor.

Die Hauptanwendung der Aräometer ist aber die Bestimmung der Zusammensetzung von Lösungen, etwa des Wassergehalts von Alkohol, des Salzgehalts einer Kochsalzlösung — wozu dann wieder Umrechnungstabellen passenden Ortes zu finden sind. Da nun z. B. für stärkeren Alkohol einer Änderung des Alkoholgehalts um 1% eine Änderung des spezifischen Gewichts um 0,35% entspricht, so ergibt jeder Fehler in der Messung des spezifischen Gewichts einen 3 mal so großen in der Berechnung des Alkoholgehaltes und damit des Heizwertes. Auch der Fehler aus der Volumänderung des Aräometers wird dann (für 10° Temperaturabweichung) nicht mehr $^1/_{40}$, sondern $^1/_{13}$% ausmachen, also immerhin beachtlich werden.

Wo in der Industrie — wenig zweckmäßig — Aräometer verwendet werden, die in Grade geteilt sind, da gelten zwischen der Anzahl n der abgelesenen Grade und der Dichte δ (bei 15°) die Beziehungen:
für Flüssigkeiten leichter als Wasser:

$$\delta = \frac{a}{a+n}; \qquad n = \frac{a}{\delta} - a,$$

für Flüssigkeiten schwerer als Wasser:

$$\delta = \frac{a}{a-n}; \qquad n = a - \frac{a}{\delta}.$$

Hierin ist nach der Skala von Baumé $a \sim 146$, nach der Skala von Brix $a \sim 400$. Der genaue Wert richtet sich nach der Meßtemperatur und nach der Bezugstemperatur; eine Umrechnung bei Abweichungen von der Solltemperatur wird umständlich. Vergleiche etwa Lunge, Chemisch technische Untersuchungsmethoden I, 154; Lunge, Taschenbuch f. d. Sodaindustrie. 3. Aufl., 281.

Das *Gewichtsaräometer* wird meist aus Metall gefertigt. Es besteht ebenfalls aus einem spindelförmigen, unten beschwerten Schwimmkörper, der oben einen Draht trägt mit einer Schale am oberen Ende zur Aufnahme von Gewichten. Auf das schwimmende Aräometer werden Gewichte gesetzt, bis es zu einer am Draht vorhandenen Marke einsinkt; aus dem erforderlichen Gewicht ergibt sich das spezifische Gewicht der tragenden Flüssigkeit. Es handelt sich also um eine Nullmethode (§ 10), die Empfindlichkeit des Gerätes ist entsprechend groß und läßt sich durch Bemessung des Drahtdurchmessers im Verhältnis zum Körpervolumen beliebig steigern auf Kosten des Meßbereiches.

Man findet das spezifische Gewicht auch aus dem Gewichtsunterschied eines Sinkkörpers in Wasser und in der betreffenden Flüssigkeit; oder aus einem Vergleich des in ein Meßgefäß (Pyknometer) einzufüllenden Wasser- und Flüssigkeitsgewichts. In jedem Fall ist für gleiche Temperatur zu sorgen, oder es gelten bei Abweichungen der Temperatur die gleichen Überlegungen hinsichtlich der Volumänderung des Wassers, der Flüssigkeit und des Sinkkörpers oder des Meßgefäßes.

47. Spezifisches Gewicht von Gasen. Auch bei Gasen ist die Bestimmung des spezifischen Gewichts oft nicht Selbstzweck; man will vielmehr aus dem spezifischen Gewicht etwa auf den CO_2-Gehalt der Rauchgase, auf den Heizwert von Leuchtgas schließen, weil diese ungefähr aus dem spezifischen Gewicht bestimmbar sind.

Gerne gibt man das spezifische Gewicht, besser gesagt, die Dichte der Gase bezogen auf trockene Luft = 1 an. Trockene Luft wiegt bei 0° und 760 mm BStd. 1,293 kg/m³. Ein Gas von der Dichte 0,91 wiegt also (bei 0° und 760 mm BStd.) $1{,}293 \cdot 0{,}91$ kg/m³. Die Bezugnahme auf Luft hat den Vorteil, daß die Angabe unabhängig ist von Druck und Temperatur, weil alle Gase nach dem Mariotte-Gay Lussacschen Gesetz von Druck und Temperatur beeinflußt werden. Da Dämpfe nicht genau dem gleichen Gesetz folgen, so hat bei ihnen die Bezugnahme auf Luft weniger Vorteil, man muß bei genauen Rechnungen trotzdem Druck und Temperatur beachten.

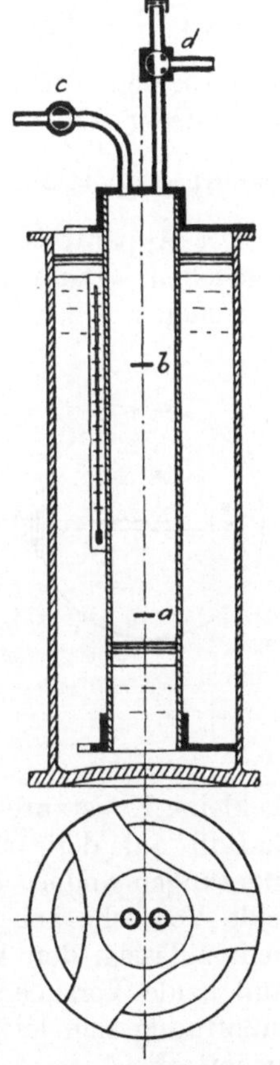

Fig. 88. Schilling-Bunsenscher Ausflußapparat.

Im *Schilling-Bunsenschen Ausflußapparat* (Fig. 88) findet man das spezifische Gewicht eines Gases auf folgende Weise. Der Apparat ist mit Wasser gefüllt, er besteht aus Glas mit Metallfassungen. Das innere Rohr kann man heben und senken, man kann also unter Benutzung der Hähne *c* und *d* abwechselnd durch *c* hindurch Gas ansaugen und durch *d* ausstoßen, bis die an *c* angeschlossene Gasleitung voll Gas, frei von Luft ist. Dann füllt man das innere Gefäß mit Gas und schließt beide Hähne. Öffnet man nun Hahn *d* so, daß das Gas unter dem Druck der Wassersäule durch ein feines Loch ausströmt, welches sich in einem oberhalb *d* eingelegten Platinblech befindet, so kann man mittels einer Stechuhr die Zeit feststellen, die zwischen dem Durchgang des Wasserspiegels durch die beiden Marken *a* und *b* verfließt. Ein zweites Mal füllt man den Apparat mit Luft, läßt diese ausströmen und beobachtet wieder die Zeit zwischen dem Durchgang durch beide Marken. Die beiden spezifischen Gewichte verhalten sich dann wie die Quadrate der Ausströmungszeiten. Das folgt daraus, daß bei beiden Versuchen während der Beobachtungszeit die gleiche Arbeit durch Ausgleichen der Wasserspiegel frei wird, daher muß auch die dem Gase erteilte kinetische Energie $\frac{1}{2} m w^2$ beide Male den gleichen Wert haben. Es ist also $\frac{1}{2} m_1 w_1^2 = \frac{1}{2} m_2 w_2^2$ oder $\frac{m_1}{m_2} = \frac{w_2^2}{w_1^2}$. Die beschleunigten Massen m sind den spezifischen Gewichten γ der Gase direkt, die Geschwindigkeiten w den Beobachtungszeiten t umgekehrt proportional, also ist $\frac{\gamma_1}{\gamma_2} = \frac{t_1^2}{t_2^2}$.

Der Apparat ist ursprünglich von Bunsen für Quecksilberfüllung angegeben. Dann kann man die Gase auch im trockenen Zustande untersuchen; doch hat der Feuchtigkeitsgehalt, der in beiden Messungen

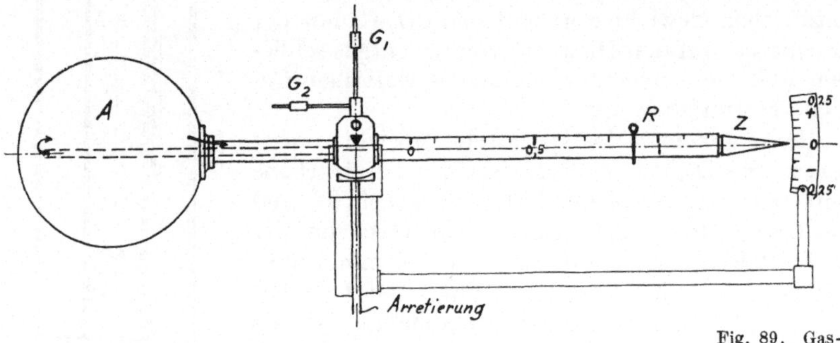

Fig. 89. Gas-

als kleine Konstante zum spezifischen Gewicht hinzutritt, keinen großen Einfluß auf den zu bildenden Quotienten. — Durch Temperaturänderungen ändern sich die Verhältnisse am Apparat, man muß also beide Versuche bei der gleichen Temperatur vornehmen. Auch ist es nicht zulässig, den Versuch mit Luft ein für allemal zu machen, man muß beide Versuche kurz hintereinander machen, da die kleine Ausflußöffnung sich leicht etwas verändert. Man staube es vor den Versuchen ab.

Die Luxsche *Gaswage* (Fig. 89) läßt das spezifische Gewicht ohne Versuch direkt ablesen. Das Gas durchströmt die hohle dünnwandige Glas- oder Metallkugel A, durch b ein-, durch c austretend. Die Kugel ist als Teil einer Neigungswage auf Schneiden gelagert, je nach dem spezifischen Gewicht seines Inhaltes hebt oder senkt sie sich. Die freie Beweglichkeit ist durch Zuführung des Gases durch Quecksilbernäpfe Q hindurch erreicht. Das bewirkt einen Ausschlag des Zeigers Z, die Skala gibt direkt das spezifische Gewicht bezogen auf die umgebende Luft. Werden die Neigungen zu groß, so kann man sich noch des Reiters R bedienen, den man je nach Bedarf in verschiedene Kerbe des Wagebalkens einhängt. Man hat dann die Reiterablesung und die

Zeigerablesung zusammenzuzählen, um das spezifische Gewicht des durchströmenden Gases zu erhalten. Läßt man einfach Luft durch den Apparat gehen, so muß, wenn der Reiter auf 1,0 steht, der Zeiger auf 0 weisen: $1{,}0 + 0 = 1{,}0$ das ist die Dichte der Luft, bezogen auf sich selbst. Spielt der Zeiger nicht ein, so ist durch Verschieben des Laufgewichtes G_2 im wagerechten Sinne das Einspielen zu erzielen. Setzen wir nun den Reiter auf 0,8, so muß der Zeiger $+ 0{,}2$ angeben: $0{,}8 + 0{,}2 = 1{,}0$. Zeigt das Instrument nicht so, so ist mit dem Laufgewicht G_1 die Empfindlichkeit der Wage auf das richtige Maß zu bringen: ist der Ausschlag der Wage kleiner, als er sein sollte, so ist das Gewicht zu heben, um sie mehr dem labilen Zustand zu nähern. Manometer M und Thermometer T lassen Druck und Temperatur des strömenden Gases erkennen. Die Gaswage muß natürlich wagerecht stehen, außerdem lange genug vor ihrer Benutzung aufgestellt sein, so daß sie die Temperatur der Umgebung hat. — Hat die Kugel A V m³ Inhalt und beträgt das spezifische Gewicht des Inhaltes γ_1, das der umgebenden Luft γ kg/m³, so erfährt die Kugel einen Auftrieb von $V \cdot (\gamma - \gamma_1)$ kg, vorausgesetzt, es sei γ größer als γ_1. Dieser Auftrieb wird durch den Reiter ausgeglichen, beziehungsweise er bewirkt die Neigung des Wagebalkens. Die Gaswage spricht also auf den **Unterschied** der spezifischen Gewichte an. Wenn die Gaswage in einen Kasten eingeschlossen ist, so hat man darauf zu achten, daß nicht etwa Spuren des zu untersuchenden Gases in den Raum um die Gaswage herum treten und das spezifische Gewicht der umgebenden Luft und damit die Angabe der Wage verändern. Die Gaswage eignet sich mehr für stationäre Zwecke, während der Ausflußapparat für die Reise bequemer ist.

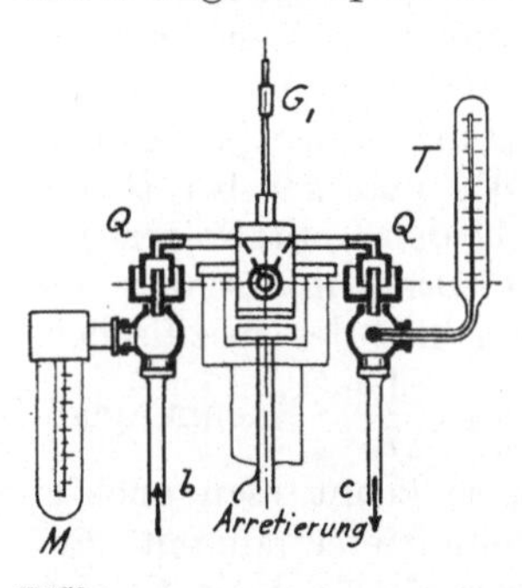

wage.

Manche andere Form der Wage ist zu gleichem Zweck wie die Luxsche Gaswage verwendet worden; so hat man zwei leichte luftgefüllte Kugeln von großem Volumen — 10 bis 15 cm Durchmesser — in einem Gehäuse an den beiden Armen einer gewöhnlichen Balkenwage aufgehängt, wobei eine Trennungswand, durch die nur der Wagebalken in engem Schlitz hindurchging, das Gehäuse teilte. Saugt man nun in schwachem Strome durch die eine Kammer des Gehäuses Luft, durch die andere das zu untersuchende Gas, so kann man aus der eintretenden Neigung des Balkens oder aus den zum Ausgleich nötigen Gewichten auf den Auftrieb und damit auf die Dichte des Gases schließen.

Besonders zu erwähnen ist aber noch die Messung des spezifischen Gewichtes durch Vergleichen des Gewichtes zweier Säulen aus dem zu untersuchenden Gas und aus Luft. Die *Gassäulenwage* besteht aus einem gegabelten, senkrecht aufgestellten Rohr (Fig. 90) aus Glas oder Metall, von mindestens 1 m Länge. Oben wird, etwa durch eine Wasserstrahlpumpe oder einen Aspirator, oder aber durch den Schornsteinzug — wenn man nämlich Rauchgase untersucht, also in der Nähe des Schornsteins sich befindet — eine saugende Wirkung ausgeübt und daher durch die beiden Rohre einerseits Luft, andererseits das zu untersuchende Gas eingesaugt. Wenn man dann die Abzweigrohre A und B, die in gleicher Höhe, und zwar um h m unter der Vereinigung C beider Gasströme ansetzen, mit den beiden Seiten eines Differentialmanometers von genügender Empfindlichkeit in Verbindung bringt, so kann man einen Druckunterschied zwischen den beiden Stellen A und B messen. Es nimmt ganz allgemein in jedem Gase oder jeder Flüssigkeit der Druck nach unten hin zu, und zwar um γ kg/m² $= \gamma$ mm WS (§ 23) für jedes Meter Standhöhe, wenn das spezifische Gewicht des Mediums γ kg/m³ ist; man erkennt das am einfachsten, wenn man an einen Würfel von 1 m Seitenlänge denkt, dessen untere Grundfläche von 1 m² Größe offenbar mit γ kg mehr belastet ist als die obere, nämlich noch mit dem Gewicht γ des Würfelinhaltes. Wenn nun in den beiden Rohren AC und BC Säulen vom spezifischen Gewichte γ und γ_1 kg/m³ stehen, so ist der Druck bei A um $\gamma \cdot h$ mm WS und der bei B um $\gamma_1 \cdot h$ mm WS größer als der beiden Rohrzweigen gemeinsame Druck in C. Der Druckunterschied $\Delta p = h \cdot (\gamma_1 - \gamma)$ läßt den Unterschied des spezifischen Gewichtes berechnen: $\gamma_1 - \gamma = \frac{\Delta p}{h}$. Kennt man also γ_1 der angesaugten Luft, so kennt man auch γ des Gases. Als Differentialmanometer kommt der Empfindlichkeit wegen fast nur ein Mikromanometer (Fig. 52 bei § 27) in Frage. — Da stets in die Zuleitungen von den Zweigpunkten A und B zum Differentialmanometer etwas von den angesaugten Gasen durch Diffusion eintreten wird, so muß man für wagerechten Verlauf dieser Zuleitungen sorgen; sonst bringt das verschiedene spezifische Gewicht des Inhaltes der Zuleitungen Fehler in die Messung. Außerdem müssen die beiden Rohre AC und BC genügend weit sein, damit in ihnen nur eine langsame Bewegung der Gase erfolgt; sonst können durch den dynamischen Widerstand der Leitungen, wenn nämlich beiderseits verschiedene Gasmengen angesaugt werden, und durch Wirbelung des strömenden Gases an den Entnahmestellen A und B Fehler entstehen (§ 30). Um zu erkennen, ob beide Rohre richtig und gleich stark ansaugen, kann man die Gase durch Wasserverschlüsse leiten, wie es Fig. 90 erkennen läßt; Gaswäscher nennt der Chemiker diese kleinen Apparate. Dieselben sorgen zugleich für gleiche Temperatur und gleichen Feuchtigkeitsgehalt der beiden Ströme.

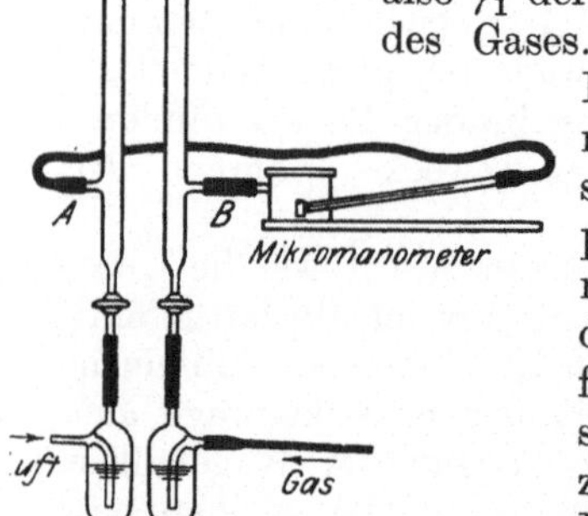

Fig. 90. Gassäulenwage. (Rauchgasanalysator von Krell, § 120.)

Zu beachten ist bei allen besprochenen Apparaten, daß sie das spezifische Gewicht des zu untersuchenden Gases vergleichen mit dem spezifischen Gewicht der Luft. Da nun aber das spezifische Gewicht beider von Druck, Temperatur und Feuchtigkeitsgehalt abhängt, so wird auch das Meßergebnis durch diese Größen beeinflußt.

Außerdem ist zu beachten, daß manche Meßmethoden den *Unterschied*, manche aber das *Verhältnis der spezifischen Gewichte* von Gas und Luft messen. Von den besprochenen Einrichtungen mißt nur der Bunsen-Schillingsche Ausströmapparat das Verhältnis, die übrigen die Differenz.

Wenn wir zunächst von dem nach § 44 geringeren Einfluß der Feuchtigkeit auf das spezifische Gewicht absehen, so ist zu beachten, daß Änderungen des Druckes und der Temperatur auf die beiden zu vergleichenden spezifischen Gewichte relativ gleich stark einwirken, daß also das Verhältnis beider erhalten bleibt, der Unterschied aber sich ändert. Das macht bei den Instrumenten, die auf den Unterschied des spezifischen Gewichtes ansprechen, eine *Umrechnung auf normale Verhältnisse* nötig.

Ist also wie üblich die Teilung der Gaswage oder die Teilung des Differentialmanometers der Gassäulenwage in Relativgewicht für Luft gleich Eins ausgeführt, so gilt die Teilung nur für einen bestimmten Druck und eine bestimmte Temperatur, die beide Gase beim Messen haben müßten. Oft wird 15° C und 760 mm Barometerstand als normal gewählt. Hätte man dann bei einer Temperatur von $t = 20°$ C und bei einem Barometerstand von $b = 710$ mm eine Ablesung $\delta' =$ 0,461 (etwa für Leuchtgas) gemacht, so wäre die Berechnung des Relativgewichtes δ des Leuchtgases wie folgt durchzuführen: Der Zeiger (oder der Faden des Differentialmanometers) ist bei 1 in Ruhe, er hat also einen Ausschlag $1 - \delta'$ gemacht, statt daß er $1 - \delta$ hätte machen sollen; diese beiden Ausschläge verhalten sich zueinander wie der Unterschied $\gamma_1' - \gamma'$ der spezifischen Gewichte der beiden Gase im tatsächlichen Zustand zu dem Unterschied $\gamma_1 - \gamma$ derselben im Normalzustand; diese Unterschiede verhalten sich ihrerseits wie die spezifischen Gewichte $\gamma_1' : \gamma_1$ der Luft oder auch wie $\gamma' : \gamma$ von Gas in den beiden Zuständen, und diese wiederum folgen den Gesetzen von Mariotte und Gay-Lussac. Also haben wir:

$$\frac{1-\delta}{1-\delta'} = \frac{\gamma_1 - \gamma}{\gamma_1' - \gamma'} = \frac{\gamma}{\gamma'} = \frac{273+t}{273+15} \cdot \frac{760}{b} = \frac{\gamma_1}{\gamma_1'} = \frac{273+20}{273+15} \cdot \frac{760}{710}$$

oder den richtigen Wert der Gasdichte, bezogen auf Luft gleich Eins:

$$\delta = 1 - (1-\delta') \cdot \frac{273+t}{273+15} \cdot \frac{760}{b} \quad \ldots\ldots\ldots \quad (6)$$

$$= 1 - (1 - 0{,}461) \frac{273+20}{273+15} \cdot \frac{760}{710} = 0{,}414\,.$$

Der Fehler bei Nichtbeachtung dieser Verhältnisse hätte $\frac{0{,}461 - 0{,}414}{0{,}414} \cdot 100 = 11{,}4\%$ betragen. Man darf also eine Korrektion bei größeren Abweichungen vom Sollzustand nicht unterlassen, zumal wenn es sich um sehr leichte oder sehr schwere Gase handelt, bei denen durch das Subtrahieren von Eins der Unterschied groß ausfällt.

Übersichtlicher wäre es übrigens, den Balken der Gaswage gleich nach der Differenz der spezifischen Gewichte zwischen innen und außen zu teilen, also der Wirksamkeit der Wage entsprechend; doch ist das nicht üblich.

Während diese große Korrektion relativ leicht anzusetzen ist, ist eine genaue Berücksichtigung der Feuchtigkeit schwierig. Wasserdampf hat, auf gleiche Temperatur und gleichen Druck bezogen, eine Dichte, bezogen auf Luft, die zwischen 0,62 und 0,68 schwankt. Durch Hinzutreten der Feuchtigkeit wird also Luft spezifisch leichter, Leuchtgas hingegen spezifisch schwerer. Es findet also nicht notwendig eine Verminderung des Fehlers dadurch statt, daß beide Gase feucht sind. Oft wird man den Einfluß, der nie solche Werte wie der der vorigen Korrektion annimmt, vernachlässigen können. Oft wird man, wo man genau arbeiten will und die Bezugnahme auf trockenes Gas für das richtige hält, besser gleich mit trockenem Gas und trockener Luft arbeiten, indem man beide durch Chlorkalziumrohre hindurchsaugt (vorausgesetzt, daß Chlorkalzium nicht Bestandteile des Gases absorbiert). Oder endlich, man muß den Feuchtigkeitsgehalt beider Gase messen und eine recht langwierige Umrechnung vornehmen, die man an Hand der Beispiele § 44 wird machen können und für die man auch in Slaby, Kalorimetrische Untersuchungen über den Kreisprozeß der Gasmaschine, S. 11, ein Beispiel durchgerechnet findet [1]).

48. Meßmethoden zur Mengenermittlung. Zur Messung von festen Körpern, Flüssigkeiten, Gasen und Dampf der Menge nach kommen die in den folgenden Paragraphen zu besprechenden Methoden technisch hauptsächlich in Frage, über die wir zunächst eine zusammenstellende Übersicht geben wollen.

Es kommt wesentlich darauf an, ob es sich um Bestimmung einer bestimmten in sich geschlossenen Menge handelt, oder aber — namentlich bei Flüssigkeiten, Gasen und Dämpfen — um strömende Mengen, bei denen die in der Zeiteinheit durch einen Apparat oder eine Leitung gehende Menge gemessen werden soll. Im ersten Fall lautet die Benennung kg, m³, im letzten aber kg/s, m³/h.

Die *Messung einer abgeschlossenen Menge* erfolgt bei festen Körpern fast nur durch Wägen auf Wagen verschiedener Konstruktion; bei Flüssigkeiten kommt außer dem Wägen auch noch das Abmessen in geeichten Gefäßen in Frage; Gasmengen endlich werden nur selten durch Wägen, meist volumetrisch bestimmt, und zwar entweder, indem man das Gas bei konstantem Druck einer Glocke mit Wasserverschluß entnimmt, wobei man die Volumenänderung mißt, oder

---

[1]) Wegen eines (nicht erheblichen) Fehlers in dieser Rechnung vergleiche Haber, Kohlenwasserstoffe, S. 22.

aber indem man das Gas einem Raum bekannten Volumens entnimmt und dessen Druckänderung beobachtet.

Spezifisch technische Methoden kommen bei *Messung dauernd strömender Flüssigkeits-, Gas- oder Dampfmengen* zur Anwendung. Oft kann man Wagen oder geeichte Gefäße in einer zum dauernden Messen geeigneter Anordnung verwenden; den Dampf mißt man dann meist in Gestalt des daraus gebildeten Kondensates oder als Wasser vor dem Verdampfen. — Außerdem kann man für Flüssigkeiten, Gase und Dämpfe Durchflußöffnungen oder Ausflußöffnungen verwenden: man mißt den Druckunterschied, der nötig ist, um die betreffende Menge durch eine bekannte Öffnung zu treiben; für eine bestimmte Öffnung wächst mit der Menge der Druckunterschied, also kann man aus letzterem auf die Menge schließen. Dieses Prinzip läßt sich mehrfach abändern und führt bei Flüssigkeiten auf die Wehrmessung, bei Flüssigkeiten und Gasen aber auf Verwendung der Venturi-Einschnürung. — Eine andere Meßmethode, für Flüssigkeiten und Gase in genügend weitem Querschnitt anwendbar, macht von der Tatsache Gebrauch, daß das durch einen Querschnitt gehende Volumen V m³/s gegeben ist durch die Fläche F m² des Querschnittes und die mittlere Geschwindigkeit w m/s in diesem Querschnitt:

$$V = F \cdot w \qquad \text{(6a)}$$

Man hat also den Querschnitt auszumessen und noch die Geschwindigkeit nach einer der in Kap. VII besprochenen Methoden zu bestimmen. Da übrigens die Geschwindigkeit, die sich in einem Drosselquerschnitt einstellt, mit dem Druckverlust in diesem Querschnitt in Beziehung steht, so kommt die Messung nach der Formel $V = F \cdot w$ gegebenenfalls wieder auf die Anwendung der Durchflußöffnung heraus.

Einer besonderen Art der Messung dienen die Wassermesser, Gasmesser und Dampfmesser. Sie sollen im allgemeinen nicht nur eine vorübergehende Messung ausführen, sondern dem praktischen Betrieb dienen, und zwar sollen sie zu jeder Zeit die b i s d a h i n insgesamt durchgegangene Menge erkennen lassen, also selbsttätig ein Zusammenzählen der jeweils durchgehenden Mengen bewirken. Diese Aufgabe ist für Wasser- und Gasmesser gelöst, bei Dampfmessern ist ein selbsttätiges Zusammenzählen noch nicht befriedigend erreicht, so daß man meist den jeweiligen Dampfdurchgang aufschreiben läßt und die Zusammenzählung durch Planimetrieren des Diagramms von Hand macht. Dieses Verfahren, das auch für Wasser- und Gasmessung gelegentlich in Frage kommt, hat den Nachteil, Arbeit zu machen, dafür allerdings den Vorteil, daß man nicht nur aus dem Endergebnis die gesamte Menge kennt, sondern durch das Diagramm auch einen Überblick darüber hat, wie sich der Verbrauch über die verschiedenen Zeiten verteilt.

Wo die zu messende Menge durch eine Kolbenmaschine verbraucht oder gefördert wird, bietet auch das Indikatordiagramm der Maschine ein Mittel zur Bestimmung der Menge, das indessen nur für bestimmte Zwecke genügt.

Wichtig ist oft die Frage nach der *Übertragbarkeit einer Meßmethode* oder der *Verwendbarkeit eines Meßinstrumentes für die Messung anderer Stoffe* als wofür sie bestimmt sind; erprobt sind sie meist nur für Wasser oder Luft. Das Ergebnis einer darauf bezüglichen Überlegung kann sehr verschieden ausfallen, wie einige Beispiele zeigen. Es ist sicher, daß eine Gasuhr gleich gut das Volumen anzeigt, ob nun Luft oder Leuchtgas oder Wasserstoff zu messen ist; für Ammoniak müßte man Bronze vermeiden und bei nassen Messern eine andere Sperrflüssigkeit als Wasser verwenden, dann steht der Übertragung prinzipiell nichts im Wege; trockene Gasuhren werden selbst bei Wasserstoff nicht falsch zeigen, denn eine etwaige Durchlässigkeit der die Kolbenscheiben abdichtenden Membranen kommt nicht zur Wirkung, wenn beiderseits Wasserstoff praktisch gleichen Druckes ist. Wenn ein Woltmann-Wassermesser ein so gestaltetes Laufrad und so kleine Widerstände hat, daß er praktisch ohne Schlüpfung arbeitet, so schraubt sich also das Rad ganz rein durch die Strömung hindurch; es liegt dann kein Grund vor, warum ein für Wasser geeichter Messer nicht ohne weiteres dünnflüssiges Benzin oder mäßig zähes Öl dem Volumen nach richtig angeben sollte. Die Bedingung fehlender Schlüpfung sollte aber für alle einzelnen Teile der Schaufelung erfüllt sein, denn z. B. bei einer Schaufelung aus ebenen schräg gestellten Flügeln, ähnlich denen des Flügelradanemometers, werden einige Teile jedes Flügels treibend, andere bremsend wirken, und es ist nicht wahrscheinlich, daß der Integralwert der hierbei auftretenden komplizierten Vorgänge unabhängig von den Eigenschaften der Flüssigkeit, insbesondere vom spezifischen Gewicht und von der Zähigkeit ist. Um den Idealfall überall fehlender Schlüpfung zu verwirklichen, müßte ein Woltmann-Messer keine reine Schraubenschaufelung haben, sondern eine der verschiedenen Strömgeschwindigkeit in verschiedenem Abstand von der Achse angepaßte, an der Rohrwand müßte also die Steigerung stark abnehmen, und zwar in einer von dem Gesetz der Geschwindigkeitsverteilung abhängigen Weise. Da dies wechselt, so dürfte hierin der Grund zu sehen sein, weshalb die Praxis auf Woltmann-Messer mit einer den Rohrquerschnitt nicht ausfüllenden Schaufelung geführt worden ist; für solche, sofern sie Schraubenschaufelung haben, dürfte auch die Übertragbarkeit am besten gesichert sein. Kolben- und Scheibenwassermesser arbeiten zweifellos für Flüssigkeiten aller Art gleichmäßig, während Flügelradwassermesser vermutlich namentlich durch die Zähigkeit, weniger wohl durch das spezifische Gewicht beeinflußt werden dürften.

Besondere Vorsicht ist bei *Messung heißen Kondensates* von über 100° Temperatur zu üben; bei der Entspannung verdampft so viel, bis der Rest auf 100° abgekühlt ist. Hat sich Dampf bei 4 at ÜD = 5 at abs niedergeschlagen, so hat das nicht unterkühlte Kondensat 151° C Temperatur und 153 kcal/kg Wärmeinhalt; es muß bei der Entspannung auf 1 at Druck auf 99° und 99 kcal/kg kommen, also werden 153 — 99 = 54 kcal/kg zur Verdampfung verwendet. Es mögen aus 1 kg Kondensat x kg Dampf von 1 at Druck und 640 kcal/kg Wärmeinhalt gebildet werden, dann gilt

$$153 \cdot 1 = 640 \cdot x + 99 \cdot (1 - x); \; x = 0{,}10 \, .$$

Es werden 10% des Wassers nachverdampft. Wenn diese ungemessen bleiben, entsteht ein erheblicher Fehler, was z. B. bei Wägungen zu beachten ist, während bei volumetrischer Messung umgekehrt zu viel gemessen werden kann. Man muß also das Kondensat vor dem Austritt, vor oder nach der Entspannung, kühlen. Vgl. § 54, sowie Masch.-Unt. § 48, Fig. 48.

Bei Kondensat unter 100°, aber nahe daran, kommt Nachverdampfung nicht in Frage, wohl aber Verdunstung; diese hängt von der Konvektion an der Wasseroberfläche ab und wird genügend eingeschränkt, wenn man das Meßgefäß mit einem lose schließenden Deckel versieht, selbst ein lose darüber gelegter Lappen beschränkt den Luftumlauf am Auslauf und der Wasseroberfläche so weit, daß wesentliche Fehler nicht mehr entstehen. Beim Nachverdampfen mit seiner zwangläufigen Wirkung würden diese Mittel nicht helfen.

Besondere Schwierigkeiten macht eine befriedigende Messung dann, wenn sehr große Mengen zu messen sind; nicht immer sind so große Meßgeräte verfügbar, auch liegt, wo die Geräte vorhanden sind, eine Schwierigkeit in der Eichung. Wir wollen zunächst eine allgemein brauchbare Methode kennenlernen, durch die man diese Schwierigkeit gelegentlich umgehen kann.

49. Mengenermittlung nach der Mischungsregel. Zur Messung großer Stoffmengen, die unmittelbar besonders schwierig zu messen sind, kann man sich der sogenannten Mischungsregel bedienen, die sich je nach Umständen in der verschiedensten Weise anwenden läßt. Über die Art der Anwendung werden einige Beispiele am einfachsten Auskunft geben.

Bei *Gasmaschinen* hat man oft Gasuhren zur Messung des Gasverbrauchs zur Verfügung, selten dagegen ist eine Luftuhr vorhanden, die auch die *zur Verbrennung zugeführte Luftmenge* zu messen gestattet; die Luftuhr fehlt meist, weil man die Luftmenge für die Kontrolle des regelmäßigen Betriebes nicht zu kennen braucht — Luft kostet nichts. Wir können mit Hilfe der Mischungsregel finden, das Wievielfache der Gasmenge an Luft zugeführt ist, indem wir irgendeinen indifferenten Bestandteil vor der Mischung von Gas und Luft und nach der Mischung beider Bestandteile zu Hilfe nehmen: die gesamte Menge dieses indifferenten Bestandteiles kann sich bei der Mischung nicht verändert haben. In dem in Rede stehenden Beispiel — Mischung von Gas und Luft — vergleicht man am besten den prozentualen Sauerstoffgehalt o_1 des Gases vor mit dem o_2 des Gemisches nach der Mischung; den der Luft kennt man, er ist 21%. Haben sich nun G m³ Gas mit L m³ Luft gemischt zu $G + L$ m³ Gemisch — wobei nur G bekannt, L aber zu berechnen ist —, so sind im Gas $\frac{o_1}{100} \cdot G$ m³, im Gemisch $\frac{o_2}{100} \cdot (G + L)$ m³, in der Luft $\frac{21}{100} \cdot L$ m³ Sauerstoff, und nun muß sein

$$\frac{o_1}{100} \cdot G + \frac{21}{100} \cdot L = \frac{o_2}{100} \cdot (G + L)\,,$$

$$(21 - o_2) \cdot L = (o_2 - o_1) \cdot G\,,$$

$$L = \frac{o_2 - o_1}{21 - o_2} \cdot G\,. \quad . \quad . \quad . \quad . \quad . \quad . \quad . \quad (7)$$

Damit ist die Messung der Luftmenge auf die Messung der (kleineren) Gasmenge und auf die Ermittlung des prozentualen Sauerstoffgehalts an zwei Stellen zurückgeführt. Letztere Ermittlung ist mit Hilfe des Orsat-Apparates zu bewirken (§ 117). Wenn übrigens kein Sauerstoff im Gas ist, so vereinfacht sich das Verfahren noch.

Auf dem gleichen Grundgedanken beruht die Ermittlung der Abgasmenge eines Verbrennungsvorganges (§ 119), bei der man weiß, daß das durch den Prozeß hindurchgehende Kohlenstoffgewicht vor und nach der Verbrennung dasselbe ist.

Ein weiteres Beispiel für die Anwendung der Mischungsregel bietet die Bestimmung des *freiwilligen Luftwechsels eines Raumes.* Jeder Raum, namentlich wenn er beheizt ist, tauscht durch Poren der Wände und Zwischendecken, durch Ritzen von Türen und Fenstern Luft mit der Umgebung aus, deren Messung gelegentlich erwünscht sein kann, auf direktem Wege aber fast unmöglich ist. Man hat die Messung so bewerkstelligt, daß man der Raumluft ein Gas beimischt, das indifferent ist, gesundheitlich sowohl als auch was Absorption durch die Wände anlangt, und dessen Beimenge leicht und sicher festzustellen ist. Man beobachtet die zeitliche Abnahme des Gehaltes an diesem Bestandteil; eine einfache Integration ergibt den Luftwechsel, der die Abnahme veranlaßt. Verwendet man Kohlensäure CO_2 als indifferentes Gas, so hat man zu beachten, daß die nachrückende Luft schon 0,4‰ CO_2 enthält und hat Einführung von Atemluft (4% CO_2) in den Raum zu vermeiden. Die Feststellung des prozentualen Kohlensäuregehaltes ist durch Absorption mit Barytwasser und Titrieren mit Oxalsäure sehr genau zu machen. (Methode von Pettenkofer, siehe Wolpert, Ventilation und Heizung, Band III.)

In ähnlicher Weise kann man die *Messung großer Wassermengen bei Turbinen- oder Pumpenanlagen* dadurch vornehmen, daß man oberhalb der Turbine eine bestimmte Menge einer Salzlösung zusetzt und hinter der als Mischer wirkenden Turbine den Prozentgehalt des abfließenden Wassers chemisch bestimmt. Als Salzzusatz verwendet man Natriumthiosulfat, das Fixiersalz der Photographie; der Gehalt einer wässerigen Lösung desselben läßt sich sehr genau durch Titrieren mit Jodlösung unter Verwendung von Stärkelösung als Indikator bestimmen. Gemäß der Gleichung

$$2\ Na_2S_2O_3 + J_2 = 2\ NaJ + Na_2S_4O_6 \text{ (Natriumtetrathionat)} \qquad \text{(a)}$$

wird alles Jod, das man einer Thiosulfatlösung zusetzt, so lange gebunden, wie noch Thiosulfat vorhanden ist. Nach Verbrauch der letzten Reste von Thiosulfat bleibt Jod frei und wird von der zugefügten Stärkelösung durch Blaufärbung angezeigt.

Die Molekulargewichte sind: $J_2 = 127$; Kristalle von $Na_2S_2O_3 + 5\,H_2O = 248$. Man verwendet als Ausgangsmaterial $^1/_{10}$-normale Jodlösung, das heißt eine solche die in 1 l den zehnten Teil des Molekulargewichtes in g enthält; die $^1/_{10}$-normale Jodlösung enthält also $^1/_{10} \cdot 127 = 12{,}7$ g J_2 in 1 l Lösung. Sie ist in Apotheken zu haben oder wird wie folgt hergestellt: 12,7 g Jod, trocken und rein, werden mit 20 g KJ zu 1 l Lösung in Wasser gelöst; das Kaliumjodid KJ verhält sich bei dem Vorgang (a) indifferent und dient nur dazu, die Löslichkeit von Jod in Wasser zu steigern. Jeder Liter dieser Lösung entspricht einem Gehalt von 24,8 g Thiosulfat in der untersuchten Wasserprobe. Als Stärkelösung verwendet man einen dünnen Stärkekleister, der frisch bereitet sein muß; doch gibt es auch haltbare Stärkelösung im Handel.

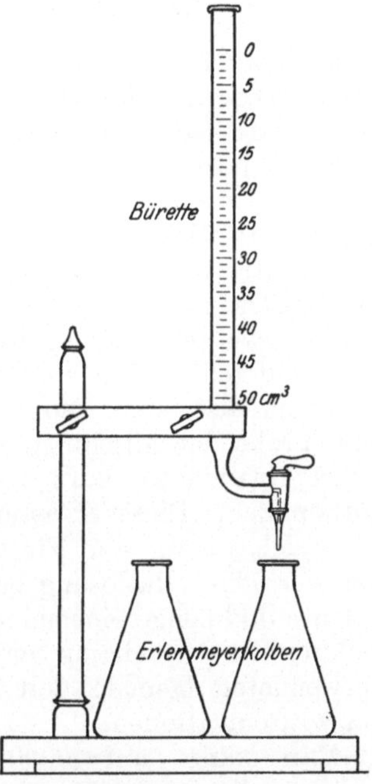

Fig. 92. Anordnung zum Titrieren.

Für die Titrierung verwendet man eine Bürette, einen Glaskolben und einen Bürettenhalter, wie solche von Apparatehandlungen, im Notfall in der Apotheke erhältlich sind (Fig. 92). In den Kolben werden 200 cm³ der zu titrierenden Flüssigkeit gegeben, in die Bürette wird Jodlösung gefüllt, deren Verdünnung so zu wählen ist, daß der Farbumschlag im Kolben nach Verbrauch von 20 bis 30 cm³ Jodlösung eintritt. Dem Kolbeninhalt setzt man wenige Tropfen Stärkelösung zu. Man liest nun den Anfangsstand der Jodlösung in der Bürette ab und läßt zunächst schneller, dann langsamer, Jodlösung in den Kolben laufen; der Kolben wird dabei dauernd geschüttelt. Bald entstehen lokale Blaufärbungen, die jedoch beim Schütteln wieder verschwinden. Man stellt nun den Hahn so, daß alle 10 s ein Tropfen Jodlösung fällt, und beobachtet sorgsam von Tropfen zu Tropfen, ob beim Umschütteln die lokale Färbung noch verschwindet; eine unter den Kolben gelegte weiße Unterlage und ein daneben aufgestellter Vergleichskolben mit der Ausgangslösung erleichtert es wesentlich, bei großen Verdünnungsgraden zu erkennen, nach welchem Tropfen die lokale Färbung nicht mehr verschwindet, sondern sich als schwache Blautönung dem ganzen Kolbeninhalt mitteilt. Man schließt dann den Hahn und liest den Stand der Bürette ab. Es versteht sich, daß die Bürette zu Beginn bis an die Auslaufspitze gefüllt sein muß, man muß also vor Versuchsbeginn etwas Lösung auslaufen lassen; auch darf man beim Einfüllen die Jodlösung nicht durch in der Bürette noch vorhandene Wasserreste verdünnen, muß also die Bürette vorher mit der Lösung ausspülen. Beachtet man solche Vorsichtsmaßregeln, so kann man sehr genaue Ergebnisse erlangen.

Da die Verdünnung der Salzlösung durch die zu messende Wassermenge mittels eines Wassers unbekannter Zusammensetzung erfolgt, dessen Bestandteile Einfluß auf die Reaktion haben könnten z. B. durch Bindung von Jod, so muß man den ganzen Versuch so gestalten, daß die an der Meßstelle entstandene Lösung mit einer anderen Lösung verglichen wird, die man unter Verwendung des gleichen Wassers in ähnlicher, aber genau bekannter Konzentration hergestellt hat. Man umgeht dadurch zugleich die Prüfung, ob die Ausgangslösung genau $^1/_{10}$-normal war, die man sonst vornehmen müßte. Die Wasserförderung einer Kreiselpumpe wird also wie folgt bestimmt: Eine Lösung von Natriumthiosulfat in dem betreffenden Wasser von 1 kg Salz auf 2 kg Wasser, spezifisches Gewicht 1,20 kg/m^3, wird auf einer Wage so aufgestellt, daß man das vom Saugrohr der Pumpe abgesaugte Gewicht, auf die Zeit bezogen, messen kann. Die Wage steht so hoch, daß der Niveauabfall während der Messung klein ist gegenüber der Saugwirkung der Pumpe, daß also eine konstante Menge angesaugt wird; man macht tunlichst einige Zwischenablesungen zur Kontrolle, ob die Einsaugung gleichmäßig stattfindet. Man läßt die Salzlösung durch eine Leitung mit Hahn einsaugen und stimmt die angesaugte Menge so ab, daß eine zur Titrierung geeignete Verdünnung entsteht. Man entnimmt nun aus dem Druckrohr der Pumpe, nachdem also gute Durchmischung in der Pumpe sichergestellt ist, eine Probe der Mischung, wohl auch mehrere während der Versuchsdauer; man hatte kurz vorher schon eine ungemischte Wasserprobe entnommen. Dieser Wasserprobe fügt man in demselben Verhältnis, auf welches man beim Einsaugen der starken Thiosulfatlösung rechnet, von der Thiosulfatlösung bei und ermittelt durch Titrierung die äquivalente Jodmenge einerseits der durch die Pumpe gegangenen Lösung, andererseits der bekannt verdünnten Lösung. Das Verhältnis der beiden verwendeten Mengen von Jodlösung ist das der beiden endgültigen Salzkonzentrationen.

Man kann auf 5000fache Verdünnung der Thiosulfatlösung rechnen, die etwa 1,61-normal ist; durch die Pumpe geht dann eine $\frac{1,61}{5000} = {}^1/_{3100}$-normale Salzlösung. Titriert man mit $^1/_{500}$-n-Jodlösung, indem man also 20 cm^3 der ursprünglichen $^1/_{10}$-n-Jodlösung mit destilliertem Wasser auf (nicht: um) 1000 cm^3 = 1 l verdünnt, so würde die zum Farbumschlag erforderliche Jodlösung zur Menge im Kolben im Verhältnis 500 : 3100 = 1 : 6,2 stehen, wenn man die 5000fache Verdünnung genau getroffen hat und wenn das verwendete Wasser indifferent ist. Gibt man also 200 cm^3 in den Kolben, so braucht man 200 : 6,2 = 32,3 cm^3 Jodlösung, was eine für die Genauigkeit der Messung passende Menge ist. Bei den angegebenen Verdünnungsverhältnissen ist der Farbumschlag auf 5 bis 6 Tropfen genau zu erkennen; für die Genauigkeit wäre eine größere Konzentration, die bei einem Tropfen den Umschlag gibt, besser, doch liegt die stärkere

Verdünnung im Interesse der Kostenersparnis; auch bedeuten 6 Tropfen ≙ 0,3 cm³ erst knapp 1% der verwendeten Jodlösung von 32,3 cm³, die Genauigkeit in dieser Hinsicht ist also befriedigend. Da 1 kg Natriumthiosulfat etwa 0,10 M. kostet, so sind die Versuchskosten 0,02 M. für 1 m³ Wasser, also unerheblich, da als Versuchsdauer wenige Minuten genügen. — Bedeutend höhere Konzentrationen der endgültigen Mischung muß man bei nicht farblosem Wasser anwenden, und für Wasser, das stark mit Jod oder Thiosulfat reagiert, kann die Methode ganz unbrauchbar werden. Unbrauchbar ist sie beispielsweise zur Bestimmung der Solemenge in Kühlanlagen, wenn es sich um Chlormagnesiumsole handelt. Man muß jedenfalls einige Vorversuche über die mit Rücksicht auf die verlangte Genauigkeit anzuwendenden Mengen und Verdünnungen machen.

Man hat auch statt des Salzes einen *Farbstoff* zugesetzt. Die Konzentration nach erfolgter Beimengung zu der zu messenden Wassermenge wird bestimmt, indem man eine Probe der ursprünglichen Farblösung mit dem gleichen Wasser auf gleiche Farbintensität verdünnt, was mit dem Auge in kolorimetrischen Gefäßen (aus Apparatehandlungen zu beziehen) zu beurteilen ist. Als Farbstoff dient Fluoreszein, das noch in Verdünnungen von 1 : 100 000 bis 1 : 1 000 000 quantitativ genau zu erkennen sein soll. In nicht farblosem Wasser soll Eosin besser zu erkennen sein, von dem man aber mehr braucht. Genauigkeit 1,5% mit Eosinlösung 1 : 1000. Vgl. Zeitschr. f. d. ges. Wasserwirtschaft 1913, S. 259; Ges. Ing. 1913, S. 884. Verf. hat die angegebene Genauigkeit bei weitem nicht erzielen können.

Die Genauigkeit dieser Messungen hängt übrigens namentlich von dem Grade der Durchmischung in der Flüssigkeit ab, die am besten bei Peltonrädern erreicht werden soll[1]). Die verfügbare Wassermenge für ein geplantes Kraftwerk zu messen wird nur dann in gleicher Weise möglich sein, wenn der Wasserlauf genügend unruhig ist und wenn man die Entnahmestelle genügend entfernt von der Zusatzstelle wählen kann.

a) Versuchsanordnungen zur Mengenbestimmung.

50. Wägen. Zu Gewichtsbestimmungen dient die Wage. Mit ihrer Hilfe sind Mengenbestimmungen selbst bei mäßiger Sorgfalt noch mit einem Grade der Genauigkeit auszuführen, der die Bedürfnisse von Maschinenuntersuchungen bei weitem übertrifft. Da ferner die Gewichtsmessung von der Temperatur unabhängig ist, die Volumenmessung aber ihre Beachtung verlangt, was nicht immer leicht zu machen ist, so läßt sich geradezu die Regel aussprechen, man solle wägen, wo immer es tunlich ist.

Ein Körper wird von der Erde scheinbar verschieden stark angezogen, sein Gewicht ist bei übrigens gleichen Umständen verschieden, je nachdem er sich im lufterfüllten oder im luftleeren Raum befindet. Im lufterfüllten ist er nach dem Gesetz vom *Auftrieb* um so viel leichter,

[1]) Schweiz. Bauztg., 26. Juli 1913; Z. f. d. ges. Turbinenwesen, 20. Dez. 1913.

wie das verdrängte Luftvolumen wiegt. Die Stoffmenge ist nun durch das Gewicht im luftleeren Raume gegeben, denn sonst wäre die Angabe von dem momentanen Barometerstand und von der Temperatur abhängig. Daher sind alle Angaben über spezifische Wärmen, spezifische Gewichte und dergleichen so zu verstehen, daß sie sich auf ein Kilogramm im luftleeren Raum beziehen. Insbesondere bei Gasen ist eine andere Angabe geradezu widersinnig.

Der Fehler, den man durch Nichtbeachten dieser Verhältnisse macht, ist um so größer, je geringer das spezifische Gewicht des betreffenden Körpers ist, je mehr Luft er also verdrängt. Ein Kubik-

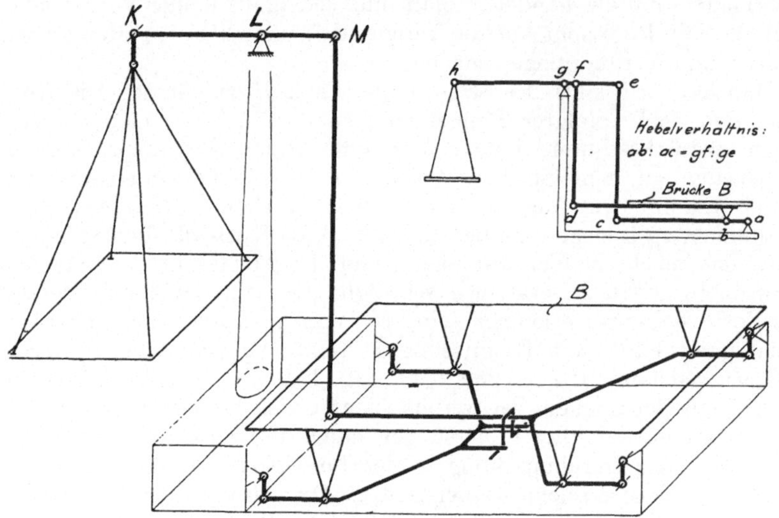

Fig. 93 und 94. Dezimalwagen für Gewichtsausgleich.

meter Wasser wiegt 1000 kg, die von ihm verdrängte Luft 1,3 kg bei 0°, oder 1,2 kg bei 20°. Man begeht Fehler von 0,13 oder 0,12%, wenn man nicht auf den luftleeren Raum reduziert.

Dieser Fehler wird bei Gewichtswagen noch vermindert dadurch, daß auch die benutzten Gewichte einen Auftrieb erfahren; er beschränkt sich auf den Unterschied der Volumina von gewogenem Körper und Gewichten. Der Fehler, der durch Vernachlässigung des Auftriebs der Luft bei Wägungen entsteht, ist daher technisch oft belanglos. —

Von den zahlreichen Formen der Wage kommt für unsere Zwecke namentlich die *Brückenwage* in Betracht. Für die seltenen Fälle, wo man eine feinere Balkenwage verwendet — um etwa bei Heizwertbestimmungen, Kap. XIII, die Kohlebriketts zu wägen —, kann man sich in Physikwerken Rat holen. Die Federwage dient nur als Dynamometer (§ 75). Für Mengenbestimmungen ist sie wenig genau.

Getriebe von Brückenwagen sind in Fig. 93 bis 95 schematisch dargestellt. Die Last steht auf der sogenannten Brücke B, die auf Hebeln ruht. Die Hebel werden zum Einspielen gebracht, d. h. in ihre Mittelstellung zurückgezogen, entweder indem man Gewichte auf eine Gewichtsschale setzt, oder indem man ein Laufgewicht auf einem Hebel mit Skala verschiebt; beide Anordnungen sind gebräuchlich, die Messung durch Laufgewicht ist viel bequemer. Aus der Menge der aufgesetzten Gewichte, aus der Stellung des Laufgewichtes erkennt man die zu messende Last.

Die Hebelanordnung muß so sein, daß beim Hin- und Herspielen der Hebel die Brücke stets sich selbst parallel bleibt, so daß die Last sich um gleich viel hebt und senkt, sie stehe an welcher Stelle der Brücke sie wolle. Dann folgt aus dem Gesetz der virtuellen Verschiebungen, daß es beim Wägen gleichgültig für das Ergebnis ist, wo auf der Brücke die Last steht — und das muß natürlich gleichgültig sein. Die in den Figuren gegebenen Anordnungen erfüllen diese Bedingung; Fig. 94 nur, wenn die dazugesetzten Hebelverhältnisse innegehalten werden. Außer der Forderung der Parallelführung hat der Konstrukteur einer Wage eine Reihe von Bedingungen zu erfüllen, die für das richtige Arbeiten der Wage maßgebend sind. Last und Gewichte sollen sich nämlich im stabilen Gleichgewicht miteinander befinden, so daß die Wage, durch Anstoßen aus ihrer Mittellage gebracht, stets wieder von selbst in dieselbe zurückkehrt; die Empfindlichkeit der Wage soll möglichst groß sein; und das alles soll nicht nur bei einer, sondern bei jeder Last der Fall sein. Man erreicht es durch die bekannte Bedingung, daß bei den Hebeln die drei Schneiden in einer Geraden liegen müssen, ferner durch Geringhalten der beweglichen Massen von Hebel und Brücke, die man wohl als tote Last bezeichnet, endlich durch passende Verteilung dieser Massen. Die als Achsen gezeichneten Lagerungen sind sämtlich Schneidenlager.

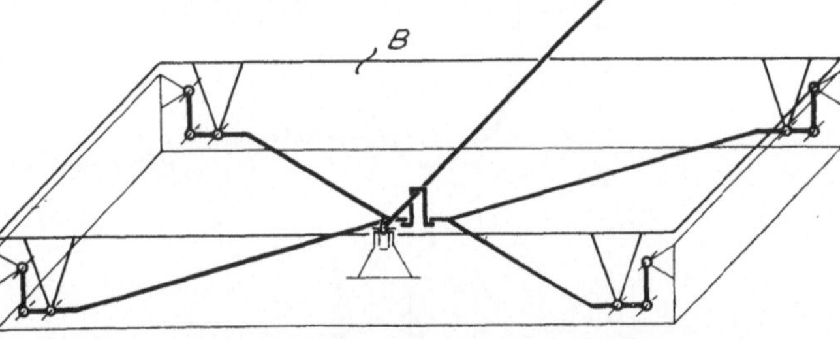

Fig. 95. Zentesimalwage für Gewichtsausgleich.

Bessere Brückenwagen haben eine *Entlastung*. Hebt man den Wägearm KL, so daß M sich senkt, so senkt sich auch die Brücke und kann sich auf zu dem Zwecke vorhandene Auflager stützen. Alle Schneiden werden dadurch entlastet. Man soll nur in entlastetem Zustand der Wage Lasten auf die Brücke bringen, um die Schneiden zu schonen. Ein nur einmaliger Verstoß hiergegen mindert die Empfindlichkeit einer Wage sehr.

Um die Wage dann in Wiegezustand zu bringen, ist offenbar ein Anheben der ganzen Last erforderlich, wenn auch nur um wenige Millimeter. Bei großen Lasten bedingt das eine von Hand oder mechanisch betätigte Windevorrichtung, bei deren Entwurf zu beachten ist, daß dieselbe zum Heben der Last eine bestimmte, gegebene Arbeit zu leisten und zu übertragen hat. Solche und manche andere mechanische Einrichtung, beispielsweise selbsttätige Registriervorrichtungen für alle über eine Wage gegangenen Lasten, machen moderne Wagen zu komplizierten Apparaten, für welche die übliche Bezeichnung „Wägemaschine“ wohl zutrifft.

Zur Frage nach der genaueren *Form einer zu beschaffenden Wage* läßt sich sagen, daß *Laufgewichtswagen* entschieden den *Gewichtswagen* vorzuziehen sind, der viel bequemeren Handhabung wegen. Wegen der schwierigeren Herstellung und Justierung der Balkeneinteilung sind sie rd. 25% teurer als jene, deren Minderpreis geht aber etwa auf Beschaffung der Gewichte.

Der Ständer mit dem Balken für das Laufgewicht tritt bei der Laufgewichtswage an die Stelle der Gewichtsschale der Fig. 93 bis 95. Übliche Formen der Laufgewichtsbalken zeigen Fig. 96 und 97, die auch

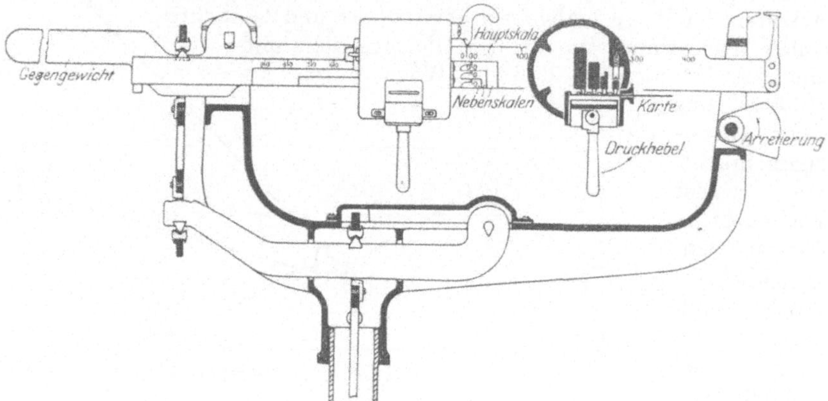

Fig. 96. Laufgewichtsanordnung mit Druckeinrichtung. Garvenswerke in Wülfel.

die übliche Konstruktion aller Gelenke aus Pfanne und Schneide erkennen lassen. Ein durch Schraube gehaltenes Sperrstück verhütet, daß beim Transport die Schneide aus der Pfanne fällt.

Bei Fig. 96 ist nur ein Hauptlaufgewicht vorhanden, in dem stabförmige Nebenskalen verschiebbar sind, die die Unterteile der Hauptteilung angeben; die gesamte Laufgewichtsanordnung ist also in sich geschlossen; sie kann auch mit Einrichtung zum Kartendrucken versehen werden, wie in Fig. 96. Die unteren Flächen des Balkens und der Nebenskalen liegen alle in einer Ebene; an passender Stelle sind auf ihnen die erforderlichen Zahlen eingraviert; gegen sie kann mittels Druckhebels und Exzentertriebes ein eingeschobenes Blatt aus weicher Pappe gedrückt werden, auf dem die Zahlen erhaben abgedruckt werden. Mannigfache Anordnungen sind erdacht und erprobt, um Fälschungen der Kartenblätter zu vermeiden, die oft als Abrechnungsbeleg zu dienen haben. So verhüten Sperrungen der Exzenterbewegung, daß man drucken kann, wenn nicht alle Skalen auf volle Zahlen eingestellt sind.

Auch verhütet man, daß das Abdrucken anders als im Gleichgewichtszustande des Hebels erfolgen kann. Dazu wird das ganze Hebelwerk in einen Kasten eingeschlossen; die Laufgewichte werden von außen durch Triebe betätigt. Erst wenn die Wage einspielt, kann man eine Paßstange in eine Kerbe einlegen und damit die Druckbewegung freigeben. Damit aber weder durch die Zahntriebe noch durch die Karteneinführung fälschlich Momente auf den Balken ausgeübt werden können, sind alle diese Teile in die Berührungsachse der Schneiden und Pfannen des Laufgewichtsbalkens gelegt.

Wo man auf das Drucken keinen Wert legt, sollte man die viel bequemer zu handhabende Anordnung Fig. 97 wählen, bei der die Nebenskala auf einem besonderen Balken unterhalb des Hauptbalkens angebracht ist. — Bei Dezimalwagen sollte man darauf achten, daß sie wenigstens ein *Hilfslaufgewicht* haben, das ist ein kleines, neben dem Balken laufendes Gewicht, das meist bis zu 5 kg mißt und das lästige Aufsetzen der kleineren Gewichte auf die Gewichtsschale umgehen läßt.

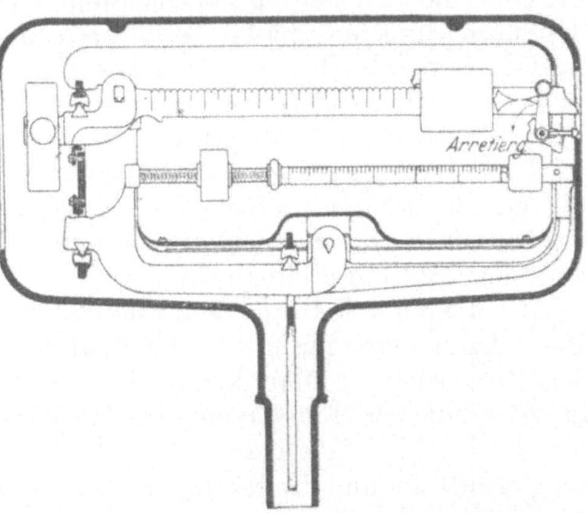

Fig. 97. Laufgewichtsanordnung ohne Druckeinrichtung.

Da die Wagen vielfach dem öffentlichen Verkehr dienen, so wird ihre Herstellung und Instandhaltung vom Staate insofern überwacht, als Wagen nur nach amtlicher *Eichung* öffentlich benutzt werden dürfen. Daher sind die käuflichen Wagen im allgemeinen verläßlich, auch wenn das einzelne Exemplar nicht geeicht ist. Geeichte Wagen haben den Stempel eines Eichamts, der für Brückenwagen erteilt wird, sobald ihr Fehler bei Höchstlast nicht größer als 0,6 g auf jedes Kilogramm Last ist; bei $^1/_{10}$ der Höchstlast darf die Wage einen Fehler gleich dem fünften Teil des bei Höchstlast zulässigen Fehlers haben, der Fehler darf dann also 1,2 g pro Kilogramm Last ausmachen.

Eine Brückenwage, gleichgültig ob Dezimal-, Zentesimal- oder Laufgewichtswage, von 1000 kg Wiegefähigkeit, wird also geeicht, indem man zunächst die Zungen leer zum Einspielen bringt. Man bringt 100 kg, dann 1000 kg auf die Brücke, entlastet wieder auf 100 kg, um zu sehen, ob die Wage sich bei der Höchstlast nicht verändert hat, und entlastet wieder ganz. Ihr Fehler darf 600 g bei Höchstlast und $\frac{1}{5} \cdot 600 = 120$ g bei kleiner Last sein. Bei jeder der Belastungen von 100, 1000 und wieder 100 kg hat man die Genauigkeit und die Empfindlichkeit der Wage zu prüfen: beide müssen sich innerhalb der genannten Fehlergrenze halten. Sollte also eine Dezimalwage nicht ganz einspielen, wenn man der Höchstlast von 1000 kg 100 kg Gewichte auf der

Gewichtsschale entgegensetzt, so muß man sie doch zum Einspielen bringen können, indem man höchstens 600 g von der Brücke wegnimmt oder hinzufügt: dann ist die Genauigkeit ausreichend. Und hat man die Wage bei der Höchstlast zum genauen Einspielen gebracht, so muß sie durch Aufsetzen von 600 g auf die Brücke nicht nur aus der Gleichgewichtslage kommen, sondern auch in einer von der Mittelstellung „deutlich“ abweichenden Stellung zur Ruhe kommen: dann ist die Empfindlichkeit ausreichend. Will man eine Wage eichen, ohne so viel Gewichte zu haben, wie die Höchstlast beträgt, so muß man mit einer kleinen, natürlich zuverlässigen Hilfswage Eisenteile oder dergleichen in kleinen Portionen zuwiegen.

Wageneichungen werden von den Staatlichen Eichämtern (in Preußen) nach diesen Vorschriften und für andere Wagenformen nach anderen, in der Eichordnung für das Deutsche Reich vom Jahre 1908 enthaltenen Bestimmungen geeicht. Die neue Eichordnung von 1908 schreibt eine Erneuerung der Eichung in jedem zweiten Jahre vor. Die Gebühren sind so mäßig, daß man meist besser daran tun wird, amtlich eichen zu lassen, als dies selbst zu besorgen.

Die Eichung der Gewichte ist so wichtig wie die der Wage; durch Schmutz, Rost und Abspringen von Ecken können Gewichte falsch werden. Wir verweisen auf die anderen Orts gemachte Bemerkung, daß gerade bei den einfachsten Messungen, nämlich Längen- und Gewichtsmessungen, am meisten gesündigt wird durch prüfungslose Verwendung schlechter Meßwerkzeuge.

51. Messen und Wägen von Flüssigkeiten. Flüssigkeiten und körnige Stoffe kann man nur unter Benutzung eines auf der Wage stehenden Behälters wiegen. Man nennt das Gewicht des Behälters die *Tara*, das Gewicht von Flüssigkeit einschließlich Behälter heißt *Brutto-* und das Gewicht der Flüssigkeit allein *Nettogewicht*. Das Nettogewicht will man ermitteln und findet es als Differenz: Brutto minus Tara. Das Ausgleichen des Taragewichts heißt Austarieren.

Die Tara soll möglichst klein sein, sonst wird das Wägen zu einer Differenzmethode und die Messung ungenau (§ 17). Das Eigengewicht der Brücke bildet schon gewissermaßen einen Teil der Tara, und da es bei kleiner Belastung relativ mehr ausmacht als bei Höchstlast, so mißt die Wage ohnehin bei der Höchstlast am besten. In den Bestimmungen über Wageneichungen sahen wir dem Rechnung getragen.

Man soll also sowohl die Wage als auch den Behälter nicht größer nehmen als nötig.

Flüssigkeiten mißt man oft durch Einfüllen in *geeichte Gefäße*. Entweder hat das Gefäß eine Skala, an der man jede beliebige Flüssigkeitsmenge ablesen kann (Mensuren), oder es hat eine Marke (Eichstrich), bis zu dem hin es eine gewisse Menge Flüssigkeit enthält, die man durch Versuch feststellt und die keine runde Zahl zu sein braucht. Eine Skala am Gefäß gestattet selten befriedigende Messung, weil meist eine verhältnismäßig große Oberfläche vorhanden ist, so daß ein geringer Irrtum in der Ablesung großen Einfluß gewinnt. Bei Gefäßen mit einem Eichstrich — oder mit zwei Eichstrichen, zwischen denen ein bestimmtes Volumen liegen soll, kann man den Einfluß kleiner Niveauunterschiede bei der Messung mindern, indem man das Gefäß in der Gegend des Eichstrichs enger macht. Wo die Messung so geschieht, daß man das Gefäß zum Rande füllt, entsteht eine Unsicherheit durch die Ausbildung einer Kuppe (Meniskus), die verschieden hoch sein kann.

Ebenso wichtig wie die Möglichkeit genauen Auffüllens ist die Möglichkeit genauer Entleerung. Das Übliche hierzu ist, den Auslauf als Heber wirken zu lassen, so daß er plötzlich abreißt, wenn er Luft erhält, vergleiche Fig. 100. Bei dieser Anordnung hat man auch bis zum Augenblick des Abreißens noch eine endliche Ausflußhöhe, zum Schluß von der Höhe h_0, so daß man nicht lange auf das Austropfen zu warten hat. Zum Ausrichten des Gefäßes ist eine Fläche für die Wasserwage vorzusehen, oder besser sollte der Gefäßboden zum Hahn hin Gefälle haben, auch wohl eine Versenkung kleineren Querschnitts.

Die Messung ist unter allen Umständen abhängig von der *Temperatur*; da sowohl die Flüssigkeit als auch das Gefäß sich ausdehnt, so kann man den Einfluß der Temperatur nur durch Versuch finden. Die Eichung muß also bei einer Reihe von Temperaturen oder doch bei der Verwendungstemperatur stattfinden.

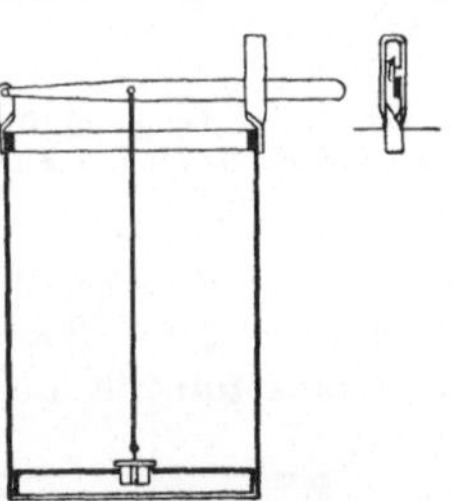

Fig. 98. Gefäß mit Auslaßventil und federndem Verschlußhebel zum Abwiegen von Flüssigkeiten.

Die *Eichung* geschieht meist, indem man das Gefäß zur Marke auffüllt und die Wassermenge wägt. Will man nun eine Eichung nach Volumen vornehmen, so muß man, mindestens bei warmem Wasser, die Ausdehnung des Wassers durch die Wärme berücksichtigen. Man habe etwa ein Gefäß bei 60° C zu kalibrieren und findet durch Wägung, daß es 734 kg Wasser faßt; dann ist sein Inhalt nach Fig. 86, § 43, $\frac{734}{0,983} = 746$ l. Man kann das Gefäß also mit der Aufschrift versehen: „0,746 cbm bei 60°" oder auch „734 kg Wasser bei 60°"; falsch aber wäre die Aufschrift „0,734 cbm".

Die für große Gefäße zuverlässigste und bequemste Art der Eichung ist die Zufügung einer bekannten Menge einer leicht quantitativ bestimmbaren chemischen Substanz und Messung der Konzentration nach erfolgter gründlicher Durchmischung. Man kann dazu Natriumthiosulfat benutzen, das mit Jodlösung titrimetrisch bestimmt wird. Man kann auch Fluoreszein oder Eosin benutzen und kolorimetrisch bestimmen. Vgl. hierüber § 49.

52. Dauermessungen. Um durch Wägen eine dauernd fließende Menge zu messen, kann man sich zweier Gefäße von gleichem oder verschiedenem Inhalt bedienen, die auf Wagen stehen und in die man das Wasser abwechselnd leitet; das Ende der zuführenden Rohrleitung ist dazu beweglich drehbar eingerichtet, um abwechselnd beide Gefäße zu füllen. Unten an den Gefäßen ist ein Ventil oder Hahn angebracht, durch den man das Wasser nach erfolgter Wägung abläßt. Je schneller das Wasser abläuft, für desto größere Wassermengen reicht die Einrichtung aus, man mache also die Ausflußöffnung groß. Ist sie ungenügend, so schafft ein angesetztes Rohrstück, saugend wirkend, Besserung (ähnlich wie bei Fig. 100 besprochen). Ein Gefäß nach Fig. 98 ist zweckmäßig, der Verschlußhebel federt und sorgt daher für dichten Abschluß des Ventils.

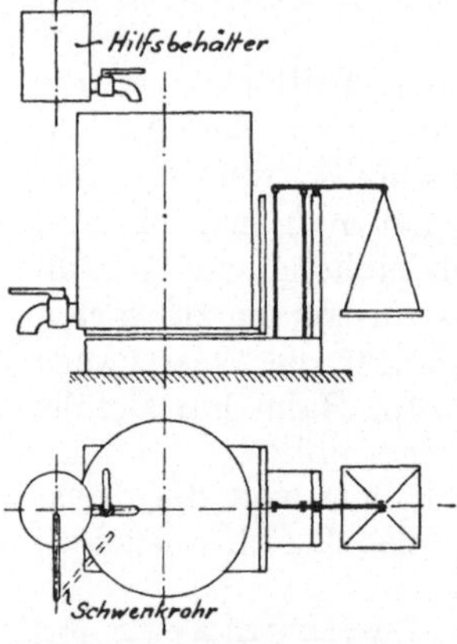

Fig. 99. Einrichtung zum Wägen von dauernd fließenden Flüssigkeiten.

Hat man ein großes und ein kleines Gefäß zur Verfügung und zwei entsprechende Wagen, so benützt man das große zum Messen, und das kleine fängt das Wasser nur in der Zeit auf, die man zum Wägen des großen und zum Auslassen des Inhaltes gebraucht. Man braucht auch nur das große Gefäß auf einer Wage zu haben, das kleine Hilfsgefäß steht höher und kann nach Bedarf ins Hauptgefäß entleert werden (Fig. 99). Während der Wägung des großen fängt man das Wasser im Hilfsgefäß auf; nach Entleerung des Hauptgefäßes läßt man den Inhalt des Hilfsgefäßes ins Hauptgefäß und verwiegt ihn mit dem nächsten Quantum. Die umgekehrte Einrichtung findet man für Kesselspeisung verwendet: von zwei Gefäßen steht das obere auf der Wage, man läßt die abgewogene Wassermenge in den unteren Vorratsbehälter, aus dem die Speisepumpe nach Bedarf entnehmen kann. Im Vorratsbehälter muß das Wasser am Anfang und am Ende des ganzen Versuches gleich hoch stehen (Wasserstandsglas). Die Einrichtung Fig. 99 ist brauchbar, wenn das Wasser nach, die andere, wenn es vor der Benutzung gemessen wird.

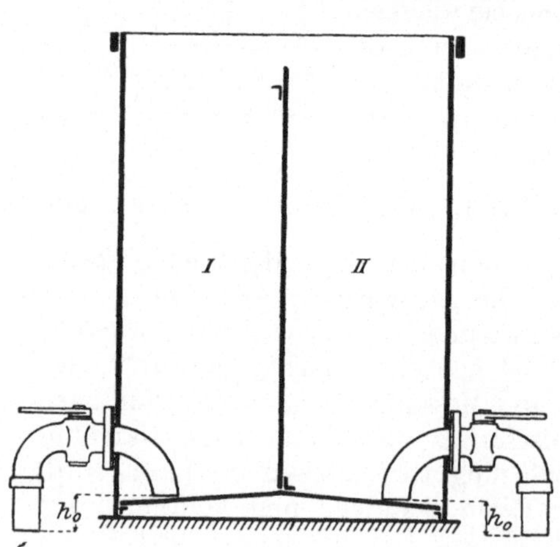

Fig. 100. Geeichtes Doppelgefäß mit Heberauslauf.

Bei dauernd fließenden Flüssigkeiten kann man auch eine Volumenmessung mit Hilfe zweier Gefäße von gleichem oder verschiedenem Inhalt vornehmen; im Notfall braucht auch hier nur eines kalibriert zu sein. Da das Auffüllen bis an eine Marke nur unsicher zu machen ist, so ist ein geteiltes Gefäß nach Fig. 100 zweckmäßig: eine der beiden Hälften füllt sich bis an die niedrigere Scheidewand an, dann läuft der Überschuß in die andere leere Hälfte. Man schwenkt nun das Zuflußrohr herum und entleert die erste Hälfte durch den Hahn. Ist die zweite Hälfte voll, so läuft das Wasser von selbst in die erste. Jede der Hälften ist geeicht. Bei Benutzung solcher Gefäße ist es oft lästig, daß man nicht jede beliebige Menge messen kann, sondern nur Vielfache der Gefäßinhalte.

Hat man nur ein Gefäß zur Verfügung, so hilft man sich, indem man mittels Stechuhr die Zeit zum Auffüllen eines bestimmten Gewichtes Wassers feststellt.

Heißes Kondensat muß man kühlen, bevor es ins Freie tritt (§ 48); man leitet es durch eine Schlange (Masch.-Unt. § 48, Fig. 48). Handelt es sich um mäßige Mengen, wie beim Mantelkondensat von Dampfmaschinen, so läßt man das Kondensatrohr in dem auf einer Wage stehenden Meßgefäß ausmünden, das man mit etwas kaltem Wasser beschickt hat; das heiße Kondensat mischt sich mit dem kalten Wasser, so daß infolge des andauernden Wärmeverlustes die Temperatur nie über 100° kommt; man beobachtet die Gewichtszunahme. Auch bei Kondensat nahe unter 100° muß man vorsichtig sein und das Meßgefäß leicht abdecken, so daß die Verdunstung vermieden wird.

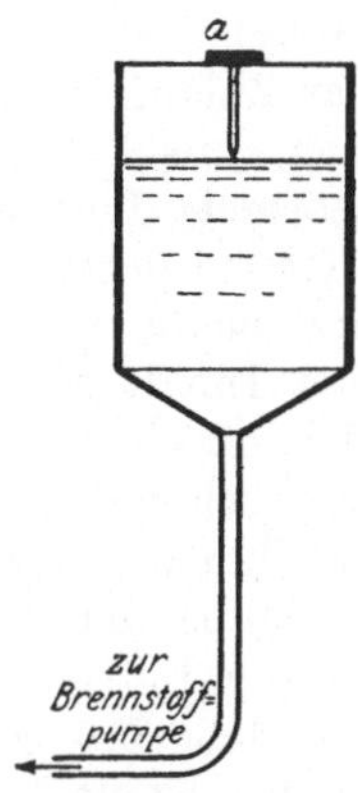

Fig. 101. Messung des Brennstoffverbrauchs eines Ölmotors.

Sehr empfehlenswert ist in vielen Fällen die Verwendung einer *Abreißspitze*, um genau zu erkennen, wenn ein bestimmtes Volumen oder Gewicht Flüssigkeit verbraucht oder geliefert ist. Den Ölverbrauch von Dieselmaschinen z. B. bestimmt man am sichersten durch Abwiegen, und durch Einfüllen in ein oben offenes Gefäß, dessen Rohr nach Entfernung der normalen Ölleitung an die Brennstoffpumpe angeschraubt wird (Fig. 101). Bestimmt wird die Zeit, während der 1 kg oder 5 kg verbraucht sind; das ist der Fall, wenn diese Menge in das Gefäß eingefüllt ist und wenn dann der Ölstand im Gefäß wieder der anfängliche ist. Um letzteres zu beobachten, kann ein Ölstand dienen. Genauer ist es, eine Drahtnadel von einem aufgelegten Flacheisen a in das Öl herabstehen zu lassen: als Anfang und als Ende der Versuchszeit gelten die Zeiten, wo der Ölspiegel von der Nadel abreißt; diese Zeitpunkte sind sehr genau zu beobachten. Es empfiehlt sich, das Blech mit der Nadel lose auf das Gefäß zu legen, nicht etwa festzumachen; durch Anheben kann man sich dann jederzeit überzeugen, wie lange es noch bis zum Abreißen dauern wird.

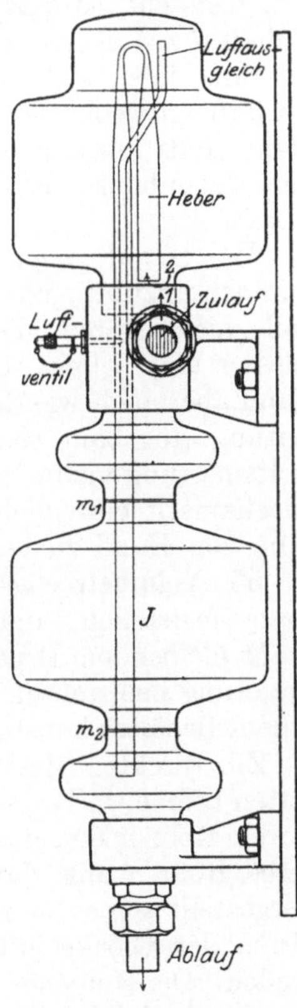

Fig. 102. Stichprober der Deutschen Versuchsanstalt für Luftfahrt, Berlin-Adlershof.

Bequem nicht nur für ständige Zwecke ist der *Stichprober* Fig. 102, der besonders verwendet wird, um den Benzinverbrauch von Verbrennungsmotoren zu messen. Das obere Kopfglas und das untere

Meßglas sind in zwei metallene Träger eingekittet; in den oberen geht der Zulauf, unten läuft die Flüssigkeit ab. Beim Ingangsetzen füllt sich zunächst nach Pfeil *1* das Kopfglas, während die Luft durch das geöffnete Luftventil entweicht. Sobald dabei die Flüssigkeit bis zum flachgedrückten Knie des Hebers steht, wird das Luftventil geschlossen und bleibt nun geschlossen; im gleichen Augenblick hebert der Heber den Inhalt des Kopfgefäßes ins Meßgefäß aus, wobei das Meßgefäß sich durch das Luftausgleichrohr ins Kopfgefäß entlüftet; der Heber reißt schließlich ab. Das Meßgefäß füllt sich dabei bis über die Marke m_1, aus ihm wird nun durch den Ablauf Flüssigkeit entnommen. Nur nach Maßgabe der Entnahme tritt neue Flüssigkeit ins Kopfgefäß nach, da die Luftmenge in beiden Gefäßen zusammen ihren Wert behält. Im Meßgefäß geht der Spiegel unter die Marke m_2, eine Zeit darauf ist das Kopfgefäß so voll, daß der Heber wirkt, worauf das Spiel von neuem beginnt. Das Meßgefäß erhält während des Absinkens des Spiegels von m_1 nach m_2 keinen Benzinnachfluß; wenn man daher die Zeit zwischen dem Durchgang durch beide Marken mit der Stechuhr feststellt, so läßt sich der stündliche Durchgang berechnen, da der Inhalt J zwischen den Marken feststeht. — Stimmt der Luftinhalt nicht, so verschieben sich die Grenzen der Spiegelschwankungen im Meßgefäß, so daß entweder m_1 oder m_2 nicht durchschritten wird. Man drückt dann Luft mittels einer Fahrradluftpumpe ins Luftventil oder läßt im Augenblick der unteren Umkehr etwas Luft durchs Luftventil heraus.

Wo es auf gleichmäßige Entnahme ankommt, ist der Stichprober so hoch anzubringen, daß die Spiegelschwankungen gegenüber dem Gefälle nicht stören. Der Stichprober darf wie die offenen Flüssigkeitsmesser nicht ohne Aufsicht sein, wenn der Auslauf frei stattfindet; er kann aber auch wie die geschlossenen Wassermesser fest in eine Flüssigleitung eingebaut sein. Der Gedanke desselben läßt sich für Flüssigkeitsmessung vielfach abwandeln; sein Vorteil ist die Vermeidung aller mechanisch beweglichen Teile. Ältere Formen hatten statt des Hebers eine von Hand zu betätigende Hahnsteuerung (*St* in Fig. 202).

53. Volumetrische Ermittlung von Gasmengen. Die Gasmenge kann man feststellen, indem man das Gas einem Behälter bei konstant bleibendem Druck entnimmt oder in ihn einfüllt und die Volumenänderung beobachtet; das tut man in Meßglocken. Oder man kann an einem Behälter konstanten Volumens die Druckänderungen beobachten.

Zur direkten Messung eines Gasvolumens dient die *Meßglocke*, eine unten offene, in Wasser tauchende Blechglocke (Fig. 103); das Gas tritt durch Rohr *a* ein, dabei hebt sich die Glocke, oder es tritt durch dasselbe Rohr *a* aus, dann sinkt die Glocke. Da die Glocke genau rund hergestellt ist, so kennt man das Volumen, welches jedem gemessenen Hube der Glocke entspricht. Man kann es auch experimentell feststellen. Die Höhe des Wasserstandes ist dabei gleichgültig. Die Stellung der Glocke kann man an einer, bei großen Glocken an drei Skalen, die über den Umfang verteilt sind, unter Zuhilfenahme einer Visiervorrichtung ablesen.

Es ist noch erforderlich, die Spannung des Gases unter der Glocke zu messen. Der Unterschied dieser Gasspannung gegen die Atmosphäre, also der Überdruck des Gases, ist durch den Niveauunterschied des Wassers innerhalb und außerhalb der Glocke gegeben: er gleicht gerade das Eigengewicht der Glocke aus, soweit es nicht durch Ausgleichgewichte f ausgeglichen ist; man kann ihn am Wassermanometer M_1 erkennen und durch Auflegen von Gewichten bei f auf die gewünschte Höhe bringen. Dieser Überdruck des Gases soll bei allen Stellungen der Glocke der gleiche sein, weil sonst gleichen Glockenhüben nicht auch gleiche Gasmengen entsprechen und umständliche Reduktionen nötig werden. Bei sinkender Glocke wird das Stück der Glocke, welches in Wasser taucht und dem Auftrieb unterworfen ist, immer größer, das Eigengewicht der Glocke also immer kleiner, und damit würde die Gasspannung sinken. Das verhütet Gewicht d, das an veränderlichem Hebelarm angreift und die Änderungen des Glockengewichts ausgleicht.

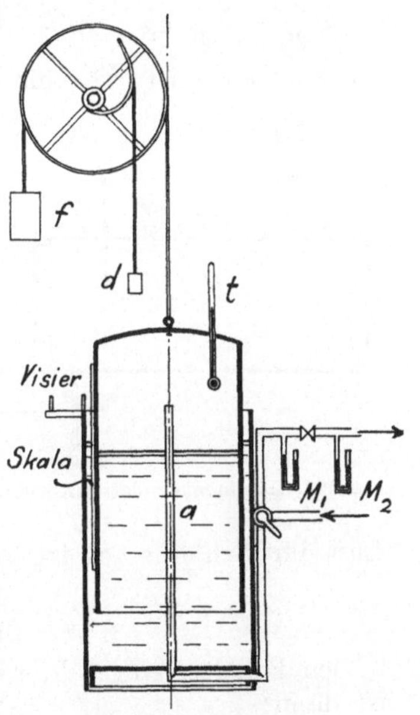

Fig. 103. Meßglocke.

Die Wassertemperatur muß mit der äußeren Lufttemperatur übereinstimmen, sonst wird man nie die Gastemperatur am Thermometer t sicher feststellen können. Bei großen Glocken ist diese Bedingung kaum zu erfüllen.

Bei kleinem Gasbedarf kann man das Gas direkt einer Glocke entnehmen und dadurch messen. So kann man eine Gasmaschine erst in Beharrungszustand kommen lassen, ihr dann während einer verhältnismäßig kurzen Zeit Gas aus der Gasglocke zuführen und dadurch den Gasverbrauch bestimmen. Hat man zwei Glocken zur Verfügung, so kann man sie abwechselnd benutzen und die Versuche beliebig lange ausdehnen. — Meist aber dienen die Glocken nur dazu, Gasmesser zu eichen, deren Verwendung dann viel bequemer ist. Diese Eichstationen für Gasmesser werden unten erwähnt werden. —

Eine leidlich sichere Messung von Gasmengen kann man durch Auffüllen eines Behälters von bekanntem Inhalt und Beobachten der Spannungszunahme erzielen.

Diese *Auffüllmethode* ist namentlich zur Bestimmung der Luftlieferung von Kompressoren üblich. Die Anordnung ist in Fig. 104 dargestellt. Der Kompressor C komprimiert die Luft auf einen Druck p_1, mit dem sie im Betriebe an irgendeinen Verwendungsort geht. Jetzt aber geht sie in einen Behälter von bekanntem Volumen V, an dem man Spannung p und Temperatur t jederzeit ablesen kann. Ein Drosselventil d sorgt dafür, daß man den Kompressor gegen einen beliebigen konstanten Druck arbeiten lassen kann, während in V der

Druck ansteigt; d muß dazu ständig nachgeregelt werden. Durch Ventil e läßt man vor Beginn und nach Beendigung des Versuches die Luft ins Freie blasen. Bei der Versuchsausführung schließt man zunächst Ventil e und stellt nun fest, wann das Manometer p durch einen, wann es durch einen zweiten beliebigen Teilstrich geht. Sonst ist im Behälter V schon anfangs, trotzdem e offen ist, ein beträchtlicher Überdruck, den das Manometer nicht anzeigt, weil diese Instrumente nahe dem Nullpunkt schlecht zeigen. Bessere Ergebnisse wird oft die Verwendung eines Quecksilbermanometers liefern.

Die Berechnung der eingefüllten Menge geschieht nun wie folgt: In einem Raum von V m³ Inhalt befindet sich beim Druck p kg/m² und bei der Temperatur $t°$ C oder absolut $T°$ ein Luftgewicht $G = \frac{V \cdot p}{29{,}27 \cdot T}$ kg, wobei für Luft $R = 29{,}27 \frac{\text{m}}{°\text{C}}$ die sogenannte Gaskonstante ist; für ein anderes Gas von der Dichte δ, bezogen auf Luft $= 1$ (§ 43) wäre $G = \frac{\delta}{29{,}27} \cdot \frac{V \cdot p}{T}$. Bleiben wir aber bei Luft, so möge am Anfang eines Versuches der Druck p' und am Ende p'' kg/m² beobachtet sein; dann waren anfangs $\frac{V \cdot p'}{29{,}27 \cdot T}$ und nachher $\frac{V \cdot p''}{29{,}27 \cdot T}$ kg Luft im Behälter, es ist also ein Luftgewicht

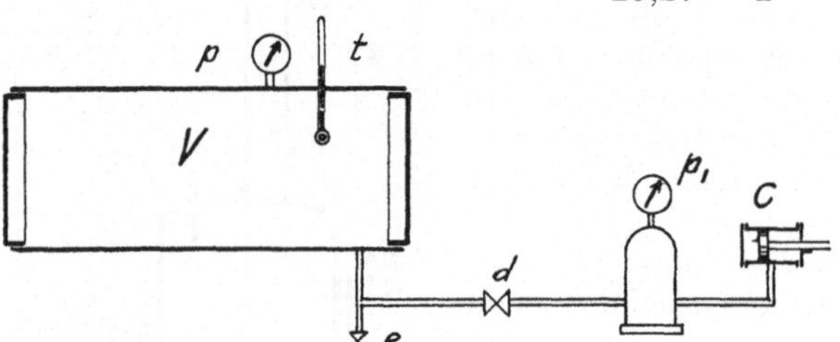

Fig. 104. Bestimmung der Luftlieferung eines Kompressors nach der Auffüllmethode.

$$G = \frac{V}{29{,}27 \cdot T} \cdot (p'' - p') \text{ kg} \quad \ldots \ldots \quad (8)$$

in den Behälter eingefüllt worden. Das eingefüllte reduzierte Volumen ist dann:

$$V_0 = \frac{G}{1{,}293} = \frac{V}{37{,}8\, T} \cdot (p'' - p') \text{ m}^3 \left(\begin{smallmatrix}0\\760\end{smallmatrix}\right) \quad \ldots \ldots \quad (9)$$

Die Auffüllmethode mißt also das Luftgewicht oder, was damit gleichbedeutend ist, das reduzierte Luftvolumen. Ihre Ergebnisse sind daher nicht ohne weiteres mit den Angaben der Gasuhr vergleichbar.

Darauf, daß der Druck in Formel (8) und (9) wegen der Anwendung der Gaskonstanten in kg/m² anzugeben ist, sei noch besonders hingewiesen.

Der wunde Punkt der Auffüllmethode ist die Temperaturmessung. Die Temperatur im Behälter wird nämlich nicht konstant bleiben: erstens kann die vom Kompressor kommende Luft eine andere Temperatur haben als die im Behälter befindliche, so daß wir nachher die Mischungstemperatur einführen müßten; doch lassen sich solche Temperaturunterschiede vermeiden, auch unschwer berücksichtigen durch

Beobachten der Temperatur der ankommenden Luft. Zweitens aber wird die im Behälter vorhandene Luft durch die hinzukommende komprimiert, es wird also Kompressionswärme erzeugt. Deren Betrag ist wohl theoretisch zu berechnen unter der Annahme adiabatischer Änderung, aber der größte Teil der Wärme wird schon während des Versuches an die Behälterwand abgegeben — nur bleibt es unbekannt, wieviel. Ein Thermometer t gibt schwerlich die mittlere Temperatur im Behälter an, folgt außerdem den Temperaturänderungen zu langsam, wenn seine Kugel nicht direkt von der Luft des Behälters umgeben ist, sondern in einem Stutzen steckt.

Genaue Messungen könnte man erzielen, wenn man dafür sorgte, daß man die Ablesung der Spannung am Ende des Versuches im Temperaturgleichgewicht vornehmen könnte. Ein Wechselhahn statt des Ventils d wäre nötig, um plötzlich den Behälter abzusperren und zugleich den Kompressor irgendwohin, etwa ins Freie, ausblasen zu lassen. Dann könnte man den Temperaturausgleich mit der Umgebung abwarten und nun Druck und Temperatur ablesen. Dichtheit des Behälters wäre eine — schwer zu erfüllende — Bedingung. Fände man übrigens zwischen Anfang und Ende des Versuches einen Temperaturunterschied, so wäre

$$G = \frac{V}{29{,}27} \cdot \left(\frac{p''}{T''} - \frac{p'}{T'}\right) \quad \ldots \ldots \ldots \quad (10)$$

das eingefüllte Luftgewicht.

Begnügt man sich mit dem ungenaueren Verfahren, so sollte man jedenfalls dafür sorgen, daß die in den Behälter tretende Luft abgekühlt ist, dazu darf die Leitung vom Kompressor zum Behälter nicht zu kurz sein.

Die Auffüllmethode läßt sich umkehren und gibt dann einwandfreiere Resultate: man kann, um irgendeinen Luftverbrauch zu messen, die nötige Luft einem Behälter bekannten Inhalts V entnehmen, der vorher mit Druckluft gefüllt war und dessen Spannungsverminderung man beobachtet. Die Rechnung bleibt die gleiche. Die Temperaturmessung ist jetzt sehr viel sicherer auszuführen, denn man kann das Thermometer in das Entnahmerohr verlegen und bekommt so mit einiger Sicherheit die mittlere Temperatur im Behälter zu den verschiedenen Zeitpunkten.

Diese *Ausblasemethode* teilt mit der Auffüllmethode den Nachteil, daß man sie nicht für Dauerbetrieb verwenden kann.

Als *Beispiel* für die Anwendung der Auffüllmethode sei die Bestimmung der *Luftlieferung* und des *Lieferungsgrades eines Kompressors* vorgeführt. Zum Auffüllen wurde ein gerade unbenutzter Dampfkessel von 16,2 m³ Rauminhalt benutzt; zum Auffüllen vom Überdruck 400 mm QuS bis 900 mm QuS waren 206 s nötig gewesen, die Temperatur im Kessel war zu 22° C = 295° absolut gemessen

Nach Beendigung des Versuches wurde der Kesseldruck bis auf etwa 650 mm QuS Überdruck — das Mittel aus 400 und 900 — abgelassen und dann beobachtet, wie schnell der Kesseldruck infolge von Undichtheiten sank. In 10 min sank er von 652 auf 633 mm QuS, um 19 mm.

Der Druckverlust durch Undichtheit ist also während der Versuchszeit von 206 s mit 19 · 206 : 600 = 6,5 mm. An einem vollständig dichten Kessel gleichen Inhaltes wäre durch den Kompressor in 206 s eine Drucksteigerung von 500 + 6,5 = 506 mm gemessen worden; diese Berichtigung macht also über 1% aus

Die 506 mm QuS Drucksteigerung waren an einer Quecksilbersäule von 20° gemessen; bei 0° hätte die gleiche Quecksilbersäule (Fig. 41, § 26) nur 504 mm Länge gehabt; da bei 0° die Dichte von Quecksilber 13,56 ist, so sind 504 mm QuS = 504 · 13,56 = 6850 mm WS = 6850 kg/m² (§ 23). Das ist $p'' - p'$ der Formel (1); das in der ganzen Versuchszeit eingefüllte reduzierte Volumen wird $V_0 = \frac{16{,}2}{37{,}8 \cdot 295} \cdot 6850 = 9{,}94 \text{ m}^3 \left(\frac{0}{760}\right)$; also förderte der Kompressor $9{,}94 : 206 = 0{,}0483 \text{ m}^3/\text{s} \left(\frac{0}{760}\right)$. — Nun hatte der Kompressor einen Zylinderdurchmesser von 250 mm und einen Hub von 300 mm; aus beiden berechnet sich das Hubvolumen zu 0,01473 m³. Der Kompressor war doppeltwirkend und hatte eine Kolbenstange von 35 mm Durchmesser, die an der Kurbelseite vom Hubvolumen 0,00029 m³ fortnimmt und dasselbe dort auf 0,01473 — 0,00029 = 0,01444 m³ verringert. Die Drehzahl des Kompressors war 125 /min; also wurde durch den Kolben beiderseits ein Raum von $\frac{(0{,}01473 + 0{,}01444) \cdot 125}{60} = 0{,}0609 \text{ m}^3$ sekundlich freigelegt. Danach ist der *Lieferungsgrad* des Kompressors unter den gerade herrschenden Verhältnissen (nämlich bei 4,9 at Gegendruck, 741 mm BSt und 17° C Lufttemperatur), $\eta_l = \frac{0{,}0483}{0{,}0609} = 0{,}786$.

Der Lieferungsgrad, der also hiernach der Quotient aus dem tatsächlich angesaugten reduzierten Luftvolumen und dem vom Kolben in der gleichen Zeit freigelegten Volumen ist, ist eine für die Beurteilung des Kompressors wichtige Größe, obwohl zu beachten ist, daß er nicht nur von den Eigenschaften des Kompressors, sondern auch von den äußeren Bedingungen abhängt, unter denen er arbeitet; er will gerade — im Gegensatz zu dem im § 55 zu besprechenden volumetrischen Wirkungsgrad, der fast nur vom Kompressor selbst abhängt — das Verhalten des Kompressors unter bestimmten Betriebsbedingungen zum Ausdruck bringen. Darüber, ob im Einzelfall der Lieferungsgrad oder der volumetrische Wirkungsgrad — ob das reduzierte oder das tatsächliche Fördervolumen maßgebend ist — ist schon in § 45 gesprochen worden.

54. Ermittlung von Dampfmengen durch Kondensatmessung. Dampfmengen mißt man meist nicht als solche, sondern man mißt das Wasser, aus dem der Dampf entstand oder das bei seiner Kondensation entsteht. Man mißt also, bei einer Dampfmaschine und einer Dampfheizung, entweder die in den Dampfkessel gespeiste oder die von der Kondensationspumpe oder dem Kondenstopf ausgeworfene Wassermenge.

Man kann das Wasser durch Wägen oder volumetrisch messen. Über die Anordnung im einzelnen sei nur bemerkt, daß man beim

Wägen oder Ausmessen des wieder kondensierten Wassers dafür zu sorgen hat, daß das Wasser nicht so heiß ins Freie kommt, daß erhebliche Mengen durch Verdampfen oder Verdunsten verloren gehen. Wo das Wasser aus dem Mantel von Dampfmaschinenzylindern oder aus Hochdruckkochgefäßen zu messen ist, da kann das Kondensat über 100° Temperatur haben, und dann muß beim Austritt in die Atmosphäre so viel verdampfen, bis der Rest durch Entziehung der Verdampfungswärme auf 100° gebracht ist; man kann die Verdampfung nur vermeiden, indem man das Kondensat vor dem Austritt abkühlt, es also durch Kühlschlangen gehen läßt; oder man müßte es volumetrisch messen, solange es noch unter Druck steht, wozu Meßgefäße nötig sind, die am Ein- und Auslaß mit Ventilen verschließbar sind und überdies einen in Liter geteilten Wasserstand haben. Wo dagegen das Kondensat unter 100° ist, sei es, weil es sich bei Vakuum niedergeschlagen hat, sei es, weil es sich schon auf dem Wege zum Austritt abgekühlt hat, da handelt es sich nur noch um Verdunsten, und das kann man leicht beseitigen oder einschränken, indem man das Meßgefäß mit einem lose passenden Deckel schließt; das Verdunsten hört dann auf, sobald die Luft über dem Wasser gesättigt ist, denn eine Drucksteigerung zum Austreiben des Dampfes ist, im Gegensatz zum Verdampfen, beim Verdunsten nicht möglich.

Wo man Dampfmengen in dieser Weise mißt, da wird mitgerissenes Wasser ebenso wie Dampf gewogen, man ermittelt also das Gewicht des feuchten Dampfes. Gegenüber Meßmethoden, die auf das Dampfvolumen ansprechen (Dampfdiagramm, § 55; Dampfmesser, § 72) und daher das Wasser wegen seines praktisch verschwindenden Volumens unbeachtet lassen, werden sich daher Unterschiede ergeben. Zu einem Vergleich hätte man die Dampffeuchtigkeit zu messen (§ 108). — Praktisch ist fast immer die eigentliche Dampfmenge maßgebend, die ein Maßstab für die mitgeführte Wärmemenge ist; wegen der Schwierigkeit, die Dampffeuchtigkeit zu messen, wird aber für die Dampferzeugung eines Kessels sowohl wie für den Dampfverbrauch von Maschinen das Gesamtgewicht von Dampf und Feuchtigkeit angegeben.

55. Mengenermittlung aus dem Indikatordiagramm. Die Diagramme von Kolbenmaschinen lassen eine Messung der in ihnen arbeitenden Stoffmenge zu, die zwar keine sehr genauen Ergebnisse liefert, aber oft als einziger Anhalt von Wert ist.

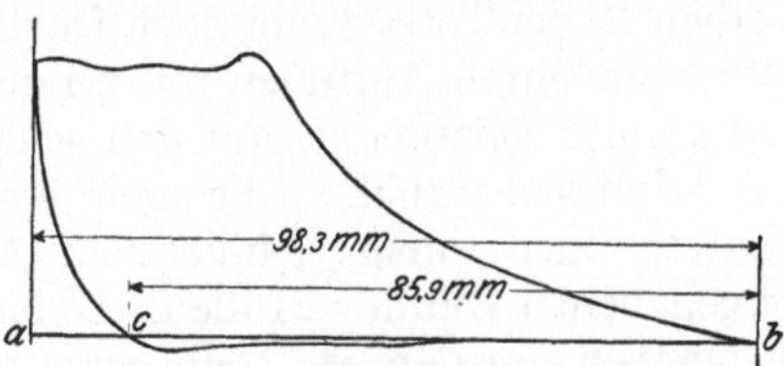

Fig. 105. Kompressordiagramm.

In dem Diagramm eines Kompressors, Fig. 105, stellt die Atmosphärenlinie ab den Druck dar, von dem aus das Ansaugen stattfindet. Nun stellt die Strecke ab das gesamte Hubvolumen des Kompressors dar, das 0,01473 m³ sei, wie in § 53. Von a bis c findet kein Ansaugen statt, erst nach Unterschreiten des Saugraumdruckes öffnet sich das Saugventil, und cb ist der nutzbare Saughub. Das Verhältnis $cb : ab$ nennt man den *volumetrischen Wirkungsgrad* des Kompressors, den man zu $\frac{85,9}{98,3} = 0,874$ aus dem Diagramm ermittelt; dann wäre $0,874 \cdot 0,01473 = 0,01287$ m³ das bei einem Hub auf der Deckelseite des Zylinders angesaugte Volumen.

Der so ermittelte volumetrische Wirkungsgrad — der nicht mit dem in § 53 ermittelten Lieferungsgrad zu verwechseln ist — ist eine für die Beurteilung der Maschine wichtige Größe; immerhin ist zu bedenken, daß eine Verminderung der Strecke ac auch von Undichtigkeit des Druckventils herrühren kann, also nicht unbedingt eine Verbesserung bedeutet. Was die Messung der Luftmenge anlangt, so ist mit jener Feststellung, wonach 0,01287 m³ von Atmosphärenspannung angesaugt sind, wenig geholfen, da man die Temperatur nicht kennt, bei der das Volumen indiziert worden war. Meist ist der Zylinder so warm, trotz energischer Wasserkühlung, daß auch die Luft schon während des Ansaugens sich erwärmt. Man kann also die Bestimmung der Menge aus dem Kompressordiagramm nur als einen Notbehelf ansehen; die Temperaturen muß man schätzen.

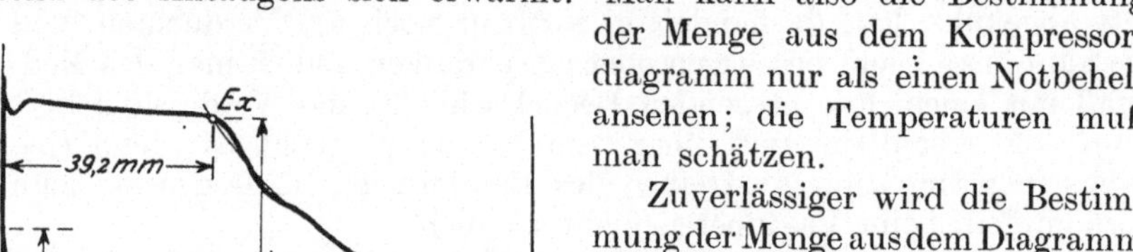

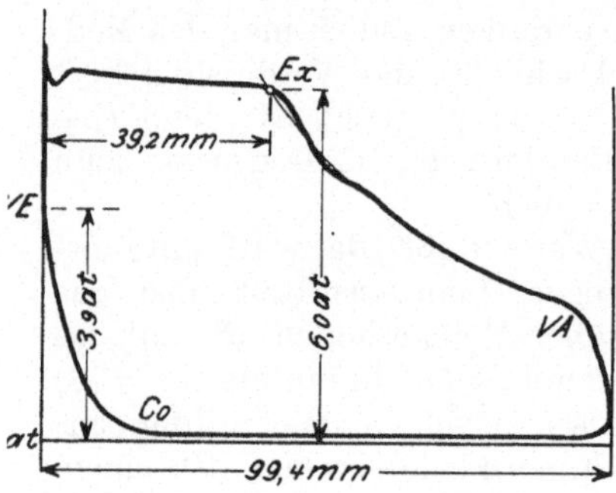

Fig. 106. Dampfmaschinendiagramm.

Zuverlässiger wird die Bestimmung der Menge aus dem Diagramm überall da, wo es sich um gesättigten Dampf oder wo es sich um Flüssigkeit handelt. Bei *Sattdampf* besteht ein fester Zusammenhang zwischen Druck und Temperatur, so daß also die ebenerwähnte Unsicherheit über die Temperatur fortfällt. So sei das Diagramm Fig. 106 an einer *Dampfmaschine* aufgenommen, und man mißt daran, wie eingetragen ist, aus, daß die Füllung $\varphi = \frac{39,2}{99,4} = 0,394 = 39,4\%$ des Hubes beträgt und mit einem Druck von 6,0 at Überdruck endet. Der Kompressionsenddruck hat 3,9 at betragen. Von der Maschine sei das Hubvolumen 16,1 ltr der Werkzeichnung entnommen, der schädliche Raum, den der Kolben in der Totstellung noch frei läßt, sei auf 7% desselben geschätzt oder auch durch Auffüllen mit Öl zu 1,13 ltr gemessen. Dann wird ein Teil Dampf verwendet, um den schädlichen Raum von 4,9 at abs. auf den Admissionsdruck zu bringen, ein weiterer Teil dient dazu, bei konstantem oder wenig abfallendem Admissionsdruck den vom Kolben freigegebenen Raum zu füllen. Es ist gleichgültig, was diese beiden Teil ausmachen, im ganzen kann man sagen: Zur Zeit des Öffnens waren 1,13 ltr Raum mit Dampf von $\backsim 4,9$ at abs. entsprechend $\gamma = 2,57$ kg/m³ (nach den Dampftabellen) angefüllt, es waren also anfangs $0,00113 \cdot 2,57 = 0,00290$ kg Dampf vorhanden. Zur Zeit des Abschlusses waren $0,394 \cdot 16,1 + 1,13 = 7,47$ ltr mit Dampf von $\backsim 7,0$ at abs., entsprechend $\gamma = 3,59$ kg/m³ gefüllt, es waren dann $0,00747 \cdot 3,59 = 0,0268$ kg Dampf vorhanden. Der Unterschied $0,0268 - 0,00290 = 0,0239$ kg war bei dem Hube eingefüllt worden. Die andere Zylinderseite hat bei einer entsprechenden Auswertung des etwas abweichenden Diagrammes 0,0255 kg ergeben; die bei einem Umlauf eingefüllte Dampfmenge ist dann 0,0494 kg, und bei einer Drehzahl 70/min ergibt sich ein Dampfverbrauch von $0{,}0494 \cdot 70 \cdot 60 = 208$ kg/h.

Zu dieser Berechnung, für die Masch.-Unt. § 78 ein genauer durchgeführtes Beispiel gibt, ist zu bemerken, daß sie nur den Dampf mißt, der noch am Schluß der Füllungsperiode als Dampf vorhanden ist; Feuchtigkeit mit ihrem geringen Volumen wird nicht gemessen. Insofern stimmen die Ergebnisse mit dem einer Kondensatwägung nicht überein. Insbesondere schlägt sich während der Füllungsperiode Wasser an der Wandung nieder, und insofern wird auch nicht aller in Dampfform eintretende Dampf berücksichtigt. — Bei überhitztem Dampf bestehen wegen Unkenntnis der Temperaturen ähnliche Unsicherheiten wie bei Kompressoren.

Wo man eine andere Meßmethode — Gasuhr, Auffüllmethode, Kondensatwägung — zur Verfügung hat, wird man sie vorziehen. Bei großen Kompressoren beispielsweise machen aber alle anderen Methoden Schwierigkeiten.

56. Mengenermittlung aus der mittleren Geschwindigkeit. Bei sehr großen Kanal- oder Durchflußquerschnitten kann man die Messung des durchgehenden Volumens auf eine Messung der Durchflußgeschwindigkeit in dem betreffenden Querschnitt zurückführen. Man stellt mittels der in § 40 bis 42 beschriebenen Methoden die mittlere Geschwindigkeit w_m fest. Diese, multipliziert mit der Größe F des Querschnitts, ergibt

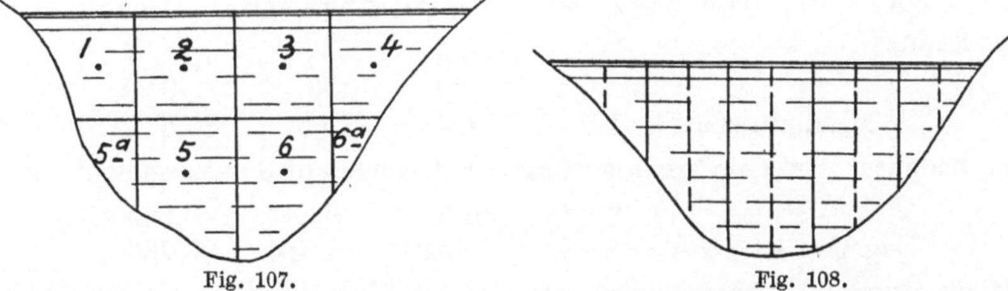

Fig. 107. Fig. 108.

das sekundliche Volumen: $V = F \cdot w_m$. Als Nebenarbeit hat man also das Ausmessen des Kanalprofils an der fraglichen Stelle vorzunehmen.

Diese Art der Messung kommt namentlich für die *Wassermenge in Flußläufen und Turbinenkanälen* in Frage: Das Profil wird durch Ausloten aufgenommen, die Geschwindigkeit meist mittels des Woltmannschen Flügels gemessen.

Die Ermittlung der mittleren Wassergeschwindigkeit kann dabei im wesentlichen auf zwei Weisen geschehen: Entweder man teilt das Querprofil (Fig. 107) in eine Reihe von Rechtecken und führt je eine Flügelmessung im Mittelpunkt jedes Rechteckes aus. Die an den Kanten verbleibenden Zwickel schlägt man zu einem der benachbarten Rechtecke. Oder man teilt das Querprofil (Fig. 108) in eine Reihe von senkrechten Streifen und bestimmt gleich die mittlere Wassergeschwindigkeit des ganzen Streifens, indem man den Woltmannschen Flügel an einer senkrecht stehenden Stange durch die ganze Tiefe des Streifens langsam und gleichmäßig ab und auf bewegt; hierzu gibt es besondere Kurbelvorrichtungen; zum Schluß liest man den Flügel ab. Flügel mit elektrischen Kontakten eignen sich zu dieser Art der Bestimmung schlechter, weil der Kontakt nicht gerade geschlossen wird, wenn man wieder an der Oberfläche des Wassers anlangt. Einigermaßen korrekt ist die Bestimmung nach der zweiten Methode nur, wenn die Wassergeschwindigkeit groß ist gegenüber der Anlaufgeschwindigkeit des Flügels, weil nur dann die lineare Flügelgleichung brauchbar ist.

Die Verwertung der Meßergebnisse ist einfach.

Bei den Hochwassermessungen in den großen Strömen ist der stets wechselnden Verhältnisse wegen schnellstes Arbeiten nötig, und so sind großartige maschinelle und feinmechanische Einrichtungen an den Flügelapparaten vorgesehen, um die meisten Arbeiten und Ablesungen mechanisch oder registrierend zu bewerkstelligen. Die Beschreibung solcher Einrichtungen würde hier zu weit führen[1]).

Bei solchen Messungen ist es richtiger, das Instrument durch eine äußere Kraft so auszurichten, daß die Achse des Woltmann-Flügels auf der durch den Strom gelegten Profilebene senkrecht steht, als daß man durch eine Art Windfahne die Einstellung in die örtliche Strömrichtung erstrebt; denn nur die Komponente der Strömung senkrecht zur Profilebene ist für die Mengenberechnung maßgebend. Nur ist fraglich, ob der Woltmannflügel bei *Abweichung der Achse von der Strömrichtung* ohne weiteres die Geschwindigkeitkomponente entsprechend dem Winkel α der Abweichung anzeigt. Frese (Z. d. V. d. I. 1886, S. 911) gibt hierzu an, daß den Abweichungen α folgende Minderanzeigen entsprechen:

$\alpha =$	10	20	30	40°
Minderanzeige	1,5	6,4	15,5	30,5%.

Das bedeutet also eine Verringerung der Anzeige auf den Vergleichswert

	0,985	0,936	0,845	0,695
Dagegen ist $\cos\alpha =$	0,985	0,940	0,866	0,766.

Bis zu etwa 20° Abweichung ist also die Übereinstimmung sehr befriedigend.

Ein anderes Anwendungsgebiet dieser Meßmethode ist die Messung der großen *Luftmengen* in den Kanälen von *Lüftungs-* oder *Kühlanlagen.* Der Querschnitt wird regelmäßig zerlegt und für jeden Ausschnitt die Luftgeschwindigkeit mit Anemometer oder Staurohr (§ 41 u. 42) festgestellt. Daraus läßt sich die Luftmenge berechnen. Man soll durch seinen Körper und durch die Meßeinrichtung die Luftbewegung möglichst wenig stören. Man kann die mittlere Geschwindigkeit auch bestimmen, indem man das Anemometer in dem Querschnitt hin und her bewegt, während es läuft, etwas planmäßig, so daß alle Teile des Querschnittes gleichmäßig zur Geltung kommen.

Wenn man solche Messungen in dem Ein- oder Ausblasrohr eines Zentrifugalventilators oder überhaupt in Luftwegen vornimmt, deren

[1]) Vgl. z. B. die Kataloge von A. Ott, Kempten, Bayern.

Abmessungen nicht gegenüber denen des messenden Anemometers als sehr groß anzusehen sind, da hat man zwei Fehlerquellen zu beachten. Zunächst ist der Luftdurchgang nach Einführung des Instrumentes nicht mehr derselbe, der er vorher war, weil das Instrument einen gewissen Widerstand darstellt; das hat zur Folge, daß man die Anlage nicht mehr unter den Verhältnissen des praktischen Betriebes untersucht, sondern unter veränderten; ob die Veränderung wesentlich ist, wird von Fall zu Fall zu erwägen sein. Außerdem wird auch die nach Einführung des Instrumentes wirklich durchlaufende Luftmenge insofern nur mit einiger Unsicherheit gemessen, als die § 41 erläuterten Verhältnisse eintreten und die Geschwindigkeit im Instrument kleiner ist als in der übrigen Rohrleitung. Die erstgenannte Fehlerquelle bewirkt eine Verminderung der Luftmenge gegenüber dem praktischen Betriebe, die zweite bewirkt — je nach der Art der Eichung freilich, § 41 — eine zu geringe Angabe des Instrumentes; beide wirken also unter Umständen in gleichem Sinne. — Übrigens ist noch darauf aufmerksam zu machen, daß man die Luftgeschwindigkeit im Saugrohr eines Ventilators besser mißt als im Druckrohr, weil in letzterem die Luftbewegung stärker mit Wirbeln durchsetzt ist (§ 42 a. E.).

Der *Luftwechsel eines Aufenthaltsraumes* kann vor der Zuluft- oder vor der Abluftöffnung gemessen werden, wenn der Raum den Druck seiner Umgebung hat, wenn also die neutrale Zone im Raum liegt und die Innentemperatur etwa gleich der äußeren ist[1]). Bei Räumen mit Drucklüftung muß man die Zuluft messen, weil ein Teil der Luft den Raum nicht durch den Abluftkanal, sondern durch Undichtheiten verläßt und am Abluftkanal ungemessen bliebe; umgekehrt kann man den Luftwechsel eines saugbelüfteten Raumes nur an der Abluftöffnung messen.

Meist sind die *Öffnungen mit Gitter* verschlossen. Es wäre falsch, dieses dann zu entfernen, da es einen wesentlichen Teil der Widerstände ausmacht und daher die Herausnahme den Betriebszustand merklich verändert. Man kann unbedenklich ein Flügelradanemometer nicht zu kleinen Ringdurchmessers vor dem Gitter der Abluftöffnung verwenden, die gemessene Luftgeschwindigkeit hat man mit dem gesamten Gitterquerschnitt, nicht mit dem freien, zu multiplizieren, denn selbst in kurzer Entfernung vor dem Gitter ist der Luftstrom noch ungeteilt; man muß aber dicht vor der Abluftöffnung messen, weil die ansaugende Wirkung einer Öffnung vor derselben schnell abnimmt. An der Zuluftöffnung liegen die Verhältnisse ganz anders; nach dem Passieren des Gitters ist der Luftstrom zunächst geteilt, und die Teilströme haben die Geschwindigkeit entsprechend dem freien Querschnitt des Gitters, ja sogar eine im Verhältnis der Kontraktion noch vermehrte Geschwindigkeit. Das Anemometer zeigt aber, dicht an das Gitter gehalten, nicht die volle Geschwindigkeit der Teilströme, weil nur Teile des Rades von ihr getroffen werden, während die im Windschatten der Gitterstäbe liegenden Teile bremsend wirken; das Anemometer zeigt also wieder eine gewisse mittlere Geschwindig-

[1]) Gramberg, Heizung und Lüftung von Gebäuden, Berlin 1909, § 156.

keit an, nur ist es unsicher, ob die Mittelwertbildung im Instrument so erfolgt, daß gerade die mittlere Geschwindigkeit, bezogen auf den freien Querschnitt, zur Messung kommt. Da aber die Strömung vor dem Zuluftkanal weithin in den Raum hineinreicht (im Gegensatz zu der Stromlinienverteilung vor dem Abluftkanal), so empfiehlt sich die Messung der Geschwindigkeit in mäßiger Entfernung vom Kanalaustritt, wo die Teilströme gegen die Windschatten schon ausgeglichen sind, während vom Gesamtstrom noch nicht viel durch Reibung an der Raumluft abgebröckelt ist. — Schalenkreuze und Staugeräte eignen sich wenig zur Messung in der Nähe von Gittern, vgl. § 41.

Die Geschwindigkeit in der Mitte eines Rohres oder Kanales ist wesentlich größer als die mittlere Geschwindigkeit. Die Reibung an der Kanalwand bewirkt, daß in der Nähe der Wand geringere Geschwindigkeiten vorhanden sind als in der Kanalmitte. Mit wechselnder Rauheit und wechselnder Kanalabmessung, auch je nach dem Vorhandensein von Krümmungen im Kanalzug, ändert sich das Verhältnis der mittleren Geschwindigkeit zur Geschwindigkeit in der Mitte. Es ist also nicht möglich, aus einer Messung in der Kanalmitte die Durchflußmenge zu finden. Jedoch kann man einen fest in den Kanalzug eingebauten Geschwindigkeitsmesser, am besten einen statischen, empirisch so eichen, daß man nach erfolgter Eichung einigermaßen sicher die Menge finden kann.

In *kreisrunden Rohrleitungen* größeren Durchmessers mißt man die Luft oder Wassergeschwindigkeit mittels Anemometer oder Staurohr, das man über einen oder besser über zwei oder drei Durchmesser hin verschiebt, um aus dem Gesetz der Geschwindigkeitsverteilung die mittlere Geschwindigkeit w_m zu ermitteln. Es ist dann das zu messende Volumen $V = F \cdot w_m$, hierin $w_m = \frac{1}{F} \cdot \int w\,dF = \frac{1}{r^2} \cdot \int w \cdot d(r^2)$ $= \frac{1}{\frac{1}{2} r^2} \int (w\,r)\,dr$. Man kann also, um die mittlere Geschwindigkeit zu finden, entweder $w = f(r^2)$ auftragen, die Ausgleichlinie durch Planimetrieren ermitteln, die unmittelbar die mittlere Geschwindigkeit auf die Fläche bezogen angibt — oder man kann $w\,r = f(r)$ auftragen, die Ausgleichlinie der Flächen gibt den Wert $\frac{1}{r} \int (w\,r)\,dr$, der mit $\frac{r}{2}$ zu dividieren ist, um die mittlere Geschwindigkeit zu erhalten. — So waren in einem Rohr von 1,0 m lichter Weite folgende Messungen gemacht: An den Stellen einer beliebig angebrachten Skala

	$s =$	0	0,05	0,19	0,42	0,63	0,77	0,91 m
entsprechend	$r =$	0,47	0,42	0,28	0,05	−0,16	−0,30	−0,44 m
wurde gemessen	$w =$	2,6	2,9	3,2	3,5	3,4	3,3	3,0 m/s
Es ist also	$w\,r =$	1,22	1,22	0,895	0,175	0,54	0,99	1,32
und	$r^2 =$	0,221	0,176	0,0784	0,0026	0,0256	0,0900	0,1936

Hieraus ergeben sich die drei Schaubilder Fig. 109a bis c. Aus Fig. 109c ergab sich durch Planimetrieren direkt $w_m = 3{,}08$ m/s. Aus Fig. 109b aber folgt durch Planimetrieren $(w\,r)_m = 0{,}777$, daraus wegen $\frac{r}{2} = 0{,}25$ m folgt $w_m = \frac{0{,}777}{0{,}25} = 3{,}11$ m/s. Die Abweichung erklärt sich aus der Unsicherheit, in der man sich darüber befindet, wie die Kurve am Rand zu verlaufen habe. Diese Unsicherheit ist nach der Natur der Sache größer, als es nach Fig. 109a scheint.

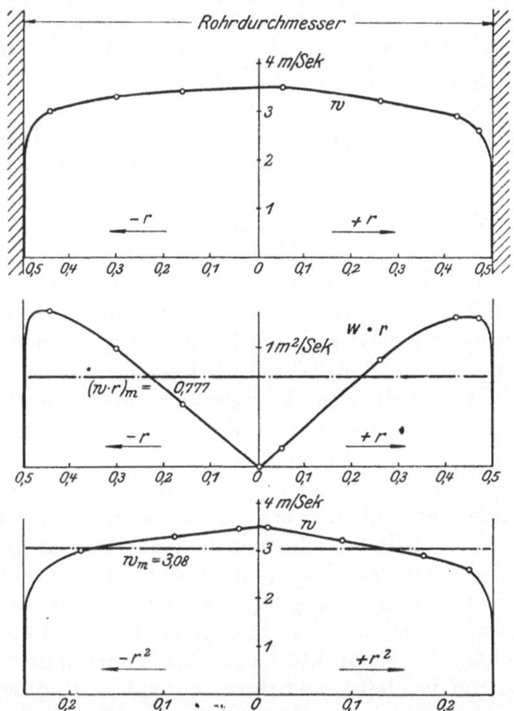

Fig. 109a bis c. Ermittlung der mittleren Geschwindigkeit aus der Geschwindigkeitsverteilung in einem kreisrunden Rohr.

Die Einführung eines Staurohrs in wassergefüllte Leitungen kann mit gutem Erfolg durch eine nicht zu kurze einfache Führungsbuchse hindurch erfolgen, die man an die Rohrwand anschraubt (Fig. 110). Bei sehr großen Rohrweiten und großer Wassergeschwindigkeit muß man das Staurohr mit einem Fortsatz versehen, der diametral gegenüber der Einführungsstelle durch eine ebensolche Buchse herausgeht oder in einem Rohr geführt ist. Verwendung von Fassonrohr von lanzettförmigem Querschnitt (in Messing und Eisen im Handel) verringert

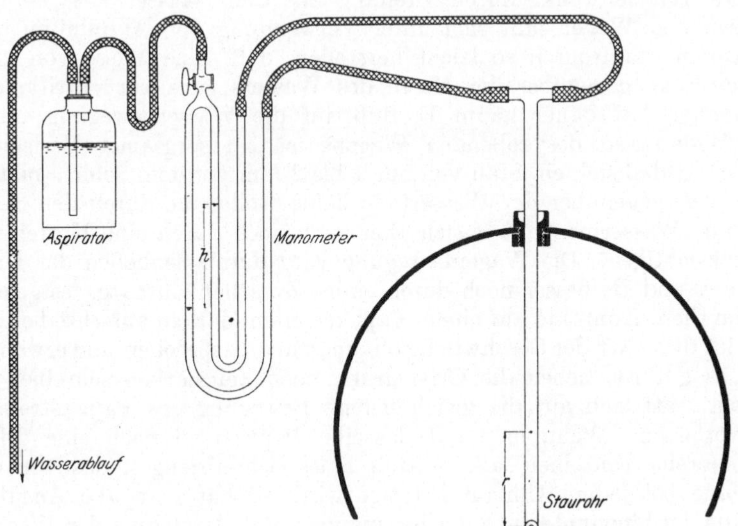

Fig. 110. Staurohr in ein unter Saugdruck stehendes Rohr eingeführt.

die Beanspruchung des Rohres durch Biegung seitens des Wasserstroms. Die Vase über der Austrittsbohrung wird mit Fett gefüllt, namentlich wenn das Rohr unter Vakuum stehen sollte. In diesem Fall bedarf man auch des Aspirators, um das Wasser ins Manometer zu saugen, der Wasserablaufschlauch muß die Länge entsprechend dem Vakuum haben. Vermeidung aller Luftblasen in der Zuleitung zum Manometer ist wesentlich, aber schwierig. Bei Leitungen unter Druck muß man umgekehrt Luft in das Manometer drücken können; dazu bedient man sich bei höheren Drucken z. B. einer Fahrrad-Luftpumpe.

57. Wassermessung mittels Schirm. Die Schirmmessung kommt namentlich für Turbinengerinne in Anwendung. Sie ist erst in den letzten Jahren von Schweden aus bei uns bekannt geworden. Ein Stück des Turbinengerinnes ist sorgsam auf gleichmäßigen Querschnitt gebracht; in diesem Stück kann sich mit geringem Spiel ein Schirm mit dem strömenden Wasser bewegen, der die Geschwindigkeit des Wassers annimmt und sie messen läßt, indem man die Geschwindigkeit des den Schirm tragenden Wagens mißt. Fig. 111 zeigt die Anordnung. Bei *I* ist der Wagen in Ruhe, der Schirm hochgezogen; nach Lösen einer Sperrung fällt der Schirm in dem führenden U-Eisen herab, und der Wagen setzt sich in Bewegung; bei *II* ist er in Bewegung und durchläuft die Meßstrecke, die dadurch festgelegt ist, daß bei *A* und *B* elektrische Kontakte vom Wagen geschlossen werden. Nachdem der Wagen die Meßstrecke durchlaufen hat, stößt er gegen einen Anschlag, der ihn festhält, zugleich aber die Verbindung zwischen der unteren eintauchenden und der oberen geführten Hälfte des Schirmes löst; der untere Teil schwenkt durch Drehung aus dem Wasser aus. — Der Schirm und Wagen läßt sich unter Verwendung von Aluminium und nahtlosen Stahlrohren so leicht herstellen, daß seine Masse von vielleicht 40 kg gegenüber der Masse des Wassers ganz zurücktritt; das Einsenken hat daher kaum Einfluß auf die Wasserbewegung; auch der Widerstand des rollenden Wagens ist bei sorgsamer Verlegung so gering, daß sich ein Stau von nur 1 bis 2 mm vor dem Schirm bildet; der spielt gegenüber der Wassertiefe keine Rolle; die durch den Spalt gehende Wassermenge läßt sich aber auch noch durch eine Korrektion berücksichtigen. Die Wagenbewegung wird durch Schließen der Kontakte *A* und *B*, besser noch durch einige Zwischenkontakte, festgelegt, indem diese Kontakte auf einem Papierstreifen Marken aufschreiben; in § 39 ist diese Art der Geschwindigkeitsmessung besprochen und erwähnt, daß es gut ist, neben die Ortsmarken noch Zeitmarken schreiben zu lassen, statt sich auf die gleichförmige Bewegung des Papierstreifens zu verlassen. Wenn man auf dasselbe Papierband noch eine dritte Markenreihe schreiben läßt, mittels eines Schreibzeuges, das von der Turbine bei jedem Umlauf betätigt wird, so hat man alle Angaben für die Turbinenuntersuchung beieinander, mit Ausnahme der Wasserstände; aber auch diese hat man auf den gleichen Streifen verzeichnen

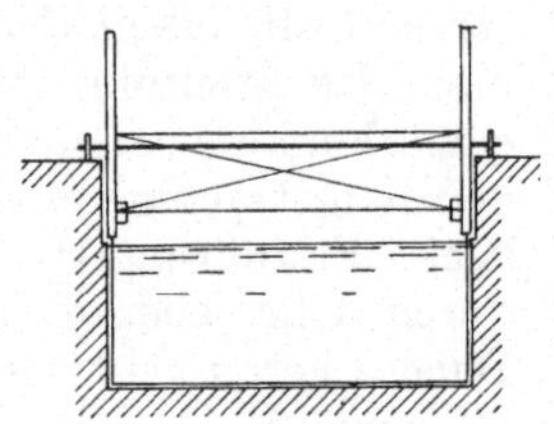

Fig. 111. Wasser-

lassen. So vollkommene Einrichtungen wird man freilich nur in Versuchsanstalten zu dauernder Benutzung anordnen können; das Gerinne wird dann aus Stein sauber geputzt hergestellt. Für einzelne Bremsungen bei Abnahmeversuchen begnügt man sich mit einfacheren Einrichtungen; das Gerinne wird aus Holz gezimmert; Schirm und Wagen kann man transportabel herstellen und das Gerinne für sie passend machen. — Man hat die Schirmmessung bis zu 15 m³/s verwendet; die Schirme von 6 m Breite bei 3,5 m Wassertiefe konnten dann nicht mehr bei jedem Versuch gehoben werden; vielmehr wurde eine Reihe Klappen in einem Rahmen angebracht, die sich gemeinsam schließen ließen und die zum Schluß gemeinsam selbsttätig geöffnet wurden. Andererseits hat sich durch Vergleich der Schirmmessung mit der Messung durch Ausflußöffnung gezeigt, daß der Schirm selbst bei Wassergeschwindigkeiten von 3 bis 5 mm/s zuverlässig mißt. Sein

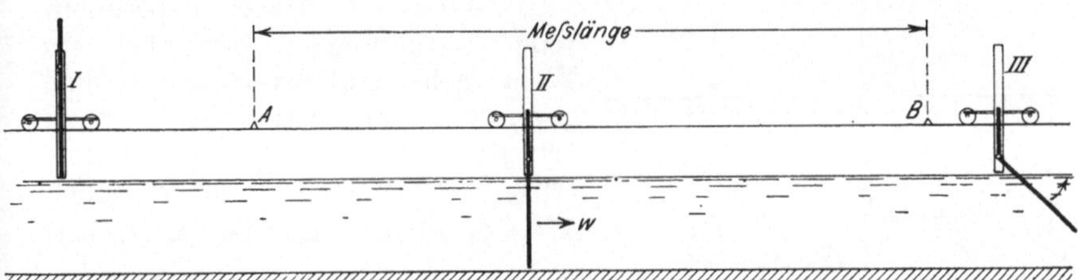

messung mit Schirm.

Meßbereich ist also sehr groß, dabei erfordert die Schirmmessung keine Koeffizienten und andere Hilfsmittel. Es besteht kein Zweifel, daß die Schirmmessung bei guten Hilfsmitteln die beste Art zur Messung großer Wassermengen ist.

58. Wehrmessungen. Wenn Wasser über ein Wehr hinwegfließt, wie Fig. 112 dies andeutet, so kann man, ähnlich wie bei Ausflußöffnungen, aus der Standhöhe h des Wassers über der Wehrkante auf die überfließende Wassermenge schließen und letztere messen, indem man die Höhe h beobachtet.

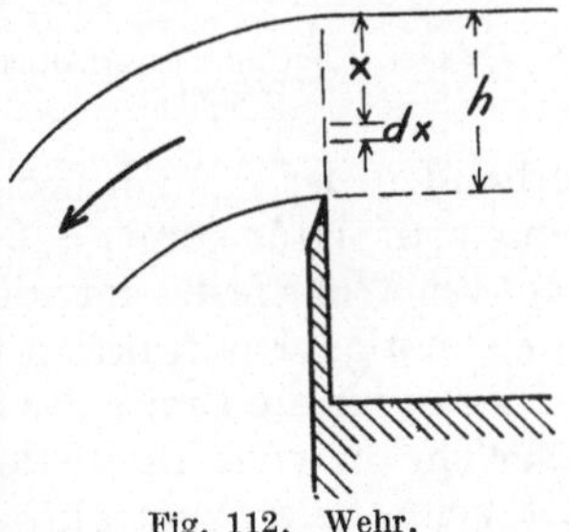

Fig. 112. Wehr.

Einem Wasserteilchen, das sich in der Tiefe x unter dem Oberwasserspiegel befindet, wird theoretisch eine Geschwindigkeit $w = \sqrt{2gx}$ erteilt. Mit dieser Geschwindigkeit fließt das Wasser in dem schmalen Streifen von der Höhe dx und der Länge b ab, wo b die Breite des Wehres, also die Länge der Wehrkante ist. Der Inhalt dieses Streifens ist $dF = b \cdot dx$ und das durch ihn sekundlich gehende Wasservolumen

$$dV = w \cdot dF = b \cdot dx \cdot \sqrt{2gx} .$$

Durch Integrieren zwischen den Grenzen $x = 0$ bis $x = h$ erhält man das theoretisch über das Wehr gehende Wasservolumen:

$$V' = b\sqrt{2g}\int_0^h \sqrt{x}\,dx = b\sqrt{2g}\left[\tfrac{2}{3}x^{\frac{3}{2}}\right]_0^h = \tfrac{2}{3}b\sqrt{2gh^3} \quad . \; . \; . \quad (1)$$

Wenn es besonders günstig für die Messung mit Ausflußmündungen ist, daß die zu findende Wassermenge vom Quadrat der beobachteten Druckhöhe abhängt, so ist es hier umgekehrt: die Potenz, in der V auftritt, ist diesmal sogar niedriger als die von h, bei verschiedenen Wassermengen sind die abzulesenden Druckhöhen also nur wenig voneinander verschieden. Außerdem wird man bei Wehrmessungen meist kleinere Druckhöhen haben. Beides wirkt dahin, kleinen Fehlern im Ablesen der Druckhöhe großen Einfluß zu geben; man muß die Druckhöhe sehr genau ablesen, und wo das nicht genügend genau geschieht, erhält man Unsicherheiten. Trotzdem kann man Wehrmessungen für Messung großer Wassermengen, in Turbinengerinnen und dergleichen, oft nicht entbehren. —

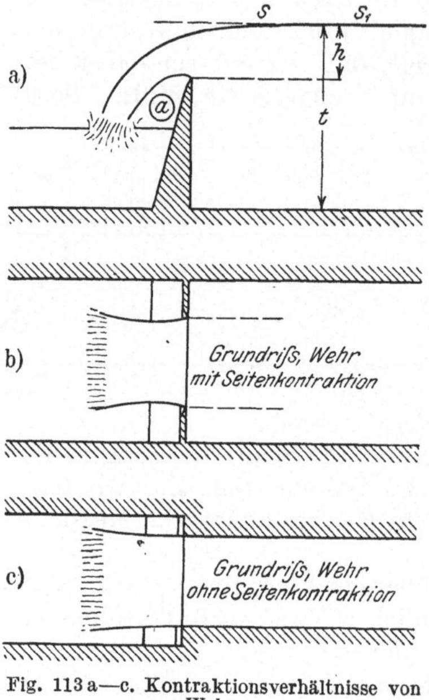

Fig. 113 a—c. Kontraktionsverhältnisse von Wehren.

In Wahrheit ergeben experimentelle Bestimmungen der über ein Wehr gehenden Wassermenge eine gegenüber dem theoretischen Wert zu geringe Wasserlieferung. Es fließt nur etwa V über, statt der theoretischen $V' = \frac{2}{3} b \sqrt{2 g h^3}$. Das Verhältnis beider nennt man die *Abflußzahl*, $k = \frac{V}{V'}$.

Die Tatsache, daß weniger Wasser über ein Wehr geht, erklärt sich teils durch Geschwindigkeitsverluste infolge von Reibung, namentlich aber durch Kontraktionserscheinungen. Wie Fig. 113a erkennen läßt, fängt der Wasserspiegel schon ein beträchtliches Stück vor dem Wehr an sich zu senken, so daß am Wehr die gemessene Tiefe h gar nicht mehr vorhanden ist. Auch von unten her kontrahiert sich der Strahl, wenn man dafür sorgt, daß unter ihn Luft treten kann, so daß er sich nicht am Wehr festsaugt; diese Belüftung des Wehres ist für Meßzwecke immer nötig. Kontraktion tritt auch seitlich auf, wenn die Wehrbreite kleiner ist als die Breite des Zulaufkanales (Grundriß Fig. 113b). Nimmt das Wehr die volle Breite des Zulaufkanales ein (Grundriß Fig. 113c), so tritt keine Seitenkontraktion auf.

Die bei einer bestimmten abgelesenen Druckhöhe h über das Wehr gehende Wassermenge und damit die Abflußzahl k hängt von einer großen Reihe von Umständen ab. Zunächst spielt es eine Rolle, wo man die Ablesung von h bewerkstelligt, ob dicht hinter dem Wehr bei s, ob weiter ab bei s_1, Fig. 113a. Die erwähnte Senkung des Wasserspiegels läßt k größer erscheinen, wenn man bei s mißt. Verschiedene Werte von k ergeben sich auch, je nachdem man keine Seitenkontraktion hat, oder ob diese einerseits oder beiderseits auftritt. k ist auch von der Tiefe t des Zuflußgrabens abhängig oder, genauer gesagt, von dem Verhältnis $t:h$; denn in einem flachen Zuflußgraben läuft das Wasser schnell, schon bevor es an das Wehr kommt, und wird daher am Wehr eine größere Endgeschwindigkeit annehmen, als wenn es durch einen tiefen Graben zugeflossen wäre. Bei schmalem Wehr und schmalem Zuflußgraben wird auch der Umstand von merklichem Einfluß sein, daß an den Seitenwänden die Wasserbewegung durch Reibung gehindert ist; k wird also mit zunehmender Wehrbreite etwas steigen.

Diese und andere Umstände, die auf das Ergebnis Einfluß haben, erklären es, daß die Angaben verschiedener Experimentatoren über den Wert von k ziemlich voneinander abweichen. Die Ergebnisse der Versuche von Castel, Poncelet, Lesbros, Francis und Fteley-Stearns sind von Frese zusammen mit eigenen Versuchen in der Z. V. d. Ing. 1890 kritisch verarbeitet. Neuere Versuche von Hansen, Z. V. d. Ing. 1892, schließen sich den Freseschen Ergebnissen gut an.

Frese gibt für *Überfälle ohne Seitenkontraktion* aus einem unendlich großen Becken heraus den Wert

$$k_0 = 0{,}615 + \frac{0{,}0021}{h} \quad \ldots\ldots\ldots \quad (2)$$

worin h die Druckhöhe des Oberwasserspiegels über der Wehrkante in Metern bedeutet, gemessen so weit hinter dem Wehr, daß die Krümmung der Oberfläche noch keinen Einfluß hat. Die daraus folgenden Abflußzahlen sind in Tab. 6, die Wassermengen sind in Fig. 114, starke Linie, für den Meßbereich, für welchen die Formel gilt, graphisch dargestellt.

Tab. 6. Abflußzahlen k_0 und Abflußmengen V m³/s von Meßwehren. Zuflußgeschwindigkeit Null (orientierende Angaben).

Standhöhe	Einfaches Wehr ohne Seitenkontraktion			V-Wehr, Winkel 90°	
	Abflußzahl	Abflußmenge für $t = \infty$		Abflußzahl	Abflußmenge
		für $b = 1$ m	für $b = h$		
h	k_0	$V_1 = 2{,}953 \cdot k_0 \sqrt{h^3}$	$V_{\min} = 2{,}953 \cdot k_0 \cdot h^2 \sqrt{h}$	k	$V = 2{,}36 \cdot k \cdot h^2 \sqrt{h}$
m	—	m³/s	m³/s	—	m³/s
0,05	—	—	—	0,597	0,000786
0,075	—	—	—	0,594	0,00216
0,1	0,636	0,0593	0,00593	0,590	0,00440
0,125	0,632	0,0825	0,01032	0,588	0,00767
0,15	0,629	0,1078	0,01618	0,586	0,01206
0,175	0,627	0,1355	0,02375	0,585	0,01762
0,2	0,625	0,165	0,0330	0,584	0,0247
0,25	0,623	0,2295	0,0574	0,582	0,0430
0,3	0,622	0,3015	0,09045	—	—
0,35	0,621	0,3795	0,1328	—	—
0,4	0,620	0,461	0,1843	—	—
0,5	0,619	0,646	0,323	—	—

Die Werte k_0 gelten ohne weiteres, wenn die Geschwindigkeit des Wassers im Zulaufgraben so klein ist, daß sie keinen wesentlichen Einfluß ausübt — sie gelten für einen Zulaufgraben von unendlich großem

Querschnitt. Im anderen Fall wird mehr Wasser über das Wehr fließen, und man hat k_0 noch mit einem Koeffizienten $\varepsilon > 1$ zu multiplizieren, dessen Wert von der Geschwindigkeit des Wassers im Zuflußgraben, also von dem Verhältnis Druckhöhe zu Kanaltiefe $h : t$ abhängt. Frese gibt an[1]):

$$\varepsilon = 1 + 0{,}55 \left(\frac{h}{t}\right)^2 \quad \text{(2a)}$$

Aus den Werten ε und k_0 findet man die Abflußzahl für endlich tiefen Zulaufgraben

$$k = \varepsilon \cdot k_0 \quad \text{(2b)}$$

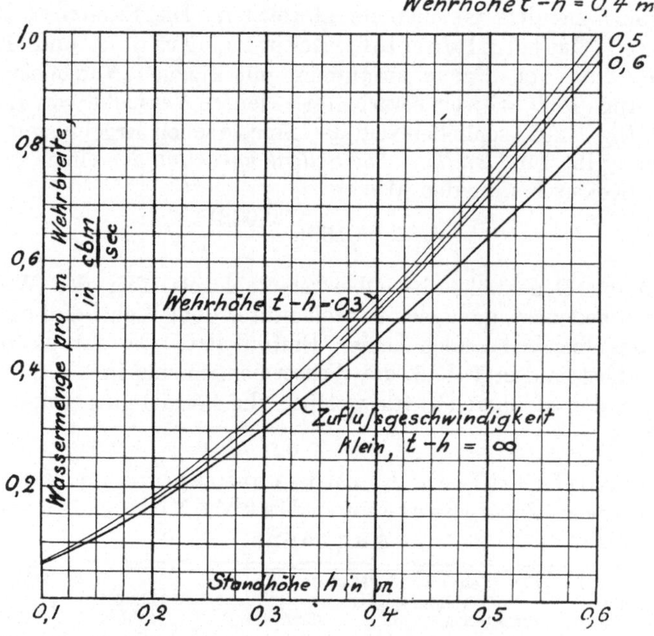

Fig. 114. Wasserlieferung von einfachen Wehren ohne Seitenkontraktion.

und damit die sekundliche Wassermenge

$$V = \tfrac{2}{3} k\, b \sqrt{2\, g\, h^3} = 2{,}953\, k\, b \sqrt{h^3} \quad \text{(1a)}$$

Alle Angaben in diesen Rechnungen sind in Metern zu machen. Daraus folgen Wassermengen, wie sie die schwachen Kurven in Fig. 114 für verschiedene Wehrhöhen darstellen. Tab. 6 gibt die Werte für $t - h = \infty$, die also nur orientierenden Wert bei der Auswahl der Wehrabmessungen haben, einmal für 1 m Wehrbreite, und ferner für die Wehrbreite gleich der Standhöhe; das ist der mindestzulässige Wert der Wehrbreite, wie sogleich zu besprechen ist, und die betreffenden Zahlen sind also die kleinsten Wassermengen, die man mit einem Wehr noch messen kann.

Für *Überfälle mit Seitenkontraktion* werden die Verhältnisse sehr viel verwickelter, weil der Betrag der Seitenkontraktion von der Breite

[1]) Dieser Koeffizient ist Hütte 1902. I. S. 231, falsch wiedergegeben (wohl nur in einem Teil der Auflage).

B des Zulaufgrabens und der Wehrbreite b abhängt. Man soll deshalb von Überfällen mit Seitenkontraktion zu Meßzwecken möglichst keinen Gebrauch machen, oder wenigstens dafür sorgen, daß die Abmessungen des Zuflußgrabens so groß sind, daß man die Zulaufgeschwindigkeit und den Einfluß der Wände auf die Kontraktion vernachlässigen kann. Für diesen Fall des *sehr weiten Zulaufgrabens* gibt Frese

$$k = 0{,}576 + \frac{0{,}017}{h + 0{,}18} - \frac{0{,}075}{b + 1{,}2} \quad \ldots\ldots \quad (2c)$$

Man kann jedes Wehr in ein solches ohne Seitenkontraktion verwandeln, indem man oberhalb des Wehrs den Wasserlauf durch einen Bretterbelag auf die Wehrbreite einengt; in Fig. 113b deuten die gestrichelten Linien das an.

Über die Wahl der *Wehrbreite* ist zu bemerken: Die Druckhöhe h des Wassers soll nicht unter 0,1 m, besser nicht unter 0,2 m sein, sonst geben die Freseschen Formeln k nur schlecht wieder. Die Druckhöhe soll sogar möglichst groß sein, damit die Meßfehler relativ klein werden. Man wähle also die Wehrbreite b möglichst klein, doch soll sie bei fehlender Seitenkontraktion nicht kleiner als h sein, sonst wird die Reibung an den Seitenwänden störend. Versuche liegen nur mit Druckhöhen h bis zu 0,5 m vor, doch dürfte die Formel darüber hinaus verwendbar sein, sollte es nötig werden.

Als Höhe des Wehres $t - h$, Fig. 113a, genügt 0,3 m.

Alle komplizierten Anordnungen von Überfällen sollte man für Meßzwecke vermeiden, denn selbst für die einfachsten Formen sind die Abflußzahlen mit einiger Unsicherheit behaftet, so wegen mangelnder Schärfe der Wehrkante und anderer auf k wirkender Nebeneinflüsse; durch schief zur Strömrichtung eingebaute Wehre würden ganz ohne Not Schwierigkeiten in die Messung getragen. Neben dem einfachen Wehr, am besten ohne Seitenkontraktion, hat höchstens noch das *V-Wehr* meßtechnisch eine Berechtigung. Bei ihm fällt das Wasser durch einen kimmenartigen Einschnitt in der stauenden Wand; der Einschnitt hat V-Gestalt, wie ein mit der Spitze untenliegender Winkel, der in der Regel 90° sein soll, die Schenkel desselben gehen also je unter 45° aufwärts. Die Überfallkanten sind wie beim einfachen Wehr geschärft, der Strahl soll unten ganz belüftet sein — was leicht zu erreichen ist —, die Zulaufgeschwindigkeit soll klein sein, der Strahl soll in seiner ganzen Höhe von den Schenkeln des Winkels gefaßt sein. Für dieses Wehr ist nach früherer Bezeichnung

$$dV = w \cdot dF = 2\,(h - x)\,dx \cdot \sqrt{2\,g x}\,.$$

Durch Integrieren zwischen den Grenzen $x = 0$ und $x = h$ erhält man das theoretisch übergehende Wasservolumen

$$\begin{aligned} V' &= 2\,h\sqrt{2\,g}\int_0^h \sqrt{x}\,dx - 2\sqrt{2\,g}\int_0^h \sqrt{x^3}\,dx \\ &= 2\,h\sqrt{2\,g}\left[\tfrac{2}{3}\,x^{\frac{3}{2}}\right]_0^h - 2\sqrt{2\,g}\left[\tfrac{2}{5}\,x^{\frac{5}{2}}\right]_0^h \\ &= \tfrac{8}{15}\sqrt{2\,g h^5} \quad \ldots\ldots\ldots\ldots\ldots \quad (3) \end{aligned}$$

Mit einer versuchsmäßig bestimmten Abflußzahl k wird das wirklich übergehende Volumen

$$V = \tfrac{8}{15}\, k \sqrt{2\, g h^5} = 2{,}36 \cdot k h^2 \sqrt{h} \quad \ldots\ldots \quad (3\text{a})$$

Über die Abflußzahl k liegen ausführliche Messungen von Barr vor, deren Ergebnisse auf metrisches Maß umgerechnet in Tab. 6 gegeben werden.

Das V-Wehr ist für kleinere Flüssigkeitsmengen brauchbarer als das einfache, weil es schon für 50 mm Standhöhe verwendbar ist. Die Annahme, es sei meßtechnisch deshalb vorzuziehen, weil es keine Willkürlichkeit enthält wie das gewöhnliche Wehr in der Wehrbreite, geht insofern fehl, als sie nur für unendlich großen Zuflußgraben, also kleine Zuflußgeschwindigkeit, zutrifft. In praktischen Fällen sind beim V-Wehr Breite und Tiefe des Gerinnes willkürlich zu wählen, beim einfachen Wehr ohne Seitenkontraktion die Breite des Wehres und die Tiefe des Gerinnes; beim V-Wehr ist überdies, da sich die Breite des ausfließenden Strahles mit der Standhöhe ändert, die Breite des Zuflußgrabens im Verhältnis zu ihr schlecht definiert. Das V-Wehr ist demnach in erster Linie für mäßige Mengen beim Ausfluß aus einem größeren Becken zu empfehlen. Über den Einfluß der Breite B des Zuflußgrabens und seiner Tiefe t, beide in Vielfachen der Standhöhe h gegeben, macht Barr noch die in Tab. 7 wiedergegebenen Angaben. Beide Einflüsse sind eigenartigerweise einander entgegengesetzt.

Tab. 7. Einfluß endlicher Kanalbreite B und Kanaltiefe t auf den Abfluß über ein V-Wehr. Nach Barr.

	Verhältnis $B:h$					Verhältnis $t:h$			
	∞	8	6	4	3	∞	4	3	2
$h = 0{,}075$ m	1	1,000	1,002	1,007	1,013	1	—	1,000	0,996
$h = 0{,}1$ m	1	1,000	1,001	1,003	1,007	1	1,000	0,997	0,992

Tab. 8. Einfluß der Wehrausführung auf den Abfluß über ein V-Wehr. Nach Barr.

	$h = 0{,}075$ m	$h = 0{,}1$ m	$h = 0{,}125$ m
Wehrkante sauber geschärft	1	1	1
„ $^1/_{16}''$ = 1,6 mm breit („üblich“)	1,006	1,003	1,001
„ $^1/_{12}''$ = 2,1 mm breit	1,013	1,007	1,004
Fläche der Wehrwand im Oberwasser			
glatte Bronze	1	1	
ein Anstrich Schellack-Lack	1,004	1,003	
mittelgrober Schmirgel aufgeklebt . . .	1,018	1,012	
grober Schmirgel aufgeklebt	1,024	1,017	

Weitere Zahlen von Barr über den Einfluß verschiedener Ausführung des Wehres werden auszugsweise in Tab. 8 gegeben, weil sich die Zahlen sinngemäß auf einfache Wehre sowie auf Ausflußöffnungen übertragen lassen. Das Wehr bestand aus einer Bronzeplatte, in die der V-förmige Einschnitt gemacht war, und zwar waren einmal die Kanten sauber zugeschärft, weitere Male waren sie 1,6 und 2,1 mm breit. Nur bei kleiner Standhöhe hat die mangelhafte Zuschärfung beachtlichen Einfluß. Eigenartig ist, daß Barr die Kante von $^1/_{16}{}'' = 1{,}6$ mm Breite als (in England) in der Praxis üblich bezeichnet, während man bei uns unseres Wissens die Kante recht scharf macht. Bedeutend wird die Abflußmenge dagegen vergrößert durch Rauheit der dem Oberwasser zugekehrten Wehrfläche, wodurch also ein Element der Unsicherheit in die Messung gebracht wird.

Das Wehr muß (Fig. 115) auf der Oberwasserseite eine senkrechte Wand bis an die Wehrkante hinan bilden, auf der anderen Seite muß es so steil abfallen, daß die Belüftung, eventuell durch Löcher *a* hindurch, gesichert ist. Es scheint wenig Einfluß zu haben, ob bei Wehren ohne Seitenkontraktion der Strahl nach dem Verlassen des Wehrs noch durch Seitenwände eingeengt wird oder ob er sich frei ausbreiten kann. Das Wasser braucht hinter der Wehrkante nur so tief herabzufallen, daß die Belüftung gesichert ist: bei breiten Wehren muß man es ziemlich tief fallen lassen oder durch Rohrleitungen künstlich ventilieren. Jedenfalls soll der Strahl hinter der Wehrkante durchaus frei sein. Die Wehrkante befreie man bisweilen von Schmutz durch Entlangfahren mit einem Stab. Die Wehrkante macht man meist aus behobeltem Eisen, doch dürfte auch ein sauber scharf behobeltes Brett genügen. Genau wagerecht montiert muß sie natürlich sein. Beim V-Wehr muß der V-Einschnitt unten sauber scharf sein, nicht so sehr, weil eine kleine Abrundung die Wassermenge an sich stark beeinflußt, sondern weil man den *Nullpunkt der Standhöhe* zu bestimmen pflegt, indem man bei abgestelltem Wasserzufluß das Wasser über das Wehr sauber ablaufen läßt; diese Bestimmung und daher die spätere Messung der Standhöhe wird durch eine Abrundung stark beeinflußt. Für diese Nullpunktbestimmung ist übrigens auch eine sehr gute Abdichtung zwischen Ober- und Unterwasser um den Wehreinbau herum Bedingung; kann man den Wasserzufluß nicht abstellen, so muß man den Nullpunkt anderweit bestimmen.

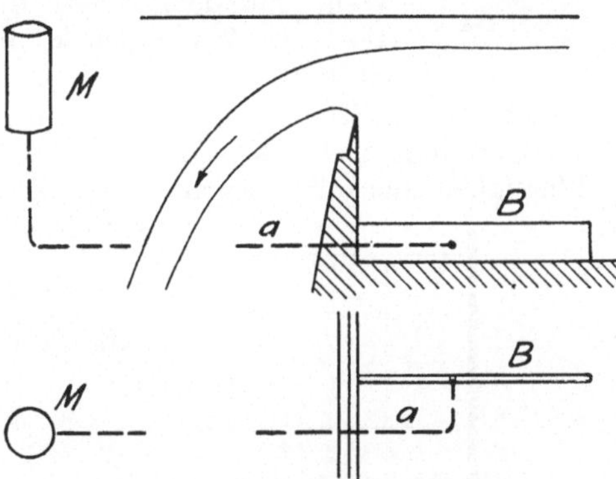

Fig. 115. Messung der Stauhöhe nach Francis.

Die *Messung der Standhöhe h* muß so weit aufwärts erfolgen, daß noch kein Absenken der Oberfläche statthat. 1 m hinter dem Wehr zu messen, ist nach Hansen ausreichend, Francis maß 1,8 m, Frese 5 m hinter dem Wehr. Die Messung muß sorgfältig geschehen, weil es ungünstig ist, daß h in der Wehrformel in höherer Potenz steht als V, und weil es sich um nicht große Höhen handelt. Hansen hat eine Glasscheibe mit Skala in der Seitenwand des Gerinnes; das ist bequem, aber die Seitenwand wird oft nicht frei sein. Francis verwendet den Hakenmesser (Fig. 116), am besten mit Elfenbeinspitze: die Spitze muß eben durch den Wasserspiegel hindurchtreten. Statt einer Spitze verwendet Frese deren drei, die in einer Wagerechten liegen; die beiden unteren müssen den Wasserspiegel von unten, die obere muß ihn von oben berühren. Die Wellenbewegung des Wasserspiegels ist bei der Messung lästig: man beobachtet am besten in einem Meßbrunnen aus Holz, in den das Wasser nur von unten durch ein Loch eintritt. Nach Francis kann man auch ein Brett B mit einem Loch in die Gerinnesohle stellen, parallel zur Stromrichtung, und von dem Loch aus ein Bleirohr a (Fig. 115) irgendwohin führen und in einen Meßbrunnen M von solcher Weite enden lassen, daß die Kapillarität nicht stört. Ist die Bleileitung dicht, so erhält man korrekte Messungen, selbst wenn die Leitung dicht hinter dem Wehr mündet: durch die Senkung des Spiegels wird also der Wasserdruck an der Gerinnesohle nicht beeinflußt.

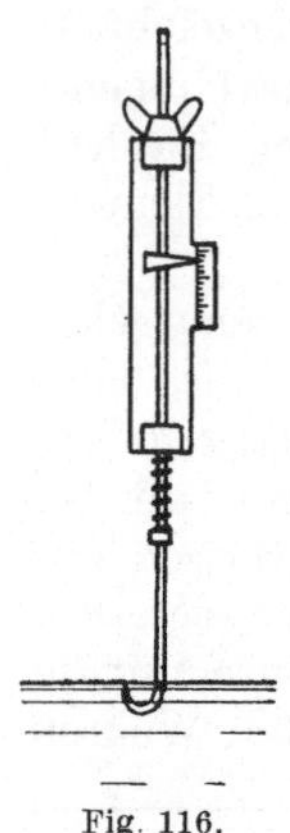

Fig. 116. Hakenmesser.

59. Ausflußöffnungen an Gefäßen. Ist in der Wand eines flüssigkeitsgefüllten Gefäßes, Fig. 117, eine Öffnung vorhanden, so tritt Flüssigkeit aus mit einer Geschwindigkeit w, die von der Standhöhe h der Flüssigkeit über der Öffnung abhängt. Im Strahl tritt die *Geschwindigkeitshöhe* $\frac{w^2}{2g}$ an die Stelle der *Druckhöhe* h, daher gilt:

$$h = \frac{w^2}{2g}\,; \quad w = \sqrt{2gh} \quad . \; . \quad (1)$$

hierin ist $g = 9{,}81$ m/s² die Schwerebeschleunigung; man erhält w in m/s, wenn man h in Metern angibt.

Hat die Ausflußöffnung einen Durchmesser d m und einen Querschnitt f m², so sollte das austretende Volumen

$$V' = f \cdot \sqrt{2gh} \text{ m}^3/\text{s} \quad . \; . \; . \; . \quad (2)$$

sein. Kennt man also den Mündungsquerschnitt f, so kann man aus der Standhöhe der Flüssigkeit auf die ausfließende Flüssigkeitsmenge schließen. Fließt dem Gefäß von oben die zu messende Flüssigkeitsmenge zu, so wird der Flüssigkeitsspiegel so lange steigen, bis zu- und abfließende Flüssigkeitsmenge einander gleich sind: dann stellt er sich konstant ein, und man kann ablesen. Man sieht, daß die Meßmethode zunächst nur da brauchbar ist, wo die Flüssigkeit ganz oder annähernd gleichmäßig fließt.

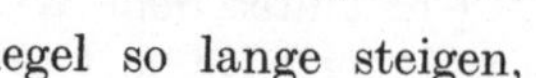

Fig. 117. Ausflußöffnung für Wasser.

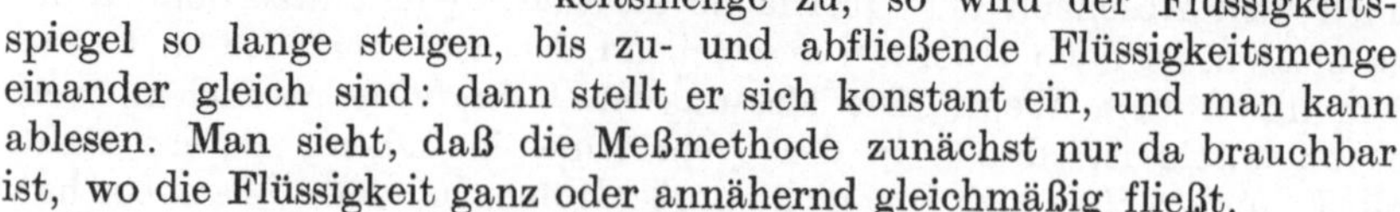

Das austretende Gewicht wird

$$G' = f \cdot \gamma \cdot \sqrt{2gh} \text{ kg/s} \quad . \; . \; . \; . \; . \; . \; . \; . \; . \quad (3)$$

worin γ kg/m³ das spezifische Gewicht der ausfließenden Flüssigkeit bei den betreffenden Temperatur- und Druckverhältnissen ist.

An Stelle der Messung in Flüssigkeitssäule h kann auch eine Druckmessung, etwa mittels Manometers, erfolgen; dann muß man, wenn der Druck in at oder kg/m² gemessen wurde, diese Angabe in Meter Flüssigkeitssäule umrechnen. Dazu bedient man sich der in § 23 abgeleiteten Beziehung, wonach h m Flüssigkeitssäule vom spezifischen Gewicht γ kg/m³ einen Druck $h \cdot \gamma$ kg/m² auf ihre Unterlage ausüben; oder es ist

$$h \text{ m FlS} = \frac{p \text{ kg/m}^2}{\gamma \text{ kg/m}^3}.$$

Man beachte, daß diese Gleichung auch dimensionsrichtig ist.

Und nun gilt das gleiche auch für Gase und für Dampf, bei denen nur der Druck gemessen werden kann. Strömt ein Gas aus einem Raum ins Freie oder einen anderen Raum genügender Weite, durch die Öffnung Fig. 118 hindurch und herrscht ein gegenüber dem absoluten Druck p_1 nur kleiner Druckunterschied $p_1 - p_2 = p$ kg/m² $= p$ mm WS zwischen beiden Räumen, hat dabei das Gas beim Druck p_2 das spezifische Gewicht γ kg/m², so erfolgt der Ausfluß unter dem Überdruck $\frac{p}{\gamma}$ Meter Gas- oder Dampfsäule. Es entsteht eine Geschwindigkeit, folgend aus

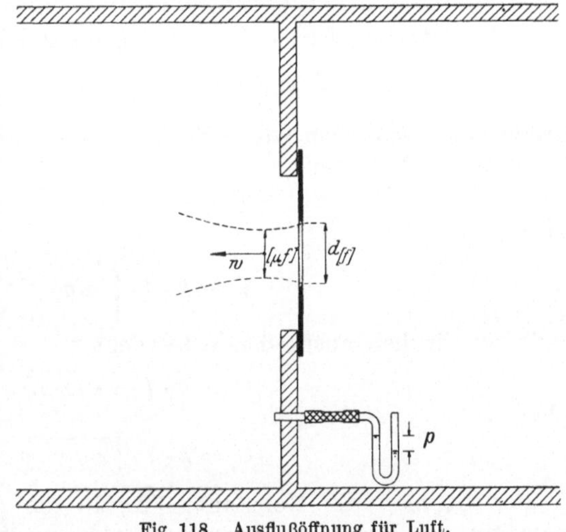

Fig. 118. Ausflußöffnung für Luft.

$$\frac{p_1 - p_2}{\gamma} = \frac{p}{\gamma} = h = \frac{w^2}{2g} \quad \text{. . . . . (1a)}$$

Als spezifisches Gewicht γ ist das dem Druck p_2 hinter der Öffnung zugeordnete einzuführen, denn die Geschwindigkeit w ist diesem Gase eigen.

Bei f m² Querschnitt der Ausflußöffnung hat man theoretisch die Ausflußmenge, dem Volumen nach

$$V' = f \cdot \sqrt{2g \cdot \frac{p}{\gamma}} \text{ m}^3/\text{s} \quad \text{. . . . . (2a)}$$

zu erwarten. Dem Gewicht nach sollte $G' = V' \cdot \gamma$ oder

$$G' = f \cdot \sqrt{2g\gamma \cdot p} \text{ kg/s} \quad \text{. . . . . (3a)}$$

austreten.

Diese letzten Ausdrücke gelten also allgemein, für Gas und Dampf jedoch mit dem Vorbehalt, daß es sich nur um Ausgleich von Druckunterschieden handelt, die klein sind im Verhältnis zum absoluten Druck; sie dürfen etwa 5 bis allerhöchstens 10% desselben ausmachen. Andernfalls wäre der Ausfluß von Gasen und Dämpfen nicht mehr ein mechanischer, sondern ein thermodynamischer Vorgang, da mit der Druckabnahme eine Zunahme des Volumens und bei der Entstehung der Geschwindigkeit zunächst eine Abnahme der Temperatur, bei Dampf wohl auch eine Abnahme des Wassergehaltes stattfindet, so daß also γ keinen bestimmbaren Wert mehr hat; für Meßzwecke wird man ohnehin nur einen kleinen Druckverlust zulassen, um die Arbeitsverluste tunlichst einzuschränken. —

Das durch eine Öffnung austretende Volumen sollte also

$$V' = f \cdot \sqrt{2g \cdot \frac{p}{\gamma}} \quad \text{oder aber} \quad V' = f \cdot \sqrt{2gh}$$

sein. In Wahrheit ist es ein anderes, meist kleiner, nämlich V. Dann bezeichnet man das Verhältnis $\frac{V}{V'} = k$ als *Ausflußzahl.* Über die Größe von k sprechen wir sogleich: kennt man k, so ist das wirklich ausfließende Volumen

$$V = k \cdot f \sqrt{2gh} \quad \ldots \ldots \ldots \ldots \quad (4)$$

oder

$$V = k \cdot f \cdot \sqrt{2g \cdot \frac{p}{\gamma}} \quad \ldots \ldots \ldots \quad (4\text{a})$$

und das wirklich ausfließende Gewicht

$$G = k \cdot f \cdot \gamma \cdot \sqrt{2gh} \quad \ldots \ldots \ldots \quad (5)$$

oder

$$G = k \cdot f \cdot \sqrt{2g\gamma \cdot p} \quad \ldots \ldots \ldots \quad (5\text{a})$$

Bezieht man die Konstante $\sqrt{2g}$ in die Ausflußzahl ein, so hat man, für die Rechnung bequemer, aber weniger durchsichtig in der Herkunft

$$V = k' \cdot f \cdot \sqrt{h} = k' \cdot f \cdot \sqrt{\frac{p}{\gamma}} \quad \ldots \ldots \ldots \quad (4\text{b})$$

$$G = k' \cdot f \cdot \gamma \cdot \sqrt{h} = k' \cdot f \sqrt{\gamma p} \quad \ldots \ldots \ldots \quad (5\text{b})$$

$$\text{mit} \quad k' = k \cdot \sqrt{2g} \quad \ldots \ldots \ldots \ldots \quad (6)$$

Für Ausflußöffnungen wird entweder die scharfkantige „*Mündung*" oder aber die abgerundete „*Düse*" verwendet[1]).

Für beide Formen entsteht ein mäßiger Geschwindigkeitsverlust gegenüber der theoretisch erzielbaren Geschwindigkeit $w = \sqrt{2gh}$.

[1]) Die durch diesen Satz festgelegte Unterscheidung zwischen den Begriffen Öffnung, Mündung und Düse ist sprachlich nicht selbstverständlich, folgt aber einem schon vielfach geübten Gebrauch und soll im folgenden durchgeführt werden.

Für die scharfkantige Mündung Fig. 119a findet außerdem hinter dem Öffnungsquerschnitt eine Einschnürung des ausfließenden Strahles statt. Das Verhältnis des kontrahierten Querschnittes zu dem der Mündung heißt die *Kontraktionszahl* μ; der kontrahierte Querschnitt[1]) hat also die Größe μf. Die Kontraktionszahl μ ist ein wenig größer als die Ausflußzahl k, infolge des durch die Reibung verursachten Geschwindigkeitsverlustes. Doch soll hier und namentlich später für die Durchflußöffnungen (§ 61) der Reibungsverlust sogleich in die Kontraktionszahl eingeschlossen werden, so daß also hier (aber nicht später für die Durchflußöffnungen, wo noch die Vorgeschwindigkeit eine Rolle spielt)

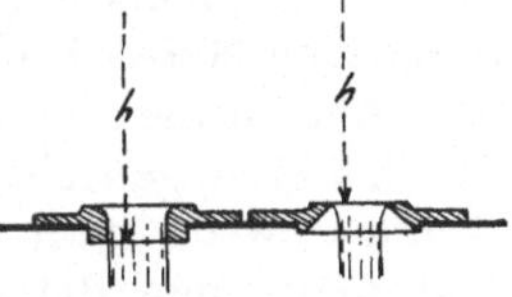

Fig. 119a und b. Ausflußöffnungen für Wasser und Messung der Druckhöhe.

$$k = \mu$$

wird. Die Geschwindigkeit $w = \sqrt{2gh}$ (vermindert um den geringen Betrag der Reibungsverluste) stellt sich im kontrahierten Querschnitt ein, im Mündungsquerschnitt herrscht demnach eine kleinere Geschwindigkeit $\mu \cdot w$.

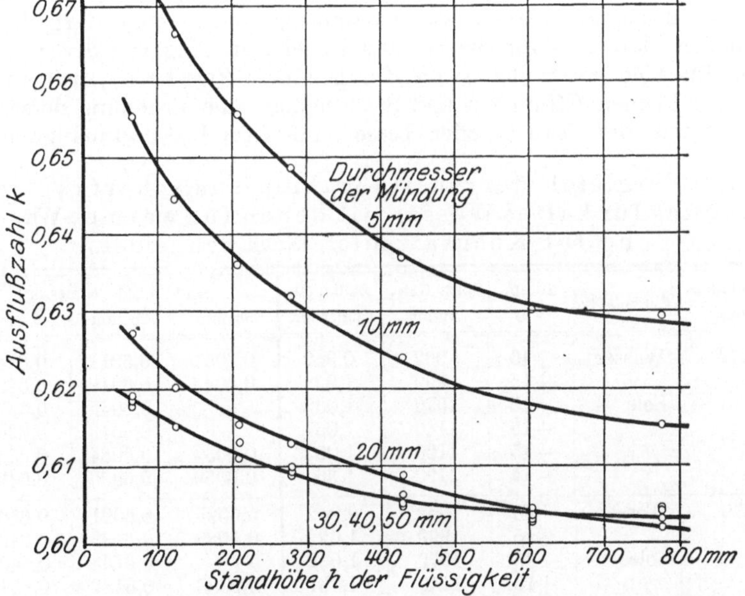

Fig. 120. Ausflußzahlen für Wasser aus scharfkantiger Mündung, nach Schneider.

Den *Wert der Ausflußzahl* gaben für Wasser alte Versuche von Weisbach zu $k = 0{,}615$ an; dieser Wert wird vielfach benutzt. Er ist indessen neuerdings durch die Versuche von Schneider überholt, dessen Ergebnisse für Wasser in Fig. 120 dargestellt sind. Die Versuche wurden

[1]) Wegen der genauen Definition des Begriffes vgl. Schneider, Forschungsarbeiten, Heft 213, S. 30 nach Forchheimer, Hydraulik 1914, S. 251ff., und Müller-Pouillet, Lehrbuch der Physik, Bd. I, 1906, S. 401.

mit mehreren Mündungen und bei verschiedenen Druckhöhen vorgenommen, die Versuchspunkte sind in Fig. 120 eingezeichnet, die Kurven weichen von denen Schneiders etwas ab und schmiegen sich mehr den Versuchspunkten an; insbesondere ist für die Mündungsdurchmesser 30, 40 und 50 mm nur eine Kurve gegeben, da in Wahrheit bald der eine bald der andere den größeren Wert μ ergab, so daß nicht ohne Willkür ein System in die übrigens sehr kleinen und nur durch den Maßstab der Figur übertriebenen Abweichungen zu bringen ist. Auf Grund der Schneiderschen Versuche kann man jetzt mit Ausflußöffnungen ohne besondere Eichung auf sehr große Genauigkeit rechnen, wenn man für Vermeidung von Turbulenz im Wasser sorgt und wenn man die scharfe Ausflußkante ebenso wie Schneider so bricht, daß eine zylindrische Fläche von folgender Tiefe entsteht:

bei 50 40 30 mm Mündungsdurchmesser war die
Kantendicke 0,35 0,29 0,14 mm[1]).

Aus den Barrschen Versuchen mit dem V-Wehr (§ 58) darf man schließen, daß es auf genaues Innehalten dieser Maße nicht ankommt.

Weitere Versuche von Schneider haben wesentlich auf Salzsole Bezug, für Untersuchungen an Kühlmaschinen. In Tab. 9 sind einige hierauf bezügliche Ergebnisse zusammengestellt. Man darf daraus schließen, daß man für die meisten Zwecke die Angaben der Fig. 120 auch für Sole verwenden kann; für genauere Zwecke ist, namentlich bei sehr kleinen Öffnungen und Standhöhen, eine Erhöhung derselben auf Grund der Tab. 9 oder besser auf Grund der umfangreichen

Tab. 9. Vergleich der Ausflußzahlen aus scharfkantiger Mündung für kaltes Wasser mit denen für warmes Wasser und für Kochsalzsole. Nach Schneider.

Druckhöhe mm	Flüssigkeit	Temp. °C	Spez. Gew. kg/m³	Zähigkeit Engler-Gr.	Mündungsdurchmesser 50 mm	20 mm	5 mm
779	Wasser	+40	992	0,942	0,6051	0,6011	0,6240
		+15	999	1,022	0,6043	0,6019	0,6294
	Sole	+15	1070	1,032	—	0,6045	0,6329
		+15	1140	1,061	—	0,6043	0,6344
		+15	1190	1,093	0,6059	0,6054	0,6359
		−14	1190	1,36	0,6059	0,6095	0,6432
279	Wasser	+40	992	0,942	0,6095	0,6091	0,640
		+15	999	1,022	0,6088	0,6130	0,6486
	Sole	+15	1070	1,032	—	0,6133	0,6491
		+15	1140	1,061	0,6083	0,6132	0,6519
		+15	1190	1,093	0,6088	0,6135	0,6520
		−14	1190	1,36	0,6115	0,6178	0,6612
123	Wasser	+40	992	0,942	0,6127	0,6189	0,6580
		+15	999	1,022	0,6149	0,6201	0,6661
	Sole	+15	1070	1,032	—	0,6224	0,6677
		+15	1140	1,061	0,6134	0,6223	0,6717
		+15	1190	1,093	0,6122	0,6221	0,6705
		−14	1190	1,36	0,6172	0,6281	0,6827

[1]) Private Angabe, da die Zahlen in der Veröffentlichung fehlen.

Schneiderschen Arbeit nicht zu unterlassen. Man kann auf Grund der Tab. 9 auch für andere nicht zu zähe Flüssigkeiten die Gültigkeit von Fig. 120 bei genügend großen Mündungen und Standhöhen vermuten.

Nach Fig. 120 kann man für Mündungen nicht unter 20 mm Durchmesser und für Standhöhen nicht unter 400 mm häufig kurzerhand ansetzen:

in einfacher Mündung

für Wasser und andere nicht zu zähe Flüssigkeiten nach Schneider

$$k = 0{,}605, \text{ also } k' = 2{,}68 .$$

Andererseits gilt

für Luft bei kleinen Druckunterschieden nach A. O. Müller

$$k = 0{,}60, \text{ also } k' = 2{,}66 .$$

In der abgerundeten Düse Fig. 119b tritt bei ausreichender Abrundung eine Kontraktion nicht auf. Je nach der Sorgfalt, mit der die Düse poliert ist, nimmt die Ausflußzahl Werte an

in abgerundeter Düse $k = (0{,}98 \text{ bis})\ 1$, also $k' = (4{,}35 \text{ bis})\ 4{,}43$.

Diese Werte dürften für Wasser und für Luft in gleicher Weise gelten; im allgemeinen wird man für Luft eher den niedrigeren Wert zu nehmen haben, wenn der Druckabfall nicht sehr klein ist im Verhältnis zum absoluten Druck, so daß schon eine merkliche Abnahme von γ eintritt. — Für Dampf gibt Bendemann

für abgerundete Düsen $k = 0{,}93$, also $k' = 4{,}12$

an; der Wert enthält bereits eine empirische Berücksichtigung der thermodynamischen Vorgänge beim Ausfluß und gibt eine Genauigkeit von $\pm 2\%$, wenn man den Druckabfall höchstens 7% des absoluten Anfangsdruckes werden läßt.

Man sollte eine *Eichung* der Öffnung bei den Druck- und Temperaturverhältnissen wie bei der Messung vornehmen, wenn man dazu Versuchseinrichtungen hat, die eine größere Genauigkeit erwarten lassen, als sie die vorliegenden Zahlenangaben haben. Dann ermittelt man also für die besonderen Verhältnisse empirisch die Beziehung zwischen Druck und Ausflußmenge, und braucht sich nicht auf die Angabe der Ausflußzahlen zu verlassen, deren Wert im Einzelfall von manchen Umständen abhängt. Die Messung der Durchmesser ist nicht immer genügend genau zu machen und geht doch im Quadrat ins Ergebnis ein. — Eine besondere Eichung scheint auf den ersten Blick umständlich zu sein: warum benutzt man nicht direkt die Wage oder die anderen unmittelbaren Methoden, wenn man ihrer doch nicht entraten kann? Doch bedarf eine Mündung nur einmal für eine Reihe von Durchgangsmengen der Eichung und man kann dann Zwischenwerte graphisch interpolieren; eine einmalige Eichung genügt dann für zahlreiche Versuche, deren jeder nur eine Momentanablesung erfordert, die viel bequemer zu machen ist als eine Wägung oder dergleichen. Auch kann man eine Mündung nach der Eichung leicht an andere Orte verbringen, leichter als Wagen oder gar Windkessel und Gasuhren. Endlich ist noch die Möglichkeit zu erwähnen, mehrere Mündungen einzeln zu eichen und durch Parallelschalten derselben Mengen von Luft oder Wasser zu bewältigen, für die die verfügbaren Meßmittel sonst nicht ausreichen.

Eine große Druckhöhe ist erwünscht, da bei Messung der Druckhöhe immer die gleiche Ungenauigkeit gemacht wird, so daß also die Ungenauigkeit der Ablesung bei größerer Druckhöhe relativ kleiner wird. Außerdem ändert sich die Druckhöhe mit dem Quadrat der Ausflußmenge: $V = k f \sqrt{2 g h}$. Daher wird die Änderung der Druckhöhe mit der Ausflußmenge um so bedeutender sein, je größer die Druckhöhe selbst ist; endlich zeigt Fig. 119, daß die Ausflußzahl bei großer Druckhöhe besser konstant ist als bei kleiner. — Daß die gesuchte Größe V vom Wurzelwert der beobachteten, h, abhängt, hat zur Folge, daß bei kleinen Geschwindigkeiten die abzulesende Druckhöhe sehr klein und ungenau abzulesen ist. Dafür wird in dem Meßbereich, für den die Druckhöhe bequem abzulesende Werte hat, die Ablesung um so genauer (§ 6).

Die Versuche von Schneider sind so ausgeführt, daß der Strahl aus der senkrechten Wand wagerecht austritt, wie in Fig. 117. Bei großen Mündungsdurchmessern und kleinen Standhöhen ergibt sich dabei ein Unterschied in der Geschwindigkeit der oberen von denen der unteren Ausflußschichten, und wegen des Wurzelgesetzes ist die wirksame mittlere Geschwindigkeit w_m, für die ganze Fläche der Mündung gerechnet, etwas kleiner als die dem Mittelpunkt der Öffnung zugeordnete w_h. Die Schneiderschen Zahlen bedürfen also für Mündungen mit senkrechtem Auslauf bei kleiner Ausflußhöhe einer Korrektion nach der theoretisch errechneten Tab. 10:

Tab. 10. Vergleich der Ausflußzahlen aus wagerechter und senkrechter Mündung.

h/d	$= 1$	1,5	2
w_m/w_h	$= 0{,}991$	0,996	0,998

Ob die Übertragung der Ergebnisse mit wagerechtem Ausfluß auf senkrechten nicht etwa in sich Fehlerquellen größeren Betrages birgt, bleibt offen.

Werden bei einem längeren Versuch die Druckhöhen regelmäßig abgelesen, um daraus die mittlere sekundliche Ausflußmenge zu finden, so ist nicht der Mittelwert der Druckhöhen zu bilden und aus ihm die mittlere Ausflußmenge zu berechnen; denn die Wurzel aus dem Mittelwert ist nicht das gleiche wie der Mittelwert aus den Wurzeln. Es ist zu jeder einzelnen Druckhöhe die zugehörige Ausflußmenge zu finden und aus diesen das Mittel zu bilden. Bleiben die Schwankungen der Druckhöhe gering, etwa unter 10%, so ist der Unterschied zwischen beiden Rechnungsarten gering (§ 15). Oder man rechnet mit dem Wurzelmittelwert (§ 15).

Für Flüssigkeiten gilt noch folgendes: Die Druckhöhe h der Flüssigkeit über der Mündung hat man bei seitlichem Ausfluß bis Mitte Öffnung zu messen (Fig. 117), bei Ausfluß durch den Boden bis da, wo der Wasserstrahl sich vom Gefäß löst (Fig. 119). Man verwendet Ausflußgefäße nach Fig. 121 mit einer Anzahl Öffnungen verschiedener Größe, die aber in gleicher Höhe liegen müssen und die man nach Bedarf verschließt, so daß bei jeder Flüssigkeitsmenge die Druckhöhe passend wird. Bei *a* läuft die Flüssigkeit zu, die Scheidewände beruhigen es, so daß über den Mündungen ein glatter Spiegel steht. Die Druckhöhe mißt man mit einem einfachen Maßstab, den man eintaucht und auf halbe oder zehntel Zentimeter abliest. Man kann auch den bei den Wehrmessungen beschriebenen Hakenmesser (Fig. 116) oder ein Wasserstandsglas mit Skala verwenden. Im letzteren Fall ist aber Vorsicht zu üben, wenn es sich um warme oder um sehr kalte Flüssigkeiten handelt; beispielsweise für Sole von — 5° würde ein Fehler von $^2/_3$% entstehen, wenn die Sole im Standglas sich auf +15° befindet und man nicht den Unterschied der spezifischen Gewichte durch eine Korrektion berücksichtigt; die Korrektion hat sich auf die Höhe der Säule im Standglas zu erstrecken, die nicht gleich der Standhöhe über der Ausflußöffnung zu sein braucht.

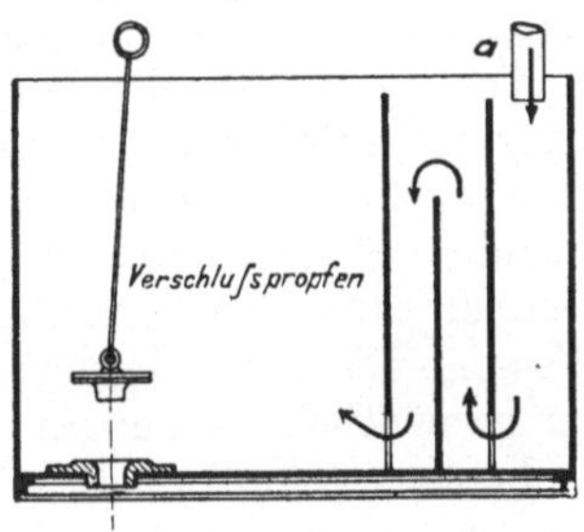

Fig. 121. Transportables Meßgefäß mit Ausflußöffnungen.

Bei großen Mengen benutzt man nicht eine große Mündung, die schwer zu eichen wäre, sondern mehrere kleine. Die Gesamtausflußmenge ist die Summe der einzelnen Mengen. Die Öffnungen dürfen nicht zu dicht beieinander sein, damit die gegenseitige Beeinflussung gering bleibt und die Ausflußzahl sich nicht ändert; sie dürfen auch nicht dem Boden oder der Seitenwand des Ausflußbehälters zu nahe sein, sonst tritt das gleiche auf Aus der später zu besprechenden Fig. 124 wird man folgern dürfen, das jede Öffnung ein Feld um sich herum frei für sich haben muß, dessen Durchmesser das Zwei- bis Dreifache des Öffnungsdurchmessers ist: zwei Öffnungen von den Durchmessern d_1 und d_2 sollten also mindestens den Abstand 2,5 d_1 bzw. 2,5 d_2 von der Gefäßwand und 2,5 $(d_1 + d_2)$ voneinander haben (Fig. 122).

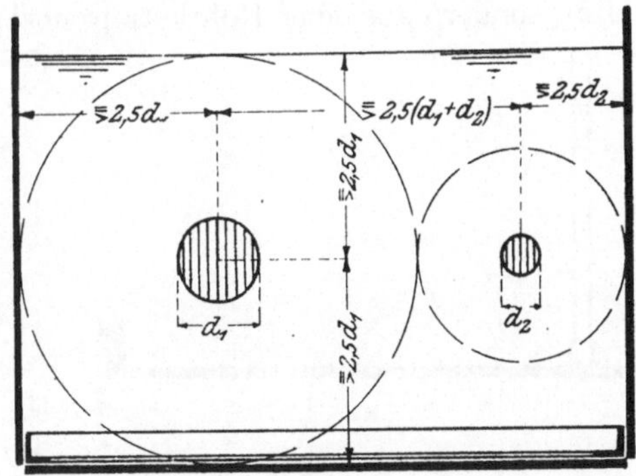

Fig. 122. Mindestmaße für die Anordnung der Ausflußöffnungen.

Bei schwankenden Ausflußmengen kann man sich folgender Methode bedienen, die für Wassermessung von Brauer angegeben ist, aber auch sonst manchmal verwendbar ist: Man läßt die zu messende Ausflußmenge aus mehreren Öffnungen austreten, wobei dafür zu sorgen ist, daß für alle gleiche Verhältnisse, insbesondere hinsichtlich der Druckhöhe, vorliegen. Die einzelnen Ausflußmengen verhalten sich dann wie die Mündungsquerschnitte, oder doch jedenfalls wie die Produkte $k \cdot f$, bleiben also bei allen Druckhöhen einander proportional. Die aus einer der Mündungen kommende Menge wird, etwa durch Wägen, gemessen. Dadurch kann man, ähnlich wie bei Anwendung der Mischungsregel, § 49, große Mengen mit kleinen Meßapparaten bewältigen. — Für Luft hätte man das *Brauersche Verfahren* so anzuwenden, daß man das aus einer Mündung gehende Volumen mittels einer Luftuhr mißt.

Die Frage, ob die scharfkantige *Mündung oder* die abgerundete *Düse* vorzuziehen ist, wurde in den früheren Auflagen dieses Buches zugunsten der Düse besprochen. Diese Ansicht kann berichtigt werden, nachdem Schneider gezeigt hat, daß für Sole und für verschiedene Temperaturen die Ausflußzahl wesentlich die gleiche sei wie für kaltes Wasser. Die Mündung hat den Vorteil bequemer Herstellung für sich, der namentlich bei den Anwendungsformen des folgenden Paragraphen — beim Anschluß an eine Rohrleitung — zur Geltung kommt. Eine einfache nach Art des Blindflansches hergestellte Blechscheibe, mit einem sauberen Loch versehen, genügt.

Betreffs der Düsen ist andererseits noch besonders darauf hinzuweisen, daß eine genügende Abrundung und ein anschließendes zylindrisches Stück wesentlich ist, um Ablösungserscheinungen zu vermeiden; sonst wird die Ausflußzahl ganz unsicher.

60. Ausflußöffnungen an Rohrleitungen. Wenn nach Fig. 123 der Ausfluß der Flüssigkeit nicht aus einem praktisch unendlich großen Behälter, sondern aus einer Rohrleitung heraus erfolgt, deren Durchmesser mit D und deren Querschnitt mit F bezeichnet sei (während d und f die entsprechenden Abmessungen der Öffnung sind), so werden die Verhältnisse in doppelter Weise geändert.

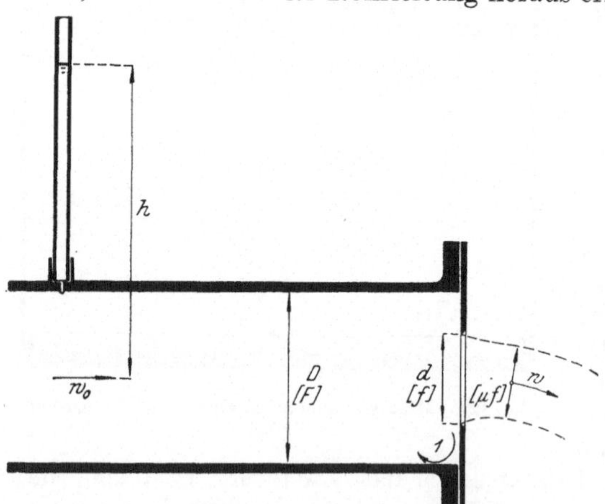

Fig. 123. Ausflußöffnung für Wasser an einer Rohrleitung.

Bei Verwendung scharfkantiger Mündungen wird nämlich die Kontraktion des austretenden Strahles unvollkommen; die Kontraktionszahl (in welche wir im folgenden immer die geringfügigen Reibungsverluste einschließen, so daß also fortan die Kontraktionszahl μ sich mit der Ausflußzahl des vorigen Paragraphen deckt) muß von dem Wert $\mu = 0{,}605$ gemäß Fig. 120, den sie für sehr kleines *Öffnungsverhältnis*, $f : F = m \sim 0$, haben muß, bis auf $\mu = 1$ steigen; diesen Wert muß sie annehmen, wenn beim Öffnungsverhältnis $m = 1$, beim einfachen Ausfluß aus dem Rohr, Kontraktion gar nicht mehr auftritt.

Den Verlauf der Kontraktionszahl μ bei Wasser als abhängig vom Durchmesserverhältnis $d : D = \sqrt{m}$ gibt die eine Kurve der Fig. 124, jedoch mehr schematisch, da sie noch auf alten Weisbachschen Versuchen beruht, daher auch links in $\mu = 0{,}615$ statt 0,605 endet.

Für scharfkantige Mündungen wie für abgerundete Düsen bleibt zweitens zu beachten, daß diesmal die Druckhöhe h nicht zur Erzeugung der Geschwindigkeit w dient, sondern zur Erhöhung der *Vorgeschwindigkeit* w_0 im Rohr auf die Geschwindigkeit w im Strahl. Also gilt:

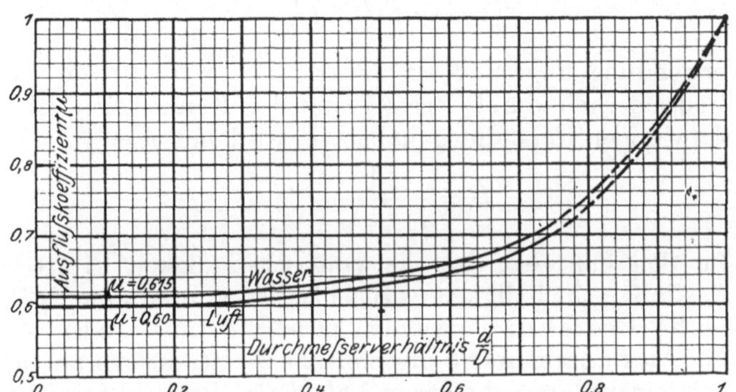

Fig. 124. Kontraktionszahlen[1]) bei verschiedenem Öffnungsverhältnis, für Wasser nach Weisbach[2]), für Luft nach A. O. Müller.

$$h = \frac{w^2}{2g} - \frac{w_0^2}{2g}.$$

Nun ist aber $w_0 = \mu m \cdot w$; hierdurch w_0 beseitigt, entsteht

$$h = (1 - \mu^2 m^2) \frac{w^2}{2g}.$$

Setzen wir:

$$1 - \mu^2 m^2 = \frac{1}{k_1^2},$$

$$k_1 = \frac{1}{\sqrt{1 - \mu^2 m^2}},$$

so wird also

$$h = \frac{1}{k_1^2} \cdot \frac{w^2}{2g} \quad \text{oder} \quad w = k_1 \cdot \sqrt{2gh}.$$

w ist dabei die wirklich auftretende Geschwindigkeit im kontrahierten Querschnitt, dessen Fläche μf ist. Das aus fließende Volumen wird also

$$V = \mu f \cdot w = \mu k_1 \cdot f \cdot \sqrt{2gh}.$$

Führen wir nun eine Ausflußzahl

$$k = \mu k_1 = \frac{\mu}{\sqrt{1 - \mu^2 m^2}} \quad \ldots\ldots\ldots \quad (7)$$

---

[1]) Das Wort Ausflußkoeffizient in der Figur ist zu berichtigen.

[2]) Vgl. die Anmerkung auf S. 168.

ein, die aber, wie schon dargelegt, im Verhältnis zur Kontraktionszahl nicht dieselbe Bedeutung hat wie in § 59, so gilt wieder wie früher die Beziehung

$$V = k \cdot f \cdot \sqrt{2gh} \qquad (4)$$

Messen wir statt der Druckhöhe h den Druckabfall $p = p_1 - p_2$ in kg/m² — insbesondere für Ausfluß von Gasen, § 59 —, so wird wie früher:

$$V = k \cdot f \cdot \sqrt{2g\frac{p}{\gamma}} \qquad (4\,\mathrm{a})$$

Bei Verwendung abgerundeter Düsen — die immer den Vorteil größerer Meßsicherheit durch Vermeidung der Kontraktion, aber den Nachteil schwieriger Herstellung haben — wird mit $\mu = 1$

$$k = \frac{1}{\sqrt{1 - m^2}} \qquad (7\,\mathrm{a})$$

Auch für den Fall also, daß die Vorgeschwindigkeit nicht gegenüber der Ausflußgeschwindigkeit vernachlässigt werden kann, gilt die quadratische Beziehung zwischen w oder V und h oder p. Nur hat man als Ausflußzahl nicht die einfache Kontraktionszahl μ bzw. diejenige Zahl einzuführen, die wir in § 59 als Ausflußzahl bezeichneten, sondern den aus ihr und dem Querschnittsverhältnis m nach Formel (7) und (7a) folgenden Wert.

Die Werte μ Fig. 124 für Wasser sind von Weisbach vermutlich an Rohren kleinen Durchmessers gewonnen. Trotz der Zuverlässigkeit Weisbachscher Versuche wird man sie also mit Vorsicht benutzen müssen; der punktierte Teil ist überdies schätzungsweise vervollständigt, um den Verlauf zu zeigen[1]). Trotzdem wird in Fig. 125 die Ausflußzahl k der Formeln (7) und (7a) in Abhängigkeit von $d : D = \sqrt{m}$ wiedergegeben. In die Figur ist auch noch ein Wert $K = mk$ eingetragen. Mit ihm ist wegen $\frac{f}{m} = F$

$$V = \frac{K \cdot f}{m}\sqrt{2gh} = K \cdot F \cdot \sqrt{2gh} \qquad (4\,\mathrm{c})$$

darin für die scharfkantige Mündung

$$K = \frac{\mu m}{\sqrt{1 - \mu^2 m^2}} \qquad (7\,\mathrm{b})$$

und für die abgerundete Düse

$$K = \frac{m}{\sqrt{1 - m^2}}.$$

[1]) Die Kurve ist angefertigt nach Forschungsarbeit Heft 49, S. 51. Die Werte bei Weisbach selbst (Ingenieurmechanik, 3. Aufl., S. 766 oder 5. Aufl., S. 1046) weichen namentlich für die großen Durchmesserverhältnisse merklich davon ab. Sie lauten:

$m = f : F =$	0,1	0,2	0,3	0,4	0,5	0,6	0,7	0,8	0,9
$\sqrt{m} = d : D =$	0,316	0,447	0,548	0,632	0,707	0,775	0,837	0,894	0,949
$\mu =$	0,624	0,632	0,643	0,659	0,681	0,712	0,755	0,813	0,892

K stellt also eine auf den Rohrquerschnitt F bezogene Ausflußzahl dar, genau wie k sie auf den Öffnungsquerschnitt f bezieht. Mit K rechnet es sich besser, wenn man f und d erst so bestimmen will, daß man auf einen gut meßbaren Druckabfall kommt. Mit k rechnet man besser,

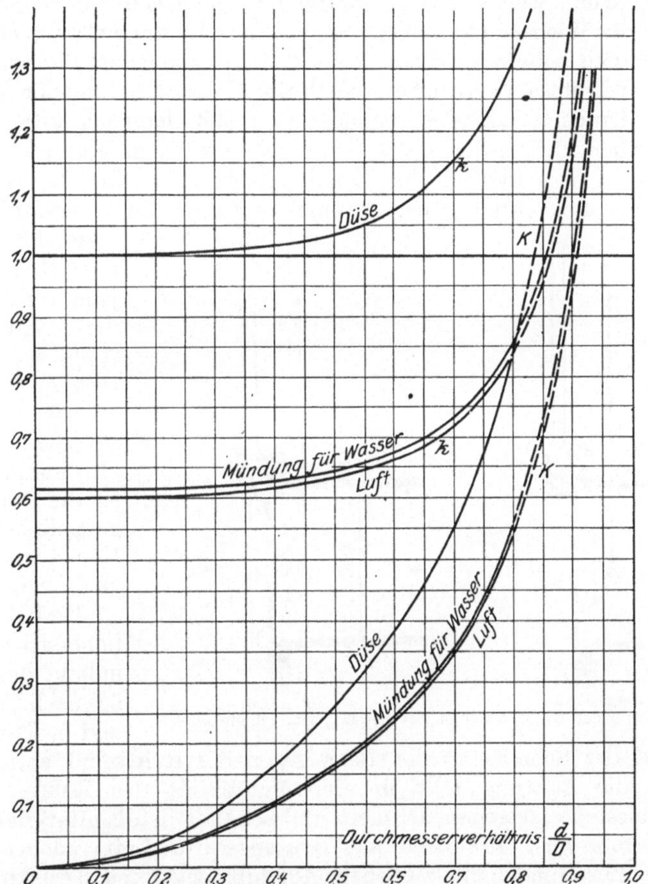

Fig. 125. Ausflußzahlen für den Ausfluß aus einer Rohrleitung.

zumal bei kleinen Werten m, bei der Auswertung. Für die praktische Berechnung zieht man außerdem zweckmäßig $\sqrt{2g} = 4{,}43$ mit in die Ausflußzahl ein und rechnet mit den Beziehungen

$$\left.\begin{aligned} V &= k' \cdot f \cdot \sqrt{h} = K' \cdot F\sqrt{h} \\ k' &= 4{,}43\,k\,; \quad K' = 4{,}43\,K \end{aligned}\right\} \quad \ldots\ldots \quad (6\text{a})$$

Sobald die Vorgeschwindigkeit merkliche Werte annimmt, ist nicht mehr gleichgültig die Art der *Entnahme des Druckes*. In Fig. 126 sind zwei von Fig. 123 abweichende Arten dargestellt. Man kann den Druck dem Zuflußrohr seitlich entnehmen, Fig. 123; diese nächstliegende Art der Entnahme hat den Nachteil, daß sie durch die Vorgeschwindigkeit

w_0 in unberechenbarer Weise gestört werden kann, namentlich sobald die Entnahmeöffnung nicht sehr sauber von Grat befreit ist; Schärfe oder Rundung der Öffnungskanten, Neigung der Öffnungsachse gegen die Rohrachse u. a. m. haben Einfluß durch Wirbelbildung. Auch muß man genügend weit von der Mündung zurückgehen, um nicht in den Bereich der Wirbel zu kommen, die nahe der Mündung etwa nach Pfeil *1* zu verlaufen scheinen. Versuche mit Luft wenigstens[1]) ergaben bis zu 10% verschiedene Drucke je nach der Entfernung vor der Öffnung, wo die Druckentnahme stattfand. Man soll demnach um Strecken zurückgehen, die zu 3 *D* bis 8 *D* angegeben werden. Dann aber spielt bei kleinen Druckhöhen der Druckverlust durch Reibung zwischen Entnahme und Öffnung bereits eine merkliche Rolle, verschieden je nach der Rauheit des Rohres. In jedem Fall bleibt die Entnahmestelle willkürlich gewählt.

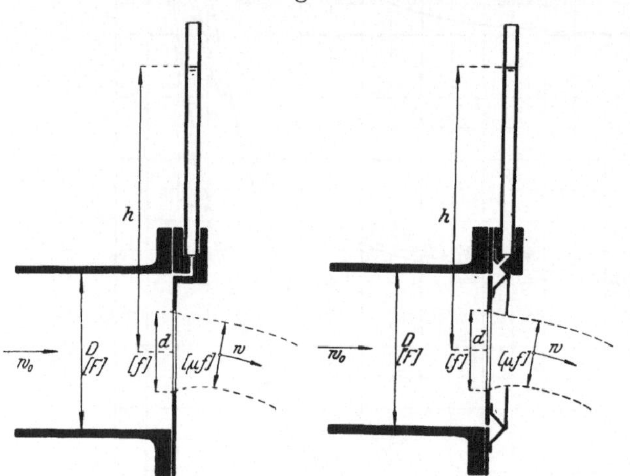

Fig. 126a. Fig. 126b.
Andere Arten der Druckentnahme bei Messung von Flüssigkeiten.

Die einzige nichtwillkürliche Entnahmestelle ist die Durchdringungslinie der Rohrwand mit der Meßscheibe.

Deshalb empfiehlt sich die Entnahme des Drukkes nach Fig. 126a und b. Der Druck wird auf der Scheibe, in der Ecke gegen die Rohrwand entnommen werden, die Bohrung fällt in eine Mantellinie des Rohres. Diese Entnahmestelle ist genau definiert und schaltet den Einfluß der Rohrreibung ganz aus. Praktisch hat Brandis (für Luft) nachgewiesen, daß der Zusammenhang zwischen Ausflußmenge und Druckmessung bei Fig. 126a ein gut eindeutiger und unabhängig ist von Wirbelungseinflüssen nach Pfeil *1*, Fig. 123; insbesondere bei sehr kleinen Randbreiten $\frac{D-d}{2}$ ist es wesentlich, daß man ganz in der Ecke mißt. Der abzulesende Druck nimmt zwar gegen die Mündung hin ab, nähert sich aber gegen die Ecke hin seinem Höchstwert asymptotisch, sofern die Randbreite es zur Ausbildung dieser Erscheinung kommen läßt.

Nur dann bleibt auch die Messung nach Fig. 126a ungenau definiert, wenn die Strömung um den Strahl herum nicht allseits gleichmäßig angeordnet ist. Die Druckentnahme an einem Punkt des Umfanges genügt nur dann, wenn die Rohrleitung ein genügendes Stück vor der

---

[1]) Brandis, s. Literaturverzeichnis.

Drosselscheibe geradlinig verläuft: Brandis gibt $8\,D$ als hierfür erforderlich an. Sonst aber, wenn also Krümmungen oder Hindernisse in kürzerem Abstand — mindestens jedoch etwa $3\,D$ — vor der Scheibe sind, muß man den Druck auf der Scheibe an mehreren Stellen des Rohrumfanges messen, um den Mittelwert zu bilden (der wohl der Wurzelmittelwert sein sollte). Für zahlreich auszuführende Messungen wird man bequemer den Mittelwert mechanisch bilden, indem man die einzelnen Meßstellen mit einer Ausgleichkammer verbindet und darin den Druck mißt. Bedingung ist, daß die hydraulischen Widerstände der einzelnen Zuleitungen zur Ausgleichkammer alle gleich sind; sonst entfernt sich der Druck in der Kammer vom Mittelwert. Die Bedingung ist am einfachsten durch Anordnung einer Ringkammer genügender Weite nach Fig. 126 b zu erfüllen, von der eine Reihe genügend feiner Bohrungen gleichen Durchmessers durch den Staurand hindurchführen.

Wegen des verschiedenen Einflusses der Vorgeschwindigkeit auf die Entnahmestelle nach Fig. 123 einerseits (vermutlich Saugen), Fig. 126 andererseits (vermutlich Drücken) werden die versuchsmäßig zu bestimmenden Vorzahlen k für beide Fälle verschieden ausfallen können. Man hat bei Versuchen die Einrichtungen zu treffen, die für Gewinnung der Vorzahlen gedient haben. Vorläufig aber gibt es für Wasser m. W. neuere Versuche gar nicht, und man muß im Notfall die Werte der Fig. 125 benutzen, ohne daß sich über die Art der Druckentnahme Bestimmtes sagen ließe. Man vermeide aber große Werte von m bei Verwendung scharfkantiger Mündungen.

Bei Messung kalter oder warmer Flüssigkeiten nach Fig. 123 oder 126 ist die abweichende Temperatur und das daher abweichende spezifische Gewicht der Flüssigkeit im Meßrohr in Betracht zu ziehen, wie in § 59 dargelegt: die wirkliche Standhöhe ist in eine Säule von der Dichte der ausfließenden Flüssigkeit umzurechnen. —

Der *Ausfluß von Luft* aus einem vor ein Rohr gesetzten Staurand unter Entnahme des Druckes nach Fig. 123 oder 126 und Messung mittels Wasser- oder anderen Manometers unterscheidet sich vom Ausfluß des Wassers grundsätzlich dadurch, daß er in einen Raum stattfindet, der mit einem Mittel etwa gleicher Dichte erfüllt ist. Der austretende Strom kann also durch das ruhende Medium merklich beeinflußt (rückgestaut) werden — während dieser Einfluß beim Ausfluß von Wasser in Luft zweifellos zu vernachlässigen war; der Ausfluß von Wasser durch eine untergetauchte Öffnung wäre das Entsprechende. Da aber hier merklich abweichende Ausflußzahlen für Wasser gelten (nach Weisbach μ um 0,01 kleiner als beim Ausfluß in Luft), so ist es auch nicht unwahrscheinlich, daß für Luft andere Vorzahlen gelten als für Wasser. Physikalisch ist der Unterschied der, daß der in Luft tretende Wasserstrahl seinen Zusammenhang behält, während an dem in Luft austretenden Luftstrahl, wenn man ihm Rauchfäden beimischt, zu sehen ist, wie seitlich allmählich eine Abbröckelung der Luftfäden und eine Auflösung des Strahles erfolgt. Diese Erscheinung wird schon vor dem kontrahierten Querschnitt beginnen und daher bei scharfkantiger Mündung den Ausflußvorgang beeinflussen. Bei Verwendung von Düsen ist weniger Grund einzusehen für eine Störung des Ausflußvorganges durch das Medium, in das hinein er stattfindet.

Immerhin ist auch für Luft zu setzen:

$$V = kf\sqrt{2g\cdot\frac{p}{\gamma}} = KF\sqrt{2g\cdot\frac{p}{\gamma}} \quad \ldots\ldots (4a), (4c)$$

dabei für scharfkantige Mündungen:

$$k = \frac{\mu}{\sqrt{1-\mu^2 m^2}}; \quad K = \frac{\mu m}{\sqrt{1-\mu^2 m^2}} \quad \ldots\ldots (7), (7b)$$

und für abgerundete Düsen

$$k = \frac{1}{\sqrt{1-m^2}}; \quad K = \frac{m}{\sqrt{1-m^2}} \quad \ldots\ldots (7a), (7c)$$

Man kann auch den umgekehrten Weg gehen unter Benutzung dieser Formeln: es werden für scharfkantige Mündungen Werte von k versuchsweise festgestellt, und daraus läßt sich nach den Formeln berechnen, wie sich die Unvollkommenheit der Kontraktion mit wachsendem Öffnungsverhältnis m steigert.

Diesen Weg hat A. O. Müller beschritten und die Werte von μ festgestellt, die in Fig. 124 schon neben denen für Wasser gegeben wurden. Die Werte stimmen mit denen für Wasser gut überein, so daß man sie wird übernehmen dürfen, obwohl sie nur durch recht wenige Versuchspunkte belegt sind. Der etwas niedrigere Verlauf der Kurve für Luft gegen die für Wasser erklärt sich — so wie der Wert 0,60 gegen 0,605 für den Ausfluß ohne Vorgeschwindigkeit — daraus, daß bei Luft in erwähnter Weise das Abbröckeln des Strahls schon vor dem kontrahierten Querschnitt beginnt, was auf Mitreißen benachbarter Luftteilchen, also auf Energieverbrauch und daher Verminderung der Ausflußmenge, herauskommt, für den Ausfluß von Wasser in Wasser gibt Weisbach, wie schon erwähnt, die Ausflußzahl um 0,01 kleiner an als für den in Luft hinein erfolgenden Ausfluß, offenbar sind hier die gleichen Gründe vorhanden.

Die für Luft nach Fig. 124 und nach Formel (7) und (7b) zu errechnenden Werte für scharfkantige Mündungen sind in Fig. 125 bereits mit eingetragen. Bei abgerundeter Düse wären die gleichen mit $\mu = 1$ berechneten Werte wie für Wasser zu benutzen (Fig. 125), allerdings liegen positive Versuchszahlen über die Genauigkeit dieser theoretisch zu erwartenden Ausflußzahlen nicht vor. Sie werden, weil γ bei Luft innerhalb der Mündung abnimmt, eher etwas reichlich sein.

In Analogie zu Fig. 120 ist anzunehmen, daß die Werte der Fig. 125 für Mündungen von mindestens 30 mm Durchmesser und für Standhöhen von mindestens 200 mm gelten; für 20 mm Durchmesser sind sie ein wenig, für 10 oder gar 5 mm Durchmesser sind sie stärker zu erhöhen, ebenso für sehr kleine Standhöhen.

Über die Entnahme des Druckes ist grundsätzlich das gleiche zu sagen wie bei Wasser. Die Entnahme auf dem Stauflansch, nötigenfalls unter Ausgleich der Angabe mehrerer Entnahmestellen in einem Ringwulst, ist die bestdefinierte Art der Entnahme. Die Müllerschen Zahlen Fig. 124 und 125 beziehen sich auf Entnahme an der Rohrwand, in einer Entfernung D vor der Mündung. Zur Vermeidung von merklichen Reibungsverlusten zwischen Entnahmestelle und Staurand sowie zur Vermeidung von Wirbelungseinflüssen an der Entnahmestelle sollte man die Müller'sche Anordnung nicht für $m > 0{,}5$ benutzen, von wo an die besseren sogleich zu gebenden Zahlen vorhanden sind.

Durch eine Rotationskomponente in der Flüssigkeitsbewegung wird die Ausflußzahl zweifellos erheblich beeinflußt, vermutlich (vgl. auch Tab. 12, § 61) in der Regel vergrößert. Wo die Flüssigkeit also durch Krümmungen der Rohrleitung, durch Kreiselradmaschinen oder anderes merklich beunruhigt wird, baue man einen *Strahlregler* mindestens 10 Rohrdurchmesser vor der Meßstelle ein. Ein Strahlregler läßt sich als sechs- oder achtstrahliger Blechstern, etwa aus Zinkblech, herstellen, mit einem verbindenden Blechring, der wie ein Blindflansch zwischen die Flanschen der Rohrleitung gelegt wird. Die Länge der Führung muß mehrere Rohrdurchmesser sein (Fig. 127).

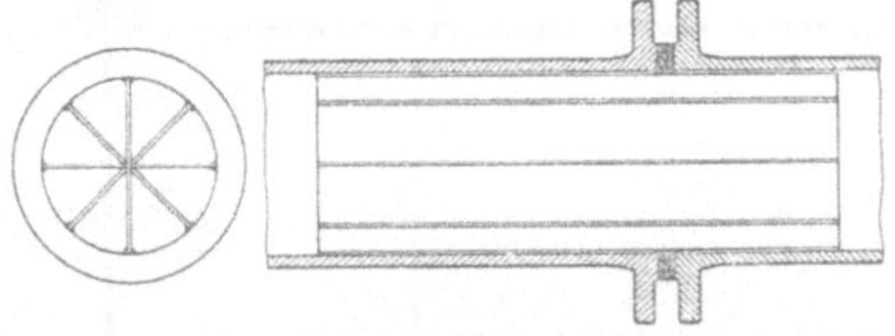

Fig. 127. Strahlregler aus Blech.

61. Durchflußöffnungen an Rohrleitungen. Wenn sich an den Stauflansch eine Rohrleitung anschließt, so werden grundsätzlich verschiedene Verhältnisse für Luft und für Wasser nicht bestehen, insofern als dann jedes der Medien in einen vom gleichen Medium erfüllten Raum strömt. Unsicher bleibt aber diesmal, wie weit sich die Geschwindigkeit w, die im kleinsten Strahlquerschnitt herrscht, hinter demselben wieder in Druck umsetzt, so daß es bei der Messung nicht gleichgültig wäre, ob man den Druck p_2 im Strahlquerschnitt entnimmt, wo der größte Druckabfall $p_1 - p_2$ gemessen würde, oder ob man den Druck p_2 da mißt, wo der Druck durch Umsetzung in Geschwindigkeit um soviel zugenommen hat, wie nicht durch den Stoß des mit der Geschwindigkeit w gehenden Strahles auf die nur mit w_0 strömende Luftsäule im Rohr verlorengeht; bei letzterer Art der Messung fiele die Ausflußzahl größer aus als bei ersterer. Die Frage ist allerdings lediglich eine Frage der Vorzahlen, da das quadratische Gesetz nach der jetzt zu gebenden Ableitung theoretisch auch im zweiten Fall gilt.

Man kann auch das *Venturirohr* verwenden, von dem in § 63 die Rede sein wird; bei ihm findet die Messung von p_2 im engsten Querschnitt statt. Die darauf folgende Erweiterung dient dann nur noch der Verminderung des Energieverlustes; wie weit man den Druckverlust vermindert, ist aber nicht eigentlich meßtechnisch wichtig, nur wird durch Meßmethoden mit großem Druckabfall die Leistungsfähigkeit der Rohrleitung vermindert und der dauernde Energieaufwand verursacht Kosten. In umgekehrter Auffassung kann man sagen: bei gegebenem zulässigen Gesamtdruckverlust steht bei der Durchflußöffnung als für die Messung nutzbar nur dieser Druckverlust zur Verfügung[1]), und die

[1]) Vergleiche jedoch den Nachtrag auf S. 489.

genaue Messung desselben muß entsprechend feinfühlig sein; beim Venturirohr steht für die Messung das Mehrfache des zulässigen Druckverlustes zur Verfügung und man kommt mit weniger empfindlichen Instrumenten aus.

Für den Stauflansch in einer Rohrleitung, sei er nun mit scharfkantiger Mündung (Fig. 128) oder mit abgerundeter Düse versehen, gilt folgende Überlegung, wenn man annimmt, daß der Wiedergewinn des Druckes bis auf den Carnotschen Stoßverlust erfolgt, der nach den Grundsätzen der Mechanik mit $\frac{(w - w_0)^2}{2g}$ m FlS in Ansatz zu bringen ist. Wenn wir mit p' den (statischen) Druck in der Einschnürung des

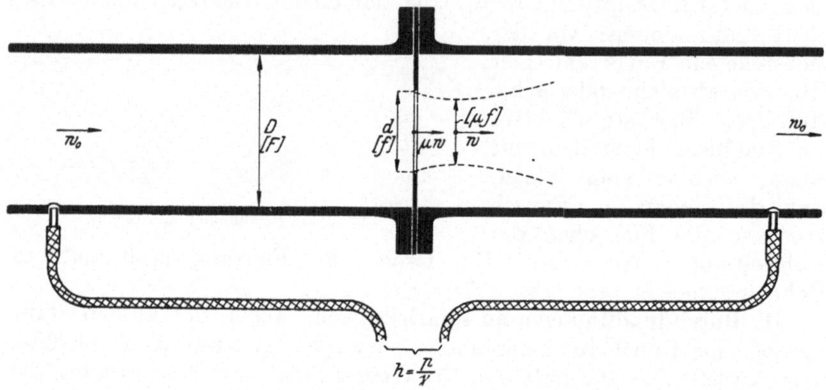

Fig. 128. Stauflansch in einer Rohrleitung.

Strahles bezeichnen, so gilt für den Beschleunigungsvorgang bis zum engsten Querschnitt:

$$\frac{p_1}{\gamma} + \frac{w_0^2}{2g} = \frac{p'}{\gamma} + \frac{w^2}{2g};$$

und für die Verzögerung bis zur Erreichung einer gleichmäßigen Strömung gilt:

$$\frac{p'}{\gamma} + \frac{w^2}{2g} = \frac{p_2}{\gamma} + \frac{w_0^2}{2g} + \frac{(w - w_0)^2}{2g},$$

indem nämlich hier der gesamte Inhalt an mechanicher Energie in beiden Querschnitten um den Stoßverlust verschieden sein muß.

Für den Gesamtvorgang aber gilt:

$$\frac{p_1}{\gamma} + \frac{w_0^2}{2g} = \frac{p_2}{\gamma} + \frac{w_0^2}{2g} + \frac{(w - w_0)^2}{2g},$$

$$\frac{p_1 - p_2}{\gamma} = \frac{p}{\gamma} = \frac{(w - w_0)^2}{2g}.$$

In bezug auf den Gesamtvorgang findet eine Beschleunigung überhaupt nicht statt, der Druckabfall hat nur den Stoßverlust zu decken.

Wieder ist $w_0 = \mu m w$, worin μ die von $m = \frac{d^2}{D^2}$ abhängige Kontraktionszahl μ nach Fig. 124 ist, die außer der Kontraktion noch die Reibungsverluste in der Öffnung umfaßt.

Damit wird durch Beseitigung von w_0:

$$\frac{p}{\gamma} = (1 - \mu m)^2 \cdot \frac{w^2}{2g}.$$

Wieder setzen wir die Beizahl

$$(1 - \mu m)^2 = \frac{1}{k_1^2}.$$

Daraus folgt die Geschwindigkeitsbeizahl

$$k_1 = \frac{1}{1 - \mu m},$$

aus der sich die Geschwindigkeit im kontrahierten Querschnitt

$$w = k_1 \sqrt{2 g p / \gamma}$$

berechnen läßt. Die Ausflußmenge ist

$$V = k_1 \cdot \mu f \cdot \sqrt{2 g p / \gamma}$$

und indem wir wieder die Ausflußzahlen

$$k = \mu k_1 = \frac{\mu}{1 - \mu m}; \quad K = \frac{\mu m}{1 - \mu m} \quad \ldots \text{(8), (8b)}$$

einführen, haben wir damit die diesmal gültigen Vorzahlen der Formeln

$$V = k f \sqrt{2 g \frac{p}{\gamma}} = K F \sqrt{2 g \frac{p}{\gamma}} \quad \ldots . \text{(4a), (4c)}$$

Für die Düse mit $\mu = 1$ gilt

$$k = \frac{1}{1 - m}; \quad K = \frac{m}{1 - m} \quad \ldots .. \text{(8a), (8c)}$$

Wird also der Druckabfall bis auf den Stoßverlust wiedergewonnen, so gilt das quadratische Gesetz ebenso, wie wenn man einen Wiedergewinn von Druck ganz leugnet. Mit letzterer Annahme würde für den Drosselflansch in der glatten Leitung die gleiche Vorzahl nach Formel (7) und (7b) gelten wie für den Ausfluß aus einer Leitung, Fig. 125.

Die Wahrheit wird sein, daß ein Wiedergewinn an Druck zwar vorhanden, aber geringer ist, als der Einführung nur des Carnotschen Stoßverlustes entspricht[1]). Hierfür spricht ein bei Fig. 131 zu erwähnender Widerspruch in den Versuchsunterlagen.

Es liegen für *scharfkantige Mündung in glatter Rohrleitung* ausführliche und offenbar sorgfältig durchgeführte Versuche von Brandis vor, auf dessen Arbeit schon oben Bezug genommen wurde. Bei denselben wird der Druck beiderseits auf dem Staurand entnommen, entsprechend Fig. 126a. Die Versuche sind unter vorheriger durch Vorversuche belegter Diskussion der Fehlerquellen ausgeführt, und die Ergebnisse in Formeln und Tabellen zusammengefaßt. Es bleibt zu wünschen, daß ähnliche Versuchsreihen für die anderen meßtechnisch wichtigen Anordnungen, auch für Düsen, ausgeführt werden. Von Brandis konnten natürlich nur die Ausflußzahlen k direkt beobachtet werden, und es konnte dann versucht werden, ob man für die nach Formel (8) oder (8a) zu errechnende Kontraktionszahl μ einen glaublichen Verlauf erhielt — etwa ähnlich dem in Fig. 124.

---

[1]) Vergleiche jedoch den Nachtrag auf Seite 489.

Diese Rückführung auf die Kontraktion war nach Brandis nicht möglich. Daher war auch kein Anhalt dafür zu gewinnen, ob und wie der Stoßverlust einzuführen sei. Eine rein empirische Wiedergabe der Versuchsergebnisse liegt in folgenden Angaben.

In der Beziehung $V = a \cdot (p_1 - p_2)^n$ zwischen Volumen und Druckverlust erwies sich n als etwas kleiner als 0,5, insbesondere wenn der Rand nicht sehr gut scharf, d. h. wenn seine Kantendicke $\delta > \frac{1}{100} d$ war. Um das Rechnen mit gebrochenen Exponenten zu vermeiden, wurde eine Beziehung $V = c + k\,(p_1 - p_2)^{\frac{1}{2}}$ näherungsweise substituiert. Man setze also die Geschwindigkeit bezogen auf den Mündungsdurchmesser:

$$w' = c' + k\sqrt{2\,g\,\frac{p}{\gamma}} \quad \text{. . . . .} \quad (9)$$

also das ausfließende Volumen

$$V = c + kf\sqrt{2\,g\,\frac{p}{\gamma}} = c + KF\sqrt{2\,g\,\frac{p}{\gamma}} \quad \text{. . . . .} \quad (9a)$$

oder, unter Einbeziehung von $\sqrt{2\,g}$ in die Vorzahl

$$V = c + k'f\sqrt{\frac{p}{\gamma}} = c + K'F\sqrt{\frac{p}{\gamma}} \quad \text{. . . . . .} \quad (9b)$$

worin wir k und K, k' und K' als *Durchflußzahlen* und c als *Berichtigungszahl* bezeichnen wollen. Es ist dann nach Brandis' Versuchen:

$$k = e \cdot \frac{0{,}230}{\sqrt[4]{1 - m^{\varepsilon}}}\,, \quad \text{darin } \varepsilon \doteq 1{,}17 + \frac{D^2}{0{,}36} \text{ und } e = 2{,}718\,.$$

$$k' = 4{,}43 \cdot k\,; \quad K' = 4{,}43 \cdot K\,.$$

Für die hiernach geltenden, von m und D abhängigen Vorzahlen nebst den Berichtigungszahlen gibt Brandis die Tab. 11, die jedoch mit den aus den Formeln zu errechnenden Werten nicht ganz übereinstimmt. — Alle Angaben sind abweichend von Brandis auf Meter und Kubikmeter bezogen und entsprechend umgerechnet.

Tab. 11. Durchflußzahlen k, K, K' und Berichtigungszahlen c für Luft, nach Brandis. Formel 9, 9a, 9b.

$f/F = m$ $d/D = \sqrt{m}$	0,5 0,707				0,6 0,775				0,7 0,837				0,8 0,894			
D	k	K	K'	c	k	K	K'	c	k	K	K'	c	k	K	K'	
0,10	0,730	0,365	0,01273	0,0004	0,784	0,470	0,01633	0,0005	0,854	0,599	0,0208	0,0007	0,981	0,785	0,0273	0,[illegible]
0,15	0,730	0,365	0,0286	0,0009	0,778	0,466	0,0366	0,0011	0,848	0,594	0,0466	0,0015	0,971	0,776	0,0608	0,[illegible]
0,20	0,724	0,362	0,0504	0,0014	0,770	0,462	0,0643	0,0019	0,840	0,589	0,0819	0,0024	0,961	0,767	0,1068	0,[illegible]
0,25	0,720	0,360	0,0782	0,0022	0,766	0,460	0,1000	0,0030	0,831	0,582	0,1264	0,0038	0,949	0,757	0,1650	0,[illegible]
0,30	0,712	0,356	0,1115	0,0028	0,755	0,454	0,1420	0,0038	0,820	0,573	0,1800	0,0050	0,930	0,742	0,233	0,[illegible]
0,35	0,705	0,353	0,1505	0,0038	0,745	0,447	0,1910	0,0052	0,804	0,563	0,240	0,0067	0,912	0,728	0,311	0,[illegible]
0,40	0,697	0,349	0,1945	0,0044	0,737	0,442	0,246	0,0060	0,789	0,552	0,308	0,0080	0,895	0,715	0,398	0,[illegible]
0,45	0,690	0,345	0,243	0,0056	0,723	0,434	0,306	0,0076	0,778	0,545	0,384	0,0100	0,876	0,700	0,493	0,[illegible]
0,50	0,686	0,343	0,298	0,0069	0,714	0,428	0,373	0,0094	0,767	0,537	0,467	0,0120	0,856	0,684	0,596	0,[illegible]
0,55	0,677	0,338	0,357	0,0072	0,707	0,425	0,448	0,0100	0,754	0,528	0,557	0.0130	0,837	0,671	0,708	0,[illegible]
0,60	0,671	0,336	0,422	0,0085	0,697	0,419	0,525	0,0120	0,745	0,522	0,654	0,0160	0,821	0,656	0,823	0,[illegible]
0,70	0,656	0,329	0,562	0,0115	0,682	0,409	0,698	0,0160	0,722	0,505	0,862	0,0215	0,786	0,629	0,071	0,[illegible]
0,80	0,645	0,323	0,718	0,0125	0,666	0,399	0,890	0,0215	0,703	0,492	1,092	0,0280	0,750	0,600	0,335	0,[illegible]

Die Versuche erstrecken sich auf Rohrdurchmesser von 100 bis 800 mm; das wird für die meisten Zwecke der Praxis ausreichen. Die Öffnungsverhältnisse von 0,6 bis 0,8 werden mit Rücksicht auf tunlichst kleinen Druckverlust für Meßzwecke auch meist bevorzugt werden. Über die Anordnung der Meßvorrichtung wäre unter Bezugnahme auf alles schon Gesagte nur noch festzustellen, daß folgende *Bedingungen* erfüllt werden sollten: Die Drucke sind auf der Scheibe in der Ecke gegen die Rohrwand zu entnehmen; für unregelmäßige Strömung kann zum Ausgleichen des Druckes in einer Sammelkammer die Konstruktion Fig. 129a verwendet werden, die allerdings besondere Flanschform voraussetzt. Vor dem Staurand sind 8 D hinter einer Querschnittsänderung und 4 D hinter einer Krümmung des Rohres freizuhalten. Hinter dem Staurand sollten Richtungsänderungen und Verengungen des Querschnitts frühestens im Abstand 3 D, Erweiterungen frühestens im Abstand 6 D vorkommen. Der Staurand soll nicht mehr als $\delta = 0{,}01\ d$ Randdicke haben, da sonst die Kontraktion unvollkommener wird. Dann spielt übrigens bei Geschwindigkeiten über 5 m/s die Berichtigungszahl c keine wesentliche Rolle. —

Versuche über die Durchflußzahlen bei Luft an scharfkantigen Mündungen in glatter Rohrleitung hat auch A. O. Müller gemacht. Die Versuche ergaben, es sei nach der oben gegebenen Ableitung nur der Stoßverlust vom Druckabfall zu decken, so daß für die Ausflußzahlen bei scharfer Mündung:

$$k = \frac{\mu}{1 - \mu m}\,; \quad K = \frac{\mu m}{1 - \mu m} \quad . \quad . \quad . \quad . \quad . \quad (8), (8b)$$

bei abgerundeter Düse:

$$k = \frac{1}{1 - m}\,; \quad K = \frac{m}{1 - m} \quad . \quad . \quad . \quad . \quad . \quad (8a), (8c)$$

zu setzen wäre. μ habe dabei die gleichen Werte, wie für den Ausfluß aus einer Rohrleitung in Fig. 124 gegeben.

Letzteres ist wohl glaublich; aber die nach diesen Angaben zu berechnenden Zahlen, die Fig. 130 absichtlich in kleinem Maßstab gibt, weichen weiter von den Brandisschen Werten ab, als wegen der verschiedenen Art der Druckentnahme zulässig erscheint[1]). Fig. 131 gibt zum Vergleich die Werte von Müller für Ausfluß aus einer Rohrleitung (Kurve b, kein Wiedergewinn des Beschleunigungsdruckes) und für Durchfluß in einer Rohrleitung (Kurve a, Wiedergewinn des Beschleunigungsdruckes bis auf den Carnotverlust) neben den Brandisschen Werten. Befriedigender Anschluß ergibt sich also zwischen den Brandisschen Werten und denen der Fig. 125, die nach Formel (7) und (7a) unter der Annahme berechnet sind, ein Druckwiedergewinn finde gar nicht statt — Stoßverlust 100%.

Diese Annahme scheint also doch die besser zutreffende zu sein, und danach wird man die Durchflußmengen bei Düsen und Mündungen, an die ein Rohr anschließt, nicht nach Formel (8) bis (8c), sondern

[1]) Vergleiche jedoch den Nachtrag auf S. 489.

nach Formel (7) bis (7c) und demnach unter Benutzung der Kurventafeln Fig. 125 berechnen, soweit man nicht bei größerem Öffnungsverhältnis m die Brandisschen Werte verwenden kann.

Dafür spricht auch das Ergebnis noch unveröffentlichter *Versuche der Kommission für die Regeln für Leistungsversuche an Ventilatoren*, die im Prüffeld der Siemens-Schuckert-Werke ausgeführt wurden und die ich durch freundliches Entgegenkommen zu benutzen in der Lage bin. Die Versuche führten die gleiche Luftmenge durch jedesmal mehrere Meßvorrichtungen, so daß ein Vergleich möglich war, wenn

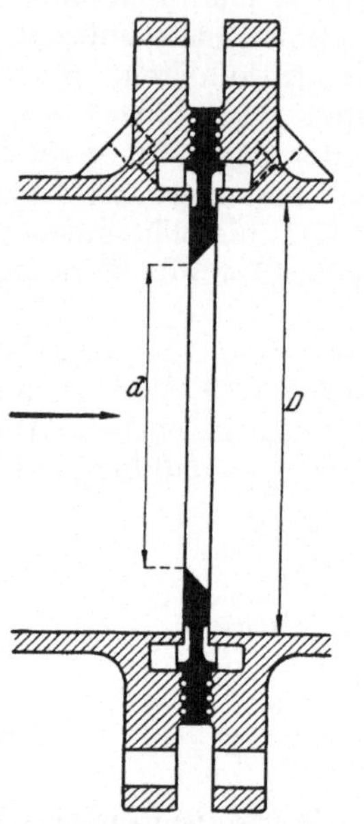

Fig. 129a. Stauflansch für Druckentnahme am Umfang nach Brandis.

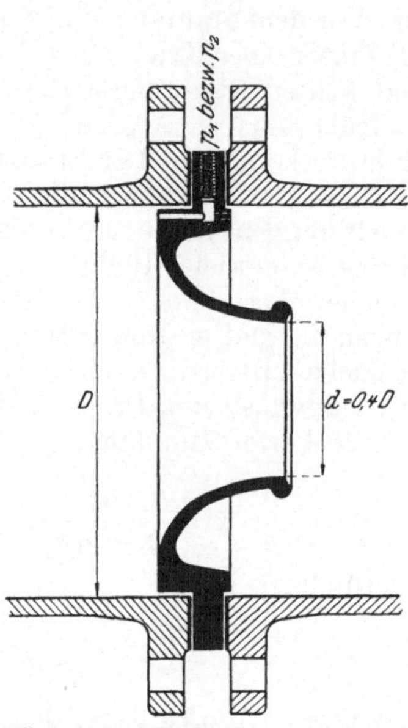

Fig. 129b. Normaldüse für Luftmessung nach den Regeln des Vereins Deutscher Ingenieure für Ventilatorprüfungen. Schäffer & Budenberg.

auch keine derselben — Düsen, Stauränder, Thomasmesser, Anemometer, Staurohr — als absolut gültig angesehen werden konnte. Alle Angaben wurden aber mit denen einer bestimmten „Kontrolldüse" verglichen. Es zeigte sich, daß alle Düsenmessungen so zuverlässig waren, wie es die Versuchsart nur irgend erwarten ließ, und zwar bestimmte man dabei die Luftmengen nach Formel (7) bis (7c). Beispielsweise ergaben sich gegen die mit einem Thomasmesser abzulesenden Mengen Unterschiede von 2,5% im Mittel — welcher von beiden Meßeinrichtungen dieser Unterschied zur Last zu legen ist, bleibt an sich unentschieden, doch ist durch die immerhin gute Übereinstimmung wahrscheinlich gemacht, daß für viele Zwecke jede der beiden Einrichtungen genügt. Man wird daher die Düse ohne besondere Eichung anwenden dürfen, wo 2,5% Genauigkeit ausreicht, und wo man nicht einen Staurand genau nach den Angaben von Brandis benutzen kann.

Die Frage, ob eine *Düse oder Mündung* verwendet werden soll, entscheidet sich übrigens oft schon einfach dadurch, daß Düsen nicht wohl für sehr große Durchmesserverhältnisse hergestellt werden können. Die *Normaldüse* Fig. 129 b hat das Verhältnis $d:D = 0{,}4$, also $m = 0{,}16$, während die Brandisschen Angaben erst bei $m = 0{,}5$ beginnen. Wo also größere Spannungsverluste unzulässig sind, muß man die Mündung (oder ein Venturirohr, § 63) verwenden.

Im übrigen sind die Brandisschen Angaben die in solchem Maße vollständigsten, daß es sich empfehlen wird, tunlichst die von ihnen

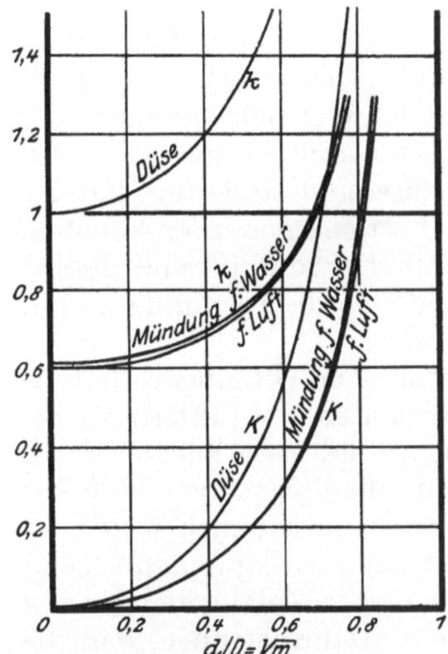

Fig. 130. Durchflußzahlen für den Durchfluß durch einen Staurand in einer Rohrleitung.

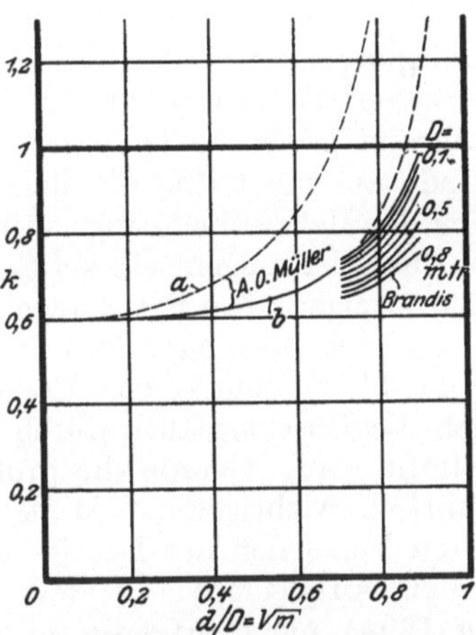

Fig. 131. Vergleich der Durchflußzahlen *k* für Luft durch einen Flansch in glatter Rohrleitung, nach Brandis (Tabelle I) mit den Zahlen von A. O. Müller, und zwar a) Berechnung nach Formel (8), u. Fig. 130; b) Berechnung nach Formel (7), u. Fig. 125.

verlangten Meßanordnungen anzuwenden und sich dann der Tabelle 11 zu bedienen.

Oft wird man aber die Düse vorziehen, obwohl positive Eichergebnisse mit ihr nicht vorliegen, und zwar deshalb, weil ihre *Empfindlichkeit für Störungen* geringer ist. Das zeigen die gleichen Versuche der genannten Kommission, bei denen auch Störungen in die Leitung eingebaut wurden. Als solche wurden etwa 3 m vor die Meßvorrichtung in die 500 m weite Leitung eingebaut (also im Abstand 6 D):

a) ein diametraler Steg,

b) eine halbkreisförmige Abblendung,

c) eine Drosselscheibe mit Loch.

Tabelle 12 zeigt den Einfluß dieser Störungen auf die Messung. Wenn die an der fraglichen Meßstelle bei fehlender Störung abgelesenen Luftmengen jedesmal mit 100 bezeichnet werden (Spalte 1), so wurden bei vorhandener Störung die Werte der Spalte 2 bis 4 gemessen, obwohl die Kontrolldüse unveränderten Luftstrom nachwies.

Tab. 12: Einfluß von Störungen auf das Meßergebnis bei Düsen und Staurändern.

Nr.	1	2	3	4	5	6
		Eingebaute Störung			Mittelwert 2 bis 4	Mittlere Abweichung bei Störungen, 5 minus 1
Rohrdurchmesser 500 mm	—	a	b	c		
Düse 200 ∅	100	100	99	99,5	99,5	— 0,5%
Staurand 250 ∅	100	102	106	108	105,3	+ 5,3%
300 ∅	100	104	110	102	105,3	+ 5,3%
350 ∅	100	105	124	103	110,7	+10,7%
400 ∅	100	109	120	109	112,7	+12,7%

Die Düse 200 mm ∅ und der Staurand 250 mm ∅ sind, unter Berücksichtigung der Kontraktion bei letzterem, etwa gleichwertig in bezug auf Druckverlust bei bestimmter Luftmenge. Dann aber sieht man, daß der Staurand große Fehler ergibt, wenn der Luftstrom in gestörtem Zustande auf ihn trifft; die Fehler bei der Düse sind so gering, daß sie nach der Meßmethode auch wohl dieser zur Last gelegt werden könnten. Die Falschanzeigen eines Staurandes durch Unordnung sind immer Mehranzeigen. Die Falschanzeige infolge von Unordnung nimmt zu mit steigendem Öffnungsverhältnis des Staurandes.

Es bleibt eine offene Frage, ob bei größerem Öffnungsverhältnis auch die Düse merklich durch Unregelmäßigkeiten des Luftstroms beeinflußt wird. Gerade die großen Öffnungsverhältnisse aber sind die praktisch wichtigsten. Zu bemerken bleibt allerdings noch, daß bei diesen Versuchen der Druck nur an einer Stelle entnommen wurde, so daß ein Ausgleich wie bei dem Staurand mit Sammelring (entsprechend Fig. 129a) nicht erfolgte und also systematische Zufälligkeiten wohl denkbar sind. Im ganzen ist es aber nicht unwahrscheinlich, daß die Düse für Störungen weniger empfindlich ist, denn sie führt den Strahl zwangsweise und kann keine wechselnde Kontraktion ergeben.

62. Einströmung in eine Leitung. Ein Fall, den man meßtechnisch oft gerne verwirklichen würde, ist der, wo an den Eingang einer Leitung, etwa der Saugleitung eines Kompressors, eine Mündung oder eine Düse gesetzt wird.

Rechnerisch kann man dem Fall gerecht zu werden suchen, indem man die Kontraktion als vollkommen ansieht und hinter dem Drosselflansch den Carnotschen Stoßverlust ansetzt. Eine Vorgeschwindigkeit fehlt. Das führt durch eine ganz ähnliche Ableitung auf Einströmungszahlen

$$k = \frac{1}{\sqrt{m^2 + \left(\frac{1}{\mu} - m\right)^2}}; \quad K = \frac{1}{\sqrt{1 + \left(\frac{1}{\mu m} - 1\right)^2}}, \qquad (10), (10b)$$

in denen man $\mu = 0{,}60$ für Luft, $\mu = 0{,}605$ für Wasser bei scharfkantiger Mündung einsetzt. Bei abgerundeter Düse aber wäre mit $\mu \backsim 1$ zu setzen

$$k = \frac{1}{\sqrt{2\,m^2 - 2\,m + 1}}; \quad K = \frac{m}{\sqrt{2\,m^2 - 2\,m + 1}}. \qquad (10a), (10c)$$

Die Werte der Formeln, zu verwenden in Verbindung mit Formel (4) (4a) und (4c), § 60, sind in Fig. 132 wiedergegeben.

Die Figur wird wieder klein gegeben, weil zur Anwendung auch dieser Zahlen nicht geraten werden kann. Die Unsicherheit wegen des Stoßverlustes ist dieselbe wie bei der Durchflußöffnung, und die Entscheidung hätte vermutlich auch hier anders auszufallen, als die Formeln (10) bis (10c) annehmen. Außerdem werden kleine Mündungen wohl vollkommene Kontraktion aufweisen, aber bei der allmählichen Vergrößerung des Öffnungsverhältnisses bis auf Eins fällt auch die Kontraktion nahezu fort, es wird $\mu \infty 1$, wie Rauchfäden in Luft erkennen lassen; man braucht nur eine Zigarette an das Einsaugrohr eines Ventilators zu halten. Andere Versuche als die von A. O. Müller liegen aber nicht vor.

Man sollte also die Einströmung in ein Rohr nicht meßtechnisch verwenden, sondern durch Vorsetzen eines Rohres gleicher Weite vor die Mündung den Fall der Durchflußöffnung schaffen.

Bei Verwendung von Düsen machen die in § 61 besprochenen Versuche der Kommission für...Ventilatoren es wahrscheinlich, daß man einfach so rechnen kann, als wenn die Düse in einen großen Raum mündete; man setze also $k = 1$.

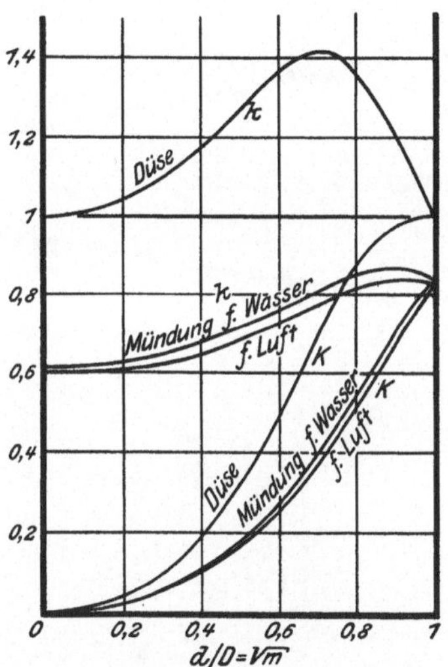

Fig. 132. Durchflußzahlen beim Einströmen in eine Rohrleitung, nach A. O. Müller.

63. Venturirohr. Bei der Verwendung einfacher Öffnungen geht die auf die Beschleunigung verwendete, dem gemessenen Druckabfall entsprechende Energie verloren — auch dann, wenn ein Rohr sich hinter der Mündung anschließt. Will man nicht große Energieverluste in den Kauf nehmen, so muß man sich mit kleinen Spannungsabfällen begnügen, die unbequem zu messen und namentlich nicht gut zu registrieren oder zu integrieren sind.

Beim Venturirohr wird hinter die Einschnürung eine schlank konische Erweiterung gelegt, in der der Spannungsabfall wieder eingebracht wird bis auf einen den Reibungsverlusten entsprechenden Bruchteil.

Venturirohre werden in Amerika seit Jahren, bei uns seit kurzem zum Messen der Wasserlieferung von Wasserwerken (als Hauptmesser) verwendet. In Fig. 133 hat die Einschnürung ein Viertel des Rohrquerschnittes. Die Verjüngung vor derselben ist nicht zu plötzlich, um eine gleichmäßige Verteilung des Druckes im verjüngten Querschnitt zu erzielen. Zu gleichem Zweck ist der Übergang in der Verjüngung gut abgerundet. Die Erweiterung, linear im Verhältnis 1 zu 10, hat etwa den Wert wie bei Turbinendüsen. Vor Beginn und in der Verjüngung wird der Druck in einem Ringraum entnommen; die Differenz kann zur

Messung gebracht werden und ist ein Maß für die derzeitige Wasserlieferung des Werkes.

Der Druckabfall $p_1 - p'$ zwischen den Meßstellen wird zur Erhöhung der Wassergeschwindigkeit w_0 im glatten Rohr auf diejenige w in der Einschnürung verwendet. Es gilt

$$\frac{p_1 - p'}{\gamma} = \frac{w^2}{2\,g} - \frac{w_0^2}{2\,g}$$

und mit $w = \frac{w_0}{m}$, unter m das Querschnittsverhältnis verstanden, wird wie in § 60

$$\frac{p_1 - p'}{\gamma} = \left(\frac{1}{m^2} - 1\right)\frac{w_0^2}{2\,g}.$$

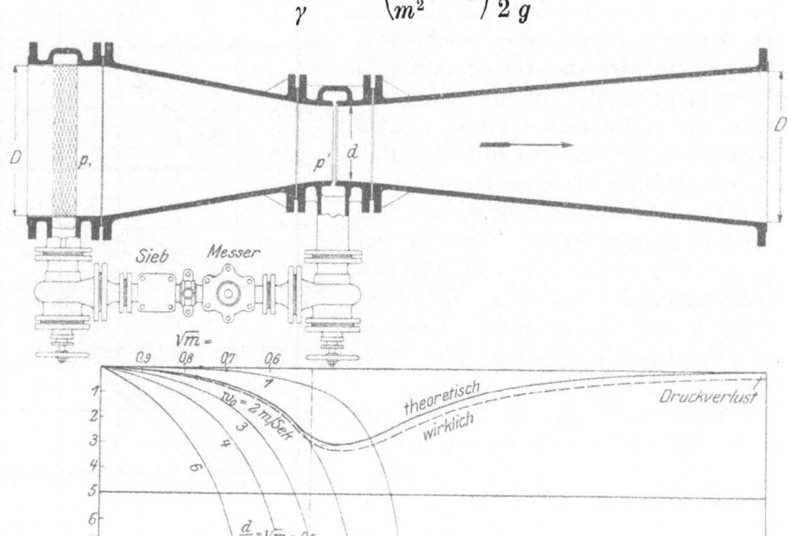

Fig. 133. Venturirohr mit angebautem Wassermesser: Partialwassermesser von Siemens & Halske. Darunter der Druckverlauf bei verschiedenen Wassergeschwindigkeiten, insbesondere bei $w_0 = 2$ m/s.

Das durch ein Venturirohr gehende Volumen wird $V = F \cdot w_0$ oder

$$V = \zeta \cdot F \cdot \sqrt{\frac{m^2}{1 - m^2}} \cdot \sqrt{\frac{2\,g\,(p_1 - p')}{\gamma}}, \quad . \quad . \quad . \quad . \quad . \quad (11)$$

worin $\zeta \lesssim 1$ die Reibung berücksichtigt. Alles ist in Metern, der Druck in kg/m² zu messen.

Da für den kreisrunden Querschnitt zugleich $m = \frac{d^2}{D^2}$ ist, so wird auch (mit $\zeta = 1$)

$$\frac{p_1 - p'}{\gamma} = \left(\frac{D^4}{d^4} - 1\right)\frac{w_0^2}{2\,g}. \quad . \quad . \quad . \quad . \quad . \quad . \quad . \quad (11a)$$

Der Druckabfall ändert sich also bei einem bestimmten Rohr mit dem Quadrat der Geschwindigkeit oder der durchgehenden Menge, außerdem für verschiedene Rohre mit der um Eins verminderten vierten

Potenz des Durchmesserverhältnisses. Letztere Beziehung gilt nicht nur für den gesamten Druckverlust bis zur Einschnürung, sondern auch für die Druckänderung in axialer Richtung. Für den Druck ergibt sich der in Fig. 133 unten abgebildete Verlauf, der im sich verjüngenden Teil für mehrere Wassergeschwindigkeiten, im sich erweiternden für die Wassergeschwindigkeit $w_0 = 2$ m/s gegeben ist. Die ausgezogene theoretisch ermittelte Kurve wird um den Betrag der Reibungsverluste unterschritten werden, etwa so, wie die gestrichelte es andeutet. Da auch die Reibungsverluste etwa dem Quadrat der Wassermenge proportional gehen, so wird das quadratische Gesetz insgesamt auch durch sie nicht gestört. Nur sind sie empirisch zu berücksichtigen bei der Messung und bewirken, daß insgesamt ein Druckverlust in der ganzen Anordnung entsteht, der etwa 10—20% des zu messenden Spannungsabfalles ausmacht; er ist der hohen Geschwindigkeiten wegen merklich größer als in einer gleichen Strecke glatten Rohres.

Zur *Anzeige* des Druckabfalles und damit *des augenblicklichen Wasserdurchganges* dient jedes beliebige Quecksilbermanometer.

Um die durchgegangene Wassermenge zu *integrieren*, dienten vielfach umständliche Getriebe, die den Druckabfall zeitlich auswerteten. Neuerdings verwendet man als einfachstes Mittel einen Wassermesser dazu: einen solchen Typ nämlich, für den sich der Wasserdurchgang quadratisch mit dem Druckverlust verändert. Beim *Partialwassermesser* wird dann stets ein bestimmter Bruchteil des gesamten Wasserdurchganges in den Messer gehen, der gleich für die Gesamtmenge geteilt sein kann. Das Ringsieb an der ersten Entnahmestelle (Fig. 133) ist nur beim Partialmesser nötig, nicht für den Anbau eines Quecksilbermanometers. Wesentlich ist, daß das Verhältnis der Durchflußmengen durch Venturirohr und Partialmesser dauernd unverändert bleibt; namentlich durch Inkrustationen kann es gestört werden und daher auch durch Verschlammung des Siebes. Eventuell vermeide man daher das Sieb und verwende eine Messerform, die gegenüber den Unreinigkeiten des Wassers unempfindlich ist, z. B. den Einstrahlmesser, Fig. 139 bei § 66. Da am Venturirohr kaum etwas vorkommen kann, so wird die Zuverlässigkeit der Messung im regelmäßigen Betriebe erheblich erhöht durch Anbau von 2 Partialmessern, die einander kontrollieren (B o p p & R e u t h e r). Die Partialmesser selbst lassen sich ohne Betriebsstörung auswechseln. — Das Venturirohr teilt zweifellos mit der Normaldüse Fig. 129b den Vorzug, unempfindlich gegen Störungen in der Wasserströmung zu sein, wie das für die Düse an Hand von Tab. 12 besprochen wurde.

Das Venturirohr wird in neuerer Zeit von der Firma S i e m e n s & H a l s k e auch in der durch Fig. 169 (bei § 72) dargestellten Zusammenstellung mit einem quecksilbergefüllten Differentialmanometer für Zwecke der Kesselspeisung angeboten, auch mit Aufschreibung des Durchganges auf einer Trommel, und wird mehrfach verwendet. Die auf ein Papier geschriebenen Diagramme werden dann planimetriert. Daß man die Unbequemlichkeit des Planimetrierens vielfach in den Kauf nehmen will, zeigt, daß man die Messung der Speisewassermenge für wichtig, aber die Messer mit beweglichen inneren Teilen im Betriebe zumal bei schlammigem und heißem Wasser für unzuverlässig hält. Es sei jedoch darauf hingewiesen, daß die Diagramme kaum planimetriert werden können, wenn die Speisung in kurzen Perioden stattfindet, z. B. bei Steilrohrkesseln mit dem bekannten Hannemannschen Speiseregler älterer Bauart; denn die Kurve der Speisung geht stark auf und ab und hat im Verhältnis zur Fläche sehr lange Konturen.

Das Venturirohr ist auch zur Messung von *Luft- und Gasmengen* benutzt worden. Der Zweck ist der gleiche, nämlich Druckunterschiede von bequem meßbarer Größenordnung zu erhalten bei doch nur geringem bleibenden Druckverlust. So hat man[1]) in Lüftungsanlagen einfach einen rechteckigen Kanal passend schlank eingeschnürt; die zu messende Druckdifferenz kann fast gleich dem vom Ventilator erzeugten statischen Druck werden; die Berechnung ist die gleiche wie für Wasser; die Erweiterungen hinter der Einschnürung sind genügend schlank zu gestalten. Mit den übrigen durchweg unsicheren Methoden zur Messung größerer Luftmengen kann

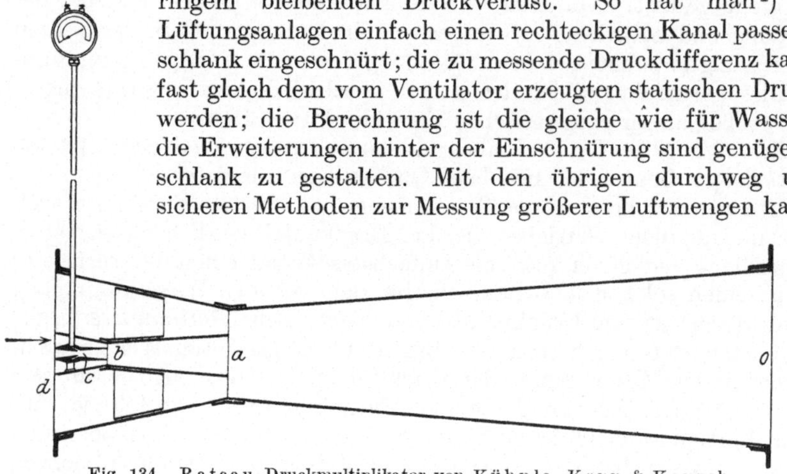

Fig. 134. Rateau-Druckmultiplikator von Kühnle, Kopp & Kausch.

diese ohne weiteres konkurrieren, auch wenn man die Reibungsverluste schätzen muß. Wesentlich ist es, daß alle Übergänge schlank gemacht werden und daß auch die Einschnürung nicht zu plötzlich erfolgt; denn es müssen Ablösungserscheinungen und Energieverluste durch Turbulenz vermieden werden, wenn Gleichung (11) angewandt werden soll. — Der Einbau eines Anemometers oder eines Gasmessers als Partialmesser würde auch möglich sein.

Der Zweck des Venturirohres wird verstärkt erreicht durch den *Unterdruck-Multiplikator* nach Rateau, Fig. 134. Gegenüber dem Druck im Querschnitt d bildet sich bis a der Venturische Unterdruck aus, der bis zum Querschnitt O wiedergewonnen wird. Zwischen d und a ist nun ein zweites Venturirohr geschaltet, in dem eine entsprechend stärkere Luftgeschwindigkeit herrscht, wodurch im eingeschnürten Querschnitt b desselben ein mehrfach stärkerer Unterdruck gegenüber d eintritt, der in einem von d bis b reichenden unvollkommen ausgebildeten Venturirohr nochmal verstärkt wird; in der Einschnürung c des letzteren findet dann die Messung statt, die nun meist durch ein einfaches Manometer erfolgen kann. — Diese Unterdruck-Multiplikatoren werden z. B. in die Saugleitung von Ventilatoren

[1]) Dietz, Gesundheitsingenieur 1913, S. 871.

gesetzt und zeigen dann deren Luftlieferung an, die ja in der Praxis irreführend oft als Leistung bezeichnet wird. Die Bezeichnung *Leistungsmultiplikator* für die in Fig. 134 dargestellte Einrichtung ist doppelt irreführend, da natürlich die Luftlieferung (Leistung) durch denselben nicht vervielfacht, sondern nur deutlicher zur Darstellung gebracht wird.

Zur Messung von *Hochdruckdampf* und von *Preßluft* fand Verfasser das Venturirohr schon 1903 in Amerika gelegentlich benutzt. In neuerer Zeit hat Siemens & Halske Wernerwerk das Venturirohr für Dampfmessung verwendet. In dem Venturirohr werden Druckunterschiede bis zu 0,6 at nutzbar, während doch der bleibende Druckunterschied nur 0,1 at ist. Für die Berechnung hat man adiabatische Zustandsänderung des Dampfes anzunehmen, doch wird man die versuchsmäßige Bestimmung der Beziehung zwischen Druckabfall und Dampfmenge vorziehen.

b) Zähler für dauernde Mengenmessung.

64. Übersicht. Die bisher aufgezählten Methoden zur Messung von Stoffmengen — Mengen fester, d. h. zumeist körniger, oder aber flüssiger oder gasförmiger Stoffe — sollten im allgemeinen dem Zweck dienen, bei einmal auszuführenden Versuchen die in der Maschine oder dem Maschinenaggregat umgesetzte Stoffmenge festzustellen. In dem Maß, wie sich die Erkenntnis verbreitet hat, daß nur durch dauernde eingehende Überwachung des Betriebes ein wirtschaftlicher Betrieb zu erzielen sei, war man bestrebt, Einrichtungen zu finden, die die Mengenmessung ohne besondere Aufsicht selbsttätig bewirken und die es dabei gestatten, die insgesamt während der ganzen Arbeitsschicht oder während noch längerer Zeiträume durchgegangene Stoffmenge ablesen zu lassen. Die Apparate müssen also die jeweils durchgehenden Mengen im Sinne der in § 11 gemachten Darlegungen integrieren. Die Möglichkeit dazu ergibt sich aus der Bauart einzelner Formen von selbst als einfacher Zusammenzählungsprozeß. Bei anderen ist ein mehr oder weniger umständliches Getriebe zur richtigen Addition erforderlich.

Die Apparate sprechen ebenso wie die bisher genannten Meßmethoden entweder auf das *Gewicht* oder auf das *Volumen* an. Nicht immer ist es für Betriebszwecke gleichgültig, welche von beiden Größen angegeben wird. Wünschenswert ist es aber, daß die Meßeinrichtung eindeutig entweder auf das Gewicht oder auf das Volumen anspricht, daß die Angaben demnach *vom spezifischen Gewicht unabhängig* sind. Bei den Messern für Gase und Dämpfe ergibt sich eine Schwierigkeit, indem die meisten Meßeinrichtungen auf das Volumen reagieren, während man fast ebenso regelmäßig das Gewicht kennen will, bzw. das reduzierte Volumen, das einer Gewichtsangabe gleichbedeutend ist (§ 44). Getriebe zur selbsttätigen Bildung des Produktes aus Volumen und spezifischem Gewicht (Fig. 165 bei § 72) werden ausgeführt.

Für den eigentlichen Additionsvorgang dient wohl in jedem Fall ein Zählwerk, welches angibt, wie oft die einer Umdrehung der Zählwerkswelle entsprechende Menge durch den Messer gegangen ist. Das

Zählwerk hat entweder springende oder gleichmäßig fortschreitende Zahlen, oder es besteht aus einem System von Zeigern, die nacheinander die Einer, Zehner, Hunderter usf. angeben. Die Ablesung erfolgt so wie bei den eigentlichen Zählwerken (§ 35).

Das eigentliche *Verwendungsgebiet* der Zähler ist die *Betriebskontrolle*, das heißt die Überwachung des laufenden Betriebes. In modernen Kesselhäusern werden Kohlen- und Wassermesser, auch wohl Dampfmesser verwendet. In modernen Maschinenhäusern kommen Dampfmesser, Gasmesser oder Ölmesser zur Verwendung, während andererseits die erzeugte Leistung ebenso fortlaufend durch Arbeitsmesser (siehe hierüber § 96), gegebenenfalls auch durch Wattstundenzähler (in diesem Buch nicht beschrieben) gemessen wird. — Auch für kürzer dauernde Versuche ist die Verwendung der Messer bequem, wenngleich der Anbau gelegentlich umständlich ist. Schwierigkeit bei kurzen Versuchen macht aber oft die Tatsache, daß die Ableseeinrichtung des Zählwerks für kurz dauernde Versuche nicht geeignet ist. Insbesondere Wassermesser werden für die Zwecke städtischer Wasserlieferung gebaut, dann nur monatlich oder noch seltener abgelesen, wobei natürlich die einzelnen Liter keine Rolle mehr spielen, wohl aber eine Anzeige bis in die Millionen hinein dafür sorgen muß, daß nicht durch ein- oder mehrmalige Überschreitung der gesamten Ablesungskapazität die Messung illusorisch wird. Für kurz dauernde Versuche ist dann aber die Ablesung der letzten Ziffer noch nicht genügend genau. Wassermesser und gelegentlich auch Gasuhren wird man deshalb, wenn sie für kurze Versuche dienen sollen, mit einem besonderen Zählwerk versehen lassen, welches für die so viel kürzeren Ablesungsintervalle eine passende Meßgenauigkeit ergibt.

Die Verwendung der selbsttätig zählenden Messer ist deshalb auch für Versuchszwecke sehr bequem, weil eine große Sicherheit gegen beabsichtigte und unbeabsichtigte Verwirrung der Meßergebnisse besteht. Die Messer befinden sich in einem festen Gehäuse, in zahlreichen Fällen ist ihre Wirksamkeit sogar daran gebunden, daß das Gehäuse geschlossen bleibt. Dabei bietet das gleichmäßige Fortschreiten der Zählwerksangaben ein bequemes Mittel der Kontrolle, die durch Bildung der Meßdifferenzen jederzeit ausgeübt werden kann.

Verhütung beabsichtigter Fälschungen des Meßergebnisses ist auch in der Betriebskontrolle sehr wichtig. Wassermesser und Gasuhren werden deshalb plombiert, an selbsttätigen Wagen befinden sich besondere Einrichtungen zur Sicherung gegen Fälschungen, die namentlich da zu gewärtigen sind, wo die Angaben zu Lohnabrechnungen dienen. —

Hinsichtlich der *Bauarten* sind die Mehrzahl der Messer *Motorzähler*, um einen in der Elektrotechnik üblichen Ausdruck zu gebrauchen. Sie stellen kleine Kraftmaschinen dar, deren Drehzahl mit der Menge des beaufschlagenden Mediums wächst. Die Motoren können Kolbenmotoren sein, so die Kolbenwassermesser und die trockenen Gasmesser. Andere Messer sind Kreiselradmotoren; bei ihnen hängt die Drehzahl eines Strahlrades von der beaufschlagenden Menge, eventuell von dessen Austrittsgeschwindigkeit aus einer Düse ab. Hierher gehören die Flügelradwassermesser der Vielstrahl- und der Einstrahltype sowie die Woltmann-Wassermesser. Die gleichen Formen der Flügelradmesser finden wir auch für Luft in neuerer Zeit verwendet, wie es sich denn überhaupt zeigt, daß mehr und mehr die für einen Aggregatzustand passende Messerform auch für andere Aggregatzustände verwendet wird.

Eine andere weitverbreitete Art von Motorzählern sind eigenartige Kapselwerke. Die Kapsel der Kapselmaschine wird hier zur Meßkammer, während das Laufrad zum umlaufenden und daher messenden Teil wird. Hierher gehören die Scheibenwassermesser sowie die Kapselluftmesser, endlich die gewöhnlichen nassen Gasuhren mit Crossley-Trommel.

Die Motorzähler sind dadurch gekennzeichnet, daß sie sich kontinuierlich in Bewegung befinden, solange sie vom zu messenden Medium angetrieben werden, sie werden daher gleichmäßig von dem zu messenden Stoff aufnehmen und abgeben. Diejenigen Messertypen, die wir als *Kippmesser* bezeichnen wollen, arbeiten nicht kontinuierlich, sondern abwechselnd wird eine Kammer gefüllt und durch Umkippen wieder entleert. Solche Messer sind für Flüssigkeiten und für körnige Stoffe in Verwendung, einerseits unter dem Namen der offenen Flüssigkeitsmesser, weil sie nämlich nicht wie die Motormesser unter Druck arbeiten und deshalb nicht in einem Gehäuse eingeschlossen zu sein brauchen, andererseits die auf dem Kipprinzip beruhenden Kohlen- und Getreidewagen. Eine Abart der Kippmesser für Flüssigkeiten arbeitet periodisch mit Heberwirkung.

Eine dritte größere Kategorie von Messern läßt sich noch erkennen in den *Strömungsmessern.* Diese benutzen den Spannungsabfall des (flüssigen, gas- oder dampfförmigen) Mittels zur Messung der augenblicklich durchgehenden Menge und integrieren diese Menge auf irgendeine Weise. Für den Bau von Dampfmessern ist dies Prinzip vorläufig noch das einzige brauchbare. Seine Schwäche ist, daß es nicht ohne weiteres eine Addierung ergibt, weil es auf die augenblickliche Durchgangsmenge anspricht, nicht aber wie die übrigen Methoden auf den Integralwert. Für Dampfmesser hilft man sich entweder durch Planimetrieren eines aufgezeichneten Diagrammes von Hand, oder durch Einbau von Additionsgetrieben (Fig. 153 und 164). Der Venturimesser ist bei uns erst lebensfähig geworden, seitdem man im Einbau eines kleinen parallel geschalteten Partialmessers — eines Wassermessers sonst gewöhnlicher Bauart — ein sehr bequemes Mittel zur Integration gefunden hat.

Eine Reihe von Meßeinrichtungen, die sich im Betriebe bewährt hat, steht außerhalb des Schemas. Wir besprechen noch die selbsttätigen Wagen, sowie den Thomasmesser für Gasmengen.

Alle Zähler arbeiten mit einem *Energieverlust*, der zum Betriebe verbrauchten Energie. Bei den Motorzählern wächst der *Druckverlust* im allgemeinen mit dem Quadrat der durchgehenden Menge, ist also zunächst klein, um späterhin auf beträchtliche Werte zu steigen. Die

Kippmesser arbeiten mit einem Gefälleverlust, dessen Größe von der durchgehenden Menge unabhängig ist. Bei den Strömungsmessern und bei anderen Typen wird der Gefälleverlust direkt zur Messung benutzt. Bei den Dampfmessern wächst bei einer Type, dem Mündungsmesser, der Druckverlust mit dem Quadrat der Menge, während er bei den Schwimmermessern konstant gehalten wird.

Für die Auswahl der Messer kann der durch sie verursachte Druckverlust sehr in Betracht kommen. Insbesondere empfiehlt es sich um des Energieverlustes willen, bei Motormessern nicht zu kleine, bei Kippmessern nicht zu große Typen zu verwenden.

Neben dem Druckverlust ist noch das *Verhalten* des Messers *bei kleinen Durchflußmengen* für viele Verwendungszwecke wichtig. Nicht für alle, denn beispielsweise im Kesselhausbetriebe kann man es leicht so einrichten, daß der Speisewassermesser niemals mit einer kleineren Durchflußmenge beansprucht wird, als bei der er noch zuverlässig mißt, bei Verwendung selbsttätiger Speisewasserregler pflegt ohnehin

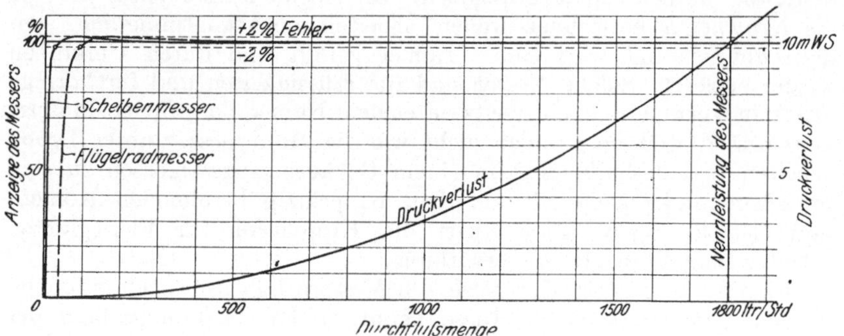

Fig. 135. Druckverlust und Fehlerkurve eines nominell für 1800 lt/h bestimmten Wassermessers.

die Speisung immer mit der gleichen sekundlichen Menge zu erfolgen und wird nur nach Bedarf längere oder kürzere Zeit unterbrochen.

Eine Reihe von Messertypen hat die charakteristische Eigenschaft richtig zu messen von der normalen Durchflußmenge bis herab zu einem Durchfluß, der ein gewisser kleiner Prozentsatz derselben ist. In neuem Zustand beginnt die richtige Anzeige bei Flügelradwassermessern bei etwa 2% des normalen Durchflusses, bei Scheibenwassermessern bei etwa 1%. Unterhalb dieser Mindestentnahme hört die Proportionalität zwischen Geschwindigkeit des Zählwerks und Durchgangsmenge auf, das Zählwerk läuft erheblich langsamer, als es sollte, um bald zum Stillstand zu kommen, wenn die durchgehende Menge sich noch weiter vermindert. Die Grenze, wo der Messer zu zeigen beginnt, heißt seine *Empfindlichkeit.* Die charakteristische Fehlerkurve von Wassermessern zeigt Fig 135.

Andere Messertypen geben praktisch absolute Genauigkeit auch bei kleinsten Durchflußmengen. So insbesondere die Gasuhren, bei denen der Wasserverschluß jeglichen Gasdurchgang ohne entsprechende Trommeldrehung verhindert.

Wo Wassermesser für *Kesselspeisung* in dauerndem Betrieb dienen, sollen sie an eine Stelle geschaltet werden, wo das Wasser noch kalt ist, also vor einen Vorwärmer. Doch vertragen die besonderen, als *Kesselspeisewassermesser* bezeichneten Typen Temperaturen bis zu 150°. Bei Injektorspeisung muß der Messer in die Druckleitung kommen, wenn er nicht das Schlabberwasser mitmessen soll. Außerdem unterscheidet sich die Anzeige des Messers beim Einbau vor oder hinter dem Injektor um den Dampfverbrauch des Injektors; dem Vergleich mit einer Dampfspeisepumpe ohne Vorwärmung

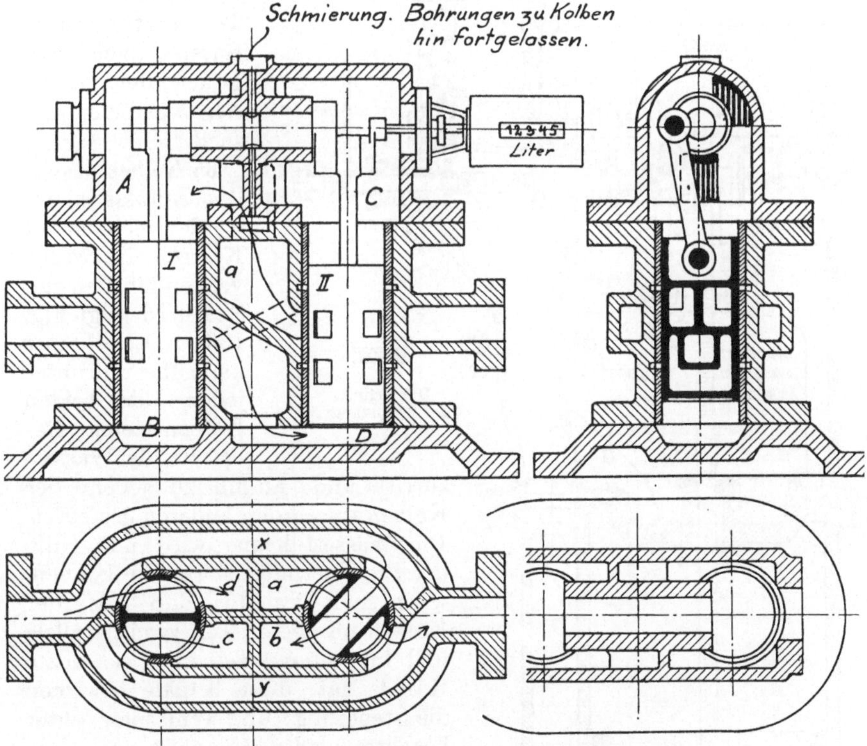

Fig. 136. Schmid'scher Kolbenspeisewassermesser von Kegler.

wird der Einbau vor dem Injektor besser gerecht, weil zwar die vom Injektor verbrauchte Dampfmenge wieder verdampft werden muß, aber die dazu nötige Wärme nicht mehr zugeführt zu werden braucht; es ist in jedem Fall nach dem Zweck der Messung zu verfahren. Offene Wassermesser, die oft für Kesselspeisung verwendet werden, müssen in die Saugleitung geschaltet werden und erhalten zweckmäßig einen Ausgleichbehälter zwischen sich und der Speisepumpe. Geschlossene Wassermesser kommen, abgesehen von Injektorspeisungen, in die Druckleitung, jedoch vor einen etwa vorhandenen Vorwärmer. Für Kesselspeisezwecke werden Kolbenwassermesser den Flügelradwassermessern meist vorgezogen.

Für Versuchszwecke wird man eine besondere *Eichung* des Messers nicht umgehen können, da alle Messer in der Genauigkeit mäßig sind, wenigstens auf die Dauer. Wo man genaue Ergebnisse erwartet, darf man bei einem Versuch den Messer nur mit einer bestimmten Geschwindigkeit laufen lassen und muß seine Angabe bei dieser Geschwindigkeit durch Eichung nachprüfen, indem man die durchgegangene Menge anderweitig feststellt. Bei der Eichung muß bei Flüssigkeiten die Temperatur und bei Gasen auch der Druck der gleiche sein wie beim Versuch.

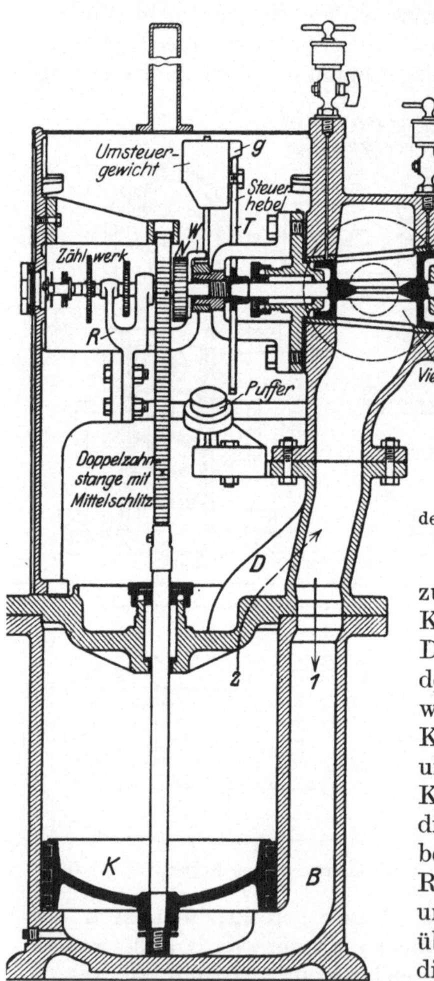

Fig. 137. Kennedy-Kolbenspeisewassermesser von J. C. Eckardt.

65. Kolbenmesser. *Kolbenwassermesser* werden vielfach für Kesselspeisezwecke verwendet. Den von Schmid zeigt Fig. 136. Das Wasser kann über und unter jeden der beiden Kolben treten. Dabei wird der Wasserzutritt und -abfluß zu jedem der Kolben durch den anderen gesteuert. Die Wasserführung wird mit Hilfe der Pfeile ermittelt werden können, wenn man beachtet, daß jeder der Kolben im oberen Teil zwei parallele und im unteren Teil zwei gekreuzte Kanäle hat; diese Kanäle bewirken die Steuerung; und wenn man weiter beachtet, daß der Kanal a nach dem Raum A über dem Kolben I, b nach B unter I, und entsprechend c nach C über II, d nach D unter II führt; die Wand xy ist also nicht senkrecht, wie es in einem Schnitt scheint, sondern schräg gerichtet, wie der Schnitt oben links erkennen läßt. Der Messer ist ein Zwillingswassermotor, seine Umlaufzahl ist ein Maß für die durchgegangene Wassermenge; man liest diese an einem Zählwerk ab.

Der Kolbenwassermesser von Eckardt (Fig. 137) hat nur einen doppeltwirkenden Kolben, der an seinen Hubenden ein Steuergetriebe betätigt und einen Vierwegehahn umschaltet. Die Kolbenstange ist nämlich geschlitzt, der Schlitz führt sich an der Zählwerkswelle, und außen beiderseits gezahnt (Nebenfigur). Durch 2 Triebwerke wird, unter Zwischenschaltung eines rechtslaufenden und eines linkslaufenden Sperrkegelgetriebes, die Bewegung der Stange so auf das Zählwerk übertragen, daß dieses stets vorwärts läuft, beim Aufwärtsgang wie beim Abwärtsgang des Kolbens. Gemessen wird also nicht die Zahl der Hübe, sondern der vom Kolben durchlaufene gesamte Weg. Die Umsteuerung der Kolbenbewegung erfolgt durch die Nase W an dem mit der Zahnstange hin- und hergehenden Zahnrad N; dieselbe hebt das Umsteuergewicht bis in die obere Stellung, worauf es herumschlägt und mittels Nase g den Steuerhebel T nebst Vierweghahn mitnimmt; dadurch werden die beiden Kolbenseiten durch die Kanäle B und D und gemäß Pfeil 1 und 2 wechselweise mit dem Ein- und Auslaß verbunden. Gummipuffer jederseits fangen das Umsteuergewicht auf, ein außen auf der Hahnachse sitzender Hilfshebel gestattet es, einen Hub vorzeitig zu unterbrechen, wodurch keine Fälschung des Meßergebnisses entsteht; man prüft dadurch die Gangbarkeit des Hahnes. Dieser Messer ist voluminös, weil der Kolben nur bis zu 5 Doppelhüben minutlich machen soll, aber eben deswegen handfest und unempfindlich gegen Unreinigkeiten im Wasser. — Der amerikanische Worthington-Messer hat kein Kurbelgetriebe, die einfach hin- und hergehenden Kolben steuern sich mit Hilfe besonderer Steuerschieber so, wie dies bei den bekannten Duplexdampfpumpen der Fall ist. Ganz ähnliche Messer werden in neuerer Zeit auch zum Messen von *Druckluft* angeboten.

Kolbenwassermesser dürfen, wenn die Räume sich gut mit Wasser füllen sollen, so daß die Meßgenauigkeit erreicht wird, und wenn der Druckverlust nicht sehr hoch werden soll, der verschlungenen Kanäle wegen nur mäßige Drehzahlen machen. Sie sind daher, im Verhältnis zu der zu messenden Menge, umfangreich und teuer. Größere Dauerhaftigkeit bei guter Wartung ist ein Vorteil der langsamen Gangart, ähnlich wie bei langsamlaufenden Maschinen.

66. Kreiselradmesser. Für Wasser werden kleine Typen der Kreiselradmesser als Hausmesser gebraucht, für Anschlußrohrweiten von 13 mm aufwärts.

Einen *Flügelradwassermesser* zeigt Fig. 138. Das Wasser passiert das Sieb und tritt durch die tangential gebohrten Löcher a in den sog. Grundbecher B, treibt das Flügelrad b und tritt bei c aus. Das Flügelrad bewegt ein Zählwerk, das rein empirisch nach Kubikmetern geeicht wird. Wenn man die Öffnungen c verschließt, und dafür im Grundbecher oberhalb der Mitte Öffnungen entsprechend a, jedoch entgegengesetzt tangential gebohrt, anbringt, dann wird der Messer von den beiden Strömungsrichtungen des Wassers (ungefähr) gleich beeinflußt. Solch Messer heißt *rückmessend*: sollte jemals Wasser in rückläufigem Sinne den Messer durchlaufen, wie das bei Pumpenstößen vorkommt, so wirkt dieses Wasser rückwärtsdrehend auf das Meßrad, und die rückgängige Menge wird von der rechtläufigen ohne weiteres abgezogen.

Andere Typen von Flügelradwassermessern lassen das Wasser auf das Rad nicht durch einen Kranz von kleinen Düsen, sondern durch eine große Düse auftreffen (*Einstrahlmesser*, Fig. 139). Das hat den Vorteil, daß die Messer für Schmutz weniger empfindlich sind; sie können daher eher ohne vorgeschaltetes Schmutzsieb verwendet werden. Es hat aber den Nachteil, daß eine Verstopfung des Siebes stärker auf das Flügelrad Einfluß hat, auch soll durch die einseitige Beaufschlagung des Rades dieses und die Welle größere Reibung erfahren und sich mehr abnutzen.

Jeder Flügelradmesser muß irgendwie gestatten, das Verhältnis der Registrierungen bei verschiedenem Wasserfluß einzustellen. Dem Zweck dienen bei dem Wassermesser Fig. 138 die Flügel *d*, die von außen mittels Schlüssels um eine wagerechte Achse verdreht werden können. Das bewirkt wechselnde Wirbelbildung im oberen Teil des

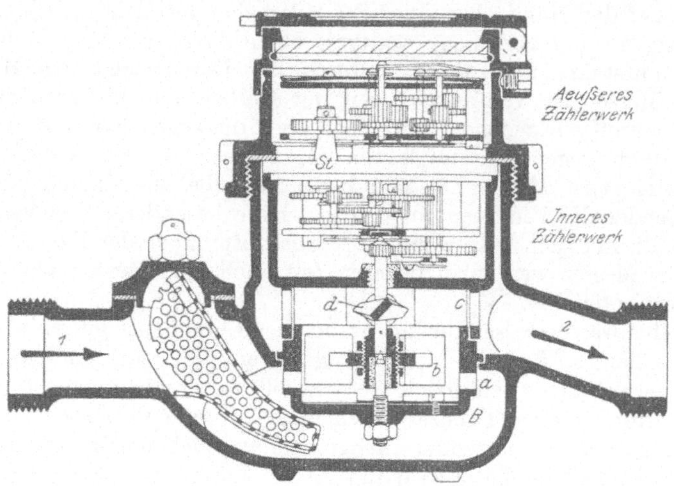

Fig. 138. Flügelradwassermesser von Siemens & Halske, Trockenläufer.

Messers und beeinflußt die Proportionalität der Angabe. Ein anderes, bei Einstrahlmessern gelegentlich angewendetes Mittel ist es, die Neigung der Düsen gegen das Rad veränderlich zu machen, indem man eingesetzte kleine Buchsen verwendet. Das gleiche würde offenbar eine Erweiterung der Löcher *c* oder eine Änderung des Zählwerkes nicht leisten: durch solche würde die Registrierung bei kleinem und großem Wasserfluß gleichmäßig stark beeinflußt werden.

Mit Hilfe dieser Regeleinrichtungen kann man erreichen, daß gute Flügelradmesser neu bis herab zu Wasserdurchgängen richtig zeigen, die etwa 2% des Nenndurchganges ausmachen. Benannt aber werden die Wassermesser nach dem Wasserdurchgang, für den sie 10 m WS = 1 at Druckverlust ergeben. Bei geringerem Wasserdurchgang als 2% der *Nennleistung* (wir brauchen diesen üblichen Ausdruck, obwohl es sich nicht um eine Leistung im maschinentechnischen Sinne handelt) tritt schnell starke Minderanzeige ein, bis bei etwa 1% des Nenndurchgangs das Zählwerk zu laufen aufhört. Fig. 138 zeigte die für Flügelradmesser charakteristischen Kurven der Fehler und der Druckverluste.

Die in Fig. 138 und 139 abgebildeten Messer sind *Trockenläufer*, das heißt nur ein inneres Zählwerk (Übertragungswerk) wird vom Wasser benetzt; einer der Triebe geht dann durch eine Stopfbüchse *St* hindurch zum äußeren Zählwerk, das mit Zeigern oder Zahlen den Stand ablesen läßt; die Triebe des äußeren Zählwerks laufen trocken, in Luft. Bei den *Naßläufern* liegen alle Triebe und auch das Zeigerwerk im Wasser. Die Vermeidung der Stopfbüchse bei den Naßläufern ergibt leichteren Gang und daher höhere Empfindlichkeit für kleine Durchflüsse; aber bei den wenigsten Wasserarten sind Naßläufer anwendbar, da das Glas inkrustiert oder verschlammt und die Ablesung dann erschwert wird. Für Laboratoriumszwecke jedoch sind sie vorzuziehen.

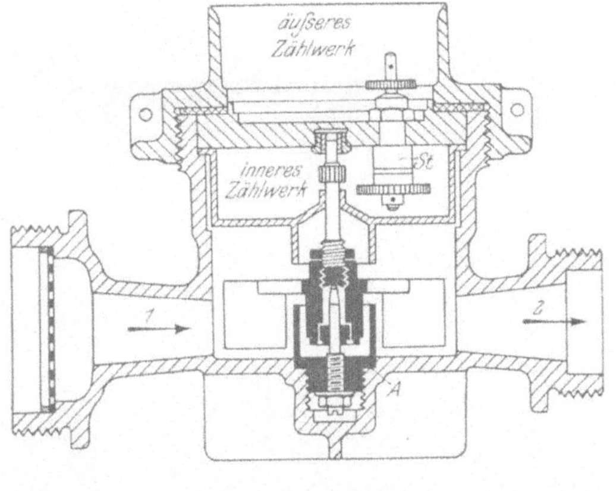

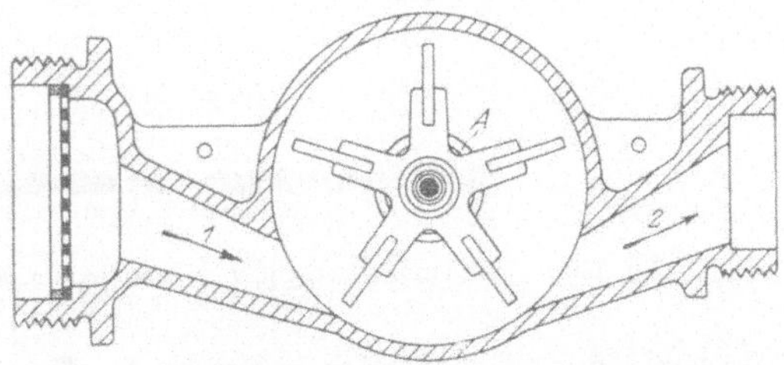

Fig. 139. Einstrahlmesser von Meinecke, Trockenläufer.

Um den Fehler zu geringer Anzeige bei kleinem Wasserdurchgang zu bessern, ordnet man *Wassermesserverbindungen* an: ein kleiner und ein großer Wassermesser werden parallel gesetzt, so daß die insgesamt durchgegangene Wassermenge durch Zusammenzählen beider Ablesungen zu finden ist. Der kleine Wassermesser dient dem Wasserdurchgang, solange er ausreicht; ein Ventil sperrt ebensolange den großen ab. Mit wachsendem Wasserdurchgang steigt der Druckunterschied zu beiden Seiten des Messers; übersteigt er einen gewissen Wert, so öffnet er selbsttätig das erwähnte Absperrventil und gibt den großen Messer frei, der nun aber schon in den Grenzen genauer Anzeige beansprucht wird. Sinkt der Wasserdurchgang wieder, so wird selbsttätig durch den ebenfalls sinkenden Druckverlust das Ventil betätigt und der große Messer gesperrt.

Flügelradmesser wurden bis zu recht großen Abmessungen ausgeführt. Neuerdings bevorzugt man für große Rohrweiten, so als Hauptmesser für Wasserwerke, den *Woltmann-Wassermesser*. Derselbe besteht aus einem Woltmann-Flügel (§ 40), der in die Rohrleitung so eingesetzt wird, daß er ihren Querschnitt im wesentlichen ausfüllt. Die Flügelumdrehungen werden vom Zählwerk registriert. Bei dem Woltmann-Messer Fig. 140 ist der Flügel in eine besondere Buchse eingesetzt, die nach Bedarf ausgewechselt werden kann unter nur geringer Betriebsstörung. Für Messung von Schmutzwasser kann das angenehm sein. Um die *in Kühlanlagen umlaufende Solemenge* zu messen, baut man Woltmann-Messer, deren Zählwerk vom Messergehäuse genug Abstand hat, um nicht unter der Kälte zu leiden (Bopp & Reuther). Die Stopfbüchse liegt so frei, daß durch Undichtheiten Sole nur austropfen, nicht aber ins Zählwerk gelangen kann. Zwar läßt der Woltmann-Messer stückige Verunreinigungen gut passieren, ist auch tunlichst gegen Schlamm verkapselt, gegen letzteren aber immerhin empfindlich. Der Flügel besteht oft aus Zelluloid, ist dann im Wasser gewichtslos,

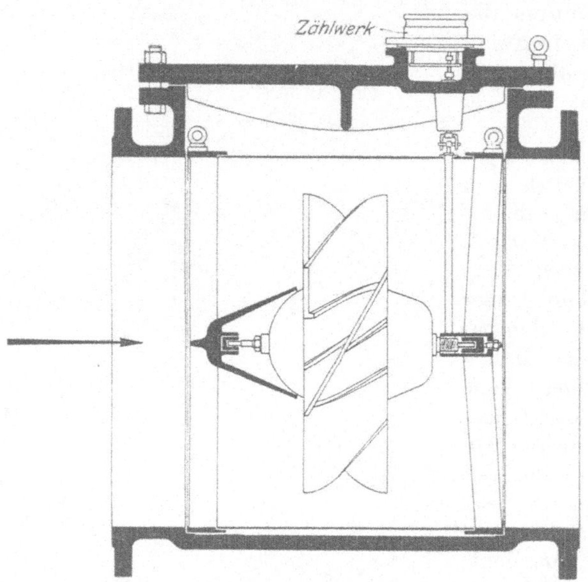

Fig. 140. Woltmannmesser mit auswechselbarem Meßrad, für Schmutzwasser, von Siemens & Halske.

oft auch aus Nickel oder anderen der Wasserart angepaßten Sondermetallen. —

Fehlerkurve und Druckverlustkurve des Woltmann-Messers ähneln dem Charakter nach dem in Fig. 135 gegebenen Beispiele. — Der Woltmann-Messer liefert erhebliche Falschanzeigen, wenn das Wasser mit einer kreisenden Bewegung ankommt; damit ist nicht eine Turbulenz im Sinne der Mechanik gemeint, vielmehr eine einfache Rotationskomponente in der gesamten Wasserbewegung, die nach einer Schraubenlinie verläuft, so daß der Winkel der Wasserfäden gegen die Schaufelung sich ändert. Es wird deshalb ein Strahlregler, wie in § 60 bei Fig. 127 erläutert, vor den Messer gesetzt, das ist ein im Querschnitt sternförmig unterteiltes, in der Strömrichtung etwa 2 Rohrdurchmesser langes Rohrstück, das eine Unterteilung des

Flüssigkeitsstromes in Teilströme bewirkt; die sternbildenden Scheidewände, aus Blech oder Guß, sind am ablaufenden Ende schlank aus-

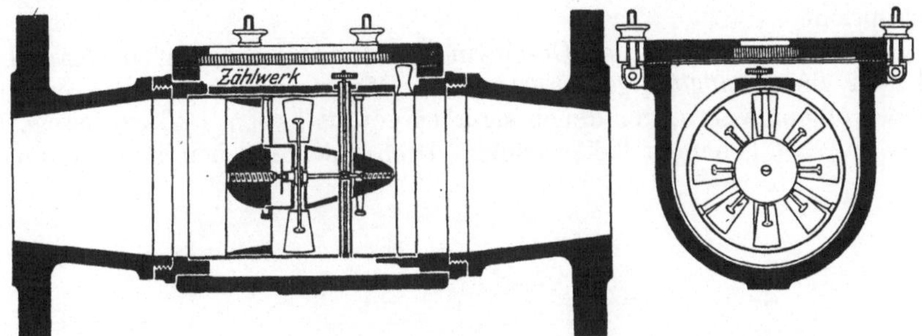

Fig. 141. Flügelradmesser für Druckluft, von Rosenmüller.

laufend, oder es muß für eine genügend lange gerade Rohrstrecke vor dem Messer gesorgt sein.

Die ähnliche Form eines Messers für Druckluft zeigt Fig. 141.

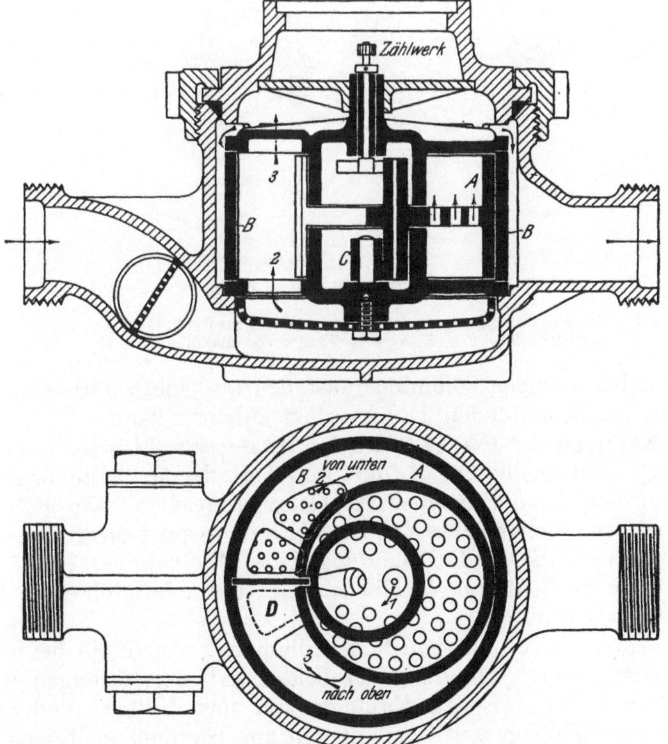

Fig. 142. Kapselmesser für Druckluft und Wasser. Bopp & Reuther.

67. Kapselmesser. Für Flüssigkeiten sowohl wie für Gas werden Messer verwendet, die in der Wirkungsweise die Umkehrung eines Kapselgebläses oder einer Kapselpumpe sind — Kapselkraftmaschinen also, die sich unter dem Einfluß des Druckgefälles in Bewegung setzen, das sie in der Leitung veranlassen, und die dabei bei jedem Umgang so viel Flüssigkeit oder Gas durchlassen, wie der Verdrängung der Meßkammern entspricht.

Im Unterschied zu den Geschwindigkeitsmessern haben die Kapselmesser eine *zwangläufige Förderung* des Mediums Sie gleichen hierin den Kolbenmessern, vor denen sie aber voraus haben, daß sie mangels hin und her gehender Teile größere Drehzahlen machen können, und

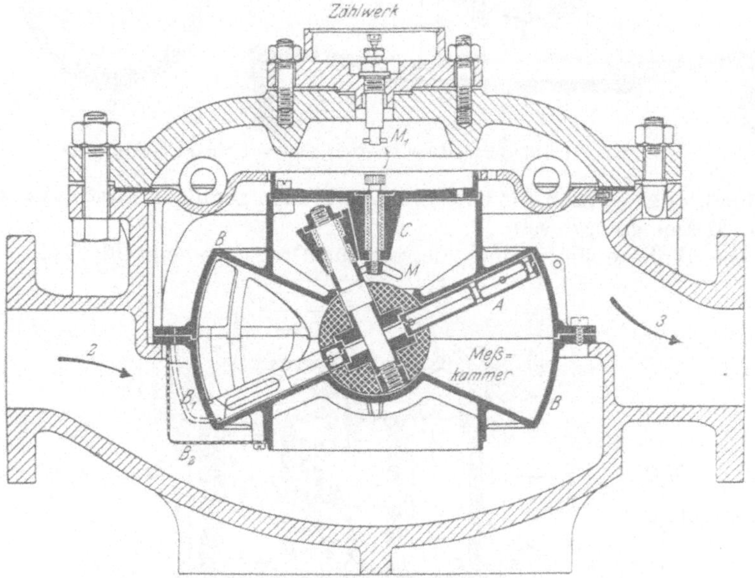

Fig. 143. Kesselspeise-Scheibenwassermesser von Siemens & Halske, für 80 mm Anschlußweite und 15 m³/st Wasser von maximal 150° C.

daß sie daher weniger voluminös ausfallen als jene, sofern man einen einigermaßen bedeutenden Druckverlust zulassen kann.

Der Kapselmesser Fig 142 wird für Wasser sowohl, wie für Preßluft gebraucht. Der Meßkolben *A* führt innerhalb der Meßkammer *BB* Bewegungen aus, die denen einer Pleuelstange gleichen Der Führungsstift *C* läßt der Kolbenachse nur eine Kreisbewegung nach Pfeil *1*, die Scheidewand *D*, die in die Wandungen der Meßkammer eingelegt ist und über die ein Schlitz des Kolbens greift, führt dadurch einen Punkt des Kolbens geradlinig.

Das Wasser tritt nun, von links kommend, von unten her in eine (im Grundriß obere) Abteilung der beiden halbmondförmigen Räume ein, die einerseits zwischen Kammerwand und Kolben, andererseits zwischen dem Kolben und dem inneren zur Kammer gehörigen Ring gebildet werden und die sich im Sinne der Drehung mitverschieben bei einer Bewegung des Kolbens nach Pfeil *1*; die im Grundriß untere teils durch den Kolben, teils durch die Scheidewand *D* vollständig abgetrennte Abteilung des betreffenden Halbmondraumes steht mit dem Auslaß in

Verbindung durch eine Öffnung im oberen Deckel der Meßkammer, die von der Eintrittsöffnung her, jenseits der Scheidewand liegt. Der Druckunterschied zwischen Ein- und Auslaß — der Druckverlust des Messers — veranlaßt die Meßkolbenmitte zur Bewegung nach Pfeil *1*. Er nimmt daher die beschriebene oszillierende Bewegung an. Bei jedem Umlauf geht dabei ein Volumen durch den Messer, das dem Inhalt der gesamten beiden halbmondförmigen Flächen, multipliziert mit der freien Höhe der Meßkammer, entspricht. Die Umläufe werden durch ein Zählwerk gezählt, das Liter angibt. — Bemerkt sei noch, daß auf jeder Seite der Scheidewand *D* eine Öffnung und eine Tasche in den Stirnwänden des Messergehäuses sind. Dabei ist auf der einen Seite, nämlich am Eintritt, die Öffnung unten und die Tasche oben, auf der anderen Seite ist es umgekehrt; die Taschen vermitteln den Druckausgleich des inneren und des äußeren Halbmondes. Der Mittelsteg des doppelt-T-förmig gestalteten Kolbens ist mit zahlreichen Löchern durchbohrt; die Öffnungen sind für den Wasserdurchgang nötig, auch wird der Kolben dadurch leichter, die Massenwirkungen werden geringer, die bei der großen Drehzahl (bis zu 700 in der Minute bei kleinen Messern) nicht unbedeutend sind.

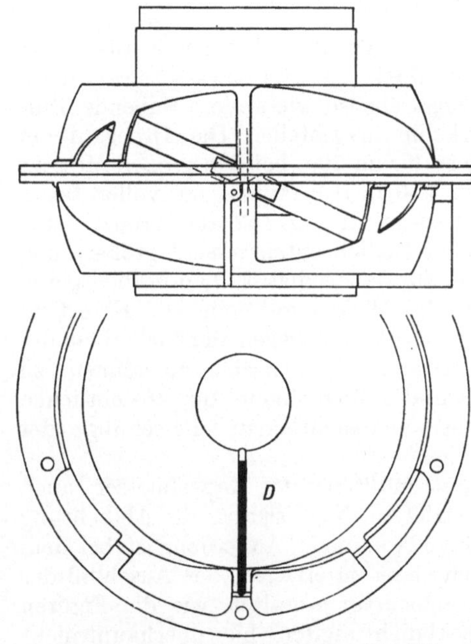

Fig. 143a und b. Meßkammer zu Fig. 143.

Im Prinzip ähnlich diesem Messer ist der *Scheibenwassermesser*, der sich in den letzten Jahren neben den Flügelradmessern als Hausmesser für Wasserleitungszwecke eingebürgert hat, außerdem in Sonderausführungen als Kesselspeisewassermesser gebaut wird. Eine für letzteren Zweck dienende Form zeigt Fig. 143.

An Stelle der in der Ebene oszillierenden Bewegung tritt beim Scheibenwassermesser eine Taumelbewegung der Meßscheibe *A* um die Mittelkugel herum. Sie führt diese Bewegung in der Meßkammer *B* aus, deren Seitenwände als Kugelzone, deren Böden als gegeneinandergekehrte Kegel gestaltet sind. Es wird der Scheibe nur diese Taumelbewegung übriggelassen, da ihre Achse durch den Führungskonus *C* zur Seite gedrängt wird, so daß die Achse im Raum schiefstehen muß und nur eine Kegelbewegung um den Kugelmittelpunkt ausführen kann. Dabei liegt die Scheibe mit je einer Linie einerseits am unteren, andererseits am oberen Boden des Messergehäuses an. Wie in Fig. 143 ist das Messergehäuse durch die Scheidewand *D* so zerlegt, daß das

Wasser nur um die Kugel strömend von dem Eintritt diesseits der Trennungswand zum Austritt jenseits der Trennungswand gelangen kann, und wegen der Berührung der Meßscheibe mit dem Messergehäuse ist mit dem Wasserdurchgang die Taumelbewegung der Meßscheibe zwangläufig verbunden. Die Scheibe ist mit einem Schlitz versehen, der sich an der Scheidewand führt und eine Drehung der Scheibe verhindert; doch ist der Schlitz so gestaltet, daß die Taumelbewegung freibleibt. Bei einem Umlauf der Scheibe wird der Meßkammerinhalt einmal verdrängt — je zur Hälfte von der oberen und unteren Hälfte. Der Eintritt und Austritt des Wassers findet durch dreieckartige Öffnungen im Mantel der Meßkammer zu beiden Seiten der Scheidewand statt; durch aufgesetzte Taschen B_1 wird einerseits die Verbindung nur nach unten, andererseits die Verbindung nur nach oben freigegeben, und so dient der eine von beiden Eingängen dem Wasserzufluß, der andere dem Abfluß.

Für Wasserleitungszwecke pflegen Kugel und Scheibe aus einem Stück und aus Hartgummi zu bestehen. Bei Speisewassermessern für höhere Temperaturen wird die Kugel ebenso wie andere reibende Teile (Fig. 143 gekreuzt) aus Graphitkohle hergestellt. Die Drehzahl der Scheibe beträgt bei kleinen Messern bis zu 700, bei den großen Messern (bis 150 mm Anschlußweite) etwa 450 in der Minute bei voller Beanspruchung. Die Scheibe selbst besteht in Fig. 143 aus Bronze. Die Abnutzung in unreinem Wasser ist freilich entsprechend größer, und deshalb sind Scheibenwassermesser für dauernden Einbau in die Speiseleitung nur zu empfehlen, wenn das Wasser gut rein ist. Eine Umführung mit Absperrung durch 3 Ventile ist, wegen der Sicherheit des Betriebes und um den Messer genügend oft nachsehen zu können, zu empfehlen, doch entsteht dadurch die Möglichkeit zur absichtlichen oder durch Ventilundichtheiten unabsichtlichen Fälschung der Messung.

Bei vollkommener Abdichtung müßten die Kapselmesser auch kleinste Mengen vollkommen registrieren. Nun ist aber die Abdichtung in der Mantellinie nicht dauernd vollkommen. Außerdem ist bei dem Scheibenwassermesser, um leichten Gang zu erzielen, der Anschluß der Meßscheibe an die Scheidewand eigenartig gestaltet, wie die Figuren es erkennen lassen. Vollkommene Abdichtung tritt hier überhaupt nicht ein, und kleine Mengen können stets ungemessen hindurchgehen. Daher ist die Fehlerkurve der Kapselmesser gleichen Charakters wie die von Flügelradmessern. Die Grenze unterer richtiger Angabe ist niedriger als bei Flügelradmessern (Fig. 135); bei längerer Benutzung mit unreinem Wasser werden die Kapselmesser mehr zum Stehenbleiben neigen, die Flügelradmesser mehr zum Fortlaufen unter falscher Anzeige.

Für Versuchszwecke ist zugunsten der Kapselmesser anzuführen, daß ihre Angabe, da durch den Inhalt der Meßkammer festgelegt, stets die gleiche ist, unabhängig von der Art der Flüssigkeit, während eine solche Unabhängigkeit von der Art der zu messenden Flüssigkeit bei den nicht zwangläufigen Flügelradmessern nicht sicher ist. Für Messungen von anderen Flüssigkeiten als kaltem oder heißem Wasser werden besondere Messertypen „für industrielle Zwecke“ hergestellt (Siemens & Halske), bei denen die Baustoffe dem Verwendungszweck angepaßt sind. Die Messer werden hauptsächlich für Flüssigkeiten verwendet, jedoch auch für *Druckluft*; für letztere wird der Scheibenmesser mit Reinnickelwerk ausgeführt. Sie ergeben Druckverluste ähnlicher Größenordnung wie die Flügelradmesser und sind daher für die eigentliche Gasmessung nicht geeignet, für die nur wenige Millimeter Wassersäule verfügbar sind.

68. Gasmesser. *Nasse Gasmesser* sind eine eigenartige Form der Kapselmesser mit einem Wasserverschluß der Meßkammer. Sie werden für Hausanschlüsse von Gaswerken neuerdings vielfach von den *trockenen Gasmessern* — kleinen Kolbenmaschinen mit Blasbalgkolben — verdrängt, kommen jedoch für Versuchszwecke wegen ihrer großen Meßgenauigkeit in erster Linie in Frage, solange sie in genügender Größe zu beschaffen sind.

Gasmesser messen das Volumen des durch eine Rohrleitung gehenden Gases und registrieren die gesamte durch den Messer gegangene Gasmenge an einem Zeigerwerk.

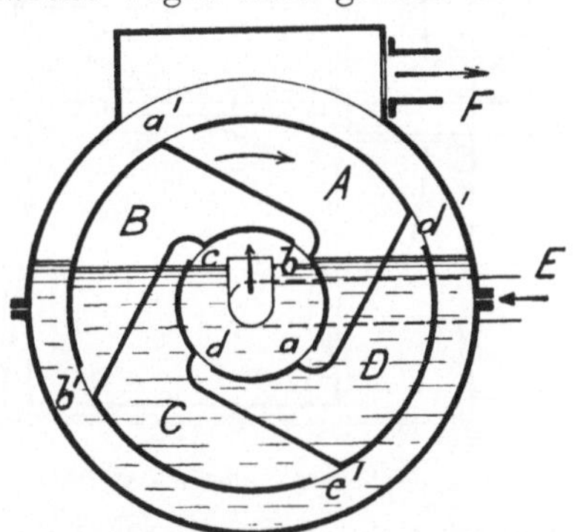

Fig. 144. Schema eines nassen Gasmessers.

Das Schema eines *nassen Gasmessers* zeigt Fig. 144. Der Messer besteht aus einer Trommel mit vier Kammern A bis D, die in einem feststehenden Gehäuse umläuft. Der untere Teil der Trommel taucht in Wasser; dieses verschließt und öffnet die Schlitze a bis d, durch die das Gas, von E kommend, in die vier Kammern eintritt, und die Öffnungen a' bis d', durch die das gemessene Gas dem Austrittsrohr F zuströmt. Kammer B wird gerade gefüllt, die Füllung von C eben begonnen; Kammer A entleert sich, während die Entleerung von D gerade beendet ist. Bei keiner Lage der Trommel sind die Schlitze a und a', oder b und b' usw. beide gleichzeitig frei, so daß Gas frei hindurch könnte; solange genügend Wasser im Messer ist, ist das Umlaufen der Trommel und daher die Registrierung der Gasmengen am Zeigerwerk Vorbedingung für den Gasdurchgang. Die Drehung der Trommel wird erzeugt, indem infolge des Spannungsunterschiedes zwischen Ein- und Auslaß der Wasserspiegel in der rechten Trommelhälfte einige Millimeter höher steht als in der linken, daher sinkt die rechte Hälfte der Trommel herab. Der Gasmesser ist also ein Motor eigentümlicher Bauart, der in seiner Meßtätigkeit den Kolbenwassermessern an die Seite zu stellen ist. Der für die Bewegung nutzbar werdende *Druckverlust* in der Gasuhr pflegt etwa 2 bis 3 mm WS zu betragen.

Die Anordnung der Gasmessertrommel nach Fig. 144 wäre unpraktisch, weil sich die Schlitzweiten a bis d für den Gaseintritt schwer genügend groß bemessen ließen. Statt die Stirnwände der Trommel geschlossen herzustellen und die Schlitze an den inneren und äußeren

Umfang zu legen, so daß das Gas radial durch die Trommel geht, verlegt man die Schlitze in die beiden Stirnwände und macht den Trommelumfang geschlossen. Das Gas tritt an einer Stirnwand ein, an der anderen aus, durchstreicht also den Messer in axialer Richtung. Die Schlitze für Ein- und Austritt laufen fast radial über die Trommelstirnwände hin; dabei müssen Ein- und Austrittsschlitz einer Kammer A um ebensoviel gegeneinander versetzt sein, wie a und a' in Fig. 144 es sind, das heißt um fast 180°.

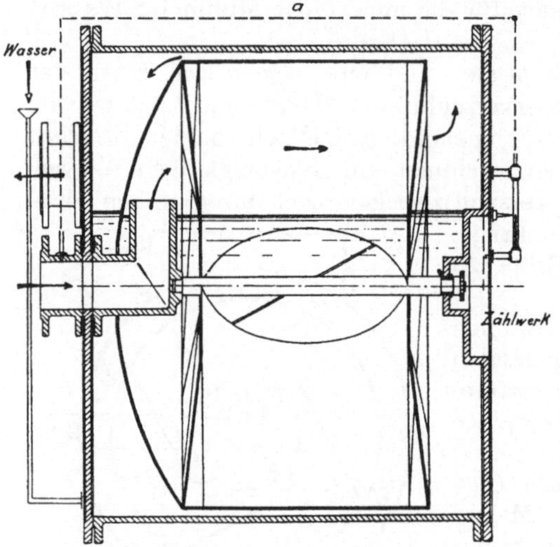

Fig. 145. Stationsgasmesser mit Croßley-Trommel.

Ein nasser Gasmesser ist in Fig. 145 im Schnitt dargestellt; der Gasweg ist durch Pfeile kenntlich gemacht. Wie die Trommel in Kammern geteilt ist, ersieht man aus der perspektivischen Ansicht (Fig. 146), bei der die zylindrische Außenhülle und die gewölbte Eintrittskappe fortgelassen sind. Die Kammer A wird durch die Schlitze a und a' bedient. Die Teilung wird durch vier Bleche von der Form Fig. 147 bewirkt, die außen an den Zylindermantel angelötet, innen durch die kleinen sternförmigen Teile an der Achse befestigt sind.

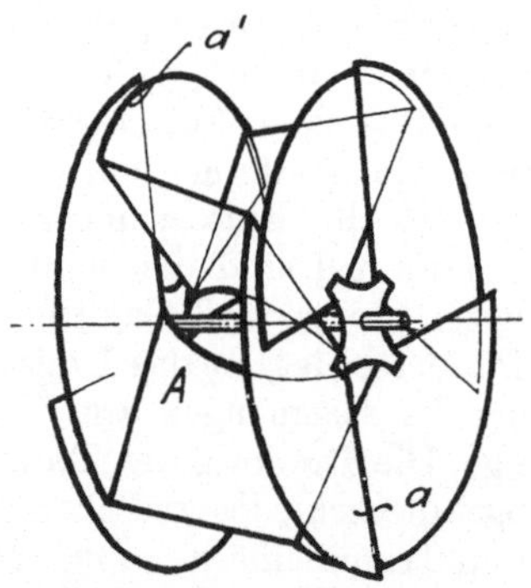

Fig. 146. Croßley-Trommel eines Gasmessers. Der zylindrische Mantel fehlt.

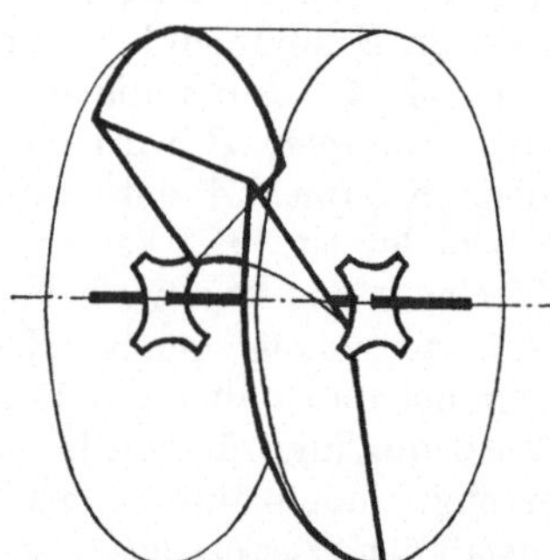
Fig. 147. Form einer Scheidewand bei Fig. 146.

Diese *Croßley-Trommel* ist also ein kompliziertes räumliches Gebilde, dessen Wirksamkeit genau mit dem in Fig. 144 gegebenen Schema übereinstimmt. Sie ist aus verhältnismäßig schwachem Weißblech durch weiches Löten hergestellt.

Immer dasselbe Volumen Gas wird nur dann in jeder Kammer abgeteilt, wenn der Wasserspiegel immer dieselbe Höhe hat. Das durchstreichende Gas aber sättigt sich mit Wasserdampf, und so verdunstet

Wasser. Für Hausanschlüsse bei Gasbeleuchtung hat man Gasmesser mit „Rückmessung", bei denen durch eine kompliziertere Kammerteilung der Einfluß des Wasserstandes ziemlich aufgehoben wird. Sinkt der Wasserspiegel zu weit, so schließt ein herabsinkender Schwimmer die Gaswege ganz ab. Diese Einrichtungen interessieren hier nicht. Für Versuchszwecke werden stets einfache Messer, *Experimentier-* oder *Stationsmesser* genannt, verwendet, für richtigen Wasserstand ist dann zu sorgen. Zu dem Zwecke haben die kleinen Experimentiermesser eine Füllöffnung und eine Ablauföffnung; beide schraubt man auf, gießt durch die eine Wasser nach, bis es an der anderen überläuft, läßt ablaufen und verschließt beide Öffnungen wieder. In den großen Stationsmessern, Fig. 145 und 148, zirkuliert dauernd Wasser und läuft bei A über einen Überlauf hinweg ab, so daß durch die Höhenlage des Überlaufs der Wasserstand gegeben ist, und zwar der Wasserstand in den sich füllenden Kammern. Dazu ist der Überlauf durch den Hahn H_1 mit dem Gaseintritt verbunden. Um wagerechte Aufstellung zu sichern, sind Experimentiermesser mit einer Libelle versehen. Stationsmesser haben Meißelhiebe oder andere Marken an verschiedenen Stellen des Gehäuses, die nach der Wage auszurichten sind.

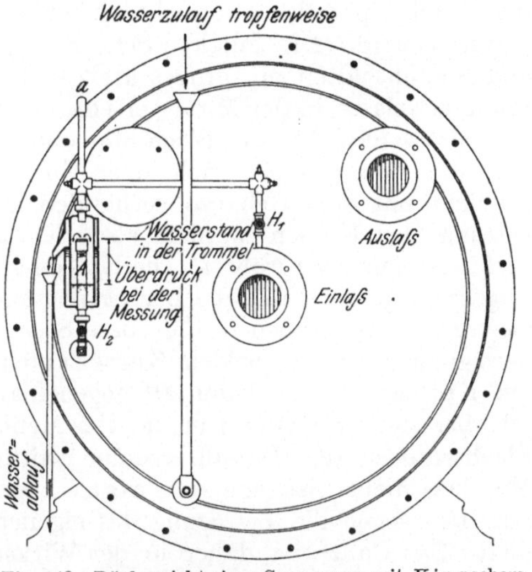

Fig. 148. Rückansicht eines Gasmessers mit Kingschem Überlauf. S. Elster.

Bei jeder Messung sind *Druck und Temperatur* zu beobachten, und zwar ist der Druck und die Temperatur des Gases in der sich füllenden Kammer am Ende der Füllungsperiode maßgebend; das Wassermanometer, Fig. 145, ist deshalb mit dem Gaseintritt zu verbinden (Rohr a). Die Temperatur aber wird man am Gasaustritt messen, weil das Gas am Ende der Füllungsperiode schon durch Berührung die Temperatur des Messers und des Wassers angenommen hat; beim Eintritt in den Messer kann es irgendeine andere Temperatur haben. Wünschenswert ist es auch, daß die Messer schon lange genug mit dem zu benutzenden Gas gelaufen sind, so daß das Wasser damit gesättigt ist.

Eine häufig verwendete Anordnung der Rohrleitungen auf der Rückseite des Gasmessers ist in Fig. 148 wiedergegeben. Außer dem Einlaß- und dem Auslaßrohr sowie einem blindverflanschten Reserveauslaß für linksseitigen Anschluß sieht man den Trichter für den Wasserzulauf sowie den *Kingschen Überlauf* A. Die Hähne H_1 und H_2 sind während des Betriebes jederzeit offen zu halten. Wäre insbesondere H_1 geschlossen, so würde nicht der Gasüberdruck im Einlaß auf das Überlaufrohr A wirken, es würde also zu viel Wasser aus dem Überlauf austreten, zu wenig Wasser im Messer zurückbleiben, und es würde eine Minderregistrierung eintreten. Die Höhe des Überlaufs A ist verstellbar.

Wo man mit einer Gasuhr den Verbrauch einer Gasmaschine mißt, stört der intermittierende, hubweise stattfindende Verbrauch der Maschine den Gang des Messers. Dann schafft ein zwischengeschalteter Behälter von genügender Größe oder — wenn das Gas unter Druck steht — ein nachgiebiger Beutel aus gummiertem Stoff Abhilfe. Steht das Gas unter Saugspannung, so kann man einen runden Behälter oder eine runde flache Dose mit gummiertem Stoff verschließen und, etwa durch Federn, dafür sorgen, daß der Stoff nicht eingesaugt wird und also nachgiebig bleibt.

Ein *trockener Gasmesser* ist ein im wesentlichen rechteckiger Kasten, der durch 3 parallele senkrechte Scheidewände in 4 gleiche Abteilungen getrennt wird. Die mittlere Scheidewand ist geschlossen, die beiden anderen enthalten ein großes kreisrundes Loch, das durch Ledertuch mit Blechplatte in der Mitte verschlossen ist. Diese Blechplatten lassen sich also senkrecht zum Blech hin- und herbewegen, sie stellen Kolben dar, die durch Gummituch oder Ölleinen am Rande biegsam aber gasdicht mit dem Gehäuse verbunden ist. Bei der Hin- und Herbewegung der Kolben werden also die 4 Meßkammern je paarweise verkleinert und vergrößert. Die Kolben sind nun durch je einen Lenker wagerecht geführt, und die Lenker übertragen zugleich die schwingende Bewegung der Kolben in die obere Steuerkammer, wo beide Schwingbewegungen auf die beiden Kurbelzapfen einer kleinen Welle wirken. Die Kurbelzapfen sind um 90° gegeneinander versetzt. Zwei Muschelschieber steuern das Gas in die vier Meßkammern ein, ebenso wie der Flachschieber der Dampfmaschine wirkt; die Bewegung jedes der Muschelschieber ist von der nicht zugehörigen Schwinge abgeleitet und also gegen die Bewegung des eigenen Kolbens auch um 90° versetzt. Das Ganze ist daher in der Wirksamkeit einem Zwillingsmotor gleichwertig, der totpunktfrei arbeitet. Die Umläufe der Welle werden von einem Zählwerk gezählt, die wirksame Länge der Kurbelarme läßt sich einregeln. Grundsätzlich ist der trockene Gasmesser auch zum Messen von Mengen bei Unter- oder bei Überdruck geeignet; für die Wirkung seines Treibwerkes ist nur der Druckverlust im Messer maßgebend, der beim trockenen Messer bis zu 6 mm WS beträgt. Nennenswerte Über- oder Unterdrucke sind jedoch deshalb nicht zulässig, weil das Gehäuse aus sehr schwachem, allerdings durch Formgebung etwas versteiftem Blech besteht.

Der trockene hat vor dem nassen Gasmesser den Vorteil besserer Transportfähigkeit, für stationäre Zwecke ist ferner die Unemfindlichkeit gegen Frost ein sehr wichtiger Vorteil. Für Versuchszwecke genügt in vielen Fällen auch die Genauigkeit des trockenen Messers.

Man kann trockene wie nasse Gasmesser zur Messung von Gasen bei Über- oder Unterdruck dadurch verwenden, daß man sie in ein Gehäuse einbaut, das dem Druckunterschied gegen die Atmosphäre widersteht; dem Messer wird das Gas durch eine die Gehäusewand durchbrechende Rohrleitung zugeführt, er entläßt das Gas in das Hilfsgehäuse, woraus es durch eine andere Rohrleitung entnommen wird. Für die Ablesung des Standes ist, etwa durch eine Glasscheibe im Hilfsgehäuse, Sorge zu tragen.

In den Listen über Gasmesser findet man unter der Bezeichnung J (Inhalt) den einem Umlauf entsprechenden gesamten Inhalt der Meßkammern, unter der Bezeichnung V (Verbrauch) den höchsten stündlichen Durchgang gegeben. Der Quotient $\frac{V}{J}$ ist die stündliche Drehzahl der Hauptachse. Für nasse Gasmesser ist $\frac{V}{J} = 80$ bis 120, für trockene 120 bis 150. Die Drehzahl des nassen Gasmessers ist auf 120/h bei kleinen und 80/h bei großen Messern beschränkt, weil sonst der Wasserspiegel unruhig wird und der Abschluß wie das Öffnen der Spalte nicht mehr sauber erfolgt; das gibt sich durch ein schlurfendes Geräuch zu erkennen. — Bei größtem Gasdurchgang ist der Druckverlust in einem nassen Messer etwa 4 mm WS, in einem trocknen etwa 6 mm WS.

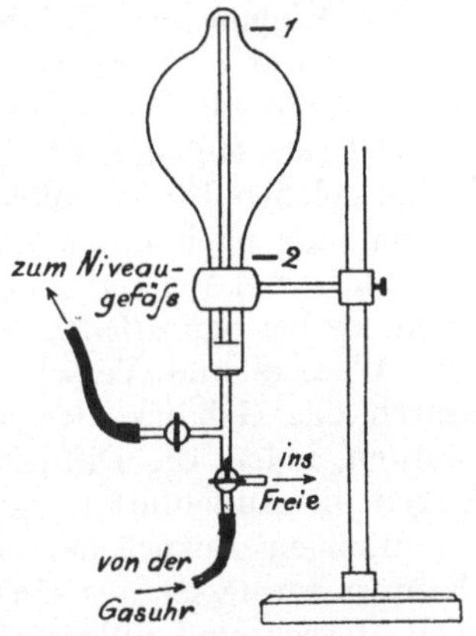

Fig. 149. Kubizierapparat von Junkers.

Die *Eichung* kleinerer Gasmesser geschieht, indem man Luft aus einer Glocke (Fig. 103, § 53) oder einem kalibrierten Gefäß durch den Messer schickt. Die Eichung pflegt für Gaswerkszwecke bei etwa 40 mm Wassersäule Überdruck zu geschehen. Sonst bewirkt man sie möglichst unter den Verhältnissen, die bei dem anzustellenden Versuch herrschen, für einen Sauggasmotor also bei Unterdruck. Es verschlägt nicht viel, wenn die Glocke für den Messer zu klein ist. Man füllt sie wiederholt und schickt eine Füllung nach der anderen durch den Messer. — Glockenapparate, die speziell für schnelle Eichung von Gasmessern in größerer Zahl eingerichtet und teilweise selbsttätig sind, mit dazugehörigen Anschlüssen, heißen Eichstationen oder *Kubizierapparate* und werden von den Verfertigern von Gasmessern listenmäßig hergestellt für die Bedürfnisse der Gasanstalten, die die Hausmesser regelmäßig nachprüfen müssen.

Statt einer Glocke kann man auch die Einrichtung Fig. 149 verwenden. Die Glasbirne hat zwischen den Marken *1* und *2* einen bekannten Inhalt. Durch Heben und Senken einer mit Schlauch angeschlossenen Niveauflasche und Steuern des Dreiweghahnes saugt man eine Füllung nach der andern vom Messer an und entläßt sie ins Freie.

Große Messer eicht man meist mit Hilfe eines kleineren Normalmessers; durch beide Messer hintereinander wird die gleiche beliebige Luftmenge geschickt, beider Angaben müssen gleich sein. Man eicht mit der sekundlichen Luftmenge, welche der Normalmesser zuläßt, und benutzt den größeren dann bis zu der Drehzahl, die erfahrungsmäßig zulässig ist — wie erwähnt, 80 bis 120 in der Stunde. Besser ist es, mehrere parallel geschaltete kleine Normalmesser zu verwenden, deren Gesamtleistung der Höchstleistung des zu eichenden Messers gleichkommt.

Beim Eichen müssen alle Apparate und ihr Wasserinhalt gleiche Temperatur haben. Unterschiede von 2,73° C entsprechen einem Fehler von 1%. Berichtigungen, durch die man ungleiche Temperaturen berücksichtigen wollte, sind immer unsicher, weil ja nicht nur das Gas, sondern auch die Meßapparate mit der Temperatur sich ausdehnen, wenn auch weniger. Eine Gasmessereichung muß also eigentlich auch noch bei derselben Temperatur vorgenommen werden, bei der der Messer später benutzt werden wird.

Gasmesser kann man (in Preußen) von den Eichämtern eichen lassen, Normalgasmesser insbesondere auch von der Physikalisch-Technischen Reichsanstalt.

69. Kippmesser. Bei den bisher genannten Formen von Flüssigkeitsmessern war es Voraussetzung, daß sie fest in eine Leitung eingebaut werden, die von Wasser ganz erfüllt ist und die im allgemeinen überdies unter Druck stehen wird. Die folgenden Formen gestatten und verlangen einen solchen Einbau nicht. In sie muß vielmehr das Wasser frei einlaufen, um nach unten hin wieder frei abzulaufen. Während bei den geschlossenen Wassermessern das Gehäuse als Abschluß erforderlich ist, dient es bei den *offenen Wassermessern* lediglich dazu, um Verspritzen des Wassers und Verschmutzen des Messers zu verhüten. Auch soll durch das Gehäuse das Verdunsten heißen Speisewassers vermieden werden, indem die Diffusion des im Gehäuse stehenden Wasserdunstes gegen die Außenluft einigermaßen verhindert wird.

Mäßigen Ansprüchen an Genauigkeit genügen die sehr einfachen Kippwassermesser aus einem zweiteiligen Gefäß, dessen beide Hälften sich abwechselnd füllen, worauf jedesmal die gefüllte das Übergewicht erlangt und herunterklappend sich entleert, die andere dabei zum Füllen freigibt. Die Kippgefäße werden für kleine Messer aus Gußeisen hergestellt, für größere Messer auch aus Schmiedeeisen. Bei Fig. 150 verhütet ein Trichtereinlauf das Verspritzen des Wassers, außerdem soll die Meßgenauigkeit etwas gesteigert werden, indem das Überkippen in folgender Weise eingeleitet wird. Wenn die Hälfte A sich gefüllt hat, so läuft Wasser über die linke Kante in die Rinne a, dadurch wird plötzlich der Schwerpunkt verlegt, das Gefäß kippt und entleert sich ins Gehäuse. Die Anzahl der Kippungen wird von einem Zählwerk registriert, auch kann das Zählwerk durch Zahnradübersetzung gleich zur Angabe von Kubikmetern eingerichtet werden. Der Messer spricht ersichtlich auf das Volumen an, obwohl eine Schwerpunktsverlegung das Kippen veranlaßt. Bei heißem Wasser oder bei anderen Flüssigkeiten ist also das spezifische Gewicht zu ermitteln, will man das gemessene Gewicht finden. — Bei anderen Ausführungsformen wird noch der Stoß des Kippens durch eine Dämpfung gemildert, indem ein am Kippgefäß angebrachter Flügel in Wasser fällt, das sich im Gehäuse anstaut, dessen Ablauf nicht am Boden ist.

Die Meßgenauigkeit ist bei diesen Messern aus folgenden Gründen beschränkt. Es muß eine gewisse Abhängigkeit der Anzeige von der Stärke des Wasserflusses vorhanden sein. Das Kippen wird stets bei einer bestimmten Füllung der Rinne *a* eingeleitet. Dann läuft aber noch weiterhin Wasser in die Hälfte *A a* so lange, bis die Scheidewand zur Hälfte *B b* unter dem Einlauf hinweggegangen ist. Bis dahin ist nun vom Beginn des Kippens ab eine bestimmte Zeit verflossen; um die in dieser Zeit zugeflossene Wassermenge ist die durchgegangene größer als die zum Einleiten der Kippbewegung erforderliche Wassermenge. Der Mehrbetrag hängt aber von der Stärke des Wasserzuflusses ab. Zur Vermeidung eines weiteren Fehlers, der aus der Stoßwirkung des Wassers auf den Wasserspiegel im Kippgefäß entstehen könnte, ist die Einfüllung des Wassers gerade über der Achse vorgesehen. Auch

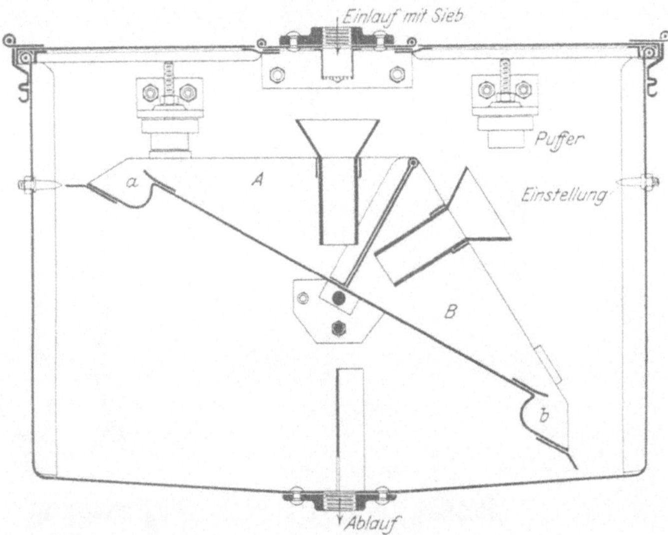

Fig. 150. Kippwassermesser von Eckardt.

die Störung des ruhigen Wasserspiegels durch die zufließende Wassermenge kann von Einfluß sein, allerdings meist in dem Sinne, daß der hieraus entstehende Fehler sich mit dem vorher erwähnten etwas ausgleicht.

Viel größere Genauigkeit ergibt der Wassermesser Fig. 151, bei dem die Füllung nur ungefähr durch den vollen Wasserstrom bewirkt wird, während das genaue Abgleichen bis zum Kippen durch einen schwachen und überdies immer gleichmäßigen Wasserstrom erfolgt. Es sind zwei unabhängig voneinander kippende, auf Schneiden gelagerte Gefäße *A* und *B* vorhanden. Jedes derselben kippt über, wenn die Flüssigkeit in ihm ein gewisses Gewicht erreicht hat: es entleert sich dann durch ein Rohr, das zunächst als einfacher Ausfluß wirkt. Wenn aber späterhin das Gegengewicht das Gefäß zurückfallen läßt, wird trotzdem die Entleerung nicht unterbrochen, weil das Rohr noch als Heber so lange wirkt, bis in sein äußeres Ende Luft tritt und den Heber plötzlich zum Abreißen bringt. Durch Anordnung eines Sumpfes von kleiner Oberfläche wird erreicht, daß immer eine bestimmte Wassermenge zurückbleibt, bzw. daß Standunterschiede in der Oberfläche wenig Einfluß haben. — Das Füllen wird nun in folgender Weise bewirkt. Die Hauptrinne und die Nebenrinne lassen Wasser in das eine oder in das andere Gefäß laufen, je nach ihrer Stellung. Aus der Hauptrinne tritt jederzeit ein gleichmäßiger Wasserstrom durch Schlitze in der Achse in die Nebenrinne über. Wenn nun eines der Meßgefäße sich füllt, so steigt davon der Schwimmer an und steuert zu

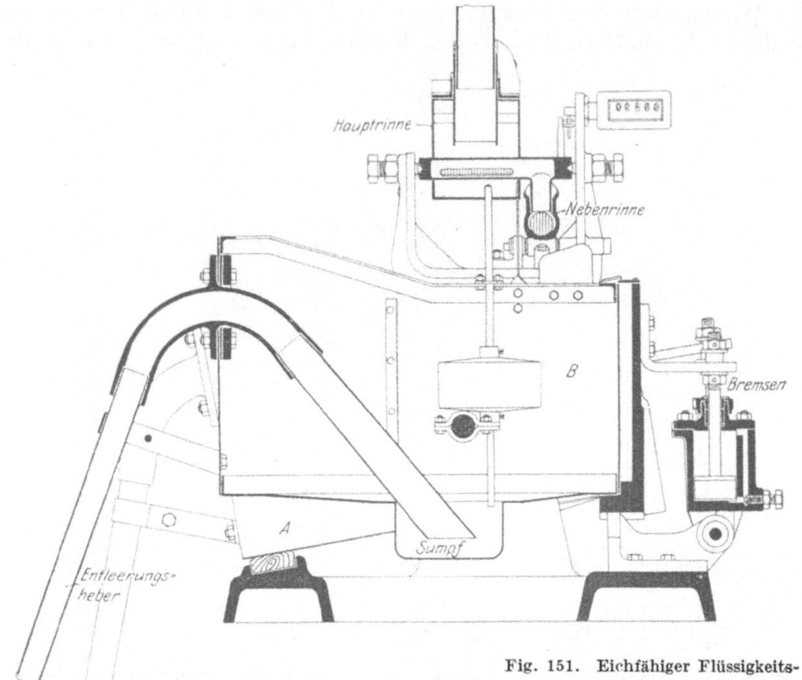

Fig. 151. Eichfähiger Flüssigkeits-

passender Zeit die Hauptrinne um, worauf diese ihr Wasser bereits in das andere Gefäß ergießt, während die Hilfsrinne weiterhin in das erste ausgießt. Das erste Gefäß füllt sich nun langsam und, unabhängig von der Stärke des Wasserzuflusses, stets gleichmäßig weiter an. Da der Schwerpunkt des Wasserinhaltes, von den Gegengewichten aus gerechnet, jenseits der Schneiden liegt, so rückt der Schwerpunkt des Ganzen langsam auf die Schneiden zu, bis das Kippen stattfindet, im Augenblick, wo er über dieselben hinweggeht. Im Fallen steuert das Gefäß die Nebenrinne auf das andere Gefäß um. Doch ist dafür Sorge getragen, daß die Nebenrinne nicht etwa auf dem kippenden Gefäß bereits aufliegt, da sonst wechselnde Reibung in der Rinnenlagerung den Zeitpunkt des Kippens beeinflussen könnte.

Ein wesentliches Konstruktionsmerkmal ist es, daß die beiden Seitenwände der Kippgefäße, die den Schneiden parallel laufen, im ungekippten Zustande senkrecht sind. Namentlich die in der Kipprichtung gelegene ist bei manchen Bauarten schräg. Das hätte aber zur Folge, da die Schwerpunktslage des Flüssigkeitsinhaltes vom eingefüllten Volumen abhängt, daß das Kippen nicht mehr bei einer bestimmten Gewichtsfüllung erfolgt, sondern vom spezifischen Gewicht der eingefüllten Flüssigkeit abhängig wird; die Anordnung bringt dann aber auch nicht rein das Volumen zur Messung.

Die Anordnung Fig. 151 gilt unter den offenen Flüssigkeitsmessern

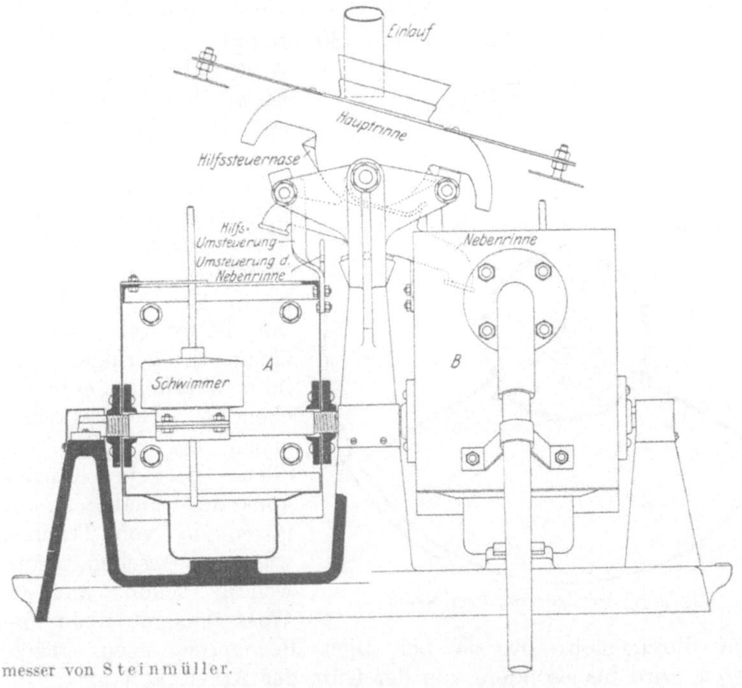

messer von Steinmüller.

als eine der genauest arbeitenden; ihre Genauigkeit wird zu $^1/_{10}\%$ angegeben; die Reichsanstalt für Maß und Gewicht (§ 70) läßt sie zur amtlichen Eichung zu. Für langdauernde Meßperioden (Ablesung morgens und abends im Kesselhausbetriebe) und für Vermessung von Flüssigkeiten von stets fast gleichem spezifischen Gewicht (Speisewasser, nur geringe Abhängigkeit des spezifischen Gewichtes von der Wassertemperatur) wird gegen die Anordnung nichts einzuwenden sein. Für eigentliche Versuchszwecke kann es als lästig empfunden werden, daß der Zeitpunkt des Kippens nicht die Einfüllung einer bestimmten Wassermenge bedeutet, weil ja ein Teil des Wassers schon vorher durch die Hauptrinne in das andere Gefäß geleitet wurde. Eine Beobachtung der Wassermenge durch Feststellen der Zeit für nur wenige Kippungen kann also bei wechselndem Wasserfluß zu Fehlern führen.

Der offene Wassermesser Fig. 152, der in einem runden Gehäuse untergebracht zu werden pflegt, ist zur Messung des Kondensates von Niederdruckdampf-Heizungsanlagen recht gebräuchlich, er wird dazu in die Kondensleitung eingeschaltet. Das Werk liegt in einem Gehäuse von runder Trommelform und gleicht dann äußerlich einem Gasmesser. Im Innern ist auf einer Achse eine kreiszylindrische Trommel angebracht, deren Inneres durch Scheidewände in drei Kammern geteilt ist. Der Wasserzufluß erfolgt durch ein die Achse umgebendes Ringrohr. Zur zeit läuft Wasser in die Kammer A, während C sich entleert und B außer Tätigkeit ist. Sobald A voll ist, wird sich das Wasser im Zulauf anstauen, bis es durch die Öffnung b in die Kammer B zu laufen beginnt. Dann gewinnt die linke Seite der Trommel das Übergewicht in solcher Weise, daß die Trommel um 120° klappt und nun B gefüllt wird, während A sich entleert. Jede Umdrehung entspricht also dem Inhalt der drei Kammern.

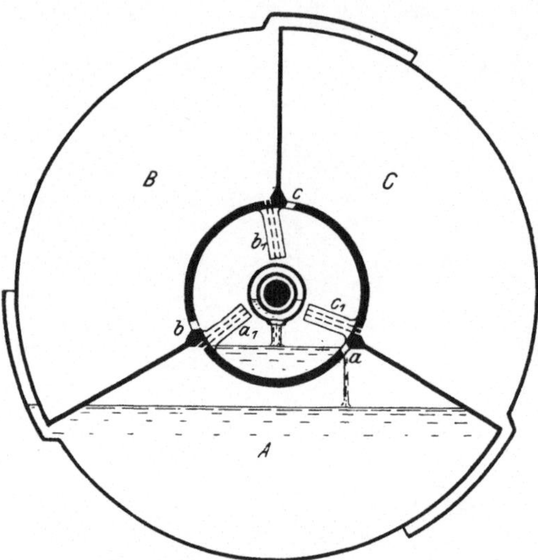

Fig. 152. Offener Wassermesser von Gebr. Siemens.

Von einigen Eigentümlichkeiten der offenen Messer gegenüber den geschlossenen war schon früher die Rede (§ 64). Wertvoll ist es oft, daß sie einen sehr geringen, nur ihrer Bauhöhe entsprechenden Gefälleverlust geben, der überdies bei allen Beanspruchungen konstant bleibt; auch lassen sie, von Tröpfelwasser abgesehen, notwendig schon kleinste Wassermengen nicht ungemessen durchgehen; ob sie bei allen Beanspruchungen gleich registrieren, wird insbesondere von der Güte der Arbeit abhängen.

Besonders zu beachten bleibt, daß offene Messer nicht ohne weiteres unbeaufsichtigt bleiben können, da sie nicht von selbst dem Bedarf entsprechend wechselnde Wassermengen liefern, sondern immer die ihnen gerade zufließende verarbeiten. Das ist nicht immer ebensoviel, wie verbraucht wird. Läuft ihnen etwa bei einer Kesselspeisung das Wasser aus einem Behälter zu und ist selbst, was erwünscht ist, ein zweiter Vorratsbehälter zwischen Messer und Speisepumpe geschaltet, in den der Messer entleert und aus dem die Pumpe saugt, so wird man Obacht geben müssen, damit nicht dieser zweite Behälter überläuft oder das Wasser im Messer sich anstaut; beides würde die Messung fälschen. Diese Sorge entfällt, wo eine insgesamt beschränkte Wassermenge vorhanden ist, wie bei Rückführung des Heiz- oder Maschinenkondensates. —

Das Prinzip der Kippwassermesser ist außer für Flüssigkeiten aller Art auch für *körniges Fördergut* verwendbar. Als Kohlen- oder Getreidewagen kommen Anordnungen ähnlich Fig. 151, mit einem oder zwei Gefäßen, vor (Reuther & Reisert) sowie auch um eine Achse drehbare Anordnungen ähnlich Fig. 152 (Polysius).

70. Kontinuierliche und automatische Wägung. Ebenfalls für die Verwiegung körnigen Gutes in kontinuierlichem Transport dient die Einrichtung Fig. 153, die in folgender Weise arbeitet und dabei einen Gefälleverlust sowie auch das mehrfache Überschütten vermeidet, das nicht jedem Fördergut zuträglich ist. Das Förderband oder die Becherkette wird wagerecht über die Wagenbrücke geleitet, die in die Fahrbahn eingebaut ist. Die Hebel der Brücke wirken auf eine Neigungswage, deren Wägehebel dadurch in Stellungen kommt, die von der augenblicklichen Belastung der Brücke mit Fördergut abhängt. Die durch die Stellungen des Wägehebels angegebenen Gewichte werden nun fortlaufend integriert: dazu wird von der Becherkette aus eine Welle angetrieben, die mit Hilfe einer Kurvenscheibe einen Integrierhebel zu

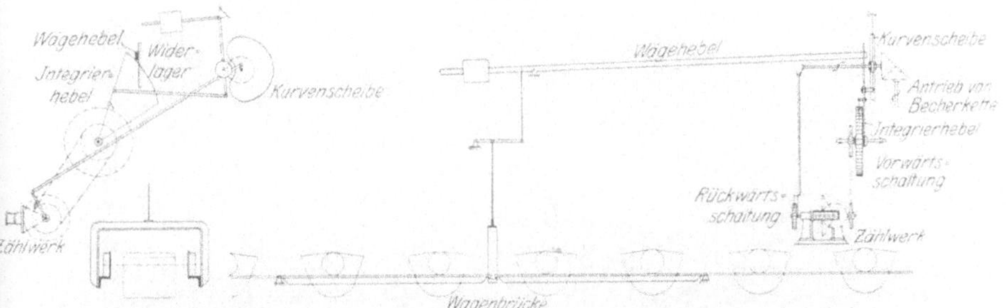

Fig. 153. Selbsttätige Wage für körniges Gut in ständiger Förderung. Carl Schenck.

Ausschlägen bringt, deren Anzahl daher von der Geschwindigkeit der Kettenbewegung abhängt. Bei jedem dieser Ausschläge schaltet der Hebel ein feingeteiltes Zahnrad vorwärts. Die Bewegung des Integrierhebels und damit die Schaltung erreicht ihr Ende, wenn die Kurve des Integrierhebels gegen den Wägehebel der Neigungswage stößt: sie erreicht daher um so später ihr Ende, je größer die gerade augenblicklich auf dem Brückenhebel befindliche Last ist. Durch Gestaltung der Kurve des Integrierhebels läßt sich Proportionalität zwischen der Belastung der Wagenbrücke und den jeweiligen Registrierwegen erreichen. Die Tara der Kette wird durch Rückwärtsschalten des Schaltwerkes automatisch von dem Bruttogewicht in Abzug gebracht; dazu ist eine Gegenkurbel an der Welle vorgesehen, die rückschaltend auf das Zählwerk wirkt. — Mit der Einrichtung sollen sich Wiegeergebnisse von 1 bis 2% Genauigkeit erreichen lassen. Das wäre sehr befriedigend für Betriebszwecke, wenngleich es nicht für die Eichfähigkeit der Anordnung ausreichend ist. —

Eine weitere Aufgabe ist es, beliebige unregelmäßig auf einer Bahn verkehrende Lasten so zu registrieren, daß das Zutun des Menschen ausgeschaltet ist, wobei gleichzeitig Vorsorge gegen Betrügereien geschaffen werden soll, um für Lohnabrechnungen und ähnliches zuverlässige Unterlagen in den Angaben der Wage zu erhalten. Die bekannte *automatische Wage von Schenck* (Fig. 154) arbeitet wie folgt. Ein voller Wagen beliebiger Füllung zwischen einer Mindest- und einer Höchstlast wird auf die Wagenbrücke geschoben. Ein Sperrbolzen verhindert, daß der Wagen über die Brücke fährt, ohne verwogen zu sein. Sobald der Wagen auf der Brücke steht, senkt sich die Brücke, betätigt dadurch zunächst einen Sperrbolzen auf der anderen Seite der Brücke, der es unmöglich macht, den Wagen zurückzunehmen, nachdem die Wägung einmal ein-

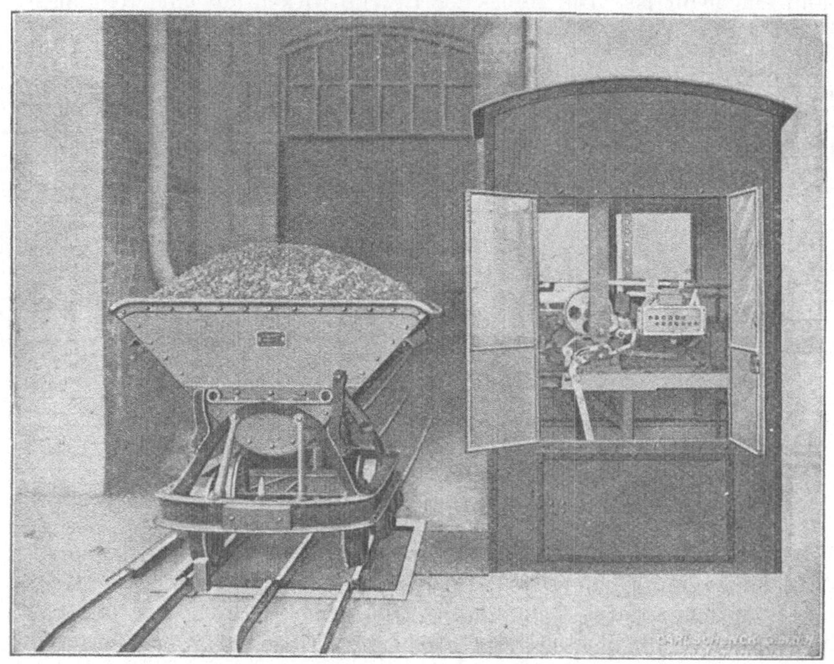

Fig. 154. Selbsttätige Wage von Carl Schenck.

geleitet ist. Außerdem wird durch das Herabsinken der Last der Auswiegeapparat in einem Wiegehaus seitlich der Brücke freigegeben. Zunächst muß ein Anschlag durch einen Schlitz gehen, den er nur findet, wenn die Last auf der Brücke sich in den richtigen Grenzen hält; ist das der Fall, so wird die Arretierung des Wagebalkens gelöst und zugleich ein senkrecht beweglicher Treibschieber freigegeben, der durch Zahnradgetriebe mit dem Laufgewicht des Wagebalkens zwangläufig verbunden ist. Durch passende Anordnung der Zahnräder ist Vorsorge getroffen, daß der Zahndruck kein Moment auf den Wagebalken ergibt. Der Treibschieber beginnt sich zu senken und schiebt das Laufgewicht auf dem Wagebalken vorwärts. Zugleich wird dadurch das Zählwerk der Wage betätigt. Der Vorgang wird unterbrochen in dem Augenblick, wo der Wagebalken nach unten schlägt, weil das Laufgewicht die Sollstellung erreicht hat. In diesem Augenblick fällt nämlich eine Sperrklinke in den Treibschieber ein und hält ihn fest, während zugleich durch den auf die Sperrklinke ausgeübten Druck der Sperrhebel hinter der Wagenbrücke gesenkt und die Abfahrt des Wagens freigegeben wird. Sobald der Wagen ganz abgefahren ist, hebt sich die Brücke unter dem Einfluß eines Gegengewichtes, die beiden Sperrhebel wechseln dabei ihre Lage, der Treibschieber wird in seine Höchstlage gebracht, und die Wage ist zu Ausführung der nächsten Wägung vorbereitet. — Da eine Mindestlast zum Betätigen des Wiegemechanismus gefordert wird, so ist es nicht möglich, daß Menschen, die zufällig über die Brücke gehen, oder andere Unregelmäßigkeiten von mäßigem Betrage mitregistriert werden.

Eine neuere Ausführung dieser Wagen vermeidet indessen die Forderung einer Mindestlast: Es werden alle Lasten von Null bis zu einer Höchstlast zur Registrierung gebracht. Dazu wird, ähnlich wie bei Laufgewichtswagen, zunächst ein größeres Laufgewicht durch die Treibschiene betätigt. Dieses hört rechtzeitig auf, und die genaue Wägung wird durch ein zweites kleineres Laufgewicht vollendet. Die Bewegungen beider Laufgewichte betätigen getrennte Zählwerke, die Gesamtlast ist jederzeit durch Zusammenzählen der Angaben beider Zählwerke zu ermitteln.

Bei einer anderen Konstruktion wird die Messung nicht durch einen herabsinkenden Treibschieber, sondern durch die Energie eines Schwungrades bewirkt, welches sich unter dem Einfluß der herabsinkenden Last in Bewegung setzt und dann die Wägung ausführt. Die Konstruktionen sind eichfähig; wegen ihrer Ausführung im einzelnen kann auf die in Vorbereitung begriffene Auflage der „Bildlichen Darstellungen eichfähiger Konstruktionen, herausgegeben von der Normal-Eichungskommission" (diese Behörde heißt jetzt: Reichsanstalt für Maß und Gewicht) verwiesen werden sowie auch auf die „Mitteilungen" der gleichen Anstalt, die regelmäßig erscheinen. — Die Sperrbolzen verhindern, daß leere Wagen über die Wage zurückgeschoben werden. Für den Rückgang derselben muß ein besonderes Geleis angelegt werden (Fig. 154). Oft wird in dasselbe eine Einbruchstelle eingebaut, die es unmöglich macht, daß zu betrügerischen Zwecken volle Wagen zurückgenommen werden.

Man findet die selbsttätige Wage auch für die Kontrolle von Kesselbetrieben verwendet, indem die Wasserspeisung mit Hilfe von Wassermessern, die Kohlenzufuhr mit selbsttätigen Wagen bestimmt und aus beiden Angaben täglich die Verdampfungszahl berechnet wird, die bei einigermaßen konstanten Verhältnissen hinsichtlich Kohlenqualität und Dampftemperatur ein guter Vergleichsmaßstab ist. Die Vorräte an Wasser und Kohle, die sich zur Zeit des Abschlusses im Kesselhaus befinden, müssen dann geschätzt und berücksichtigt werden. Bei modernen Kesselhäusern mit Kettenrost und mechanischer Zuführung des Brennstoffes zu demselben von einem hochliegenden Bunker aus ist nun der gesamte Bunkerinhalt in dieser Weise beim Abschluß zu berücksichtigen; da er meist für etwa 24stündigen Bedarf bemessen ist, so werden die auf den Tagesverbrauch bezogenen Fehler groß, da ein etwa gleicher Inhalt der Bunker zu jeder Abschlußzeit betriebstechnisch schwer innezuhalten ist. Man kann dann nicht täglich, sondern nur monatlich abschließen, was nicht immer genügt.

Aus diesem Grunde sind in so liegenden Fällen Wägeeinrichtungen vorzuziehen, die die Kohle zwischen Bunker und Rost zur Messung bringen. Das leistet die *halbautomatische Balkenwage* von Schenck (Fig. 155). Sie ist in die Schurre vom Bunker zum Rost eingebaut, so daß ihr das Wägegut oben schräg zuläuft und unten abläuft. Zur Stützung des Wagebalkens und des Schurren-Oberteils ist ein Walz-

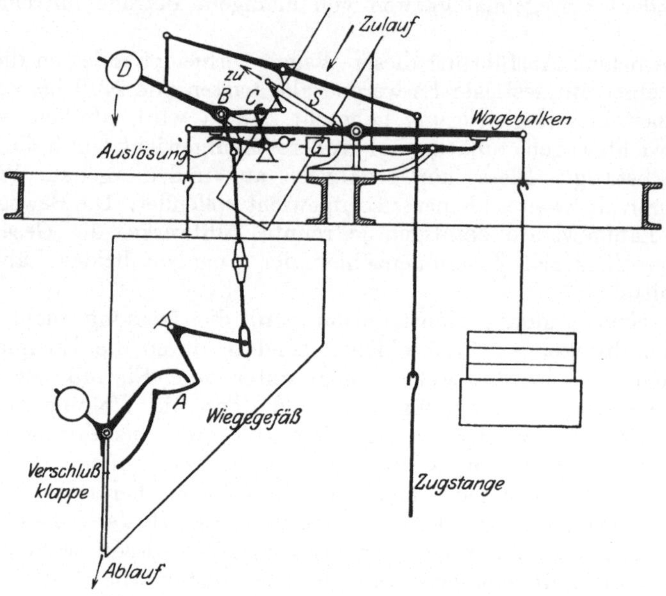

Fig. 155. Halbautomatische Kohlenwage von Carl Schenck.

eisenrahmen passend angeordnet. Am Wagebalken hängt links das Wiegegefäß mit Verschlußklappe, rechts das messende Gewicht, je nach der Wagengröße 100, 200 oder 300 kg. Während des Einlaufens ist der Schieber S offen, das Wiegegefäß füllt sich. Ist das bestimmte Gewicht erreicht, so sinkt der linke Balkenarm herab und löst die Sperrung C. Das Gewicht D fällt daher herab und veranlaßt durch Drehung des um B drehbaren Hebelwerkes einerseits der Abschluß des Zulaufes mittels des Schiebers S, andererseits das Öffnen der Verschlußklappe am Wiegegefäß. Das Wägegut läuft unten aus, der Wagebalken fällt nach rechts zurück, das Hebelwerk verharrt aber sonst in der Endstellung, wo also der Zulauf gesperrt und der Ablauf offen ist. Zur Einleitung eines neuen Wägevorganges, der sich dann automatisch vollzieht, ist ein Zug an der Zugstange nötig, durch den Gewicht D gehoben und daher die Verschlußklappe des Wiegegefäßes geschlossen und versperrt, der Zulauf geöffnet wird; zum Schluß findet bei C wieder die Sperrung statt, die jedoch nach erfolgter Füllung von selbst wieder frei wird. Jeder Wägevorgang bedarf also nur der Einleitung durch einen Zug an der Zugstange. Die Anzahl der Wägungen wird durch ein Zählwerk gezählt.

Die Wägegenauigkeit dieser halbautomatischen Wage ist zwar geringer als die der automatischen Gleiswage Fig. 154, dieselbe ist nicht amtlich eichfähig. Aber ihre betriebsmäßige Genauigkeit wird als befriedigend bezeichnet, und aus den eingangs genannten Gründen kann sie für Tagesabschlüsse bessere Ergebnisse liefern als jene. Man kann sie durch Bemessung der Zulaufkanäle für verschiedene Brennstoffe anpassen, doch ergeben sich gelegentlich Störungen beim Wechsel des Brennstoffs. Übrigens muß man das Hilfslaufgewicht G beim Wechsel des Brennstoffs verschieben, um Verschiedenheiten des Nachlaufes auszugleichen, der vom Überschlagen des Balkens bis zum vollen Abschluß des Zulaufes übergeht. Zur Eichung stellt man eine Wage mit Gefäß unter den Auslauf und läßt eine oder einige Entleerungen hineinlaufen.

71. Strömungsmesser für große Mengen. Besondere Arten von Messern, die untereinander eine gewisse Ähnlichkeit haben, werden in den Fällen verwendet, wo so große Mengen zu messen sind, daß die üblichen Wassermesser, Luftmesser und Gasmesser nicht wohl mehr in genügender Größe zu beschaffen sind. Man sucht dann aus dem Strom selbst zu erkennen, welche Menge er führt.

So ergibt die Venturi-Einschnürung (§ 63) jederzeit durch die Druckverminderung ein Maß der durchgehenden Menge; der sogleich zu besprechende Thomas-Messer nutzt die Erwärmung der Strömung zu gleichem Zweck aus.

Die Schwierigkeit pflegt dabei die *Integrierung der Menge nach der Zeit* zu sein.

Diese Integrierung in Fällen, wo eigentlich der augenblickliche Fluß von der Meßeinrichtung angezeigt wird, kann recht allgemein auf mehrere Arten bewirkt werden, die in ähnlicher Form an verschiedenen Instrumenten wiederkehren. Eine erste ist bereits durch Fig. 153 erläutert. Sie besteht darin, daß ein durch eine äußere Kraft in bestimmten Zeitabständen *mechanisch betätigter Hebel* so weit geht, bis er einen Anschlag trifft, und daß man nun die Stellung des Anschlages durch die Stärke des Flusses beeinflussen läßt. Diese Anordnung ist, ebenso wie bei der kontinuierlichen Wägung der über ein Förderband gehenden Mengen, Fig. 153, auch verwendet worden, um aus den zwischen Einlauf und Einschnürung eines Venturirohres sich bildenden Druckdifferenzen durch mechanisches Integrieren in bestimmten Zeitabständen indirekt die gesamte durchgegangene Menge zu messen und auf ein Zählwerk zu übertragen. (Ausführung der Builders Iron-Foundry, Providence Rh. I.)

Inzwischen hat sich eine viel bequemere Art, die durch ein Venturirohr gehenden Wassermengen zu integrieren, dadurch ergeben, daß man einen kleinen *Partialwassermesser* in eine Verbindungsleitung des Zulaufs mit der Einschnürung bringt, Fig. 133 bei § 63. Da der Druckverlust zwischen beiden Stellen des Venturirohres mit dem Quadrat der Wassermenge geht, Formel (11), § 63, und da andererseits auch die durch einen der üblichen Wassermesser gehende Menge zu dem durch den Messer verursachten Druckverlust in quadratischer Beziehung steht, Fig. 135 bei § 64, so wird Proportionalität zwischen der durch das Venturirohr insgesamt gehenden Menge und dem durch den Wassermesser gehenden Bruchteil bestehen. Aus letzterer Angabe braucht also nur mit der Konstante der Wassermesserverbindung multipliziert zu werden, beziehungsweise es braucht nur die Skala des Wassermessers entsprechend verändert zu werden, um unmittelbar die durchgegangene Gesamtmenge abzulesen. Es kann hier auf § 63 verwiesen werden.

Eine andere Methode, die vielfach brauchbar ist, um eine Integrierung der Menge vorzunehmen, besteht im Anbau einer Art *Planimeterrad*, welches nach der Zeit als Veränderlicher die Integrierung bewirkt. Ein

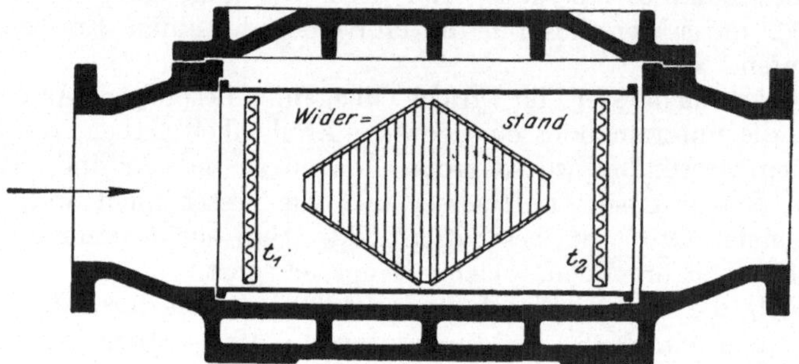

Fig. 156. Thomasmesser zur Messung großer Gasmengen. Julius Pintsch.

Beispiel hierfür wird § 72 bei dem Gehre-Dampfmesser Fig. 164 und 166 gegeben werden; auf ähnlichem Prinzip beruht auch der Arbeitszähler, § 96, der jedoch die Integrierung nach dem Wege vornimmt.

Zu den Methoden, auf indirektem Wege und nicht durch direkte Messung die Menge festzustellen, gehört auch die schon in § 49 erwähnte Anwendung der *Mischungsregel* auf die Messung.

Auf einem ähnlichen Grundsatz beruht der *Thomas-Messer*, der in neuerer Zeit für die Messung großer Gasmengen verwendet wird, z. B. als Hauptmesser in Gasanstalten. Der eigentlichen Messung dient beim Thomas-Messer der in Fig. 156 schematisch dargestellte Teil. Der zu messenden Gasmenge wird durch einen Widerstand durch elektrische Erwärmung eine gewisse Energie zugeführt, die zu einer Temperaturerhöhung führt. Mißt man die Temperaturerhöhung mit Hilfe der Widerstandsthermometer t_1 und t_2, kennt man außerdem die zugeführte Energie, so läßt sich die Gasmenge daraus berechnen, vorausgesetzt, daß man ihre Qualität und daher ihre spezifische Wärme kennt.

Zur kontinuierlichen Integrierung gelangt man beim Thomas-Messer mit Hilfe einer nicht gerade einfachen Einrichtung, die in folgender Weise wirkt: Der Temperaturunterschied zwischen den Widerstandsthermometern t_1 und t_2 wird unter Zuhilfenahme eines Elektro-Servomotors zur Schaltung von Widerständen ausgenutzt. Es wird dabei erstrebt, den Unterschied t_2—t_1 konstant zu halten. Steigt er über den Sollwert, so wird Widerstand ein-, also Strom abgeschaltet, sinkt der Temperaturunterschied unter den Sollwert, so erfolgt durch den Motor das umgekehrte. Die dazu erforderlichen Einrichtungen gleichen einigermaßen den bekannten Kontakt-Voltmetern und Zellenschaltern, die in Verbindung mit Akkumulatorenbatterien verwendet zu werden pflegen und die dort auf konstante Spannung regulieren. Die beiden Widerstandsthermometer sind in den Zweigen eines Wheatstoneschen Brückenvierecks (§ 99) gegeneinander geschaltet.

Gelingt es, mit Hilfe solcher Einrichtungen die Erwärmung konstant zu halten, so besteht einfache Proportionalität zwischen dem durchgegangenen Gasgewicht und der verbrauchten Energie. Letztere zu messen, dient einer der bekannten Wattstundenzähler.

Die immerhin umständliche Schalteinrichtung soll hier nicht abgebildet werden. Es wird im Einzelfall zu erwägen sein, ob in Gaswerken der Einbau einer großen Gasuhr oder der des Thomas-Messers vorzuziehen ist, und es wird die Entscheidung um so eher zugunsten des Thomas-Messers ausfallen können, je größer die zu messenden Mengen sind. Denn die Schalteinrichtung des Thomas-Messers ist, unabhängig von der zu messenden Menge, stets die gleiche, nur die in Fig. 156 abgebildete Erwärmungsvorrichtung ist in die Gasleitung einzuschalten, und nur ihre Größe ändert sich mit der Weite der Gasleitung. Bei großen Gasleitungen entstehen daher wohl Ersparnisse aus der Verwendung des Thomas-Messers.

Grundsätzlich ist noch anzuführen, daß der Thomas-Messer das Gewicht feststellt, die Gasuhr das Volumen des durchgegangenen Gases mißt. Die Messung des Gewichts aber ist erwünscht in allen Fällen, wo der Druck schwanken kann und wo daher die gelieferte Menge, d. h. der insgesamt gelieferte Heizwert, nicht durch das Volumen genau gekennzeichnet ist. Das ist beispielsweise in hohem Maße der Fall in Gasfernleitungen, die mit beträchtlichen Druckverlusten und daher Druckschwankungen betrieben werden.

Ähnliches gilt aber auch für die gewöhnliche städtische Gasversorgung mit Rücksicht auf den wechselnden Barometerstand und mit Rücksicht auf die Höhenlage verschiedener Orte. Aus gegebenem Kohlegewicht bestimmter Qualität kann ein bestimmtes Gewicht an Leuchtgas erzeugt werden, während das erzeugte Volumen noch vom Druck abhängt. Bei niedrigem Barometerstand wird daher ein entsprechend größeres Volumen erzeugt. Man hat also bei der Kontrolle der Fabrikation durch die Gasuhr den Barometerstand jeweils zu berücksichtigen, sonst wird der Thomas-Messer eine bessere Kontrolle ergeben. Auch könnte man sich dadurch helfen, daß man für die Betriebskontrolle einerseits das Volumen mittels der Gasuhr, andererseits den jeweiligen Heizwert eines Kubikmeters im nicht auf 760 mm BSt reduzierten Zustande in Betracht zieht, worauf sich die Unregelmäßigkeit heraushebt. Immerhin bleibt bestehen, daß der Thomas-Messer das gleiche automatisch erreicht.

72. Dampfmesser. Dampfmesser sollen entweder die Dampferzeugung von Kesseln oder Kesselhäusern, oder den Dampfverbrauch von Abnehmern erkennen lassen. Man kann sich damit begnügen, den augenblicklich durch die Meßstelle gehenden Dampffluß in kg/s abzulesen; solche Meßgeräte bezeichnet man als *Dampfzeiger*. Auch die Bezeichnung *Dampfuhr* findet man dafür; man verbindet aber mit dem Wort „Uhr" den Begriff eines dauernd fortschreitenden, also integrierenden Instrumentes, so bei der gewöhnlichen Uhr und der Gasuhr; die Benennung Dampfuhr grade für das Skaleninstrument ist daher unzweckmäßig. Oder man will nach bestimmten Zeitabschnitten ablesen, wie viel Dampf in der Zwischenzeit, etwa in einem Monat im ganzen die Meßstelle durchlaufen hat; solche Geräte werden als *Dampfmesser im engeren Sinne* bezeichnet. Doch sind bisher sämtliche Messer im Grunde Dampfzeiger, und eine Zusammenzählung der durchgegangenen Mengen wird erst mittelbar erzielt, indem man den jeweiligen Dampffluß $\frac{dD}{dz}$ über der Zeit z als Abszisse graphisch als Diagramm aufträgt: $\frac{dD}{dz} = f(z)$, worauf man die Gesamtmenge durch Planimetrieren der Diagrammfläche findet: es ist $D = \int \frac{dD}{dz} \cdot dz$. Man hat auch die Planimetrierung von Hand durch eine mechanische Planimetrierung umgangen, oder hat eine elektrische Zählung an die Stelle der Flächenzählung gesetzt; dadurch wird nichts daran geändert, daß man es zunächst immer mit einem Dampfzeiger zu tun hat, der die augenblicklich fließende Menge in kg/s oder kg/h anzeigt.

Der einfache Dampfzeiger ohne Integrierung dient reinen Betriebszwecken, der Dampfmesser mit Integrierung dient der Kontrolle des Betriebes. Dampfzeiger werden in die Leitung jedes einzelnen Kessels eines Kesselhauses eingebaut, um den Dampfbedarf gleichmäßig auf die einzelnen Kessel verteilen zu können; Dampfzeiger werden in die Hauptleitung eines Kesselhauses oder eines Einzelkessels eingebaut, damit der Heizer die Änderung der Dampfentnahme sofort erkennt und nicht erst an ihrer Wirkung, dem Steigen oder Fallen des Dampfdruckes, welche Wirkung er überhaupt gar nicht erst eintreten lassen sollte. Dampfzeiger können endlich vor einzelne dampfverbrauchende Apparate gesetzt werden, um die ausreichende und doch nicht übermäßige Beheizung derselben zu sichern. — Wenn freilich ein Kesselhaus nur für eine elektrische Zentrale arbeitet, wird man statt der von der Maschinenanlage entnommenen Dampfmenge besser die von ihr gelieferte elektrische Leistung im Kesselhaus kenntlich machen durch Anordnung eines Kilowatt- oder Amperezeigers mit hinreichend großer Skala; denn die elektrischen Instrumente belehren hier den Heizer ebenso rechtzeitig, sind aber billiger und auch einfacher instand zu halten.

Die eigentlichen Dampfmesser, die den Dampffluß zusammenzählen, dienen, ähnlich wie Wassermesser, beim Verteilen des Verbrauches an eine Abnehmerschaft, häufig innerhalb eines großen Werkes, um die einzelnen Teilbetriebe zur Sparsamkeit zu erziehen und eine

Kalkulation zu ermöglichen, gelegentlich für die Abgabe von Dampf an fremde Abnehmer. Kesselhäuser und Kessel stattet man mit Dampfmessern und mit Kohlenwagen aus, um täglich und monatlich die Verdampfungszahl zu berechnen; hierbei verdient die Verwendung von Dampfmessern vor der Verwendung von Speisewassermessern den Vorzug; denn es kommt nicht auf die gespeiste, sondern auf die verdampfte Wassermenge an, und beide unterscheiden sich um die beim Kesselausblasen verlorenen Mengen, sowie um Verluste durch Kesselundichtheiten, die mitunter ungeahnt große Werte annehmen.

Praktisch verwirklicht sind für die Dampfmessung bisher nur gewisse Formen von Strömungsmessern. Weder Kolben- noch Geschwindigkeits- noch Kapselmesser sind in für Dampf brauchbarer Form bisher am Markt zu haben. Die hohen und wechselnden Temperaturen und Drucke des Dampfes, die Kondensationsverluste bei oberflächlicher Abkühlung und die Rostgefahr für alle beweglichen Teile bilden die Schwierigkeit. Die Strömungsmesser aber haben, wie schon erwähnt wurde, den Nachteil, nur den augenblicklichen Fluß anzuzeigen und nicht ohne weiteres eine Integrierung nach der Zeit zu bewirken. Diese muß erst durch besondere Einrichtungen erreicht werden. Freilich hat das Planimetrieren vor der einfachen Ablesung eines selbst integrierenden Instrumentes den Nachteil der Umständlichkeit; andererseits ist der Vorteil nicht zu unterschätzen, der für Dampfbetriebe darin liegt, daß man außer dem gesamten Dampfverbrauch auch noch die Verteilung desselben auf die Tageszeiten kennt.

Auch für die Dampfmessung gilt die Beziehung (4) und (5) des § 59, wonach die durch den verengten Querschnitt von der Fläche f m² gehende Dampfmenge, ein spezifisches Gewicht vor dem Drosselquerschnitt γ_1 kg/m³ und eine Ausflußzahl k vorausgesetzt, aus dem Druckverlust $(p_1 - p_2)$ kg/m² bestimmbar ist nach dem Ausdruck

$$V = k \cdot f \cdot \sqrt{2g \cdot \frac{p_1 - p_2}{\gamma_1}} \text{ m}^3/\text{s} \quad \ldots \ldots \quad (1)$$

oder

$$G = k \cdot f \cdot \sqrt{2g\gamma_1 \cdot (p_1 - p_2)} \text{ kg/s} \quad \ldots \ldots \quad (1a)$$

Handelt es sich, etwa im Betriebe eines Kessels, um fast konstanten Druck und einigermaßen konstante Temperatur, so kann man für γ_1 ohne weiteres einen Mittelwert einführen. Dann ist $f \cdot \sqrt{p_1 - p_2}$ ein Maß für die durchgehende Dampfmenge. Man kann daher entweder den Dampf durch eine in die Rohrleitung eingebaute Mündung von konstantem f gehen lassen und $p_1 - p_2$ messen (Mündungsdampfmesser). Oder man kann den Druckunterschied $p_1 - p_2$ durch die konstante oder veränderliche Belastung eines in der Richtung des Dampfstromes entgegen einer Richtkraft beweglichen Schwimmers festlegen; der Schwimmer wird bei zunehmender Öffnung f um so weiter mitgenommen, je stärker der Dampfstrom ist, und die Schwimmerstellung ist ein Maß für die durchgehende Dampfmenge (Schwimmerdampfmesser).

Im allgemeinen verlangt man, daß der Zeigerausschlag dem gemessenen Dampf gewicht direkt proportional sei; bei Dampfzeigern ist das weniger wichtig, bei Dampfmessern werden nur dann die vom Zeiger aufgezeichneten Dampfdiagramme planimetrierbar, da sonst der Flächenwert in verschiedenen Höhenlagen verschieden ist. Bei selbstzählenden Einrichtungen ist Proportionalität der Zählergeschwindigkeit mit dem augenblicklichen Dampfdurchgang eine unerläßliche Bedingung, da man über das Zustandekommen des Endwertes nichts weiß. Beim Mündungsmesser ist das Dampfgewicht zunächst proportional der Wurzel aus $p_1 - p_2$; es ergibt sich also die Aufgabe, Differentialmanometer zu bauen, deren Ausschlag mit $\sqrt{p_1 - p_2}$ geht statt mit $p_1 - p_2$; wir werden sehen, daß diese Aufgabe nicht befriedigend lösbar ist; das Differentialmanometer mit dieser Eigenschaft ist der wesentliche Teil des Mündungsmessers und wird daher geradezu als Dampfmesser bezeichnet.

Wenn das *spezifische Gewicht* γ_1 kg/m³ des gemessenen Dampfes sich ändern kann, so mißt sowohl der Mündungs- als auch der Schwimmerdampfmesser weder das Volumen noch das Gewicht des Dampfes richtig; gemäß Gleichung (1) und (1a) mißt er vielmehr die Größe

$$\sqrt{G V} = k f \sqrt{2 g (p_1 - p_2)} = V \sqrt{\gamma_1} = \frac{G}{\sqrt{\gamma_1}} \cdot$$

Es ist also erforderlich, das Meßergebnis noch mit $\sqrt{\gamma_1}$ zu multiplizieren, um das Gewicht zu erhalten. γ_1 hängt vom Druck p_1 und von der Temperatur des Dampfes t_1 ab; den Dampfmessern pflegen Tabellen mitgegeben zu werden, aus denen für jeden Wert von p_1 und t_1 ein verschiedener Wert des Millimeters Diagrammhöhe zu entnehmen ist. Nach Mollier ist übrigens das spezifische Volumen

$$\frac{1}{\gamma} = v = 47 \frac{T}{p} + 0{,}001 - \mathfrak{B} \quad \ldots \ldots \ldots \quad \text{(a)}$$

und hierin der Wert

$$\mathfrak{B} = 0{,}075 \cdot \left(\frac{273}{T}\right)^{\frac{10}{3}} \quad \ldots \ldots \ldots \quad \text{(b)}$$

Man kann die Werte $\mathfrak{B}$ der Fig. 305 bei § 107 entnehmen. p ist in kg/m² zu nehmen, T ist die absolute Temperatur.

Für regelmäßige *Auswertung* der Diagramme registrierender Messer oder der Endangaben von zählenden Messern gestaltet man den Rechnungsgang zweckmäßig so, daß man aus Gleichung (1a) für den mit der Zeit z veränderlichen Gewichtsfluß eine Gleichung für das Dampfgewicht G_z gewinnt, das in dem Zeitraum von z_1 bis z_2 durch den Messer ging. In der Zeit dz gehen $G \cdot dz$ kg hindurch, und diesen Wert von z_1 bis z_2 integriert, ergibt sich

$$G_z = \int_{z_1}^{z_2} G \cdot dz = \sqrt{2g} \int_{z_1}^{z_2} k \cdot f \cdot \sqrt{(p_1 - p_2)} \cdot \sqrt{\gamma} \cdot dz \text{ kg} \quad \ldots \quad (2)$$

Je nach der Messertype kann man außer $\sqrt{2g}$ noch weitere Teile als konstant vor das Integralzeichen stellen und faßt dann passend zu drei

Faktoren zusammen, so daß die Rechnung im Einzelfall auf Grund einer Gleichung

$$G_z = \frac{M \cdot J}{X} \quad \ldots\ldots\ldots\ldots \quad (2a)$$

erfolgt, deren drei Werte aus einem Vergleich mit (2) gefunden werden. Unter J sind diejenigen Größen zusammenzufassen, deren Integralwert die Zähleinrichtung angibt; also bei einem registrierenden Messer ist J die beim Planimetrieren umfahrene Fläche, bei einem Messer mit Zählerangabe ist J der Unterschied des Zählerstandes zu den Zeiten z_2 und z_1. M ist die *Messerkonstante*, die von dem Dampfmessertyp und von der verwendeten Größe, beim Mündungsmesser also auch von der Größe des verwendeten Flansches und von der Ausflußzahl abhängt, bei jedem registrierenden Messer ferner von der Vorschubgeschwindigkeit des Uhrwerkes; die Dampfmesserkonstante wird auf einen als normal angenommenen Dampfzustand bezogen, der durch den Wert γ_0 des spezifischen Gewichtes gekennzeichnet ist. Abweichungen des Druckes und der Temperatur vom Sollwert werden durch das Berichtigungsverhältnis

$$X = \frac{\sqrt{\gamma_0}}{\sqrt{\gamma_1}} \quad \ldots\ldots\ldots\ldots \quad (2b)$$

berücksichtigt; dessen Werte liegen um 1 herum und werden in einer fein gestuften Berichtigungstabelle ein für allemal zusammengestellt. Die Normalwerte t_0 und p_0 werden dabei zweckmäßig so gewählt, daß entweder γ_0 eine glatte Zahl wird, oder besser, daß M eine glatte Zahl wird.

Es sei bei dieser Gelegenheit darauf hingewiesen, daß für Formeln mit 3 Faktoren wie (2a) die Form $\frac{M \cdot J}{X}$ der Form $M \cdot J \cdot X'$ vorzuziehen ist; sobald man mit dem Rechenschieber arbeiten will. Denn wenn man dann in der Reihenfolge $M : X \cdot J$ rechnet, kommt man mit einer Schiebereinstellung aus, während die Rechnung $M \cdot X' \cdot J$ deren zwei erfordert. Für logarithmische und für Rechnungen mit der Rechenmaschine jedoch ist die Form $M \cdot J \cdot X'$ bequemer, wo dann die der Tabelle zu entnehmenden X'-Werte die Reziproken zu X sein müssen: $X' = \frac{\sqrt{\gamma_1}}{\sqrt{\gamma_0}}$. Wo die Ergebnisse mehrerer Messer täglich auszuwerten sind, führt die Beachtung solcher Kleinigkeiten zu merklicher Zeitersparnis.

Jedenfalls muß man also p, und bei Heißdampf auch T bestimmen, und beide müssen zu einem Wert γ vereinigt werden. Will man dabei mit mittleren Werten rechnen, so genügt es an sich nicht, zeitliche Mittelwerte von p und von T nach Maßgabe von Formel (2) zu vereinigen, vielmehr müßte die Vereinigung punktweise erfolgen, um den Verlauf von γ zu finden und daraus dessen Mittelwert γ_m zu bilden. Die Bildung von γ_m müßte wiederum nicht einfach zeitlich erfolgen, sondern es sollte jeder γ-Wert ein Gewicht nach Maßgabe des augenblicklichen (überdies noch ungenau bekannten) Dampfdurchganges erhalten, außerdem sollte der Wurzelmittelwert gesucht werden. Es liegt auf der Hand, daß eine so umständliche Auswertung jedenfalls nicht regelmäßig möglich ist. Man begnügt sich damit, den einfachen Mittelwert von p und von T zu nehmen. Bei nicht zu starken Schwankungen wird das auch genügen.

Bei großen Schwankungen gewinnt die mechanische Berücksichtigung von p und T, weil sie ohne weiteres punktweise erfolgt, an Wert. Sie ist brauchbar nur für den Einfluß des Druckes durchgebildet, der auch der bedeutendere und für Sattdampf sogar der alleinige ist. Man bringt daher ein Kolbenmanometer an, dessen Ausschläge dem Druck p_1 proportional sind, und vereinigt dessen Bewegungen mit denen des Differentialmanometers mittels einer Hebelanordnung zu einer resultierenden Bewegung proportional dem Produkt $\sqrt{p_1} \cdot \sqrt{p_1 - p_2}$. Diese resultierende Bewegung wird wieder auf einem Papierband als Diagramm aufgeschrieben, das planimetrierbar ist. Die betreffenden Getriebe geben also für Sattdampf bei starken Schwankungen des Druckes bessere Werte; sie arbeiten befriedigend. Für Heißdampf bleibt nur die Temperatur nach wie vor zu berücksichtigen. Auch ihr Einfluß ist nicht ganz gering, bei Temperaturschwankungen von 150° bis 300° würden relative Abweichungen von 0,609 bis 0,709 um den Mittelwert 0,654 bei 225° vorkommen, das ist maximal ± 7 bis 8%; die wirklichen durchschnittlichen Abweichungen werden durch zeitlichen Ausgleich immerhin viel kleiner sein, und man kann sagen, daß trotz dieser Unsicherheit selbst ohne Aufschreiben der Temperatur die Angabe des Dampfmessers wertvoll ist, und daß jedenfalls eine bessere Betriebsübersicht gewährleistet ist als ohne jede Messung; ein Temperaturschreiber wird sie erheblich verbessern.

Bei Dampfmessern mit automatischer Berücksichtigung des Druckes ist dessen Einfluß bereits in J der Formel (2a) enthalten, so daß X nur noch den Einfluß der Temperatur auszugleichen hat. Ist das Ausgleichgetriebe so bemessen, daß jeweils gesättigter Dampf richtig gemessen wird, dessen spezifisches Gewicht γ_s sei, so ist

$$X = \sqrt{\frac{\gamma_s}{\gamma_1}} \quad \text{. . . . .} \quad (2c)$$

zu machen, wofür annähernd zu setzen ist

$$X = \sqrt{\frac{T_1}{T_s}} \quad \text{. . . . .} \quad (2d)$$

Die automatische Ausgleichung des Druckes kann aber auch auf eine bestimmte Vergleichstemperatur T_0 Bezug nehmen, und bei Verwendung überhitzten Dampfes ist das zweckmäßiger; man muß dann

$$X = \sqrt{\frac{T_0}{T_1}} \quad \text{. . . . .} \quad (2e)$$

einführen.

Da in Gleichung (a) die beiden letzten Glieder nur klein sind, so gilt für Heißdampf annähernd (p in kg/m²)

$$\gamma \backsim \frac{1}{47} \cdot \frac{p}{T} \quad \ldots \ldots \ldots \ldots \ldots \quad \text{(c)}$$

Für Dampf an der Grenzkurve (Sattdampf) gilt annähernd, nach Ausweis der Dampftabellen je nach dem Druck (in at)

$$\gamma \backsim 0{,}5\, p \quad \ldots \ldots \quad \text{(d)}$$

In jedem Fall ist also γ etwa dem Druck proportional.

a) Schwimmerdampfmesser. Einen solchen zeigt Fig. 157. Der Dampf strömt, von unten links kommend, in eine Art Sammelraum und geht dann durch eine nach unten konisch erweiterte Meßdüse zum Austrittsrohr. Eine kreisrunde Scheibe, der Schwimmer, ist in der Meßdüse senkrecht beweglich, seine Stellung wird durch einen Schreibstift auf einem Papierblatt abhängig von der Zeit registriert. Der Schwimmer wird durch ein Belastungsgewicht, das mittels biegsamen Kupferseils angreift, in seine obere Endlage gezogen, wo er den Trichterquerschnitt eben ausfüllt, und in die er zurückfällt, wenn kein Dampf durch den Messer geht; der durch die Meßdüse strömende Dampf drückt den Schwimmer genügend nach unten, bis infolge der Erweiterung der Düse der Ringspalt um den Schwimmer genügend zu-, der Druckverlust am Schwimmer abgenommen hat, so daß sich ein Gleichgewichtszustand gegen die messende Kraft des Belastungsgewichtes einstellt.

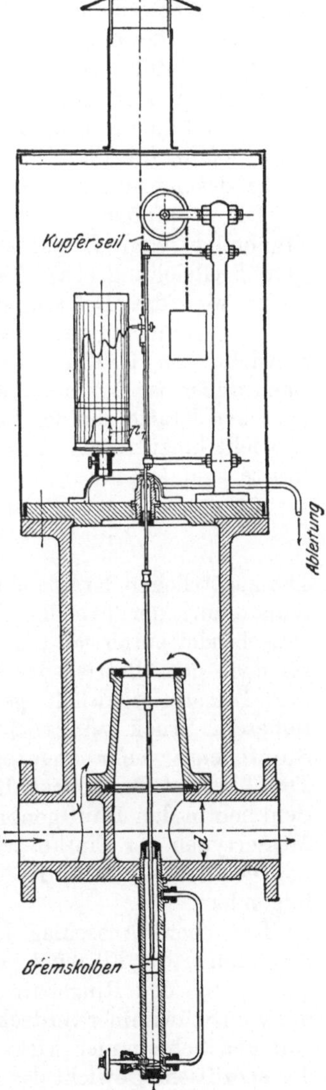

Fig. 157. Schwimmerdampfmesser der Farbenfabriken Bayer.

Der Schreibstift aus Silber schreibt auf präpariertem sog. Aufstrichpapier, wie es für Kunstdruck und für Indikatordiagramme verwendet wird; Schreibfedern mit Tinte lassen sich wegen der Temperaturververhältnisse nicht anwenden. Die Diagramme werden planimetriert. Ein registrierendes Federmanometer gewöhnlicher Bauart ist so angebaut, daß es auf dem gleichen Papier den Druck p_1 unterhalb der Dampfmengen aufschreibt. Das Manometer ist in Fig, 157 fortgelassen, die Kurve der p_1 aber zu erkennen. Man kann also den mittleren Druck während des Tages finden und dann das gesamte Dampfgewicht, eventuell noch unter Beachtung der Temperatur einer Tabelle entnehmen.

Die Schwimmerbewegung ist durch eine Stopfbüchse nach außen geführt, die im allgemeinen keine Schwierigkeiten im Betriebe macht und deren Reibung gegenüber den verfügbaren Verstellkräften erfahrungsmäßig gering ist; man vergleiche die Versuchsergebnisse von Henkelmann[1]), der in längerem Betriebe die in eine Kesselanlage gespeisten Wassermengen mittels des Bayer-Dampfmessers bis auf $\pm 4\%$ nachweisen konnte. Ein Bremskolben, dessen Zylinder sich im Betriebe mit Wasser füllt, soll die schnellen Bewegungen abdämpfen, die der leichte Schwimmer, z. B. unter der Stoßwirkung von Wassertropfen, zu machen pflegt und die die Diagramme etwas verwaschen erscheinen lassen. Die Frostgefahr für den Wasserinhalt des Bremszylinders ist wegen der Nähe des Messergehäuses gering.

Die Stopfbüchse führt zu einer merklichen Abhängigkeit der Meßergebnisse vom Druck — abgesehen von dem allgemeinen Einfluß gemäß Gleichung (1a). Denn bei einem Messer für 60 mm Anschlußweite wog das Belastungsgewicht 1,775 kg, abzüglich der Eigenlast des Schwimmers und des Bremskolbens blieb ein unausgeglichenes Gewicht von 1,513 kg wirksam. Der Draht durch die Stopfbüchse nach außen ist 2 mm stark, hat also 0,031 cm² Querschnitt; dem entsprechen Kräfte, die den Schwimmer nach außen drücken und also zum Gewicht hinzutreten. Diese Zusatzkräfte und die resultierenden Richtkräfte sind folgende:

Überdruck	1 at	Zusatzkraft	0,031 kg	äußere Richtkraft	1,54 kg
„	5 „	„	0,155 „	„	1,67 „
„	15 „	„	0,465 „	„	1,98 „

Die zusätzlichen Kräfte sind also beträchtlich. Sie lassen sich aber bei Aufstellung der Tabellen für die Berichtigungszahl X entweder theoretisch oder empirisch einwandfrei berücksichtigen, auch kann man sie nach dem Betriebsdruck durch Hilfsgewichte ausgleichen, die auf das Belastungsgewicht gelegt werden. Daß die Richtkraft sich bei höherem Druck vergrößert, ist übrigens nicht unerwünscht, da die Stopfbüchse mehr angezogen werden muß, und der etwas größere Druckverlust im Ringspalt kann bei höherem absolutem Druck unbedenklich in den Kauf genommen werden. Übrigens ist bei den größeren Messertypen der Einfluß viel geringer.

Die Wirksamkeit des Bayer-Messers beruht im einzelnen auf folgendem.

Bei einem Ausschlag l, von der Nullage an gerechnet, habe der Schwimmer die Fläche f, auf die der Dampf wirkt; dem Dampfdurchgang durch den Ringspalt steht der Querschnitt F der Düse abzüglich der vom Schwimmer verdeckten Fläche, als $F - f$ zur Verfügung (Fig. 158). Auf den Schwimmer wirkt die äußere Richtkraft P_a, der Druck und das spezifische Gewicht des Dampfes vor dem Schwimmer sind p_1 und γ_1, und im Ringspalt ergibt sich ein Druckabfall Δp, so daß hinter dem Schwimmer der Druck $p_2 = p_1 - \Delta p$ ist.

Die Gleichgewichtsbedingung für den Schwimmer ist

$$f \cdot \Delta p = P_a \quad \ldots\ldots\ldots\ldots \quad (3)$$

[1]) Dissertation Danzig; oder Gesundheits-Ingenieur 1912.

Die Beschleunigungsgleichung für den Dampf ergibt die Dampfgeschwindigkeit im kontrahierten Querschnitt

$$w = \sqrt{2g \cdot \Delta p/\gamma_1}\,.$$

Mit einer Ausflußzahl k ist die strömende Dampfmenge nach Volumen und Gewicht

$$V = k \cdot (F - f) \cdot \sqrt{2g \cdot \Delta p/\gamma_1}\,,$$

$$G = k \cdot (F - f) \cdot \sqrt{2g \cdot \Delta p \cdot \gamma_1}$$

oder mit Rücksicht auf (3):

$$G = k \cdot (F - f) \cdot \sqrt{2g \cdot \frac{P_a}{f} \cdot \gamma_1} \quad \ldots \ldots \quad (4)$$

Soll der Ausschlag l dem Dampfgewicht G proportional sein, so muß sein

$$l = c' \cdot k \cdot (F - f) \cdot \sqrt{\frac{P_a}{f}} \quad . \quad (5)$$

und wenn k als unveränderlich angenommen werden darf

$$l = c \cdot (F - f) \cdot \sqrt{\frac{P_a}{f}} \quad . \quad . \quad (5\text{a})$$

Dabei ist $\sqrt{2g}$ gleich in die Konstanten c' und c eingeschlossen.

Diese Gleichung gilt für alle Schwimmermesser; beim Bayer-Messer insbesondere, auf den sich das Folgende bezieht, sind P_a (bei bestimmtem Druck, wenn l sich verändert) und f konstant, also muß sein

$$l = c'' \cdot (F - f) \quad . \quad . \quad (5\text{b})$$

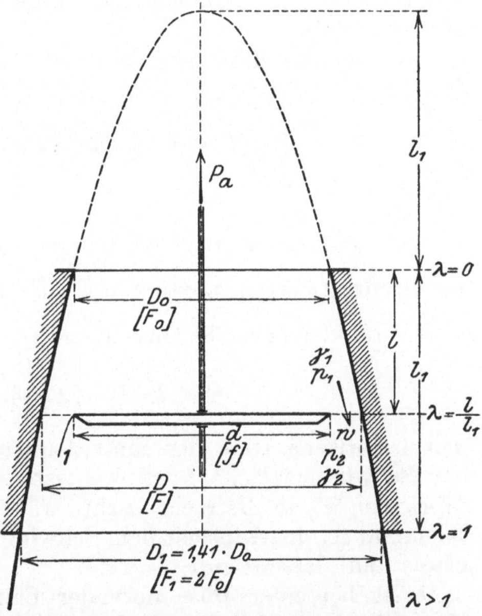

Fig. 158. Zur Theorie des Bayer-Messers.

Der freigegebene Querschnitt soll also dem Schwimmerhub proportional sein. Das bedingt die Gestaltung der Meßdüse als Stumpf eines Umdrehungsparaboloids, genauer gesagt, der Mater dazu. Jedes Umdrehungsparaboloid ist in diesem Sinne gekennzeichnet als derjenige Körper, bei dem die Fläche für jedes Millimeter Höhe (Länge in Richtung der Achse) um den gleichen Wert zunimmt. Denn ist vom Scheitel des Paraboloids an gerechnet der Beginn der Meßdüse um die Strecke l_1 entfernt, und ist l der Schwimmerabstand vom Beginn der Meßdüse, ist der Schwimmer also $(l_1 + l)$ vom Paraboloidscheitel entfernt, so ist die Gleichung der erzeugenden Parabel vom Parameter Φ gegeben durch $\left(\frac{D}{2}\right)^2 = 2\,\Phi\,(l_1 + l)$, und hieraus folgt

$$\frac{D^2\pi}{4} = F = 2\,\pi\,\Phi\,(l_1 + l)$$

als Gleichung des Paraboloids; die Querschnittszunahme für die Längeneinheit ist

$$\frac{F}{l_1 + l} = 2\pi\Phi \quad \ldots\ldots\ldots\ldots \quad (5c)$$

oder vom Düsenbeginn an gerechnet, der durch $F = f$ und $l = 0$ gekennzeichnet ist, gilt

$$\frac{F - f}{l} = 2\pi\Phi \quad \ldots\ldots\ldots\ldots \quad (5d)$$

Normal ist im Interesse gleichmäßiger Dampfgeschwindigkeit in der äußersten Schwimmerstellung der Ringspalt gleich der Eintrittsfläche und daher gleich der Schwimmerfläche: für $l = l_1$ ist $F = F_1 = 2\,F_0 = 2\,f$ und daher

$$D_1 = \sqrt{2} \cdot D_0 = 1{,}41 \cdot D_0 \quad \ldots\ldots\ldots \quad (5e)$$

Der Scheitel des Paraboloids liegt um die normale Düsenlänge l_1 vor der Eintrittsfläche.

Aus dem Vergleich von (5c) und (4) folgt als Gleichung der Bayer-Meßdüse

$$G = k \cdot 2\pi\Phi \cdot \sqrt{2g} \cdot \sqrt{\gamma_1} \cdot \sqrt{\frac{P_a}{f}} \cdot l \quad \ldots\ldots \quad (4a)$$

Da für den Düsenanfang $F = F_0$ und $l = 0$ einander zugeordnete Werte sind, so ist nach Gleichung (5c) $2\pi\Phi = \frac{F_0}{l_1}$; dies setzen wir in Gleichung (4a) ein und führen $\frac{l}{l_1} = \lambda$ als relativen Schwimmerhub, bezogen auf die normale Düsenlänge l_1, ein, so entsteht

$$G = k \cdot F_0 \cdot \sqrt{2g} \cdot \sqrt{\gamma_1} \cdot \sqrt{\frac{P_a}{f}} \cdot \lambda, \quad \ldots\ldots \quad (4b)$$

worin übrigens stets der Eintrittsquerschnitt F_0 in den Kegel gleich der Schwimmerfläche f ist, wenigstens wenn man den theoretischen Wert von F_0 in Betracht zieht, während man zur Vermeidung von Klemmungen in Wahrheit dem Schwimmer auch in der Anfangsstellung etwas Luft lassen wird.

λ ist bei einer Düse normaler Länge $\lesseqgtr 1$, doch steht nichts im Wege eine Düse übernormal lang zu machen, worauf $\lambda > 1$ werden kann. Bei jeder Düse aber ist $\lambda = 1$ durch $F_1 = 2\,f$ gekennzeichnet.

Die Auswertung der in regelmäßigem Betrieb erhaltenen Diagramme des Schwimmermessers kann man, wie oben schon angedeutet, auf eine Gleichung stützen, wonach die gesamte durch ein Diagramm von der Fläche J dargestellte Dampfmenge durch

$$G_z = \frac{M \cdot J}{X} \quad \ldots\ldots\ldots\ldots \quad (2a)$$

Wir vergleichen die Glieder mit Gleichung (2), oder besser gleich mit einer analog aus (4b) zu gewinnenden. Wir multiplizieren (4b) mit dz und integrieren von z_1 bis z_2, dann entsteht

$$G_z = \int_{z_1}^{z_2} G \cdot dz = k \cdot F_0 \cdot \sqrt{2g} \cdot \sqrt{\frac{P_a}{f}} \cdot \int_{z_1}^{z_2} \sqrt{\gamma_1} \cdot \lambda \cdot dz \quad \ldots \quad (4c)$$

und dies schreiben wir zum Vergleich mit (2a)

$$G_z = \frac{(k \cdot F_0 \cdot \sqrt{2g} \cdot \sqrt{P_a/f} \cdot \sqrt{\gamma_0} \cdot \alpha)}{(\sqrt{\gamma_0/\gamma_1})} \cdot \left(\frac{\int_{z_1}^{z_2} \lambda \cdot dz}{\alpha}\right) \quad \ldots \quad (4\text{d})$$

Wir bestimmen nun zunächst α so, daß

$$J = \frac{\int_{z_1}^{z_2} \lambda \cdot dz}{\alpha}$$

die Diagrammfläche in mm² ist. Beispielsweise an einem 60-mm-B a y e r-Messer wurden durch Stichmaße und Schablonen folgende Düsenmaße festgestellt:

Schwimmerdurchmesser 60,0 mm, also $f = 0{,}002835\ \text{m}^2$;
kleinste Düsenweite . . 60,5 ,, ,, $F_0' = 0{,}00287$,, $= 1{,}014\, f$;
größte Düsenweite . . 85,0 ,, ,, $F_1 = 0{,}00567$,, $= 2f$.

Abstand der Flächen F_0' und F_1 voneinander 180 mm, also

$$l_1 = 180 \cdot 1{,}014 = 182{,}5\ \text{mm}.$$

Der theoretische Eintrittsquerschnitt $F_0 = f$ liegt also schon 2,5 mm vor dem Kegel. Für das Paraboloid ist nach Gleichung (5c) die Querschnittszunahme für die Längeneinheit

$$2\pi\Phi = \frac{0{,}002835\ \text{m}^2}{0{,}1825\ \text{m}} = 0{,}0155\ \text{m};$$

sein Parameter ist

$$\Phi = \frac{0{,}0155}{2\pi} = 0{,}00246\ \text{m} = 2{,}46\ \text{mm}.$$

Hieraus folgt, daß

$$1\ \text{mm Diagrammhöhe entspricht } \lambda = \frac{1}{182{,}5} = 0{,}00548.$$

Die Diagrammtrommel von 90 mm Durchmesser entsprechend 272 mm Diagrammlänge dreht sich in 24 h = 86 400 s einmal, also:

$$1\ \text{mm Diagrammlänge entspricht } \int_{z_1}^{z_2} dz = \frac{86\,400}{272} = 318\ \text{s}.$$

Die Diagrammfläche von 1 mm Höhe und 1 mm Länge, also $J = 1\ \text{mm}^2$, muß also aus

$$J = \frac{0{,}00548 \cdot 318}{\alpha} = 1$$

richtig folgen, deshalb muß sein

$$\alpha = 0{,}00548 \cdot 318 = 1{,}74.$$

Soll in Formel (2a) für J die planimetrierte Fläche in mm² eingesetzt werden, so muß d i e s e r Wert α in der ersten Klammer von (4d) zur Bestimmung von M dienen, zu der wir nun übergehen.

Zunächst mit der Ausflußzahl $k = 1$, ferner mit $F_0 = f = 0{,}002835\ \text{m}^2$ läßt sich für einen bestimmten normalen Dampfzustand M' berechnen.

Bei 5 at normalem Überdruck kann man als normalen Dampfzustand den wählen, wo $\gamma_0 = 3\,\mathrm{kg/m^3}$ ist; das ist bei 170° Temperatur der Fall. Wie schon oben gezeigt, vermehrt sich das belastende Gewicht 1,513 kg durch die Zusatzkraft 0,155 kg des Dampfdruckes auf die Stopfbüchsenfläche auf $P_a = 1{,}67$ kg. So wird die Messerkonstante für $k = 1$

$$M' = 0{,}002835 \cdot 4{,}43 \cdot \sqrt{\frac{1{,}67}{0{,}002835}} \cdot \sqrt{3} \cdot 1{,}74 = 0{,}918\,.$$

Für Dampf von $\gamma = 3$ wäre $X = 1$, also $G_z = \frac{0{,}918 \cdot 1}{1} = 0{,}918$ kg der Wert von 1 mm² Diagrammfläche. Demgegenüber gibt die Firma Bayer an, daß für Dampf von 5 at und 170°, also $\gamma = 3\,\mathrm{kg/m^3}$, das Millimeter Diagrammhöhe 78,5 kg in 12 h bedeutet, dem entspricht aber bei dieser Trommel die Fläche von 136 mm², daher gibt Bayer selbst den Wert 1 mm² $= \frac{78{,}5}{136} = 0{,}578$ kg an. — Daraus folgt, daß für diesen Messer eine Ausflußzahl $k = \frac{0{,}578}{0{,}918} = 0{,}63$ beobachtet ist. Daraus folgt die richtige Messerkonstante

$$M = 0{,}63 \cdot M' = 0{,}578\,.$$

Der Ringspalt arbeitet also mit Ausflußzahlen von der Größe der sonst vorkommenden. — Die so berechnete Ausflußzahl ist bezogen auf die kalt gedachte Düse.

Sollte sich die Ausflußzahl k über die Düsenlänge hin verändern, so müßte das durch entsprechende Abweichungen der Meßdüse vom Paraboloid berücksichtigt werden; das scheint aber nicht nötig zu sein.

Es handelt sich nun um die Prüfung der *Meßgenauigkeit* des Bayer-Messers. In einer gegebenen Bayer-Düse von der Eintrittsweite F_0 denke man eine Schwimmerscheibe von der Fläche f in wechselnde Stellungen λ gebracht und wechselnde Dampfgewichte G vom spezifischen Gewicht γ durch den Ringspalt geblasen; dann erfährt die Schwimmerscheibe Kräfte, die nach Maßgabe von § 6a als innere Richtkräfte P_i zu bezeichnen sind. Dieselben sind ohne weiteres durch Gleichung (4b) festgelegt, wenn man P_a durch P_i ersetzt, das heißt von der stillschweigenden Annahme abgeht, eine äußere Richtkraft P_a halte den Schwimmer gerade im Gleichgewicht; mangels solcher wird eine Kraft P_i frei, die nach Gleichung (4b) gegeben ist durch

$$\frac{G}{\lambda \cdot \sqrt{P_i}} = \frac{k \cdot F_0 \cdot \sqrt{2g} \cdot \sqrt{\gamma}}{\sqrt{f}}\,.$$

Hier ist die ganze rechte Seite konstant, und die linksstehenden drei Größen sind verknüpft durch die Gleichungen

$$\frac{G}{\lambda \cdot \sqrt{P_i}} = C\,; \quad C = \frac{k \cdot F_0 \cdot \sqrt{2g} \cdot \sqrt{\gamma}}{\sqrt{f}} \quad \ldots\ldots \quad (6)$$

Beim 60-mm-Messer ist $F_0 = f = 0{,}002835\ \mathrm{m}^2$; es sei wieder $\gamma = 3{,}0\ \mathrm{kg/m}^3$, und $k = 0{,}63$. Dann wird $C = 0{,}257$; der Gleichung

$$\frac{G}{\lambda \cdot \sqrt{P_i}} = 0{,}257$$

genügt die in Fig. 159 dargestellte Kurvenschar, die also die inneren Richtkräfte (§ 6a) des 60-mm-Bayer-Messers zur Darstellung bringt. Die Kurven kann man auch versuchsmäßig aufnehmen, hat dabei aber die Einflüsse der vom Betriebsdruck auf die Stopfbüchsenfläche ausgeübten Zusatzkraft besonders zu berücksichtigen.

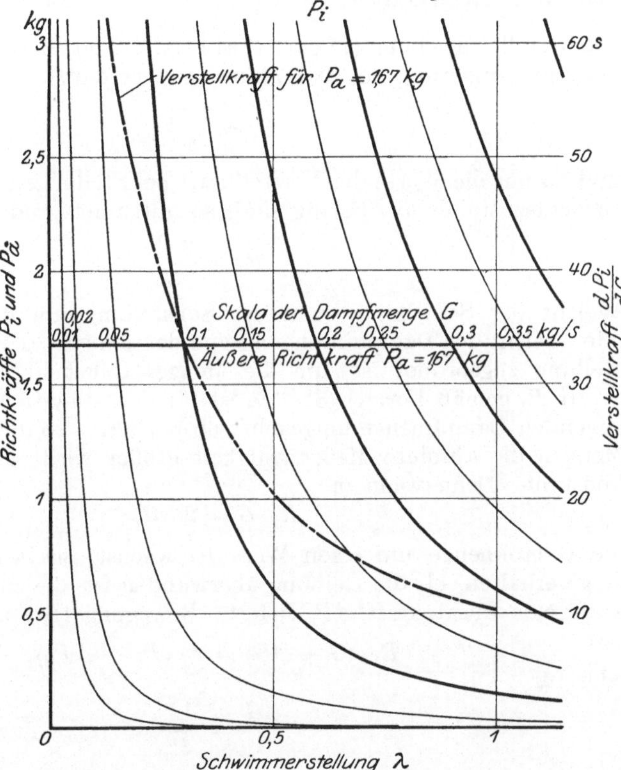

Fig. 159. Spiel der Kräfte im 60-mm-Bayer-Messer.

Legt man nun durch Belastung mit einem Gewicht als Kennlinie der äußeren Richtkraft eine wagerechte Grade, $P_a =$ konst., fest, so geben deren Schnittpunkte mit der Kurvenschar der P_i die Beziehungen zwischen Dampfmenge und Schwimmerhub an. Für einen 60-mm-Messer war bei einem Bruttogewicht 1,775 kg ein Nettogewicht von 1,513 kg übrig, das sich unter dem Einfluß des Stopfbüchsendruckes in obenberechneter Weise zu einer äußeren Richtkraft $P_a = 1{,}67$ kg vermehrt, wie in Fig. 159 eingetragen.

Die Verstellkraft des 60-mm-Bayer-Messers ist nach § 6a als Unterschied aus den Änderungen der inneren und der äußeren Richtkräfte anzusetzen. Bei einer Änderung des Dampfgewichtes um dG errechnet sich wegen

$$P_i = \frac{G^2}{\lambda^2 C^2} \qquad \text{(6a)}$$

die Änderung der inneren Richtkraft durch Ableiten nach G zu

$$d P_i = \frac{1}{\lambda^2 C^2} \cdot 2 G\, d G \quad \ldots \ldots \ldots \quad (7)$$

Indem wir beide Gleichungen durcheinander dividieren, erhalten wir

$$\frac{d P_i}{P_i} = 2 \frac{d G}{G}; \quad \frac{d P_i}{d G} = \frac{2 P_i}{G} \quad \ldots \ldots \quad (7\,\mathrm{a})$$

Die äußere Richtkraft ist beim Bayer-Messer konstant, also $\frac{d P_a}{d G} = 0$; somit stellt Gleichung (7) oder (7a) bereits die gesamte Verstellkraft R_1 bei einer Änderung des Dampfdurchganges dar:

$$R_1 = \frac{2 P_i}{G},$$

und da nur die Werte der Verstellkraft bei Stellungen nahe dem Gleichgewichtszustand von Belang sind, so gilt annähernd

$$R_1 = \frac{2 P_a}{G} \quad \ldots \ldots \ldots \ldots \quad (8)$$

Weicht der Schwimmer von der Sollstellung um die Längeneinheit oder weicht der Dampfdurchgang von demjenigen, der der Schwimmerstellung zugeordnet ist, um die Mengeneinheit ab, so entsteht eine Kraft R_1 gemäß Formel (8). Sie ist für den Bayer-Messer der durchgehenden Dampfmenge umgekehrt proportional, so daß also bei kleinen Mengen die absolute Meßgenauigkeit größer wird; die relative bleibt konstant. Denn wenn in

$$R_1 \cdot G = 2 \cdot P_a$$

die Dampfmenge um einen Wert ΔG wächst, so bleibt Ruhe nur so lange erhalten, bis die Reibung überwunden ist, die zur äußeren Richtkraft eine Zusatzkraft ΔP_a liefert. Bewegung tritt also ein für

$$R_1 \cdot (G + \Delta G) = 2 \cdot (P_a + \Delta P_a)$$

oder für

$$\frac{\Delta G}{G} = \frac{\Delta P_a}{P_a} \quad \ldots \ldots \ldots \ldots \quad (9)$$

Ist also rechts ΔP_a und P_a konstant anzunehmen, so ist die relative mögliche Abweichung der Dampfmenge vom Sollwert $\frac{\Delta G}{G}$ konstant.

Die Meßgenauigkeit, soweit sie durch vorstehende Überlegungen erfaßt wird, ist also nur von den möglichen Werten ΔP abhängig, die wesentlich in der Stopfbüchsenreibung begründet sind. Bei einem 60-mm-Bayer-Messer war $P_a = 1{,}67$ kg. Die Stopfbüchsenreibung im Betriebe scheint Beträge im Werte von etwa $50\,\mathrm{g} = 0{,}05$ kg anzunehmen, so daß beim 60-mm-Bayer-Messer der Meßfehler $\Delta G = \frac{0{,}05}{1{,}67} \cdot G = 0{,}03 \cdot G$ oder 3% der gemessenen Menge ist. Bei größeren Typen wird diese Zahl noch günstiger.

Die Rückführkraft bei einer Änderung der Schwimmerstellung λ folgt durch Ableiten von (7) nach λ; es ist

$$d P_i = \frac{G^2}{C^2} \cdot \frac{-2 \, d\lambda}{\lambda^3} \quad \text{. . . . . (10)}$$

Indem wir wieder durch (6a) dividieren, entsteht

$$\frac{d P_i}{P_i} = -2 \frac{d\lambda}{\lambda}\,; \quad \frac{d P_i}{d\lambda} = -\frac{2 P_i}{\lambda} \quad \text{. . . . . . . (10a)}$$

Wieder ist $\frac{d P_a}{d\lambda} = 0$, also auch

$$R_1 = \frac{2 P_i}{\lambda}$$

oder für Werte nahe dem Gleichgewichtszustand mit $P_i = P_a$ ist

$$R_1 = \frac{2 P_a}{\lambda} \quad \text{. . . . . (8a)}$$

Die Rückführkraft ist also ebenfalls dem Ausschlag des Schwimmers aus der Nullstellung umgekehrt proportional.

Die Gleichungen (8) und (8a) stellen fest, daß die relative Meßgenauigkeit des Bayer-Messers nur von der Größe des Belastungsgewichtes abhängt, das sich von P_a nur um die Zusatzkraft aus der Stopfbüchsenfläche unterscheidet; der Schwimmerdurchmesser ist ohne Einfluß, nur ergeben größere Schwimmerdurchmesser einen kleineren Spannungsabfall im Messer; außerdem muß die kleinste Düsenweite und damit der Schwimmerdurchmesser mindestens etwa gleich der lichten Rohrweite sein, für die der Messer bestimmt ist. Auch die Länge der Düse ist auf die relative Meßgenauigkeit nicht von Einfluß, sofern die Düse noch genau genug herzustellen ist; außerdem muß die Diagrammhöhe groß genug sein, um das Ablesen zu gestatten und kleine Unsauberkeiten im Aufspannen des Diagrammes auf die Trommel nicht übergroßen Einfluß gewinnen zu lassen.

Man darf sich durch (7) nicht verleiten lassen, zu meinen, durch Vergrößerung von P_a am selben Messer werde die Meßgenauigkeit größer; zwar wird die Abweichung vom Sollausschlag verkleinert, nicht aber die Messung verbessert, da zugleich der Skalenwert sich im gleichen Maße ändert und der Arbeitsumsatz unverändert bleibt. Durch Vergrößerung des Belastungsgewichtes wird der Meßbereich des Messers gesteigert, allerdings auch der Druckverlust vergrößert. Zur Steigerung der Meßgenauigkeit ist eine Düse geringerer Flächenzunahme nötig.

Außerdem hängt die Meßgenauigkeit noch von der Genauigkeit des Planimetrierens ab, die durch die Überlegungen gar nicht erfaßt wird. Das Planimetrieren wird ungenau, wenn der Schreibstift tanzte und daher eine breite verwaschene Linie schrieb, also vor einer Kolbenkraftmaschine wegen deren Rückwirkung, und bei nassem Dampf, indem der leichte Schwimmer von jedem Wassertropfen bewegt wird.

Verstellkraft und Rückführkraft werden um so größer, je kleiner die Dampfmenge und der Schwimmerhub sind; diese Bedingung für gleiche relative Meßgenauigkeit kennzeichnet den Bayer-Messer als ideal gutes Meßgerät; andere Schwimmermesser kommen diesem Ideal weniger nahe. Es wird sich aber unten zeigen, daß Mündungsmesser in dieser Hinsicht ganz ungünstig sind.

Der Schwimmermesser Fig. 160 nimmt auch bei wechselndem Dampfdruck auf diesen Rücksicht. Der Schwimmer $c\,d$ bewegt sich in einem zylindrischen Rohr $i\,i$, in das der Dampf wieder von oben eintritt, den Schwimmer niederdrückend. Je weiter er niedergeht, desto größere — der Entlastung wegen symmetrisch angeordnete — Öffnungen werden dem Dampfe freigegeben. Nun wird aber die Breite der dem Dampfdurchgang verfügbaren Schlitze von einer ringförmigen Kulisse m beeinflußt, die das Schwimmerrohr umgibt. Die Ringkulisse dreht sich dem Druck entsprechend; dazu wird Kolben n dem Druck entsprechend niedergedrückt, und die mit ihm verbundene Gabel $q\,r$ greift in eine Kurvennut im Teil t ein, der mit der Kulisse m verbunden ist, so daß die niedergehende Bewegung in eine drehende verwandelt wird. Die von der Kulisse freigegebene Spaltbreite b muß umgekehrt proportional der Wurzel aus dem Druck sein, $b = \frac{c_1}{\sqrt{p_1}}$; und das Moment des belastenden Gewichtes sollte konstant sein, so daß $\sqrt{p_1 - p_2} = c_2$ unabhängig von h ist. Dann wird das Dampfgewicht

$$G = c \cdot F \cdot \sqrt{p_1} \cdot \sqrt{p_1 - p_2} = c \cdot b\,h \cdot \frac{c_1}{b} \cdot c_2 = C \cdot h$$

einfach proportional dem Hube h des Schwimmers, wie erwünscht. Die in der Figur zu erkennende Aufhängung des Belastungsgewichtes an einer Kurvenscheibe trägt also nur dem Umstande Rechnung, daß bei seitlichem Abgang des Dampfes die Belastung des Tellers nicht mehr dem Druckunterschied proportional bleibt.

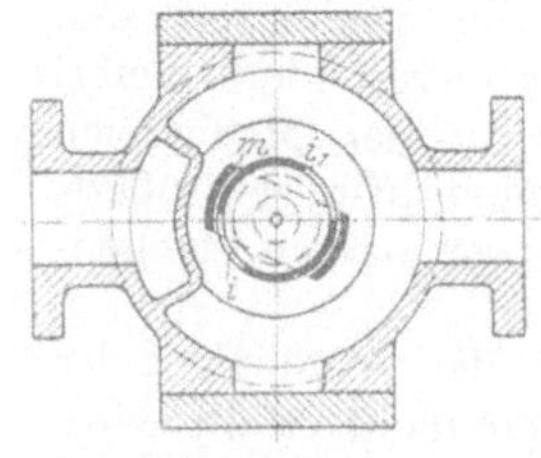

Fig. 160. Schwimmerdampfmesser für wechselnden Dampfdruck. Chemische Fabrik Rhenania.

Der Schwimmermesser von Claaßen, der schematisch in Fig. 161 dargestellt ist, hat als Schwimmer einen konischen, zugleich als Belastungsgewicht dienenden Körper, der sich in einer Öffnung bewegt; die Veränderlichkeit des Querschnitts hängt hier also von der Schwimmergestalt ab, und man kann wieder rechnerisch und empirisch die

Proportionalität zwischen Hub und Menge erreichen. An die Stelle der Stopfbüchse mit Längsbewegung, die den beiden bisher besprochenen Formen gemeinsam war, ist die Abdichtung einer Drehachse durch einen Konus getreten. Dadurch wird der oben besprochene Einfluß des Betriebsdruckes auf die Anzeige des Messers vermieden. In betriebstechnischer Hinsicht ist die Änderung ein Nachteil, da die Stopfbüchse des Bayer-Messers keine Schwierigkeiten macht, während es andererseits nötig ist, im Falle des Festsitzens den Schwimmer durch eine Bewegung von außen her frei machen und sich durch Anfassen am Schreibzeug von der Beweglichkeit des Schwimmersystems überzeugen zu können. Dazu ist aber das Schreibzeug des Claaßen-Messers zu schwach, auch ist der Schreibhebel auf der Drehachse nur durch Klemmung befestigt; der Schwimmer des Claaßen-Messers wiegt aber z. B. bei einem 125-mm-Messer etwa 12 kg.

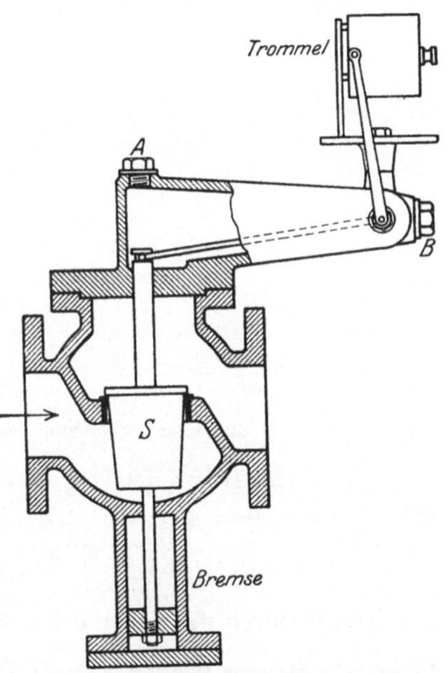

Fig. 161. Schwimmermesser von Claaßen.

Alle Schwimmermesser haben den Vorteil, mit kleinem Druckverlust zu arbeiten; der „nutzbare" Druckverlust, der den Schwimmer trägt und daher der Messung dient, ist gleich dem Quotienten aus äußerer Richtkraft und Schwimmerfläche; bei 60-mm-Bayer-Messer ist $P:f = 1{,}67 : 0{,}002835 = 590$ kg/m² $= 0{,}059$ at, bei jedem Dampfdurchgang unveränderlich, hinzu kommen die Strömungsverluste durch Ablenkung des Strahls im Gehäuse, die mit dem Quadrat der Dampfmenge zunehmen und den gesamten Druckverlust bei größtem Dampfdurchgang, bis 0,15 at steigen lassen. Der mittlere Druckverlust ist für die Energieverluste beim Betrieb einer Kraftmaschine, der größte Druckverlust ist für die Verringerung der Leistungsfähigkeit maßgebend, die eine Dampfleitung durch den Einbau eines Dampfmessers erfährt.

b) Mündungsdampfmesser beruhen auf der Verwendung einer Drosselscheibe; der Druckunterschied zu ihren beiden Seiten ist ein Maßstab für die durchgehende Dampfmenge. Man hat ein Differentialmanometer anzuschließen, um die augenblickliche Dampfmenge abzulesen.

Jeder Mündungsdampfmesser besteht also aus der Mündung, die in die Dampfleitung einzubauen ist, und aus einem auf die Wurzel aus dem Druckunterschied ansprechenden Differentialmanometer.

α) *Die Mündung* ist eine in die Dampfleitung an einer Flanschstelle eingebaute Scheibe mit einer Öffnung bestimmten Querschnittes.

Man kann die Öffnung scharfkantig oder man kann sie abgerundet machen; die Fabrikanten von Dampfmessern verwenden wohl durchweg abgerundete Mündungen, nur werden die Abrundungen oft mit zu kleinem Radius ausgeführt. Zu fordern ist eine Gestaltung der dampfführenden Konturen so, daß eine Ausflußzahl nahe der Einheit erreicht wird; dazu muß der Radius der Abrundung groß genug sein, außerdem sollte der Dampf in einem zylindrischen Teil zum Schluß eine Parallelführung finden. Bei gegebener Dicke der Scheibe (die man nicht zu stark wählt, um sie zwischen die auseinanderzubiegenden Rohrteile einfügen zu können) widersprechen sich diese Bedingungen; man dürfte sie am besten vereinigen, indem man in einer 25 mm starken Scheibe die Abrundung mit 15 mm Radius ausführt, so daß 10 mm als zylindrische Führung bleiben (Fig. 161 a). — Die Abstufung und Benennung der Scheiben ist von der Firma Gehre sehr zweckmäßig durchgeführt: die Scheibe von 10 cm^2 Fläche heißt Nr. 1, die von 25 cm^2 Fläche heißt Nr. $2^1/_2$. Diese zweckmäßige Benennung erläutert Tab. 13.

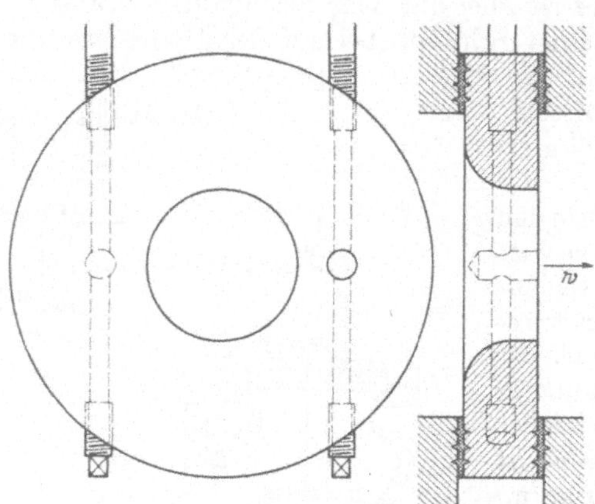

Fig. 161 a. Mündung der Mündungsmesser.

Tab. 13. Benennung der Mündungen nach Gehre.

Scheibe Nr.	0,5	1	1,5	2	2,5	3	4	5	
Fläche	5	10	15	20	25	30	40	50	cm^2
Durchmesser	25,2	35,7	43,7	50,5	56,4	61,8	71,4	79,8	mm

Strömt durch die Scheibe Nr. n $\left(\text{Fläche } \frac{n}{1000} \text{ m}^2\right)$ das Dampfgewicht G kg/s vom spezifischen Gewicht γ_1 kg/m³, vor der Scheibe gemessen, so gilt

$$G = k \cdot \frac{n}{1000} \cdot \sqrt{2g \cdot \Delta p \cdot \gamma_1} \text{ kg/s} \quad \ldots \ldots \quad (11)$$

Für die Ausflußzahl k wird dabei von der Firma Hallwachs-Weyers etwa $k = 1$ angenommen und von der Firma Gehre $k = 0{,}914$. Der Rohrdurchmesser scheint nicht, etwa nach Maßgabe von Fig. 125 (bei § 60), berücksichtigt zu werden, wohl um Komplikationen zu vermeiden. An sich sind große Durchmesserverhältnisse $d:D$ (Fig. 125) des geringeren Druckverlustes wegen vorzuziehen, und für diese ergeben sich namhafte Einflüsse der Vorgeschwindigkeit. Bei 30 m/s Dampfgeschwindigkeit im Rohr wird für eine Mündung von der halben Fläche des Rohrquerschnittes bereits ein Druckverlust $\left(\frac{60^2}{2g} - \frac{30^2}{2g}\right) \cdot \gamma$, mit $\gamma = 7{,}814 \frac{\text{kg}}{\text{m}^3}$, entsprechend dem Sättigungsdruck 16 at abs, wird also ein Druckverlust von 1080 kg/m² oder etwa 0,1 at zu messen sein; will man also größere Druckverluste als diesen bei voller Beanspruchung der Leitung nicht in den Kauf nehmen, so muß man der Mündung etwa den 0,7fachen Durchmesser der Leitung geben und dann hat die Vorgeschwindigkeit nach Fig. 125 schon merklichen Einfluß. Die Vernachlässigung dieser Tatsache läßt sich nur damit rechtfertigen, daß die Messung ohnehin Zufälligkeiten ausgesetzt ist, solange man Mündungen in Scheiben von etwa 25 mm Stärke nur mangelhaft abrunden kann.

Die Scheiben erhalten zwei Bohrungen zur Entnahme des Druckes vor und hinter der Drosselstelle; diese sollen sich durch Schlamm oder Öl im Dampf nicht zu leicht verstopfen. In Fig. 161 kann man die senkrechten Bohrungen durchstoßen, die kurzen wagerechten sind möglichst groß gehalten.

Man hat an Stelle der einfachen Scheibe eine Bauart ähnlich der Normaldüse für Luftmessungen (Fig. 129b, § 61) verwendet, oder einen Einbau nach Fig. 161b vorgeschlagen. Zweifellos wird dadurch die Zuverlässigkeit der Messung sehr gesteigert, aber man begibt sich des **einzigen** Vorteiles der Mündungsmesser vor den Schwimmermessern, der in dem bequemen Einbau in die Rohrleitung besteht. Da in allen anderen Hinsichten die Schwimmermesser vorteilhafter sind, so sind solche Einbauarten unzweckmäßig, wo Schwimmermesser ausscheiden.

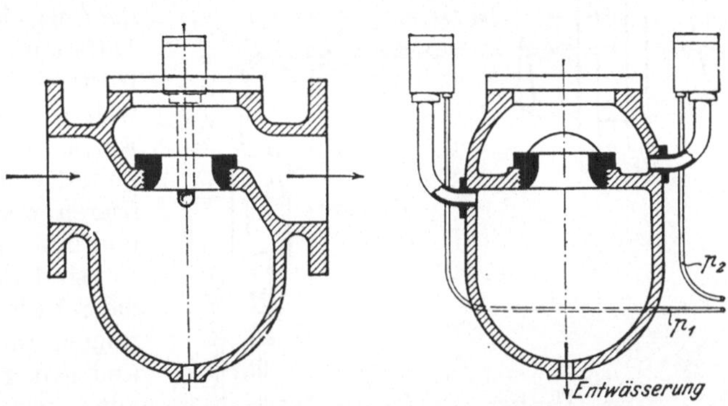

Fig. 161b. Einbau der Mündung eines Mündungsdampfmessers nach Bendemann.

Statt der Scheibe hat man ferner Venturirohre verwendet; die Firma Siemens & Halske bringt seit kurzem Dampfmesser dieser Form in den Verkehr (Fig. 169). Der Einbau wird dadurch noch weniger einfach. Da das Venturirohr ohne Steigerung des Druckverlustes eine wesentliche Vergrößerung der zu messenden Druckdifferenz ergibt, so werden einige der noch zu besprechenden Schwierigkeiten im Betrieb der Mündungsmesser gemildert; die Meßgenauigkeit kann jedenfalls viel größer werden.

β) Die Verbindungsrohre von der Mündung zum Differentialmanometer müssen so angeordnet sein, daß die Trennungsstelle zwischen dem Dampf und dem über dem Quecksilber ruhenden Wasser in stets gleicher Höhe und auch in beiderseits gleicher Höhe endet. Da bei Änderungen im Stand des Differentialmanometers Wassermengen in den Rohren verschoben werden, so muß man entweder von der Meßscheibe beginnend eine genügende Rohrlänge wagerecht verlegen; meist werden

5 m Länge vorgeschrieben, die man im Zickzack oder auch als Spirale anordnen kann (Fig. 162, auch Fig. 42, § 26); oder es müssen nach Fig. 161 b geschlossene Wassergefäße von großem Querschnitt angeordnet werden, deren jedes eine Leitung zum Differentialmanometer unten abgehen läßt, während eine zweite Leitung von der Druckentnahme her weit genug, dabei ständig aufwärts geführt ist, so daß sich Kondensat in ihr nicht hält; diese weite Leitung ragt im Innern des Gefäßes fast bis zum Deckel, einen Überlauf für den Wasserinhalt bildend. In diesen Ausgleichgefäßen finden wegen der Größe der Spiegeloberfläche nur kleine Niveauschwankungen statt, klein selbst im Verhältnis zur Druckdifferenz.

Die Verbindungsrohre sind der Frostgefahr unterworfen. Im Freien oder in ungeheizten Räumen kann man die Anordnung mit Ausgleichgefäßen (Fig. 161 b) frostsicher anordnen, indem man die Ausgleichgefäße und das Differentialmanometer in frostfreie Räume bringt; die weiten Leitungen zu den Ausgleichgefäßen werden im allgemeinen nicht einfrieren, wenn sie weit genug und mit gutem Gefälle verlegt sind. Selbst dann bleibt die Schwierigkeit, die Bohrungen auf der Meßscheibe weit genug zu machen, damit dort nicht Wassertropfen (Kapillarkräfte) den freien Kondensatablauf hindern.

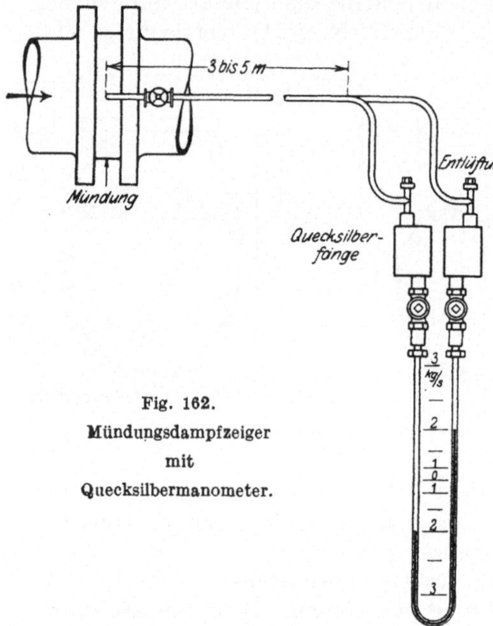

Fig. 162. Mündungsdampfzeiger mit Quecksilbermanometer.

γ) *Das Differentialmanometer* der Mündungs-Dampfzeiger kann ein einfaches Quecksilber-Differentialmanometer in ein- oder zweischenkliger Ausführung sein. Die Anordnung ist in Fig. 162 schematisch dargestellt.

Die Skala ist quadratisch erweitert (§ 6). Das hat außer der nahe dem Nullpunkt verringerten Ablesegenauigkeit noch die Folge, daß die Quecksilbersäule bei Überschreitungen des höchstmeßbaren Dampfdurchganges besonders schnell ansteigt und daß schließlich das Quecksilber durchschlägt. Das kann bei dauernder starker Entnahme, aber auch beim Anstellen einer Leitung vorkommen. Die Messung bleibt dann aus oder wird, wenn die Quecksilbermenge nicht mehr richtig ist, falsch. Einrichtungen zum Auffangen und Rückspeisen des Quecksilbers lassen doch etwas Quecksilber verlorengehen, das dann für die Messung fehlt; Einrichtungen zum Drosseln des Quecksilbers, zum

Beispiel durch ein auf dem Quecksilber schwimmendes Eisenventil, helfen nur gegen eine kurzdauernde Überlastung, da sie nicht dicht abschließen.

Man kann die Skala des Differentialmanometers unmittelbar nach der Dampfmenge einteilen; die Teilung ist je nach dem spezifischen Gewicht des Dampfes verschieden, und man hat sie deshalb auswechselbar gemacht, z. B. auf den Flächen eines drehbaren Prismas angeordnet, das man je nach dem Druck dreht.

Schon beim einfachen Quecksilbermanometer zeigen sich bei all seiner Einfachheit einige allen Mündungsmessern gemeinsame *Betriebsschwierigkeiten*. Es ist wesentlich, daß die Verbindungsleitungen zwischen dem Meßflansch und dem Differentialmanometer völlig dicht und völlig frei von Luft sind, und daß in beiden die über dem Quecksilber sich bildenden Wassersäulen stets gleich hoch sind. Über die wagerechte Ausgleichsstrecke oder die Ausgleichsgefäße zu letzterem Zweck wurde eben gesprochen, auch über die Frostgefahr für die wassergefüllten Verbindungsleitungen. Die Luftfreiheit erreicht man dadurch, daß man über dem Manometer beiderseits gleich hoch (auch bei Gefäßmanometern) eine Rohrverbindung mit Überwurfmutter anordnet; bis dahin wird das Manometer mit Wasser gefüllt, die Rohre werden durch Ausblasen mit Dampf entlüftet und während der Dampf noch durchbläst, wird die Verbindung geschlossen. Da es hierbei nicht zu vermeiden ist, daß vorübergehend eine Seite des Differentialmanometers schon ziemlich den vollen Dampfdruck erhält, während die andere ihn noch nicht hat, so muß man, um Ausblasen der Quecksilberfüllung in die Rohrleitung hinein unter der Wirkung des vollen Dampfdruckes zu vermeiden, über dem Quecksilber beiderseits Hähne zum Verschließen anordnen; Ventile sind wegen der Verdrängungswirkung gefährlich und können die Glasrohre sprengen, bei verschlossenen Hähnen kann dasselbe durch Temperaturänderungen eintreten. Bei verschlossenen Hähnen soll das Manometer gleichwohl nicht unbeaufsichtigt bleiben, weil im Fall selbst geringer Undichtheit das Quecksilber allmählich auf eine Seite gedrückt würde und dann bis in die Dampfleitung gelangen könnte. Um dies zu verhindern muß beiderseits ein Quecksilberfang angeordnet werden. Der Quecksilberfang auf der Seite kleineren Druckes hat das Quecksilber auch dann aufzunehmen, wenn beim Anstellen einer längeren Dampfleitung das Ventil gegen die Vorschrift schnell geöffnet wird und daher große Dampfmengen von der Leitung plötzlich aufgenommen werden.

Wegen der Gefahr des Quecksilberverlustes im Meßrohr ist man der Erhaltung des Nullpunktes nicht sicher. Man kann daher Dampfmengen ablesen, während in Wahrheit die Leitung abgestellt ist, und wenn das wiederholt geschieht, namentlich bei registrierenden Instrumenten, können die Fehler sehr erheblich werden. Die einfache Nullpunktskontrolle zu machen, indem man die Dampfleitung für kurze Zeit abstellt, ist in vielen Fällen unzulässig. So bleibt nur ein zuverlässiges Kontrollmittel: zwei Ableseinstrumente anzuordnen; wegen der in den Zuleitungen liegenden Unsicherheiten hat auch das nur dann Zweck, wenn man auch die Leitungen von den Ausgleichgefäßen an ganz getrennt führt; das ist kostspielig.

In der Genauigkeit sind die Differentialmanometer ganz unbefriedigend, sobald die zu messende Dampfmenge stark wechselt; das liegt im Wurzelgesetz für die Angaben begründet. Denn es ist der Ausschlag der Quecksilbersäule

$$l = C \cdot G^2$$

worin C eine Konstante ist. Also ist

$$dl = C \cdot 2G \cdot dG,$$

und durch Dividieren ergibt sich

$$\frac{dl}{l} = 2 \cdot \frac{dG}{G} \quad \ldots \ldots \ldots \ldots \quad (12)$$

und hieraus die relative Genauigkeit unter der Voraussetzung, daß die direkte Ablesegenauigkeit auf die Länge l der Skala bezogen in allen Lagen der Skala gleich sei

$$\frac{dl/dG}{l} = \frac{2}{G} \quad \ldots \ldots \ldots \ldots \quad (12a)$$

Die relative Genauigkeit der Messung ist also der zu messenden Dampfmenge umgekehrt proportional, sie ist nahe dem Nullpunkt des Manometers sehr gering. — Die Voraussetzung gleicher Ablesegenauigkeit mag zutreffen; während aber allgemein die Ablesegenauigkeit der Quecksilbermanometer, z. B. wenn man die Kuppe mit einem Kathetometer anvisiert, sehr groß wird (§ 27), so ist sie bei deren Verwendung für Dampfmessungen beschränkt durch das dauernde Auf- und Abspielen der Säule, vielleicht unter dem Einfluß von unregelmäßigen Kondensationserscheinungen in den Verbindungsrohren. Beim Drosseln der Hähne verschiebt sich eigenartigerweise der Mittelpunkt der Schwingungen meist merklich. Auch ist die Kuppe des Meniskus nach einigem Gebrauch meist wenig sauber ausgebildet. — Die Verstellkraft hat bei Flüssigkeitsmanometern keine praktische Bedeutung.

Wegen des quadratischen Gesetzes eignet sich der Mündungsdampfmesser nicht für Stellen, wo man auch kleine Mengen genau ablesen will, oder wo bei den gleich zu besprechenden registrierenden Messern langandauernde schleichende Entnahmen vorkommen können. Sie eignen sich also für einigermaßen gleichmäßige Entnahme oder da, wo man nur den augenblicklichen Dampfbedarf ungefähr erkennen will, insbesondere um in Kesselhäusern das Feuer einzuregeln. Im Kesselhaus spielt auch die Frostgefahr für die Verbindungsleitungen keine Rolle, außer bei Stillegungen, während allerdings die anderen allen Mündungsmessern anhaftenden Betriebsschwierigkeiten bestehen bleiben.

Wo es sich um Zählung der Dampfmengen handelt, ist, wie schon eben erwähnt, das Versagen bei kleinen Mengen besonders lästig, weil man nicht weiß, wie lange etwa die Zählung einer an sich geringfügigen Menge ausblieb; bei langer Dauer kann auch eine schleichende Entnahme erhebliche Gesamtmengen bedeuten.

Von den zählenden oder registrierenden Mündungsmessern seien die Formen von **Hallwachs** und von **Gehre** als meistbenutzt beschrieben.

Beim *Hallwachs-Dampfmesser* wird der Stand eines Quecksilber-Differentialmanometers elektrisch integriert. Das Differentialmanometer wird als Primärapparat bezeichnet. Es ist einerseits durch Verbindungsrohre unter den ebengenannten Vorsichtsmaßregeln an den Meßflansch angeschlossen, andererseits durch elektrische Leitungen mit dem

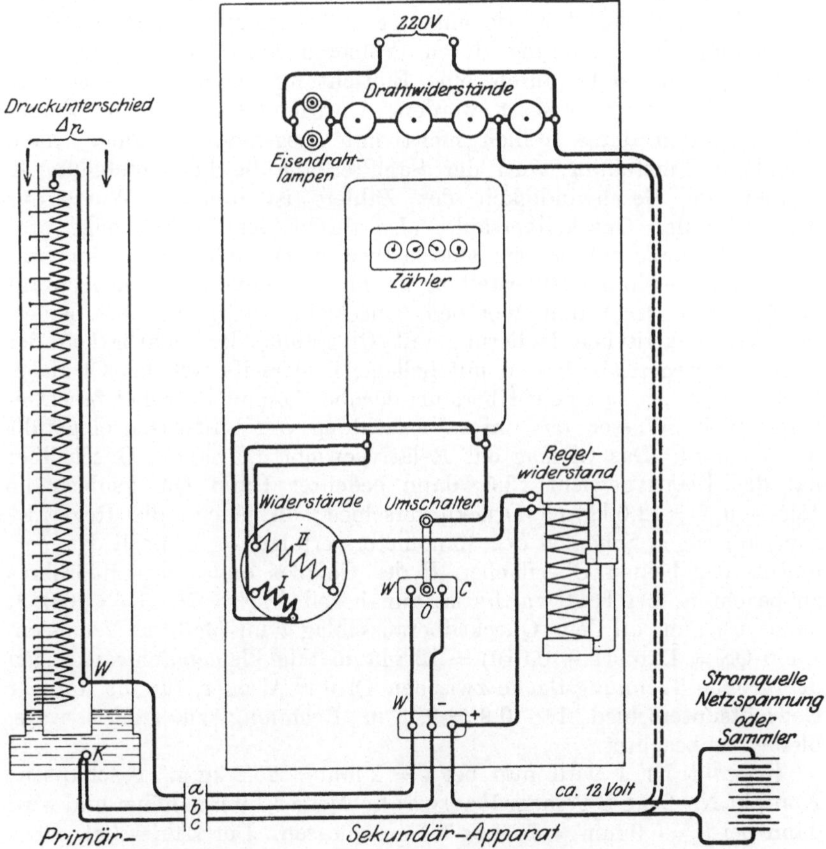

Fig. 163. Differential-Manometer mit Integrierung der Dampfmengen nach **Hallwachs**.

Sekundärapparat verbunden, einem Schaltbrett, das den Zähler und einige Widerstände und Schalter trägt.

Das Schema der Schaltanordnung zeigt Fig. 163. Das Meßrohr ist mit eingeschmolzenen Platinkontakten versehen, die außen durch Widerstände passender Größe verbunden sind; die Widerstände werden durch die Quecksilbersäule der Reihe nach kurz geschlossen, wodurch mit steigender Quecksilbersäule der Strom in einem Stromkreis verstärkt wird, in dem sich eine Stromquelle und ein Amperestundenzähler finden, nebst einigen Regulier- und Kontrolleinrichtungen. Als Stromquelle dient eine Sammlerbatterie von 6 Zellen, deren nutzbare Spannung durch einen Regelwiderstand eingestellt werden kann; dazu stellt man den Schalter auf die mit einem C bezeichnete Kontrollstellung, die Widerstände neben der Quecksilbersäule sind dann kurzgeschlossen, und der Amperestundenzähler soll eine bestimmte Drehzahl machen, die zugleich dem höchsten Stande der Quecksilbersäule, also dem größten meßbaren Dampfdurchgang, entspricht; durch Verstellen des Regelwiderstandes muß die Laufgeschwindigkeit täglich der Spannungsabnahme der Batterie entsprechend berichtigt werden. Diese Einstellung der Spannung durch Probieren am Zähler ist indessen mühselig und sollte durch eine Einrichtung für direkte Ablesung, also ein Voltmeter, ersetzt werden; Unregelmäßigkeiten im Zähler selbst würden dann freilich nicht mit ausgemerzt werden. Nach beendeter Einstellung wird der Schalter auf die Betriebsstellung W gestellt, die Geschwindigkeit des Zählers ist nun der Wurzel aus der Höhe der Quecksilbersäule, also direkt der Dampfmenge proportional. Dazu soll so viel Quecksilber in das Manometer eingefüllt werden, daß es in der Ruhestellung 2 mm unter dem untersten Kontakt Nr. I steht. Der Raum über dem Quecksilber wird zunächst beiderseits zur elektrischen Isolierung mit Öl gefüllt, der Sichtbarkeit der Kontakte wegen am besten mit hellem; beiderseits soll das Öl gleich hoch stehen, bis zu einem Überlauf; darüber kommt in früher beschriebener Weise Wasser, das unter Vermeidung von Luftblasen eingefüllt werden muß. Das Öl mag das Relativgewicht 0,9 haben, Quecksilber hat das Relativgewicht 13,5; dann bedeutet 1 mm Quecksilbersäule $13{,}5 - 0{,}9 = 12{,}6\ \mathrm{kg/m^2}$ Druckunterschied; da jedoch die Registrierung am engen Schenkel des Manometers erfolgt, so ist noch das Verhältnis der beiden Oberflächen F des Gefäßes und f des Meßrohres zu beachten; bei Hallwachs ist annähernd $f : F = 7^2 : 51^2 = 0{,}019$, daher ist nun, an dem Quecksilberausschlag l im Meßrohr gemessen, $1\ \mathrm{mm\ QS} = 12{,}6 \cdot (1 + 0{,}019) = 12{,}8\ \mathrm{kg/m^2}$; die kleinen Schwankungen der großen Trennungsfläche zwischen Öl und Wasser, für die nur der Gewichtsunterschied $1 - 0{,}9 = 0{,}1$ in Rechnung zu stellen wäre, bleiben unbeachtet.

Kontakt Nr. 1 wird nun bei $l = 2\ \mathrm{mm} = 25{,}6\ \mathrm{kg/m^2}$ geschlossen; Kontakt Nr. 2 lag bei einem Hallwachs-Messer 3,9 mm höher und wird dann bei $l = 5{,}9\ \mathrm{mm} = 75{,}4\ \mathrm{kg/m^2}$ geschlossen. Der Zähler hat daher die dem Kontakt Nr. 1 entsprechende Gangart von 25,6 bis $75{,}4\ \mathrm{kg/m^2}$;

Tabelle 14. Kontaktabstände, Druckwerte und Zähler-

Kontakt Nr.	1	2	3	4	5	6	10	11
Abstand l vom Nullpunkt	2	5,9	8,5	11,7	13,3	17,8	40,6	47,7
$\Delta p = 12{,}8 \cdot l$	25,6	75,5	108	150	170	228	520	611

Wurzelmittelwert (Δp) .	47,2	91,3	128	160	199	566
Zählerumlaufzeit Z . .	201,2	144,8	122,2	109,3	98,0	58,1
bei Kontakt Nr. . . .	1	2	3	4	5	10

da die Wurzelwerte maßgebend sind, so gilt Kontakt Nr. 1 im Mittel für $\left(\frac{\sqrt{25{,}6} + \sqrt{75{,}4}}{2}\right)^2 = 47{,}2\ \mathrm{kg/m^2}$.

Weitere Kontaktabstände sind in Tab. 14 nebst den zugehörigen Druckdifferenzen gegeben.

Der letzte Kontakt Nr. 36 ergibt Kurzschluß über alle Meßwiderstände hin; dabei soll nach der Vorschrift für die Spannungseinstellung (Kontrollstellung C) 1 Umlauf des letzten Zählerzeigers in der Zeit $Z = 18{,}94$ s zurückgelegt werden. Dementsprechend müssen bei den früheren Kontakten die aus Tab. 14 ebenfalls ersichtlichen Werte Z eintreten, denen die jeweiligen Dampfdurchgänge dann umgekehrt proportional sind.

Nach Maßgabe solcher Überlegung kann man eine Prüfung des Hallwachs-Messers vornehmen, indem man nach Einregeln der Spannung eine zunehmende Anzahl von Kontakten überbrückt und die Laufzeit des Zählers beobachtet. So untersucht und nötigenfalls berichtigt hätte man den Primär- und Sekundärapparat rein als integrierendes Differentialmanometer geprüft; die Richtigkeit der in der Düse entstehenden Druckdifferenz wäre dabei Voraussetzung. Die von den Mündungsmesserfirmen gemachte Angabe einer Meßgenauigkeit von $\pm 3\%$ scheint sich nur auf diese Art der Prüfstanduntersuchung, also auf die Druckdifferenz, beziehen zu sollen; eine viel höhere Anforderung, aber die eigentlich richtige, wäre es, die Garantie unmittelbar auf die durchgehende Dampfmenge zu beziehen, wobei dann die Genauigkeit der Strahlbildung in der Mündung mit untersucht würde.

Für die *Auswertung von Zählerablesungen* geht man nun auf die Formeln am Eingang dieses Paragraphen zurück. In einer beliebigen Zeit, deren Anfang und Ende durch z_1 und z_2 bezeichnet sei, ist die fortlaufend durch die Meßstelle gegangene Dampfmenge von G_1 auf G_2 gewachsen, $G_2 - G_1 = G_z$ ist also zu ermitteln. Dazu ist der Zählerstand n_1 am Anfang und der n_2 am Ende der Beobachtungsperiode beobachtet worden, aus dem Unterschied der Zählerstände $J = n_2 - n_1$ soll $G_2 - G_1$ berechnet werden.

Aus

$$G = k \cdot f \cdot \sqrt{2\, g\, \gamma_1 \cdot (p_1 - p_2)}$$

folgt

$$G_2 - G_1 = \int G\, dz = \int_{z_1}^{z_2} k \cdot f \cdot \sqrt{2\, g\, \gamma_1 \cdot (p_1 - p_2)} \cdot dz\,.$$

laufzeit für Dampfmesser von Hallwachs.

16	20	21	25	26	30	31	35	36	
92,3	142,1	155,6	212,5	229,5	298,9	316,5	388,5	406,7	mm
1172	1820	1990	2720	2940	3830	4050	4980	5210	kg/m²

110	1900	2830	3940	5100	5330	kg/m²
1,5	31,7	25,98	22,02	19,36	18,94	s/Uml.
15	20	25	30	35	36	

Wir setzen die konstanten Glieder voran und führen die Flanschnummer n ein:

$$G_2 - G_1 = k \cdot \frac{n}{1000} \cdot \sqrt{2 g \gamma_1} \cdot \int_{z_1}^{z_2} \sqrt{(p_1 - p_2)} \cdot dz \quad \ldots \quad (2\text{f})$$

und wollen so zusammenfassen, daß die insgesamt durchgegangene Dampfmenge

$$G_z = \frac{M \cdot n \cdot J}{X} \quad \ldots \ldots \ldots \ldots \quad (2\text{g})$$

wird. Der Wert α der Zählereinheit, nach dem $\int_{z_1}^{z_2} \sqrt{p_1 - p_2} \cdot dt$ aus dem Zählerfortschritt J gemessen ist, folgt wieder aus der Überlegung, daß

$$J \cdot \alpha = \int_{z_1}^{z_2} \sqrt{p_1 - p_2} \cdot dz$$

sein soll; für konstant gedachten Druckunterschied ist also

$$\alpha = \frac{\sqrt{p_1 - p_2} \cdot z}{J} .$$

Nun soll nach Maßgabe von Tab. 14 zu $p_1 - p_2 = 5330\ \text{kg/m}^2$ die Umlaufzeit des letzten Zeigers am Zähler $z = 18{,}94$ s zugeordnet sein; nicht der letzte, sondern der vorletzte Zeiger gibt jedoch Zählungseinheiten, ein Umlauf des letzten Zeigers bedeutet also 0,1 Zählungseinheiten, $J = 0{,}1$.

So wird

$$\alpha = \frac{\sqrt{5330} \cdot 18{,}94}{0{,}1} = 13\,820 \frac{\sqrt{\text{kg}} \cdot \text{s}}{\text{Uml.}} .$$

Dies in (2f) eingesetzt, wird

$$G_2 - G_1 = k \cdot \frac{n}{1000} \cdot \sqrt{2 g \gamma_1} \cdot \alpha J .$$

Mit der Ausflußzahl $k = 1$ ist in einem Betriebe mit dem normalen Dampfzustand γ_0, also mit der Berichtigungszahl $x = 1$, die Dampfmesserkonstante

$$M' = \frac{\sqrt{2 g} \cdot \gamma_0 \cdot \alpha}{1000} = \frac{\sqrt{19{,}6} \cdot 13\,820}{1000} \cdot \gamma_0 = 61{,}2 .$$

Es wird dann allgemein

$$G_2 - G_1 = M' \cdot n \cdot \sqrt{\gamma_0} \cdot J \text{ kg} .$$

Bei einem Betriebe für 3 at ÜD Betriebsdruck kann $\gamma_0 = 2\ \text{kg/m}^2$ gewählt werden, worauf

$$M' = 61{,}2 \cdot \sqrt{2} = 86{,}6 \frac{\text{kg}}{\text{m}}$$

gilt.

Am Monatsanfang sei der Zählerstand 3246 und am Ende sei 3570 abgelesen worden, an einem Meßflansche Nr. 2,5. Also ist $J = 324$. Im

Monatsmittel wird die Temperatur des Dampfes $t_1 = 160°$; der Betriebsdruck war im Monatsmittel 2,85 at ÜD, der mittlere Barometerstand 710 mm QS = 0,96 at, so daß $p_1 = 3{,}81$ at ist; es ist $\gamma_1 = 1{,}93$ kg/m³, was wir jedoch im Einzelfall nicht berechnen, sondern wir entnehmen einer ständigen, für $\gamma_0 = 2$ kg/m³ aufgestellten Tabelle daß

$$\text{zu } t_1 = 160^0 \text{ und } p_1 = 2{,}85 \text{ at ÜD gehört } X = \sqrt{\frac{2}{1{,}93}} = 1{,}018$$

und wir haben nun den Monatswert

$$G_z = \frac{86{,}6 \cdot 2{,}5 \cdot 324}{1{,}018} = 66\,800 \text{ kg}.$$

Ein Vergleich dieses Ergebnisses mit den von Hallwachs gegebenen Tabellen zeigt, daß diese mit einer Ausflußzahl etwa $k = 1{,}02$ aufgestellt sind.

Die stufenweise erfolgende Betätigung ist beim Hallwachs-Messer kein Nachteil, weil die andauernden leichten Spiegelschwankungen der Quecksilbersäule die Kontakte zunächst zeitweise berühren, so daß die Zählergeschwindigkeiten kontinuierlich zunehmen. Dagegen ist es ein Nachteil des Hallwachs-Messers, daß er bei größtem Dampfdurchgang, laut Tabelle 14, einen Druckverlust von 0,533 at ergibt. Es liegt das in der Länge der Quecksilbersäule und darin, daß man die Kontaktröhre nicht kürzer machen kann, sollen nicht im unteren Teil die Kontakte zu nahe zusammenfallen. Das quadratische Gesetz wirkt auch hier ungünstig. Der große Druckverlust bedeutet im Maschinenbetrieb einen dauernden Energieverlust von leicht beträchtlicher Größe, eine Minderung des Frischdampfdruckes um 1 at bedeutet bei einer Kondensationsmaschine für 10 at Betriebsdruck eine Vermehrung des Dampfverbrauches um etwa 3% (Masch.-Unt. § 72).

Primär- und Sekundärapparat sollten fabrikatorisch so abgestimmt sein, daß sie gegen andere austauschbar sind.

Die Sammlerbatterie muß bei mittlerem Betrieb alle 2 bis 3 Wochen aufgeladen werden. Hallwachs liefert auch Apparate zum direkten Anschluß an ein Gleichstromnetz; bei ihnen ist die Batterie durch folgende Schaltung ersetzt. In die Netzspannung ist (Fig. 163 oben) eine Reihe von Spulen passenden Widerstandes und dahinter sind noch eine Anzahl Eisendrahtglühlampen gelegt, die in bekannter Weise die Eigenschaft haben, auch bei wechselnder Spannung einen konstanten Strom durchzulassen. Indem nun die Abzweigungen an einem der Widerstände die Pole der Sammlerbatterie (Fig. 163 unten) ersetzen, hat man damit auch bei Schwankungen der Netzspannung eine unveränderliche Spannung, die mittels eines Vorschaltwiderstandes wie bei Batteriebetrieb eingestellt werden kann, aber nicht täglich nachgeregelt werden muß.

Zum Anschluß an Dreh- oder Wechselstromnetze wird der Hallwachs-Messer nicht geliefert.

Einige besondere Formen desselben sind diejenigen, wo außer dem Zähler noch ein Amperemeter die jeweilige Dampfmenge erkennen läßt, oder wo ein Ampereschreiber dieselbe registriert. Man sollte das

Amperemeter stets anwenden, als bequemes Mittel, um sich bei den vielen Fehlerquellen, denen der Mündungsdampfmesser ausgesetzt ist, stets von der Unversehrtheit wenigstens des elektrischen Teils zu überzeugen; man erhält sonst am Monatsschluß am Zähler Ablesungen, die durch längere Unregelmäßigkeiten gefälscht sein könnten. Leider sind die so ausgestatteten Sekundärapparate nicht gegen die einfachen austauschbar.

Fig. 164 zeigt das Differentialmanometer von Gehre. Vom Drosselflansch gehen die beiden Meßrohre zu den Gefäßen A und C eines Quecksilbermanometers eigentümlicher Bauart. Bei diesem Manometer ABC befindet sich nämlich der eine Quecksilberspiegel in einem festen, der andere in einem beweglichen, mit dem festen durch zwei Drehstopfbüchsen verbundenen Gefäß; das bewegliche Gefäß B bildet also einen drehbaren Arm, der an einer Schraubenfeder hängt. Läßt der zu messende Druckunterschied Quecksilber in das bewegliche Gefäß treten, so sinkt dies herab; dadurch tritt mehr Quecksilber über, es sinkt weiter, und so fort; durch Bemessung der Feder und ihres Angriffsarmes hat man es in der Hand, ob die Einrichtung überhaupt statisch wird und wie groß der Ausschlag zu einem relativ kleinen Druckunterschied wird; dabei werden relativ große Kräfte zur Überwindung der Stopfbüchsenreibung frei, und man kann durch Verwendung eines wie ersichtlich nicht zylindrischen Gefäßes, das man nach beliebigem Gesetz gestalten kann, jede gewünschte Beziehung zwischen Druckdifferenz und Ausschlag herbeiführen. Soll der Ausschlag in unserem Fall proportional $\sqrt{p_1 - p_2}$ sein, so muß das Gefäß B nach oben verjüngt sein und eine nach bestimmtem Gesetz eingezogene Mantellinie erhalten. — Man füllt den Raum oberhalb des Quecksilbers gleich bei Inbetriebsetzung mit Wasser und muß beim Anschließen der Rohrleitung auf Entfernen aller Luft durch Ausblasen mit Dampf große Sorgfalt verwenden; denn Luftblasen in den steigenden

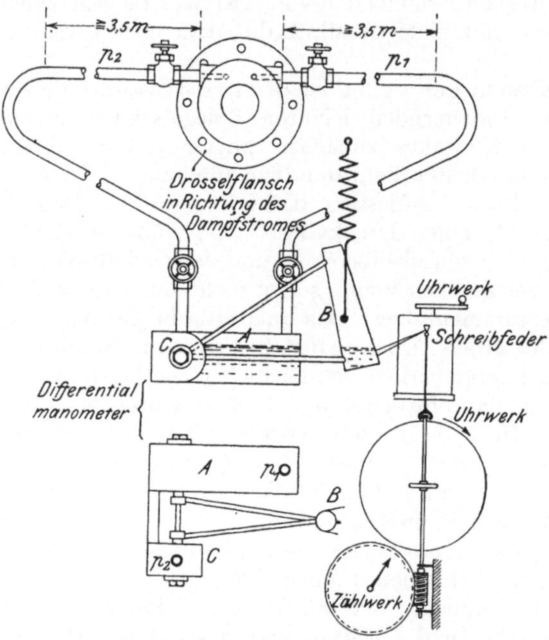

Fig. 164. Schema des schreibenden Differentialmanometers mit mechanischer Integrierung der Dampfmenge zum Mündungsdampfmesser von Gehre.

Leitungen müssen streng vermieden werden, da sie, bei einem gesamten wirksamen Druck von nur bis zu 1 m Wassersäule, große Fehler ergeben. Das obere Ende des beweglichen Gefäßes B ist durch die zweite Drehstopfbüchse zu dem Gefäß C zurückgeführt und man kann den ganzen beweglichen Teil als Rohrdreieck bezeichnen. Die Ausschläge des Rohrdreiecks, die nun bei konstantem Druck direkt Dampfmengen bedeuten, werden auf einer Trommel registriert, und das entstehende Diagramm kann planimetriert werden; daß die Ordinaten Kreisbögen sind, stört hierfür nicht. — Gegen die Drehstopfbüchsen, die gegen Quecksilber und noch dazu unter hohem Druck abzudichten haben, hat man zunächst reichlich die Bedenken, wie gegen die Spindelstopfbüchse der Fig. 157 und 160. Die Gehresche Drehstopfbüchse enthält eine Gummistulpe als dichtendes Element; wegen des hohen Druckes wird die Gummistulpe von Metallringen getragen, die so zahlreich sind, daß jeder nur eine kleine, vom Gummi leicht hergegebene Drehung gegen seine Nachbarn ausführt. Sie ist selbst bei hohen Dampfdrucken erstaunlich leicht beweglich und bewährt sich.

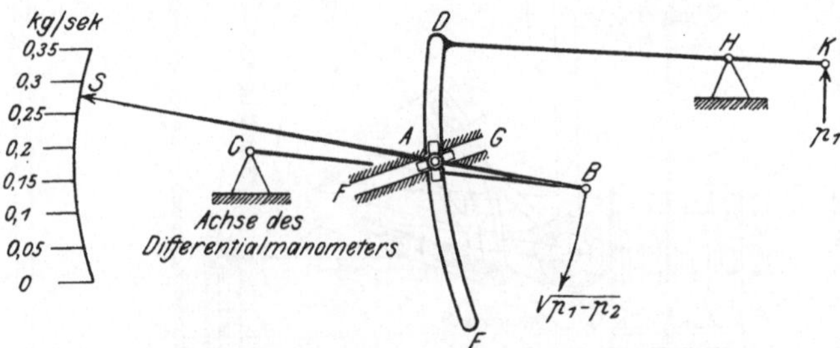

Fig. 165. Multiplikationsgetriebe zur Druckberichtigung von Gehre.

Um den Messer integrierend zu machen, ist mit dem Rohrdreieck ein Zählwerk wie folgt verbunden. Eine ebene runde Scheibe wird durch ein Uhrwerk gleichmäßig gedreht; auf ihr rollt ein Rädchen, ähnlich dem eines Planimeters, das die Bewegungen des Rohrdreieckes mitmacht. Bei Nullstellung des Rohrdreieckes steht das Rädchen auf der Scheibenmitte und rollt also nicht ab; bei jedem Ausschlag erfährt es eine Abrollung, die einerseits proportional der Zeit und andererseits proportional der jeweiligen Dampfmenge ist; insgesamt ist also die Abrollung ein Maß der durchgegangenen Dampfmenge. Die Abrollung betätigt ein Zählwerk; dieses kann feststehen, da die Schnecke auf ihrer Achse verschiebbar ist. Diese Integriervorrichtung macht im Betriebe manche Schwierigkeiten.

Für konstanten Druck ist damit alles Gewünschte erreicht. Soll der Dampfmesser bei wechselndem Druck gebraucht werden, so verwendet Gehre das in Fig. 165 skizzierte Getriebe. Der Schreibhebel SAB ist bei A drehbar gelagert, während B durch das eben besprochene Rohrdreieck des Differentialmanometers, dessen Achse bei C liegt, proportional zu $\sqrt{p_1 - p_2}$ verstellt wird. Der Schreibstift S schreibt das Diagramm. Nun ist aber der Drehpunkt A nicht fest, sondern wird durch eine Kulisse DE in einer Gleitbahn FG verschoben; da bei K ein Kolbenmanometer (§ 29) die Verstellung proportional p_1 bewirkt, so geht die Kulisse bei steigendem Druck abwärts, die Übersetzung des Hebels SAB vergrößert sich, und es wird eine größere Angabe registriert als bei kleinem Druck. Daß die Angabe gerade mit der Wurzel aus p_1 wachse, kann man durch Gestaltung der Kulisse erreichen; damit

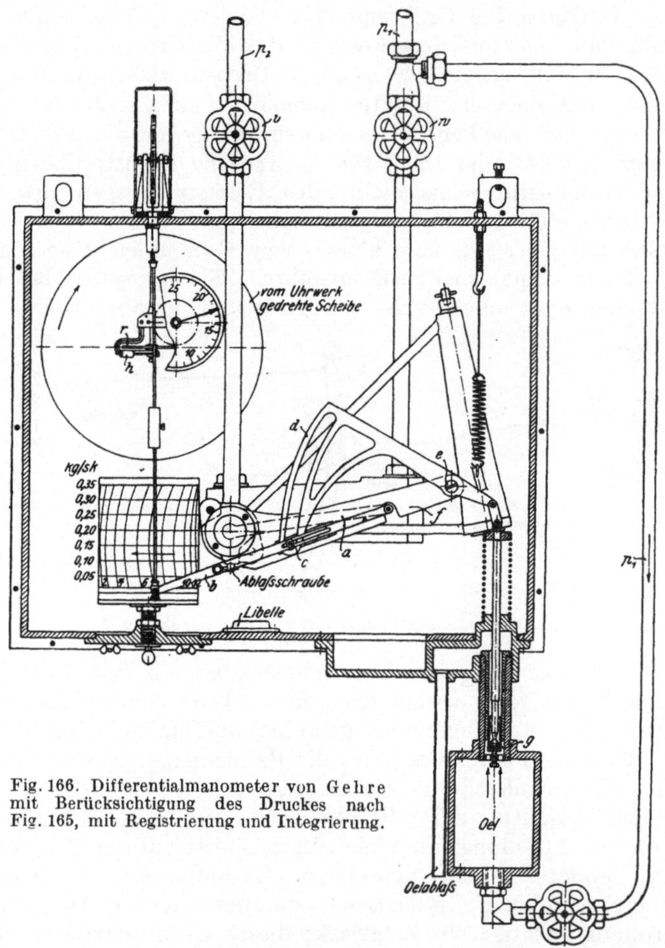

Fig. 166. Differentialmanometer von Gehre mit Berücksichtigung des Druckes nach Fig. 165, mit Registrierung und Integrierung.

für $p_1 - p_2 = 0$ auf alle Fälle die Angabe Null eintritt, gleichgültig wie hoch der Druck ist, ist die Gleitbahn FG in die Richtung H-Null gelegt. Fig. 166 zeigt ein Gehresches Differentialmanometer mit Druckberichtigung und dem schon beschriebenen Zählwerk, das gleich auf die berichtigte Angabe anspricht.

Daß das Getriebe Fig. 165 nicht mathematisch genau arbeitet, erkennt man schon daraus, daß der Radius der von S beschriebenen Bogenordinaten ein wechselnder ist, so daß zeitliche Verschiebungen auftreten müssen; auch wird die Gestalt der Kulisse sich nicht bei allen

Werten von $\sqrt{p_1 - p_2}$ gleich ergeben; man muß also vermitteln. Daß das innerhalb weiter Grenzen genügt, zeigt die Untersuchung eines solchen für die Druckgrenzen von 2 bis 15 at ÜD bestimmten Getriebes, die den folgenden rein kinematischen Zusammenhang ergab. Die Kulisse hatte Marken für 2 bis 15 at Überdruck. Bei der Einstellung auf die Marken 2; 5; 10; 15 at wurden die Stellungen eines mit dem Rohrdreieck verbundenen Zeigers von 250 mm wirksamer Länge mit den Stellungen der Schreibfeder verglichen; die Kreisbogenform der Bahnen beider Zeiger blieb kurzerhand unbeachtet. Die Meßergebnisse zeigt Fig. 167. Unter Ausgleich der Versuchspunkte wurden Gerade gezogen und deren Neigung, $\operatorname{tg}\alpha$ ermittelt, wie die dritte Spalte der Tab. 15 sie angibt. Es war schon oben besprochen worden, daß man solche Druckberücksichtigung auf konstante Temperatur, daß man sie aber auch auf jeweilige Sättigung des Dampfes beziehen kann; im ersteren Falle muß $\operatorname{tg}\alpha / \sqrt{p}$, im zweiten Fall muß $\operatorname{tg}\alpha / \sqrt{\gamma_s}$ konstant sein, diese beiden Verhältnisse sind deshalb in den letzten Spalten der Tab. 15 ermittelt; der Ausgleich ist in bezug auf Sättigung besser als in bezug auf konstante Temperatur, trotzdem wird man die Bezugnahme auf konstante Normaltemperatur vorziehen, weil die Berichtigungszahl X dann unabhängig vom Druck wird.

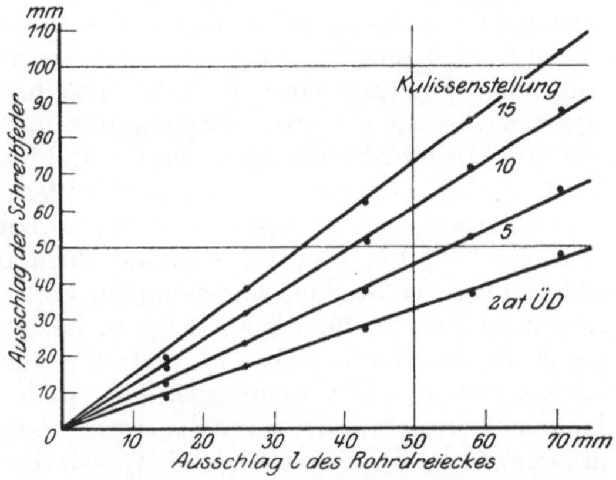

Fig. 167. Zur Wirkungsweise des Multiplikationsgestriebes Fig. 165.

Voraussetzung für die richtige Wirksamkeit des Getriebes ist aber noch, daß die Kulisse sich unter dem Einfluß der Drucke 2; 5; 10; 15 at im Kolbenmanometer auch wirklich auf die betreffenden Marken einstellt. Stellte man nun die Kulisse DE, Fig. 165, auf die verschiedenen Drucke ein, so machte das andere Hebelende K, an dem das Kolbenmanometer angreift, folgende senkrecht gemessenen Ausschläge:

DE eingestellt auf	2	5	10	15	at ÜD
Ausschlag von K	47,5	36	19,5	0	mm
Unterschied bei K	11,5	16,5	19,5		mm
Unterschied bei DE	3	5	5		at
Verhältnis	3,8	3,3	3,9		mm/at.

Tab. 15.

Druck p at ÜD	Druck p at abs	Neigung $\operatorname{tg}\alpha$	Spez. Gewicht γ_s kg/m³	Verhältnis $\operatorname{tg}\alpha/\sqrt{\gamma_s}$	Verhältnis $\operatorname{tg}\alpha/\sqrt{p}$
2	3	32,5 : 50 = 0,65	1,62	0,51	0,375
5	6	45 : 50 = 0,90	3,11	0,51	0,368
10	11	60,5 : 50 = 1,21	5,49	0,515	0,365
15	16	73 : 50 = 1,46	7,81	0,52	0,365

Auf den Punkt K wird die Einwirkung von p_1 durch ein Kolbenmanometer (§ 29) zur Geltung gebracht, da ein Röhrenfeder- oder Plattenfedermanometer nicht die erforderlichen Verstellkräfte aufbringen könnte. Da der Kolben eines federbelasteten Kolbenmanometers Wege proportional dem Druckanstieg macht, so müßten die Verhältniszahlen der letzten Zeile konstant sein, wenn der Druck genau richtig zur Geltung kommen sollte. Diese Bedingung ist also nur roh angenähert, immerhin in Anbetracht des sehr weiten Meßbereichs von 2 bis 15 at in befriedigender Weise. Das Getriebe ist sinnreich und praktisch gut: für die Verstellung der Kulisse genügen die Kräfte; die Rückwirkung auf die Druckdifferenzangabe, wo geringere Verstellkräfte vorhanden sind, ist gering.

Jedes Berichtigungsgetriebe gewährt den Vorteil, daß man die aus dem Rechnen mit Mittelwerten herrührenden Fehler vermeidet; diesem Vorteil stehen die im Getriebe liegenden Fehler, insbesondere durch Reibung, gegenüber; doch ergibt gerade das Getriebe bei Gehre-Messern, wie schon erwähnt, keine besonderen Schwierigkeiten. Ein Nachteil der mit Multiplikationsgetriebe arbeitenden Messer ist aber noch der folgende. Bei gesenkter Kulisse, also höchstem Druck gelangt die Schreibfeder an die obere Papierkante und zeigt dadurch die höchste zulässige Druckdifferenz an, wenn das Rohrdreieck seine tiefste zulässige Stellung hat. Da der gleichen Druckdifferenz bei kleinem Druck eine kleinere Dampfmenge zugeordnet ist, so befindet sich der Schreibstift z. B. erst auf Papiermitte, während doch das Rohrdreieck schon die tiefste zulässige Stellung angenommen hat. Man glaubt also noch eine reichliche Reserve für die Messung zu haben, während man doch schon am Ende des Meßbereiches ist und eine weitere Erhöhung der Dampfmenge erstens nicht mehr gemessen wird, weil das Rohrdreieck sein Hubende erreicht hat, zweitens durch weitere Steigerung der Druckdifferenz zum Überwerfen des Quecksilberinhaltes und damit zu dauernder Falschmessung führen kann, ohne daß man beides leicht merkt.

Bei überhitztem Dampf zeigt auch ein mit Multiplikationsgetriebe arbeitender Messer nicht das Dampfgewicht an, sondern macht eine zu hohe Angabe, eine Berichtigung hat das Verhältnis aus den Wurzeln der absoluten Temperaturen zu berücksichtigen und wird zweckmäßig in tabellarischer Form ein für allemal festgelegt; die Berichtigung selbst beträgt je nach der Überhitzung 10 bis 20% und mehr, darf also nicht vernachlässigt werden.

Für die praktische Auswertung von Diagrammen des Gehre-Messers geht man wieder auf die Formel zurück.

$$G_z = \frac{M \cdot n \cdot J}{X} \qquad \text{(2 g)}$$

Die in der Zeit z übergegangene Menge ist durch den Flächeninhalt J der Diagramme bestimmt.

Für die Berichtigungszahl $X = \sqrt{T_1/T_0}$ gilt bei $t_0 = 200^0$ folgende Tabelle:

Werte von X für $T_0 = 473°$, also $t_0 = 200° C$

$t_1 =$	160	180	200	220	240	260	280	300° C
$X =$	0,967	0,978	1	1,021	1,042	1,062	1,082	1,101

Die Dampfmesserkonstante M folgt wieder daraus, daß sein muß

$$G_z = \int_{z_1}^{z_2} G \cdot dz = k \cdot \frac{n}{1000} \cdot \sqrt{2g} \int_{z_1}^{z_2} \sqrt{\Delta p \cdot \gamma_1}\, dz \quad . \; . \; . \; . \; . \quad (2\mathrm{f})$$

und da genügend genau $\frac{\gamma_1}{\gamma_0} = \frac{T_0}{T_1} \cdot \frac{p_1}{p_0}$ zu setzen ist, so kann man in drei Faktoren diesmal in folgender Form zerlegen, weil nämlich der Druck schon mechanisch berücksichtigt ist und demnach nur die Temperatur durch X zu berücksichtigen bleibt:

$$G_z = \frac{\left(k \cdot \frac{n}{1000} \cdot \sqrt{2g} \cdot \sqrt{\gamma_0/p_0} \cdot \alpha\right)}{\left(\sqrt{T_1/T_0}\right)} \cdot \left(\frac{\int_{z_1}^{z_2} \sqrt{\Delta p \cdot p_1} \cdot dz}{\alpha}\right) \quad . \; . \; . \; . \quad (2\mathrm{i})$$

Um im letzten Glied α zu bestimmen, dient folgende Überlegung. Gehre liefert zum Eichen der Differentialmanometers (Type A I 3) Papierskalen aus denen folgende Werte als zusammengehörig zu entnehmen sind:

Druckunterschied Δp	800	600	400	200	100	0 mm WS
Ausschlag des Schreibstiftes l_{15}	95,3	82,9	67,7	47,7	33,9	0 mm
Verhältnis $\sqrt{\frac{\Delta p}{l_1}}$	0,297	0,299	0,295	0,296	0,295	—

Diese von Gehre in graphischer Form gegebene Tabelle, die das quadratische Gesetz verlangt, soll gelten, wenn die Kulisse vom Kolbenmanometer (Punkt K der Fig. 165) getrennt ist, die Kulisse daher herabgefallen ist und auf 15 at steht. Sie gilt also für $p_1 = 16$ at abs, und es soll bei diesem Druck der Wert von 1 mm sein $0{,}297 \cdot \sqrt{16} = 1{,}19$. Da der Trommeldurchmesser 100 mm ist und die Trommel in 24 h einmal umläuft, so laufen also bei 1 mm Schreibstiftausschlag 314 mm² in 87 400 s ab, und wir setzen

$$314 \text{ mm}^2 = \frac{1{,}19 \cdot 87\,400}{\alpha},$$

$$\alpha = \frac{1{,}19 \cdot 87\,400}{314} = 331\,.$$

Versteht man also unter J die Fläche des Tagesdiagrammes in mm², so muß man M (erste Klammer der Formel 2i) mit dem Wert $\alpha = 331$ berechnen, was nun geschehe. Mit der Ausflußzahl $k = 1$ und mit $p_0 = 16$ at abs und $t_0 = 200° C$, also $\gamma_0 = 7{,}81$ kg/m³ wird

$$M' = 1 \cdot \frac{n}{1000} \cdot 4{,}43 \cdot \sqrt{\frac{7{,}81}{16}} \cdot 331 = 1{,}025\, n\,.$$

Diese Zahl soll für jeden Druck zwischen 2 und 15 at gelten, da der Einfluß des Druckes in diesen Grenzen mechanisch berücksichtigt ist. Bei 6 at abs ergibt die gleiche Rechnung:

$$\text{bei } t_0 = 200\,^\circ\text{C mit } \gamma = 2{,}78\,\text{kg/m}^3 \text{ wäre } M' = 0{,}985 \cdot n\,.$$

Zufällig oder absichtlich ist die Vorzahl im Mittel 1. Damit wird also $M' = n$, und dann ist beispielsweise für die Mündung Nr. 1, Fläche 10 cm², mit $n = 1$ und mit $X = 1$

$$G_z = 1 \cdot 1 \cdot J\,.$$

Für den Flansch Nr. 1 hat 1 mm² Diagrammfläche den Wert 1 kg Dampf. Der betreffende von Gehre gelieferte Diagrammvordruck trägt aber die Aufschrift 1 mm² = 0,914 kg; also läßt Gehre mit einer Ausflußzahl $k = 0{,}914$ rechnen. Diese Zahl wird, wie es scheint, von ihm durchgehend verwendet, der Streifen für Mündung Nr. 10 trägt die Aufschrift 1 mm² = 9,14 kg. Der Rohrdurchmesser wird nicht, etwa nach Maßgabe von Fig. 125 (bei § 60) berücksichtigt.

Für den Mündungsmesser von Hallwachs ist, wie oben gezeigt wurde, mit etwa $k = 1$ gerechnet. Es ist keinesfalls gerechtfertigt, daß von den beiden Firmen Gehre mit der kleineren Ausflußzahl rechnet. Denn da Gehre mit maximal $\Delta p = 800$ mm WS Druckunterschied arbeitet, Hallwachs aber mit 5330 mm QS, so kommt bei gleicher Dampfmenge Gehre auf eine größere Mündung, was in der bestimmten Rohrleitung eine mehr oder weniger vergrößerte Ausflußzahl ergibt. Ob eine der beiden Annahmen auf genügend zahlreichen und genügend genauen Versuchen beruht, ist unbekannt. Aus den zuverlässigen Zahlen Bendemanns (§ 59) wird man schließen dürfen, daß eher die Gehresche Annahme zutrifft.

Das Gehresche Differentialmanometer ergibt durch die Beweglichkeit des Rohrdreiecks und durch das Nachfließen des Quecksilberinhaltes beträchtliche innere Richtkräfte, die durch die äußere Richtkraft der meist zweifach angeordneten Meßfeder gemessen werden. Über das Zusammenarbeiten beider Richtkräfte lassen sich experimentelle Untersuchungen mit folgendem Ergebnis machen. Zunächst wird das Kolbenmanometer bei K, Fig. 165, abgetrennt, so daß sich die Kulisse auf höchsten Druck einstellt. Am Rohrdreieck B läßt man statt der Meßfeder eine gewöhnliche Wage angreifen, so daß man die äußeren Richtkräfte auswiegen kann. Die Brücke der Dezimalwage wird durch eine Schnur veränderlicher Länge mit B verbunden, so daß man durch Ändern der Schnurlänge der Ausgleichstellung der Wage verschiedene Stellungen des Rohrdreiecks bzw. eines besonders angebrachten Zeigers zuordnen kann. Die Gefäße A und B werden durch Gummischläuche mit zwei Niveauflaschen (Flaschen mit unterem Schlauchtubus) verbunden, durch deren Heben und Senken man verschiedene Druckdifferenzen, gemessen in Millimeter Wassersäule als Spiegelunterschied der Niveauflaschen, auf das Differentialmanometer bringen kann. Man variiert einerseits die Zeigerstellung, andererseits die Druckdifferenz, und mißt durch Ausgleichen der Wage direkt die inneren Richtkräfte. Zeigerstellungen und Kräfte sind natürlich auf den gleichen

Abstand von der Drehachse zu beziehen; sie sind auf den Angriffspunkt der Meßfeder bezogen, der 250 mm von der Drehachse entfernt war. An einem Gehre-Messer, Type A I 3, ergab sich Tabelle 16 und Fig. 168, wobei die Kulisse *DE*, Fig. 165, auf 15 at Druck eingestellt war.

Tab. 16. Innere Richtkräfte eines Gehre-Messers in kg.

Druckunterschied Δp	800	600	400	200	100	0 mm WS
Ausschlag des Rohrdreiecks	Innere Richtkräfte in kg					
$l =$ 1,9 mm	1,74	1,61	1,46	1,275	1,165	1,04
20,5	1,89	1,74	1,61	1,47	1,39	1,30
39	2,00	1,89	1,78	1,68	1,58	1,51
58	2,13	2,03	1,92	1,81	1,745	1,68
77	2,26	2,16	2,06	1,945	1,90	1,83

Die inneren Richtkräfte bilden also eine Kurvenschar, die der in Fig. 159 für einen Bayer-Messer gegebenen analog ist. Für die Entstehung der Kurvenschar ist das Nachfließen des Quecksilbers wesentlich; hindert man durch Verbinden der Stutzen für p_1 und p_2 die Entstehung einer Quecksilberniveaudifferenz, so erhält man die Kurve *A*, Fig. 168.

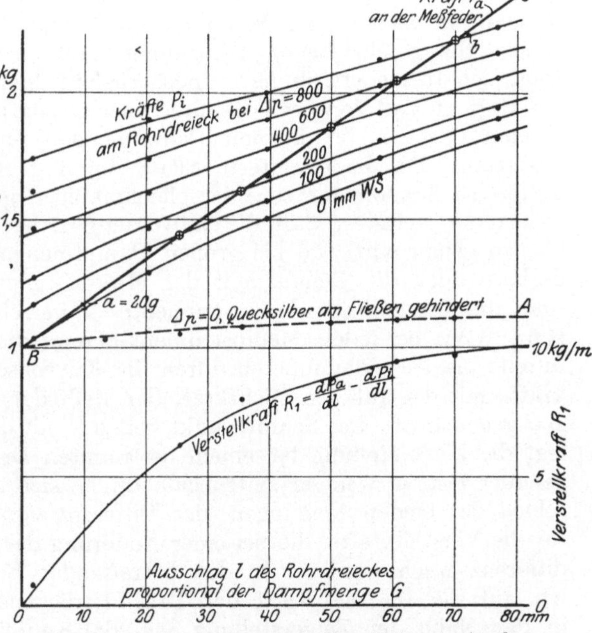

Fig. 168. Spiel der Kräfte am Differentialmanometer des Gehre-Dampfmessers.

Nun wurden aber oben die Ausschläge l_{15} der Schreibfeder gegeben, die nach Ausweis einer Eichanweisung von Gehre vorgeschrieben sind und die durch Einregeln der Meßfeder anzustreben sind; sie gelten wie dort erwähnt für ausgehängte Kulisse, also bei $p_1 = 16$ at abs. Bei dieser Einstellung l_{15} der Schreibfeder *S* macht aber infolge des Verhältnisses der Hebellängen *AS* und *AB* zueinander der Angriffspunkt der Meßfeder am Rohrdreieck, Punkt *B* der Fig. 164 und 165, folgende Bewegungen l_0

Druckunterschied Δp	800	600	400	200	100	0 mm WS
Ausschlag der Schreibfeder l_{15}	95,3	82,9	67,7	47,7	33,9	0 mm
Ausschlag des Rohrdreiecks l_0	70	60,6	50	35,6	25,6	0 mm

Diese Ausschläge l_0 des Rohrdreiecks sollen also den Druckunterschieden zugeordnet sein. Es fragt sich, ob durch solche äußere Richtkraft das ermöglicht werden kann. Wir tragen dazu in Fig. 168 die Stellungen jedesmal auf der betreffenden Druckdifferenzkurve auf, und finden, daß die gekreuzten Punkte annähernd auf einer Graden liegen; die Gestaltung des Rohrdreieckes ist also eine solche, daß eine lineare Beziehung zwischen dem Ausschlag des Rohrdreiecks und der äußeren Richtkraft verlangt wird; man kann daher als äußere Richtkraft eine Feder oder ein Federpaar verwenden; die Feder muß entsprechend der Neigung von BC eine Federkonstante $\frac{0{,}87\ \text{kg}}{50\ \text{mm}}$ oder $17{,}4\ \frac{\text{kg}}{\text{m}}$ haben, ihre Vorspannung sei dabei gerade 1 kg. Diese Angaben beziehen sich, wie erwähnt, auf den Angriffspunkt an den Ösen, die zu dem Zweck am Gefäß des Rohrdreiecks vorgesehen sind.

Das Gehresche Differentialmanometer ist also in wohldurchdachter Weise dem Zweck angepaßt, daß die Ausschläge des Zeigers oder Schreibers unmittelbar Wurzelwerte des Druckunterschiedes und daher je nach der verwendeten Mündung unmittelbar Dampfmengen angeben sollen; die geschriebenen Diagramme sind also planimetrierbar. Es fragt sich aber noch, ob der grundsätzliche Fehler aller Mündungsmesser beseitigt ist, daß sie wegen des ihrer Anzeige zugrunde liegenden quadratischen Gesetzes bei kleinen Dampfmengen nur ungenaue Ablesung gestatten. Da die erweiterte Skala der Fig. 162 beim Gehreschen Differentialmanometer zu einer gleichmäßigen geworden ist, so ergibt sich ohne weiteres, daß die Ablesung nahe dem Nullpunkt jetzt ebenso genau wird wie bei großen Dampfmengen. Um zu prüfen, ob deshalb auch die Genauigkeit der Messung gestiegen ist, ermittelt man die Verstellkraft des Instrumentes in verschiedenen Meßbereichen (§ 6a). Wie bei jedem Meßinstrument kommt die Einstellung zustande durch Ausgleich der inneren durch die Kurvenschar gegebenen Richtkräfte mit der äußeren Richtkraft der Meßfeder, die in Fig. 168 durch BC gegeben ist. Der Schnittpunkt von BC mit der betreffenden Kurve legt die Zeigerstellung bei einem bestimmten Druckunterschied um so genauer fest, je weniger spitz beide Linien sich schneiden; der Unterschied der beiden Neigungen (der Differentialquotienten) ist ein Maß für die Verstellkräfte, die bei einer Änderung der zu messenden Druckdifferenz wach werden. In den betreffenden Schnittpunkten messen wir auf Fig. 163 die Werte der Tab. 17, die auch Fig. 168 zeigt. Da in der Nähe der Zeigerstellung Null die Kennlinie der Meßfeder die Kurve für 0 mm WS berührt, statt sie zu schneiden, so wird dort die

Tab. 17. Verstellkräfte eines Gehre-Messers.

Druckunterschied Δp	Ausschlag l des Rohrdreiecks	Kurvenneigung dP_i/dl	Meßfeder dP_a/dl	Verstellkraft $R_1 = dP_a/dl - dP_i/dl$	Dampfmenge D
800 mm WS	79 mm	7,0	16,8	9,8 kg/mm	1
600	60,5 „	7,3		9,5 „	0,865
400	49,5 „	8,0		8,8 „	0,705
200	39 „	8,8		8,0 „	0,50
100	25,5 „	10,6		6,2 „	0,355
0	0 bis 0,8 „	16,0		0,8 „	0

Verstellkraft R_1 klein, Fig. 168. Findet auch die Berührung nur in einem Punkt statt und kann theoretisch die Einstellung nur auf diesen einen Punkt erfolgen, so wird praktisch infolge von Reibungskräften gleich eine erhebliche Abweichung vom Sollwert möglich sein. Nehmen wir die Reibungskräfte als überall konstant an, so bedeutet die Reibung beim Aufwärtsgang des Rohrdreiecks eine Parallelverschiebung der Federkennlinie nach oben, beim Abwärtsgang eine solche nach unten; eine Verschiebung im letzteren Sinne um nur 20 g verlegt den Schnittpunkt mit der 0-mm-Linie gleich z. B. bis zur Zeigerstellung 10 mm, Strecke a; also kann noch rund $^1/_6$ der vollen Dampfmenge angezeigt werden selbst wenn der Dampf ganz abgestellt ist; der relative Fehler ist unendlich groß. Dieselbe Reibung von 20 g macht bei größtem Dampfdurchgang, $\Delta p = 800$ mm WS, nur eine Abweichung der Anzeige vom reibungsfreien Wert um 2,7 mm möglich, Strecke b, entsprechend einem relativen Fehler 2,7 : 70 = 0,04 oder $4^0/_0$. Der Mangel der Mündungsdampfmesser, nahe dem Nullpunkt ungenau zu werden und deshalb hauptsächlich für einigermaßen konstante Dampfmenge geeignet zu sein, ist also durch die gleichmäßige Gestaltung der Skala nur scheinbar behoben. Zwar hat man bei Wassermessern auch damit zu kämpfen, daß schleichende Entnahmen ungemessen bleiben, wie an Fig. 135, § 64 erläutert wurde, aber dort tritt erst dann eine Fehlregistrierung ein, wenn der Durchgang auf 2 bis 5% der Normalmenge sinkt, hier jedoch schon bei rund $^1/_6$ oder 16% der Normalmenge; auch könnte man sich noch eher damit abfinden, daß gelegentlich schleichende Mengen ungemessen bleiben (obwohl bei langer Dauer die Fehler auch erheblich werden), als wenn ein gewisser Verbrauch von $^1/_6$ des maximalen angezeigt werden kann an einer Leitung, die vielleicht monatelang abgestellt ist.

Soviel wir sehen, führt jeder Versuch, trotz der quadratischen Beziehung zwischen Dampfmenge und Druckverlust die Anzeige der Dampfmenge selbst proportional zu machen, bei den Mündungsdampfmessern auf diese Schwierigkeit, daß die Verstellkraft zugleich mit dem Druckverlust des Dampfes, der sie liefert, gegen Null konvergiert. Jeder Versuch, trotz der verschwindenden Druckdifferenzen doch endliche Ausschläge zu erzielen, führt irgendwie auf eine Übersetzung der Wege ins Große und damit zu einer Verkleinerung der Kräfte, die zur Überwindung der Reibung verfügbar sind.

Ohne daher diesen grundsätzlichen Fehler zu beseitigen, kann man doch durch zwei Maßnahmen seine Folgen mildern. Man kann den zu messenden Druckunterschied steigern, indem man ein Venturirohr oder gar die Rateausche Multiplikationsdüse an Stelle der Mündung verwendet, man kommt dann bei gleich empfindlichen Instrumenten für die Differenzmessung bis auf kleinere Werte herab; oder man kann das Differentialmanometer in sehr großen Abmessungen ausführen, um große Richtkräfte zu erhalten und die hemmenden Einflüsse der Reibung relativ zu verringern. Beide Wege sind beschritten worden.

So bauen Siemens & Halske neuerdings Dampfmesser nach Fig. 169, die indessen auch für Gas- und Flüssigkeitsmessungen angeboten werden. Das Venturirohr (§ 63) betätigt ein Differentialmanometer mit Quecksilberfüllung, das durch eigenartige Gestaltung eines der beiden Schenkel Ausschläge proportional der Wurzel aus dem Druckunterschied erzielt. Das Instrument wird mit elektrischer Integrierung geliefert, ferner als Dampfzeiger und als schreibendes Instrument.

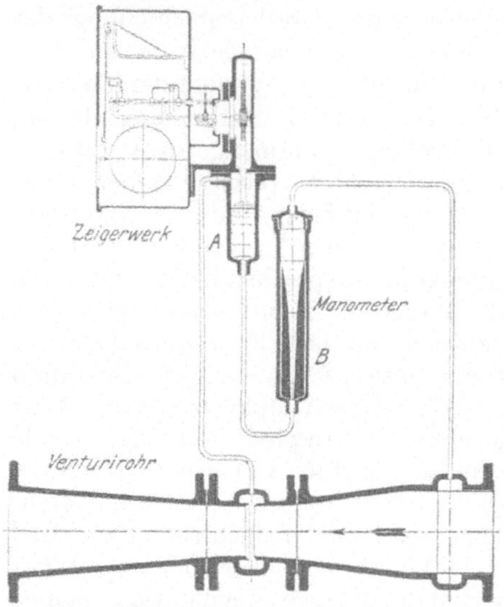

Fig. 169. Dampfzeiger oder Flüssigkeitszeiger von Siemens & Halske.

Besondere Einbauarten. Über den Einbau der Dampfmesser ist das allgemein Erforderliche schon bei den einzelnen Dampfmessertypen erwähnt.

Es kommt vor, daß in einer Rohrleitung *Dampfströmung in beiden Richtungen* möglich ist. In diesem Fall versagen Mündungsmesser völlig, da eine Rückströmung von ihnen, die auf das Quadrat ansprechen, ebenfalls als positiv angezeigt wird, je nach Gestaltung der Drosselscheibe aber im allgemeinen falsch. Bei Verwendung von Schwimmermessern kann man der Möglichkeit ohne weiteres Rechnung tragen, indem man die Rohrleitung teilt und in die Zweige Messer verschiedener Durchströmung setzt. Gegen die Dampfströmung falscher Richtung schließt der Schwimmermesser dann einfach ab, und es wird stets nur einer der beiden entgegengesetzt parallel geschalteten Messer einen Dampfdurchgang anzeigen.

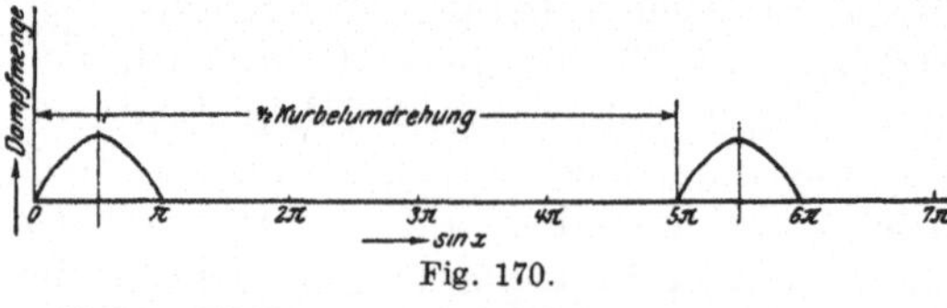

Fig. 170.

Beim Einbau in der *Nähe von Kolbenmaschinen* oder in der Nähe von Dampfturbinen mit *intermittierender Dampfzufuhr* (Parsons) kann die Anzeige des Dampfmessers merklich falsch werden. Denn der Messer spricht auf das Quadrat der Dampfmenge, also bei schwankender Menge auf den quadratischen Mittelwert an, während der einfache Mittelwert gemessen werden soll. Wenn eine Dampfmaschine während $^1/_5$ der Hubzeit Dampf aufnimmt und die Dampfaufnahme in dieser Zeit nach einem Sinusgesetz verläuft, Fig. 170, so ist bei Mündungsmessern ein Fehler in folgender Größe möglich. Eine gleichmäßig strömende Dampfmenge vom Werte 1 werde von dem Messer richtig angezeigt. Wenn die gleiche Menge nach dem gedachten Gesetz intermittierend durch den Messer geht, so muß die Höchstordinate der Sinuslinie so gewählt werden, daß die Fläche unter ihr als einfachen Mittelwert die Einheit ergibt. Wegen $\int\limits_{\pi}^{0} \sin x \cdot dx = 2$ muß also, da die Zeit des Hubes mit 5π bezeichnet ist, die Höchstordinate gleich $\frac{5}{2}\pi$ gemacht werden, denn nun ist der einfache Mittelwert erstreckt über $^1/_2$ Kurbelumdrehung

$$\frac{\frac{5}{2}\pi \cdot \int\limits_0^{\pi} \sin z \cdot dz}{5\pi} = \frac{\frac{5}{2}\pi \cdot 2}{5\pi} = 1 .$$

Der mittlere Druckunterschied ist aber durch den q u a d r a t i s c h e n Mittelwert gegeben. Es ist $\int\limits_0^{\pi} \sin^2 x\, dx = \frac{\pi}{2}$, und da für die Kurve der Quadratwerte eine Höchstordinate $(\frac{5}{2}\pi)^2$ entsteht, so ist die Fläche unter ihr durch $\left(\frac{5}{2}\pi\right)^2 \cdot \frac{\pi}{2}$, und der quadratische Mittelwert über die Strecke 5π, als Wurzel aus dem Mittelwert der Quadrate, ist

$$\sqrt{\frac{\left(\frac{5}{2}\pi\right)^2 \int\limits_0^{\pi} \sin^2 z \cdot dz}{5\pi}} = \sqrt{\frac{\left(\frac{5}{2}\pi\right)^2 \cdot \frac{\pi}{2}}{5\pi}} = \sqrt{\frac{1}{4}\pi^2} = \frac{\pi}{2} = 1{,}57 .$$

Wenn also der gleichmäßige Dampffluß vom Messer richtig angezeigt wird, so wird der tatsächlich ebenso große nach dem gedachten Gesetz intermittierende 1,57 mal so hoch angezeigt. Der Fehler ist also beträchtlich, wenn der Dampfmesser unmittelbar an der Maschine angebaut ist. Das muß vermieden werden. In einiger Entfernung von der Maschine und namentlich nach Zwischenschaltung eines Dampfsammlers werden die Fehler schnell kleiner. So bedeutend sie werden können, so werden sie doch in Literatur und Praxis überschätzt, scheinbar auf Grund eines Überlegungs- oder Rechenfehlers Z. d. V. D. I. 1910, S. 256, der in obigem richtiggestellt ist.

Vor dem Dampfmesser empfiehlt es sich eine Entwässerung einzubauen, wenngleich der Dampfmesser nur das durchgehende Dampfvolumen mißt und das Wasser ungemessen läßt.

G a s - u n d F l ü s s i g k e i t s m e n g e n lassen sich mit den Dampfmessern ohne weiteres messen; manche der Bedenken gegen die betriebsmäßige Verwendbarkeit der Mündungsmesser fallen fort; mit der Kondensation in den Zuleitungen verschwindet die Frostgefahr, mit dem hohen Druck die Schwierigkeit beim Anstellen und die beim Abstellen. Wo allerdings der Druckverlust im Messer nur nach Millimetern Wassersäule zu messen ist, wird man genügende Kräfte für die Zeigerstellung nur mittels des Venturirohres erhalten können. Über dessen Verwendung zur Speisewassermessung vergleiche § 63.

IX. Messung von Kraft, Drehmoment, Arbeit, Leistung.

73. Übersicht. Eine *Kraft* erkennt und mißt man an den Wirkungen, die sie auf irgendwelchen Körper — Maschinen- oder Bauteil hervorbringt. Diese Wirkungen können dreierlei Art sein, je nachdem es sich um einen ruhenden Körper handelt (Gleichgewichtszustand), oder ob es sich um einen gleichförmig oder um einen ungleichförmig bewegten Körper handelt (Beharrungszustand, Beschleunigung oder Verzögerung).

Eine Kraft kann dadurch kenntlich werden, daß sie die von einer oder mehreren anderen Kräften erstrebte Bewegung verhindert, sie ist dann mit diesen Kräften im *Gleichgewicht*. Kennt man die andere Kraft, so kann man sie nach den Lehren des Gleichgewichts zur Messung der ersten benutzen. Die Wage, die wir als Mittel zur Mengenmessung besprochen haben, ist eigentlich ein Kraftmesser. Die Schalenwage vergleicht irgendeine Kraft mit der Schwerkraft des ausgleichenden Gewichtsstückes, die man kennt; die Federwage vergleicht eine beliebige Kraft mit der elastischen Kraft der Feder, die man ebenfalls (durch Eichung) kennt. Ist eine Wage nicht für Mengenmessungen, sondern speziell zur Messung von Kräften eingerichtet, so nennt man sie *Dynamometer*.

Eine Kraft kann auch dazu dienen, eine vorhandene Bewegung trotz entgegenstehender Widerstände aufrecht zu erhalten (*Beharrungszustand*). Sie überwindet dann die Widerstände und leistet dadurch eine *Arbeit* L, die durch das Produkt aus der Größe der Kraft P und dem Wege s ihres Angriffspunktes gegeben ist: $L = P \cdot s$. — Die in der Sekunde von einer Maschine gelieferte oder verbrauchte Arbeit nennt man ihre *Leistung*. Die Leistung ist also Kraft mal Weg in der Sekunde, also auch Kraft mal Geschwindigkeit: $N = \frac{P \cdot s}{t} = P \cdot w$. — Zur Messung einer Kraft können diese Beziehungen insofern dienen, als man aus dem Gesetz von der Erhaltung der Energie weiß, daß Arbeit unverwüstlich, aber in die verschiedensten anderen Energieformen umsetzbar ist; solche Umsetzungen erfolgen nach festen Äquivalenzverhältnissen, darauf eben beruht die Messung. Man kann also die Arbeit nicht nur in mechanischer, sondern auch in elektrischer Form oder als Wärme messen, und dann rückwärts die Kraft berechnen. In bezug auf die Leistung gelten bei solchen Umsetzungen die gleichen Äquivalenzverhältnisse, man kann also auch sie zur Ermittlung von Kräften verwenden.

Hat man etwa die elektrische Leistung eines Hebezeugmotors und die Hakengeschwindigkeit gemessen, so ergibt sich aus $P = \frac{N}{w}$ die gehobene Last, freilich noch ohne Beachtung des Wirkungsgrades. Hat man die indizierte Leistung einer Lokomotive und die Fahrgeschwindigkeit des Zuges gemessen, so gibt die gleiche Formel die am Zughaken ausgeübte Kraft, wieder ohne Beachtung des Wirkunsgrades; doch ist es gleichgültig, ob der Zug bergauf oder bergab fuhr. Häufiger freilich ermittelt man umgekehrt aus der Last und der Hakengeschwindigkeit die Leistung eines Hebezeuges, aus Zugkraft und Fahrgeschwindigkeit die Leistung der Lokomotive. Der Zusammenhang bleibt aber der gleiche.

Wo es sich endlich um *Beschleunigungs- oder Verzögerungszustände* handelt, da kann man die auf einen Körper wirkende Gesamtkraft aus den allgemeinen Beschleunigungsausgleichungen ermitteln. Insbesondere läßt sich die auf einen Körper von der Masse m wirkende Gesamtkraft P finden aus der Beschleunigungsgleichung $P = m \cdot \frac{d^2 s}{dt^2}$ oder $P = m \cdot \frac{dw}{dt}$; zu ihrer Feststellung ist also die Messung des zurückgelegten Weges s oder der jeweiligen Geschwindigkeit w in ihrer Abhängigkeit von der Zeit t nötig, und dann ist eine ein- oder zweimalige Differentiation auszuführen.

Für die *drehende Bewegung* tritt an die Stelle der Kraft das *Drehmoment*, das ist ein Kräftepaar, dessen Größe durch das Produkt aus Kraft und Arm gegeben ist: $M_d = P \cdot l$. Geht die eine Kraft des Paares durch die Rotationsachse, wie es meist der Fall ist, so ist das von der anderen ausgeübte Drehmoment gegeben durch das Produkt aus der Kraft und dem Abstand des Angriffspunktes von der Drehachse, also wieder $M_d = P \cdot l$. Man kann das Drehmoment auch als die Kraft reduziert auf den Arm Eins definieren.

Alles eben über die Kraft und ihre Messung Gesagte gilt wörtlich vom Drehmoment, sobald es sich um eine drehende Bewegung handelt. Nur tritt die Winkelgeschwindigkeit ω/s oder die Drehzahl n/min an die Stelle der fortschreitenden Geschwindigkeit, der durchlaufene Winkel φ an die Stelle des Weges und das Trägheitsmoment J an die Stelle der Masse.

Auch bei drehender Bewegung kann es sich um *Gleichgewichtszustände* handeln — die von dem zu messenden Drehmoment erstrebte Bewegung kommt infolge eines entgegenstehenden gleich großen nicht zustande, wie am Balken eines Bremszaunes.

Oder es kann sich um einen *Beharrungszustand* handeln — das Schwungrad der Kraftmaschine läuft trotz des widerstehenden Drehmomentes einer Bremse, einer belastenden Dynamomaschine oder einer belastenden Transmission gleichförmig um und gibt dadurch Arbeit ab, deren Wert durch das Produkt aus der Größe des Drehmomentes M_d und dem zurückgelegten Winkel φ zu finden ist: $L = M_d \cdot \varphi$. — Die in der Sekunde gelieferte Arbeit ist wieder die Leistung der Maschine, gegeben durch die Beziehung $N = \frac{M_d \cdot \varphi}{t} = M_d \cdot \omega$. — Zur Messung des Drehmomentes können diese Beziehungen wieder auf Grund des Gesetzes von der Erhaltung der Energie dienen; schreibt man $M_d = \frac{N}{\omega}$, so kann man die Leistung N nicht nur in mechanischer Form, sondern als elektrische Leistung der angetriebenen Dynamomaschine messen, mißt außerdem mittels Tachometers die Winkelgeschwindigkeit ω und berechnet das zum Antrieb der Dynamomaschine nötige Drehmoment; der Wirkungsgrad der Dynamomaschine ist dabei freilich wieder noch unbeachtet.

Bei *Beschleunigungs- und Verzögerungszuständen* kann man das auf die umlaufenden Massen, deren Trägheitsmoment J sei, wirkende Gesamtmoment aus der Beschleunigungsgleichung finden, die für umlaufende Bewegung die Form hat $M_d = J \cdot \frac{d^2\varphi}{dt^2}$ oder $M_d = J \cdot \frac{d\omega}{dt}$; man hat das Trägheitsmoment, sowie den durchlaufenen Winkel oder die Geschwindigkeit zu messen und muß dann wieder die Differentiation ausführen.

74. Einheiten. Als Einheit der Kraft gilt im technischen Maßsystem das Kilogramm [kg], eines der Grundmaße. Die Einheit des Drehmomentes ist jenes Drehmoment, wo das Kilogramm am Arme von 1 m angreift, das Meterkilogramm [m · kg). Man benutzt auch die kleinere Einheit: $1\ \text{cm} \cdot \text{kg} = \frac{1}{100}\ \text{m} \cdot \text{kg}$.

Die Einheit der Arbeit wäre diejenige Arbeit, die man aufwenden muß, um einen Widerstand von 1 kg über 1 m hin zu überwinden, etwa ein Kilogrammgewicht ein Meter hoch zu heben. Die Einheit der Arbeit heißt daher ebenfalls Meterkilogramm [m · kg]. Benutzen wir die drehende Bewegung zur Bestimmung einer Arbeitseinheit, so kommen wir auf die gleiche: es ist diejenige Arbeit, die man aufwenden muß, will man eine Drehung um den Winkel Eins $\left(\frac{180^\circ}{\pi} = 57^\circ\ 17\tfrac{3}{4}'\right)$ entgegen dem widerstehenden Drehmoment von 1 m · kg zustande bringen. Die Einheit ist also 1 mkg · 1 [m · kg], denn der Winkel ist eine unbenannte Zahl. Auf gebräuchlichere Arbeitseinheiten kommen wir unten.

Die Einheit der Leistung im technischen Maßsystem wird geliefert, wenn in jeder Sekunde die Arbeit von 1 m · kg geliefert wird. Diese Einheit $1\ \frac{\text{m} \cdot \text{kg}}{\text{s}}$ ist nicht die übliche. Man rechnet im Maschinenbau nach Pferdestärken, und zwar wird definiert $1\ \text{PS} = 75\ \frac{\text{m} \cdot \text{kg}}{\text{s}}$; die Pferdestärke ist 75 mal so groß wie die Einheit des technischen Maßsystems.

Die Elektrotechnik ist, vom physikalischen c-g-s-System ausgehend, auf das Watt als Leistungseinheit gekommen, und diese Einheit wird auch für mechanische Leistungen mehr und mehr verwendet; die einem elektrischen Strom entsprechende Leistung ist nämlich gegeben durch das Produkt aus der Spannung zwischen dem Ein- und Austritt des Stromes in denjenigen Teil, dessen Energieaufnahme man messen will, und aus der durch den betreffenden Teil gehenden Stromstärke in Ampere, wenn man als Produkt die Leistung in Watt erhalten will. Gebräuchlicher ist das Kilowatt: 1 kW = 1000 W. Bei Wechselstrom hätte man die Effektivwerte von Spannung und Stromstärke einzuführen und die Phasenverschiebung zu berücksichtigen, bei Drehstrom noch mit $\sqrt{3}$ zu multiplizieren.

Beide Leistungseinheiten, Kilowatt und Pferdestärke, stehen in einem gewissen festen Verhältnis zueinander, das experimentell wie folgt festzustellen ist: Fließt 1 Ampere im Leiter von 1 Ohm Widerstand, also bei 1 Volt Spannungsabfall, so entstehen 0,0002387 kcal in der Sekunde (kalorimetrische Messung): 1 W = 0,0002387 kcal/s. Natürlich darf in diesem Falle in dem Leiterteil keine sonstige Energieentnahme, durch chemische Zersetzung oder Betreiben eines Elektromotors, stattfinden. — Andererseits ist bekanntlich 1 kcal = 427 m · kg, also $1\ \text{PS} = 75\ \frac{\text{m}\cdot\text{kg}}{\text{s}} = \frac{75\ \text{kcal}}{427\ \text{s}}$. Daraus folgt $1\ \text{PS} = \frac{75}{427\cdot 0{,}0002387}$ $= 735{,}8\ \text{W}$.

$$1\ \text{PS} = 736\ \text{W} = 0{,}736\ \text{kW} \quad \text{(1)}$$

$$1\ \text{kW} = 1{,}36\ \text{PS} \quad \text{(1a)}$$

Das Kilowatt ist also um etwa ein Drittel größer als die Pferdestärke, diese um rund ein Viertel kleiner als das Kilowatt.

Es ist weiter

$$1\ \text{kW} = \frac{75}{0{,}736} = 101{,}9 \backsim 102\ \frac{\text{m}\cdot\text{kg}}{\text{s}} \quad \text{(2)}$$

Bei umlaufender Bewegung ergibt sich folgende Beziehung: es werden $75\ \frac{\text{m}\cdot\text{kg}}{\text{s}}$ dann geleistet, wenn ein Maschinenteil sich sekundlich um die Einheit des Winkels (57° 17¾′) vorandreht und dabei das Drehmoment von 75 m · kg ausübt. Wenn nun meist die Winkelgeschwindigkeit in Form der minutlichen Drehzahl gegeben ist, so daß die Winkelgeschwindigkeit $\omega = \frac{n}{60}\cdot\frac{360°}{57°\,17\frac{3}{4}'}$ ist, so entspricht einem Drehmoment M_d eine Leistung von $\frac{360°}{57°\,17\frac{3}{4}'\cdot 60}\cdot M_d\cdot n$, gemessen in $\frac{\text{m}\cdot\text{kg}}{\text{s}}$, oder es ist ist in Pferdestärken

$$N^{\text{PS}} = \frac{360}{57{,}3\cdot 60\cdot 75}\cdot M_d\cdot n = \frac{M_d^{\text{m}\cdot\text{kg}}\cdot n^{\text{Uml/min}}}{716} \quad \text{(3)}$$

oder aber

$$N^{\text{kW}} = \frac{M_d\cdot n}{716\cdot 1{,}36} = \frac{M_d^{\text{m}\cdot\text{kg}}\cdot n^{\text{Uml/min}}}{973}.$$

Rückwärtsgehend hat man aus den Leistungseinheiten durch Multiplizieren mit der Zeitdauer, während welcher die Leistung geliefert wurde, Arbeitseinheiten gebildet, die mehr gebraucht werden als das Meterkilogramm. Wird 1 PS eine Stunde lang geleistet, so ist die gelieferte Arbeit 1 PS · h. Es ist

$$1\ \text{PS}\cdot\text{h} = \left(75\ \frac{\text{m}\cdot\text{kg}}{\text{s}}\right)\cdot(3600\ \text{s}) = 75\cdot 3600\ \text{m}\cdot\text{kg} = 270\,000\ \text{m}\cdot\text{kg} \quad \text{(4)}$$

also

$$1\ \text{kW}\cdot\text{h} = \frac{1000}{736}\cdot 270\,000 = 367\,000\ \text{m}\cdot\text{kg} \quad \text{(5)}$$

Endlich kann man noch die Wärmeeinheit als Arbeitseinheit ansehen, das ist jene Wärmemenge, die 1 kg Wasser um 1° erwärmt (§ 104). Nach den neuesten Forschungen ist 1 kcal = 427 m · kg der wahrscheinlichste Wert. Daher ist wieder 1 kcal $= 427 \cdot \frac{1}{270\,000} = \frac{1}{632}$ PS · h, oder, wenn wir auf Leistungseinheiten übergehen:

$$1\ \text{PS} = 632\ \frac{\text{kcal}}{\text{h}}\,;\quad 1\ \text{kW} = 859\ \frac{\text{kcal}}{\text{h}}\quad \ldots\ldots \quad (6)$$

Im *englischen Maßsystem* ist die Arbeitseinheit das Fußpfund; es ist 1 m · kg = 7,233 Fußpfund. Die englische Pferdestärke (HP) ist 1 HP $= 550\ \frac{\text{Fs} \cdot \text{Pfd}}{\text{s}}$; es ist 1 PS = 0,986 HP.

75. Dynamometer für Kraftmessung. Apparate zur direkten Messung von Kräften oder Drehmomenten heißen Dynamometer. Jede Wage ist ein Dynamometer, sie mißt die Schwerkraft von Körpern. Meist betrachtet man aber die Wage als zum Messen von Stoffmengen dienend. Dann versteht man unter Dynamometern Apparate, deren Wirkung nicht an die senkrechte Richtung der Kraft gebunden ist. Doch

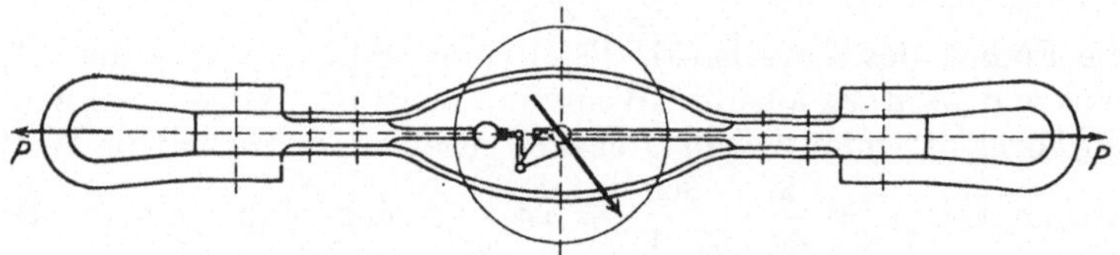

Fig. 171. Zugdynamometer von Schaeffer & Budenberg.

wird die Brückenwage beim Pronyschen Zaum (§ 76) richtig als Kraftmesser verwendet.

Ein eigentliches Dynamometer ist die *Federwage*, deren Wirksamkeit zu beschreiben überflüssig ist. Bei dem Dynamometer Fig. 171 sind sanft gebogene Federn der wirksame Teil. Ihre Streckung unter dem Einfluß der Kräfte P wird, durch Zahnradtrieb auf einen Zeiger übertragen und vergrößert sichtbar gemacht, als Maß der Kräfte verwendet. Dies Dynamometer dient namentlich zur Messung des Widerstandeslandwirtschaftlicher Maschinen, siehe unten.

Bei *hydraulischen Dynamometern* wirkt die zu messende Kraft auf einen Kolben und erzeugt in der Flüssigkeit unter dem Kolben eine Spannung, die ein Maß für die Größe der Kraft ist, sobald man die Kolbenfläche kennt. Das Manometer wird dann direkt in Kilogramm geteilt. Das Ganze ist eine Umkehrung der Kolbenpresse, bei der man aus der Kolbenfläche und den bekannten Gewichten die erzeugte Spannung berechnete, und die insbesondere zum Eichen von Manometern dient (§ 29). Man hat solche hydraulischen Wagen zum Einhängen in den Kranhaken, so daß man am Manometer, das dann gleich in Kilogramme geteilt wird, nicht in Atmosphären, die gehobene Last ablesen kann.

Höheren Ansprüchen an Genauigkeit entspricht die *Meßdose* (Fig. 172). Auch sie ist ein hydraulischer Kraftmesser. Die Flüssigkeit ist in einen Hohlraum eingeschlossen, der nach oben zu durch eine Membran a aus dünnem Messingblech abgeschlossen ist, die über einen Paßring gelegt und zwischen ihm und dem oberen Gehäuseteil eingeklemmt ist. Ein Manometer läßt die Spannung der Flüssigkeit erkennen. Auf der Membran ruht ein Kolben, der nur wenig kleiner ist als die Ringfläche, in der die Membran eingeklemmt ist; so bleibt nur ein schmaler Ringspalt für die Deformation der Membran bei eintretender Kolbenbewegung frei — genügend schmal, damit die Membran der Flüssigkeitsspannung gewachsen bleibt. Die Führung des Kolbens geschieht durch zwei Stahlblechfedern b und c, die außen im Gehäuse, innen

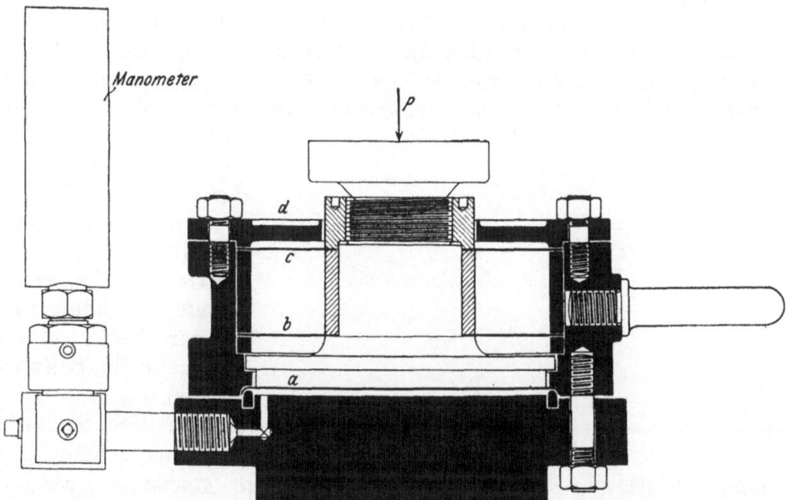

Fig. 172. Meßdose der Maschinenfabrik Augsburg-Nürnberg A.-G. Für 20000 kg Kraft.

zwischen verschiedenen Teilen des Kolbens eingeklemmt sind. Der Kolben darf nur sehr kleine Bewegungen ausführen, soll nicht die Elastizität der Führungsfedern merkliche Störungen in die Messung bringen; er braucht aber auch nur die geringen Bewegungen zu machen, die den geringen Volumenänderungen des Inhaltes der Manometerfeder entsprechen; bei den großen Kolbenabmessungen genügt die Bewegung um einen Bruchteil eines Millimeters für Änderungen der Kraft von Null bis zum Höchstwert. Eine Hubbegrenzung, die selten mehr als 1 mm Hub freiläßt, wird daher genügend Spiel geben, nachdem einmal die richtige Menge Flüssigkeit eingefüllt und sorgfältig alle Luft ausgetrieben ist, die sonst größere Volumenänderungen bedingte. Die Hubbegrenzung und ein Staubverschluß d verhüten auch Beschädigungen der Führungsfedern bei unvorsichtiger Behandlung. — Bei kleinem Kolbendurchmesser würden größere Hübe nötig sein, um die Manometerfeder zu füllen, während doch die Führungsfedern weniger nachgiebig werden; bei Verkleinerung des Kolbendurchmessers ergeben sich daher ungünstigere Verhältnisse; überdies sind Manometer gerade für größere Spannungen zuverlässiger als für kleine. Deshalb ist die Meßdose hauptsächlich für Messung sehr großer Kräfte geeignet; die abgebildete Meßdose reicht bei rd. 160 mm Kolbendurchmesser für Kräfte von 20 000 kg aus; es entstehen daher Spannungen bis zu 100 at in der Flüssigkeit. — Die Unsicherheit, welche Kolbengröße für die Berechnung der Kraft maßgebend ist, weil der Spalt teilweise in Rechnung zu setzen wäre, wird ebenfalls mit zunehmender Kolbengröße geringer; im übrigen wird sie durch empirische Eichung der Dose beseitigt. — Die Meßdose ist besonders für Kraftmessungen im Materialprüfungswesen in letzter Zeit sehr in Aufnahme gekommen und bewährt sich durch Genauigkeit der Messung, Unempfindlichkeit gegen Erschütterungen und bequeme Handhabung, so daß sie auch andern Ortes zu empfehlen sein wird. Wegen der mannigfachen Sonderbauarten sei auf die Literatur über Materialprüfung verwiesen.

Größere Kraftmesser werden namentlich für die *Untersuchung landwirtschaftlicher Maschinen* gebraucht, um den Kraftbedarf von Pflügen oder anderen Geräten zu bestimmen, der je nach der Bodenart verschieden groß ausfällt.

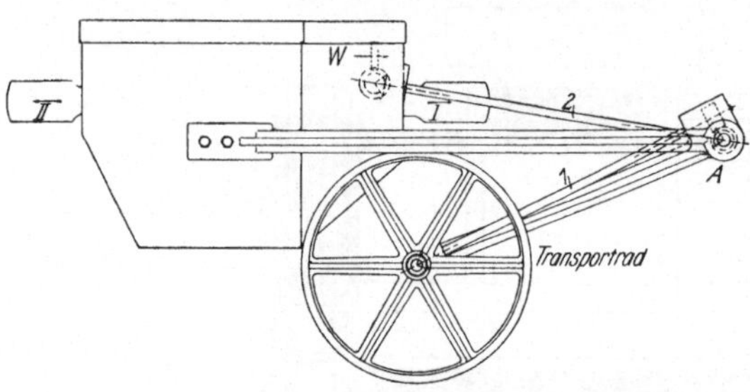

Fig. 173. Dynamometer für Dampfpflüge von Bernstein-Polikeit.

Da die Zugwiderstände der Feldgeräte in der Regel starke und schnelle Schwankungen zeigen, so kann die mittlere Zugkraft nur aus einem hinreichend weitläufig geschriebenen Diagramm gewonnen werden. Bei genaueren Messungen werden deshalb nur Registrierinstrumente verwendet, bei denen der Schreibhebel durch das kraftmessende Element bewegt wird, während eine dazu senkrechte Bewegung entweder von einem Uhrwerk oder durch ein auf dem Boden abrollendes Laufrad hervorgebracht wird. Wegen der ungleichförmigen Bewegung der Geräte ist der Laufradantrieb dem Uhrwerksantrieb vorzuziehen. Man benutzt statt des Laufrades auch eine Schnur, die an einem Ende festgehalten wird und sich beim Vorwärtsgehen des Gerätes von einer Trommel abwindet, eine allerdings etwas unbequeme Einrichtung.

Die Zugkräfte bei Dampf- und Motorpflügen erreichen eine beträchtliche Größe (über 12 000 kg). Man benutzt daher mit Vorteil hydraulische Kraftmesser. Fig. 173 bis 175 zeigen ein mit Meßdose ausgerüstetes Instrument, das in folgender Weise wirkt.

Das Ganze ist in einem Kasten untergebracht, um gegen die Unbilden der Witterung und den Ackerschmutz geschützt zu sein. Mittels der Augen *I* und *II* wird der Apparat in das Zugseil eingeschaltet, das von einer feststehenden Winde aus den Dampfpflug bewegt. Infolge des Seilzuges schwebt das eigentliche Dynamometer frei in der Luft.

Das Transportrad für den Papiertransport ist an einem um das Gelenk A (Fig. 173) drehbaren Pendelarm so befestigt, daß es durch sein Eigengewicht herabfällt und auf dem Boden abrollt. Durch die Wellen *1* und *2* wird die Bewegung des Transportrades auf eine Welle W im Innern des Dynamometerkastens und weiterhin, Fig. 175, auf das Papier übertragen.

Das Dynamometerwerk selbst, Fig. 174, ist an einem Rahmen aus Gußeisen befestigt, der zugleich das Blechgehäuse trägt. Der Rahmen

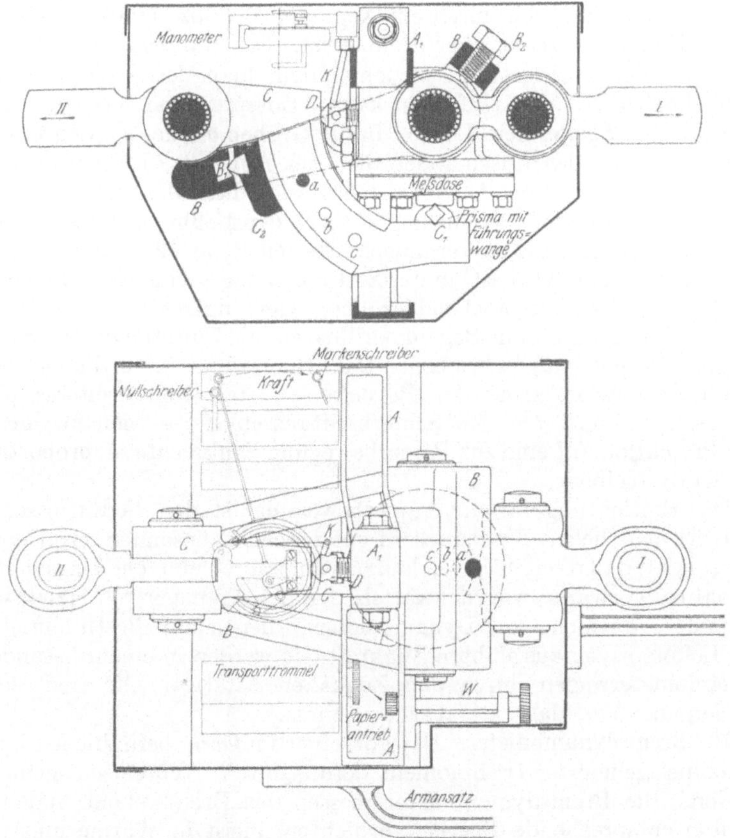

Fig. 174 und 175. Inneres Werk von Fig. 173.

ist an einer Stelle offen, und dort ist bei A_1 die Meßdose mit einem vorstehenden Lappen in ihn eingeklemmt. Die von der Meßdose empfangenen Kräfte werden durch ein Kupferrohr K auf ein Manometerwerk übertragen, das in der unteren Figur schwächer gezeichnet ist, da es vor der eigentlichen Bildebene liegt. Das Manometer schreibt die Kräfte auf einen Papierstreifen, dessen Bewegungseinrichtung nicht in den Einzelheiten gezeichnet ist; es sind auch nur einige der Führungstrommeln sowie eine Transporttrommel gezeichnet. Ein Nullschreiber zeichnet die Nullinie der Skala, ein Markenschreiber, magnetisch betätigt, gibt Zeitmarken.

Auf die Meßdose übt nun der Hebel CC_1 Kräfte aus, indem er bei C_1 durch einen Vierkantprisma hindurch auf den Deckel der Meßdose drückt. Der Hebel CC_1 erfährt die Kraft durch den am Auge II wirkenden Zug. Er ist zu dem Zweck um die Schneide mit Pfanne B_1 drehbar. Das Übersetzungsverhältnis aber und damit der Meßbereich der Meßdose läßt sich durch Verlegen des Drehpunktes B_1 verändern. Dazu ist B_1 in einem beweglichen Rahmenstück BB gelagert, das sich in dem mittleren, auch durch ein Auge der Meßdose hindurchgehenden Bolzen führt, um diesen aber drehbar ist. Das Rahmenstück BB kann nun verschieden eingestellt werden, indem man den Paßstift a auch in die Löcher b oder c einführen kann. Entsprechend setzt man dann die Schraube B_2 von dem Loch a' in die Gruben b' oder c'. Schraube B_2 dient nur dazu, das Auseinanderfallen des Apparates in ungespanntem Zustand zu verhindern. Dem gleichen Zweck dient die Stellschraube D.

Durch die Verstellvorrichtung läßt sich der Meßbereich des Dynamometers in weiten Grenzen verändern. Es reicht bis 12 000 kg, wenn der Paßstift in a eingeführt ist, in der Stellung c dagegen ist der Meßbereich nur 3000 kg, bei entsprechend größerer Genauigkeit.

Die Kräfte werden in Bogenkoordinaten, als Funktionen des zurückgelegten Weges aufgeschrieben. Das Diagramm stellt die geleistete Arbeit dar, es ist trotz der Bogenkoordinaten ohne weiteres planimetrierbar, sofern nur die Schreibstiftausschläge — genauer gesagt, ihre Projektion auf eine zur Papierbewegung Senkrechte — proportional der Kraft bleiben.

Die Einrichtung für die Papierbewegung ist den Bedürfnissen bei landwirtschaftlichen Kraftmessern entsprechend besonders groß und so ausgebildet, daß die richtige Ablaufrichtung durch einfache Umschaltung sowohl bei vorwärts- wie rückwärtslaufendem Transportrad erzielt wird.

Andere Formen von Dynamometern dienen zur Bestimmung der von Lokomotiven ausgeübten Zugkraft, sie werden in einem besonderen Dynamometerwagen durch den Zughaken betätigt. Oft sind sie registrierend. Vgl. das Literaturverzeichnis.

76. Bremsdynamometer. Das von einer im Gang befindlichen Kraftmaschine gelieferte Drehmoment kann durch Abbremsen gemessen werden. Die Bremsdynamometer messen das Drehmoment, indem sie die ihm entsprechende Energie vernichten, meist in Wärme umsetzen. Die Bremsdynamometer haben also eine *doppelte Aufgabe*, nämlich erstens die Maschine zu belasten, d. h. das ihrem Gang entgegenstehende Drehmoment zu erzeugen, und zweitens das erzeugte Drehmoment zu messen. Beide Funktionen sind unabhängig voneinander. Die *Erzeugung des Drehmomentes* geschieht meist durch mechanische Reibung fester Teile, der Bremsbacken oder des Bremsbandes, auf einer Bremsscheibe; an Stelle davon kann aber auch der hydraulische Widerstand von Flüssigkeiten treten, oder der durch Wirbelströme oder durch den Rückdruck von Maschinen hervorgerufene Widerstand. Die *Messung des Drehmomentes* geschieht durch Beobachten der Kraft, die in gewissem Abstand von der Achse ausgeübt wird, meist durch Ausgleichen mit Gewichtsstücken, oft auch unter Verwendung einer Wage, seltener unter Verwendung eines Feder- oder Flüssigkeitsdynamometers. — Will man die Leistung der Maschine kennen, so muß man außer dem Drehmoment stets noch die minutliche Drehzahl feststellen.

Die einfachste Form eines Bremsdynamometers ist der *Pronysche Zaum* (Fig. 176 und 177). Auf dem Umfang einer Riemenscheibe oder eines Schwungrades wird Reibung dadurch erzeugt, daß eine mit einem Hebelarm verbundene oft hölzerne Backe und ein eisernes Band mit oder ohne Holzfutter durch Anziehen der Flügelschrauben gegeneinander und gegen die Scheibe gezogen werden. Dadurch wird am Umfang der Scheibe Reibung erzeugt und die Maschine belastet. Die Größe der Belastung wird gemessen, indem man mit Hilfe der Brückenwage die Kraft feststellt, die der Hebel an seinem Ende ausübt (Fig. 176), oder indem man an das Hebelende Gewichte anhängt, bis die Bremse im Gleichgewicht ist und frei zwischen den Anschlagstiften spielt

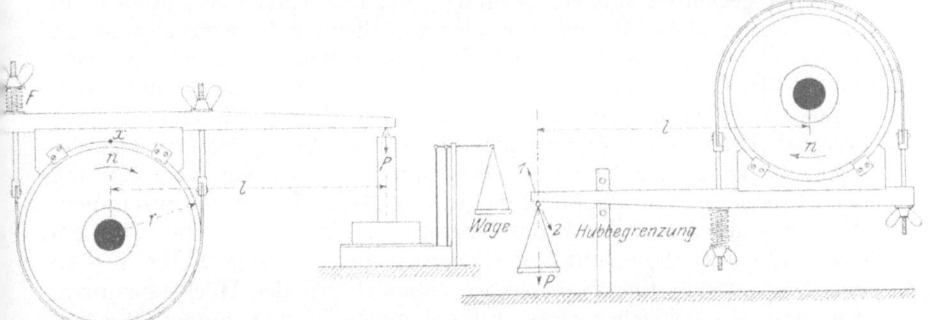

Fig. 176 und 177. Zwei Formen des Pronyschen Zaumes.

(Fig. 177). Ist nun im Einspielen des Hebels am Hebelarm l m eine Kraft P kg gemessen, so ist die Maschine mit dem Drehmoment $M_d = P \cdot l$ mkg belastet, und bei der Drehzahl n/min ist die Leistung der Maschine $N = \frac{M_d \cdot n}{973} = \frac{l \cdot P \cdot n}{973}$ kW. Die Größe $\frac{l}{973}$ ist für einen Zaum, mit dem man eine Reihe von Bremsungen ausführt, stets die gleiche. Man ermittelt sie ein für allemal und nennt sie die *Bremskonstante* $C = \frac{l}{973}$. Bezogen auf die Pferdestärke wird $C_1 = \frac{l}{716}$. Bei der einzelnen Bremsung ist dann $N = C \cdot P \cdot n$. Recht zweckmäßig ist es, $l = 973$ mm zu machen, dann wird $C = 0{,}001$.

Man kann die Gleichung auch direkt und anschaulicher ableiten: Am Umfang der abgebremsten Riemenscheibe wirken rundherum Reibungskräfte, die wir zu einer Umfangskraft U zusammenfassen. U wirkt am Zaum im Sinne der Wellenumdrehung, an der Scheibe umgekehrt. Der Angriffspunkt dieser Kraft U, das ist der Scheibenumfang, legt in der Sekunde $2\pi r \cdot \frac{n}{60}$ Meter zurück. Also ist die Leistung

$N = \frac{U \cdot 2\pi r \frac{n}{60}}{102}$. Hierin sind U und r unbekannt, es ist aber $U \cdot r = P \cdot l$ eine Gleichgewichtsbedingung für den Zaum. Also wird $N = \frac{P \cdot l \cdot 2\pi n}{60 \cdot 102} = C \cdot P \cdot n$, wo $C = \frac{2\pi l}{60 \cdot 102}$ dieselbe Bremskonstante ist wie oben.

In P darf das Eigenmoment des Holzhebels nicht enthalten sein. Vor Beginn des Versuchs löst man deshalb die Schrauben ganz, bringt eine Schneide, etwa eine Dreikantfeile bei x zwischen Scheibe und Bremse und tariert, nachdem man so die Reibung beseitigt hat, in Fig. 176 die Wage aus. Die Tara ist dann später abzuziehen. Oder man gleicht durch ein links an den Balken gehängtes Gegengewicht das Moment aus. In Fig. 177 wäre entsprechend zu verfahren.

Um gutes Einspielen zu erzielen, ist zweierlei nötig; eine gewisse Elastizität in der Spannvorrichtung und passende statische Verhältnisse der gesamten Bremsanordnung. Die *Elastizität* muß, wenn nicht das Bremsband selbst und etwa der auf Biegung beanspruchte Hebel genügend nachgiebig ist, durch besondere Federn erreicht werden, die bei Fig. 176 und 177 in Gestalt von auf Druck beanspruchten Schraubenfedern F vorhanden sind. Ohne diese Federn nimmt bei einer geringen Drehung der Spannmuttern die Anspannung des Bremsbandes sogleich stark ab oder zu; Federn dagegen lassen eine Vergrößerung der Anspannung nur allmählich zu, in dem Maße, wie sie sich zusammendrücken; nur wenn die Federn vorhanden sind, kann man also ein gewünschtes Drehmoment mit Sicherheit fein einstellen. Die Federn müssen passende Elastizität haben, nämlich bei der Höchstspannung des Bremsbandes sich genügend zusammendrücken, ohne daß schon durch Aufeinanderliegen der Gänge die Elastizität vorzeitig verlorengeht. Da freilich viele ausgeführte Bremsen ohne solche Federung ruhig laufen, so scheint die Elastizität des Bremsbandes und der Holzeinlagen an sich meist zu genügen, um eine eingestellte Belastung festzuhalten; dann ist aber eine feinfühlige Nachstellmöglichkeit für die Spannmuttern nötig, wie solche bei Fig. 183 durch eine Schnecke mit Trieb erreicht ist. — Was die *statischen Verhältnisse* der Bremsanordnung anlangt, so muß dieselbe in der Einspielstellung im stabilen Gleichgewicht sein. In Fig. 176 ist der Schwerpunkt des Bremszaumes allerdings über dem Wellenmittel, so daß er sich also an sich, auch wenn ausbalanciert, im labilen Gleichgewicht befindet: bei der geringsten Abweichung aus der Mittellage wird er zu gänzlichem Umfallen neigen. Nun sind aber die Brückenwagen stark statisch gebaut, auch wirkt es im Sinne größerer Stabilität, daß der Hebelarm sich vergrößert, wenn die Bremse mitgenommen wird, sich aber verkleinert, wenn sie zurückfällt. Diese Umstände wirken dahin, daß im allgemeinen die Anordnung stabil sein wird; doch kann sie instabil sein, wenn der Oberbalken schwer und die Brückenwage klein ist. Bei Anwendung von Gewichten wird die Bremse nur dann stabil, wenn der Balken unten ist und möglichst auch noch der Hebelarm beim Zurückfallen der Bremse abnimmt; bei oben befindlichen Balken wird die Bremse auch dann nicht stabil, wenn man den Hebel so durchkröpft, daß das Gewicht in Wellenhöhe angehängt werden kann, oder wenn man durch ein Segment wie in Fig. 180 wenigstens die Verringerung des Hebelarmes beim Zurückfallen der Bremse vermeidet. Die Veränderlichkeit des messenden Hebelarmes in Fig. 177, Pfeil *1—2*, hat übrigens zur Folge, daß die Bremse zwar gut steht, daß aber die Messung wesentlich falsch wird, wenn der Hebel nicht m i t t e n zwischen den Hubbegrenzungen einspielt.

Die Spannfedern sind für sichere Einstellung einer bestimmten Belastung, die Erreichung stabilen Gleichgewichtes ist für ihre saubere Messung wesentlich. Wir erinnern nochmals an die Tatsache, daß der Zaum zwei Zwecken dient: er soll die zu untersuchende Maschine belasten — das geschieht durch Anziehen der Flügelmuttern — und er soll die Größe der erzeugten Belastung messen — das geschieht durch die Wage oder die Gewichte. Beide Funktionen sind unabhängig voneinander: durch Vermehren der Gewichte ändert man die Belastung nicht; wenn man aber die Maschine nur belasten, nicht die erzeugte Belastung messen will, so kann man die Wage durch ein festes Widerlager ersetzen.

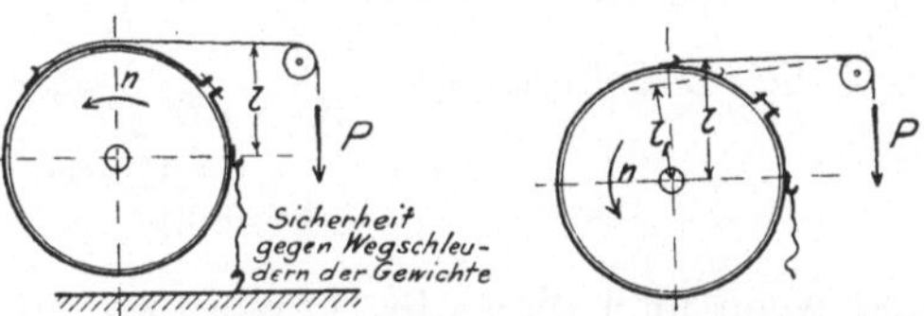

Fig. 178 und 179. Bandbremse. Richtige und falsche Anlenkung des Seiles.

Man kann auch oben und unten Backen verwenden, die durch Spannbolzen gegen die Scheibe gepreßt werden, und kann durch Verwendung von Gußeisen für die Scheibe und für die Backen ein sehr ruhiges Laufen erzielen, wo es sich um eine dauernd zu benutzende Bremse handelt. — Andererseits werden bei der *Bandbremse* Bremsbacken ganz vermieden; ein rund um die Scheibe gehendes Stahlband wird an einer Stelle durch eine Mutter angespannt; auch hier kann man die Messung durch Anhängen von Ausgleichgewichten oder durch Abstützen gegen eine Brückenwage bewirken. Bei geringer Höhe der Scheibe über dem Fußboden muß man das Seil nach Fig. 178 erst über eine Rolle gehen lassen. Falsch wäre die Anbringung des Seils am Bremsband nach Fig. 179; wenn die Gewichte auf und ab pendeln, ändert sich der Hebelarm, an dem sie angreifen. Das Seil soll ein Stück über das Bremsband hin- und dann t a n g e n t i a l ablaufen. Der Hebelarm l für die Gewichte P ist der Scheibenradius vermehrt um die Bremsbanddicke und die halbe Seildicke.

Wo Gewichte zum Messen verwendet werden, ist für eine *zuverlässige Hubbegrenzung* zu sorgen, die der Bewegung der Bremse so enges Spiel läßt, daß die Gewichte nicht erst größere Energiemengen in sich aufspeichern können; die Hubbegrenzung durch Seil oder Stifte muß genügend elastisch sein, um nicht durchschlagen zu werden. Überhaupt darf die Herstellung einer Bremse nicht sorglos geschehen; der Bruch eines Teiles führt leicht zum Abschleudern von Gewichten oder anderen Teilen. Die Abbremsung insbesondere größerer Leistungen ist daher niemals ohne Gefahr. — Gegen seitliches Herabgleiten ist jede Bremse auch zu sichern.

Für die *Abmessungen eines Bremszaumes* gab vor langen Jahren Bach die Vorschrift, es sei

$$D \cdot b \geqq \frac{75}{a} \cdot N_e \quad \ldots \ldots \ldots \ldots \quad (1)$$

Hierin sollen D und b in Metern der Durchmesser der Bremsscheibe und die Breite der Bremsklötze sein, N_e ist in PS die abzubremsende Leistung, und für die Erfahrungszahl a soll (für D und b in Metern) gelten

bei Luftkühlung $a_1 = 5000$,
bei Wasserkühlung $a_2 = 25\,000$,
bei Wasserkühlung, großen Geschwindigkeiten und kleinen Flächendrücken $a_3 = 50\,000$.

Man kann die Formel wie folgt umformen: das abzubremsende Drehmoment in m · kg ist $M_d = 716 \cdot \frac{N_e}{n}$, also $N_e = \frac{M_e \cdot n}{716}$; andererseits gilt für die Drehzahl n/min der Scheibe und ihre Umfangsgeschwindigkeit w m/s die Beziehung $n = \frac{60\,w}{2\,\pi \cdot \frac{1}{2} D}$. Aus beidem folgt

$$N_e = \frac{M_e \cdot w}{75 \cdot \frac{1}{2} D},$$

und wenn man dieses in (1) einsetzt, entsteht

$$D^2 b = \frac{2 \cdot M_e \cdot w}{a} \quad \ldots \ldots \ldots \ldots \quad (1a)$$

Die Scheibenabmessungen sind also entweder von der Leistung, oder vom Drehmoment und der Geschwindigkeit des Scheibenumfanges abhängig gemacht.

In neuerer Zeit hat Wilke eine große Reihe ausgeführter und bewährter Bremsen systematisch zusammengestellt und eine Formel abgeleitet, die hiernach jedenfalls ausreichende Abmessungen liefern wird, wenngleich bei den verwendeten Bremsen vielfach unsicher war, ob sie am Ende der Leistungsfähigkeit waren. Auf Grund von Erwägungen, die die Theorie der Zapfenreibung auf die Reibung zwischen Scheibe und Bremse anwendet, gibt Wilke der Gleichung die Form

$$D \cdot b \cdot w = \frac{75}{c} \cdot N_e \quad \ldots \ldots \ldots \ldots \quad (2)$$

Hierdurch ist nun die Geschwindigkeit des Scheibenumfanges eliminiert, denn mit $N_e = \frac{M_e \cdot w}{75 \cdot \frac{1}{2} D}$ entsteht

$$D^2 \cdot b = \frac{2\,M_e}{c} \quad \ldots \ldots \ldots \ldots \quad (2a)$$

Für die Konstante c ermittelt Wilke aus der Zusammenstellung ausgeführter Bremsen

$$c = \frac{3750}{D - 0{,}33}.$$

Man kann gegen die Abhängigkeit der Bremsabmessungen nur vom Drehmoment (nach Wilke) Bedenken haben, da doch die zu vernichtende Leistung für die Wärmeerzeugung bestimmt ist; aber andererseits wird bei gegebenem Drehmoment mit der Drehzahl nicht nur die erzeugte Wärmemenge, sondern auch die Wärmeabfuhr durch Konvektion zunehmen, und die allgemeine Erfahrung bestätigt es, daß man 100 PS bei hoher Drehzahl mit einem kleineren Zaum abbremsen kann als bei kleiner Drehzahl; auch erfordert im letzteren Fall das größere Drehmoment größere Kräfte im Band.

Einen Vergleich der beiden Angaben liefert Tabelle 18.

Tab. 18. Abmessungen von Bremszäumen.

Scheibendurchmesser D	0,6	1	2	m
nach Wilke ist $\frac{1}{2}c = \frac{M_e}{D^2 b}$	7 000	2 800	1 100	kg/m²
nach Bach ist $\frac{a}{2w} = \frac{M_e}{D^2 b}$				
für $n = 100$/min mit $a_1 = 5\,000$	800	480	240	kg/m²
mit $a_3 = 50\,000$	8 000	4 800	2 400	„
für $n = 500$/min mit $a_1 = 5\,000$	160	95	48	„
mit $a_3 = 50\,000$	1 600	950	480	„

Hierbei bedeutet ein größerer Wert von $\frac{M_e}{D^2 \cdot b}$, daß mit gegebener Bremse ein größeres Moment abgebremst werden kann. — Für Urteile aus der Praxis über die Erfahrungen mit beiden Berechnungsweisen wäre der Verfasser dankbar.

Bei der *Ausführung der Bremsung* hängt man am besten die Gewichte entsprechend der gewünschten Belastung an den Bremsarm, oder stellt sie auf die Wage und regelt während der Versuchsdauer die Bandspannung nach, so daß die Bremse immer frei spielt. Man wird nämlich bald bemerken, daß sich die von einem Zaum erzeugte Reibung fortwährend und in ziemlich weiten Grenzen ändert. Wenn man mit Öl gut schmiert, so werden die Schwankungen geringer, weil die Reibung der Ölteilchen an die Stelle der Reibung fester Körper tritt. An sich ist sonst die Schmierung dem Zwecke der Bremse, Reibung zu erzeugen, zuwider; man schmiere also nicht mehr als nötig.

Nicht identisch mit der Schmierung ist die Kühlung, welche die aus der vernichteten Arbeit erzeugte Wärme abführen soll. Sie soll möglichst reichlich geschehen, am besten durch Wasser. Danach ist es zweckmäßig, Schmierung und Kühlung ganz zu trennen, etwa das Kühlwasser reichlich durchs Innere der hohl ausgeführten Scheibe zu schicken, und das schmierende Öl spärlich zwischen Scheibe und Bremse zu bringen. In Fig. 183 erfolgt die Kühlung durch Wasser, das in die als Gefäß ausgebildete Scheibe läuft und dort verdampft. Bei gleicher Kranzgestalt kann die Achse solcher Scheibe auch wagerecht laufen; sobald die Drehzahl genügt, um das Wasser durch Fliehkraft herumzunehmen, arbeitet die Anordnung sauber mit Ausnahme des Abstellens der Maschine, wo der Wasserkranz plötzlich in sich zusammenfällt.

Solche umständliche Anordnung kann man nur bei festen Laboratoriumseinrichtungen verwenden. Oft begnügt man sich damit, entweder Öl oder Wasser zwischen Scheibe und Bremse zu bringen. Eine Emulsion von Öl in Seifenwasser, wie man sie beim Bohren verwendet, tut gute Dienste. Wenn man Holzbacken oder doch Holzfutter verwendet, so bringe man tiefe Nuten darin an, mit einem Einlaßrohr und einem Abflußrohr für den Wasserumlauf. Fehlt das Abflußrohr, so kann nur wenig Wasser zutreten — so viel, wie durch schlechtes Anliegen der Bremse ausquillt, und das ist bei gutem Anliegen nicht für die Kühlung ausreichend.

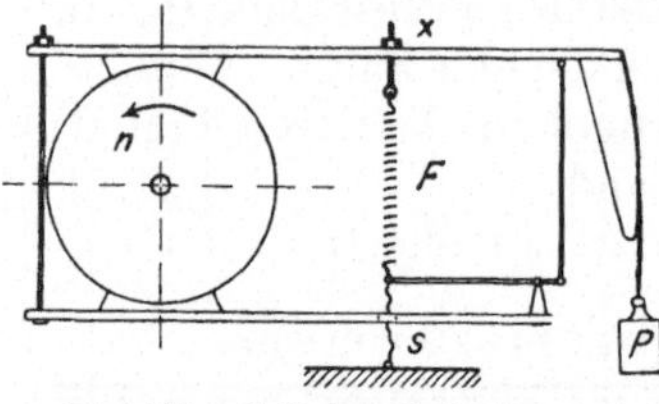

Fig. 180. Selbstregelnde Bremse von Brauer.

Wenn bei ungleichmäßiger Schmierung die Reibung schwankt, so muß man bei Zaum und Bandbremse die Anspannung der Bremse mit der Hand nachregeln, so nämlich, daß das Produkt aus Reibungszahl und Spannung der Bremsbacken konstant bleibt — die Umfangskraft soll konstant bleiben. *Selbstregelnde Bremsen* bewirken diese Nachregelung automatisch.

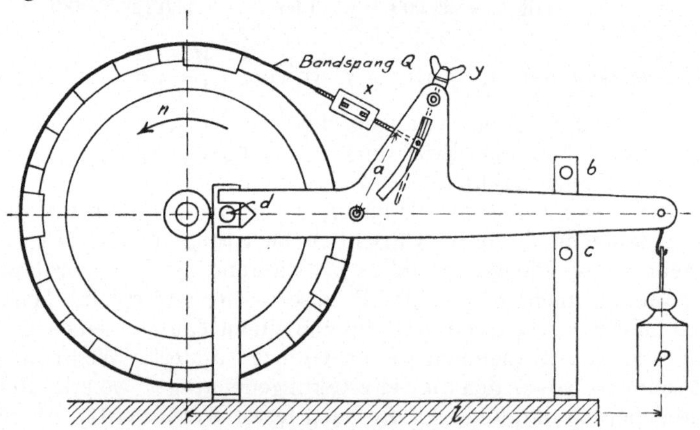

Fig. 181. Selbstregelnde Bremse von Siemens & Halske.

Fig. 180 erklärt das Prinzip der Selbstregelung. Die Maschine soll so belastet sein, wie es dem Gewichte P entspricht. Ist nun etwa die Umfangskraft zu groß, so wird der ganze Bremszaum in der Drehrichtung mitgenommen. Dadurch wird Schnur s gespannt und löst die Bremse ein wenig. Ist umgekehrt die Reibung der Bremsbacken zu gering, so zieht das Gewicht P die Bremse zurück, und die Feder F spannt die Bremse nach. Beim Beginn des Versuches hängt man das gewünschte Gewicht P an die Bremse und reguliert die Schraube x so ein, daß die Schnur s gerade schlaff bleibt.

Die Bremse Fig. 181 wird seit Jahren im Prüffelde von Siemens & Halske angewendet und gelobt. Je nachdem, ob die Bremse durch zu große Reibung mitgenommen wird oder ob sie zurückfällt, wird der Hebel durch Anstoßen an Stift d im einen oder anderen Sinn verdreht und das Bremsband gelöst oder gespannt. Die Stifte b und c dienen nur als Hubgrenzen für den Notfall. Zum Einstellen am Beginn des Versuches dienen die Muttern x und y; erstere ändert die Länge des Bremsbandes, letztere den Hebelarm, an dem die Spannung des Bandes angreift. Erstere gibt eine wirksame Grob-, letztere eine gute Feinstellung. Die Handhabung im einzelnen ist in Elektrot. Z. 1901, S. 339, kürzer in Z. d. V. d. Ing. 1901, S. 1078 beschrieben. — Die letzte Bremse hat sich praktisch durchaus bewährt, doch ist zu beachten, daß sie einmal eingestellt, nicht auf konstante Umfangskraft, sondern auch bei wechselndem Reibungskoeffizienten auf konstante Bandspannung Q

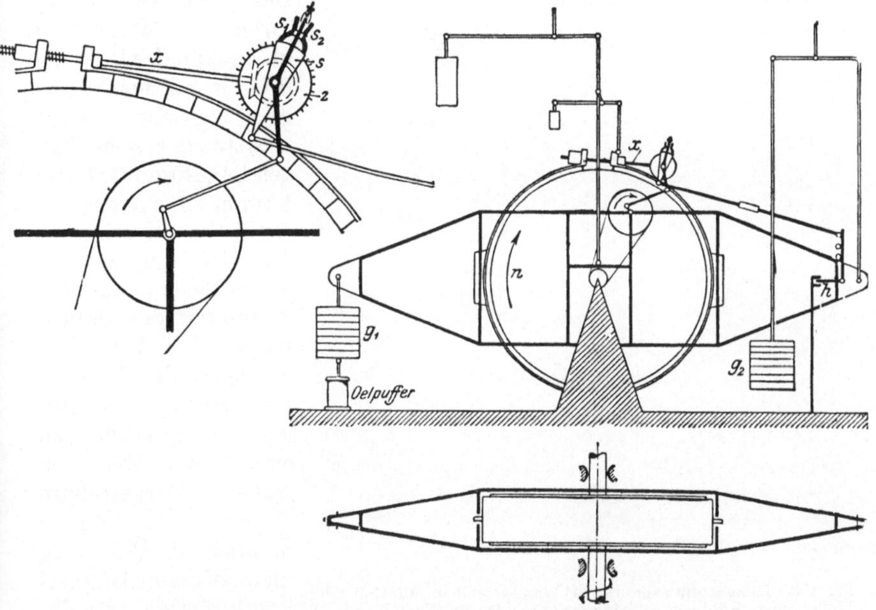

Fig. 182. Selbstregelnde Bremse mit Ausgleich des Eigengewichtes.

reguliert: es muß stets $Q \cdot a = P \cdot l$ sein. Entspricht diese Bandspannung nicht mehr dem angehängten Gewicht P, so kann sie sich nur dadurch ändern, daß der Hebel dauernd am Stift d anliegt. Die Kraft, mit der diese Berührung statthat, fälscht das Meßergebnis. Um diese Fälschung möglichst klein zu halten, ist der Stift d dicht an die Welle der Bremsscheibe gesetzt: das Moment der dort auftretenden Zusatzkraft wird klein sein. — Ganz ebenso wird das Meßergebnis beim Zaum, Fig. 180, um so viel gefälscht, wie die Schnur s gespannt ist. Diese Kraft ist klein, weil sie am langen Ende des zweiarmigen Hilfshebels angreift; ihr Moment ist sehr klein, wenn der Angriffspunkt möglichst nahe an die Welle gerückt wird.

Soll dieser Fehler vermieden werden, so muß die Nachstelleinrichtung selbstsperrend sein, so daß sie ohne Zusatzkraft bei jeder Bremsbandspannung einspielen kann. Die folgende Bremse (Fig. 182) befindet sich im Technischen Institut in Boston. Das von der Reibung erzeugte Drehmoment wird durch die Gewichte G_1 und G_2 ausgeglichen und gemessen. Sobald man diese Gewichte ändert, ändert sich von selbst die Spannung des Bremsbandes. Die Sperrkegel s_1 nnd s_2 (in der Nebenfigur) werden nämlich durch die Maschine dauernd in schwingende Bewegung gesetzt und wollen die Spannung des Bremsbandes der eine vermehren, der andere vermindern. Beide werden für gewöhnlich durch Segment S daran gehindert. Dies Segment wird aber vom Hebel h aus verstellt, sobald die Reibung am Scheibenumfang nicht gerade den aufgelegten Gewichten entspricht und daher das ganze Gestell der Bremse entweder im einen Sinn der Reibung oder im anderen Sinn den Gewichten folgt und aus der wagerechten Lage kommt. Dann kommt einer der Sperrkegel s_1 und s_2 in Eingriff mit z, und Schraube x ändert die Spannung des Bremsbandes. — Außerdem ist noch die Einrichtung zur *Ausgleichung des Eigengewichtes* zu erwähnen. Mit den früher dargestellten Bremsen konnte man nämlich die Belastung nicht bis zum Leerlauf kontinuierlich vermindern, sondern die Mindestbelastung wurde, auch bei ganz entspanntem Bremsband, dadurch bestimmt, daß das Eigengewicht der Bremse noch auf der Scheibe ruhte. Für Leerlauf muß man dann die Bremse abbauen. Bei schweren Bremsen ist das jedenfalls unerwünscht, auch will man gelegentlich bei sehr kleiner Belastung arbeiten. Das zu ermöglichen ist in Fig. 182 die ganze Bremse an der Decke aufgehängt, und zwar unter Anwendung eines Hebels mit Gewichtsbelastung, der eine kleine senkrechte Bewegung zuläßt, ohne daß je mehr als gerade das Eigengewicht ausgeglichen wird. Das Schaltwerk x ist, weil es unsymmetrisch angeordnet ist, noch besonders ausgeglichen. —

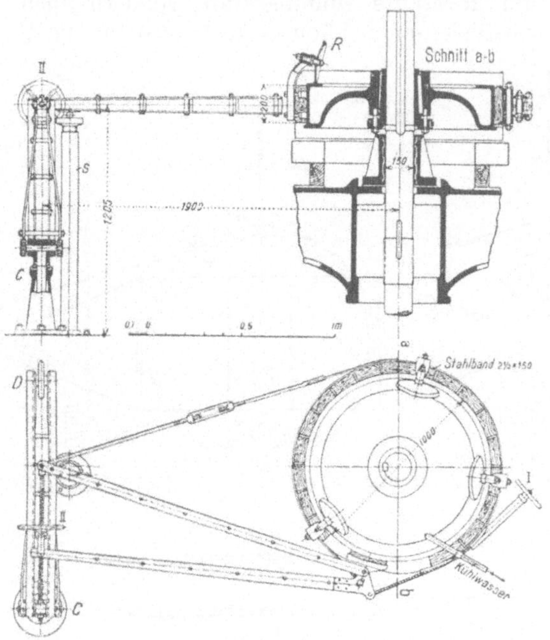

Fig. 183. Laboratoriumsbremse für Wasserturbinen mit stehender Welle; innere Kühlung, Aufhängung an Laufrollen. Nach Reichel.

Eine andere vollkommene, wenn auch nicht selbstregelnde, für Laboratoriumszwecke passende Bremse zeigt Fig. 183. Sie soll Wasserturbinen mit stehender Welle belasten. Für diese Maschinenart finden überhaupt Bremszäume größerer Abmessungen ihr Hauptverwendungsgebiet, weil der langsamen Gangart wegen unmittelbare elektrische Belastung oft unmöglich ist, während auch der Indikator als Untersuchungsgerät versagt. Die Scheibe ist als hohles Wassergefäß für Verdampfungskühlung ausgebildet. Der Bremskranz wird von drei Laufrollen getragen, er wird durch das Handrad *I* grob und durch *II* fein geregelt. Der Bremsarm wird bei *S* durch eine Kugel getragen, er wirkt auf einen bei *C* kardanisch gelagerten Winkelhebel, der bei *D* auf eine Brückenwage drückt.

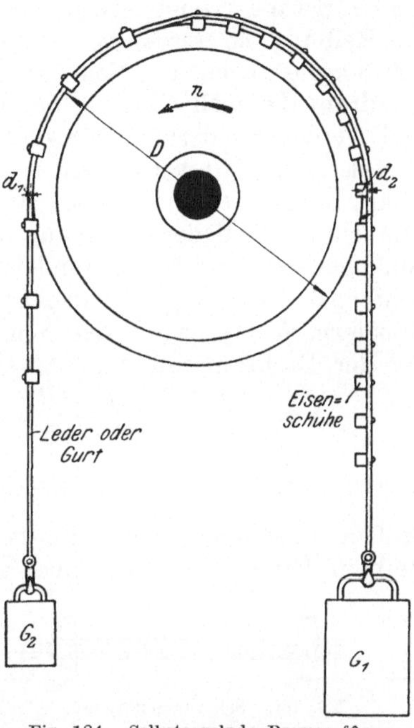

Fig. 184. Selbstregelnde Bremse für einfache Zwecke.

Eine sehr einfache selbstregelnde Bremse ist noch in Fig. 184 dargestellt. Sie besteht aus einem einfachen Hanfgurt von der Breite der Bremsscheibe mit aufgenieteten Blechkrammen, die seitliches Abgleiten verhindern. Die Blechkrammen sind teils innen, teils außen an das Band genietet; wird durch zu große Reibung der Gurt mitgenommen, so kommen mehr der innen aufgenieteten Krammen an die Scheibe, und die Reibung vermindert sich. Durch Befeuchten des Gurtes läßt sich eine gewisse Kühlung der Scheibe erzielen. Ein Nachteil ist es, daß das Außenlager mit einer großen Kraft belastet wird. In der Hinsicht ist die *Seilbremse* besser.

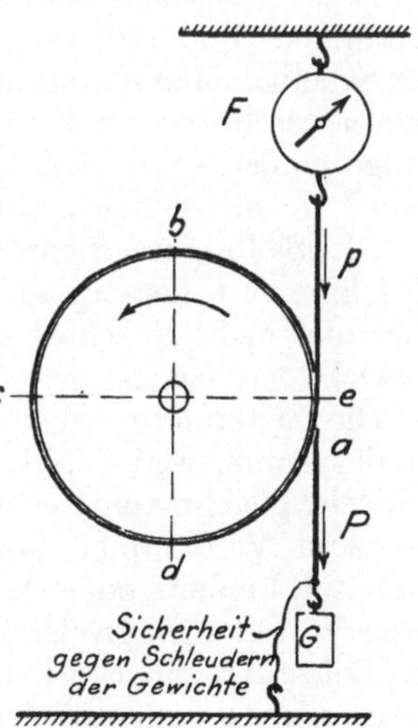

Fig. 185. Seilbremse.

Ein Seil ist an der Decke mittels Federwage aufgehängt, Fig. 185, einmal um die zu belastende Scheibe geschlungen und dann zum Boden fortgeführt. Dort hängt man Gewichte nach Bedarf an. Die Anordnung muß so sein, daß die Gewichte angehoben werden, wenn die Scheibe sich dreht. Hängen etwa 10 kg bei *G* am Haken, so ist das Seil von *G* bis *a* mit $P = 10$ kg gespannt. Am Umfang der Scheibe findet nun aber Reibung statt. Wenn diese Reibung im Quadranten von *a* bis *b* gerade 6 kg ausmacht, wenn also auch die Scheibe in diesem Quadranten eine Umfangskraft von 6 kg erfährt, so hat das Seil bei *b* nur noch eine Spannung von $10 - 6 = 4$ kg; die fehlenden 6 kg werden vom Umfang der Scheibe getragen. Eine Umfangskraft von im ganzen 3 kg im Quadranten *b c* vermindert die Seilspannung bei *c* auf 1 kg, und wenn dies eine Kilogramm noch vom Umfange $c\,d$ aufgenommen wird, so ist das Seil von d bis e spannungslos, es hängt schlaff herab, die Federwage F zeigt nichts. — Vermindert man durch gute Schmierung die Reibung, so werden von den drei Quadranten von a bis d vielleicht nur 6 kg getragen, das Seil hat bei d noch 4 kg Spannung, und wenn Quadrant $d\,e$ noch 1 kg wegnimmt, so gehen $p = 3$ kg ins Seilende $e\,F$ und werden an der Federwage abgelesen.

Im ersten Fall war die am Scheibenumfang wirksame Umfangskraft 10 kg, im zweiten Fall ist sie $10 - 3 = 7$ kg. Allgemein ist sie gleich dem Unterschied der Spannung der beiden Seilenden, also gleich dem anhängenden Gewicht, vermindert um die Angabe der Federwage. Diese Umfangskraft $P - p$ ist gemessen in der Mitte des Seiles, also an einem Hebelarm $R + r$, wo R den Scheiben- und r den Seilradius bedeutet. Bei der Drehzahl n/min ergibt sich also die Bremsleistung

$$N = \frac{2\pi \cdot (P - p) \cdot (R + r) \cdot n}{60 \cdot 102} = C \cdot (P - p) \cdot n \,\mathrm{kW}.$$

Wieder wurden in der Bremskonstanten $C = \frac{2\pi(R + r)}{60 \cdot 102}$ diejenigen Größen zusammengefaßt, die bei mehreren Versuchen die gleichen bleiben. Übrigens hat man noch als Tara das Eigengewicht des Hakens und das Gewicht der Seilenden Fe und aG einzuführen; wenn diese Tara k ist, so wird die Bremsleistung $N = C \cdot (R - p + k) \cdot n$. Diese Korrektion ist meist erheblich.

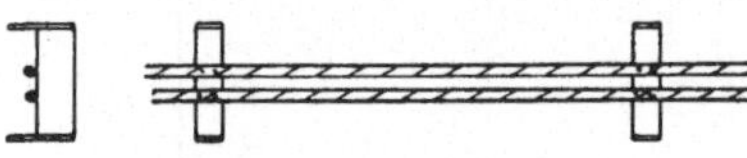

Fig. 186. Seil zur Seilbremse.

Eine Seilbremse kann man leicht aus Stricken zusammenbauen. Krammen (Fig. 186) sichern die Seile gegen seitliches Herabfallen von der Scheibe. Man nimmt zwei Seile nebeneinander, um sie bei e, Fig. 185, symmetrisch durcheinander stecken zu können. Die Krammen müssen einigermaßen symmetrisch über den Umfang der Scheibe verteilt sein, damit sie nicht eine zusätzliche Tara liefern.

Die Seilbremse dient, wie der Zaum, dem doppelten Zweck, die Maschine zu belasten und die erzeugte Belastung zu messen. Beides ist aber hier nicht so scharf zu trennen wie beim Zaum. Das anhängende Gewicht tut beides.

Die Seilbremse arbeitet namentlich bei hoher Drehzahl ruhiger als der Zaum, weil sich das Schmiermittel in dem als Docht wirkenden Seil sehr gleichmäßig verteilt. Zum Schmieren verwendet man Wasser, das zum Verdampfen kommen kann und dann weitere Erwärmung energisch hindert, oder Öl. Die Seilbremse hat vor dem Zaum den weiteren Vorteil noch größerer Einfachheit der Herstellung, aber man kann die Belastung nicht beliebig weit steigern, weil schließlich beim Vermehren der Gewichte die Angabe der Federwage um ebensoviel zunimmt; man belastet dann die Federwage, nicht mehr die Maschine. Mehrfache Umschlingung der Scheibe schafft, wenn sie ausführbar ist, Abhilfe. Unangenehm ist es aber, daß man nicht, wie beim Zaum durch Anziehen der Schrauben, die Belastung dauernd auf einem Wert halten kann. Jedes Schmieren hat Schwankungen im Gefolge.

Bei hoher Drehzahl setzt man zweckmäßig an die Stelle der Reibung fester Körper die innere Reibung von Flüssigkeiten. Dampfturbinen kann man mit einer *Flüssigkeitsbremse* nach dem Schema der Fig. 187 belasten. Eine Reihe von Scheiben läuft mit der zu untersuchenden Welle zwischen anderen im Gehäuse feststehenden Scheiben um. Das Gehäuse wird, je nach der gewünschten Leistung, mehr oder weniger mit Wasser gefüllt, zum Grobregeln hat man verschiedene Ventile, Feinregelung erzielt man durch Bedienen des benutzten Ventils. Sobald die Welle sich dreht, erfährt das Gehäuse ein Drehmoment; dessen Messung geschieht wieder durch angehängte Gewichte oder mit einer Brückenwage an dem Arm. Weil der Widerstand in solcher Bremse mit dem Quadrat der Drehzahl steigt, so ist die Bremse nur für sehr schnell laufende Maschinen am Platze, etwa für Dampfturbinen. Bei kleiner Drehzahl erzeugen solche Flüssigkeitsbremsen kaum ein Drehmoment. Bei hoher Drehzahl aber ergeben sie eine besonders gute Kühlung.

Für große Leistungen bei mäßiger Drehzahl nimmt die einfache Flüssigkeitsbremse nach Fig. 187 bald unbequem große Abmessungen

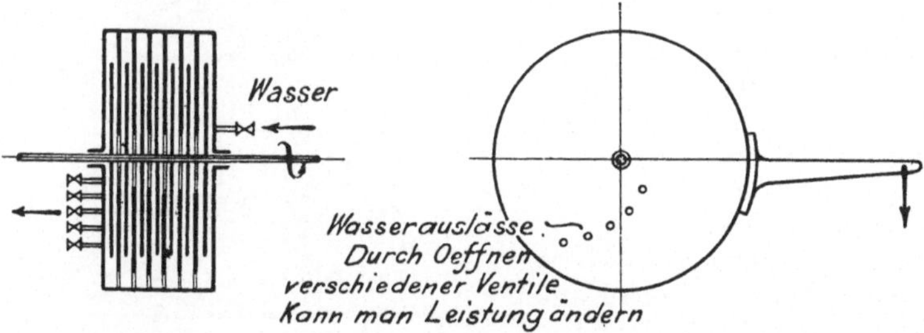

Fig. 187. Flüssigkeitsbremse.

an. So braucht man (nach Angaben der Germaniawerft) für 3000 PS bei der Drehzahl 600/min 6 Scheiben von 2000 mm Durchmesser. Für eine Scheibe von 2 m Durchmesser würde danach etwa die Beziehung

$$M_d^{\mathrm{mkg}} = 0{,}00165 \cdot n^2\,; \quad N^{\mathrm{kW}} = 0{,}000\,0163 \cdot n^3$$

für die Abhängigkeit des Drehmomentes und der Leistung von der Drehzahl zutreffen.

Bei der *Froudebremse* wird ein schon bei niederer Drehzahl bedeutenderer Widerstand dadurch hergestellt, daß an Stelle der regellosen Wirbelbewegung eine geordnete Kreisbewegung des Wassers systematisch erzeugt und dauernd wieder zerstört wird.

In Fig. 188 sind die feststehenden Teile des Gestelles geschwärzt, der im Gestell pendelnde Ständer ist weit, der rotierende Läufer ist eng schraffiert. Die zu bremsende Maschine setzt den Läufer in Umlauf. Wasser wird dem Innern der Bremse durch einen biegsamen Druckschlauch zugeführt, tritt in Ringräume $A_1 A_2$ und von hier aus durch eine Anzahl von Bohrungen in die Bremskammern $B_1 B_2$. Das Wasser entweicht durch die Spalte zwischen Läufer und Ständer in den Ringraum C, von dem aus es nach oben abfließt.

Der erzeugende Querschnitt der ringförmigen Bremskammern B_1 und B_2 ist eiförmig und verteilt sich zur Hälfte auf Ständer und Läufer. Die Bremskammern sind durch eine Anzahl ebener Wände in Zellen geteilt; die Wände sind schräg, zur Welle der Bremse windschief, im Ständer und im Läufer in gleicher Richtung geneigt, in die Bremskammern eingesetzt (Fig. 189). Die Zellenwände des Ständers sind je zweimal durchbohrt: die eine sich von der Achse schräg entfernende Bohrung führt das Kühlwasser von den Ringräumen $A_1 A_2$ her den Bremskammern zu, die andere Bohrung ist in der Figur der Achse parallel, in Wahrheit wegen der Schräge der Zellenwände zu ihr windschief, sie verbindet die Bremskammern mit einem Ringraum $E_1 E_2$, von wo sich eine Entlüftungsleitung mit dem Wasserabfluß vereinigt. Die Mitte des Bremskammerquerschnittes ist also stets belüftet.

Die Bremswirkung kommt dadurch zustande, daß nach Maßgabe der eingezeichneten Pfeile in der Läuferhälfte jeder Kammer eine Bewegung radial von der Achse weg eingeleitet wird, die im Ständer eine Wasserbewegung gegen die Achse hin zur Folge hat, so daß der Wasserkreislauf sich schließt. Die Zellenwände aber mit ihren scharfen (werkstattmäßig besonders scharf hergestellten) Kanten durchschneiden den Wasserstrom, gegen den sie anlaufen, dauernd und verwandeln dadurch die geordnete Bewegung in ungeordnete Wirbelbewegung, woraus nach dem Energiesatz die Bremswirkung auch ohne genauere Betrachtung der hydraulischen Zusammenhänge folgt.

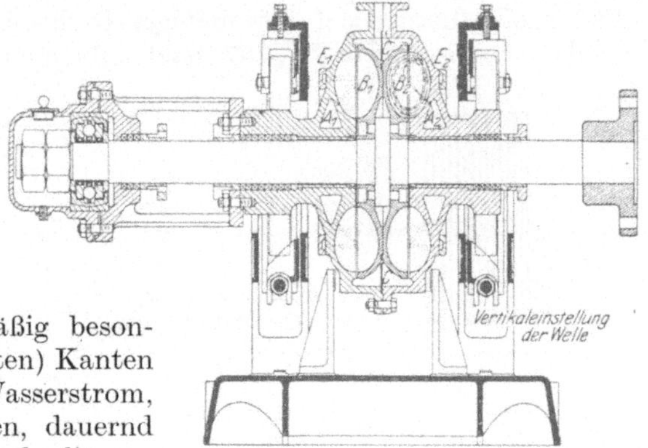

Fig. 188. Froude-

Die Regelung des belastenden Drehmomentes erfolgt durch Bedienen des Wasserabflußventils D mittels Händels und Feinstellung. Die Zellen füllen sich dadurch mehr oder weniger mit Wasser, der Luftraum ändert sich entsprechend. Das erzeugte Drehmoment wird gemessen, indem es roh durch Gewichte abgeglichen wird, worauf der Überschuß auf eine Laufgewichtswage wirkt.

Ständer | Ständer
Läufer

Fig. 189. Tangentialer Schnitt durch die Schaufelung.

In baulicher Hinsicht ist darauf hinzuweisen, daß der Ständer in zweimal drei Rollen im Gestell gelagert ist. Die Rollen sind nachstellbar, und zwar die unteren vier durch zwei Stellvorrichtungen F mit Rechts- und Linksgewinde, die auf Winkelhebel wirken. Hiermit kann man die Höhe regulieren, ferner ergeben die Stellschrauben unterhalb des Buchstabens F eine horizontale Verstellung der Bremswelle, so daß also die Bremse gegen die Kraftmaschine ausgerichtet werden kann. Zur Verringerung der Reibung sind die Rollen ihrerseits noch mit Kugellagerung versehen (die in der Figur fortblieb).

Diese Froudebremse wird in sehr verschiedenen Größen ausgeführt, die kleinste gibt Leistungen bis $N = 0{,}000\,000\,081\,n^3$, die größte bis zu $N = 0{,}000\,790\,n^3$.

Die Bremse kann nur für eine, in anderer Ausführung aber auch für beide Drehrichtungen (umsteuerbar) verwendet werden. Im

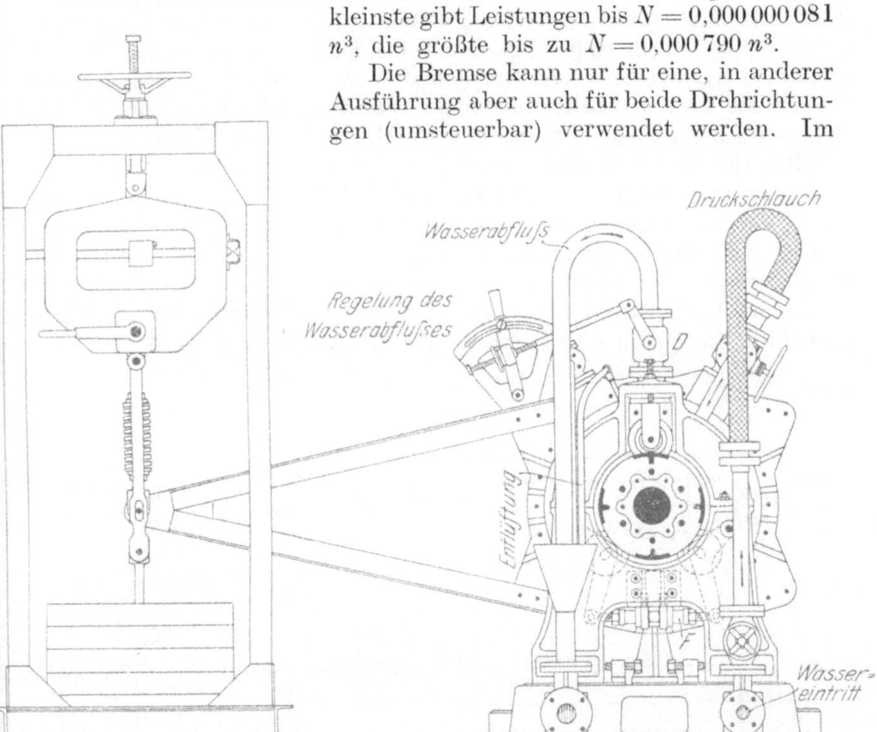

Wasserbremse der Germaniawerft.

letzteren Fall wird die Schaufelung nach Fig. 190 statt nach Fig. 189 ausgeführt: Für die eine Drehrichtung dient die linke, für die andere die rechte Bremskammer. Da aber in der jeweils anderen Bremskammer die gebildeten Wasserkreise nicht regelmäßig zerschnitten werden, so bleibt die Bremswirkung im wesentlichen halb so groß, so daß also eigentlich von einer Bremse für Vorwärts- und einer für Rückwärtsgang gesprochen werden muß, die zusammengebaut sind.

Ständer Ständer
Läufer

Fig. 190. Tangentialer Schnitt durch die Schaufelung einer umsteuerbaren Froudebremse.

Die Anzahl der Zellen des Läufers unterscheidet sich von derjenigen des Ständers um eins. Dadurch wird erreicht, daß das erzeugte Drehmoment keine periodischen Schwankungen erleidet, sondern während des ganzen Umlaufs gleichförmig bleibt. —

Endlich kann man an Stelle der mechanischen Reibung den durch elektrische Wirbelströme erzeugten Widerstand setzen, den eine massive Metallscheibe, etwa das Schwungrad, erfährt, wenn sie sich an einem kräftigen Elektromagneten vorbeibewegt. Die von diesem erzeugten

18*

Kraftlinien müssen sich, aus seinen Polen austretend, durch das Schwungrad hindurch schließen. Eine *Wirbelstrombremse* kann nach Fig. 191 ausgeführt werden. Sie zeichnet sich durch große Einfachheit und dadurch aus, daß man die wesentlichen Teile, die ⊔-Träger und die Elektromagnete, leicht für Schwungräder verschiedener Größe ummontieren kann. So erscheint sie auch für nichtstationäre Zwecke, für die Praxis, brauchbar, wo elektrischer Strom zur Verfügung steht. Verschiedenen Spannungen kann man sich anpassen durch Parallel- und Hintereinanderschalten der beiden Magnete, auch den Luftspalt zwischen Schwungrad und Magnet kann man variieren. Die Belastung regelt man mittels eines Vorschaltwiderstandes, der die Stromstärke, wenige Ampere, ändert. Die erzielte Belastung wird wie beim Zaum gemessen: nur die Erzeugung der Belastung ist eine andere.

Solche Wirbelstrombremse ist sehr bequem zu bedienen und gut brauchbar für mäßige Leistungen oder bei kurzdauernden Versuchen.

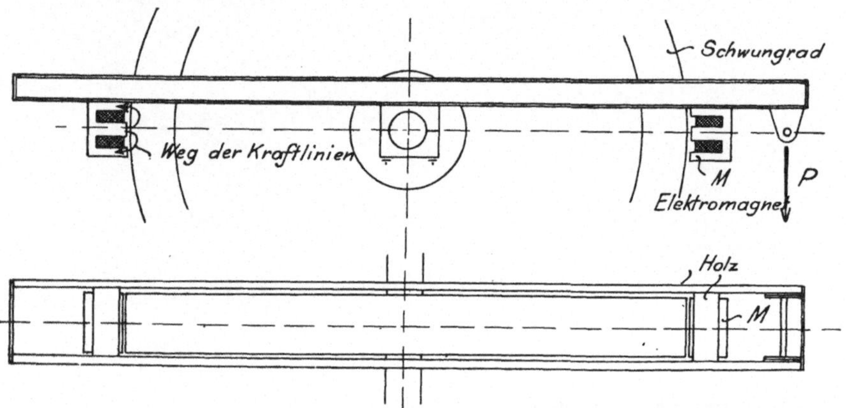

Fig. 191. Wirbelstrom- oder Hysteresisbremse.

Für längere Versuche mit größerer Leistung macht die Abführung der erzeugten Wärmemenge Schwierigkeiten. Wasser ist schwer anzuwenden. Die Temperatur des Rades steigert sich dann weiter, als mit der Betriebssicherheit gußeiserner Scheiben verträglich ist.

Ist die Scheibe, in der die Wirbelströme entstehen, aus Kupfer oder Messing, so ist die Bremse eine reine Wirbelstrombremse. Ist sie dagegen aus Eisen, so werden die am Magneten vorbeilaufenden Teile selbst magnetisiert werden, und durch die dauernde Ummagnetisierung werden Hysteresisverluste entstehen; die Bremse ist dann teilweise oder überwiegend eine *Hysteresisbremse*[1]). Das macht sich wie folgt kenntlich: der Energieverlust durch Wirbelströme wächst mit dem Quadrat der

[1]) Diese in Besprechungen der früheren Auflagen beanstandete Unterscheidung wird hier doch wiederholt mit dem Bemerken, daß es sich um einen Erklärungsversuch für den t a t s ä c h l i c h an solcher Bremse beobachteten unerwarteten Verlauf der Widerstandskurve bei wechselnder Drehzahl handelt.

Drehzahl, der durch Hysteresis ist proportional der Zahl der Ummagnetisierungen, also proportional der Drehzahl. Das bei wechselnder Drehzahl erzeugte Drehmoment wird also bei einer reinen Wirbelstrombremse proportional der Drehzahl sein, bei einer reinen Hysteresisbremse wird es konstant, unabhängig von der Drehzahl sein. Wir werden sogleich sehen, daß letzteres oft unerwünscht ist. Man könnte wohl die Hysteresis vermindern durch Verwendung eines sehr weichen Eisens, auch wohl von Gußeisen, außerdem dadurch, daß man die Pole der Magnete, anders als in Fig. 191, so legt, daß kein Teil des Rades ummagnetisiert wird, sondern daß die Magnetisierung immer nur von neutral bis Nord, an anderen Stellen von neutral bis Süd geht; dazu müßten die Pole der Magnete in axialer Richtung aufeinanderfolgen. —

Über das *Zusammenarbeiten der Bremse mit der abgebremsten Kraftmaschine* ist folgendes zu beachten:

Die Bremsdynamometer verhalten sich verschieden bei Schwankungen der Drehzahl. Die einen erzeugen ein von der Drehzahl im wesentlichen unabhängiges Drehmoment, es sind das diejenigen, die die Reibung fester Körper benutzen, Zaum, Band und Seilbremse, auch, wie wir schon soeben erwähnten, die Hysteresisbremse. Bei den Flüssigkeitsbremsen, bei der Wirbelstrombremse und bei der weiterhin zu besprechenden elektrischen Bremsung mittels Dynamomaschine vermehrt sich mit zunehmender Drehzahl auch das Drehmoment, es wächst bei den Flüssigkeitsbremsen sogar etwa mit dem Quadrat der Drehzahl.

Ähnliche Unterschiede finden sich, nur im umgekehrten Sinne, bei den Kraftmaschinen. Wenn wir von der Einwirkung des Reglers zunächst absehen, so erzeugen die Dampfmaschinen, auf konstante Füllung eingestellt, bei jeder Drehzahl etwa das gleiche Drehmoment, ebenso Gasmaschinen und andere Kolbenmaschinen. Die Folge davon ist, daß eine Dampfmaschine durchgeht, wenn das widerstehende Drehmoment kleiner ist als das von ihr erzeugte, und daß sie im entgegengesetzten Fall stehenbleibt. Danach könnte man nun eine Kolbenmaschine nicht mittels Zaumes oder einer gleichwertigen Bremse bremsen: sind beide Drehmomente, treibendes und widerstehendes, gerade miteinander abgeglichen, so läuft die Maschine ruhig weiter; die kleinste Änderung in der Anspannung des Zaumes läßt sie durchgehen oder bringt sie zum Stehen. Daß diese Verhältnisse nicht so kraß auftreten, liegt daran, daß, hauptsächlich infolge der Drosselung des Dampfes in den Zulaufkanälen, die Dampfmaschine doch ein mit wachsender Drehzahl langsam abnehmendes Drehmoment erzeugt (Masch. Unt. § 4, 73). Daher ist der Beharrungszustand einer mit Zaum gebremsten Kolbenmaschine zwar kein ganz labiler, aber doch ein nicht sehr stabiler. Ein guter Regler zwingt überdies die Maschine, gleichmäßig zu laufen.

Bei anderen Kraftmaschinen nimmt das erzeugte Drehmoment mit wachsender Drehzahl rasch ab, so bei der Turbine, bei der bekanntlich das Drehmoment Null wird, wenn sie etwa die doppelte normale Drehzahl erreicht, noch stärker beim Nebenschlußelektromotor. Hier wird sich stets ein guter Beharrungszustand einstellen bei der Drehzahl, die dem von Zaum erzeugten Drehmoment entspricht.

Das Gesagte soll die Tatsache erklären, daß die Abbremsung von Kolbenmaschinen mittels Zaumes oder dergleichen oft Schwierigkeiten macht, wenn die Maschine nicht mit einem guten Regler versehen ist. Die Drehzahl pendelt dann in weiten Grenzen auf und ab. Flüssigkeits- und Wirbelstrombremsen dagegen gestatten die Abbremsung jedes Motors.

Man kann diese Beziehungen in den vier Diagrammen, Fig. 192, graphisch darstellen. Man sieht in Fig. a, wie sich die beiden Linienzüge, die die Veränderung der Drehzahl mit dem Drehmoment darstellen, bei Dampfmaschine und Zaum unter spitzem Winkel schneiden, so daß kleinen Schwankungen des belastenden Drehmoments zwischen den Linien *1* und *2* große Schwankungen der Drehzahl der Dampfmaschine, von *3* bis *4*, entsprechen. In allen anderen Fällen, Fig. b bis d, liegen die Verhältnisse günstiger.

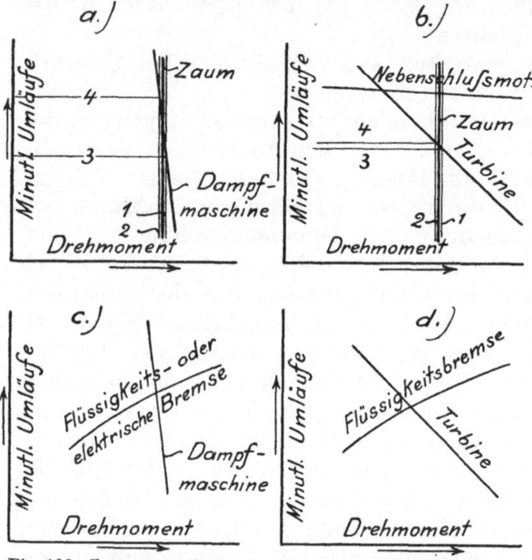

Fig. 192. Zusammenarbeiten von Bremse und Kraftmaschine.

Trotzdem werden im allgemeinen der einfache Pronysche Zaum, die einfache Bandbremse und vor allem die Seilbremse diejenigen Vorrichtungen bleiben, die man anwendet, wenn man eine Maschine ein einzelnes Mal abbremsen will — also in vielen Fällen der Praxis. Für den stationären Betrieb in Laboratorien und Prüffeldern sind die vollkommeneren Formen vorzuziehen.

77. Einschaltdynamometer und entsprechende dynamometrische Meßmethoden. Bremsungen machen erhebliche Schwierigkeiten, sobald es sich um größere Drehmomente handelt, das heißt also, sobald größere Leistungen bei verhältnismäßig geringer Drehzahl zu bewältigen sind. Mit der Größe des Drehmomentes wachsen die Abmessungen der Bremse und der belastenden Gewichte und damit die Gefahren bei einem Bruch; insbesondere wird auch die Abführung der größer werdenden Wärmemenge schwierig; bei großen Leistungen und zugleich großer Drehzahl kann man Flüssigkeitsbremsen verwenden, bei denen die Wärme leicht abzuführen ist. Mit ihrer Hilfe hat man denn auch große Dampfturbinen abgebremst.

Bei großen Drehmomenten sind also Bremsungen schwer ausführbar. Sie haben außerdem immer den Nachteil, daß die abgebremste Energie verloren geht; das ist bei großen Leistnngen eine Verschwendung. Auch kann man durch Bremsen nur das durchschnittliche Drehmoment feststellen, nicht aber die Schwankungen desselben während eines Umlaufes verfolgen. Außerdem kann man natürlich nnr Kraftmaschinen abbremsen, die Energie erzeugen; der Energieverbrauch von Arbeitsmaschinen indessen muß in einer Weise gemessen werden, die die Energie bestehen läßt, damit sie noch zum Antrieb dieser Maschinen dienen kann.

Einschalt-(Transmissions-)dynamometer sind Apparate, die das durch sie hindurchgehende Drehmoment messen, ohne die Energie zu vernichten; sie werden dazu in den Lauf der Energieübertragung eingeschaltet, um die Messung auszuführen, und müssen nach ihrer Größe geeignet sein, die gesamte Energie durch sich hindurchzuleiten. Da bei großen Energiemengen die Beschaffung jeweils passender Dynamometer auf Schwierigkeiten stoßen wird, so wendet man in neuerer Zeit das Augenmerk auf solche *dynamometrische Meßmethoden*, die durch Anbau nur von Beobachtungseinrichtungen die durch die vorhandenen Bauteile hindurchgehenden Drehmomente messen. Einige Formen lassen auch die Schwankungen des Drehmomentes im Verlauf einer Umdrehung erkennen.

Die Einschaltdynamometer messen wie die Bremsdynamometer zunächst nur das Drehmoment. Um die hindurchgehende Energie (Arbeit oder Leistung) zu finden, bleibt stets noch die Drehzahl zu beobachten.

Eine Gattung von Einschaltdynamometern, die man als *Getriebedynamometer* bezeichnen kann, untersuchen die Kräfte in einem Zahnrad- oder Riemenbetrieb und messen dadurch das durch dieses Getriebe übertragene Drehmoment.

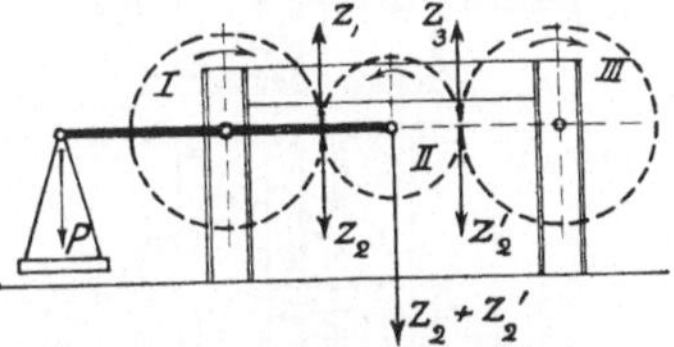

Fig. 193. Zahndruckdynamometer von Kittler.

Die wichtigsten unter ihnen sind die *Zahndruckdynamometer*. Fig. 193 diene namentlich dazu, ihr Prinzip zu erläutern. Die zu messende Energie wird der Welle eines Zahnrades *I* durch Riemenscheibe zugeführt und der Welle des Zahnrades *III* durch Riemenscheibe entnommen. Die Zahnräder *I* und *III* sind im Gestell, *II* ist in einem Wagebalken gelagert, im Leerlauf ist der Wagebalken austariert. Geht nun ein Drehmoment von *I* nach *III* durch *II* hindurch, und erfolgt der Umlauf der Räder im Sinn der Pfeile, so entstehen an den Zähnen die Zahndrucke Z_1 und Z_2, Z_2 und Z_3' in der gezeichneten Richtung. Am treibenden Rad *I* muß der Zahndruck Z_1 der Bewegung entgegenwirken, er stellt den Widerstand dar, den das Rad erfährt; am getriebenen Rad *II* wirkt Z_2 in Richtung der Rotation, er treibt das Rad an. Beim Räderpaar *II—III* ist *II* das treibende, *III* das getriebene, also muß an *II*, der Bewegung entgegen, Z_2' abwärts wirksam sein. Am Rad *II* greifen also beide Kräfte, Z_2 und Z_2', abwärts an, die Summe $Z_2 + Z_2'$ kann man also bei P messen. Übrigens ist auch noch, wenn wir von dem kleinen Verlust durch Reibung in der Lagerung des Rades *II* absehen, $Z_2 = Z_2' = Z$; bei P mißt man also $Z_2 + Z_2' = 2\,Z$. Ist r_3 der Radius des Rades *III* und n_3 seine Drehzahl, so ist die von dem Dynamometer abgegebene Leistung in Pferdestärken: $N = \frac{2\pi\, r_3\, n_3\, Z}{60 \cdot 75}$. — Die Teilkreise der Räder *I—II* haben nur die richtige Lage zueinander, wenn der Wagearm ausgeglichen ist. Man muß deshalb Evolventenverzahnung anwenden. Das Dynamometer läuft trotzdem leicht unruhig.

Wertvoller ist das *Zahndruckdynamometer von Amsler-Laffon* (Fig. 194) Von der Kurbel K oder von der Riemenscheibe aus wird Zahnrad I angetrieben, das Drehmoment wird durch II und III hindurch auf Zahnrad IV und damit auf die Abtriebwelle übertragen. Dabei entstehen an den Zahnrädern die Zahndrucke Z_1 bis Z_4, ähnlich wie im vorigen Fall. Wir haben nun die Zahnräder $II—III$ zu betrachten, welche starr verbunden sind und deren Teilkreisradien r_2 und r_3 heißen sollen. In bekannter Weise denken wir zu Z_2 und Z_3 je zwei Kräfte gleicher Größe, aber entgegengesetzter Richtung angebracht; es sind das die Kräfte Z_2' und Z_2'' einerseits, die Kräfte Z_3' und Z_3'' andererseits. Das Kräftepaar $Z_2 - Z_2'$ mit dem Arm r_2 und das Kräftepaar $Z_3 - Z_3'$ mit dem Arm r_3 ergeben die Drehung des Räderpaares $II—III$ mit einem Moment $Z_2 \cdot r_2 = Z_3 \cdot r_3$. Ferner bleiben die Einzelkräfte Z_2''

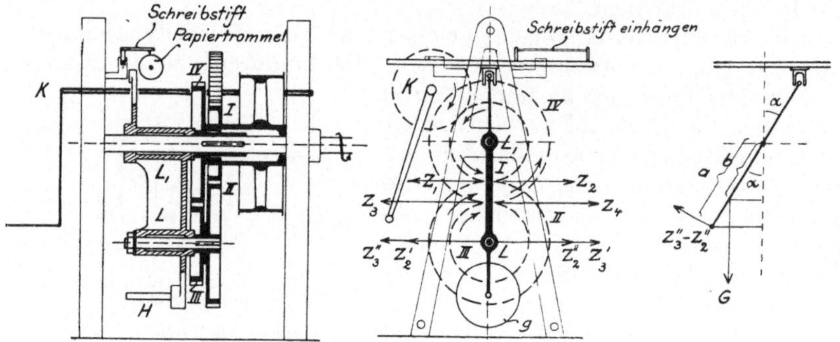

Fig. 194. Zahndruckdynamometer von Amsler-Laffon. Fig. 195.

nach rechts wirkend und Z_3'' nach links wirkend, die in L angreifen. Da nun das Lager L beweglich ist, es befindet sich in einem bei L_1 aufgehängten Gehänge, so wird dieses in der rechten Figur schwarze, in der linken schraffierte Gehänge aus seiner Mittellage treten, so lange, bis in schräger Lage sein Eigengewicht G der Differenz $Z_3'' - Z_2''$ das Gleichgewicht hält. Das tritt ein, wenn in Fig. 195 ist: $G \cdot b \cdot \sin\alpha = (Z_3'' - Z_2'') \cdot a$. Also ist $\sin\alpha = \text{konst.}\,(Z_3'' - Z_2'')$: der Sinus des Neigungswinkels ist der Differenz $Z_3'' - Z_2''$ proportional. Nun ist noch wegen $Z_2'' \cdot r_2 = Z_3'' \cdot r_3$, auch $Z_3'' - Z_2'' = \frac{r_2 - r_3}{r_3} \cdot Z_3 = \text{konst.} \cdot Z_3 = \text{konst.} \cdot M_d$. Also sind auch die übertragenen Drehmomente M_d dem $\sin\alpha$ proportional.

Bei seiner Bewegung verschiebt das Gehänge LL_1 ein Lineal mit Skala, die vor einer festen Marke spielt. Damit auch die Ausschläge der Skala dem $\sin\alpha$ proportional, also die Skalenausschläge dem Drehmoment proportional werden, greift ein am Gehänge LL_1 sitzender Stift in eine Gabel an dem mit Teilung versehenen Lineal (Fig. 194). Die Skaleneinteilung kann daher gleichmäßig sein.

An demselben Lineal ist auch ein Schreibstift befestigt, der auf umlaufender Papiertrommel den Verlauf eines wechselnden Drehmoments aufzeichnet; durch Planimetrieren des entstehenden Diagramms und Ziehen der Ausgleichlinie kann man das mittlere Moment finden. Die Papiertrommel wird von einer der Wellen aus angetrieben, so daß die ablaufende Papierlänge proportional der Wellengeschwindigkeit ist; daher stellen die Flächen unter dem aufgezeichneten Diagramm direkt die Arbeit dar; den Maßstab dafür kann man berechnen, wenn man den Maßstab der Wege und den Maßstab der Drehmomente empirisch feststellt, etwa zu 1 mkg = 10 mm und 1 Umlauf = 16,2 mm, worauf sich der Arbeitsmaßstab zu 162 mm^2 = 2π mkg oder 100 mm^2 = 3,88 mkg ergibt.

Bringt man auf einen Haken H des Gehänges ein Zusatzgewicht g, so ändert sich der Wert eines Skalenteiles. Gehängegewicht und Zusatzgewichte sind so bemessen, daß dem Drehmoment 1, 2 . . . mkg an der Abtriebwelle eine glatte Zahl der Skala entspricht.

Vor Benutzung eines Einschaltdynamometers muß man seine *Eigenreibung* bestimmen oder eliminieren. Man mißt beim Amsler-Dynamometer nicht das Drehmoment in der Abtriebwelle, das man kennen will, sondern jenes in den Übertragungsrädern *II—III* des Gehänges. Dieses unterscheidet sich vom gesuchten Drehmoment (abgesehen vom Übersetzungsverhältnis der Zahnräder) um so viel, wie die Reibung in der Zahnräderübertragung ausmacht. Diese Reibung schwankt und wirkt immer der Bewegung entgegen, sie kann daher nicht ein für allemal ausgeglichen werden, weil ihr Sinn mit der Drehrichtung des Dynamometers wechselt. Schon wenn die Abtriebwelle ganz leer läuft, wird sich daher ein Ausschlag der Skala zeigen. Dieses Drehmoment der Eigenreibung muß man bestimmen und von jeder späteren Ablesung als Korrektion abziehen; oder man muß durch Anbringen passender Gewichte den Leerlaufausschlag ausgleichen, so daß das leer laufende Dynamometer auf Null einspielt. Daß das durch Reibung verlorengehende Moment bei allen Lasten das gleiche ist, ist eine nur annähernd zutreffende Annahme; besser ist es daher, das Dynamometer durch Abbremsen der Abtriebwelle mit wechselnden Drehmomenten direkt zu eichen. Bei der Eichung soll das Dynamometer mit der Drehzahl der späteren Benutzung laufen. Man hat sie vor jeder Benutzung zu wiederholen, weil die Reibung veränderlich ist.

Die von der Gewichtsbelastung herrührende Trägheit macht das Amsler-Dynamometer für Registrierung schnell schwankender Kräfte nicht geeignet.

Riemendynamometer werden kaum praktisch verwendet; in der Literatur finden sich viele beschrieben.

Getriebedynamometer (unter welchem Namen wir oben Zahndruck- und Riemendynamometer zusammenfaßten) verbrauchen Arbeit und sind daher der Abnutzung unterworfen. Die nun zu besprechenden Wiege-Dynamometer verbrauchen nur in den Lagern Arbeit und sind daher der Abnutzung weniger unterworfen

Bei *Wiegedynamometern* stellt man das durch einen Wellenzug gehende Drehmoment durch Auswiegen fest: man mißt die in gewissem Abstande von der Drehachse übertragene Umfangskraft nach einer der für Kräfte verwendbaren Meßmethoden; man kann dazu also Hebelanordnungen, hydraulische Messungen oder Federn verwenden. Die Schwierigkeit besteht in der Konstruktion des messenden Apparates, da es nötig ist, den Einfluß der Fliehkräfte auf die Meßeinrichtungen bei wechselnder Drehzahl zu vermeiden, vor allem aber darin, die Angaben trotz der Rotation des ganzen Systems nach außenhin kenntlich zu machen; dazu können mechanische und optische Einrichtungen dienen.

Mehrfach wird das *Fischinger-Dynamometer* verwendet; es beruht auf dem Prinzip der Hebelwage (Fig. 196a u. b). Von den beiden Riemenscheiben S_1 und S_2, Fig. 196b, dient eine zum Antrieb, eine zum Abtrieb durch Riemen. Beim Übergang von der einen Scheibe auf die

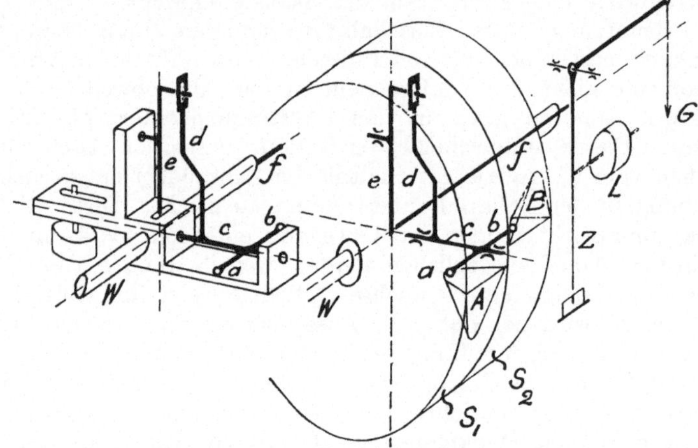

Fig. 196a und b. Fischinger-Dynamometer.

andere soll das Drehmoment gemessen werden. Die Übertragung des Drehmoments geschieht durch den Hebel *a b*, der sich gegen Knaggen *A* und *B* in den beiden Riemenscheiben stützt, von der einen mitgenommen wird und seinerseits die andere mitnimmt. Dabei entsteht in der Welle *c* ein Drehmoment proportional dem zu messenden, und Hebel *d* macht einen kleinen Ausschlag bis an eine Hubbegrenzung. Dadurch wird unter Vermittlung des zweiarmigen Hebels *e* die Stange *f* in der hohlen Welle nach außen gestoßen. Man legt nun Gewichte bei *G* auf eine Wagschale, bis Stange *f* wieder einwärtsgepreßt wird, und dadurch das ganze Hebelsystem — das übrigens mitsamt den Riemenscheiben um die Welle *W* rotiert — in seine Mittellage zurückkehrt. Dann zeigt Zunge *Z* wieder auf die Nullmarke. Die aufgelegten Gewichte sind nun ein Maß für das übertragene Drehmoment, und zwar wird durch Ausprobieren die Wagschale so angebracht, daß 1 kg auf der Wagschale einer Umfangskraft etwa von 10 kg an den beiden (gleichgroßen) Riemenscheiben entspricht: Übersetzung 1 : 10. — Fig. 196a läßt erkennen, wie die Wägehebel *a b c d* einerseits, *e* andererseits in einem Armkreuz gelagert sind. Das Armkreuz ist fest auf der Welle *W*, die beiden Riemenscheiben sind lose darauf. Ein Gegengewicht dient zum Auswuchten der umlaufenden Massen.

Mit dem Laufgewicht *L* bringt man zunächst im Leerlauf den Zeiger zum Einspielen (Austarieren); das muß bei verschiedener Drehzahl immer neu gemacht werden, weil die Auswuchtung nie ganz vollkommen zu sein pflegt, und auch wohl aus den beim Amsler-Dynamometer genannten Gründen. Neben dieser Justierung ist es nützlich, gelegentlich auch beim Fischinger-Dynamometer eine Eichung auszuführen, indem man die Abtriebwelle abbremst.

Das Fischinger-Dynamometer ist ein Ausgleichinstrument und eignet sich deshalb wie auch wegen seiner großen Trägheit nicht zum Messen wechselnder Momente. —

Ein Federdynamometer stellt Fig. 197 dar. Das Drehmoment soll von der einen Welle auf die andere gleichachsige übertragen und dabei gemessen werden. Die Übertragung geschieht durch die Federn F_1 bis F_4 hindurch. Deren Zusammendrückung, also die Verdrehung der Scheiben S_1 und S_2 gegeneinander, ist ein Maß des übertragenen Drehmoments. Diese Relativverdrehung wird nach außen kenntlich gemacht durch die Schlitze s_1 und s_2, durch die hindurch das Auge des Beobachters eine Lampe sieht: der Lichtschein wandert bei steigendem Drehmoment von innen nach außen. Man kann eine feststehende Skala vor dem Instrument anbringen.

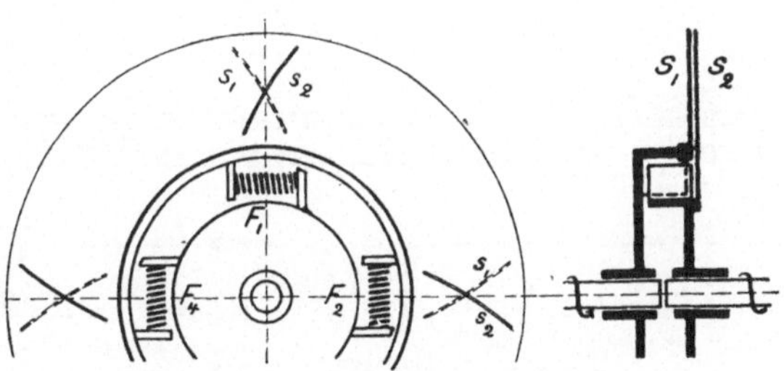

Fig. 197. Feder-Einschaltdynamometer.

Man kann auch eine Meßdose ähnlich wie die Federn der Fig. 197 einbauen, so daß die Umfangskraft auf sie wirkt, und die in ihr entstehende Spannung durch die hohle Welle und eine drehbare Stopfbüchse auch nach außen übertragen. Doch ist bei solchen *hydraulischen Dynamometern* schwer genügende Empfindlichkeit der Angabe und genügende Ausschaltung des Einflusses der Fliehkräfte zu erreichen.

Weniger primitiv als die bei Fig. 197 gegebene ist die optische Ableseeinrichtung bei Fig. 198. Hier wird eine einfache Welle als Meßfeder benutzt. In Fig. 198 überträgt die Welle *c* das zu messende Moment von *a* nach *b*. Sie dient als Meßfeder und kann unter Verwendung anderer Paßstücke *g h* gegen eine andere ausgewechselt werden. Die Scheiben *d* und *e* sind mit dem Ende *a* der Welle, die Scheibe *f* ist mit dem Ende *b* der Welle starr verbunden; so wird also *f* sich gegen *d* und *e* ebensostark verdrehen wie die Wellenden es gegeneinander tun; durch starre Anschläge wird eine Überbeanspruchung der Welle verhütet, die natürlich ziemlich hoch beansprucht werden muß, um befriedigende Ausschläge zu bekommen. *f* trägt nun die Teilung *t t*,

e trägt die Nonien n_1 und n_2, sämtlich aus Zelluloid gefertigt, so daß man die Ablesung durch die Öffnungen in der Scheide d bewirken kann; die Lampe l beleuchtet sie dazu. Um aber das Bild von Teilung und Nonius auch im Gange der Maschine stillstehend erscheinen zu lassen, gibt es zwei Möglichkeiten. Die eine ist die Anbringung schmaler radialer Schlitze in den Öffnungen von d, durch die man die Teilung direkt betrachten kann. Es tritt dann die Wirkung des Stroboskops ein: man sieht die Skala so kurze Zeit, daß sie in dieser Zeit stillzustehen scheint. Eine Schwierigkeit liegt in der Erreichung genügender Lichtstärke, da die Lichtquelle, der geringen Spaltbreite wegen, nur schlecht ausgenutzt wird. Die andere Möglichkeit zur Festlegung des Bildes ist in Fig. 198 dargestellt: ein Spiegel s ist unter 45° gegen die Achse geneigt und so angebracht, daß er gleichweit von der Achse und von der Skalenebene entfernt ist. Das virtuelle Bild der Skala fällt also in die Achse, wenn man mit einem senkrecht zur Achse stehenden Fernrohr auf den Spiegel blickt. Deshalb bewegt sich das Skalenbild

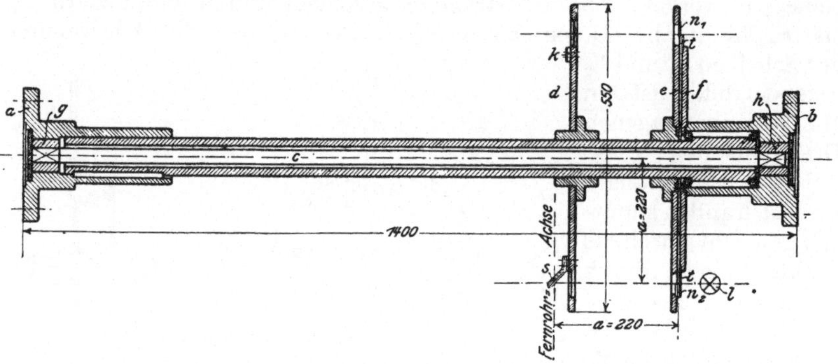

Fig. 198. Torsionsdynamometer von Gebr. Amsler mit optischer Ablesevorrichtung.

bei der Drehung des Spiegels um die Achse nur sehr wenig, auch bei einer merklichen Breite des Spiegels, und man erreicht größere Lichtausbeute als bei stroboskopischer Ablesung. In beiden Fällen aber scheint bei genügender Drehzahl das Bild dem Auge dauernd vorhanden zu sein, wegen der bekannten Nachwirkung auf die Netzhaut. k ist ein Ausgleichgewicht für die Masse des Spiegels, der sorgsam befestigt werden muß.

Bisher war immer angenommen, es könne an die Stelle, wo das Drehmoment zu messen ist, ein besonderes Dynamometer eingebaut und das Moment hindurchgeleitet werden. Oft ist es erwünscht oder nötig, den vorhandenen Zusammenhang der Bauteile bestehen zu lassen und an ihnen doch die Messung vorzunehmen. Man muß dann *eine Welle oder eine Kupplung als Meßfeder* nutzbar machen, was allerdings genügende Elastizität voraussetzt. Bei langen Wellen wird die Elastizität ausreichen. Man kann das Rohr der Fig. 198 einfach über die Welle schieben, und es dazu etwa längs geteilt ausführen. Das für Schiffswellen bestimmte Föttinger-Dynamometer wirkt so und wird bald besprochen werden. Um aber z. B die Arbeitsabgabe einer

Dampfturbine an ihre Dynamo zu messen, müßte man meist die Kupplung zwischen beiden Maschinen weniger innig machen, etwa indem man die Kupplungsscheiben auseinanderdrückt und durch genau berechnete, hoch beanspruchte Bolzen verbindet. Für Bruchsicherung durch Anschläge wäre Sorge zu tragen.

Auch für die Ableseeinrichtung kann man Zwischenbauten an der Maschine selbst vermeiden durch Anwendung rein optischer Einrichtungen, etwa nach Fig. 199. Auf der Welle (oder auf den beiden Flanschen einer elastischen Kupplung) werden die total reflektierenden Prismen $P_1 P_2$ angebracht, die auch durch Spiegel ersetzt werden könnten, wenn man die Verschlechterung des Bildes durch deren doppelte Reflexion in den Kauf nehmen wollte. Durch die Prismen hindurch betrachtet man mit dem Fernrohr die Skala S. Eine Sammellinse ist so eingeschaltet, daß die Skala in ihrer Brennweite liegt und daß daher die später ins Fernrohr gehenden Strahlen zwischen den Prismen einen parallelen Gang haben. Die Prismenachsen müssen gut parallel und zur Wellenachse senkrecht ausgerichtet werden; für solche Arbeit ist das Gaußsche Fernrohrokular mit Beleuchtung des Fadenkreuzes das übliche Hilfsmittel[1]). Die ganze Anordnung hat dann Eigenschaften ähnlich denen eines Winkelspiegels oder -prismas: auch wenn die Welle sich dreht, scheint doch im Fernrohr die Skala stillzustehen, solange sie überhaupt im Gesichtsfeld ist; das Fadenkreuz des Fernrohrs zeigt auf einen Skalenstrich, den man bei genügender Drehzahl der Welle dauernd erblickt. Sobald sich aber durch Torsion die Wellenquerschnitte A und B gegeneinander um den Winkel δ verdrehen, ändert sich auch die Stellung der Prismen gegeneinander und das Fadenkreuz verschiebt sich auf dem Skalenbild um s Skalenteile. Dann ist $\operatorname{tg}\delta = \frac{s}{f}$ oder annähernd $\delta = \frac{s}{f}$ die Verdrehung der Welle für eine Meßlänge M. (Es kommt also auf die Brennweite f, nicht auf den Abstand a an.)

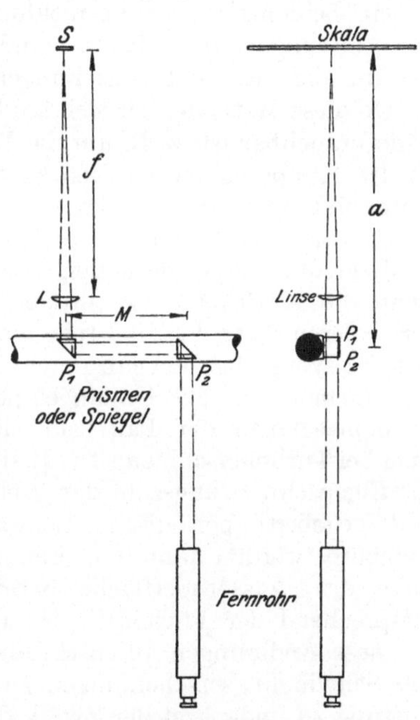

Fig. 199. Optische Ablesung der Torsion einer umlaufenden Welle. Nach Vieweg.

Welche Momente der Verdrehung um δ und damit dem Skalenwert s zugeordnet sind, ist durch vorgängige Eichung zu ermitteln. Gelegentlich wird sich eine Kupplung herausnehmen und auf besonderer

[1]) Kohlrausch, Lehrbuch der praktischen Physik. § 60. 10. Aufl. S. 254.

Welle zusammenbauen lassen. Meist aber wird man versuchen, die Eichung an der eingebauten Welle zu machen, indem man ein Ende durch ein Klemmfutter an der Drehung hindert und das andere an bekanntem Arm durch Gewichte belastet. Man kann auch einen auf ein Wellenende geklemmten Arm auf eine Wage stützen und durch Nachschräuben und Nachsetzen eines zweiten Armes das Moment erzeugen, das die Wage zu messen hat. Die Schwierigkeit ist, Verbiegungen zu vermeiden, mit denen auch Bewegungen der Prismen verknüpft wären. Um die Reibung in den Lagerungen der Welle auszuschalten, hat man die Belastung einmal steigen, einmal fallen zu lassen, beidemal unter Vermeidung von Stößen, und die Mittelwerte der Ablesungen im Aufwärts- und Abwärtsgang zu nehmen — so wie das im allgemeinen für Eichungen in § 6 beschrieben ist.

Ob diese Methode, der sich ähnliche anreihen lassen[1]), für praktische Fälle brauchbar ist, z. B. um die Leistung von großen Turboaggregaten an der Kupplung mechanisch zu bestimmen, ist mir unbekannt. Ihre Durchbildung in diesem Sinne ist aber ein großes Bedürfnis und soll durch vorstehende Notizen angeregt werden.

Jedenfalls sind Methoden wie die beschriebenen nur brauchbar, wenn die Kraftlieferung auf der einen Seite, die Kraftabnahme auf der anderen Seite der Meßstelle gleichförmig sind, so daß auch die Torsion der Welle über den ganzen Umlauf konstant bleibt und ihre Messung in einem Punkt des Umfanges genügt. Das wird im allgemeinen bei Turbomaschinen der Fall sein, niemals bei Kolbenmaschinen. Aber auch bei Turbomaschinen ist z. B. die Möglichkeit der Resonanz zwischen der Eigenschwingungszahl der Welle oder Kupplung und der Schaufelzahl gegeben; periodische Schwankungen des übertragenen Drehmomentes werden dann eintreten; beim Schiffspropeller verursacht die Nähe der Wasseroberfläche periodische Änderungen des Momentes entsprechend der Flügelzahl des Propellers.

Diese Änderungen aufzuschreiben und dadurch sowohl die Ursache von Schwingungserscheinungen zu ermitteln als auch die übertragene Leistung zu finden, ist der Zweck des *Föttinger-Dynamometers.* Fig. 200 stellt dasselbe schematisch dar. Auf die Welle ist rechts das Meßrohr angeschraubt, das über die Welle hinläuft und in der Scheibe S_2 endet, dort übrigens noch einmal, jedoch drehbar, auf der Welle gelagert ist. Die Scheibe S_1 ist fest auf der Welle. Die Scheiben geben schon an sich die Verdrehung der Welle vergrößert wieder; eine weitere Vergrößerung findet durch einen Winkelhebel und einen Schreibhebel statt; an letzterem sitzt der Schreibstift, der nun parallel zur Wellenachse, allerdings auf einem Kreisbogen gehend, Bewegungen ausführt, die ein Maß für das Drehmoment sind. Der Schreibstift schreibt die Drehmomente auf einer mit Papier bespannten Schreibtrommel auf, die nicht mit umläuft, sondern nur soweit seitlich verschiebbar ist, daß man sie zur Erneuerung des Papierblattes aus dem Bereich der umlaufenden Teile ziehen kann. Als Abszissen werden also ohne weiteres die von der Welle in der Gegend der Scheibe S_1 zurückgelegten Wege

[1]) Vieweg und Wetthauer, Zeitschr. f. Instrumentenkunde. Mai 1914.

aufgetragen; die Fläche zwischen der Drehmomentenlinie und einer Nullinie, die ein besonderer Schreibstift jederzeit aufschreibt, stellt also die bei einem Umgang gelieferte Arbeit dar. Die schematische Darstellung läßt eine Reihe notwendiger Einrichtungen nicht erkennen; so insbesondere eine Vorrichtung, die den Schreibstift im Gang der Welle auf die Trommel aufzusetzen und von ihr abzunehmen gestattet; das geschieht durch eine Schraubenspindel, deren Handrad bei jedem Umgang an einen Anschlag stößt und dadurch um einen Zahn geschaltet wird, vorwärts oder rückwärts, je nachdem welcher Anschlag angestellt ist; ähnliche Schaltwerke sind bei Zylinderbohrmaschinen für die Transportbewegung üblich. Die schematische Darstellung läßt auch nicht erkennen, daß zwei Schreibzeuge, ganz symmetrisch zueinander vor und hinter der Welle liegend, vorhanden sind.

Die Fläche unter der Drehmomentenlinie stellt die Arbeit dar, sofern die Ausschläge des Schreibstiftes dem Drehmoment proportional

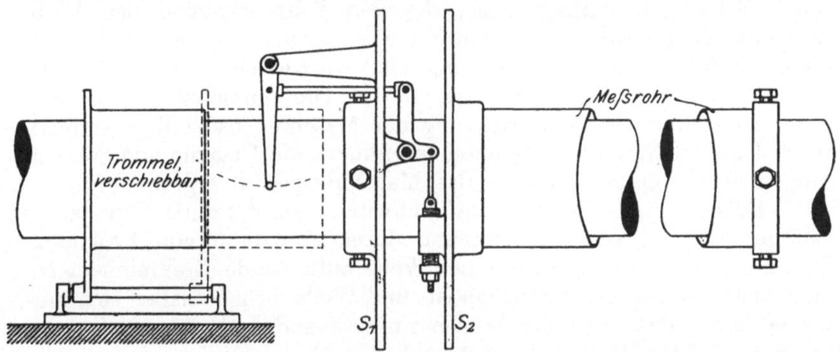

Fig. 200. Schema des Föttinger-Dynamometers.

werden, und zwar nicht die Bogenausschläge, sondern deren Projektionen auf die Mantellinie der Schreibtrommel; diese Proportionalität läßt sich durch passende Anordnung der Übertragungshebel erreichen, da die Verdrehung der Scheiben S_1 und S_2 dem Drehmoment leidlich proportional ist. Der Maßstab, in dem die Momente aufgetragen sind, läßt sich bei kleineren Maschinen experimentell finden, indem man einen auf die Welle oder eine Kupplung gesetzten Arm bekannter Länge auf eine Wage drücken läßt — das Frischdampfventil der Dampfmaschine wird dazu vorsichtig geöffnet, um das Moment zu erzeugen — und indem man zu gleicher Zeit die Größe des Moments und den Schreibstiftausschlag feststellt. Bei mehrtausendpferdigen Schiffswellen freilich, für die das Föttinger-Dynamometer besonders gebraucht wird, ist diese Messung nicht gut zu machen, und man pflegt den Maßstab der Ausschläge rechnerisch zu bestimmen. Die Winkelverdrehung eines Wellenstückes von der Länge l und dem Durchmesser d ist nämlich, wenn das Moment M_d tordierend wirkt, $\vartheta = \frac{M_d}{G} \cdot \frac{32}{\pi d^4} \cdot l$; hierin wird man den Gleitmodul G des Materials besonders bestimmen müssen — eine

Aufgabe des Materialprüfungswesens —, wenn man nicht den für Schiffswellenstahl nach mehrfachen Versuchen sehr gleichmäßig zutreffenden Wert $G = 829\,000$ kg/cm² übernehmen will; dieser Wert gilt übrigens, wenn alle Angaben obiger Formel in Zentimetern gegeben sind, auch das Drehmoment in cm·kg. — Die gegenseitige Verschiebung der beiden Scheiben S_1 und S_2 im Abstande r von der Wellenachse ist dann $r \cdot \vartheta$, und diese Verschiebung wird durch das Gestänge entsprechend vergrößert. — Nachdem man den Maßstab der Drehmomente ermittelt hat, und da man den Akszissenmaßstab ohne weiteres kennt — die Diagrammlänge entspricht dem Drehwinkel 2π —, so kann man den Maßstab der Arbeit wie beim Amslerschen Zahndruckdynamometer angegeben berechnen.

Im Föttinger-Dynamometer wird also die kraftübertragende Welle selbst als Meßfeder benutzt. Diese Meßfeder ist so kräftig, daß ihre Schwingungszahl wohl unter allen Umständen weit über den wesentlichen Schwingungszahlen liegt, die den Schwankungen des Drehmoments entsprechen. Ihre Dämpfung ist gering und rein molekular. Daher (§ 9) ist die Meßanordnung eine vorzügliche zur graphischen Aufzeichnung der Schwankungen des Drehmoments. Man kann daher nicht nur die Gesamtleistung der Maschine feststellen, sondern durch Untersuchung der Drehmomentenkurve die Ursache von Schwingungen ausfindig machen, die das Maschinengestell ergreifen und — bei Schiffsmaschinen — zu Schiffsschwingungen führen[1]). So hat es sich gezeigt, daß unter Umständen durch Auftreten von Resonanzerscheinungen das höchste in einer Welle auftretende Drehmoment ein Vielfaches des durchschnittlichen ist, und Wellenbrüche ließen sich daraus erklären, daß man die Wellen nur statisch und oft nur für das durchschnittliche Drehmoment berechnet. Wir verweisen auf die im Literaturverzeichnis angeführten Arbeiten von Frahm und Föttinger.

Die *Bedeutung der Einschaltdynamometer* war früher eine geringere, als man nach der Literatur annehmen sollte: sie bieten ein besonders gutes Feld für die Erfindertätigkeit, weil sie Gelegenheit zu interessanten, aber selten praktisch brauchbaren Konstruktionen geben. In neuerer Zeit erst ist der Bedarf nach einem für große Leistungen brauchbaren Dynamometer aufgetreten und im wesentlichen durch das Föttinger-Dynamometer befriedigt worden. Der Bedarf trat dadurch ein, daß man Dampfturbinen nicht indizieren kann, und daß daher in Fällen, wo z. B. als Schiffsmaschine die Dampfturbine nicht zum Antrieb einer Dynamomaschine dient und eine elektrische Leistungsmessung unmöglich ist, überhaupt kein anderer Weg für die Untersuchung der Maschine im praktischen Betriebe besteht außer der Anwendung des Föttinger-Dynamometers oder ähnlicher Einrichtungen.

---

[1]) Man hätte dazu die Koeffizienten der Fourierschen Reihe zu ermitteln, durch die man die Drehmomentenkurve darstellen kann; die Ermittlung dieser Koeffizienten kann etwa mit dem *harmonischen Analysator* von Mader geschehen, auf dessen Vorhandensein hier nur aufmerksam gemacht werden soll. (Vgl. Elektrotechn. Z. 1909, Heft 36, sowie des Verfassers Aufsatz über Wirkungsweise und Berechnung der Windkessel von Kolbenpumpen in der Z. d. V. D. I. 1911, S. 842, oder Forschungsarbeiten Heft 129.)

78. Bestimmung der Leistung aus dem Rückdruck. Statt durch Abbremsen einer Kraftmaschine das Drehmoment zu bestimmen, das die Maschine auf ihre Welle ausübt, kann man umgekehrt den Rückdruck bestimmen, den das Maschinengestell durch die Reaktion der arbeitaufnehmenden Teile erfährt. Dazu ist dieser Rückdruck, der im allgemeinen durch das Fundament aufgenommen wird und daher der Messung nicht zugänglich ist, meßbar zu machen, indem man das ganze Maschinengestell pendelnd aufhängt und mit einem Arm bekannter Länge zur Messung des Drehmomentes versieht.

Da Wirkung und Gegenwirkung einander gleich sind, so mißt man am Gestell grundsätzlich dasselbe Moment, das man auch beim Bremsen der Welle mittels des Zaumes messen würde. Die beiden Momente unterscheiden sich lediglich um die mechanischen Verluste, die die beiden gegeneinander bewegten Teile aufeinander ausüben, die wir als Ständer und als Läufer bezeichnen können. Diese Verluste werden im allgemeinen von zweierlei Art sein: zunächst die Reibungsverluste in den Lagerungen des Läufers im Ständer, die mit R_1 bezeichnet seien, ferner ein Teil V der Ventilationswiderstände, die der Läufer bei seiner Bewegung in der Luft erfährt. Die Reibungsverluste treten unverkürzt in den Ständer über, die Ventilationsverluste indessen nur soweit, als die vom Läufer angeregten Luftströme den Ständer treffen und an ihm gebrochen werden. Selbst bei einer gekapselten Maschine würde das von den Luftbewegungen auf den Ständer ausgeübte Moment kleiner sein als dasjenige, das der Läufer zur Erzeugung der Luftströmungen aufgewendet hat, entsprechend dem Energiebetrag, der durch Wirbelungen auf dem Wege der Luft vom Ständer zum Läufer verloren geht. Dieser Wirbelungsverlust ist auch bei ungekapselten Maschinen vorhanden; hinzu kommt bei ihnen aber noch, daß ein erheblicher Teil der Luftströmungen den Ständer gar nicht trifft, so daß der Unterschied der beiden Momente entsprechend größer wird. Zu beachten ist noch der Widerstand, den die Aufhängung der Maschine bietet. Für die Aufhängung verwendet man Schneidenlagerungen oder heute meist Kugellaufringe. In beiden Fällen wird der Widerstand sehr klein. Wenn wir ihn immerhin mit R_2 bezeichnen, so lassen sich, um seinen Einfluß zu verfolgen, zwei Fälle unterscheiden: entweder man stützt das ganze, aus Ständer und Läufer bestehende System an einer Stelle des Läufers, im allgemeinen also an seiner Welle. Dann hat R_2 stets gleichmäßig die Richtung entgegen dem Drehsinn des Läufers; der Ständer ist auf der Welle des Läufers dann seinerseits aufgehängt. Oder aber man stützt den Läufer etwa dadurch, daß man sein Lager, statt es fest mit dem Fundament zu verbinden, in einem Kugellaufring genügender Weite lagert, der erst seinerseits auf der Unterlage ruht. Dann pendelt der Ständer in dem fundierten Lager, und der Läufer rotiert im Ständer. Da der Ständer pendelt, so werden in diesem Falle die Kräfte R_2 positive oder negative Vorzeichen haben, je nach der augenblicklichen Richtung der Pendelbewegung.

Die ganze Anordnung läßt sich nun verwenden sowohl für Kraft- als auch für Arbeitsmaschinen und schließlich auch für Verbindungen von beiden. Viel verwendet werden beispielsweise unter dem Namen von Pendeldynamos Anordnungen, deren eine Fig. 201 im Bilde zeigt. Ein Benzinmotor ist fest montiert. Er wirkt auf den Anker einer Dynamomaschine als den Läufer. Das *Gestell der Dynamomaschine* ist durch über seine Lager gezogene Kugelringe *pendelnd* aufgehängt, und die auf dasselbe wirkende Reaktion wird mit Hilfe von Gewichten gemessen. Das Ganze ist eine Bremseinrichtung, bei der die bremsende Wirkung ähnlich wie bei der Wirbelstrombremse auf elektrischem Wege erfolgt, während die Messung — im Gegensatz zu den Methoden des § 79 — auf mechanischem Wege wie beim Zaume stattfindet. Wenn

Fig. 201. Pendeldynamo von Dr. Max Levy.

man das auf die Welle der Dynamo ausgeübte Moment, das man zu kennen wünscht, mit M_e bezeichnet, das am Hebelarm gemessene Drehmoment aber mit M_d, so gilt, im übrigen unter Benutzung der schon gegebenen Bezeichnungen, die Beziehung

wenn der Ständer gestützt wird: $M_e = M_d + V + R_1 \pm R_2$,

wenn der Läufer gestützt wird: $M_e = M_d + V + R_1 + R_2$.

V bedeutet hierbei nur denjenigen Teil der Ventilationsverluste, der in früher besprochener Weise am Ständer gebrochen wird.

Wegen des wechselnden Vorzeichens von R_2 im ersten Fall ist die zweite Anordnung — Stützung des Läufers — vorzuziehen, es sei denn der Widerstand der Kugellagerung so gering, daß er überhaupt keine Rolle spielt. In jedem Fall aber wird man $V + R_1$, evtl. $V + R_1 + R_2$

versuchsmäßig zu bestimmen haben, indem man die Dynamo mit gleicher Drehzahl als Elektromotor leer laufen läßt. Es ist nämlich — wieder im Gegensatz zu den Methoden des § 79, bei denen man auch oft durch Leerlaufversuche die Eigenverluste der Dynamo bestimmt — in diesem Fall zu beachten, daß die gesamten rein elektrischen Verluste, insbesondere also die in Anker und Feld erzeugte Stromwärme keinen Einfluß auf die Meßergebnisse hat. Man wird also im Leerlauf den gleichen Verlust bestimmen, der auch bei Vollast vorhanden ist, wenn nicht etwa eine der folgenden Fehlerquellen merklichen Einfluß hat: Nach dem Grade der Magnetisierung können bei mangelhafter Lagerung Verlagerungen des Läufers gegen den Ständer im axialen und im radialen Sinne eintreten; durch Erwärmung können Schwerpunktsverschiebungen des Ständers eintreten, weshalb also die Leerlaufsbestimmungen an der warmen Dynamo vorzunehmen sind; die Stromzuleitungen zum Ständer können sich verändern, weshalb die Zuführung am besten durch federnde Schienen erfolgt. — Hinsichtlich der statischen Verhältnisse gilt ähnliches wie in § 76 für den Zaum ausgeführt wurde. Die dort durch Federn zu erreichende feinstufige Regulierung der Belastung wird jetzt durch eine feinfühlige Regeleinrichtung im Feld oder im äußeren Stromkreis, z. B. einem Wasserwiderstand, erreicht. Für die Messung ist es erwünscht, daß der Auflagerpunkt des Hebelarms in gleicher Höhe mit der Maschinenachse liegt, so daß eine geringe Hebung und Senkung desselben gegen die Mittellage keine Änderung der wirksamen Hebelarmlänge zur Folge hat. Außerdem muß der Schwerpunkt des Ständers wenig unter der Maschinenachse liegen.

Diese Bemerkungen sind sinngemäß auch auf die folgenden Anordnungen zu übertragen.

Besonders eigenartig wird die hier in Rede stehende Meßmethode nämlich erst dann, wenn man nicht das Gestell der besonderen, nur der Belastung dienenden Dynamo pendeln läßt, was im Grunde nur auf die gewöhnliche Bremsung herauskommt, sondern wenn man das *Gestell der zu untersuchenden Maschine* selbst *pendeln läßt*, in Fig. 201 also das Gestell des Fahrzeugmotors pendelnd aufhängt. Wenn dabei an Kolbenmaschinen die pulsierend auftretenden Kräfte stören, so ist durch Anordnung genügend schwerer Massen dafür zu sorgen, daß der Ständer feststeht.

Grundsätzlich läßt sich die Anordnung auch an Stellen verwenden, wo ihre Anwendung nicht ganz nahe liegt. Zum Beispiel beim Peltonrad würde die Reaktion des Wasserstrahls das gewünschte Drehmoment ergeben; allerdings machte die Anordnung der Wasserzuführung (durch federnde Rohre) voraussichtlich einige Schwierigkeit. Wenn man als belastende Maschine in Fig. 201 statt der Dynamo eine Kreiselpumpe verwendet, deren Gestell man pendeln läßt (Masch. Unt. § 126), so hat man eine Anordnung, die viel Ähnlichkeit mit der Wasserbremse (§ 76) hat, nur bleibt das Gehäuse dauernd gefüllt und die Regelung erfolgt durch Drosseln des Wasserablaufs, also durch künstliche Veränderung der Förderhöhe. Die Vernichtung der Energie erfolgt also außerhalb der eigentlichen Bremse.

Die Methode ist auch für Arbeitsmaschinen anwendbar. Man kann den eine Werkzeugmaschine antreibenden Motor pendelnd lagern und erhält im *Pendelmotor* das Gegenstück zur Pendeldynamo. Man kann aber auch das Gestell der Arbeitsmaschine selbst pendeln lassen.

Zur Messung des Momentes sind wie beim Zaum Gewichte das auf die Dauer Genaueste. Laufgewichtswagen sind bequemer. Wo das Moment wechselt, muß es registriert werden. Man kann etwa eine Meßdose mit Registrierwerk ähnlich wie bei Fig. 174, § 75 verwenden. Zu beachten ist, daß die Pendelausschläge des Ständers sehr klein sein

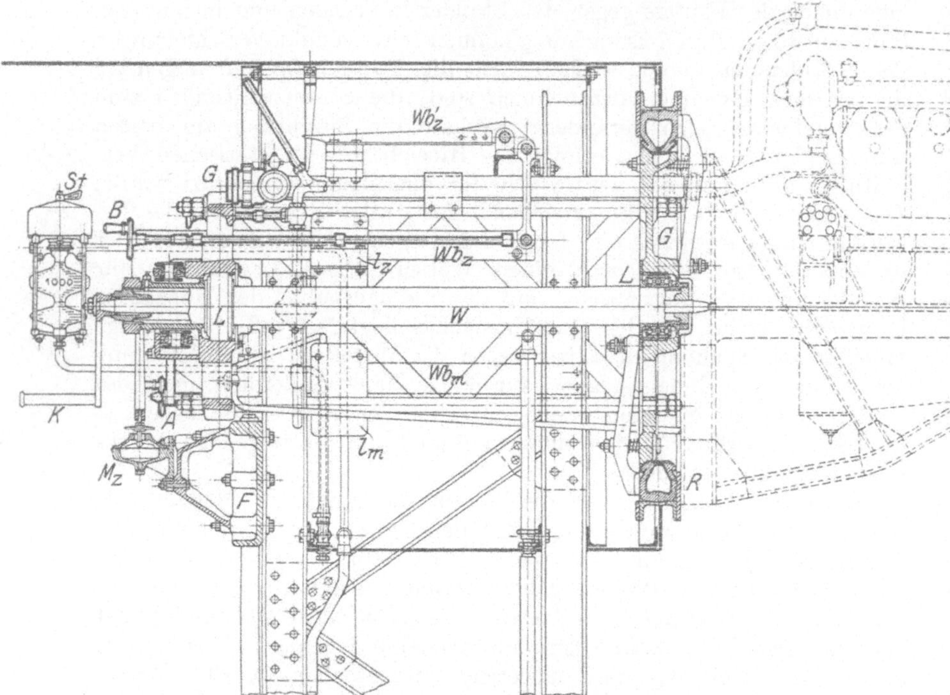

Fig. 202. Prüfstand für Flugmotoren mit Rückdruckmessung. Deutsche Versuchs-

müssen, da er meist erhebliche Masse haben wird, damit seine Massenwirkungen nicht zu groß werden.

In Fig. 202 ist ein *Prüfstand für Flugmotoren* dargestellt, der auf kleinem Raum alle für ihre Beurteilung nötigen Meßeinrichtungen zusammendrängt; er verlegt die Bedienung und alle Ablesungen auf die Stirnseite des Standes, wo der Beobachter durch eine Blechverschalung, in der er wie in einem Schilderhaus steht, vor dem sehr lästigen Luftzug des Propellers geschützt ist. Die Belastung des Motors wird nämlich, um die Betriebsverhältnisse hinsichtlich der Lagerbeanspruchung und Kühlung möglichst nachzuahmen, mit dem zugehörigen Propeller belastet, zur Untersuchung steht also die Kombination aus Motor und Propeller; zu messen ist das vom Motor auf den Propeller übertragene Moment sowie der Propellerzug, beides geschieht nach der Rückdruckmethode; ferner ist die Aufnahme an Brennstoff und Öl zu bestimmen; die Messung der Kühlwassermenge und ihrer Temperaturerhöhung ist ein wichtiges Betriebsdatum.

Ein Bock aus Walzeisen, der zugleich die erwähnte Blechverschalung trägt, trägt auch die Welle W, auf der ein Gestell $G\,G$ mittels eigenartiger Kugellager $L\,L$ drehbar und längsverschieblich gelagert ist; das Gestell besteht aus einem gußeisernen Vorderhaupt mit den Bedienungs- und Ableseeinrichtungen, dem gußeisernen Hinterhaupt als Motorträger, beide durch Schmiedeeisenteile längs und diagonal gegeneinander verspannt. Auf dem Hinterhaupt ist der Motor unter Zwischenschaltung eines Autoluftreifens R aufgeklemmt, durch welchen die ständigen Dreh- und Längskräfte einfach übertragen, die Stöße und Erschütterungen des Flugmotors aber abgefangen und den Wageschneiden ferngehalten werden. Die Messung des vom Motor ausgeübten Rückdruckmomentes erfolgt je nach der Drehrichtung durch einen von zwei zur Welle W parallel laufenden Wagebalken Wb_m, die mit Schneiden $s\,s$ auf Pfannen $p\,p$ am festliegenden Teil F der Vorderwand gelagert sind und auf deren kurzem Hebelarm die vom beweglichen Teil G ausgeübte Kraft durch ein Gehänge übertragen wird, in das noch die kleinen Luftreifen r zur Beseitigung der letzten Stöße eingelegt sind. Die Messung des Momentes erfolgt durch Bedienung der Handräder $A\,A$, die die Laufgewichte l_m bis zum Einspielen des Wagehebels Wb_m verstellen. Ähnlich wird der vom Motor mit Propeller erzeugte Zug oder Druck gemessen, der eine Längsverschiebung der gesamten beweglichen Teile auf der Welle W erstrebt; Zug wird durch das Kugellager k, Druck durch das Kugellager l hindurch auf einen Wagebalken Wb_z übertragen, auf dem das Laufgewicht l_z durch Handrad B einstellbar ist, und der seinerseits noch durch ein Gehänge mit dem festbelasteten Wagebalken Wb_z' verbunden ist; das zeigerartig ausgebildete Ende des letzteren spielt vor einer Skala z. Der Zug kann auch an der Meßdose M_z abgemessen werden, wie

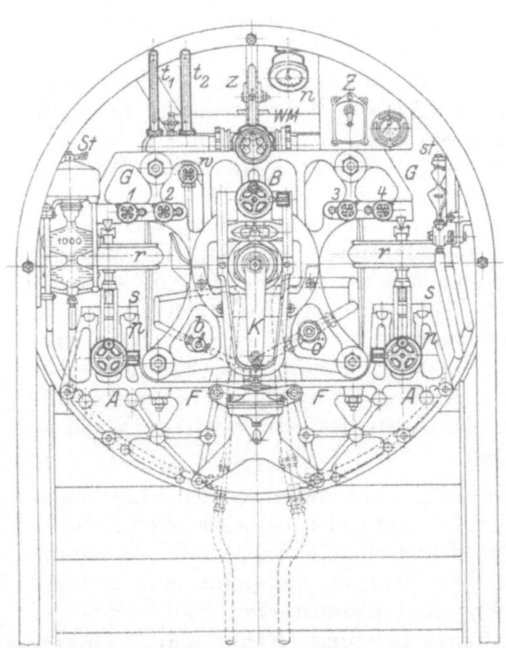

anstalt für Luftfahrt, Berlin-Adlershof.

solche nach Befund auch für die anderen Wagebalken vorgesehen werden können.

Es sind noch weiter an dem Prüfstand Fig. 202 vorhanden: Die Regelhähne *b* und *ö* sowie die Stichprober (§ 52, Fig. 102) *St* und *st* zur Messung für Brennstoff und Öl; der Wassermesser *WM* nebst Thermometern t_1 und t_2 in der Kühlwasserleitung, in der der Kühlwasserzufluß durch ein Ventil *w* geregelt wird; der Drehzähler *n*, die Kurbel *K* zum Durchdrehen des Motors durch die hohle Welle *W* hindurch und die Anlaßzündung *Z*, bestehend aus Anlaßmagnet und Ausschalter; die Handräder 1, 2, 3, 4 zum Regeln des Vergasers und der Zündungszeit.

Durch die konzentrische Lagerung aller beweglichen Teile wird eine hohe Meßempfindlichkeit erreicht. Wesentlich für die Empfindlichkeit ist jedoch die Schwerpunktslage des drehbaren Systems, die je nach der angebauten Motorentype verschieden ausfällt. Da die Motorwelle mit der Welle *W* in gleiche Höhe kommen muß, so liegt die Höhenlage des Motors fest, und man muß nötigenfalls durch besondere Gewichte die passende Höhenlage des Schwerpunkts herbeiführen.

Der Propellerwind kann auf den Prüfstand selbst keine Wirkung üben; seine Wirkung auf die Motorteile geht in die Messung ein, und es wird z. B. als Zug nicht der Zug des Propellers selbst, sondern abzüglich der Reaktion desselben auf den Motor gemessen. Die Messung geht also von dem Gesichtspunkt aus, es komme auf die Gesamtwirkung der zusammengebauten Teile an; man hat dafür zu sorgen, daß die Reaktion tunlichst derjenigen im praktischen Fluge entspricht.

Die Reaktion der aus den Zylindern auspuffenden Gase liefert beträchtliche Kräfte; zur sauberen Messung des nutzbaren Drehmomentes und Zuges muß die Richtung des Auspuffes senkrecht zur Welle *W* und in einer Ebene mit ihr sein.

79. Elektrische Leistungsmessung. Für die elektrische Leistungsmessung sind zwei Fälle möglich. Entweder es wird eine Arbeitsmaschine, sagen wir eine Pumpe, elektrisch angetrieben. Man entnimmt den Strom irgendeiner elektrischen Zentrale und mißt mittels Volt- und Amperemeters die Spannung und Stromstärke: Beider Produkt ist die dem Elektromotor zugeführte Leistung. Kennt man noch den Wirkungsgrad η des Elektromotors, so hat man die der Pumpe zugeführte Leistung $N = N_{\text{mot}} \cdot \eta$.

Im anderen Falle wird eine Kraftmaschine, sei es eine Dampfturbine, elektrisch belastet. Die von ihr erzeugte Energie wird nicht durch Abbremsen in Wärme verwandelt, sondern durch eine Dynamomaschine in Elektrizität umgesetzt. Der erzeugte Strom wird nach Spannung und Stromstärke festgestellt: Beider Produkt ist die elektrische Leistung der Dynamomaschine. Die Effektivleistung der Dampfturbine war etwas größer, sie ist $N = \frac{N_{\text{dyn}}}{\eta}$, wenn η der Wirkungsgrad der Dynamomaschine ist.

In beiden Fällen hat man, Gleichstrom vorausgesetzt, die Spannung *E* in Volt an einem Voltmeter und die Stromstärke *J* in Ampere an einem Amperemeter abzulesen; das Produkt beider Ablesungen ist die elektrische Leistung in Watt. Teilt man das Produkt durch 1000, so erhält man die elektrische Leistung in Kilowatt, teilt man es durch 735,8 ∾ 736, so erhält man die elektrische Leistung in Pferdestärken.

Es ist also

$$N_{\mathrm{el}}^{\mathrm{kW}} = \frac{E \cdot J}{1000}; \quad N_{\mathrm{el}}^{\mathrm{PS}} = \frac{E \cdot J}{736} \quad \ldots \ldots \quad (7)$$

Bei Wechsel- oder Drehstrom wird die elektrische Leistung direkt mittels eines Wattmessers bestimmt; bei Drehstrom mit ungleicher Belastung der Phasen ist die Aronssche Zweiwattmetermethode anzuwenden. Ungleiche Phasenbelastung wird insbesondere bei Belastung mittels Wasserwiderstandes kaum zu vermeiden sein. Zur Einstellung einigermaßen gleicher Belastung ist der Einbau von Amperemetern in allen Phasen sehr bequem. — Die Angaben des Wirkungsgrades beziehen sich auf eine bestimmte Phasenverschiebung, oft auf $\cos\varphi = 0{,}8$. Wasserwiderstände aber ergeben keine Phasenverschiebung. Man läßt deshalb zweckmäßig einige Elektromotoren genügender Größe mitlaufen, die im Leerlauf sehr große Phasenverschiebung haben. Übrigens machen zu hohe Werte von $\cos\varphi$ nur unerhebliche Änderungen im Wirkungsgrad der Generatoren, etwa 1% beim Übergang von $\cos\varphi = 0{,}8$ bis $\cos\varphi = 1$, und zwar im Sinne einer Verbesserung des Wirkungsgrades. Ihre Nichtbeachtung bedeutet also bei Abnahme einer Kraftmaschine mit Generatorbelastung eine kleine Konzession des Abnehmers an den Lieferer.

Den Wirkungsgrad der elektrischen Maschinen wird man oft aus Angaben der liefernden Fabrik kennen; wie er andernfalls zu bestimmen ist, soll hier, als in die elektrotechnische Meßkunde gehörig, übergangen werden[1]). Eine Messung der Drehzahl ist für die Leistungsbestimmung nicht nötig.

Hinsichtlich der Schaltung der Meßinstrumente und der elektrischen Maschine ist zu beachten, daß sie so zu geschehen hat, wie bei Angabe des Wirkungsgrades vorgesehen war. Nach den Normalien[1]) ist daher die im Feld und dem Feldrheostaten verlorene Energie als Verlust in Rechnung zu setzen. Man hat das Amperemeter also so anzuschließen, daß es den Erregerstrom mitmißt; kann man das bei fremderregten Dynamomaschinen nicht tun, so muß man die Erregungsenergie besonders messen und in Abzug bringen, bevor man durch den Wirkungsgrad dividiert. Der Verbrauch künstlicher Kühlung ist mangels anderer Vereinbarung in den Wirkungsgrad einzuschließen, d. h. als Verlust anzusehen.

80. Vernichtung der elektrischen Energie. In den Fällen der vorigen beiden Paragraphen sollte die zu messende Leistung in elektrische Form übergeführt werden. Der Unterschied war, daß in § 78 die Messung mechanisch, in § 79 jedoch ebenfalls elektrisch erfolgt. In beiden Fällen aber entsteht die Frage, was mit der erzeugten elektrischen Energie weiter wird.

Die Elektrizität ihrerseits muß nach der Messung vernichtet werden,

---

[1]) Normalien zur Prüfung und Bewertung von elektrischen Maschinen und Transformatoren § 37 bis 44. Siehe z. B. in Streckers Hilfsbuch.

wenn man sie nicht etwa in eine Sammlerbatterie oder in ein Beleuchtungsnetz hineingeben kann. Aber selbst wenn man solche nützliche Verwendung für sie hat, muß man gelegentlich einen Teil des Stromes vernichten, um dadurch die Möglichkeit zu haben, die Belastung der Maschine einzuregeln und konstant zu halten.

Vernichtung bedeutet Überführung in irgendeine unnütze Energieform, meist in Wärme, und geschieht in Belastungswiderständen. Diese

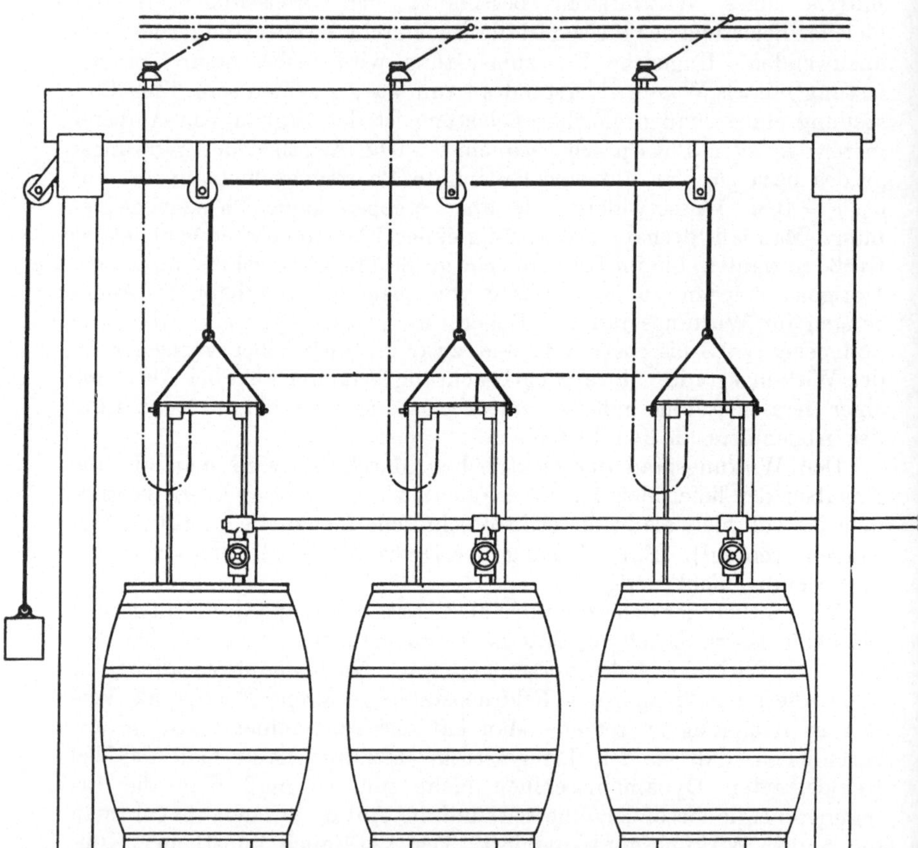

Fig. 203. Belastungswiderstand für Drehstrom.

bestehen aus einem Metallwiderstand, einer Glühlampenbatterie oder aus einem Wasserwiderstand.

Einen *Metallwiderstand* kann man provisorisch aus Eisendrahtspiralen herstellen. Für seine Bemessung ist maßgebend, daß er einen bestimmten Widerstand haben muß, der, in Ohm gemessen, durch den Quotienten aus Spannung und Stromstärke gegeben ist. Außerdem muß die Drahtoberfläche groß genug sein, um die erzeugte Wärme abzugeben, ohne daß die Temperatur allzuweit steigt. *Krupp*'scher Spezial-Widerstandsdraht hat erstaunlich hohen Widerstand und verträgt hohe Temperaturen. Bei Eisendraht ist der Widerstand durch die Formel $W^{\text{Ohm}} = \frac{l_{\text{mtr}}}{10\, d^2_{\text{mm}}}$ gegeben, bei Manganin ist $W = \frac{l}{1{,}8\, d^2}$; ein Quadratmeter strahlender Oberfläche kann etwa 7,5 kW bewältigen, bei guter Ventilation viel mehr, bei behinderter Strahlung jedoch weniger. Man schaltet nun so viel Leiter parallel, daß die nötige Stromstärke bewältigt werden kann, und regelt die Belastung durch Ausschalten von Leitern. Die Drähte können, wenn entsprechend montiert, ruhig rotwarm werden. Ganz praktisch ist es, ein wagerechtes Eisenrohr mit Asbest zu umwickeln und darüber die weitgewundene Drahtspirale zu hängen.

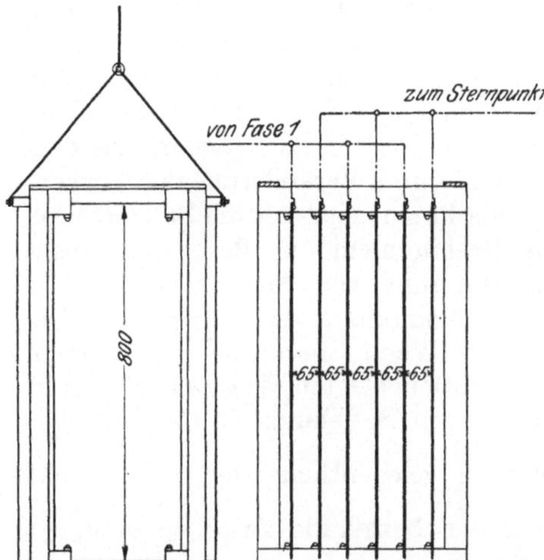

Glühlampenwiderstände sind selten zu beschaffen. Von Glühlampen hat man so viel in Serie zu schalten, wie der Spannung entspricht. Im übrigen schaltet man deren so viele parallel, daß die nötige Stromstärke erreicht wird.

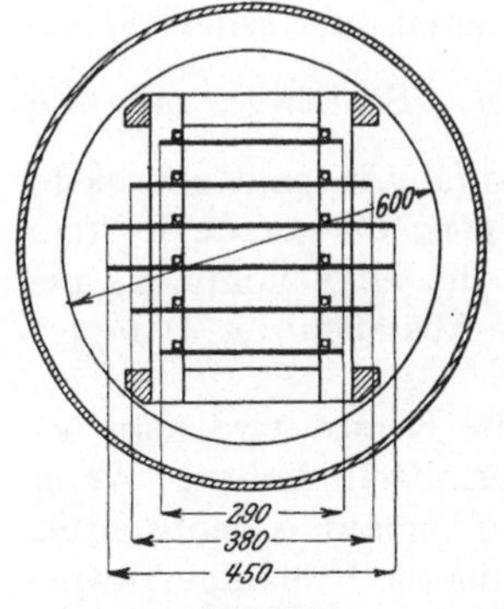

Fig. 204.
Plattenbündel aus Fig. 203, für 127 V × 650 A.

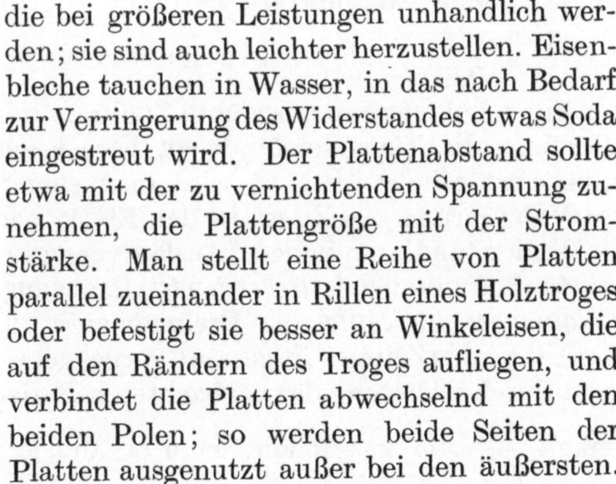

Wasserwiderstände sind bequemer als Drahtwiderstände, die bei größeren Leistungen unhandlich werden; sie sind auch leichter herzustellen. Eisenbleche tauchen in Wasser, in das nach Bedarf zur Verringerung des Widerstandes etwas Soda eingestreut wird. Der Plattenabstand sollte etwa mit der zu vernichtenden Spannung zunehmen, die Plattengröße mit der Stromstärke. Man stellt eine Reihe von Platten parallel zueinander in Rillen eines Holztroges oder befestigt sie besser an Winkeleisen, die auf den Rändern des Troges aufliegen, und verbindet die Platten abwechselnd mit den beiden Polen; so werden beide Seiten der Platten ausgenutzt außer bei den äußersten. Für vorübergehende Zwecke kann man in eine große Öltonne, deren einer Boden entfernt wird, ein Bündel Blechplatten setzen, das man nach Fig. 204 mit einer Holzfassung versehen hat, die es zugleich beim Heben und Senken am Rande der Tonne zentrisch führt. Für Drehstrom braucht man dann 3 Tonnen; aus jeder derselben wird eine Reihe Bleche zu dem Sternpunkt geführt, die andere zu je einer der 3 Phasen (Fig. 203). Der Widerstand mit den angegebenen Abmessungen reichte bei 220 Volt Spannung zwischen 2 Phasen, also $220 : \sqrt{3}$

= 127 V zwischen den benachbarten Platten, bequem für Stromstärken von 650 A in jeder Phase aus, entsprechend einer Leistung von 240 kW in den 3 Tonnen. Der Wasserzusatz (1 m^3/h in jeder Tonne) diente dabei wesentlich nur zum Ersatz des verdampften, und um die Verdampfung nicht so stark werden zu lassen, daß das Wasser zwischen den Platten auskocht. Mit einem Quadratmeter Plattenfläche bewältigt man also 350 bis 500 A, d. h. für diese Stromstärke ist ein Quadratmeter positiver und eines negativer Platte nötig, wobei jedoch, sofern beide Seiten einer Platte ausgenutzt werden, auch beide einzeln in Rechnung zu setzen sind: Eine Platte von 50 × 100 cm Abmessung kann, wenn beide Seiten ausgenutzt sind, 350 bis 500 A leiten. Zum Regulieren der Stromstärke hebt man die Platten nach Bedarf aus dem Wasser. Noch energischer reguliert man durch Veränderung der Konzentration der Sodalösung; tut man Soda hinzu, so steigt die Stromstärke.

81. Ermittlung von Kraft und Drehmoment aus Beschleunigungsverhältnissen, insbesondere zur Bestimmung von Eigenverlusten. Die Ermittlung von Kräften kann unter Benutzung der allgemeinen Beschleunigungsgleichungen geschehen. Wenn man die von einem Körper bis zu verschiedenen Zeiten t zurückgelegten Wege s beobachtet, so ist durch Ableitung der beobachteten Beziehung die Geschwindigkeit $\frac{ds}{dt} = \omega$ zu ermitteln — die man gelegentlich wohl auch direkt beobachten kann; durch Ableitung der Beziehung zwischen ω und t erhält man die Beschleunigung $\frac{d\omega}{dt} = p$, aus der die auf den Körper wirksame Gesamtkraft P durch Multiplizieren mit seiner Masse $m = \frac{G}{g} = \frac{G}{9{,}81}$ zu finden ist. Es ist $P = m \cdot p$. So könnte man die von einer Lokomotive ausgeübte Zugkraft im Anfahren ermitteln, hätte allerdings die Zugwiderstände zu berücksichtigen; da gerade letztere unbekannt sein werden, so wird man eher in die Lage kommen, aus der Verzögerung des Zuges in der Ebene nach Abstellen des Dampfes die Widerstände zu finden (Auslaufversuch).

Häufiger als bei *fortschreitender Bewegung* die Kräfte wird man bei *umlaufender Bewegung* die Drehmomente zu ermitteln haben. Wenn man die zu den Zeiten t insgesamt zurückgelegten Umläufe s beobachtet, so ist durch Ableitung der beobachteten Beziehung die Umlaufgeschwindigkeit $\frac{ds}{dt} = \omega$ zu finden; man erhält sie in technischen Einheiten, kann sie aber nach § 83 in (minutliche) Drehzahl umrechnen; gelegentlich kann man sie auch direkt mittels Tachometers beobachten; meist aber wird das ungenauer. Durch Ableitung der Beziehung zwischen ω und t erhält man die Winkelbeschleunigung $\frac{d\omega}{dt}$, aus der das auf die umlaufenden Massen wirkende Gesamtdrehmoment M_d durch Multiplizieren mit dem Trägheitsmoment J_m der Massen in bezug auf die Rotationsachse zu finden ist. Es ist $M_d = J_m \cdot \frac{d\omega}{dt}$.

Bei diesen Untersuchungen kommt es also in jedem Fall auf Differentiation von Beziehungen hinaus, die entweder mechanisch aufgezeichnet sind oder zahlenmäßig punktweise vorliegen. Außerdem ist bei fortschreitender Bewegung die Masse des Körpers durch einfaches Wägen, bei umlaufender Bewegung sein Massenträgheitsmoment $J_m = \int dm \cdot r^2$ zu ermitteln, wobei r den Abstand der Massenelemente dm von der Rotationsachse bedeutet. Es sei noch daran erinnert, daß man J_m nicht verwechseln darf mit dem Gewichtsträgheitsmoment $J_g = \int dG \cdot r^2$; wegen $G = g\,m$ ist auch $J_g = g \cdot J_m = 9{,}81 \cdot J_m$.

Die *Ermittlung von Trägheitsmomenten* geschieht entweder durch Zerlegen des umlaufenden Profiles in Lamellen und rechnungsmäßiges Bilden der Produkte $G \cdot r^2$ für jeden der abgeteilten Kreisringe; bei Schwungrädern liefert der Kranz naturgemäß den größten Beitrag. Hier interessiert eher die Möglichkeit der Bestimmung des Trägheitsmomentes durch Versuche, und zwar meist durch Pendelversuche. Die Dauer t_s einer vollen (Doppel-) Schwingung eines physikalischen Pendels vom Trägheitsmoment J_m und vom Gewicht G, dessen Schwerpunkt um e von der Drehachse absteht, so daß also bei einer Ablenkung um 90° aus der Ruhelage das Moment $M_1 = G \cdot e$ die Rückführung erstrebt, ist nämlich (bei kleinen Ausschlägen):

$$t_s = 2\pi \cdot \sqrt{\frac{J_m}{G \cdot e}} = 2\pi \cdot \sqrt{\frac{J_m}{M_1}};$$

also ist

$$J_m = \frac{t_s^2}{4\pi^2} \cdot G \cdot e = \frac{t_s^2}{4\pi^2} \cdot M_1 \quad \text{. . . . .} \quad (8)$$

Durch Beobachten der Schwingungsdauer läßt sich daher das Trägheitsmoment finden, da man auch entweder G oder e oder gleich M_1 meist messen kann. — Ausgewuchtete Räder muß man erst in ein physikalisches Pendel verwandeln, indem man sie entweder nach Maßgabe von Fig. 205 und 206 auf einem Winkel- oder Rundeisen lagert; dann ist e ohne weiteres bekannt, und G muß ausgewogen werden. Das nach Formel (8) errechnete Trägheitsmoment ist das in bezug auf die Aufhängungsachse; es ist um $\frac{G}{g} \cdot e^2$ zu vermindern, um das Trägheitsmoment in bezug auf die Radachse zu erhalten. Oder man bringt nach Fig. 207 eine Zusatzmasse G_1 exzentrisch an, worauf man das bei 90° Auslenkung entstehende Moment M_1 durch Umschlingen eines Fadens und Ausgleichen mit Hilfe von Gewichten G_0 findet (Fig. 208). Das Trägheitsmoment des Zusatzgewichtes in bezug auf die Umlaufachse, annähernd $\frac{G_1}{g} \cdot a_1^2$, ist abzuziehen, um das Trägheitsmoment der Scheibe allein zu erhalten. Die in Fig. 207 und 208 dargestellte Methode wird man nur bei Scheiben verwenden können, die beweglich genug gelagert sind, um bei kleinen Schwingungsweiten eine genügende Anzahl von Schwingungen zu geben, die also Kugellagerung oder eine sehr dünne Achse haben. In beiden Fällen ist genaue

Auswuchtung der Scheibe für die Rechnung wesentlich; man muß sie durch Hilfsgewichte zunächst herstellen, kann aber auch bei der Methode Fig. 205 durch Aufhängung in zwei diametral entgegengesetzten Punkten, bei Fig. 207 durch Anwendung mehrerer Zusatzgewichte die Einflüsse mangelhafter Auswuchtung rechnerisch eliminieren. — Manche andere Anordnung zur Ausführung der Schwingungsversuche ist denkbar. Gegenüber irgendwie komplizierten Anordnungen wird aber die Ermittlung durch Rechnung oft das bequemere sein.

Ein nach der zweiten Methode, Fig. 207, ausgeführter Versuch an einer in Kugellagern gelagerten Scheibe (über die auf S. 304 weiter berichtet wird) ergab folgendes: Mit einem Zusatzgewicht von 10,20 kg

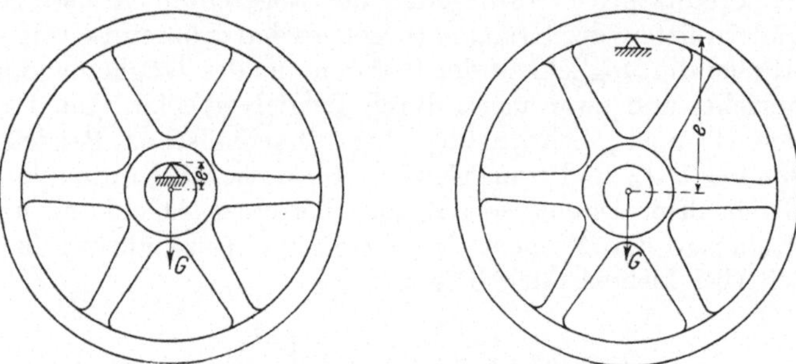

Fig. 205 und 206. Pendelversuch zur Bestimmung von Trägheitsmomenten.

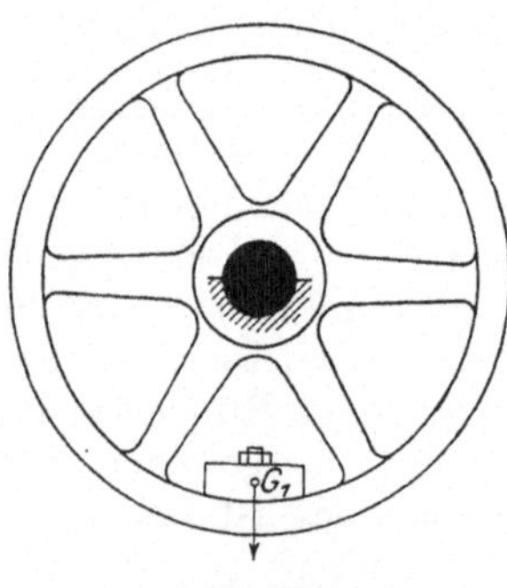

Fig. 207. Pendelversuch.

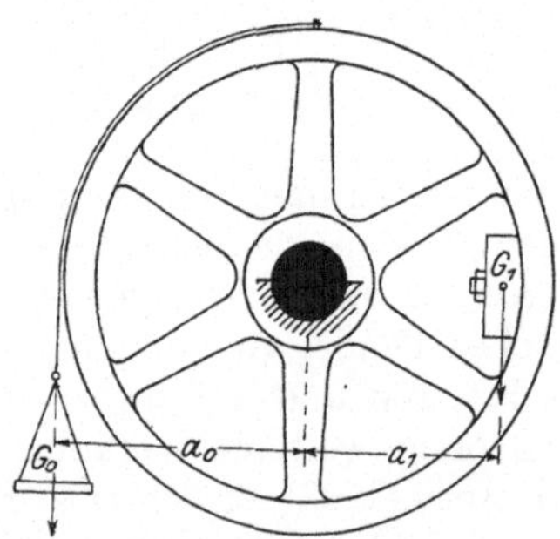

Fig. 208. Bestimmung des Schwerpunktabstandes der Zusatzmasse.

ergab sich die Dauer von 10 Schwingungen zu 82,0 s, also $t_2 = 8{,}20$ s. Beim Ausgleichen nach Fig. 208 ließ ein Ausgleichgewicht von 6,660 kg das Rad noch gerade zurückfallen, während 6,700 kg es unter Überwindung der Lagerreibung vorwärts zogen; danach ist 6,68 kg das bei reibungsfreier Lagerung notwendige Ausgleichgewicht, das am Arm: Scheibenradius plus halbe Schnurstärke $= 0{,}500 + 0{,}0005 \sim 0{,}500$ m angreift; es ergibt sich $M_1 = 3{,}34$ m · kg und der Schwerpunktsabstand des Ausgleichgewichtes $a_1 = \frac{3{,}34}{10{,}20} = 0{,}328$ m. Das Trägheitsmoment der Scheibe einschließlich Zusatzgewicht ist also $J + J' = \frac{8{,}20^2}{4\pi^2} \cdot 3{,}34 = 5{,}71$; für das Zusatzgewicht ist $J' \sim \frac{10{,}2}{9{,}81} \cdot 0{,}328^2 = 0{,}112$; das Trägheitsmoment der Scheibe allein ist $J = 5{,}60\ \mathrm{m \cdot kg \cdot s^2}$; die Benennung folgt aus der Beachtung der Dimensionen. —

Zum *Ermitteln des Differentialquotienten* einer graphisch vorliegenden Kurve kann man sich des *Spiegelderivators* bedienen, der in Fig. 209 dargestellt ist. Ein kleiner ebener Metallspiegel S steht senkrecht auf der Kurve, wenn das Spiegelbild die stetige Fortsetzung der Kurve selbst bildet. Der Apparat hat zwei Spitzenfüße AB, die man auf eine Ordinate *3* einstellt, auf der man, vom Schnittpunkt mit der abzuleitenden Kurve aus, den halben Spitzenabstand beiderseits vorher abgestochen hat; ein dritter Fuß ohne Spitze ist im Bilde kaum zu sehen.

Fig. 209. Wagnerscher Spiegelderivator von Ernecke.

Der an einem Arm sitzende Nonius N ist nun senkrecht zur Ordinate orientiert. Am Griff G kann man den Spiegel S, den Teilkreis T und die Punktiernadel P, die alle auf einer Achse sitzen, gemeinsam drehen, bis das Spiegelbild ohne Knick in die Kurve selbst übergeht. Dann kann man am Teilkreis und Nonius die Neigung der Kurve in der Ordinate *3* ablesen und unter Benutzung einer Tafel den Tangens finden, oder man kann durch Niederdrücken der Punktiernadel einen Stich machen, der die Richtung der Normale — bei anderer Justierung die der Tangente — festlegt. Mit Hilfe der Einstellvorrichtung E kann man den Spiegel etwas gegen den Teilkreis verdrehen, auch ist die Punktiernadel etwas seitlich verstellbar, so daß alle drei Teile in die richtige Lage zueinander zu bringen sind. Bei der Beschaffung des

Spiegelderivators achte man darauf, daß der Nonius Zwölferteilung hat, da sonst die Tangens-Tafeln unbequem zu verwenden sind.

Ein einfacheres Instrument zu gleichem Zweck ist das *Spiegellineal*, Fig. 210; ein sauber gehobeltes Metallstück ist an einem Ende hochglanzpoliert, dieser Teil dient als Spiegel zum Einstellen in die Normale; das übrige dient als Lineal zum Zeichnen der Normalen. Der

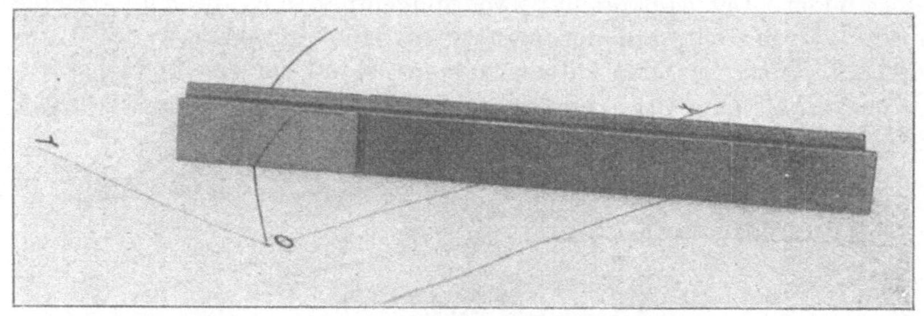

Fig. 210. Spiegellineal.

Winkel oder sein Tangens muß nun irgendwie ermittelt werden, am einfachsten nach Fig. 211: in bestimmtem Abstand a von der Abszissenachse XX ist eine Parallele X' zu ihr gezogen; wenn in den Punkten A, A_1 ... der Kurve die Normalen mittels des Spiegellineals — oder sonstwie — gezeichnet sind, so werden die Neigungswinkel der Kurve in A, A_1 ... bei φ, φ_1 erscheinen, und ihre Tangenswerte werden durch $\frac{DC}{a}$, $\frac{D_1C_1}{a}$ ... gegeben sein. Durch Ziehen zahlreicher Normalen und Abmessen der starkgezeichneten Subnormalen kann man also die Kurve ableiten. Gegenüber der Anwendung des Spiegelderivators besteht hier die Schwierigkeit, daß man nur schwer die Normale in b e s t i m m t e n P u n k t e n finden kann. Außerdem entsteht schnell ein Gewirr von Strichen, deren Ausmessung schwer ist; man muß nämlich zahlreiche Punkte ableiten, da die Einstellung des Spiegels immerhin unsicher ist und daher eein graphische Fehlerausgleichung nötig wird; beim Derivator kann man in jedem Punkte erst mehrere Male den Winkel beobachten und nun rechnerisch die Mittelwerte bilden, die dann ohne weiteres eine glatte Kurve ergeben.

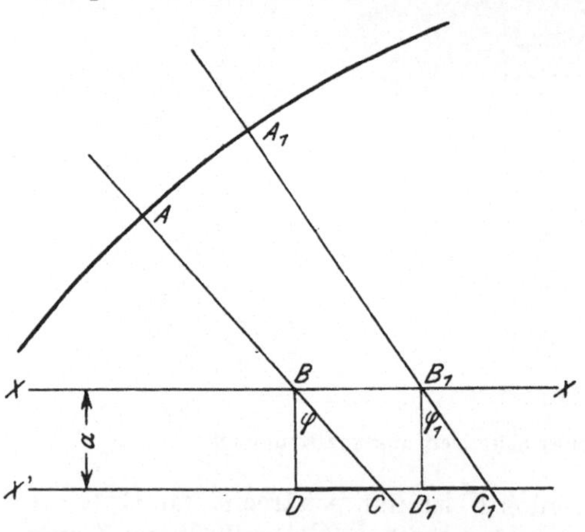

Fig. 211. Ermittlung des Tangens des Neigungswinkels.

Die Einstellung des Spiegels ist besser zu machen bei schwach gekrümmten als bei Kurven von kleinem Krümmungsradius; bei einem bestimmten in der Ablesung enthaltenen Fehler wird der Fehler im Tangens am geringsten bei 45° Neigung der Kurve; er wird jedoch erheblich bei Neigungen unter 10° oder über 80°. Man wird Diagramme, die abgeleitet werden sollen, möglichst gleich diesen Tatsachen anpassen. Bei punktweise aufgezeichneten Kurven ist die Ableitung nicht in den Punkten, sondern immer mitten zwischen zweien zu machen; weicht die aufgezeichnete Kurve vom wahren Verlauf der Funktion ab, so wird sie selbst allerdings in den Punkten am genauesten sein, weil sich dort die (unbekannte) wahre Kurve und die aufgezeichnete schneiden; gerade deshalb aber wird der Fehler des Differentialquotienten in den Punkten am größten, zwischen beiden Punkten am kleinsten.

Als *Beispiel* sei die *Ermittlung der Eigenverluste einer Wirbelstrombremse* gegeben, die ähnlich wie Fig. 191, S. 76, gebaut war, an der jedoch die Magnete nicht auf das Schwungrad der Maschine wirken,

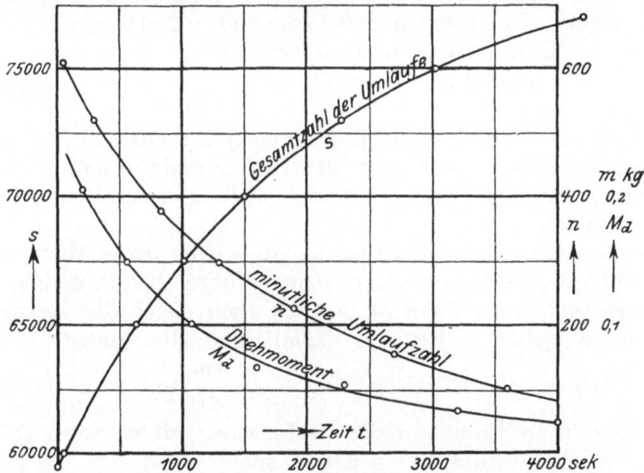

Fig. 212. Ergebnisse eines Auslaufversuches.

sondern auf eine besondere und besonders gelagerte Scheibe. Da die Widerstände der besonderen Lagerung und auch der Widerstand, den die Scheibe in der umgebenden Luft erfährt, nicht von der Bremse gemessen werden, so sind sie zu der an der Bremse gemessenen Leistung hinzuzählen, um die Bremsleistung der Kraftmaschine zu erhalten. Es wurde ein Auslaufversuch gemacht: die Scheibe wurde bei abgenommener Bremse und abgekuppelter Kraftmaschine auf die höchste in Frage kommende Drehzahl gebracht und nun sich selbst überlassen. Da die Scheibe — deren Trägheitsmoment aus den S. 300 besprochenen Ermittlungen bekannt ist, $J = 5{,}60 \text{ m} \cdot \text{kg} \cdot \text{s}^2$ — in Kugellagern liegt, so läuft sie sehr lange. Ein Zählwerk ist mit ihr verbunden. Als es auf 59 500 stand, wurde die Stechuhr gedrückt; dann wurden die in der s-Kurve der Fig. 212 durch Kreise angedeuteten Ablesungen gemacht und die s-Kurve aufgezeichnet. Sie wurde immer zwischen zwei Punkten mittels des Spiegelderivators abgeleitet, z. B. bei $t = 1900$ s;

der Derivator wurde fünfmal eingestellt und abgelesen, die Ablesungen waren 36,9; 37,2; 37,1; 36,9; 36,9°, im Mittel 37,0°; die Tafel liefert $\mathrm{tg}\,37{,}0° = 0{,}7535 = \frac{ds}{dt}$ Es fragt sich, welcher Umlaufgeschwindigkeit diese Neigung entspricht; das hängt ganz von den willkürlich gewählten Maßstäben der Kurvenauftragung ab; diese sind für die s-Kurve:

$$300 \text{ Uml.} = 1 \text{ mm und } 60 \text{ s} = 1 \text{ mm}.$$

Durch Dividieren beider Seiten erhält man:

$$\frac{300 \text{ Uml}}{60 \text{ s}} = 1; \quad 5 \text{ Uml/s} = 1 \quad \text{oder Drehzahl } 300/\text{min} = 1.$$

Da tg 45° = 1 ist, so entspricht also der Kurvenneigung 45° die Drehzahl 300/min; allgemein aber kann man die Drehzahl finden, indem man die Tangente des Neigungswinkels mit 300 multipliziert. Für $t = 1900$ s ist also $n = 0{,}7535 \cdot 300 = 226{,}0$/min. — Dieser Punkt ergibt nun mit anderen ebenso ermittelten die n-Kurve, die die Abnahme der minutlichen Drehzahl, der Umlaufgeschwindigkeit, zur Darstellung bringt.

Die Wahl des Maßstabes beim Auftragen der Drehzahl ist beliebig; man kann also auch die Werte der Differentialquotienten, die man in absoluten Zahlen erhält, beliebig auftragen und den Maßstab nachher ermitteln.

Leitet man die n-Kurve noch einmal ab, wieder in der Mitte zwischen je zwei Punkten, so erhält man eine dritte Kurve, die die Verzögerungen oder bei passender Wahl des Maßstabes auch gleich die verzögernden Drehmomente geben. Bei der Ermittlung des Maßstabes ist zu beachten, daß in der Gleichung $M_d = J \cdot \frac{d\omega}{dt}$ unter ω die Winkelgeschwindigkeit in Einheiten des technischen Maßsystems (§ 33) gemeint ist. Die Maßstäbe der n-Kurve sind:

600 Uml/min = 6 · 10,47 techn. Einh. = 50 mm und 60 s = 1 mm.

Durch Dividieren beider ergibt sich

$$\frac{6 \cdot 10{,}47 \text{ t. Einh.}}{60 \text{ s}} = 50; \quad 0{,}0209 \frac{\text{t. Einh.}}{\text{s}} = 1\,.$$

Bei einem Trägheitsmoment von $5{,}60 \text{ m} \cdot \text{kg} \cdot \text{s}^2$, wie es auf S. 300 für diese Scheibe ermittelt ist, entspricht der Beschleunigung von $\frac{d\omega}{dt} = 0{,}0209$ Geschwindigkeitseinheiten in der Sekunde ein Drehmoment von $5{,}60 \cdot 0{,}0209 = 0{,}117$ m·kg; dieses Drehmoment entspricht also dem Tangens 1 des Neigungswinkels. Ergab beispielsweise bei $t = 2300$ s der Spiegelderivator die Ablesung 24,48°, entsprechend tg 24,48° = 0,4553, so ist zu dieser Zeit das verzögernde Drehmoment $0{,}4553 \cdot 0{,}117 = 0{,}0532$ m·kg. Dieser Punkt zusammen mit anderen, ebenso zu ermittelnden, gibt die M_d-Kurve der Fig. 212.

Wenn nun im allgemeinen die Abhängigkeit des Drehmomentes und vielleicht auch der Leistung von der D r e h z a h l interessiert, so kann man zueinander gehörige Punkte von M_d und n aus Fig. 212 entnehmen und die Beziehung in Fig. 213 auftragen, auch die Leistung finden. So sind für $t = 2000$ zueinander gehörige Werte: $n = 215$/min, $M_d = 0{,}058$ m·kg, also $N \doteq \frac{0{,}058 \cdot 215}{716} = 0{,}0174$ PS — wie in Fig. 213 als Punkte A und A_1 eingetragen. Punkt B ist durch die auf S. 300 besprochene Beobachtung der Reibung der Ruhe gegeben. Die starke Zunahme der Verluste an Leistung und an Drehmoment mit höherer Drehzahl ist wohl hauptsächlich durch die Ventilatorwirkung der Scheibe zu erklären. —

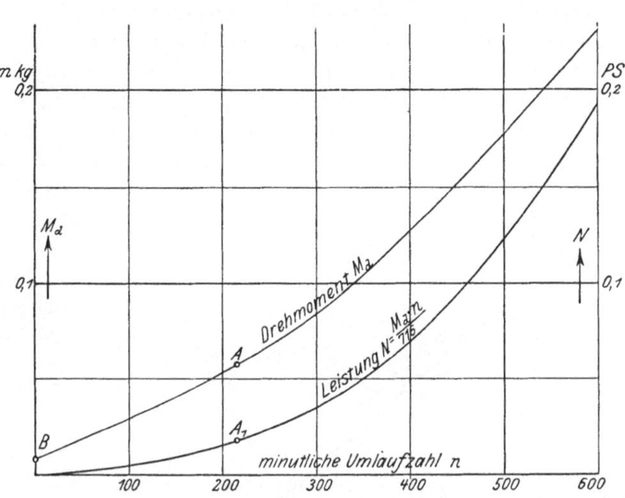

Fig. 213. Ergebnisse eines Auslaufversuches.

An die Stelle des Differenzierens kann übrigens auch das *Bilden von Differenzen* treten. So hat man in dem Versuch Fig. 212 beobachtet

zur Zeit $t =$	48	633	1021	1504	s
en Zählerstand $s =$	60 000	65 000	67 500	70 000	Uml.
lso ist zur ttleren Zeit $t_m =$	340	827	1262		s
lie Drehzahl gewesen $n =$	$\frac{5000 \cdot 60}{585} = 513$;	$\frac{2500 \cdot 60}{388} = 387$;	$\frac{2500 \cdot 60}{483} = 311$/min		
er $\omega = 0{,}1047 \cdot n =$	53,8	40,5	32,6		techn. Einh.
eiter war zur ittleren Zeit $t_m =$	583	1045			s
die Beschleunigung $\frac{d\omega}{dt} =$	$\frac{13{,}3}{487} = 0{,}0273$;	$\frac{7{,}9}{435} = 0{,}0182$			techn. Einh.
o das Drehmoment $5{,}60 \cdot \frac{d\omega}{dt} =$	0,153	0,012			m · kg

Diese Werte stimmen ziemlich mit den in Fig. 213 dargestellten überein.

Für einzelne Werte und wo ein Differenzierapparat nicht verfügbar ist, kann dieses Verfahren empfohlen werden. Doch führt es im allgemeinen nicht schneller, wohl aber weniger genau zum Ziel, und es versagt, wo unregelmäßige Kurven vorliegen; bei mangelhaften Ablesungen bleibt die vorgängige graphische Ausgleichung unerläßlich, sollen nicht die Differenzen ganz sprunghaft verlaufen.

Die besprochene Methode setzt voraus, daß man vorher das Trägheitsmoment durch einen Schwingungsversuch bestimmt hat. Dazu muß meist der umlaufende Teil ausgebaut werden. Man kann das vermeiden und die Bestimmung des Trägheitsmomentes der umlaufenden Massen mit der der Auslaufwiderstände vereinigen, indem man zwei Auslaufversuche mit verschiedenen Bedingungen macht und aus dem Unterschied der Ergebnisse alles Gewünschte findet. Die Methode ist mannigfach anwendbar und hat für die Praxis den Vorteil, die Dauer des eigentlichen Versuchs aufs äußerste zu beschränken, die Maschine daher nur kurz dem Betriebe zu entziehen, dabei bei geschickter Durchführung und vollständiger Durcharbeitung gleich sehr zahlreiche Ergebnisse zu liefern. Ein Beispiel erörtert am besten diese *Methode des doppelten Auslaufversuches.*

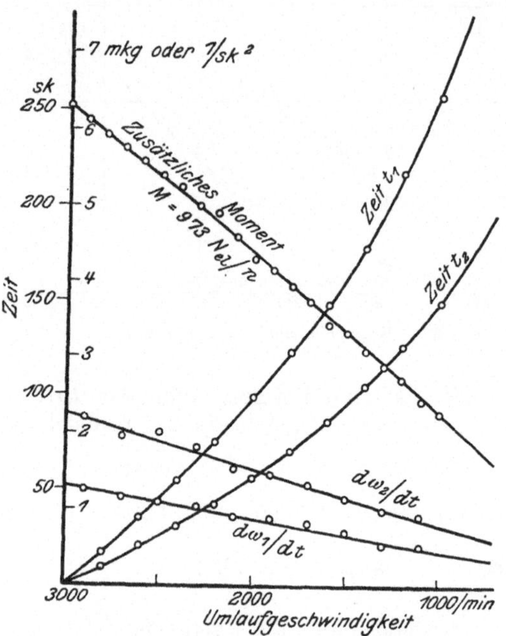

Fig. 214. Zur Methode des doppelten Auslaufversuches.

Zu bestimmen sind die Eigenverluste der umlaufenden Teile eines Turbodynamosatzes. In zwei Auslaufversuchen wird die Turbine auf je reichlich $n = 3000$/min gebracht und dann der Dampf mittels des Schnellschlußventils plötzlich abgestellt. Beim ersten Auslaufversuch war die Turbine unbelastet, beim zweiten arbeitete sie auf einen beliebigen, während des Auslaufens möglichst unveränderlichen äußeren Widerstand. Die in den äußeren Widerstand gehende Energiemenge wird durch Ablesen des Voltmeters und des Amperemeters, besser noch durch Einbau eines Wattmeters bestimmt. Die Ablesungsergebnisse sind in Fig. 214 graphisch gegeben. Es wurden Signale gegeben, wenn das Tachometer durch 3000, 2950 . . . . . ./min hindurchging, zugleich wurde beim Durchgang durch 3000 die Stechuhr in Gang gesetzt. Als zugehörig zu den Drehzahlen wurden daher die Beobachtungszeiten t_1 für den ersten Versuch und t_2 für den zweiten Versuch erhalten, ein zweiter Beobachter las zu den gleichen Zeiten das Wattmeter ab; die elektrische Leistung ist dann in Drehmoment umgerechnet und dies in die Figur eingetragen: $M = 973 \cdot \frac{N_{el}}{n}$.

Das Auslaufen erfolgt nun im ersten Fall unter der Einwirkung des unbekannten und zu bestimmenden Momentes M_1 der Eigenwiderstände, nach der Beziehung

$$M_1 = J \cdot \frac{d\omega_1}{dt} \qquad (1)$$

Der zweite Auslauf erfolgt unter dem Einfluß von Widerständen $M_2 = M_1 + M$, die sich aus dem gleichen Drehmoment M_1 der Eigenverluste und dem der äußeren Arbeit entsprechenden, in Fig 214 dargestellten M zusammensetzen; es gilt die Beziehung

$$M_2 = J \cdot \frac{d\omega_2}{dt} \qquad (2)$$

Das Trägheitsmoment der auslaufenden Masse ist konstant; die Eigenwiderstände müssen in beiden Fällen tunlichst gleich gehalten werden. Dazu wird man beispielsweise schon beim ersten Versuch die Erregung angestellt haben und sie bei beiden Versuchen gleichhalten.

Durch Subtrahieren der Beziehungen (2) und (1) voneinander ergibt sich nun

$$M_2 - M_1 = M = J\left(\frac{d\omega_2}{dt} - \frac{d\omega_1}{dt}\right) \qquad (3)$$

Deshalb sind in Fig. 214 durch Ableiten der Kurven für t_1 und für t_2 die Kurven der $\frac{d\omega_1}{dt}$ und $\frac{d\omega_2}{dt}$ gebildet. Durch Herausgreifen der zu einer beliebigen Drehzahl gehörigen Werte ergibt sich mit

$$J = \frac{M_2 - M_1}{\frac{d\omega_2}{dt} - \frac{d\omega_1}{dt}} \qquad (4)$$

jedesmal das Trägheitsmoment der auslaufenden Masse.

In Fig. 214 ist z. B.

$$\text{für } n = 3000: \quad \frac{d\omega_2}{dt} - \frac{d\omega_1}{dt} = 0{,}95; \quad M_2 - M_1 = 6{,}32; \quad J = 6{,}66$$

$$\text{für } n = 2500: \quad \frac{d\omega_2}{dt} - \frac{d\omega_1}{dt} = 0{,}81; \quad M_2 - M_1 = 5{,}35; \quad J = 6{,}61$$

$$\text{für } n = 2000: \quad \frac{d\omega_2}{dt} - \frac{d\omega_1}{dt} = 0{,}65; \quad M_2 - M_1 = 4{,}38; \quad J = 6{,}74$$

$$\text{Mittelwert } J = 6{,}67$$

Die Übereinstimmung ist wegen der graphischen Ausgleichung befriedigend, obwohl die differenzierten Punkte recht wechselnd fielen. Mit dem Mittelwert findet sich der Eigenverlust

$$\text{für } n = 3000: \quad \frac{d\omega_1}{dt} = 1{,}31; \quad M_1 = 6{,}67 \cdot 1{,}31 = 8{,}74 \text{ mkg.}$$

Aus diesem Eigenverlust an Drehmoment findet sich der Leistungsverlust bei der Drehzahl 3000/min

$$N = \frac{8{,}74 \cdot 3000}{973} = 26{,}9 \text{ kW.}$$

Nachdem man übrigens das Trägheitsmoment einmal kennt, kann man in gleicher Weise die verschiedensten anderen Bestimmungen machen, z. B. über den Einfluß verschiedenen Druckes im Turbinengehäuse oder verschiedener Erregung auf die Eigenverluste.

Im ganzen ist die Ermittlung von Kräften aus den Beschleunigungs- oder Verzögerungsverhältnissen rechnerisch nicht eben einfach. Der Vorteil ist aber, daß man gleich den ganzen Verlauf der Abhängigkeit der Größen voneinander erhält, den man sonst nur aus einer großen Zahl von Einzelversuchen bekommt.

X. Der Indikator.

82. Kolbenwegdiagramme. Indizierte und effektive Leistung. Der Indikator ist eines der wichtigsten Instrumente für die verschiedensten Untersuchungen. Weil er für recht mannigfache Zwecke verwendbar ist, wird er in einem besonderen Kapitel besprochen.

In seiner häufigsten Verwendungsart ist der Indikator ein registrierender Spannungsmesser, der die im Zylinder einer Kolbenmaschine auftretenden Spannungen graphisch aufzeichnet; fast immer geschieht die Aufzeichnung dieser Spannungen als Funktion des vom Kolben der betreffenden Maschine zurückgelegten Weges, weil das in dieser Weise aufgezeichnete Schaubild oder *Indikatordiagramm* ohne weiteres die Ermittlung der Maschinenleistung gestattet.

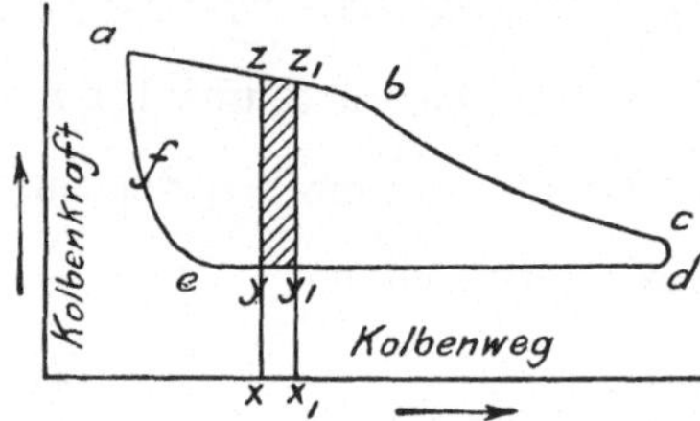

Fig. 215. Indikatordiagramm.

Das Diagramm ist nämlich, entsprechend der Tatsache, daß der Maschinenkolben hin und her geht und das gleiche Spiel der Spannungen sich immer wiederholt, eine in sich geschlossene Figur; es hat oft die in Fig. 215 für ein Dampfdiagramm als Beispiel angegebene Form. Auf dem Hinweg des Kolbens, von links nach rechts, stellt die Linie $a\,b\,c$ den Verlauf der Spannung und daher der auf den Maschinenkolben wirkenden Kolbenkraft dar, auf dem Rückgange gibt Linie $d\,e\,f$ ihn wieder. Dann bedeutet die Fläche des Diagramms, das ist der Inhalt der Figur $a\,b\,c\,d\,e\,f$, die vom Dampf an den Kolben abgegebene Arbeit. Während nämlich der Kolben sich beim Hingange von x nach x_1 bewegte, lastete eine von $x\,z$ auf $x_1\,z_1$ abnehmende Kraft auf ihm, der Dampf gab also eine Arbeit $\frac{1}{2}\,(x\,z + x_1\,z_1) \times x\,x_1 = x\,z\,z_1\,x_1$ an ihn ab. Während der Kolben beim Rückgange von x_1 nach x ging, lastete die Kraft $x_1\,y_1 = x\,y$ auf ihm; diesmal aber wirkte die Kraft der Bewegung entgegen, der Kolben mußte also Arbeit leisten, nämlich den Dampf in das Auspuffrohr hinausdrängen. Der Kolben gab jetzt die Arbeit $x_1\,y_1\,y\,x$ wieder her. So stellt Fläche $z\,z_1\,y_1\,y$ diejenige Arbeit dar, die dem Kolben verblieben ist, die also das arbeitende Medium an den Kolben während des Wegstückes $x\,x_1$ abgegeben — bei einer Arbeitsmaschine von ihm aufgenommen — hat. Denkt man das ganze Diagramm in schmale Streifen zerlegt, so sieht man, daß auch sein ganzer Flächeninhalt die ganze vom Dampf an den Kolben abgegebene Arbeit darstellt.

Der Indikator stellt bei der Dampfmaschine die vom Dampf auf den Kolben übertragene Leistung fest; eine auf das Schwungrad gesetzte Bremse würde die an der Welle verfügbare Leistung messen. Letztere ist um soviel geringer, wie die Reibung und andere Verlustquellen ausmachen. Man nennt nun die durch Indikator ermittelte die *indizierte Leistung* N_i, die an der Welle verfügbare heißt die *effektive* oder auch die *Bremsleistung* N_e oder N_b der Dampfmaschine.

Der Indikator stellt bei einer Kolbenpumpe die vom Kolben auf das Wasser übertragene Leistung fest; der treibenden Welle muß man eine um die Reibungsverluste größere Leistung zuführen, die man mittels Einschaltdynamometer (§ 77) messen kann. Die erstere heißt wieder die *indizierte Leistung* der Pumpe, für die der Welle zuzuführende Leistung hat man keinen festen Ausdruck: man nennt sie wohl Riemen- oder Wellen- oder *Antriebleistung.* Unter *effektiver Leistung* der Pumpe aber versteht man die in Form von gehobenem Wasser verfügbare Leistung, das ist das Produkt aus sekundlicher Wassermenge und Förderhöhe (geteilt durch 102, will man auf kW kommen).

Bei Kreiselradmaschinen, wie Turbinen und Zentrifugalpumpen, gibt es eine indizierte Leistung wohl begrifflich, doch läßt sie sich nicht messen. Bei Werkzeugmaschinen kann man nicht von einer effektiven sprechen. Im übrigen aber wird man die an Beispielen erklärten Begriffe leicht auf andere Fälle übertragen können

83. Bauarten des Indikators. Fig. 216 bis 232 stellen einige viel verwendete Formen von Indikatoren dar. Der Indikator besteht aus einem kleinen, an die zu untersuchende Maschine anzuschließenden Zylinder. In ihm spielt dicht eingeschliffen ein Kolben und betätigt durch Vermittlung eines Hebelwerkes einen Schreibstift; der Schreibstift zeichnet auf einer um ihre Achse drehbaren Trommel das Diagramm auf. Die Spannung des im Maschinenzylinder arbeitenden Mediums gelangt durch eine Bohrung in den Indikatorzylinder und übt auf den Indikatorkolben Kräfte aus, die durch eine doppelgängige Schraubenfeder gemessen werden, indem diese Feder einerseits mit dem Kolben oder der Kolbenstange, andererseits mit dem Deckel des Indikatorzylinders verschraubt ist.

Die den Druck messende Feder liegt bei Fig. 216 und 223 im Innern des Indikatorzylinders und wird daher warm, wenn das arbeitende Medium warm ist; in Fig. 220, 224 und 228 ist die Feder so angebracht, daß sie unter allen Umständen kalt bleibt; daher die Einteilung der Indikatoren in *Warm-* und *Kaltfederinstrumente.* Die Feder drückt sich, passende Ausführung vorausgesetzt, proportional den unter den Kolben kommenden Spannungen zusammen; die Kolbenausschläge werden also den Spannungen proportional. Sie werden durch das Hebelwerk des *Schreibzeuges* proportional vergrößert, und da dieses Hebelwerk auch so angeordnet ist, daß der Schreibstift geradlinig und parallel zur Achse des Indikatorzylinders geführt wird, so trägt der Schreibstift auf der

Trommel im senkrechten Sinne, als Ordinaten, die Spannungen im Indikatorzylinder oder die im Maschinenzylinder auf, genau freilich nur, wenn alle Bewegungen reibungsfrei und so langsam vor sich gehen, daß man von Massenwirkungen absehen kann. — Stände die Trommel

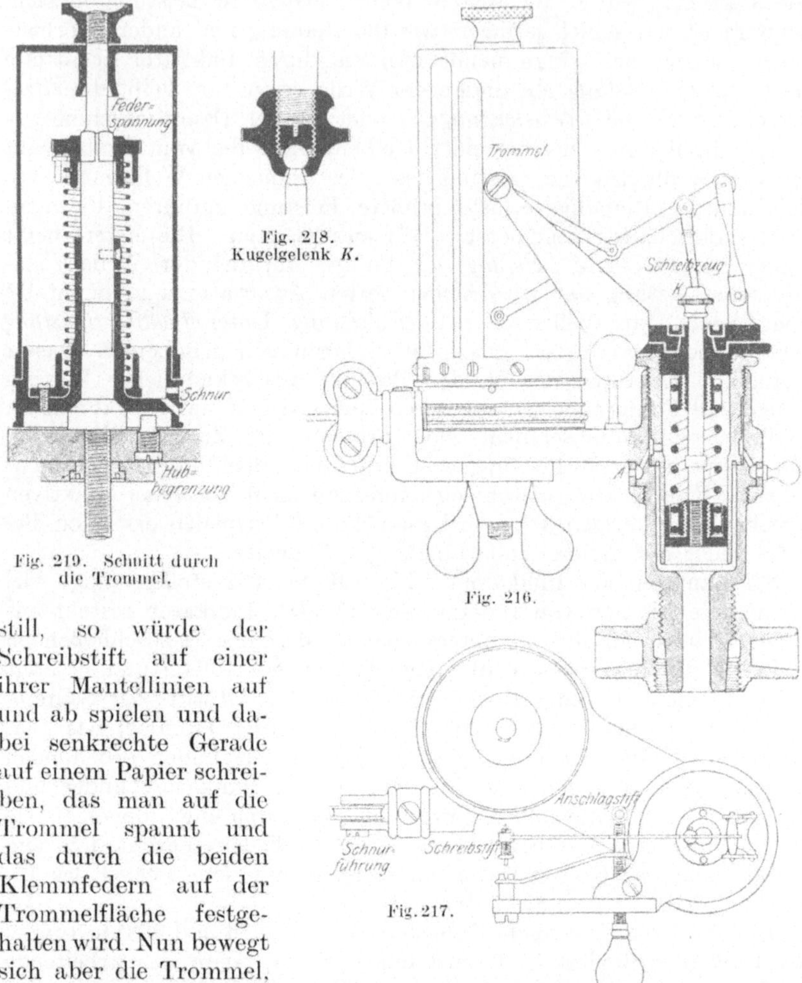

Fig. 219. Schnitt durch die Trommel.

Fig. 218. Kugelgelenk K.

Fig. 216.

Fig. 217.

Fig. 216 bis 219. Warmfederindikator von Dreyer, Rosenkranz & Droop.

still, so würde der Schreibstift auf einer ihrer Mantellinien auf und ab spielen und dabei senkrechte Gerade auf einem Papier schreiben, das man auf die Trommel spannt und das durch die beiden Klemmfedern auf der Trommelfläche festgehalten wird. Nun bewegt sich aber die Trommel, und zwar führt sie eine schwingende Drehbewegung aus. In eine um das untere Ende der Trommel gehende Rille ist eine Schnur gelegt, die durch ein Loch ins Trommelinnere geht und durch einen davorgesetzten Knoten am Herausziehen gehindert wird. Das andere freie Ende der Schnur verbindet man mit irgendeinem Maschinenteil, der eine mit der Kolbenbewegung gleichartige Bewegung ausführt, meist mit dem Kreuzkopf der Maschine. Um die Schnur jederzeit gespannt zu halten, ist im Innern der Trommel eine Schraubenfeder vorhanden, die im Ruhezustande einen an der Trommel befindlichen Ansatz gegen eine Anschlagschraube laufen läßt. Diese Hubbegrenzung gestattet eine Bewegung von etwas weniger als 360°. Wenn nun die Schnur, entgegen der Federspannung, die Trommel bewegt, so sind die von der Trommel ausgeführten Winkeldrehungen proportional dem Kolbenhub, und daher wird der Schreibstift als Abszissen die Kolbenwege auftragen. Durch das Zusammenwirken der beiden Bewegungen des Schreibstiftes und der Trommel kommt das Diagramm zustande. Die umfahrene Fläche ist, wie schon bewiesen wurde, ein Maß für die bei

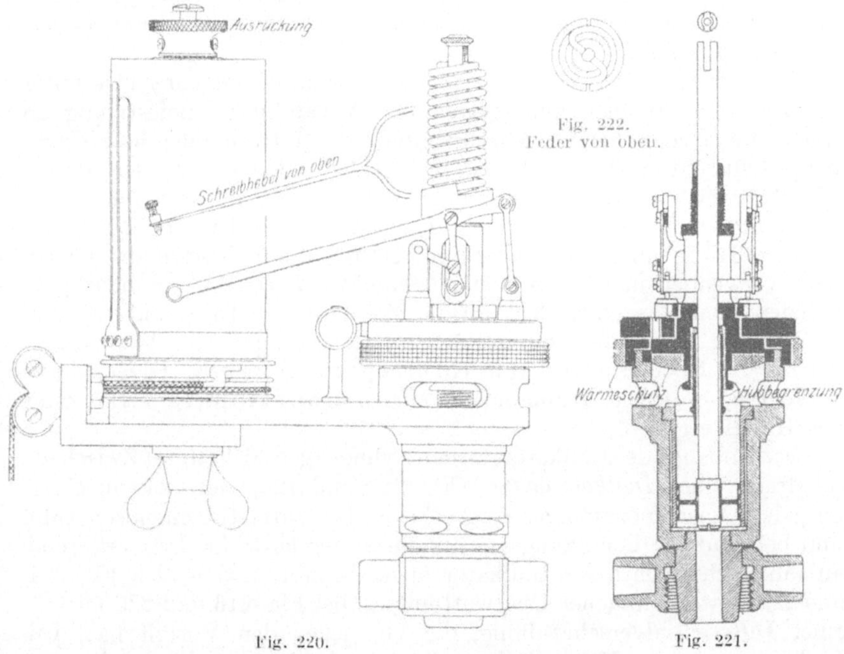

Fig. 220 bis 222. Kaltfederindikator von Maihak.

einem Maschinenumlauf von der betreffenden Kolbenseite geleistete Arbeit; sie kann mit dem Planimeter (§ 21) ermittelt werden.

Oft ist freilich der Hub der Maschine größer als der freie Umfang der Indikatortrommel; die Diagrammlänge aber ist durch die zwischen den Aufspannfedern freie Papierlänge begrenzt. Dann hat man die Kolbenwege nicht in natürlicher Größe, sondern proportional verkürzt aufzutragen. Diese Verkürzung wird durch einen *Hubminderer* bewirkt, der unmittelbar an den Indikator angebaut sein kann. Fig. 223 zeigt im Bilde den Rosenkranzschen Warmfederindikator mit darangebautem Hubminderer. Der Hubminderer hat zwei Schnurscheiben verschiedenen Durchmessers, die auf einer gemeinsamen Achse sitzen. Die vom Kreuzkopf kommende Schnur wird auf die große Scheibe geführt, das Ende durch ein Loch hindurchgefädelt und durch einen Knoten am Herausfallen gehindert; eine ebenso an der kleinen Rolle befestigte Schnur führt zur Indikatortrommel und treibt diese. Die Bewegung der Trommel wird dadurch im Verhältnis der beiden Scheibendurchmesser vermindert. Im Innern der größeren Scheibe pflegt eine Spiralblattfeder zu sein, die zum Zurückführen dient; doch kann sie auch entbehrt werden, wenn die Trommelfeder zum Zurückführen auch der Minderungsrollen ausreicht. An dem Hubminderer ist übrigens noch, ebenso wie am Indikator selbst, eine Schnurführung, die es gestattet, die Schnur nach irgendeiner Richtung des Raumes weglaufen zu lassen. Ein Ring (oder ein Stückchen Rundgummi) ist so in die Kreuzkopfschnur eingeknüpft, daß die Schnüre zum Hubminderer und zur Trommel niemals lose werden, sondern etwas Vorspannung behalten; sie verwirren sich sonst.

Rollenhubminderer werden auch, statt zum Unterschrauben unter die Indikatortrommel, zum getrennten Anbau unter Befestigung an irgendeinem vorstehenden Maschinenteil, an Muttern oder ähnlichem, hergestellt (Stanek-Reduktor). Der Anbau ist dann stabiler; der in Fig. 223 weit ausladende Hubminderer biegt sich leicht durch, wenn die Schnur nicht geradeaus zieht; doch ist der mit dem Indikator verbundene Hubminderer handlicher; man stütze ihn im Notfall ab. Außerdem verwendet man auch wohl *Hebelhubminderer*, die bei häufig zu indizierenden Maschinen fest an die Maschine angebaut sind und die Verkürzung des Hubes durch einen ungleicharmigen Hebel erreichen; der längere Hebelarm wird vom Kreuzkopf aus getrieben. Es ist darauf zu achten, ob solche Hubminderer eine proportionale Verkürzung des Hubes ergeben.

Das Anbauen des Indikators an den Zylinder geschieht unter Zwischenschaltung eines *Indikatorhahnes* (Fig. 223 und 224), den man in einen an jedem Maschinenzylinder vorgesehenen Indikatorstutzen einschraubt und bei häufiger Benutzung am besten an der Maschine läßt, während an ihn nach Bedarf der Indikator angeschraubt wird — bei Fig. 221 und 229 mittels einfacher Überwurfmutter, bei Fig. 216 und 225 mittels einer Differentialverschraubung, die vor jener den Vorteil hat, bei Linksdrehung die Konusflächen zwangsweise zu lösen, die zur Abdichtung dienen. Der Hahn ist eine Art Dreiweghahn; außer der durchgehenden Bohrung von etwa 10 mm Durchmesser ist eine Seitenbohrung von 1 mm Weite im Küken vorhanden, der eine ebenso weite Seitenbohrung (*O* in Fig. 224) am Hahngehäuse entspricht. Das Küken kann nur um 90° so gedreht werden, daß entweder die durchgehende weite Bohrung den Indikator mit dem zu indizierenden Zylinder verbindet, die kleine Bohrung aber geschlossen ist, oder daß das Indikatorinnere vom Zylinder getrennt und durch die feine Bohrung mit der Atmosphäre verbunden ist. In letzterem Fall steht der Indikatorschreibstift in seiner Ruhelage und man kann auf dem Diagrammpapier eine wagerechte Gerade, die *Atmosphärenlinie*, als Ausgang für Druckmessungen ziehen; man tut das auf jedem Diagramm, obwohl aus der Ableitung des vorigen Paragraphen hervorgeht, daß zur Arbeitsermittlung die Lage des Diagramms zur Atmosphärenlinie belanglos ist, da es nur auf die Fläche ankommt. Belanglos ist es auch, ob bei auftretendem Vakuum die Diagrammfläche ganz oder teilweise unter der Atmosphärenlinie liegt.

Damit über dem Indikatorkolben sicher Atmosphärendruck herrscht, auch wenn der Kolben etwas undicht laufen sollte, muß der Raum über dem Kolben mit der Atmosphäre durch Löcher genügender Größe verbunden sein; bei den Rosenkranz - Indikatoren dienen Löcher in einem drehbaren Ring dazu, den etwa ausblasenden Dampf nach einer Richtung zu lenken, wo er nicht stört (*A*, Fig. 224 und 225, auch in

Fig. 223. Indikator und Hubminderer von Dreyer, Rosenkranz & Droop.

Fig. 223 zu sehen). Dieser Ausweg zur Atmosphäre erweist sich oft als zu klein, und die Durchbrechung (Fig. 221 und *A*, Fig. 229) ist zweifellos vorzuziehen.

Am Indikator kann man die Meßfeder, am Hubminderer die kleinere Rolle *auswechseln* und es in jedem Fall dahin bringen, daß das Diagramm das ganze Papier nach Länge und Breite ausnutzt — außer wenn man bei höherer Drehzahl der Massenwirkungen wegen mit kleineren Diagrammen vorlieb nehmen muß (§ 90 und 92). Um die anzuwendenden Teile erkennen zu können, trägt jede der kleineren Rollen den Maschinenhub aufgestempelt, bis zu dem sie ausreicht; jede der Federn trägt

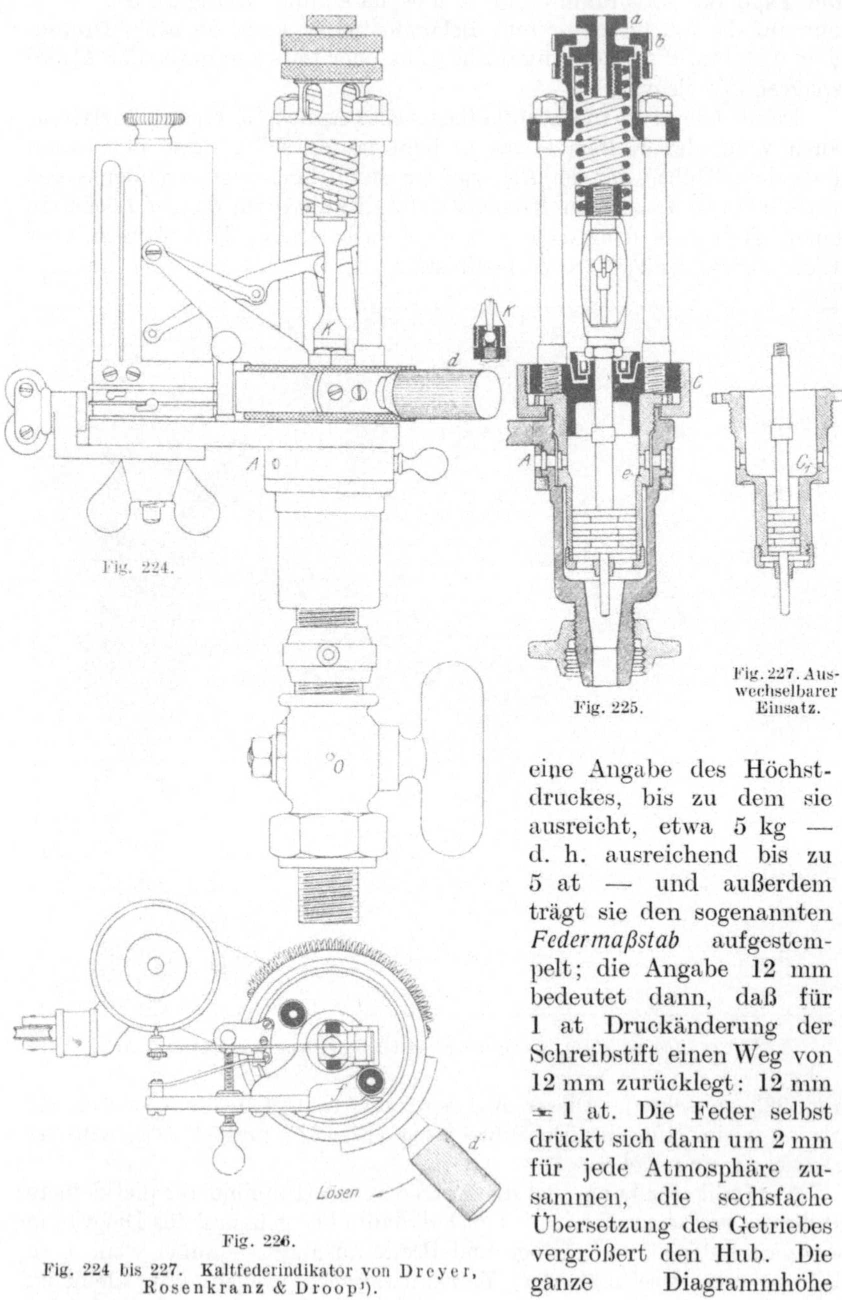

Fig. 224.

Fig. 225.

Fig. 227. Auswechselbarer Einsatz.

Fig. 226.

Fig. 224 bis 227. Kaltfederindikator von Dreyer, Rosenkranz & Droop[1]).

eine Angabe des Höchstdruckes, bis zu dem sie ausreicht, etwa 5 kg — d. h. ausreichend bis zu 5 at — und außerdem trägt sie den sogenannten *Federmaßstab* aufgestempelt; die Angabe 12 mm bedeutet dann, daß für 1 at Druckänderung der Schreibstift einen Weg von 12 mm zurücklegt: 12 mm ≙ 1 at. Die Feder selbst drückt sich dann um 2 mm für jede Atmosphäre zusammen, die sechsfache Übersetzung des Getriebes vergrößert den Hub. Die ganze Diagrammhöhe

---

[1]) Die Feder *f*, Fig. 226, zum An- und Abstellen des Schreibzeuges, ist in Fig. 224 versehentlich nicht eingezeichnet.

könnte bei dieser Feder 5 × 12 = 60 mm betragen von der Ruhelage des Schreibstiftes bei Atmosphärenspannung aufwärts, dazu die 12 mm für etwa eintretendes Vakuum — das ergibt eine gesamte Diagrammhöhe von 72 mm; so hoch ist etwa die Indikatortrommel.

Die in den Schnittfiguren schwarz gezeichneten Teile bilden das sogenannte *Schreibzeug* und lassen sich vom Indikatorzylinder im ganzen abnehmen (Fig. 231). Fig. 232 zeigt das Schreibzeug eines Kaltfederindikators gleicher Herkunft; der Deckel ist meist durch Aufschrauben am Indikator zu befestigen; bei Fig. 225 dient dazu eine Art Geschützverschluß — im Indikatorkörper und am Deckel ist das Gewinde segmentweise vorhanden, in den Zwischenräumen der Gewindefaden

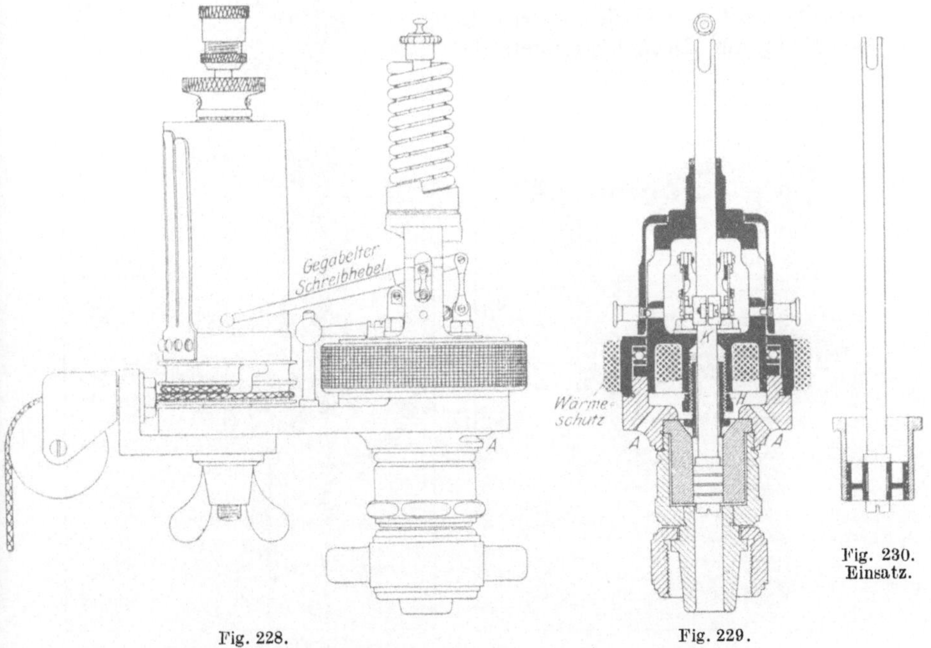

Fig. 228. Fig. 229. Fig. 230. Einsatz.

Fig. 228 bis 230. Kaltfederindikator von Lehmann & Michels.

entfernt, so daß eine Drehung des Deckels um nur 60° mittels des Griffes *d* die Lösung bewirkt.

Ist der Deckel auf dem Indikator befestigt, so ist gleichwohl ein Teil des Schreibzeuges in gewissen Grenzen drehbar; man muß nämlich den Schreibstift von der Trommel abheben können, um das Papier aufzuziehen, und damit er nicht dauernd schreibt. Deshalb ist das Hebelwerk nicht unmittelbar am Deckel, sondern an einem auf dem Deckeldrehbaren Ring befestigt; beim Rosenkranz-Indikator ist außerdem zwischen Hebelwerk und Kolbenstange, beim Maihak-Indikator zwischen Kolbenstange und Feder eine Kugelbewegung angebracht, um diese Bewegung zu ermöglichen (Fig. 216 und 218, 222 und 225 *K*). Bei dem Indikator Fig. 228, der sonst Fig. 220 ähnlich ist, läßt sich der Schreibhebel ganz herumdrehen. Das ist bequem, denn es ist beim Papieraufspannen lästig, wenn man den Schreibstift nicht genügend weit von der Trommel abheben kann; andererseits ist es auch angenehm, den Schreibstift zum Schreiben von rechts oder von links her zu benutzen, je nachdem es nach den örtlichen Verhältnissen gerade bequemer ist. Um die Drehung des Deckels auch dann leicht bewirken zu können, wenn der Kolben unter Druck steht, ist zwischen dem drehbaren Teil und der großen Überwurfmutter, die ihn festhält, ein Kugellaufring angebracht. — Die Meßfeder ist beim Rosenkranz-Indikator beiderseits mit Gewinde befestigt, einerseits am Deckel, andererseits

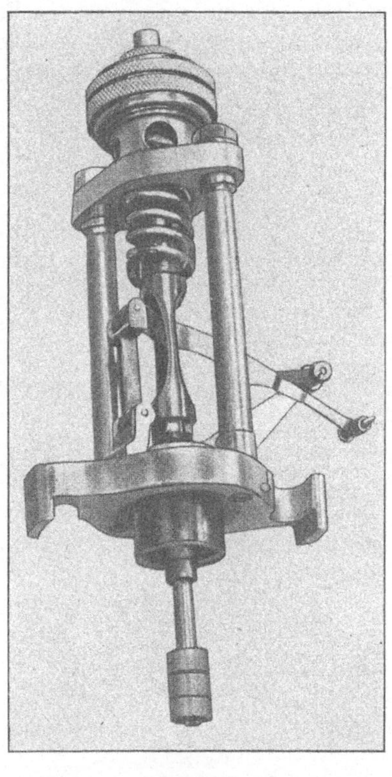

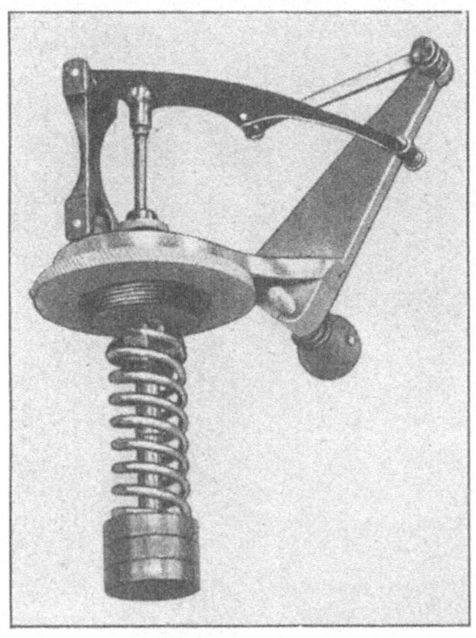

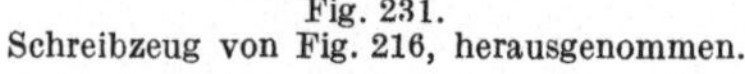

Fig. 231.
Schreibzeug von Fig. 216, herausgenommen.

Fig. 232. Schreibzeug eines Kaltfederindikators von Dreyer, Rosenkranz & Droop, mit 10-mm-Kolben.

am Kolben; bei Fig. 220 und 228 ist die Feder am Deckel ebenfalls mit Gewinde befestigt, andererseits aber ist sie an das Ende der Kolbenstange mit der schon erwähnten Kugelbewegung angeschlossen, indem eine an die Feder angeschmiedete Kugel in einem Schlitz der Kolbenstange durch eine Überwurfmutter gehalten wird. Letztere Bauart erspart den Gewindekopf an dem beweglichen Federende und vermindert daher die bewegte Masse; das ist bekanntlich (§ 7 und 8) bei jedem Meßinstrument anzustreben; doch wird die Bauart auf Wunsch auch von Rosenkranz verwendet. Zum Auswechseln der Meßfeder muß man beim Warmfederindikator den Deckel losschrauben und dann zuerst das Kugelgelenk K, Fig. 218, von der Kolbenstange lösen; bei den Kaltfederindikatoren kann man die Feder ohne Abnehmen des Deckels auswechseln.

Der Kolben läuft nicht in dem Indikatorzylinder selbst, sondern in einem *auswechselbaren Einsatz*; das hat, besonders bei Dampf, den Vorteil, daß der Einsatz auch außen von dem arbeitenden Medium umspült ist und daher kein Klemmen des Kolbens dadurch eintritt, daß er warm, die Lauffläche aber kälter ist. Ein weiterer Vorteil dieser Anordnung ist es, daß man Einsatz und Kolben erneuern kann, wenn sie abgenutzt und daher undicht, oder wenn sie durch einen Stoß beschädigt sind. Außerdem kann man den Einsatz gegen einen enger gebohrten auswechseln und dann einen *kleineren Kolben* verwenden; dadurch reicht der Indikator bei Benutzung der gleichen Federn für höhere Drucke aus. Der normale Kolbendurchmesser ist beim Rosenkranz-Indikator 20 mm, beim Maihak-Indikator, dessen Konstruktion aus dem amerikanischen Crosby-Indikator hervorgegangen ist, $^3/_4''$ englisch = 19,05 mm; es werden nun Kolben und Einsätze geliefert, für die die Kolbenfläche ein gewisser Bruchteil der normalen Kolbenfläche ist, bei Rosenkranz insbesondere $^1/_4$, $^1/_{25}$, bei Maihak $^1/_2$, $^1/_5$, $^1/_{10}$ ...; wenn wir am Rosenkranz-Indikator einen Kolben von 10 mm Durchmesser, entsprechend $^1/_4$ der normalen Fläche, mit der Feder verwenden, deren Federmaßstab eigentlich 12 mm = 1 at ist, so wird bei dieser Zusammenstellung der Federmaßstab mit 12 mm = 4 at, also 3 mm = 1 at einzuführen sein; dafür reicht die Feder nun nicht nur bis 5 at Spannung, sondern bis $5 \times 4 = 20$ at — eine Spannung, für die Federn sonst schwer befriedigend herstellbar sind. Bei Verwendung der kleinen Kolben treten, zumal bei schnellem Gang, leicht unangenehme Massenwirkungen auf, die in § 93 besprochen werden sollen; das Verhältnis zwischen wirksamer Kraft und Trägheit, auf das es nach den Darlegungen des § 7 ankommt, wird ungünstiger. Der Einsatz ist bei Fig. 216, 221 und 225 von oben her eingeschraubt, bei Fig. 229 ist er zwischen den Unterteil und den Trommelsteg des Indikators eingeklemmt. Erstere Bauweise hat den Vorteil, daß man nur das Schreibzeug abzunehmen hat, um den Einsatz auswechseln zu können, der Schnurantrieb zur Trommel bleibt unversehrt; der Vorteil ist erheblich, wenn man bei Gasmaschinen mehrfach abwechselnd Schwach- und Starkfederdiagramme nehmen will. Die Bauweise Fig. 229 gestattet es, den gleichen Indikator an Ammoniakkompressoren zu verwenden, indem man nur den Einsatz und das Indikatorunterteil gegen solche aus Eisen auswechselt. — Ein Indikator, der umgekehrt die Verwendung *größerer als der normalen Kolben*, nämlich solcher von vierfacher Fläche gestattet, wird in Fig. 251 bei § 88 besprochen werden; dort ist kein auswechselbarer Einsatz vorhanden, sondern es sind Bohrungen von 40, 20 und auch 10 mm vorhanden; der 40-mm-Kolben wird für kleine Drucke verwendet, wie sie namentlich an Gebläsen zu indizieren sind.

Die Verbindung des Schreibzeuggetriebes mit dem Kolben ist meist unveränderlich. Bei Fig. 229 kann mit Hilfe des Klemmfutters K die einer bestimmten Kolbenstellung zugeordnete Schreibstiftstellung verändert werden; das ist z. B. nicht unwichtig, wenn man mit der gleichen Feder einmal vom Vakuum bis zu 3 at Überdruck, ein anderes Mal von Atmosphärenspannung bis zu 4 at Überdruck arbeiten will und der Federmaßstab gerade für 4 Atmosphären im ganzen ausreicht.

Um die Feder vor Überlastung zu schützen, muß der Kolben rechtzeitig gegen eine Hubbegrenzung laufen. Dazu hat in Fig. 216, 225, 232 die Kolbenstange einen Bund. In Fig. 221 und 229 ist eine besondere verstellbare Muffe (H) vorgesehen, um den Hub an beliebiger Stelle begrenzen zu können; diese Einrichtung ist zum Aufnehmen von Schwachfederdiagrammen an Gasmaschinen (§ 85) unentbehrlich, kann aber auch durch Zwischenlegen von Distanzringen auf den Bund ersetzt werden.

Das *Schreibgestänge* hat, wie erwähnt, die Aufgabe, die Kolbenbewegung proportional, meist auf das Sechsfache, zu vergrößern und außerdem den Schreibstift auf einer Geraden parallel zur Zylinder- und Trommelachse zu führen. Das Getriebe des Rosenkranz-Indikators ist in Fig. 233, das des Maihak- und Lehmann-Indikators

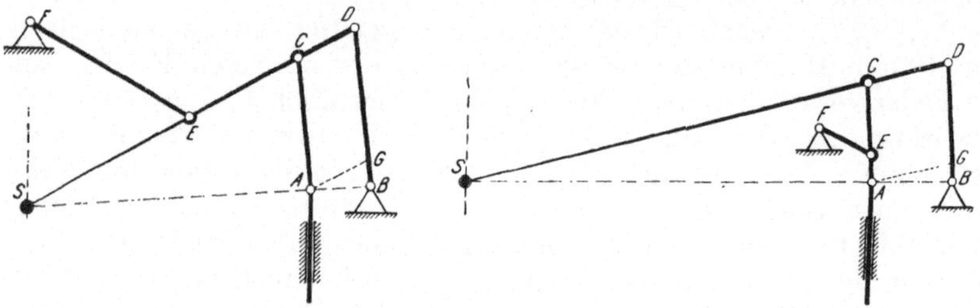

Fig. 233. Thompson-Geradführung. Fig. 234. Crosby-Geradführung.

in Fig. 234 dargestellt; doch führen auch hier beide Firmen das jeweils andere Getriebe auf Wunsch aus. Das von Rosenkranz verwendete Thompson-Getriebe beruht auf folgender aus der Kinematik bekannten Tatsache: Wird der eine Endpunkt S eines Stabes auf der senkrechten Geraden, der andere Endpunkt D auf einer wagerechten Geraden geführt, so macht der Halbierungspunkt E der Strecke SD Kreisbögen um F, den Schnittpunkt der führenden Wagerechten und Senkrechten. Wenn man also umgekehrt den Halbierungspunkt E mittels des Gegenlenkers EF auf einem Kreise um F herumführt, und den Endpunkt D auf einer angenäherten Wagerechten führt — angenähert durch einen vom Punkte D des Evansschen Lenkers DB beschriebenen Kreisbogen —, dann macht der Schreibstift S eine Senkrechte, die erst dann wesentlich von der Geraden abweicht, wenn bei großen Ausschlägen die Bewegung von D weit von der Wagerechten abweicht; durch Verlängern des Evansschen Lenkers kann man jede beliebige Annäherung an die genaue *Geradführung* erreichen. — Das von Maihak verwendete Crosby-Getriebe enthält den gleichen Evansschen Lenker, sowie den gleichen Schreibhebel SD; der Gegenlenker FE ist anders angebracht. Man kann offenbar die Bewegung eines beliebigen Punktes der Kuppelstange CA, deren Punkt A durch Kolben und Kolbenstange sicher senkrecht geführt ist, zeichnerisch oder rechnerisch für den Fall ermitteln, daß der Schreibstift genau senkrecht geht; die von E beschriebene Kurve kann man nun durch einen Kreis annähern, dessen Mittelpunkt F zu finden ist; damit ist Mittelpunkt und Länge des Gegenlenkers gegeben; innerhalb gewisser Grenzen wird auch hier die Annäherung befriedigen.

Außer der Forderung der Geradführung ist noch die der *Proportionalität* vom Schreibzeug zu erfüllen; Bedingung hierfür ist, daß die Punkte S, A und B auf einer Geraden liegen, und daß $SA : AB = SC : CD$ sich verhalte. Ist das für eine Stellung des Getriebes erfüllt, so wird es auch für jede andere zutreffen, solange S geradegeführt ist, also solange A und S einander parallel gehen. Man kann dann immer das Storchschnabelgetriebe einzeichnen, das durch Einziehen des Gliedes AG statt der Gegenlenker entstehen und ein vorzügliches Getriebe für den Indikator abgeben würde, wenn nicht die Punkte G und B zu dicht aufeinanderrücken würden, so daß kleine Ungenauigkeiten der Arbeit große Fehler in der Schreibstiftbewegung zur Folge hätten. Auch gegen das Crosby - Getriebe kann man gegenüber dem Thompsonschen den Einwand erheben, A und E kämen zu dicht zusammen; andererseits ist freilich das Gelenk E des Thompson-Getriebes ein konstruktiv schwieriger Punkt, auch ist die Massenwirkung des Thompson - Getriebes größer.

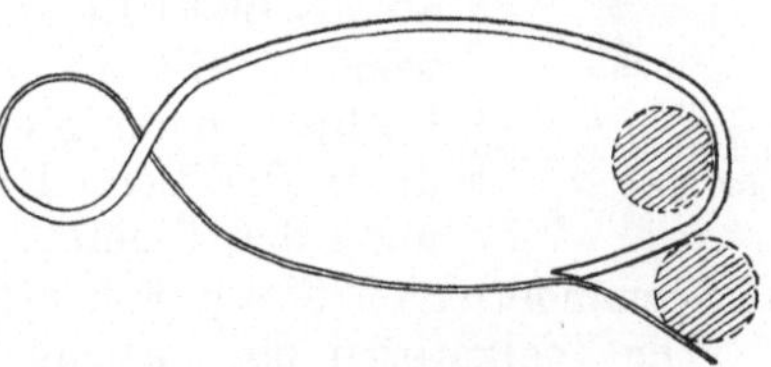
Fig. 235. Fanghaken zum Einhängen der Schnur bei hoher Drehzahl.

Die *Trommel* des Indikators soll, um die Massenwirkungen gering zu halten und dadurch den Indikator für höhere Drehzahlen geeignet zu machen, möglichst leicht sein; sie ist daher aus dünnem Stahlblech, auch wohl aus Aluminium gemacht. Die große Rolle des Hubminderers, für die der gleiche Gesichtspunkt gilt, ist auch aus Aluminium. Die zum Zurückführen der Trommel dienende Schraubenfeder ist unten in den Trommelfuß eingehakt, oben in einen Kopf, der auf der Trommelachse mittels Vierkants gegen Drehung gesichert ist, aber nur etwas gehoben zu werden braucht, um die Feder spannen oder entspannen zu können (Fig. 219 und 236, D). — Um das Diagrammpapier gegen neues auswechseln zu können, muß die Trommel angehalten, d. h. die Schnurverbindung mit dem Kreuzkopf gelöst werden. Man kann die Schnur am Kreuzkopf losnehmen und nachher wieder auflegen; letzteres aber macht bei höherer Drehzahl einige Schwierigkeiten; man verwendet wohl einen Fanghaken. Der Mitnehmer des Kreuzkopfes ist einmal (unten) im Augenblick des Einschnappens, einmal fertig eingehängt gezeichnet. Man hat aber auch Indikatortrommeln mit *Anhaltevorrichtung*; bei diesen wird der obere Teil der Trommel, der das Papier trägt, mit dem unteren, den Schnurrillen, nur bei Bedarf gekuppelt, zum Anhalten aber gelöst; die Schnüre laufen dann weiter, die eigentliche Trommel aber steht still. In Fig. 236 kann man die auf der Trommel sitzende Schraube T nach links drehen, dann hebt sie die Trommel hoch und löst die Konuskupplung zur Schnurrille; Rechtsdrehen drückt sie wieder herab und stellt die Kupplung wieder her; der Stift C, dessen oberer Teil nach unten federt, sichert roh die richtige Stellung der beiden Teile der Trommel gegeneinander, damit nicht der Schreibstift über die Papierklemmen läuft. Der Druck der Konuskupplung wird durch Kugeln aufgenommen.

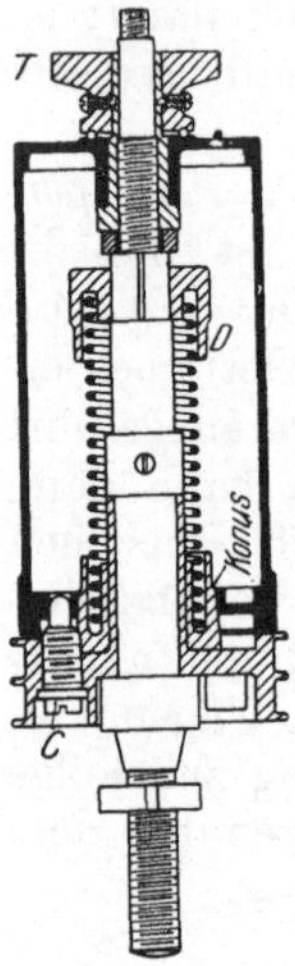

Fig. 236. Trommel mit Anhalteeinrichtung. Zu Fig. 220 oder 228.

Anhaltevorrichtungen geben leicht zu Anständen Anlaß; bei einiger Übung kommt man mit der einfachen Trommel bis zu ziemlich hoher Drehzahl besser aus. Eine für sehr hohe Drehzahl geeignete, wenn auch theoretisch nicht korrekte Mitnehmereinrichtung zeigt auch noch Fig. 274 (bei § 95) bei M.

Das *Diagrammpapier* ist präpariert, so daß weiche Metalle, wie Silber und Messing, auf ihm schreiben; der *Schreibstift* ist bei Rosenkranz ein Silberstift in einem kleinen Klemmfutter, bei Maihak ein Messingstift mit Gewinde; solche Metallstifte nutzen sich weniger schnell ab, als Bleistifte es täten, die man gelegentlich auch verwendet. Die *Schnur* zum Antrieb der Trommel ist geflochten, nicht gedreht, damit sie sich möglichst wenig unter der beim Hin- und Hergehen wechselnden Spannung der Trommelfeder dehnt; sie ist gewachst, um die Längenänderungen durch Feuchtigkeitseinflüsse zu vermindern.

Die Indikatoren der verschiedenen Bauarten werden in *mehreren Größen* gefertigt; die normale Kolbenfläche ist freilich bei allen 20 mm bzw. $^3/_4$ Zoll, doch sind bei den kleineren alle Hauptabmessungen sowie das Gewicht der bewegten Massen am Schreibgestänge und der Trommel durch tunliche Verschwächung aller Teile möglichst zu vermindern. Die Verringerung der zurückgelegten Wege und der Massen macht die Indikatoren für hohe Drehzahlen geeigneter, sowie für das Indizieren solcher Maschinengattungen, in denen besonders schnell verlaufende Druckänderungen vorkommen. Wie aus § 7 bekannt und in § 90 und 93 genauer besprochen, werden durch jede Druckänderung Schwingungen des Schreibzeuges ausgelöst, die sich über die Kurve des wahren Druckverlaufes lagern und deren Verlauf fast verdecken, wenn sie zu stark werden, d. h. wenn die Eigenschwingungszahl des Instrumentes zu klein ist im Vergleich zu den zu verfolgenden Änderungen. Eben die Eigenschwingungszahl legt man

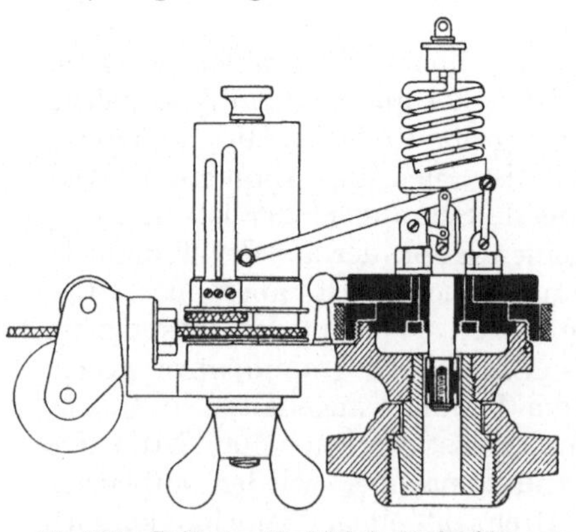

Fig. 237. Indikator für höchste Drehzahlen von Maihak.

höher, indem man die bewegte Masse verkleinert. Der Einbau einer stärkeren Feder wirkt sehr energisch im gleichen Sinne.

Fig. 237 zeigt eine Ausführungsform kleinster Größe, wie sie für Automobil- und Flugzeugmotoren, also für Drehzahlen von 1200 und mehr und bei brisanten Zündungen, heute angewendet wird.

84. Handhabung des Indikators. Um eine Maschine zu indizieren, hat man zunächst den Indikator unter Zwischenschaltung des Hahnes an den Indikatorstutzen zu schrauben, gegebenenfalls den Hubminderer am Indikator oder der Maschine zu befestigen und dann den Schnurantrieb der Trommel instand zu setzen; da die Schnurdehnung Fehler ins Diagramm bringen kann, hat man alles zu vermeiden, was zu starker Schnurdehnung führt, insbesondere Reibung; die kleinen Führungsrollen am Minderer und am Indikator sind nicht zu starken Richtungsänderungen zu benutzen; die Schnur soll kurz sein, namentlich die vom Minderer zur Trommel, deren Dehnung unverkürzt ins Diagramm kommt. Wesentlich ist auch, daß die Schnur da, wo sie an den Kreuzkopf gehängt wird, zunächst parallel zur Kreuzkopfbewegung ist; sonst ändert sich der Winkel, mit dem sie abgeht, beim Hin- und Hergang, und die Trommelbewegung wird nicht proportional der Kreuzkopfbewegung. Späterhin kann die Schnur durch Rollen abgelenkt werden, doch soll das nicht unnötig geschehen.

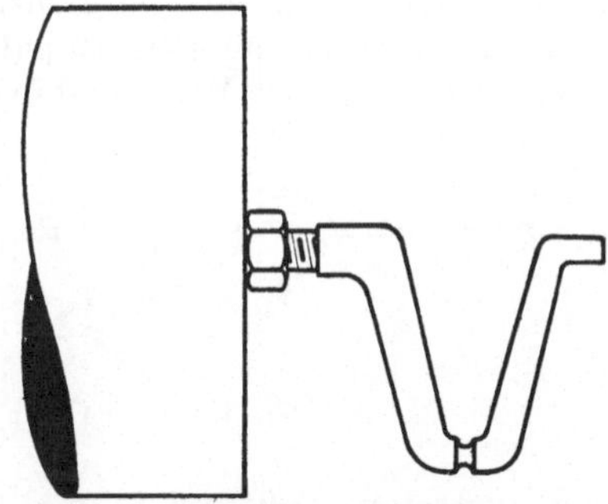

Fig. 238. Kurbelmitnehmer für den Schnurantrieb.

In vielen Fällen, namentlich an Diesel- und Gasmaschinen ohne besonderen Kreuzkopf, ist ein Punkt mit hin und her gehender Bewegung zur Abnahme der Trommelbewegung gar nicht vorhanden. Für häufige Indizierung sollte man auf Anbau eines kleinen Kurbeltriebes mit passendem Hub und gleichem Schubstangenverhältnis wie die Hauptkurbel sehen. Für gelegentliche Indizierung begnügt man sich meist damit, am Wellenende eine kleine Kurbel aus gebogenem Draht anzubringen (Fig. 238). Sie wird an der Stelle des Körners (in der Wellenmitte) eingeschraubt und mit Gegenmutter gesichert; die richtige Totpunktstellung aber wird durch Probieren ermittelt: man läßt durch Niederdrücken des Zündhebels oder (bei der Dieselmaschine) durch Absperren des Brennstoffes eine Zündung ausbleiben, die Expansionslinie muß dann in die Kompressionslinie zurücklaufen. Da beim Entnehmen solcher Diagramme vom Kreuzkopf aus sich zeigt, daß die beiden Linien sich in Wahrheit gar nicht ganz decken, so ist die genannte Methode, den Totpunkt zu finden, ein Notbehelf, und zwar insofern ein schlechter, als durch etwas ungenaue Einstellung des Totpunktes die Diagrammfläche sich sehr stark ändert — besonders stark bei Dieselmaschinen. Die Einstellung des Totpunktes durch Bedienen der Gegenmutter in Fig. 238 ist nicht eben bequem; gelegentlich wird man das in Fig. 278, § 95 für den optischen Indikator gegebene Einstellgetriebe verwenden können. Übrigens liegt ein Fehler bei der Verwendung von Fig. 238 darin, daß die abgenommene Bewegung unendlich langer Schubstange entspricht; führt man sie in passender Entfernung durch eine Öse oder um eine Rolle, so entspricht das wieder nicht einer konstanten Stangenlänge, ist aber immerhin besser. Die Rückführung der Kurbel in die Wellenachse (Fig. 238) erleichtert das Auflegen bei hoher Drehzahl.

Wo man beide Seiten eines Zylinders indizieren will, führt man wohl gebogene Rohre zu einem Umschalthahn in der Zylindermitte und baut an diesen den Indikator an; so kann man beide Seiten mit einem Indikator indizieren. Diese Anordnung ist nur für langsam laufende Maschinen zulässig; der Widerstand im Rohr läßt die Druckänderungen im Zylinder nicht richtig in den Indikator kommen, auch können stehende Wellen im Rohr zu den sonderbarsten Erscheinungen Anlaß geben. In jedem Fall ist die Verwendung zweier Indikatoren besser; auch dann soll die Bohrung des Hahnes und des Maschinenstutzens nicht zu eng sein, zumal bei Pumpen, wo noch die erhebliche Massenwirkung des Wassers hinzukommt, das in den Indikator ein-

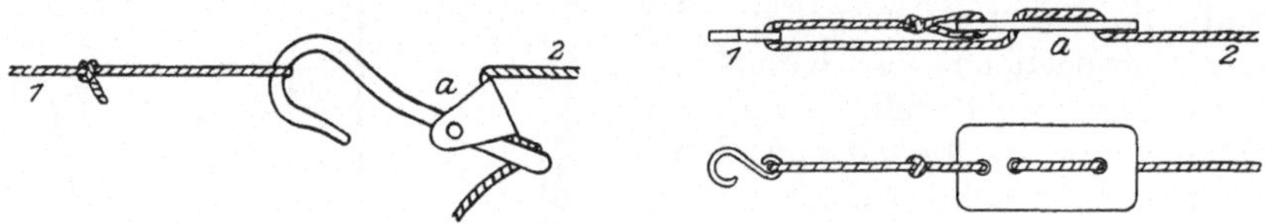

Fig. 239. Patenthaken und Schnurbrett zum Verbinden zweier Schnüre.

und austreten muß und in der Bohrung hohe Geschwindigkeiten annehmen kann (§ 90).

Meist treibt man den Indikator eines Zylinderendes vom Hubminderer, den des anderen Zylinderendes von der Trommel des ersten Indikators aus an. Noch mehr Indikatoren schalte man nicht in dieser Weise hintereinander, die Schnüre werden zu stark gespannt und reißen oft ab. Man mache sich zur Regel, erst die Minderungsrolle, dann den ersten Indikator, endlich den anderen korrekt in Gang zu bringen, in der Reihenfolge also, wie der Antrieb erfolgt. Die Bewegung der letzten Trommel stört man nämlich wieder, wenn man an der Minderungsrolle etwas ändert.

Der Haken und das Schnurbrett (Fig. 239) ergeben eine bequeme Verbindung zweier Schnurenden, deren Länge man dabei noch leicht verändern kann. Der Haken ist nur da geeignet, wo die Schnur dauernd gespannt bleibt, z. B. zwischen zwei hintereinandergeschalteten Trommeln; wird die Schnur schlaff, so geht die Verbindung auseinander.

Nach dem Anbauen und öfter während des Betriebes überzeuge man sich durch Anlegen des Fingers, ob Trommeln und Minderungsrolle nicht gegen eine ihrer Hubbegrenzungen stoßen. Die Bewegungsumkehr am Hubende muß sanft und ohne Stoß erfolgen. Im Diagramm macht sich starkes Anstoßen kenntlich, wie Fig. 240 zeigt.

Nach Fertigstellung des Schnurantriebs wird das mit der richtigen Feder versehene Schreibzeug eingesetzt.

Der Indikatorkolben wird vor dem Einsetzen geölt; das mitgelieferte sehr dünnflüssige Indikatoröl ist nur für niedere Temperaturen gut; bei Dampfzylindern verwendet man besser Lageröl, beim Hochdruckzylinder einer Heißdampfmaschine tut das dickflüssige Zylinderöl gute Dienste, da es in der Wärme dünn genug wird. Nach der Benutzung ist selbstverständlich der ganze Indikator zu säubern, und die Stahlteile, Feder und Kolbenstange, sind leicht zu ölen, um Rosten zu verhüten.

Um nun ein *Diagramm aufzunehmen*, wird Papier aufgespannt, die Schnur eingehängt oder die Anhaltevorrichtung gekuppelt und dann bei noch geschlossenem Indikatorhahn die Atmosphärenlinie geschrieben. Hierbei stellt man zugleich die Anschlagschraube so ein, daß der Schreibstift nur feine Linien schreibt, damit das Diagramm sicherer auszumessen ist, und namentlich weil die Reibung des Schreibstiftes recht störend werden kann. Man hebt den Schreibstift wieder von der Trommel, öffnet den Indikatorhahn und schreibt nun das eigentliche Diagramm — im allgemeinen nur eines, je nach Umständen aber, namentlich bei Gasmaschinen, auch mehrere, deshalb nämlich, weil bei Gasmaschinen die einzelnen Diagramme so sehr voneinander verschieden sind, daß ein einzelnes Diagramm weit vom Durchschnitt abweichen könnte. Man nimmt so viel Diagramme, daß der Durchschnitt gesichert zu sein scheint, also um so mehr, je mehr die Diagramme zerstreut sind, meist nicht über fünf auf ein Blatt, weil man sonst die einzelnen nicht mehr gut verfolgen kann. Nach Fertigstellung des Diagramms vermerkt man auf ihm jedenfalls die Zeit der Aufnahme, die sicherer als Nummern die zusammengehörigen Diagramme kennzeichnet; ferner notiert man auf dem ersten Diagramm nach eingetretener Änderung oder auch auf jedem Diagramm Federmaßstab, Drehzahl, Belastung der Maschine oder was sonst wissenswert erscheint, soweit die Zahlen nicht in ein besonderes Versuchsprotokoll kommen.

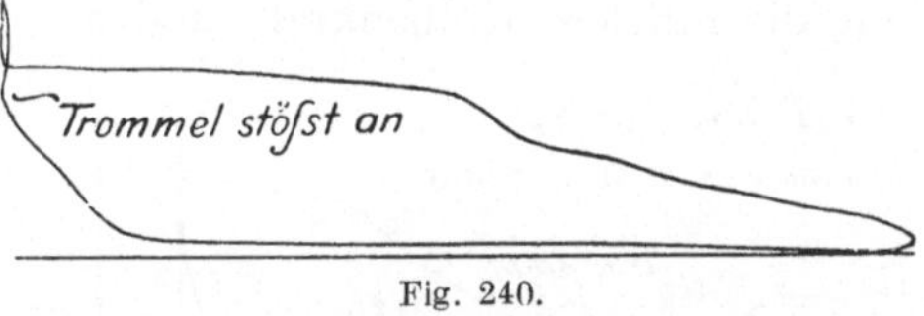

Fig. 240.

Jedes Diagramm betrachte man nach der Aufnahme kritisch daraufhin, ob der Indikator und sein Antrieb in Ordnung war, damit das Diagramm wirklich über den Zustand der Maschine Auskunft gibt. So überzeuge man sich, ob nicht etwa der Kolben festhängt; jede wagerechte Gerade ist in dieser Hinsicht verdächtig, da das Diagramm eines leicht gehenden Indikators überall Wellen, Knicke oder sonstige Feinheiten aufweist.

85. Auswertung des Diagramms. Das von einem Indikator verzeichnete Diagramm habe die Gestalt der Fig. 241. Sein Inhalt ist ein Maß für die Arbeit, d. h. ein doppelt so großes Diagramm bedeutet eine doppelt so große Arbeit. Wie aber der Betrag der Arbeit oder besser gleich, wie unter Zuhilfenahme der minutlichen Drehzahl die Leistung der Maschine berechnet wird, das ist nun zu erörtern.

Der Quotient aus Flächeninhalt J des Diagramms und seiner Länge l heißt die mittlere Höhe desselben: $h_m^{\mathrm{mm}} = \frac{J^{\mathrm{mm}^2}}{l^{\mathrm{mm}}}$. Wollte man das Diagramm durch ein flächengleiches Rechteck von derselben Länge ersetzen, welches die gleiche Arbeit darstellte, so müßte das Rechteck diese Höhe h_m haben. Man mißt die Fläche mit dem Planimeter oder nach der Simpsonschen Regel und bestimmt den Abstand der beiden Lote, die man auf der Atmosphärenlinie so errichtet, daß sie das Diagramm berühren (Fig. 241).

Dividiert man die mittlere Höhe des Diagramms durch den Federmaßstab m, so erhält man den *mittleren indizierten Druck* im Zylinder: $p_i^{\mathrm{at}} = \frac{h_m^{\mathrm{mm}}}{m^{\mathrm{mm/at}}}$. Diese Größe gibt an, um wieviel beim Kolbenhingang die Spannung im Zylinder durchschnittlich größer war als beim Kolbenrückgang.

Nach Ermittlung von p_i ist die Bestimmung der Maschinenleistung einfach: Bezeichne F die wirksame Kolbenfläche der Maschine, s ihren Hub, n ihre minutliche Drehzahl, so ist $F \cdot p_i$ die mittlere Kolbenkraft und $F \cdot p_i \cdot s$ die bei einer Umdrehung

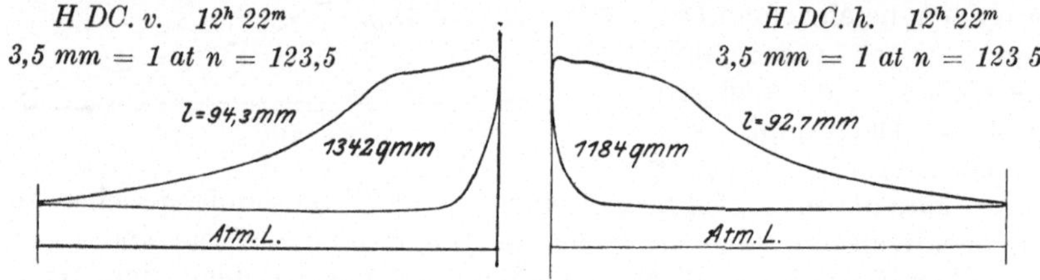

Fig. 241. Diagramme beider Seiten des Hochdruckzylinders einer Verbund-Dampfmaschine [1]).

— Hin- und Rückgang, weil p_i die Spannungsdifferenz aus Hin- und Rückgang ist — frei werdende Arbeit. Diese Arbeit wird in der Sekunde $\frac{n}{60}$ mal geliefert. Daher ist die *indizierte Leistung* für die eine Zylinderseite, der das Diagramm entstammt,

$$N_i^{\mathrm{kW}} = \frac{F^{\mathrm{cm}^2} \cdot p_i^{\mathrm{at}} \cdot s^{\mathrm{mtr}} \cdot n^{/\mathrm{min}}}{60 \cdot 102} \quad \ldots \ldots \ldots \quad (1)$$

Diese Formel gibt direkt die Maschinenleistung bei einfachwirkenden und einzylindrigen Maschinen. Bei doppeltwirkenden und bei mehrzylindrigen Maschinen hat man die Leistung jeder Zylinderseite und jedes Zylinders zu bilden und die einzelnen Leistungen zusammenzuzählen. Bei Verbrennungsmotoren mit Viertaktbetrieb dagegen hat man zu beachten, daß nur bei jedem zweiten Hingang des Kolbens eine Zündung erfolgt, nur ein Viertel der Hübe liefert Arbeit, daher hat man

[1]) Die Diagramme haben, wie im folgenden alle, halbe Originalgröße, also $^1/_4$ Flächeninhalt des Originals; an Sauberkeit der Zeichnung haben alle Diagramme durch das Nachziehen mit der Hand eingebüßt.

$\frac{1}{2} n$ statt n in jene Formel einzuführen; wir sprechen sogleich besonders über die Auswertung der Viertaktdiagramme.

Beispiel: Für eine Dreifachexpansionsmaschine sind das vordere und hintere Diagramm des Hochdruckzylinders gegeben; die Zylinderabmessungen sind: Zylinderdurchmesser 320 mm, Kolbenstangendurchmesser (nur vorn) 80 mm, Hub 650 mm. Die auf den Diagrammen gemachten Notizen und Abmessungsergebnisse führen auf Tab. 18 und damit auf eine indizierte Leistung des Hochdruckzylinders $N_h = 79{,}0$ kW.

Tab. 18.

		vorn (Kurbelseite)	hinten (Deckelseite)
Mittlere Diagrammhöhe	h_m	$\frac{1342}{94{,}3} = 14{,}24$ mm	$\frac{1184}{92{,}7} = 12{,}78$ mm
Mittlerer ind. Überdruck	p_i	$\frac{14{,}24}{3{,}5} = 4{,}07$ at	$\frac{12{,}78}{3{,}5} = 3{,}65$ at
Wirksame Kolbenfläche	F	$804{,}2 - \frac{8{,}0^2 \cdot \pi}{4} = 753{,}9$ cm²	$\frac{32{,}0^2 \cdot \pi}{4} = 804{,}2$ cm²
Drehzahl.	n	123,5	123,5
Maschinenhub . .	s	0,650 m	0,650 m
Indizierte Leistung	N_i	$\frac{753{,}9 \cdot 4{,}07 \cdot 0{,}650 \cdot 123{,}5}{60 \cdot 102} = 40{,}4$ kW	$\frac{804{,}2 \cdot 3{,}65 \cdot 0{,}660 \cdot 123{,}5}{60 \cdot 102} = 38{,}6$ kW

zusammen: $N_h = 79{,}0$ kW.

Da die entsprechende Auswertung beim Mitteldruckzylinder $N_m = 60{,}1$ kW und beim Niederdruckzylinder $N_n = 81{,}2$ kW ergeben hatte, ist die Gesamtleistung der Maschine $N_i = 79{,}0 + 60{,}1 + 81{,}2 = 220{,}3$ kW.

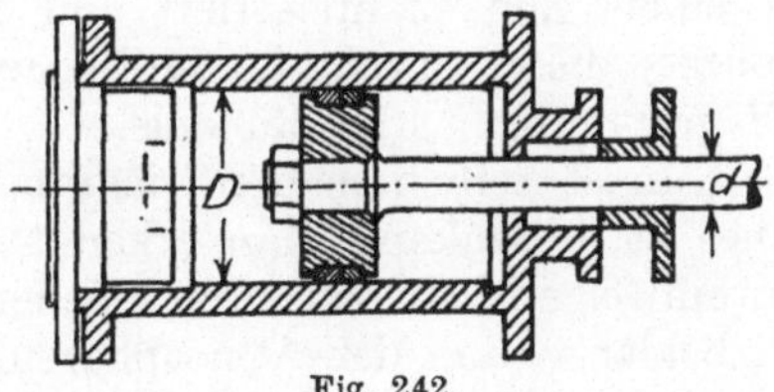

Fig. 242.

F sollte die *wirksame Kolbenfläche* bezeichnen. Für ihre Berechnung ist die Gestaltung des Kolbens, etwa das Vorhandensein einer Kolbenmutter (Fig. 242 links) ohne Einfluß. Die wirksame Kolbenfläche ist $\frac{D^2 \pi}{4}$, wo D den Zylinderdurchmesser bedeutet, nicht den Kolbendurchmesser, der meist kleiner ist. Wenn aber eine Kolbenstange durch eine Stopfbüchse hindurch nach außen geht (Fig. 242 rechts), so ist die Fläche der Kolbenstange abzuziehen, auf sie wirkt p_i nicht ein, es ist hier $^1/_4\, D^2 \pi - {^1/_4}\, d^2 \pi$ die wirksame Kolbenfläche. Die Kolbenfläche ist also vorn und hinten verschieden. Der Zylinderdurchmesser ist bei alten Maschinen, der Abnutzung wegen, stets größer, als in der Zeichnung angegeben. Er ist in warmem Zustande größer als im kalten und daher warm zu messen. — Bei Plungerkolben ist $^1/_4\, D^2 \pi$ die wirksame Kolbenfläche, wo D der Plungerdurchmesser.

Der *Maschinenhub* ist gleich dem doppelten Kurbelradius nur dann, wenn kein Spiel in Kreuzkopf- und Kurbellager vorhanden ist. Unterschiede von einigen Millimetern zwischen dem wirklichen Hub und dem der Zeichnung entnommenen kommen vor. — Bei schwungradlosen Maschinen, Duplexpumpen und dergleichen, ist der Hub wechselnd, zumal abhängig von der Hubzahl. Man bestimmt am besten das Verhältnis der Diagrammlänge zur Hublänge durch Ausmessen, nicht aus den Abmessungen der Reduktionstrommeln. Dies Verhältnis ändert sich aber der Schnurdrehung wegen bei verschiedenen Hubzahlen.

Geht eine Maschine sehr gleichmäßig, so genügt es, jedesmal einzelne Diagramme zu nehmen. Wo aber die einzelnen Diagramme nicht identisch sind, da muß man immer ein *Bündel* von etwa fünf Diagrammen auf ein Blatt nehmen, um einen brauchbaren Mittelwert der Diagrammfläche zu bekommen. Das ist der Fall bei *Verbrennungsmaschinen.* Fig. 243 zeigt ein Gasmaschinendiagramm mit fünf Einzeldiagrammen.

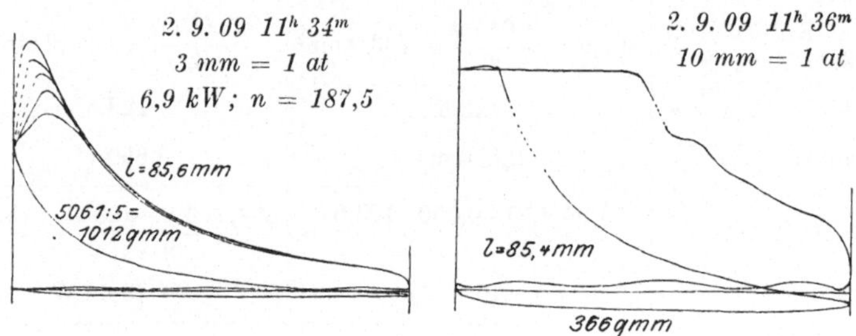

Fig. 243. Diagrammbündel Fig. 244. Schwachfederdiagramm
beide von einer Viertakt-Gasmaschine. $^1/_2$ nat. Gr.

Man ermittelt die Diagrammfläche, indem man alle fünf Diagramme in einem Zug planimetriert und dann zum Schluß die Gesamtfläche abliest; diese, durch die fünffache Länge geteilt, ergibt die mittlere Diagrammfläche des Bündels.

Nun ist freilich bei den Diagrammen von Viertaktgasmaschinen noch eines zu bedenken. Man erkennt nämlich in Fig. 243, daß das Diagramm eigentlich aus zwei Flächen besteht; die untere schmale liegt zu beiden Seiten der Atmosphärenlinie und ist im umgekehrten Sinne wie die obere vom Schreibstift umfahren, so daß das ganze Diagramm eine verzerrte 8 darstellt. Der umgekehrte Umfahrungssinn deutet an, daß in dieser Fläche nicht eine Arbeitsleistung, sondern ein Arbeitsverbrauch zu erblicken ist; in der Tat entsprechen die Linien zu beiden Seiten der Atmosphärenlinie dem Ausstoßen des verbrannten und dem Ansaugen frischen Gemisches, Vorgänge, die natürlich Arbeit erfordern. Als indizierte Leistung der Maschine ist nun der Unterschied der in der Hauptfläche erzeugten und der in der schmalen Fläche verbrauchten Arbeit anzusehen[1]). — Zur Auswertung braucht man nur das Diagramm

[1]) Man vergleiche über diese Frage die Diskussion Z. d. V. D. Ing. 1905, S. 331, 517, 814, 1044. Seitdem ist dieses Abzugsverfahren durch die Normen für Leistungsversuche an Gasmaschinen als allein gültig festgestellt.

Fig. 243 mit dem Planimeterfahrstift so zu umfahren, wie der Indikatorstift es tat, der eine 8 beschreibt; dann bildet das Planimeter von selbst den Unterschied der Arbeits- und der Verlustfläche, und man kann mit ihr die Leistung wie bei Dampfmaschinen berechnen, mit der Maßgabe, daß nur bei jedem zweiten Umlauf diese Arbeit frei wird, so daß man mit $\frac{1}{2} n$ statt mit n zu rechnen hat. Nun ist aber das fünfmalige Umfahren der kleinen Fläche langwierig; auch ist das Planimetrieren so schmaler Flächen unsicher, da die Ungenauigkeit des Umfahrens leicht größer wird als der Flächeninhalt; dazu sind die einzelnen Linien gar nicht immer so sauber getrennt wie in Fig. 243. Man nimmt deshalb gern außer dem Hauptdiagramm, das man nur zur Bestimmung der Arbeitsfläche benutzt, noch ein *Schwachfederdiagramm*, Fig. 244, auf, das die Verlustfläche deutlicher zeigt und sicher auswerten läßt. Das Schwachfederdiagramm wird mit einer Feder von so großem Federmaßstab aufgenommen, daß nur der untere Teil des Diagramms aufs Papier kommt, der obere aber durch Anstoßen des Indikatorkolbens an den Deckel unterdrückt wird; man muß darauf bedacht sein, daß das Anstoßen an den Deckel während der allmählich verlaufenden Kompression stattfindet, nicht nach der Zündung, wo die schnelle Drucksteigerung zu starken Schlägen führt. Nötigenfalls begrenzt man den Kolbenhub beim Rosenkranz - Indikator, Fig. 225, durch auf die Kolbenstange geschobene kleine Hülsen; die Indikatoren Fig. 221 und 229 haben dazu eine besondere verstellbare Hubbegrenzung.

Beispiel: Die Auswertung solchen Diagrammpaares geht folgendermaßen vor sich: In Fig. 243 ergab fünfmaliges Umfahren der Arbeitsfläche die Ablesung 5061 mm²; die Diagrammfläche ist mit $5061 : 5 = 1012 \text{ mm}^2$ anzunehmen, die Diagrammlänge ist 85,6 mm. Die mit dem 20-mm-Kolben (beim kleinen Rosenkranz - Indikator) verwendete Feder hat den Federmaßstab 3 mm = 1 at; also wird $h_{m_1} = \frac{1012}{85,6} = 11,83$ mm und $p_{i_1} = \frac{11,83}{3} = 3,94$ at. In Fig. 244 ergab einmaliges Umfahren der Verlustfläche 366 mm²; die Diagrammlänge ist 85,4 mm, es wurde eine Feder 10 mm = 1 at verwendet; also wird $h_{m_2} = \frac{366}{85,4} = 4,29$ mm und $p_{i_2} = \frac{4,29}{10} = 0,429$ at. Aus beiden Diagrammen zusammen haben wir $p_i = 3,94 - 0,429 = 3,51$ at wirksamen Überdruck für zwei Umläufe; Zylinderdurchmesser 250 mm, also $F = 490,9 \text{ cm}^2$; Hub 450 mm, also $s = 0,450$ m; Drehzahl $n = 188,3/\text{min}$; damit wird

$$N = \frac{\frac{1}{2} \cdot 490,9 \cdot 3,51 \cdot 0,450 \cdot 188,3}{60 \cdot 102} = 12,0 \text{ kW}.$$

Diagramme sind zu nehmen von allen Räumen, in denen sich Kolben bewegen, die Arbeit leisten oder aufnehmen könnten, bei *Stufenkolbenpumpen* daher auch vom Raum hinter dem Druckventil, in dem der Stufenkolben sich bewegt. Das dort genommene Diagramm ist eine liegende Acht, oft sehr flach und ganz ohne Fläche, oft mit zwei einander gleichen Flächen, die einander aufheben und beim Planimetrieren etwa Null ergeben. Oft aber auch sind die beiden Hälften der Acht so verschieden, daß merkliche positive oder negative Arbeiten auf den Stufenkolben entfallen; dessen Fläche pflegt etwa halb so groß zu sein wie die eigentliche Plungerfläche; es ist sorgsam zu überlegen, ob die der Diagrammfläche entsprechende Arbeit von der des Plungers abzuziehen oder zu ihr hinzuzuzählen ist, ob also der Stufenkolben beim Ein- oder beim Ausgang größeren Druck erfuhr.

Über die Berücksichtigung des Arbeitsverbrauchs der Spül- und Ladepumpen bei *Zweitakt-Verbrennungsmaschinen*, der *Einblasepumpen* bei *Dieselmaschinen*, der *Kondensations- und Speisepumpen bei Dampfkraftanlagen*, kurzum aller *Hilfszylinder* wird Masch.-Unt. § 94 und § 6 berichtet.

86. Auswertung bei Dauerversuchen. Es könnte einfacher scheinen, statt erst h_m und den mittleren Druck p_i zu berechnen, und nun die Formel $N_i = \frac{F \cdot p_i \cdot s \cdot n}{60 \cdot 102}$ anzuwenden, die ganze Rechnung durch eine einzige Formel zu erledigen, die unmittelbar die gemessenen Größen: Federmaßstab, Diagrammfläche und -länge, enthalten würde.

Der angegebene Rechnungsgang ist aber allgemein üblich und sehr zweckmäßig. p_i ist eine zur Beurteilung der Maschine wertvolle Größe, die man gern kennt. Besonders aber spart die Berechnungsweise Arbeit, sobald es sich um Auswertung einer großen Anzahl von Diagrammen handelt, die fortlaufend, etwa von 5 zu 5 Minuten, aufgenommen wurden, und aus denen man für eine längere Versuchsdauer die durchschnittlich indizierte Leistung finden will.

Da weder die Diagrammlänge, noch der Inhalt, noch selbst die Drehzahl der Maschine konstant bleibt, so müßte man korrekterweise aus jedem Diagramm das jeweilige p_i ermitteln und unter Benutzung der jeweiligen Drehzahl die jeweilige Leistung finden. Aus allen diesen Leistungen hätte man dann den Durchschnittswert zu bilden. Das wäre sehr zeitraubend. Statt dessen rechnet man bequemer mit dem Durchschnittswert aller p_i und mit der durchschnittlichen Drehzahl und hat nur eine Rechnung auszuführen statt vieler. Daß solche Rechnungsweise ungenaue Ergebnisse liefert, ist in § 15 besprochen worden. Aber die Einzelwerte von p_i und von n pflegen so wenig zu schwanken, daß man ruhig das Produkt der Mittelwerte mit dem Mittelwert der Produkte verwechseln kann.

Man kann die Rechnung oft noch weiter vereinfachen: Man kann gleich den Durchschnittswert der Diagrammflächen und den der Längen bilden und den Durchschnittswert aller p_i durch einmaliges Bilden des Quotienten erhalten, statt p_i für jedes Diagramm zu berechnen; das ist nicht ganz so oft zulässig. Auch die Kolbenflächen eines doppeltwirkenden Zylinders sind bei größeren Maschinen so wenig voneinander verschieden, daß man eine mittlere Kolbenfläche F_m, Mittel aus vorn und hinten, einführen und so gleich die Gesamtleistung des Zylinders finden kann; man verwendet dann die Formel $N_i = 2 \cdot \frac{F_m \cdot p_i \cdot s \cdot n}{60 \cdot 102}$, wo die 2 die doppelte Wirkung des Zylinders in Rechnung zieht.

Zweckmäßig ist es, alle diejenigen Größen zur sogenannten *Zylinderkonstanten* zusammenzufassen, die von den Abmessungen und der Eigenart der Maschine abhängen. Es ist dann $N_i = C \cdot p_i \cdot n$. Dabei ist $C = 2 \cdot \frac{F_m \cdot s}{60 \cdot 102} = \frac{(F_v + F_h) \cdot s}{60 \cdot 102}$ für doppeltwirkende, $C = \frac{F \cdot s}{60 \cdot 102}$ für einfachwirkende Maschinen; $C = \frac{1}{2} \cdot \frac{F \cdot s}{60 \cdot 102}$ für einfachwirkende Viertaktmaschinen.

All dieses wird durch das *Beispiel eines Dampfverbrauchsversuches* am besten veranschaulicht.

Doppeltwirkende Einzylinderdampfmaschine ohne Kondensation, Durchmesser des Zylinders 300 mm, der Kolbenstange (nur vorn) 35 mm, Hub 400 mm. Zylinderkonstante vorn 0,0456; hinten 0,0462. Federmaßstab vorn 8,1 mm/at, hinten 7,8 mm/at. Belastung durch Bremse, konstant gehalten, 1,0 m × 97,5 = 97,5 mkg. Versuchsdauer 4^h 0 bis 5^h 0, Ablesung alle 10 Minuten. Die Ablesungsergebnisse gibt Tab. 19. Aus

Tab. 19.

Zeit	Zählwerk Stand	Zählwerk Diff.	Wage Stand	Wage Diff.	Diagrammfläche vorn	Diagrammfläche hinten	Diagrammlänge vorn	Diagrammlänge hinten	Mittlere Höhe vorn	Mittlere Höhe hinten
			kg		mm²		mm		mm	
4^h 0	6341	752	63,1	21,2	1130	1200	102,5	100,1	11,02	11,99
10	7093	755	84,3	21,4	1170	1210	103,1	101,0	11,33	11,98
20	7848	751	105,7	21,2	1140	1200	102,9	100,9	11,08	11,90
30	8599	747	126,9	21,1	1120	1170	103,2	101,0	10,83	11,58
40	9346	745	148,0	21,1	1110	1160	103,2	101,2	10,75	11,46
50	0091	750	169,1	21,2	1120	1180	103,5	101,3	10,81	11,63
5^h 0	0841		190,3							
Mittelwert	4500 : 60		127,2 kg/h						10,95	11,74

$n = 75{,}0$/min.

ihnen berechnet man nun die indizierte Leistung wie folgt: Mit Hilfe der Federmaßstäbe berechnet man den mittleren Überdruck der Diagramme vorn $p_i = \frac{10{,}95}{8{,}1} = 1{,}35$ at und hinten $p_i = \frac{11{,}74}{7{,}8} = 1{,}51$ at. Mit Hilfe der Zylinderkonstanten ergibt sich die mittlere Leistung vorn $N_v = 0{,}0456 \cdot 1{,}35 \cdot 75{,}0 = 4{,}63$ kW und hinten $N_h = 0{,}0462$ $1{,}51 \cdot 75{,}0 = 5{,}22$ kW; gesamte mittlere indizierte Leistung $N_i = 5{,}22$ kW.

Da weiterhin die stündliche Dampfaufnahme 127,2 kg ist, so berechnet sich der Verbrauch für die Leistungseinheit, der auch als *spezifische Dampfaufnahme* bezeichnet werden kann, zu $\frac{127{,}2}{9{,}85} = 12{,}48 \frac{\text{kg}}{\text{kW} \cdot \text{h}}$. Und da die effektive oder Bremsleistung sich zu $N_e = \frac{97{,}5 \cdot 75{,}0}{973} = 7{,}51$ kW berechnen läßt, so ergibt sich der Dampfverbrauch, bezogen auf die Nutzleistung, zu $\frac{127{,}2}{7{,}51} = 16{,}9 \frac{\text{kg}}{\text{kW} \cdot \text{h}}$. Auch läßt sich noch der mechanische Wirkungsgrad mit $\eta_{\text{mech}} = \frac{7{,}51}{9{,}85} = 0{,}76$ angeben.

Die Auswertung der indizierten Leistung kann nun mit fast immer genügender Genauigkeit, wenn auch theoretisch nicht genau, in viel einfacherer Weise, als oben angegeben, geschehen. Man erspart sich das langwierige Ausrechnen der beiden letzten Spalten der Tabelle 19, wenn man so vorgeht: Diagrammfläche, Mittel aus allen Diagrammen vorn und hinten 1160 mm²; Diagrammlänge ebenso 102,0 mm; also im Mittel $h_m = 11{,}38$ mm. Federmaßstab, Mittel aus vorn und hinten 7,95 mm = 1 at, also im Mittel $p_i = 1{,}43$ at. Zylinderkonstante, Summe aus vorn und hinten, $C = 0{,}0918$. Also wird $N = 0{,}0918 \cdot 1{,}43 \cdot 75{,}0 = 9{,}84$ kW. Diese vereinfachte und viel Zeit sparende Methode darf man nur dann anwenden, wenn die Größen, aus denen man die Mittel nimmt, nicht allzusehr voneinander abweichen (§ 15). Nie dürfte man beispielsweise auf den Gedanken kommen, bei Berechnung der Leistung einer Verbundmaschine eine mittlere Zylinderkonstante für Hoch- und Niederdruckzylinder zu bilden; hier ist die Leistung jedes einzelnen Zylinders zu bilden.

Zu der Tabelle 19 wäre noch zu bemerken, daß es recht zweckmäßig ist, so, wie dort geschehen, die Diagrammaufnahme immer mitten zwischen zwei Ablesungen des Zählwerks und der Wage zu machen, also um 4^h 5, 4^h 15 . . .; denn das Diagramm soll den Mittelwert über die Zeit von 4^h 0 bis 4^h 10 . . . darstellen. Im allgemeinen ist die Ablesung der Instrumente, die Momentanwerte angeben, gegen die Ablesung der zählenden Instrumente (§ 11) um die halbe Ablesungsdauer zu versetzen; man umgeht dann insbesondere auch Unstimmigkeiten, die sonst auftreten, wenn man bei langdauernden Versuchen Stundenabschlüsse macht; die zur vollen Stunde abgelesenen Momentanwerte gehören weder zur vergangenen, noch zur kommenden Stunde. Die Nachregelung der Bremse hat am besten zugleich mit der Ablesung der zählenden Instrumente zu erfolgen, also um 4^h 10, 4^h 20 . . ., oder aber, wenn das zu selten ist, um $4^h\,2^1/_2$, $4^h\,7^1/_2$ . . . Durch planmäßiges Vorgehen in diesen Hinsichten läßt sich die Meßgenauigkeit sehr steigern. Die Ablesung der zählenden Instrumente, Zählwerk und Wage, ist allerdings eigentlich nur am Anfang und Ende des ganzen Versuches nötig; die Zwischenablesungen geben aber durch die Möglichkeit der Differenzbildung eine Kontrolle über die Gleichmäßigkeit des Ganges und über die Genauigkeit der Ablesung, und retten, wenn gegen Ende der beabsichtigten Versuchsdauer eine Störung eintritt, wenigstens einen Teil des Versuches.

87. Federmaßstab, Eichung. Auf der Indikatorfeder ist ein Federmaßstab angegeben. Diese Angabe ist eine glatte Zahl und für genauere Versuche nicht ausreichend, zumal der Federmaßstab sich im Lauf der Zeit ändert. Man muß vielmehr die Feder eichen und den Federmaßstab durch Versuch feststellen. Die Eichung kann auf zweifache Art geschehen.

Bei der *Spannungseichung* bringt man, von der atmosphärischen ausgehend, verschiedene Spannungen etwa in Stufen von 1 zu 1 Atmosphäre unter den Indikatorkolben und verzeichnet auf der Papiertrommel wagerechte Linien, deren Abstand man auf $^1/_{10}$ mm genau ausmißt. Daraus hat man direkt den Federmaßstab. Man führt eine Reihe Versuche bei steigendem, eine bei fallendem Druck aus; zwischen beiden Ergebnissen wird infolge der Reibung ein Unterschied bestehen, der nicht zu groß sein darf. Man nimmt aus beiden das Mittel. Man kann die Kolbenpresse, § 29, benutzen.

Bei der *Gewichtseichung* belastet man mit Gewichtsstücken. Dazu kann etwa die Vorrichtung Fig. 245 dienen, bei der die Gewichte an ein Gehänge gehängt werden, das um den umgekehrt aufgehängten Indikator herumführt. Wieder zieht man wagerechte Striche auf dem Indikatorpapier; zweckmäßig klopft man vorher mit einem Holzhammer gegen den Indikator, um die Reibung zu vermindern; im Betriebe ist sie auch nur klein, der fortdauernden Erschütterungen wegen, und weil die der Bewegung in Frage kommt.

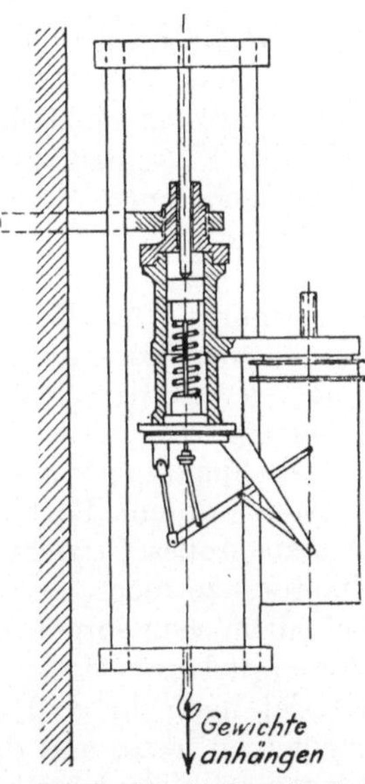

Fig. 245. Einrichtung für Gewichtseichung der Indikatorfedern von Bollinckx.

Andere Apparate zur Ausführng der Eichung findet man in Forschungsarbeiten, Heft 46—47, und Z. d. V. D. Ing. 1902, S. 1575, zusammengestellt.

Bei der Gewichtseichung muß man die Fläche des Indikatorkolbens messen, um die der Gewichtsbelastung entsprechende Spannung ausrechnen zu können. Die Spannungseichung bedarf der subtilen Messung des Kolbendurchmessers nicht. Bei beiden Arten der Eichung ist aber zu beachten, daß die Kolbenfläche zunimmt, wenn der Kolben warm wird, und zwar um etwa 0,4% für 100° Temperaturzunahme. Ein Indikator, für den man kalt den Federmaßstab 8,20 mm/at fand, wird bei einer geschätzten Temperatur des Kolbens von 120° (statt früher 20°) den Federmaßstab $8{,}20 \cdot \left(1 + \frac{0{,}4}{100}\right) = 8{,}24 \, \frac{\text{mm}}{\text{at}}$ haben. Diese geringe und leidlich zuverlässige Korrektion ist bei Gewichtseichungen auf jeden Fall nötig, und bei Spannungseichung nur dann nicht, wenn man den Kolben bei der Eichung auf die Temperatur der späteren Benutzung gebracht hat; man darf sie nicht verwechseln mit jenen größeren Berichtigungen, die man wohl zur Berücksichtigung der Federerwärmung angegeben findet, und die nur auf recht unsicheren Grundlagen ruhen, durch die Einführung der Kaltfederinstrumente aber überflüssig geworden sind.

Die Temperaturwechsel haben nämlich noch einen zweiten Einfluß auf den Federmaßstab: Steigen der Temperatur macht die Feder nachgiebiger und vergrößert daher den Federmaßstab. Eine hierauf bezügliche Berichtigung läßt sich dadurch umgehen, daß man Kaltfederinstrumente verwendet; die Erkenntnis, daß bei Änderungen der Temperatur um 100° Änderungen des Federmaßstabes um etwa 4% einzutreten pflegen, ist für die in den letzten Jahren erfolgte Einführung der

Kaltfederinstrumente maßgebend gewesen; man erkannte nämlich, daß es unmöglich ist, diesem Einfluß durch eine Korrektion gerecht zu werden, weil ja die Temperatur der Feder eines Warmfederindikators sehr von den Umständen und der Behandlung des Indikators abhängt, die beim Eichen nicht leicht dieselben sein werden wie im späteren Gebrauch. Beim Eichen unter Dampfdruck steht der Dampfdruck und damit die Temperatur dauernd auf dem Indikator, beim Indizieren nur während eines Teiles des Maschinenumganges. — Wo man Warmfederinstrumente zum Indizieren warmer Medien benutzen will, da soll man — nach den vom Verein Deutscher Ingenieure aufgestellten Normen — eine kalte Eichung und eine zweite bei einer wohlbekannten Temperatur vornehmen, am einfachsten bei 100°, denn diese Temperatur läßt sich durch Umspülen der Feder mit Wasserdampf bei Atmosphärendruck am leichtesten herstellen. Ein der Diagrammauswertung zugrunde zu legender Federmaßstab ist dann durch Interpolieren oder Extrapolieren unter Schätzung der Federtemperatur zu finden — doch nur als Notbehelf.

Wir erinnern noch daran, daß die Korrektion wegen der Kolbenerwärmung für Kalt- und Warmfederinstrumente gilt und nur bei warmer Spannungseichung überflüssig wird; daß aber die Korrektion wegen der Federerwärmung nur für Warmfederinstrumente nötig ist.

Ob *Spannungs- oder Gewichtseichung besser* sei, darüber ist viel gestritten worden. Legt man auf die Vorzüge der einen oder der anderen Art zu großes Gewicht, so schätzt man wohl die Genauigkeit des Indikators zu hoch ein, der Unterschied zwischen beiden verschwindet bei nicht sehr sorgfältiger Behandlung des Indikators hinter anderen Fehlerquellen. Gegen die Spannungseichung, an sich die näherliegende wendet man ein, daß sie die Reibung im Indikator übertrieben groß erscheinen lasse, und daß dadurch das Ergebnis getrübt werde. Beim Eichen nämlich komme die Reibung der Ruhe, im Betriebe aber die der Bewegung in Betracht, und letztere ist bekanntlich kleiner. Im Betrieb ist der Indikator dauernd Erschütterungen ausgesetzt, welche die Reibung vermindern, und diese Erschütterungen werden durch die auf und ab gehenden Schwingungen bei der Gewichtseichung nachgeahmt. — Der Gewichtseichung wiederum wirft man namentlich die Unsicherheit vor, die bei der Messung des Kolbendurchmessers auftritt. Ein Irrtum von $^1/_{10}$ mm bedeutet einen Fehler von $^1/_2$% des Durchmessers, also 1% der Fläche. Freilich braucht solch großer Irrtum bei einer Mikrometermessung nicht unterzulaufen. Ferner ändert sich die Kolbenfläche mit der Temperatur, um 0,4% bei 100° Temperaturänderung; auch die Temperatur ist aber nur ungenau bekannt. Endlich soll der Kolben im Indikatorzylinder lieber zu leicht gehen und Dampf entweichen lassen, als große Reibung haben. Dann ist also der Zylinderdurchmesser größer als der des Kolbens, und der enge Ringraum zwischen Kolben und Zylinder wäre wohl teilweise zum Kolben zu zählen. Jede einzelne dieser Unsicherheiten ist nicht gerade bedeutend, zusammen sind sie immerhin zu beachten.

Verfasser persönlich neigt mehr dazu, die Spannungseichung wenigstens für nicht ganz kleine Spannungen vorzuziehen, weil sie doch die Umstände des praktischen Betriebes besser annähert; im allgemeinen ist man neuerdings anderer Ansicht.

Insbesondere ist durch die vom Verein Deutscher Ingenieure aufgestellten *Bestimmungen*[1]) *über die Feststellung der Maßstäbe von Indikatorfedern* die Gewichtseichung als für die Praxis vorzuziehen festgelegt. Da diese Regeln in manchem nicht unserer Darstellung der Verhältnisse entsprechen, so mögen sie hier wiedergegeben werden:

1. Jeder Indikator, dessen Federn geprüit werden sollen, ist vorher auf seinen Zustand, insbesondere hinsichtlich Kolbenreibung, Dichtheit und auf toten Gang des Schreibzeuges zu untersuchen.
2. Die Indikatorfedern sind durch Gewichtsbelastung zu prüfen.
3. Die Feder ist in Verbindung mif dem Schreibzeug zu prüfen.
4. Jede Feder, die beim Gebrauch des Indikators höhere Temperaturen annimmt. ist im allgemeinen kalt und warm bei etwa 20° C (Zimmertemperatur) und bei 100° C zu prüfen.
5. Die Federn sind mit mehrstufiger Belastung zu prüfen, und zwar iu mindestens fünf Stufen oberhalb der atmosphärischen Linie und in wenigstens drei Stufen unterhalb derselben. In den Prüfschein sind alle Einzeiwerte der Untersuchung aufzunehmen.
6. Der Durchmesser des Indikatorkolbens wird bei Zimmertemperatur gemessen.

Es ist zu bedenken, daß solche Regeln insbesondere Einheitlichkeit schaffen und leicht ausführbare Formen der Prüfung vorschreiben sollen. Man wird sich für praktische Versuche an sie halten und auf sie berufen können, wird aber für wissenschaftliche Zwecke, entsprechend unseren Darlegungen, nach Befund von ihnen abweichen müssen.

Es scheint auch nicht überflüssig zu sein, gelegentlich beide Eichungen anzuwenden: Man prüft durch Gewichtseichung die *Gleichmäßigkeit der Feder*; bei dieser Prüfung spielen Kolbendurchmesser und die anderen Unsicherheiten keine Rolle; und man stellt durch Spannungseichung den Federmaßstab fest; dabei braucht man nur einige weit voneinander liegende Spannungen anzuwenden. Mit anderen Worten: Für Ermittlung des mittleren Federmaßstabes scheint die Spannungseichung die bessere zu sein, den Verlauf des wahren Federmaßstabes läßt die Gewichtseichung besser erkennen.

at	mm (aufwärts)	mm (abwärts)	Mittelwerte	Diff.
12	72,8	73,4	73,1	
11	67,1	67,5	67,3	5,8
10	61,3	61,7	61,5	5,8
9	55,4	55,8	55,6	5,9
8	49,4	49,7	49,55	6,05
7	43,2	43,6	43,4	6,15
6	37,3	37,5	37,4	6,0
5	31,1	31,3	31,2	6,2
4	24,9	25,2	25,05	6,15
3	18,7	18,9	18,8	6,25
2	12,4	12,6	12,5	6,3
1	6,3	6,4	6,35	6,15
0	0	0,1	0,05	6,3

Fig. 246. Eichdiagramm einer Indikatorfeder.

Der Federmaßstab ist nämlich nicht immer für alle Drucke derselbe. Bei der Eichung entsteht auf dem Papier ein Bild wie Fig. 246, das wir als Eichdiagramm bezeichnen können. Wenn man die Abstände jeder Linie von der Nullinie mißt, durch Bildung der Mittelwerte zwischen Aufwärts- und Abwärtsgang den Einfluß der Reibung elimi-

[1]) Nebst Erläuterungen veröffentlicht Z. d. V. d. Ing. 1906, S. 709.

niert und dann die Unterschiede bildet, so erkennt man, neben kleinen Unstetigkeiten, die wir wechselnder Reibung zuschreiben, eine deutliche Abhängigkeit des Federmaßstabes vom Druck; in Fig. 246 nimmt der Federmaßstab mit wachsendem Druck ab.

Berechnet man nun den Federmaßstab, so daß man den Abstand etwa der 1-at-Linie von der 11-at-Linie ausmißt und durch $11 - 1 = 10$ teilt, so nennt man das Ergebnis den *mittleren Federmaßstab* zwischen 1 und 11 at. In Fig. 246 wäre das $\frac{1}{10} \cdot (67{,}3 - 6{,}53) = 6{,}09$ mm/at. Diese Angabe läßt nicht erkennen, ob die Feder sich gleichmäßig zusammendrückte, so daß gleichen Druckintervallen überall gleiche Schreibstiftwege entsprachen. Etwas genauer wird die Angabe schon, wenn man den Federmaßstab zwischen 1 und 6, zwischen 6 und 11 at je getrennt angibt. Das ergäbe 6,19 und 5,98 mm/at, und man erkennt deutlich, daß der Federmaßstab abnimmt. Das ist ein Fehler, der Federmaßstab soll konstant sein. Je enger man die Intervalle zieht, desto besseren Aufschluß erhält man über die Gleichmäßigkeit der Feder. Den Federmaßstab, den man aus einer unendlich kleinen Spannungszunahme dp und dem zugehörigen unendlich kleinen Schreibstiftweg ds als Quotient beider errechnet, bezeichnet man als *wahren Federmaßstab* bei der betreffenden Spannung: $m = \frac{ds}{dp}$. In praxi muß man sich damit begnügen, den Federmaßstab für kleine, aber endliche Intervalle zu bestimmen und sieht diesen dann als wahren Federmaßstab an: eine 12-kg-Feder untersucht man etwa von Atmosphäre zu Atmosphäre und bezeichnet den Abstand zwischen der 3-at- und der 4-at-Linie als wahren Federmaßstab bei $3^1/_2$ at — was annähernd zutrifft. Eine 2-kg-Feder untersucht man etwa von Viertel zu Viertel Atmosphäre. In Fig. 247 ist der Verlauf des wahren Federmaßstabes, wie er sich aus dem Eichdiagramm Fig. 246 ergibt, unter „kalt“ dargestellt.

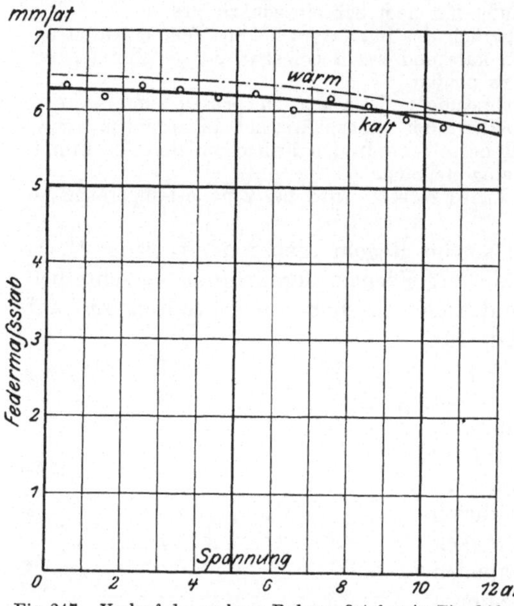

Fig. 247. Verlauf des wahren Federmaßstabes in Fig. 246.

Bei der Ermittlung der indizierten Leistung rechnet man häufig einfach mit dem mittleren Federmaßstab. Kommen im Diagramm eines Hochdruckzylinders, Fig. 248, Spannungen von 11 bis hinab zu 1 at vor, so benutzt man zur Auswertung den mittleren Federmaßstab von 1 bis 11 at. Das ist korrekt bei Pumpendiagrammen, die überall die gleiche Breite haben; wenn jedoch Diagramme wie das in Fig. 248 gezeichnete Dampfdiagramm oben schmaler sind als unten, so müßte man die den einzelnen Druckstufen entsprechenden Flächen einzeln ermitteln und könnte für Fig. 248 etwa folgende Rechnung anstellen: Das Diagramm ist durch eine Wagerechte, die nach dem Eichdiagramm Fig. 246 dem Druck 6 at entspricht, in zwei Flächen zerlegt; für den oberen Diagrammteil, von 11 bis 6 at, gilt nach Fig. 246 der Federmaßstab 5,98 mm/at, für den unteren Teil, von 6 bis 1 at, gilt 6,19 mm/at; für die obere Fläche findet sich (mit der früheren Bezeichnung)

$$J = 807\ \text{mm}^2; \quad h_m = \frac{807}{99{,}6} = 8{,}11\ \text{mm}; \quad p_i = \frac{8{,}11}{5{,}98} = 1{,}355\ \text{at};$$

für die untere Fläche ist

$$J = 1682\ \text{mm}^2; \quad h_m = \frac{1682}{99{,}6} = 16{,}9\ \text{mm}; \quad p_i = \frac{16{,}9}{6{,}19} = 2{,}73\ \text{at}.$$

Also hat man die Leistungsermittlung so wie üblich, jedoch unter Zugrundelegung eines wirksamen Überdruckes $p_i = 1{,}355 + 2{,}73 = 4{,}08$ at durchzuführen. Die Auswertung der Gesamtfläche in eins hätte $p_i = 4{,}11$ at ergeben, also um fast 1% zuviel.

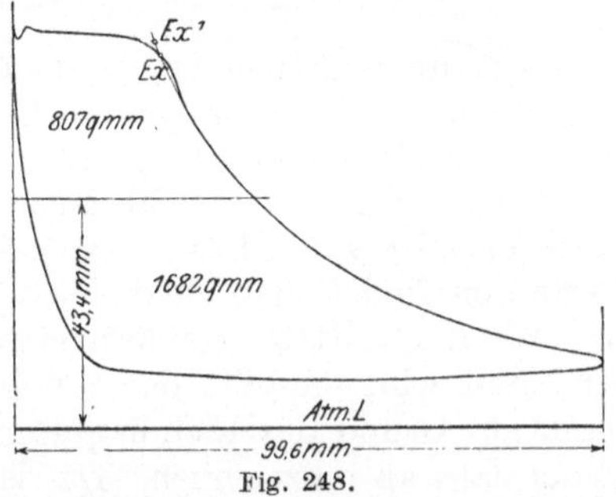

Fig. 248.

Man kann einwenden, die Zerlegung der Gesamtfläche in nur zwei Teile sei nicht ausreichend, da innerhalb der Druckstufen wieder noch ein ungleichmäßiger Federmaßstab und ungleiche Flächeninhalte vorliegen. Darauf ist zu entgegnen, daß die weitere Unterteilung verhältnismäßig kleine Änderungen im Ergebnis liefert, weil die Unterschiede sowohl des Federmaßstabes als auch der Flächen kleiner sind; andererseits wächst mit der weiteren Unterteilung die Arbeit der Auswertung. Aber selbst wenn man die Erzielung größtmöglicher Genauigkeit obenanstellt, so ist noch zu bedenken, daß die Genauigkeit der Planimetrierung abnimmt, wenn man sehr schmale Streifen umfährt. Man mag also statt in zwei vielleicht lieber in drei oder vier Teile einteilen, aber die Einteilung in zehn Teile, entsprechend dem Eichdiagramm, läßt nicht die größte Genauigkeit erwarten; zeigt doch auch das Eichdiagramm für so kleine Unterteilung Unregelmäßigkeiten.

Bei Auswertung von Dauerversuchen mit ihrer oft großen Anzahl von Diagrammen wird man die eben beschriebene Auswertungsart, selbst wenn man sich auf Zweiteilung des Diagramms beschränkt, für zu zeitraubend halten. Man kann *Ungleichmäßigkeiten* des Federmaßstabes dann recht einfach *berücksichtigen*, wenn die verschiedenen Diagramme einer Zylinderseite einander sehr ähnlich bleiben, wie das bei Dauerversuchen meist der Fall ist. Man wertet jedes Diagramm als Ganzes aus, jedoch unter Zugrundelegung eines mittleren Federmaßstabes, der so gebildet ist, daß die Maßstäbe in den einzelnen Höhenlagen entsprechend der Diagrammfläche in der betreffenden Höhenlage zur Geltung kommen. Man würde daher, wieder bei Fig. 248 und 246, folgende Überlegung machen: Die Maßstäbe 5,98 und 6,19 mm/at sollen einen Einfluß proportional den Diagrammflächen 807 und 1682 qmm auf das Ergebnis haben; es ist

$$\begin{array}{rr} 5{,}98 \times 807 = & 4820 \\ 6{,}19 \times 1682 = & 10\,410 \\ \hline \text{Summe } 2489 & 15\,230 \end{array}$$

Der Mittelwert für die Gesamtfläche muß also 15 230 : 2489 = 6,13 mm/at sein. Man findet nun diesen Mittelwert aus einem oder einigen der aufgenommenen Diagramme und berechnet mit dem so gewonnenen Mittelwert sämtliche Diagramme, ohne sie zu unterteilen. Man kann natürlich auch hier das herausgegriffene Diagramm öfter unterteilen als nur einmal; der mittlere Maßstab m_m ist zu finden nach der Regel $m_m = \frac{\sum J \cdot m}{\sum J}$; im Nenner ist als Summe der durch Einzelplanimetrierung erhaltenen Flächen nicht etwa das — vermutlich etwas abweichende — Ergebnis der Gesamtplanimetrierung einzuführen; auch hier bringt weitergehende Unterteilung nicht sicher größere Genauigkeit.

Das beschriebene Verfahren zur Ermittlung eines mittleren Federmaßstabes ist von Eberle angegeben. Eine Zusammenstellung solcher Verfahren findet man Z. d. V. d. Ing. 1902, S. 1583. Wo man nicht die Arbeit ermitteln, sondern etwa den Verlauf einer Expansionslinie studieren will, da hilft der mittlere Federmaßstab nichts, man muß dann auf Grund des Eichdiagramms das Diagramm auf gleichmäßigen Federmaßstab umzeichnen. Das ist einfach zu machen, man kann sich z. B. auch des von Schröter-Koob angegebenen und Z. d.V.d.Ing. 1902, S. 1584 beschriebenen Verfahrens bedienen. Besser ist es immer, eine gut gleichmäßige Feder zu verwenden und dann diese umständlichen Verfahren zu lassen.

Die größten Unregelmäßigkeiten geben schwache Federn. Die 2-at-Federn für normalen Kolben vermeidet man am besten ganz und begnügt sich entweder mit geringer Diagrammhöhe oder verwendet Indikatoren vierfacher Kolbenfläche, Fig. 252 bei § 88. Namentlich findet man Unterschiede im Federmaßstab über und unter der Atmosphärenlinie.

88. Versetzte Diagramme; Zeit- und Kurbelwegdiagramme. Bisweilen nimmt man Diagramme auf, bei denen die Trommelbewegung nicht von dem Kreuzkopf abgeleitet wird, der zu dem betreffenden Zylinder gehört, sondern zu einer um 90° versetzten Kurbel. Bei Verbundmaschinen leitet man die Trommelbewegung einfach vom anderen Kreuzkopf aus ab. Der Totpunkt liegt dann in der Mitte des Diagramms. Solche *versetzten Diagramme* lassen den Diagrammverlauf in der Nähe des Totpunktes besser erkennen als das gewöhnliche, das nahe dem Totpunkt stark verkürzt ist, weil die Trommel sich da langsam bewegt.

So ist in Fig. 249 und 250 das gewöhnliche Kolbenwegdiagramm einer Gasmaschine neben ein mit versetzter Kurbel aufgenommenes gezeichnet. Jedes der Diagramme besteht aus einem Bündel von Einzeldiagrammen. Nach Fig. 250 scheint es, als ob die Zündung im Totpunkt einsetze. Fig. 249 zeigt, indem es die Vorgänge in der Gegend des Totpunktes auseinanderzieht, daß die Verbrennung erheblich vor dem Totpunkt merkbar wird — das Überspringen des Zündfunkens muß noch früher erfolgt sein — und daß das Anwachsen des Druckes mit wechselnder Geschwindigkeit erfolgt. — Die Totpunkte sind eingezeichnet; sie liegen wegen der endlichen Schubstangenlänge nicht genau in der Diagrammitte. Daß beim Hin- und Rückgang verschiedene Lagen gemessen sind, rührt von Ungenauigkeiten her.

Das versetzte Diagramm verzerrt die Verhältnisse und gibt erst mit dem gewöhnlichen Diagramm zusammen ein Bild der gesamten Verhältnisse. Sein Vorzug ist, daß man es ohne weiteres mit dem gewöhnlichen Indikator aufnehmen kann, und daß die verschiedenen Diagramme eines Bündels so übereinander gezeichnet werden, daß man sie

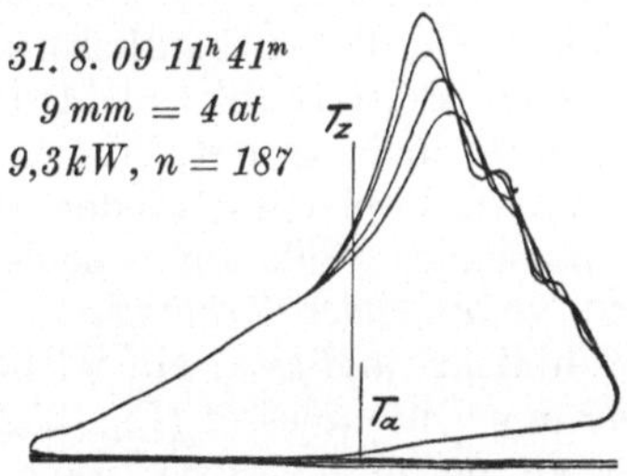

Fig. 249. Versetztes Diagramm.

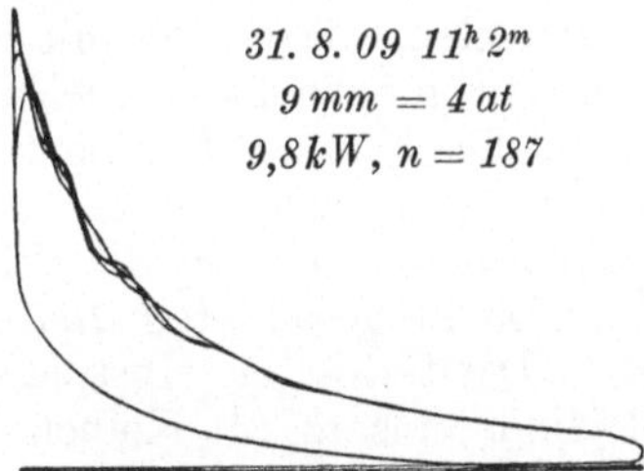

Fig. 250. Kolbenwegdiagramm.

ohne weiteres vergleichen kann; letzteres ist für manche Zwecke ein Vorzug gegenüber den nun zu besprechenden Zeitdiagrammen.

Bei diesen wird nicht der Kolbenweg oder das Volumen, sondern es wird die Zeit als Abszisse aufgetragen; dadurch erreicht man, daß weder die Vorgänge im Totpunkt, noch die in der Hubmitte verkürzt wiedergegeben werden, wie das eine beim gewöhnlichen, das andere beim versetzten Diagramm der Fall ist. Es werden alle Teile des Diagrammes gleichmäßig berücksichtigt. Die endliche Diagrammlänge, die der hin und her gehenden Bewegung des Kolbens entsprach, ist beim *Zeitdiagramm* nicht mehr vorhanden; die Zeit schreitet stetig fort, und so ist das Zeitdiagramm an sich ohne Ende. Man braucht also, um es aufzunehmen, eine endlose Schreibfläche, die man entweder in Form eines langen — nicht endlosen — Bandes oder in Form einer in sich geschlossenen Trommelfläche an dem Schreibstift vorbeiführt. Wird diese Fläche durch einen gleichmäßig umlaufenden Motor bewegt, so erhält man die eigentlichen Zeitdiagramme. Wird sie indessen von der Kurbelwelle der indizierten Maschine aus angetrieben, die nur annähernd gleichförmig umläuft, tatsächlich aber einen gewissen Ungleichförmigkeitsgrad aufweisen wird, so erhält man die den Zeitdiagrammen sehr ähnlichen *Kurbelwegdiagramme.* Nur bei sehr großen Ungleichförmigkeitsgraden, wie sie bei langsam laufenden Pumpen vorkommen, oder auch bei besonders genauen Untersuchungen wird man auf den Unterschied dieser beiden Diagrammarten achten müssen. Sonst aber gilt für beide folgendes:

Zum Aufnehmen von Zeitdiagrammen (wie wir immer kurz sagen wollen) sind besondere Indikatoren oder mit besonderen Einrichtungen versehene gewöhnliche Indikatoren erforderlich. Diese sind insbesondere von Wagener wie folgt angegeben worden[1]).

Man kann die Trommel des gewöhnlichen Indikators nach Entfernung der zum Aufspannen des Papieres dienenden Klemmfedern, der Hubbegrenzung und der rückführenden Federn in einfach rotierende Bewegung versetzen, durch Antrieb von der Maschinenwelle aus oder von einem besonderen Motor aus mittels endloser Schnur; man kann statt der gewöhnlichen Trommel mit Vorteil eine solche von größerem Durchmesser verwenden, die dem Zweck besonders angepaßt ist. Da der Schreibstift über den ganzen Trommelumfang geht, so kann man das Papier nicht mehr mit Klemmfedern halten; man verwendet ein Papier von solcher Länge, daß es sich beim Herumlegen etwas überlappt, und klebt die Enden mit Stärkekleister (in Tuben käuflich) zusammen; ein auf die Papierrückseite gesetzter Kleisterpunkt klebt das Papier auf der blanken Trommel so fest, daß es nicht gleitet, läßt aber doch, solange er nicht trocken ist, den ganzen Papierring wieder abziehen, den man dann mit der Schere an passender Stelle aufschneidet.

Einen so hergerichteten *Indikator mit umlaufender Trommel* zeigt Fig. 251. Der Indikator selbst ist der gewöhnliche, und zwar ein solcher ohne Zylindereinsatz, für Kolben bis zu 40 mm Durchmesser (Fig. 252). Die Trommel hat größeren Durchmesser als gewöhnlich; sie braucht auch nicht so leicht zu sein wie sonst, da sie keine Geschwindigkeitsänderungen erleidet. Auf der Trommel schreibt nicht nur der Schreibstift des Indikators, sondern noch ein *Markenschreibzeug*, dessen Aufgabe es ist, die Totpunkte der Maschine aufzuzeichnen, da dieselben nicht mehr wie im Kolbenwegdiagramm ohne weiteres gegeben sind. Ein Glockenelektromagnet zieht einen Anker an und verursacht dadurch einen Sprung in der Linie, die der Schreibstift um die Trommel herum zieht. Die Erregung erfolgt von einem Kontakt aus, den die Maschine in jedem oder in jedem zweiten Totpunkt schließt, unter Verwendung einer Batterie von Sammlern oder Leclanché-Elementen. — Das Aufzeichnen nur der Totpunkte ist an sich ausreichend; da man die Drehzahl der Maschine messen kann, so läßt sich der Zeitmaßstab berechnen. Bequemer ist es aber, auch noch die Zeit aufzuschreiben, um so die Drehzahl der Maschine aus dem Diagramm selbst finden zu können. Das zu tun, dient die Federsperrung am Kopf der Trommel. Der obere Griff ist in der Trommel drehbar, er sitzt auf der Achse auf, um die die Trommel herumläuft. Nach Aufbringen der Trommel bringt man nun die an der Trommel befindlichen Blattfedern zum Einfallen in die Kerben des Griffes; dadurch wird

[1]) Indizieren und Auswerten von Kurbelweg- und Zeitdiagrammen. Berlin 1906. — Neuerungen an Indikatoren, Z. d. V. d. Ing. 1907, S. 1365.

die Trommel hochgehalten und kann nicht ganz bis auf den Schnurkranz herabfallen; sobald man aber den gerauhten Griff, während die Trommel läuft, einen Augenblick festhält, löst sich die Sperrung, und die Trommel sinkt herab. Man kann daher erst die Totpunktmarken zusammen mit dem Druckdiagramm und dann sehr schnell darauf Zeitmarken über den Totpunktmarken aufschreiben, die etwa von einem Halbsekundenpendel erregt werden. Die beiden Markenreihen sehen dann so aus wie die früher in Fig. 71 (bei § 39) dargestellten und ergeben, wie dort besprochen, die Geschwindigkeit, d. h. die minutliche Drehzahl der Maschine. — Die umlaufende Trommel der Fig. 251 kann abgezogen werden, um das Papier aufzuspannen, aber auch um sie gegen eine ge-

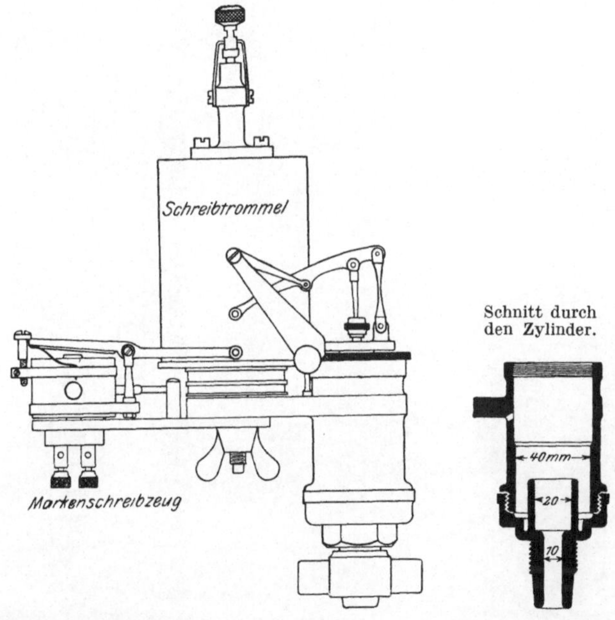

Fig. 251 und 252. Indikator mit umlaufender Trommel für Zeitdiagramme. Bauart Wagener, Ausführung Dreyer, Rosenkranz & Droop.

wöhnliche für Kolbenwegdiagramme zu ersetzen. Der Indikatorzylinder Fig. 252 läßt Kolben von 40, 20 und 10 mm Durchmesser verwenden.

Einen Zeitindikator, der die Diagramme auf ein Band aufschreibt, zeigt Fig. 253 im Bilde. Als Indikator ist ein Kaltfederindikator J von gewöhnlicher Bauart verwendet; einen gleichen fanden wir schon in Fig. 224 abgebildet. Das Papierband läuft von einer Vorratsrolle R_1, die nur wenig durch das Gestänge hindurchschaut, durch ein Walzenpaar W, von denen man nur die vordere und auch diese nur bedeckt mit dem Papierstreifen sieht, auf eine Sammelrolle R_2. Der Antrieb geschieht durch die Schnurscheiben S, die Fest- und Losrolle darstellen; diese sitzen mit der hinteren der Walzen W auf einer Achse, so daß das Band durch die Walzen, zwischen denen es durch einen Federbügel (unter dem Buchstaben R_2) eingeklemmt ist, vorgeschoben wird. Auf der gleichen, unten von der Scheibe S angetriebenen Achse sitzt oben eine Scheibe G, die von der Achse durch eine Gleitkupplung mitgenommen wird und die ihrerseits durch Gummischnur die Rolle R_2 antreibt. Die Übersetzung von G auf R_2 ist so bemessen, daß R_2 das Papier schneller aufwickeln will, als die Walzen W es vorschieben; den Unterschied, der namentlich erheblich ist, wenn Rolle R_2 fast vollgewickelt ist, gleicht die erwähnte Gleitkupplung durch Gleiten aus. — Wenn man die federnden Griffe B_1 und B_2 herumdreht, kann man die

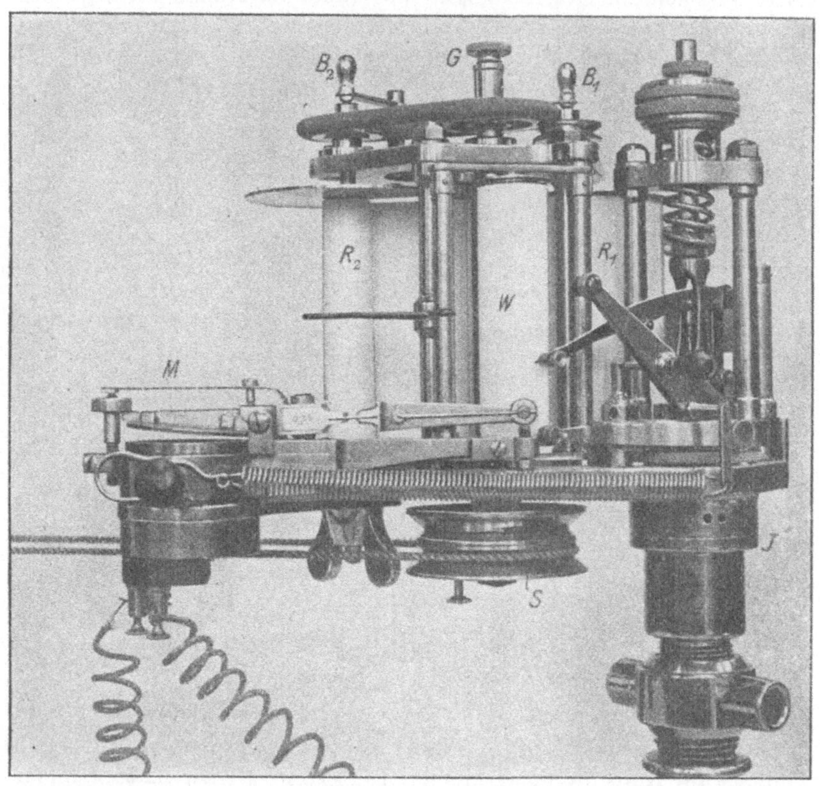

Fig. 253. Bandindikator für Zeitdiagramme.
Bauart Wagener, Ausführung Dreyer, Rosenkranz & Droop.

Rollen R_1 und R_2 herausnehmen, um ein anderes Papierband einzuziehen. — Gerade unter dem Indikatorschreibstift sieht man noch einen Schreibstift, der einen einfachen Strich auf das ablaufende Band schreibt; die Atmosphärenlinie des Diagrammes, die man beim Bandindikator sonst nicht erhält, liegt in einem Abstande über diesem Strich, den man feststellen kann, wenn der Indikatorhahn geschlossen ist.

Auch beim Bandindikator müssen die Totpunkte angezeichnet werden; dazu dient das Markenschreibzeug M, das wieder aus einem Elektromagneten und seinem Anker besteht; letzterer bewegt einen Schreibstift, der unter dem Schreibstift des Indikators seine Marken aufschreibt. Wollte man auch hier außer den Totpunkten noch die Zeit auftragen, so müßte man zwei Markenschreibzeuge verwenden, die indessen kaum unterzubringen wären; deshalb ist ein *Markenschreibzeug mit schwingender Feder* verwendet, das auch für die rotierende Trommel brauchbar, aber dort weniger unentbehrlich ist. Zwischen Anker und Schreibstift ist eine feine Blattfeder eingeschaltet; wenn nun der Anker kräftig angezogen wird, so wird er in Schwingungen geraten, die bald zum Erlöschen kommen; deren Schwingungszeit ist eine Konstante des betreffenden Schreibzeuges; so legt man, wenn man die Erregung des Elektromagneten im Totpunkt der Maschine bewirken läßt, nicht nur dessen Lage, sondern auch die augenblickliche Geschwindigkeit des Papierbandes fest und kann aus dem Abstand der Totpunktmarken auf die Drehzahl der Maschine schließen.

Der Bandindikator hat vor dem mit umlaufender Trommel das voraus, daß man auf das etwa 45 m lange Papierband sehr viele Diagramme ohne Unterbrechung aufschreiben und so beispielsweise Regelvorgänge an einer Maschine verfolgen kann, bei denen jedes Diagramm vom vorhergehenden abzuweichen pflegt; bei umlaufender Trommel kann man immer nur wenige Diagramme schreiben, da es sonst schwer zu finden ist, wie die Diagramme am aufgeschnittenen Papierring aneinanderschließen; insbesondere die Totpunktmarken sind dann nicht mehr auseinanderzufinden. Dagegen hat die umlaufende Trommel vor allen Dingen den Vorteil, daß man sie ohne große Unkosten an dem gewöhnlichen Kolbenwegindikator anbringen, und daß man dann wechselweise Zeit- und Kolbenwegdiagramme mit dem gleichen Indikator aufnehmen kann; sie hat auch den Vorteil, daß man die Trommel ruhig längere Zeit laufen lassen kann, um dann beim Eintritt einer Unregelmäßigkeit an der Maschine schnell das Diagramm zu schreiben; beim Bandindikator würde bei solchem Abwarten Papier verschwendet werden, und im entscheidenden Augenblick wäre das Band vielleicht zu Ende. —

Nun ist aus den Totpunktmarken ohne weiteres auf die Papier- und Maschinengeschwindigkeit zu schließen; zur Ermittlung der Totpunktlage aber ist noch die *Nacheilung des Markenschreibzeugs* zu berücksichtigen. Dessen Hebel wird nämlich nicht zu der Zeit, in der durch den Kontakt der erregende Strom geschlossen wird, bewegt, sondern mit einer gewissen Nacheilung, die davon rührt, daß das Anwachsen des Magnetismus bis zu der zur Überwindung der Gegenfeder nötigen Größe eine gewisse Zeit erfordert, und daß weiterhin die Masse des Schreibhebels nur allmählich in Bewegung gerät; bei dem federnden Schreibhebel wird auch die Deformation der Feder in Frage kommen. Die Größe der Nacheilung hängt namentlich von der Einstellung der Gegenfeder, von der Masse des Hebels und von der Spannung der erregenden Stromquelle ab; da letztere veränderlich ist, so muß die Nacheilung auf experimentellem Wege jeweilig bestimmt werden. Diese Bestimmung ist bei der umlaufenden Trommel leicht zu machen, indem man den Kontakt von der Trommel selbst schließen läßt und die Trommel einmal ganz langsam mit der Hand bewegt, einmal mit der später zu benutzenden Geschwindigkeit umlaufen läßt. Man kann ein Papierblatt mit Ausschnitten auf die Trommel spannen; eine Kontaktfeder, die auf dem Papier schleift, schließt den Strom, wenn sie in die Ausschnitte fällt. Besser ist ein auf die Trommel zu setzender, teils isolierender, teils leitender Ring; das Markenschreibzeug schreibt auf einem schmalen, unter dem Ring aufgespannten Papierstreifen. Man erhält beim schwingenden Schreibzeug ein Bild wie in Fig. 254 gezeichnet

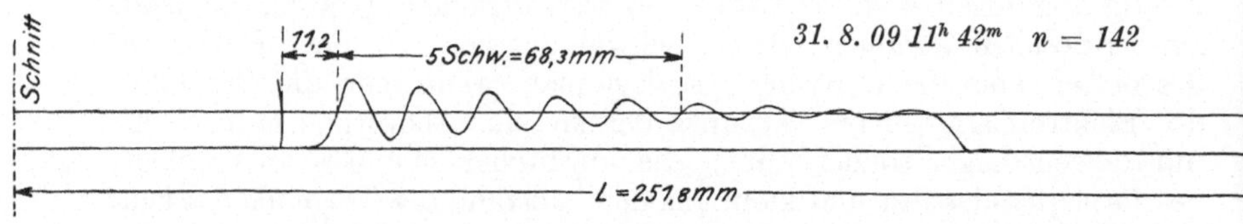

Fig. 254. Ermittlung der Nacheilung des Markenschreibzeuges mit schwingender Feder

und ausgewertet. Im langsamen Gang macht das Schreibzeug einen Kreisbogen, im schnellen Gang, d. h. bei $n = 142$/min der Papiertrommel (mit Handtachometer gemessen) beschreibt es die gedämpfte Wellenlinie. Außerdem ließ man einmal bei unerregtem, einmal bei dauernd erregtem Schreibzeug die Trommel umlaufen, um die durchgehenden Parallelen zuerhalten. Nun ist die Länge von 5 Wellen $5\ t_s = 68{,}3$ mm, die der Nacheilung $s = 11{,}2$ mm; also wird die Nacheilung $\frac{\varrho}{t_s} = \frac{5 \cdot 11{,}2}{68{,}3} = 0{,}82$ Bruchteile der Wellenlänge. Außerdem war die Länge des auseinandergeschnittenen Papierbandes 251,8 mm, also die Schwingungszeit der Feder $t_s = \frac{68{,}3 \cdot 60}{5 \cdot 251{,}8 \cdot 142} = 0{,}0229$ s oder ihre Schwingungszahl $\frac{1}{t_s} = \frac{43{,}6}{\mathrm{s}}$. Die Nacheilung ist in Bruchteilen der Wellenlänge angegeben, weil offenbar, und wie Versuche bestätigen, diese Angabe auch für wechselnde Papiergeschwindigkeiten gültig bleibt: Wellenlänge und Nacheilung nehmen mit zunehmender Papiergeschwindigkeit gleich stark zu. Diese bequeme Beziehung hat man bei nichtschwingendem Schreibzeug nicht; sonst geschieht die Bestimmung der Nacheilung ähnlich. — Wenn, wie in Fig. 253, Indikator- und Markenschreibstift nicht ganz übereinanderstehen, vielleicht weil sie sonst beim Arbeiten zusammenstoßen, dann muß man den Unterschied auch noch berücksichtigen; er ist für alle Papiergeschwindigkeiten der gleiche.

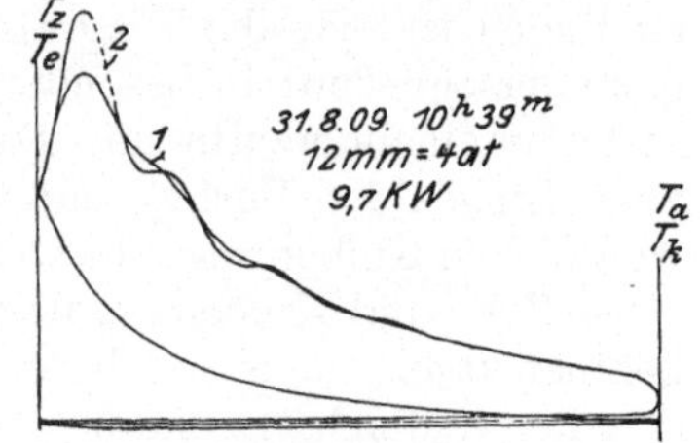

Fig. 255. Kolbenwegdiagramm einer Gasmaschine.

Das *Zeitdiagramm* einer Gasmaschine ist in Fig. 256 gegeben, daneben zeigt Fig. 255 gewöhnliche Kolbenwegdiagramme; die beiden Diagrammpaare sind genau gleichzeitig aufgenommen, es handelt sich also um die gleichen Hübe der Maschine. Das Zeitdiagramm ist mit umlaufender Trommel und mit schwingendem Markenschreibzeug aufgenommen; man erkennt, wie der ganze Linienzug fast dreimal über die Trommel gegangen ist; links setzt sich immer der rechts beendete

Zug fort, weil der Papierring aufgeschnitten war. Das gleiche gilt von den Totpunktmarken. — Es waren zunächst die Totpunkte einzutragen; dieselben sind in der Figur mit den Indizes e, k, z, a bezeichnet, um anzudeuten, daß bei diesem Totpunkt das Einsaugen, Komprimieren, Zünden und Ausstoßen der Gase beginnt; der Zahlenindex deutet an, ob der Totpunkt zum ersten oder zweiten Arbeitsspiel gehört. Es war das Markenschreibzeug verwendet worden, für welches wir die relative Nacheilung $\varrho/t_s = 0{,}82$ eben ermittelt haben. 5 Schwingungen sind in unserem Diagramm $5\,t_s = 70{,}8$ mm; daher die Nacheilung $\varrho = 11{,}6$ mm. Durch Betätigen der beiden Schreibstifte bei stillstehender Trommel war eine Ordinatendifferenz von 7,1 mm entgegen der Nacheilung ermittelt; also liegt der Totpunkt immer $11{,}6 - 7{,}1 = 4{,}5$ mm vor dem Schnittpunkt der ersten Schwingung mit der Schwingungsmittellinie. So sind die Totpunkte T_{e_1}, T_{z_1}, T_{e_2}, T_{z_2}, T_{e_3} eingetragen; waltet

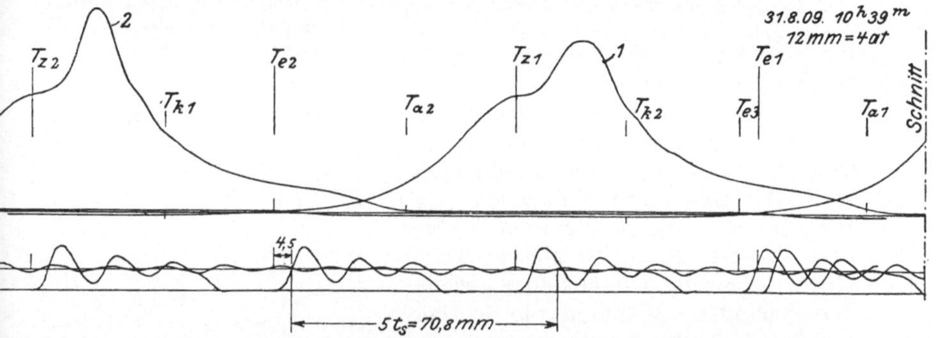

Fig. 256. Zeitdiagramm der gleichen Kolbenhübe wie in Fig. 255, aufgenommen mit umlaufender Trommel und schwingendem Markenschreibzeug. 1/2 nat. Gr.

irgendein Zweifel ob, um welchen Totpunkt es sich in einem bestimmten Fall handelte, so konnte man entscheiden an Hand der Tatsache, daß die Totpunkte in der Reihenfolge, wie sie aufgezählt sind, immer gleichen Abstand (über das Papierende hinweg gemessen) haben müssen; in der Tat waren diese Abstände in unserem Diagramm 187,6; 187,5; 187,3; 187,3 mm, also sehr befriedigend gleich. — Da vorhin die Schwingungszeit der Schreibzeugfeder zu 0,0229 s bestimmt war, so ist nun auch die Drehzahl der Maschine zu berechnen; es sind

$$5 \text{ Schw.} = 70{,}8 \text{ mm},$$

$$1 \text{ Uml.} = 187{,}4 \text{ mm} = \frac{187{,}4 \cdot 5}{70{,}8} = 13{,}23 \text{ Schw.} = 13{,}23 \cdot 0{,}0229 = 0{,}303 \text{ s}$$

$$1 \text{ min} = 60 \text{ s} = \frac{60}{0{,}303} = 197{,}7 \text{ Uml.}$$

Über die Form der Diagramme sei nur erwähnt, daß in der Gegend der Zündung ein fast wagerechter Verlauf eintritt, der im Kolbenwegdiagramm nicht vorhanden ist; man wird seine Ursache darin erkennen, daß in der Nähe des Totpunktes der Kolben fast stillsteht, das Papier aber weiterläuft. Der Druckanstieg infolge der Zündung beginnt erst kurz nach dem Totpunkt, im Gegensatz zu den Diagrammen Fig. 249, im letzteren Fall war also die Zündung früher gestellt. Das hätte man durch Vergleich der Kolbenwegdiagramme Fig. 258 und 250 weniger gut erkennen können. —

Die unter einem Zeitdiagramm liegende Fläche kann nicht ohne weiteres zur Leistungsermittlung verwendet werden. Die Diagrammfläche stellt nur dann die Arbeit dar, wenn die Kolbenkräfte als Funktion der Kolbenwege aufgetragen sind. Man kann deshalb in die Lage kommen, Zeitdiagramme *in Kolbenwegdiagramme umzuzeichnen*, um die Leistung zu finden, und hat dann den Vorteil, die von der Schnurdehnung herrührenden Fehler des Kolbenwegdiagrammes zu vermeiden.

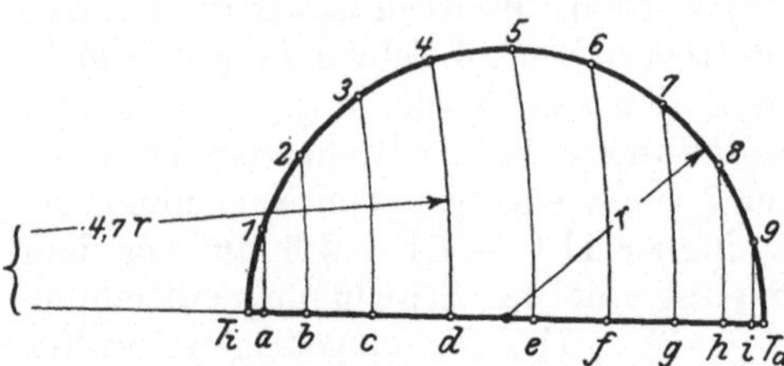

Fig. 257. Beziehung zwischen Kolbenweg und Kurbelweg.

In Fig. 257 stellt der Halbkreis die obere Hälfte des Kurbelkreises dar, die von der Kurbel mit gleichförmiger Geschwindigkeit durchlaufen wird; die Teilpunkte *1* bis *9*, die den Umfang vom inneren Totpunkt T_i bis zum äußeren T_a in 10 gleiche Teile teilen, begrenzen also einander gleiche Zeitabschnitte. Während die Kurbel den Halbkreis durchläuft, bewegt sich der Kolben auf einer Geraden von der Länge gleich dem Abstand $T_i T_a$; zur Kurbelstellung *4* gehört zwischen T_i und T_a derjenige Punkt d, der durch einen Kreisbogen bestimmt ist mit der Pleuelstange als Radius; da es sich bei unseren Zeitdiagrammen um eine Gasmaschine von 470 mm Hub, also $R = 235$ mm bei 1100 mm Pleuelstangenlänge handelte, so muß der Radius der projizierenden Kreisbögen das $\frac{1100}{235} = 4{,}7$fache des Kurbelkreisradius r sein. Indem man mit diesem Radius jeden der Punkte *1* bis *9* auf den Durchmesser herabprojiziert, erhält man die Punkte a bis i, die die in gleichen Zeiträumen vom Kolben durchmessenen Strecken begrenzen.

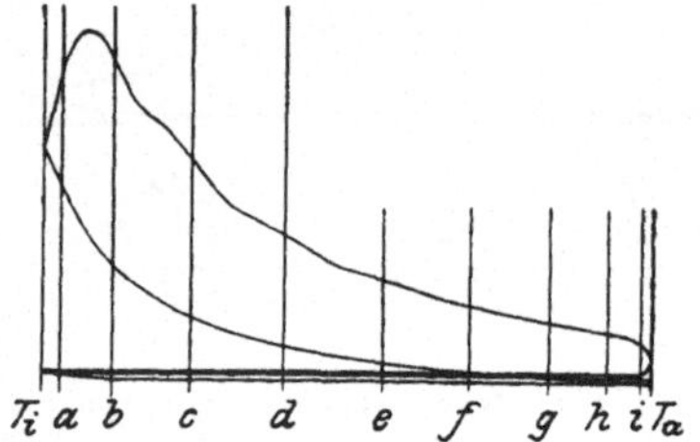

Fig. 258. Kolbenwegdiagramm.

Daraus ergibt sich der in Fig. 258 und 259 gezogene *Vergleich eines Zeit- mit einem Kolbenwegdiagramm*; in ersterem finden sich die Punkte *1* bis *9*, in letzterem die Punkte a bis i wieder. Allerdings ist das Kurbelwegdiagramm nicht aus dem anderen hergeleitet, sondern es sind zwei gleichzeitig aufgenommene Diagramme (die Diagramme *1* der Fig. 255 und 256) gezeichnet. Die bei a und *1*, bei b und *2* . . . indizierten Drucke sollten nun miteinander übereinstimmen; das trifft auch bei der Kompressionslinie recht gut und bei der Expansionslinie von c — *3* ab zu. Der Höchstdruck indessen scheint bei dem Zeitdiagramm später einzutreten und kleiner zu sein; die dem Kolbenwegdiagramm entsprechende Kurve ist zum Vergleich einpunktiert. Es handelt sich um genau die gleichen Arbeitstakte; so werden wir die Unterschiede auf Ungleichheiten der beiden verwendeten äußerlich gleichartigen Indikatoren schieben müssen; beim Zeitindikator scheint die Dämpfung größer gewesen zu sein. Es sollte das besonders hervorgehoben werden, um zu belegen, wie vorsichtig man beim Entnehmen spitzer Höchstwerte aus einem Indikatordiagramm (und nicht nur bei diesem) sein muß, solange man nicht die Massenwirkungen nach § 93 berücksichtigt. Vermutlich gibt keiner der beiden Höchstwerte den Druck richtig an.

Das Umgekehrte, nämlich Kolbenwegdiagramme in Zeitdiagramme umzuzeichnen, ist nur mangelhaft möglich, weil die Vorgänge in der Nähe des Totpunktes nicht deutlich genug im Kolbenwegdiagramm zu erkennen sind.

89. Maßstab der Diagramme. Die folgenden Überlegungen sind dann nützlich, wenn es sich darum handelt, Kolbenwegdiagramme auf anderen Maßstab umzuzeichnen, etwa die Diagramme der Zylinder

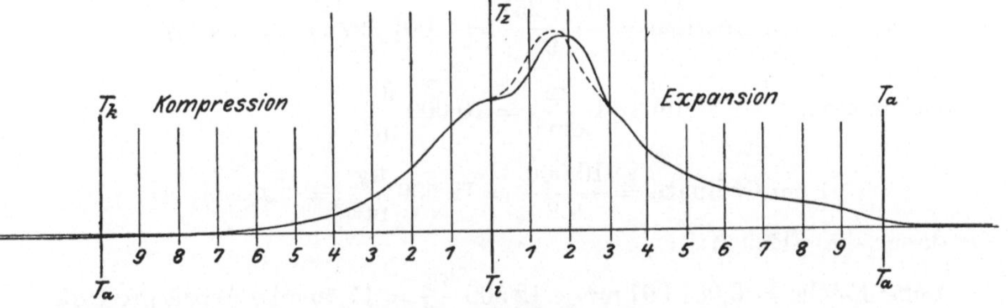

Fig. 259. Zeitdiagramm.

einer Mehrfachexpansionsmaschine auf einen gemeinsamen Maßstab zu bringen, wie das beim Rankinisieren nötig ist.

Die gewöhnlichen Indikatordiagramme zeichnen die im Zylinder herrschenden Spannungen als Ordinaten und die vom Kolben zurückgelegten Wege als Abszissen. So pflegt man zu sagen. Korrekter ist es, den Zusammenhang so auszudrücken, daß man beide Größen auf den Kolben bezieht und sagt: man habe die auf den Kolben wirkenden Kräfte als abhängig vom Kolbenweg dargestellt: so erhält man, wenn man als Einheiten Kilogramm bzw. Meter wählt, als Fläche die Arbeit in Meterkilogramm. Man kann auch beide Größen auf den Zylinderinhalt beziehen und sagen: man habe die im Zylinderraum herrschenden Spannungen als abhängig von dem jederzeit verfügbaren Zylindervolumen dargestellt: wählt man als Einheiten das Kubikmeter bzw. das Kilogramm pro Quadratmeter, so erhält man als Fläche (§ 2) wieder die Arbeit in Meterkilogramm.

Diese beiden Darstellungsweisen sind ohne weiteres ineinander überzuführen, indem man die Einheit der Abszisse bzw. der Ordinate mit der wirksamen Kolbenfläche vervielfacht oder teilt. Sei etwa ein Diagramm aufgenommen an einer Maschine mit 200 mm Zylinderdurchmesser entsprechend 314,2 cm² wirksamer Kolbenfläche und 400 mm Hub; die Diagrammlänge sei 90 mm und die verwendete Feder habe den Maßstab 8 mm/at. Dann sind die Maßstäbe, bezogen auf den Kolben:

Abszissen: $$90 \text{ mm} = 0{,}4 \text{ m Kolbenweg,}$$

$$1 \text{ cm Abszisse} = \frac{0{,}4}{9} = 0{,}0444 \text{ m Kolbenweg;}$$

Ordinaten: $$8 \text{ mm} = 314{,}2 \text{ kg Kolbenkraft,}$$

$$1 \text{ cm Ordinate} = \frac{314{,}2}{0{,}8} = 393 \text{ kg Kolbenkraft,}$$

daher die Flächen

$$1 \text{ cm}^2 \text{ Fläche} = 0{,}0444 \text{ m} \times 393 \text{ kg} = 17{,}44 \text{ mkg Arbeit pro Hub.}$$

Die gleiche Rechnung kann man durchführen bezogen auf den Zylinderinhalt:

Abszissen: $$90 \text{ mm} = 314{,}2 \cdot 40 = 12\,568 \text{ cm}^3 = 0{,}01\,257 \text{ m}^3,$$

$$1 \text{ cm Abszisse} = \frac{0{,}01\,257}{9} = 0{,}001\,397 \text{ m}^3 \ (= 1{,}40 \text{ l}),$$

Ordinaten: $$8 \text{ mm} = 1 \frac{\text{kg}}{\text{cm}^2} = 10\,000 \frac{\text{kg}}{\text{m}^2},$$

$$1 \text{ cm Ordinate} = \frac{10\,000}{0{,}8} = 12\,500 \frac{\text{kg}}{\text{m}^2} \ (= 1{,}25 \text{ at});$$

daher die Flächen:

$$1 \text{ cm}^2 \text{ Fläche} = 0{,}001\,397 \text{ m}^3 \times 12\,500 \frac{\text{kg}}{\text{m}^2} = 17{,}46 \text{ mkg Arbeit pro Hub.}$$

In beiden Fällen ergibt sich natürlich — bis auf die kleine Unstimmigkeit durch Abrundung — der gleiche Wert der Flächeneinheit. Im einen Fall betrachtet man die von dem Zylinderinhalt, Dampf oder Gas, hergegebene Arbeit, im anderen Fall die vom Kolben aufgenommene (bei Kraftmaschinen) Arbeit, und beide sind identisch.

Einige bisweilen übliche Benennungen der Diagrammarten werden im Anschluß hieran verständlich sein; man nennt das Kolbenwegdiagramm wohl Druck-Volumen-Diagramm — $p\,v$-Diagramm —, das Zeitdiagramm dann Druck-Zeit-Diagramm — $p\,t$-Diagramm. Dürfte man bei sehr ungleichförmiger Bewegung der Maschinenkurbel den Kurbelweg s nicht proportional der Zeit setzen, so hätte man noch das $p\,s$-Diagramm.

90. Fehler der Schreibstiftbewegung. Die Annahme, das Indikatordiagramm gebe die im Zylinder der Maschine herrschenden Spannungen abhängig von dem vom Maschinenkolben zurückgelegten Wege, trifft bei genauerer Betrachtung nur näherungsweise zu. Weder entspricht die Höhenlage des Schreibstiftes zu allen Zeiten und genau der Sollstellung, die der Spannung im Zylinderinnern entspräche, noch ist die Trommelbewegung ganz der Kolbenbewegung proportional, auch wenn man eine genau proportionale Feder verwendet und die Schnurführung korrekt anordnet.

Was zunächst die Schreibstiftbewegung anlangt, so ist der Indikator seinem Wesen nach ein aufzeichnendes Manometer; es gilt für ihn, was wir in § 7 über das dynamische Verhalten von Instrumenten im allgemeinen und von Manometern im besonderen gesagt und an Fig. 11 bis 13 erläutert haben. Wo immer die Kurve, welche die Abhängigkeit der Spannung p von der Zeit t zur Darstellung bringt, eine plötzliche Richtungsänderung erleidet — was im allgemeinen dann auch einer Richtungsänderung im Kolbenwegdiagramm entspricht — da macht das mit Masse begabte Schreibzeug die ihm auferlegte Geschwindigkeitsänderung nicht sofort mit; es wird dann, indem die von unten auf den Kolben wirkende Spannung nicht mehr der Federkraft entspricht, eine Kraft frei, die zur Beschleunigung dient; die dieser freien Kraft entsprechende Arbeit aber — oder die dem Schreibzeug erteilte Geschwindigkeitsenergie — bewirkt Schwingungen des Schreibstiftes um seine jeweilige Sollstellung, die allmählich durch Dämpfung oder Reibung verschwinden. Diese *Federschwingungen* stören das Diagramm, insofern die Ordinaten nicht mehr genau Spannungen darstellen. Auf die Diagrammfläche haben sie, solange es sich um mäßige Drehzahlen bei normalen Verhältnissen handelt, nicht allzu großen Einfluß und können oft unbeachtet bleiben; Ermittlungen über den Verlauf einer Expansionslinie und alle feineren Messungen werden indessen durch die Federschwingungen unmöglich gemacht. So hätte es bei der Ermittelung der im Zylinder einer Dampfmaschine arbeitenden Dampfmenge aus dem Indikatordiagramm, wie sie in § 55 an Fig. 106 besprochen wurde, wenig ausgemacht, wenn man statt des Punktes $E\,x$ einen anderen Punkt der schwach eingezeichneten Ausgleichlinie verwendet hätte; ganz falsche Ergebnisse aber hätten diejenigen Punkte des Diagramms gegeben, die gerade dem Maximum oder Minimum einer Schwingung entsprachen. In Fig. 248, § 87, hätte die Tatsache, daß nur e i n e leicht zu übersehende Schwingung auftritt, dahin führen können, nicht $E\,x$ oder $E\,x^1$ als Expansionspunkt anzusehen, sondern ihn weiter nach rechts zu verlegen.

Man kann nun entweder die Schwingungen durch geeignete Maßnahmen beim Indizieren auf ein erträgliches Maß zurückführen, oder man muß sie bestehen lassen und später schätzungsweise oder durch ein rechnerisch-graphisches Verfahren aus dem Diagramm eliminieren. Letzteres ist nur beim Zeitdiagramm möglich und des Zeitaufwandes wegen selten durchführbar; wir kommen in § 93 auf das Verfahren zu sprechen. Jetzt handelt es sich darum, wie man die Federschwingungen als solche erkennt und in mäßigen Grenzen hält.

In Fig. 260 bis 263 sind einige Diagramme mit mehr oder weniger ausgeprägten Federschwingungen dargestellt, die überall durch ein danebengesetztes f angedeutet sind; man wird sehen, daß sie in der Tat überall nach einem Richtungswechsel auftreten. Die Auswertung der Diagrammfläche mit einem Planimeter könnte man an diesen Diagrammen ruhig vornehmen, an dem Pumpendiagramm würde man die Schwingungen unbeachtet lassen und in halber Höhe durch sie hindurchfahren. In einem Diagramm nach Fig. 264 pflegt man auch wohl die beiden Kurven *c d* und *c e* so zu ziehen, daß sie überall die durch Federschwingungen erzeugten Wellen berühren; die wahre Spannungskurve war dann die Kurve *c b*, die Mittelkurve aus *c d* und *c e*, und zwar in dem Sinne die Mittelkurve, daß der gleichen Ordinate die mittlere

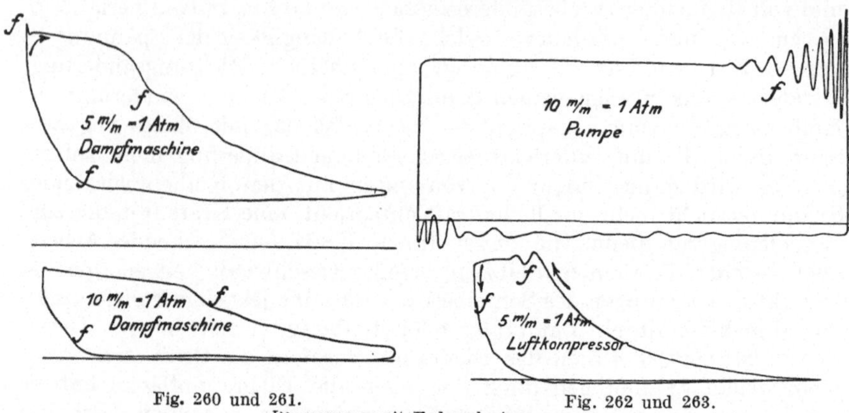

Fig. 260 und 261. Fig. 262 und 263.
Diagramme mit Federschwingungen.

Abszisse zugeordnet ist, nicht aber so, daß der winkelrecht gemessene Abstand beiderseits gleich ist. Oder aber man zieht, von *c* beginnend, freihändig mit meist ausreichender Genauigkeit eine Kurve *c b* von möglichst stetiger Krümmung durch die Federschwingungen so hindurch, daß die zu beiden Seiten der neugezogenen Kurve liegenden Flächenteilchen gleichmäßig größer und größer werden. Die stetige Krümmung erkennt man, wenn man sich dicht auf die Papierebene beugt und längs der Kurve blickt. Der Punkt *b* wäre als Expansionspunkt des Diagramms anzusprechen. Die Anwendung der Simpsonschen Regel wäre ohne solches Ausgleichen ganz unzulässig, man könnte lauter zu große Ordinaten fassen. Da übrigens im allgemeinen die kleine Fläche *1* größer als *2*, *3* größer als *4* ist, so sieht man auch sofort, daß — in diesem Fall — die Schwingungen die Diagrammfläche zu groß erscheinen lassen. —

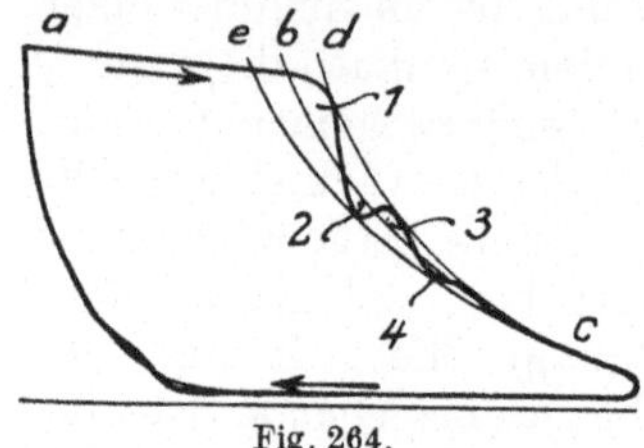

Fig. 264.

Bei dem Gasmaschinendiagramm Fig. 250 würde die Auswertung bereits auf praktische Schwierigkeiten stoßen, weil man die einzelnen Diagramme kaum voneinander unterscheiden kann. Wenn diese Schwierigkeiten auftreten und gar größer werden, so wird man die Indikatorschwingungen vermindern durch Anwendung eines Indikators mit geringer bewegter Masse, durch Anwendung eines größeren Kolbens unter entsprechender Verstärkung der Meßfeder, so daß die Diagrammhöhe erhalten bleibt, oder endlich durch Anwendung einer stärkeren Feder, vielleicht auch unter Anwendung eines kleineren Kolbens, um die

Diagrammhöhe zu verkleinern. Alle diese Maßnahmen zielen darauf hin, die Eigenschwingungszahl des Schreibzeuges zu vergrößern — worauf es nach § 9 ankommt.

Die Verkleinerung der Diagrammhöhe ist das bequemste und zugleich wirksamste Mittel. Gegen dasselbe ist einzuwenden, daß man die kleinere Diagrammfläche nicht mit gleicher Genauigkeit planimetrieren kann wie eine größere; wenn man die Verkleinerung der Diagrammhöhe durch Anwendung eines kleineren Kolbens erreichen will, so ist zu bedenken, daß hierbei die Reibung unverändert bleibt, die verstellende Kraft aber vermindert wird; der Einfluß der Reibung wird also größer. Man wird also zur Anwendung eines kleineren Kolbens nur greifen, wenn man stärkere Federn nicht hat. — Die Anwendung eines größeren Kolbens unter gleichzeitiger Verstärkung der Feder verringert im allgemeinen die Eigenschwingungszahl des Schreibzeuges, weil der größere Kolben die bewegte Masse nur unerheblich zu vergrößern pflegt. Innerhalb der Grenzen, wo man es tun kann, ist dies das beste Mittel zur Verminderung der Schwingungen, weil der Einfluß der Reibung vermindert wird infolge der größeren verstellenden Kraft; so sollte man Gebläse und Niederdruckzylinder von Dampfmaschinen möglichst nur mit Kolben von 40 mm Durchmesser indizieren statt mit 20-mm-Kolben und schwacher Feder. — Das dritte Mittel zur Verminderung der Federschwingungen ist die Anwendung von Indikatoren, die besonders für Verwendung bei hoher Drehzahl und bei Explosionsmotoren — die wegen der plötzlich auftretenden Drucksteigerung schwierige Verhältnisse bieten — gebaut sind; sie haben besonders geringe bewegte Masse bei normalem Kolbendurchmesser (Fig. 237 und 274). Es ist naheliegend, daß sie ihrer leichteren Bauart wegen empfindlicher in der Behandlung sind.

Beim *Indizieren flüssiger Mittel*, so bei Pumpen, führt die Anwendung größerer Kolben meist zu keiner Verminderung, sondern zu einer Verstärkung der Federschwingungen aus folgendem Grunde. Um die Bewegungen des Indikatorkolbens zu ermöglichen, muß die dem freigelegten oder verdrängten Raum entsprechende Stoffmenge, durch den Indikatorstutzen hindurch, abwechselnd in der Richtung vom und zum Indikator gehen. Ihre Masse kommt also in jedem Fall zur Masse des Schreibzeuges hinzu; bei Gasen und Dämpfen ist sie unbedeutend, bei Flüssigkeiten aber nicht; eine Vergrößerung des Kolbens hat nun eine Vergrößerung dieser zusätzlichen Masse zur Folge. Und noch mehr: Diese Masse ist nicht nur einfach in Rechnung zu setzen wie die Kolbenmasse; wenn der Indikatorstutzen 10 mm Bohrung hat und der Kolben 20 mm Durchmesser, so wird das Wasser im Indikatorstutzen die vierfache Kolbengeschwindigkeit annehmen, also das 16fache an Energie aufnehmen müssen wie die gleiche Kolbenmasse; allgemein: Die im Indikatorstutzen befindliche Masse ist nicht einfach, sondern so vielfach zur Indikatormasse hinzuzuzählen, wie die vierte Potenz des Durchmesserverhältnisses besagt. Daher die starken Federschwingungen im Pumpendiagramm Fig. 262, obwohl dasselbe bei nur 60 Uml/min aufgenommen ist, und obwohl ein Zeitdiagramm zeigen würde, daß die Druckänderungen keineswegs sehr plötzlich verlaufen. Bei Pumpen wird eine Verminderung der Federschwingungen hauptsächlich durch Erweiterung des Indikatorstutzens und der unteren Indikatorbohrung zu erreichen sein, nötigenfalls auch — auf Kosten der Reibungsverhältnisse — durch Verkleinerung des Indikatorkolbens.

Die Schwingungen lassen sich natürlich auch durch Dämpfung beseitigen, sei es durch Vergrößerung der molekularen Dämpfung, sei es durch Vergrößerung der Reibung. Wir wissen aus § 9, daß Instrumente, die den Schwankungen folgen sollen, nicht gedämpft sein dürfen, insbesondere nicht durch Reibung. Es ist ja auch klar: Eine starke Dämpfung verhindert zwar die Schwingungen, aber läßt auch die Schreibstiftbewegung nachhinken. Immerhin ist eine mäßige molekulare Dämpfung, wie sie die Diagramme Fig. 260 bis 263 zeigen, ganz angenehm und auf die Angabe von geringem Einfluß, übrigens ja auch unvermeidlich. Unbedingt schädlich ist aber die Reibung. Wie sehr allein die Reibung des Schreibstiftes auf dem Papier die Ergebnisse beeinflußt, namentlich bei Verwendung kleiner Kolben und schwacher

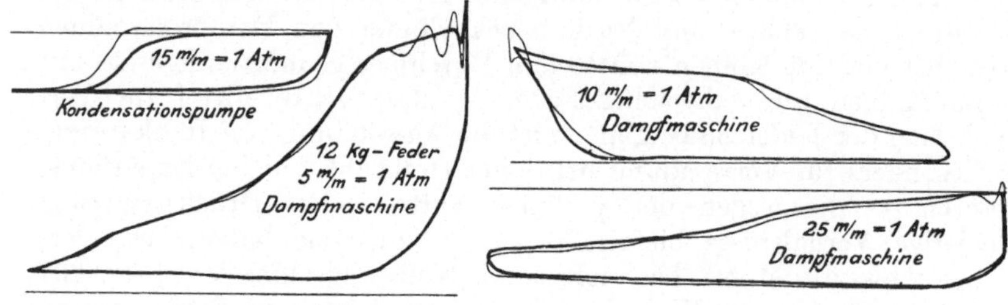

Fig. 265 und 266. Fig. 267 und 268.
Einfluß der Schreibstiftreibung auf das Indikatordiagramm.

Federn, das zeigt Fig. 265 bis 268: Jedes der Diagramme ist unmittelbar nacheinander zweimal geschrieben, einmal wurde der Schreibstift stark, einmal schwach angedrückt; es ergeben sich teilweise unerwartete Unterschiede.

Die Schwingungen freilich sind fortgefallen. Deshalb kann man geradezu den Satz aufstellen, einige Federschwingungen sind als Zeichen eines guten Zustandes des Indikators anzusehen und unbedingt zu verlangen; seien sie auch nur so schwach wie in Fig. 261, wo nur das geübte Auge sie erkennt.

Außer den Massenschwingungen, die sich, wie schon erwähnt, im Notfall rechnerisch ausmerzen lassen, sind an anderen Ursachen für die Abweichung der Schreibstiftangabe von der Spannung im Maschinenzylinder die folgenden zu nennen. Wir sahen soeben, wie verschieden Diagramme ausfallen, wenn man den Schreibstift verschieden stark andrückt; ähnliches wird die Kolbenreibung bewirken können. Daher die Regel, daß der Kolben lieber etwas leicht gehen und ausblasen, als sich klemmen sollte. — Die Bohrung des Indikatorstutzens bewirkt — abgesehen von den schon besprochenen, nur von der Weite abhängigen Massenwirkungen — eine Dämpfung, hervorgerufen durch die Widerstände der Zuleitung; die Druckschwankungen treten nicht in voller Größe in den Indikatorzylinder ein. Deshalb sollen die Zuleitungen nicht zu eng — wie schon der Massenwirkungen wegen — aber auch nicht zu lang sein; Knicke in ihnen sind zu vermeiden. Ungünstige Verhältnisse ergeben sich immer, wenn beide Zylinderenden mit einem Indikator indiziert werden sollen — besonders bei höherer Drehzahl. — Außerdem können natürlich durch toten Gang in den Gelenken und Verbiegung des Gestänges Fehler in die Schreibstiftbewegung kommen, die ganz unkontrollierbar sind und durch sorgsame Instandhaltung des Indikators in erträglichen Grenzen gehalten werden müssen. Man überzeuge sich z. B. gelegentlich von der ordnungsmäßigen Form des Schreibzeuggetriebes, indem man eine Atmosphärenlinie bei geschlossenem Indikatorhahn, und eine dazu normale stillstehende Trommel schreibt; beide Linien müssen senkrecht aufeinanderstehen und gerade sein; ein Fehler kann auch daher kommen, daß Trommel- und Zylinderachse nicht miteinander parallel sind.

In Fig. 269 ist ein Diagramm gegeben, dessen Schleife man links auf Kolbenundichtheit in Verbindung mit später Eröffnung zurückführen könnte. Die Ursache ist eine ganz andere; es handelt sich um eine *Überschleifung der Indikatorbohrung durch den Kolben* der Maschine. Während die Indikatorbohrung vom Zylinderinneren abgetrennt ist, bleibt in ihr der Druck konstant, oder geht etwas herab, wenn der Indikator nicht ganz dicht ist. — Man haue mit dem Meißel eine Längsrinne von genügender Weite in den Zylinder, die den Indikator freibleiben läßt. —

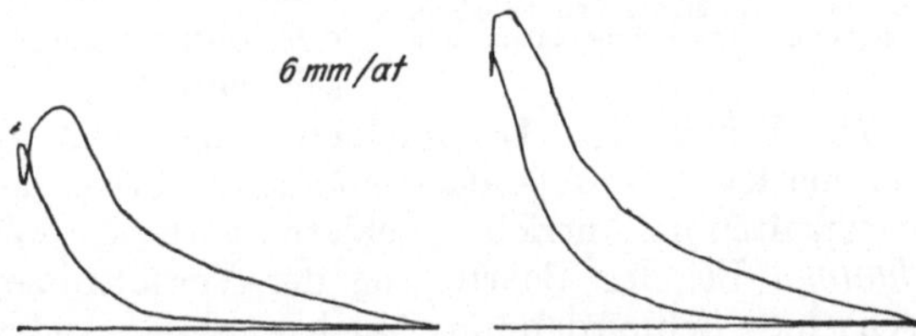

Fig. 269. Überschleifung der Indikatorbohrung. $^1/_2$ nat. Gr.

Im Vorstehenden sind die wichtigsten formellen Fehler besprochen, die das Diagramm durch Fehler des Indikators zeigen kann. Die sachlichen Fehler eines korrekt aufgenommenen Diagrammes, die Folgerungen für die Einsteuerung und für die Wirtschaftlichkeit der Maschine werden in den „Maschinenuntersuchungen“ unter den verschiedenen Maschinenarten besprochen.

91. Rückwirkung des Indikators auf den Maschinengang. Bei kleinen Maschinen und bei solchen, deren schädlicher Raum sehr klein ist (Kompressoren, Corliß-Dampfmaschinen) wird der Maschinengang durch den Anbau des Indikators merklich geändert. Die Diagramme geben dann nicht praktische Betriebsverhältnisse wieder, und man muß in allen Folgerungen vorsichtig sein.

Der Maschinengang ändert sich zunächst dadurch, daß der Raum unter dem Indikatorkolben zum schädlichen Raum kommt; eine Maschine mit sonst 1% schädlichem Raum hat nun etwa $1^1/_4$%. Das Diagramm stellt daher, wenn auch nicht genau die Betriebsverhältnisse der untersuchten Maschine, so doch wenigstens mögliche Verhältnisse dar. Außerdem aber gibt der sich bewegende Indikatorkolben durch seine Bewegung zu verschiedenen Zeiten mehr oder weniger Raum frei: Dieser Raum muß mit dem arbeitenden Medium, mit Wasser bei einer Pumpe, angefüllt werden. Daher wird gewissermaßen der schädliche Raum veränderlich: Er ist abhängig von der Spannung im Zylinder. Das sind Verhältnisse, die sonst praktisch unmöglich sind; höchstens mit dem Atmen eines Pumpenkörpers läßt die Erscheinung sich vergleichen.

Wie sehr die Betriebsverhältnisse einer Pumpe durch den Indikator geändert werden können, zeigen die versetzten Ventilerhebungsdiagramme Fig. 269 a, deren eines bei offenem, deren anderes bei geschlossenem Indikatorhahn aufgenommen ist. Bei offenem Indikatorhahn hebt sich das Ventil später vom Sitz, weil das Wasser erst den vom Indikatorkolben freigegebenen Raum ausfüllen muß; der Pumpengang wird also durch den Indikator verschlechtert. Auch der volumetrische Wirkungsgrad wird verschlechtert.

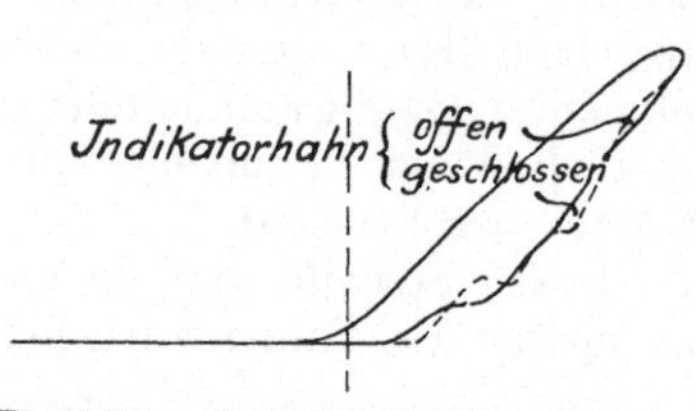

Fig. 269 a. Versetztes Ventilerhebungsdiagramm einer Pumpe nach Berg.

92. Fehler der Trommelbewegung. Die Bewegung der Papiertrommel kann — abgesehen von etwa vorhandenen geometrischen Unrichtigkeiten im Antrieb — fehlerhaft werden durch wechselnde *Schnurdehnung*. Bei der Beurteilung der Verhältnisse ist zu beachten, daß wechselnde Schnurdehnung, auch wenn sie Änderungen der Diagrammlänge zur Folge hat, nicht notwendig Fehler ins Diagramm bringt; nur soweit die Dehnungen nicht dem Hube proportional sind, entstehen Fehler nach Maßgabe der Abweichungen von der Proportionalität.

Ursache zu wechselnder Schnurdehnung geben die im Hin- und Hergehen wechselnden Spannungen der Trommelfeder und andererseits die Massenwirkungen der Trommel; erstere bewirken eine Verkürzung, letztere eine Verlängerung des Diagrammes; erstere sind unabhängig von der Drehzahl der Maschine, letztere nehmen mit der Drehzahl zu. Davon, daß die Schnurdehnung merkliche Beträge annehmen kann, überzeugt man sich durch die Beobachtung, daß im langsamen Gang das Diagramm kürzer ist, als es nach dem Übersetzungsverhältnis des Hubminderers sein sollte; insbesondere ist, wo zwei Indikatoren hintereinander geschaltet sind, der Hub der zweiten Trommel um die Dehnung der zwischenliegenden Schnur kürzer als der der ersten. Je schneller aber die Maschine läuft, desto länger wird das Diagramm; es kann dabei die aus dem Übersetzungsverhältnis folgende theoretische Länge erreichen und übersteigen. Es handelt sich bei allem diesen um Längenunterschiede von 1 bis 5 mm oder %.

Maßgebend sind, wie erwähnt, nur die Abweichungen von der Proportionalität; hierüber ist nun folgendes zu sagen. Die durch die wechselnde Federspannung hervorgerufenen Dehnungen werden dann keine Fehler ins Diagramm bringen, wenn die Federspannungen dem jeweiligen Trommelhube proportional sind, und wenn die Schnur Proportionalität zwischen Dehnung und Spannung aufweist, also dem Hookeschen Gesetz folgt. Die Massenwirkungen würden dann keine Fehler ins Diagramm bringen, wenn die Bewegung der Trommel von der Zeit nach einer reinen Sinusfunktion abhängig verliefe. Es seien nämlich x die Ausschläge des Kreuzkopfes, y die der Trommel, im Maßstab der erstere im Übersetzungsverhältnis des Hubminderers reduziert, und beide von der Stellung in Diagrammitte aus gerechnet, das positive Zeichen für die Richtung wachsender Spannung der Trommelfeder verwendet; es sei m die reduzierte Masse der Trommel, P_1 die Zunahme der Federspannung für $y = 1$ und P_0 die Vorspannung der Feder in der Mittelstellung der Trommel, alle drei bezogen auf den Abstand der Schnurachse von der Trommelachse, und es sei α die Schnurdehnung für 1 kg Belastung, t die Zeit; dann ist

die Federspannung $P_0 + P_1 y$;

die Schnurspannung $P_0 + P_1 y - m \frac{d^2 y}{dt^2}$;

die Schnurdehnung $\alpha \left(P_0 + P_1 y - m \frac{d^2 y}{dt^2}\right)$.

Nun wird der Trommelausschlag von der Mitte aus gleich dem des Kreuzkopfes vermindert um die Schnurdehnung

$$y = x - a\left(P_0 + P_1 y - m \frac{d^2 y}{dt^2}\right) \quad \ldots\ldots \quad (1)$$

Nur wenn wir, unter l die Diagrammlänge und unter c eine Konstante verstanden, $y = \frac{l}{2} \cdot \sin c\,t$, also $\frac{d^2 y}{dt^2} = -\frac{l}{2} \cdot c^2 \cdot \sin c\,t = -c^2 y$ setzen können, ergibt sich in

$$y = x - a(P_0 + P_1 y + m c^2 y) \quad \ldots\ldots\ldots \quad (2)$$

eine lineare Beziehung zwischen den Bewegungen der Trommel und des Kreuzkopfes.

Diese Beziehung wird gestört, wenn die obengenannten Voraussetzungen nicht zutreffen; unvermeidlich sind die Einflüsse endlicher Schubstangenlänge, die zu dem von der Massenwirkung herrührenden letzten Glied ein weiteres hinzufügen, und die insbesondere dann Störungen in die Proportionalität bringt, wenn mit wachsender Drehzahl die Massenkräfte zunehmen. Da c mit wachsender Drehzahl zunimmt, so kann es überdies dahin kommen, daß für negative Werte von y der Klammerwert negativ wird: In der Gegend des Totpunktes schwächerer Federspannung tritt dann Schlaffwerden der Schnur ein, die Trommel schleudert. Man muß deshalb bei höherer Drehzahl die Vorspannung P_0 der Feder vergrößern, jedenfalls bis das Schleudern verschwindet, besser noch darüber hinaus, damit das letzte Glied in seinem Einfluß zurücktritt, der, wie erwähnt, bei endlicher Schubstangenlänge ungünstig ist. Auch bei großer Ungleichförmigkeit des Maschinenganges wäre er ungünstig; doch ist diese gerade bei hoher Drehzahl nicht zu befürchten. — Verkürzung des Trommelhubes vermindert natürlich auch die Massenwirkungen, doch ist das kleinere Diagramm ungenauer zu planimetrieren.

Eine Größe, die auf alle Fälle Fehler ins Diagramm bringt, ist die Reibung der Trommel in ihrer Achse. Zwar würde sie in Gleichung (2) ein konstantes Glied liefern, aber dessen Vorzeichen würde in den Totpunkten wechseln. Die Trommel wird hinter dem Totpunkt eine Zeitlang ganz stehen bleiben, bis die Reibung überwunden ist und der Rückgang eintritt; die beim Hin- und beim Rückgang gezeichneten Diagrammteile wären gegeneinander verschoben; von Proportionalität kann also keine Rede sein; eine zeichnerische Ergänzung der unterdrückten Diagrammenden, unter Beseitigung der Verschiebung, würde von zweifelhaftem Wert sein. Man muß also auf Verminderung der Reibung bedacht sein, deren Einfluß übrigens bei gut instand gehaltenen Indikatoren gering zu sein scheint.

Im ganzen wird man daher folgern müssen, daß die Unrichtigkeiten der Trommelbewegung, sekundären Ursachen entspringend, sich in mäßigen Grenzen halten werden. Immerhin ist es eine wichtige Regel, auf möglichst geringe Schnurdehnung zu sehen. Die besonders hergestellte Indikatorschnur ist bedeutend weniger dehnbar als gewöhnlicher Bindfaden. Außerdem achte man darauf, daß die Schnur vom Hubminderer zur Trommel möglichst kurz ausfällt, denn ihre Dehnung kommt unverkürzt ins Diagramm. Die übliche Methode, je zwei Indikatoren von einem Hubminderer aus anzutreiben, wobei die erste Trommel die zweite antreibt, ist bei langhubigen Maschinen anfechtbar: Die Bewegung der zweiten Trommel wird falsch.

93. Zeichnerische Eliminierung der Massenschwingungen[1]). Die Bewegung des Schreibstiftes stellt nicht den Verlauf der Spannung dar, sondern weicht um so viel davon ab, wie der Einfluß der Dämpfung, der Reibung und der Massenkräfte ausmacht. Man kann, jedoch nur im Zeitdiagramm, aus der vom Schreibstift aufgezeichneten Kurve der tatsächlichen Kolbenwege s (des Indikatorkolbens) den Verlauf der Spannung p, der uns interessiert, ableiten, indem man den Einfluß der genannten Größen eliminiert. So könnte man in Fig. 13, an der wir das allgemeine Verhalten der Instrumente darlegten, aus der vom Instrument gegebenen Kurve den Verlauf der zu messenden Größe, der dort durch die starke Kurve XY dargestellt war, abzuleiten unternehmen.

Auf den Indikatorkolben wirken zu jeder Zeit t die folgenden Kräfte: Die zu messende Spannung p wirkt aufwärts auf die Kolbenfläche f; bezeichnen wir die aufwärtsgehenden Kräfte als positiv, so ist die der Spannung entsprechende Kraft $+ p \cdot f$. Die Feder drückt den Kolben abwärts mit einer Kraft, die von dem Federmaßstab c und der Abweichung s des Kolbens von der Ruhelage abhängt; die Kraft ist $- c \cdot s$. Die Reibung pflegt man in solchen Untersuchungen als konstant einzuführen, doch wechselt sie ihr Vorzeichen mit der Bewegungsrichtung; sie übe die Kraft $\pm w$ auf den Kolben aus. Die durch molekulare Dämpfung vernichtete Energie pflegt man dem Quadrat

[1]) Wagener, a. a. O.; Borth, Forschungsarbeiten Heft 55.

der Geschwindigkeit proportional zu setzen; die von ihr ausgeübte Kraft wäre dann der Geschwindigkeit $\frac{ds}{dt}$ der gedämpften Teile proportional; sie würde unter Einführung eines Proportionalitätsfaktors ε, des Dämpfungsfaktors, $-\varepsilon\cdot\frac{ds}{dt}$ zu schreiben sein, nur mit negativem Vorzeichen, da sie zwar der Bewegung entgegenwirkt, hier aber der Zeichenwechsel automatisch mit dem Richtungswechsel erfolgt.

Fügt man zu diesen äußeren Kräften die Massenkraft hinzu, die durch die Masse m und die Beschleunigung $\frac{d^2s}{dt^2}$ des Kolbens gegeben ist und die, als der Geschwindigkeitszunahme entgegengesetzt, mit $-m\cdot\frac{d^2s}{dt^2}$ anzusetzen ist, so kann man den Kolben als im Gleichgewicht befindlich betrachten und die Gleichgewichtsbedingung anschreiben:

$$p\cdot f - c\cdot s - \varepsilon\cdot\frac{ds}{dt}\pm w - m\cdot\frac{d^2s}{dt^2} = 0$$

oder

$$p\cdot f = c\cdot s + \varepsilon\cdot\frac{ds}{dt}\pm w + m\cdot\frac{d^2s}{dt^2} \quad \ldots\ldots\ldots \quad (3)$$

Es fragt sich, ob außer den im Indikatordiagramm gegebenen Werten von s alle übrigen Glieder der rechten Seite bestimmbar sind. Das ist nun in der Tat der Fall. Bei s selbst ist freilich schon zu beachten, daß es die Kolbenwege vergrößert darstellt, meist in sechsfachem Maßstab; außerdem ist der Kolbenweg in Metern zu entnehmen, da man sich bei den nun zu besprechenden komplizierten Ermittelungen am besten streng an das Maßsystem hält; die Ermittelung der Maßstäbe ist ohnehin oft schwierig. Weiter ist der Federmaßstab c ohne weiteres bekannt; hier ist er allerdings nicht in mm/at, sondern, da alle Glieder der Gleichung (3) in Kilogramm gegeben sein sollen, in kg/m anzugeben und nicht auf den Schreibstift-, sondern auf den Kolbenweg zu beziehen; eine Feder, die bei einer Spannungseichung 1,972 mm/at ergeben hat, die mit einem Kolben von 9,985 mm Durchmesser, entsprechend 0,7830 cm² Fläche arbeitet und ein Schreibzeug von sechsfacher Übersetzung betätigt, erfährt durch 0,7830 kg Kraft die Durchbiegung $\frac{1{,}972}{6}$ mm $= 0{,}000329$ m; es ist $c = \frac{0{,}7830}{0{,}000329} = 2380\,\frac{\text{kg}}{\text{m}}$. Dies ist die Federkonstante der Feder. — Ferner sind nun $\frac{ds}{dt}$ und $\frac{d^2s}{dt^2}$ durch zweimaliges Differenzieren der als Funktion von t aufgezeichneten s-Kurven, also der Zeitdiagramme, zu finden; dazu dient der Spiegelderivator (§ 81); um die wünschenswerte Genauigkeit beim Differenzieren zu erreichen, muß man durch Wahl der Ablaufgeschwindigkeit des Diagrammpapiers für passende (§ 81) Neigung der Kurven sorgen.

Es bleiben durch besondere Versuche zu finden: ε, w und m. — Man kann zunächst den Wert der *Reibung* ermitteln, indem man den

Indikatorschreibstift einmal hochdrückt und langsam in die Ruhelage kommen läßt, das andere Mal das gleiche von abwärts kommend tut. Der Unterschied dieser beiden Ruhelagen entspricht der doppelten Reibung. Der Maßstab ergibt sich ohne weiteres; wäre bei obengenannter Feder der Unterschied 0,2 mm, so macht die Reibung linear im Diagramm $\pm$ 0,1 mm aus; dem entspricht $w = \frac{2380 \cdot 0{,}0001}{6} = 0{,}04\,\text{kg}$.

Die Masse m durch Wägung zu finden ist nicht angängig, da es sich nicht um die Masse des Kolbens allein handelt, sondern auch um die der Schreibstiftführung und der Feder; beide aber haben in ihren verschiedenen Teilen verschiedene, von der des Kolbens abweichende Geschwindigkeiten, und eine Reduktion aller auf die Kolbengeschwindigkeit ist bei der komplizierten Konfiguration der Teile schwierig. Die Masse m und der Dämpfungsfaktor ε lassen sich aber aus den allgemeinen Schwingungsgesetzen bestimmen. Insbesondere läßt sich verwenden der Ausdruck für die Dauer einer vollen (Doppel-) Schwingung.

$$t_s = \frac{4\pi m}{\sqrt{4cm - \varepsilon^2}} \quad \ldots\ldots\ldots\ldots \quad (4)$$

und für das Verhältnis zweier aufeinanderfolgender Amplituden, die mit x' und x'' bezeichnet seien; wenn man unter diesen beiden Werten nicht das Verhältnis zweier aufeinanderfolgender positiver, sondern zweier aufeinanderfolgender Amplituden ungleichen Vorzeichens verstehen, die also nur um $\frac{1}{2} t_s$ auseinanderliegen, so ist

$$\ln\frac{x'}{x''} = \frac{\varepsilon \cdot \frac{1}{2} t_s}{2m} = \frac{\varepsilon \cdot t_s}{4m} \quad \ldots\ldots\ldots \quad (5)$$

Wir schreiben

$$\ln\delta = \frac{\varepsilon \cdot t_s}{4m} \quad \ldots\ldots\ldots\ldots \quad (6)$$

In Gleichung (5) und (6) kann man t_s und $\delta = x' : x''$ durch Ausmessung an einem Diagramm entnehmen und daher die beiden dann verbleibenden Unbekannten m und ε berechnen. Setzt man zunächst $\varepsilon = \frac{4m \cdot \ln\delta}{t_s}$ in (4) ein und löst nach m auf, so ergibt sich

$$m = \frac{c \cdot t_s^2}{4\pi^2 + [\ln\delta]^2)} \quad \ldots\ldots\ldots \quad (7)$$

Hieraus kann man die Masse der bewegten Teile ein für allemal berechnen. Da man verschiedene Kolbenmassen und auch wohl nach Bedarf wechselnde Zusatzmassen verwendet, um den Schwingungen eine für die Auswertung bequeme Größe zu geben, und die Berechnung der Dämpfung wegen ihrer wechselnden Größe nicht ein für allemal gemacht werden kann, so ist es bequem, für Berechnung von ε die Schwingungszeit zu eliminieren; man setzt den Wert von t_s aus (4) in (6) ein und erhält

$$\varepsilon = \sqrt{\frac{4cm \cdot (\ln\delta)^2}{\pi^2 + (\ln\delta)^2}} \quad \ldots\ldots\ldots \quad (8)$$

Man schreibt nun ein besonderes Schwingungsdiagramm mit Hilfe des zu benutzenden Indikators, indem man den Kolben zunächst hochhebt, etwa durch Unterklemmen einer kleinen Gabel unter das Kugelgelenk K der Fig. 216, und dies Hindernis plötzlich entfernt. Die Federspannung löst Schwingungen aus, deren Verlauf man auf umlaufender Trommel abhängig von der Zeit aufschreibt. Fig. 270 gibt ein Schema des entstehenden Diagrammes. Wenn man die Papiergeschwindigkeit gemessen hat, so ist die Schwingungszeit ohne weiteres in Gestalt der Strecke t_s abzumessen, nachdem man die Stelle größten Ausschlages durch Halbieren einer Sehne $k\,k$ gefunden hat. Nicht so einfach ist die Entnahme von δ. Hierunter ist das Verhältnis der aufeinanderfolgenden Amplituden rein gedämpfter Schwingungen zu verstehen; die mit dem Indikator aufgezeichneten Schwingungen enthalten aber auch den Einfluß der Reibung, deren Größe in schon besprochener Weise durch den Abstand der Linien $R_1 R_2$ zu beiden Seiten der reibungslosen Ruhelage M gegeben ist. Nun wirkt die Reibung in konstanter Größe der Bewegung entgegen und wird daher durch den gebrochenen Zug $BDFHK\ldots$ dargestellt, wobei der Sprung immer an der Stelle größter Amplitude der Schwingung eintritt. Von A bis C kann man die Schwingung als um das Mittel B erfolgend, von C bis E als um D herum erfolgend betrachten, und so fort. Dann hat man als δ das Verhältnis $x_1 : x_2$, oder auch $x_3 : x_4 \ldots$ anzusehen. Man hat also, die Größe der Reibung wieder mit w und die von M aus gemessenen Amplituden mit x', $x''\ldots$ bezeichnet, zu entnehmen $\delta = \frac{x' - w}{x'' + w} = \frac{x'' - w}{x''' + w} = \ldots$ Man kann aber auch die Benutzung von w umgehen. Es läßt sich nämlich daraus, daß $\frac{x_1}{x_2} = \frac{x_3}{x_4} = \ldots$ und auch $\frac{x_1}{x_5} = \frac{x_5}{x_9} = \ldots$ ist — weil das die Amplituden der rein gedämpften Schwingungen sind — beweisen, daß $\delta = \frac{(x_1 - x_5) + (x_2 - x_6)}{(x_5 - x_9) + (x_6 - x_{10})} = \frac{\Delta_1 + \Delta_2}{\Delta_3 + \Delta_4}$ ist; und diese Größen sind im Diagramm ohne weiteres abzugreifen.

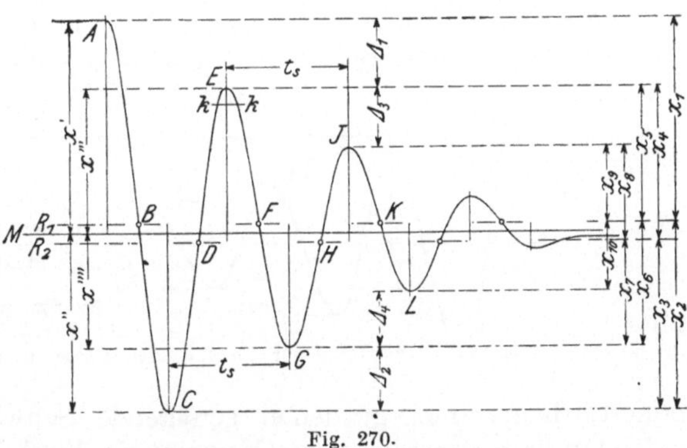

Fig. 270.

Als *Beispiel* ist in Fig. 271 ein Diagramm gegeben, das zur Bestimmung der Masse, und in Fig. 272 eines, das zur Bestimmung der Dämpfung gedient hat, und zwar an demselben Indikator, dessen Federkonstante wir schon gaben. Nach Fig. 271 sind 3 Schwingungen $= 81{,}0$ mm $= 81{,}0 \cdot 0{,}001675 = 0{,}1357$ s, also ist $t_s = 0{,}0452$ s. Für die

Dämpfung dieses Diagrammes ist zu entnehmen $\delta = \frac{6,8 + 5,8}{5,6 + 4,4} = \frac{12,6}{10,0}$ $= 1,26$. Nach (7) wird die schwingende Masse $m = \frac{2380 \cdot 0,002043}{4(9,870 + 0,053)}$ $= 0,1220$ Einheiten. Bei dem Versuch war, um die Schwingungen zu vergrößern und langsamer zu machen, eine Zusatzmasse eingebaut, die die Kolbenstange umgab; sie kann sonst auch an der unten durchzuführenden Kolbenstange befestigt werden, oder in Fig. 253 sieht man oben eine hierfür bestimmte Verlängerung der Kolbenstange herausschauen; diese Zusatzmasse war mit dem Kolben zusammen gewogen, sie wog 1,0933 kg entsprechend $\frac{1,0933}{9,81} = 0,1114$ Masseneinheiten. Also ist die auf den Kolben reduzierte Masse des Schreibzeuggestänges einschließlich der Feder (für deren jede der Versuch besonders zu machen wäre) $0,1220 - 0,1114 = 0,0106$ Einheiten.

Die Dämpfung wird ihrer Veränderlichkeit wegen vor jedem Versuch nochmals bestimmt. Zu diesen Bestimmungen benutzt man, um die Verhältnisse der Benutzung möglichst anzunähern, gewöhnliche

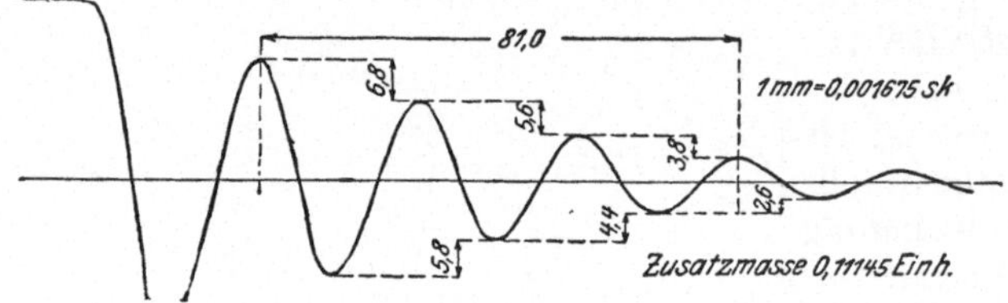

Fig. 271. Ermittlung der schwingenden Masse eines Indikators.

Indikatordiagramme, in denen genügende Schwingungen vorhanden sind; man kann etwa bei einer Gasmaschine durch Einführung reicheren Gemisches den Explosionsstoß verstärken. Solchem Diagramm entstammt Fig. 272, ein Teil der Expansionskurve. Um bei dieser Aufnahme und bei den späteren Diagrammen, Fig. 273, gute Schwingungen zu erhalten, war eine Zusatzmasse verwendet, die mit Kolben 0,276 kg wog, entsprechend 0,0282 Masseneinheiten; einschließlich der schon bestimmten Masse von Schreibzeug und Feder wird $m = 0,0282 + 0,0106$ $= 0,0388$ Einheiten. Es sind zwei Kurven gezogen, die die Schwingungen einhüllen; durch Halbieren der Ordinaten ist die Mittelkurve erhalten worden, die den Druckverlauf darstellen wird, weil an dieser Stelle die Druckänderung gleichmäßig vor sich geht. Man ermittelt durch Halbieren der zur Mittelkurve parallelen Sehnen die Höchstpunkte und entnimmt die Amplituden; diese sind eingetragen; die Reibung von $w = 0,1$ mm ist abzuziehen oder zuzuzählen; so ergibt sich $\delta = \frac{17,0 - 0,1}{13,6 + 0,1} = 1,150$; und nach Gleichung (8) wird

$$\varepsilon = \sqrt{\frac{4 \cdot 2380 \cdot 0,0388 \cdot 0,01952}{9,870 + 0,01952}} = 0,86 \; \frac{\text{kg} \cdot \text{s}}{\text{m}} .$$

Fig. 273 gibt nun ein nach diesen Daten *berichtigtes Diagramm einer Gasmaschine* in der Nähe des Zündungstotpunktes. Die Kurve *1* ist mit dem Indikator indiziert worden; die Ableitung dieser Wegkurve ergab die Geschwindigkeitskurve *2*, die Ableitung dieser die Beschleunigungskurve *3*. Diese Kurven sind in abweichendem Maßstab unter das Hauptbild gezeichnet. Unter Beachtung der vorher ermittelten Werte des Dämpfungsfaktors und der Masse ergeben sich die angeschriebenen Maßstäbe als Wert der Dämpfung und der Massenkraft; die Reibung ist so eingetragen, daß man sie ohne weiteres zur Dämpfung hinzuzählen kann. Wenn wir nun die Kurven *2*, *3* und *4* unter Beachtung der Maßstäbe und Vorzeichen zu *1* hinzufügen, so erhalten wir in Gestalt der Kurve *5* den Druckverlauf im Indikatorzylinder. Man sieht, daß auch hier (wie in Fig. 259) der Höchstdruck ein ganz anderer ist, als nach dem Diagramm unmittelbar zu entnehmen gewesen wäre; allerdings war ja, um auswertbare Schwingungen zu erhalten, die Indikatormasse vergrößert. Man sieht auch, wie gut der Ausgleich der Schwingungen vor sich geht, und wie glatt die wahre

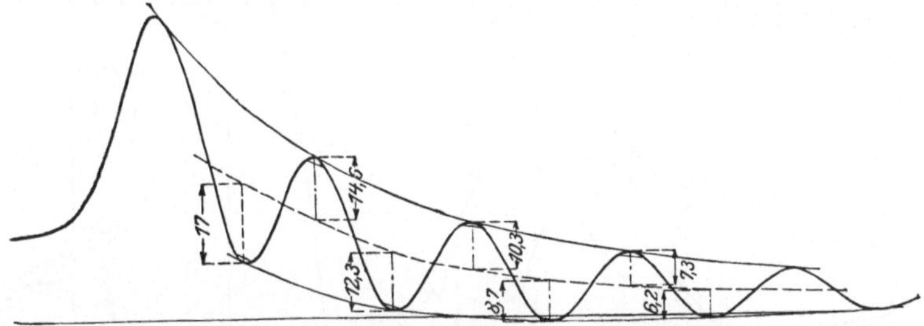

Fig. 272. Ermittlung der Dämpfung eines Indikators.

Druckkurve verläuft. Man sieht endlich, daß für die gleichmäßig verlaufende Expansionslinie die richtige Druckkurve recht gut als Mittelkurve der beiden Einhüllenden zu finden ist, so daß für das umständliche Auswertungsverfahren nur dann Bedarf vorhanden ist, wenn man den Höchstdruck und die Vorgänge bis zur Erreichung desselben studieren will.

Die *Ermittlung der Maßstäbe* sei kurz erläutert. Wegen der Schreibstiftübersetzung ist s sechsfach vergrößert aufgetragen; die Federkonstante ist 2830 kg/m, also der Kräftemaßstab in der oberen Figur[1]) 6000 mm = 2380 kg; 1 mm = 0,397 kg oder 1 kg = 2,52 mm. — Der Maßstab der Beschleunigungen folgt aus den Einzelmaßstäben:

$$s : 0{,}01 \text{ m} = 60 \text{ mm} \quad \text{oder} \quad 1 \text{ mm} = 0{,}000167 \text{ m}$$

$$t : 0{,}0744 \text{ s} = 206{,}5 \text{ mm} \quad \text{oder} \quad 1 \text{ mm} = 0{,}000360 \text{ s}$$

$$\text{also } 1 = \frac{0{,}000167}{0{,}000360} = 0{,}464 \frac{\text{m}}{\text{s}}.$$

Diese Geschwindigkeit entspricht der Kurvenneigung 45°, dessen Tangens 1 ist. Wir können den Maßstab für diese Größe wählen, wie wir

[1]) Das heißt im Original. Fig. 273 gibt das Original auf die Hälfte verkleinert wieder.

wollen; es ist 48 mm als Einheit angenommen; dann ist 48 mm $= 0{,}464$ m/s; 1 mm $= 0{,}00965$ m/s oder 1 m/s $= 103{,}6$ mm; mit dem Dämpfungsfaktor $\varepsilon = 0{,}86$ wird der Maßstab der Dämpfung: 1 mm $= 0{,}00965 \cdot 0{,}86 = 0{,}00830$ kg oder 1 kg $= \frac{103{,}6}{0{,}86} = 120{,}5$ mm. Ent-

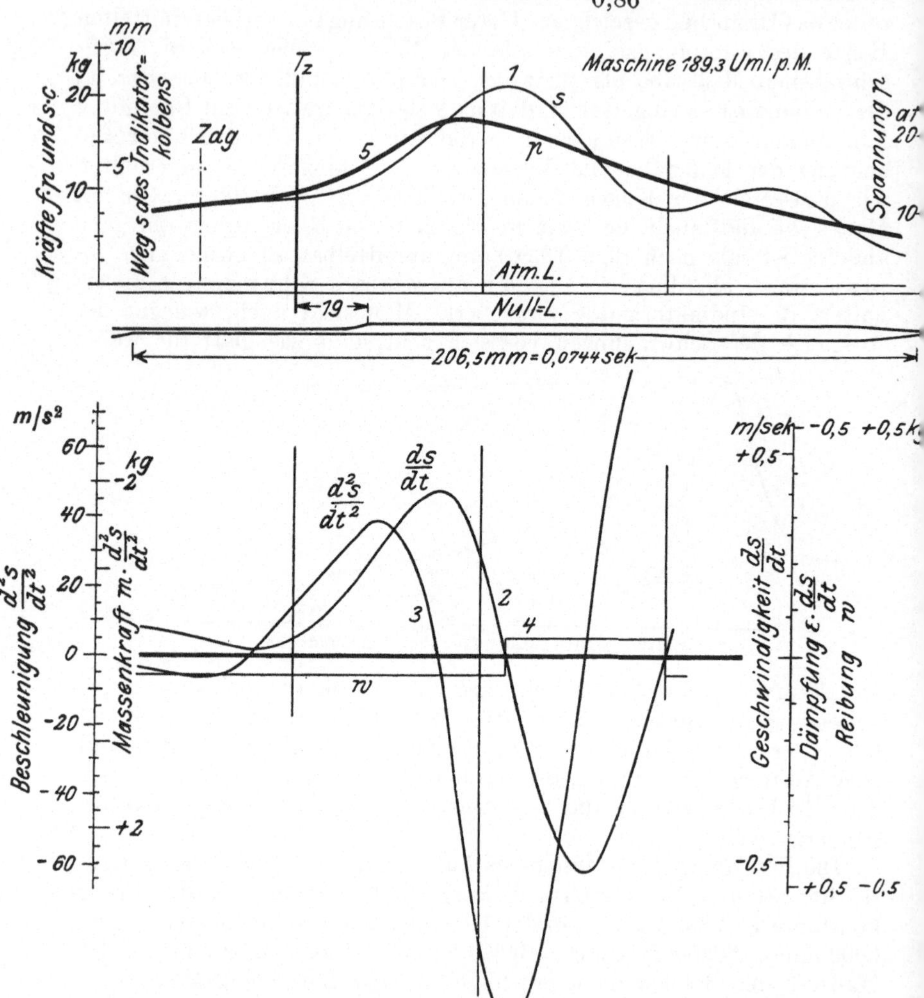

Fig. 273. Eliminierung der Massenschwingungen aus einem Gasmaschinendiagramm (nach Borth). ½ nat. Gr.

sprechend ist dann der Maßstab der Beschleunigungen und Massendrucke zu berechnen. —

Will man ähnliche Ermittlungen an Pumpen machen, so hat man das in § 90 Gesagte zu beachten, nämlich daß die dem Hubvolumen des Indikators entsprechende Wassermasse mitschwingen muß, um die Bewegungen des Kolbens zu ermöglichen; dieselbe ist sogar nicht nur einfach, sondern wegen des meist geringeren Bohrungsdurchmessers und der dementsprechenden größeren Geschwindigkeit vielfach in Rechnung zu setzen. Ohne Berücksichtigung dieser Masse erhielte man nur die Spannungsänderungen im Indikator, während man doch die im Maschinenzylinder kennen will.

94. Besondere Anwendungen des Indikators. Der Indikator ist ein registrierender Spannungsmesser, oder wenn er zur Aufzeichnung von Kolbenwegdiagrammen benutzt wird, ein Arbeitsmesser. Er läßt aber auch manche andere Verwendung zu, bei denen das Vorhandensein einer guten Schreibstiftführung und einer eichbaren und auswechselbaren Meßfeder angenehm ist.

Insbesondere kann man den Indikator als *Kraftmesser* benutzen, indem man eine zu messende Kraft, etwa die vom Arm einer Bremse ausgeübte, durch eine Druckstange auf den Indikatorkolben wirken läßt; will man dabei den Indikatorkolben schonen, so ersetzt man ihn durch eine Führungsstange, die an die Feder und an die Kugelgelenkmutter paßt. Man wird die Diagramme bei dieser Verwendung des Indikators auf die umlaufende Trommel oder auf ein Papierband schreiben; läßt man das Papier mit gleichbleibender Geschwindigkeit laufen, so erhält man P-t-Diagramme; durch Ausmessen der unter der entstehenden Kurve enthaltenen Flächen $\int P \cdot dt$ erhält man die der bewegten Masse m erteilten oder entzogenen Geschwindigkeiten w: es ist $\int dw = \frac{1}{m} \cdot \int P \cdot dt$ (Satz vom Antrieb). — Wenn man dagegen das Papier von der Maschinenwelle aus antreibt, so daß es sich nicht gleichförmig, sondern mit einer Geschwindigkeit bewegt, die der Geschwindigkeit der bewegten Masse proportional ist, so erhält man ein P-s-Diagramm; durch Ausmessen der unter der entstehenden Kurve enthaltenen Flächen $\int P \cdot ds$ erhält man die der bewegten Masse m erteilte oder entzogene Arbeit A: es ist $\int dA = \int P \cdot ds = \frac{m}{2} \cdot (w_2^2 - w_1^2)$ (Satz von der Arbeit). Man wird natürlich im allgemeinen Zeit und Weg auf dem ablaufenden Papierstreifen durch ein schwingendes oder durch zwei Markenschreibzeuge aufschreiben lassen. — Die gebräuchlichen Indikatorfedern genügen zur Messung bis zu 60 kg. Sind größere Kräfte zu registrieren, oder will man die Registrierung von Kräften durch Verwendung weicher Federn in größerem Maßstab erhalten, so muß man einen Teil der Kraft durch Gewichte ausgleichen; dann wird der Überschuß über das Ausgeglichene aufgeschrieben.

Man kann ferner den Indikator benutzen, um die Bewegung irgendwelcher zwangläufig bewegter oder selbsttätig arbeitender Maschinenteile aufschreiben zu lassen; es handelt sich namentlich um die Bewegung der Steuerungsorgane von Kolbenmaschinen, also von Ventilen, Schiebern und Hähnen. Man überträgt dazu die Bewegung des zu untersuchenden Organes auf den Kolben des Indikators mittels einer Druckstange und stellt den Kraftschluß her durch Einbauen einer schwachen Indikatorfeder, die sonst zu dieser Aufnahme gar nicht nötig wäre und deren Federmaßstab gleichgültig ist. Man kann diese *Ventilerhebungsdiagramme* als Kolbenweg- oder als Zeitdiagramme aufschreiben, indem man entweder die vom Kreuzkopf aus angetriebene schwingende Trommel oder aber eine rotierende Trommel oder ein Papierband verwendet. Kolbenwegdiagramme einer Schiebermaschine liefern die sogenannte Schieberellipse; bei Ventilen und Hähnen ergeben sich entsprechende Kurven. Da aber hauptsächlich die Eröffnung und der Abschluß zu interessieren pflegen, und diese oft in der Nähe des Totpunktes liegen und dann verkürzt wiedergegeben werden, so muß man zur Ermittlung der dort eintretenden Vorgänge Zeitdiagramme aufnehmen; an diesen kann man dann auch durch zweimaliges Ableiten die auf das Steuerorgan wirkenden Kräfte bestimmen in ähnlicher Weise, wie es bei den Bewegungen des Indikatorkolbens möglich war. Auch versetzte Ventilerhebungsdiagramme kann man natürlich aufnehmen; ein solches findet sich in Fig. 269a dargestellt. Kann man die sechsfache Übersetzung nicht brauchen, so bringt man den Schreibstift selbst mit dem Ventil in Verbindung.

95. Besondere Bauarten des Indikators. An besonderen Bauarten des Indikators mögen noch die folgenden nur erwähnt werden.

Zum Indizieren der *Kältekompressoren*, die mit Ammoniak arbeiten, hat man Spezialinstrumente, die ganz unter Ausschluß von Bronze aus Eisen und Stahl hergestellt sind. Ammoniak nämlich greift Kupferlegierungen an. — Gelegentlich kann man eine Ammoniakmaschine mittels gewöhnlichen Indikators ohne wesentliche Schädigung der wichtigen Teile indizieren, wenn man nach jedem genommenen Diagramme das Schreibzeug herausnimmt und den Kolben vor dem Neueinsetzen gut mit Kompressorenöl bedeckt.

Man hat Indikatoren für *fortlaufende Diagrammaufnahme.* Um die Anlaufverhältnisse von Maschinen zu untersuchen — in Frage kommen namentlich Fördermaschinen, auch wohl Lokomotiven — wünscht man Diagramme dauernd während der ganzen Anlaufzeit aufzunehmen, da jedes folgende Diagramm anders ausfällt als das vorhergehende. Nimmt man mittels einfachen Indikators ein Dauerdiagramm, so überdecken sich die Diagramme, so daß man sie nicht mehr auseinanderfinden, insbesondere nicht ihre Reihenfolge erkennen kann. Bei den in Rede stehenden Indikatoren wird nun das Dauerdiagramm auf einen mäßig langen Papierstreifen aufgenommen, welcher in der entsprechend veränderten Papiertrommel untergebracht ist. Die Papiertrommel erfährt eine hin und her gehende Bewegung wie immer. Außerdem aber wird am einen Hubende immer der Papierstreifen einige Millimeter fortgeschoben, so daß die einzelnen Diagramme genügend auseinanderfallen. Wegen der Einzelheiten der Trommelkonstruktion verweisen wir auf die Prospekte.

Ganz besonders hat sich in den letzten Jahren der Indikatorbau darauf gelegt, Indikatoren zu schaffen, die bei *tunlichst hohen Drehzahlen* noch brauchbar bleiben. Im allgemeinen nimmt die Schwierigkeit des Indizierens mit wachsender Drehzahl schnell zu, wenngleich es strenggenommen nicht so sehr auf die Drehzahl an sich ankommt, als auf die zeitliche Geschwindigkeit, mit der Druckänderungen in dem zu indizierenden Zylinder eintreten. So ist beispielsweise das Indizieren von Dieselmaschinen noch bequem mit Indikatortypen möglich und bei Drehzahlen, bei denen das Indizieren von Verpuffungsmaschinen wegen der plötzlichen Drucksteigerung nach erfolgter Zündung nicht mehr zu brauchbaren Diagrammen führt.

Kommt man über die Grenze hinaus, wo die Bewegungen des Schreibstiftes durch Massenschwingungen und die Bewegungen der Trommel durch Schlaffwerden der Schnur unsicher werden, so kann man zunächst durch Verkleinern der Schreibstift- und der Trommelwege Abhilfe schaffen (vgl. § 90 und 92).

Wirksamer aber als dies ist die Verwendung besonders kleiner Indikatortypen zum Indizieren schnellaufender Verpuffungsmotoren, wie derjenigen von Flugzeugen und Kraftwagen. Ein solcher war schon in Fig. 237 dargestellt worden, Fig. 274 zeigt einen im Bilde. Innerhalb gewisser Grenzen kann auch die Verwendung von Aluminium oder von Dur-Alumin für die bewegten Teile Besserung schaffen, wenngleich für den Schreibhebel bei höherer Drehzahl selbst bei Verwendung von Stahl Verbiegungen an der Tagesordnung bleiben. Auch werden im ganzen durch solche Bauarten die Massenwirkungen nur verringert, nicht aber der Art nach beseitigt, sie werden bei hohen Drehzahlen über 800 bis 1000 /min hinaus immer noch störend, so zwar, daß man auch bei Verwendung der besten Indikatortypen die Verwendung des Indikators nur noch in qualitativer Hinsicht, nicht in quantitativer empfehlen kann: er ist ein wertvolles Mittel zur Verbesserung des Verbrennungsvorganges, weniger aber zur Leistungsermittlung.

Auf anderem Wege sucht der *optische Indikator* zum Ziel zu kommen, indem er, wie bei anderen Instrumenten üblich, die messenden Teile nur sehr kleine Ausschläge machen läßt, die unter Verwendung eines Spiegels beliebig vergrößert werden können.

Ein gut durchdachter optischer Indikator ist in Fig. 275 bis 277 im Schnitt dargestellt. Fig. 274 zeigt ihn sowie einen Indikator der Bauart Fig. 237 im Bilde, angebaut an einen Fahrzeugmotor.

In Fig. 276 fällt ein Lichtstrahl aus der Lampe auf den Spiegel und wird von diesem so reflektiert, daß er weiterhin eine Mattscheibe trifft, die zum Einstellen des Bildes und evtl. zum Nachzeichnen des Diagramms mit Bleistift dient. An Stelle der Mattscheibe kann nach Bedarf in bekannter Weise die Kassette mit der photographischen Platte oder mit Bromsilberpapier gesetzt werden. Die Lichtquelle soll tunlichst punktförmig sein, man verwendet deshalb eine Nernstlampe; der Lichtstrahl wird überdies noch an zwei Stellen abgeblendet. — Der Spiegel tanzt auf der Spitze eines mit Gewinde nachstellbaren Haltestiftes a. Seine Bewegung ist eine doppelte. Um eine durch die Spitze des Haltestiftes senkrecht zur Bildebene gelegte Achse bewegt sich der Stift unter dem Einfluß des zu indizierenden Druckes, der durch den Druckstutzen unter eine Membran tritt. Der Druckmessung dient eine auswechselbare Feder in Gestalt eines starken Stahlklotzes. Die Schraube b gestattet es, Meßfeder und Membran etwas gegeneinander zu verspannen, die Blattfeder *c* drückt den Spiegel gegen die Meßfeder. — Die zweite Bewegung um die Verlängerung des Haltestiftes *a* als Achse wird dem Spiegel durch einen kleinen Kurbeltrieb erteilt. Von der Maschinenwelle aus erfolgt in passender Weise durch Wellen- und Rädertrieb *U*, Fig. 274, der Antrieb der Welle *d* und abermals durch Kegeltrieb der Antrieb der Welle d_1. Welle d_1 endet im Innern des Indikators in eine kleine Kurbelscheibe mit Zapfen. Über den Kurbelzapfen wird mit einem Loch die kleine Pleuelstange *e* geschoben, die andererseits mit einem Stift in

Fig. 274. Fahrzeugmotor mit angebautem, mechanischem Indikator (nach Fig. 237) und optischem Indikator (nach Fig. 275 bis 277).

eines der Löcher greift, deren mehrere sich in dem Treibstück *f* befinden. Es sind mehrere Pleuelstangen beigefügt, zu den Löchern im Treibstück *f* passend, so daß verschiedenem Schubstangenverhältnis der Maschine Rechnung getragen werden kann. Die Pleuelstange wird durch die kleine Feder *g* am Herabfallen gehindert. Das stiefelknechtförmige Treibstück *f* (in Fig. 276 schwarz) ist um den Haltestift *a* drehbar, es wird durch zwei übergelegte Bleche am Fortfallen gehindert. Um die Achse des Haltestiftes führt es, sobald Welle *d* angetrieben wird, schwingende Drehbewegungen aus, die den Bewegungen des Kolbens solange proportional sind, wie man eine Drehbewegung mit einer geradlinigen verwechseln kann, d. h. also bei kleinen Ausschlägen. Die Drehbewegung des Treibstückes muß aber auch der Spiegel mitmachen, weil die Blattfeder c in einem Aufsatz des Treibstückes f eingeklemmt ist, und weil sie andererseits in eine vorn am Spiegel vorgesehene Rinne sich so einklammert, daß ein Gleiten der Feder c auf dem Spiegel nicht

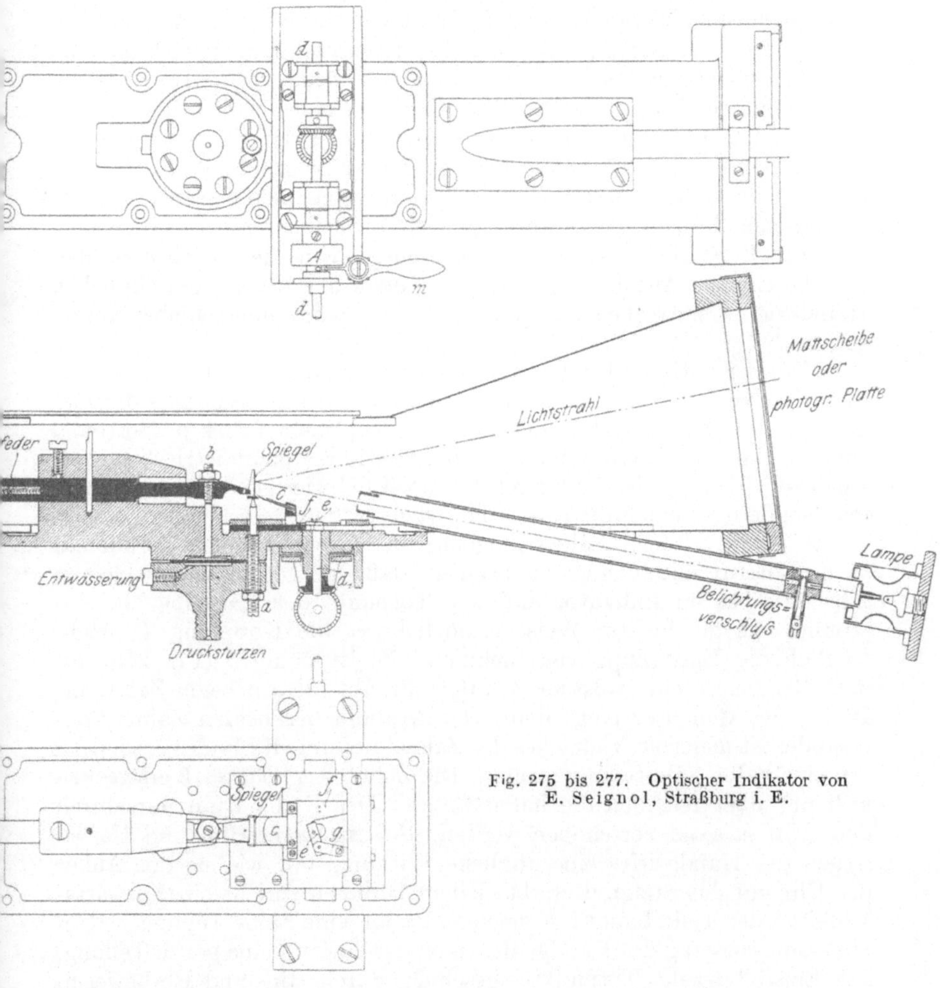

Fig. 275 bis 277. Optischer Indikator von E. Seignol, Straßburg i. E.

stattfinden kann; wohl aber wird während der Bewegung der rückwärtige Fuß des Spiegels unter dem Ende der Meßfeder hin- und hergleiten.

Das antreibende Getriebe wird mit dem Indikatorgehäuse durch die Stange F aus Formeisen verbunden. Der Indikator selbst muß genügend stabil mit der Maschine verbunden sein. Bei K ist eine Kühlvorrichtung in die Druckzuleitung eingeschaltet.

Die Ausschläge des Spiegels nach beiden Richtungen werden in bekannter Weise Bewegungen des reflektierten Lichtstrahles nach je einer Achse veranlassen und zusammen bewirken, daß der Lichtstrahl im Raum einen Kegel umschreibt, dessen Leitkurve das Indikatordiagramm ist. Die Vergrößerung, an sich beliebig, wird praktisch dadurch beschränkt sein, daß man zum Sehen sowohl wie zum Photographieren einer gewissen Lichtstärke bedarf. Die Lichtstärke aber nimmt mit der Vergrößerung linear ab. Bei höherer Drehzahl wird das Diagramm, obwohl aus einem leuchtenden Punkt bestehend, vom Auge als zusammenhängend empfunden. Allerdings tanzt es namentlich in der Verbrennungslinie auf und nieder entsprechend der Streuung des Indikatordiagramms. Ein einigermaßen zuverlässiges Nachzeichnen ist daher nicht einfach. Man bedient sich zum Aufnehmen besser des photographischen Papieres. Bewährt hat sich Bromsilberpapier Marke M II von Dr. F. Stolze, Berlin-Charlottenburg. Um die Belichtung über eine bestimmte Anzahl von Spielen — etwa 5 wie beim gewöhnlichen Indikator — erstrecken zu können, ist ein Belichtungsschieber vorgesehen.

Auch der optische Indikator scheint sich mehr für qualitative als für quantitative Untersuchungen zu eignen. Es wird insbesondere darüber geklagt, daß die Ausschläge der Meßfeder nicht dem Druck proportional sind, so daß die Diagramme nicht ohne weiteres planimetrierbar sind. Auch die Eichung der Feder scheint noch Schwierigkeiten zu machen, insbesondere scheinen die elastischen Nachwirkungen erheblich zu sein.

Es ist in seltenen Fällen möglich, die Kegelräder von vornherein so in Eingriff miteinander zu bringen, daß der Totpunkt des kleinen Kurbeltriebes im Indikator mit dem Totpunkt der Maschine übereinstimmt. In geschickter Weise ermöglicht es die Kupplung T, nachträglich die Einstellung vorzunehmen. Es ist nämlich (Fig. 278) auf dem Gehäuse h ein Paßstück k aufgeschraubt, dessen beide Zähne ins Innere des Gehäuses eingreifen. Der Abstand der beiden Zähne voneinander ist nicht ein Vielfaches der Zahneinteilung des Rades l, sondern um eine halbe Zahnteilung größer. Die Zähne des Stückes k erstrecken sich nur über reichlich die halbe Breite. Das Rad l kann nun durch den Griff m axial verschoben werden. So tritt beim Hin- und Herbewegen des Handgriffes eine ähnliche Wirkung auf, wie sie der Anker der Uhr auf das Steigrad ergibt: jedem Hube entspricht ein Vorwärtsschreiten der Teile k und l gegeneinander um eine halbe Teilung, jedem Hin- und Hergang des Handgriffes m ein solcher um eine ganze Teilung. Die Einstellung des Totpunktes geschieht durch Hin- und Herbewegen des Handgriffes m, während kurz die Zündung ausgesetzt wird: Kompressions- und Expansionslinie müssen zusammenfallen.

Der *Mikroindikator* von Mader will das Indizieren schnellaufender Maschinen ermöglichen, indem er den Schreibstift ohne Vergrößerungsgetriebe mit dem Kolben verbindet und als Nadel ausbildet. Statt der Trommel dient eine berußte Glasplatte, die nur kleine Bewegungen in der Ebene (nicht drehend) ausführt. Das Diagramm erhält eine Länge von wenigen Millimetern nach jeder Richtung und soll, mittels eines

Ableseapparates mit Mikroskop ausgemessen, nach Bedarf auch photographisch vergrößert werden. Die Feinheit des auf der berußten Platte zu erzielenden Striches scheint jedoch nicht eine solche zu sein, daß bei der Vergrößerung eine befriedigende Genauigkeit leicht erzielt werden kann.

Zu billigen ist aber, gegenüber der Verwendung der gewöhnlichen Indikatoren, bei den beiden letztgenannten Instrumenten das Bestreben, die Bewegungen des Kolbens möglichst zu verkleinern und dadurch die Fehler zu beseitigen, die durch Einfüllen und Entnehmen eines merklichen Gasvolumens aus dem Maschinenzylinder in den Indikatorzylinder

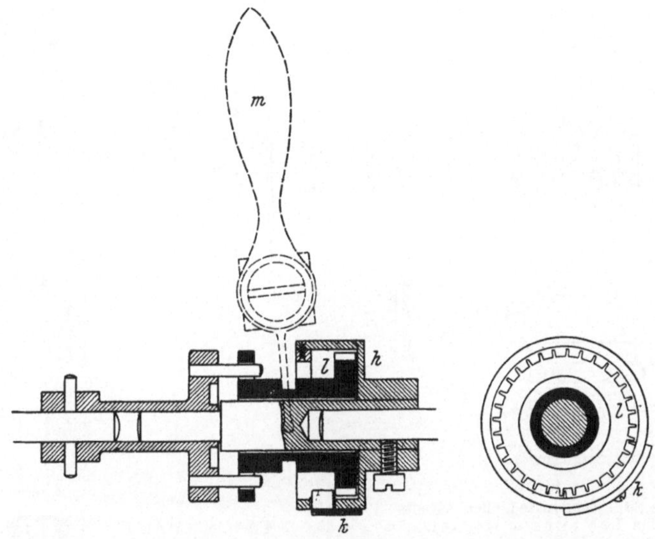

Fig. 278. Kupplung *T* der Fig. 277 zum Einstellen des Totpunktes.

und wieder zurück resultieren. Die hierzu erforderlichen Beschleunigungsdrucke ergeben bei hohen Drehzahlen merkliche Druckunterschiede zwischen Maschinenzylinder und Indikatorzylinder.

96. Arbeitszähler. Der Indikator gestattet den Arbeitsumsatz einzelner bestimmter, aber willkürlich herausgegriffener Arbeitsspiele zu ermitteln. Aus den Ergebnissen der Planimetrierung findet man auch die in bestimmter Zeit von der Maschine gelieferte Arbeit, wenn man annimmt, die herausgegriffenen Diagramme stellten den Durchschnittswert dar.

Immerhin gibt es Fälle, wo es bei stark und unregelmäßig schwankender Arbeitserzeugung nicht möglich ist, genügend viele Diagramme aufzunehmen, um einen brauchbaren Mittelwert zu erhalten. Auch wird der Zeitaufwand zum Planimetrieren der Diagramme erheblich.

Aus diesem Bedürfnis heraus war man, in den letzten Jahren mit Erfolg, bestrebt, Instrumente zu schaffen, die die Arbeitslieferung von Kolbenmaschinen fortdauernd so zur Messung bringen, daß man die bis zu einem beliebigen Zeitpunkt insgesamt gelieferte Arbeit an einem

Zählwerk ablesen kann, in ähnlicher Weise, wie Wassermesser die insgesamt durchgegangene Wassermenge angeben.

Man bezeichnet die in Rede stehenden Instrumente gelegentlich als Leistungszähler. Diese Benennung ist falsch, denn gezählt wird nicht die Leistung, sondern der Integralwert derselben, die Arbeit.

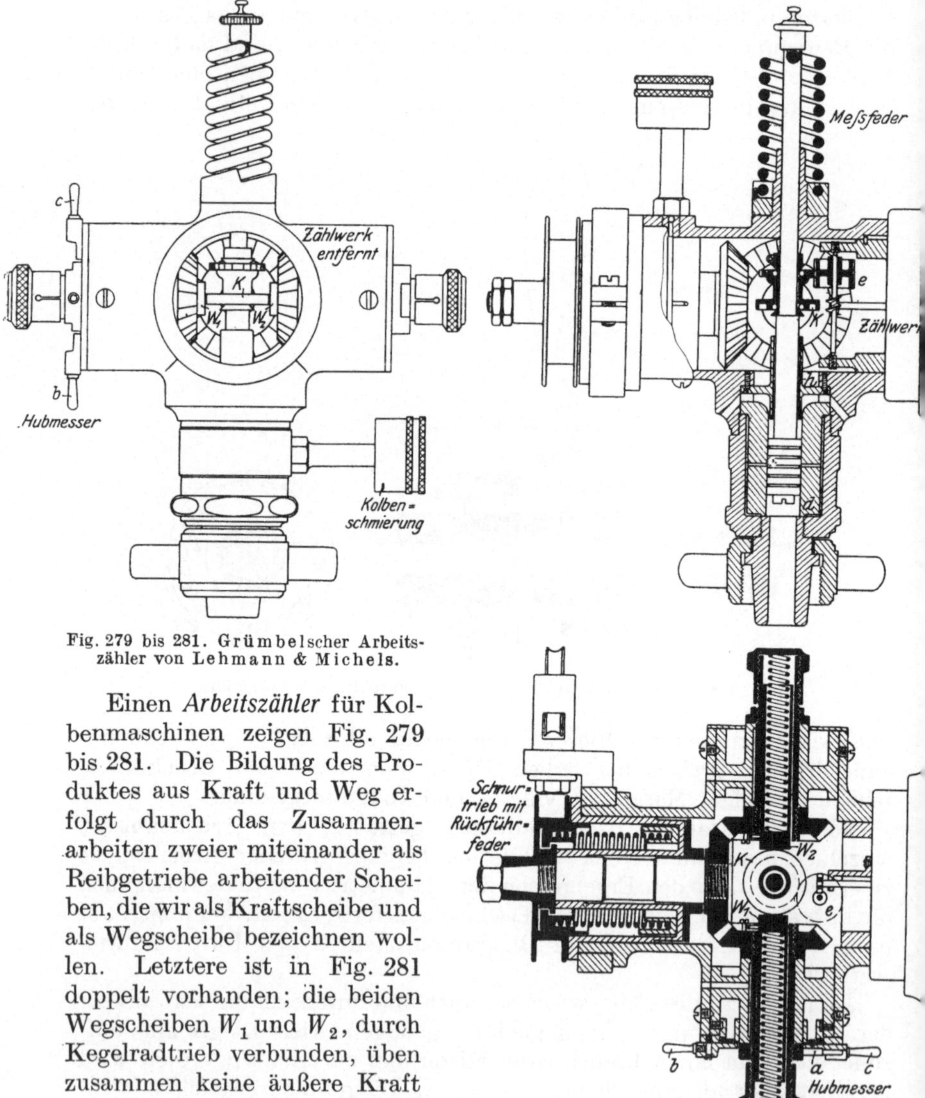

Fig. 279 bis 281. Grümbelscher Arbeitszähler von Lehmann & Michels.

Einen *Arbeitszähler* für Kolbenmaschinen zeigen Fig. 279 bis 281. Die Bildung des Produktes aus Kraft und Weg erfolgt durch das Zusammenarbeiten zweier miteinander als Reibgetriebe arbeitender Scheiben, die wir als Kraftscheibe und als Wegscheibe bezeichnen wollen. Letztere ist in Fig. 281 doppelt vorhanden; die beiden Wegscheiben W_1 und W_2, durch Kegelradtrieb verbunden, üben zusammen keine äußere Kraft auf die Kraftscheibe K aus, gegen die sie durch Druckfedern schwach angepreßt werden. Eine Rückführfeder dient dem gleichen Zweck wie die in der Trommel des Indikators. Die Wegscheiben werden so in Bewegung gesetzt, wie der Angriffspunkt der Kraft sich bewegt; bei fortschreitender Bewegung also hätten sie eine entsprechend fortschreitende Bewegung auszuführen, bei Kolbenmaschinen wird ihnen eine schwingend umdrehende Bewegung durch einen Schnurtrieb erteilt, der ähnlich dem Schnurtrieb des Indikators vom Kreuzkopf der Maschine abzweigt und den Kegeltrieb betätigt. — Zwischen den Stirnflächen der Wegscheiben bewegt sich die Kraftscheibe, und zwar wird sie, Fig. 282, unter dem Einfluß der zu messenden Kraft in Richtung eines Durchmessers über die Wegscheibenfläche bewegt. Ein Indikatorgetriebe mit Kolben einerseits und Meßfeder andererseits veranlaßt diese Bewegung der Kraftscheibe. Die jeweiligen Ausschläge sind der auf den Kolben wirkenden Kraft, also der Spannung proportional.

Dann wird die Kraftscheibe durch Reibung von den Wegscheiben in Drehung versetzt werden, und zwar werden die Drehwinkel sowohl der Geschwindigkeit der Wegscheiben also des Maschinenkolbens, proportional sein, als auch werden sie vom jeweiligen Abstand des Berührungspunktes der Scheiben vom Mittel der Wegscheibe abhängen und daher von der im Zylinder herrschenden Spannung. Die Drehungen der Kraftscheibe aber werden durch ein Zahnradgetriebe auf ein Zählwerk übertragen; da das Zählwerk sich in Ruhe befindet, so ist durch einen langen Zahntrieb *e* für dauernden Eingriff trotz der Bewegungen der Kraftscheibe gesorgt.

Die Indikatorfeder ist jenseits der Kraftscheibe angebracht, sie ist auswechselbar in genau gleicher Weise wie die eines gewöhnlichen Indikators. Nur ist ihr Federmaßstab auf die Ausschläge des Kolbens zu beziehen, da die Übersetzung zum Schreibzeug hin fehlt.

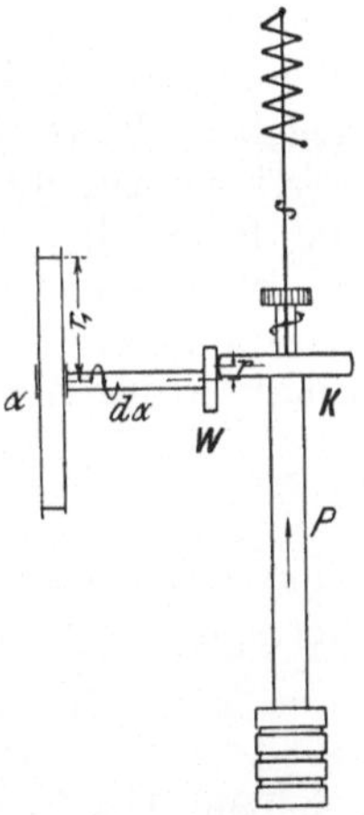

Fig. 282. Prinzip des Arbeitszählers.

Der besondere Hubmesser, Fig. 279, ist nötig, weil man die Diagrammlänge — den reduzierten Kolbenhub unter Berücksichtigung der Schnurdehnung — ohnedies nicht erkennen kann. Ein Mitnehmer drückt die Stifte *b* und *c* auseinander, um so weiter, je größer der Hub der Wegscheiben.

Die Theorie des Instrumentes ist folgende (Fig. 282). Die Wegscheibe macht Winkelbewegungen, die proportional den vom Maschinenkolben zurückgelegten Wegen sind. Sei etwa mit k das Übersetzungsverhältnis im Hubminderer bezeichnet, bezeichne r_1 den Radius der Antriebsscheibe am Arbeitszähler, und $d\alpha$ den Winkelausschlag der Wegscheibe, der dem Weg ds des Maschinenkolbens zugeordnet ist, so ist

$$d\alpha = \frac{k}{r_1} \cdot ds\,;$$

bedeutet andererseits m den Maßstab der Indikatorfeder, so ist dies zugleich die Bewegung der Kraftscheibe, bei einer Druckänderung p um 1 atm. Wenn also im Ruhezustande die Kraftscheibe gerade im Zentrum der Wegscheibe steht, der Atmosphärenlinie entsprechend, so sind ihre

Abweichungen r aus dieser Stellung und die Abstände des Berührungspunktes vom Zentrum der Wegscheibe gegeben durch

$$r = m \cdot p .$$

Nun wird während eines Maschinenumlaufes der beliebige Teil ds des Kolbenweges und daher auch der zugehörige Winkelweg $d\alpha$ immer einmal vorwärts-, einmal rückwärtsgehend durchlaufen. Wenn dabei beim Vorwärtsgang ein Überdruck p im Zylinder geherrscht hat, so wird die Abwicklung der Kraftscheibe während der Durchschreitung des Winkelweges $d\alpha$ beim Hingange den Betrag annehmen

$$r \cdot d\alpha = m \cdot p \cdot \frac{k}{r_1} \cdot ds \quad \dots\dots\dots \quad (1)$$

Möge beim rückgängigen Durchlaufen der Strecke ds die Spannung gerade $p = 0$ sein, so steht die Kraftscheibe im Mittelpunkt der Wegscheibe, eine Abwicklung findet überhaupt nicht statt, und als insgesamt vom Zählwerk verzeichnet ergibt sich der durch Formel (1) gegebene Wert, der also $p \cdot ds$ und damit der indizierten Arbeit proportional ist, die die Maschine beim Durchmessen des Wegstückes s hat freiwerden lassen.

Wäre aber beim Rückwärtsgang des Kolbens der Druck größer als Null gewesen, etwa $p' < p$, so wäre beim Rückwärtsgang ein Zurückschalten des Zählwerkes vom Betrage

$$r' \cdot -d\alpha = \frac{k \cdot m}{r_1} = p' \cdot -ds \quad \dots\dots \quad (2)$$

eingetreten, und es hätte sich eine Bewegung des Zählwerkes nur im Betrage

$$\frac{k \cdot m}{r_1} \cdot (p - p')\, ds \quad \dots\dots\dots \quad (3)$$

ergeben. Das ist aber nach Fig. 215, § 82, wieder die von der Maschine während des Hubstückes ds in Freiheit gesetzte Arbeit, Fläche $x\, x_1\, y_1\, y$.

Es läßt sich nun zeigen, daß die Angabe des Instrumentes auch richtig bleibt, wenn beim Diagramm einer Kondensationsmaschine der Druck unter die Atmosphärenlinie heruntergeht, so daß die Kraftscheibe Ausschläge nach unten macht, insbesondere während des Rückganges des Kolbens sich unterhalb des Wegscheibenmittels befindet. Tritt also während des rückgängigen Durchlaufens der Strecke ds ein Druck $-p''$ im Indikatorzylinder auf, so ergibt sich beim Rückwärtsgang eine Abwicklung im positiven Sinne deshalb, weil diesmal zwar r, aber auch α einen negativen Wert annimmt. Es wird also

$$-r'' \cdot -d\alpha = \frac{k\, m}{r_1} \cdot -p'' \cdot -ds = +\frac{k\, m}{r_1} \cdot p''\, ds \quad .. \quad (4)$$

und die gesamte Abwicklung des Zeigerwerks beim Vorwärts- und Rückwärtsdurchlaufen der Strecke ds, wobei der Druck einmal $+p$, einmal $-p''$ ist, wird

$$\frac{k \cdot m}{r_1} \cdot (p + p'')\, ds \quad \dots\dots\dots \quad (5)$$

d. h. die oberhalb und unterhalb der Atmosphärenlinie liegenden Flächenstücke werden, wenn sie im gleichen Sinne umfahren sind, einfach zueinander addiert, so wie es auch das Planimeter tut.

Daraus folgt nun aber, daß überhaupt nicht die Kraftscheibe gerade auf das Mittel der Wegscheibe eingestellt sein muß, wenn der Druck Null beträgt. Die Bewegung des Zählwerks entspricht jederzeit dem Produkt aus dem Druckunterschied beim hin- und rückläufigen Durchmessen des Weges ds und der Größe dieses Weges ds selbst. Die Atmosphärenlinie spielt hierbei ebensowenig eine Rolle, wie sie es für die Auswertung des Indikatordiagramms tut.

Es ist aber doch nicht gleichgültig, welcher Druck der Stellung der Kraftscheibe im Mittelpunkt der Wegscheibe zugeordnet ist. Denn wenn auch theoretisch durch Ablesung am Zählwerk das gleiche Endresultat ermittelt wird, so kommt es doch auf verschiedene Weise zustande. In Fig. 283 ist das Zustandekommen des Endergebnisses für zwei Fälle dargestellt. Beidemal ist das gleiche Diagramm des Hochdruckzylinders einer Dampfmaschine gezeichnet. In Fig. 283a fällt die Einstellung $r = 0$ der Kraftscheibe mit der Atmosphärenlinie zusammen. Dann wird die rechts schraffierte Fläche beim Hingang vom Zählwerk registriert, die links schraffierte beim Rückgang davon abgezogen, die kreuzschraffierte Fläche hebt sich fort, und die nur rechts schraffierte bleibt übrig. Verlegen wir die Nullstellung der Kraftscheibe oberhalb der Atmosphärenlinie so hoch, wie Fig. 283b es angibt, so sind die Verhältnisse erheblich günstiger: Es ist zu erstreben, daß nur möglichst kleine kreuzschraffierte Flächen einmal vorwärts und einmal rückwärts durchlaufen werden, weil nämlich dann, mit den von der Kraftscheibe und dem Zählwerk zurückzulegenden Abwicklungen, auch die Massenwirkungen geringer werden. Überschreitet man dagegen die günstigste Stellung, so treten wieder ungünstig große kreuzschraffierte Flächen auf.

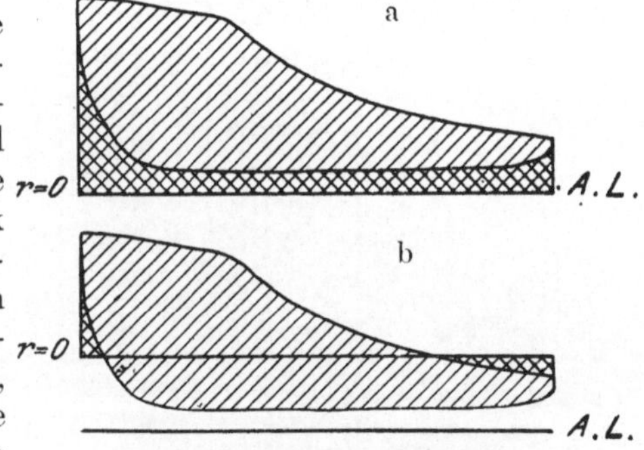

Fig. 283. Zur Theorie der Arbeitszähler.

Bei den Hochdruckzylindern von Dampfmaschinen ergeben sich also ungünstige Verhältnisse, wenn man den Nullpunkt der Kraftscheibe mit der Atmosphärenlinie zusammenlegt. Bei Viertaktölmaschinen hingegen wird man den Nullpunkt nur wenig oberhalb der Atmosphärenlinie wählen dürfen, denn wenn auch das Kraftdiagramm hoch über die Atmosphärenlinie hinausgeht, so hält sich doch das Ansaugediagramm, das natürlich vom Arbeitszähler mit integriert wird, dicht zu beiden Seiten der Atmosphärenlinie.

Das *Verwendungsgebiet* solcher Arbeitszähler ist der Dauerbetrieb. Insbesondere mit Dieselmaschinen für nicht elektrischen Antrieb haben sie sich eingeführt, weil sie eine gute Kontrolle über den Brennstoffverbrauch ergeben. Voraussetzung ist immer, daß sie wirklich dauernd in Betrieb gehalten werden können. Deshalb ist eine gute Ausbildung der Schmiereinrichtungen für die laufenden Teile unerläßlich. Man sieht in Fig. 279 eine besondere Schmierung für den Zylinder. Allerdings ist dazu die freie Beweglichkeit des Einsatzzylinders geopfert, indem er bei *d*, Fig. 280, fest aufsitzt; auch ist der Einsatz nicht mehr von Dampf umspült; man könnte Einsatz und Mantel durchbohren, doch würde dann das Passen der Löcher bei späterem Herausnehmen des Einsatzes Schwierigkeiten machen.

Fig. 284. Gümbelscher Arbeitszähler in fester Verbindung mit einem Indikator nach Fig. 284.

Man hat auch den *Arbeitszähler mit dem Indikator verbunden.* Man erspart dadurch einen Zylinder nebst Kolben und Feder. Eine solche Verbindung ist in Fig. 284 abgebildet. Der Arbeitszähler *A* oberhalb der Indikatortrommel ist der Gümbelsche. Die Bewegung der Kraftscheibe von der Indikatorkolbenstange aus erfolgt durch eine Schwinge *S*. Der Indikator selbst ist derjenige von Lehmann, Fig. 228, § 83. Die Trommel hat die aus Fig. 236, § 83 bekannte Anhaltevorrichtung, die konstruktiv etwas abgeändert ist, indem die Anhaltschraube *T* der Fig. 236 zu einem großen Ring erweitert ist, der den Arbeitszähler umfaßt. Da man das Papier nicht mehr von oben auf die Trommel schieben könnte, so sind zum Festhalten desselben exzentrisch gelagerte Rollen vorhanden (Fig. 284) statt der üblichen Federn.

Fig. 285 zeigt einen Arbeitszähler, der an den gewöhnlichen Indikator Fig. 220 angesetzt werden kann: der Teil 1, 2, 3 kann bei 1 mit dem Zylinderdeckel verbunden werden, bei 2 führt er sich mit einem Stift am Trommelsteg, und bei 3 trägt er den Arbeitszähler. Die Kraftscheibe samt dem Gehäuse des Zählwerks bewegt sich dann auf der Stirnfläche der Trommel als der Wegscheibe, die Ablesung erfolgt auf der Oberseite des Zählers, der durch Federkraft an die Trommel gezogen wird, zum Aufspannen von Diagrammen aber abgeklappt werden kann (gestrichelte Stellung).

Wenn wir im allgemeinen die Verwendung von Anhalteeinrichtungen nicht sonderlich empfahlen, da sie oft Not machen und da man bei einiger Übung gut ohne sie auskommt, so ist doch hervorzuheben, daß in Verbindung mit Arbeitszählern eine Anhalteeinrichtung für die Trommel sehr am Platze ist. Denn ohnedies muß man beim Aufspannen eines Blattes jedesmal auch den Arbeitszähler mit anhalten, wodurch die Zählung unterbrochen wird. Im allgemeinen aber wird man sagen können, daß das Nehmen von Einzeldiagrammen und das fortlaufende Zählen der Arbeit nicht gut zueinander passende Funktionen sind, die man daher recht zweckmäßig auf zwei verschiedene Instrumente verteilt. Mit Hilfe eines Doppelhahns kann man ja gleichwohl beide Instrumente, die dann aber unabhängig voneinander sind, zugleich benutzen. Natürlich muß eine Trommel, wenn sie schon einmal zum Zählen der Arbeit mitbenutzt wird, mit einer Schmiervorrichtung versehen werden, die sich an anderen Trommeln durchaus erübrigt.

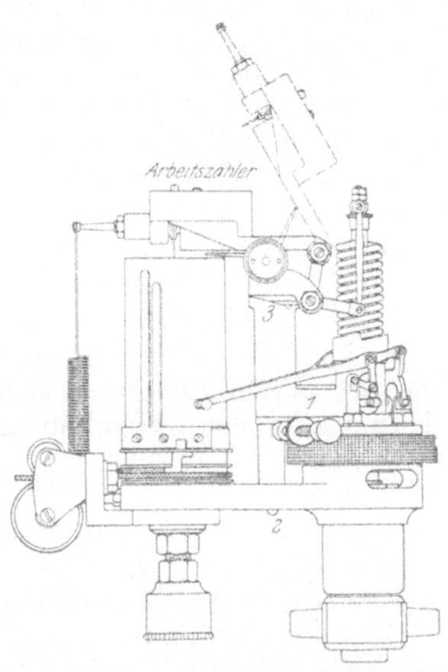

Fig. 285. Böttcherscher Arbeitszähler, angesetzt an einem Maihak-Indikator nach Fig. 220.

XI. Messung der Temperatur.

97. Einheiten. Man mißt die Temperatur nach *Graden*. Die Größe des Grades wird festgelegt, indem man als 100° den Temperaturunterschied vom Gefrierpunkt des Wassers bis zu seinem Siedepunkt bei 760 mm QS Barometerstand bezeichnet. Diese Größe des Grades ist der *Celsiusskala* und der *absoluten Temperaturskala* gemeinsam. Doch beginnt die Celsiusskala vom Frierpunkt des Wassers als Nullpunkt an zu zählen, so daß also der normale Siedepunkt bei 100° C. liegt; Temperaturen unter dem Frierpunkt des Wassers werden als negativ gekennzeichnet. Die absolute Temperaturskala hat ihren Nullpunkt bei —273° C., der Frierpunkt des Wassers liegt also bei 273° abs. und der normale Siedepunkt bei 373° abs. Negative Werte der absoluten Temperatur kommen nicht in Frage, da bei —273° C. die theoretische untere Grenze der gesamten Temperaturskala liegt. Man pflegt die in Celsiusgraden ausgedrückte Temperatur mit t, die in absoluten Graden ausgedrückte mit T zu bezeichnen; dann ist also $T = 273 + t$.

Nun ist aber noch nicht der Grad selbst definiert, sondern nur sein Hundertfaches.

Je nach der angewandten Thermometerart wird die Teilung zwischen 0 und 100° merklich verschieden, oder ein an den beiden Fixpunkten richtig zeigendes, dazwischen gleichmäßig geteiltes Thermometer zeigt Zwischentemperaturen merklich falsch an, wie Tab. 20 zeigt. Dabei sind die wahren Temperaturen t thermodynamisch definiert, da im arbeitleistenden umkehrbaren Kreisprozeß die zugeführte Wärmemenge Q_1 zur abgeführten Q_2 sich wie die Temperaturen verhalten, bei denen die Entropie zu- und abgeführt wird: $T_2 : T_1 = Q_2 : Q_1$. Hieraus ist freilich nur das Verhältnis mehrerer Temperaturen festgelegt, und zu einer festen *thermodynamischen Temperaturskala* kommt man erst durch die willkürliche Forderung, der Abstand zwischen dem Schmelz- und dem normalen Siedepunkt des Wassers solle 100° betragen. Auf die gleiche thermodynamische Skala führt jeder Vorgang, dem der zweite Hauptsatz zugrunde liegt; so die Clapeyronsche Gleichung für den Verdampfungsvorgang, nach der für kleine Intervalle $\frac{\Delta T}{T} = A \cdot \frac{(v_D - v_F)}{r} \cdot \Delta p$ ist, worin v_D und v_F die spezifischen Volumina von Dampf und Flüssigkeit im Grenzzustande, r die Verdampfungswärme, A das mechanische Wärmeäquivalent und Δp die Druckänderung entsprechend der Temperaturänderung ΔT ist.

Das *Gas- und insbesondere das Wasserstoffthermometer* gibt ohne weiteres sehr genau die theoretische Temperaturskala und gilt daher als Normalthermometer. Wegen der unbequemen Handhabung desselben verwendet man praktisch auch als Normalinstrument andere Formen, so insbesondere neuerdings das Platin-Widerstandsthermometer, dessen Beziehungen zur Wasserstoffskala genau bekannt sind und dessen Angaben sich besonders gut und eindeutig reproduzieren lassen.

Das Gasthermometer versagt bei etwa 1500°. Darüber werden statt seiner die Strahlungsgesetze zur Verwirklichung der thermodynamischen Temperaturskala verwendet.

In englischen Sprachgebieten verwendet man noch immer vielfach die *Temperaturskala nach Fahrenheit*. Bei ihr ist der Frierpunkt des Wassers mit 32°, der Siedepunkt bei normalem Luftdruck (ob bei 760 mm QS oder bei 30″ = 762 mm QS, ließ sich nicht feststellen) mit 212° bezeichnet, der Abstand zwischen den Festpunkten also nach

Tab. 20. Vergleich von Temperaturskalen.

Wahre Temperatur	t	−100	−50	+50	+150	+200	+300	+500	+1000
H-Thermometer. .	$t_H - t$	+0.02	+0.006	−0.0012	+0.003	+0.007	+0.016	+0.03	+0.10
Luft-Thermometer	$t_L - t$	+0.31	+0.09	−0.02	.	+0.10	+0.23	+0.50	+1,46
Hg-Thermometer,									
Jenaer Glas 16 .	$t_{Hg} - t_H$	.	.	+0.12	.	.	.	.	.
	$t_{Hg} - t_L$	.	.	.	−0.10	+0.04	+1.98	.	.
Jenaer Glas 59 .	$t_{Hg} - t_H$	.	.	+0.03	.	.	.	.	.
	$t_{Hg} - t_L$	.	.	.	+0.13	+0.66	.	.	.
	$t_{Hg} - t_W$	.	.	.	.	.	+4.5	+26.3	.
Pt-Widerstands-Thermometer . .	$t_W - t$	.	−1.09	+0.38	−1.16	−3.14	−9.75	−34.9	.

Analogie der Winkelgradteilung in 180° geteilt. Wenn C und F die Temperaturangaben noch Celsius und Fahrenheit sind, so gilt

$$C = {}^5/_9 \cdot (F - 32); \qquad F = {}^9/_5\, C + 32$$

woraus Tab. 21 folgt.

Tab. 21. Vergleich der Temperaturangaben nach Celsius und Fahrenheit.

C =	−20	−10	0	+10	20	40	60	80	100	150	200	300
F =	−4,0	+14,0	32,0	50,0	68,0	104,0	140,0	176,0	212,0	302,0	392,0	572,0
F =	0	10	20	30	40	60	80	100	150	200	300	400
C =	−17,8	−12,2	−6,7	−1,1	+4,4	15,5	26,6	37,8	62,2	93,4	148,9	204,5

98. Flüssigkeitsthermometer. Das *Quecksilberthermometer*, bestehend aus der Kugel und dem Faden, neben letzterem die Skala, ist bekannt. Thermometer bestehen heute meist aus Jenaer Glas, kenntlich an einem eingeschmolzenen roten Streifen, und zwar meist aus Normalglas 16^{III}, das sich durch geringe thermische Nachwirkungen auszeichnet. Das den Faden enthaltende Glasrohr pflegt oben noch eine Erweiterung zu haben, in die das Quecksilber beim Überschreiten der Höchsttemperatur eintritt, sonst müßte das Instrument zerspringen. Steht in dieser Erweiterung Quecksilber, so wird die Ablesung gefälscht, ebenso wenn der Faden sich in der Röhre teilt, meist infolge unreinen Quecksilbers oder schlechter Entlüftung des Instrumentes. Beide Erscheinungen vermeide man, und beseitige sie wie folgt. Man schwenke das Thermometer, die Kugel nach außen, mit ausgestrecktem Arm scharf im Kreise, so daß die Schwungkraft das abgerissene Quecksilber zum übrigen treibt, oder man schlage die Hand mit dem Thermometer darin scharf auf den Tisch. Eventuell lasse man durch Erwärmen ein beträchtliches Ende des Fadens in die Kapillare treten, reiße ihn durch Schleudern vom Quecksilbervorrat ab, damit sich das in der Erweiterung stehende mit ihm vereinigt, und bringe das Ganze durch Schleudern wieder zur Kugel zurück. Manchmal hilft auch vorsichtiges Erwärmen der oberen Erweiterung des Thermometers, so daß das Quecksilber in die Röhre getrieben wird. Wenn später das Abreißen wieder und wieder an gleicher Stelle erfolgt, so kühle man das Thermometer mit Eis oder Ätherwatte so weit ab, daß der Faden ganz in die Kugel hineintritt; dann vereinigt sich alles Quecksilber.

Thermometer werden mit verschiedenem Skalenbereich geliefert; oft gehen sie von — 10° bis + 110° oder noch weiter hinauf, andererseits gibt es aneinanderschließende Sätze: 0° bis 40°, 35° bis 70°, 70° bis 110°. Je enger der Meßbereich, desto weiter wird die Skala und desto genauer, freilich nur in geübter Hand, die Ablesung, aber desto weniger verwendbar ist das Instrument. Will man übrigens ein Thermometer für höhere Temperaturen verwenden, als ihm zukommen, so kann man durch Schwenken etwas Quecksilber in die eben besprochene Erweiterung bringen und das Instrument so benützen, muß aber durch Vergleich mit einem anderen Thermometer feststellen, wieviel Grade man jeder Ablesung zuzuzählen hat.

Das gewöhnliche Quecksilberthermometer bleibt bis etwa 300° anwendbar, passende Skala vorausgesetzt. Bei 360° siedet das Quecksilber. Das zu hindern, füllt man den Raum über dem Quecksilber, der gewöhnlich luftleer ist, mit Stickstoff oder Kohlensäure von etwa 10 at Spannung. Das Instrument ist nun bis 500°, bei Verwendung besonderer Glassorten sogar vorübergehend bis 575° verwendbar, d. h. bis das Glas erweicht, das übrigens genügend starkwandig sein muß. Der oft zu hörende Name *Stickstoffthermometer* ist selbst dann nicht sehr charakteristisch, wenn der obere Raum wirklich mit Stickstoff gefüllt ist: das Wirksame ist immer noch das Quecksilber. Quecksilberthermometer aus Quarz mit ebensolcher Füllung gehen neuerdings sogar bis 750° C. Sie haben den weiteren Vorteil, gegen plötzliche Temperaturänderungen unempfindlich zu sein. Immerhin besteht eine gewisse Explosionsgefahr, da der Innendruck, die Dampfspannung des Quecksilbers, bis zu 100 at beträgt.

Der Konstruktion nach sind die Quecksilberthermometer entweder Einschlußthermometer mit einer neben die Kapillare gesetzten Skala aus Papier oder Milchglas und einem Mantelglasrohr um das Ganze, oder Stabthermometer mit einer außen auf die starkwandige Kapillare aufgeätzten Skala. Bei ersteren verschiebt oder löst sich gelegentlich die Skala, bei letzteren wird sie leicht durch hohe Temperaturen oder durch Einwirkung von Säuren oder Alkalien unleserlich. Hochgradige Thermometer sind regelmäßig Stabthermometer.

Die Angabe von Ausdehnungsthermometern ist davon abhängig, ob das ganze Instrument und wieweit es in die zu messende Temperatur eintaucht. Abgesehen von den allgemeinen Gesichtspunkten für die Anbringung der Thermometer, über die in § 101 berichtet wird, ist hier an Abweichungen der *Temperatur des Quecksilberfadens* von dem der Kugel gedacht. Die Instrumente sind meist mit ganz eingetauchtem Faden geeicht. Nur Thermometer für hohe Temperaturen, über 200° etwa, sind bisweilen „mit herausragendem Faden" geeicht und dann so bezeichnet; zweckmäßig sollte noch die Eintauchlänge numerisch angegeben sein. Gegenüber den hohen Temperaturen spielen die kleinen Schwankungen der Lufttemperatur keine Rolle. Nun muß aber der ganze Faden herausschauen, und das ist auch oft unbequem.

Thermometer, die mit eingetauchtem Faden geeicht sind, sollten tunlichst auch so benutzt werden; so kann man sie nach Maßgabe von Fig. 327, § 101 am Knie der Rohrleitung einbauen statt in ein einfaches T-Stück. Ist ein Herausragen des Fadens nicht zu umgehen, so muß man an der Ablesung neben der Korrektion gemäß der Eichung des Instrumentes noch die *Fadenkorrektion* anbringen, die sich wie folgt berechnet.

Bezeichnet man mit α die Ausdehnungszahl des Quecksilbers, so dehnt sich also ein Faden von 1 cm Länge um α cm, wenn wir ihn um 1° erwärmen. Statt des Zentimeters kann man auch die Länge eines Grades der Thermometerskala zugrunde legen und sagen, der Faden von 1° Länge dehne sich um α°. Nur muß man, weil die Gradteilung selbst sich ausdehnt, unter α die scheinbare Ausdehnungszahl des Quecksilbers in Glas verstehen; für das übliche Jenaer Glas ist $\alpha = \frac{1}{6300}$. Macht man die Ablesung t_0 am Thermometer, während der um n Grade herausragende Faden die Temperatur t_f hat, so ist die wahre Temperatur der Thermometerkugel $t = t_0 + \frac{n \cdot (t - t_f)}{6300}$, oder auch, weil t und t_0 nicht viel voneinander verschieden ist, t aber erst gesucht wird,

$$t = t_0 + \frac{n \cdot (t_0 - t_f)}{6300} \quad \ldots\ldots\ldots \quad (1)$$

Der zweite Summand dieser Formel ist die Fadenkorrektion. Man mißt die Fadentemperatur durch ein Hilfsthermometer, dessen Kugel in halber Höhe des Fadens hängt, oder schätzt sie.

Um welche Beträge es sich bei der Fadenkorrektion handelt, geht aus folgenden beiden Beispielen hervor: Die Temperatur von Essengasen wurde gemessen; man hat 324° abgelesen, dabei schaute der Faden von 150° an heraus und seine Temperatur war mit 32° gemessen oder geschätzt. Die Fadenkorrektion beträgt also $\frac{(324 - 150) \cdot (324 - 32)}{6300} = 8{,}06 \sim 8°$; die wahre Temperatur ist 332° statt 324°. Wollte man die Wärmeverluste feststellen, die daher rühren, daß die Essengase mit mehr als 20° C abgehen, so hätte man durch Unterlassung der Korrektion einen Fehler von $\frac{8}{332 - 20} \cdot 100 = 2{,}6\%$ erhalten. — Selbst bei geringen Temperaturen sind die Fehler nicht belanglos. An einem Oberflächenkondensator oder Vorwärmer las man die Zulauftemperatur des Wassers 10,6°, die Ablauftemperatur 39,7° ab, würde also eine Temperaturzunahme von 29,1° feststellen. Im Raum herrscht aber die Temperatur 27°, und das sei auch die Temperatur der Fäden, die beide von —10° an herausragen. Die Fadenkorrektionen sind: für den Zulauf —0,053° (negativ) und für den Ablauf +0,091°. Beachtet man sie, so wird die Temperaturzunahme des Wassers um 0,053 + 0,099 oder um fast 0,15° größer; der Fehler durch ihre Nichtbeachtung ist $\frac{0{,}15}{29{,}1} \cdot 100 \sim 0{,}5\%$. Wenn man solche Korrektionen vorzunehmen für zu umständlich erachtet, darf man wenigstens nicht das Resultat auf sehr viele Stellen angeben. — Das einfachste ist es, im letzteren Falle beide Quecksilberfäden um gleich viele Grade herausragen zu lassen und auf gleiche Temperatur zu bringen, dann wird der Unterschied der Temperaturen richtig.

Nur aus besonderen Gründen werden Ausdehnungsthermometer mit *anderen Flüssigkeiten als Quecksilber* gefüllt. In Wechselstromfeldern geben Quecksilberinstrumente der Wirbelströme wegen falsche Werte. Da Quecksilber bei —39° gefriert, so muß man unterhalb etwa —30° Füllungen aus tiefer erstarrenden Stoffen verwenden. Alkohol wurde früher verwendet, ist aber ungünstig, weil man den oberen Fundamentalpunkt 100° nicht verwirklichen kann und weil kleine Unreinigkeiten, wie namentlich Feuchtigkeit, beträchtliche Unterschiede in der Ausdehnung und in der Netzung bewirken.

Toluol dagegen siedet bei + 110° und ist bis — 70° herab verwendbar, dabei leicht rein darzustellen. Für tiefste Temperaturen bis — 200° C verwendet man sog. „technisches Pentan", von Kahlbaum in besonderer thermometrischer Qualität hergestellt.

Thermometer mit benetzender Füllflüssigkeit darf man nur langsam abkühlen, da sonst merkliche Flüssigkeitsmengen an den Wänden der Kapillare hängenbleiben und eine zu tiefe Ablesung entsteht. Das Zurückgehen des Fadens muß so langsam geschehen, daß die Netzung durch die Kohäsion der Flüssigkeit überwunden wird und das Genetzte alsbald zur Hauptmenge herabgeht. Der Meniskus ist bei zu schnellem Abkühlen stark ausgehöhlt, während er fast eben aussehen sollte.

99. Elektrische Temperaturmessung. a) Die Widerstandsthermometrie benutzt zur Temperaturmessung die Tatsache, daß der elektrische Widerstand der meisten Metalle mit der Temperatur zunimmt. Wenn daher in einem Wheatstoneschen *Brückenviereck* die vier Widerstände so abgeglichen sind, daß in kaltem Zustande die Brücke stromlos bleibt, so wird Strom durch die Brücke gehen, sobald einer der Zweige auf eine abweichende — zu messende — Temperatur gebracht wird. Die Ablesung der Temperatur kann dadurch geschehen, daß man einen der anderen drei Widerstände oder einen Vorschaltwiderstand zum Thermometer solange ändert, bis die Brücke wieder stromlos ist; bekanntlich ist dann für die Widerstände a, b, c, d der vier Zweige (Fig. 286) die Beziehung maßgebend

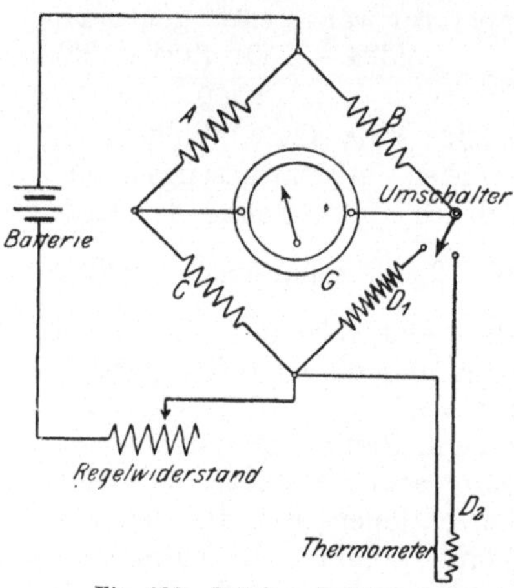

Fig. 286. Brückenschaltung.

$$a : b = c : d \quad \ldots \ldots \ldots \ldots \quad (1)$$

so daß man d berechnen kann, wenn man z. B. a und b konstant, aber bekannt oder doch gleich groß hat, während man c bis zur Stromlosigkeit der Brücke verändert und dann mißt, wofür natürlich die Stellvorrichtung von c unmittelbar mit einer Temperaturteilung versehen sein kann. Man kann die Ablesung zu einer direkten machen, indem man die Widerstände a, b, c unverändert läßt und aus dem Ausschlag des Galvanometers auf den Widerstand von d schließt, dessen Änderung die Stromlosigkeit der Brücke störte. Bezeichnet man noch mit g den Widerstand des Galvanometerzweiges, und mit E die an das gesamte Brückenviereck gelegte Spannung (die nur dann gleich der Batteriespannung ist, wenn die Zuleitungen widerstandslos sind, vor allem der

Regelwiderstand Fig. 286 kurz geschlossen ist), so ist der Brückenstrom[1])

$$i = \frac{E}{g} \cdot \frac{ad - bc}{k} \quad \ldots \ldots \ldots \ldots \quad (2)$$

oder die Brückenspannung

$$e = E \cdot \frac{ad - bc}{k} \quad \ldots \ldots \ldots \ldots \quad (2a)$$

Dabei ist

$$k = (a + c) \cdot (b + d) + \frac{ac}{g} \cdot (b + d) + \frac{bd}{g} \cdot (a + c) \quad . . (2b)$$

Die Veränderungen von d beeinflussen also i oder e nach einem sehr komplizierten Gesetz; in engen Grenzen wird dafür eine lineare Beziehung gesetzt werden können.

Das Galvanometer wird unmittelbar mit einer Temperaturskala versehen. Bei der direkten Ablesung ist auch die Spannung der Stromquelle von Einfluß, bei der erstgenannten Ausgleichmethode nach Formel (1) nicht; dagegen ist die Bedienung des Widerstandshebels zeitraubend. Verwendet man bei letzterer statt eines Galvanometers ein in die Brücke geschaltetes Telephon, so wird man auch auf Änderungen der Temperatur nicht ohne weiteres aufmerksam. Praktisch ist man daher stets bestrebt, Methoden mit direkter Ablesung der Temperatur zu verwenden. Dazu muß der Einfluß der unvermeidlichen Spannungsschwankungen irgendwie unschädlich gemacht werden. Ferner kommen Temperatureinflüsse auf die Vergleichswiderstände und auf das Galvanometer in Frage. Die Vergleichswiderstände freilich bestehen aus Manganin oder einem anderen Metall ohne Temperaturkoeffizienten. Die Drehspule des Galvanometers indessen ist stets Kupfer und unterliegt daher einer Widerstandsänderung von 0,4% für 1° C; um nicht stets die Temperatur berücksichtigen zu müssen, pflegt der Spule ein Manganindraht vorgeschaltet zu sein; ist derselbe z. B. dreimal so groß wie der Spulenwiderstand, so wird also g vervierfacht; dadurch wird der Temperatureinfluß auf 0,1% für 1° C herabgesetzt, zugleich allerdings die Empfindlichkeit auf $^1/_4$ herabgesetzt. Der Vorschaltwiderstand dient zugleich zur Anpassung jedes Instrumentes an den verlangten Meßbereich; durch seine Ausschaltung hat man stets die Möglichkeit, im Einzelfall die Empfindlichkeit erheblich zu steigern, muß dann aber den Temperatureinfluß berücksichtigen.

Zur Einstellung der Spannung und zur Berücksichtigung der Galvanometertemperatur dient die Schaltung nach Fig. 286. Zunächst wird mittels des Umschalters der Hilfswiderstand D_1 in den vierten Zweig der Brückenanordnung geschaltet; der Regelwiderstand ist dann so nachzustellen, daß das Galvanometer seinen größten Ausschlag macht. Nachdem so die Spannung auf den erforderlichen Wert eingestellt ist, wird durch den Umschalter das Thermometer mit der Spule D_2 an Stelle von D_1 eingeschaltet, und nun kann man die Temperatur am Galvanometer G ablesen; der Regelwiderstand darf dann nicht mehr verstellt werden. Als Stromquelle dient eine Batterie von einigen Akkumu-

[1]) Chwolson, Physik, Bd. IV, I, S. 518.

latoren. Kann man an ein Beleuchtungsnetz anschließen, so wird dies eine zu hohe, überdies in mäßigen Grenzen schwankende Spannung darbieten. Man kann dann eine Abzweigung so vorsehen, wie bei Fig. 163, § 72 für einen anderen Zweck geschildert. Diese Anordnung ist der erstgeschilderten überlegen, da die richtige Einregelung des Regelwiderstandes immerhin lästig ist, und betriebstechnisch leicht vernachlässigt wird.

Das Ziel, ohne Nachregelung von der Spannung der Stromquelle unabhängig zu sein, wird durch das *Kreuzspulengalvanometer* Fig. 287 erreicht. Dasselbe ist ein Drehspulinstrument mit zwei Drehspulen, jedoch ohne äußere Richtkraft, wie sie bei den üblichen Drehspulinstrumenten durch eine Feder dargestellt zu sein pflegt. Nur bei Stromlosigkeit wird der Zeiger durch eine Feder an den Anschlag gedrückt, die beim Einschalten des Stromes durch eine einfache Anordnung elektromagnetisch gelöst wird. In Fig. 287 geht also das bewegliche System in die Stellung, wo sich die beiden inneren Richtkräfte der Spule I und der Spule II miteinander ausgleichen. Es läßt sich aber zeigen, daß diese Stellung unabhängig ist von der Spannung der Batterie und nur abhängig von dem Verhältnis der Widerstände der beiden Stromzweige, die von a bis d getrennt gehen und deren einer durch Spule I über b und dasjenige Thermometer 1, 2 oder 3 geht, das durch den Umschalter gerade eingestellt ist, während der andere Zweig durch Spule II über c und den Vergleichswiderstand W geht. Die beiden Stromzweige haben also den Widerstand $W_I + W_T$ bzw. $W_{II} + W$, und wenn an den Zweigpunkten a und b die Spannung E aufrechterhalten wird, so treten in den Zweigen die Stromstärken auf

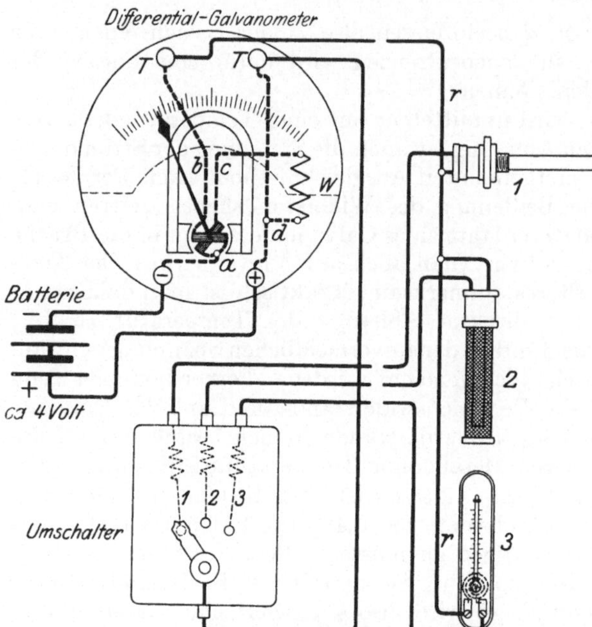

Fig. 287. Meßschaltung mit Kreuzspulen-Widerstandsmesser nach Bruger, Hartmann & Braun.

$$i_1 = \frac{E}{W_I + W_T} \quad \text{und} \quad i_2 = \frac{E}{W_{II} + W} \quad . \quad . \quad . \quad . \quad (3)$$

Die Spulen I und II sind so gewickelt, daß sie bei jeder vorkommenden Einstellung des beweglichen Systems, gekennzeichnet durch den Ausschlag α des Zeigers von der Nullage aus gerechnet, Momente im einander entgegengesetzten Sinne ausüben, deren Größe durch das Produkt aus der Amperewindungszahl $i \cdot n$ und der die Spulen durchmessenden Kraftlinienzahl N gegeben ist, insgesamt also durch $i \cdot n \cdot N$. Deuten wir die beiden Spulen durch Index an, so ist also in jeder Ausgleichstellung

$$i_1 n_1 N_1 = i_2 n_2 N_2 ,$$

oder unter Benutzung der Gleichungen (3)

$$\frac{n_1 N_1}{W_I + W_T} = \frac{n_2 N_2}{W_{II} + W}$$

$$W_I + W_T = \frac{n_1 \cdot (W_{II} + W)}{n_2} \cdot \frac{N_1}{N_2} \quad \ldots \ldots \quad (4)$$

Nun ist der erste Bruch eine Konstante k des Instrumentes, und $\frac{N_1}{N_2} = f(\alpha)$ eine reine Funktion der Stellung des drehbaren Systems, solange nicht die Stromstärken infolge Änderung von E so stark schwanken, daß merkliche Rückwirkungen auf die Kraftlinien entstehen; die Rückwirkungen bei normaler Spannung lassen sich in der Gleichung $\frac{N_1}{N_2} = f(\alpha)$ empirisch ein für allemal mit berücksichtigen. Die Beziehung $\frac{N_1}{N_2} = f(\alpha)$ hängt wesentlich von der Gestalt des Eisenkerns des drehbaren Systems ab; derselbe ist leicht elliptisch gehalten, so daß bei der Drehung das Kraftlinienfeld des permanenten Magneten gewisse Verzerrungen erfährt.

Man vergleicht also bei diesem Instrument unmittelbar die Widerstände der beiden Stromzweige miteinander, und zwar spricht das Instrument auf das Verhältnis der beiden Widerstände an. — Um ein Instrument für wechselnde Höhenlage des Meßbereiches anzupassen, kann man an Stelle von W einen Rheostaten schalten, an dem man Stöpsel nach Bedarf zieht; einen zweiten in den Stromkreis des Thermometers gesetzten Rheostaten kann man zur Erweiterung des Meßbereiches benutzen. In dieser Form hat man ein sehr universell brauchbares, dabei von der Temperatur der Umgebung unabhängiges Meßinstrument.

Die *Widerstandsthermometer* bestehen in ihrem wirksamen Teil regelmäßig aus Platin und werden so abgeglichen, daß sie bei 0° C einen bestimmten Widerstand haben, worauf dann die Widerstandsänderungen bekannt sind. So gleicht die Firma Hartmann & Braun auf 90 Ω, Heraeus auf 50 odcr 100, seltener 25 Ω ab; es gilt Tabelle 22.

Tab. 22. Widerstände von Widerstandsthermometern.
$W_t = W_0 \cdot (1 + \alpha t + \beta t^2)$; bei Heraeus $\alpha = +3{,}927 \cdot 10^{-3}$, $\beta = -6{,}18 \cdot 10^{-7}$

	$t =$	−50	−40	−30	−20	−10	0°	+10	+20° C
H & B:	$W =$	72,2	75,8	79,35	82,9	86,45	90,00	93,5	97,05 Ω
Heraeus:	$W =$	40,11	42,10	44,08	46,06	48.03	50,00	51,96	53,91 Ω
	$t =$	+30	+40	+50	+60	+70	+80	+90	+100° C
H & B:	$W =$	100,55	104,05	107,55	111,0	114,45	117,9	121,35	124,8 Ω
Heraeus:	$W =$	55,86	57,80	59,74	61,67	63,59	65,51	67,42	69,33 Ω

Es ist ein Vorzug der Widerstandsthermometer, daß man den messenden Platindraht ziemlich eng auf einen Punkt konzentrieren, ihn aber auch über einen größeren Bereich verteilen kann, je nachdem ob man die Temperatur eines Punktes oder einen Mittelwert sucht. Bei Fig. 288 ist der Platindraht ganz in Quarz eingeschmolzen, die Spirale liegt dicht unter der Oberfläche; das Ganze wird benutzt wie ein Quecksilber-Thermometer. Bei Fig. 289 ist der Widerstandsdraht, ebenfalls aus Platin, über und zwischen mehrere Glimmerstreifen gewickelt, und das Ganze in einem Stahlrohr mit Porzellankopf so gefaßt, daß es gegen rauhe Behandlung unempfindlich ist. Wesentlich ist die Art der Zuleitungen; ihr Widerstand darf gegen den Meßwiderstand nur klein sein, sonst treten in dem Gebiet mit Temperaturgefälle Verhältnisse auf, die eine Korrektion von der Art der Fadenkorrektion nötig machen, und gerade deren Vermeidung ist der Hauptvorzug der Widerstandsthermometer gegenüber den Flüssigkeitsthermometern. Man muß also noch innerhalb des Bereiches der zu messenden Temperatur entweder die Stärke des Platindrahtes größer werden lassen, oder aus Preisrücksichten z. B. zu Silberdraht übergehen; im letzteren Fall müssen die beiden Übergangsstellen die Meßtemperatur, mindestens aber die gleiche Temperatur haben, um freie Thermokräfte zu vermeiden. Ebenso ist im äußeren Stromkreis auf Vermeidung von unausgeglichenen Thermokräften überall da zu achten, wo verschiedene Metalle aneinanderstoßen, etwa Messingklemmen und Kupferdraht; solche Übergangsstellen müssen paarweise entgegengesetzt auf gleicher Temperatur sein, also am einfachsten nebeneinanderliegen. In Fig. 287 sind drei Formen von Thermometern für verschiedene Zwecke dargestellt; Vorschaltwiderstände, die im Umschalter in die einzelnen Stromkreise eingebaut sind, ergeben die Möglichkeit, verschieden lange Zwischenleitungen auszugleichen, auch den Thermometern verschiedene Meßbereiche am Galvanometer zuzuordnen.

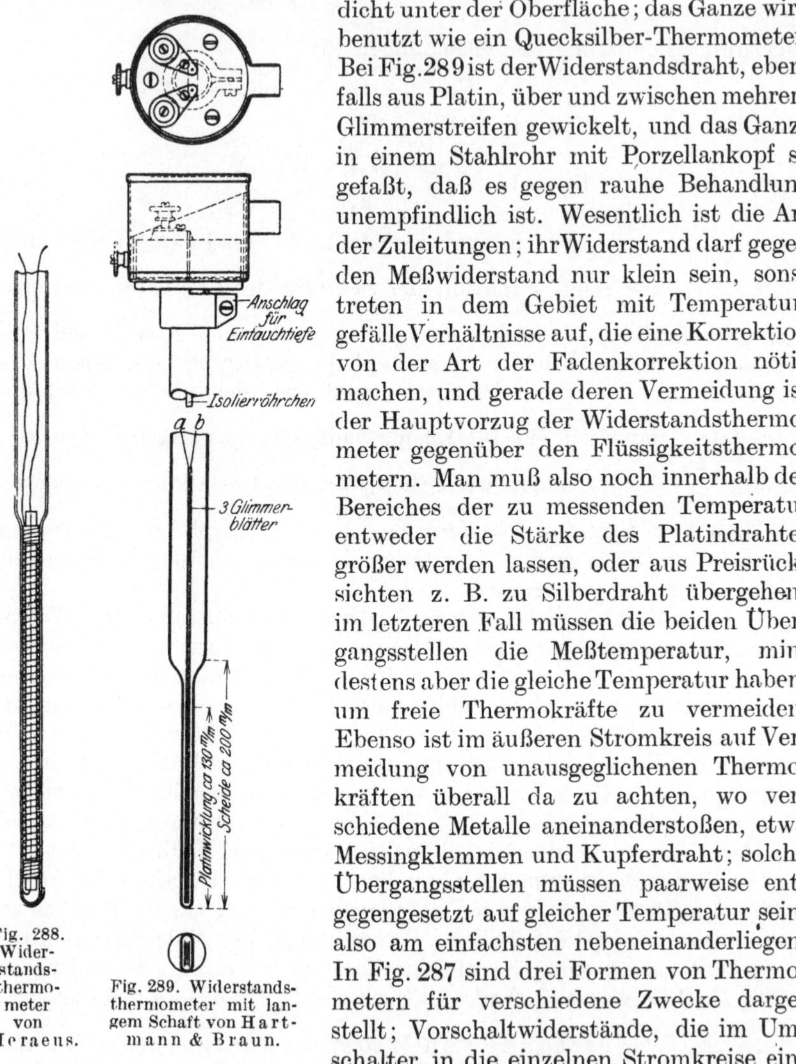

Fig. 288. Widerstandsthermometer von Heraeus.

Fig. 289. Widerstandsthermometer mit langem Schaft von Hartmann & Braun.

Über die mit Widerstandsthermometern zu erzielende *Meßgenauigkeit* und über die *Auswahl der elektrischen Instrumente* in Fällen, wo man nicht eine vollständig abgestimmte Einrichtung fertig beschafft, gibt folgende Überlegung Auskunft. In einer Brückenschaltung nach Fig. 286 soll man die 4 Zweige mit etwa gleichem Widerstand versehen, weil nach allgemeinen Grundsätzen so die größte Empfindlichkeit zu erwarten ist. Wir nehmen also an, daß die Zweige $b = c = a$ gleichen Widerstand haben, während d sich davon um den nicht allzu großen Betrag x unterscheidet: $d = a + x$. Dann wird nach den Beziehungen (2) bis (2b) die Spannung an der Brücke

$$e = \frac{E}{4\frac{a}{x} + 2 + \frac{a}{g}\cdot\left(4\frac{a}{x} + 3\right)} \quad \ldots\ldots \quad (5)$$

und daher die Stromstärke in der Brücke

$$i = \frac{E}{g\cdot\left(4\frac{a}{x} + 2\right) + a\cdot\left(4\frac{a}{x} + 3\right)} \quad \ldots\ldots \quad (5a)$$

Die Empfindlichkeit der Messung hängt von dem Wert $\frac{de}{dt}$ bzw. $\frac{di}{dt}$ ab, der für eine gegebene Widerstandsänderung im Meßwiderstand $\frac{dx}{dt}$ entsteht. Es ist

$$\frac{de}{dt} = E\cdot\frac{1}{x}\cdot\frac{4\cdot\frac{a}{x} + 4\cdot\frac{a}{g}\cdot\frac{a}{x}}{\left[4\cdot\frac{a}{x} + 2 + \frac{a}{g}\cdot\left(4\cdot\frac{a}{x} + 3\right)\right]^2}\cdot\frac{dx}{dt}$$

$$= E\cdot\frac{4a + 4\cdot\frac{a^2}{g}}{\left(4a + 2x + 4\frac{a^2}{g} + 3\frac{ax}{g}\right)^2}\cdot\frac{dx}{dt} \quad \ldots \quad (6)$$

$$\frac{di}{dt} = E\cdot\frac{4ag + 4\cdot a^2}{(4ag + 2gx + 4a^2 + 3ax)^2}\cdot\frac{dx}{dt} \quad \ldots \quad (6a)$$

Beide Ausdrücke werden am größten für $x = 0$, d. h. wenn auch der vierte (Meß-) Widerstand gleich den drei anderen ist: $d = a$. Es ist aus Symmetrierücksichten zu erwarten, daß die Empfindlichkeit bei ganz symmetrischem Aufbau der Anordnung durch ein Maximum geht.

Die Rechnung für den allgemeinen Fall wird unübersichtlich. Mit bestimmten Zahlen bietet sie im Einzelfalle keine Schwierigkeit. Wir behandeln die beiden Grenzfälle: Spannungsmessung mit einem Instrument hohen Widerstandes, $g = \infty$, und Strommessung mit einem Instrument geringen Widerstandes, $g = 0$, ferner seien mittlere Verhältnisse durch den Fall $g = a$ charakterisiert.

1. Für den *Brückenwiderstand* $g = \infty$ ist die Spannung an der Brücke

$$e = \frac{E}{4\frac{a}{x} + 2}, \quad \ldots\ldots\ldots\ldots \quad (7)$$

also bei einer Temperaturänderung dt ist nach (6)

$$\frac{de}{dt} = \frac{E \cdot 4\frac{a}{x^2}}{\left(4\frac{a}{x} + 2\right)^2} \cdot \frac{dx}{dt} = \frac{E}{\left(2 + \frac{x}{a}\right)^2} \cdot \frac{1}{a} \cdot \frac{dx}{dt} = \frac{E \cdot a}{(2a + x)^2} \cdot \frac{dx}{dt}.$$

Die Empfindlichkeit wird wieder am größten, wenn $x = 0$ ist, d. h. wenn auch der vierte Zweig d gleich den drei anderen ist, Für $x = 0$ ist die größtmögliche Empfindlichkeit

$$\frac{de}{dt} = \frac{E}{4a} \cdot \frac{dx}{dt} \quad \ldots\ldots\ldots\ldots (7\,\mathrm{a})$$

proportional der Widerstandsänderung $\frac{dx}{dt}$, und übrigens durch den Faktor $\frac{E}{4a}$ bestimmt. Hierin ist nun a der Widerstand des Thermometers, dem man den der 3 Vergleichswiderstände angeglichen hat, und E die an das Brückenviereck gelegte Spannung; je höhere Spannung man wählt, desto größer der Ausschlag für 1° C, man ist aber durch die zulässige Erwärmung im Platindraht beschränkt, die von der Drahtstärke, also bei bestimmtem a von dem angewendeten Preis abhängt. Bei den Thermometern von Hartmann & Braun ist bei 0° nach Tab. 22 $a = 90\,\Omega$; nach der gleichen Tabelle ist nahe 0° die Widerstandsänderung $\frac{dx}{dt} = \frac{93{,}5 - 86{,}45}{20} = 0{,}355\,\Omega/°\,\mathrm{C}$; die zulässige Strombelastung kann zu 0,05 A angesetzt werden, so daß bei 90 Ω wirksamem Widerstand des ganzen Brückenvierecks eine Spannung $E = 0{,}05 \cdot 90 = 4{,}5$ V angewendet werden darf. Damit wird

$$\frac{de}{dt} = \frac{4{,}5}{4 \cdot 90} \cdot 0{,}355 = 0{,}00\,437\,\frac{\mathrm{V}}{°\mathrm{C}}.$$

Bei einer gebräuchlichen Instrumenttype, die bei etwa 1000 Ω Widerstand bis 17 mV geht, ergibt sich also, wenn man 1000 Ω als groß gegen 90 Ω ansieht, rund 17 : 4,37 = 4° Meßbereich. Da man mit dem Instrument noch 0,1 mV sicher messen kann, so ist ein Temperaturunterschied von 0,001 : 0,00437 = 0,23° noch feststellbar. Wenn es sich bei einer Kühlanlage um Temperaturabnahmen von etwa 3° handelt, die die Sole oder die Luft bei der Kühlung erfährt, so genügt diese Meßweise nicht, da die Unsicherheit rund 10% ist.

2. Für den *Brückenwiderstand* $g = 0$ wird

$$i = \frac{E}{4\frac{a^2}{x} + 3a} \quad \ldots\ldots\ldots\ldots (8)$$

also bei einer Temperaturänderung dt ist

$$\frac{di}{dt} = \frac{E \cdot 4\frac{a^2}{x^2}}{\left(4\frac{a^2}{x} + 3a\right)^2} = \frac{E}{\left(2a + \frac{3}{2}x\right)^2} \cdot \frac{dx}{dt}.$$

Für $d = a$, also $x = 0$ ist die größtmöglichste Empfindlichkeit

$$\frac{di}{dt} = \frac{E}{4a^2} \cdot \frac{dx}{dt} \quad \ldots\ldots\ldots\ldots \quad (8a)$$

Verwendet man das bekannte 1-Ohm-Millivolt- und -amperemeter von Siemens & Halske in Verbindung mit dem Thermometer von Heraeus, so ist für letzteres nach Tab. 22 um 100° herum $\frac{dx}{dt} \backsim 0{,}1 \cdot (69{,}33 - 67{,}42) = 0{,}19 \Omega/°C$ und $a = 69{,}33 \Omega$.

Die Thermometer nach Fig. 288 werden normal mit 0,01 A belastet und erwärmen sich dabei in freier Luft um etwa $^1/_2$°; in Flüssigkeiten kann man aber bis zur Belastung 0,1 A gehen, ohne über 0,1° Eigenerwärmung zu kommen. Bei rund 69 Ω wirksamem Widerstand des ganzen Brückenvierecks darf also die Betriebsspannung bis zu $E = 0{,}1 \cdot 69 = 6{,}9$ V gesteigert werden, wenn die Messung in einer Flüssigkeit erfolgt; damit wird

$$\frac{di}{dt} = \frac{6{,}9}{4 \cdot 69{,}33^2} \cdot 0{,}19 = 0{,}000\,598 \frac{\text{A}}{°\text{C}}.$$

Da 1° der Instrumentenskala = 1 mV = 1 mA darstellt, so ist also 1° der Skala $= \frac{1}{0{,}598} = 1{,}67$ °C, und da man bei diesem Instrument noch $^1/_{10}$° der Skala abliest, so liest man also auf 0,167° C genau ab; da aber die Genauigkeit der Messung dieses Instrumentes im allgemeinen nur auf $^2/_{10}$° der Skala genau ist, so bestimmt man Temperaturen auf $^1/_3$° C genau. Das ist für Temperaturen um 100° oft befriedigend, für Kühlmaschinen aber meist nicht ausreichend.

3. Wo es auf *sehr kleine Temperaturunterschiede* und entsprechend empfindliche Messung ankommt, da kommt das Millivoltmeter von Siemens & Halske mit Bandaufhängung in Frage, das im technischen Betriebe immerhin noch verwendbar ist. Ein solches Instrument empfindlichster Form hat 61 Ω Widerstand, die Skala geht beiderseits des Nullpunktes bis je 30°, und man kann darauf rechnen, daß die Messung von $^1/_4$° der Skala noch zuverlässig ist. Da 1° = 0,05 mV bedeutet, so kann man also Unterschiede von 0,0125 mV messen. Der Widerstand des Instrumentes ist mit dem der Zweige des Brückenviereckes von gleicher Größenordnung; setzen wir also, um einen Überblick zu gewinnen, $g = a$, so erhalten wir

$$e = \frac{E}{8 \cdot \frac{a}{x} + 5} \quad \ldots\ldots\ldots \quad (9)$$

also ist bei der Temperaturänderung dt

$$\frac{de}{dt} = \frac{E \cdot 8 \frac{a}{x^2}}{\left(8 \frac{a}{x} + 5\right)^2} \cdot \frac{dx}{dt} = \frac{E \cdot 8\,a}{(8\,a + 5\,x)^2} \cdot \frac{dx}{dt}.$$

Mit $x = 0$ wird die größtmögliche Empfindlichkeit

$$\frac{de}{dt} = \frac{E}{8\,a} \cdot \frac{dx}{dt} \quad \ldots\ldots\ldots \quad (9a)$$

Nahe 60° haben die Heraeusschen Thermometer etwa 61 Ω Widerstand, dann wäre $a = g$ erfüllt, wenn die Vergleichswiderstände ebenso groß gewählt werden. Dafür ist mit $E = 4$ Volt und $\frac{dx}{dt} = \frac{63{,}59 - 59{,}74}{20} = 0{,}192\ \Omega/°\,C$

$$\frac{de}{dt} = \frac{4}{8 \cdot 61} \cdot 0{,}192 = 0{,}00\,157 \frac{V}{°\,C}.$$

Man kann also Temperaturänderungen von 0,0125 : 1,57 = 0,08° C oder rund $^1/_{10}$° C feststellen. —

Auf ähnliche Empfindlichkeit kommt man auch durch Anwendung des Kreuzspulengalvanometers nach Fig. 287. Ist zwar das Instrument weniger empfindlich als die empfindlichsten einfachen Galvanometer, so empfängt es doch den vollen Strom und nicht nur wie bei der Brückenanordnung einen Teilstrom, auch ist es ohne vorgeschalteten Manganinwiderstand von Temperatureinflüssen frei, seine Empfindlichkeit kann also voll zur Geltung kommen.

Eine Verdoppelung der Empfindlichkeit läßt sich in jedem der 3 Fälle erreichen durch Anwendung von 2 Thermometern gleichen Widerstandes, die nebeneinander in die zu messende Temperatur eingebaut und in gegenüberliegende Zweige des Brückenviereckes eingebaut werden, also bei A und D in Fig. 286. Daß hierdurch eine Verdoppelung der Galvanometerausschläge erreicht wird, bedarf keines Beweises.

Wo nicht die Messung der Temperatur, sondern die *Messung von Temperaturunterschieden* erstrebt wird, sollte man stets direkt die Differenz messen, indem man 2 gleiche Widerstandsthermometer verwendet und sie in benachbarte Zweige des Brückenvierecks einbaut, also bei C und D einschaltet, Fig. 286. Man erhält wieder die doppelten Ausschläge, wenn man 4 Thermometer anwendet, die in die 4 Zweige des Brückenvierecks gelegt werden, so daß A und D auf der einen, B und C auf der anderen Temperatur sich befinden (*Kreuzschaltung*). Beim Zweispulengalvanometer Fig 287 setzt man unter Abschaltung des Widerstandes W die zu vergleichenden Thermometer unmittelbar in die Stromkreise der beiden Spulen.

Es versteht sich, daß für die Messung von Temperaturdifferenzen nach diesen Methoden die Widerstände der Thermometer sehr gut gegeneinander abgeglichen sein müssen.

Bei der Messung von Temperaturunterschieden kann man ferner eine Vergrößerung der Ausschläge und damit der Empfindlichkeit erreichen durch Steigerung der *Betriebsspannung E.* Diese ist im allgemeinen durch die Rücksicht begrenzt, daß sich bei gleichzeitig zunehmender Stromstärke im Thermometer dessen Drahtspirale vermöge des eigenen Ohmschen Widerstandes erwärmt, und zwar quadratisch, so daß eine zu hohe Temperatur gemessen wird. Bei der Messung von Temperatur**unterschieden** fällt dieser Fehler fast heraus, sofern beide Thermometer gleichartig armiert sind und daher bei gleichem Stromdurchgang dieselbe Wärmestauung und **gleiche** Temperaturerhöhung erfahren.

Die *Erwärmung des Meßwiderstandes* ist sonst die ernsthafteste Fehlerquelle bei der Widerstandsthermometrie, die sich der Steigerung der Empfindlichkeit durch Verwendung höherer Betriebsspannung entgegenstellt. Der durch den Meßdraht gehende Strom bewirkt eine Temperaturerhöhung über die Umgebung hinaus, die einerseits von der Stromstärke, andererseits von der Art des Einbaues abhängt, d. h. von der Leitfähigkeit des gesamten Einbaues. Stark isolierende Einbauweisen sind daher zu vermeiden, auch abgesehen von dem allgemein thermometrischen Gesichtspunkt, daß dadurch die Nacheilung in der Anzeige sich vergrößert. Die Angaben der Tab. 22 können daher unmittelbar zur rechnerischen Ermittlung der Temperatur nur dienen, wenn die Stromstärke so gering ist, daß eine im Verhältnis zur Meßgenauigkeit merkliche Temperaturerhöhung nicht statthat; das ist dann der Fall, wenn eine Steigerung der Betriebsspannung z. B. auf den doppelten Wert genau den doppelten Ausschlag des Brückengalvanometers zeitigt; durch solche Beobachtung kann auch der Einfluß der Temperaturerhöhung zahlenmäßig ermittelt werden. Der Einfluß der Erwärmung läßt sich aber auch eliminieren, indem man mit bestimmter Betriebsspannung arbeitet und eine Eichung des Thermometers dabei vornimmt, oder man muß jede Messung auf die Messung einer Temperaturdifferenz abstellen, was bei niedrigen Temperaturen stets tunlich ist, während bei höheren Temperaturen an die Präzision der Messung mindere Ansprüche gestellt zu werden pflegen. — Die Vergleichswiderstände pflegen aus einem Material ohne Temperaturkoeffizienten genommen zu werden.

Widerstandsthermometer werden im allgemeinen bis etwa 600° verwendet.

b) Thermoelektrische Meßmethoden lassen sich weiter hinaus anwenden, werden jedoch auch schon bei niederen Temperaturen nicht ungern verwendet, namentlich auf der Reise, weil sie die lästige Batterie und den Regelwiderstand vermeiden, während sie vor den Quecksilberthermometern den Vorteil haben, daß man die Ablesung an beliebigem Ort fern der Meßstelle machen kann, namentlich auch mehrere Ablesungen an einem Ort.

Soweit die thermoelektrischen und andere Geräte zur Messung besonders hoher Temperaturen dienen, bezeichnet man sie als *Pyrometer*.

Es ist bekannt, daß beim Thermoelement die Verbindungsstelle zweier Drähte aus verschiedenen Metallen der zu messenden Temperatur ausgesetzt wird, während die andere Übergangsstelle, die den Stromkreis schließt, und alle anderen Übergangsstellen, falls man ein drittes Metall verwendet, auf derselben bekannten Temperatur gehalten werden. In dem gebildeten Stromkreis entsteht eine *Thermokraft* E, die bei einem bestimmten Metallpaar von dem Temperaturunterschied der beiden Übergangsstellen abhängt. Nach Maßgabe von Fig. 290 wird das in einem Schutzrohr meist aus Eisen montierte Thermometer mit einem Galvanometer verbunden, das die Temperatur ablesen läßt.

Die beiden für das Thermoelement zu verwendenden Metalle müssen in Drahtform darstellbar, also nicht zu spröde sein; sie dürfen bei den Temperaturen, für die sie verwendet werden sollen, nicht Veränderungen erleiden, also sich nicht oxydieren oder anders angreifen lassen und nicht inhomogen werden, was z. B. für das an sich sehr rein darstellbare Platin bei hohen Temperaturen nicht zutrifft, so daß eine Schutzhülle nötig wird; endlich soll die Thermokraft gegeneinander passende, gut meßbare Werte haben. Aus diesen Gründen haben nur wenige Paare Eingang gefunden, für die der Verlauf der Thermokraft E_t^0 für den Fall, daß die äußere Lötstelle auf 0° C, die innere auf t° sich befindet, sowie der Differentialquotient $\varepsilon = \frac{dE}{dt}$ für verschiedene Temperaturen t der inneren Lötstelle in Tab. 23 gegeben ist; die Kenntnis von ε ist wichtig zur direkten Messung von Temperatur**unterschieden**.

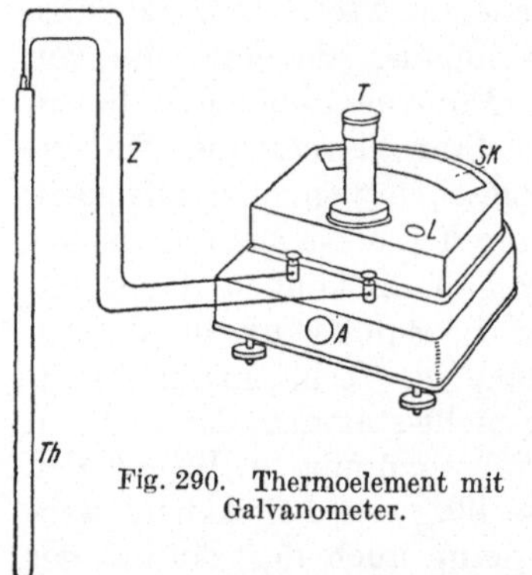

Fig. 290. Thermoelement mit Galvanometer.

Tab. 23. Thermoelektromotorische Kräfte E_t^0 mV von t° gegen 0° C und thermoelektrische Empfindlichkeit ε $\frac{\mu V}{t° C}$ bei t° C nach F. Hoffmann.

bei Erwärmung +Pol −Pol	Konstantan Kupfer		Konstantan Silber		Konstantan Eisen		Platin Platinrhodium		Silber Gold	
t	E	ε	E	ε	E	ε	E	ε	E	ε
− 258.6	.	.	.	.	.	.	.	.	0.289	−4.654
− 205	.	.	.	.	.	.	.	.	0.0987	−1.948
− 192	−5.21	+16.7	−5.20	+15.5	−7.52	+19.5	.	.	.	.
− 154	.	.	.	.	.	.	.	.	0.0153	−0.312
− 100	.	.	.	.	.	.	.	.	.	.
− 78	−2.60	29.4	−2.59	29.1	−3.60	41.5	.	.	.	.
− 70.5	.	.	.	.	.	.	.	.	0.0137	−0.186
0	0	36.5	0	37.0	0	49.7	0	5.4	0	−0.016
+ 20	+0.76	38.0	+0.77	38.8	+1.02	51.0	0.11	5.8	.	.
+ 100	4.07	44.5	4.09	44.9	5.20	54.0	0.64	7.2	0.0115	0.192
+ 200	8.79	50.0	8.85	50.7	10.68	54.6	1.43	8.4	.	.
+ 300	14.03	54.9	14.16	55.2	16.09	55.0	2.3	9.05	.	.
+ 400	19.63	58.0	19.92	59.3	21.55	55.5	3.2	9.5	.	.
+ 500	25.54	60.0	26.04	63.0	27.14	55.8	4.2	9.85	.	.
+ 600	.	.	32.50	66.3	32.75	56.2	5.2	10.2	.	.
+ 800	.	.	.	.	.	.	7.3	10.8	.	.
+1000	.	.	.	.	.	.	9.5	11.5	.	.
+1200	.	.	.	.	.	.	11.9	12.05	.	.
+1400	.	.	.	.	.	.	14.3	12.5	.	.
+1600	.	.	.	.	.	.	16.8	—	.	.
+1700	.	.	.	.	.	.	18.0	—	.	.

Am längsten in Verwendung ist das *Lechatelier-Pyrometer*, das einerseits Platin, andererseits eine Legierung von Platin mit 10% Rhodium hat. Es ist besonders widerstandsfähig gegen hohe Temperaturen und bis etwa 1600° C brauchbar, sofern nicht die Armierung (s. unten) daran hindert. Wegen der geringen elektromotorischen Thermokraft wird es freilich für tiefere Temperaturen wenig verwendet.

Lechatelier - Instrumente werden von der Physikalisch-Technischen Reichsanstalt geprüft und beglaubigt. Nach Versuchen, die das Institut mit diesen Pyrometern vornahm, ist die Angabe verschiedener Instrumente gut miteinander vergleichbar; bei einer Temperatur von 1000° C beträgt die Unsicherheit etwa ± 5°. Im Gebrauch schmilzt gelegentlich die Schweißstelle der beiden Drähte fort; man kann die Enden einfach wieder umeinander wickeln. Nur wird dadurch das Pyrometer allmählich kürzer. —

Mit unedlen Metallen macht man neuerdings auch Messungen bis herauf zu 900° C, wozu man folgende Paare verwendet, für die noch die Thermokraft bei 1065° C gegen 25° angegeben wird, die also etwa die vier- bis sechsfache von der des Lechatelierschen ist.

Nickel gegen Nickel + 10% Chrom $E_{25}^{1065} = 41{,}8$ mV
Nickel + 10% Aluminium gegen
Nickel + 10% Chrom . . . . . . 46,2 „
Nickel + 65% Kupfer gegen Nickel
+ 10% Chrom . . . . 75,4 „

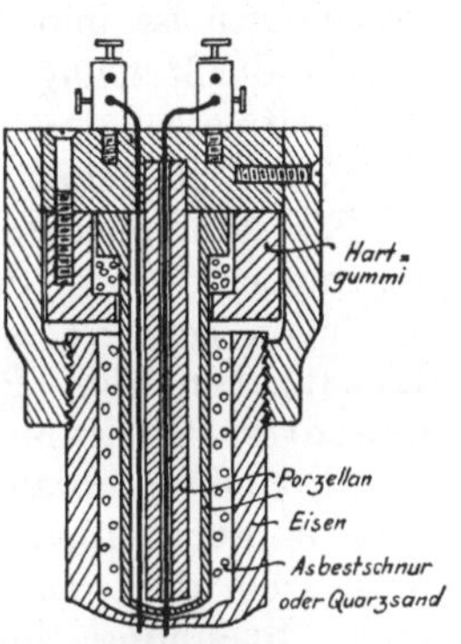

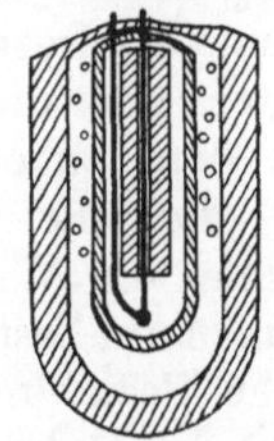

Fig. 291. Lechatelier-Pyrometer von Keiser & Schmidt.

Wegen der großen Unterschiede, die schon geringe Verunreinigungen im Gefolge haben, können die oben gegebenen Zahlen nur als Anhalt dienen, und eine Eichung ist unumgänglich. Wo man aber öfter Thermoelemente braucht und sich solche nach Bedarf in wechselnden Formen selbst herstellen will, beschafft man zweckmäßig einen größeren Vorrat einer Drahtart und stellt dessen thermoelektrische Eigenschaften ein für allemal fest. Insbesondere Konstantan, das sich durch besonders hohe Thermokräfte gegen viele Metalle auszeichnet, ist in seiner Zusammensetzung nicht einheitlich definiert, und das gleiche gilt bekanntlich von technischem Eisen.

Das Thermometer wird als Stabthermometer bis zu mehreren Metern Länge hergestellt nach Maßgabe von Fig. 291. Sein wirksamer Teil ist ein Thermoelement, gebildet aus zwei Drähten von 0,6 bis 1 oder 2 mm Durchmesser, die miteinander verlötet oder verschmolzen sind. Meist ist es nicht angängig, das Thermoelement direkt der zu messenden Temperatur auszusetzen. Es muß mit einer Porzellanhülle versehen werden, um Kohlenoxyd abzuhalten, das meist in den zu untersuchenden Gasen ist oder doch zeitweise darin sein kann, und das beim Lechatelier - Pyrometer die Platinrhodiumlegierung und damit die elektromotorische Kraft verändert; bei anderen Metallpaaren ist namentlich der Einfluß der Wasserdämpfe zu fürchten. Die Notwendigkeit der Umhüllung ist deshalb oft bedauernswert, weil ohne sie die Trägheit geringer wäre. Will man nun das Ganze gegen Stöße sichern, so versieht man es mit einem äußeren Eisenmantel; dann ist es nur bis etwa 1000° brauchbar. Statt Porzellan verwendet man, namentlich für Instrumente, die dauernd im Feuer liegen, Fassungen aus Marquardtscher Masse, einem Material, das bester Schamotte an Feuerfestigkeit wesentlich überlegen ist.

Das Thermometer ist also (Fig. 291) meist ein stabförmiger Körper mit zwei Polklemmen; in ihm laufen die beiden Drähte entlang. Einer der Drähte ist behufs Isolation mit einem engen Porzellanrohr umhüllt; beide sind dann in ein weiteres Porzellanrohr gesteckt, das vorne geschlossen ist und 1600° aushält.

Für die *Messung der entstehenden Thermokräfte* dient ein empfindliches Millivoltmeter, dessen Skala z. B. beim Lechatelier-Instrument bis zu 17 mV zu gehen pflegt.

Ein Millivoltmeter mißt die Klemmenspannung an seinen eigenen Klemmen, die um den Spannungsabfall im Element und in den Zuleitungen geringer ist als die Angaben obiger Tabellen und als die Eichangaben der Physikalisch-Technischen Reichsanstalt für Lechatelier-Instrumente, die stets elektromotorische Kräfte meinen. Der Spannungsabfall hat die Größe $J \cdot W$, worin J die Stromstärke und W der Widerstand ist; da nun J vom gesamten Widerstand, d. h. auch dem des Galvanometers abhängt, so wird auch die abgelesene Spannung eine verschiedene sein, je nach dem angewendeten Galvanometer. Deshalb gibt die Reichsanstalt für das Lechatelier-Pyrometer nur dessen elektromotorische Kraft an, und man hat je nach dem angewendeten Galvanometer eine Umrechnung vorzunehmen, die eine einfache Anwendung des Ohmschen Gesetzes ist. Kennt man die Widerstände von Element und Galvanometer, so ermittelt man am besten ein für allemal die für diese Kombination charakteristische Beziehung zwischen Galvanometerangabe und Temperatur. Meist hat das Galvanometer schon die entsprechende Temperaturskala, oder die liefernde Firma gibt sie an. Wechselt man aber das Galvanometer aus oder hat man sehr lange Leitungen zwischen Element und Galvanometer, so kann man durch Nichtbeachtung des Gesagten Fehler begehen.

Der Widerstand des Thermometers und der Leitungen ergibt sich zu

$$W = c \cdot \frac{l^{\mathrm{m}}}{q^{\mathrm{mm}^2}},$$

dabei ist c von der Temperatur t abhängig. Tab. 24 gibt die in Frage kommenden Werte von c_0 und der Temperaturkoeffizienten.

Tab. 24. Elektrischer Widerstand $c_0 \frac{\Omega \cdot \mathrm{mm}^2}{\mathrm{m}}$ bei 0° C und Zunahme $100 \Delta c$ desselben für 100° Temperatursteigerung.

	Konstantan	Kupfer	Silber	Eisen	Platin	Gold
c_0	0,5	0,0175	0,017	0,11	0,094	0,022
$100 \Delta c$	−0,0015	+0.0070	+0,0061	+0,050	+0,0225	+0,008

Aus Tab. 23 ist zu entnehmen, daß man mit dem bekannten 1-Ohm-Millivolt- und -amperemeter von Siemens & Halske auf keine brauchbare *Meßgenauigkeit* kommt. Wegen des geringen Instrumenten- und damit Gesamtwiderstandes treten merkliche Stromstärken und daher merkliche Spannungsabfälle auf; hat z. B. das Element mit Verbindungsleitungen ebenfalls gerade 1 Ω Widerstand, so ist die Klemmenspannung am Instrument nur die Hälfte der in Tab. 23 gegebenen Thermokräfte, also bei Silberkonstantan 600° nur 16,25 mV. Da der Skalenteil des Instrumentes 1 mV bedeutet, so würden von den 150° der Skala nur rund 16 ausgenutzt werden

Dagegen ist das auch mit Spitzenlagerung versehene neuere 10-Ohm-Normalinstrument derselben Firma für höhere Temperaturen wohl brauchbar, weil es nur 45 mV Meßbereich hat, also 1° = 0,3 mV bedeutet, und weil des höheren Widerstandes wegen auch höhere Spannungen an das Instrument kommen. Habe ein Konstantan-Eisenthermometer von 1,5 m Länge Drähte von 1 mm Durchmesser, so ist dessen Widerstand unter Benutzung von Tab. 24 wie folgt zu berechnen: Der Konstantandraht hat $0{,}5 \cdot \frac{1{,}5}{0{,}78} = 0{,}96\ \Omega$ Widerstand. Der Widerstand des Eisendrahtes hängt von der Temperatur ab und ist

bei	0°	20°	100°	200°	400°	600° C
	0,21	0,23	0,31	0,40	0,59	0,78 Ω.

Doch sind die Elementendrähte nicht in ganzer Länge auf der zu messenden Temperatur; es wird wegen der Ableitung von der Lötstelle her (§ 101) verlangt, daß eine genügende Strecke auf der Meßtemperatur ist; andererseits wird verlangt, daß der Übergang auf die äußeren Kupferleitungen kalt bleibe. Nach Lage der Dinge werde geschätzt, daß die Hälfte der Drähte als „warm", die andere Hälfte als „kalt" aufgefaßt werden könne, eine Schätzung, die ähnlich der für die Fadenkorrektion am Flüssigkeitsthermometer ist. Dann kann man die Widerstände des Eisendrahtes als abhängig von der Meßtemperatur wie folgt ansetzen:

0,21 0,23 0,27 0,31 0,41 0,50 Ω,

also wird der Widerstand des Thermometers

1,17 1,19 1,23 1,27 1,37 1,46 Ω,

und kann gegen 10 Ω nicht vernachlässigt werden. Selbst die beiden Leitungen zum Galvanometer von 2,5 mm² Querschnitt und $2 \times 5 = 10$ m Länge sind mit 0,07 Ω Widerstand nicht ganz unbeachtlich. Es ergibt sich der Widerstand außerhalb des Galvanometers

1,24 1,26 1,30 1,34 1,44 1.53 Ω,

der Gesamtwiderstand

$W = 11{,}24$ 11,26 11,30 11,34 11,44 11,53 Ω.

Gelten für das besondere Drahtmaterial die Thermokräfte nach Tab. 23, so ist also die EMK., wenn die äußere Übergangsstelle auf 20° gehalten wird

$E = -1{,}02 \cdot 0 \cdot +4{,}18$ 9,66 20,53 31,73 mV,

also die Klemmenspannung am Galvanometer

bei	0°	20°	100°	200°	400°	600° C
$e =$	$-0{,}91$ ·	0 ·	$+3{,}70$	8,52	17,96	27,5 mV.

In der Gegend von 100° ist die Empfindlichkeit $\varepsilon = \frac{0{,}91 + 8{,}52}{200}$ $= 0{,}047$ mV/° C oder $1/\varepsilon = 21$° C/mV; da das 10-Ohm-Instrument noch $^1/_5$ Skalenteil $= \frac{0{,}3}{5} = 0{,}06$ mV sicher anzeigt, so findet die Ablesung auf $21 \cdot 0{,}06 = 1{,}3$° C genau statt. Für viele Fälle mag das reichen, zumal bei höheren Temperaturen.

Die Umständlichkeit, die in der Berücksichtigung des Widerstandes von Thermometer und Leitung liegt, wird vermieden, wenn man ein Instrument großen Widerstandes verwendet, demgegenüber die Widerstände und Widerstandsunterschiede der ersteren vernachlässigt werden können. Viel gebräuchlich sind Instrumente von etwa 1000 Ohm Widerstand, die bis 17 mV gehen und in 0,2 mV geteilt sind. Für kleine Temperaturunterschiede kommt die schon oben erwähnte Type mit Bandaufhängung von Siemens & Halske in Frage; mit solchem Instrument erhält man bei niederen Temperaturen die größte thermoelektrisch mit technischen Hilfsmitteln, d. h. ohne Kompensationsmethoden, erreichbare Empfindlichkeit in folgender Größe. Das Instrument von 61 Ω Widerstand läßt noch 0,0125 mV sicher erkennen. Das Thermoelement bestehe aus Konstantan und Silber und habe daher bei + 20° die Empfindlichkeit 0,038 mV/° C, wenn die Elementdrähte so stark und kurz sind, daß ihr Widerstand unbeachtet bleiben kann; man führt sie dann am besten selbst (ohne auf Kupferleitungen überzugehen) bis an das Galvanometer. Dasselbe läßt dann $\frac{0{,}0125\,\text{mV}}{0{,}038\,\text{mV}/°\,\text{C}} = 0{,}33$° C noch sicher erkennen.

Da man bei Widerstandsthermometern mit demselben Instrument noch 0,08° C und bei Kreuzschaltung sogar die Hälfte davon erkennen konnte, so bleibt also die erreichbare Empfindlichkeit der thermoelektrischen Messung hinter der der Widerstandsmessung erheblich zurück. Die *Vorteile der thermoelektrischen Messung* liegen aber in der Möglichkeit, sehr lokale Messungen auszuführen und Oberflächentemperaturen zu messen (§ 101) und in der Vermeidung der besonderen Stromquelle. Dem gegenüber steht als *Vorteil der Widerstandsthermometer* die Möglichkeit, einen Durchschnittswert aus größerem Bereich direkt zu messen, dabei sogar den Mittelwert nach beliebigem Gesetz zu bilden, z. B. über den Durchmesser eines Rohres hin die Randzonen nach Maßgabe von Fig. 109 § 56 stärker zu berücksichtigen; vor allem geben aber thermoelektrische Messungen nur Temperaturunterschiede, während die Widerstandsmessungen zumal unter Benutzung einer Vergleichsschaltung nach Fig. 287 die Temperatur der Meßstelle angeben unabhängig von der der Umgebung; in technischen Betrieben mit wechselnder Umgebungstemperatur ist das eine wesentliche Erleichterung. Diese Bemerkung bezieht sich auch auf die Beeinflussung des Galvanometers durch die Temperatur, die noch außer der Temperaturänderung der anderen Lötstelle zu beachten ist.

Oft ist die Skala der für Thermoelemente gelieferten Galvanometer verstellbar, und man stellt sie vor Beginn des Versuches so ein, daß sie Raumtemperatur zeigt, wenn das Thermoelement einfach im Raume liegt. Das bedeutet freilich, daß man die Angaben der Tab. 23 statt auf Temperaturen über 0° einfach auf die Temperaturunterschiede über Raumtemperatur bezieht und die Änderungen von ε unbeachtet läßt.

Eine Fehlerquelle für die thermoelektrische Messung, aber auch für die Widerstandsmessung sind *schädliche Thermokräfte*. Inhomogenitäten des Schenkelmaterials veranlassen solche, wenn sie im Bereich des Temperaturgefälles aus dem Meßraum nach außen liegen; da alle Drähte infolge des Ziehprozesses inhomogen sind, so müssen sie durch Ausglühen homogen gemacht werden; man leitet dazu eine Zeitlang einen Strom durch sie; besonders bei Konstantan ist das erforderlich. Man prüft die Homogenität, indem man den Draht beiderseits an ein sehr empfindliches Galvanometer anschließt und mit der Bunsenflamme langsam daran entlangstreicht, so daß er stellenweise erglüht, wobei die Inhomogenitäten Thermokräfte auslösen. Schädliche Thermokräfte können ferner da auftreten, wo der äußere Stromkreis Übergänge auf ein anderes Material aufweist; bei Messung höherer Temperaturen genügt es meist, darauf zu achten, daß z. B. die Messingpolklemmen des Galvanometers nicht oder beide gleichmäßig von der Strahlung etwa des Dampfkessels getroffen werden; das Thermometer muß außen so lang sein, daß die äußeren Pole, wo der Elementendraht an Messing und weiter an Kupfer anzuschließen pflegt, keine merkliche Erwärmung durch Leitung von der Meßstelle her erfährt; da Silber und Konstantan die Wärme sehr verschieden gut leiten, so könnte die Erwärmung beider Pole verschieden werden, wenn sie überhaupt merklich ist; Eisen und Konstantan gleichen sich in dieser Hinsicht besser. Oft ist deshalb der Elementendraht an dem aus Porzellan bestehenden Thermometerkopf außen als wärmeabgebende Spirale entlanggeführt.

Vor den eigentlichen Thermometern haben die elektrischen Methoden der Temperaturmessung den Fortfall der Fadenkorrektion und das voraus, daß man die Ablesung in einiger, ja beliebiger Entfernung vom Orte, dessen Temperatur festzustellen ist, machen kann. Man kann also die Ablesungen mehrerer Temperaturen an einer Stelle machen und erspart die Wege etwa zu schwer zugänglichen Rohrleitungen. Auch Registrierung der Galvanometerangaben ist möglich; erwähnt seien in dieser Hinsicht die *Multithermographen*, die 6 Thermometer der Reihe nach an ein Galvanometer schalten und den Zeiger an das Papier andrücken, so daß auf dem Streifen 6 Kurven entstehen, die voneinander z. B. durch die Farbe unterschieden werden (Siemens & Halske, Hartmann & Braun, auch Kreuzspulenschaltung nach Fig. 287). Endlich ist es möglich, thermoelektrische und Widerstandsthermometer mit sehr feinen Drähten (0,02 mm) auszustatten und dadurch ihre Trägheit aufs äußerste zu beschränken. Vgl. Z. d. V. D. I. 1914, S. 603.

100. Betriebsinstrumente. Während die bisher besprochenen Instrumente hohen Anforderungen an Genauigkeit entsprechen, aber den Nachteil haben, von sorgsamer Behandlung abhängig oder zerbrechlich zu sein, sollen die folgenden Instrumente für Betriebe verwendet werden, wo sie roher Behandlung ausgesetzt sind, wo dafür aber eine nur mäßige Genauigkeit ausreichend ist.

Graphitpyrometer (Fig. 292) bestehen aus einem Graphitstab, der in eine Eisenhülle eingeschlossen und nur an einem Ende mit ihr verbunden ist. Unter dem Einfluß höherer Temperaturen dehnt sich die Eisenhülle in der Länge aus, während Graphit die Eigenschaft hat, kaum mit der Temperatur die Länge zu ändern. Daher entsteht eine Relativbewegung der beiden freien Enden gegeneinander, die man für eine Zeigerbewegung ausnutzen kann: ein Gehäuse mit Skala sitzt auf dem Eisenrohr, während der Zeiger mit dem Graphitstab in Verbindung steht. — *Metallthermometer* nutzen die verschiedene Ausdehnung zweier Metalle zur Messung aus. — Es ist natürlich, daß bei solchen Instrumenten die ganze Länge der messenden Stäbe der Temperatur ausgesetzt sein muß. Auch muß die Masse der Stäbe erst durchwärmt werden; daher zeigen sie erst nach längerer Zeit an: sie sind sehr träge.

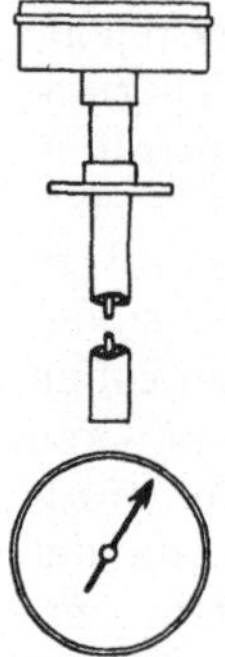

Fig. 292. Graphit- oder Metallthermometer.

Thalpotasimeter nutzen die Tatsache, daß bei siedenden Flüssigkeiten eine eindeutige Beziehung zwischen Spannung und Temperatur besteht, zur Temperaturmessung aus. Wenn ein eisernes Thermometergefäß teilweise mit Äther gefüllt ist, so kann ein Manometer, das man durch Kapillarrohr damit verbindet, direkt in Grade Celsius geteilt werden. Dabei wird sich das Kapillarrohr und das Federrohr des Manometers mit flüssigem Äther anfüllen, welcher dorthin als nach dem kälteren Teil destilliert. Es muß jedoch soviel Äther vorhanden sein, daß bei allen Temperaturen noch Flüssigkeit vorhanden ist und die Dämpfe gesättigt sind. — Das Thalpotasimeter ist theoretisch inkorrekt, weil es vom äußeren Luftdruck abhängig ist und bei wechselndem Barometerstand verschiedene Angaben macht. Die zu messende Temperatur legt die absolute Spannung im Thermometergefäß fest, das Manometer aber zeigt nicht absoluten, sondern Überdruck an. Das kann gelegentlich selbst bei roheren Messungen merkliche Fehler ergeben. Instrumente mit Ätherfüllung können etwa von 50° (nicht weniger) bis 180° benutzt werden. Von 360° bis zur Rotglut (650°) hat man entsprechende Instrumente mit Quecksilberfüllung, in denen der Quecksilberdampf die gleiche Rolle spielt wie sonst der Ätherdampf. Bei mäßigen Temperaturen, um 0° herum, wird flüssige Kohlensäure als Füllung benutzt. Ähnliche Instrumente kommen auch als Fernthermometer in den Handel (Fournier - Thermometer von Gebrüder Schmidt, Reutlingen), indem der Druck durch ein Kapillarrohr auf mäßige Strecken fortgeleitet werden kann. Die Temperatur der Leitung ist ohne Einfluß auf die Angabe.

In den *Quecksilberdruckthermometern* ist Quecksilber so in einen genügend widerstandsfähigen Behälter eingeschlossen, daß es denselben ganz ausfüllt unter Vermeidung jedes Luftraumes. Da also bei einer Erwärmung das Quecksilber an freier Ausdehnung gehindert wird, so entsteht eine Spannung, die als Maß für die Temperatur an einem Manometer abgelesen wird; das Manometer ist empirisch in Grade Celsius geteilt. Den stählernen Quecksilberbehälter kann man mit dem Manometer durch ein längeres Kapillarrohr verbinden und so die Vorrichtung zum Übertragen des Ergebnisses bis auf etwa 50 m Entfernung benutzen. Es treten dann (nicht jedoch bei den Thalpotasimetern mit Fernablesung) Verhältnisse auf ähnlich denen, die beim gewöhnlichen Quecksilberthermometer die Notwendigkeit einer Fadenkorrektion ergeben. Das Quecksilber in Kapillarrohr und Manometerfeder, dessen Menge man freilich möglichst klein hält (Durchmesser der Kapillare 0,5 mm), stört, indem seine Temperatur — die Temperatur der Umgebung — die Messung beeinflußt. Eine Korrektion ist aber nicht so leicht zu machen wie beim gewöhnlichen Thermometer. — Diese Thermometer sind von $-20°$ bis $+350°$ brauchbar, soweit etwa, wie das Quecksilber flüssig ist.

Äußerlich stellen sich Thalpotasimeter und Quecksilberdruckthermometer, soweit sie nicht der Fernablesung dienen, als ein einhüllendes Eisenrohr dar, das in einen Flansch o. dgl. endet; auf der anderen Seite des Flansches ist ein Manometer (ähnlich wie Fig. 292).

Thalpotasimeter u. dgl. Instrumente vergleicht man von Zeit zu Zeit mit geprüften Glasthermometern oder hält sie, wenig genau in siedendes Wasser, besser in strömenden Dampf. Ihr Zeiger pflegt nachstellbar zu sein, so daß man ihn richten kann.

Die in der Tonindustrie üblichen *Segerschen Kegel* sind dreiseitige abgestumpfte Pyramiden aus Tonerdesilikaten, die je nach ihrer Zusammensetzung bei verschiedenen Temperaturen zu schmelzen beginnen. Sie werden in 58 Nummern hergestellt; die ihrer Nummer entsprechende Temperatur gilt als erreicht, wenn der Kegel so weit zusammengefallen ist, daß die Spitze des Kegels die Unterlage berührt. Daß dies nicht nur von der Endtemperatur, sondern auch von der Dauer der Einwirkung abhängt, entspricht den Bedürfnissen der keramischen Industrie.

101. Eichung und Einbau der Thermometer. Nach Auswahl der für einen bestimmten Zweck nach Meßbereich, Empfindlichkeit und sonstigen Eigentümlichkeiten geeigneten Meßweise ist die zu einem gewissen Skalenwert zugeordnete Temperatur des wärmeaufnehmenden Elementes (Quecksilberkugel, Widerstandsdraht, Lötstelle) zu ermitteln. Einige bezügliche theoretische Rechnungen, die in § 99 gegeben wurden, führen nur dann zum Ziel, wenn die Konstanten der verwendeten Materialien bekannt sind; Tabellenwerte kann man nicht ohne weiteres verwenden, weil kleine Verunreinigungen bereits bedeutenden Einfluß auf den Wert haben. Will man sich also bei fertig gelieferten Geräten nicht auf die liefernde Firma verlassen, oder hält man nach längerem Gebrauch eine Nachprüfung erforderlich, so hat man eine Eichung der Geräte vorzunehmen.

Weiterhin kommt es darauf an, die Geräte so in die zu untersuchende Anlage einzubauen, daß das wärmeaufnehmende Element die zu messende Temperatur annimmt.

Für die *Eichung* von Thermometern kommt das Zurückgehen auf die Fixpunkte 0° und 100° technisch meist nicht in Frage, da die Schwierigkeiten der genauen Versuchsdurchführung erheblich sind. Zur Prüfung des 0°-Punktes verwendet man ein Gefäß mit Eis, das in Wasser getränkt ist und dessen Temperatur auf 0° hält; der Barometerstand spielt keine Rolle. Zur Prüfung des Siedepunktes verwendet man den Siedeapparat, der in § 31, Fig. 57 als Mittel zur Bestimmung des Barometerstandes besprochen wurde. Der Barometerstand muß beachtet werden. Die Festpunkte pflegen durch Marken auf dem Rohr selbst festgelegt zu sein, für den Fall, daß die Skala sich verschiebt. Auch wo die Skala gar nicht bis zu dem betreffenden Festpunkt reicht, sind diese Marken oft dennoch vorhanden. Dazu ist das Rohr erweitert und nachher, an der Stelle des Festpunktes, wieder verengt (Fig. 293). Man informiere sich in physikalischen Büchern. Führt man die Versuche mit unvollkommenen Hilfsmitteln an Thermometern aus, die von der Physikalisch-Technischen Reichsanstalt geprüft sind, so erhält man meist abweichende Ergebnisse, woraus hervorgeht, daß die Untersuchung nicht leicht so genau durchzuführen ist, daß die Mühe sich lohnt.

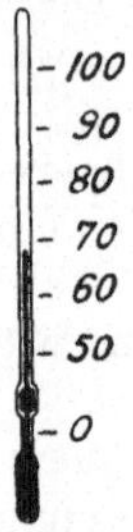

Fig. 293. Thermometer mit künstlichem Nullpunkt.

Außerdem erhält man eben nur 2 Punkte, und Zwischentemperaturen bleiben unsicher. Solche können nun durch Beobachtung von Siedepunkten oder Schmelzpunkten anderer Stoffe festgelegt werden. So ist der Schmelzpunkt von Natriumsulfat (genauer: der Umwandlungspunkt der Kristalle $Na_2SO_4 \cdot 10\,aq$ in $Na_2SO_4 + 10\,aq$) sehr genau zu 32,38° bekannt. Aber gegen die Genauigkeit der Untersuchung sind die gleichen Einwendungen zu machen, dazu kommt noch die Schwierigkeit, die betreffende Substanz g a n z r e i n zu erhalten. Immerhin seien einige gut festgelegte Temperaturen in Tab. 25 angegeben.

Tab. 25. Festpunkte der Temperatur.

Siedepunkt von CO_2	$-78{,}3 + 0{,}017 \cdot (p - 760)$
Schmelzpunkt von Hg	$-37{,}7$
„ „ H_2O	0
Glaubersalzkristalle $Na_2SO_4 \cdot 10\,H_2O$ Umwandlung in $Na_2SO_4 + 10\,H_2O$	$+32{,}38$
Siedepunkt von H_2O	$+100 + 0{,}0375 \cdot (p - 760)$
„ „ Naphthalin	$+218{,}0 + 0{,}0585 \cdot (p-760) - 0{,}000025 \cdot (p-760)^2$
Schmelzpunkt von Zinn Sn . . .	$+231{,}8$
Siedepunkt von Schwefel S	$+444{,}5 + 0{,}0910 \cdot (p-760) - 0{,}000043 \cdot (p-760)^2$
Schmelzpunkt von Al	$+658$
„ „ Au	$+1064$
„ „ Pt	$+1760$

Um ein Thermometer im Dampf siedenden Naphthalins oder Schwefels zu eichen, kann man ein entsprechend weites einerseits geschlossenes Rohr (aus Glas, wohl auch aus Eisen) verwenden, das senkrecht aufgestellt, im untersten Teil mit der Substanz gefüllt und oberhalb deren Oberfläche mit Wärmeschutzmasse umgeben wird. Es ist so lang, daß man auch ein stabförmiges Widerstandsthermometer eintauchen kann; im obersten Teil fehlt die Isolation, so daß die Dämpfe wieder kondensieren. Das zu prüfende Thermometer wird mit einem Strahlungsschutz aus Eisen oder Asbest umgeben, wie solche für die Messung selbst sogleich besprochen werden.

Es wird indessen empfohlen, Eichungen durch Vergleich mit Normalthermometern auszuführen, die ihrerseits mit Prüfschein der Reichsanstalt versehen sind. Bis 100° führt man den Vergleich mit Wasser aus, indem man zwei große Bechergläser ineinander stellt und beide mit Wasser füllt, so daß das innere mit Wassermantel versehen ist. Man erwärmt das Ganze auf gegen 100° und vergleicht während der Abkühlung das zu prüfende mit dem Normalthermometer bei verschiedenen Temperaturen. Dazu faßt man beide in einer Hand so, daß die Kugeln dicht benachbart sind, bewegt sie unter Wasser hin und her, damit sie die Wassertemperatur annehmen, und liest schnell hintereinander beide abwechselnd mehrfach ab; auch der Faden bleibt dabei eingetaucht. Am besten ist das mit gleichlangen Thermometern zu machen, außerdem wird die Genauigkeit umso größer, je langsamer das Bad abkühlt.

Für Temperaturen über 100° verwendet man zu demselben Verfahren Naphthalin (flüssig von 80 bis 218°), Öl oder Schwefel (flüssig von 113 bis 445°); doch wachsen die Schwierigkeiten der Arbeit.

Für Temperaturen unter 0° verwendet man Sole, die man der zu untersuchenden Kühlanlage entnimmt, auch kann man mit flüssiger Luft oder mit Kohlensäureschnee tiefere Temperaturen erzeugen.

Elektrische Thermometer in langer Fassung oder Graphitpyrometer und andere in § 100 besprochene Betriebsinstrumente lassen das gleiche Verfahren zu, wenn man einen Eisenbehälter von passender Größe oder ein Holzfaß mit heißem Wasser anwenden kann. Die Verlangsamung des Abkühlungsvorganges durch Wärmeschutz und die Anwendung eines Rührwerkes sind auch hier wesentlich für genaues Arbeiten; die Schwierigkeit pflegt dann mehr darin zu liegen, wie die wirkliche mittlere Badtemperatur bestimmt werden kann. Besser ist es deshalb, sich einen Prüfstand an einer Dampfleitung so vorzurichten, daß man das Thermometer in einen seitlichen toten Abzweig setzen kann, der senkrecht hochgeht; in ihm steht, wenn die Leitung nicht sehr heißen Dampf führt, Sattdampf, dessen Druck man mit einem guten Manometer bestimmt; ein Entlüftungshahn ist nötig und kann auch während des Versuchs offen bleiben, um eine langsame Strömung des Dampfes zu erzeugen. Ableitung und Strahlung (s. u.) sind zu vermeiden. —

Bei der praktischen Verwendung sind die Meßfehler infolge schlechten Einbaues des Thermometers leicht wesentlicher als die Falschanzeigen des Instrumentes gegenüber der wirklichen Temperatur seines wärmeaufnehmenden Elementes. Die Einflüsse der Ableitung und der Strahlung werden oft unterschätzt.

Unter der *Ableitung* versteht man die Tatsache, daß das wärmeaufnehmende Element (Quecksilberkugel, Widerstandsdraht, Thermolötstelle) nicht bis auf die Temperatur der Umgebung kommt, wenn ihm andererseits Wärme entzogen wird; es bildet sich dann nur ein Zustand heraus, wo die Temperaturanzeige zwischen der zu messenden und der Temperatur der Umgebung ist. Sind die Elementendrähte eines thermoelektrischen Thermometers nur kurz in ein Rohr hineingeführt, dessen Inhalt der Messung unterliegt, so wird der Lötstelle von dem Rohrinhalt Wärme zugeführt, während die Meßdrähte selbst Wärme nach außen übertragen und sie dort an die Umgebung abgeben. Die Temperaturverteilung in den Meßdrähten und die Temperatur der Lötstelle richtet sich also einerseits nach der Aufnahmefähigkeit der Drahtoberfläche im Rohrinnern, sodann nach der Leitfähigkeit der Drähte für Wärme, endlich nach der Wärmeabgabe der äußeren Drahtoberfläche. Besonders groß wird daher der Einfluß der Ableitung, wenn innen Luft steht, die dem Draht Wärme nur träge zuführt, wenn der eine Draht aus Silber besteht und die Drahtstärke groß ist, und wenn 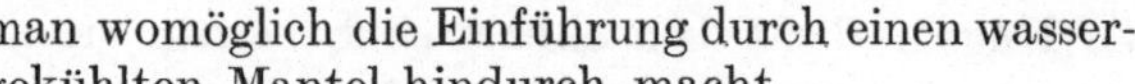 man womöglich die Einführung durch einen wassergekühlten Mantel hindurch macht.

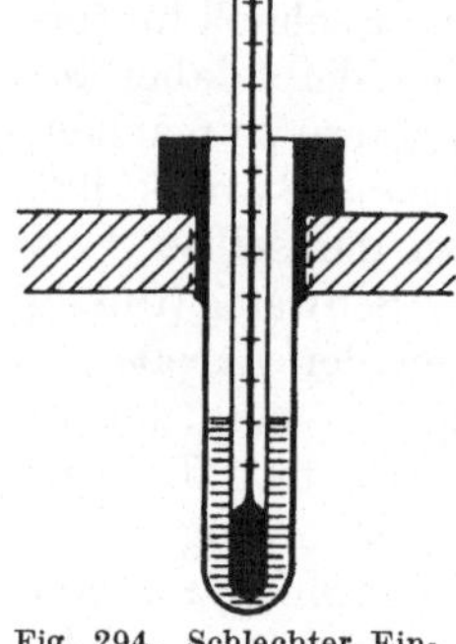

Fig. 294. Schlechter Einbau, Ableitung stark.

Bei Verwendung von Flüssigkeitsthermometern ist die Ableitung an sich gering; die Einbauweise nach Fig. 294 vergrößert sie aber erheblich; es ist in die Rohrleitung eine Bohrung mit Gewinde gemacht und eine Metallhülse eingeschraubt, die in der Regel mit Öl gefüllt wird. Von der Wärme, die der Innenfläche der Hülse zugeführt wird, wird ein erheblicher Teil auf die Rohroberfläche und namentlich auf die außen vorstehende Stutzenfläche und in die Umgebung abgeleitet; das in die Hülse getauchte Thermometer macht also eine merkliche Minderanzeige.

Zur Verringerung der Ableitung sorge man für genügende Eintauchtiefe des Thermometers oder des übrigens nach Fig. 294 ausgeführten Stutzens. Man verlängert also die Drähte eines Thermoelementes, indem man sie zentral in der Rohrachse entlang führt, nach Maßgabe von Fig. 295, oder man setzt den Stutzen, statt ihn einzuschrauben, nach Fig. 296 durch Einschweißen in ein Knie, so daß es lang genug in die zu messende Temperatur hineinragt. In beiden Fällen soll das Thermometer dem Strom entgegengekehrt sein. Gute äußere Wärmeisolierung des Rohres und Vermeidung äußerer Oberflächenentwicklung ist dabei stets von Vorteil.

Übrigens kann man Quecksilberthermometer für Versuchszwecke sehr wohl ohne Stutzen in die Leitung selbst einführen, in die man ein Loch bohrt und einen Gummi- oder Korkstopfen mit dem Thermometer einsteckt; der Stopfen wird mit Drahtumwicklung am Herausfallen verhindert; das Thermometer haftet in einem Gummistopfen bald so fest, daß man es nur unter Preisgabe des Stopfens wieder frei bekommt und widersteht einem Druck von mehreren Atmosphären, man kann es aber nach Befund gegen Herausschleudern sichern, indem man das freie Ende in die Höhlung eines Stopfens steckt und diesen durch

Schnur oder Draht gegen das Rohr verspannt. Nur platzt das Glas bei plötzlichen Temperaturänderungen, in Dampf namentlich dann, wenn Wassertropfen dagegen spritzen; in dieser Hinsicht sind, wie schon erwähnt, die Quarzglasausdehnungs- und -widerstandsthermometer vorzüglich. Obwohl für ein Glasthermometer die Ableitung keine hohen Werte annehmen kann und demnach, wenn der Stutzen fehlt, der Quereinbau ähnlich Fig. 294 zulässig wäre, so hat doch der Längseinbau nach Fig. 296 noch den Vorteil, die Fadenkorrektion zu verringern. — Will man ein Thermometer in einen knapp gebohrten Stopfen bringen, so erleichtert man das Gleiten durch Anfeuchten beider Teile.

Oft ist es bei Leitungen und Behältern am bequemsten, aus der *Oberflächentemperatur* auf die des Inhaltes zu schließen; hier gewinnen die Einflüsse der Ableitung besondere Bedeutung.

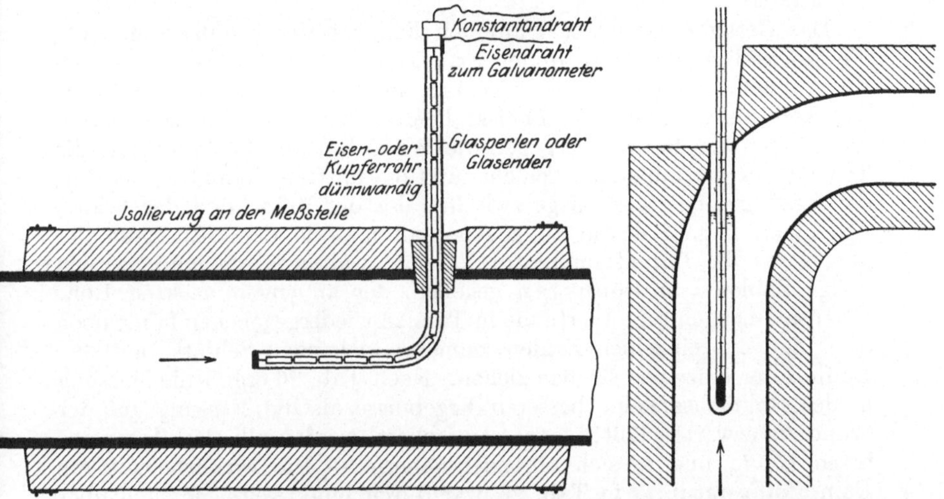

Fig. 295. Für Thermoelemente. Fig. 296. Glasthermometer im Knie.
Fig. 295 und 296. Einbauarten mit verringerter Ableitung und Strahlung.

Man legt ein Thermoelement an die Rohrwand, durch ein Glimmerblatt davon isoliert, läßt die beiden Drähte, voneinander und vom Rohr durch Glimmer isoliert, ein hinreichendes Stück an der Rohrwand anliegen, um Ableitung von der Lötstelle zu vermeiden, und führt sie dann vom Rohr ab. Man kann auch nach Poensgen in die Rohrwand eine Kerbe feilen, in diese das Thermoelement festschrauben und durch Wasserglaskitt innigst mit der Wand verbinden; die Drähte selbst werden wieder durch Glimmer oder Asbest vom Rohr abisoliert. Das Rohr wird dann in der Gegend der Meßstelle gut mit Wärmeschutz umhüllt, denn die Wandtemperatur wird der Innentemperatur um so mehr gleichen, je besser der Wärmeübergang von innen her ist, und je mehr der Wärmeübergang nach außen erschwert wird. Das Verhältnis des Querschnitts zur Oberfläche wird um so günstiger — für die Ableitung ungünstiger —, je kleiner der Drahtdurchmesser ist. Ist daher Flüssigkeit oder Sattdampf in der Leitung, so weicht schon ohne Wärmeschutz die Wandtemperatur nur wenig von der Innentemperatur ab; ist aber Heißdampf oder Luft im Innern, so beträgt ohne Wärmeschutz die Wandtemperatur je nach den beiderseitigen Konvektionsverhältnissen etwa die Hälfte der inneren. — Man kann auch das Rohr, wenn ein Temperaturabfall oder -anstieg in ihm statthat, wenn es selbst homogen ist, als einen Pol benutzen und eine Reihe Konstantandrähte in gleichen Abständen auflöten oder einschrauben. Durch Berühren je zweier Drähte mit den Anschlüssen zum Galvanometer stellt man den Temperaturunterschied des Rohrinhaltes zwischen den betreffenden Stellen fest; für Eichung ist in geeigneter Weise Sorge zu tragen. Die Konstantandrähte sind wieder isoliert ein Stück am Rohr entlangzuführen, die Berührung derselben darf erst in solchem Abstand vom Rohr stattfinden, daß keine Zuleitung von Wärme zur Berührungsstelle zu befürchten ist.

Das Gesagte bezieht sich auf den Fall, wo durch äußere Messung die innere Temperatur zu finden ist. Dabei ist noch zu beachten, daß die Außenmessung gegenüber der Innenmessung, Fig. 326, der Natur der Sache nach andere Ergebnisse liefert; denn die Innentemperatur nimmt von der Rohrachse gegen die Wand hin ab, die Wand hat die Temperatur der äußersten Schicht, und die mittlere Dampftemperatur, die meist gesucht wird, liegt zwischen der der Achse und der Wand. Um einen Begriff davon zu geben, daß man in dem Einsetzen der Wand- für die Dampftemperatur Vorsicht walten lassen muß, werden einige Zahlen von Poensgen gegeben, der an einem nackten Rohr als zusammengehörige Werte die in Tab. 26 wiedergegebenen fand; doch darf man aus einzelnen Zahlen keine weitgehenden Schlüsse auf den Einfluß der einzelnen Größen ziehen. Nach Tab. 26 ergibt die Messung in der Rohrachse keine besseren Ergebnisse als die Messung auf der Wand sie erwarten läßt; wenn man isoliert, werden alle drei Temperaturen t_w, t_m und t_d sich einander nähern. — Die wirkliche mittlere Dampftemperatur t_d in Tab. 26 war durch punktweise Messung über einen Durchmesser hin bestimmt.

Tab. 26. Oberflächentemperatur einer nackten Heißdampfleitung nach Poensgen.

Es wechselt		d		w		p		t	
Rohrdurchmesser d . . .	mm	39	96	96	96	96	96	96	96
Dampfgeschwindigkeit. w	m/s	6.4	6.4	1.1	11.5	11.7	11.6	8.8	8.5
Druck p	at	3	3	3	3	1	5	1	1
Dampftemperatur t_d . . .	°C	222	234	180	182	232	217	141	229
Wandtemperatur t_w . . .	°C	194	203	147	157	182	197	126	179
Unterschied $t_d - t_w$	°	28	31	33	23	50	20	15	50

Mittlere Dampftemperatur t_d . . .	343	302	286° C
Temperatur in der Rohrachse t_m .	352	312	294° C
Unterschied $t_m - t_d$	9	10	8°

Wo man die Oberflächentemperatur als solche messen will, darf man im Gegensatz dazu nicht durch Isolierung eine Änderung des Zustandes herbeiführen, man muß sogar das Thermometer selbst sorgsam darauf einrichten, daß es nicht durch seine isolierenden Eigenschaften eine örtliche Wärmesteigerung hervorruft; wenn es zur Vermeidung dessen aus Metall gemacht wird, so kann es umgekehrt durch die Entwicklung der Oberfläche zur vermehrten Ableitung beitragen. Wir verweisen wegen dieses Sonderfalles auf das im Literaturverzeichnis genannte Buch von Knoblauch und Hencky, das auch Thermometer zur Messung von Oberflächentemperaturen beschreibt.

Der *Einfluß der Strahlung* kann Fehler von gleicher Größenordnung hervorrufen. Das wärmeaufnehmende Element eines in die Leitung eingeführten Thermometers oder auch die Tasche der Fig. 294 verlieren Wärme durch Strahlung, sobald ihre innere Oberflächentemperatur höher ist als die gegenüberstehender Flächen, besonders also der Rohrwand; ein direkt ohne Mantel eingeführtes Quecksilberthermometer ist wegen der blanken Oberfläche seiner Kugel auch hier am günstigsten.

Der Einfluß der Strahlung wird beseitigt, wenn man die gegenüberstehenden Flächen auf gleiche Temperatur mit dem Thermometer bringt. Verringert wird der Strahlungsfehler bei der Messung in einer Rohrleitung demnach durch äußere Isolierung der Rohrleitung, wodurch sich die Wandungstemperatur der Dampftemperatur nähert; man sollte also nahe einer Meßstelle stets isolieren (Fig. 295), auch wenn man z. B. die Abgasleitung einer Verbrennungskraftmaschine sonst nackt läßt. Vollständig beseitigen kann man die Strahlung, indem man unter die Isolierung einen Heizwiderstand einbaut und die Rohroberfläche auf gleiche Temperatur mit dem Rohrinhalt beheizt, was man durch Übereinstimmung in der Anzeige eines auf der Rohroberfläche eingebauten Thermoelementes mit dem inneren feststellen kann; man steigert die Beheizung so lange, bis das Wandthermometer in der Anzeige das ebenfalls dabei steigende innere erreicht. — Zu beachten ist, daß in isolierter Gegend die Temperaturverteilung über den Durchmesser hin ganz anders ist, $t_d - t_w$ und $t_m - t_d$ werden kleiner. Die Versuchsergebnisse werden also dadurch verändert, und man hat zu überlegen, was man messen will.

Statt dessen kann man das Thermometer selbst mit einem *Strahlungsschutz* versehen, das ist ein zu dem vorgestreckten Thermometer (Fig. 297) konzentrisches, beiderseits offenes, dünnwandiges Rohr, an Länge beiderseits etwas über das Thermometer herausragend. Dasselbe fängt die Strahlung ab, ohne die Strömung am Thermometer entlang zu behindern. Das Schutzrohr stellt sich auf eine Temperatur zwischen der des Thermometers und der Wandtemperatur ein, da also die Abstrahlung nur vermindert, nicht beseitigt wird, so bleibt die Temperatur des Thermometers nach wie vor hinter der des Mediums zurück, nur erheblich weniger als ohne Strahlungsschutz. Knoblauch und Hencky haben deshalb nach Deinleins Vorschlag den Strahlungsschutz heizbar gemacht und mit einem eignen Thermometer versehen, worauf wie bei der heizbaren Rohrisolierung die Heizung auf gleiche Anzeige beider Thermometer eingeregelt wurde. Sie fanden in einem Kanal bei 5 m/s Gasgeschwindigkeit

bei ungeheiztem Strahlungsschutz

Temperatur der Kanalwand . . . . . . 220° C,
Temperatur des Strahlungsschutzes . . 318° C,
Temperatur des Thermometers . . . . 326,7° C.

Bei Heizung des Strahlungsschutzes trat Übereinstimmung beider Thermometer ein bei 328,6° C, was zugleich die Gastemperatur ist; auch der Strahlungsschutz ließ also die Gastemperatur immerhin noch um 1,9° zu niedrig erscheinen.

Es versteht sich, daß die Meßmethoden mit Beheizung für betriebstechnische Zwecke zu schwer zu handhaben sind und nur für genauere Messungen in Frage kommen.

Bei allen vorstehenden Angaben ist daran gedacht, daß die Temperatur des Rohrinneren höher sei als die Außentemperatur. Ist z. B. bei Kühlanlagen innen die tiefere Temperatur, so tritt Zuleitung und Zustrahlung an die Stelle der Ableitung und Abstrahlung, ohne daß sich an der Art der Überlegungen etwas ändert.

Thermometer brauchen wegen der merklichen Wärmekapazität der Quecksilbermasse eine gewisse Zeit, um genügend genau die Temperatur der Umgebung anzunehmen. Die *Dauer der Einstellung* ist namentlich dann bedeutend, wenn die Umgebung ruhende Luft mit ihrer schlechten Leitfähigkeit und geringen Kapazität ist; die Temperaturänderung der Quecksilberkugel kann dann nur nach Maßgabe der Luftkonvektion erfolgen. Man steigere also künstlich die Konvektion, indem man das Thermometer bewegt oder im Kreise schleudert. Wo die Luft sich bewegt, ist die Konvektion ohne weiteres vorhanden. Man vergleiche auch die Konstruktion des Psychrometers, § 106, Fig. 301.

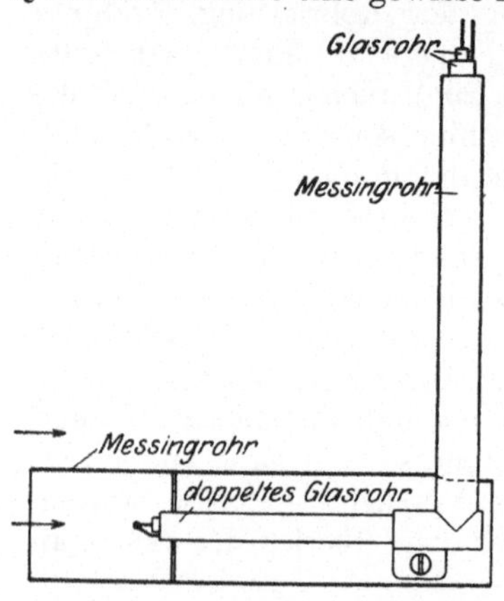

Fig. 297. Thermoelement mit Strahlungsschutz, nach Knoblauch & Hencky.

Durch Anwendung eines Ölstutzens wird die Trägheit des Thermometers erhöht; es folgt Temperaturschwankungen langsamer; das ist selten erwünscht, oft freilich gleichgültig.

Besondere Vorsicht muß man bei der Anbringung der Thermometer an Kanälen anwenden, in denen *Saugspannung* herrscht, etwa am *Fuchs von Schornsteinen* oder in *Saugkanälen* von Lüftungs- und Kühlanlagen. Man muß nämlich für sehr gute Abdichtung an der Einführungsstelle sorgen, wozu nach Befund Putzwolle, Lehm, Kitt, Gummi dienen kann; bei ungenügender Abdichtung wird ein Strom von Umgebungstemperatur durch die Öffnung eingesaugt, und wenn er gerade die Thermometerkugel — bei Thermoelementen die Lötstelle — trifft, so können ganz falsche Ergebnisse die Folge sein. Wo an Kesselzügen oder am Fuchs eine Doppelwand mit Isolierung durch

Schlacke zwischen beiden Mauerteilen vorhanden ist, hat die Abdichtung im inneren Mauerteil zu geschehen; sonst würde Luft durch die Schlackenschicht angesaugt werden, da das äußere Mauerwerk doch undicht ist, und ähnliche Störungen würden die Folge sein. Wo ein Eisenrohr durch das Mauerwerk geführt wird, zur Armierung der Bohrung, da ist nicht nur das Thermometer im Rohr, sondern auch dieses gegen das Mauerwerk, und zwar gegebenenfalls wieder im inneren Mauerwerkskörper, abzudichten. Und schließlich sind grobe anderweite Undichtheiten im (inneren) Mauerwerkskörper stets so weit zu beseitigen, daß nicht irgendein Strom äußerer Luft in unkontrollierbarer Weise bis gegen das Aufnahmeorgan der Temperaturmeßeinrichtung gelangen kann. —

Um die Temperatur fester Körper zu messen — etwa die Erwärmung eines Lagers, eines Elektromotors nach längerem Laufen — ist es das beste, Quecksilber in ein besonders gebohrtes Loch zu füllen und das Thermometer hineinzusenken. Sonst umwickelt man auch wohl die Thermometerkugel mit Stanniol, legt sie an die zu untersuchende Stelle und bedeckt sie gut mit Watte.

102. Strahlungspyrometer nutzen die Tatsache aus, daß die Strahlung eines Körpers mit der Temperatur rasch zunimmt. Im allgemeinen allerdings hängt sie auch noch von den Eigenschaften des Körpers ab; für den sog. absolut schwarzen Körper indessen gelten theoretisch das Stefan-Boltzmannsche Strahlungsgesetz, das den Gesamtbetrag der Strahlung, und das Wiensche Verschiebungsgesetz, das die Verteilung der Strahlung auf die sichtbaren und unsichtbaren Teile des Spektrums festlegt. Nun kann man allseits umschlossene Hohlräume als absolut schwarze Körper betrachten, und daher aus der von einem Feuerraum ausgesandten Strahlung auf die absolute Temperatur des Feuers schließen; diese zu bestimmen ist die Aufgabe der Strahlungspyrometer, und sie sind hierfür um so unersetzlicher, als die Temperaturen leicht noch über das hinausgehen, was das Le Chatelier-Instrument mißt (1600°), und weil sie nicht das Einbringen eines Instrumentes in den Feuerraum erfordern, in dem es leicht Stößen durch Kohlen oder das zu erwärmende Gut ausgesetzt ist.

Ein Fernrohr wird auf die Stelle des Feuerraumes gerichtet, deren Temperatur man messen will und die Helligkeit des Gesichtsfeldes mit der Helligkeit einer Glühlampe oder einer durch Glühlampe beleuchteten Fläche in Übereinstimmung gebracht, indem entweder die Helligkeit der Glühlampe durch Vorschaltwiderstände, oder die Helligkeit des Gesichtsfeldes durch Vorschieben abgestimmter Gläser geändert wird; aus der Stellung des Widerstandes oder der Gläser kann man die Temperatur erkennen; die Glühlampe muß natürlich mit bestimmter Helligkeit brennen. In dieser Weise findet die Messung bei den *optischen Pyrometern* von Holborn-Kurlbaum und Wanner (Hersteller: Dr. R. Hase, Hannover) statt. Während also diese Instrumente auf die helle (optische) Strahlung ansprechen, gegebenenfalls auch nur auf bestimmte durch ein farbiges Glas ausgewählte Strahlenarten, so reagieren andere Instrumente auf die Gesamtstrahlung. Die von dem Feuerraum ausgesandten Wärme- (und Licht-) Strahlen werden durch einen Hohlspiegel auf eine Stelle konzentriert, und die dort entstehende Temperatur wird durch ein Thermoelement oder durch ein Widerstandsthermometer gemessen (Pyrometer von Féry). — Die Strahlungspyrometer sind nach oben hin bis zu beliebigen Temperaturen verwendbar. Unten beginnt der Meßbereich der eigentlichen optischen Pyrometer bei etwa 650°, mit dem Einsetzen der Rotglut. Das Féry-Pyrometer ist vom Auge unabhängig, daher schon für niedere Temperaturen verwendbar.

Wegen aller Einzelheiten sei auf das im Literaturverzeichnis genannte Werk von Burgess und Le Chatelier verwiesen.

XII. Messung der Wärmemenge.

103. Ermittlung der Wärmemenge aus der Temperaturerhöhung. Wärmemengen mißt man häufig an der Temperaturerhöhung, die sie einem Körper, dem Wärmeträger, erteilen oder aus der Temperaturerniedrigung, die ein Wärmeträger bei Entziehung der Wärmemenge erfährt. Hat sich der Wärmeträger vom Gewicht G und der spezifischen Wärme c von t_1 auf t_2 erwärmt, so ist die in ihn eingeführte Wärmemenge

$$Q = G \cdot c \cdot (t_2 - t_1) \quad \ldots\ldots\ldots \quad (1)$$

und die gleiche Wärmemenge hat er bei der Abkühlung von t_2 auf t_1 abgegeben.

Bequem ist es oft, mit dem *Wärmeinhalt* eines Körpers zu rechnen; als Wärmeinhalt bei $t°$ bezeichnet man die Wärmemenge, die man dem Körper zur Erwärmung von der Grundtemperatur 0° C auf $t°$ zuzuführen hat. Da bei t_1 der Wärmeinhalt $G \cdot c \cdot t_1$, bei t_2 aber $G \cdot c \cdot t_2$ wäre, so kann man sagen: die einem Körper zur Erwärmung von t_1 auf t_2 zugeführte Wärmemenge ist gleich dem Unterschied der Wärmeinhalte bei diesen beiden Temperaturen. Bei negativen Temperaturen ergeben sich auch negative Wärmeinhalte; das ist rein formal und beruht auf der willkürlichen Annahme von 0° C als Anfang der Temperaturskala. Schwierigkeiten für das Rechnen mit dem Wärmeinhalt entstehen daraus nicht, nur hat man das Vorzeichen zu beachten.

Man kann statt des Gewichts auch das Volumen einführen, muß dann aber auch die spezifische Wärme auf das Volumen beziehen. Mit dem reduzierten Volumen zu rechnen ist bei zweiatomigen Gasen bequem, weil diese alle, auf das Volumen bezogen, gleiche spezifische Wärme haben.

Wo ein bestimmter Wärmeträger (nach Befund auch als Kälteträger zu bezeichnen) mehrfach Änderungen der Temperatur erfährt, da faßt man in Formel (1) zweckmäßig G und c zusammen und berechnet ein für allemal das Produkt $G \cdot c$, das entweder als Wärmekapazität oder als Wasserwert bezeichnet wird. Man erhält

$$G[\mathrm{kg}] \cdot c \left[\frac{\mathrm{kcal}}{\mathrm{kg} \cdot {}^\circ \mathrm{C}}\right] = G \cdot c \left[\frac{\mathrm{kcal}}{{}^\circ \mathrm{C}}\right] \quad \ldots\ldots \quad (2)$$

und mit dieser Benennung ist $G \cdot c$ die Wärmeaufnahme des in Rede stehenden, nach seiner Menge durch G und nach seiner Art durch c bestimmten Wärmeträgers bei einer Temperaturerhöhung um 1° C; das ist die *Wärmekapazität*. Da aber die Wärmeaufnahme verschiedener

Wärmeträger dann dieselbe ist, wenn dieses Produkt gleich wird, so kann man einen Vergleich mit einer Wassermenge G_w ziehen, deren spezifische Wärme $1 \frac{\text{kcal}}{{}^\circ\text{C} \cdot \text{kg}}$ anzunehmen ist, und hat

$$G_w[\text{kg}] \cdot 1 \left[\frac{\text{kcal}}{{}^\circ\text{C} \cdot \text{kg}}\right] = G \cdot c \left[\frac{\text{kcal}}{{}^\circ\text{C}}\right]$$

$$G_w = G \cdot c\,[\text{kg}] \quad \ldots\ldots\ldots\ldots \quad (2\text{a})$$

Mit der Benennung [kg] bedeutet $G \cdot c$ die Menge Wasser, die hinsichtlich der Wärmeaufnahme den im Versuch befindlichen Wärmeträger ersetzen kann, den sog. *Wasserwert.*

Voraussetzung ist, daß keine Änderung des Aggregatzustandes statthat, sonst treten die in § 106 und 107 zu besprechenden Verhältnisse ein. Auch ist Konstanz der spezifischen Wärme anzunehmen oder sonst mit einer mittleren spezifischen Wärme zu rechnen.

Die spezifische Wärme, soeben mit c bezeichnet, ist eine Eigenschaft des die Temperaturänderung erleidenden Materials, die man Tabellenwerken entnimmt. Man kann sie bestimmen, indem man einer bekannten Gewichtsmenge des Materials eine bekannte Energiemenge am einfachsten in Form elektrischen Stromes zuführt, die Temperaturerhöhung von t_1 auf t_2 beobachtet und von der Beziehung (§ 74) Gebrauch macht, daß 1 kW = 0,2387 kcal/s ist. So erhält man die *mittlere spezifische Wärme* zwischen den Temperaturen t_1 und t_2; man kann nicht erkennen, ob von t_1 bis t_2 Proportionalität zwischen zugeführten Wärmemengen und Temperaturerhöhungen statthat. Geht man schrittweise vor, indem man mehrere kleinere Wärmemengen zuführt und nach der Anfangstemperatur t_1 die weiteren t', t'', endlich wieder t_2-beobachtet, so kann man schon mehrere mittlere spezifische Wärmen, nämlich zwischen t_1 und t', t' und t'' und t_2, berechnen und etwa feststellen, daß die spezifische Wärme mit wachsender Temperatur zunimmt. Je kleiner man die Beobachtungsintervalle nimmt, desto klarer tritt solche Veränderlichkeit hervor: als *wahre spezifische Wärme* bei der Temperatur t bezeichnet man den Quotienten aus einer unendlich kleinen Wärmemenge und der durch sie bewirkten Temperaturzunahme: $c_t = \frac{dQ}{dt}$. Mit genügender Annäherung kann man als wahre spezifische Wärme die Wärmemenge einführen, die eine Temperaturerhöhung um 1°, von t auf $t + 1$, bewirkt.

Kennt man den Verlauf der wahren spezifischen Wärme, so hat man zur Berechnung der einer Temperaturerhöhung von t_1 auf t_2 entsprechenden Wärmemenge die mittlere spezifische Wärme zwischen diesen Temperaturen

$$c_m = \frac{1}{t_2 - t_1} \int_{t_1}^{t_2} c_t \cdot dt \quad \ldots\ldots\ldots\ldots \quad (3)$$

zu bilden; das geschieht am einfachsten graphisch durch Auftragen der Beziehung zwischen c und t und durch Planimetrieren der entstehenden

Fläche; solange die spezifische Wärme linear von der Temperatur abhängt, ist die mittlere spezifische Wärme von t_1 bis t_2 gleich der wahren spezifischen Wärme bei der mittleren Temperatur $\frac{1}{2} \cdot (t_1 + t_2)$. Man kann auch den Wärmeinhalt unter Beachtung der Veränderlichkeit von c berechnen und hat dann wieder die Wärmezufuhr als Unterschied der beiden Wärmeinhalte.

104. Wärmeeinheit. Spezifische Wärme des Wassers. Die Einheit der Wärmemenge ist im cgs-System die *Kalorie*, das ist die Wärmemenge, die 1 g Wasser um 1° C erwärmt. Sie wird durch *cal* bezeichnet. Im technischen Maßsystem benutzt man den 1000fachen Wert unter dem Namen Kilokalorie, auch wohl große Kalorie, und bezeichnet ihn wie stets durch Vorsetzen eines k: es ist 1 kcal = 1000 cal. Die Kilokalorie erwärmt 1 kg Wasser um 1° C; man nennt sie auch gelegentlich noch immer Wärmeeinheit (WE), was indessen keine Benennung, sondern ein Gattungsbegriff ist.

Man erhält verschiedene Wärmeeinheiten, je nachdem man die Erwärmung von 0° auf 1° (*Nullpunktskalorie*) oder von $14^1/_2$° auf $15^1/_2$° (15°-*Kalorie*) als maßgebend ansieht oder aber ob man als Wärmeeinheit den hundertsten Teil der zur Erwärmung von 0° auf 100° nötigen Wärmemenge bezeichnet (*mittlere Kalorie*). Wäre die spezifische Wärme des Wassers die gleiche bei allen Temperaturen, so bestände kein Unterschied zwischen diesen Wärmeeinheiten. Die spezifische Wärme des Wassers ist aber von der Temperatur abhängig; da das Gesetz, nach dem die Änderung der spezifischen Wärme vor sich geht, nicht sehr genau bekannt ist, so ist das Verhältnis der verschiedenen Wärmeeinheiten zueinander entsprechend unsicher.

Die wahre spezifische Wärme des Wassers — deren Begriff dadurch bestimmt ist, daß gleicher Wärmeaufnahme gleiche Mengen zugeführter mechanischer und elektrischer Energie entsprechen müssen.— fällt von 0° an zunächst etwas und erreicht bei etwa 30° einen Mindestwert, der um etwa 1% kleiner ist als der bei 0°; über 30° nimmt sie wieder zu und scheint bei 60° so groß wie bei 0° und bei 100° zwischen 2 und 4% größer zu sein.

Liegt nun auch der Verlauf im einzelnen nicht sehr sicher fest, so scheint doch festzustehen, daß die mittlere spezifische Wärme von 0° bis 100° ziemlich genau so groß ist wie die wahre bei 15°, während die wahre spezifische Wärme bei 0° um etwa 1% größer ist als jene beiden. Daraus würde folgen

$$1 \text{ kcal}_{15} : 1 \text{ kcal}_{0,100} : 1 \text{ kcal}_0 = 1{,}0 : 1{,}0 : 1{,}01.$$

In Tabellenwerken findet sich jede dieser Einheiten: die 15°-Kalorie bei Angaben, die bei Zimmertemperatur erhalten wurden (Mischungskalorimeter), die mittlere Kalorie bei Angaben nach dem Bunsenschen Eiskalorimeter; endlich sind ältere Angaben oft in Nullpunktskalorien umgerechnet (allerdings mit wechselndem Umrechnungsverhältnis).

Die heute üblichste Angabe des mechanischen Wärmeäquivalents, nämlich

$$1 \text{ kcal}_{15} = 427 \text{ m} \cdot \text{kg},$$

bezieht sich auf die 15°-Kalorie. Sein Wert ist übrigens von der Erdbeschleunigung abhängig; so ist der wahrscheinlichste Wert (± 0,2% Genauigkeit)

$$\text{in Berlin} \quad (g = 9{,}813\ \text{m/s}^2) : 1\ \text{kcal}_{15} = 426{,}9\ \text{m} \cdot \text{kg},$$
$$\text{in München} \quad (g = 9{,}806\ \text{m/s}^2) : 1\ \text{kcal}_{15} = 427{,}2\ \text{m} \cdot \text{kg}.$$

Alle diese Angaben[1]) beziehen sich auf die Wasserstoffskala der Temperatur (§ 97).

Mit Rücksicht auf die Unsicherheit, die in bezug auf die spezifische Wärme des Wassers oberhalb 30° noch besteht, ist es freilich berechtigt, kurzerhand die spezifische Wärme des Wassers bei Messungen der Wärmemenge als konstant anzusehen und gleich eins zu setzen. Doch muß man im Gedächtnis behalten, daß alle Ergebnisse mit einer Unsicherheit von etwa 1% behaftet sind. Wenn man kalorimetrische Messungen so ausführt, daß bei mehreren Versuchen die Kalorimeterflüssigkeit etwa dieselben Anfangs- und Endtemperaturen hat, wird die relative Genauigkeit eine größere.

Der spezifischen Wärme, die oft einfach als Zahl angegeben wird, sollte man im technischen Maßsystem die Benennung $\frac{\text{kcal}}{{}^\circ\text{C} \cdot \text{kg}}$ oder $\frac{\text{kcal}}{{}^\circ\text{C} \cdot \text{m}^3(\frac{0}{760})}$ geben.

Im englischen Maßsystem ist die Einheit der Wärmemenge (British Thermal Unit, abgekürzt BTU) diejenige, die 1 engl. Pfund Wasser um 1° Fahrenheit erwärmt. Es ist 1 BTU = 0,253 kcal = 253 cal.

105. Ausführung der Messung. Es sind allgemein zwei Arten der Messung denkbar. Man kann sie an einem ruhenden oder doch nur durch Umrühren bewegten Wärmeträger vornehmen, der dann mehr und mehr erwärmt bzw. abgekühlt wird; man bezeichnet solche Messung als Anwärmungs- oder Abkühlungsversuch. Man kann aber auch im Beharrungszustand arbeiten, indem man die Wärme auf einen fließenden Wärmeträger überträgt, dessen sekundlich ausgewechselte Menge man mißt und für den man den Temperaturunterschied zwischen Zu- und Ablauf mißt. Für die erste Art ist das Bombenkalorimeter (§ 111), für die zweite das Junkers-Kalorimeter (§ 113) ein Beispiel; als Beispiel für die zweite ist auch anzuführen, daß man die Verluste einer Gasmaschine mit den Auspuffgasen bestimmt hat, indem man deren Wärme in einem Röhrensystem nach Art des Oberflächenkondensators kontinuierlich auf Wasser übertrug; auch jeder Oberflächenkondensator einer Dampfmaschine ist ein Kalorimeter im großen. Beide Arten der Messung werden endlich an Kältemaschinen verwendet, wie das bald an Beispielen besprochen werden soll.

Beide Arten der Messung erfordern eine Reihe von Berichtigungen. In jedem Fall kann der *Wärmeaustausch mit der Umgebung* Einfluß haben; ob er freilich zu einer Berichtigung Anlaß geben soll, hängt vom Zweck des Versuches ab; ist zum Beispiel zu prüfen, ob eine Heiz-

---

[1]) Scheel und Luther, Referat für den Ausschuß für Einheiten und Formelgrößen, abgedruckt in: Verhandl. d. Dtsch. Physik. Ges. 1908, S. 584.

vorrichtung imstande ist, einer bestimmten Flüssigkeitsmenge in vorgeschriebener Zeit eine gewisse Wärmemenge zuzuführen, so wird sie das im allgemeinen trotz der äußeren Verluste tun müssen. Außerdem ist bei Erwärmungs- und Abkühlungsversuchen zu bedenken, daß die umgebende Gefäßwand an der Temperaturveränderung ganz oder teilweise teilnimmt, und daß ihre Wärmeaufnahme oder -abgabe zu berücksichtigen ist. Dabei darf man für Metallwände im allgemeinen annehmen, daß sie jede Temperaturänderung sehr schnell mitmachen; anders freilich bei Isolierungen, bei denen nur die nächstliegenden Schichten das tun, während es lange dauert, bis auch die ferner liegenden sich erwärmen oder abkühlen.

Beispiel: An einer Kühlanlage wurde ein *Abkühlungsversuch* gemacht. Während die Sole nicht umlief, sondern nur mittels Rührwerkes bewegt wurde, wurde das Abfallen der Temperatur beobachtet; nach Feststellung gleichmäßigen Abfalles durch Auftragen der Temperatur als Funktion der Zeit wurde graphisch der Teil der Abfallkurve herausgeschnitten, der gerade Interesse bot: Zum Herunterdrücken von — 2,0 auf — 6,0° waren 61 min nötig gewesen; dem entspricht ein Temperaturabfall von 3,93° C/h. Durch Ausmessen des Verdampfers wurde das Volumen bei — 5° zu 3,18 m³ bestimmt; das spezifische Gewicht der Magnesiumchloridlösung wurde zu 1,092 bei + 15° C mittels Aräometers gemessen, das sind also 1092 kg/m³; die Tabellen von Landolt und Börnstein geben hiernach einen Salzgehalt von 10,7% der Lösung, und hierfür eine spezifische Wärme 0,845 kcal/kg. Der Temperaturunterschied von + 15° gegen — 5° bedingt einen Unterschied der spezifischen Gewichte von 0,3% (es ist $\gamma_{15} : \gamma_{-5} = 1{,}003$), also ist das Solegewicht zu 3,18 · 1,003 · 1092 = 3490 kg anzusetzen. — Außer dieser Sole wurde auch das Eisen des Behälters, soweit es unterhalb des Solespiegels lag, und es wurden auch die kupfernen Kühlschlangen abgekühlt. Aus der Werkzeichnung ergibt sich das Gewicht der Eisenteile zu rund 800 kg, das der Kupferteile zu rund 160 kg; die spezifischen Wärmen sind zu 0,114 und 0,093 anzunehmen.

Man berechnet nun zweckmäßig zunächst den *Wasserwert* der abgekühlten Teile, d. h. dasjenige Wassergewicht, das bei der Abkühlung um 1° soviel Wärme hergibt wie die in Rede stehenden (§ 103). Der Wasserwert läßt sich unter Benutzung der angegebenen Zahlen wie folgt berechnen:

Sole	3490 kg · 0,845 =	2948 kg
Eisenteile	800 kg · 0,114 =	91 kg
Kupferteile	160 kg · 0,093 =	15 kg
Gesamter Wasserwert der gekühlten Teile		3054 kg

Da, wie erwähnt, diese Teile um stündlich 3,93° gekühlt wurden, so war die Leistung der Kälteanlage 3054 · 3,93 = 12 000 kcal/h.

Von einer Berücksichtigung dessen, was die Isolierung des Behälters und manche andere Teile an Wärme hergegeben hatten, wurde abgesehen, weil die Bestimmung schwierig ist; jedenfalls wird also die Kälteleistung etwas zu niedrig bestimmt sein. Die Strahlungseinflüsse blieben unbeachtet, weil es sich um die Erledigung der Frage handelte, ob die Anlage die Höchstleistung hergebe, und weil im praktischen Betrieb der Anlage die Strahlung in gleicher Größe auftreten wird.

An einer anderen Kühlanlage wurde ein *Versuch im Beharrungszustand* gemacht. Die kalte Sole wurde, so wie es ihre Bestimmung ist, in die zu kühlenden Räume geschickt; sie kam etwas erwärmt aus ihnen zurück. Dabei wurde die Leistung der Anlage durch Beeinflussung der Drehzahl des Kompressors so eingeregelt, daß gerade der Kältebedarf der Kühlräume gedeckt wurde, so daß also die abgehende Sole wieder auf die gleiche niedrigere Temperatur kam: es wurde der Beharrungszustand der Anlage erstrebt. Während des dreistündigen Versuchs floß im Mittel die Sole mit —7,21° zu den Kühlräumen und kam mit —5,17° aus ihnen zurück; sie kühlte sich also um 2,04° ab. Mittels Ausflußöffnungen (§ 59) wurde die Solemenge zu 5,19 l/s = 18 680 l/h gemessen. Spezifisches Gewicht der Kochsalzlösung 1,133 bei 18°, entsprechend 1,143 bei —5° und entsprechend einer spezifischen Wärme von 0,824 kcal/kg. Die Kälteleistung ist 18 680 · 1,143 · 0,824 · 2,04 = 35 830 kcal/h. — Nun war noch eine Berichtigung für mangelhaften Beharrungszustand anzubringen; die Temperatur des Soleinhaltes war nämlich am Schluß des Versuches 0,2° höher gewesen als anfangs. Die Korrektion ist so zu berechnen wie der Abkühlungsversuch; der Wasserwert des Soleinhaltes einschließlich der Eisen- und Kupferteile war 8600 kg, also waren 8600 · 0,2 = 1720 kcal Kälte dadurch hergegeben worden, jedoch in 3 Stunden. Die Kälteleistung der Anlage war also um 1720 : 3 = 570 kcal/h geringer gewesen und hatte 35 260 kcal/h betragen. — Eine weitere Berichtigung war in diesem Fall für den Wärmeaustausch mit der Umgebung zu machen; es handelte sich nämlich um eine Untersuchung nicht der ganzen Anlage, sondern eines neuen Kompressors, der für die vielleicht schlechte Isolierung des Verdampfers nicht verantwortlich gemacht werden durfte. Man ließ nach Abstellen des Kompressors und des Soleumlaufs in den zu kühlenden Räumen nur das Rührwerk weiterlaufen, um gleichmäßige Temperatur im Verdampfer zu haben, und beobachtete im Verlauf von 10 h einen Temperaturanstieg von —7,3 auf —4,9°, also um stündlich 0,24° bei $-\frac{1}{2} \cdot (7,3 + 4,9) = -6,1°$ mittlerer Temperatur. Raumtemperatur etwa + 10°, so daß bei —7,21° auf $0,24 \cdot \frac{17,21}{16,1} = 0,26°$ stündlicher Wärmeeinstrahlung zu rechnen ist (*Einstrahlungsversuch*). Wegen des Wasserwertes von 8600 kg ergibt sich eine Korrektion von 8600 · 0,26 = 2240 kcal/h, und die endgültige Kälteleistung ist 35 260 + 2240 = 37 500 kcal/h.

Da bei dem Versuch im Beharrungszustand die Unsicherheiten wegen des Einflusses der Isolierung nur in eine Korrektion eingehen, so ist solch Versuch im allgemeinen vorzuziehen — nicht nur bei Kühlanlagen. Wo man die Kälte nicht in Kühlräumen verwenden kann, muß man sie durch Dampf vernichten; wenn man diesen in Schlangen kondensiert, so hat man aus seinem Gewicht eine nochmalige Bestimmung der Kälteleistung (§ 107).

106. Wärmemengen in Luft. Luftfeuchtigkeit. a) Theoretisches über die Mischungen von Gasen und Dämpfen. Für Luft als Wärmeträger ist der Einfluß der Feuchtigkeit zu beachten, einesteils weil die spezifische Wärme des Wasserdampfes etwa 0,5 kcal/kg · °C ist gegen 0,24 kcal/kg · °C bei trockener Luft, andererseits weil durch Verdunstungs- und Kondensationserscheinungen der Feuchtigkeitsgehalt sich ändern und der große Wärmeumsatz entsprechend der latenten Wärme ins Spiel kommen kann. Außerdem bleibt festzustellen, ob die spezifische Wärme c_v bei konstantem Volumen oder c_p bei konstantem Druck in Betracht kommt. Fast immer kommt es auf c_p an.

Bei niederer Lufttemperatur und normalem Luftdruck ist der Wassergehalt der Luft gering. Er beträgt bei 20° Lufttemperatur nur 17,3 g/m³ im gesättigten Zustand, gegenüber 1205 g/m³ Gewicht der Luft. Ist auch die spezifische Wärme des Wasserdampfes rund doppelt so groß wie die der Luft, so bleibt doch wegen des geringen Gewichtsanteiles der Fehler klein, den man begeht, wenn man die gesamte Luft einfach als Luft behandelt und den Wasserdampfgehalt unbeachtet läßt, solange nur die spezifische Wärme in Frage kommt. Die Unsicherheiten in der Messung der Luftmengen sind jedenfalls stets erheblich größer.

Wenn man bei höheren Temperaturen oder niederen Drucken den Einfluß der Feuchtigkeit nicht vernachlässigen kann, oder wenn man ihn nicht vernachlässigen will, so hat man die feuchte Luft als Mischung von Luft und Wasserdampf zu betrachten und sucht entweder die Wärmekapazität der Gesamtmenge als Summe der Kapazitäten der Komponenten, oder man findet die spezifische Wärme der Mischung nach der Mischungsregel.

Allen Berechnungen betreffend Mischungen aus Luft und Wasserdampf pflegt man das Daltonsche Gesetz zugrunde zu legen, wonach sich die beiden den Raum erfüllenden Bestandteile je so verhalten, als wenn der andere nicht vorhanden wäre. Das bedeutet, daß die Teildrucke der Bestandteile sich zu dem Gesamtdruck, z. B. dem Barometerstand addieren, man kann es aber oft auch ohne merklichen Fehler so auffassen, als wenn jeder der unter dem gemeinsamen Gesamtdruck stehenden Bestandteile einen Teil des Gesamtvolumens erfüllt, so daß sich die Teilvolumina zu einem Gesamtvolumen addieren. In wesentlicher *Erweiterung der Daltonschen Annahmen* pflegt man noch anzunehmen, daß auch die Spannungskurve des Sattdampfes durch die gleichzeitige Anwesenheit von Luft nicht verändert wird und ebensowenig die Wärmekapazität beider Bestandteile, so daß man also den Wärmeinhalt der Mischung als Summe der Wärmeinhalte der Bestandteile oder die spezifische Wärme der Mischung nach der Mischungsregel finden kann. Diese weitergehenden, an sich selbständigen Annahmen pflegt man oft als Ausfluß des Daltonschen Gesetzes aufzufassen und mit unter seinem Namen zu begreifen.

Die Bezugnahme einerseits auf Teildruck, andererseits auf Teilvolumen läuft nur dann auf eins hinaus, wenn man neben der Addition der Volumina beim Mischen noch die Gesetze von Mariotte und Gay-

Lussac für die Bestandteile wie für die Mischung als gültig ansieht, was wieder nur teilweise auf das gleiche hinauskommt, worauf dann aber die Gaskonstante der Mischung aus den Gaskonstanten der Bestandteile nach der Mischungsregel folgt. Die letzteren Voraussetzungen können aber schon deshalb für unseren Fall nur Annäherungen geben, weil für Wasserdampf selbst nahe dem Sättigungszustand die Annahme einer Gaskonstanten nur eine Annäherung ist, deren Einfluß allerdings dann ganz klein wird, wenn bei niederen Temperaturen und nicht ganz kleinen Drucken die Dampfmenge klein ist im Verhältnis zur Luftmenge.

Was die Spannungskurve, also die Abhängigkeit der Siede- und Kondensationstemperatur vom Druck anbetrifft, so ist noch zweierlei zu beachten. Für die Verdampfung gilt als Spannungskurve die Beziehung zwischen Gesamtdruck und Temperatur, für die Kondensation dagegen gilt dieselbe Beziehung, aber zwischen dem Dampfteildruck und der Temperatur. Solange aber die Temperatur zwischen der dem Gesamtdruck und der dem Dampfteildruck zugeordneten liegt, oder solange der Dampfteildruck kleiner, der Gesamtdruck größer ist als der der Temperatur zugeordnete Sättigungsdruck, solange befindet man sich im Gebiet der Verdunstung, d.h. einer nur oberflächlich, nicht von innen heraus (da das Flüssigkeitsinnere unter dem Gesamtdruck steht) erfolgenden Verdampfung. Das Gebiet der Verdunstung ist es, das für Feuchtigkeitsmessungen in Frage kommt.

Im Gebiet der Verdunstung ist der Dampfteildruck kleiner, als der Sättigung entspricht. *Die relative Feuchtigkeit oder der Feuchtigkeitsgrad* φ ist das Verhältnis des vorhandenen Dampfteildruckes p_d zu dem der betreffenden Temperatur t zugeordneten Sättigungsdruck p_t, der nach unseren Annahmen durch die Anwesenheit der Luft nicht beeinflußt wird und daher den Dampftabellen entnommen werden kann. So gilt als Definition der relativen Feuchtigkeit

$$\varphi = \frac{p_d}{p_t} \qquad \text{oder} \qquad \varphi\,\% = 100 \cdot \frac{p_d}{p_s} \quad \ldots\ldots \quad (4)$$

Wegen der Annahme, es gelte das Gesetz von Gay-Lussac für das Gemisch wie für die Teile, errechnet sich das spezifische Gewicht γ des Gemisches in kg/m^3 als Summe der Gewichte γ_l und γ_d der Bestandteile, die ebenfalls in kg/m^3, und zwar bezogen auf das Volumen des Gemisches, anzugeben sind; es ist also

$$\gamma = \gamma_l + \gamma_d\,, \quad \ldots\ldots\ldots\ldots \quad (5)$$

darin

$$\gamma_l = \gamma_{0l} \cdot \frac{273}{273 + t} \cdot \frac{p_l}{760}\,; \qquad \gamma_d = \varphi \cdot \gamma_t \,. \quad \ldots\ldots \quad (5\,\text{a})$$

Es ist also auch

$$\varphi = \frac{\gamma_d}{\gamma_t} \qquad \text{oder} \qquad \varphi\,\% = 100 \cdot \frac{\gamma_d}{\gamma_t} \,. \quad \ldots\ldots \quad (5\,\text{b})$$

Unter γ_{0l} soll das spezifische Gewicht des Gases im Normalzustand verstanden sein, also $\gamma_{0l} = 1{,}293$ kg/m^3 ($\frac{0}{760}$) für Luft; γ_t ist das spezifische Gewicht des Dampfes im Zustande der Sättigung bei der herrschenden Temperatur t.

Für die *Berechnung von Wärmemengen und Wärmeinhalten* empfiehlt es sich, nicht 1 kg oder 1 m³ Gemisch als Mengeneinheit zu wählen, da sich bei Verdunstungs- und Kondensationserscheinungen diese Menge ändert. Es empfiehlt sich, alle Rechnungen auf 1 kg Luftgehalt (Gasgehalt) zu beziehen, weil die L u f t m e n g e durch jene Erscheinungen unbeeinflußt bleibt. Besteht also 1 m³ feuchter Luft aus γ_l kg eigentlicher Luft und aus γ_d kg Dampf, so kommen also $\frac{\gamma_d}{\gamma_l}$ kg Feuchtigkeit auf 1 kg Luftgehalt. Bei $t°$ Temperatur und dem Feuchtigkeitsgrad φ ergibt sich deren Wärmeinhalt

$$i = c_p \cdot t + \frac{\gamma_d}{\gamma_l} \cdot i_d \frac{\text{kcal}}{\text{kg Luft}}, \quad (6)$$

c_p bedeutet die spezifische Wärme der Luft in kcal/kg · °C, und i_d den Wärmeinhalt des Dampfes vom Zustande (p_d, t), der im allgemeinen als ein überhitzter aufzufassen ist, in kcal/kg. Dabei ist i_d

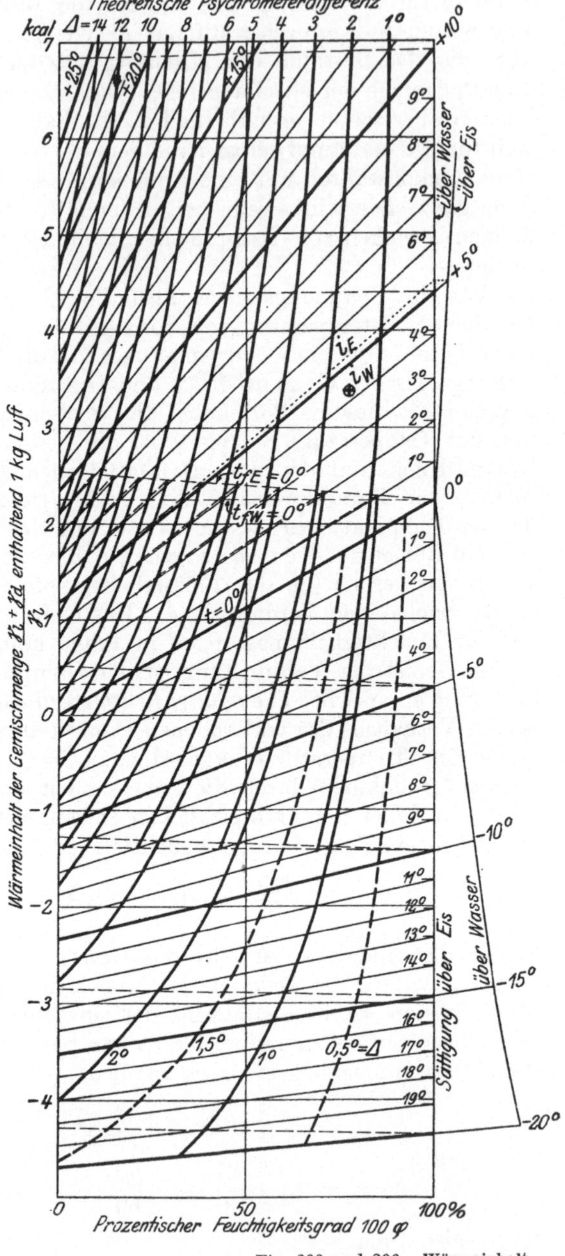

Fig. 298 und 299. Wärmeinhalt

nach den Regeln des § 107 aus p_d und t zu finden; wenn aber γ_d klein ist gegen γ_l, wie stets bei niederen Temperaturen, dann kann man auch wohl $i_d = \lambda_p + 0{,}48 \cdot (t - t_s)$ setzen, wobei λ_p die dem Dampfdruck p_d bei seiner Sättigungstemperatur t_s zugeordnete Gesamtwärme des Sattdampfes und 0,48 die spezifische Wärme der Überhitzung sein soll. Noch einfacher macht man von der Tatsache Gebrauch, daß der Wärmeinhalt fast gar nicht vom Druck, sondern nur von der Temperatur abhängt — die Überhitzungsisothermen im is-Diagramm laufen auch nahe der Sättigung bei Temperaturen bis 100° fast genau wagerecht. Das heißt es ist näherungsweise für überhitzten Dampf $i_d = \lambda_t$, gleich der Gesamtwärme des Sattdampfes v o n g l e i c h e r T e m p e r a t u r also entsprechend höherem Druck. Unzulässig

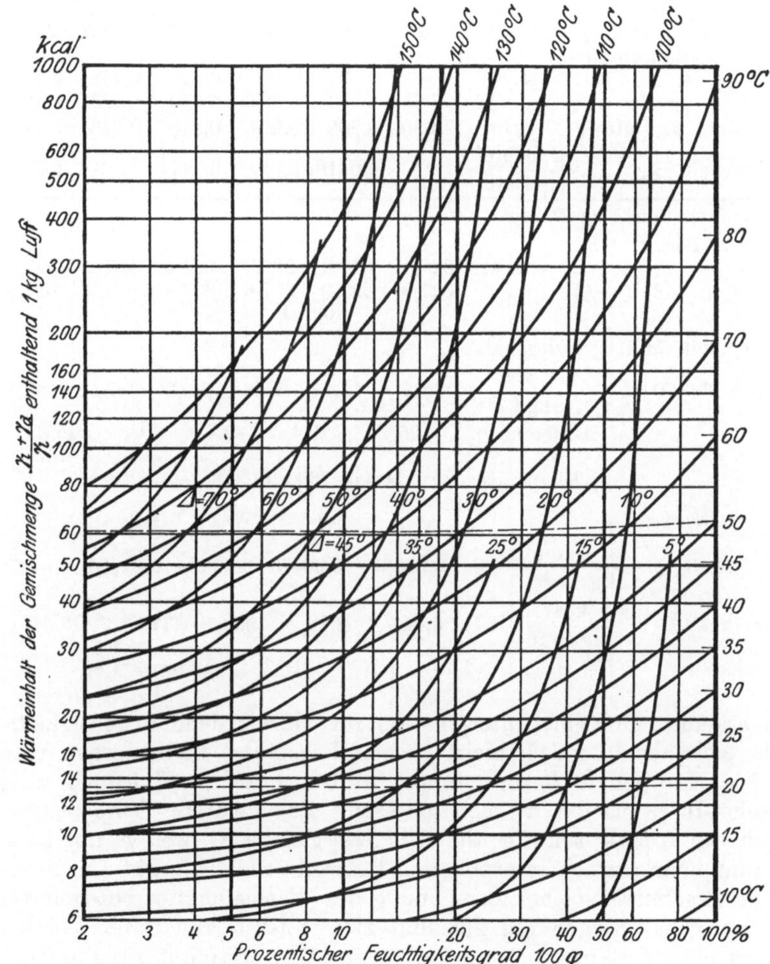

wasserfeuchter Luft, und theoretische psychrometrische Differenzen Δ.

ist es dagegen, die Überhitzungswärme zu vernachlässigen und $i_d = \lambda_p$ zu setzen, wie es vielfach geschieht; der entstehende Fehler ist geringfügig bei kleinem Feuchtigkeitsgehalt, weil $\frac{\gamma_d}{\gamma_l}$ klein ist, und bei großem

Feuchtigkeitsgehalt, weil $t - t_s$ klein ist, bei mittlerem Feuchtigkeitsgrad wird er merklich.

Als Beispiel für den Rechnungsgang dienen die Zahlen der Tabelle 27 a für $t = 70°$ C bei 760 mm Druck.

Tab. 27. **Beispiel für die Berechnung der Eigenschaften wasserfeuchter Luft.**

a) Temperatur 70°, Druck 760 mm QS.

Feuchtigkeitsgrad φ		0	0,2	0,4	0,6	0,8	1
Dampfdruck $p_d = \varphi \cdot p_t$	mm QS	0	46,6	93,2	139,9	186,5	23,31
Spez. Gew. d. Dampfes $\gamma_d = \varphi \cdot \gamma_t$	kg/m³	0	0,0396	0,0792	0 119	0,158	0,198
Luftdruck $p_l = p - p_d$	mm QS	760	713	667	620	573	527
Spez. Gew. d. Luft γ_l	kg/m³	1,030	0,965	0,904	0,840	0,776	0,713
Dampfgehalt γ_d/γ_l . .	$\frac{\text{kg Dampf}}{\text{kg Luft}}$	0	0,0410	0,0877	0,1414	0,2045	0,2780
Wärmeinhalt von 1 kg Dampf i nach Formel (18), § 107	kcal/kg	628,1	627,9	627,7	627,4	627,2	627,0
$i_1 = \lambda_p + 0{,}48 \cdot (t - t_s)$	„	627,0	627,8	627,6	627,4	627,2	627,0
$i_2 = \lambda_t$	„			627,0			
Wärmeinhalt für 1 kg Luftgehalt $Q = 0.238 \cdot 70 + \frac{\gamma_d}{\gamma_l} \cdot i_1$	$\frac{\text{kcal}}{\text{kg Luft}}$	16,5	42,5	71,6	105,3	145,0	190,8
	Differenzen		25,7	29,4	33,7	39,7	45,8

b) Temperatur 20°, Druck 760 mm QS.

Feuchtigkeitsgrad φ		0	0,2	0,4	0,6	0,8	1
Dampfgehalt γ_d/γ_l	$\frac{\text{kg Dampf}}{\text{kg Luft}}$	0	0,00287	0,00576	0,00869	0,01164	0,01462
Wärmeinhalt $Q =$	$\frac{\text{kcal}}{\text{kg Luft}}$	4,71	6,44	8,19	9,96	11,74	13,54
	Differenzen		1,73	1,75	1,77	1,78	1,80

Man erkennt, daß eine Interpolation für verschiedene Feuchtigkeitsgrade zwischen 0 und 1 nicht genaue Ergebnisse liefert, wenn man auf 1 kg Luftgehalt Bezug nimmt; in bezug auf 1 m³ jedoch wäre einfache Interpolation möglich gewesen. Für niedrige Temperaturen jedoch, wo γ_l praktisch für alle Fälle das gleiche ist, weil p_d nur klein ist, kann man einfach interpolieren. So ergibt sich Tab. 27 b für 20° C.

Die Ergebnisse solcher Berechnung des Wärmeinhaltes bezogen auf 1 kg Luftgehalt zeigen Fig. 298 und 299. i ist hierin, unter Voraussetzung eines Gesamtdruckes $p = 760$ mm QS, bestimmt aus t und φ.

Eine besondere Besprechung verlangen die Verhältnisse bei *Temperaturen unter* 0° C, wo normal Eisbildung eintritt und flüssiges Wasser nur unter besonderen Umständen als unterkühlt besteht.

Der Sättigungsdruck p_E über Eis ist bei gleicher Temperatur niedriger als der über Wasser p_W, nach Maßgabe von Fig. 300 und von Tabelle 28.

Tab. 28. Dampf über Wasser und Eis
teilweise nach Landolt & Börnstein.

Temperatur t	°C	0	−5	−10	−15	−20
Sättigungsdruck über Eis p_E	mm QS	4,58	3,01	1,95	1,24	0,78
über Wasser p_W	„	4,58	3,17	2,16	1,44	0,96
Unterschied	„	0	0,16	0.21	0,20	0,18
Verhältnis $\frac{p_W}{p_E} = \varphi_{We}$ . .	—	1	1,05	1,11	1,16	1,23
Schmelzwärme des Eises . s	kcal/kg	80	77,5	75	72,5	70
Verdampfungswärme . . . des Wassers r_W	„	594,5	597,5	600,0	602,5	605,5
Verdampfungswärme . . . „ Eises r_E	„	674,6	675	675	675	675,5
Spez. Gewicht der Sättigung über Eis . . . . γ_E	kg/m³	0,00489	0,00324	0,00214	0,001385	0,00088

Man kann nun, bei einem Dampfteildruck p_d in der zu untersuchenden Luft, den Feuchtigkeitsgrad entweder als $\varphi_E = \frac{p_d}{p_E}$ oder als $\varphi_W = \frac{p_d}{p_W}$ definieren. Herrscht also in einem Raum ein Dampfteildruck $p_d = 1{,}65$ mm QS bei $t = -10°$, so kann man zwei Feuchtigkeitsgrade angeben:

Feuchtigkeitsgrad bezogen auf Eis

$$\varphi_E = \frac{1{,}65}{1{,}95} = 0{,}846,$$

Feuchtigkeitsgrad bezogen auf Wasser

$$\varphi_W = \frac{1{,}65}{2{,}16} = 0{,}764.$$

Ist aber bei $t = -10°$ $p_d = 2{,}02$ mm QS, so errechnet sich $\varphi_E = 1{,}037$, $\varphi_W = 0{,}935$; in dieser Luft würde der auf Eis bezogene Feuchtigkeitsgrad als über 100% erscheinen.

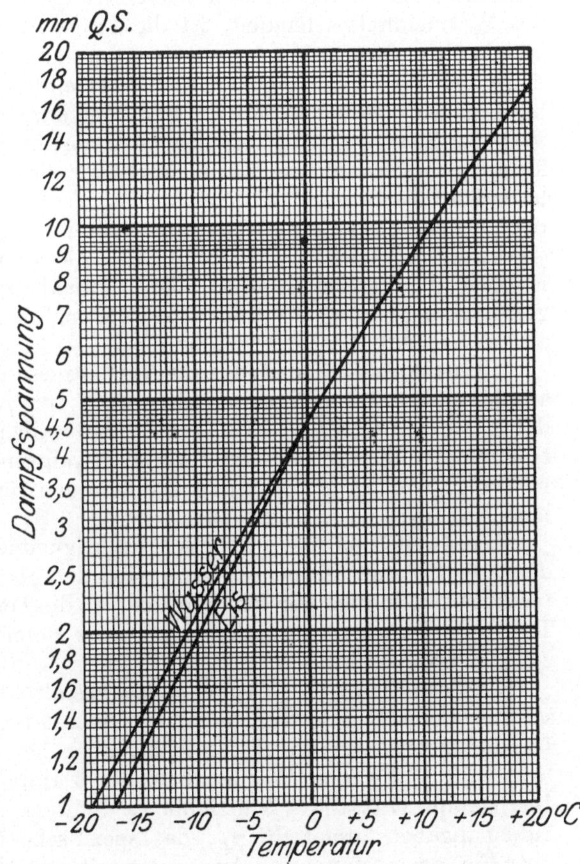

Fig. 300. Dampfspannung über Wasser und Eis.

Das Preußische Meteorologische Institut gibt φ_W an; das „entspreche offenbar vollkommen der Natur der Sache, denn von der im allgemeinen nicht einmal gesättigten Luft werden immer neue Mengen in die Thermometerhülle hineingetrieben, so daß der Wasserdampfgehalt bzw. Maximaldampfdruck derselben unabhängig ist von der kleinen Menge Eis, welche sich am feuchten Thermometer (des Psychrometers) befindet."

Diese Begründung ist nicht überzeugend; eine Definition hat sich auf die grundsätzlichen Verhältnisse zu stützen, und es kommt nicht auf den zufälligen Tatbestand im Einzelfall an. Unterhalb Null ist Eis die stabile, Wasser die nur labil bestehende Form, und zwar nicht nur am feuchten Thermometer, sondern schlechthin. Luft von $t = -10°$ und $p_d = 2{,}02$ mm QS ist also sachgemäß als übersättigt zu bezeichnen, und $\varphi_E = 1{,}037 > 1$ deutet das sogleich an; dabei ist es für den Begriff der Übersättigung belanglos, ob Eismassen wirklich vorhanden sind.

Hier kommt es aber nicht auf die meteorologische Frage an, die uns vom Meteorologischen Institut hiernach falsch gelöst erscheint, sondern der technisch maßgebende Fall ist der Feuchtigkeitsgrad in Kühlräumen. Soweit es sich bei Leistungsversuchen um Bestimmung des Wärmeinhaltes handelt, ist die Frage nach der Definition von φ gleichgültig, denn beide Angaben müssen, konsequent durchgeführt, auf denselben Wasserdampfgehalt und Wärmeinhalt führen. Aber in Kühlhäusern wird verlangt, daß der Feuchtigkeitsgrad um ein gewisses Maß von der Sättigung entfernt bleibe, damit bei unvermeidlichen kleinen Temperaturschwankungen kein Beschlagen des Kühlgutes eintritt. Deshalb wird verlangt, daß (gemeint ist: auch in dem Augenblicke, wo bei solcher Schwankung die Temperatur ihren Tiefstwert hat) φ einen gewissen Wert nicht überschreite. Daß hier aber φ_E gemeint sein muß, ist nach der ganzen Sachlage klar[1]), zumal der Sättigungsdruck über gefrorenem Fleisch, also über salzhaltigem Eis, noch etwas niedriger ist als p_E, so daß Beschlagen schon bei $\varphi_E < 1$ eintreten kann.

Hiernach sollte man stets die Verhältnisse über Eis als maßgebend ansehen. Fig. 298 gilt unterhalb $t = 0°$ für φ_E. Die Kurven haben daher auf der Graden $t = 0°$ einen (unmerklichen) Knick. — Die Eintragung der Kurvenscharen für die psychrometrische Feuchtigkeitsmessung, und zwar unterhalb $t_f = 0°$ auch für gefrornen Mullbausch hat hiermit nichts zu tun.

Ein Zweifel darüber, ob der Feuchtigkeitsgrad über Wasser oder der über Eis maßgebend ist, kann nach den eben dargelegten Gesichtspunkten nur in dem Bereich obwalten, wo die Temperatur über Null, der Taupunkt jedoch unter Null liegt. Dieser Bereich tritt in Fig. 298 dreieckig hervor.

Die Berechnung des Wärmeinhaltes gestaltet sich unterhalb $0°$ genau so wie oberhalb, nur wird der Wärmeinhalt des Luftgehaltes negativ. Die Schmelzwärme des Eises spielt aber bei der Berechnung keine Rolle, da es für den Wärmeinhalt des Dampfes gleichgültig ist, wie der Dampf entstand. Nur fehlt es teilweise an den erforderlichen Zahlenangaben zumal für γ_E, das spezifische Gewicht der Sättigung über Eis, das nach unseren Annahmen mit dem über Wasser γ_W nach der Gleichung

$$\frac{\gamma_E}{\gamma_W} = \frac{p_E}{p_W} \qquad (7)$$

für jede Temperatur zusammenhängt. γ_E ist jedoch im Bedarfsfall unter Zuhilfenahme der Verdampfungswärme r_E des Eises nach der

[1]) Plank, Zeitschr. f. d. ges. Kälteindustrie 1916, Heft 3.

Clapeyronschen Gleichung zu ermitteln. Danach ist, unter Vernachlässigung des Volumens flüssigen Wassers,

$$\gamma = \frac{A \cdot T \cdot dp_E/dt}{r_E}.$$

Für $-10°$ ergibt sich also, unter Benutzung der Physikalisch-chemischen Tabellen von Landolt und Börnstein, folgende Berechnung: Es ist bei $-9°$: $p_E = 2{,}13$ mm QS, bei $-11°$: $p_E = 1{,}78$ mm QS, also bei $-10°$: $dp_E/dt = \frac{0{,}35}{2} = 0{,}175 \frac{\text{mm QS}}{°\text{C}} = 2{,}36 \frac{\text{kg/m}^2}{°\text{C}}$. Die Verdampfungswärme r_E des Eises ist die Summe aus der Schmelzwärme s des Eises und der Verdampfungswärme r des (unterkühlten) Wassers, welch letztere man durch Extrapolieren der Angaben der Dampftabellen zu $r_{-10} = 600$ kcal/kg findet, während die Schmelzwärme bei 0° bekanntlich 80 kcal/kg beträgt und wegen des Unterschiedes der spezifischen Wärmen von Wasser (1,0) und Eis (0,5) für jeden Grad um 0,5 kcal/kg abnehmen muß, so daß $r_{-10\,E} = 80 - 10 \cdot 0{,}5 = 75$ kcal/kg ist. Daraus folgt mit $A = \frac{1}{427}$ und $T = 263$

$$\gamma_E = \frac{\frac{1}{427} \cdot 263 \cdot 2{,}36}{675} = 0{,}002145 \text{ kg/m}^3 .$$

Dasselbe Ergebnis hätte man einfacher wie folgt erhalten: Aus dem fast konstanten Verhältnis $(p/\gamma)_d$ oberhalb 0° findet man durch graphische Extrapolation der Dampftabellenangaben bei $-10°$: $p/\gamma = 0{,}912 \frac{\text{mm QS}}{\text{kg/m}^3}$ und daraus für unterkühltes Wasser, wo alle Verhältnisse stetige Fortsetzung derer über 0° bilden, mit $p_W = 2{,}16$ mm QS $\gamma_W = 2{,}16 : 0{,}912 = 0{,}00237$ kg/m³; unter Zuhilfenahme des Druckverhältnisses $\frac{p_W}{p_E} = 1{,}11$, dem das Gewichtsverhältnis $\frac{\gamma_W}{\gamma_E}$ bei bestimmter Temperatur gleich sein muß, wird wie oben

$$\gamma_E = 0{,}00237 : 1{,}11 = 0{,}00214 \text{ kg/m}^3 .$$

Man kann daher die zweite Hälfte von Tabelle 28 gelten lassen. Der Wärmeinhalt der Luft von $-10°$ errechnet sich nun für den Sättigungszustand bei 760 mm QS Gesamtdruck in folgendem Gang: $p_d = 1{,}95$ mm QS, $p_l = 758$ mm QS, $\gamma_d = 0{,}00214$ kg/m³, $\gamma_l = 1{,}338$ kg/m³, $\gamma_d/\gamma_l = 0{,}001603$. Die Gesamtwärme des Dampfes von $-10°$ ist $\lambda = q + r = -10 + 600 = 590$ kcal/kg, so daß der Wärmeinhalt der gesättigt feuchten Luft $Q = -10 \cdot 0{,}235 + 0{,}001603 \cdot 590 = -2{,}35 + 0{,}945 = -1{,}405$ kcal/kg Luftgehalt ist. Man kann nun interpolieren:

Temperatur $-10°$ C. Barometerstand 760 mm QS,

Feuchtigkeitsgrad bezogen auf Eis φ_E	0	0,2	0,4	0,6	0,8	1
Wärmeinhalt	−2,35	−2,16	−1,97	−1,78	−1,59	−1,41

b) Meßmethoden. Nachdem der Begriff der in Frage kommenden Größen für alle Fälle klargelegt und die Zusammenhänge zwischen ihnen so weit erläutert sind, daß auch für andere Drucke als 760 mm QS und für andere

Komponenten als Luft und Wasserdampf die erforderlichen Rechnungsgänge festliegen, handelt es sich nun darum, den Feuchtigkeitsgehalt der Luft zu messen. Das übliche Mittel dazu ist das *Psychrometer*, das namentlich für meteorologische Zwecke ausgebildet worden ist. Der wirksame Teil sind zwei gut übereinstimmende Thermometer. Das eine ist mit einem Mullbausch umwickelt, der vor der Ablesung angefeuchtet wird, das andere behält die blanke Kugel. Infolge der Verdunstungskälte zeigt das feuchte Thermometer weniger als das trockene, der Unterschied beider, die psychrometrische Differenz, wird um so größer, je trockener die Luft ist, je energischer also die Luft Feuchtigkeit aus dem Mullbausch aufnimmt, so daß die Verdunstungskühlung wirksam wird.

Die entstehende psychometrische Differenz ist indessen wesentlich abhängig von dem Maße der Konvektion in der Nähe der Thermometer. Stagniert die Luft am feuchten Thermometer, so stellt sich bald hinsichtlich der Feuchtigkeit eine Art Sättigungszustand ein, während doch von der Umgebung her Wärme zugeführt wird. Die psychometrische Differenz kommt daher in voller Größe nicht zustande, wenn man in ruhender Luft das Psychometer still hält. Wir bezeichnen die größtmögliche, theoretisch erzielbare psychrometrische Differenz mit Δ, während t und t_f die von den beiden Thermometern angezeigten Temperaturen sind, so daß also $t - t_f$ die wirklich zustande kommende psychrometrische Differenz ist. In der Gleichung

$$\frac{t - t_f}{\Delta} = a; \qquad \Delta = \frac{t - t_f}{a} \quad \ldots\ldots\ldots \quad (8)$$

ist also $a < 1$ von den Konvektionsverhältnissen abhängig. Man kann a die *Gütezahl des Psychrometers* nennen.

Bei der Messung in den Kanälen von Lüftungs- und Kühlanlagen wird wegen der Wirbelung des Luftstromes die natürliche Konvektion häufig ausreichen. In jedem Fall aber ist es sicherer und bei Untersuchung von Raumluft unbedingt erforderlich, künstlich für Konvektion der Luft an beiden Thermometern zu sorgen. Dazu werden beide Thermometer in einem einfachen Blechgestell gemeinsam befestigt und an einem Faden im Kreise herumgeschleudert (*Schleuderpsychrometer*). In engen Kanälen ist das Schleudern nicht möglich; dann muß man sich des auf alle Fälle bequemeren *Aspirationspsychrometers* bedienen (Fig. 301 u. 302). Die beiden Thermometer, nämlich das trockene t und das feuchte f, sind in einem vernickelten Blechgehäuse so untergebracht, daß sie von Sonnen- und anderer Strahlung nicht getroffen werden können. Das Gehäuse ist zur weiteren Verminderung der Strahlung sorgfältig vernickelt, und muß gut blank gehalten werden; die Thermometerkugeln sind mit einem doppelten Blechmantel umgeben. Den Kopf des Instrumentes bildet ein kleiner Ventilator mit Federbetrieb, der durch die Rohre A, B und C Luft ansaugt, so daß sie die Kugeln der beiden Thermometer gleichmäßig umspült.

Um das feuchte Thermometer mit Wasser zu benetzen, dient ein Glasröhrchen mit Gummiball (Fig. 303), das wie folgt gehandhabt wird:

der Gummiball ist mit Wasser gefüllt und bei D mit Hilfe einer Schlauchklemme abgeklemmt; durch Öffnen der Schlauchklemme und Druck auf den Gummiball läßt man das Wasser bis zur Marke M steigen, schließt dann die Klemme, und führt das Glasrohr in die Mündung B ein, so daß der Mullbausch des feuchten Thermometers benetzt wird. Dann wird das Uhrwerk aufgezogen. — Es ist wichtig, daß das trockene Thermometer wirklich trocken bleibt, deshalb darf man nicht durch Spritzen das feuchte anfeuchten. Es ist ferner wichtig, daß das verwendete Wasser rein ist; es sollte eigentlich destilliertes Wasser genommen werden. Denn der Druck des Wasserdampfes, von dem die Verdunstung abhängt, ist über Salzlösungen anders als über Wasser, meist niedriger. Dient ja die Erniedrigung des Dampfdruckes über Salzsole zum Herabsetzen der Luftfeuchtigkeit in Luftkühlanlagen mit Solerieselung.

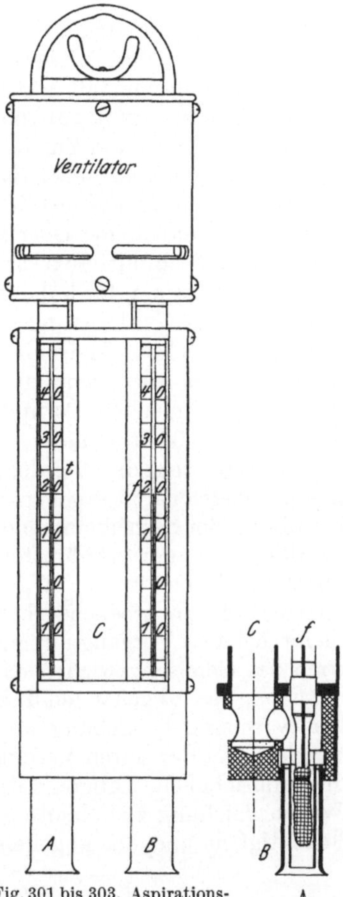

Fig. 301 bis 303. Aspirationspsychrometer von Fueß.

Für die *Einführung von Psychrometern in Kanäle*, die *unter Saugspannung* stehen, gilt, was in § 101 über die Einführung von Thermometern gesagt worden ist. Man muß vermeiden, daß ein einwärtsgehender Luftstrom die Kugeln der Thermometer trifft, so daß dieses mehr oder weniger durch die Temperatur der Umgebung beeinflußt wird. Man muß also die Thermometer an der Einführungsstelle gut abdichten. Aspirationspsychrometer müssen ganz in den Kanal eingehängt und innen abgelesen werden; bei engen, nicht begehbaren Kanälen (z. B. den Saugschläuchen von kleineren Kühlanlagen) kann man eine Glasscheibe in der Kanalwand anbringen, durch die hindurch man abliest. Die Einführung nur der Röhren A, B (Fig. 301) des Psychrometers genügt nur bei sehr geringem Unterdruck, denn der Ventilator der Instrumente liefert nur etwa 12 mm Unterdruck. Ist also die Saugspannung im Kanal größer, so kehrt der Luftstrom in C seine Richtung um und man untersucht Außenluft. Aber schon vorher verringert sich in der Umgebung der Thermometerkugeln die Luftgeschwindigkeit und damit die Konvektion.

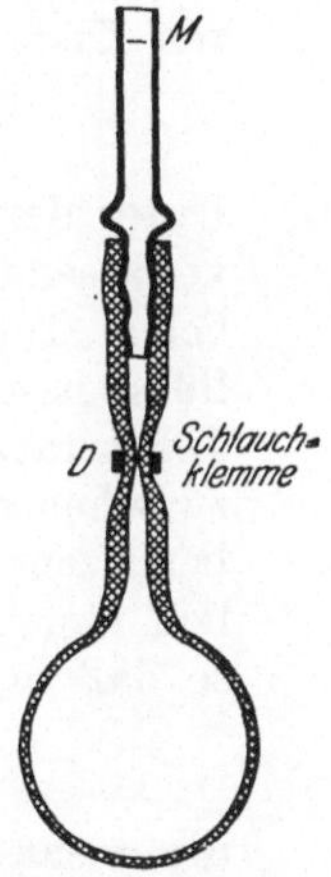

Fig. 303. Gummiball zum Anfeuchten.

In Fig. 298 und 299 sind Kurven gleicher theoretischer psychrometrischer Differenz Δ eingetragen, aus denen man in Verbindung mit den Linien der Temperatur t des trockenen Thermometers den Feuchtigkeitsgrad φ als Abszisse, oder nach Bedarf auch gleich den Wärmeinhalt i als Ordinate ablesen kann. Die Entstehung dieser Figuren beruht auf folgender *Theorie des Psychrometers.*

Im Luftstrom vom Zustande (t, φ) zeigt das trockene Thermometer einfach t an, vorausgesetzt, daß die Messung mit der in § 101 verlangten Sorgfalt in bezug auf Strahlung erfolgt. Das feuchte indessen zeigt weniger an, denn an der Oberfläche des Mullbausches findet Verdunstung statt, so daß unmittelbar an der Oberfläche Sättigung eintritt. Die zum Verdunsten erforderliche Wärme wird der Luft entnommen, in die hinein die Verdunstung stattfindet, daher sinkt deren Temperatur nahe dem feuchten Thermometer. Nachdem der Stand t_f des feuchten Thermometers fest geworden ist, muß die Abnahme des Wärmeinhaltes des herankommenden Dampfluftgemisches gleich der für Verdunstung am feuchten Thermometer aufgewendeten Verdampfungswärme sein, oder anders ausgedrückt: der Wärmeinhalt der vom feuchten Thermometer angereichert fortgehenden Luft ist gleich der Summe der Wärmeinhalte $i_{t\varphi}$ der herbeikommenden trockeneren Luft zuzüglich des Wärmeinhalts $i_w \cdot w$ der verdunsteten Feuchtigkeitsmenge w vor dem Verdunsten. Dabei ist der Wärmeinhalt und die verdunstete Menge auf 1 kg Gehalt an trockener Luft zu beziehen, denn nur das Luftgewicht bleibt bei dem Vorgang unverändert, während sowohl das Volumen, als auch das Gemischgewicht sich ändern. Wenn die Anreicherung bis zur Sättigung der abgehenden Luft führt, und wenn die Einstrahlung von der wärmeren Umgebung auf das feuchte Thermometer gering ist im Vergleich zu der durch Verdunstung gebundenen Wärmemenge, so tritt die größtmögliche Differenz der beiden Thermometer auf; dann gilt als Wärmegleichung zwischen der ankommenden Luft, der verdunstenden Feuchtigkeit und der abgehenden Luft, wie eben besprochen

$$i_{f1} = i_{t\varphi} + i_W \cdot w \quad \dots\dots\dots \quad (9)$$

worin i_{f1} der Wärmeinhalt der Luft bei der Temperatur t_f im gesättigten Zustand, bei $\varphi = 1$ ist. Also ist

$$i_{t\varphi} = i_{f1} - i_W \cdot w \quad \dots\dots\dots \quad (9\text{a})$$

Unter der Annahme, es werde volle Sättigung der das Thermometer f verlassenden Luft erreicht und die Ausbildung der theoretisch möglichen Temperaturdifferenz Δ werde auch nicht durch Strahlungseinflüsse beseitigt, läßt sich die Beziehung (9a) graphisch und bei niederen Temperaturen auch rechnerisch zur Festlegung eines Zusammenhanges zwischen dem Feuchtigkeitsgehalt und der psychrometrischen Differenz benutzen. Sind diese Annahmen nicht streng zutreffend, so wird die wirklich eintretende Psychrometerdifferenz $t - t_f$ hinter Δ zurückbleiben, so daß in der oben gegebenen Beziehung

$$t - t_f = a \cdot \Delta \quad \dots\dots\dots \quad (8\text{a})$$

die mehr oder weniger konstante Gütezahl $a < 1$ ein Maß für jene störenden Einflüsse ist. Zunächst aber sei die Gütezahl $a = 1$ gedacht.

In Fig. 304 ist der Feuchtigkeitsgrad φ als Abszisse und darüber sind Wärmeinhalte i als Ordinaten aufgetragen.

Zu mehreren Temperaturen t_1, t_2 und t_3 ist nun folgende Konstruktion gemacht. Zur Temperatur t_1 stellt A_1 den Wärmeinhalt von 1 kg trockener Luft und B_1 den von gesättigt feuchter Luft dar, während A_1B_1 den Wärmeinhalt abhängig von φ wiedergibt; bei niederen Temperaturen ist, wie Tabelle 27 zeigte, A_1B_1 fast genau gradlinig, für höhere aber keineswegs. Da B_1C_1 wagerecht gezogen ist, so ist also A_1C_1 der Wärmeinhalt gesättigten Dampfes von der Temperatur t_1 und der Sättigung entsprechender Menge. Von C_1 aus ist senkrecht abwärts die Strecke C_1D_1 abgetragen, die den Wärmeinhalt flüssigen Wassers bei der Temperatur t_1 in solcher Menge darstellt, wie zur Sättigung von 1 kg trockener Luft nötig ist; die Linie D_1B_1 gibt dann durch ihren Abstand von B_1C_1 die Größe $i_w \cdot w$ der Formel (9a), da der Sättigungsbedarf mit zunehmendem Feuchtigkeitsgrad linear abnimmt. B_1D_1 ist bei allen Temperaturen gradlinig. Die gleiche Bedeutung haben die entsprechenden Punkte und Linien für die Temperaturen t_2 und t_3; ist noch $t_1 - t_2 = t_2 - t_3$, so muß $A_1A_2 = A_2A_3$ sein, die Abstände B_1B_2, B_2B_3 ... dagegen nehmen mit sinkender Temperatur schnell ab wie der Sättigungsgehalt, die Abstände C_1D_1, C_2D_2, C_3D_3 ... nehmen noch stärker ab, weil außer dem Sättigungsgehalt auch die Temperatur abnimmt, sie werden daher bald verschwindend.

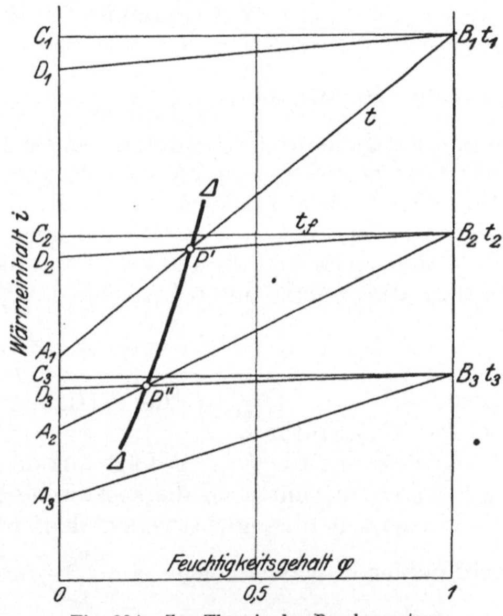

Fig. 304. Zur Theorie des Psychrometers.

Sieht man nun t_1 als Temperatur des trockenen Thermometers an, so gibt in der Bezeichnung der Formel (9a) die Linie A_1B_1 für jeden Wert φ die Größe $i_{t\varphi}$ an. Sieht man t_2 als Temperatur des feuchten Thermometers an, so stellt B_2C_2 den Wert i_{f1} dar und daher B_2D_2 für jeden Wert φ den Wert $i_{f1} - i_W \cdot w$. Für den Punkt P' ist daher nach der Forderung von Gleichung (9a) $i_{t\varphi} = i_{f1} - i_W \cdot w$, d. h. unter den oben gekennzeichneten Voraussetzungen ist der Punkt P' mit dem Zustand $t_1\,\varphi_1$ psychrometrisch dadurch gekennzeichnet, daß sich das trockene Thermometer auf t_1 und das feuchte auf t_2 einstellt; die theoretische psychrometrische Differenz ist $\Delta = t_1 - t_2$.

Ebenso ist P'' dadurch gekennzeichnet, daß das trockene Thermometer auf t_2, das feuchte auf t_3 einspielt, es ist $\Delta = t_2 - t_3$. Annahmegemäß sind die Temperaturunterschiede einander gleich, P' und P''

liegen also auf einer Kurve gleicher Werte Δ, von der man in dieser Weise weitere Punkte findet.

Die Fig. 298 und 299 sind in dieser Weise gefunden worden. An einigen Stellen ist die Konstruktion angedeutet.

In Bereichen, wo die Linien AB, Fig. 304 als gradlinig angesehen werden dürfen, also bei Temperaturen bis etwa 40° C, kann man rechnerisch vorgehen. Die Gleichung der Linien AB ist

$$i_{t\varphi} = c_p \cdot t + \varphi \cdot \frac{\gamma_t}{\gamma_l} \cdot \lambda_t = c_p \cdot t + \frac{\gamma_d}{\gamma_l} \cdot \lambda_t \quad \ldots \quad (10\text{a})$$

$c_p \frac{\text{kcal}}{{}^\circ\text{C} \cdot \text{kg}}$ ist die spezifische Wärme der Luft, von der 1 kg in der betrachteten Gemischmenge ist; γ_t kg/m³ ist das spezifische Gewicht des **gesättigten** Wasserdampfes bei der Temperatur t, da aber, mit γ_l kg/m³ als spezifischem Gewicht des Luftanteils, die betrachtete Gemischmenge den Raum $\frac{1}{\gamma_l} \frac{\text{m}^3}{\text{kg Luft}}$ einnimmt, so ist γ_d/γ_l die Wasserdampfmenge in der betrachteten Gemischmenge; λ_t ist der Wärmeinhalt (die Gesamtwärme) von 1 kg gesättigtem Dampf von gleicher Temperatur t, der annähernd gleich dem Wärmeinhalt des überhitzten Dampfes niederen Teildruckes bei p ist, wie oben erläutert wurde.

Andererseits sind die Punkte B und die Linien BC, wenn wir deren Temperaturen jetzt mit t_f bezeichnen, im Wärmeinhalt gegeben durch

$$i_{f1} = c_p \cdot t_f + \frac{\gamma_f}{\gamma_l} \cdot \lambda_f \quad \ldots\ldots\ldots \quad (10\text{b})$$

Denn es ist $\varphi = 1$, γ_f ist die Sättigungsmenge, λ_f die Gesamtwärme bei der Temperatur t_f.

Endlich das Glied $i_W \cdot w$ folgt aus der Betrachtung, daß numerisch $i_W = c_W \cdot t_f$ ist, unter c_W die spezifische Wärme des Wassers bzw. der verdunstenden Flüssigkeit verstanden, während die bis zur Sättigung verdampfende Wassermenge $w = \frac{\gamma_f}{\gamma_l} - \varphi \cdot \frac{\gamma_t}{\gamma_l} = \frac{\gamma_f - \gamma_d}{\gamma_l}$ ist. So wird

$$i_W \cdot w = c_W t_f \cdot \frac{\gamma_f - \gamma_d}{\gamma_l} \quad \ldots\ldots\ldots \quad (10\text{c})$$

Die Werte (10a) bis (10c) in (9a) eingesetzt, entsteht

$$c_p \cdot t + \frac{\gamma_d}{\gamma_l} \cdot \lambda_t = c_p \cdot t_f + \frac{\gamma_f}{\gamma_l} \cdot \lambda_f - c_W \cdot t_f \cdot \frac{\gamma_f - \gamma_d}{\gamma_l}.$$

Indem man beiderseits $\lambda_f \cdot \frac{\gamma_d}{\gamma_l}$ abzieht und passend zusammenfaßt, ergibt sich

$$c_p \cdot (t - t_f) + \frac{\gamma_d}{\gamma_l} \cdot \frac{\lambda_t - \lambda_f}{t - t_f} \cdot (t - t_f) = \lambda_f \cdot \left(\frac{\gamma_f}{\gamma_l} - \frac{\gamma_d}{\gamma_l}\right) - c_W t_f \cdot \left(\frac{\gamma_f}{\gamma_l} - \frac{\gamma_d}{\gamma_l}\right),$$

$$t - t_f = \frac{(\lambda_f - c_W t_f) \cdot \frac{\gamma_f - \gamma_d}{\gamma_l}}{c_p + \frac{\gamma_d}{\gamma_l} \cdot \frac{\lambda_t - \lambda_f}{t - t_f}} = \frac{(\lambda_f - c_W \cdot t_f) \cdot (\gamma_f - \gamma_d)}{c_p \cdot \gamma_l + \gamma_d \cdot \frac{\lambda_t - \lambda_f}{t - t_f}}.$$

Da die **theoretische** Psychometerdifferenz ermittelt werden soll, so ist links $t - t_f$ durch Δ zu ersetzen; rechts ist $\lambda_f - c_W \cdot t_f = r_f$ die Verdampfungswärme des verdunstenden Mittels, und $\frac{\lambda_t - \lambda_f}{t - t_f}$ ist die Zunahme der Gesamtwärme mit der Temperatursteigerung, die im allgemeinen gering und in nicht zu weiten Bereichen etwa konstant ist, so daß wir dafür den Differentialquotienten $\frac{d\lambda}{dt}$ einsetzen können, der bei der mittleren Temperatur genommen werden sollte. Damit wird die theoretische Psychometerdifferenz

$$\Delta = \frac{r_f \cdot (\gamma_f - \gamma_d)}{c_p \cdot \gamma_l + \frac{d\lambda}{dt} \cdot \gamma_d} \quad \ldots\ldots\ldots\ldots \quad (11)$$

und wenn man umgekehrt den Dampfgehalt γ_d aus Δ berechnen will, so ist dieser

$$\gamma_d = \frac{r_f \cdot \gamma_f - c_p \cdot \gamma_l \cdot \Delta}{\frac{d\lambda}{dt} \cdot \Delta + r_f} \quad \ldots\ldots\ldots \quad (12)$$

Da allgemein das spezifische Gewicht γ dem Druck p einigermaßen proportional, $(p/\gamma)_d$ also wesentlich konstant ist, so kann man auch beide Seiten mit $\frac{p_d}{\gamma_d} = \frac{p_f}{\gamma_f} = \left(\frac{p}{\gamma}\right)_d$ multiplizieren und dann für den Dampfteildruck schreiben

$$p_d = \frac{r_f \cdot p_f - c_p \cdot \gamma_l \cdot \left(\frac{p}{\gamma}\right)_d \cdot \Delta}{\frac{d\lambda}{dt} \cdot \Delta + r_f} \quad \ldots\ldots\ldots \quad (13)$$

Der Feuchtigkeitsgrad aber folgt aus

$$\varphi = \frac{\gamma_d}{\gamma_t} = \frac{p_d}{p_t} \quad \ldots\ldots\ldots\ldots \quad (14)$$

Diese Beziehungen enthalten eine Annäherung nur bezüglich des geradlinigen Verlaufes der Kurven in Fig. 304; sie gelten aber für beliebige andere Stoffe als Luft, sofern man für c_p und γ_l die entsprechenden Werte einführt, und für andere als wässerige Dämpfe, sofern man die übrigen Größen entsprechend wählt; dazu kann, wenn nicht alle Werte experimentell bekannt sind, die **Clapeyronsche** Gleichung wegen r und γ, und bezüglich $d\lambda/dt$ die Tatsache zu Hilfe genommen werden, daß die Änderung der Gesamtwärme dem Unterschied der spezifischen Wärme von Flüssigkeit und Dampf gleich sein muß.

Gleichungen (12) und (13) können demnach in weiten Bereichen und für verschiedene Stoffe zur Berechnung von γ_d oder p_d dienen. Besondere Vereinfachungen ergeben sich, wenn $\frac{d\lambda}{dt} \cdot \Delta$ klein ist gegen r_f. Dieser Fall soll nur für wasserbefeuchtete Luft behandelt werden.

Dann ist bei niederen Temperaturen, etwa bis $+40^\circ$ C, $\frac{d\lambda}{dt} \sim 0{,}5$, nach Ausweis der Dampftabellen oder weil die spezifische Wärme des Wassers (1) um so viel größer ist wie die des Dampfes (0,5). $\varDelta$ hat den Wert weniger Grade. r_f dagegen hat Werte um 540 herum. Man kann also $\frac{d\lambda}{dt} \cdot \varDelta$ gegen r_f vernachlässigen und erhält

$$\gamma_d = \gamma_f - c_1 \cdot \varDelta \text{ kg/m}^3 \quad \text{(12a)}$$

$$p_d = p_f - c_2 \cdot \varDelta \text{ mm QS} \quad \text{(13a)}$$

$$c_1 = \frac{c_p \cdot \gamma_l}{r_f}; \quad c_2 = \frac{c_p \cdot \gamma_l}{r_f} \cdot \left(\frac{p}{\gamma}\right)_d \quad \text{(12b, 13b)}$$

Die Konstanten sind in Tabelle 29 ermittelt; die letzten Zeilen derselben Tabelle geben auch einen Anhalt dafür, wie groß der Fehler durch Vernachlässigung von $\frac{d\lambda}{dt} \cdot \varDelta$ gegenüber r_f ist, und zeigen, daß derselbe bis zu etwa 40° selbst dann geringfügig bleibt, wenn $\varphi = 0$ ist, also bei trockener Luft und entsprechend großen Temperaturunterschieden $\varDelta$.

Tab. 29. Berechnung der theoretischen Psychrometerkonstanten c_1 und c_2 über Wasser.

In der Nähe von	$+40^\circ$	$+20^\circ$	$+0^\circ$	-20° C
ist $\gamma_l =$	1,10	1,20	1,29	1,38 kg/m³
$r_f =$	579	584	595	606 kcal/kg
$(p/\gamma)_d =$	1080	1010	940	875 mm QS/kg/m³
damit wird $c_1 =$	0,000 452	0,000 490	0,000 516	0,000 542
$c_2 =$	0,489	0,495	0,485	0,475
Für $\varphi = 0$ ist $\varDelta =$	26	14,2	6,3	1,5 °C
$d\lambda/dt =$	0,462	0,490	0,518	0,546 kcal/kg · °C
also $\frac{d\lambda}{dt} \cdot \varDelta =$	12,1	7,0	3,3	0,8
gegenüber $r_f =$	579	584	595	606 kcal/kg
Fehler $\frac{100 \cdot \varDelta \cdot d\lambda/dt}{r_f + \varDelta \cdot d\lambda/dt} =$	2,1	1,2	0,6	0,1 %

Formeln vom Bau wie (13a) werden für Psychrometermessungen vielfach verwendet, unter der einfachen Begründung, die psychrometrische Differenz $t - t_f$ müsse dem Fehlbetrag an Dampfspannung in der am feuchten Thermometer vorbeistreichenden Luft, also dem Werte $p_f - p_d$, proportional sein. Diese Begründung[1]) läßt sich ebensogut auf den Fehlbetrag an Dampfmenge $\gamma_f - \gamma_d$ anwenden und führt dann auf Gleichung (12a). Da nach Tab. 29 der Wert c_2 besser von der Temperatur unabhängig ist als c_1, so ist die Form (13a) der Form (12a) vorzuziehen. Diese einfache Form der Theorie liefert aber keine Werte für die Kon-

[1]) Müller-Pouillet, Lehrbuch d. Physik, 10. Aufl., 1907, Bd. 3, S. 831 und andere Lehrbücher.

stanten; die vollständige Theorie gibt diese und damit die Möglichkeit, den Wert von c_2 für beliebige Verhältnisse zu berechnen, insbesondere also für andere Drucke als atmosphärischen und für andere Komponenten als Luft und Wasserdampf. Außerdem gilt für höhere Temperaturen und Dampfgehalte nur die genauere Theorie.

Es fragt sich nun, ob der theoretische Wert c_2 für praktische Messungen brauchbar ist. Stellt sich infolge störender Einflüsse nicht die theoretische Differenz Δ, sondern eine kleinere $t - t_f = a \cdot \Delta$ ein, so wird also

$$p_d = p_f - \frac{c_2}{a} \cdot (t - t_f) = p_f - c \cdot (t - t_f) \quad . \quad . \quad . \quad . \quad (13\,\mathrm{c})$$

Die *Sprungsche Psychrometerformel*

$$p_d = p_f - 0{,}5 \cdot (t - t_f) \text{ mm QS} \quad . \quad . \quad . \quad . \quad . \quad . \quad . \quad (15)$$

ist viel angewendet und für gute Aspirationspsychrometer als brauchbar erprobt, z. B. durch Vergleich mit Absorptionsmethoden für den Wasserdampf unter Messung der Druckverminderung bei konstantem Volumen oder der Volumverminderung bei konstantem Druck. Das Preußische Meteorologische Institut rechnet damit, und in Landolt und Börnsteins Physikalisch-Chemischen Tabellen finden sich fertig gerechnete Werte dafür.

Danach bewährt sich die Theorie ausgezeichnet, und es wäre $a = \frac{0{,}485}{0{,}5} = 0{,}97$ zu setzen. Bei gut gebauten Psychrometern bleibt also die psychrometrische Differenz nur wenige Prozent unter der theoretischen; Konstanz der Psychrometerangaben und Unabhängigkeit derselben von Zufälligkeiten ist nur zu erwarten, wenn $a \backsim 1$ ist. Insbesondere bei mangelhafter Ventilation wird $t - f$ weiter vom theoretischen Wert abbleiben und daher werden c_1 und c_2 größer werden, dabei aber zweifellos auch stärker von den Zufälligkeiten der Konvektion abhängen. Ältere Vorschriften für ruhende Thermometerpaare nennen daher Werte wie $c_1 = 0{,}000\,635$ (Regnault, nach Wüllner, Experimentalphysik, 5. Aufl. 1896, II, 861). Nach heutiger Erkenntnis sind solche Angaben überholt, denn gute Ventilation des feuchten Thermometers ist eine unerläßliche Bedingung für überhaupt eine zuverlässige Messung.

Man darf nicht einwenden, daß durch künstliche Ventilation auch die Wärmezufuhr durch die Luft von der Temperatur t_- größer werde. Wegen der großen Konzentration der flüssigen gegenüber der gasförmigen Phase sättigt sich die dem Gazebausch adhärierende Luftschicht unter allen Umständen momentan mit Feuchtigkeit; es handelt sich daher nur darum, stets für neue Verdunstung Raum zu schaffen.

Für andere Drucke p als 760 mm QS wird, da γ_l in Gleichung (13b) im Zähler steht, der Wert c_1, c_2 oder c im Verhältnis $\frac{p}{760}$ verändert; die Sprungsche Formel heißt dann

$$p_d = p_f - 0{,}5 \cdot \frac{p}{760} \cdot (t - t_f) \quad . \quad . \quad . \quad . \quad . \quad . \quad . \quad (15\,\mathrm{a})$$

oder allgemeiner

$$p_d = p_f - c \cdot \frac{p}{760} \cdot (t - t_f) \quad \text{(15b)}$$

darin

$$c = \frac{c_p \cdot \gamma_l}{a \cdot r_f} \cdot \left(\frac{p}{\gamma}\right)_d \quad \text{(15c)}$$

Sie gilt, solange nicht infolge des kleineren Gesamtdruckes das Dampfgewicht merklich im Verhältnis zum Luftgewicht wird; bei Vakuumtrocknungen kann man leicht in diesen Bereich kommen, wo die Sprungschen Formeln dann eine rohe Annäherung werden; ebenso ist es bei Temperaturen nahe 100°.

Aus der Übereinstimmung des Erfahrungswertes $c = 0{,}5$ mit dem theoretisch errechneten folgern wir:

1. Die Theorie selbst ist auch für *höhere Temperaturen* verwendbar, für die die Näherungsformeln nicht mehr brauchbar sind, weil die Linien AB, Fig. 304, nicht mehr gerade verlaufen. Daß das z. B. für 70° nicht mehr der Fall ist, wurde in Tab. 27a gezeigt.

40° ist die obere Grenze der Anwendbarkeit von Formel (13a) und (15). Es erscheint aber zulässig, das Psychrometer bis zu Temperaturen des feuchten Thermometers nahe 100° zu verwenden; die Temperatur des trockenen Thermometers kann dabei über 100° sein; nur ist neben guter Ventilation noch dafür Sorge zu tragen, daß das feuchte Thermometer genügend lange feucht bleibt, um es zu einem Beharrungsstand kommen zu lassen; dazu kann man, wenn Vergrößerung des Bausches nicht mehr genügt, zwangsweise durch ein feines Rohr Wasser kontinuierlich in den Bausch tröpfeln und dadurch auch das lästige Herausnehmen des Thermometers umgehen. Für Trockenanlagen und ähnliche Fälle ist das wichtig. — Ob bei hohen Temperaturen und guter Ventilation die psychrometrische Differenz gleich nahe der theoretischen Größe wird wie nach der Sprungschen Formel, wäre versuchsmäßig zu ermitteln; vorläufig wird man bei guter Ventilation mit $a = 0{,}97$ oder etwas kleiner rechnen können; beim Versagen anderer Methoden ist auch eine um einige Prozent unsichere Meßmethode technisch wertvoll.

2. Die Theorie gilt ebenso für *andere Gase als Luft und andere Dämpfe als Wasser*, sie gilt auch für beliebige größere oder kleinere Drucke als gerade 760 mm QS, wofür Fig. 298 und 299 gezeichnet sind. Als Befeuchtungsflüssigkeit hat die zu dienen, auf deren Dampfgehalt im Gas sich die Messung bezieht. Für die betreffenden Komponenten oder Zustandsverhältnisse sind Diagramme nach Art von Fig. 298 und 299 zu entwerfen, die je nach Umständen numerisch ganz anders ausfallen.

Hiermit ist der psychrometrischen Messung im Gebiet des technischen Meßwesens ein weites Feld eröffnet. —

Eine besondere Besprechung erfordern die Verhältnisse bei *Temperaturen unter 0° C*. Der Mullbausch des feuchten Thermometers wird sich dann normal mit Eis bedecken; es kommt jedoch vor, daß das Wasser sich unterkühlt und daher flüssig bleibt. Diese Erscheinung und ihre Folgen haben nichts mit der vorher berührten Frage zu tun, ob man unterhalb 0° den Feuchtigkeitsgrad auf die Sättigung gegenüber Eis oder gegenüber Wasser beziehen will; durch die Verwechslung beider Fragen ist in der Literatur viel Verwirrung entstanden. Man kann die Messung mit dem feuchten oder aber mit dem gefrorenen Thermometer ausführen und muß bei richtigen Rechnungsgängen beidemal auf den gleichen Wert des Dampfteildruckes p_d kommen, der mit der Entstehung des Dampfes und mit der Anwesenheit von Wasser oder Eis nichts zu tun hat; aus diesem läßt sich dann durch Dividieren entweder durch p_{tW} oder durch p_{tE}, (die dann der Unterscheidung halber für p_t eingesetzt werden mögen, entsprechend für andere Angaben) nach Wunsch entweder φ_W oder φ_E berechnen — wobei wir uns oben ein für allemal für φ_E entschieden haben.

Sinkt nach Befeuchten des Mullbauschs das feuchte Thermometer, so hält meist der Faden bei 0° so lange an, bis unter dem Einfluß der Verdunstungskälte alles Wasser gefroren ist, dann erst sinkt er weiter bis t_f. Oft geht aber der Faden zunächst durch 0° hindurch, das Wasser unterkühlt sich also, dann aber setzt doch die Eisbildung ein, wobei der Faden stoßweise auf 0° steigt und dort wieder verharrt, bis die Eisbildung beendet ist. Unterbleibt endlich die Eisbildung ganz, so geht der Faden gleichmäßig bis t_f abwärts. Nur am Zustandekommen der Thermometerstellung kann man also erkennen, ob Eis gebildet worden ist oder ob nicht.

Es handelt sich nun darum, aus der Ablesung entweder am gefrorenen oder am unterkühlten Thermometer — welche sich gerade eingestellt hat — stets den Wert p_d zu finden, der stets der gleiche ist.

Zunächst solange das Wasser am *Mullbausch unterkühlt* flüssig ist, ändert sich gegenüber dem Zustand über Null meßtechnisch gar nichts, denn der unterkühlte Zustand ist die stetige Fortsetzung der Zustände oberhalb 0°, und daß er labil ist, ist so lange belanglos, wie der Übergang in den stabilen gefrorenen Zustand tatsächlich nicht eintritt. Das Verhalten des Thermometers f wird durch diese theoretische Tatsache jedenfalls nicht berührt. Auch unterhalb 0° gilt also bei unterkühltem Wasser am Mullbausch

$$p_d = p_{fW} - c \cdot (t - t_f) \qquad (16)$$

$$\text{mit} \quad c = \frac{c_p \cdot \gamma_l}{\alpha \cdot r_f} \cdot \left(\frac{p}{\gamma}\right)_d \backsim 0{,}5. \qquad (16\text{a})$$

Für p_{fW} ist auch unterhalb 0° der Wert über Wasser, für c ist unverändert 0,5 anzunehmen, da keine der den Wert von c bestimmenden Größen bei 0° unstetig wird. Der Feuchtigkeitsgrad ist

$$\varphi_E = \frac{p_d}{p_{tE}} = \frac{p_{fW}}{p_{tE}} - c \cdot \frac{t - t_f}{p_{tE}} \qquad (16\text{b})$$

Übrigens gilt auch, wenn man ihn für meteorologische Zwecke entgegen unserer Auffassung auf flüssig unterkühltes Wasser beziehen wollte

$$\varphi_W = \frac{p_d}{p_{tW}} = \frac{p_{fW}}{p_{tW}} - c \cdot \frac{t - t_f}{p_{tW}} \qquad (16\text{c})$$

Sobald dagegen der *Mullbausch gefroren* ist, wird das Verhalten des feuchten Thermometers (um diese Benennung weiter zu gebrauchen) durch das Gleichgewicht zwischen Eis und Dampf bestimmt. Es tritt daher in der Ableitung von vornherein γ_{tE} und γ_{fE}, das spezifische Gewicht des gesättigten Dampfes über Eis, bei den Temperaturen t und t_f an die Stelle von γ_t und γ_f. Außerdem wird das Glied $i_w \cdot w$ der Ableitung insofern anders, als für w das Sättigungsdefizit gegen den Sättigungszustand über Eis und vor allem für i_w der Wärmeinhalt i_E des Eises am feuchten Thermometer einzusetzen ist, welch letzterer wegen der Erstarrungswärme $-s$ stets stark negativ ist; es ist $i_E = -s_0 + c_E \cdot t_f$, worin s_0 die Schmelzwärme bei 0° und c_E die spezifische Wärme des Eises ist. Allgemein tritt an die Stelle von (10c)

$$i_E \cdot w = (-s_0 + c_E \cdot t_f) \cdot \frac{\gamma_{fE} - \gamma_d}{\gamma_l} \quad . \; . \; . \; . \; . \quad (10\text{d})$$

Diesen Wert nebst den passend mit Index $_E$ versehenen Werten (10a) und (10b) in Gleichung (9a) eingesetzt, entsteht

$$c_p \cdot t + \frac{\gamma_d}{\gamma_l} \cdot \lambda_t = c_p \cdot t_f + \frac{\gamma_{fE}}{\gamma_l} \cdot \lambda_f - (-s_0 + c_E \cdot t_f) \cdot \frac{\gamma_{fE} - \gamma_d}{\gamma_l} .$$

Ganz ebenso wie früher gewinnt man hieraus durch Erweitern und Zusammenfassen

$$t - t_f = \frac{(\lambda_f + s_0 - c_E \cdot t_f) \cdot (\gamma_{fE} - \gamma_d)}{c_p \cdot \gamma_l + \gamma_d \cdot \dfrac{\lambda_t - \lambda_f}{t - t_f}} .$$

Diesmal ist $\lambda_f + s_0 - c_E \cdot t_f = r_{fE}$ die Sublimationswärme (Schmelzwärme + Verdampfungswärme) des Eises bei der Temperatur t_f; $\dfrac{d\lambda}{dt}$ behält seine Bedeutung und seinen Wert wie über Wasser, damit wird in früherer Bezeichnungsweise die theoretische Psychrometerdifferenz

$$\varDelta = \frac{r_{fE} \cdot (\gamma_{fE} - \gamma_d)}{c_p \gamma_l + \dfrac{d\lambda}{dt} \cdot \gamma_d} \quad . \; . \; . \; . \; . \; . \; . \; . \quad (11\text{c})$$

oder der Dampfgehalt

$$\gamma_d = \frac{r_{fE} \cdot \gamma_{fE} - c_p \cdot \gamma_l \cdot \varDelta}{\dfrac{d\lambda}{dt} \cdot \varDelta + r_{fE}} \quad . \; . \; . \; . \; . \; . \; . \quad (12\text{c})$$

Das Verhältnis p/γ ist über Eis dasselbe wie über Wasser, es ist eine reine Eigenschaft des Dampfes. Wir erhalten wieder den Dampfteildruck

$$p_d = \frac{r_{fE} \cdot p_{fE} - c_p \cdot \gamma_l \cdot \left(\dfrac{p}{\gamma}\right)_d \cdot \varDelta}{\dfrac{d\lambda}{dt} \cdot \varDelta + r_{fE}} \quad . \; . \; . \; . \; . \; . \quad (13\text{c})$$

Bei Temperaturen unter 0° ist $\frac{d\lambda}{dt} \cdot \Delta$ stets klein gegen r_{fE}, außer bei sehr kleinem Druck; dann gilt in Annäherung

$$\gamma_d = \gamma_{fE} - c_{1E} \cdot \Delta \text{ kg/m}^3 \,, \quad \ldots \ldots \quad (12\text{d})$$

$$p_d = p_{fE} - c_{2E} \cdot \Delta \text{ mm QS} \,, \quad \ldots \ldots \quad (13\text{d})$$

$$c_{1E} = \frac{c_p \cdot \gamma_l}{r_{fE}} \,; \quad \ldots \ldots \quad (12\text{e})$$

$$c_{2E} = \frac{c_p \cdot \gamma_l}{r_{fE}} \cdot \left(\frac{p}{\gamma}\right)_d \frac{\text{mm QS}}{{}^\circ\text{C}} \quad \ldots \ldots \quad (13\text{e})$$

Zur Berechnung von c_{1E} und c_{2E} dienen dieselben Zahlen wie über Wasser (Tab. 29), nur tritt r_{fE} an die Stelle von r_f. Werte von r_{fE} (das heißt r_E bei der Temperatur t_f des feuchten Thermometers) gab Tab. 28 nebst Begründung. Die Berechnung zeigt Tab. 30.

Tab. 30. Berechnung der theoretischen Psychrometerkonstanten c_1 und c_2 über Eis.

In der Nähe von	0°	—5°	—10°	—15°	—20° C
ist $\gamma_l =$	1,29	1,32	1,34	1,36	1,38 kg/m³
$r_{fE} =$	674,5	675	675	675	675,5 kcal/kg
$(p/\gamma)_d =$	935	930	910	895	875 $\frac{\text{mm QS}}{\text{kg/m}^3}$
damit wird $c_{1E} =$	455	465	473	480	486
$c_{2E} =$	0,425	0,433	0,450	0,429	0,425

Die beiden c-Werte werden also bei der Messung an gefrorenem Mullbausch kleiner, aber wieder wird c_2 besser konstant und daher die Rechnung nach der Spannung besser als die nach dem Gehalt.

Der Wert $a = \frac{t - t_f}{\Delta}$ war oben zu 0,97 gefunden worden. Für gefrornen Mullbausch wird unter sonst gleichen Umständen dieser Wert unverändert bleiben. Gegenüber dem Mittelwert $c_{2E} = 0{,}43$ hat man wieder $c_E = \frac{c_{2E}}{a}$ anzusetzen; so kann man $c_E = 0{,}445$ setzen und bei der Messung mit gefrorenem Wattebausch die *Sprungsche Formel für gefrorenen Mullbausch* in der Abänderung

$$p_d = p_{fE} - 0{,}445 \cdot \frac{p}{760} \cdot (t - t_f) \text{ mm QS} \quad \ldots \quad (15\text{b})$$

bei gut ventilierten Aspirationspsychrometern unbedenklich verwenden. Hieraus folgt der Feuchtigkeitsgrad bezogen auf die Sättigung über Eis

$$\varphi_E = \frac{p_{fE}}{p_{tE}} - 0{,}445 \cdot \frac{p}{760} \cdot \frac{t - t_f}{p_{tE}} \quad \ldots \ldots \quad (15\text{c})$$

oder auch bezogen auf die Sättigung über Wasser

$$\varphi_W = \frac{p_{fE}}{p_{tW}} - 0{,}445 \cdot \frac{p}{760} \cdot \frac{t - t_f}{p_{tW}} \quad \ldots \ldots \quad (15\text{d})$$

Um vielfachen ungenauen Darstellungen zu begegnen, sei nochmals hervorgehoben, daß für die Wahl von $c = 0{,}5$ oder $c_E = 0{,}445$ und für die Einführung von p_{fW} oder p_{fE} nur der tatsächliche Zustand des feuchten Thermometers maßgebend ist, (dessen Mullbausch infolge der Verdunstungskälte schon gefrieren kann, wenn noch $t > 0$ ist). Ob man φ_W oder φ_E als maßgebend ansieht, ist dann dafür entscheidend, ob man den errechneten Wert p_d durch p_{tW} oder durch p_{tE} dividiert.

Soviel wir sehen, sind die Verhältnisse unter 0° nur in den Formeln der Hütte, 22.—23. Aufl., I, S. 404, richtig gegeben, jedoch ohne Begründung und ohne Rücksichtnahme auf die Möglichkeit, das Wasser könne sich unterkühlen. Dort finden sich die c-Werte wie folgt angegeben: für Werte $t_f > 0$ sei $c = 0{,}60$; für Werte $t_f < 0$ sei $c_E = 0{,}52$, während die theoretischen Werte von c_2 von uns zu 0,485 und 0,43 im Mittel errechnet wurden. Das heißt also, es ist mit der Gütezahl $a = \frac{t - t_f}{\Delta} = 0{,}81$ bzw. 0,83 gerechnet. Das hängt von der Ventilation des Instrumentes ab.

Mangels zahlreicher Versuche für die technisch wichtigen Verhältnisse bleibt man zur Zeit über den wahren Wert von c um so viel im unklaren, wie der Wert a unsicher ist, der sich nur bei sehr guter Ventilation der Einheit nähert. Man wird daher so verfahren, daß man die praktisch gemessenen Werte $t - t_f$ mit einem nach den Verhältnissen geschätzten Wert a dividiert, und aus der so errechneten theoretischen Temperaturdifferenz

$$\Delta = \frac{t - t_f}{a} \qquad (8)$$

den Feuchtigkeitsgrad und den Wärmeinhalt berechnet. Für gute Aspirationspsychrometer gilt in den Bereichen bis herauf zu etwa $t = 40°$ der Wert $a = 0{,}97$ und daher der Sprungsche Wert $c = 0{,}50$ bzw. unter 0° gilt dann $c_E = 0{,}445$. Je schlechter die Ventilation ist, desto niedriger hat man a und desto höher daher die c-Werte anzusetzen. —

Das *Haarhygrometer* zeigt die relative Feuchtigkeit an; wieweit es, zumal bei verschiedenen und auch höheren Temperaturen, verläßlich und gleichmäßig zeigt, ist unsicher; sein Vorteil ist große Einfachheit.

c) Anwendungen. Ein Beispiel soll, in Ergänzung der Beispiele des § 105, die Messung der *Wärmeleistung des Luftkühlers einer Kühlanlage* zeigen. Die Wärme wird der Luft als dem Wärmeträger durch Schlangen entzogen, dabei tritt gleichzeitig eine Wärmebindung durch Kondensation ein. Ähnliche Rechnungen und Messungen kommen in den Befeuchtungseinrichtungen der Lüftungsanlagen für Aufenthaltsräum und Textilfabriken vor; nur kommt dort nicht Kondensation, sondern die Verdunstung in Frage, ebenso bei Trockenanlagen.

In einem Luftkanal von 0,4 m² Querschnitt wurde vor dem Ventilator die Geschwindigkeit der Luft zu 11,7 m/s bestimmt. Daraus folgt die umgewälzte Luftmenge zu $0{,}4 \cdot 11{,}7 \cdot 3600 = 16\,900$ m³/h. Bei der Messung war die Lufttemperatur + 3° C, der Barometerstand 760 mm QS; auf 0° C bezogen sind dann 16 700 m³/h umgewälzt worden. Die spezifische Wärme von 1 m³ $\left(\frac{0}{760}\right)$ Luft ist 0,31; bei den niederen Temperaturen ist der Gewichtsanteil des Dampfes jedenfalls so gering, daß man seine abweichende spezifische Wärme unbeachtet lassen kann. Die

Luft hatte vor dem Ventilator + 3,95° C Temperatur, hinter dem Luftkühler war ihre Temperatur — 1,38° C. In dem ganzen, aus Ventilator und Luftkühler bestehenden Apparat fand eine Temperaturabnahme von 5,33° C statt, entsprechend einer Kälteleistung durch Luftkühlung 16 700 · 0,31 · 5,33 = 27 600 kcal/h.

Die Feuchtigkeit der Luft wurde zwischen dem Ventilator und dem Luftkühler gemessen. Die Temperatur der Luft betrug dort nach der Ablesung am trockenen Thermometer des Psychrometers 4,25° C (gegen 3,95° C vor dem Ventilator). Am feuchten Thermometer wurde gleichzeitig 2,65° abgelesen, so daß also die psychrometrische Differenz 1,6° war. Dem entspricht nach Formel (2) ein Dampfteildruck $p_d = 5{,}6 - 0{,}5 \cdot 1{,}6 = 4{,}8$ mm QS, worin 5,6 mm nach Fig. 331 der Sättigungsdruck des Dampfes bei 2,65° C ist. Der Sättigungsdruck bei 4,25° ist 6,21 mm QS, also findet sich der relative Feuchtigkeitsgehalt zu 76,7%. Der Sättigungsgehalt bei + 4,25° C ist 6,48 g/m³, der Gehalt der untersuchten Luft also 0,767 · 6,48 = 4,97 g/m³.

Um den Wasserdampfgehalt der gesamten Luftmenge zu ermitteln, hat man zunächst noch ihr Volumen bei 4,25° C aus demjenigen bei 0° zu 16 950 m³ zu errechnen. Der Wasserdampfgehalt in der gesamten Luftmenge beim Eintritt in den Luftkühler (oder beim Eintritt in den Ventilator, indem sich mit der Temperatur wohl der relative Feuchtigkeitsgehalt, nicht aber der absolute verändert hat), ist also 16 950 · 0,00 497 = 84,2 kg/h.

Dieser in den Luftkühler eintretenden Feuchtigkeitsmenge ist die aus ihm austretende gegenüberzustellen. Am Austritt wurden — 1,38° C gemessen; eine psychrometrische Differenz war nicht zu konstatieren; obwohl an sich nicht unbedingt Sättigung hinter dem Luftkühler herrschen muß, wenigstens nicht, wenn der Luftkühler mit Soleberieselung arbeitet, so war dies also doch hier der Fall. Das Luftvolumen bei — 1,38° C ist 16,550 m³/h, die Sättigungsmenge bei der gleichen Temperatur ist 0,00 409 g/m³. Der gesamte Wasserdampfgehalt beim Austritt ist also 16 550 · 0,00 409 = 67,7 kg/h.

Wenn in den Luftkühler 84,2 kg/h Dampf eintreten und 67,7 kg/h aus ihm austreten, so sind 16,5 kg Feuchtigkeit niedergeschlagen worden. Die Kondensationswärme des Kilogramms pflegt man zu 600 kcal anzunehmen. Diese Zahl trifft auch insofern leidlich zu, als der Wärmeinhalt des Dampfes bei 0° (verglichen mit Wasser von 0°) 595 kcal beträgt. Es werden dann geleistet für die Kondensation von Feuchtigkeit 16,5 · 600 = 9900 kcal/h.

Zum Abkühlen der Luft sind insgesamt 27 600 + 9900 = 37 500kcal/h im Luftkühler geleistet worden. Dabei ist der Anteil der Kondensation in der Leistung 26% und darf keinesfalls übersehen werden.

Viel schneller kommt man unter Benutzung der Wärmeinhalte nach Fig. 298 zum Ziel. Der erste Punkt ist darin angekreuzt. Wir entnehmen:

für Luft von $t = 4{,}25°$, $t - t_f = 1{,}6°$ ist $i = 3{,}40$
„ „ „ $t = 1{,}38°$, $t - t_f = 0$ ist $i = 1{,}63$

Die Kälteleistung beträgt also $\Delta i = 1{,}77$ kcal

bezogen auf 1 kg umgewälzter Luft. Da 16 700 × 1,293 = 21 600 kg/h umgewälzt wurden, so ist die Kühlleistung 21 600 · 1,77 = 38 200 kcal/h. Die Zahl ist etwas größer als eben berechnet; die Tatsache, daß durch Einsetzen der Zahl 1,293 kg/m³ als spezifisches Gewicht der Luft bei 0° und 760 mm QS der Dampfteildruck vernachlässigt wurde, könnte die Ursache davon sein. Genauer wäre nämlich wie folgt zu rechnen gewesen. Da bei + 4,25° der Feuchtigkeitsgrad 0,77% war, gemäß Fig. 329, so ist der Dampfteildruck 0,77 · 6,21 = 4,8 mm QS, der Luftdruck also nur 755 mm QS. Das Luftgewicht ist also im Verhältnis $\frac{755}{760}$ kleiner als oben angenommen, es ist 21 600 · $\frac{755}{760}$ = 21 450 kg/h, und damit ist die Kühlleistung 21 450 · 1,77 = 38 000 kcal/h, immerhin noch höher als nach dem anderen Rechnungsgang. Bei höheren Temperaturen wäre die Vernachlässigung des Dampfteildruckes ganz unzulässig.

Die Messung fand wie im letzten Beispiel des vorigen Paragraphen im Beharrungszustand statt. Wie bei jenem Beispiel wären noch Berichtigungen anzubringen, falls die von der Luft durchströmten Teile am Anfang und am Ende des Versuchs nicht die gleiche Temperatur hatten, so daß also ein Abkühlungsversuch positiv oder negativ über den eigentlichen Versuch übergelagert ist.

Es ist nur bedingt richtig, daß als Temperaturabnahme die des ganzen aus Luftkühler und Ventilator bestehenden Apparates in Rechnung gesetzt worden ist, wodurch also die Erwärmung im Ventilator gleich von der Kühlwirkung des Luftkühlers in Abzug gebracht wurde. Das ist nämlich nur dann richtig, wenn es sich um Untersuchung des ganzen Apparates handelt, und nicht etwa um die des Kühlers allein.

Eine Messung der eben beschriebenen Art birgt erhebliche *Fehlerquellen* in sich. Schon die Luftmessung pflegt unsicher zu sein; die Feuchtigkeitsmessung ist eine Differenzmessung (§ 17), da der Unterschied zweier Thermometerstände beobachtet wird; endlich erfolgt die Auswertung der niedergeschlagenen Feuchtigkeit wieder als Unterschied der ein- und der ausgetretenen. So wird die Meßmethode an sich unsicher. Dazu kommt, daß die Angaben verschiedener Tabellenwerke über den Sättigungsdruck und Sättigungsgehalt voneinander merklich abweichen. Man erhält so bei Benutzung verschiedener Tabellenwerke aus den gleichen Ablesungen etwas verschiedene Ergebnisse.

Ähnlich kann man an einer *Trockenanlage* die Feuchtigkeit der abgehenden Luft bestimmen. Habe das trockene Thermometer die Temperatur 70° angezeigt und das feuchte Thermometer habe auf 55° gestanden, so ist also $t - t_f = 15°$; nach der Art des Einbaues und namentlich der Stärke der Konvektion schätzen wir die Gütezahl des Psychrometers $a = 0{,}8$, das heißt die psychrometrische Differenz dürfte sich in 80% der theoretischen Höhe einstellen. Dann ist also die theoretische Differenz $\Delta = 15 : 0{,}8 = 18{,}7°$, und dem entspricht nach Fig. 299 bei $t = 75°$ ein Feuchtigkeitsgrad von 0,39 oder 39%. Hieraus läßt sich das Weitere berechnen. Es bleibt jedoch zu bemerken, daß die Verwendung des Psychrometers bei diesen Temperaturen, bei denen die empirische Sprungsche Formel nicht mehr gilt, nicht experimentell durchgearbeitet ist. Für die Schätzung des Gütegrades a fehlt es also an versuchsmäßigen Unterlagen; die eben gegebene Rechnungsweise und überhaupt die Wiedergabe der Fig. 299 für Psychrometermessungen ist zunächst als Anregung zu Versuchen zu betrachten; immerhin kann man qualitative Ergebnisse daraus ziehen.

107. Ermittlung der Wärmemenge aus Dampfmengen. Wenn der Träger der zu messenden Wärmemengen ein Dampf ist, so ist bei Bestimmung des Wärmeinhaltes die latente Wärme des Dampfes zu berücksichtigen, ja sie macht meist den überwiegenden Anteil des gesamten Wärmeinhaltes aus. Die Wärmemenge, die dem Speisewasser eines Dampfkessels zuzuführen ist, um es in Dampf von dem Zustand zu verwandeln, in dem es den Kessel verläßt, setzt sich im allgemeinen aus drei Teilen zusammen. Zunächst ist das Speisewasser auf die Siedetemperatur t_s des Wassers zu erwärmen, entsprechend dem im Kessel herrschenden Druck p; hierfür kommt die spezifische Wärme des Wassers in Frage; den Wärmeinhalt von 1 kg Wasser über den bei 0° hinaus bezeichnet man als seine *Flüssigkeitswärme* q. Weiter ist das Wasser in Dampf von gleichem Druck p und gleicher Temperatur t_s zu verwandeln; hierfür kommt die *Verdampfungswärme* r des Wassers in Betracht, die ebenfalls auf 1 kg bezogen zu werden pflegt und die man Tabellen entnimmt. Der Wärmeinhalt gesättigten Dampfes heißt seine Gesamtwärme $\lambda = q + r$. Wo das Wasser nicht restlos, sondern von je 1 kg nur x kg in Dampf verwandelt wird, so daß ein Teil $1 - x$ als Feuchtigkeit des Dampfes mitgerissen wird, ist die Verdampfungswärme nur für den wirklich verdampften Teil anzusetzen und der *Wärmeinhalt nassen Dampfes* ist

$$i = q + xr = \lambda - (1 - x)\,r\,; \quad \ldots\ldots \quad (16)$$

der Feuchtigkeitsgehalt ist dann also zu bestimmen. Als dritter Posten ist bei der Erzeugung überhitzten Dampfes die *Überhitzungswärme* einzuführen: im Überhitzer wird der Dampf unter unverändertem Druck auf eine höhere als die Sättigungs- oder Siedetemperatur erhitzt; hierbei ist die spezifische Wärme des Wasserdampfes in Rechnung zu setzen. Da vor der Überhitzung zunächst eine Verdampfung der mitgerissenen Feuchtigkeit eintritt, so kann die Bestimmung der Dampffeuchtigkeit unterbleiben, wenn man nur die Leistung des Kessels und Überhitzers zusammen kennen will.

Für die Auswertung ist es am einfachsten, den *Wärmeinhalt des Dampfes*, wie er den Kessel verläßt, und den des zum Kessel kommenden Speisewassers zu ermitteln und beide voneinander abzuziehen. Diese Wärmeinhalte, d. h. die Mehrgehalte an Wärme gegenüber dem Wärmeinhalt von Wasser von 0° C, sind nämlich den Dampftabellen zu entnehmen, die sich beispielsweise im Taschenbuch der Hütte finden. Den Wärmeinhalt von Wasser kann man, nach den Darlegungen § 104 befriedigend genau, numerisch gleich der Wassertemperatur setzen; den Wärmeinhalt gesättigten Dampfes (seine Gesamtwärme) gibt die Formel[1])

$$\lambda = 594{,}7 + 0{,}518\,t_s - 0{,}00\,068\,t_s^2 \quad \ldots\ldots \quad (17)$$

[1]) Schüle, Technische Thermodynamik, I, 3. Aufl.

befriedigend wieder, die den Angaben Molliers[1]) entspricht; der Wärmeinhalt überhitzten Dampfes kann nach Mollier

$$i = 594{,}7 + 0{,}477 \cdot t - \mathfrak{J} \cdot p \quad \ldots\ldots \quad (18)$$

gesetzt werden; darin ist

$$\mathfrak{J} = 7{,}61 \cdot \left(\frac{273}{T}\right)^{\frac{10}{3}} - 0{,}023$$

zu berechnen oder aus Fig. 305 zu entnehmen, es bedeutet t die Temperatur des Dampfes in Celsiusgraden, T die absolute Temperatur und p den Druck des Dampfes in Atmosphären (1 at = 1 kg/cm²). Man kann die aus dieser Formel folgenden Werte auch aus den von Mollier herausgegebenen graphischen Darstellungen[2]) entnehmen.

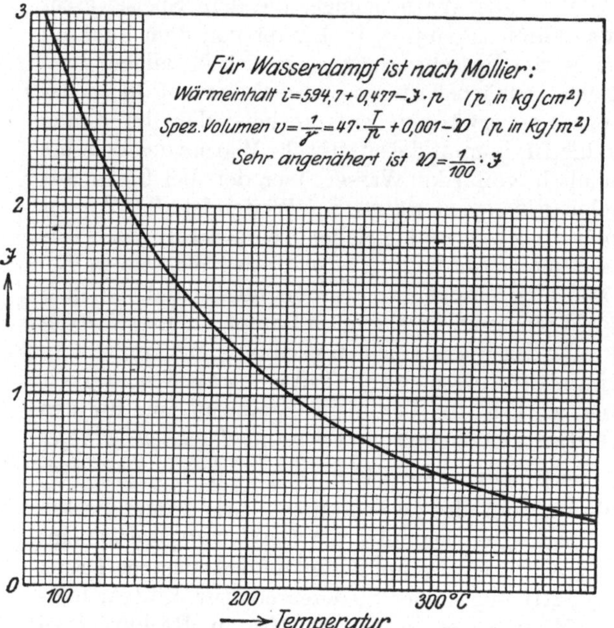

Fig. 305. Wärmeinhalt und spezifisches Volumen von überhitztem Wasserdampf.

Eine ältere Rechnungsweise setzt nach Regnault den Wärmeinhalt gesättigten Dampfes $\lambda = 606{,}5 + 0{,}305\, t_s$, wo t_s die Sättigungstemperatur ist, die man zu jedem Druck p aus den Dampftabellen entnehmen kann; mit einer als konstant angenommenen spezifischen Wärme $c_p = 0{,}48$ wird die Überhitzungswärme $0{,}48 \cdot (t - t_s)$, so daß der Wärmeinhalt überhitzten Dampfes durch

$$i = 606{,}5 + 0{,}305\, t_s + 0{,}48\,(t - t_s) \quad \ldots\ldots \quad (19)$$

gegeben wäre; diese Formel ist auch in den noch gültigen Normen für Dampfkesselversuche angegeben, sie ist aber als veraltet anzusehen, nachdem durch Lorenz sowie durch Knoblauch, Linde und Klebe

[1]) Neue Tabellen und Diagramme für Wasserdampf. Berlin 1906. Auch Hütte, 19. bis 23. Aufl. Die neuen Messungen von Henning, Z. d. V. d. Ing, 1909, S. 1769, ergeben bei Temperaturen über 70° etwas kleinere Werte; die Differenzen sind:

bei 100°	130°	150°	180°
− 1,0	− 2,6	− 3,1 (Maximum)	− 2,1 kcal/kg.

[2]) Beilage zu: Neue Tabellen und Diagramme für Wasserdampf.

nachgewiesen ist, daß c_p nicht konstant ist, sondern in den weiten Grenzen von 0,45 bis 0,6 von Druck und Temperatur abhängt. Dieser Veränderlichkeit wird Formel (18) gerecht. Für Atmosphärenspannung und mäßige Überhitzung trifft indessen der alte Wert $c_p = 0{,}48$ leidlich zu.

Beispiel: So sei ein *Dampfkessel* 8 Stunden lang durchschnittlich mit Wasser von 52° gespeist worden und habe Dampf von 10,25 at absolutem Druck und 303° Temperatur erzeugt. Dann ist $i = 594{,}7 + 0{,}477 \cdot 303 - 0{,}61 \cdot 10{,}25 = 594{,}7 + 144{,}7 - 6{,}3 = 733{,}1$ kcal/kg Dampf. Die ältere Rechnungsweise hätte ergeben: die Sättigungstemperatur zu 10,25 at ist 180°, also wird der Wärmeinhalt gesättigten Dampfes $\lambda = 606{,}5 + 0{,}305 \cdot 180 = 661{,}3$ kcal; die Überhitzung beträgt 303 — 180 = 123°, entsprechend einer Überhitzungswärme $0{,}48 \cdot 123 = 59{,}1$ kcal; der Wärmeinhalt des überhitzten Dampfes wäre danach $i = 661{,}3 + 59{,}1 = 720$ kcal, also um 1,8% niedriger. — Wie man aber auch den Wärmeinhalt des überhitzten Dampfes berechnen möge, jedenfalls wird jetzt die Flüssigkeitswärme des Speisewassers mit 52 kcal abzuziehen sein; also waren 733 — 52 = 681 kcal jedem verdampften Kilogramm zuzuführen. Waren also in den 8 h Versuchsdauer 17 160 kg Wasser gespeist worden, und hatte man dafür gesorgt, daß der Wasserstand im Kessel anfangs und am Ende der gleiche war (um die Unsicherheiten in dieser Hinsicht unschädlich zu machen, dazu die lange Versuchsdauer), so wären stündlich 17 160 : 8 = 2145 kg verdampft worden und hätten 2145 · 681 = 1 461 000 kcal/h nutzbar werden lassen. — Wegen der erforderlichen Versuchsdauer vergleiche man Masch.-Unt. § 29.

Auch wo nicht der Wärmeinhalt des Dampfes selbst interessiert, sondern die Wärmeaufnahme eines Mediums gemessen werden soll, kann man die Messung auf eine Messung der Dampfmenge zurückführen. So bestimmt man die *Wärmeabgabe von Heizkörpern* einer Dampfheizung, indem man das niedergeschlagene Kondensat wägt und mit dem Unterschied des Wärmeinhaltes des ankommenden Dampfes und des abgehenden Kondensats multipliziert; diesen Unterschied führt man in weniger genauen Messungen oft einfach mit 600 kcal/kg ein — so bei den Heizwertbestimmungen, § 111 und 113, wo es sich nur um eine Art Korrektion handelt. — Auch die *Kälteleistung einer Kühlmaschine* kann man ermitteln, indem man eine Dampfschlange in die Sole legt und Dampf gerade in der Menge zuführt, daß die Wärmezufuhr durch Dampf der Wärmeentziehung durch die Maschine die Wage hält, so daß also die Temperatur der Sole weder steigt noch fällt. Die Kondensatmenge wird gemessen. Ratsam ist es in allen Fällen, wo genau gemessen werden woll, den zutretenden Dampf schwach zu überhitzen, da andernfalls keine Gewißheit darüber besteht, wieviel Wasser der Dampf etwa mit sich führte.

Überall nämlich, wo die Dampftemperatur die dem Druck entsprechende Sättigungstemperatur nicht überschritten hat, kann der Dampf sowohl trocken gesättigt sein, als auch beliebige Feuchtigkeitsmengen enthalten. Da der Wärmeinhalt des Wassers nur $^1/_4$ bis $^1/_6$

desjenigen von Dampf ausmacht, so bedingt ein Feuchtigkeitsgehalt einen wesentlichen Mindergehalt des Dampfes an Wärme. Bei Erzeugung gesättigten Dampfes im Kessel sowohl, als auch bei Verwendung gesättigten Dampfes zur Messung der Wärmemenge wie im Heizkörper und der Kältemaschine, wäre also eine Bestimmung des Feuchtigkeitsgehaltes unerläßlich.

108. Ermittlung der Dampffeuchtigkeit. Die Messung des Feuchtigkeitsgehaltes geschieht fast allgemein mit Hilfe des *Drosselkalorimeters.* Dieses besteht (Fig. 306) aus einem einfachen Hohlgefäß, dessen Wände gegen Wärmeausstrahlung durch Isolation geschützt sind; die Isolation ist nicht gezeichnet. In ihn tritt der feuchte Dampf, dessen Spannung p_1 oder Temperatur t_1 man festgestellt hat (beide hängen ja voneinander ab), durch ein Ventil A ein; in der Düse wird er auf eine geringe Spannung gedrosselt. Da gesättigter Dampf von geringer Spannung weniger latente Wärme als solcher von hoher Spannung enthält, so wird die freigewordene Wärme eine Überhitzung des Dampfes bewirken, aber erst nachdem sie den Dampf getrocknet hat. Je feuchter also der Dampf war, desto weniger wird er beim Drosseln überhitzt. Misst man die Dampfspannung und die Dampftemperatur im Kalorimeter, bei p_2 und t_2, so kann man aus der Überhitzung auf die frühere Feuchtigkeit schließen. Der Dampf fließt unten ins Freie. Bei der Messung muß der Apparat im Beharrungszustand, insbesondere die Isolierung gut durchgewärmt sein.

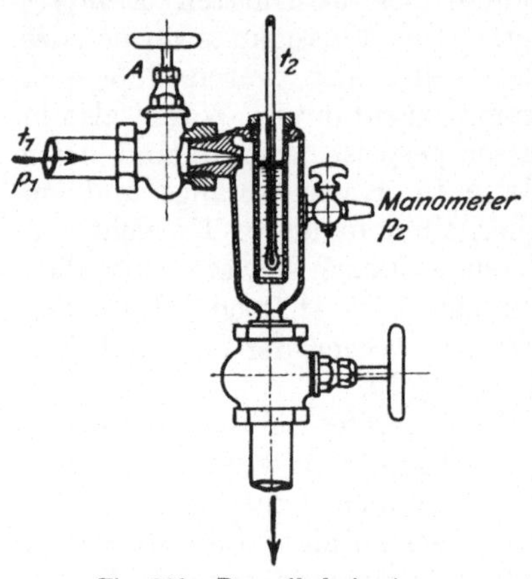

Fig. 306. Drosselkalorimeter von Schaeffer & Budenberg.

Besteht 1 kg feuchten Dampfes aus x kg Dampf und $(1-x)$ kg Wasser, und bezeichnet q_1 die Flüssigkeitswärme von 1 kg Wasser, λ_1 den Wärmeinhalt von 1 kg gesättigten Dampfes, beide bei der Anfangsspannung p_1 bzw. der entsprechenden Temperatur t_{s1}, so ist also in den x kg Dampf die Wärmemenge $x \cdot \lambda_1$, und in den $(1-x)$ kg Wasser die Wärmemenge $(1-x) \cdot q_1$ enthalten; vor dem Drosseln war also in dem Kilogramm feuchten Dampfes die Wärmemenge $x \cdot \lambda_1 + (1-x) \cdot q_1$ vorhanden. Bezeichnet weiterhin λ_2 die Gesamtwärme von 1 kg gesättigtem Dampf bei der Spannung p_2 im Drosselkalorimeter, bezeichnet $t_2 - t_{s2}$ die Anzahl von Graden, um welche Überhitzung eingetreten ist, und c_p die spezifische Wärme des Dampfes bei der Überhitzung, so ist der Wärmeinhalt von 1 kg Dampf, wie er im Kalorimeter vorliegt, $\lambda_2 + c_p \cdot (t_2 - t_{s2})$. Da Wärme nicht in erheblichem Maße zu- oder abgeführt ist, wegen der guten Isolierung des Ganzen, so muß sein

$$x \cdot \lambda_1 + (1-x) \cdot q_1 = \lambda_2 + c_p \cdot (t_2 - t_{s2}),$$

woraus folgt:

$$x = \frac{\lambda_2 + c_p \cdot (t_2 - t_{s2}) - q_1}{\lambda_1 - q_1} \quad \ldots \ldots \quad (20)$$

Sämtliche Größen hierin lassen sich den Dampftabellen entnehmen, wie ein Beispiel zeigen wird. c_p pflegt man zu 0,48 anzunehmen.

Dampf von 10,7 at Überdruck sei kalorimetriert worden, und man habe im Drosselkalorimeter bei einem Überdruck von 350 mm QuS = 0,476 at eine Temperatur von 136,2° C abgelesen. Barometerstand 740 mm QuS = 1,01 at. — Bei Dampf von 10,7 + 1,01 = 11,7 at absolutem Druck entnehmen wir den Dampftabellen: $\lambda_1 = 667{,}8$; $q_1 = 188{,}6$ kcal/kg. Bei dem gedrosselten Dampf von 0,476 + 1,01 = 1,49 at absolutem Druck ist $\lambda_2 = 643{,}9$ und die Sättigungstemperatur 109,5° C. Die Überhitzung ist also $t_2 - t_{s2} = 136{,}2 - 109{,}5 = 26{,}7°$. Damit wird $x = 0{,}978$; der Dampf enthielt 2,2% Feuchtigkeit.

Da die äußere Form des Drosselkalorimeters unwesentlich ist, so kann man sich ein solches aus Gasrohrenden leicht selbst zurechtbauen. Man achte auf gute Einhüllung. Das Ventil *A* der Fig. 306 soll stets ganz geöffnet sein; zum Drosseln genügt die Düse. Je größer nämlich die arbeitende Dampfmenge, desto weniger Einfluß haben die Strahlungsverluste.

Wir haben dieser Rechnung die veraltete Annahme einer unveränderlichen spezifischen Wärme des Wasserdampfes zugrunde gelegt, um das Grundsätzliche einfacher zu besprechen. Im gegebenen Fall empfiehlt es sich, lieber das Mollier sche *is*-Diagramm zu benutzen. Aus ihm ergibt sich für unser Beispiel, indem wir einfach vom Punkte $p = 1{,}49$ at, $t = 136{,}2$ wagerecht nach rechts einer Linie gleichen Wärmeinhaltes folgen, für $p = 11{,}7$ ein Feuchtigkeitsgehalt von 2,3%. Man darf sich aber von der einen wie der anderen Rechnungsweise keine große Genauigkeit versprechen, solange man die Untersuchung an einer Dampfprobe macht.

Man erkennt leicht oder kann sich durch Nachrechnen davon überzeugen, daß das Drosselkalorimeter nur für mäßige Feuchtigkeitsgrade, 2 bis 4%, brauchbar ist. Sehr feuchter Dampf wird zwar im Kalorimeter etwas getrocknet, aber doch nicht ganz oder gar überhitzt. Da indes vor jeder Maschine ein Wasserabscheider in die Dampfleitung eingeschaltet ist, so pflegt der zu untersuchende Dampf auch nicht sehr feucht zu sein. Will man jedoch untersuchen, wie feucht der von einem Kessel aus erzeugte Dampf ist, so reicht gelegentlich das Drosselkalorimeter nicht aus. — Man erkennt das daran, daß man am Kalorimeter die Sättigungstemperatur des Dampfes abliest, und muß dann alle Schlüsse unterlassen.

Für solche Fälle kann gelegentlich das von Carpenter angegebene *Abscheidekalorimeter* dienen. In ihm wird der Dampf mechanisch von Feuchtigkeit befreit und diese gemessen[1]).

Da das Abscheidekalorimeter den Dampf nicht ganz sicher trocknet, wird man gut tun, noch ein Drosselkalorimeter dahinter zu schalten.

[1]) Abbildung und Beschreibung in der 1. und 2. Auflage dieses Buches.

Andere Methoden beruhen etwa darauf, daß man dem nassen Dampf mittels elektrischer Widerstände so viel Wärme zuführt, daß er eben überhitzt wird. Das ergibt Anordnungen ähnlich dem Thomasmesser, § 71, Fig. 156; die erforderliche Energiezufuhr mißt man elektrisch. Es ist 1 kW = 859 kcal/h. Man kann auch die Wärmezufuhr durch Dampf von höherer Spannung bewirken, der sie durch Kupferspiralen überträgt. Oder man kann den Dampf kondensieren und dabei kalorimetrisch seinen Wärmeinhalt feststellen. Und noch manche andere Methode ist vorgeschlagen. Für jede Methode aber gilt das Folgende.

Man ist nur selten in der Lage, den Dampf als Ganzes einer Feuchtigkeitsuntersuchung zu unterwerfen. Man leitet vielmehr einen kleinen Zweigstrom in das Kalorimeter und prüft diesen. Da kann nun das Kalorimeter im besten Fall die Probe richtig untersuchen; stellt diese Probe keinen Durchschnitt des Dampfes dar, so trifft die Schuld für ein falsches Resultat nicht das Kalorimeter, sondern die Art der *Probenahme*. Man entnimmt die Probe nach Fig. 307: Das Entnahmeröhrchen wird noch quer durch das Dampfrohr hindurchgeführt und ist mit Löchern versehen; es ist am Ende zu oder offen. Man hofft so, wenn der Dampf im Rohr nach konzentrischen Schichten gleichmäßig verteilt ist, von jeder Schicht gleichviel zu bekommen. Da in wagerechten Rohren Wasser am Boden entlang läuft, so soll man den Entnahmestutzen in ein senkrechtes Rohr legen, in dem überdies noch der Dampf aufwärts gehen soll. Außerdem muß man das Röhrchen bis zum Kalorimeter hin gut verpacken, sonst verliert der Dampf noch Wärme.

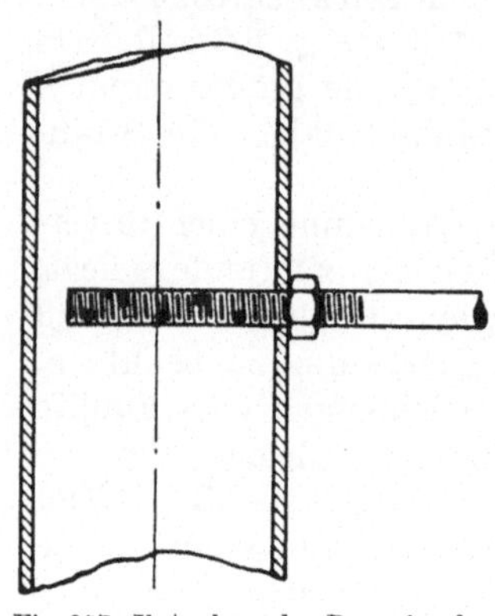

Fig. 307. Entnahme der Dampfprobe.

Aber trotz dieser Vorsichtsmaßregeln dürfte die Probe selten den Durchschnitt darstellen. Das schwerere Wasser wird im allgemeinen mehr als der Dampf das Bestreben haben, geradeaus zu gehen, und es wird zu trockener Dampf in das Kalorimeter kommen. Jede Untersuchung der Dampfgüte ist daher von zweifelhaftem Wert: in der Tat werden bei uns solche Bestimmungen selten gemacht, während sie in Nordamerika gebräuchlich sind. Welche Art von Kalorimeter man verwendet, ist hierfür gleichgültig. Das Drosselkalorimeter ist das bequemste und ist an sich durchaus einwandfrei. Ebenso einwandfrei ist die angeführte Kombination aus Abscheide- und Drosselkalorimeter.

In den seltenen Fällen, wo man den ganzen Dampf untersuchen kann, fallen diese Einwände fort. Das ist etwa der Fall, wenn man die Spannung (in Heizanlagen) durch ein Druckminderventil reduzieren kann; dieses ist dann direkt als Drosselkalorimeter zu benutzen.

XIII. Messung des Heizwertes von Brennstoffen.

109. Einheiten. Für feste Brennstoffe — Kohle — geschieht die Bestimmung des Heizwertes heute allgemein mit Hilfe der Bombe, für flüssige und gasförmige — Benzin oder Petroleum, Leucht- oder Generatorgas und andere — ebenso allgemein mit Hilfe des Junkers-Kalorimeters.

Unter Heizwert versteht man diejenige Wärmemenge, die die Mengeneinheit des betreffenden Brennstoffes bei vollkommener Verbrennung der Bestandteile und darauffolgender Abkühlung auf die Temperatur der Umgebung an diese abgibt. Der Heizwert ist unabhängig davon, ob die Verbrennung in Luft oder in reinem Sauerstoff erfolgt. und ob der vorhandene Sauerstoff zur Verbrennung gerade ausreicht oder im Überschuß vorhanden ist, ist auch unabhängig von der Spannung, bei der sie erfolgt, sofern nur nicht die Bildung von CO und anderen selbst noch brennbaren Bestandteilen oder das Unverbranntbleiben schwerer Kohlenwasserstoffe die Folge ungünstiger Bedingungen ist. Die genannten Verhältnisse beeinflussen nur die bei der Verbrennung eintretende Temperatursteigerung.

Als Mengeneinheit, auf die der Heizwert bezogen wird, dient bei festen und flüssigen Körpern das Kilogramm, wenn man nach Kilogrammkalorien, oder das Gramm, wenn man nach Grammkalorien rechnet; bei gasförmigen Brennstoffen bezieht man den Heizwert auf das Kubikmeter, wobei natürlich das auf 0° und 760 mm QuS reduzierte Volumen einzuführen ist, und zwar pflegt man bei gasförmigen Brennstoffen nach Grammkalorien zu rechnen. Heizwertangaben haben also die Benennungen: $\frac{\text{kcal}}{\text{kg}} = \frac{\text{cal}}{\text{g}}$; $\frac{\text{cal}}{\text{m}^3\left(\frac{0}{760}\right)}$. In physikalisch-chemischen Werken geschieht die Angabe des Heizwertes oft bezogen auf Grammmoleküle, d. h. auf die Anzahl von Gramm, die dem Molekulargewicht des Stoffes entspricht. So wird man für Methan CH_4 den (oberen) Heizwert 213,5 cal/g mol angegeben finden; da das Molekulargewicht des Methans $12 + 4 \cdot 1 = 16$ (genauer 16,03 ist), so ist sein Heizwert, nach technischer Ausdrucksweise, $\frac{213{,}5}{16{,}03} \cdot 1000 = 13\,320$ kcal/kg; oder bei einem spezifischen Gewicht des Methans von 0,716 kg/m³ $\left(\frac{0}{760}\right)$ ist der Heizwert $13\,320 \cdot 0{,}716 = 9540$ kcal/m³ $\left(\frac{0}{760}\right)$.

110. Oberer und unterer Heizwert. Die maschinentechnisch in Frage kommenden Brennstoffe bestehen durchweg aus Kohlenstoff C, Wasserstoff H, Sauerstoff O und aus Verbindungen dieser drei; die meisten enthalten auch noch 1 bis 2% Schwefel S. Außerdem enthalten sie fast immer Wasser, das bei festen oder flüssigen Brennstoffen in kondensierter Form in den Prozeß eintritt, bei gasförmigen Brennstoffen als Feuchtigkeit dampfförmig vorhanden ist. Ferner enthält auch die zur Verbrennung zugeführte Luft eine gewisse Wassermenge als Luftfeuchtigkeit und nimmt sie fast immer in Dampfform in den Prozeß hinein. Bei vollkommener Verbrennung entsteht Kohlensäure

CO_2 und Wasser H_2O. Während die Kohlensäure immer gasförmig abgeht, kann das Wasser entweder als Wasserdampf oder in flüssiger Form den Verbrennungsraum verlassen; das wird namentlich von der Endtemperatur der Abgase abhängen.

Je nachdem nun das teils schon im Brennstoff vorhandene, teils bei der Verbrennung entstandene Wasser Dampf bleibt oder verflüssigt wird, wird der Heizwert verschieden hoch ausfallen. Entweichender Wasserdampf entführt ja in latenter Form große Wärmemengen — rund 600 kcal pro kg Dampf —, die dann als fühlbare Wärme in die Erscheinung treten und nutzbar werden, wenn der Wasserdampf sich niederschlägt. Der kalorimetrisch gemessene, wie auch der in einer Feuerung nutzbar werdende Heizwert ist also kleiner, wenn das Wasser als Dampf abgeht, größer, wenn es sich zu verflüssigen Gelegenheit hat.

Man pflegt den auf Wasserdampf als Verbrennungsprodukt bezogenen den *unteren Heizwert*, den anderen den *oberen Heizwert* zu nennen. Beide unterscheiden sich um den mit 600 multiplizierten Wassergehalt der Verbrennungsprodukte.

Es ist nun die Frage, ob der untere oder der obere Heizwert bei der Bewertung des Brennstoffes in Betracht zu ziehen ist. Entsprechend den Vorschriften der Normen des Vereins Deutscher Ingenieure pflegt man in Deutschland den unteren als maßgebend in die Rechnung einzuführen, in Amerika dagegen gilt der obere — woraus allein schon folgt, daß sich für jeden etwas sagen läßt.

Die Frage ist auch nicht belanglos insofern, als der Unterschied zwischen beiden Heizwerten recht bedeutend ist: beide verhalten sich bei Steinkohle etwa wie 7500 zu 7200 kcal, bei Braunkohle wie 4500 zu 4200, bei Petroleum wie 10 500 zu 9750, bei Leuchtgas wie 5400 zu 4800 kcal. Der Unterschied wird um so größer, je mehr Wasser und namentlich je mehr Wasserstoff der Brennstoff prozentual enthält.

Wenn man mit dem unteren Heizwert rechnet, so errechnet man den Wirkungsgrad der mit dem betreffenden Brennstoff versorgten Feuerung oder der mit ihm betriebenen Maschine höher, als wenn man den höheren Wert als in den Prozeß eingeführt in Rechnung setzt. Es fragt sich, ob man die Tatsache, daß der Unterschied zwischen oberem und unterem Heizwert praktisch nicht ausgenutzt wird, dem Brennstoff oder der Maschine bzw. Feuerung zur Last legen solle.

Zunächst für die Ausnutzung von Brennstoffen zur *unmittelbaren Arbeitserzeugung* in Verbrennungsmotoren wird man die Annahme des unteren Heizwertes als berechtigt anerkennen müssen. Nach dem zweiten Hauptsatz der Wärmelehre kann Wärme niemals ganz, sondern immer nur zu einem Bruchteil in Arbeit umgesetzt werden, und dieser Bruchteil ist um so kleiner, bei je geringerer Temperatur die betreffende Wärmemenge freigeworden ist. Während nun im Verbrennungsmotor der Verbrennungsvorgang bei Temperaturen von über 1000° erfolgt und die durch den Verbrennungsvorgang freiwerdende Wärme bei diesen hohen Temperaturen frei wird, so wird die durch Kondensation des Wasserdampfes zu erhaltende Wärme, wenn überhaupt, so doch jedenfalls nur bei niedrigen Temperaturen in Freiheit gesetzt werden. Die

Arbeitsfähigkeit der Wärmemenge, die dem Unterschiede zwischen oberem und unterem Heizwert entspricht, ist also wesentlich geringer als die dem unteren Heizwert entsprechende; sie ist eine minderwertige Wärmemenge. Im Diagramm des Gasmotors macht sich das so kenntlich, wie Fig. 308 es andeutet. Das Diagramm sei so gestaltet, und der Heizwert des Gases sei ein solcher gewesen, daß von A an Temperaturen und Dampfteildrucke solche Werte annehmen, daß das Wasser sich verflüssigt. Nun erkennt man ohne weiteres, wie gering der Zuwachs an Diagrammfläche ist, der durch das Freiwerden der latenten Wärme noch zu erwarten ist, zumal sie erst allmählich von A ab frei wird; es ist nur die kleine Fläche *1* zu gewinnen, während ein gleichgroßer Wärmezuwachs, der bei B bei höherer Temperatur eingetreten wäre infolge höheren unteren Heizwertes, den Zuwachs um die punktierte Fläche *2* geliefert hätte: seine Arbeitsfähigkeit ist eine größere.

Wo es sich also um Ausnutzung der Wärme zur Arbeitserzeugung handelt, wird der Wert des Brennstoffes durch den unteren Heizwert besser ausgedrückt als durch den oberen. Diese theoretischen Erwägungen ergänzen die praktischen, die da besagen, daß man tatsächlich niemals bis an die Grenze herankommt, wo die Verflüssigung beginnt.

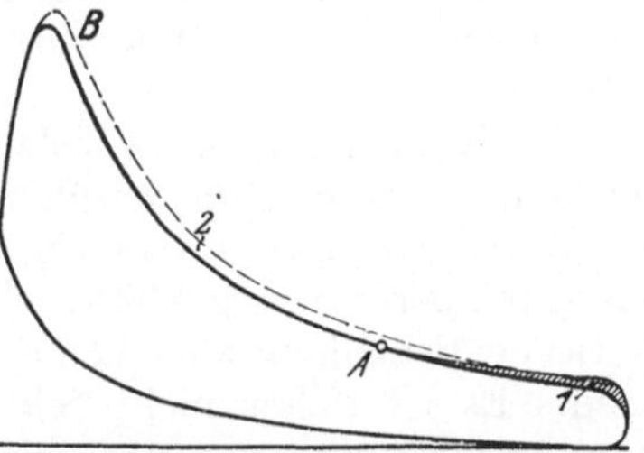

Fig. 308. Veranschaulichung der Minderwertigkeit der latenten Wärme (nach E. Meyer).

Bei der Ausnutzung der Wärme zu *Heizzwecken* muß man von anderen Gesichtspunkten ausgehen. Bei solcher Verwendung ist alle Wärme gleichwertig, sie sei bei hoher oder bei niederer Temperatur freigeworden — immerhin noch mit einem Vorbehalt insofern, als nach demselben zweiten Hauptsatz der Wärmelehre und nach der Erfahrung die Wärme nur vom wärmeren zum kälteren Körper geht, nicht umgekehrt. Zur Beheizung eines Dampfkessels, dessen Inhalt sich auf 180° befindet, ist also der Unterschied zwischen oberem und unterem Heizwert, der diesmal erst unter 100° frei wird, wieder nicht verwendbar, wenigstens nicht unmittelbar: man könnte aber mit seiner Hilfe das kalte Kesselspeisewasser vorwärmen und so ihn für den Dampfkessel nutzbar machen. Deshalb wird man sagen können, es sei nicht Schuld des Brennstoffes, wenn nicht durch Anordnung von Vorwärmeeinrichtungen dafür Sorge getragen wird, daß er die Wärme vollständig abgeben kann, die er abzugeben bereit ist.

Es erhebt sich aber die Frage, ob denn der Brennstoff überhaupt zur Hergabe des Unterschiedes zwischen oberem und unterem Heizwert bereit ist, wenn man seine Verbrennungsgase genügend weit, d. h. also auf die Temperatur der Umgebung, abkühlt. Die Antwort hierauf ist die, daß er zur Hergabe dieses Unterschiedes nur dann bereit ist, wenn die zur Verbrennung zugeführte Luft mit Feuchtigkeit gesättigt war; bei gasförmigen Brennstoffen ist auch die Sättigung des Gases selbst mit Feuchtigkeit erforderlich. In jedem anderen Fall kann der Unterschied entweder gar nicht oder nur unvollständig hergegeben werden. Feuchtigkeit kann sich nämlich immer erst dann aus den Rauchgasen, auch bei vollständiger Abkühlung derselben niederschlagen, wenn die Sättigung des Gasvolumens mit Wasserdampf erreicht worden ist. Das Volumen der Abgase ist nun bei Kohle wenig von dem der zugeführten Luft verschieden; bei Leuchtgas unterscheidet es sich kaum von der Summe der Volumina, die Gas und Luft zusammen vorher einnahmen. Wir werden das noch teilweise in § 118 zu besprechen haben, wollen es hier aber als bekannt voraussetzen. Wenn nun die Verbrennungsgase mit der Zuführungstemperatur der Luft bzw. von Gas und Luft abgingen, so bedürften sie zur Sättigung gerade so viel Feuchtigkeit wie diese; waren diese gesättigt zugeführt worden, so muß alles durch Verbrennung gebildete Wasser herausfallen. Im anderen Falle wird Verbrennungswasser als Dampf abgehen — ein wie großer Teil des gesamten, das hängt vom Wasserstoffgehalt des Brennstoffes und von der zugeführten Luftmenge ab, die in weiten Grenzen variieren kann. Praktisch liegen die Verhältnisse so, daß bei Stein- und Braunkohle etwa die Hälfte des Verbrennungswassers herausfiele, wenn man die Luft trocken zuführte, Luftüberschuß vermiede und die Ausnutzung bis 20° herabtriebe.

Es ließe sich also eine volle Ausnutzung des oberen Heizwertes erreichen, wenn man für Zuführung der Luft in gesättigtem Zustande und für eine so große Heizfläche sorgte, daß die Heizgase bis auf Umgebungstemperatur abgekühlt würden: zwei Forderungen, denen nur praktische Bedenken, aber keine theoretische Unmöglichkeit entgegenstehen. Es ist daher nicht folgerichtig, als Abgasverlust eines Verbrennungsvorganges nur das anzusehen, was der spezifischen Wärme der Rauchgase entspricht; die latente Wärme des Wasserdampfes steht genau auf gleicher Stufe mit jener, sobald es sich nicht um direkte Arbeitserzeugung handelt. Man sollte in diesem Fall den oberen Heizwert als maßgebend ansehen, dessen Verwendung den Wert des Brennstoffes höher, den Wirkungsgrad der Feuerung entsprechend geringer erscheinen läßt.

Nach diesen Darlegungen wäre der obere Heizwert maßgebend, wo es sich um den eigentlichen Heizwert handelt; der untere wäre zu verwenden, wo es auf die Arbeitsfähigkeit des Brennstoffes ankommt. Solcher Unterscheidung steht im Wege, daß in den Normen des Vereins Deutscher Ingenieure ganz allgemein die Verwendung des unteren Heizwertes vorgeschrieben ist — im Gegensatz zu Amerika, wo ganz allgemein der obere verwendet wird. Wie irreführend unser Gebrauch sein kann, erhellt daraus, daß in den bekannten Gasbadeöfen der obere Heizwert des Gases fast ganz ausgenutzt wird; man kann also an ihnen, nach unseren Normen rechnend, leicht Wirkungsgrade über eins erhalten.

111. Feste Brennstoffe. Den Heizwert fester Brennstoffe bestimmt man mit Hilfe des *Bombenkalorimeters*. Zweckmäßig ist eine Form der Bombe, die die nachfolgende Untersuchung der Verbrennungsprodukte gestattet, wie die in Fig. 309 dargestellte. Dieselbe besteht aus einem innen emaillierten Stahlbehälter mit abschraubbarem Deckel. Der Deckel hat zwei Bohrungen. Diese sind durch kleine Ventile verschließbar, sie münden bei *a* und *b*, und man kann dort Röhrchen anschrauben, um den Verbrennungssauerstoff einzuführen, und um später das Verbrennungswasser zu entnehmen. Sonst setzt man kleine Verschlußschrauben auf *a* und *b*, um Staub abzuhalten. Das Platinrohr *c* sorgt dafür, daß der Sauerstoff durch die ganze Bombe streichen muß. Es bildet gleichzeitig den einen Pol für die elektrische Zündung; der andere, *d*, geht isoliert durch den Deckel. Bei + und — wird die Stromquelle angeschlossen. Ein in die abgewogene Kohle gebetteter Eisendraht wird mit den Enden um die beiden Pole geschlungen. Sein Erglühen

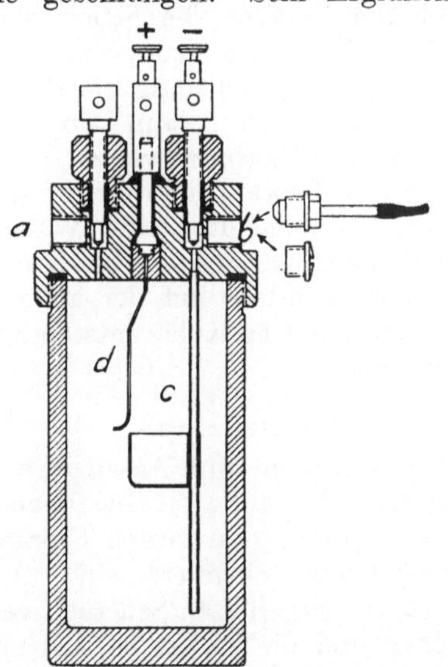

Fig. 309. Krökerbombe von Julius Peters.

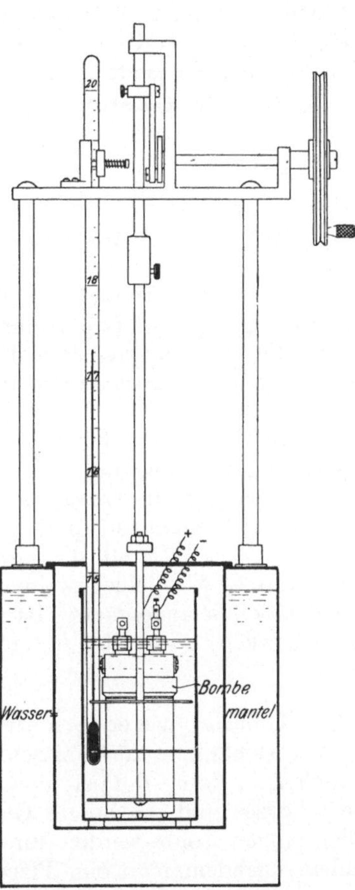

Fig. 310. Bombenkalorimeter von Peters.

bewirkt die Zündung der Kohle, nachdem man sie in der Bombe in eine Sauerstoffatmosphäre von etwa 20 at gebracht hat. Sauerstoff ist, auf 100 at komprimiert, im Handel zu haben.

Bei der Zündung steht die Bombe in einem Kalorimeter (Fig. 310). Dies ist ein mit abgewogenem Wasser gefülltes Metallgefäß, zum Schutz gegen Wärmestrahlung mit einem Wassermantel und Deckel versehen. Ein Rührwerk sorgt für gleiche Temperatur des ganzen Wasserinhaltes; ein feingeteiltes Thermometer läßt sie ablesen. Nachdem man die gefüllte Bombe eingesetzt hat, wartet man den Temperaturausgleich des ganzen Systems ab. Dann beobachtet man einige Minuten lang die kleinen Änderungen, die noch infolge von Strahlung vor sich gehen, indem man alle Minuten das Thermometer abliest; mit diesen Ablesungen fährt man fort, nachdem man gezündet hat, bis die Temperatur nicht mehr steigt, und noch einige Minuten länger. Wenn man nun das Kohlengewicht G, die Temperaturzunahme Δt und das Gewicht erwärmten Wassers W nennt, so wird der Heizwert, und zwar der obere $\mathfrak{H}_o$, aus der Überlegung zu ermitteln sein, daß die erzeugte Wärmemenge einerseits durch das Produkt $G \cdot \mathfrak{H}_o$, andererseits durch $W \cdot \Delta t$ gegeben ist; so ist

$$\mathfrak{H}_o = \frac{W \cdot \Delta t}{G} \quad \ldots \ldots \ldots \ldots \quad (1)$$

Wollen wir den oberen Heizwert kennen, so ist der Versuch zu Ende. Andernfalls beginnt die langwierigere Arbeit der Messung des gebildeten Wassers. Zu dem Zweck schraubt man bei b, Fig. 339, ein kurzes Rohrende auf und schließt mittels Gummischlauches eine abgewogene Chlorkalziumvorlage an (Fig. 311). Man öffnet vorsichtig das Ventil, die Spannung entweicht durch die Vorlage, die Feuchtigkeit wird durch das Chlorkalzium absorbiert. Weiterhin saugt man Luft durch die Bombe und die Vorlage und erwärmt gleichzeitig die Bombe längere Zeit in einem Ölbade auf etwas über 100°; dann wird alles Wasser abdestillieren und vom Chlorkalzium absorbiert werden. Zum Schluß stellt man die Gewichtszunahme des Chlorkalziumrohres fest[1]). Das Ansaugen geschieht mit Aspirator, Gummigebläse oder Wasserstrahlluftpumpe. Damit die angesaugte Luft trocken in die Bombe hineinkommt, wird eine zweite Chlorkalziumvorlage auf der anderen Seite der Bombe angebracht. Ist nun w_1 das aus 1 kg Kohle entstandene Wassergewicht, so ist der untere Heizwert

$$\mathfrak{H}_u = \mathfrak{H}_o - 600 \cdot w_1 \quad \ldots \ldots \ldots \quad (2)$$

Ein *Aspirator*, wie er eben erwähnt wurde, dient zum Ansaugen von Gas und ist häufiger zu benutzen. Man kann ihn aus zwei Glasflaschen herstellen, in deren doppelt durchbohrte Stopfen (am besten Gummi) je ein kurzes und ein langes Glasrohr luftdicht eingesetzt sind. Die beiden langen Rohre werden durch einen wassergefüllten Schlauch verbunden, nachdem man eine Flasche ganz und die andere so weit mit Wasser gefüllt hatte, daß das lange Rohr eintaucht (Fig. 311). Stellt man die volle Flasche A hoch, so wirkt der Schlauch als Heber, und das übertretende Wasser saugt Gas in die Flasche A; ist B voll, so wechselt man die Flaschen schnell aus. Zum Absperren der Schläuche dienen bei Bedarf Quetschhähne. — Beim Überschieben von Gummischläuchen über Röhren mache man die Röhren naß.

Die *Handhabung der Bombe* können wir in folgende kurze Anweisung zusammenfassen: Brikett mit eingelegtem eisernen Zünddraht

[1]) Diese Bestimmung des Verbrennungswassers durch Abdestillieren ist nach Langbein, Z. f. angewandte Chemie 1900, S. 1227, unzuverlässig; mir sind grobe Unstimmigkeiten dabei nicht aufgefallen, auch wird sie viel verwendet. Der zitierte Aufsatz sei übrigens zum Studium empfohlen, so wegen der hier nicht besprochenen Fehler aus Schwefelsäure- und Salpetersäurebildung.

herstellen (siehe später) und wägen, nötigenfalls Eisendraht vorher wägen. Bombe aus Chlorkalziumglocke nehmen, worin sie aufbewahrt wird, Brikett mittels Zünddraht anbinden, ein kleiner Tiegel wird unter ihn gehängt. Deckel zuschrauben, sanft, aber kräftig; ein Schlüssel liegt der Bombe bei. Sauerstoffflasche bei *a* anschließen, beide Ventile (Fig. 309) öffnen, Sauerstoffflasche öffnen, Sauerstoff durchblasen lassen, Ventil bei *b* schließen, Manometer beobachten; sind 20 at erreicht, Sauerstoffflasche schließen, Ventil bei *a* schließen. Bombe losnehmen Löcher bei *a* und *b* durch kleine Schrauben verschließen; elektrische Leitung anschließen, Bombe ins Kalorimeter, in dem so viel Wasser abgewogen ist, daß Bombe bedeckt ist; Blasen dürfen nicht aufsteigen, sonst ist die Bombe undicht. Rührwerk in Gang gesetzt; mechanisch oder von Hand. Thermometer von Minute zu Minute ablesen, bis Beharrung vorhanden; dann Zündung; weiter ablesen, bis Temperaturmaximum erreicht und 7 bis 10 Minuten länger. Bombe aus dem Kalorimeter in Ölbad setzen, Ansatzrohre bei *a* und *b* anschrauben,

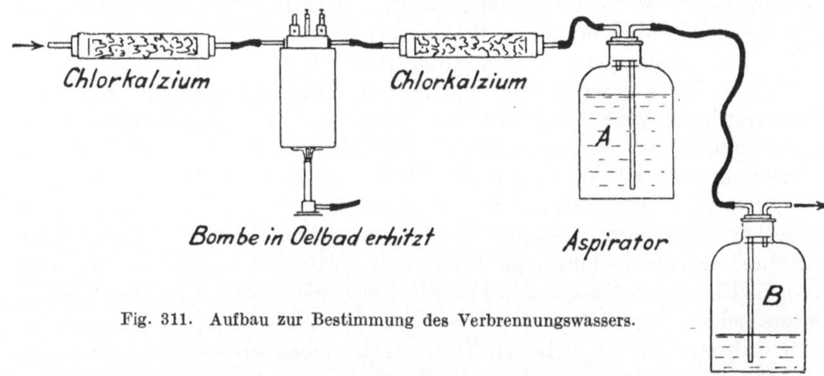

Fig. 311. Aufbau zur Bestimmung des Verbrennungswassers.

Chlorkalziumvorlagen beiderseits anschließen, die bei *a* sei gewogen. Druck vorsichtig durch Ventil bei *a* aus Bombe auslassen, Bombe wieder schließen. Aspirator auf der Seite von *a* anschließen, Ventil bei *a* öffnen, dann Ventil bei *b* öffnen. Die Reihenfolge ist wesentlich, damit nicht Gase an der falschen Seite der Bombe austreten. Aspirator muß etwa $^1/_2$ Stunde lang langsam saugen; während der letzten Minuten Ölbad auf 105° bis 110° erwärmen. Zum Schluß die eine Vorlage wieder wägen. Bei sehr nasser Kohle (Braunkohle) muß man mehrere Chlorkalziumvorlagen hintereinanderschalten, um sicher alles Wasser aufzufangen; die letzte darf keine Gewichtszunahme zeigen.

Über die *Auswertung* ist folgendes zu bemerken. Die bei der Verbrennung entstehende Wärme wird nicht nur auf das Wasser des Kalorimeters, sondern zum Teil auf das Metall der Bombe und des Kalorimeters übertragen; diese Teile werden mit erwärmt. Wenn zum Erwärmen der Metallteile um 1° eine Wärmemenge von 350 Kalorien nötig ist, so ist der *Wasserwert* (§ 103) des Kalorimeters 350 g: die Bombe absorbiert ebensoviel Wärme, wie 350 g Wasser täten. Man hat bei der Berechnung die abgewogene Wassermenge um den Wasserwert des Kalorimeters zu vermehren und mit dieser fingierten Wassermenge zu rechnen. — Man ermittelt den Wasserwert nicht rechnerisch aus den Gewichten der Metallteile und ihrer spezifischen Wärme, sondern viel besser experimentell, indem man einen Stoff in der Bombe verbrennt, dessen Heizwert bekannt ist, und zusieht, welchen Wasserwert man annehmen muß, um richtige Ergebnisse zu erhalten. Es ist selbstverständlich, daß man solche Fundamentalversuche, die allen späteren als Grundlage dienen sollen, besonders sorgfältig und zur Kontrolle mehrfach ausführt. — Als Probebrennstoffe dienen chemisch reine Benzoesäure $C_7H_6O_2$ mit 6330 kcal/kg oberem Heizwert, Kampfer $C_{10}H_{16}O$ mit 9305 kcal/kg, oder andere.

Weiterhin muß man beachten, daß nicht nur die Kohle, sondern auch der zur Zündung eingebettete *Eisendraht* Wärme erzeugt. Man hat erstens das Gewicht des Eisendrahtes vom Kohlegewicht abzuziehen, um zu finden, wieviel Kohle verbrannt ist; man hat zweitens die vom Eisen erzeugte von der gesamten Wärmemenge abzuziehen, um die von der Kohle erzeugte Wärmemenge zu bekommen. 1 g Eisen gibt bei vollkommener Verbrennung 1600 cal.

Einen sehr kleinen Fehler macht der Umstand, daß der zur Verbrennung benutzte Sauerstoff etwas feucht ist: diese Feuchtigkeit mißt man nachher, als wenn sie der Kohle entstammte.

Bedeutender ist aber meist die vorhin schon erwähnte *Strahlungsberichtigung*. Der Temperaturunterschied $t_2 - t_1$ kann nicht unmittelbar abgelesen werden. Infolge des fortwährenden Wärmeaustausches zwischen dem eigentlichen Kalorimeter und dem Wassermantel (Ein- oder Ausstrahlung) ändert sich die Temperatur des Kalorimeters schon vor und auch noch nach der Verbrennung; doch findet auch während der eigentlichen Temperatursteigerung des Kalorimeters, die etwa 8 bis 10 min zu dauern pflegt, eine Strahlung statt, der man durch Anbringung der Strahlungsberichtigung an der abgelesenen Temperaturerhöhung Rechnung trägt. Für Berechnung der Strahlungskorrektion nimmt man meist die Gültigkeit des Newtonschen Strahlungsgesetzes an, wonach die aus- oder eingestrahlte Wärmemenge dem Temperaturunterschied zwischen Kalorimeter und Umgebung und außerdem natürlich der Zeit proportional ist. Diesen beiden Größen ist daher auch, weil es sich um eine unveränderte Menge des Kalorimeterinhaltes mit unveränderlich gesetzter spezifischer Wärme handelt, der Temperaturverlust oder -gewinn des Kalorimeters infolge der Strahlung proportional.

Wenn wir nun in Fig. 312 in der Kurve $ABCDEFG$ den beobachteten Verlauf der Kalorimetertemperatur und in A_1G_1 den Verlauf der Manteltemperatur abhängig von der Zeit auftragen, so geben die Abstände beider Kurven den Temperaturunterschied und daher die durch sie und zwei Zeitordinaten, etwa A_1A und B_1B, begrenzten Flächen, die in der betreffenden Zeit, $11^h\,50^m$ bis $11^h\,51^m$, vom Kalorimeter in den Mantel gegangene Wärmemenge oder den Temperaturverlust des Kalorimeters; bei FG ist dieser Verlust größer, im Verhältnis wie die dort schraffierte Fläche größer ist. Die Kurven AC und EG sind logarithmische Kurven, wenn die Manteltemperatur geradlinig verläuft.

Bei verschiedengestalteten Kurven des Temperaturanstieges ist die Strahlung die gleiche, sofern nur die unter der Anstiegkurve liegende Fläche die gleiche ist. Daher kann man einen idealen Verbrennungsvorgang mit plötzlichem Wärmeübergang und gleichwertigen Strahlungsverhältnissen konstruieren. Man verlängert die beiden Kurven AC und GE nach der Mitte zu und zieht eine Senkrechte xy so, daß die beiden unter- und oberhalb der Temperaturkurve abgeteilten dreieckigen Zwickel flächengleich werden. Die auf dieser Senkrechten abgeteilte Strecke xy stellt die berichtigte Temperatursteigerung dar, weil dieser momentane Temperaturanstieg für Strahlungseinflüsse keine Zeit gelassen hätte. Dabei zieht man die Senkrechte xy ausreichend genau nach dem Augenmaß. Man benutzt Millimeterpapier und wählt den Maßstab etwa: wagerecht 1 min = 1 cm, senkrecht 1° C = 2 cm. Liest man dann die Temperaturen bei x und y auf Fünftel-Millimeter ab, was sicher geht,

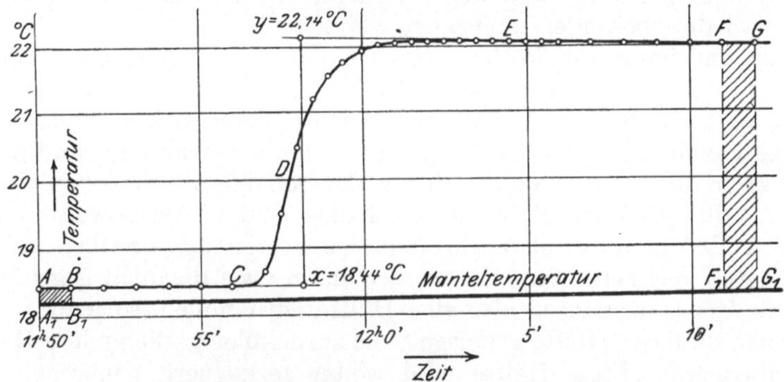

Fig. 312. Diagramm zur Ermittlung der berichtigten Temperatursteigerung.

so erhält man noch Hundertstel-Grade für die Differenz, also bei 3° Temperaturanstieg nur eine Unsicherheit von 0,3%. Bei geringerem Temperaturanstieg wäre der Maßstab der Temperaturen entsprechend größer zu wählen. Eine Beobachtung der Umgebungstemperatur ist bei dieser Art der Auswertung überflüssig. Trotzdem findet sich natürlich die Manteltemperatur im Endergebnis berücksichtigt.

Als *Beispiel* für den gesamten Gang der Auswertung möge das Folgende dienen. Das Steinkohlenbrikett wog 1,228 g; das Gewicht des Zünddrahtes betrug 0,030 g, woraus sich das Nettokohlengewicht zu 1,198 g ergibt. Die Temperaturbeobachtungen wurden alle Minuten und nach der Zündung alle halben Minuten gemacht, es ergab sich das in Fig. 342 dargestellte, schon besprochene Schaubild und eine berichtigte Temperatursteigerung von 22,14 — 18,44 = 3,70°. Es waren 2 kg Wasser ins Kalorimeter gefüllt, dessen Wasserwert mit 0,350 kg bekannt war; also wurden 2350 g Wasserwert erwärmt. Die entwickelte Wärmemenge berechnet sich zu 2350 · 3,70 = 8700 cal. Von dieser Wärmemenge entstammten dem Eisendraht 0,03 · 1600 = 50 cal, also entstammten der Kohle 8650 cal/g. Der obere Heizwert ist nun $\frac{8650}{1{,}198} = 7220\,\frac{\text{cal}}{\text{g}} = 7220\,\frac{\text{kcal}}{\text{kg}}$.

Zur Bestimmung des unteren Heizwertes wurde die Gewichtszunahme der Chlorkalziumvorlage bestimmt. Die Vorlage wog nach dem Versuch 61,886 g, vor dem Versuch 61,254 g, nahm also um 0,632 g Wasser zu. Es entwickelt sich also $\frac{0{,}632}{1{,}198} = 0{,}528\,\frac{\text{g Wasser}}{\text{g Kohle}} = 0{,}528\,\frac{\text{kg Wasser}}{\text{kg Kohle}}$. Dem entspricht $0{,}528 \cdot 600 = 317$ kcal pro kg Kohle; der untere Heizwert ist $7220 - 317 \sim 6900$ kcal/kg.

Es wurde schon darauf hingewiesen, daß die *Entnahme und Behandlung der Probe* mit das Wichtigste an der ganzen Untersuchung ist. Das bezieht sich einerseits darauf, daß die entnommene Probe den Durchschnitt der zu untersuchenden Kohle darstellen muß, andererseits darauf, daß die Probe nach der Entnahme sich nicht irgendwie verändert haben darf; besonders darf sie nicht Wasser verloren haben, ohne daß dies besonders gemessen wäre.

Man entnimmt die Probe meist so, daß man bei einem längeren Versuch von jedem der herbeigeschafften Kohlenkarren eine Schaufel zurücklegt; am Schluß des Versuches wird dieser ganze Probehaufen grob zerkleinert, gut durchgemischt, dann flach ausgebreitet und durch einen kreuzweise geführten Strich mit der Schaufel in vier etwa gleiche Teile geteilt. Größere Steine in der Kohle sind vorher soweit zu zerkleinern, daß man auf etwa gleichmäßige Verteilung derselben auf die vier Viertel rechnen kann. Es werden dann zwei diagonal gegenüberliegende Teile, im ganzen also eine Hälfte entnommen, so jedoch, daß nicht der zu dieser Hälfte gehörige Grus zurückbleibt; die andere Hälfte wird fortgetan. Diese Hälfte wird weiter zerkleinert, gemischt, ausgebreitet und abgeteilt, und so fort, bis man 5 oder 10 kg ins Laboratorium schickt.

Was die Veränderlichkeit anbetrifft, so ist die Steinkohle wenig empfindlich; immerhin verwahre man die von den einzelnen Karren genommenen Mengen in einer bedeckten Kiste, bis man die Mischung vornimmt, und löte die endgültige Probe zur Versendung oder Aufbewahrung in Blechbüchsen oder tue sie in Glasflaschen. Sehr veränderlich ist stark wasserhaltige Braunkohle, Torf, Holz. Man beobachte einmal, wie es nicht möglich ist, manche Braunkohlenprobe an der Luft zu wägen, weil sie von Minute zu Minute leichter wird. Hier muß man das Mischen und Zerkleinern unterlassen und sich mit dem Aussuchen von Stücken begnügen, die man sofort luftdicht aufhebt.

Da so *nasse Kohle* gar nicht oder schlecht in der Bombe verbrennt, so läßt man sie erst an der Luft trocknen, ermittelt aber den prozentualen Gewichtsverlust beim Trocknen. Das Wasser, welches die Kohle in dieser Weise verloren hat, wird für die Berechnung des unteren Heizwertes ebenso in Betracht zu ziehen sein, wie das später aus der Bombe herauskommende. Diese Berücksichtigung geschieht etwa wie folgt: 13,52 kg Braunkohle trockneten an der Luft in 2 bis 3 Tagen auf 8,91 kg aus; Gewichtsverlust 4,61 kg = 51,7% der verbliebenen Kohle. Aus der trockenen Kohle wird nun 1,021 g verbrannt, liefert 0,670 g Wasser und ergibt einen oberen Heizwert von 3041 kcal/kg. Hätte man die Kohle nicht getrocknet gehabt, so wäre die gleiche Kohlenmenge 51,7% schwerer gewesen, hätte also 0,528 g mehr gewogen, aber auch 0,528 g mehr Wasser gegeben. Der obere Heizwert der ursprünglichen Kohle war $3041 \cdot \frac{100}{151,7} = 2005 \frac{\text{kcal}}{\text{kg}}$. 1 g Kohle hätte dann $\frac{0,670 + 0,528}{1,021 + 0,528} = 0,774$ g Wasser gegeben; deren latente Wärme ist 464 cal, und der untere Heizwert der ursprünglichen Kohle ist 2005 — 464 = 1541 kcal/kg.

Zur Einführung in die Bombe umwickelt man Braunkohle mit Eisendraht, den man an den Polen befestigt. Steinkohle stößt man ganz fein und drückt in einer zur Bombe gehörigen Presse ein Brikett daraus, in dem der Eisendraht eingebettet wird. Dieser dient dann, wie erwähnt, auch zur Zündung. Koks oder Anthrazit, die nicht zusammenhaften, kann man am besten in Form von Körnern von 1 bis 2 mm Durchmesser im Platintiegel verbrennen, oder man formt ein Brikett unter Zuhilfenahme von Sirup oder Teer. Ganz arme Schlacken, die nicht für sich brennen, muß man mit besser brennbaren Stoffen mischen. In beiden Fällen muß man natürlich die Wärmeerzeugung der Beimischung berücksichtigen, dazu also deren Heizwert und das Mengenverhältnis der Mischung kennen.

Nur bei sorgsamster Beobachtung aller Vorsichtsmaßregeln wird man mit der Bombe einigermaßen zufriedenstellende Ergebnisse erzielen. Man wird bald bemerken, daß die Arbeit mit der Bombe schwierig ist und viel Übung erfordert. Ihrer ganzen Art nach gehört sie mehr ins physikalisch-chemische als ins technische Gebiet. Oft wird man deshalb vorziehen, die Kohlenprobe an eine Stelle zu schicken, die speziell auf Heizwertbestimmungen eingerichtet sind — das sind die chemisch-technischen Institute der Hochschulen, die Dampfkesselüberwachungsvereine und Privatinstitute.

Statt in der Bombe mit komprimiertem Sauerstoff hat man auch versucht, die *Verbrennung in einem Strome Sauerstoffs von Atmosphärenspannung* vor sich gehen zu lassen. Es gibt zahlreiche Apparate, die für solches Arbeiten eingerichtet sind, und für leicht verbrennliche Brennstoffe mögen sie auch gute Dienste tun; für Kohle indessen, die schwere Kohlenwasserstoffe enthält, scheinen sie nicht brauchbar zu sein: es tritt Rußbildung ein, und dann wird nicht der ganze Heizwert frei. — Eine andere Umgehung der unbequemen Bombe ist das *Parr-Kalorimeter*; in ein bombenähnliches Gefäß wird die Kohle in inniger Mischung mit einem sauerstoffreichen Salz, besonders Natriumperoxyd, gebracht. Die Verbrennung geschieht, indem jenes Salz seinen Sauerstoff hergibt, bei Atmosphärenspannung, die Zündung durch Einwerfen eines glühenden Kupferspanes durch ein Rückschlagventil; die freiwerdende Wärmemenge wird wie bei der Bombe in einem Kalorimeter gemessen. Diese freiwerdende Wärmemenge ist aber nicht der Heizwert des Brennstoffes, da nicht CO_2 und H_2O freibleiben, sondern Verbindungen entstehen, deren Bildungswärme man nun mißt. Dies durch Einführung eines Koeffizienten zu berücksichtigen, ist ein unsicherer Notbehelf, da es von vielen Umständen abhängt, welche Verbindungen bei der komplizierten Reaktion entstehen.

112. Zusammensetzung der Kohle. Im Anschluß an die Heizwertbestimmung pflegt man oft noch eine Untersuchung der Kohle auf ihre wesentliche Zusammensetzung zu machen; besprochen werde kurz die Bestimmung des Wassergehaltes, ferner des Gehaltes an brennbarer Substanz, an Asche, an Kohlenstoff.

Bei Bestimmung des Wassergehaltes kann man schrittweise vorgehen, indem man die Kohle zunächst etwa 14 Tage unbedeckt und ausgebreitet im warmen Zimmer stehen läßt und dann den eingetretenen Gewichtsverlust feststellt. Die Kohle ist nach dieser Zeit als lufttrocken zu betrachten. Den Gewichtsverlust bezeichnet man wohl als die *grobe Feuchtigkeit* der Kohle.

Die so behandelte Kohle enthält immerhin noch Wasser, auch abgesehen davon, daß in ihren festen Bestandteilen Wasserstoff und Sauerstoff vorhanden sind, die man als zu Wasser vereinigt sich vorstellen kann. Wenn man nun eine kleinere Menge der lufttrockenen Kohle in einem Porzellantiegel eine Stunde lang sehr vorsichtig im Vakuum erhitzt, so entweicht das noch vorhandene Wasser. Der Rest heißt *trockene Substanz.* Unter *hygroskopischem Wasser* versteht man den gesamten bisher eingetretenen Gewichtsverlust, also einschließlich der schon vorher bestimmten groben Feuchtigkeit. Wenn man ohne Anwendung von Vakuum erhitzt, so kann man sich leicht durch den Geruch überzeugen, daß nicht nur Wasser, sondern auch andere Substanz selbst bei vorsichtigem Erhitzen auf nur 110° entweicht.

Beim Erhitzen in einem dicht verschlossenen Tiegel, einige Minuten über dem Bunsenbrenner zur Rotglut und dann gleich weiter und ebensolange vor dem Lötrohr zur Weißglut, entweicht nun die *flüchtige Substanz* und zurückbleibt eine Art *Koks*, verschieden nach der Kohlenart. Doch sei ausdrücklich bemerkt, daß der Rückstand nicht mehr allen Kohlenstoff der Kohle enthält, weil die entweichenden Gase zumeist Kohlenwasserstoffe sind. Diese Bestimmung wird meist wenig Wert haben, man kann sie daher nach Bedarf auslassen und direkt den Aschengehalt bestimmen.

Den *Aschengehalt* bestimmt man, indem man den Rückstand, das ist also entweder die trockene Substanz oder den Koks, in offenem Tiegel unter Umrühren so lange stark erhitzt, bis keine Gewichtsverminderung mehr stattfindet; der Rest ist Asche, d. h. unverbrennlich.

Wie man sieht, erhält man bei dieser Folge von Untersuchungen den gesamten *Kohlenstoffgehalt* der Kohle nicht. Man wünscht ihn gelegentlich zu kennen, weil man mit seiner Hilfe die Menge der Rauchgase und daher die Essenverluste bestimmen kann (§ 119). — Man ermittelt den Gesamtkohlenstoff am einfachsten gleichzeitig mit dem unteren Heizwert. Die Verbrennungsprodukte der Bombe sollen ein Chlorkalziumrohr durchlaufen, um das Verbrennungswasser zu bestimmen

(Fig. 311 bei § 111). Das so getrocknete Gas läßt man nun noch durch einen Kaliapparat, dann nochmals durch ein Chlorkalziumrohr gehen und nun erst in den saugenden Aspirator treten. Der Kaliapparat enthält Kalilauge, durch die die aus der Bombe austretenden Verbrennungsprodukte hindurchperlen müssen; passende Apparate sind billig fertig zu haben. Im Kaliapparat wird die in der Bombe gebildete Kohlensäure absorbiert; dadurch nimmt er an Gewicht zu. Gleichzeitig aber entführt ihm das durchströmende Gas Feuchtigkeit; diese zurückzuhalten ist das zweite Chlorkalziumrohr nötig. Die Gewichtszunahme der vorher schon gewogenen Kombination aus Kali- und zweitem Chlorkalziumrohr ist also die aus dem Kohlenbrikett entwickelte CO_2. Wegen der Atomgewichte sind je 44 Teile CO_2 entstanden aus 12 Teilen C; daher kann man berechnen, wieviel C im Kohlenbrikett enthalten war. So war bei der Heizwertbestimmung, deren Ergebnisse in § 111 mitgeteilt wurden, auch noch die Kohlenstoffbestimmung gemacht worden. Die Kalivorlage wog 81,83 g nach dem Durchtreiben des Gases, vorher wog sie 78,62 g. Der Unterschied von 3,21 g entspricht $3{,}21 \cdot \frac{12}{44} = 0{,}876$ g C, die in 1,198 g Kohle enthalten war; die Kohle enthielt $\frac{0{,}876}{1{,}198} \cdot 100 = 73{,}1\%$ Kohlenstoff.

Auch der *Wasserstoffgehalt* des Brennstoffes ist verhältnismäßig einfach zu berechnen. Das Wasser nämlich, welches aus der Krökerschen Bombe bei Bestimmung des unteren Heizwertes entwich, war zum Teil schon hygroskopisch im Brennstoff enthalten — dieser Prozentsatz ist zu bestimmen wie eben angegeben —, zum Teil ist es erst aus dem Wasserstoff entstanden. Dieser letztere Teil ist die Differenz zwischen dem gesamten Verbrennungswasser und dem hygroskopischen Wasser des Brennstoffes. Daraus folgt der Wasserstoffgehalt der Kohle; er ist ein Neuntel jener Differenz.

Zu bemerken bleibt wieder, daß sich der Techniker bei solchen Untersuchungen auf chemisches Gebiet begibt, auf dem er voraussichtlich zunächst Lehrgeld wird zahlen müssen. Oft wird man vorziehen, die Kohle von einem chemischen Institut untersuchen zu lassen.

Die Zusammensetzung des Brennstoffes drückt man in Prozenten entweder der ursprünglichen oder der lufttrockenen Kohle aus. Es erfordert Aufmerksamkeit, will man nicht beim Berechnen Verwirrung anrichten, indem man bald diesen, bald jenen Wert als 100% einführt.

113. Gasförmige Brennstoffe. Das *Junkerssche Kalorimeter* für gasförmige Brennstoffe ist in Fig. 313 dargestellt. Im Innern des Kalorimeters verbrennt das zu untersuchende Gas; seine Menge G mißt man mittels einer Gasuhr. Die Verbrennungsgase gehen aufwärts, dann durch ein Bündel von Rohren wieder abwärts und entweichen bei A, wo man ihre Temperatur t_r messen kann. Sie haben inzwischen die erzeugte Wärme an Wasser abgegeben, welches das genannte Rohrbündel außen umspült. Dieses Kühlwasser durchläuft in gleichmäßigem Strome den Apparat; man mißt mit Hilfe der Thermometer t_e und t_a seine Ein- und Austrittstemperatur. Man beobachtet durch Wägen oder mit

Mensur (Fig. 314) die Wassermenge W, die durch das Kalorimeter fließt, während eine bestimmte Gasmenge, meist 3 l oder 30 l, verbrennt. Ist G_o

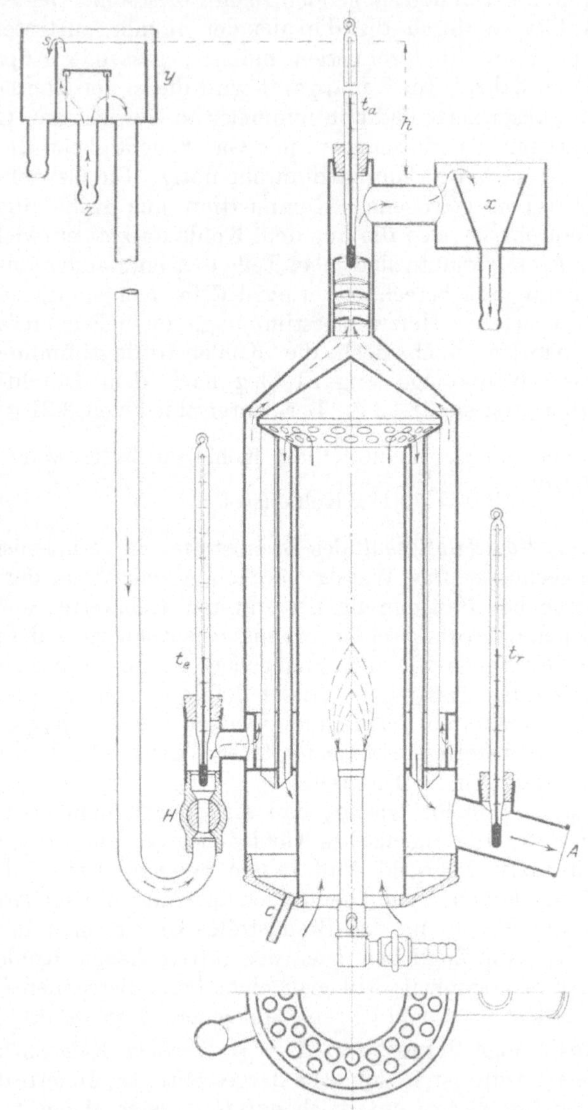

Fig. 313. Junkers-Kalorimeter, ältere Ausführung, schematisch.

das aus G zu berechnende reduzierte Gasvolumen, so ist der obere Heizwert

$$\mathfrak{H}_o = \frac{W \cdot (t_a - t_e)}{G_o} \quad \ldots \ldots \ldots \ldots \quad (3)$$

Die Verbrennungsgase sollen bei A mit Zimmertemperatur entweichen.

Im einzelnen ist über das Kalorimeter zu bemerken: Der gleichmäßige Wasserstrom wird dadurch ermöglicht, daß das Wasser unter dem konstanten Druck von der Höhe h steht; bei x nämlich steht das ablaufende Wasser stets bis zur Kante des Trichters; bei y steht das zulaufende bis an die Kante s des inneren Ringes, wenn man dafür sorgt, daß etwas Wasser im Überschuß durch z zufließt; der Überschuß läuft über die Kante s fort. Steht also das Wasser unter konstantem Druck, so kann man mit dem Hahne H (a in Fig. 314) die Durchflußmenge regeln, und sie wird unabhängig von Schwankungen des Leitungsdruckes sein. — Bevor das Wasser an das Thermometer t_a kommt, wird es gründlich durchgemischt durch eine Anzahl flacher Kappen, die mit kreuzweise versetzten Schlitzen versehen sind. — Der Brenner ist ein Bunsenbrenner, dessen Luftschlitze man durch einen Stellring mehr oder weniger schließen kann. Auf die Wärmeerzeugung ist es allerdings ohne Einfluß, ob die Verbrennung mit leuchtender Flamme erfolgt, sofern nur nicht Rußbildung stattfindet. An den kalten Flächen des Kalorimeters läßt sich aber Rußbildung nur bei blauer Flamme vermeiden. — Gegenüber der älteren Form Fig. 313 hat die neuere in Fig. 314 im Aufbau dargestellte einige Vorzüge; namentlich sind die beiden Thermometer t_e und t_a nebeneinander gelegt, so daß sie kurz nacheinander abzulesen sind und gleiche Fadentemperatur annehmen (Fadenkorrektion, § 98).

Fig. 314. Aufbau des Junkers-Kalorimeters für Gase. Junkers & Co., Dessau.

Es wird wohl angegeben, man solle den Rumfordschen Kunstgriff anwenden, der darin besteht, so einzuregulieren, daß die Zimmertemperatur gerade mitten zwischen Zu- und Abflußtemperatur des Kühlwassers liegt. Dann vermiede man am besten Strahlungsverluste. Doch gehen bei diesem Verfahren stets die Gase zu kalt ab, sie pflegen die Temperatur des zufließenden Kühlwassers anzunehmen. Besser ist es, das Kühlwasser mit Zimmertemperatur zufließen zu lassen. Gegen Strahlung ist das Kalorimeter durch einen umgebenden ruhenden Luftmantel möglichst geschützt, der in der Figur fortgelassen ist; auch die Nickelpolitur des Mantels dient der Verminderung der Strahlung und sollte gut blank gehalten werden. — Der Strahlung wegen arbeitet man besser mit großer Wassermenge und geringer Temperaturzunahme desselben als umgekehrt.

Die bisherige Messung ergab den oberen Heizwert. Um den unteren zu finden, ist bei c ein Stutzen angebracht (f in Fig. 314), aus dem man das Kondenswasser abziehen kann, das sich in dem Rohrbündel aus den abgekühlten Gasen niederschlägt. Wir haben dieses Kondenswasser für die gleiche Zeit zu messen wie Kühlwasser und Gas und die aus 1 m³ $\left(\frac{0}{760}\right)$ Gas gebildete Kondenswassermenge w_1 auszurechnen. Das Produkt $600 \cdot w_1$ stellt die beim Kondensieren freigewordene Wärme dar, die in Abzug zu bringen ist. Der untere Heizwert ist

$$\mathfrak{H}_u = \mathfrak{H}_o - 600 \cdot w_1 \quad \ldots \ldots \ldots \quad (4)$$

Da indessen die Menge des Kondenswassers aus 3 l Gas nur wenige Gramm beträgt, so wäre die Kondensatmessung unzuverlässig. Es bleiben Tropfen im Kalorimeter hängen, und das hat schon wesentlichen Einfluß. Man kann sich für die eigentliche Kalorimetrierung gut mit 3 l begnügen, muß aber die Kondenswassermessung auf mehr, etwa 15 l Gas ausdehnen und umrechnen.

Ein *Beispiel einer Auswertung* der Beobachtungsergebnisse lautet etwa wie folgt: Während durch die Gasuhr 10 l Gas gingen, wurden 4,96 kg Wasser aufgefangen (gewogen). Als Mittelwert aus Ablesungen, die immer nach Durchgang von 1 l durch die Gasuhr gemacht wurden, ergab sich die Eintrittstemperatur des Kühlwassers 15,17° und die Austrittstemperatur 25,33°. Also sind $4{,}96 \cdot 10{,}16 = 50{,}4$ kcal erzeugt worden. Diese Wärmemenge ist erzeugt worden von 10 l Gas, die aber bei ihrer Messung 17,5° C hatten und unter 14 mm WS Überdruck standen. Barometerstand 741 mm QuS, also hatte das Gas 742 mm QuS absolute Spannung. Sein reduziertes Volumen war $10 \cdot \frac{273}{273 + 17{,}5} \cdot \frac{742}{760} = 9{,}18\ \mathrm{l}\left(\frac{0}{760}\right)$. Also hat das Gas einen oberen Heizwert von $\frac{50{,}5}{9{,}18} = 5{,}49\ \frac{\mathrm{kcal}}{\mathrm{ltr}} = 5490\ \mathrm{kcal/m^3}\left(\frac{0}{760}\right)$.

Zur Bestimmung des unteren Heizwertes wurde das Kondenswasser aufgefangen, bis 30 l durch die Gasuhr gegangen waren; dann wurden 29,5 g gewogen. (Die in Fig. 314 zu erkennende kleine Mensur gibt weniger genaue Ergebnisse). Die 30 l Gas bedeuten $3 \cdot 9{,}18 = 27{,}54$ l im reduzierten Zustande, also entstehen aus dem Kubikmeter Gas $\frac{29{,}6 \cdot 1000}{27{,}45} = 1075\ \mathrm{g} = 1{,}0758$ kg Wasser, die beim Kondensieren $1{,}075 \cdot 600 = 646$ kcal haben frei werden lassen. Unterer Heizwert $5490 - 646 \backsim 4840\ \mathrm{kcal/m^3}\left(\frac{0}{760}\right)$.

Die Physikalisch-Technische Reichsanstalt hat die *Genauigkeit des Junkers-Kalorimeters* geprüft, indem sie mit seiner Hilfe den Heizwert von Wasserstoff feststellte, der auch anderweit bekannt ist. Das Junkers-Kalorimeter ergab den Heizwert um 0,4% zu hoch. Mag auch bei den mit nur üblicher Sorgfalt angestellten Versuchen die Genauigkeit nicht ganz so groß sein, so ist sie jedenfalls für technische Zwecke ausreichend. Daß man aber auf dichte Verbindungen sieht, um Gasverluste zu vermeiden, daß man ferner eine richtiggehende Gasuhr verwenden muß, dies und ähnliches ist selbstverständlich. Die

Gasuhr sei noch besonderer Aufmerksamkeit empfohlen. Außerdem erwähnen wir wiederholt, daß der Heizwert von dem reduzierten Gasvolumen abhängt: Druck und Temperatur sind also zu messen.

Man hört anführen, eine *Fehlerquelle* liege darin, daß die Abgase gesättigt mit Feuchtigkeit aus dem Kalorimeter gehen, während die Verbrennungsluft nicht damit gesättigt war; daher werde die gemessene Menge Verbrennungswasser zu klein sein. Das letztere ist richtig, ein Fehler bei der Bestimmung des unteren Heizwertes tritt aber nicht auf. Der obere Heizwert wird um so viel (1 bis 2%) zu niedrig gefunden, wie dem Mehrgehalt an Feuchtigkeit entspricht. Dieser Fehler gleicht sich wieder aus, weil man zu wenig Verbrennungswasser mißt. Sieht man also den unteren Heizwert als maßgebend an, so tritt kein Fehler auf.

Ein Fehler entsteht indes stets dadurch, daß das Gas beim Messen und beim Verbrennen mit Feuchtigkeit gesättigt ist. Daher hat man, wenn man 3 l an der Gasuhr ablas, zwar auch 3 l dem Brenner zugeführt, aber diese 3 l waren teils Wasserdampf und nur zum anderen Teil Leuchtgas. Bei 20 ° C hat der Wasserdampf eine Spannung von 17 mm QuS. Bei 760 mm Gesamtspannung des feuchten Gases würden also 2,2% des Gasvolumens aus Feuchtigkeit bestehen, und nur die verbleibenden 97,8% sind Gas und erzeugen wirklich Wärme. Der Heizwert des Gases selbst ist also größer, als er erscheint. — Ob man nun durch eine Umrechnung den Heizwert auf trockenes Gas bezieht, kommt auf den Zweck der Untersuchung an; auch im praktischen Betriebe hat das Gas die Gasuhr passiert und enthält Feuchtigkeit, und gelegentlich wird man das bei der Kalorimetrierung nachahmen wollen. Nur muß man dafür sorgen, daß das Gas beide Male den gleichen Feuchtigkeitsgehalt, also beide Male gleiche Temperatur hat, wenn es die Gasuhr passiert. Jedenfalls sieht man aber, daß Kalorimetrierungen verschiedene Ergebnisse haben werden, je nach der Temperatur des Gases in der Gasuhr. Die einfache Reduktion des Gasvolumens auf 0° und 760 mm, nach dem Gesetz von Mariotte - Gay - Lussac, schafft diese Unterschiede nicht fort. Dazu müßte man auf trockenes Gas von 0° und 760 mm reduzieren, und das ist stets das wissenschaftlich Korrekte.

An *Sonderausrüstungen* des Junkers - Kalorimeters seien folgende erwähnt: Um das unter Vakuum stehende *Kraftgas* einer Sauggasanlage zu kalorimetrieren, das nicht freiwillig in den Brenner eintritt, kann man mittels eines aus zwei großen Flaschen (Säureballons) hergestellten Aspirators (§ 111, Fig. 282) eine größere Menge ansaugen, und dann durch Umstellen der Flaschen den nötigen Druck erzeugen. Diese Methode hat noch den Vorteil, daß man bei langsamem und langem Ansaugen eine Mischung aus Gas der verschiedenen Zeiten erhält; die Kalorimetrierung ergibt gleich den durchschnittlichen Heizwert; bei der wechselnden Zusammensetzung von Hochofengasen ist das wertvoll. Die Veränderung, die das Gas durch Absorption einzelner Bestandteile im Aspiratorwasser erfährt, dürfte stets gering sein, zumal bei mehrfacher Benutzung des gleichen Wassers. — Es werden auch besondere Einrichtungen zur kontinuierlichen Unterdrucksetzung von Sauggas geliefert.

Eine Sonderanordnung des Junkers-Kalorimeters gestattet die dauernde Ablesung des Heizwertes und nach Bedarf seine Registrierung. Gas- und Wassermenge sind dabei durch zwangläufige Kupplung der Gasuhr mit einem Wassermesser in ein unveränderliches Verhältnis zu einander gebracht, so daß also die Temperaturerhöhung ein Maß für den Heizwert ist; der Temperaturunterschied zwischen Wasserzu- und -ablauf wird durch eine mehrfache Thermosäule zur Erzeugung einer elektrischen Spannung nutzbar gemacht, ein in den Stromkreis gesetztes Millivoltmeter gibt den Heizwert und kann ihn auch aufschreiben.

Wo die Spannung des zu untersuchenden Gases schwankt, wie das bei Kraftgasanlagen und bei Gichtgas der Fall ist, da muß man zur Kalorimetrierung und auch zur Messung die Spannung des verbrennenden Gases konstant halten. Sonst ist ein Beharrungszustand nicht zu erreichen. Dem Zweck dient ein *Druckregler*, in dem ein Drosselventil unter dem Einfluß einer Schwimmerglocke steht, so daß auf konstante Spannung hinter dem Regler gedrosselt wird; die Höhe dieser Spannung ändert sich mit der Belastung der Schwimmerglocke.

114. Flüssige Brennstoffe. Verbandsformel. Für flüssige Brennstoffe hat man das Junkers-Kalorimeter nutzbar gemacht, indem man einen Brenner *n*, Fig. 315, der durch vorgängige Vergasung rußfreie Verbrennung sichern soll und dem der Brennstoff durch Luftdruck zugeführt wird, an einer Seite einer Wage aufhängt. Man führt nun die Flamme ins Junkers-Kalorimeter ein, reguliert das Kalorimeter nach Bedarf und wartet den Beharrungszustand ab. Beim Verbrennen der Flüssigkeit wird die Seite der Wage, an welcher der Brenner hängt, allmählich leichter; hatte man den gefüllten Brenner nicht ganz austariert, so wird zu einem gewissen Zeitpunkt die Brennerseite die leichtere werden und der Wagebalken herüberschlagen. Wenn dabei die Zunge der Wage durch den Nullpunkt geht, beginnt man die Wassermessung sowie die Temperaturablesungen. Man entfernt nun eine bestimmte Anzahl von Grammen von der Wage: die Wage wird abermals durch den Nullpunkt gehen, sobald die gleiche Anzahl von Grammen auf der Brennerseite verbrannt ist; in diesem Moment schließt man die Wassermessung ab. — Mit Hilfe der so ermittelten Brennstoffmenge

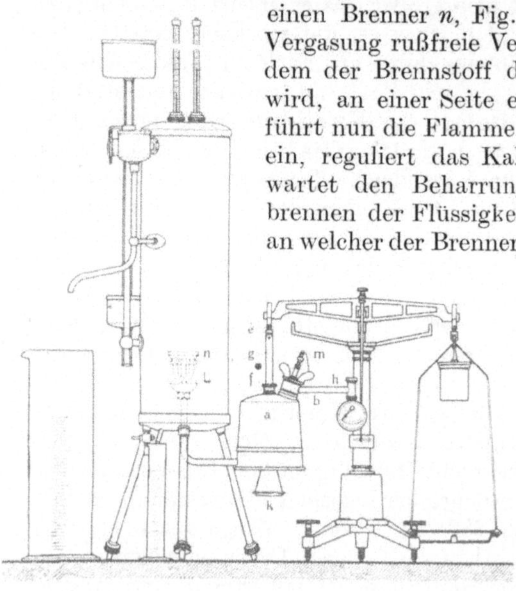

Fig. 315. Aufbau des Junkers-Kalorimeters für flüssigen Brennstoff.

berechnet man den Heizwert genau wie früher aus der Gasmenge. Auch die Messung des Kondenswassers und die Berechnung des unteren Heizwertes ist die gleiche. — Doch ist das Arbeiten mit dem erwähnten Brenner nicht sehr bequem, wenigstens bei schwer vergasbaren Brennstoffen.

Man kann flüssige Brennstoffe auch in der Bombe kalorimetrieren, indem man sie von Watte aufsaugen läßt und in die Watte den Zünddraht bettet. Um rußfreie, überhaupt vollkommene Verbrennung zu erzielen, wird man erst je nach dem Brennstoff die richtigen Verhältnisse ausproben müssen. Der Heizwert der Watte (Zellulose 4210 kcal/kg) ist zu berücksichtigen.

Die Kalorimetrierung gewisser flüssiger Brennstoffe bietet große Schwierigkeiten, und man wird daher bei ihnen eher als bei festen und gasförmigen dazu kommen, gelegentlich den Heizwert lieber aus der Zusammensetzung des Brennstoffes rechnerisch zu bestimmen.

Für chemisch definierte Brennstoffe, wie Spiritus oder Benzol, kann man den Heizwert Tabellen entnehmen, nachdem man (für Spiritus) den Wassergehalt durch Messen des spezifischen Gewichtes und auch unter Zuhilfenahme von Tabellen bestimmt hat. Die durchzuführenden Rechnungen sind nicht immer ganz einfach; auch sind für viele Fälle die Zahlengrundlagen nur unvollständig vorhanden. So müßte man bei Spiritus bedenken, daß nur der Alkoholgehalt Wärme liefert, der Wassergehalt aber nicht nur keinen Anteil an der Wärmelieferung nimmt, sondern sogar — bei Berechnung des unteren Heizwertes — Wärme latent entführt; auch wäre noch zu berücksichtigen, daß bei der Verdünnung von absolutem Alkohol mit Wasser bereits eine Verdünnungswärme frei wird, die beim Verbrennen nicht nochmals in die Erscheinung tritt.

Für chemisch nicht definierte Stoffe, wie Benzin oder Petroleum, wird man auf die *Verbandsformel* (aufgestellt vom Internationalen Verband der Dampfkessel-Überwachungsvereine) zurückgreifen müssen, die auch für feste Brennstoffe benutzt werden kann. Nach ihr soll der Heizwert eines Brennstoffes, dessen Gehalt an Kohlenstoff, Wasserstoff, Sauerstoff, Schwefel und Wasser durch eine Elementaranalyse bestimmt und durch die Zahlen c, h, o, s und w gegeben sei, bezogen auf 1 kg Brennstoff, wie folgt zu berechnen sein. Es ist

$$\mathfrak{H}_o = 8100 \cdot c + 34\,000 \cdot (h - \tfrac{1}{8} \cdot o) + 2500 \cdot s \text{ kcal/kg} \quad . \quad . \quad (5)$$

Hierin sind die Zahlen 8100, 34 000 und 2500 die Heizwerte der betreffenden Elemente; $\frac{1}{8}\,o$ ist die Wasserstoffmenge, die zur Bindung des im Brennstoff enthaltenen Sauerstoffes nötig ist und deren Verbrennungswärme daher nicht nochmals frei wird. — Der untere Heizwert ist

$$\mathfrak{H}_u = 8100 \cdot c + 29\,000 \cdot (h - \tfrac{1}{8} \cdot o) + 2500 \cdot s - 600 \cdot w \quad . \quad (5\text{a})$$

Es ist hier als w nur das hygroskopische Wasser und nicht etwa das gesamte in den Verbrennungsgasen enthaltene Wasser $W = w + 9\,h$ in Ansatz zu bringen, weil 29 000 kcal/kg bereits der untere Heizwert des Wasserstoffes ist.

So wird insbesondere in den letzten Jahren der *Heizwert von Treibölen* meist nach der Verbandsformel berechnet, weil die direkte Bestimmung manchen Schwierigkeiten begegnet. Wenn zum *Beispiel* die von einem Chemiker auszuführende Elementaranalyse ergeben hat, daß das Treiböl 87,7% C und 6,87% H enthält, so würde man den unteren Heizwert anzusetzen haben mit

$$8100 \cdot 0{,}877 + 29\,000 \cdot 0{,}0687 = 7110 + 1990 = 9100 \text{ kcal/kg}.$$

Die Verbandsformel (5a) behandelt den Verbrennungsvorgang so, als wenn die im Brennstoff vorhandenen Elemente als solche darin wären, und als ob nur der Sauerstoffgehalt bereits an Wasserstoff gebunden wäre. Das trifft nicht zu; die Elemente pflegen in Form komplizierter Verbindungen, insbesondere als Kohlenwasserstoffe verschiedenster Art, darin enthalten zu sein, und deren Heizwert ist nicht gleich der Summe der Heizwerte der Elemente, sondern um die eigene Bildungswärme davon verschieden. Daher kann die Verbandsformel keine genauen Werte liefern; immerhin sind ihre Ergebnisse meist nicht allzusehr von dem kalorimetrisch ermittelten Heizwert verschieden; die Abweichung beträgt selten mehr als 2 bis 3%.

In den für Untersuchungen an Dampfkesseln und an Verbrennungsmaschinen und Gasgeneratoren aufgestellten Normen des Vereines deutscher Ingenieure findet sich deshalb die Bestimmung: „Der Heizwert des Brennstoffes ist kalorimetrisch zu ermitteln“; die Verwendung der Verbandsformel ist zur „angenäherten“ Berechnung zugelassen.

XIV. Gasanalyse.

115. Allgemeines. *Aufgabe* der maschinentechnischen Gasanalyse ist die Untersuchung der Verbrennungsprodukte einer Feuerungsanlage oder eines Verbrennungsmotors auf ihren Gehalt an Kohlensäure CO_2, Kohlenoxyd CO und Sauerstoff O_2; oder aber die Untersuchung von Nutzgasen, die meist zum Betrieb von Gasmaschinen (Kraftgas), gelegentlich zum Feuern dienen sollen, auf Wasserstoff H_2, Kohlenoxyd CO, Methan CH_4, schwere Kohlenwasserstoffe und auf die in diesem Fall unerwünschten Beimengungen von CO_2 und O_2.

Zweck der Gasanalyse ist die Kontrolle der Verbrennung oder Gaserzeugung, auch wohl die Feststellung der durch die Essengase bewirkten Verluste.

Das *Verfahren* bei der Analyse der Rauchgase oder der Abgase einer Gasmaschine ist das folgende: Man sperrt ein bestimmtes Volumen der Rauchgase ab — häufig sind es 100 cm³. Diese Gasmenge bringt man mit einem Absorptionsmittel für Kohlensäure, meist mit Kalilauge, in Berührung und stellt dann fest, um wieviel sich die Gasmenge verringert hat: der Minderbetrag war CO_2. Die verbleibende Gasmenge bringt man nun mit einem Absorptionsmittel für Sauerstoff in Berührung, meist mit Pyrogallussäure, und mißt dann wieder den Volumenverlust: dieser zweite Volumenverlust war O_2. Häufig begnügt man sich mit diesen beiden Feststellungen und sieht den Rest dann einfach als Stickstoff an. Sonst aber bringt man das noch verbliebene Gas mit Kupferchlorürlösung in Berührung; der Volumenverlust hierbei ist Kohlenoxyd — und man betrachtet den Rest als Stickstoff N_2. Kohlenoxyd ist meist wenig oder gar nicht vorhanden.

Wenn in Nutzgasen andere Bestandteile vorhanden sind, so muß man entsprechend weitere Absorptionsmittel oder Verbrennungsmethoden anwenden.

Bei allen Volumenmessungen muß das Gas unter der gleichen Spannung stehen und die gleiche Temperatur haben — welche, ist gleichgültig, da es nur auf den prozentualen Gehalt ankommt und alle Gase gleichstark durch Temperatur und Spannung beeinflußt werden. Die abgelesenen Kubikzentimeter sind zugleich Prozente des ursprünglichen Gasvolumens, wenn man 100 cm³ abgesperrt hatte.

116. Luftüberschußzahl. Die wichtigste Anwendung der Rauchgasanalyse ist die Berechnung des Luftüberschusses. Wenn die Verbrennung genau mit der erforderlichen Luftmenge durchgeführt wäre, so enthielten die Rauchgase keinen Sauerstoff. Ein Gehalt an Sauerstoff deutet also darauf, daß die zugeführte Luftmenge größer war als notwendig. Die Kenntnis des Luftüberschusses ist deshalb nützlich, weil die durch den Fuchs einer Feuerung in die Esse entweichende, verlorene Wärmemenge von ihm abhängt; sie wird bei bestimmter Fuchstemperatur um so größer sein, je größer die Gasmenge ist; auch wird durch den Luftüberschuß der Schornstein nutzlos in Anspruch genommen und reicht unter Umständen nicht aus, wo er bei guten Verbrennungsverhältnissen ausreichen würde.

Die *Luftüberschußzahl* l gibt an, wievielmal mehr Luft zur Verbrennung zugeführt worden war, als notwendig gewesen wäre; es ist $l = \frac{L}{L_0}$, wenn wir unter L die tatsächlich zugeführte, unter L_0 aber die nach der chemischen Zusammensetzung des Brennstoffes erforderliche Luftmenge verstehen.

Die Berechnung der Luftüberschußzahl l ergibt sich aus folgender Betrachtung. Zu dem vorhandenen Sauerstoffgehalt der Rauchgase, der den überschüssigen Sauerstoff darstellt und den wir mit o bezeichnen wollen, gehört eine Stickstoffmenge $\frac{79}{21}\,o$, weil beide Gase im Verhältnis 79 zu 21 in der Luft gemischt sind. $\frac{79}{21}\,o$ ist also der überflüssigerweise vorhandene Stickstoff. Außerdem kennt man den insgesamt vorhandenen Stickstoff; er war der Restbetrag der Analyse, den wir n nennen. Der nach der Zusammensetzung der Luft notwendige Stickstoff ist also $n - \frac{79}{21}\,o$, der praktisch verwendete ist n, also ist

$$l = \frac{n}{n - \frac{79}{21}\,o} \quad \text{. . . . .} \quad (1)$$

Für das Verhältnis der Luftmengen können wir auch das Verhältnis der Stickstoffmengen setzen. Hierbei sind unter n und o, da es nur auf den verhältnismäßigen Anteil beider ankommt, die Prozentsätze der betreffenden Gase im Rauchgas verstanden.

Diese Berechnungsweise für l ist nur richtig, wenn kein Kohlenoxyd in den Rauchgasen vorhanden ist. Sonst ist zu bedenken, daß bei vollkommener Verbrennung noch ein Teil des jetzt übriggebliebenen Sauerstoffes verbraucht worden wäre. Dieser Teil war also nicht überschüssig. Da 1 Raumteil Kohlenoxyd zur Verbrennung $\frac{1}{2}$ Raumteil Sauerstoff erfordert, so ist die gemessene Sauerstoffmenge o um die halbe Menge des gemessenen Kohlenoxydes $\frac{1}{2}c$ zu vermindern, und man erhält die Luftüberschußzahl

$$l = \frac{n}{n - \frac{79}{21} \cdot (o - \frac{1}{2}c)} \quad \ldots \ldots \ldots \quad (2)$$

Diese Ableitung der Luftüberschußzahl ist korrekt. Einige Näherungsformeln werden in § 118 abgeleitet.

Beispiel: Ergibt sich aus einer Analyse die Zusammensetzung der Rauchgase zu 6,8% CO_2, 12,8% O_2, 80,4% N_2, so wird die Luftüberschußzahl $l = \frac{80,4}{80,4 - 48,1} = 2,48$. — Aus der Analyse 11,9% CO_2, 5,8% O_2, 1,0% CO, also 81,3% N_2 folgt $l = 1,32$.

117. Rauchgasanalyse. Um das Gas bequem messen und die Berührung mit den Absorptionsmitteln bequem veranlassen zu können, hat man eine große Reihe von Apparaten erdacht. Der *Orsat-Apparat* (Fig. 316 und 317) ist darunter derjenige, der in der Maschinentechnik am meisten Eingang gefunden hat. M ist das in Kubikzentimeter geteilte Meßgefäß, ABC sind die Absorptionsgefäße, gefüllt mit Kalilauge, Pyrogallussäure und Kupferchlorürlösung.

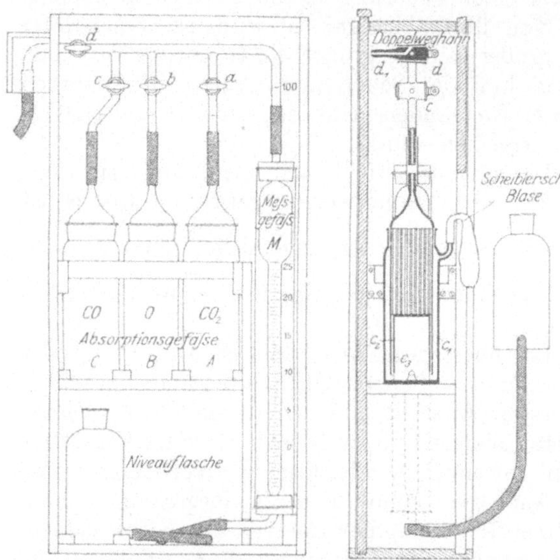

Fig. 316 und 317. Orsat-Apparat mit konzentrischen Doppelgefäßen von Siebert & Kühn.

Jedes der Absorptionsgefäße, beispielsweise C, besteht aus einem äußeren Gefäß c_1, in dessen weiten Hals das unten offene, oben mit Schlauchanschluß versehene Gefäß c_2 mit Glasschliff eingesetzt ist. Beide zusammen bilden ein kommunizierendes Gefäßpaar. Im inneren Gefäß c_2 ist ein Bündel Glasröhren eingesetzt, das zur Erzielung einer großen Absorptionsoberfläche dient und sich auf den Becher c_3 stützt, der unten offen, oben durchlocht ist. Häufiger als diese konzentrische Anordnung der kommunizierenden Gefäße trifft man Gefäße nach

Fig. 318, wo A und A_1 miteinander kommunizieren und A mit Glasröhren zur Bildung der Oberfläche gefüllt ist. Die konzentrische Anordnung ergibt größere Handfestigkeit.

Die Absorptionsgefäße sind durch Hähne a, b, c absperrbar; treibt man das Glas in eines von ihnen hinüber, so entweicht die Flüssigkeit in den kommunizierenden Teil. Gummibeutel, sog. Scheiblersche Blasen, verhüten, daß sich z. B. die Pyrogallussäure von der Außenluft aus mit Sauerstoff sättige. Die Glasröhrenbündel bleiben beim Zurücktreten der Flüssigkeit benetzt und ergeben eine große absorbierende Oberfläche. Die Niveauflasche N, mit dem Meßgefäß M durch Gummischlauch verbunden, kann man heben und senken: bei tiefer Stellung der Niveaufläche saugt das darin befindliche Wasser Gas ins Meßgefäß hinein; steht die Niveauflasche hoch, so wird das Gas aus dem Meßgefäß in dasjenige der Absorptionsgefäße gedrückt, dessen Hahn offen ist. Man kann also durch Senken und Heben der Niveauflasche zunächst Gas in den Apparat hineinsaugen und dieses dann abwechselnd in Berührung mit den Reagentien und zur Messung bringen. Die Verbindungsrohre zwischen den Gefäßen sind kapillar, damit ihr Volumen vernachlässigt werden kann. Das Ganze ist in einen Holzkasten mit Schiebedeckeln und mit Handgriff eingebaut und bequem transportfähig (Fig. 316 und 317).

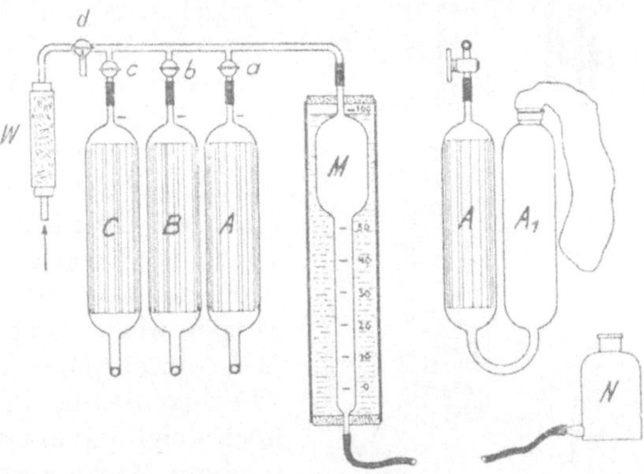

Fig. 318. Orsat-Apparat.

Das erste Ansaugen geschieht durch den Doppelweghahn d (Fig. 317), oder durch den Dreiweghahn d (Fig. 318). Da die Leitung, die von der Entnahmestelle zum Apparat führt, zunächst voll Luft ist, so entläßt man einige angesaugte Füllungen des Meßzylinders ins Freie, bis man eine benutzt. Dazu dient der Schwanz d_1 des Doppelweghahnes bzw. die freie Öffnung des Dreiweghahnes. Zum Reinigen der angesaugten Gase von Ruß und Staub ist Watte im Rohr W. Für gleiche Temperatur bei allen Messungen sorgt ein Wassermantel um das Meßgefäß; gleiche Spannung bei allen Messungen hat man, wenn man bei der Ablesung die Niveauflasche so hält, daß ihr Wasserspiegel mit dem im Meßgefäß gleichhoch steht.

Es gibt auch Orsat-Apparate mit nur zwei Absorptionsgefäßen; dann wird CO nicht bestimmt.

Nach dieser Beschreibung wird folgende Anweisung für die *Handhabung* des Apparates verständlich sein.

Zunächst ist der Apparat in Ordnung zu bringen. ABC müssen bis zur Marke unterhalb $a\,b\,c$ voll Reagens sein. Ein nur halbgefülltes verbindet man mit M und saugt das Reagens bis zur Marke an (Niveauflasche tief). Ferner muß M ganz mit Wasser gefüllt werden: man drückt die Luft durch d ins Freie (Niveauflasche hoch). Die engen Verbindungsrohre bleiben voll Luft.

Weiterhin: Niveauflasche N senken, d so öffnen, daß Rauchgas angesaugt wird („Saugstellung"), dann N heben und gleichzeitig d in „Druckstellung", so daß Angesaugtes ins Freie geht. N wieder senken, zugleich d in Saugstellung, und so fort, bis Leitung luftfrei. Man achte darauf, daß niemals d die Zuleitung mit der Außenluft verbindet, sonst tritt immer neue Luft in diese, die ja meist unter der Saugspannung des Fuchses steht. Statt die Gefäße des Apparates selbst zum Freipumpen der Zuleitung zu benutzen, kann man auch ein Gummiballgebläse an den Schwanz d_1 von d anschließen und die Leitung damit freisaugen. Schließlich endgültige Probe nehmen, indem M von oberer Marke bis Null und noch etwas weiter mit Gas gefüllt wird. Zuleitung mit Quetschhahn schließen, d schließen. Ablesung muß Null sein, wenn Spiegel in M und N gleich ist; einen Überschuß an Gas entfernt man, indem man erst bei geschlossenem Hahn d die Niveauflasche N hebt, bis die Drucksteigerung die Gase auf Null komprimiert hat, dann den Schlauch zwischen N und M nahe bei M zukneift, und nun den Überdruck aus M durch Öffnen von d ins Freie entweichen läßt. N heben, a öffnen, Gas tritt nach A; wieder zurücksaugen, wieder nach A drücken und so mehrfach „durchspülen", dabei stets aufsteigende Flüssigkeitssäule ansehen, damit sie nicht zu hoch steigt und übertritt. Schließlich Reagens in A zur Marke ansaugen, M ablesen, wobei Spiegel in M und N gleichhoch ist. Dann mit B verfahren, wie eben mit A. Die Feststellung der Gase hat in der Reihenfolge CO_2, O, CO zu geschehen, denn CO_2 wird in allen drei Reagentien absorbiert; von der Kalilauge indessen wird nur CO_2 absorbiert. Vor jeder Ablesung tut man gut, das am Glas haftende Wasser kurze Zeit sich sammeln zu lassen.

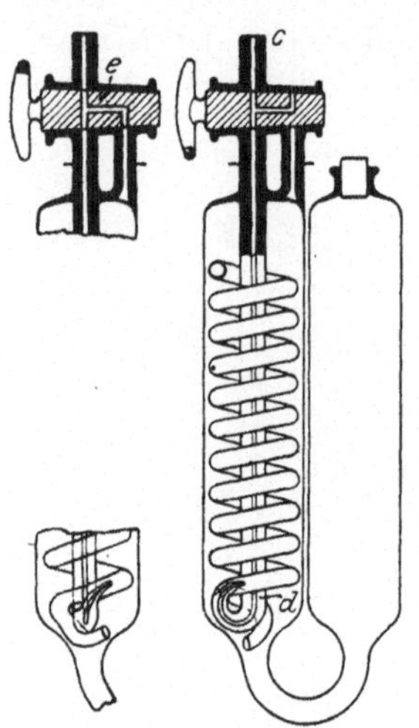

Fig. 319. Verbessertes Absorptionsgefäß von Cornelius Heinz.

Da CO_2 sehr schnell, O etwas träger, CO sehr träge absorbiert wird, so hat man entsprechend verschieden oft durchzuspülen, etwa fünfmal für CO_2, zehnmal für O und zwölfmal für CO. Um zu prüfen, ob die Absorption beendet ist, kann man nach erfolgter Ablesung nochmals durchspülen und wieder ablesen; ist die Ablesung geblieben, so war die Absorption beendet, vorausgesetzt, daß die Lösungen nicht ganz erschöpft waren. Die Geschwindigkeit der Absorption hat man zu vergrößern gesucht, indem man an Stelle der einfachen Gefäße der Fig. 316 bis 318, die nur durch ihr Glasröhrenbündel dem Gas eine große Oberfläche bieten, solche Absorptionsgefäße verwendete, bei denen das zu untersuchende Gas durch das Absorptionsmittel hindurchperlen muß.

In Fig. 319 kann in der rechts gezeichneten Hahnstellung Gas ins Absorptionsgefäß eintreten; es durchläuft das mittlere gerade Rohr *d*, das nun, wie die linke Figur unten erkennen läßt, im Innern eines beiderseits offenen Spiralrohres in eine Spitze mündet. Die aus der Spitze austretenden Gasblasen werden im Spiralrohr aufwärts steigen und dabei in demselben zugleich ein Aufsteigen der Flüssigkeit bewirken; so kommen sie lange Zeit und immer mit frischer Flüssigkeit in Berührung. Das Zurücksaugen der Gase ins Meßgefäß wäre allerdings nicht möglich, wenn der Hahn einen einfachen Durchgang hätte; er ist deshalb so gebohrt, daß er nach Drehung um 180° das Rücksaugen gestattet (linke Figur oben). Die Abschlußstellung ist bei 90° Hahndrehung. Bei Anwendung solcher oder ähnlicher Gefäße soll die Absorption von CO nach zweimaligem, die von O nach dreimaligem Durchspülen sehr sicher beendet sein; für CO_2 ist ihre Verwendung zwecklos.

Die *Lösungen* zum Füllen des Apparates kann man aus Apparatehandlungen fertig beziehen. Doch sei auch noch die Anweisung zur Herstellung gegeben[1]):

1. Für CO_2: Kalilauge; 1 Gwt. Ätzkali (käuflich, jedoch nicht mit Alkohol gereinigt) auf 2 Gwt. Wasser. 1 cm^3 der Lösung kann 160 cm^3 CO_2 absorbieren, doch sollte man sie nur ein Viertel ausnutzen, um die völlige Absorption sicherzustellen (zulässiger Absorptionswert 40 cm^3 CO_2).

2. Für O_2: 5 g Pyrogallussäure heiß gelöst in 15 cm^3 Wasser; dazu gemischt 120 g Ätzkali, gelöst in 80 cm^3 Wasser. Zulässiger Absorptionswert nur $2^1/_4$ cm^3 O. — Wegen des geringen Absorptionswertes ist die Verwendung von Phosphorstengelchen bequemer, die unter destilliertem Wasser an Stelle der Glasrohre im Orsat-Apparat eingefüllt sind und die den Sauerstoff begierig absorbieren; Absorptionswert sehr groß; Absorption ist beendet, wenn Leuchten aufhört, oder wenn gebildeter Nebel verschwindet. Doch tritt das Leuchten nochmals etwas auf, wenn man nach erstmaligem Aufhören einmal durchspült.

3. Für CO: Salzsaure Kupferchlorürlösung: 86 g Kupferasche mit 17 g Kupferpulver (aus Kupferoxyd mit Wasserstoff reduziert) unter Schütteln in 1086 g Salzsäure, spezifisches Gewicht 1,124, einstreuen. In der Lösung muß eine vom Boden bis zur Oberfläche gehende Spirale aus Kupferdraht aufbewahrt werden; sie ist anfangs dunkel, entfärbt sich beim Stehen, wird aber durch Berührung mit Luft wieder dunkelbraun. Zulässiger Absorptionswert 4 cm^3 CO. — Empfehlenswerter: Ammoniakalische Kupferchlorürlösung: 250 g Ammoniumchlorid gelöst in 750 cm^3 Wasser, dazu (in Flasche mit dichtschließendem Gummistopfen) 200 g Kupferchlorür; diese Vorratslösung ist lange haltbar, wenn man wieder die Kupferspirale hineintut. Um sie gebrauchsfertig zu machen, ist $^1/_3$ des Volumens Ammoniakflüssigkeit, spez. Gew. 0,91, hinzuzufügen. Zulässiger Absorptionswert 4 cm^3 CO.

Über *Einzelheiten der Konstruktion* sei noch erwähnt, daß darauf geachtet werden sollte, daß in Fig. 348 das Glasröhrenbündel nicht unten

[1]) Hempel, Gasanalytische Methoden, 1900, S. 133, 181, 183. — Winkler, Lehrbuch der technischen Gasanalyse 1901, S. 85.

aufliegt. Es muß von einer Drahtspirale oder einem Drahtsieb (bei Kupferchlorürlösung aus Kupferdraht) so gestützt sein, daß zwischen ihm und dem U-Rohr zum kommunizierenden Gefäß ein genügend großer Ausgleichraum bleibt, damit alle Röhren des Röhrenbündels gleichmäßig Flüssigkeit hergeben oder aufnehmen. Sonst wird bei schnellem Arbeiten schon ein Übertreten von Gasblasen nach A, B, C stattfinden, obwohl die Flüssigkeit in ABC noch an sich genügt. Ferner ist der Doppelweghahn Fig. 317 besser als der Dreiweghahn Fig. 318. Endlich sollte für Rauchgasanalysen der enge, mit Skala versehene Teil des Meßgefäßes höchstens 25% umfassen, nicht 50% wie bei Fig. 318, im Interesse größerer Genauigkeit, und weil bei Rauchgasanalysen die Skala nur bis etwa 20% gebraucht wird.

Fehler beim Analysieren entstehen insbesondere durch undichte Hähne — dieselben sind mit Paraffin zu schmieren, nicht mit Vaselin, das verseift — oder durch undichte Gummiverbindungen; beides macht sich durch Volumenänderungen bei ganz abgesperrtem Gefäß kenntlich. Knappe Füllung der Absorptionsgefäße hat leicht zur Folge, daß zum Schluß Blasen von A nach A_1 (Fig. 318) treten, zumal wenn das Rohrbündel unten aufsteht; durch das Fehlen der oben verlangten Unterstützung wird man an schnellem Arbeiten sehr behindert. — Zu Fehlern neigt in jedem Fall die CO-Bestimmung mit Kupferchlorür; man wird oft finden, daß nach Anwendung der Lösung das Gasvolumen sich nicht vermindert, sondern etwas vermehrt hat. Dafür kommen mehrere Ursachen in Frage[1]). Die Bindung des CO an die Lösung ist so wenig innig, daß beim Schütteln CO abgegeben wird; es kann nun vorkommen, daß infolge einer unbeabsichtigten Erschütterung mehr CO abgegeben als absorbiert wird. Ferner bindet die Kupferchlorürlösung nicht nur CO, sondern auch Äthylen C_2H_4, das auch oft infolge unvollkommener Verbrennung in den Rauchgasen ist; diesen bindet die Lösung aber noch weniger fest; es kann also kommen, daß bei einer CO-Absorption das Äthylen ausgeschieden wird, das bei einer früheren Analyse absorbiert worden war: das Kohlenoxyd treibt gewissermaßen das Äthylen aus. Endlich kann, namentlich bei Temperaturänderungen der Lösung, Ammoniak- oder Salzsäuregas abgegeben werden und die Volumenvermehrung der Gase bewirken; bei genauer Zubereitung der Lösungen ist letzterer Fehler aber gering. Abhilfe gegen die Schwierigkeiten ist zu schaffen durch erschütterungsfreies Analysieren und Verwendung frischer Lösung, oder durch Anwendung eines weiteren Absorptionsgefäßes mit rauchender Schwefelsäure, die Äthylen und Ammoniak absorbiert; deren Anwendung wird noch in § 121 besprochen werden, da sie fast nur zur Kraftgasanalyse verwendet wird. Salzsäuregas und Ammoniak werden übrigens auch schon durch das Sperrwasser in einiger Zeit entfernt.

Ist es durch Unachtsamkeit passiert, daß ein Reagens ins Meßgefäß übertragen ist, so wird man übersehen können, daß dadurch die eben im Gange befindliche Analyse nicht gefälscht wird, man kann sie ruhig beenden. Vor der nächsten aber muß man den Apparat

---

[1]) Hempel, Gasanalytische Methoden, 1900, S. 185ff.

reinigen und das Wasser in Meßgefäß und Niveauflasche erneuern. Hierbei kommt es leicht vor, daß das neueingefüllte Wasser andere Temperatur hat als das im Wassermantel des Meßgefäßes befindliche. Das ist unzulässig. Durch Wärmeaustausch ändert sich dann die Temperatur des Wassermantels von einer Gasablesung zur anderen und damit die des Gases bei der Messung; 3° Temperaturunterschied macht aber mehr als 1% Volumenunterschied aus. Der Apparat muß ganz auf der Umgebungstemperatur sein, wenn man damit arbeitet. Muß man neues Wasser einfüllen, so temperiere man es.

Es gilt natürlich für die Gasanalyse dasselbe, was wir schon anderwärts anführten; die Analyse kann nur die Bestandteile der Probe angeben, die in den Meßzylinder eingesaugt wurde, und man hat dafür zu sorgen, daß bei der *Probeentnahme* eine Durchschnittsprobe der zu untersuchenden Gase eingenommen wird. Allerdings sind Unterschiede der Zusammensetzung über den Querschnitt des Rauchkanals hin wenig zu befürchten; die Rauchgase sind wohl stets so innig gemischt, daß die Entnahme irgendwie durch ein einfaches Rohr erfolgen kann. Entnimmt man dicht am Rauchschieber, neben dem stets Luft eingesaugt wird, so sind dadurch Fehler möglich.

Ist die Bleileitung zum Orsat undicht, so saugt man natürlich teilweise Luft ein. Wenn man durch eines der Schaulöcher, die in den Zügen zu sein pflegen, die Probe entnimmt, so muß man ein eisernes Rohr bis in den Feuerzug hineinführen; endet das Rohr noch innerhalb des Mauerwerkes, so erhält man stets lufthaltiges Rauchgas, weil infolge des Unterdruckes in den Feuerzügen und der Porosität des Mauerwerkes Luft durch das Mauerwerk hindurchgesaugt wird, also das Mauerwerk lufthaltig ist; andererseits darf das Entnahmerohr nicht so weit in die Züge hineinragen, daß es glühend wird. Sonst wird leicht CO_2 durch den am Eisen sitzenden glühenden Ruß reduziert, und die Analyse stellt einen Gehalt von CO fest, der in den Rauchgasen gar nicht vorhanden war. Man verschmiert das Schauloch mit Ton oder Schamottemörtel, um volle Abdichtung zu erzielen. Denn durch Undichtheiten werden leicht Luftströme unkontrollierbar so eintreten können, daß man überwiegend Luft ansaugt. Wo doppeltes Mauerwerk mit Schlackenisolierung dazwischen ist, hat die Abdichtung im inneren Mauerwerkskörper stattzufinden. Man vergleiche das über die Einführung von Pyrometern in § 101 a. E. Gesagte.

Wenn man mit dem Orsat-Apparat eine Probe von 100 cm^3 den Zügen entnimmt, so erhält man die augenblickliche Zusammensetzung der Rauchgase zur Zeit der Entnahme. Will man die durchschnittliche Zusammensetzung während einer längeren Periode haben, so muß man möglichst häufig Proben entnehmen und den Durchschnittswert der Analyse berechnen. Statt dessen kann man aber auch einen Aspirator während einer längeren — beliebig langen — Zeit sich mit den Rauchgasen füllen lassen. Der Aspiratorinhalt hat dann die durchschnittliche Zusammensetzung der Rauchgase, und man macht eine oder besser zwei Analysen seines Inhaltes. Letztere Methode ist viel bequemer und gibt wohl auch bessere Durchschnittswerte; aber man will gewöhnlich schon während des Versuches die Zusammensetzung der Gase kennen, um den Betrieb danach anordnen zu können; dann muß man also Einzelanalysen machen und auch noch den Aspirator füllen. — Einen Aspirator für solche Zwecke, aus zwei einfachen Glasflaschen zusammengebaut, zeigte Fig. 311 bei § 111. Man muß darauf achten, daß während der Periode des Ansaugens der Niveauunterschied in den Flaschen etwa konstant bleibt, muß also die Flaschen ab und zu verstellen. Sonst erhält man Gasmengen in den Aspirator, die den Zeiten nicht proportional sind, und der Durchschnittswert wird falsch.

Es ist nicht gleichgültig, an welcher Stelle der Züge man die Probe entnimmt: die Rauchgase nehmen durch das Mauerwerk der Züge hindurch fortwährend Luft auf. So ergaben an einem Flammrohrkessel gleichzeitig genommene Rauchgasproben

am Ende des Flammrohres: 16,9% CO_2, 2,0% O_2, also 81,1% N_2,
Luftüberschußzahl $l = 1{,}1$;
am Fuchs: 11,0% CO_2, 8,8% O_2, also 80,2% N_2,
Luftüberschußzahl $l = 1{,}7$.

Es ist also noch halb soviel Luft nachträglich hinzugekommen, wie durch den Rost zur Verbrennung zugeführt worden war; es handelte sich dabei nicht um einen schlecht unterhaltenen Kessel, sondern die Undichtheit des Mauerwerkes hat meist solche Beträge. Nach der Analyse am Fuchs könnte man meinen, es sei zweckmäßig, den Luftzutritt zum Rost noch zu vermindern, was aber offenbar zu Kohlenoxydbildung führen müßte: es wird nicht möglich sein, bei diesem Kessel unter 1,7fachen Luftüberschuß am Fuchs herunterzukommen. — Hierin liegt bereits die Antwort auf die Frage nach der richtigen *Stelle der Probenahme*. Soll die Analyse dazu dienen, die gute Bedienung des Feuers zu überwachen, so sind die Gase am Ende des Flammrohres oder — bei anderen als Flammrohrkesseln — möglichst dicht hinter dem Feuerraum zu entnehmen, wo eben die Flammenentwicklung aufgehört hat; die Analyse am Fuchs führt hier zu Irrtümern. Etwas anderes ist es, wenn man aus der Rauchgasanalyse auf die durch den Schornstein entweichende Wärmemenge schließen will (Essenverluste, § 119); hierfür ist die Zusammensetzung am Fuchs maßgebend, wo die Wärmeabgabe der Rauchgase beendet ist. Es kommt also wohl die Entnahme von Proben an beiden Stellen in Frage — beispielsweise um den Zustand der Kesseleinmauerung zu prüfen, für den die Zunahme des Luftüberschusses in den Zügen ein Maßstab ist.

Der Orsat-Apparat arbeitet bei geschickter Handhabung sehr zufriedenstellend. Für besonders genaue Arbeiten mag man immerhin die in der Chemie üblichen Einrichtungen verwenden, die aber meist weniger gut transportfähig sind. In Frage kommen namentlich die *Hempelschen Apparate*; Meßgefäß (Bürette) und Absorptionsgefäß (Pipetten) sind voneinander getrennt, jedes für sich auf einem Stativ. Der Vorteil ist, daß man die Fehler vermeidet, die beim Orsat aus der Vernachlässigung der allerdings kapillaren Verbindungsleitung entstehen: die Leitungen werden sehr kurz und können bei Bedarf überdies noch mit Wasser ausgefüllt werden. Es sei auf die im Literaturverzeichnis genannten Werke verwiesen.

Ein Apparat, der für einfachere Zwecke gelegentlich ausreicht, ist die *Buntesche Bürette*, Fig. 320. Man füllt sie ganz mit Wasser, verbindet den Zweiweghahn bei *B* mit der Gasentnahmestelle, nachdem man die Leitung durch ein T-Stück hindurch von Luft befreit hat, und öffnet *E*. Das Wasser läuft ab, Gas tritt nach. Einen bestimmten Druck stellt man her, indem man *D* nach *A* hin öffnet, während *A* voll Wasser ist, und das Wasser zur Marke *a* einstehen läßt. Man ersetzt nun das Wasser in *A* durch Kalilauge und öffnet erst *E*, dann *D*. Es tritt dann keine Luftblase nach oben hin aus, sondern nur Kalilauge ein, und die Absorption beginnt. Man schließt beide Hähne, legt die Bürette kurze Zeit wagerecht, ohne zu schütteln, um eine große Oberfläche zu haben, und spült dann die Kalilauge aus, indem man erst den Hahn *E* öffnet, während Schlauch *C* in Wasser taucht, behufs sicherer Herstellung einer Saugspannung, und dann *D* öffnet, nachdem *A* voll Wasser ist, so daß nun Wasser dauernd durch *D* ein-, durch *E* austritt. Nach genügend langem Auswaschen unter dauerndem Nachfüllen von Wasser in *A* schließt man *E* sorgsam so, daß das Wasser in *A* wieder zur Marke *a* steht, schließt *D* und liest ab. Man kann dann Pyrogallussäure einführen, auswaschen, ablesen und so fort.

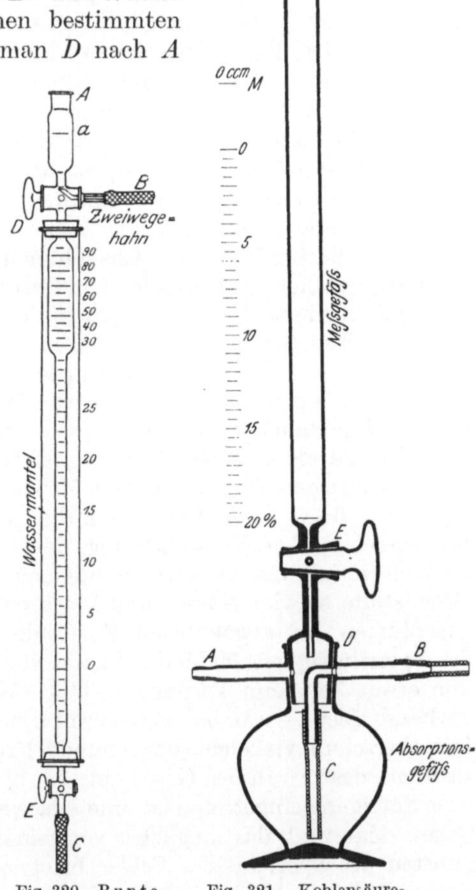

Fig. 320. Buntesche Bürette.

Fig. 321. Kohlensäuremesser von Cramer.

Ein anderer Apparat für einfachere Zwecke ist der *Kohlensäuremesser von Cramer*, Fig. 321. In der gezeichneten Stellung der Hähne kann man Rauchgas durch das Rohr *A* mittels eines bei *B* angeschlossenen Gummigebläses ansaugen. Der ganze obere Teil wird dann um 90° gedreht, so daß in dem Apparat ein bestimmtes Gasvolumen im Raum *C* abgesperrt ist. In das obere Meßgefäß hatte man nun Kalilauge bis zur Marke *M* gefüllt. Beim Öffnen des Hahnes *E* sinkt Kalilauge herab, und zwar bei passender Konzentration gerade bis zur Marke *E* der

Skala, sofern Absorption von Gas gar nicht stattfindet, also z. B. reine Luft im Apparat wäre. Sobald aber Kohlensäure im Gefäß C ist, wird das absorbierte Volumen noch weiterhin durch herabsinkende Kalilauge ergänzt werden, und aus dem Meßgefäß wird um so mehr herabfließen, je mehr Kohlensäure das Gas enthielt. Demnach kann man empirisch eine Teilung anbringen, die unmittelbar Kohlensäureprozente anzeigt.

Die beiden letztgenannten Apparate sind weniger voluminös als der Orsat-Apparat. Der Vorteil des Orsat-Apparates aber besteht darin, daß er für den Transport sehr zweckmäßig vollständig in einen Kasten gebaut ist, auch ist er in der Handhabung bequem. Trotz des größeren Volumens und Gewichtes behauptet derselbe daher seine Stellung.

118. Was mißt die Analyse? Kontrolle des Ergebnisses. Die Analyse gibt die Bestandteile in Raumprozenten. Das sind aber Raumprozente des *trocken gedachten Gases,* wenn das Gas, wie meist, bei der Analyse mit Feuchtigkeit gesättigt ist. Wenn sich nämlich durch Absorption eines der Bestandteile das Gasvolumen verkleinert, so muß sich ein verhältnismäßiger Teil des in dem Gase vorhanden gewesenen Wasserdampfes niederschlagen; in jedem Kubikzentimeter kann, bei bestimmter Temperatur, nur eine ganz bestimmte Menge Wasserdampf vorhanden sein. Ein prozentual gleicher Teil des Wasserdampfes wird also gewissermaßen auch absorbiert. Daher analysiert man trockenes Gas. — Ein Rauchgas also, welches bei der Analyse 12% CO_2, 7,5% O_2, kein CO und als Rest 80,5% N_2 ergab, kann bei der hohen Temperatur der Rauchgase noch eine beliebige Menge Wasserdampf enthalten haben, sagen wir 6%. Dann haben wir die gesamten Rauchgase mit 106% bezeichnet. — Die Voraussetzung, daß bei der Analyse der Sättigungszustand vorhanden ist, wird im allgemeinen zutreffen, weil die meisten Brennstoffe so viel Wasser und Wasserstoff enthalten, um das Rauchgasvolumen im abgekühlten Zustande zu sättigen; auch wird das die Sperrflüssigkeit bildende Wasser für Sättigung sorgen, wenn man ihm etwas Zeit zum Verdunsten läßt. Wo freilich die Sättigung nicht vorhanden ist — was bei wasserstoffarmem Brennstoff und bei großem Luftüberschuß vielleicht vorkommen kann — da würde man so lange Prozente des feuchten Gases ablesen, bis durch die Volumenverminderung Sättigung eingetreten ist, und erst weiterhin Prozente des trockenen Gases. Man muß das möglichst vermeiden, auch weil allmähliches Verdunsten des Sperrwassers Fehler bringen würde. Der Unterschied im Volumen des feuchten und des trockenen Gases im Sättigungszustand ist etwa 3% bei 20° C.

In dem Verschwinden des Wassers für die Analyse liegt die Erklärung dafür, daß der Stickstoffgehalt der Rauchgase meist größer als 79% ist; die Rauchgase enthalten mehr Stickstoff als die Luft, aus denen sie durch Hinzutritt der Bestandteile der Kohle entstanden sind. Das ist natürlich scheinbar. Die meisten Brennstoffe enthalten Wasserstoff, namentlich in Form von Kohlenwasserstoffen; bei der Verbrennung entsteht aus Wasserstoff Wasser unter Bindung eines Teiles des Sauerstoffes der Verbrennungsluft. Da nach den Atomgewichten auf 1 kg verbrannten Wasserstoffes 8 kg Sauerstoff kommen, so sind die verbrauchten Sauerstoffmengen selbst bei nur geringem Wasserstoffgehalt des Brennstoffes nicht unerheblich. Das gebildete Wasser aber fällt bei der Analyse heraus; daher ist das Volumen der Rauchgase kleiner als das der zugeführten Luft; der unverändert durchgegangene Stickstoff hat sich also prozentual vermehrt.

Voraussetzung für die Richtigkeit dieser Erklärung ist allerdings noch, daß sonst keine Volumenänderungen bei der Verbrennung eintreten; das ist nun bei vollkommener Verbrennung in der Tat nicht der Fall. Wir wollen das im Zusammenhang mit einigen anderen, aus den allgemeinen chemischen Gesetzen folgenden Beziehungen erörtern, deren Kenntnis oft zur Kontrolle der Analyse nützlich ist. Diese Beziehungen bedingen nämlich, daß die prozentualen Anteile von CO_2, O_2 und N_2 in den Rauchgasen voneinander abhängig sind.

Aus der Formel $C + O_2 = CO_2$ folgt unter Benutzung der Atomgewichte $C = 12$ und $O = 16$, sowie der spezifischen Gewichte des Sauerstoffes $\gamma = 1{,}43\ \mathrm{kg/m^3} \left(\frac{0}{760}\right)$ und der Kohlensäure $\gamma = 1{,}98\ \mathrm{kg/m^3} \left(\frac{0}{760}\right)$, daß folgende Gleichung für die vollkommene Verbrennung von Kohlenstoff richtig ist:

$$1\ \mathrm{kg}\ C + \frac{2 \cdot 16}{12 \cdot 1{,}43}\ \mathrm{m^3}\ O_2 = \frac{12 + 2 \cdot 16}{12 \cdot 1{,}98}\ \mathrm{m^3}\ CO_2,$$

$$1\ \mathrm{kg}\ C + 1{,}86\ \mathrm{m^3} \left(\frac{0}{760}\right) O_2 = 1{,}86\ \mathrm{m^3} \left(\frac{0}{760}\right) CO_2 \quad \ldots \ldots \quad (3)$$

Für ganz unvollkommene Verbrennung ergibt sich entsprechend:

$$1\ \mathrm{kg}\ C + 0{,}93\ \mathrm{m^3} \left(\frac{0}{760}\right) O_2 = 1{,}86\ \mathrm{m^3} \left(\frac{0}{760}\right) CO \quad \ldots \ldots \quad (4)$$

Bei der Bildung von CO_2 oder von CO entsteht also das gleiche Volumen Gas, obwohl bei unvollkommener Verbrennung nur halb soviel Sauerstoff verbraucht ist. Außerdem ergibt sich, daß bei der vollkommenen Verbrennung das gleiche Volumen CO_2 entsteht, wie Sauerstoff verbraucht worden ist; das Volumen der Kohle als eines festen Körpers ist verhältnismäßig sehr klein; es findet also beim Verbrennungsvorgang keine Volumenänderung statt; bei der Bildung von CO indessen nimmt das entstehende Verbrennungsprodukt doppelt soviel Raum ein, wie der verschwundene Sauerstoff ausmachte. Das sind Konsequenzen der Regel von Avogadro.

Wenn daher ein wasserstofffreier Brennstoff ohne Luftüberschuß vollkommen verbrennt, so ergeben sich Rauchgase von der Zusammensetzung: 21% CO_2 und 79% N_2; der Sauerstoff der Luft ist einfach durch Kohlensäure ersetzt. Verbrennt ein wasserstofffreier Brennstoff mit Luftüberschuß, so ist ein Teil des Sauerstoffes durch Kohlensäure ersetzt; der Kohlensäuregehalt wird also unter 21% sein, aber Sauerstoff und Kohlensäure werden zusammen 21% ausmachen, während der Rest 79% Stickstoff ist. Der größtmöglichste CO_2-Gehalt der Rauchgase $k_{\max} = 21\%$ tritt ein für $l = 1$.

Wenn dagegen ein wasserstoffhaltiger Brennstoff verbrennt, so wird $k_{\max} < 21$ sein, weil, wie schon besprochen, der Wasserstoffgehalt einen

Teil des Sauerstoffes zum Verschwinden bringt. Enthält etwa ein Brennstoff dem Gewicht nach 4% H_2 und 75% C, so wird sich wegen der Atomgewichte der Sauerstoff im Verhältnis $4 \cdot \frac{16}{2}$ zu $75 \cdot \frac{32}{12}$ oder im Verhältnis 32 : 200 auf die beiden Bestandteile verteilen; von den 21% Sauerstoff werden also $21 \cdot \frac{32}{232} \sim 2{,}9\%$ für die Analyse verschwunden sein; bei vollkommener Verbrennung ohne Luftüberschuß ergibt sich ein Wert $k_{\max} = \frac{21 - 2{,}9}{100 - 2{,}9} \cdot 100 = 18{,}5$. — Koks ist annähernd wasserstofffrei und liefert daher Kohlensäuregehalte bis zu 21%. Für Steinkohle kann man die genannten Zahlen als Durchschnittswerte einführen und $k_{\max} = 18{,}5$ setzen; für Leuchtgas mit seinem größeren Wasserstoffgehalt ist $k_{\max}$ um 11 herum — beides natürlich abhängig von der Zusammensetzung.

Über die *Raumverhältnisse bei einer Verbrennung mit Luftüberschuß*, die jedoch vollkommen sein möge, gibt Fig. 322 Aufschluß. Als Abszisse ist die Luftüberschußzahl l aufgetragen. Für $l = 1$ wird ein Teil der zugeführten Luftmenge, die mit L_o bezeichnet ist und durch die Strecke AB dargestellt wird, zur Bildung von H_2O verbraucht und ist für die Analyse verschwunden; der Rest bildet die Rauchgasmenge R_o, bestehend aus CO_2 und N_2. Der Menge nach ist der Stickstoffgehalt in Fig. 322 mit N_0 bezeichnet, man kann ihn den (nach der einmal gegebenen Luftzusammensetzung) notwendigen Stickstoff bezeichnen. Für $l > 1$ tritt zu der Rauchgasmenge R_o der Luftüberschuß hinzu. Für beliebige Werte von l wird der Luftüberschuß $L - L_o = L_o \cdot (l - 1)$ durch die ansteigende Gerade BD begrenzt werden. Dabei behalten, wenn wir die Betrachtung stets auf 1 kg Brennstoff beziehen, die gebildete Kohlensäure und das verschwundene Wasser absolut genommen ihren Wert bei; zwei wagerechte Gerade E und F begrenzen daher diese Bestandteile. Der Luftüberschuß oberhalb der Wagerechten G besteht jederzeit aus 79 Teilen N_2, die zu dem bei überschußloser Verbrennung vorhandenen N_2 hinzutreten, und aus 21 Teilen O_2, die oben abgeteilt sind. Die Rauchgasmenge R ist etwas kleiner als die zugeführte Luftmenge L.

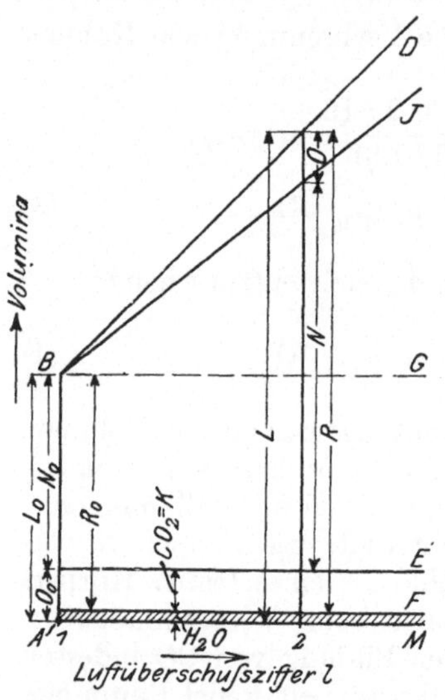

Fig. 322. Zusammensetzung der Rauchgase bei verschiedenem Luftüberschuß.

Wenn wir nun mit K, N und O den Bestandteil an Kohlensäure, Stickstoff und Sauerstoff in Kubikmetern, wenn wir aber mit k, n und o den prozentualen Anteil derselben in den Rauchgasen bezeichnen, so ist zunächst für $l = 1 : k_{\max} = \frac{100\,K}{K + N_o} = \frac{100\,K}{R_o}$. Allgemein aber ist

$$\begin{cases} k = \dfrac{100 \cdot K}{R} = \dfrac{100\,K}{R_o + L_o \cdot (l-1)}\,, \\[2ex] o = \dfrac{100 \cdot O}{R} = \dfrac{100 \cdot \frac{21}{79}\,N_o \cdot (l-1)}{R_o + L_o \cdot (l-1)}\,. \end{cases}$$

Beide Gleichungen lassen sich schreiben wie folgt:

$$\begin{cases} (l-1) \cdot \dfrac{L_o}{R_o} = \dfrac{100\,K}{R_o \cdot k} - 1 = \dfrac{k_{\max}}{k} - 1\,, \\[2ex] (l-1) \cdot \dfrac{L_o}{R_o} = \dfrac{o}{21 - o}\,, \end{cases}$$

oder endlich

$$\begin{cases} l = \left(\dfrac{k_{\max}}{k} - 1\right) \cdot \dfrac{R_o}{L_o} + 1 \quad \ldots\ldots \quad (5) \\[2ex] l = \dfrac{o}{21 - o} \cdot \dfrac{R_o}{L_o} + 1 \quad \ldots\ldots \quad (6) \end{cases}$$

Aus beiden folgt durch Division und Auflösen

$$21 \cdot k + k_{\max} \cdot o = 21 \cdot k_{\max} \quad \ldots\ldots \quad (7)$$

Diese Gleichungen geben die Abhängigkeit der Größen k und o von der Luftüberschußzahl l und voneinander. Die Beziehung zwischen k und und o läßt sich (Fig. 323) durch eine Gerade darstellen, die die o-Achse bei 21% und die k-Achse bei $k_{\max}$ schneidet, deren Neigung also vom Brennstoff abhängt und auf dessen Gehalt an nicht ausgeglichenem Wasserstoff schließen läßt. Hat man k und o bestimmt, so hat man also aus dem Einspringen verschiedener Analysen in eine Gerade ein gutes Kennzeichen entweder für die Genauigkeit der Analysen oder für die Vollkommenheit der Verbrennung. Glaubt man dagegen in diesen beiden Punkten einer Kontrolle nicht zu bedürfen, so braucht man, nachdem man die Lage der Geraden für den betreffenden Brennstoff kennt, nur entweder die Kohlensäure oder den Sauerstoff zu bestimmen. — In

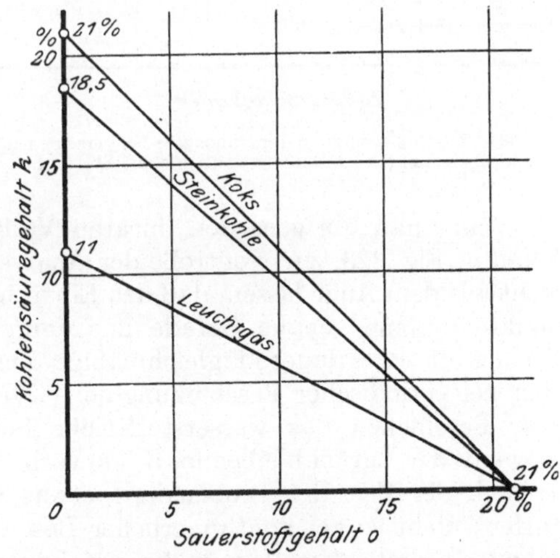

Fig. 323. Zusammenhang zwischen Kohlensäure- und Sauerstoffgehalt der Rauchgase; Verbrennung vollkommen (nach Borth).

Fig. 324 ist gezeigt, wie für Steinkohle, $k_{max} = 18{,}5\%$, der Kohlensäure- und Sauerstoffgehalt vom Luftüberschuß abhängt; die Kurven sind nach Gleichung (5) und (6) Hyperbelbögen, mit Asymptoten, wie sie angedeutet sind; durch Zusammenzählen der Ordinatenwerte erhält man einen Überblick über die scheinbare Vermehrung des Stickstoffgehaltes $o + k = 100 - n$.

Für wasserstofffreie Brennstoffe ist $\frac{R_o}{L_o} = 1$. Damit würde aus (5) und (6) werden

$$l = \frac{k_{max}}{k} = \frac{21}{21 - o} \quad \dots\dots\dots\dots \quad (8)$$

Diese gelegentlich verwendeten Ausdrücke für die Luftüberschußzahl sind also nur für wasserstofffreien Brennstoff zutreffend, etwa für Koks. Für Steinkohle bilden sie gute Näherungswerte, wenn es sich um etwas größeren Luftüberschuß handelt; für Leuchtgas sind sie unbrauchbar.

Beim Auftreten von CO sind die Ableitungen entsprechend abzuändern. Die in Fig. 323 dargestellte Beziehung zwischen dem CO_2- und O-Gehalt wird dergestalt anders, daß die für den betreffenden Brennstoff gültige Gerade um so weiter nach unten rückt, je mehr CO in den Rauchgasen enthalten war. Man könnte also aus der Kenntnis des CO_2- und O_2-Gehaltes schon auf den CO-Gehalt schließen, auch ohne die langwierige Absorption mit Kupferchlorür durchzuführen.

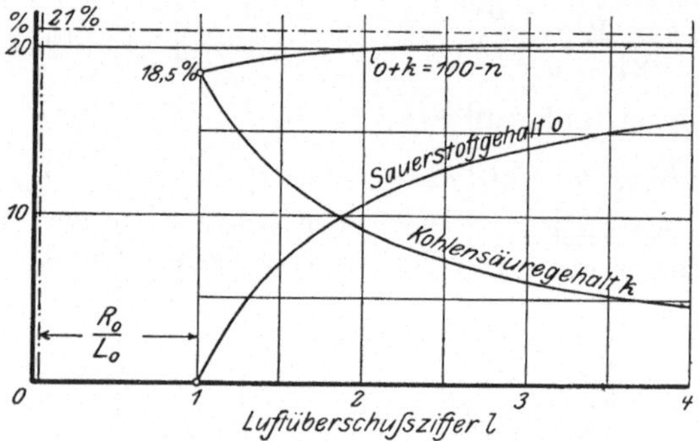

Fig. 324. Zusammensetzung der Rauchgase bei verschiedenem Luftüberschuß; Verbrennung vollkommen; Steinkohle.

Wenn man übrigens den linearen Verlauf der Beziehung zwischen k und o, Fig. 323, zur Kontrolle der Analyse benutzen will, so darf man nicht aus dem Auge lassen, daß das Einspringen der einzelnen Analysenpunkte in eine genaue Gerade nur dann zu erwarten ist, wenn der Brennstoff eine dauernd gleichmäßige Zusammensetzung hat. Wenn aber bei periodischer Beschickung einer Steinkohlenfeuerung kurz nach dem Beschicken das wasserstoffreiche Schwelgas, später aber überwiegend der zurückbleibende Koks verbrennt, so werden die Punkte je nach der Zeit der Probenahme etwas von der Geraden differieren dürfen; nicht so bei kontinuierlicher Beschickung des Rostes und Entnahme an stets derselben Stelle der Feuerung.

119. Essenverluste. Aus der Rauchgasanalyse kann man auf die *Rauchgasmenge* schließen, die den Fuchs passiert. Mißt man auch die Temperatur der Rauchgase, so kann man weiterhin die Wärmeverluste berechnen, die die Feuerung dadurch erleidet, daß man die Rauchgase warm abgehen läßt, also nicht ganz ausnutzt. Da man diese Rechnung sehr oft im Anschluß an die Rauchgasanalyse durchführt, so sei sie wiedergegeben.

Man muß den Kohlenstoffgehalt der verbrannten Kohle kennen. Man kann ihn zugleich mit dem Heizwert bestimmen, wie in § 112 besprochen wurde. Man kann ihn aber auch bei Steinkohle mit ziemlicher Zuverlässigkeit auf 80 bis 70%, für gute bis schlechte Kohle, schätzen. Es sei im folgenden an die Kohle gedacht, deren C-Gehalt in § 112 zu 73,1% bestimmt worden war.

Dann kann man von der Tatsache Gebrauch machen, die in § 118 besprochen wurde, daß aus 1 kg Kohlenstoff das gleiche Gasvolumen von 1,86 $m^3 \left(\frac{0}{760}\right)$ entsteht, gleichgültig, ob er zu Kohlensäure CO_2 oder zu Kohlenoxyd CO verbrennt — also auch wenn teils das eine, teils das andere Verbrennungsprodukt entsteht. Daher entstehen aus 1 kg unserer Kohle $0{,}731 \cdot 1{,}86 = 1{,}36\ m^3 \left(\frac{0}{760}\right) [CO_2 + CO]$. Diese 1,36 m^3 stellen nun prozentual denjenigen Bruchteil der gesamten Rauchgasmenge dar, den die Analyse festgestellt hat. Also folgt die Gesamtmenge aus einem einfachen Regeldetriansatz. Im Grunde genommen handelt es sich bei dieser Bestimmung der Rauchgasmenge um eine Anwendung der Mischungsregel, die in § 49 eingehend besprochen wurde: der Kohlenstoffgehalt ist der indifferente Teil, mit dessen Hilfe man die Messung durchführt.

Habe eine Analyse etwa ergeben 6,8% CO_2, 12,8% O_2, kein CO, also 80,4% N_2, so folgt das aus 1 kg Kohle entstandene Rauchgasvolumen V_1 aus $V_1 : 1{,}36 = 100 : 6{,}8 = \frac{100 \cdot 1{,}36}{6{,}8} = 20{,}0\ m^3 \left(\frac{0}{760}\right)$. — Habe eine andere Analyse ergeben 11,9% CO_2, 5,8% O_2, 1,0% CO, also 81,3% N_2, so wird $V_1 = \frac{100 \cdot 1{,}36}{11{,}9 + 1{,}0} = 10{,}5\ m^2 \left(\frac{0}{760}\right)$.

Dies sind indes nur die Volumina des wasserfrei gedachten Rauchgases, denn die Analyse gibt die Bestandteile des getrockneten Gases (§ 118). Diese Tatsache bleibt oft unbeachtet; dann aber erhält man das Rauchgasvolumen und mit ihm die Essenverluste um etwa 10%, bei Braunkohle noch mehr, zu klein. Für die Beurteilung der Verbrennungsvorgänge ist das nicht sehr von Belang, die Essenverluste indessen erhält man zu niedrig. Genau ist der Wasserdampfgehalt auch schwer zu bestimmen, leicht aber annähernd auf folgende Weise.

Aus der Bestimmung des unteren Heizwertes der Kohle in der Bombe weiß man, wieviel Wasser, hygroskopisch und durch Verbrennung entstanden, aus jedem Kilogramm verbrannter Kohle erzeugt wird; es ist meist etwa das halbe Kohlengewicht, da z. B. aus 5% H-Gehalt des Brennstoffs $5 \cdot 9 = 45\%$ Wasser bei der Verbrennung entstehen. Es wurde in § 111 mit der Bombe ermittelt, daß 0,528 kg Wasser aus 1 kg Kohle entstehen, so können wir unser Beispiel von oben fortführen. Dampf ist, bei gleichem Druck und gleicher Temperatur, etwa 0,62 mal so schwer wie Luft; er wöge also, wenn man ihn, ohne daß er kondensiert, auf die normalen Verhältnisse bringen könnte, $0{,}62 \cdot 1{,}293 = 0{,}80\ kg/m^3$. Darin, daß wir diese Zahl für einen fingierten Normalzustand annehmen und weiter den

Dampf behandeln, als folgten seine Druck- und Volumenänderungen dem Mariotte-Gay-Lussacschen Gesetz, darin liegt es, daß die folgende Rechnung nur angenähert ist. Es würden danach $\frac{0,528}{0,80} = 0,66\,\mathrm{m}^3\left(\frac{0}{760}\right)$ Wasserdampf aus jedem Kilogramm Kohle erzeugt. Die oben aus den beiden Analysen errechneten Rauchgasvolumina sind also noch auf $V_1 = 20,7\,\mathrm{m}^3\left(\frac{0}{760}\right)$ und auf $V_1 = 11,2\,\mathrm{m}^3\left(\frac{0}{760}\right)$ zu erhöhen. Die Nichtbeachtung des Dampfgehaltes hätte Fehler von 3,4% und von 6,2% im Gefolge gehabt.

Da übrigens für dieselben beiden Analysen die Luftüberschußzahl in § 116 zu $l = 2,48$ bzw. $l = 1,32$ berechnet war, so ergibt sich annähernd die für den betreffenden Brennstoff zur vollkommenen Verbrennung *notwendige Luftmenge* $L_0 = \frac{L}{l}$ einmal zu $\frac{20,7}{2,48} = 8,35$, das zweitemal zu $\frac{11,2}{13,2} = 8,49\,\frac{\mathrm{m}^3\left(\frac{0}{760}\right)}{\mathrm{kg\ Kohle}}$; der Unterschied beider Zahlen hat seine Ursache darin, daß für L die Rauchgasmenge eingesetzt wurde, die von der Luftmenge um die bei der Bildung des Wasserdampfes und des Kohlenoxydes eintretenden Volumenänderungen verschieden ist; außerdem mögen auch Ungenauigkeiten der Analyse mitsprechen.

Die ganze Berechnung bezog sich auf 1 kg verbrannter Kohle. Man hat das hierauf bezogene Rauchgasvolumen R mit der stündlich verbrannten Kohlenmenge K zu vervielfachen, um das stündlich durch den Fuchs gehende Volumen zu erhalten.

Wollte man endlich nicht das auf 0° und 760 mm Barometerstand reduzierte Rauchgasvolumen haben, sondern wollte man, etwa um die Rauchgasgeschwindigkeit im Fuchs zu finden, das wirkliche Rauchgasvolumen kennen, so hätte man Druck und Temperatur im Fuchs zu messen und eine entsprechende Umrechnung zu machen. Hierbei würde man einfachheitshalber den Wasserdampf wie ein Gas behandeln. —

Der Essenverlust V selbst, der zunächst wieder auf 1 kg Brennstoff bezogen war, ist nun gleich dem Produkt aus der Rauchgasmenge R, der spezifischen Wärme c_p der Rauchgase und ihrer Temperatur t_r über jene der Umgebung t hinaus.

$$V = R \cdot c_p \cdot (t_r - t) \qquad (9)$$

Die spezifische Wärme der Rauchgase bleibt zu bestimmen, und zwar kommt die mittlere spezifische Wärme, bezogen auf konstanten Druck, zwischen den Grenzen t und t_r in Frage. Die wahre spezifische Wärme und daher auch die mittlere nimmt mit der Temperatur, bei den zweiatomigen Gasen — O_2, N_2, CO — jedoch so wenig zu, daß es sicher genügt, bei den mäßigen Temperaturen, um die es sich bei Rauchgasen handelt, mit einem Mittelwert zu rechnen. Die spezifische Wärme der zweiatomigen Gase ist überdies ziemlich die gleiche, wenn man sie auf $1\,\mathrm{m}^3\left(\frac{0}{760}\right)$ bezieht. Da sie zwischen 0° und 100° : $(c_p)_0^{100} = 0,297$ und zwischen 0° und 300° : $(c_p)_0^{300} = 0,302$ anzunehmen ist, so wird $0,30\,\mathrm{kcal/m}^3\left(\frac{0}{760}\right)$ ein passender Mittelwert sein. Für mehratomige

Gase pflegen die Werte an sich höher zu liegen als bei zweiatomigen. Es soll nach neueren Bestimmungen[1]) sein

$$\text{für } CO_2 : (c_p)_0^t = 0{,}396 + 0{,}000\,146\; t - 0{,}000\,000\,035\, t^2 \quad . \; . \; . \; (10)$$
$$\text{für } H_2O : (c_p)_0^t = 0{,}378 - 0{,}000\,0136\, t + 0{,}000\,000\,036\, t^2 \quad . \; . \; . \; (11)$$

Danach wäre für Wasserdampf bei geringem Druck die Abhängigkeit von der Temperatur eine sehr geringe und 0,38 kcal/m³ $\left(\frac{0}{760}\right)$ ein brauchbarer Mittelwert. Für CO_2 ist allerdings von 0 bis 100°; 200°; 300° die mittlere spezifische Wärme $(c_p)_0^t = 0{,}410;\ 0{,}424;\ 0{,}437$ kcal/m³ $\left(\frac{0}{760}\right)$, also merklich mit der Temperatur steigend. Da indessen bei Rauchgasen der CO_2-Gehalt immer nur klein ist, so ist auch hier die Benutzung eines konstanten Wertes von etwa 0,42 kcal/m³ $\left(\frac{0}{760}\right)$ gerechtfertigt — zumal die Frage nach den richtigen Werten der spezifischen Wärmen noch nicht abgeschlossen ist.

Wenn man also die folgenden Werte annimmt:

O_2, N_2, CO : $c_p = 0{,}30$; CO_2 : $c_p = 0{,}42$; H_2O : $c_p = 0{,}38$ kcal/m³ $\left(\frac{0}{760}\right)$, so wird ein Rauchgas, das 11,9% CO_2 enthält und noch aus 88,1% O_2, CO und N_2 besteht, eine spezifische Wärme haben, folgend aus $11{,}9 \cdot 0{,}42 + 88{,}1 \cdot 0{,}30 = 100 \cdot c_p$. Es wäre also $c_p = 0{,}314$.

Hiernach läßt sich der *Essenverlust* berechnen, der stattfände, wenn das Gas keinen Wasserdampf enthielte. Wir haben aber gesehen, daß der Wasserdampf einen recht wesentlichen Bestandteil des Rauchgases ausmacht, selbst bei Steinkohle. Man wird also gut tun, den Wärmeverlust durch Wasserdampf nicht zu vernachlässigen. Allerdings ist die latente Wärme des Wasserdampfes schon insofern berücksichtigt, als ja ihretwegen nur der untere Heizwert für den Brennstoff angesetzt ist. Nur der Mehrinhalt an Wärme über etwa 600 kcal pro Kilogramm Dampf hinaus, nur der Verlust aus spezifischer Wärme des Dampfes bleibt noch zu berücksichtigen.

Hätte daher, wie im vorigen Paragraphen besprochen, das Rauchgas außer den 11,9% CO_2 und 88,1% O_2, CO und N_2, zusammen 100% noch 6,2% Wasserdampf enthalten, so folgt seine spezifische Wärme aus $11{,}9 \cdot 0{,}42 + 88{,}1 \cdot 0{,}30 + 6{,}2 \cdot 0{,}38 = (100 + 6{,}2) \cdot c_p$, also wäre diesmal $c_p = 0{,}318$.

Nun bleiben noch die Essenverluste selbst unter Annahme einer Fuchstemperatur von 300° zu ermitteln, und zwar, des Vergleiches wegen, ohne und mit Berücksichtigung des Wasserdampfgehaltes. Im ersten Fall waren nach S. 473 10,5 m³ $\left(\frac{0}{760}\right)$, im anderen 11,2 m³ $\left(\frac{0}{760}\right)$ aus dem Kilogramm Kohle erhalten worden. Als Temperatur der Umgebung soll 20° eingeführt werden, so daß also 280° Temperaturüberschuß in Rechnung zu setzen ist. Dann werden die Essenverluste

ohne Beachtung des Wasserdampfgehaltes: $10{,}5 \cdot 0{,}314 \cdot 280 = 925$ kcal,
mit Beachtung des Wasserdampfgehaltes: $11{,}2 \cdot 0{,}318 \cdot 280 = 1000$ kcal.

---

[1]) Holborn und Henning. Die Zahlen sind umgerechnet auf 1 m³ $\left(\frac{0}{760}\right)$.

Bei der anderen Analyse der S. 473 mit 6,8% CO_2 hätte man die Essenverluste erhalten

ohne Beachtung des Wasserdampfgehaltes: $20{,}0 \cdot 0{,}308 \cdot 280 = 1720$ kcal,
mit Beachtung des Wasserdampfgehaltes: $20{,}7 \cdot 0{,}310 \cdot 280 = 1800$ kcal.

Der Unterschied von rund 80 kcal zwischen beiden Rechnungsarten macht also immerhin 1,2% des Heizwertes aus, der nach § 111 für diese Kohle 6900 kcal/kg betrug.

Mit Beachtung des Wasserdampfgehaltes gibt die erste Analyse einen Verlust von 14,5%, die zweite einen solchen von 26,1% des Heizwertes als mit den Rauchgasen in den Schornstein gehend. Man sieht also, wie stark die Essenverluste ansteigen bei größerem Luftüberschuß; allerdings pflegt mit dessen Vergrößerung die Temperatur etwas abzufallen.

Man wird bemerkt haben, daß es seine Vorteile hat, den Rechnungen das reduzierte Volumen der Gase zugrunde zu legen, weil nämlich die spezifischen Wärmen zweiatomiger Gase bezogen auf das Volumen die gleichen sind, nicht aber bezogen auf das Gewicht. Auch die Tatsache war bequem, daß aus einer gegebenen Menge Kohlenstoff immer das gleiche Volumen Verbrennungsprodukt sich ergibt, möge nun CO_2 oder CO entstehen. Überhaupt gehorchen die chemischen Reaktionen der Gase glatten Raumverhältnissen — eine Folge der Regel von Avogadro.

Wollte man einwenden, die Wärmeverluste seien in unserer Rechnung auf zu viele Stellen angegeben (§ 17), so ist das an sich wohl richtig. Die einzelnen Angaben werden, wegen der Ungenauigkeit der spezifischen Wärmen, nur mäßige Genauigkeit haben; wo es sich aber um Vergleichsrechnungen handelt, muß man die Ergebnisse, um den Vergleich zu ermöglichen, genauer angeben, und der Vergleich wird genauer zutreffen, als die Einzelwerte es taten.

120. Selbsttätige Apparate. Um eine laufende Kontrolle des Feuerungsbetriebes zu ermöglichen, hat man Apparate erdacht, die die Angabe des Kohlensäuregehaltes der Rauchgase selbsttätig bewirken. Wünschenswert ist es, daß solche Apparate den augenblicklichen Gehalt der Rauchgase an CO_2 und damit den Luftüberschuß erkennen lassen, damit der Heizer sich in seinen Maßnahmen danach richten und gute Verhältnisse herbeiführen kann; außerdem ist es erwünscht, daß der Gehalt der Rauchgase an CO_2 registriert wird, damit der Betriebsleiter die Wirtschaftlichkeit des Betriebes überwachen kann, und damit auch wohl Prämien an die Heizer gezahlt werden können.

Die Apparate, die diese Aufgabe lösen, arbeiten entweder so, daß sie den CO_2-Gehalt der Rauchgase in Kalilauge absorbieren lassen und den Verlust an Volumen feststellen; oder aber sie nutzen die Tatsache aus, daß CO_2 rund 1,5 mal so schwer ist wie die anderen, untereinander etwa gleich schweren Bestandteile der Rauchgase; diese Apparate messen dann das spezifische Gewicht der Rauchgase.

Als Absorptionsapparat sei der *Ados-Apparat* genannt, Fig. 325; die einzelnen Teile sind maßstäblich richtig, jedoch der Übersichtlichkeit wegen in anderer Anordnung wiedergegeben, als sie mit Rücksicht auf Raumersparnis im Apparat haben. Der Leitung entnommenes Wasser gibt die Kraft her, um einerseits die Rauchgase aus den unter Saugspannung stehenden Zügen anzusaugen, andererseits sie mit dem Absorptionsmittel in Berührung und zur Messung zu bringen. In den Überlaufkasten fließt

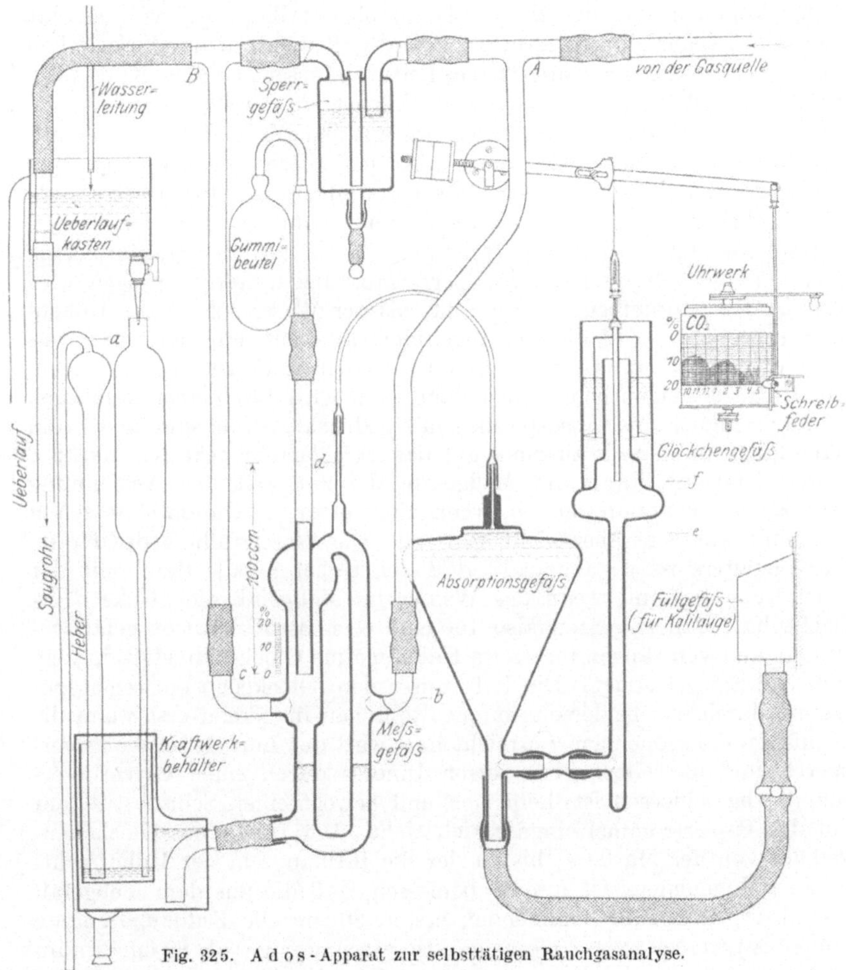

Fig. 325. Ados-Apparat zur selbsttätigen Rauchgasanalyse.

dauernd Wasser zu; ein Teil davon fällt durch eine Lochreihe in das Saugrohr und reißt die darin enthaltene Luft mit. Dadurch entsteht eine Saugwirkung, die das Gas aus den Zügen durch das oben rechts endende Rohr über A, durch das Meßgefäß hindurch und über B ansaugt. Zu Zeiten, wo der Weg durchs Meßgefäß durch Flüssigkeit gesperrt ist, perlt das Gas durch das Sperrgefäß hindurch von A nach B. — Ein anderer Teil des in den Überlaufkasten kommenden Wassers geht durch einen Hahn abwärts in den Kraftwerkbehälter. Es bleibt durch einen Schwimmer von dem destillierten Wasser getrennt, das diesen Behälter halb füllt. Der Kraftwerkbehälter ist geschlossen; daher entsteht beim Eintreten von Wasser Druck, der ein Anstauen des Leitungswassers im Trichterrohr und im Heberrohr und ein Übertreten des destillierten Wassers in das Meßgefäß zur Folge hat. Es wird schließlich dahin kommen, daß der Heber bis zur oberen Biegung *a* voll ist, daß Wasser in seinen linken Arm tritt, und daß damit seine Wirksamkeit als Heber einsetzt; er entleert das Leitungswasser aus dem Kraftwerkbehälter, weil die Heberwirkung stärker ist als der Wasserzulauf; dadurch fällt auch das destillierte Wasser aus dem Meßgefäß in den Kraftwerkbehälter zurück. Es findet also periodisch ein Ansteigen und Fallen der Flüssigkeit im Meßgefäß statt (ähnlich wie in Fig. 102 bei § 52).

Hierbei geschieht nun folgendes: Kommt beim Ansteigen der Wasserspiegel im Meßgefäß in die Höhenlage *b*, so hört der Gasdurchgang hier auf und geht nun durchs Sperrgefäß. Bei weiterem Steigen wird Gas in den Gummibeutel verdrängt, bis der Wasserspiegel die Höhenlage *c* erreicht. Von diesem Augenblick an kann nur noch das, was gerade in dem zum Gummibeutel führenden Rohr ist, in ihn treten, der Inhalt des eigentlichen Meßgefäßes aber wird durch einen kapillaren Gummischlauch ins Absorptionsgefäß gedrückt. Nun sind aber vom Trennungspunkt *c* bis zu einer auf das Kapillarrohr geätzten Marke *d* gerade 100 cm³ Raum im Meßgefäß, die zur Zeit der Abtrennung Atmosphärenspannung haben, wenn nicht etwa die Gummiblase schon gespannt war, was aber nicht sein soll. Die Wasserfüllung des Kraftwerkbehälters ist so abgepaßt, daß der Heber gerade dann mit der Entleerung beginnt, wenn das Wasser im Meßgefäß die Marke *d* erreicht hat; daher werden also 100 cm³ Gas ins Absorptionsgefäß gedrängt und verdrängen ihrerseits Kalilauge ins Glöckchengefäß, in dem nun der Spiegel steigt. Die Luft unter dem Glöckchen entweicht zunächst durch das beiderseits offene Röhrchen ins Freie; erst wenn die Kalilauge die Höhenlage *f* erreicht hat, wird der Luft der Ausweg versperrt, und das Glöckchen, dessen Inneres durch einen Glyzerinverschluß abgeschlossen ist, hebt sich und bewegt einen Schreibstift, der auf der Papiertrommel einen Strich zieht. Der Inhalt des Glöckchengefäßes von der Marke *e*, bis zu der die Kalilauge in der Ruhe steht, bis zur Höhenlage *f* ist nun so bemessen, daß die aus dem Meßgefäß ins Absorptionsgefäß kommenden ersten 80 cm³ die Kalilauge gerade von *e* bis *f* treiben; von *e* bis *f* sind also etwas weniger als 80 cm³ Raum vorhanden, wegen der Kompression der Gase im Absorptionsgefäß entsprechend dem Unterschied der Kalilaugenstände. Der zylindrische Teil des Glöckchengefäßes oberhalb *f* ist so bemessen, daß weitere 20 cm³, die aus dem Meßgefäß kommen und nicht etwa von der Kalilauge absorbiert werden, die Schreibfeder gerade die ganze Skala des Papierstreifens durch einen senkrechten Strich füllen lassen. Ist nun CO_2 in den Rauchgasen, so wird sie von der Kalilauge alsbald absorbiert, und der Schreibstift hebt sich nur noch um den Betrag, der an Rauchgasvolumen über 80 cm³ hinaus nach dieser Absorption noch geblieben war: bei 17% CO_2 in den Rauchgasen wird der Strich nur noch 3 Teile lang statt 20. — Der Strich ist beendet in dem Augenblick, wo der Heber den Kraftwerkbehälter zu entleeren beginnt; die Schreibfeder sinkt, wenn das destillierte Wasser im Meßgefäß sinkt, und nach Freigabe des Weges durchs Meßgefäß werden die Rückstände durch neues Rauchgas fortgeblasen.

In älteren Formen des Ados-Apparates wird das Steigen und Fallen der Flüssigkeit durch mechanisches Heben und Senken einer Niveauflasche wie beim Orsat-Apparat bewirkt; das Ansaugen der Gase geschieht durch eine kleine Pumpe mit Wasserverschlüssen als Dichtung und an Stelle der Ventile. Die Kraft zur Bewegung beider kann einem durch den Schornsteinzug betätigten Kraftwerk übertragen werden, aber auch durch Elektromotor oder sonstwie erfolgen. Vor diesen älteren Formen hat die beschriebene den Vorzug, viel weniger Raum einzunehmen und billiger in der Anschaffung zu sein; dafür verursacht freilich das Wasser Betriebskosten. Trotz ihres zunächst umständlich scheinenden Baues arbeiten diese Apparate in jahrelangem Betriebe ausgezeichnet und auch sehr befriedigend genau. Wegen der Handhabung im einzelnen sei auf die Prospekte verwiesen. Ähnliche Apparate werden auch von der Feuertechnischen Gesellschaft, Berlin, unter dem Namen Ökonograph, von der Firma Eckardt in Cannstatt und von anderen in den Handel gebracht [1]).

Infolge der veränderten Materialverhältnisse hat man sich während des Krieges mit Erfolg bestrebt, Schlauchverbindungen ganz oder fast ganz zu vermeiden. Der Ados-Apparat ist zu dem Zweck in andere Form gebracht worden, ohne am Prinzip etwas zu ändern, und andere Firmen sind dem Beispiel gefolgt. Anders arbeitet der Rauchgasanalysator der Julius Pintsch A.-G. Bei ihm werden die Rauchgase durch zwei Gasuhren hindurchgesaugt, zwischen denen die Kohlensäure durch einen mit Natronkalk gefüllten Zylinder absorbiert wird; die erste Gasuhr mißt daher die Gesamtmenge, die zweite die um den CO_2-Gehalt verringerte Menge, und durch ein eigenartiges Getriebe wird daraus der prozentuale CO_2-Gehalt zur Darstellung gebracht. Zu beachten bleibt, daß ein derartiger Apparat nicht mehr die trocken gedachten (§ 118) Rauchgase analysiert; da Natronkalk auch Feuchtigkeit absorbiert, so entsteht eine Unsicherheit im Betrage des Feuchtigkeitsgehaltes der ursprünglichen Rauchgase; da diese im abgekühlten Zustand meist mit Wasser aus der Kohle gesättigt sind, so sind bei 20° in 1 m^3 etwa 0,016 kg $= 0{,}021\ m^3\left(\frac{0}{760}\right)$ Dampf enthalten, das heißt durch Verschwinden des Wasserdampfes verschwindet 2,1% des Volumens; wenn 10% CO_2 zu messen sind, so können Fehler bis zu 20% der zu messenden Größe vorkommen.

Die Feststellung des spezifischen Gewichtes der Rauchgase gestattet, wie erwähnt, auch einen Schluß auf den Gehalt an Kohlensäure. Man kann also jeden der in § 47 beschriebenen Apparate auch zur Feuerungskontrolle verwenden. So hat man[1]) die Gaswage und ähnliche

[1]) Beschreibung fast aller Formen in Braun, Journ. f. Gasbel. u. Wasservers. 1920, Nr. 20 bis 24.

Einrichtungen zu verwenden gesucht, doch wie es scheint ohne dauernden Erfolg; die feinen Apparate versagen im Staub des Kesselhauses leicht ihren Dienst, und es ist zu bedenken, daß die Kohlensäure höchstens $^1/_5$ der Rauchgase ausmacht, während ihr Relativgewicht gegen Luft 1,52 ist; also handelt es sich um Messungen des Relativgewichtes zwischen den engen Grenzen von 1,0 und 1,1. Bewährt hat sich indessen der in Fig. 90 bei § 47 dargestellte Apparat, wo der Unterschied des Gewichtes zweier Gassäulen durch ein Mikromanometer gemessen wird. Diese Gassäulenwage ist als *Krellscher Rauchgasanalysator* so ausgebildet, daß die Stellung der Äthersäule des Mikromanometers photographisch registriert werden kann; auch wird eine Art Fernablesung so ausgeführt, daß der Heizer den jeweiligen Stand der Äthersäule von der Vorderseite des Kessels aus erkennt, während doch der Apparat hinten am Fuchs zu stehen pflegt.

Wenn man Wert darauf legt, daß der Heizer sich vom augenblicklichen Stand des Feuers jederzeit überzeugen kann, so ist jeder Apparat, der so das spezifische Gewicht feststellt, offenbar im Vorteil gegenüber den Absorptionsapparaten, die zu der Analyse eine Zeit von immerhin einigen Minuten gebrauchen. Diese *Nacheilung* ist, soweit sie in der Dauer der Analyse begründet ist, ein dem Ados-Apparat anhaftender Nachteil. Oft entsteht freilich eine viel größere Nacheilung bei Apparaten aller Art dadurch, daß der Rauminhalt der von der Entnahmestelle zum Apparat führenden Leitung zu groß ist. Die Gasprobe kommt immer erst zum Apparat nach der Zeit, wo dieser Inhalt einmal ausgewechselt ist. Man sorge also für kurze und nicht allzu weite Zuleitung und für energische Saugwirkung, die auch das in die Zuleitung meist eingebaute Holzwollfilter zum Abhalten von Ruß gut überwindet. Der Hamburger „Verein für Rauchbekämpfung" ermittelt andererseits nur Durchschnittswerte, indem er während einer Schicht (8 oder 12 Stunden) Rauchgase unter eine Glocke mit Wasserverschluß saugen läßt, die durch ein Uhrwerk gleichmäßig langsam gehoben wird; die Glocke hat 10 l Nutzinhalt, so daß also rund 1 l/h oder 13 cm³/s angesaugt wird. Die Durchschnittsprobe wird dann mit dem Orsat-Apparat analysiert, und soll zur Berechnung von Heizerprämien dienen, die auf die Überschreitung des mindest zulässigen CO_2-Gehaltes gesetzt sind. Der Vorteil dieser Anordnung ist, daß jeder Kessel und jedes Kesselhaus nur den einfachen mechanischen Apparat hat an Stelle des komplizierten selbsttätigen Analysators, während der Orsat-Apparat an sich einfacher, dabei nur in einem oder wenigen Exemplaren nötig ist, da er transportabel ist.

Als *Entnahmestelle* ist nach dem in § 117 Gesagten für die selbsttätigen Analysatoren nur das Flammrohrende oder das Ende der Feuerung, nie aber der Fuchs zu empfehlen.

121. Analyse anderer Gase; Bestimmung von Kohlenwasserstoffen und H. *Kraftgase* enthalten im allgemeinen Kohlenoxyd CO und Wasserstoff H_2 als Hauptbestandteile, ferner Methan CH_4 und schwere Kohlenwasserstoffe in kleineren Mengen, endlich CO_2, O_2 und N_2 als nutzlosen Ballast. Es handelt sich darum, diese Bestandteile zu bestimmen.

Für CO_2, O_2 und CO kann man die schon in § 117 besprochenen Absorptionsmittel verwenden, für CO jedoch, wenn H_2 vorhanden ist, nur die ammoniakalische Kupferchlorürlösung. Zur Absorption von schweren Kohlenwasserstoffen, die zu vereinzeln schwierig ist, dient rauchende Schwefelsäure; es ist also, bei Anwendung eines dem Orsat-Apparat nachgebildeten Apparates, ein viertes Absorptionsgefäß nötig. Die Reihenfolge der Absorptionen ist CO_2, schwere Kohlenwasserstoffe, O_2, CO. Der Gasrest enthält, wenn nicht noch besondere Bestandteile in Frage kommen, H_2 und CH_4, die durch Verbrennung bestimmt werden; den Rest sieht man als N_2 an.

Die Bestimmung des Gehaltes an H_2 und CH_4 erfolgt aus der bei der Verbrennung eintretenden Volumenverminderung $\varDelta$ und nach Bedarf auch durch Messen der bei der Verbrennung neuerdings entstandenen CO_2 (die ursprünglich vorhandene war vorher absorbiert). Die Verbrennung geschieht nach bestimmten wieder aus der Avogadroschen Regel folgenden Volumenverhältnissen, wobei man das Volumen des entstehenden Wassers immer Null setzen kann, da es sich niederschlagen wird, weil der Raum schon vorher mit Wasserdampf gesättigt war (§ 118). — Es gilt:

$$\left.\begin{aligned} &2\,\text{Rt.}\,H_2 + 1\,\text{Rt.}\,O_2 = 0\,\text{Rt.}\,H_2O; \quad \text{also war } H_2 = \tfrac{2}{3}\varDelta;\\ &2\,\text{Rt.}\,CH_4 + 4\,\text{Rt.}\,O_2 = 2\,\text{Rt.}\,CO_2 + 0\,\text{Rt.}\,H_2O;\\ &\qquad \text{also war } CH_4 = \tfrac{1}{2}\varDelta, \quad \text{oder auch } CH_4 = CO_2\,. \end{aligned}\right\} \quad (12)$$

Sind beide Gase zugleich vorhanden, so kann man, wenn man sie zugleich und nicht etwa nacheinander verbrennt, aus der Volumenverminderung noch keine Schlüsse ziehen; wohl aber kann man dann erst durch Absorption der gebildeten CO_2 den Methangehalt CH_4 feststellen; von der gesamten Kontraktion $\varDelta$ ist dann $2\,CH_4 = 2\,CO_2$ auf Rechnung des Methans zu setzen, und der Wasserstoffgehalt muß $H_2 = \frac{2}{3}(\varDelta - 2\,CO_2)$ sein.

Die Verbrennung der beiden Gase kann gemeinsam oder getrennt erfolgen. Bei Berührung mit Palladiumschwamm oder Palladiumdraht, die durch elektrischen Strom oder mittels Flamme auf 400 bis 500° C erhitzt sind, verbrennt H (und evtl. CO), jedoch nicht CH_4. Bei Berührung mit hellrot glühendem Platin (Palladium ist hierfür wenig dauerhaft) verbrennt CH_4 und natürlich auch H_2, wenn es nicht vorher entfernt war. Man kann das Platin in Gestalt einer in ein Glasgefäß ähnlich den Absorptionsgefäßen eingeschmolzenen Drahtspirale verwenden, die elektrisch zum Glühen gebracht wird. Der Draht ist für gewöhnlich unter Wasser; das Wasser wird durch die Rauchgase in ein kommunizierendes Gefäß verdrängt, so wie die Absorptionsflüssigkeiten es werden. Man kann aber auch ein kapillares Platinrohr verwenden, das die Verbindung zu einem mit Wasser gefüllten Gefäß von der Gestalt der Absorptionsgefäße bildet und das mittels Bunsenbrenners erhitzt wird; diese Drehschmidtsche Platinkapillare hat den Vorteil, daß bei ihrer Verwendung immer nur das vorwärtsströmende Gas erhitzt wird, so daß selbst bei brisanteren Mischungen eine Explosion unwahrscheinlich ist; die Enden der Kapillare werden zu dem Zweck auch noch mit Wasser gekühlt.

Fig. 326 stellt schematisch einen für die Untersuchung von Kraftgasen eingerichteten *erweiterten Orsat-Apparat* dar. *M* ist der Meßzylinder; er ist, im Gegensatz zu Fig. 316, überall gleich weit, da hier nicht wie bei Rauchgasen die Absorption von höchstens $\frac{21}{100}$ in Frage kommt. Die Gefäße *a*, *b*, *c* und *d* sind Absorptionsgefäße, gefüllt mit Kalilauge, rauchender Schwefelsäure, Pyrogallussäure und ammoniakalischer Kupferchlorürlösung. *h* ist ein Dreiwegehahn. *i* ist die Kapillare, die durch einen Wasserkasten *m* geht, insbesondere möglichst lange auf der Seite nach *h* zu, von wo das brisante Gemisch kommt; denn beim Übertritt in das Wassergefäß *e* ist schon der meiste Brennstoff verbrannt.

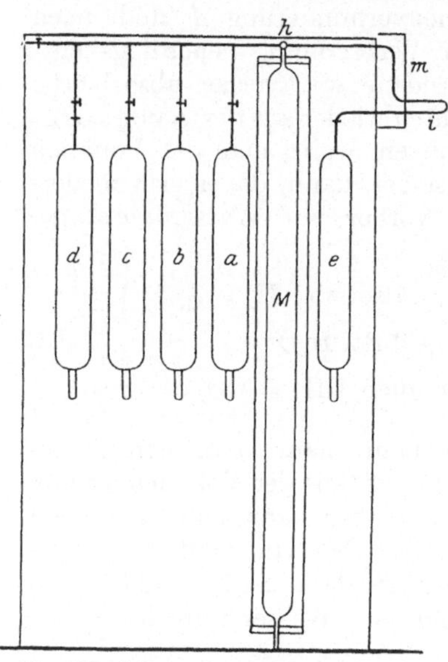

Fig. 326. Schema des erweiterten Orsat-Apparates nach Hahn.

Die Handhabung des Apparates ist folgende: Man saugt von links her an und stellt 100 cm³ von Atmosphärenspannung her, wie beim Orsat. Man läßt erst CO_2 absorbieren, dann schwere Kohlenwasserstoffe; vor Messung der letzteren ist es gut, noch einmal ins Kalilaugegefäß zu gehen, um etwa mitgenommenen Rauch der rauchenden Schwefelsäure zu beseitigen. Dann wird O_2 und CO absorbiert. Vor Messung des letzteren aber zweckmäßig, zur Beseitigung von Ammoniakdämpfen (§ 117), noch einmal ins Schwefelsäuregefäß und darauf, um den Rauch zu beseitigen, wieder ins Kalilaugegefäß gegangen. Vom Gasrest wird der größte Teil ins Pyrogallusgefäß gedrückt; nur ein abgemessener Bruchteil bleibt im Meßzylinder und wird mit dem reichlich doppelten Quantum O_2, also mit etwa der 10fachen Luftmenge gemischt, die man von außen ansaugt; Gase mit großem Stickstoffgehalt kann man auch mit Sauerstoff mischen, ohne eine Explosion befürchten zu müssen. Die abgemessene Mischung wird nun durch die an der Spitze erhitzte Kapillare nach *e* gedrückt, zurückgesaugt und nochmals hingedrückt, worauf die Verbrennung vollkommen zu sein pflegt. Die eingetretene Kontraktion wird gemessen und dann durch Überführen in das Kalilaugegefäß auch die gebildete CO_2 bestimmt. Zur Kontrolle kann man die Verbrennung unter Verwendung dessen, was man ins Pyrogallusgefäß gedrückt hatte, wiederholen.

Die Rechnung möge am *Beispiel einer Leuchtgasanalyse* gezeigt werden[1]).

---

[1]) Nach Hahn, Z. d. V. d. Ing. 1906, S. 214

Anfangs angesaugt 100 cm^3,		
Stand nach der CO_2-Absorption	bis 1,5; also	1,5% CO_2
Stand nach Absorption der schweren Kohlenwasserstoffe	bis 5,3	3,8% SKW
Stand nach Absorption von O_2	bis 5,9	0,6% O_2
Stand nach Absorption von CO	bis 13,3	7,4% CO
Gasrest 86,7 cm^3; hiervon verwendet 12,2 cm^3, also Gas	bis 87,8	
Stand nach Luftzuführung	bis 0,8	
also Inhalt: 12,2 cm^3 Gas + 87,0 cm^3 Luft		
Stand nach der Verbrennung von CH_4 und H_2 . .	bis 20,4	
also Kontraktion 19,6		
Stand nach der Absorption von CO_2	bis 24,4	
absorbiert 4,0 cm^3, also 4,0 cm^3 CH_4 von 12,2 cm^3		
Methangehalt	$4.0 \cdot \frac{86,7}{12,2} =$	28,4% CH_4
Wasserstoffgehalt	$\left[\frac{2}{3} \cdot (19,6 - 2 \cdot 4,0)\right] \cdot \frac{86,7}{12,2} =$	55,0% H_2
Rest Stickstoff		3,3% N_2
		100,0%

Statt des erweiterten Orsat-Apparates kann man auch die Hempelschen Apparate verwenden, die mit Verbrennungsröhren verschiedenster Art zu benutzen sind. Mit wachsender Zahl der Gefäße nimmt natürlich die Handlichkeit des Orsat-Apparates im Vergleich mit den Hempelschen ab.

Es ist selbstverständlich, daß der Ingenieur erst Lehrgeld zahlen muß, wenn er sich auf die hier nur kurz angedeuteten umständlicheren Analysen einläßt. Bereitet doch schon die Handhabung des einfachen Orsat-Apparates dem Anfänger manche Schwierigkeit.

Über die Berücksichtigung des Wasserdampfgehaltes gilt hier Ähnliches wie für die Rauchgasanalyse (§ 118).

122. Optische Analyse. Entnahme heißer Gase. Bei dem *Interferometer* der Zeißwerke wird die Zusammensetzung von Gasgemischen aus ihren optischen Eigenschaften ermittelt; Lichtstrahlen, von einer Glühlampe kommend, durchmessen eine 10 oder 20 cm lange Kammer, die das zu untersuchende Gas enthält, werden an einem Spiegel reflektiert und durchmessen die Kammer abermals. Der hin- und der rückkehrende Strahl kommen miteinander zur Interferenz, so daß ein Spektrum mit bunten und schwarzen Linien im Gesichtsfeld entsteht. Dieses Spektrum und namentlich eine schwarze Linie wechselt ihre Lage im Gesichtsfeld mit dem Brechungsexponenten des Gases in der Kammer. Da die ganze Einrichtung doppelt vorhanden ist und eine Kammer mit Luft als Vergleichsgas gefüllt bleibt, so erblickt man zwei Spektren, und die schwarzen Linien in beiden verschieben sich gegeneinander, wenn in die eine Kammer das Versuchsgas tritt. Durch eine optische Kompensation bringt man beide Linien wieder in Richtung zueinander: dazu dreht man mit Mikrometertrieb eine Planglasscheibe, die schräg von dem Strahl der Versuchskammer durchmessen wird, ein wenig, was auf eine Veränderung ihrer Dicke (in Richtung des Strahls) herauskommt und die Interferenz des hin- und rückgehenden Strahles miteinander verändert. Aus der erforderlichen Drehung schließt man unmittelbar auf den Unterschied der Brechungszahl des Versuchsgases gegen die der Luft. Aus diesem Unterschied kann man auf die Zusammensetzung des Gases schließen, wenn nur e i n e Komponente der Menge noch unbekannt ist, auf die das Instrument dann zu eichen ist. So kann man, vollkommene Verbrennung voraussetzend, auf den CO_2-Gehalt schließen, weil jedem CO_2-Gehalt nach Fig. 324 eine ganz bestimmte Zusammensetzung des gesamten Gases zugeordnet ist. Man kann aber nichts aus der Brechungszahl folgern, wenn bei unvollkommener Verbrennung z. B. CO_2 und O_2 und CO mehrdeutig miteinander variieren können; man muß dann zwei Beobachtungen machen und dazwischen einen Bestandteil durch Absorption beseitigen.

Man arbeitet, wenn die Eichung einmal vorgenommen ist, mit dem Interferometer sehr schnell. Die Genauigkeit ist an sich sehr groß, hängt aber natürlich davon ab, ob die Teile der Gasmischung genügend verschiedene Brechungszahlen haben. Einige Brechungszahlen für weißes Licht gegen Luftleere sind folgende:

CO_2: 1,00045	O_2: 1,00028	H_2C: 1,00026
CO: 1,00034	N_2: 1,00030	CH_4: 1,00044

Man kann also Sauerstoff und Stickstoff kaum optisch unterscheiden, auch CO nur schwer von Luft trennen. Dagegen sind CO_2 und CH_4 gut nachweisbar. Die Einstellung macht dem in optischen Beobachtungen nicht Geübten anfangs einige Schwierigkeit.

Da auch Druck- und Temperaturänderungen die Brechungszahl beeinflussen, so kann man das Interferometer auch als sehr empfindlichen Druckmesser verwenden. —

Über die Entnahme von Rauchgasen oder überhaupt von Gasgemischen aus heißen Räumen, z. B. aus dem Feuerraum oder aus dem Innern der Kohlenschicht, sei noch nachgetragen, daß dazu am besten das *kaltwarme Rohr* dient. Bei ihm wird die Entnahmeöffnung durch Wasser gekühlt, das in einem Doppelrohr aus Messing hin und wieder zurückgeführt wird. Es handelt sich darum, die Temperatur der entnommenen Gase m ö g l i c h s t s c h n e l l herabzusetzen. Mit der Temperaturabnahme der Gase ist nämlich in jedem Falle eine Störung des Gleichgewichtszustandes der Gaskomponenten gegeneinander verbunden, die eine Reaktion der Komponenten untereinander — manchmal auch mit dem Metall des Entnahmerohrs — erstrebt. Durch s c h n e l l e s Abkühlen wird zugleich die Reaktionsgeschwindigkeit so stark herabgesetzt, daß die erstrebte Änderung der Gaszusammensetzung praktisch nicht merklich zustandekommt. Um das Gas wirksam zu kühlen, ist ein kleiner Durchmesser des Entnahmeröhrchens erforderlich. Man kann dafür nahtloses Kupferrohr verwenden, das schon mit 1 mm innerem bei 2 mm äußerem Durchmesser im Handel ist. Man wird aber bald auf etwas größeren Durchmesser übergehen, um die Ansaugewiderstände nicht zu groß werden zu lassen. In Masch.-Unt. § 40 sind Versuche beschrieben, bei denen das kaltwarme Rohr verwendet ist.

Literaturverzeichnis.

Allgemeines.

Carpenter und Diederichs, Experimental Engineering and manual for testing. 7. Aufl. 1132 S. New York 1912. Bringt das ganze im vorstehenden behandelte Gebiet, ferner Materialprüfungen und die Ausführung von Maschinenuntersuchungen zur Darstellung.

Recht ähnlich, jedoch unter Ausschluß der Materialprüfungen, sind die folgenden drei Werke englischer Sprache gehalten:

Moyer, Power Plant Testing. 486 S. New York u. London 1913.

Royds, The testing of motive power engines. 396 S. London 1911.

Pullen, Experimental Engineering. London 1906.

Kohlrausch, Praktische Physik, 12. Aufl. 1914. Klassisches Werk über physikalische Messungen; vieles daraus wird auch für technische Zwecke brauchbar sein. Eine kleinere Ausgabe führt den Namen „Leitfaden der praktischen Physik", 2. Aufl. 1907.

Staehler, Die Arbeitsmethoden der anorganischen Chemie, Band I bis IV, Leipzig 1913 bis 1920, noch unvollständig, bringt insbesondere in Band II auch Messungen verschiedener Art in ausgezeichneten Einzeldarstellungen.

Zahlreiche einzelne Instrumente findet man namentlich nach der theoretischen Seite hin besprochen in: Grashof, Theoretische Maschinenlehre, und Weisbach, Ingenieurmechanik.

Niethammer, Elektrotechnisches Praktikum, behandelt auch einiges über Maschinenmessungen.

Landolt und Börnstein, Physikalisch-chemische Tabellen, 4. Aufl. 1912, ein umfangreiches Sammelwerk von Zahlenwerten, tut gute Dienste bei der Auswertung, wo das bekannte „Taschenbuch der Hütte" seinen Dienst versagt.

AEF., Verhandlungen des Ausschusses für Einheiten und Formelgrößen, herausgegeben von Strecker. Berlin 1914.

Größere Versuchseinrichtungen, bei denen naturgemäß eine große Reihe von Einzelmessungen und Instrumenten beschrieben sind, findet man besprochen in den verschiedenen Heften der Forschungsarbeiten aus dem Gebiete des Ingenieurwesens, herausgegeben vom Verein deutscher Ingenieure seit 1902; ferner unter anderen in:

Slaby, Kalorimetrische Untersuchungen über den Kreisprozeß der Gasmaschine, Verhdlg. d. Vereins z. Beförd. d. Gewerbfl. 1891ff., auch als Buch erschienen.

E. Meyers Untersuchungen über Explosionsmotoren, Z. d. V. d. Ing. 1895 bis 1905.

Frese, Ingenieurlaboratorium Hannover, Z. d. V. d. Ing. 1900.

Berndt, Gasmaschinenlaboratorium Darmstadt, Z. d. V. d. Ing. 1908, S. 1869.

Mechanisch-technische Laboratorien Dresden, Z. d. V. d. Ing. 1905, S. 839.

Martens und Guth, Die Materialprüfungsanstalten der Technischen Hochschule Berlin.

Haack, Schiffwiderstand und Schiffsbetrieb, Versuche am Dortmund-Ems-Kanal, Z. d. V. d. Ing. 1900.

Lindley, Versuche an einer Dampfturbine (Elberfeld), Z. d. V. d. Ing. 1900.

Leistungsversuche an Schnellzuglokomotiven, Engineering 4. 11. 1898.

Oesterlen, Turbinenversuchsanstalt der Fa. Voith, Z. d. V. d. Ing. 1909, Gefällmessung, Wassermessung mit Schirm, Bremse, Wasserwiderstände.

Recknagel, Fernmeß- . . . Vorrichtungen in Heizungs- und Lüftungsanlagen. Gesundh.-Ing. 8. 2. 1908.

Burstall, Versuche an Gasmotoren, Engineering 1898ff.

Heller, Messungen an Motorwagen, Z. d. V. d. Ing. 1907, S. 1583.

Glazenbrook, The National Physical and Engineering Laboratory, Engineering 1903.

Beschreibungen von Dynamometerwagen (Prüfwagen für Eisenbahnen), Z. d. V. d. Ing. 1902, S. 1444; Elektrotechn. Z. 1904, S. 65; Engineering News 15. 5. 1902; 6. 6. 1907; Trans. American Inst. Electr. Eng. Mai 1902 (Arnold), Am. Maschinist 15. 6. 1907.

Zu Kapitel IV. Längenmessung.

Hagen, Berücksichtigung der Temperatur bei Längenmessung, Z. d. V. d. Ing. 1902, S. 329.

Reuleaux, Amerikanische Feinmeßvorrichtungen. Verhandlg. Gewerbefl. 1894, Heft 3, S. 142.

Prégel, Feinmessungen im Maschinenwesen. Dingler 1894, Bd. 292, S. 1, 35, 79.

Schlesinger, Messen in der Werkstatt und Herstellung austauschbarer Teile, Z. d. V. d. Ing. 1903, S. 1379.

Galassini, Instruments de mesure de haute précision pour les ateliers mécaniques. Revue de méc. Juli 1903.

Feinmeßmaschine von Cooke & Sons, York, für van der Kerchove. Engineering 30. 11. 1894.

Spangberg, Universal-Normalmaße mit abgestufter Toleranz, Z. d. V. d. Ing. 1908, S. 2068.

Stadthagen, Sicherung richtigen Längenmaßes, Z. d. V. d. Ing. 1908, S. 2070.

Leman, Technische Messungen. Dtsch. Mechaniker-Ztg. 1910, S. 101; Werkstattechnik 1910, S. 362. Bemerkungen zu Ausführungen der 2. Aufl. dieses Buches, jetzt in § 19 berücksichtigt. Hierzu je eine Entgegnung. Dabei auch Literatur über Längenmessungen.

Zu Kapitel V. Flächenmessung.

Theorie des Planimeters, von Kirsch. Z. d. V. d. Ing. 1890, S. 1053; von Land, Z. d. V. d. Ing. 1899, S. 1064.

Patch, Some observations on the use of polar planimeters. Engineering News 13. 4. 1899.

Lorber, Über Coradis Kugelrollplanimeter. Z. f. Vermessungswesen 1888, S. 161.

Prytz Stangenplanimeter. Engineering 1896, S. 205, 255, 347.

Hummel, Über Integraphen. Dingler 1890, Bd. 275, S. 17; Zeitschr. f. Instrumentenkunde 1904, S. 213.

Abdank-Abakamowicz, Die Integraphen (Buch).

Zu Kapitel VI. Messung der Spannung.

Rosenkranz, Neuerungen an Federmanometern, Z. d. V. d. Ing. 1896, S. 495.

Stromeyer, Remarks on pressure gauges (and indikators), Engineering 30. 8. 1907, S. 316.

Manometer der Physikalisch-Technischen Reichsanstalt, Z. d. V. d. Ing. 1900, S. 261.

Jacobus, Messung von Drucken von 700 at und mehr, Engineering News 1897, S. 327.

Martens, Apparate zur Messung hoher Flüssigkeitsdrucke, Z. d. V. d. Ing. 1909, S. 747.

The estimation of high pressures, Engineering 9. 1. 1903.

Manometer (des Bureau of Standards der V. St. v. A.) zum Ablesen von hohen Drucken. Power, 27. 4. 20.

Klein, Der Genauigkeitsgrad von Hochdruckmessern: Wagemanometer von Stückrath, Martensmanometer, Differentialkolbenwage von Schaeffer & Budenberg, u. a. m. Z. d. V. d. Ing. 1910, S. 792.

Martens, Über die Brauchbarkeit des Federmanometers für die Messung großer Kräfte im Materialprüfungswesen. Z. d. V. d. Ing. 1914, S. 204, 303. Manometer mit gerader gedrehter Bourdonfeder; Prüfstand, Wagemanometer von Stückrath.

Neuere Meßdosen. Z. d. V. d. Ing. 1920, S. 480.

Mikromanometer mit 2 großen Gefäßen mit Wasserfüllung und Spitzenablesung auf 0,01 mm in Arlt, Z. d. V. d. Ing. 1912, S. 1590; Forschgsarb. H. 115.

Benutzung von Staurohren, Mikromanometer, Differentialmanometer bei Ventilatoruntersuchungen, in Brabbée, Z. d. V. d. Ing. 1910, S. 1261.

Differentialmanometer zur Messung von Wasserdruckunterschied, in Reichel, Z. d. V. d. Ing. 1911, S. 1415. Zweischenkliges Quecksilbermanometer mit veränderlicher Neigung.

Spannungszeiger für absolute Drücke: The Engineer, 17. November 1911, Z. d. V. d. Ing. 1911, S. 2032. Zwei Bourdonfedern, eines als Barometerrohr luftleer, das andere zum Aufnehmen der Kondensatorspannung, dazu ein Differenzialgetriebe.

Quecksilbermanometer mit Verdränger, in Frese, Z. d. V. d. Ing. 1900, S. 245.

Der Langen-Luxsche einschenklige Druckmesser, J. Gasbel., Wasservers. 1890, S. 217.

Zugmesser für Dampfkesselfeuerung, verschiedene Konstruktionen kritisiert. Dingler 1903, Bd. 318, S. 225.

Krell, Hydrostatische Meßinstrumente (Buch).

Zu Kapitel VII. Zeit- und Geschwindigkeitsmessung.

Gelcich, Die Uhrmacherkunst. 640 S. Wien 1892.

Bock, Die Uhr. 136 S. Leipzig 1908. (Aus Natur und Geisteswelt.)

Veeder-Zähler (sehr kompendiöses Zählwerk mit springenden Zahlen). Broschüre von Ludw. Loewe & Co., 1911.

Neuerungen an Vorrichtungen z. Anzeigen der Fahrgeschwindigkeit. Dingler 22. 2. 1895.

Lux, Frahms Frequenz- u. Geschwindigkeitsmesser, Z. d. V. d. Ing. 1907, S. 952.

Pflug, Geschwindigkeitsmesser f. Motorfahrzeuge u. Lokomotiven (Buch.).

Bautze, Entwicklg. d. elektr. Fahrgeschwindigkeitsmessg., Elektrot. Z. 15. 10. 1908.

Versuche der Physik. Technischen Reichsanstalt mit Brauns Gyrometer, Z. d. V. d. Ing. 1896, S. 186; vgl. dies. 1894, S. 475.

Grays, Elektrisches Schiffslogg. Z. d. V. d. Ing. 1901, S. 933.

Wagener, Über Geschwindigkeitsmesser und deren Prüfung, Z. d. V. d. Ing. 1909, S. 483.

Hoffmann, Untersuchungen an Geschwindigkeitsmessern. Forschungsarbeiten Heft 100.

Wilke, Untersuchungen über Fliehkraft-Tachometer. Z. d. V. d. Ing. 1918, S. 809, 829.

Benischke, Elektrische Geschwindigkeitsmeßapparate, Elektrot. Z. 1903.

Riehm, Experimentelle Bestimmung des Ungleichförmigkeitsgrades. Z. d. V. d. Ing. 1913, S. 1101, daselbst mehr Literatur, Forschungsarbeiten Heft 137.

Die Ottschen Flügel d. eidgenössischen hydrom. Büros. Schweiz. Bztg., 6. 10. 1906.

Schmidt, Beschreibung der Prüfstation München. Gleichung der Woltmannschen Flügel, graphische Bestimmung der Flügelzeichnung, Z. d. V. d. Ing. 1895, S. 917; 1903, S. 1698.

Katalog über hygrometrische Flügel und Flügelausrüstungen von A. Ott, Kempten, Bayern.

Williams, Experiments at Detroit on the flow of water in curved pipes. Proc. Amer. Soc. Civ. Eng. 10. 11. 1901 (Pitotrohr).

Untersuchung der Strömungsvorgänge in einer Francis-Turbine: Bestimmung der Wassergeschwindigkeit und Richtung mittels Pitotrohr in Schuster, Forschungsarbeiten Heft 82 oder Z. d. V. d. Ing. 1910, S. 1733.

Wilke, Veränderlichkeit der Angaben des Robinsonschen Schalenkreuzes. Zeitschr. Flugt. Motorl. 1917.

Eckart, Impulse water wheels and the Pitot tube. Engineering 1910, I, S. 91. Pitotrohr für sehr hohe Geschwindigkeit abgebildet. Auf S. 95 viel Literatur betr. Pitotrohr.

Ellon, Messung der Wassergeschwindigkeit mit der Pitotschen Röhre, Z. d. V. d. Ing. 1909, S. 989. Dazu Bemerkungen von Ott, S. 1207.

Bericht des (amerikanischen) Ausschusses zur Prüfung von Vorschlägen für Regelung bei der Messung von Luftgeschwindigkeiten an Austrittsöffnungen mit Hilfe des Anemometers. Gesundh.-Ing. 1914, S. 429.

Bericht des (amerikanischen) Ausschusses zur Aufstellung von Regeln bei der Benutzung von Staurohren. Gesundh.-Ing. 1914, S. 466.

Katzmayr, Verhalten von Staugeräten bei Neigungen zur Strömungsrichtung. Motorwagen, 1914, S. 303.

Burnham, Experiments with Pitot tubes in measuring the velocity of gases in pipes. Engg. News 21. 12. 1905.

Vambera und Schraml, Direkte Messung der Geschwindigkeit heißer Gasströme. Stahl u. E. 6. 3. 1907.

Stach, Bestimmung der Geschwindigkeit und des Druckes von Gasen und Dämpfen. Glückauf 1910, S. 47.

Recknagel, Verteilung der Luftgeschwindigkeit über den Querschnitt des Rohres (Stauscheibe), Z. f. Kälteindustrie 1899, S. 172.

Recknagel, Pneumometer. Gesundh.-Ing. 1899, S. 255, Z. f. Berg-, Hütten- u. Salinenwesen 1899, S. 22.

Krell, Über die Messung des statischen und dynamischen Druckes bewegter Luft. München 1902 (Buch).

Pitotrohr mit Mikromanometer von Fueß, erwähnt in Fürstenau, Z. d. V. d. Ing. 1907, S. 1131.

Benutzung von Staurohren, Mikromanometer, Differentialmanometer bei Ventilatoruntersuchungen, in Brabbée, Z. d. V. d. Ing. 1910, S. 1261.

Morris, The electrical measurement of wind velocity, Engineering 1912, II, S. 892. Messung aus der Abkühlung, die ein stromdruchflossener Draht erfährt. Ähnlich in Retschy, Motorwagen 1912, oder in der Liste über Anemoklinometer von Siemens & Halske.

Zu Kapitel VIII. Messung der Stoffmenge.

Messung des spezifischen Gewichts: von Gasen in Slaby, Kalorimetrische Untersuchungen (s. o.).

Krells Rauchgasanalysator, Z. d. V. d. Ing. 1900, S. 157.

Pfeiffer, Zur Bestimmung des spezifischen Gewichtes von Leuchtgas. Journ. Gasbel. Wasserversorg. 1903, S. 451.

Wägen: Brauer, Konstruktion der Wage, erschienen 1883, theoretisch. Der Atlas enthält gute Abbildungen älterer Formen.

Lawaczek, Beitrag z. Theorie u. Konstruktion d. Wage. Dingler, 20. 10. 1906.

Grubeck, Neuerungen im Bau der Wagen für Fahrzeuge, Z. d. V. d. Ing. 1896, S. 206.

Wagen von C. Schenck, Glasers Annalen 1. 7. 1900.

Selbsttätige Kohlenwage von Schenck, Z. d. V. d. Ing. 1903, S. 113.

Selbsttätige Kohlenwagen von Schenck und von Schmitt beschrieben in: Mitt. d. Kais. Normal-Eichungs-Kommission, 3. Reihe, Nr. 14 vom 23. 2. 1914.

Veritas-Apparat von Spies, Sicherung gegen falsches Drucken, ebenda, 4. Reihe, Nr. 2 vom 19. 8. 1912; Eichvorschriften dafür in 4. Reihe, Nr. 3 vom 19. 4. 1913.

Neuerungen an Wägehebel und Entlastungsvorrichtung, Organ für Fortschritte des Eisenbahnwesens 1895, Heft 2, S. 31.

Brix, Kontrolleinrichtungen und selbsttätige Wagen für Förderanlagen. Fördertechnik Dez. 1913.

Kranwagen bis 200 t Wiegefähigkeit, abgebildet Z. d. V. d. Ing. 1912, S. 1956.

Wassermessung: Wassermeßgefäße im Ingenieurlaboratorium Stuttgart, Z. d. V. d. Ing. 1901, S. 1338.

Undeutsch, Absolutes und relatives Messen der Undichtheit von Gefäßwandungen. Österr. Zeitschr. f. Berg-, Hütten- u. Salinenwesen 1890, S. 235.

Brauer, Neues Verfahren zur Wassermessung, Z. d. V. d. Ing. 1892, S. 1493.

Francis, Lowell hydraulic experiments (Buch, klassische Wehrmessungen).

Frese, Überfallmessungen, Z. d. V. d. Ing. 1890, S. 1285.

Hansen, Überfallmessungen, Z. d. V. d. Ing. 1892, S. 1057.

Wagenbach, Der dreieckige Überfall. Z. f. d. ges. Turbinenwesen 1910, S. 561. Vergleich der Genauigkeit mit rechteckigem Wehr.

Wagenbach, Experiments on the flow of water over triangular notches. Engineering 1910, I, S. 435.

Schneider, Ausflußzahlen von Poncelet - Öffnungen für Wasser und Kochsalzlösungen. Forschungsarbeiten Heft 213 oder Z. d. V. d. Ing. 1917.

Iterson, Methode chimique pour la Mesure du Débit des conduites d'eau. Le Génie Civil 1904, S. 411. Chemical Method of Watermeasuring, Engineering 29. Mai 1914, S. 743.

Discharge measurement on the Niagara River, verschiedene Geschwindigkeitsmesser, Engineering News 28. 12. 1899.

Schönheyder, Water meters, Zusammenstellung von Konstruktionen, Engineering 1900.

Wassermesser-Normalien, Journ. Gasbel. Wasservers., 22. 7. 1899.

Strubler, Erfahrungen mit Wassermessern beim Dampfkesselbetrieb, Schweiz. Bauztg. 1890, Bd. 16, S. 74.

Hot water meters in boiler practice. Iron Age 19. 11. 1903.

Lux, Wassermesserverbindungen, Z. d. V. d. Ing. 1896, S. 923.

Kolbenwassermesser von Eckardt, abgebildet Z. d. V. d. Ing. 1912, S. 1744.

Woldt, Über Woltmann-Wassermesser, Journ. Gasbel., Wasservers., 23. 5. 1908, S. 448; 7. 11. 1908, S. 1058.

Michalek, Erprobung eines Wassermessers System Steinmüller. Z. Dampfk.-Vers.-Ges. 1914, S. 30.

Flüssigkeitsmesser (Kippmesser) 600 l/st, von Steinmüller, abgebildet bei Berndt, Z. d. V. d. Ing. 1908, S. 1875.

Dyes, Graphischer Wassermesser. Dingler 7. 3. 1908, S. 154.

Lux, Wassermesserprobierstation, Journ. Gasbel., Wasservers. 1894, S. 322.

Venturi-Meter, Journal o. t. Franklin Inst. 1899, S. 108.

Coleman, Flow of fluids in a Venturi-tube (Wasser-, Gas-, Dampfmessung), Proc. Am. Soc. Mech. Eng. Nov. 1906.

Hazen, Venturimeter coefficients. Engineering News 1913, S. 198. Beizahlen zur Berücksichtigung der Reibung.

Nachtrag zu § 61. Um die auf S. 177 besprochene Frage zu klären, ob und wieweit der Carnotsche Stoßverlust für die Beziehung zwischen Durchflußmenge und Druckverlust in Betracht zu ziehen ist, wurden Versuche an einem 100-mm-Rohr mit einer scharfkantigen Mündung von 50,5 mm Durchmesser mit Wasser vorgenommen. Es war also $d:D = 0{,}505$ und $m = 0{,}255$, also nach Fig. 124 $\mu = 0{,}640$. Daraus ergibt sich rechnerisch:

für den Ausfluß ohne Wiedergewinn von Druck nach Formel (7): $k_7 = 0{,}663$,

für den Durchfluß mit Wiedergewinn von Druck nach Maßgabe der Carnotschen Annahme nach Formel (8): $k_8 = 0{,}747$.

Das Verhältnis beider Vorzahlen sollte $k_8 : k_7 = 1{,}13$ sein.

An genanntem Rohr wurden Druckmessungen gemacht:

Meßstelle 1, 200 mm = 2 D vor dem Meßflansch
,, 2, im Winkel am Meßflansch, Druckseite
,, 3, ,, ,, ,, ,, Saugseite
,, 4, 200 mm = 2 D hinter dem Meßflansch
,, 5, 400 ,, = 4 D ,, ,, ,,
,, 6, 600 ,, = 6 D ,, ,, ,,
,, 7, 900 ,, = 9 D ,, ,, ,,

Bei zwei verschiedenen Durchflußmengen wurden folgende Druckangaben in einer Säule (Quecksilber minus Wasser) beobachtet, wobei die Quecksilbersäulen unten alle miteinander verbunden waren:

	Meßstelle Nr. 1	2	3	6
a) beobachteter Quecksilberstand	mm 820	822	464	555
b) ,, ,,	,, 743	745	283	399

Die gemessene Druckdifferenz ist also	Versuch a	Versuch b
bei der Messung nach Fig. 128, am Rohr	265	344
bei der Messung nach Fig. 129a, im Flanschwinkel . . .	358	462
also Verhältnis der nach beiden Meßweisen beobachteten Druckunterschiede	1,350	1,343
Damit beide Meßweisen dieselbe Wassermenge ergeben, müssen die Zahlen im Verhältnis der Wurzeln stehen; diese sind	1,162	1,159

im Mittel $k_8 : k_7 = 1{,}16$.

Die Meßgenauigkeit war durch Druckschwankungen im Rohr beschränkt und etwa 2% Fehler zu erwarten; so stimmt das beobachtete Verhältnis mit dem errechneten befriedigend überein. Weitere Messungen ergaben, daß die Druckentnahme im Flanschwinkel in Verbindung mit Formel (7) zu Ergebnissen führt, die in den Grenzen der Meßgenauigkeit zutreffen, und zwar ebenso für ein 200-mm-Rohr, wenn das Durchmesserverhältnis $d : D$ nach Fig. 124 berücksichtigt wird. Nur durfte die Geschwindigkeit in der Mündung nicht unter 1,5 m/s sein, sonst steigt k merklich, aber wechselnd an. Also läßt sich sagen: Formel (8) führt bei einer Druckentnahme am Rohr ähnlich Fig. 128 und Formel (7) bei einer Druckentnahme im Flanschwinkel (Fig. 126a oder 129a) zu Ergebnissen, denen $\pm 2\%$ Genauigkeit zugesprochen werden darf.

Die Versuchsreihe zeigt noch, daß die Druckentnahme im Rohr vor dem Flansch beliebig nahe an demselben erfolgen darf; über die Verhältnisse hinter dem Flansch gibt folgende Reihe Auskunft:

Meßstelle Nr.		2	3	4	5	6	7
beobachteter Quecksilberstand	mm	397	605	579	558	554	555
auf Meßstelle 2 bezogen	,,	—	208	182	161	157	158
oder als Verhältniswert	,,	—	1,325	1,16	1,025	1	—
Wurzel daraus	,,	—	1,15	1,075	1,01	1	—

Danach genügt es, die Druckentnahme $6D$, im Notfall $4D$ hinter die Öffnung zu legen, um Formel (8) anwenden zu können.

Für die allgemeine Hydraulik (außer der Meßtechnik) ist hieraus zu folgern, daß der Druckwiedergewinn durch Stoß so erfolgt, wie es die Carnotschen Annahmen erwarten lassen. Die Ableitungen des § 61 bestehen zu Recht.

Die Übertragung dieser Ergebnisse auf Gase erscheint unbedenklich.

Gasmessung: Lebrecht, Versuche mit raschlaufenden Kompressoren, worin sehr lehrreiche Vergleiche zwischen verschiedenen Luftmeßmethoden gezogen werden, Z. d. V. d. Ing. 1905, S. 151.

E. Meyer, Bestimmungen des Gasverbrauchs mittels Glocke, Z. d. V. d. Ing. 1899, S. 483.

A. O. Müller, Messg. v. Gasmengen m. d. Drosselscheibe, Z. d. V. d. Ing. 1908, S. 285; Forschgsarb. H. 49.

Brandis, Exakte Messung der durch eine Leitung strömenden Gas- (Luft-) menge mittels Drossel-Meßscheibe (Staurand). Dissertation Aachen 1913.

Stach, Messung großer Gasmengen mittels Differenzdruckes, Stahl u. E. 1. 5. 1907, S. 618.

Normaleichungs-Kommission, Bildliche Darstellung der eichfähigen Gasmesser. Großes Figurenwerk mit Text.

Homann, Eichfähige Gasmesserkonstruktionen, J. Gasbel., Wasservers. 1893.

Poplawsky, Kubizierapparat für Gasmesser; Der Eichkolben zur Prüfung der Kubizierapparate (Bücher).

Messung großer Luftmengen mittels mehrerer Düsen und eigenartigem Mikromanometer in Arlt, Z. d. V. d. Ing. 1912, S. 1588; Forschgsarb. H. 115.

Meßdüsenanordnung für Messungen sehr großer Luftmengen (bis zu 36 000 m^3/st.) in Langer, Z. d. V. d. Ing. 1911, S. 176.

Terbeck, Düsenmeßversuche an einem Kolbenkompressor. Glückauf 1911, S. 6

Der Gasmesser v. Thomas (Beschreibung und Abbildungen), Z. d. V. d. Ing. 1911, S. 1130; Iron age, 16. 3. 1911.

Thomas Gasmesser für 85000 cbm/st in Simon, J. Gasbel., Wasservers., 10. 2. 12.

Dampfmessung: Bendemann, Dampfmesser, Z. d. V. d. Ing. 1909, S. 13, 142; Forschgsarb. H. 37.

Peabody & Kuhnhardt, Flow of steam through orifices, Engineering Bd. 49, S. 64.

Henkelmann, Untersuchungen über die Wirtschaftlichkeit einer Ferndampfheizungsanlage (Bayer-Dampfmesser). Dissertation Danzig oder Gesundh.-Ing. 1912.

Dampfmesser („Dampfzeiger“) in Neumann, Z. d. V. d. Ing. 1913, S. 293.

Dampfmesser der Chemischen Fabrik Rhenania. Z. d. V. d. Ing. 1913, S. 195.

Claaßen, Einiges über Dampfmesser. Z. d. V. d. Ing. 1918, S. 521. Verwendung desselben für Wasser und Gase. Z. d. V. d. Ing. 1918, S. 931.

Schultze, Betriebsmäßige Dampfverbrauchskontrolle an Turbinen. Z. ges. Turbinenw. 1912, S. 442. Laufende Beobachtung des Dampfzustandes vor den Düsen, Berechnung aus dem Düsenquerschnitt.

Schreibfeder für Dauerschreiber mit selbsttätigem Farbnachfluß, Z. d. V. d. Ing. 1907, S. 800.

Zu Kapitel IX. Messung von Kraft, Drehmoment, Arbeit, Leistung.

Martens, Die Meßdose als Kraftmesser, Z. d. V. d. Ing. 1906, S. 1311, und Forschgsarb. H. 38.

Dynamomètre à pression hydraulique, mißt Reaktion der Schiffswelle. Génie civil 18. 2. 1899.

Nachtweh, Hilfsmittel und Methoden bei der Prüfung landwirtschaftlicher Maschinen. Frühlings Landwirtschaftl. Ztg. 1904, 1905, 1906, S. 323.

Nachtweh, Älterer und neuerer Kurbelkraftmesser. Mitteil. d. Verbandes landwirtschaftl. Masch.-Prüf.-Anstalten 1909, S. 71.

Martiny, Zugkraftmessung an Bodenbearbeitungsgeräten. Ebd. 1911.

Martiny, Die Prüfung von Motorpflügen. Ebd. 1911.

Bernstein, Meßinstrumente zur Untersuchung von Motorpflügen. Motorwagen 1913, H. 9 u. 10.

Rezek, Zugdynamometer für Maschinenpflüge. Mitteil. d. k. k. Techn. Versuchsamtes Wien 1913, H. 1—2. Z. d. V. d. Ing. 1914, S. 33.

Kalep, Methoden der experimentellen Bestimmung des Trägheitsmomentes von Maschinenteilen. Zivilingenieur 1892, S. 381.

Bremsen: Brauer, Bremsdynamometer u. verwandte Kraftmesser, Z. d. V. d. Ing. 1888, S. 56.

Brauer, 300 PS-Bremse auf Zahnrad laufend, Z. d. V. d. Ing. 1903, S. 1604.

Frese, Die selbsttätige Bremse, D. R. P. Degn. Nr. 94 718, hat sich bewährt, Z. d. V. d. Ing. 1900, S. 244.

Goß, Neue Formen von Reibungsbremsen. Industries and Iron, 6. 7. 1895.

Smallwood, Rope brakes, construction and design. Am. Mach. 1912, S. 310.

Wilke, Abmessungen und Bauart von Bremszäumen. Ölmotor 1919.

Bremseinrichtung für Turbinen in Reichel und Wagenbach, Z. d. V. d. Ing. 1913, S. 445.

Quick, Brake tests of hydraulic turbines. Engg. News 8. 10. 1908, S. 384. (Alden-Bremse, siehe auch S. 125 der 1. Aufl. dieses Buches.)

Brotherhood, Absorption Dynamometer (Flüssigkeitsbr.), Engg. 31. 5. 1907, S. 723.

Wasserbremse für 2000 PS bei $n = 3000$, Bauzeichnung, in Rötscher, Z. d. V. d. Ing. 1907, S. 607.

Weighton, Froude-Bremse des Durham-College, Engineer, 22. 1. 1897, auch 20. 6. 1902.

Froude-Bremse, Transactions o. t. Inst. of Mechan. Engineers 1877.

Rateau, Freins hydrauliques pour l'étude des turbines à vapeur. Mém. Soc. Ing. Civ. 1913, S. 513. Bremse für 800 PS bei $n = 4000$ und für 10 000 PS bei $n = 650$.

Feußner, Wirbelstrombremsen (kleine Modelle), Elektrot. Zeitschr. 1901, S. 608.

Rieter, Elektrisches Präzisionsdynamometer, Elektrot. Zeitschr. 1901, S. 195.

Verschiedene Bremsen (f. Automobilmotoren) bei Heller, Z. d. V. d. Ing. 1907, S. 1583; (f. Wasserturbinen) bei Oesterlen, Z. d. V. d. Ing. 1909, S. 1876.

Wirbelstrombremse, beschrieben bei Nägel, Z. d. V. d. Ing. 1907, S. 1407, und Forschungsarbeiten, Heft 54, S. 52. Neumann, Forschungsarbeiten (noch nicht erschienen).

Einschalt-Dynamometer: Kovarik, Über Absorptions- und Transmissionsdynamometer, zusammenstellende Beschreibung. Wochenschrift d. österr. Ingen. Vereins 1891, S. 301.

Fischingers Arbeitsmesser, Zeitschr. f. Elektrotechnik 1891, S. 537.

Maihak, Registrierendes Transmissionswellendynamometer von Amsler-Laffon, Z. d. V. d. Ing. 1892, S. 1510.

Kohn, Riemendynamometer, Zeitschr. d. Österr. Ingen.- u. Archit.-Vereins, 20. 12. 1895.

Hydraulisches Dynamometer von Amsler-Laffon, Z. d. V. d. Ing. 1905, S. 845.

Amsler, Neue Transmissions-Kraftmesser, Z. d. V. d. Ing. 1912, S. 1326. Abbildungen von optischen, Drucköl-, Pendelkraftmessern.

Vieweg, Torsionsdynamometer mit optischer Ablesevorrichtung, Z. d. V. d. Ing. 1913, S. 1227.

Vieweg und Wetthauer, Bestimmung der Umdrehung umlaufender Wellen mittels Prismen oder Spiegel. Z. d. V. d. Ing. 1914, S. 615.

Frahm, Untersuchungen über dynamische Vorgänge in Wellen, Z. d. V. d. Ing. 1902, S. 797.

Frahm, Neuer Torsionsindikator mit Lichtbildaufzeichnung. Z. d. V. d. Ing. 1918, S. 177.

Föttinger, Effektive Maschinenleistung und effektives Drehmoment, Forschgsarb. H. 25.

Neuere Torsionsmesser, Z. d. V. d. Ing. 1908, S. 679. Dazu Föttinger, S. 937.

Edgecombe, Torsion meters, Engineer 27. 11. 1908, S. 559; 11. 12. 1908, S. 614; 22. 1. 1909, S. 77; 19. 2. 1909, S. 186.

Hopkinson & Thring, A new torsion meter (ähnlich Föttinger, Spiegelablesg.), Engg., 14. 6. 1907, S. 768.

Nettmann, Der Torsionsindikator I. Die elektrischen Methoden zur Verdrehungsmessung. 78 S. Berlin 1912. II. Mechanische und optische Torsionsindikatoren.

Pendelaufhängungen zur Messung des Rückdruckes von Flugzeugmotoren, in Bendemann, Z. d. V. d. Ing. 1912, S. 1848.

Langer und Finzi, Messung der mechanischen Leistung durch elektrische Pendelmaschinen, Z. d. V. d. Ing. 1914, S. 41. Dazu: Levy, Elektrische Pendelmaschinen, Z. d. V. d. Ing. 1914, S. 597. Dazu ferner: Z. d. V. d. Ing. 1914, S. 716.

Elektrische Leistungsmessung: Lindley, Schröter und Weber, Versuche an einer Dampfturbine mit Wechselstrommaschine, Z. d. V. d. Ing. 1900, S. 829.

Marek, Messung mit Präzisionsinstrumenten, Elektrot. Zeitschr. 1902, S. 447.

Wasserwiderstände bei Oesterlen, Z. d. V. d. Ing. 1909, S. 1878.

Über elektrische Messungen im allgemeinen kann man sich in Niethammer, Elektrotechnisches Praktikum, Stuttgart 1902, und in Krause, Messungen an elektrischen Maschinen, 2. Aufl., 193 S., Berlin 1907, Rat holen.

Zu Kapitel X. Der Indikator.

Rosenkranz, Der Indikator, ein vielbenutztes Werk; Pichler, Der Indikator; aus diesen beiden Werken und den Katalogen der Firmen kann man sich über die Einrichtung der Indikatoren und der Zubehörteile informieren.

Indikator von Wayne, mit auf Drehung beanspruchter Feder, wird für Präzisionszwecke sehr gelobt in Burstall, Engineering 1898; vgl. Chevillard, Revue industrielle 1895, S. 201.

Rosenkranz, Neuerungen an Indikatoren, Z. d. V. d. Ing. 1902, S. 1003.

Maihak, Fortschritte im Bau von Indikatoren (zahlreiche schematische Abbildungen von Kaltfederinstrumenten), Z. d. V. d. Ing. 1907, S. 1908.

Wilke, Hebel- und Kurbelhubminderer für den Antrieb der Papiertrommel des Indikators. Dingler 1914, S. 289, 328, 357.

Mader, Der Mikroindikator. Dingler 1912, S. 420, 433, 484.

Lichtstrahlindikator v. Hospitalier, Z. d. V. d. Ing. 1902, S. 365, 1904, S. 1311.

Hopkinsons optischer Indikator, Z. d. V. d. Ing. 1907, S. 2040, nach Engg., 25. 10. 1907.

Optischer Indikator von Nägel, Z. d. V. d. Ing. 1908, S. 246; Forschgsarb. H. 54, S. 4.

Optischer Indikator, beschrieben in Nusselt, Z. d. V. d. Ing. 1914, S. 365.

Kirner, Optischer Interferenzindikator, Z. d. V. d. Ing. 1909, S. 1675; Forschungsarb. H. 88.

Burstall, Indicating gas engines (Vergleich von mechanischen und optischen Indikatoren), Engg. 6. 8. 1909, S. 193; Engg., 10. 9. 1909, S. 259.

Wagener, Neuerungen an Indikatoren, Z. d. V. d. Ing. 1907, S. 1364.

Wagener, Indizieren und Auswerten von Zeit- und Kurbelwegdiagrammen (Buch).

Roser, Prüfung von Indikatorfedern, Z. d. V. d. Ing. 1902, S. 1575. Forschgs.-arb. H. 26.

Wilke, Über die Grenzen der Verwendbarkeit des Indikators bei schnelllaufenden Maschinen für elektrische Medien. Dissertation Hannover, 1916. Auch Ölmotor 1916.

Förster, Beitrag zur Bestimmung der Federmaßstäbe, Z. d. V. d. Ing. 1903, S. 319.

Eberle, Prüfung von Indikatorfedern, Zeitschr. des bayer. Dampfkessel-Revisions-Vereins, August 1901.

Wiebe und Schwirkus, Beiträge zur Prüfung von Indikatofedern, Z. d. V. d. Ing. 1903, S. 55.

Wiebe, Temperaturkoeffizient bei Indikatorfedern, Forschgsarb. Heft 33.

Wiebe und Leman, Untersuchungen ü. d. Proportionalität des Schreibzeuges bei Indikatoren, Forschungsarb. Heft 34.

Staus, Einfluß der Wärme auf die Indikatorfeder, Forschgsarb. Heft 26/27.

Schwirkus, Über die Prüfung von Indikatorfedern. Auf Zug beanspruchte Indikatorfedern, Forschgsarb. Heft 26/27.

Fliegner, Dynamische Theorie des Indikators (mathematische Entwicklungen über Massenschwingungen), Schweiz. Bauztg. Bd. 18, S. 27.

Frese, Einfluß der Massenwirkung der Trommel, Z. d. V. d. Ing. 1900, S. 245.

Frese, Beeinflussung des Indikatordiagramms der Dampfmaschine durch die Art der Anbringung des Indikators; sehr lehrreicher Experimentalaufsatz, Z. d. V. d. Ing. 1885, S. 769.

Goß, Einfluß langer Rohrleitung, Z. d. V. d. Ing. 1896, S. 743.

Leitzmann, Versuche an Lokomotiven, zwangläufige Bewegung der Papiertrommel, Z. d. V. d. Ing. 1898.

Zu Kapitel XI. Messung der Temperatur.

Bücher: Manches über das Gebiet von Kapitel XI bis XIV findet sich besprochen in Fuchs, Wärmetechnik des Gasgenerator- und Dampfkesselbetriebes, 3. Aufl., Berlin 1913, sowie in G. A. Schultze, Theorie und Praxis der Feuerungskontrolle, Berlin 1905 (letzteres unter besonderer Berücksichtigung der von der Firma G. A. Schultze gebauten Apparate). — Burgess and Le Chatelier, The measurement of high temperatures. 3. Aufl. 510 S. New York 1912. Deutsch von Leithaeuser, Die Messung hoher Temperaturen. 454 S. Berlin 1913. — Thieme, Temperaturmeßmethoden. 160 S. Berlin 1913. — Knoblauch und Hencky, Anleitung zu genauen technischen Temperaturmessungen. 128 S. München 1919. — Hoffmann, Thermometrie in Staehlers Arbeitsmethoden der anorganischen Chemie, Bd. II, 1. Leipzig 1920.

Whipple, Modern methods of measuring temperature. Engg. 1913, S. 165. Sehr eingehend.

Anwendung billiger Metalle für thermoelektrische Pyrometer, Z. d. V. d. Ing. 1913, S. 1039.

Holborn, Messungen am Le-Chatelier-Element, Z. d. V. d. Ing. 1897, S. 226.

Messung hoher Temperaturen. Zusammenstellung der Methoden; Dingler, Bd. 286, S. 43; Proceedings Instit. Civil Engineers Bd. 110, S. 152.

Schütz, Neue Methoden für Messung hoher Temperaturen, Z. d. V. d. Ing. 1904, S. 155.

Thermoelement mit Wasserkühlung, bei Nägel, Z. d. V. d. Ing. 1907, S. 1411.

Temperaturmessungen mit Thermoelementen, in Eberle, Forschgsarb. H. 78.

Temperaturmessung mittels Thermoelementen, umfangreiche Schaltvorrichtung: in Doblhoff, Forschgsarb. Heft 93.

Messung von Temperaturen mittels Thermoelementen, insbesondere der Oberflächentemperatur, in Wamsler, Forschgsarb. Heft 98/99.

Petersen, Verfahren zur Messung schnell wechselnder Temperaturen, Z. d. V. d. Ing. 1914, S. 602; Forschgsarb. Heft 143.

Thermoelement Chromnickel-Konstantan EMK 68,3 *m V* bei 1000°, Abhängigkeit fast linear. Elektrotechnik und Maschinenbau, 3. 10. 18.

Mahlke, Gegenwärtiger Stand der Pyrometrie. Stahl u. E. 1918, S. 1080.

Pneumatisches Pyrometer von Uehling & Steinbart, für Hochöfen viel benutzt. Stahl u. Eisen, 1. 5. 1899.

Féry, Optical pyrometry, Engg., 18. 10. 1901, S. 539; Spiral pyrometer, Engg. 14. 5. 1909.

Optisches Pyrometer Wanner, Z. f. Dpfkess.- u. Dpfm.-Betr., 8. 2. 1905.

Whipple, Thermometers and pyrometers, industrial application, Engg., 17. 2. 1905, S. 226.

Wanner-Pyrometer, Z. d. V. d. Ing. 1902, S. 616; 1904, S. 161; 1908, S. 156, J. Gasbel., Wasservers., 2. 11. 1907.

Meyer, Messung hoher Temperaturen auf optischem Wege. Dingler 1913, S. 516.

Krukowsky, Temperaturmessungen im Feuerraum e. Lokomotive währ. d. Fahrt, Z. d. V. d. Ing. 1909, S. 345.

Koepsel, Fernthermometer für technische Zwecke. Dingler 1912, S. 721.

Zu Kapitel XII. Messung der Wärmemengen.

Staus, Abgaskalorimeter für einen Gasmotor, Z. d. V. d. Ing. 1902, S. 649.

Testing electric generators by air calorimetry, Engineering, 4. 12. 1903.

Laßwitz, Wärmezähler, Gesundh.-Ing. 1914, S. 215. Besprechung der insbesondere für Warmwasserheizungen vorgeschlagenen Konstruktionen.

Möller, Bestimmung des Wassergehaltes im Kesseldampf (Zusammenstellung der Verfahren). Z. d. V. d. Ing. 1895, S. 1059; dasselbe von Lüders, Z. d. V. d. Ing. 1893, S. 566.

Rosset, Détermination de l'eau liquide . . . dans la vapeur. Génie civil, 21. 12. 1907, S. 123.

Rademacher, Begriff des trockenen Dampfes, Z. d. V. d. Ing. 1893, S. 80.

Denton, The reliability of throttling calorimeters. Trans. Am. Soc. Mech. Eng. 1896, S. 175.

Sendtner, Bestimmung der Dampffeuchtigkeit mit dem Drosselkalorimeter. Forschgsarb. Heft 98/99; Z. d. V. d. Ing. 1911, S. 1421. Großes Kalorimeter, um die Entnahme von Proben zu umgehen und den ganzen Strom zu untersuchen. Daselbst weitere Literatur.

Fernhygrometer Bauart Schmitz, von Siemens & Halske. Mitteil. d. Werkes, August 1913.

Zu Kapitel XIII. Messung des Heizwertes von Brennstoffen.

Bujard, Bombe und Neuerungen daran. Dingler, 5. 11. 1897.

Wolff, Kalorimetrische Untersuchungen, Z. d. V. d. Ing. 1897, S. 763; 1899, S. 331.

Flugblätter Nr. 1 und 6 des Magdeburger Vereins für Dampfkesselbetrieb; zu beziehen von diesem.

Bunte, Zur Wertbestimmung der Kohle, J. Gasbel., Wasservers. 1891, S. 41.

Langbein, Chemische und kalorimetrische Untersuchung von (festen) Brennstoffen, Z. f. angew. Chemie 1900, S. 1227. Derselbe, Über das ... Parr-Kalorimeter. Ebenda, 1903, S. 1075.

Gramberg, Zeichnerische Strahlungsberichtigung bei Heizwertbestimmungen mit der Bombe, Z. d. V. d. Ing. 1907, S. 262.

Allcut, Experiments on a bomb calorimeter. Engg. 1910, II, S. 755.

Hempelsches Kalorimeter, J. Gasbel., Wasservers., 12. 9. 1903; Zeitschrift für angew. Chemie 1901, S. 713; für teerhaltige Gase bei Wendt, Forschgsarb., Heft 31, S. 70.

E. Meyer, Festlegung des Begriffes Heizwert, Z. d. V. d. Ing. 1899, S. 282.

Pfeifer, Heizwertbestimmung v. Leuchtgas, J. Gasbel., Wasservers. 14. 9. 1901.

Stoecker und Rothenbach, Kalorimeter zur Bestimmung des Heizwertes kleiner Gasmengen, Journ. Gasbel., Wasservers., 15. 2. 1908, S. 121.

Immenkötter, Üb. d. Junkers-Kalorimeter, Eigenschaften und Fehlerquellen, Journ. Gasbel., Wasservers., 19. 8. 1905.

Pleyer, Üb. Heizwertbestimmung von Gasen (billiger Apparat von Gräfe), Journ. Gasbel. Wasservers., 7. 2. 1907.

Zu Kapitel XIV. Gasanalyse.

Bücher: Winkler, Technische Gasanalyse; Hempel, Gasanalytische Methoden; kleiner: Neumann, Gasanalyse und Gasvolumetrie; Franzen, Gasanalytische Übungen.

E. Meyer, Untersuchung der Abgase am Gasmotor, Z. d. V. d. Ing. 1902, S. 948.

Bunte, Selbsttätige Rauchgasanalyse, Z. d. V. d. Ing. 1903, S. 1087.

Dosch, Wert und Bestimmung des CO_2-Gehaltes der Heizgase; Zusammenstellung der Apparate. Dingler, 6. 12. 1902.

Baumgärtner, Ados-Apparat, Z. d. V. d. Ing. 1902, S. 320.

Wdowiszewskis verbesserter Orsat-Apparat, Stahl u. Eisen, 15. 2. 1903.

Wencelius, Analyse der Hochofen- und Generatorgase, Stahl u. Eisen, 15. 6. 1902.

Zahlreiche Notizen über Untersuchung der Verbrennungsgase von Steinkohlen, auch auf schwere Kohlenwasserstoffe u. a., in Constam und Schlaepfer, Forschungsarb. Heft 103.

Stribeck, Prüfung von Feuerungen, Rußmessung, Z. d. V. d. Ing. 1895, S. 184.

Fritzsche, Bestimmung der Rußmenge, Z. d. V. d. Ing. 1897, S. 885.

Borth, Üb. Rauchgasanalyse, Z. d. bayr. Rev.-Vereins, 28. 2. 1907.

Seufert, Berechnung von Schaubildern zur Abgasanalyse. Z. d. V. d. Ing., 3. 7. 1920, gibt wie der vorige Aufsatz Zusammenhänge zwischen den Gehalten an CO_2, O_2 und CO, abhängig vom Luftüberschuß.

Hahn, Neue Orsat-Apparate, Z. d. V. d. Ing. 1906, S. 212.

Hahn, Neue Orsat-Apparate für die technische Gasanalyse. Z. d. V. d. Ing. 1911, S. 473.

Hilliger, Einfaches Verfahren zur technischen Analyse brennbarer Gase, Z. f. Dampfk. u. Maschbetr., 11. 10. 1918.

Strache, Selbsttätige Gasanalyse an Wassergasanlagen, Z. d. V. d. Ing. 1908, S. 1041.

Braun, Die Apparate zur selbsttätigen Vornahme und Aufzeichnung von Rauchgasanalysen. Z. Gasbel. Wasservers. 15., 22., 29. Mai, 12. Juni 1920.

Küppers, Bestimmung des Methangehaltes der Wetterproben mit Hilfe des tragbaren Interferometers. Glückauf 1913, S. 47.

Namen- und Sachverzeichnis.

Technische Untersuchungsmethoden zur Betriebskontrolle, insbesondere zur Kontrolle des Dampfbetriebes. Zugleich ein Leitfaden für die Übungen in den Maschinenbaulaboratorien technischer Lehranstalten. Von Professor **Julius Brand** in Elberfeld. Vierte, verbesserte Auflage. Mit 277 Textabbildungen und 1 lithographischen Tafel. Unter der Presse

---

Technische Thermodynamik. Von Professor Dipl.-Ing. **W. Schüle.**

Erster Band: **Die für den Maschinenbau wichtigsten Lehren nebst technischen Anwendungen.** Mit 239 Textfiguren und 7 Tafeln. Vierte, vermehrte Auflage. Unter der Presse

Zweiter Band: **Höhere Thermodynamik** mit Einschluß der chemischen Zustandsänderungen nebst ausgewählten Abschnitten aus dem Gesamtgebiet der technischen Anwendungen. Dritte, erweiterte Auflage. Mit 202 Textfiguren und 4 Tafeln. Gebunden Preis M. 36.—

Leitfaden der Technischen Wärmemechanik. Kurzes Lehrbuch der Mechanik der Gase und Dämpfe und der mechanischen Wärmelehre. Von Professor Dipl.-Ing. **W. Schüle.** Zweite, verbesserte Auflage. Mit 93 Textfiguren und 3 Tafeln. Preis M. 18.—

Thermodynamische Grundlagen der Kolben- und Turbokompressoren. Graphische Darstellungen für die Berechnung und Untersuchung. Von Oberingenieur **Ad. Hinz** in Frankfurt a. M. Mit 12 Zahlentafeln, 54 Figuren und 38 graphischen Berechnungstafeln. Gebunden Preis M. 12.— *

Dynamik, Regelung und Dampfverbrauch der Dampffördermaschine. Von Dr.-Ing. **Max Schellewald.** Mit 28 Textabbildungen. Preis M. 6.— *

Technische Wärmelehre der Gase und Dämpfe. Eine Einführung für Ingenieure und Studierende. Von **Franz Seufert,** Ingenieur und Oberlehrer an der Staatl. höheren Maschinenbauschule in Stettin. Mit 25 Abbildungen und 5 Zahlentafeln. Gebunden Preis M. 2.80 *

Wärmetechnik des Gasgenerator- und Dampfkesselbetriebes. Die Vorgänge, Untersuchungs- und Kontrollmethoden hinsichtlich Wärmeerzeugung und Wärmeverwendung im Gasgenerator- und Dampfkesselbetrieb. Von Ingenieur **Paul Fuchs.** Dritte, erweiterte Auflage. Mit 43 Textabbildungen. Gebunden Preis M. 5.— *

---

* Hierzu Teuerungszuschläge

Kolbendampfmaschinen und Dampfturbinen. Ein Lehr- und Handbuch für Studierende und Konstrukteure. Von Professor **Heinrich Dubbel,** Ingenieur. Vierte, umgearbeitete Auflage. Mit 540 Textabbildungen.
Gebunden Preis M. 20.— *

Die Steuerungen der Dampfmaschinen. Von Ingenieur **Heinrich Dubbel.** Zweite Auflage. Mit etwa 446 Textabbildungen. In Vorbereitung

Die ortsfesten Kolbendampfmaschinen. Ein Lehr- und Handbuch für angehende und ausübende Konstrukteure. Von Baurat Professor **Fr. Freytag** in Chemnitz. Mit 319 Textabbildungen und 18 Tafeln.
Preis M. 14.—; gebunden M. 16.— *

Entwerfen und Berechnen der Dampfturbinen mit besonderer Berücksichtigung der Überdruckturbine einschließlich der Berechnung von Oberflächenkondensatoren und Schiffsschrauben. Von **J. Morrow.** Autorisierte deutsche Ausgabe von Dipl.-Ing. **Carl Kisker.** Mit 187 Textabbildungen und 3 Tafeln. Gebunden Preis M. 14.— *

Die Dampfkessel. Lehr- und Handbuch für Studierende Technischer Hochschulen, Schüler Höherer Maschinenbauschulen und Techniken, sowie für Ingenieure und Techniker. Von Oberlehrer Professor **F. Tetzner.** Sechste, verbesserte Auflage. Neubearbeitet von Oberlehrer O. Heinrich in Berlin.
Unter der Presse

Die Dampfkessel und ihr Betrieb. Allgemeinverständlich dargestellt von Geh. Reg.-Rat **K. E. Th. Schlippe.** Vierte, verbesserte und vermehrte Auflage. Mit 114 Abbildungen. Gebunden Preis M. 5.— *

Handbuch der Feuerungstechnik und des Dampfkesselbetriebes mit einem Anhange über allgemeine Wärmetechnik. Von Dr.-Ing. **Georg Herberg,** Beratender Ingenieur in Stuttgart. Zweite, verbesserte Auflage. Mit 59 Abbildungen und Schaulinien, 90 Zahlentafeln sowie 47 Rechnungsbeispielen. Gebunden Preis M. 18.— *

Die Heizerschule. Vorträge über die Bedienung und die Einrichtung von Dampfkesselanlagen mit einem Anhang über Niederdruckkessel für Heizungsanlagen. Von Gewerbeinspektor **F. O. Morgner** in Chemnitz. Zweite, umgearbeitete und vervollständigte Auflage. Mit 158 Textabbildungen.
Gebunden Preis M. 6.— *

Die Maschinistenschule. Vorträge über die Bedienung von Dampfmaschinen und Dampfturbinen zur Ablegung der Maschinistenprüfung. Von Gewerberat **F. O. Morgner,** Leiter der Heizer- und Maschinistenkurse in Chemnitz. Mit 119 Textabbildungen. Preis M. 8.—

* Hierzu Teuerungszuschläge